Auf einen Blick...

Das Buch ist in sechs große Kapitelblöcke unterteilt. Das Farbleitsystem – auf der Vorderseite im Überblick – ermöglicht Ihnen eine rasche Orientierung im Buch und den schnellen Zugriff auf das jeweils gewünschte Kapitel.

Zusammenfassungen am Kapitelanfang oder zu Beginn eines Abschnitts dienen der raschen Information und geben einen Überblick über den folgenden Text. Dem Lernenden ermöglichen sie die schnelle Rekapitulation der wichtigsten Inhalte.

Alle Erreger werden in sehr strukturierter Weise beschrieben – wo immer möglich und sinnvoll in der folgenden Reihenfolge:

- Klassifikation
- Vorkommen
- Morphologie und Kultur
- Entwicklungszyklus
- Pathogenese und Krankheitsbild
- Diagnose
- Therapie
- Epidemiologie und Prophylaxe

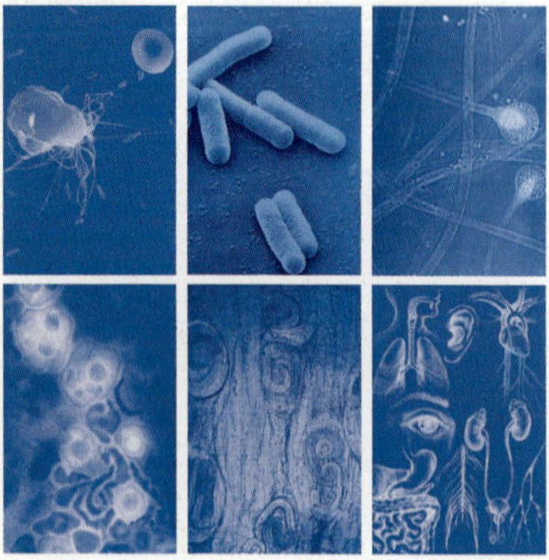

Kapitelblöcke im Überblick

Die zahlreichen **farbigen Abbildungen** erleichtern das Verständnis komplizierter Zusammenhänge oder geben einen einprägsamen Eindruck von der Morphologie der Erreger.

Die **ausführlichen Legenden** ermöglichen das Verständnis des Bildes auch ohne paralleles Nachlesen im Text.

Das **fettgedruckte Hauptstichwort** in jeder Legende informiert auf einen Blick über die „Essenz“ der Darstellung.

Zusatzinformation

Vertiefendes und ergänzendes Wissen ist in kleinerer Schrift aus dem Haupttext ausgegliedert. Die Überschrift informiert in Kürze über den Inhalt der Box und ermöglicht Ihnen dadurch, im Vorfeld zu entscheiden, ob Sie sich mit dem jeweiligen Thema befassen möchten.

Vorwort zur 12. Auflage

Die 12. Auflage dieses seit Jahrzehnten bewährten Lehrbuches der Medizinischen Mikrobiologie wurde umfangreich überarbeitet, modernisiert und in ihren Inhalten an die Lehre in Deutschland, vorgegeben durch die Approbationsordnung, angepasst. Lehrinhalte der **Infektionsmedizin** sind im gesamten Studium (Vorklinik, Klinik, Praktisches Jahr) verteilt. Das Lehrbuch umfasst die Fachgebiete **Bakteriologie, Virologie, Mykologie** und **Parasitologie** sowie die Grundlagen der **Immunologie** als Lehre von der Infektionsabwehr des Körpers. Weiterhin werden wichtige Aspekte der **Hygiene** von Infektionskrankheiten – Infektionsepidemiologie, Impfungen, Infektionskontrolle, Krankenhaushygiene und Umweltmedizin – besprochen. Ein eigenes Hauptkapitel beschäftigt sich in knapper, vorwiegend tabellarischer Form mit den **Infektionen von Organen und Organsystemen**. Dabei werden vorwiegend die Ätiologie, Diagnose und antimikrobielle Therapie dieser Infektionen berücksichtigt. In diesem Teil wurde ein neues Kapitel über pränatale, perinatale und postnatale Infektionen hinzugefügt.

Infektionskrankheiten betreffen die meisten Bereiche der Medizin. Sie haben zwar dank hochwirksamer Antiinfektiva und aktiver Schutzimpfungen ihre Schrecken weitgehend verloren. Dennoch sind sie nicht besiegt. Als Beispiele für die globale Bedeutung der Infektionskrankheiten seien AIDS, Tuberkulose, Malaria, infektiöse Darmerkrankungen, Atemwegsinfektionen sowie der Hospitalismus genannt. Die Therapie vieler bakterieller Infektionen wird zunehmend durch Evolution von Erregern mit Resistenz gegen Antibiotika erschwert. Das therapeutische Armamentarium gegen virale Infektionen ist beschränkt. Immer wieder treten auch neue, bisher unbekannte Infektionskrankheiten auf. Der Klimawandel, die globale Mobilität der Bevölkerung und weitere Faktoren begünstigen die Verschleppung von Erregern und Vektoren. Wegen der Bedeutung der Infektionskrankheiten in der Medizin muss jeder Arzt über Grundkenntnisse der pathogenen Mikroorganismen verfügen und die Pathogenese der Infektionen sowie die Mechanismen der Reaktion des Wirtsorganismus verstehen, um Diagnostik und Therapie richtig einzusetzen. Die naturwissenschaftliche Basis ist für das Verstehen der Infektionskrankheiten unerlässlich. Alle diese Aspekte vermittelt das vorliegende Lehrbuch.

Wie auch in der 11. Auflage ist die 12. Auflage farbig gestaltet. Dies kommt vor allem den zahlreichen Abbildungen zugute. Zusammenfassungen zu Beginn der meisten Kapitel geben eine rasche Übersicht. Viele Tabellen fassen Kenntnisse in übersichtlicher Form zusammen, was zur schnellen Information beiträgt und vor allem auch das Lernen erleichtert. Vertiefendes Wissen ist in kleinerer Schrift aus dem Haupttext ausgegliedert.

Die Autoren der 12. Auflage haben umfangreiche Erfahrungen in der Lehre der Infektionsmedizin und in der Forschung auf diesem Gebiet. Akademische Lehre und Forschung gehören untrennbar zusammen. So stellt dieses Buch ein modernes, auf das Wichtige fokussierendes Lehrmittel der Medizinischen Mikrobiologie und Infektionslehre dar. Nicht nur Studierende sondern auch Ärztinnen und Ärzte in der Klinik und Praxis können für ihre tägliche Arbeit bei der Betreuung von Patienten aus diesem Lehrbuch Nutzen ziehen.

Dank. Alle Autoren danken ihren Kolleginnen und Kollegen und Mitarbeitenden, die sie mit Rat und Fachwissen unterstützt haben und auch großzügig Bildmaterial zur Verfügung stellten.
Die Autoren danken auch herzlich der Fachredaktion des Thieme-Verlages sowie der Herstellungsabteilung für die vorbildliche Zusammenarbeit und für das „offene Ohr", das sie immer für die Autoren hatten.

Zürich, im Sommer 2010

Im Namen der Autoren
Fritz H. Kayser

Autoren früherer Auflagen

1.–3. Auflage:	E. Wiesmann
4. Auflage:	E. Wiesmann mit Beiträgen von J. Eckert, F. H. Kayser, J. Lindenmann
5. Auflage:	E. Wiesmann mit Beiträgen von J. Eckert, F. H. Kayser, J. Lindenmann und J. Munzinger
6.–8. Auflage:	F. H. Kayser, K. A. Bienz, J. Eckert und J. Lindenmann
9. + 10. Auflage:	F. H. Kayser, K. A. Bienz, J. Eckert und R. M. Zinkernagel
11. Auflage:	F. H. Kayser und E. C. Böttger, J. Eckert und P. Deplazes, O. Haller, R. M. Zinkernagel

Autoren

Böttger, E. C., Prof. Dr. med., Direktor des Instituts für Med. Mikrobiologie der Universität, Gloriastraße 30/32, CH-8006 Zürich (http://www.imm.uzh.ch)
1956 geboren. Studium der Medizin in Frankfurt am Main. 1982 Staatsexamen und Amerikanisches Examen (ECFMG). 1983 Promotion. 1982–1986 Wissenschaftlicher Assistent am Institut für Medizinische Mikrobiologie, Universität Mainz. 1986–1988 DFG/DAAD-Stipendiat an der Biogen Research Corp., Cambridge, USA. 1988–1991 Wissenschaftlicher Assistent am Institut für Medizinische Mikrobiologie, Medizinische Hochschule Hannover. 1991 Habilitation. 1991 Facharzt für Mikrobiologie, Virologie und Infektionsepidemiologie. 1991–2000 Arbeitsgruppenleiter und Oberarzt am Institut für Medizinische Mikrobiologie, Medizinische Hochschule Hannover. 1997 Außerplanmäßiger Professor, Medizinische Hochschule Hannover. 1999 Schwerpunktprofessur für Molekulare Mikrobiologie, Medizinische Hochschule Hannover. Seit 2000 Professor (Ordinarius) für Medizinische Mikrobiologie, Vorsteher und Direktor des Instituts für Medizinische Mikrobiologie, Universität Zürich.

Auszeichnungen: 1987 Boehringer-Ingelheim-Preis der Universität Mainz. 1991 Hygiene-Preis der Rudolf-Schülke-Stiftung. 1992 Heisenberg-Stipendium der Deutschen Forschungsgemeinschaft. 1992 Rudolf-Schoen-Preis der Medizinischen Hochschule Hannover. 1993 Wissenschaftspreis Klinische Forschung der SmithKline Beecham Stiftung. 1993 Hermann- und Lilly-Schilling Professur des Stifterverbandes für die Deutsche Wissenschaft. 1993 Wissenschaftspreis der Therapiewoche Karlsruhe. 1994 Wissenschaftspreis der Paul-Ehrlich-Gesellschaft. 1995 Körber Preis für die Europäische Wissenschaft. 1995 Wissenschaftspreis (Hauptpreis) der Deutschen Gesellschaft für Hygiene und Mikrobiologie. 1999 Ernennung zum Mitglied der American Academy for Microbiology. 2007 Aufnahme in die Reihung der meistzitierten Wissenschaftler und einflussreichsten Mikrobiologen der letzten 20 Jahre (www.isihighlycited.com).

Deplazes, P., Prof. Dr. med. vet., Direktor des Instituts für Parasitologie der Universität, Winterthurer Straße 266a, CH-8057 Zürich (http://www.uzh.ch/paras/)

1956 geboren. Studium der Veterinärmedizin in Zürich (CH). 1987 Assistenz in Großtierpraxis. 1988 Promotion. 1988–1990 Assistent in der Arbeitsgruppe für Veterinär-Serologie/Immunologie am Institut für Parasitologie der Universität Zürich (IPZ). 1991 Forschungsaufenthalt am „Institute of Veterinary and Biomedical Sciences, Murdoch University, Perth" (Australien). 1992–2000 Leiter der Arbeitsgruppe „Zoonosen" am IPZ. 1997 Habilitation. Ab 1990 Visiting Professor am Danish Centre for Experimental Parasitology an der Royal Veterinary and Agricultural University in Kopenhagen (DK). Seit 2000 Ordentlicher Professor und Direktor des Institutes für Parasitologie der Vetsuisse-Fakultät und Medizinischen Fakultät der Universität Zürich. Gründungsmitglied des European Veterinary Parasitology College (EVPC) und des European Counsel Companion Animal Parasites (ESCCAP).

Eckert, J., Prof. Dr. med. vet., Dr. h.c., ehemaliger Direktor des Instituts für Parasitologie der Universität, Winterthurer Straße 266a, CH-8057 Zürich (http://www.uzh.ch/paras/)

Geboren 1931, Studium der Veterinärmedizin an der Tierärztlichen Hochschule (TiHo) Hannover, 1956–1958 tierärztliche Tätigkeit in der Praxis, 1958 Promotion, 1958–1967 wissenschaftlicher Assistent am Institut für Parasitologie der TiHo, 1967 Habilitation, 1967–1968 Gastwissenschaftler am Laboratory of Parasitic Diseases an den National Institutes of Health, Bethesda, USA. Von 1968–1997 Professor und Leiter des Instituts für Parasitologie der Veterinärmedizinischen und Medizinischen Fakultät der Universität Zürich. 1972–1997 Advisor on Parasitic Diseases, World Health Organization (WHO), Geneva; 1987–1995 Chairman of WHO Informal Working Groups on Echinococcosis. 1988 Mitglied der Deutschen Akademie der Naturwissenschaften Leopoldina, 1991 Ehrendoktor der TiHo Hannover. Hauptarbeitsgebiet parasitäre Zoonosen. Ko-Autor der Medizinischen Mikrobiologie seit 1978 und Mitherausgeber oder Autor mehrerer Lehrbücher der Parasitologie.

Haller, O., Prof. Dr. med., Leiter der Abteilung Virologie am Institut für Medizinische Mikrobiologie und Hygiene des Universitätsklinikums Freiburg, Hermann-Herder-Straße 11, DE-79104 Freiburg (http://www.virilogie-freiburg.de)

Medizinstudium an der Universität Zürich, 1972 Promotion. Forschungsarbeiten zu angeborener antiviraler Immunabwehr, Interferonen und Natürlichen Killerzellen in Zürich, Uppsala und Stockholm. 1981 Habilitation für Virologie an der Universität Zürich. 1982-83 Visiting Assistant Professor an der Rockefeller Universität, New York. 1985 Assistenzprofessor für Virologie an der Universität Zürich. 2000 Gastprofessor an der Mount Sinai School of Medicine, New York. Seit 1989 Ordentlicher Professor für Virologie an der Universität Freiburg und Direktor der Abteilung Virologie am Institut für Medizinische Mikrobiologie und Hygiene des Universitätsklinikums Freiburg. Altpräsident der Gesellschaft für Virologie (GfV) und der International Society for Interferon and Cytokine Research (ISICR). Gründungsmitglied und erster Präsident der European Society for Virology (ESV). Ehrenmitglied der European Society for Clinical Virology. Mitglied der Akademie der Naturforscher LEOPOLDINA. Mitglied des Spitalrates des Universitätsspitals Zürich. Nationale und internationale Preise für Forschungs- und Lehrtätigkeit, zuletzt Universitätslehrpreis 2009 der Albert-Ludwigs-Universität Freiburg. Forschungsinteressen: Virus-Wirt-Interaktionen, Genetik und Molekularbiologie der Influenzaviren, virale Pathogenese und Abwehrmechanismen des Wirtes.

Kayser, F. H., Prof. Dr. med., ehemaliger Leiter der Abteilung Experimentelle Med. Mikrobiologie, Institut für Med. Mikrobiologie der Universität, Gloriastraße 30/32, CH-8006 Zürich (http://www.imm.uzh.ch)

Geburtsjahr 1933. Matura 1952 in Bad Reichenhall. Studium der Medizin in Würzburg, Lausanne (CH) und München. Staatsexamen und Promotion 1958 in München. Von 1958–1960 Medizinalassistenz in München. 1960 Approbation. 1960–1962 wissenschaftlicher Assistent am Max-Planck-Institut für Biochemie und MPI für Proteinforschung in München. 1963–1969 Ausbildung in Med. Mikrobiologie in München und Zürich. Habilitation 1966, Universität Zürich. 1969 Ausbildung in Infektiologie, Section of Infectious Diseases, University of California at Davis. 1970 Assistenzprofessor, 1975 Extraordinarius, 1987 Ordinarius für Med. Mikrobiologie, Universität Zürich. 1988–2000 Leitung der Abteilung für Experimentelle Med. Mikrobiologie der Universität Zürich. Von 1968–2000 Lehrbeauftragter für Med. Mikrobiologie an der Eidg. Tech. Hochschule Zürich. Seit 2000 Emeritus. Forschungsschwerpunkte: Epidemiologische, genetische und biochemische Grundlagen der bakteriellen Antibiotikaresistenz. Seit 1978 (4. Auflage) Co-Autor dieses Lehrbuches.

Zinkernagel, R. M., Prof. Dr. med., ehemaliger Direktor des Instituts für Experimentelle Immunologie der Universität, Schmelzbergstraße 12, CH-8091 Zürich (http://www.exp-immunologie.usz.ch/)

1944 geboren. Medizinstudium und Promotion als Dr. med. in Basel. 1,5 Jahre Chirurgie, von 1980-1983 Post-graduate Course in experimenteller Medizin in Zürich, Forschung über mütterliche Antikörper und Schutz des Neugeborenen in Lausanne. Von 1973-1975 Post-doc in Australien, zusammen mit Peter Doherty Entdeckung der MHC-Restriktion der zytotoxischen T-Zellerkennung. Von 1975-1979 Assistenzprofessor an der Scripps Clinic and Research Foundation mit Studien über MHC-Restriktionsprägung im Thymus. 1979 Berufung als Extraordinarius nach Zürich und Leitung zunächst der Abteilung Experimentelle Pathologie, dann des Instituts für Experimentelle Immunologie bis 2008 zusammen mit H. Hengartner. Zahlreiche Arbeiten vor allem über T-Zell- und Antikörper-vermittelte Schutzmechanismen gegen Virusinfektionen, die Effizienz von Impfungen bzw. deren Fehlen gegen HIV oder TB sowie über Mechanismen der natürlichen Resistenz. 1996 zusammen mit Peter Doherty Ehrung mit dem Nobelpreis für Physiologie oder Medizin.

Abkürzungsverzeichnis

AAD: Adeno-assoziierte Viren
ABC: Antigen binding cell; antigenbindende Zelle
ABS: Antigenbindungsstelle
AB-Toxin: 2-Komponenten-Toxin (Aktivität – Bindung)
ACA: Acrodermatitis chronica atrophicans
ACV: Aciclovir
ADA: Adenosindeaminase
ADCC: Antibody dependent cellular cytotoxicity; antikörperabhängige zelluläre (zellvermittelte) Zytotoxizität
ADE: Antibody dependent enhancement of viral infection
AE: Alveoläre Echinococcose
AECOPD: Akute Exazerbation bei COPD
AFC: Antibody forming cell
Ag: Antigen
AIDS: Acquired immune deficiency syndrome; erworbenes Immunschwächesyndrom
AMPs: Antimikrobielle Peptide (Syn. : Defensine)
ANA: Antinukleäre Antikörper
ANDV: Andes-Virus
api: Analytischer Profilindex
APO: Apoptosis antigen
aP-Vakzine: Azelluläre Pertussis-Vakzine
APZ: Antigenpräsentierende Zelle
ARF: Akutes rheumatisches Fieber
ASL-Titer: Antistreptolysintiter
ATL: Erwachsenen (engl. adult)-T-Zell-Leukämie
AWMF: Arbeitsgemeinschaft Wissenschaftlicher Medizinischer Fachgesellschaften
AZT: Azidothymidin

BAL: Bronchoalveoläre Lavage
BALT: bronchus-associated lymphoid tissue; bronchus-assoziiertes lymphatisches Gewebe
BCG: Bacille Calmette Guérin (TB-Impfstoff)
BCGF: B cell-growth factor
Bcl2: B-cell-leukemia-2 antigen
bDNA-Test: Verzweigter (engl. branched) DNA-Test
BDV: Bornavirus
BKV: Polyomavirus BK
Botox: Botulismus-Toxin
BSE: Bovine spongiforme Enzephalopathie
Bvg Bordetella Virulenzgene

CAH: Chronisch-aggressive Hepatitis
CAM: Cell adhesion molecules; Zelladhäsionsmoleküle
CA-MRSA: Community acquired methicillin-resistant Staphylococcus aureus
CAP: Community acquired pneumonia
CAPD: Kontinuierliche ambulante Peritonealdialyse
ccc: Covalently closed circular (DNA)
CCHFV: Krim-Kongo-Fieber-Virus
cDNA: komplementäre DNA (RNA→DNA)
CDR: Complementarity determining regions
CE: Cystische Echinococcose
CEA: Karzinoembryonales Antigen
CFA: Kolonisationsfaktor
CHIKV: Chikungunya-Virus

CJD: Creutzfeldt-Jakob-Erkrankung
CLIP: Class-II-inhibiting protein
CMI: Cell-mediated immunity
CMV: Zytomegalievirus
Con A: Concanavalin A
cOnc: Zelluläre Onkogene
COPD: Chronic Obstructive Pulmonary Disease (chronisch-obstruktive Bronchitis)
CPE: Zytopathischer Effekt
CPH: Chronisch-persistierende Hepatitis
CR: Cistronregion
CRP: C-reaktives Protein
CSF: Colony-stimulating factor
CT Choleratoxin
CTA: Cholera-Toxin A
CTB: Cholera-Toxin B
CTL: Zytotoxische $CD8^+$-T-Zelle
CTX-Element: Cholera-Toxin-Element
CV(A,B): Coxsackievirus (A,B)

D: Diphtherietoxoid (Vakzine, Normaldosis)
d: Diphtherietoxoid (Vakzine, niedrige Dosis)
DAEC: Diffus adhärente *E. coli*
DAF: Decay accelerating factor
DAG: Diacylglycerol
DC: Dendritische Zelle
DHF: Dengue-hämorrhagisches Fieber
DHPG: Dihydroxypropoxymethyl-Guanin
DIF Direkte Immunfluoreszenz
DNA: Desoxyribonukleinsäure
DNP: Dinitrophenol
DOBV: Dobrava-Virus
DOTS: Directly observed therapy strategy (Tuberkulosetherapie)
DR: Direct repeats
ds: Doppelsträngige Nukleinsäure
DSS: Dengue-Schock-Syndrom
DTH: Delayed type hypersensitivity
D-Vakzine: Diphtherie-Toxoid-Vakzine
DtxR: Diphtherietoxin-Regulator

EA: Early antigen
EAE: Experimentelle allergische Enzephalitis
EAEC: Enteroaggregative *Escherichia coli*
EAF: EPEC adhesion factor
EBER: EBV-codierte RNA-Moleküle
EBNA: Epstein-Barr-Virus nukleäres Antigen
EBOV: Ebolavirus
EBV: Epstein-Barr-Virus
ECV: Echovirus
EEEV: Eastern Equine Encephalitis-Virus
EF: Epidemisches Fleckfieber
eEF2: eukaryontischer Elongationsfaktor 2
EDTA: Ethylendiamintetraessigsäure
EHEC: Enterohämorrhagische *Escherichia coli*
EIA: Enzymimmunoassay
EIEC: Enteroinvasive *Escherichia coli*
EITB: Enzyme-linked immunoelectrotransfer blot
EK: Elementarkörper
ELISA: Enzyme-linked immunosorbent assay
EM: Elektronenmikroskop
EMB: Ethambutol
EMC-Virus: Encephalomyocarditis-Virus
Env: Glykoprotein der Hülle von Retroviren
EPEC: Enteropathogene *Escherichia coli*
EPS: Extrazelluläre Polymersubstanz

ER: Endoplasmatisches Retikulum
ESBL Extended spectrum betalactamases
ETEC: Enterotoxische *Escherichia coli*
EU: Europäische Union
ExPEC: Extraintestinale Pathovarietäten von E. coli

FA: Freundsches Adjuvans
FACS: Fluorescent activated cell sorter; fluoreszenzaktivierter Zellsorter
fam. lat. „familia"
FAS: F-Antigen
FcR: Fc-Rezeptor
FDC: Follikuläre dendritische Zelle
F-Faktor: Fertilitätsfaktor
Fha: Filamentöses Hämagglutinin bei *B. pertussis*
FITC: Fluorescein-Isothiocyanat
FLUAV: Influenza-A-Virus
FLUBV: Influenza-B-Virus
FLUCV: Influenza-C-Virus
α-FP: α-Fetoprotein
FSME: Frühsommer-Meningoenzephalitis
FTA-ABS: Fluoreszenz-Treponemen-Antikörper-Absorptionstest

GAE: Granulomatöse Amöben-Enzephalitis
Gag: Gruppenspezifische Antigene (Retroviren)
GALT: gut-associated lymphoid tissue; gastrointestinal-assoziiertes lymphatisches Gewebe
GC: Guanin-Cytosin
GDP: Guanosin-S'-diphosphat
GM-CSF: Granulocyte macrophage colony-stimulating factor
GO: Gonorrhö
GP: Glykoprotein
GPDM: Glucose-6-Phosphat-Dehydrogenase-Mangel
gr.: griechisch
Gs: Guaninnucleotid-bindendes Protein
GSS: Gerstmann-Sträussler-Scheinker-Syndrom
GTON: Guanaritovirus
GTP: Guanosin-5'-triphosphat
GVH: Graft-versus-host

h: Stunde
H: Heavy chain (Antikörper)
HA: Hämagglutinin (Influenzaviren) Hämagglutination
HAART: Hochaktive antiretrovirale Therapie
HACEK: *Haemophilus, Actinobacillus, Cardiobacterium, Eikenella, Kingella*
HAP: Hospital acquired pneumonia
HAT: Hypoxanthin, Aminopterin, Thymidin
HB: Hämoglobin
HBcAg: Hepatitis-B core-Antigen
HBeAg: Hepatitis-B e-Antigen
HBsAg: Hepatitis-B surface-Antigen
HBV: Hepatitis-B-Virus
HB-Vakzine: Hepatitis-B-Vakzine
HCA-MRSA: Health care associated methicillin resistant Staphylococcus aureus
HCC: Hepatozelluläres Karzinom
HCoV: Humane Coronaviren
HCV: Hepatitis-C-Virus
HDCV: Human diploid cell vaccine (Tollwut)
HDV: Hepatitis-D-Virus
HERV Humane endogene Retroviren
HEV: Hepatitis-E-Virus
High endothelial venules
Humanes Enterovirus

Hfr: High frequency of recombination
HFRS: Hämorrhagisches Fieber mit renalem Syndrom
HGA: Humane granulozytäre Anaplasmose
HGE: Humane granulozytäre Ehrlichiose
HGV: Hepatitis-G-Virus
HHT: Hämagglutinations-Hemmtest
HHV: Humanes Herpesvirus
Hib: *Haemophilus influenzae* Serovar b
HIV-1/2: Humanes Immunodefizienz Virus
HIV-PEP: HIV-postexpositionelle Prophylaxe
HME: Humane monozytäre Ehrlichiose
HMPV Humanes Metapneumonievirus
HPLC: High performance liquid chromatography
HPS: Hantavirus-bedingtes pulmonales Syndrom
HPV: Humanes Papillomvirus
HRF: Homology restriction factor
HRV: Humane Rhinoviren
HSP 70: Hitzeschockprotein 70
HSRV: Humanes Spumaretrovirus
HSV: Herpes-simplex-Virus
HTLV: Humanes T-Zell Leukämie Virus
HTNV: Hantaan-Virus
HuCV: Humane Caliciviren
HUS: Hämolytisches Urämiesyndrom
HVG: Host-versus-graft
HWI: Harnwegsinfektion

IEP: Immunelektrophorese
IFN: Interferon
IfSG: Infektionsschutzgesetz
Ig (A,D,E,G,M): Immunglobulin (A,D,E,G,M)
IHA: Indirekte Hämagglutination
IF: Immunofluoreszenz
IIF Indirekte Immunfluoreszenz
IK: Initialkörper
IL: Interleukin
In: Integron
INH: Isoniazid
INKV: Inkoo-Virus
IP_3: Inositoltrisphosphat
IPEC: Intestinale Pathovarietäten von *E. coli*
IPV: Inaktivierte Poliovakzine
IR: Intercistronregion
Inverted repeats
IRES: Interne ribosomale Eintrittsstelle (Picornaviren)
Ir-Gene: Immune-response-Gene
IS: Insertionssequenz
i.v.: intravenös

JCV: Polyomavirus JC
JUNV: Junin-Virus

KBR: Komplementbindungsreaktion
KNS: Koagulasenegative Staphylokokken
KSHV: Kaposi-Sarkom-assoziiertes Herpesvirus
K-Zellen: Killerzellen

L: Light chain (Antikörper)
LA: Latexagglutation
Lac-Operon: Laktose-Operon
LACV: La-Crosse-Virus
LAK: Lymphokinaktivierte Killerzellen
LASV: Lassavirus
lat. lateinisch
LB: Leprabakterien
LBP: Lipopolysaccharid-Bindungsprotein
LCA: Leukocyte common antigen
LCM(V): Lymphozytäre Choriomeningitis (-Virus)
LE: Lupus erythematodes

LFA: Lymphocyte function antigen
LGL: Large granular lymphocyte
LIF: Leukaemia inhibitory factor
LL: Lepromatöse Lepra
LM: Lichtmikroskopie
LMC: Larva migrans cutanea
LMP: Latente Membranproteine (Herpesviren)
LMV: Larva migrans visceralis
LOS: Lipooligosaccharid bei Neisserien
LPS: Lipopolysaccharid
LT: Hitzelabiles Enterotoxin von *E. coli*
LTBI: Latente Tuberkulose-bakterien-Infektion
LTR: Long terminal repeats
LTS Lipoteichonsäure

MAC: Membranangriffskomplex
MACV: Machupovirus
MAF: Makrophagenaktivierender Faktor
MALT: mucosa-associated lymphoid tissue; Mukosa-assoziiertes lymphatisches Gewebe
MAT: Mikroskopischer Agglutinationstest (Leptospirose)
MBGV: Marburg-Virus
MBK: Minimale bakterizide Konzentration
MBP: Major basic protein; basisches Myelinprotein
MCP: Membrane cofactor protein
M-CSF: Macrophage colony-stimulating factor
MDR-TB: „Multiple drug resistant"-Tuberkulosebakterien
MF: Merthiolat-Formalin
Mf: Mikrofilarien
MHC: Major histocompatibility complex; Haupthistokompatibilitäts-Genkomplex
MHK: Minimale Hemmkonzentration
MIBE: Measles inclusion body encephalitis; akute progressive infektiöse Enzephalitis bei Masern
MIF: Migrations-Inhibitionsfaktoren
min Minute
MKSV: Maul- und Klauenseuche-virus
MLC: Mixed lymphocyte culture
MLR: Mixed lymphocyte reaction
MLST: Multilocus-Sequenz-Typisierung
MMR: Trivalente, attenuierte Masern/Mumps/Röteln-Vakzine
MMTV: Murines Mammary Tumor Virus
MOMP: Major outer membrane protein
MOTT: Mycobacteria other than tubercle bacilli (NTM)
MRSA: Methicillin-resistente Staphylococcus aureus
MVA: Modifiziertes Vacciniavirus Ankara
MZM: Marginalzonenmakrophagen

NA: Neuraminidase (Influenza-Viren)
NANB: Non-A-non-B-Hepatitiden
NAT: Nukleinsäure-Amplifikation-stechnik
NCVP: Nichtkapsid-Virusprotein
NE: Nephropathia epidemica
NEP: Nukleäres Export Protein (Influenza-Viren)
NFA: Nicht-Fimbrien-Adhäsine
NGU: Nicht-Gonokokken-Urethritis
NIDEP: Studie „Nosokomiale Infektionen in Deutschland – Erfassung und Prävention"
NK-Zellen: Natürliche Killerzellen

NNRTI: Nicht-nukleosidische RT-Inhibitoren
NP: Nukleoprotein
NPC: Nasopharynxkarzinom
NPW: Negativer Prädiktivwert
NRTI: Nukleosidische RT-Inhibitoren
NTM: Nichttuberkulöse (atypische) Mykobakterien (MOTT)
NTMI: Infektionen durch nichttuberkulöse Mykobakterien
NTR: Nichttranslatierte Region

oc: Open circular (DNA)
OM: Opportunistische Mykosen
OMP: Outer membrane protein; äußeres Membranprotein
ONNV: O'nyong-nyong-Virus
Opa Opacity antigen. Protein der äußeren Membran von Gonokokken. Früher PII
OPV: Orale Poliovakzine
ori: Origin of replication
Osp: Outer surface proteins

P: Promotor
PA: Protektives Antigen (Anthrax)
PAE: Postantibiotischer Effekt
PAI: Pathogenitätsinsel
PAIR: Puncture-Aspiration-Injection-Reaspiration
PAM: Primäre Amöben-Meningoenzephalitis
PAP: Pyelonephritis-assoziierte Pili
PAS p-Aminosalizylsäure Perjodsäure-Schiff-Reaktion
PBL: Periphere Blutlymphozyten
PBP Penicillin-Bindeprotein
PC: Phosphorylcholin
PCA: Passive kutane Anaphylaxie
PCR: Polymerase-Kettenreaktion
PEG: Polyethylenglykol
PEG-IFN: Pegyliertes Interferon
PFC, PFZ: Plaque forming cell
PHA: Phytohämagglutinin
PHV: Prospect-Hill-Virus
p.i. post infectionem (nach der Infektion)
PI: Protease-Inhibitor
PIP_2: Phosphatidylinositoldiphosphat
PK: Primärkomplex (Ghon)
PK/PD: Pharmakokinetik/Pharmakodynamik
PKC: Proteinkinase C
PLC: Phospholipase C
PMA: Pokeweed Mitogen
PML: Progressive multifokale Leukoenzephalopathie
PMN: Polymorphkernige neutrophile Granulozyten
PNP: Purinnukleotidphosphorylase
p.o. per os (orale Applikation)
Pol: Polymerase (Retroviren)
Por: Porin-Protein in der äußeren Membran von Gonokokken. Früher PI
PPD: Purified protein derivative (Tuberkulin)
PPW: Positiver Prädiktivwert
PRCA: Pure red cell aplasia (Parvovirus B19)
PRP: Polyribosylribitol-Phosphat
PrP: Prion-Protein
PSE: Pyrogene Streptokokken-Exotoxine
PTLD: Posttranslation lymphoproliferative disease
Ptx: Pertussistoxin
PUUV: Puumula-Virus
PV: Poliovirus
PWI: Postoperative Wundinfektion
PZA: Pyrazinamid

QBC: Quantitative Buffy Coat Method

R: Rötelnvakzine
RAST: Radioallergensorbenstest
REM: Rasterelektronenmikroskopie
RES: Retikuloendotheliales System
RF: Rheumafaktor
RFFIT: Rapid fluorescent focus inhibition test
RFLP Restriktions-Fragment-Längen-Polymorphismus
Rh-Antigene: Rhesus-Antigene
RIA: Radioimmunassay
RIBA: Recombinant immunoblot assay
RIG: Rabiesimmunglobulin
RIST: Radioimmunosorbenstest
RMP: Rifampicin
RMSF: Rocky Mountain spotted fever
RNA: Ribonukleinsäure
RNP: Ribonukleoprotein
RRV: Ross-River-Virus
RSV: Respiratorisches Synzytialvirus
RT: Reverse Transkriptase
RTI: Infektion des tiefen Respirationstrakts
RT-PCR: Retrotranskription-PCR
RVFV: Rift-Valley-Fieber-Virus

S: Seite
s: Sekunde
SAF: Sodiumacetate acetic acid formalin
SALT: Skin-associated lymphatic tissue; Hautassoziiertes lymphatisches Gewebe
SAM: Schwangerschaftsassoziierte Malaria
SARS: Severe acute respiratory syndrome; schweres akutes Atemnotsyndrom
SARS-CoV: SARS-Coronavirus
SBA: Schafblutagar
SCF: Stern cell factor
SCID: Severe combined immunodeficiency disease
SDS: Sodium(Na^+)-dodecylsulfat
SDS:PAGE: Sodium(Na^+)-dodecylsulfat-polyacrylamid-Gelelektrophorese
SE (A–E): Staphylokokken-Enterotoxine A–E
SEOV: Seoul-Virus
SEP: Primäre Sepsis
SEPEC: Sepsis-Pathovar von *Escherichia coli*
SFT: Sabin-Feldman-Test
SFV: Semliki-Forest-Virus
SFFV: Sandfliegen-Fieber-Virus
SLE: Systemischer Lupus erythematodes
SM: Streptomycin (Tuberkulosetherapie)
SNV: Sin-Nombre-Virus
SRBC: Sheep red blood cells
SRSV: Small round-structured viruses
ss: Einzelsträngige (engl. single stranded) Nukleinsäure
SSPE: Subakute sklerosierende Panenzephalitis
SSW: Schwangerschaftswoche
ST: Hitzestabiles Enterotoxin von *E. coli*
STD: Sexually transmitted diseases
STEC: Shigatoxine-bildende *E. coli* (Syn.: EHEC, VTEC)
STIKO: Ständige Impfkommission
STORCH: Liste der pränatal/perinatal erworbenen Infektionen
sp: Spezies (= Art)
spp: mehrere Spezies
SV 40: Simian virus 40
Syn.: Synonym

T: Tetanustoxoid (Vakzine)
TAHV Tahynavirus
TAK Transiente aplastische Krise (Parvovirus B19)

TATA: Tumorassoziierte Transplantationsantigene
TB: Tuberkulosebakterien
Tc: Zytotoxische T-Zelle
TcdA: Clostridium difficile Toxin A
TcdB: Clostridium difficile Toxin B
TCGF: T-cell growth factor
TCP: Toxin-coregulierte Pili (*V. cholerae*)
Td: Tetanustoxoid/Diphtherietoxoid (d = niedrige Dosis)
T-dep: T-Zell-abhängige Antigene
T-DTH: Delayed type hypersensitivity (T-Zelle)
TEM: Transmissionselektronenmikroskopie
T_H: T-Helferzelle
THOV: Thogotovirus
T-ind: T-Zell-unabhängige Antigene
TL: Tuberkuloide Lepra
TLR: Toll-like Rezeptor
TME: Transmissible mink encephalopathy
Tn: Transposon
TNF: Tumornekrosefaktor
TORCH: s. STORCH
TPHA: Treponema pallidum-Hämagglutinationstest
TPPA Treponema pallidum Partikelagglutinationstest
TPI-Test: Treponema pallidum-Immobilisationstest
Tra: Transfer
TS: Trachealsekret
TSS: Toxisches-Schock-Syndrom
TSST-1: Toxisches-Schock-Syndrom-Toxin-1
TU: Tuberkulineinheiten
TULV: Tula-Virus
TZR: T-Zell-Rezeptor

UPEC: Uropathogene *Escherichia coli*

VacA: Vakuolisierendes Zytotoxin
Var: Varietät (Syn.: Typ)
VCA: Virales Capsidantigen
vCJD: Neue Variante der Creutzfeldt-Jakob-Krankheit
VDRL: Venereal Disease Research Laboratory
VEEV: Venezuela-Equine-Enzephalitis-Virus
VLA: Vascular adhesion molecule
VlsE: VMP-like sequence E
VMP: Variable major protein
VOA: Variantenspezifisches Oberflächenantigen
vOnc: Virale Onkogene
VP: Virusprotein
VPg: Virus protein, genome-linked
VPI Vibrio-Pathogenitätsinsel
VSV: Vesikuläres Stomatitisvirus
VTEC: Verotoxine-bildende *Escherichia coli* (Syn.: EHEC, STEC)
VZV: Varizellen-Zoster-Virus

WB: Western Blot
WEEV: Western-Equine Enzephalitis-Virus
WHO: World Health Organisation
WNV: West-Nil-Virus

XDR-TB: „Extremely drug resistant"-Tuberkulosebakterien
XLP: X-linked lymphoproliferatives Syndrom

ZF: Zystische Fibrose (Syn.: Mukoviszidose)
ZNS: Zentrales Nervensystem

Inhaltsverzeichnis

II Bakteriologie

III Mykologie

IV Virologie

V Parasitologie

I Grundlagen

1 Allgemeine Aspekte der medizinischen Mikrobiologie

F. H. Kayser, E. C. Böttger

Infektionskrankheiten werden durch subzelluläre, infektiöse Objekte (Prionen, Viren), durch prokaryontische Bakterien sowie durch eukaryontische Organismen (Pilze, Protozoen und Tiere) hervorgerufen. Ein sicherer Beweis dafür, dass eine dieser Ursachen einer Infektion zugrunde liegt, ist dann gegeben, wenn die Henle-Koch-Postulate erfüllt sind. Bei einer Reihe von Infektionskrankheiten können aus methodischen Gründen die Postulate in der durch R. Koch formulierten strengen Form nicht erfüllt werden.

Eine wichtige Rolle bei der Infektionsdiagnostik spielt das mikrobiologische Labor. Infektionen werden **direkt** durch den Nachweis des Erregers, seiner Bestandteile oder auch seiner Produkte (z. B. Toxine) in verschiedenen Untersuchungsmaterialien diagnostiziert. Eine **indirekte** Diagnose ist durch Bestimmung von Antikörpern möglich, die gegen Antigene des Erregers gerichtet sind.

1.1 Infektionskrankheiten in Vergangenheit und Gegenwart

1.1.1 Historisches

Infektionskrankheiten sind seit Jahrtausenden bekannt. Exakte Kenntnisse über ihre Ätiologie sind jedoch erst ungefähr 100 Jahre alt. In der hippokratischen Medizin wurde die Ursache von örtlich und zeitlich gehäuft auftretenden (d.h. epidemischen) Infektionen in „Veränderungen“ der Luft, in den Miasmen, gesehen. Die Miasmenlehre, die sich noch als sprachliches Dokument in Begriffen wie Sumpffieber oder Malaria (malaria: schlechte Luft) wiederfindet, blieb bis zum Ende des 19. Jahrhunderts vorherrschende Lehrmeinung, obwohl Bakterien schon im 17. Jahrhundert durch den holländischen Tuchhändler A. van Leeuwenhoek mit Hilfe eines selbstgebauten, aus einer Sammellinse mit sehr kleiner Brennweite bestehenden Mikroskopes gesehen und beschrieben wurden. Da jedoch in der damaligen Zeit die Lehre von der Urzeugung – der Entstehung von Leben aus toter organischer Materie – allgemein vertreten wurde, kam niemand auf den Gedanken, Bakterien, die man im Gewebe von an Infektionen Verstorbenen fand, als Ursache der tödlichen Krankheit anzusehen. Erst die Widerlegung der Doktrin von der Urzeugung durch Pasteur in der 2. Hälfte des 19. Jahrhunderts schaffte die Voraussetzung für ein Umdenken. Gegen Ende des 19. Jahrhunderts wurden bei zahlreichen, schon lange bekannten Krankheiten Mikroorganismen nachgewiesen und aufgrund der 1890 durch R. Koch formulierten Henle-Koch-Postulate für die Ätiologie der Krankheit verantwortlich gemacht.

1.1.2 Henle-Koch-Postulate

Die Postulate lauten, frei formuliert:

- Der Erreger muss unter Bedingungen, welche den pathologischen Veränderungen und dem klinischen Verlauf der Krankheit entsprechen, nachgewiesen werden.
- Mit Reinkulturen des Erregers muss eine identische (Mensch) oder ähnliche (Tier) Krankheit erzeugt werden können.
- Der Erreger darf bei anderen Krankheiten und bei Gesunden nicht als „zufälliger Schmarotzer" vorkommen.

Durch diese Postulate wird auch heute noch die Ursache einer Infektionskrankheit schlüssig bewiesen. Sind die Postulate nicht erfüllt, schließt dies einen gefundenen Erreger für die Ätiologie jedoch nicht aus. Vor allem bei Infektionen, die durch in vitro nicht kultivierbare Erreger hervorgerufen werden, sind die Postulate nicht zu erfüllen.

1.1.3 Die Situation heute

Infektionskrankheiten waren während Jahrtausenden häufige und auch häufig den Tod verursachende Krankheiten des Menschen und standen deshalb im Mittelpunkt des medizinischen Interesses. Die Entwicklung von wirksamen präventiven und therapeutischen Maßnahmen hat dazu geführt, dass einige der großen Seuchen wie Pocken, Pest, Fleckfieber und Diphtherie in den letzten Jahrzehnten seltener geworden oder sogar ganz verschwunden sind. Viele Infektionskrankheiten können heute auch mit spezifischen Medikamenten gut behandelt werden. Das Interesse der Medizin an diesen Krankheiten nahm deshalb ab; man war der Meinung, dass man die Infektionskrankheiten „im Griff habe". Die Erfahrungen der letzten Jahre haben jedoch gezeigt, dass dem nicht so ist. Immer wieder wurden und werden neue, bisher unbekannte Erreger als Ursache von neuen Infektionskrankheiten gefunden. Und „alte" Infektionskrankheiten treten in bekannter oder gewandelter Form auf. Die Ursachen für diesen Wandel sind vielfältig. Zu nennen sind die Änderung menschlicher Verhaltensweisen, die Mobilität, und Ernährungsgewohnheiten, die Einführung invasiver Methoden und aggressiver Therapieformen in der Medizin und die Vernachlässigung von etablierten Maßnahmen zur Kontrolle der Infektionskrankheiten. Wichtig ist auch die Fähigkeit der Erreger, sich aufgrund einer eindrücklichen genetischen Variabilität immer wieder an eine neue Situation anpassen zu können. Ein Beispiel ist die Entwicklung von Resistenzen gegen Antiinfektiva (Antibiotika). Aufgrund dieser sich immer wieder wandeln-

Tabelle **1.1** Erreger von Infektionskrankheiten des Menschen

Subzelluläre biologische Objekte	Prokaryontische Mikroorganismen	Eukaryontische Mikroorganismen	Tiere
Prionen	Klassische Bakterien (1–5 μm)	Pilze (Hefen 5–10 μm; Größe von Schimmelpilzen nicht definierbar)	Helminthen (parasitische Würmer). Länge: wenige mm bis mehrere m
Viren (20–200 nm)	Mykoplasmen (zellwandlose Bakterien)	Protozoen (1–150 μm)	Arthropoden (Gliederfüßer). Länge: einige mm bis wenige cm
	Chlamydien (0,3–1 μm; intrazellulärer Entwicklungszyklus)		

den Bedeutung der Infektionskrankheiten sind für alle in einem Medizinberuf tätigen Personen, vor allem aber für die Ärzteschaft, Grundkenntnisse über die Erreger und das Zustandekommen der Infektionskrankheiten zwingend notwendig. Diese Grundlagen sind das Thema des vorliegenden Lehrbuches.

Tab. **1.1** gibt einen Überblick über die Ursachen von Infektionskrankheiten des Menschen. Die Zahl katalogisierter humanpathogener Erreger betrug 2008: 538 Bakterien, 317 Pilze, 287 Helminthen, 208 Viren und 57 Protozoen.

1.2 Erreger von Infektionskrankheiten

1.2.1 Subzelluläre, infektiöse Objekte

Prionen (proteinaceous infectious particles). Es handelt sich um Proteinmoleküle, die degenerative Erkrankungen des ZNS wie Creutzfeldt-Jakob-Krankheit, Kuru, Scrapie der Schafe oder bovine spongiforme Enzephalopathie (BSE) der Rinder (Oberbegriff: transmittierbare, spongiforme Enzephalopathien [TSE]) verursachen.

Viren (Einzahl: das Virus). Hierbei handelt es sich um ultramikroskopische, obligate Zellparasiten, die

- nur eine Art von Nukleinsäure, entweder DNA oder RNA, enthalten;
- keine Enzymsysteme zur Energiegewinnung und keinen proteinsynthetisierenden Apparat aufweisen;
- Wirtszellen zur Synthese von Viruspartikeln benötigen.

1.2.2 Prokaryontische und eukaryontische Mikroorganismen

Nach einem Vorschlag von Woese wird die Welt des Lebendigen in die 3 Domänen Bacteria, Archaea und Eucarya eingeteilt. Jede dieser Domänen lässt sich in mehrere Reiche unterteilen. Pathogene Organismen finden sich in den Domänen Bacteria und Eucarya.

Bacteria, Archaea, Eucarya

Bacteria. Diese Domäne enthält das Reich der **chemosynthetischen Eubakterien**, zu denen die humanpathogenen Bakterien gerechnet werden. In anderen Reichen, wie z. B. in dem der photosynthetischen Zyanobakterien, finden sich keine Krankheitserreger. Es wird geschätzt, dass Hunderttausende von Bakterienarten auf der Erde existieren. Von diesen sind aber erst ungefähr 5'000 näher beschrieben.

Archaea. In dieser Domäne (bisher ungefähr 250 Arten) werden Lebewesen zusammengefasst, die unter extremen Umweltbedingungen leben. Dazu zählen die thermophilen und die hyperthermophilen (auch extremophilen) sowie die halophilen und die methanbildenden Mikroorganismen. Archaea wurden früher auch als Archaebakterien bezeichnet. Die thermophilen Archaea leben vor allem in heißen Feuchtbiotopen, z. B. in heißen, vulkanischen Quellen. Die noch nicht lange bekannten hyperthermophilen Archaea leben in einem Milieu, das Temperaturen von über 100 °C aufweist, in der Nähe von sog. rauchenden Schloten, aktiven Vulkanen in den Tiefen der Weltmeere.

Eucarya. Diese Domäne umfasst alle Lebewesen, die einen echten Kern (Nukleus) aufweisen. Zu den Eucarya zählen auch die Reiche der Tiere (Animales) und der Pflanzen (Plantales). Eukaryontische, pathogene Mikroorganismen findet man unter den Pilzen und den Protozoen. Weiterhin können Tiere, vor allem Helminthen (parasitische Würmer) und Arthropoden (Gliederfüßer) Infektionen verursachen. Einige unter ihnen sind aufgrund ihrer Größe nicht als Mikroorganismen einzuordnen.

Tab. **1.2** nennt einige wesentliche Unterschiede der prokaryontischen und eukaryontischen Krankheitserreger.

1.2.3 Bakterien

Klassische Bakterien. Sie vermehren sich ungeschlechtlich, durch einfache Querteilung. Ein für die Eucarya typischer Kern kommt nicht vor. Sie besitzen eine starre Zellwand.

Chlamydien. Sie sind obligate Zellparasiten, da sie sich nur in Zellen vermehren können. Dabei durchlaufen sie einen Entwicklungszyklus (S. 352).

Mykoplasmen. Es handelt sich um Bakterien ohne starre Zellwand. Sie zeigen vielfältige Formen. Häufigste Grundform ist die kokkoide Zelle (0,3–0,8 µm). Daneben finden sich Fäden unterschiedlicher Länge.

Tabelle **1.2** Eigenschaften von prokaryontischen (Eubakterien) und eukaryontischen (Pilze, Protozoen) Mikroorganismen

Eigenschaft	**Prokaryonten** (Bakterien)	**Eukaryonten** (Pilze, Protozoen)
Kernstruktur	nicht mit Proteinen bedecktes, meist zirkuläres DNA-Molekül	Komplex von DNA und basischen Proteinen
Lokalisation der Kernstruktur	als dichtes DNA-Knäuel im Zytoplasma. Keine Kernmembran; wird deshalb als Nukleoid oder Kernäquivalent bezeichnet	im von einer Kernmembran umgebenen Nukleus
DNA	Nukleoid und Plasmide	im Kern, Mitochondrien und Plastiden
Zytoplasma	70S-Ribosomen; keine Mitochondrien; keine Zellorganellen	Vorhandensein von Mitochondrien und Zellorganellen; 80S-Ribosomen
Zellwand	meist starre Zellwand mit Mureinschicht. Ausnahme: Mykoplasmen	bei Pilzen und einigen Protozoen-Stadien (Oozysten, Zysten) vorhanden: Glucane, Mannane, Chitin, Chitoson, Cellulose
Vermehrung	ungeschlechtlich durch einfache Querteilung	ungeschlechtlich und (meist) geschlechtlich

1.2.4 Pilze und Protozoen

Pilze. Fungi (*Mycophyta*) sind Eukaryonten, die eine starre Zellwand und einen klassischen Zellkern aufweisen sowie bewegungsunfähig sind. Sie enthalten keine photosynthetischen Pigmente und leben C-heterotroph, d.h. ernähren sich von verschiedenen organischen Nährsubstraten (im Gegensatz zu den C-autotrophen Pflanzen). Von den mehr als 50 000 Pilzarten sind wenig mehr als 300 als Infektionserreger des Menschen bekannt. Die meisten Pilzinfektionen entstehen nur auf der Grundlage geschwächter Immunabwehr des Wirtes.

Protozoen. Protozoen sind frei oder parasitisch lebende, eukaryontische Mikroorganismen wechselnder Größe und Gestalt. Im Prinzip weisen sie den gleichen Bauplan wie andere eukaryontische Zellen auf (Tab. 1.2). Sie vermehren sich geschlechtlich oder ungeschlechtlich. Ihre Übertragung erfolgt direkt oder durch Arthropoden, in denen sie sich vermehren und dabei einen Entwicklungszyklus durchlaufen, der mit der Ausbildung eines infektiösen Stadiums endet.

1.2.5 Tiere

Helminthen. Parasitische Würmer gehören dem Tierreich an. Sie sind vielzellig und differenziert strukturiert. Medizinische Bedeutung haben die Trematoda (Saugwürmer), Cestoda (Bandwürmer) sowie die Nematoda (Fadenwürmer).

Arthropoden. Gliederfüßer sind durch ein Chitinaußenskelett, die Körpergliederung, ihre Mundwerkzeuge und andere Merkmale gekennzeichnet. Medizinisch gesehen spielen sie als eigentliche Krankheitserreger nur eine untergeordnete Rolle (z.B. Milben als Ursache der Krätze). Sie sind aber häufig Vektoren, durch die Viren, Bakterien, Protozoen oder Helminthen übertragen werden.

1.3 Allgemeine Infektionslehre

Infektionskrankheiten entstehen durch Wechselwirkungen zwischen dem Infektionserreger und dem Makroorganismus mit seinen spezifischen und unspezifischen Abwehrmechanismen. Diese Wechselwirkungen werden auch als Gast-Wirt-Beziehungen bezeichnet. Krankheitssymptome kommen einerseits durch Zell- und Gewebe-schädigende Noxen der Erreger zustande und sind andererseits die Folge von Abwehrreaktionen des Wirts.

Der Begriff **Pathogenität** bezieht sich auf eine Art, der Begriff **Virulenz** kennzeichnet das Ausmaß der krankmachenden Eigenschaft eines Stammes einer pathogenen Art. Den beiden Begriffen stehen die Begriffe **Empfänglichkeit** der Wirtsspezies (Mensch, Tiere) und **Anfälligkeit** eines Individuums einer empfänglichen Wirtsspezies gegenüber. Eine wichtige Rolle beim Entstehen von Infektionen spielt die Normalflora (die Kommensalen) von Haut und Schleimhäuten. Einerseits können Kommensalen endogene Infektionen verursachen, andererseits ist die Normalflora für die Kolonisationsresistenz (= Resistenz gegen Kolonisierung durch pathogene Erreger) verantwortlich.

1.3.1 Grundbegriffe der Infektionslehre

Infektionskrankheiten entstehen, wenn pathogene Erreger in den menschlichen Organismus eindringen, sich dort vermehren und dann als Folge Krankheitssymptome auftreten. Diese kommen einerseits durch Zell – und Gewebe-schädigende Noxen der Infektionserreger zustande, andererseits sind sie die Folge der unspezifischen sowie spezifischen Abwehrreaktionen des Wirtsorganismus (Immunpathogenese). In ihrer Gesamtheit werden die Beziehungen zwischen dem Erreger (dem ungebetenen Gast) und dem Wirt mit seinen Abwehrmechanismen auch als **Gast-Wirt-Beziehungen** bezeichnet. Die Reaktionen des Wirtes auf das Eindringen von Erregern, d.h. die Mechanismen der spezifischen Immunität sowie der unspezifischen Abwehr, werden im Kapitel über die Grundlagen der Immunologie besprochen. Die Determinanten der Pathogenität der Bakterien, Pilze, Viren sowie der Protozoen und Helminthen sind recht unterschiedlich. Sie werden deshalb in den jeweiligen Kapiteln über die Pathogenese abgehandelt. Für alle Gruppen von Infektionen sind aber wichtige Grundbegriffe der Infektionslehre gleich, die deshalb zur Vermeidung von Wiederholungen in Tab. **1.3** und Tab. **1.4** kurz erklärt werden.

Unscharf definiert sind die Begriffe **Pathogenität** und **Virulenz** von Erregern. Sie werden häufig, vor allem in der angloamerikanischen Literatur, synonym verwendet. Besser ist es, wenn der Begriff „Pathogenität" einer Spezies zugeordnet

Tabelle **1.3** Grundbegriffe der Infektionslehre I (Erreger)

Begriff	**Erklärung**
Saprophyten	keine Krankheitserreger; ihr natürliches Habitat ist tote organische Materie
Parasiten	Organismen, die auf Kosten eines Wirts in oder auf diesem leben (Endoparasiten, Ektoparasiten)
– Kommensalen	normale Bewohner von Haut und Mukosa; die Gesamtheit der Kommensalen entspricht der Normalflora (s. Tab. **1.5**, S. 11)
– pathogene Mikroorganismen	klassische Krankheitserreger
– Opportunisten oder fakultativ pathogene Mikroorganismen	können Krankheit verursachen, wenn die Situation für sie „opportun" ist; oft Keime der Normalflora; gelegentlich aus der Umwelt, von Tieren oder von Keimträgern stammend
Inkubationszeit	Zeit zwischen Infektion und Auftreten von Krankheitssymptomen; charakteristisch für jede Krankheit; kann Stunden, Tage, Wochen, gelegentlich sogar Jahre betragen
Präpatenz	Begriff aus der Parasitologie: Zeit zwischen Infektion und Erscheinen der ersten Geschlechtsprodukte des Erregers, z. B. von Wurmeiern im Stuhl bei Helminthosen
Infektionsspektrum	Gesamtheit der „empfänglichen" Wirtsspezies, die von einem Erreger infiziert werden können
Infektionsdosis	minimale Anzahl von Mikroorganismen, die eine Infektion verursacht; abhängig von den spezifischen Pathomechanismen
Infektionsmodus	Art des Eindringens eines Erregers in einen Wirt

Tabelle **1.4** Grundbegriffe der Infektionslehre II (Wirt)

Begriff	**Erklärung**
Kontamination	Verunreinigung von Gegenständen, der Umwelt oder von Untersuchungsproben mit Mikroorganismen
Kolonisation (Besiedlung)	Anwesenheit von Mikroorganismen auf Haut oder Schleimhäuten (Normalflora); kein Eindringen ins Gewebe. Gelegentlich können auch pathogene Mikroorganismen kolonisieren
Infektion	Eindringen von Mikroorganismen in einen Wirtsorganismus, Vermehrung und Reaktion des Wirts. (Ausnahmen: viele Helminthen und Arthropoden)
stumme Infektion	Infektion ohne klinische Symptome
Infektionskrankheit	Infektion mit klinischer Symptomatik
Manifestationswahrscheinlichkeit (%)	Häufigkeit der klinischen Manifestation einer Infektion in anfälligen Individuen. Häufig ein Charakteristikum von Erregern. Beispiele: 0.1 % bei Infektion mit Poliomyelitis-Viren; 99 % bei Infektion mit Masernviren
endogene Infektion	Infektion, die von kolonisierenden Mikroorganismen ausgeht. Oft Keime der Normalflora
exogene Infektion	Infektion, die durch von außen in einen Wirt eindringende Erreger verursacht wird
nosokomiale Infektion	im Krankenhaus erworbene Infektion (Harnwegsinfektionen; Infektionen der Respirationsorgane; Wundinfektionen; Sepsen). Meist durch Bakterien verursacht
Lokalinfektion	die Infektion bleibt auf die Eintrittspforte und deren nähere Umgebung beschränkt
Allgemeininfektion	Lymphogene und/oder hämatogene Ausbreitung des Erregers vom Ort des Eindringens aus. Infektion von Organen, zu denen die Erreger eine spezifische Affinität (Organotropie) aufweisen. 3 Stadien: Inkubation – Generalisation – Organmanifestation
Sepsis (der Begriff Septikämie ist veraltet)	Systemerkrankung, die durch Mikroorganismen und/oder deren toxische Bestandteile oder Produkte verursacht wird (S. 710). Oft lokaler Herd vorhanden, von dem aus die Ursachen kontinuierlich oder in Schüben in die Blutbahn gelangen. Es kommt zu Zellfunktionsstörungen, die Organschäden zur Folge haben. Beim septischen Schock: Multiorganversagen

Tabelle **1.4** Fortsetzung: Grundbegriffe der Infektionslehre II (Wirt)

Begriff	**Erklärung**
transitorische Bakteriämie/ Virämie/Parasitämie	Nachweis von Mikroorganismen in der Blutbahn ohne klinische Symptome einer Infektion
Blutstrominfektion (engl. blood stream infection). Identisch mit Sepsis. Begriff wird häufig bei Katheterassoziierten Infektionen verwendet	Nachweis von Mikroorganismen in der Blutbahn mit klinischen Symptomen einer Infektion
Superinfektion	Zweitinfektion bei bestehender erster Infektion
rezidivierende Infektion	Infektion mit demselben Erreger (= Rückfall) oder einem anderen Keim (= Reinfektion)

und der Grad der Pathogenität auf eine Population (einen Stamm) bezogen und als „Virulenz" bezeichnet wird. Den Begriffen Pathogenität und Virulenz beim Erreger stehen die Begriffe **Empfänglichkeit** der Wirtsspezies und **Anfälligkeit** des Einzelindividuums einer empfänglichen Wirtsspezies gegenüber.

1.3.2 Normalflora

Eine wichtige Rolle beim Entstehen von Infektionskrankheiten spielt die Normalflora. Haut und Schleimhäute des Menschen werden von einer Vielzahl von Mikroorganismen, den sog. Kommensalen (s. Tab. **1.3**), besiedelt. Diese haben die höchste Kunst des Parasitierens erreicht, da sie beim Leben auf Kosten ihres Wirtes diesen nicht schädigen, im Unterschied zu den pathogenen Mikroorganismen. In Tab. **1.5** sind die wichtigsten Mikroorganismen der Normalflora verschiedener Standorte aufgeführt. Am häufigsten kommen Kommensalen im Intestinaltrakt vor, in dem bisher mehr als 400 verschiedene Bakterienarten nachgewiesen wurden. Im Duodenum kommen $10^1 - 10^5$, im Dünndarm $10^3 - 10^7$, im Dickdarm sogar $10^{10} - 10^{12}$ Bakterien pro Gramm Darminhalt vor. Über 99 % der Normalflora des Intestinaltrakts, aber auch die Flora vieler anderer Standorte, besteht aus obligaten gramnegativen Anaerobiern (S. 333). Kommensalen können aber auch Krankheiten verursachen. Diese entstehen, wenn z. B. die Abwehrlage des Wirtes reduziert ist oder Kommensalen an Orte des Wirtsorganismus gelangen, wo sie nicht hingehören. Beispiele sind die Zystitis bei Harnabflussstörungen und die Endokarditis bei vorgeschädigten Herzklappen. Andererseits übt die Normalflora nützliche Effekte aus. Sie hat Platzhalterfunktion. Sie sorgt dafür, dass pathogene Mikroorganismen den ersten Schritt bei der Infektion, die Kolonisierung von Haut oder

Tabelle **1.5** Mikrobielle Normalflora des Menschen

Mikroorganismen	**Mikrobiotope**				
	Haut	**Mundöhle**	**Darm**	**Oberer Respirationstrakt**	**Genitaltrakt**
Staphylokokken	+++	+	+	++	++
Enterokokken	(+)	(+)	++		(+)
orale Streptokokken	+	+++	+	+	+
anaerobe Kokken		+	+		+
Pneumokokken		+		+	
apathogene Neisserien		+		+	
apathogene Korynebakterien	++	+	+	+	+
aerobe Sporenbildner	(+)				
Klostridien			+++		(+)
Aktinomyzeten		+++			+
Enterobacteriaceae	(+)	(+)	+++	(+)	+
Pseudomonas			+		
Haemophilus		+		++	(+)
gramnegative obligat anaerobe Stäbchen		+++	+++	+++	+++
Spirochäten		++		+	(+)
Mykoplasmen		++	+	+	++
Pilze (Hefen)	++	+	+	+	+
Entamoeba, Giardia, Trichomonas			+		+

+++ = zahlreich, ++ = häufig, + = mäßig, (+) = gelegentlich

Schleimhäuten, nicht vollziehen können, weil kein Platz für sie vorhanden ist. Diese Funktion der Normalflora wird als **Kolonisationsresistenz** bezeichnet. Weitere nützliche Funktionen der Normalflora sind Fettsäuresynthese durch die Hautflora und Vitaminsynthese. Darüberhinaus übt die Normalflora eine kontinuierliche Stimulation auf das Immunsystem aus, die dadurch zustande kommt, dass Kommensalen häufig über Mikrotraumen in die Gewebe des Wirts eindringen.

1.4 Labordiagnostik von Infektionen

Infektionen können direkt durch Nachweis des Erregers oder seiner Bestandteile oder indirekt durch Bestimmung von Antikörpern diagnostiziert werden. Die **Treffsicherheit** von Laborergebnissen wird mit den Begriffen Sensitivität und Spezifität, die **Wertigkeit** mit den Parametern positiver und negativer Voraussagewert (= prädiktive Werte) gemessen. Die prädiktiven Werte sind stark von der Prävalenz abhängig. Für die Labordiagnostik sind die korrekte Entnahme des richtigen Untersuchungsmaterials sowie ein adäquater Transport unerlässliche Voraussetzungen. Die klassischen Verfahren bei dem direkten Erregernachweis umfassen die Mikroskopie und die Kultur. Die Identifizierung berücksichtigt morphologische, physiologische und chemische Merkmale, unter denen der molekularbiologische Nachweis erregerspezifischer Nukleinsäuresequenzen immer wichtiger wird. Die Entwicklung empfindlicher Testsysteme erlaubt es, Bestandteile von Erregern im Untersuchungsmaterial direkt nachzuweisen. Dabei kommen molekularbiologische Methoden mit und ohne Amplifikation einer gesuchten Sequenz (PCR) zur Anwendung. Ein Direktnachweis kann auch durch Nachweis von Antigenen erfolgen.

1.4.1 Voraussetzungen, allgemeine Methodik, Bewertung

Die diagnostische oder klinische Mikrobiologie beschäftigt sich mit der Labordiagnose von Infektionskrankheiten. Eine moderne Medizin, vor allem im Krankenhaus, ist heute ohne Kooperation mit einem mikrobiologischen Speziallabor nicht mehr denkbar.

Um die Tätigkeit des Labors für den Patienten voll ausschöpfen zu können, ist eine Zusammenarbeit zwischen dem behandelnden Arzt und dem Laborpersonal notwendig. Voraussetzungen dafür sind einerseits Grundkenntnisse in Pathophysiologie und Klinik der Infektionen auf Seiten des Laborpersonals sowie andererseits Kenntnisse über die Arbeit des Labors beim behandelnden Arzt.

Eine Infektionskrankheit kann **direkt** durch den Nachweis des Erregers, von Bestandteilen des Erregers oder seiner Produkte diagnostiziert werden. Oder sie kann **indirekt** durch Bestimmung von Antikörpern nachgewiesen werden (s. Tab. **1.6**).

Jede diagnostische Methode weist eine **Treffsicherheit** sowie eine **Wertigkeit** auf, die mit den Begriffen Sensitivität, Spezifität sowie positiver und negativer Prädiktivwert charakterisiert werden. Diese Parameter können am besten anhand einer Vierfeldertafel verstanden werden (Tab. **1.7**). Durch fiktives Einsetzen von Zahlen in die Vierfeldertafel kann man leicht errechnen, dass der positive Prädiktivwert trotz guter Spezifität und Sensitivität eines Tests stark absinkt, wenn die Prävalenz klein ist.

Tabelle **1.6** Übersicht diagnostischer Nachweisverfahren

Nachweis des Erregers	Mikroskopie Kultur molekulare Verfahren Identifizierung phänotypische Merkmale: Morphologie Metabolismus Antigene genotypische Merkmale
Nachweis von Erreger-Bestandteilen oder Erreger-Produkten	Erreger-spezifische Genom-Sequenzen Antigene Toxine
Nachweis einer erregerspezifischen Immunreaktion	Antikörper (IgG, IgM)

1.4.2 Untersuchungsmaterial

Von großer Wichtigkeit sind Art des Untersuchungsmaterials, die korrekte Entnahme und der richtige Transport. Die Art des Materials hängt ab von 1. der klinischen Verdachtsdiagnose; 2. der Lokalisation der Erkrankung und 3. der in Frage kommenden Erregergruppe. Allgemein gilt, dass Material, aus dem Erreger isoliert werden sollen, möglichst früh vor Beginn einer Therapie mit Antiinfektiva zu entnehmen ist. Der Transport ins Labor muss in speziellen Gefäßen erfolgen, die oft Transportmedien enthalten. Man unterscheidet Anreicherungstransportmedien (z.B. Blutkulturflasche), für den Transport verwendete Selektiv/Wachstumsmedien und reine Transportmedien ohne Nährstoffe. Das Material ist mit einem Auftragszettel zu versehen, der für die Bearbeitung notwendige Informationen enthalten muss. Die Untersuchungs-Laboratorien benötigen zwingend Angaben zur klinischen Verdachtsdiagnose, da das Vorgehen im Labor immer ein gerichtetes ist. Es gibt keine „infektionsdiagnostische Untersuchung auf alles".

1.4.3 Traditionelle Verfahren in der Labordiagnostik

Die traditionellen Methoden zum direkten Erregernachweis beruhen auf mikroskopischen (Lichtmikroskop, Elektronenmikroskop) und kulturellen Verfahren. Im Untersuchungsgut können auch Bestandteile von Erregern (erregerspezifische Antigene) oder Produkte von Erregern (Toxine) direkt nachgewiesen werden. Einzelheiten zur Diagnostik in der Bakteriologie, Mykologie, Virologie und Parasitologie sind in den Kapiteln 1.**5** – 1.**8** beschrieben.

Tabelle **1.7** Vierfeldertafel zur Erklärung und Berechnung der Begriffe Sensitivität, Spezifität sowie der positiven und negativen Prädiktivwerte PPW und NPW (inklusive Zahlenbeispiel).

Kollektiv	Test positiv	Test negativ
Infizierte (N = 1000)	RP (richtig positiv) (N = 990)	FN (falsch negativ) (N = 10)
Nichtinfizierte (N = 99'000)	FP (falsch positiv) (N = 1000)	RN (richtig negativ) (N = 98'000)

Die Sensitivität (%) bestimmt im Kollektiv der **Infizierten** die Häufigkeit richtig positiver und falsch negativer Resultate (horizontale Analyse). Durch Einsetzen der fiktiven Zahlen in die Formel ergibt sich 99 %.

Die Spezifität (%) bestimmt im Kollektiv der **Nichtinfizierten** die Häufigkeit richtig negativer und falsch positiver Resultate (horizontale Analyse). Durch Einsetzen der Zahlen in die Formel ergibt sich 99 %.

$$\text{Sensitivität (\%)} = \frac{RP}{RP + FN} \times 100 \quad \text{Spezifität (\%)} = \frac{RN}{RN + FP} \times 100$$

Der PPW(%) beziffert die Wahrscheinlichkeit, mit der ein positives Resultat für Infektion spricht. Es werden die positiven Testergebnisse sowohl im Kollektiv der Infizierten als auch in dem der Nichtinfizierten berücksichtigt (vertikale Analyse). Durch Einsetzen der Zahlen ergibt sich ein PPW von 49,7 %.

Der NPW (%) bestimmt die Wahrscheinlichkeit, mit der ein negatives Ergebnis für Nichtinfektion spricht. Es werden die negativen Testergebnisse in den Kollektiven der Infizierten und Nichtinfizierten analysiert (vertikale Analyse). Durch Einsetzen der Zahlen ergibt sich ein NPW von 99,9 %.

$$\text{PPW (\%)} = \frac{RP}{RP + FP} \times 100 \quad \text{NPW (\%)} = \frac{RN}{RN + FN} \times 100$$

Die Prävalenz (s. S. 46) im Zahlenbeispiel beträgt 0,01 % (1000/100'000).

1.4.4 Molekulare Verfahren in der Labordiagnostik

Die Verschiedenheit aller Organismen geht zurück auf genomische Unterschiede in der DNA - bei den RNA-Viren in der RNA. Das Genom enthält sämtliche Informationen über Aufbau, Struktur und Funktion eines Organismus. Somit eignen sich Nukleinsäureuntersuchungen für eine Vielzahl von Fragestellungen:

- Nachweis von Krankheitserregern,
- Nachweis von Virulenzfaktoren,
- Nachweis von Resistenzgenen,
- Nachweis von spezifischen Veränderungen im Genom,
- epidemiologische Untersuchungen.

Folgende Methoden werden eingesetzt:

- **Sequenzierung.** Hier wird über eine enzymatische in vitro-Reaktion mittels einer DNA-Polymerase und markierter Di-Desoxynukleotide die Sequenz eines zu untersuchenden Nukleinsäureabschnitts bestimmt, meist nach vorausgegangener Amplifikation mittels PCR (s. unten). Bei Viren mit RNA-Genom ist die Umschreibung der RNA zu komplementärer DNA (cDNA) durch Retrotranskription (RT) notwendig (RT-PCR).
- **DNA-Sonden.** Nachweis einer spezifischen Nukleinsäuresequenz mittels komplementärer Einzelstrang-Sonden mit der Technik der Hybridisierung. Die Sonden können mit Radioaktivität markiert sein (^{32}P, ^{35}S) oder nichtradioaktive Reportermoleküle (z. B. Biotin, Digoxigenin) aufweisen.
  - *Festphase-Hybridisierung.* Das Suchmolekül oder die Sonde ist auf einer Nylon- oder Nitrozellulosemembran fixiert (Kolonie-Blot-Technik, Dot-Blot-Technik).
  - *Flüssigkeitsphase-Hybridisierung.* Suchmolekül und Sonde liegen gelöst vor.
  - *In-situ Hybridisierung.* Nachweis spezifischer DNA-Sequenzen im Gewebe.
  - *Microarray-Technik* (Syn.: *Chip-Hybridisierung*). Bei dieser Technik werden geeignete DNA-Sonden auf der Oberfläche eines nur wenige cm^2 großen Chips deponiert. Je nach Format können 10^3 bis 10^6 Sonden aufgebracht werden. Gesuchte DNA in einer Probe wird nach Amplifikation und Fluoreszenz-Markierung aufgebracht und die Bindung an die komplementären Sonden durch Messung der Fluoreszenz auf dem Chip mit konfokaler Laser-Mikroskopie bestimmt.
- **Nukleinsäure-Amplifikationstechniken.** Hauptziel ist es, die Sensitivität zu steigern, die „Nadel im Heuhaufen" zu finden. Amplifikationsverfahren lassen sich in drei Gruppen einteilen: Amplifikation der Zielsequenz, Sondenamplifikation, Signalamplifikation. Die bedeutsamste unter diesen Techniken ist die Polymerasekettenreaktion (PCR) zur Amplifikation einer Zielsequenz. Die „Realtime-PCR" (s. S. 38), eine Variante der Standard-PCR, ermöglicht eine Analyse innerhalb von 30 Minuten bis wenigen Stunden.
  Methodisch sind bei Genamplifikationsverfahren folgende mögliche Schwachstellen zu beachten und zu kontrollieren:
  - Effizienz der Nukleinsäureextraktion aus dem Untersuchungsmaterial. Besonders problematisch bei Infektionen mit geringen Erregermengen, z. B. Tuberkulose (= falsch negativer Reaktionsausfall).
  - Anwesenheit von Inhibitoren der enzymatischen Amplifikationsreaktion (= falsch negativer Reaktionsausfall).
  - Kontamination durch fremde Nukleinsäuren (= falsch positiver Reaktionsausfall).
- **Genomtypisierung.** Haupteinsatzgebiet sind epidemiologische Fragestellungen, wie zum Beispiel der Nachweis von Infektketten durch Feststellen der Identität von Stämmen. Zwei häufige Methoden (unter vielen) sind:

- *Restriktions-Fragment-Längen-Polymorphismus* (*RFLP*). Jedes Genom weist Polymorphismen auf, z. B. Genom-Umlagerungen, Insertionen, Deletionen, Mutationen. Diese Polymorphismen lassen sich durch Verdau genomischer DNA mit geeigneten Restriktionsenzymen und anschließender gelelektrophoretischer Auftrennung der Fragmente nach Größe sichtbar machen (s. Abb. **1.1**).
- *Multilocus-Sequenz-Typisierung* (*MLST*). Dabei werden Abschnitte von mehreren „housekeeping genes" verschiedener Isolate sequenziert. Identität liegt vor, wenn diese Abschnitte identische Sequenzen aufweisen.

1.4.5 Antigen- und Antikörpernachweis

In der diagnostischen Mikrobiologie werden zahlreiche Methoden zum Nachweis von Antikörpern mit bekannten Antigenen und umgekehrt eingesetzt. Bei der Interpretation von Antikörpertitern muss entschieden werden, ob diese für eine frische Infektion sprechen oder eine „serologische Narbe" darstellen. Für eine akute Infektion spricht, wenn der Titer von Antikörpern der Klasse IgG in einer frühen und in einer 10–14 Tage später entnommenen Blutprobe mindestens um den Faktor 4 angestiegen ist. Alternativ kann auch der Nachweis von IgM (S. 81) für eine frische Primärinfektion oder eine aktive Infektion sprechen. Der Antikörpertiter gibt an, in welcher Verdünnungsstufe (geometrische Verdünnung mit Faktor 2) eine Untersuchungsprobe noch mit dem spezifischen Antigen reagiert. (Bei einigen Tests wird die Konzentration der Antikörper nicht in Titerstufen, sondern in Antikörpereinheiten angegeben).

Präzipitation

Präzipitation wird in der Labordiagnose von Infektionskrankheiten nur selten eingesetzt. Sie dient zum Nachweis löslicher Antigene mit bekannten Antikörpern. Meist kommen Verfahren zur Anwendung, bei denen die Präzipitation in einem Gel erfolgt. Dabei diffundieren Antikörper und Antigen im Gel aufeinander zu. Dort, wo sie in einem äquivalentem Verhältnis zueinander vorliegen, kommt es zur Präzipitation. Bei Antikörper- oder Antigenüberschuss ergeben sich weniger oder keine Präzipitate. Als Beispiel einer Gel-Präzipitation ist in Abb. **1.2** die Doppeldiffusion nach Ouchterlony dargestellt. Sie erlaubt eine *qualitative* Beurteilung, ob ein gegebener Antikörper bzw. ein Antigen vorliegt oder nicht und in welchem Verwandtschaftsgrad diese zueinander stehen. Gelegentlich wird Präzipitation auch mit einer Gel-Elektrophorese gekoppelt: Gegenstrom-Immunelektrophorese zum Nachweis von Antigenen.

Agglutination

Antikörper agglutinieren antigenbeladene Partikel oder Antigene agglutinieren antikörperbeladene Partikel.

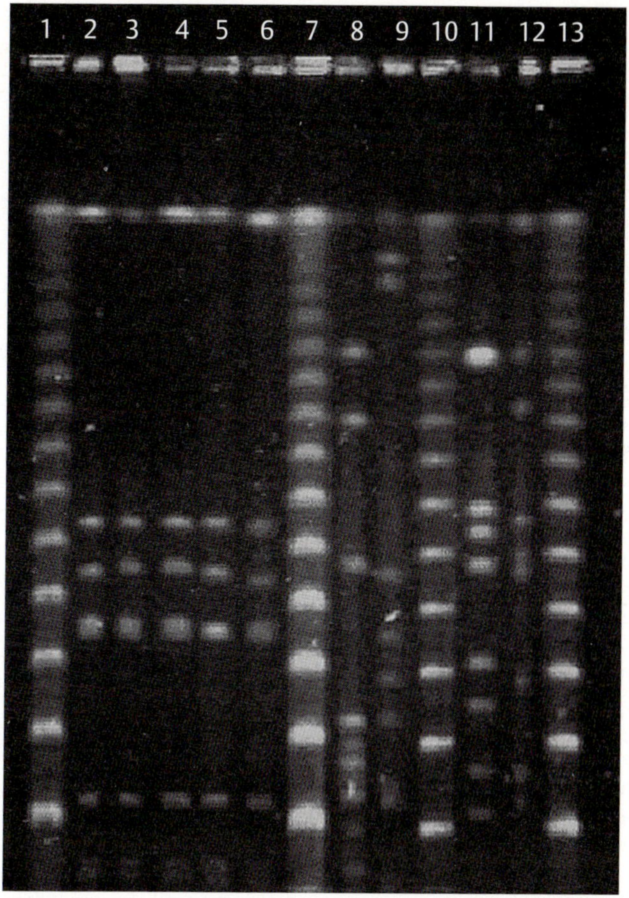

Abb. **1.1** **Restriktions-Fragment-Längen-Polymorphismus (RFLP).** DNA verschiedener Isolate von *Staphylococcus aureus* wird mit selten schneidenden Restriktionsendonucleasen, die Sequenzen von 8 oder mehr Nukleotiden erkennen, verdaut. Dadurch entstehen große DNA-Fragmente. Diese werden anschließend in der Pulsfeld-Agarose-Gelelektrophorese entsprechend ihrer Größe aufgetrennt. Die Bahnen 1, 7, 10 und 13 enthalten Größenmarker (sog. λ-Leiter; verdaute DNA des Bakteriophagen λ). Die Isolate 2-6 weisen ein identisches DNA-Bandenmuster als Audruck einer Infektkette zwischen betroffenen Patienten auf. Die Muster der Isolate 8, 9, 11 und 12 dagegen sind unterschiedlich und gehören deshalb nicht zum entsprechenden Epidemie-Klon.

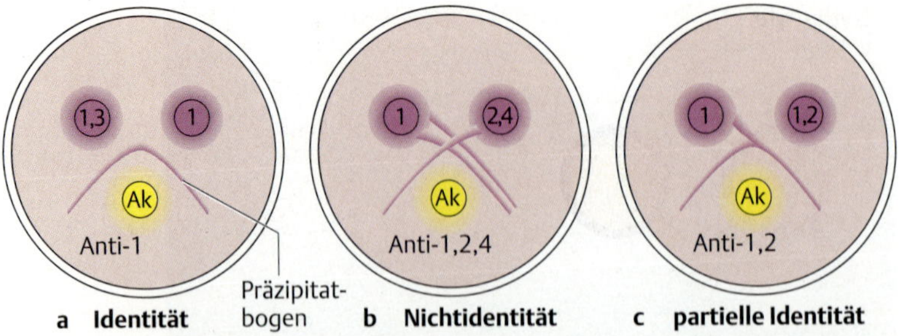

Abb. **1.2** **Doppeldiffusion nach Ouchterlony.** Diese Technik erlaubt die Zuordnung von Antigenen (violett) zu einem bestimmten Testantikörper (gelb) oder umgekehrt. Die in Vertiefungen des Gels pipettierten Antikörper und Antigene diffundieren durch das Gel (die Nummern bezeichnen vorhandene Epitope). Wo sie aufeinandertreffen, bilden sich bei erfolgter Immunkomplexbildung Präzipitatbögen.
a Die Antikörper präzipitieren identische Epitope (nämlich jeweils Epitop 1) der beiden Antigene, und es entstehen zusammenfließende, sich in ihrer Wanderung gegenseitig hemmende Präzipitatbögen. Bei **b** bilden sich drei unabhängige Präzipitatbögen, d. h., die Antikörper unterscheiden drei verschiedene Epitope. **c** Das Epitop 1 beider Antigenproben bildet einen zusammenfließenden Präzipitatbogen. Anti-2 wird in seiner Reaktion mit dem Epitop 2 dadurch nicht behindert; es wandert über die konfluierende Linie hinaus in das Gebiet, wo es mit freiem Antigen 2 präzipitiert und einen Sporn bildet.

- **Hämagglutination.** Diese kann qualitativ (Objektträger-Hämagglutination) oder auch quantitativ (Abb. **1.3**) durchgeführt werden. Erythrozyten mit Antigenen auf der Oberfläche (z. B. Rh^+-Antigen) oder Erythrozyten, auf deren Oberfläche ein bekanntes Antigen fixiert wurde, werden durch Antikörper, die zu dem Antigen passen, agglutiniert. (Der in der Virologie eingesetzte Hämagglutinations-Hemmtest wird auf S. 40 beschrieben).
- **Agglutination** von Mikroorganismen (z. B. Gruber-Widal, S. 299).
- **Partikel-Agglutination.** Ein bekanntes Antigen wird auf der Oberfläche von Partikeln befestigt (Latexpartikel, Gelatinepartikel). Antikörper, die zu dem Antigen passen, agglutinieren die Partikel.
- **Co-Agglutination.** Bekannte Antikörper werden mit dem Fc-Teil an Protein A (S. 247) von abgetöteten Staphylokokken fixiert. Antigen, das zu den Antikörpern passt, agglutiniert die antikörperbeladenen Staphylokokken.

Antiglobulinteste nach Coombs.

Agglutinationen lassen sich ohne besondere Kunstgriffe auslösen, wenn IgM-Antikörper im Spiel sind. IgG-Antikörper führen jedoch oft nicht zu einer Agglutination. Diese kann aber mit Anti-Humanimmunglobulin (Anti-IgG; auch Coombs-Serum) nachgewiesen werden. Der **direkte Coombs-Test** dient zur Entdeckung von bereits

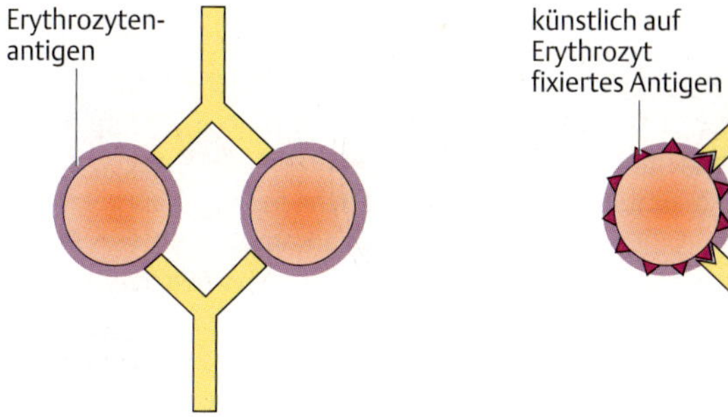

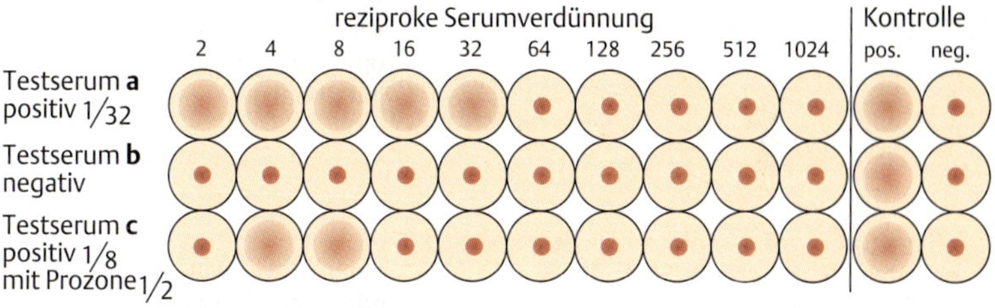

Abb. **1.3** **Hämagglutination.** Der Hämagglutinationstest macht sich die Tatsache zunutze, dass sich Erythrozyten, die durch Antikörper kreuzvernetzt wurden, mattenartig auf dem Boden der Näpfe einer Mikrotiterplatte absetzen (Testseren **a**, **c** und positive Kontrolle), während nicht agglutinierte Erythrozyten sich in der Spitze der Näpfe ansammeln und einen Knopf bilden (Testserum **b** und negative Kontrolle). Zunächst pipettiert man die Testseren in der angegebenen Verdünnung in die Näpfe, dann gibt man die Erythrozytensuspension hinzu. Der Test kann zum einen mit natürlichen Erythrozytenantigenen durchgeführt werden (oben links; aktive Hämagglutination). Man kann jedoch auch bekannte Antigene auf der Erythrozytenoberfläche fixieren (oben rechts; passive Hämagglutination). Zum sog. „Prozonenphänomen" kommt es durch blockierende Mechanismen in zu wenig verdünnten Seren (Testserum **c**).

an Partikeln gebundenen Antikörpern. Beispiel: Erythrozyten von Rh^+-Neugeborenen sind mit anti-Rh-Antikörpern der Mutter besetzt. Durch Zugabe des Coombs-Serums kommt es zur Agglutination. Beim **indirekten Coombs-Test** werden in einer ersten Phase freie Antikörper im Serum (sofern vorhanden) auf Antigen-tragende Partikel (z. B. Erythrozyten, Bakterien) aufgeladen. In einer zweiten Phase wird Coombs-Serum zugegeben und die Bindung mittels Agglutination nachgewiesen. Der Coombs-Test spielt in der Blutgruppen-Serologie eine große Rolle, wird aber auch gelegentlich zum Nachweis agglutinierender Antikörper gegen Bakterien (z. B. Anti-Brucellen-Antikörper) eingesetzt.

Komplementbindungsreaktion (KBR)

Die KBR ist eine früher viel angewendete Methode, die meist zur Titerbestimmung von Antikörpern eingesetzt wurde. Das Prinzip besteht in der Messung des Verbrauchs einer vorgegebenen Menge an Komplement durch eine Antigen-Antikörper-Reaktion. Hat eine Reaktion im *Testsystem* (= Suche nach Antikörpern im Serum mit vorgegebenem Antigen) stattgefunden, wird Komplement von Antigen/Antikörper-Komplexen gebunden, sonst nicht. Der Verbrauch von Komplement im Testsystem wird durch ein *Indikatorsystem* (Syn.: hämolytisches System) bestimmt. Dieses besteht aus Schaferythrozyten, die mit Antikörpern gegen Oberflächen-Antigene der Erythrozyten beladen sind. Für eine Lyse der Erythrozyten ist Komplement notwendig (s. S. 118). Werden die Erythrozyten nicht lysiert, wurde im *Testsystem* Komplement an Antigen/Antikörper-Komplexe gebunden und die KBR ist positiv. Eine negative Reaktion dagegen wird durch Lyse der Erythrozyten angezeigt. Diese Methode wird heute nur noch in Spezialfällen verwendet. Sie ist weitgehend durch andere serologische Tests (z. B. Immunosorbenstests, Immunfluoreszenz) abgelöst worden.

Direkte und indirekte Immunfluoreszenz

Direkte Immunfluoreszenz (DIF). Mit Hilfe der Immunfluoreszenz kann nachgewiesen werden, ob auf Mikroorganismen, Zellen von Geweben oder Zellkulturen spezifische Antigene vorhanden sind. Präparate von Mikroorganismen auf Objektträgern, Gewebeschnitte oder Zellpräparationen werden hierzu mit spezifischen Antikörpern (Antiseren) inkubiert, die mit einem Fluorochrom markiert sind (Abb. **1.4a**). Hat der Antikörper gebunden, lässt sich die Bindung mit einem Fluoreszenzmikroskop nachweisen. Das Fluorochrom absorbiert Licht einer bestimmten Wellenlänge (z. B. UV-Licht) und emittiert die Lichtenergie als Licht anderer, aber sichtbarer Wellenlänge. Am häufigsten wird das Fluorochrom Fluorescein-Isothiocyanat (FITC) eingesetzt, das UV-Licht absorbiert und als grünes Licht emittiert.

Indirekte Immunfluoreszenz (IIF). Durch IIF wird qualitativ oder auch quantitativ (Antikörpertiter s. S. 16) nachgewiesen, ob in einer Patientenprobe (meist Serum) Antikörper gegen Antigene vorkommen. Auf Objektträgern fixierte Antigene (z. B. Mikroorganismen, Gewebsschnitte oder Zellkulturen) werden mit dem Patientenserum inkubiert. Sind passende Antikörper vorhanden, binden diese an das Antigen. Nichtgebundene Immunglobuline werden weggewaschen. Die Bindung der spezifischen Antikörper an das Antigen wird dann mit einem markierten „zweiten" sog. anti-Antikörper nachgewiesen (Abb. **1.4b**).

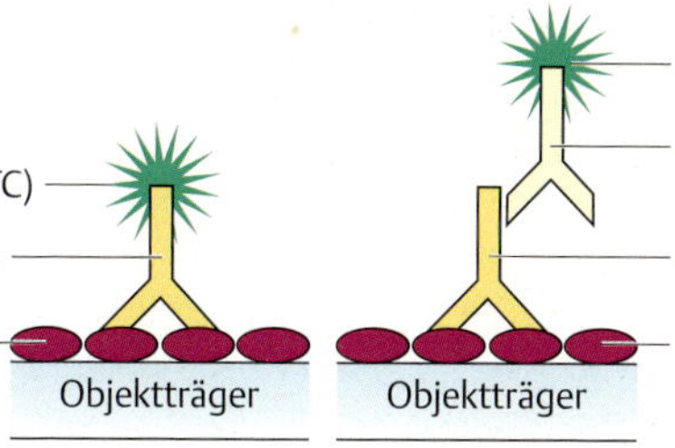

Abb. **1.4** **Immunfluoreszenz. a** Bei der direkten Immunfluoreszenz ist der Antikörper mit einem Fluorochrom (meist FITC) markiert. **b** Bei der indirekten Immunfluoreszenz wird der nichtmarkierte Primärantikörper über einen an diesen bindenden, markierten Sekundärantikörper (anti-Antikörper) nachgewiesen.

Immunhistologie

Zum Nachweis von Antigenen oder Antikörpern in Gewebeschnitten verwendet man heute oft enzymmarkierte Antikörper anstelle von Fluorochrom-markierten Antikörpern. Das Enzym katalysiert die Umwandlung einer farblosen Substanz in einem Farbstoff. Das entstehende Farbpräzipitat erlaubt eine direkte lichtmikroskopische Betrachtung. Häufig ist das an Antikörper gekoppelte Enzym die Peroxidase.

Eine andere Möglichkeit besteht in der Verwendung biotinylierter Antikörper. Das Vitamin Biotin bindet mit hoher Affinität an Avidin, ein basisches tetrameres Glykoprotein. An Avidin gekoppelte Farbstoffe oder auch Enzyme ermöglichen dann verschiedene Farbreaktionen, die lichtmikroskopisch nachgewiesen werden können.

Ein Vorteil dieser immunhistologischen Anfärbungen gegenüber der Immunfluoreszenz besteht darin, dass die Farbkomplexe kaum ausbleichen, sodass Gewebeschnitte noch lange nach der Markierung betrachtet werden können.

Immunosorbenstests

Alle Absorbens- oder Solidphasentests beinhalten die Immobilisierung von Antigenen oder Antikörpern an bestimmten Kunststoffen (daher der Name). Immunosorbenstests können in einer direkten Form oder indirekt (verschiedene Sandwichkombinationen von Antigen, Antikörper und Anti-Antikörpern, Abb. **1.5**) durchgeführt werden. Antikörper oder Antigene sind mit einem Enzym markiert (**EIA** = **e**nzyme **i**mmuno **a**ssay bzw. (Syn.) **ELISA** = **e**nzyme **l**inked **i**mmuno **s**orbens **a**ssay). Die stattgefundene Bindung wird durch eine optisch sichtbare Enzymreaktion ermittelt. Je mehr Enzym gebunden ist, desto intensiver ist die Enzymreaktion.

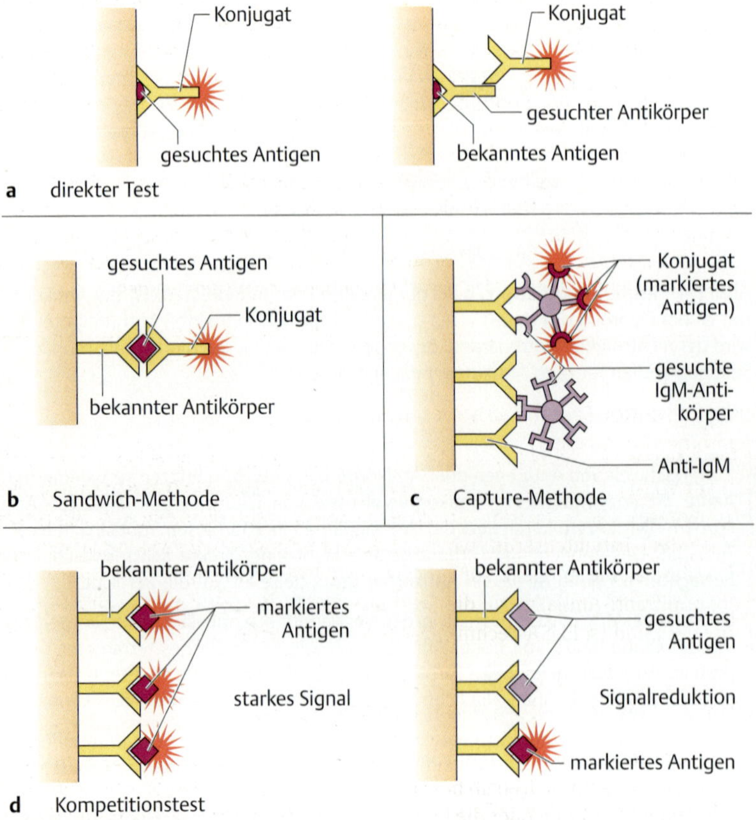

Abb. **1.5 Grundtypen der Absorbens- bzw. Solidphasentests.**
Bei den **Absorbenstests** wird das Antigen oder der Antikörper an eine feste Phase (z. B. Plastikfläche) gebunden. Dabei gibt es unterschiedliche Möglichkeiten, die Interaktion zwischen Antigen und Antikörper nachzuweisen. Im **direkten Test** (**a**) kann ein immobilisiertes, gesuchtes Antigen über einen markierten Antikörper (= Konjugat) nachgewiesen werden. Durch diese Testmethode kann auch ein an das Antigen gebundener gesuchter Antikörper mit einem markierten anti-Antikörper bestimmt werden.
Bei der **Sandwich-Methode** (**b**) wird ein spezifischer Antikörper immobilisiert. Das daran bindende gesuchte Antigen wird anschließend mittels eines zweiten, markierten Antikörpers, der an anderer Stelle mit dem Antigen interagiert, nachgewiesen.

Die **Capture-Methode** (**c**) erlaubt beispielsweise den Nachweis von IgM-Antikörpern im Serum. Dazu werden anti-IgM-Antikörper immobilisiert und mit dem zu untersuchenden Serum versetzt. Das gebundene IgM kann dann ein Fremdantigen (z. B. ein mikrobielles Antigen) binden. Der Nachweis erfolgt entweder über das markierte Fremdantigen oder über einen spezifischen, zusätzlich markierten Antikörper, der an das gebundene Antigen, aber nicht an die schon gebundenen Antikörper bindet.
Beim **Kompetitionstest** (**d**) werden Antikörper immobilisiert. Man gibt markierte Antigene und die Untersuchungsprobe, die eine unbekannte Menge desgleichen Antigens enthält, dazu. Das unmarkierte, gesuchte Antigen konkurriert nun mit dem markierten Antigen um die Bindungstellen am fixierten Antikörper. Je mehr gesuchtes Antigen vorhanden ist, desto mehr markiertes Antigen wird verdrängt. Über das Maß der Signalreduktion kann die Menge des gesuchten Antigens gemessen werden.

Western-Blot-Technik (Immunoblot)

Diese Methode umfasst die Auftrennung von Proteinen entsprechend ihrer Größe in der SDS-PAGE (Natrium [engl. = sodium] dodecylsulfat-Polyacrylamid-Gelelektrophorese). Die aufgetrennten Proteine werden auf Nitrozellulose übertragen (geblottet). Patientenserum wird dazugegeben. Sind Antikörper vorhanden, binden diese an die Antigene auf der Membran. Die gebundenen Antikörper können dann mit anti-Antikörpern, die entweder mit Radioaktivität oder einem Enzym markiert sind (s. ELISA-Technik) nachgewiesen werden (Abb. **1.6**).

1.4.6 Sicherheit im diagnostischen Labor

Das Laborpersonal beschäftigt sich zwangsläufig mit potentiell pathogenen Mikroorganismen. Es muss deshalb bestimmte Arbeitsregeln streng beachten, um nicht sich, andere Personen oder die Umwelt zu gefährden. Die Sicherheit im Labor beginnt mit einer zweckmäßigen baulichen Gestaltung und Einrichtung (Labors mit Unterdruck, Sicherheitskapellen). Sie setzt sich fort mit dem Beachten der Grundregeln für das Arbeiten im mikrobiologischen Labor. Dazu gehören: Schutzkleidung; Unterlassen von Essen, Trinken, Rauchen; mechanische Pipettierhilfen; Desinfektion der Hände und der Arbeitsflächen, bei Kontamination sofort, sonst am Ende des Arbeitsprozesses; sachgemäße Entsorgung kontaminierter Materialien; Gesundheitskontrolle des Personals; sachgemäße Instruktion und Ausbildung des Personals.

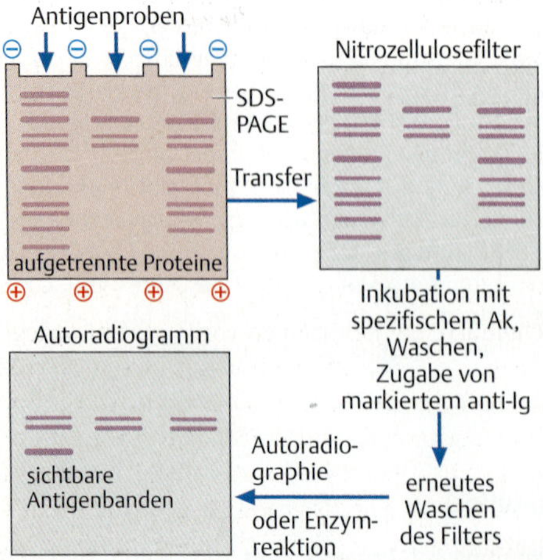

Abb. **1.6** **Western-Blotting.** Die im Gel nach ihrer Größe aufgetrennten Proteine werden auf Nitrozellulose übertragen. Nun gibt man Antikörper gegen die gesuchten Proteine hinzu. Nach Bildung der Immunkomplexe wäscht man ungebundene Antikörper weg und markiert die gebundenen mit Hilfe von anti-Antikörpern. Die Komplexe auf der Membran lassen sich im Falle von radioaktiv markierten anti-Antikörpern durch Autoradiographie oder im Falle von Enzym-markierten Antikörpern durch eine Enzymreaktion sichtbar machen.

1.5 Bakteriologische Labordiagnose

F. H. Kayser, E. C. Böttger

1.5.1 Material

Für den Nachweis des Erregers selbst ist wichtig, ob das Untersuchungsmaterial aus einer normalerweise sterilen Körperregion stammt (z.B. operativ entfernte Herzklappe), oder ob das Untersuchungsmaterial aufgrund der Lokalisation (z. B. Rachenabstrich, Urin) oder bedingt durch die Gewinnung (z.B. Blutkultur) Kolonisationsflora enthalten kann.

Material aus dem Respirationstrakt

- **Tupferabstrich** von Tonsillen bzw. Rachen
- **Spülflüssigkeit** bzw. **Punktat** aus Nasennebenhöhlen
- **Lungensekret.** Expektoriertes Sputum ist regelmäßig mit Speichel und Flora des Oropharynx kontaminiert. Da zu dieser auch Erreger von Infektionen der tieferen Respirationsorgane gehören, ist die Aussagekraft positiver Befunde beschränkt. Falls mehr als 10 (früher 25) Mundepithelien pro Gesichtsfeld bei 100facher Vergrößerung vorliegen, ist das Material nicht für die Untersuchung geeignet. Morgensputum nach Mundspülung oder nach Induktion stellt eine geeignete Probe dar. Sputum wird nicht auf Anaerobier untersucht.

- Gute Alternativen zum expektorierten Sputum sind bronchoskopisch entnommenes Tracheobronchialsekret, Spülflüssigkeit bei bronchoalveolärer Lavage (BAL), transtracheales Aspirat, „geschützte-Bürste-Probe“ (engl. protected brush specimen) und Lungenpunktionsmaterial. Bei Verdacht auf Infektion mit Anaerobiern müssen spezielle Transportgefäße verwendet werden.

Material aus dem Urogenitaltrakt

- **Urin**. Mittelstrahlurin ist regelmäßig mit der Flora der vorderen Harnröhre kontaminiert. Um „Kontamination“ von „Infektion“ zu unterscheiden, muss die Keimzahl bestimmt werden. Bei Keimzahlen von > 10^5/ml Morgenurin ist eine Infektion sehr wahrscheinlich, bei Keimzahlen von < 10^3/ml dagegen unwahrscheinlich. Bei Keimzahlen von 10^4/ml sollte die Untersuchung wiederholt werden. Allerdings können bei der Urethritis oder Urethrozystitis auch niedrige Keimzahlen diagnostisch beweisend sein. Einfache Verfahren zur Abschätzung der Keimzahl stellen die Eintauchmethoden dar. Dabei wird ein mit Nährmedium beschichteter Träger in den Mittelstrahlurin getaucht, anschließend bebrütet und die Koloniezahl durch Vergleich mit Standardbildern geschätzt. Diese Untersuchung kann in jeder Arztpraxis durchgeführt werden.
  - Akute Harnwegsinfektionen sind in über 95 % durch einen einzigen Krankheitserreger – zumeist gramnegative Stäbchenbakterien – verursacht. Bei Nachweis einer Mischflora (≥ 3 verschiedene Bakterien) ist unabhängig von der Keimzahl eine Kontamination (meist mit Fäkalflora) anzunehmen und die Untersuchung muss wiederholt werden.
  - Vom Katheterisieren der Harnblase ausschließlich zum Zwecke der Diagnose ist wegen der Möglichkeit eines iatrogenen Infektes abzusehen. Kontaminationsfreier Blasenurin kann durch die suprapubische Blasenpunktion erhalten werden.
- **Genitalsekrete** werden mit Abstrichtupfern abgenommen. Sie müssen unbedingt in speziellen Transportmedien verschickt werden.

Blut

- Für die **Blutkultur** sollten bei erwachsenen Patienten 10-20 ml Venenblut (je mehr desto besser) in je eine aerobe und eine anaerobe Blutkulturflasche steril überführt werden. Abnahme von 3 Blutkulturen innerhalb von 24 Stunden; Entnahme möglichst vor Antibiotikagabe und von verschiedenen Entnahmestellen (erleichtert die Unterscheidung zwischen Bakteriämie und Kontamination).
- Für **serologische Tests** reichen in der Regel (2–) 5 ml Nativblut aus.

Eiter und Wundsekrete

- Bei **oberflächlichen Wunden** Entnahme mit Abstrichtupfern und Transport in konservierenden Transportmedien. Eine Untersuchung wird nur auf aerobe Bakterien durchgeführt.

- Bei **tiefen und geschlossenen Wunden**, wenn möglich, flüssiges Material (z.B. Eiter) mit der Spritze entnehmen. Die Untersuchung muss auf aerobe und anaerobe Bakterien durchgeführt werden.

Material aus dem Verdauungstrakt
- Eine etwa kirschgroße Portion **Stuhl** mit Löffelchen in flüssiges Transportmedium einbringen und einsenden.
- **Duodenalsaft** und **Galle** in sterilen Röhrchen transportieren.

Liquor, Punktate, Exsudate, Transsudate
- Bei Entnahme auf Sterilität achten. Bei Verdacht auf Anaerobier spezielle Transportgefäße verwenden.

1.5.2 Mikroskopie, Kultur, Identifizierung

Mikroskopie

Wegen der Kleinheit der Bakterien ist für ihre mikroskopische Darstellung eine 1000fache Vergrößerung notwendig, was die Grenze der Leistung eines Lichtmikroskops darstellt. Bei dieser Vergrößerung kann man Bakterien im Präparat nur sehen, wenn mehr als 10^4–10^5 Keime pro Milliliter vorhanden sind.

Für die Mikroskopie muss das Material auf einem Objektträger aufgebracht werden:
- **Nativpräparate** mit oder ohne Vitalfärbung erlauben die Betrachtung lebender Bakterien. Da diese wenig kontrastreich sind, muss der Kontrast meist durch optische Methoden (Dunkelfeld- oder Phasenkontrastmikroskopie) erhöht werden. Nativpräparate sind das Deckglaspräparat oder der „hängende Tropfen".
- **Gefärbte Präparate** erhöhen den Kontrast, sodass Bakterien auch mit dem Hellfeld bei 1000facher Vergrößerung mühelos erkennbar sind. Bei der Fixierung und Färbung werden die Bakterien abgetötet. Das Material wird zuerst in dünner Schicht auf einem Objektträger aufgebracht, luftgetrocknet und durch Hitze oder Methylalkohol fixiert. Man unterscheidet **Einfachfärbungen** und **Differenzialfärbungen**. Bekannteste Einfachfärbung ist die mit **Methylenblau**; die wichtigste Differenzialfärbung stellt die **Gram-Färbung** dar (Tab. **1.8**). Grampositive Bakterien sehen blau aus, gramnegative rot. Die grampositive Zellwand verhindert das Auswaschen des Farbstoff-Jod-Komplexes durch Alkohol. In alten Kulturen, in denen autolytische Enzyme die Zellwand abzubauen beginnen, können grampositive Zellen oft gramnegativ sein. Man spricht dann von Gram-Labilität. Eine weitere Differenzialfärbung ist die Färbung nach **Ziehl-Neelsen**. Diese dient zur Anfärbung von Mykobakterien, die sich wegen ihrer lipidreichen Zellwand nicht nach Gram oder mit Methylenblau anfärben lassen. Da sich Mykobakterien

Tabelle 1.8 Vorgehen bei den 3 wichtigsten Färbungen

Methylenblau	Gram-Färbung	Ziehl-Neelsen-Färbung
Methylenblau 1–5 min	Gentianaviolett oder Kristallviolett, 1 min	Konzentriertes Carbolfuchsin. Dreimal erhitzen, bis jeweils Dämpfe auftreten
Abspülen mit Wasser	Farbstoff abkippen; abspülen mit Lugol (Jod/Jodkali-Lösung); überschichten mit Lugol; 2–3 min einwirken lassen	Abspülen mit Wasser. Entfärben mit HCl (3%)-Alkohol-Gemisch
	Lugol abkippen	Gegenfärben mit Methylenblau, 1–5 min
	Entfärben mit Aceton/Äthylalkohol (1 : 4)	Abspülen mit Wasser
	Abspülen mit Wasser	
	Gegenfärben mit verdünntem Carbolfuchsin, 1 min	
	Abspülen mit Wasser	

mit HCl-Alkohol nicht entfärben lassen, werden sie auch als **säurefeste Stäbchen** bezeichnet. Mykobakterien sehen rot aus; alles Übrige erscheint blau.

- Eine spezielle mikroskopische Technik ist die **Fluoreszenzmikroskopie**. Ein fluoreszierender Farbstoff (ein Fluorochrom) absorbiert kurzwelliges Licht und emittiert Licht längerer Wellenlänge. Durch Fluorochrome angefärbte Präparate werden mit dem Licht der erforderlichen Wellenlänge beleuchtet. Die angefärbten Partikel leuchten auf dunklem Hintergrund in der Farbe des emittierten Lichts auf. Für die Fluoreszenzmikroskopie ist eine spezielle Einrichtung erforderlich. Praktische Anwendung: Auraminfluoreszenz zur Darstellung von Mykobakterien.
- Bei der **Immunfluoreszenz** (**IF**) wird ein Fluorochrom (z. B. Fluoresceinisothiocyanat) an einen Antikörper gekoppelt. So kann das Vorhandensein von Antigenen auf der Oberfläche von Bakterien (direkte IF) bzw. von Antikörpern gegen bakterielle Antigene im Serum (indirekte IF) nachgewiesen werden (s. Abb. **1.4**, S. 21).

Kultur

Nährmedien. In den meisten Fällen ist sowohl für den Nachweis als auch für die Identifizierung von Bakterien die Kultur notwendig. Die meisten humanpathogenen Bakterien lassen sich auf Nährmedien kultivieren. Nährmedien können flüssig sein (= Nährbouillon) oder durch einen Gehalt von 1,5–2% des Polysaccharids Agarose eine gelartige Konsistenz aufweisen (= Nähragar). Verschiedene Gruppen von Kulturmedien werden unterschieden:

- **Basismedien** erlauben den Nachweis einer Vielzahl von Krankheitserregern. Beispiel: Nähragar mit 5% Vollblut (Abb. **1.7**).
- **Selektive Nährmedien und Indikatormedien**. Selektivmedien erlauben das Wachstum bestimmter Bakterien und unterdrücken das Wachstum anderer. Indikatormedien zeigen Leistungen des Stoffwechsels an. Häufig sind diese beiden Eigenschaften kombiniert. Diese Nährmedien dienen meist dem Nachweis eines Krankheitserregers aus einem polymikrobiellen Keimgemisch. Beispiele: MacConkey-Agar (Abb. **1.8**), Cystin-Tellurit-Agar (Nachweis von Diphtheriebakterien, Abb. **5.9**, S. 272), Löwenstein-Jensen-Agar (Nachweis von Mykobakterien, Abb. **5.12,** S. 278).
- **Spezialnährmedien** dienen dem Nachweis von Krankheitserregern, welche besondere Anforderungen an die Kulturmedien stellen. Beispiel: Brucellenagar.

Wachstumsformen. In **flüssigen Medien** vermehren sich die meisten Bakterien diffus. Einige wachsen krümelig, andere bilden einen körnigen Bodensatz, wiederum andere wachsen wegen ihres O_2-Bedürfnisses vorwiegend an der Oberfläche (Kahmhaut von Pseudomonaden).

Auf oder in **Nähragar** entstehen bei nicht zu großer Bakterienzahl Einzelkolonien. Diese stellen Reinkulturen dar, da Einzelkolonien aus einer Bakterienzelle entstanden sind. Die Reinkulturtechnik ist die Grundlage der bakteriologischen Kulturverfahren. Das übliche Verfahren zur **Gewinnung von Einzelkolonien** ist das fraktionierte Beimpfen einer Nähragarplatte (Abb. **1.9**). Die Einzelkolonien-Technik hat neben der Gewinnung von Reinkulturen den Vorteil, dass man Form, Aussehen und Farbe der Einzelkolonien beurteilen kann. Die speziellen Wuchsformen in Nährbouillon und auf Nähragar erlauben dem Erfahrenen eine vorläufige Einord-

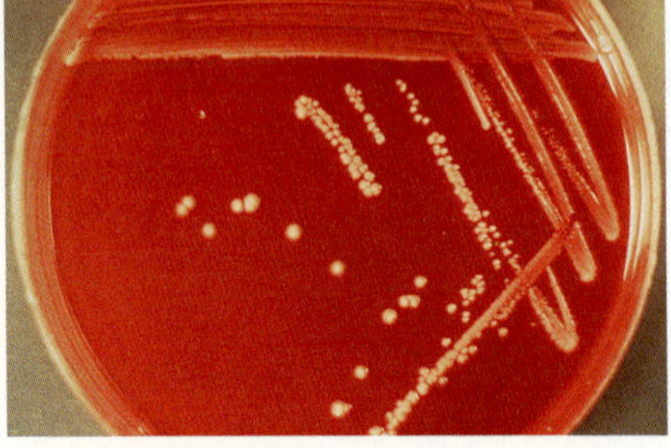

Abb. **1.7** **Blutagarplatte nach fraktioniertem Beimpfen und Bebrüten.** Blutagar wird häufig als universelles Basismedium eingesetzt. Es erlaubt das Wachstum der meisten humanpathogenen Bakterien. Reinkultur von *Staphylococcus aureus.*

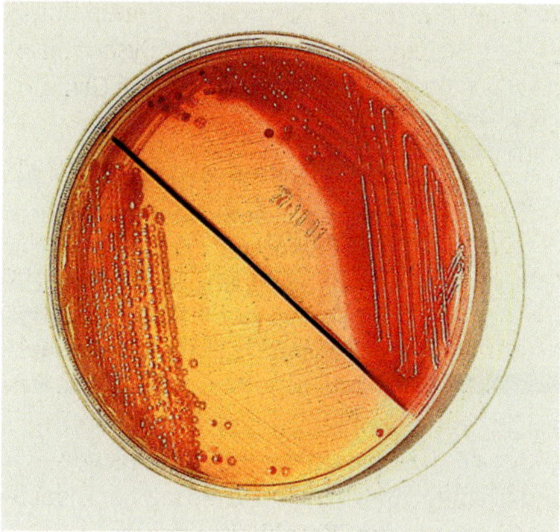

Abb. **1.8 „MacConkey-Agar“ nach Beimpfen mit *Escherichia coli* und *Salmonella enterica*.** MacConkey-Agar ist ein kombiniertes Selektiv/Indikator-Medium. Das Nährmedium enthält Gallensalze und Kristallviolett, die das Wachstum grampositiver Bakterien und gramnegativer Kokken verhindern. *Enterobacteriaceae, Pseudomonodaceae* und weitere gramnegative Stäbchenbakterien können wachsen. Außerdem wird die Verwertung von Lactose unter Bildung von Säure durch den Indikator Neutralrot angezeigt. Coliforme Bakterien, z. B. *E. coli*, können Laktose (Galaktose-Glukose) verwerten. Die Kolonien und der Agar sind intensiv rot gefärbt (obere Hälfte). Nicht-coliforme Bakterien, z. B. *Salmonella*, sind Laktose-negativ; die Rotfärbung bleibt aus (untere Hälfte).

nung der Erreger und ermöglichen somit den gezielten Einsatz von weiteren Untersuchungsmethoden.

Wachstumsvoraussetzungen. Das Temperaturoptimum für die meisten humanpathogenen Bakterien beträgt 37 °C. Im Allgemeinen werden Bakterienkulturen unter atmosphärischen Bedingungen inkubiert. Oft ist es notwendig, die Kulturen bei 5 % CO_2 zu bebrüten. Obligate Anaerobier müssen in einem Milieu mit niedrigem Redoxpotenzial kultiviert werden. Dies kann erreicht werden, indem man der Nährbouillon geeignete Reduktionsmittel zusetzt oder die Kulturen in einer Gasatmosphäre inkubiert, aus der auf physikalischem, chemischem oder biologischem Wege der Sauerstoff weitgehend entfernt wurde.

Identifizierung

Identifizierung von Bakterien heißt, so wenige Eigenschaften wie möglich und so viele wie notwendig zu bestimmen, um einem unbekannten Isolat seinen Platz im Klassifikationssystem zuordnen und es damit auch benennen zu können. Grund-

1

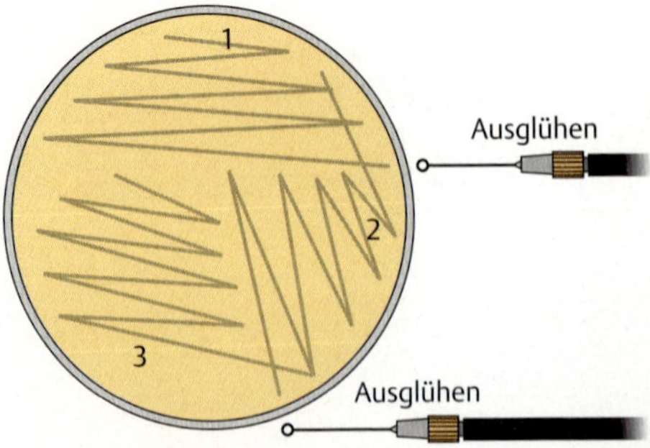

Abb. **1.9** **Fraktioniertes Beimpfen von Nähragar.** Durch fraktioniertes Beimpfen einer Nähragarplatte lassen sich Einzelkolonien erhalten. Die Impföse muss zwischen den einzelnen Schritten ausgeglüht werden.

sätzlich können 3 Gruppen von Eigenschaften für die Identifizierung herangezogen werden (Tab. **1.9**):

- **Morphologische Merkmale** einschließlich des Färbeverhaltens werden mit dem Lichtmikroskop festgestellt.

Tabelle **1.9** Merkmalsgruppen für die Identifizierung von Bakterien

Morphologische Merkmale
Form (Kugel, Stäbchen, spiralförmiges Stäbchen)
Größe; Pseudozellverbände (Haufen- Ketten- Diplokokken)
Färbeverhalten (grampositiv, gramnegativ); Flagellen (Vorhandensein, Anordnung); Kapsel (ja, nein); Sporen (Form, zentrale- oder terminale Bildung)
Physiologische Merkmale
Enzyme der Atmungskette (Oxidasen, Katalase)
Enzyme, die Kohlenhydrate, Alkohole, Glykoside abbauen (z. B. β-Galactosidase)
Enzyme des Proteinstoffwechsels (z. B. Gelatinase, Kollagenase, Elastase)
Enzyme des Aminosäurestoffwechsels (z. B. Decarboxylasen, Desaminasen, Urease)
Weitere Enzyme: Phospholipasen, Lecithinasen, DNasen, Hämolysine.
Endprodukte des Stoffwechsels (z. B. organische Säuren, die gaschromatographisch nachgewiesen werden)
Resistenz/Empfindlichkeit gegen chemische Noxen
Merkmale im anabolen Stoffwechsel (z. B. Citrat als alleinige C-Quelle)
Chemische Merkmale
DNA-Struktur (Basensequenzen)
Aufbau des Mureins der Zellwand
Antigenstruktur: mit Antikörpern nachweisbare Feinstrukturen (z. B. von Geißelprotein oder Polysacchariden der Zellwand oder Kapsel)
Fettsäuren in Membranen oder Zellwand. Analyse mit verschiedenen chromatographischen Verfahren

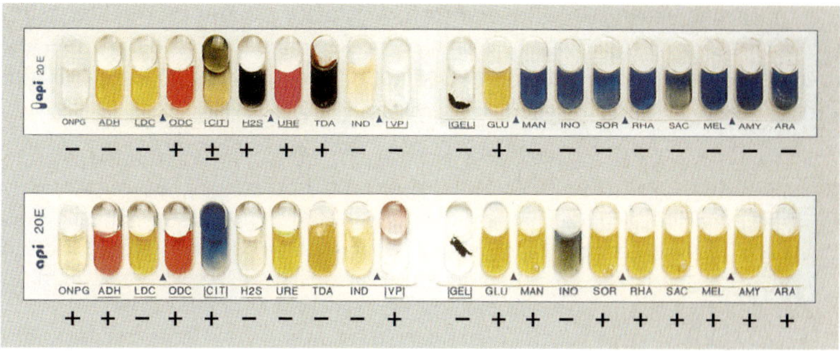

Abb. **1.10** **Nachweis von Stoffwechselmerkmalen mit Indikatormedien.** Identifizierung von *Enterobacteriaceae* mit api® 20E (analytischer Profilindex), einer standardisierten Mikromethode. Positive und negative Reaktionen werden durch Farbbildung angezeigt (deshalb auch „bunte Reihe"). Häufig beruht die Farbbildung auf Änderungen des pH-Wertes, die durch pH-Indikatoren angezeigt werden. Zum Beispiel kommt es beim Abbau von Zuckern und Alkoholen zu sauren pH-Werten im Medium, die durch Bromthymolblau angezeigt werden (Färbung von blau zu gelb). Oder es kommt bei der Metabolisierung von Harnstoff durch den entstehenden Ammoniak zu einer Alkalinisierung des Mediums, was durch Phenolrot sichtbar gemacht wird (rote Farbbildung).
Test api® 20E zur Identifizierung von *Proteus mirabilis* [oben] und *Enterobacter cloacae* [unten] [bioMérieux® SA]).

- **Physiologische (metabolische) Merkmale** werden mit Indikatormedien nachgewiesen. Oft werden heute kommerzielle, miniaturisierte Systeme eingesetzt (Abb. **1.10**).
- **Chemische Merkmale** werden zur Identifizierung schon lange verwendet, z.B. Antigenstruktur; DNA-Struktur (s. unten).

1.5.3 Molekulare Methoden

Haupteinsatzgebiete der molekularen Methoden in der Bakteriologie sind 1. der direkte Nachweis erregerspezifischer Nukleinsäuresequenzen im Untersuchungsmaterial von Bakterien, die sich nicht oder nur sehr schwer kultivieren lassen oder die sehr langsam wachsen; 2. die Identifizierung von Reinkulturen von Bakterien, welche sich mit den klassischen phänotypischen Methoden (morphologische, physiologische und biochemische Merkmale) nur schwer korrekt und zeitgerecht identifizieren lassen.

Der molekularbiologische Nachweis von Bakterien basiert auf der Kenntnis erregerspezifischer Nukleotidsequenzen. Prinzipiell eignen sich eine ganze Reihe von Genen für diesen Nachweis. Als besonders nützlich zur molekulargenetischen

Identifizierung haben sich Gene erwiesen, welche für ribosomale Nukleinsäuren (16S rRNA, 23S rRNA) kodieren. Verschiedene Regionen innerhalb der rRNA ändern sich mit sehr unterschiedlichen Mutationsraten, sodass konservierte und variable Bereiche unterschieden werden können (Abb. **1.11**).

Eigenschaften ribosomaler Nukleinsäuren.

Hierbei handelt es sich um universell vorhandene Makromoleküle. Sie enthalten konservierte, semikonservierte, variable und hypervariable Regionen. Jedes Bakterium besitzt eine spezifische rRNA Gensequenz. Evolutionäre Verwandtschaften können über eine Analyse von Sequenzunterschieden der rRNA ermittelt werden.
Die Struktur der ribosomalen Nukleinsäuren führt dazu, dass jeder Mikroorganismus speziesspezifische Nukleinsäuresequenzen innerhalb der rDNA aufweist. Darüber hinaus können Nukleinsäuresequenzen praktisch jeder gewünschten Spezifität definiert werden, sei es Familie, Gattung oder Art. Diese Eigenschaften machen die ribosomalen Nukleinsäuresequenzen zu einer idealen und universellen Zielstruktur, welche einen kulturunabhängigen Direktnachweis sowie eine Identifizierung der Bakterien ermöglicht (Abb. **1.11**).

1.5.4 Nachweis von Antikörpern, Antigenen, Toxinen

Antikörper. Der Nachweis von Antikörpern ist in den meisten Fällen für eine akute Infektionsdiagnostik bakterieller Infektionen ungeeignet, da er häufig nur indirekte und retrospektive Hinweise gibt. Probleme sind die Durchseuchung in der Bevölkerung, serologische Narben und die späte Bildung von Antikörpern, da diese häufig erst nach dem Auftreten akuter Krankheitssymptome einsetzt. Trotzdem sind Antikörpernachweise zur Diagnose bestimmter Infektionskrankheiten wichtig. Beispiele sind Syphilis und weitere Treponematosen, Leptospirosen, Borreliosen, Rickettsiosen, Ehrlichiosen, Anaplasmosen.

Antigene. Antigene, die für Arten oder Gattungen spezifisch sind, können mit polyklonalen oder (besser) mit monoklonalen Antikörpern im Untersuchungsmaterial direkt nachgewiesen werden. Dies erlaubt eine Schnelldiagnose. Beispiele: bakterielle Antigene im Liquor bei Vorliegen einer akuten eitrigen Meningitis, Gonokokkenantigen im Sekret des Urogenitaltrakts, Gruppenantigen A von Streptokokken in Rachenabstrichen, Pneumokokken- oder Legionellen-Antigen im Urin. Häufig werden für den Direktnachweis Agglutinationstests (S. 16) eingesetzt. Direktmethoden erreichen aber nicht die Sensitivität der klassischen Kulturverfahren.

Toxine. Der Nachweis bakterieller Toxine ist bei Krankheitsbildern diagnostisch führend, welche im Wesentlichen oder sogar ausschließlich über Toxine vermittelt werden. Diese Toxine können mittels verschiedener Verfahren nachgewiesen werden. Beispiele: molekulargenetischer Toxinnachweis bei EHEC, immunologischer

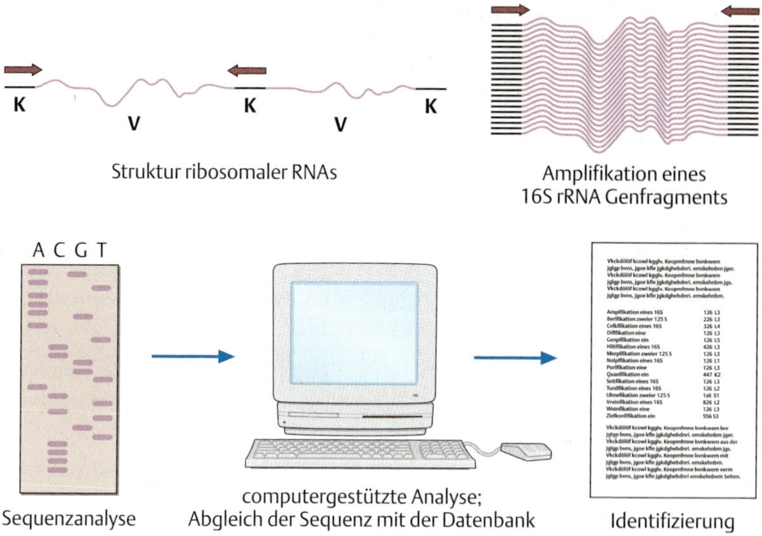

Abb. **1.11** **Molekulargenetischer Nachweis und Identifizierung von nicht kultivierbaren Bakterien.** Die rRNA als universelle Struktur sämtlicher zellulärer Lebewesen erlaubt einen allgemein gültigen Zugang zum Nachweis nicht kultivierbarer Bakterien und zu ihrer Identifizierung. Durch Einsatz von Oligonukleotiden, welche an hochkonservierte Regionen (K) der 16S rDNA binden, werden Genabschnitte, welche variable (V), spezifische Nukleinsäuresequenzen einschließen, mittels der Polymerase-Kettenreaktion amplifiziert. Anschließend wird über eine Sequenzermittlung der variablen DNA-Abschnitte und Abgleich der Sequenz mit der Datenbank der Keim identifiziert (statt Sequenzierung können auch DNA-Sonden für eine Identifizierung eingesetzt werden). Die Datenbanken werden laufend erweitert; sie umfassen zurzeit mehr als 30'000 16S rRNA Sequenzen von Bakterien. Damit stellen diese Datenbanken die umfangreichste Informationsquelle zur Identifizierung von Bakterien bzw. zur Eindordnung unbekannter Krankheitserreger dar.

Toxinnachweis bei *Clostridium difficile*, Nachweis des Toxins über seinen zytopathogenen Effekt mittels Zellkultur bei *Clostridium difficile*, Nachweis des Toxins mittels diagnostischem Tierversuch bei *Clostridium tetani*. Der Einsatzbereich von Tierversuchen ist äußerst beschränkt – im Wesentlichen auf den Nachweis von Toxinen unter Umständen, unter denen der Erreger selbst nicht nachgewiesen werden kann (Botulismus, Tetanus). Zur Identifizierung des mittels Zellkultur und im Tierversuch nachgewiesenen Toxins dient als Kontrolle der Neutralisationstest, bei dem das Material mit einem spezifischen Antiserum vorbehandelt wird und das Ausbleiben der Toxinwirkung registriert wird.

1.6 Mykologische Labordiagnose

F. H. Kayser, E. C. Böttger

Neben der Klinik, bildgebenden Verfahren und der Histopathologie spielen mikrobiologische Verfahren für die Diagnose eine wichtige Rolle. Sehr nützlich für das Labor sind Informationen über die Grundkrankheit des Patienten, Auslandsaufenthalte, Beruf und Kontakt mit Tieren.

Material. Je nach Lokalisation der Mykose dienen verschiedene Proben zum Nachweis von Pilzen: Hautgeschabsel, Haare, Nägel, Abstriche, Eiter, Urin, Liquor, Material aus dem tiefen Respirationstrakt, Knochenmark, Gewebebiopsien, Blut. Spezielle Transportmedien sind nicht notwendig.

Mikroskopie. Nativpräparat: Material unter Deckglas mit 10% KOH kurz erhitzen. Gefärbtes Präparat: Färbung mit Methylenblau, Lactophenolblau, Periodsäure-Schiff (PAS), Tusche usw.

Kultur. Auf Universal- und Selektivmedien möglich. Sabouraud-Dextrose-Agar (SDA) wird ohne und mit Hemmstoffen (z. B. Chloramphenicol und/oder Cycloheximid) eingesetzt. Der pH-Wert dieses Mediums beträgt 5,6. Zur Identifizierung trägt die Morphologie, vorwiegend der asexuellen und, falls vorhanden, der sexuellen Reproduktionsstrukturen bei. Biochemische Tests werden vor allem für die Identifizierung von Hefen verwendet. Für die Identifizierung von Fadenpilzen gewinnen molekulare Methoden zunehmend an Bedeutung.

Antigennachweis. Nachweis spezifischer Antigene im Untersuchungsmaterial (Methoden s. S. 16) Beispiel: Kryptokokken-Antigen im Liquor oder Serum.

Antikörpernachweis. Nachweis von Antikörpern (Methoden s. S. 16) gegen Pilzantigene im Serum des Patienten. Die Interpretation serologischer Befunde ist bei Pilzinfektionen besonders schwierig.

Molekulare Methoden. Amplifikation und Nachweis spezifischer DNA-Sequenzen. In situ Hybridisierung mit spezifischen Gen-Sonden.

Kutantests. Bei einigen Pilzinfektionen können Kutantests (Allergietests) mit spezifischen Pilzantigenen durchgeführt werden.

1.7 Virologische Labordiagnose

O. Haller

Die virologische Labordiagnostik beruht auf zwei Prinzipien: zum einen auf dem direkten Virusnachweis im Patientenmaterial und zum anderen auf dem Nachweis spezifischer antiviraler Antikörper im Serum. Zu den Virusnachweisverfahren gehören 1. die Virusisolierung; 2. die Kurzzeitkultur; 3. der Nukleinsäurenachweis; 4. der Antigennachweis und 5. die Elektronenmikroskopie (EM). Zu den Antikörpernachweisverfahren gehören 1. der EIA (Syn.: ELISA); 2. der Immunoblot (Western Blot, Line-Assay); 3. die indirekte Immunfluoreszenz (IIF) und 4. der Hämagglutinations-Hemmtest (HHT).

1.7.1 Untersuchungsmaterial, Transport, Information, Befundinterpretation

Material. Die Wahl des Materials richtet sich nach der klinischen Verdachtsdiagnose und der Untersuchungsmethode. Materialien zum Virusnachweis (s. auch Tab. **1.10**) umfassen Vollblut, Plasma, Serum, Liquor, Urin, Stuhl, Bläscheninhalt, Nasen- und Rachenabstriche, Trachealsekret (TS) sowie Material der bronchoalveolären Lavage (BAL). Wichtig ist ein möglichst früher Abnahmezeitpunkt. Für die Serologie sind Serum und EDTA-Plasma geeignet.

Transport. Notwendig ist ein rascher und gekühlter (auf Eis) Transport. Die Proben können mit einem speziellen flüssigen Transportmedium versetzt werden. Serum für die Serologie kann bei Raumtemperatur versandt werden. Bei Vollblut (wegen Hämolyse) und Plasma (für Viruslast-Bestimmung) muss die Transportdauer möglichst kurz gehalten werden.

Information. Ein wichtiges Element der Virusdiagnostik ist der korrekte Informationsfluss per Einsendeschein, E-Mail, Telefon oder online. Eine sinnvolle Diagnostik setzt einen guten Kontakt und eine optimale Zusammenarbeit zwischen dem behandelnden Arzt und dem Diagnostiklabor voraus.

Befundinterpretation. Der virologisch-diagnostische Laborbefund bedarf einer fachkundigen und kritischen Interpretation. Die Bedeutung eines Virusnachweises oder eines serologischen Befundes ist meist nur aus dem Gesamtzusammenhang ersichtlich. In den meisten Fällen ist der Virusnachweis beweisend für die Ätiologie der Erkrankung. In einigen Fällen können aber auch latente Viren aktiviert und nachgewiesen werden, die in keinem ursächlichen Zusammenhang zur vorliegenden Erkrankung stehen. Generell gilt, dass eine Virusinfektion nicht immer mit Erkrankung einhergeht. Umgekehrt kann ein negatives Untersuchungsergebnis eine Virusinfektion nicht ausschließen. Ähnlich vorsichtig sind serologische Befunde zu interpretieren. Normalerweise deutet das Vorkommen spezifischer IgM-Antikörper auf eine akute Infektion hin. Im Einzelfall können IgM-Antikörper aber auch fehlen und zu einer falsch negativen Interpretation führen. Anderseits können IgM-Antikörper über Monate persistieren oder bei Virus-Reaktivierungen kurzfristig wieder auftreten und eine akute Infektion vortäuschen.

1.7.2 Virusnachweis

Der direkte Virusnachweis ist heute die diagnostische Methode der Wahl bei vielen Fragestellungen (Tab. **1.10**).

Virusisolierung. Die Virusisolierung ist vor allem für Viren geeignet, die sich innerhalb kurzer Zeit in der Zellkultur vermehren und morphologische Veränderungen der infizierten Zelle (einen zytopathischen Effekt, s. S. 416) erzeugen (Abb. **1.12**). Voraussetzung ist die Verfügbarkeit von geeigneten Wirtszellen. Meist werden permanente Zell-Linien eingesetzt, die einen einschichtigen Zellrasen (Monolayer) in einem Zellkulturgefäß ausbilden. Vero-Affennierenzellen sind für viele Viren empfänglich, weil sie aufgrund ihrer genetischen Ausstattung kein Interferon produzieren können.

Kurzzeitkultur. Bei Viren, die in der Zellkultur keinen zytopathischen Effekt erzeugen oder sich nur sehr langsam vermehren, werden sog. Kurzzeitkulturverfahren eingesetzt. Die Kurzzeitkultur wird heute vor allem zum Nachweis von Zytomegalieviren (S. 458) verwendet. Das Prinzip ist denkbar einfach. Es werden geeignete Zellen infiziert und die bereits nach wenigen Stunden gebildeten frühen Virusproteine (S. 407) mit monoklonalen Antikörpern nachgewiesen (Abb. **1.13**)

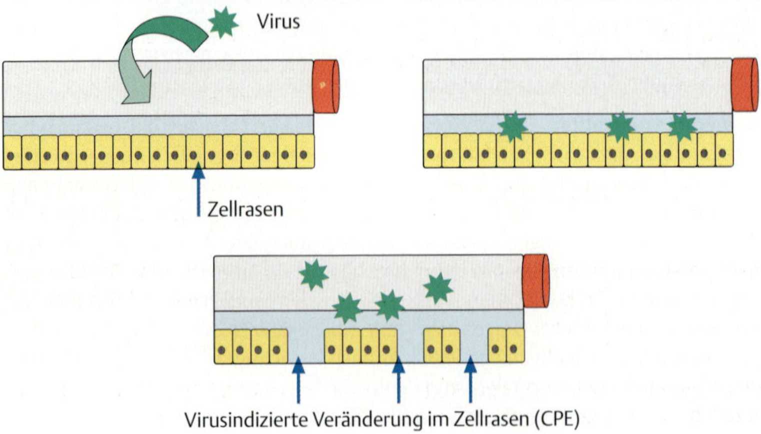

Abb. **1.12** **Virusisolierung.** Virushaltiges Material wird auf einen Monolayer-Zellrasen (gelb), der von einer Nährlösung (blaue Schicht) bedeckt ist, pipettiert. Wenn Viren im Material vorhanden sind, die die verwendeten Zellen infizieren können, kann es zu einem zytopathischen Effekt (CPE) kommen, der im Umkehrmikroskop bei geeigneter Vergrößerung festgestellt werden kann.

Tabelle **1.10** Anwendung direkter Virusnachweise in der Diagnostik

Virus	Krankheitsbild	Untersuchungsmaterial
HSV-1 HSV-2	Herpes-simplex-Primärinfektion (Stomatitis aphthosa). Klinisch nicht eindeutige Bläschen, rezidivierender Herpes. Stomatitis u. generalisierter Herpes bei Knochenmarktransplantierten.	Mundschleimhaut-Abstrich, Bläscheninhalt, Gurgel/Rachenspülwasser (Kultur), Augenabstrich (PCR).
	Herpes neonatorum.	Direkt nach der Geburt Abstrich von Nase, Mund, Rachen und perianaler Abstrich (PCR).
HSV-2 (/-1)	Herpes genitalis (in 20 % der Fälle Infektion mit HSV-1).	Abstrich von den verdächtigen Läsionen (Kultur/PCR).
	Herpes neonatorum.	Direkt nach der Geburt Abstrich von Nase, Mund, Rachen und perianal (PCR).
VZV	Klinisch nicht eindeutige Varizellen bzw. Zoster.	Bläscheninhalt (PCR).
Enteroviren (Coxsackie, Echo, Polio)	Enterovirus-assoziierte Erkrankungen: Herpangina, Exanthem/Enanthem im Sommer, grippaler Infekt („Sommergrippe“), Meningitis/Myelitis, Paresen.	Stuhl, bei Herpangina auch Rachenabstrich (Kultur/PCR). Bei Meningitis/Myelitis muss zusätzlich auch Liquor mittels PCR untersucht werden.
	(Myokarditis).	Bei enteroviraler Myokarditis sind meist keine Viren isolierbar.
Adenoviren	Keratokonjunktivitis epidemica; hämorrhagische Zystitis; virale Diarrhoe; interstitielle Pneumonie unter Immunsuppression.	Augenabstrich; Urin; Stuhl; bronchoalveoläre Lavage (BAL); Trachealsekret (TS). (s. auch Antigennachweis).
Influenzaviren A und B	Influenza; interstitielle Pneumonie unbekannter Ursache (in den Wintermonaten).	Rachenabstrich; BAL (PCR, Kultur, Antigennachweis).

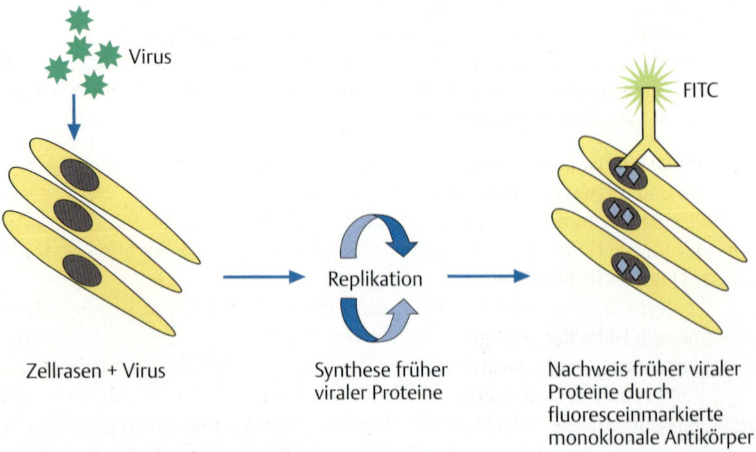

Abb. **1.13** **Kurzzeitkulturverfahren.** Dieses Verfahren wird fast ausschließlich zum Nachweis von CMV eingesetzt.

Nukleinsäurenachweis. Der Nachweis viraler DNA- oder RNA-Genome geschieht meist mittels der Polymerase-Kettenreaktion (PCR). Bei RNA-Viren ist die Umschreibung von RNA zu komplementärer DNA (cDNA) durch Retrotranskription (RT) notwendig (RT-PCR).

Die Realtime (Echtzeit)-PCR erlaubt den quantitativen Genom-Nachweis, der z.B. zur Bestimmung der Viruskonzentration (Viruslast) bei der Therapiekontrolle (HIV, HCV) wichtig ist (s. S. 501, 542). Auch hier ist bei RNA-Viren zuvor die Umschreibung von RNA zu cDNA notwendig (RT-PCR). Moderne PCR-Verfahren (Multiplex-PCR) erlauben den parallelen Nachweis mehrerer Zielsequenzen in einem Reaktionsansatz.

Ein weiteres Verfahren zum quantitativen Genomnachweis ist das branched (verzweigte) DNA-Verfahren (bDNA-Test). In diesem Test wird die Virusnukleinsäure durch eine fixierte Gensonde aus dem Untersuchungsmaterial herausgefischt. Über weitere Hybridisierungsschritte wird eine vielfach verzweigte Verstärker-DNA angekoppelt, die mit Enzym-konjugierten Antikörpern beladen wird. Die gemessene Enzymaktivität entspricht der Menge Virusgenom in der Probe. Das Verfahren wird ebenfalls zum quantitativen HIV- und HCV-Nachweis verwendet.

Resistenztestung. Unter antiviraler Therapie kann es zu Resistenzentwicklung der Viren kommen. Die Resistenz beruht auf Mutationen im Virusgenom. Dabei gibt es typische Mutationen, die mit Resistenz einhergehen. Bei der genotypischen Resistenzbestimmung werden diese Mutationen in den bekannten Genbereichen durch Sequenzierung bestimmt, was eine Resistenz-Voraussage der entsprechenden Phänotypen erlaubt. Im Falle der HIV-Resistenzbestimmung gibt es eine alternative Methode, die die tatsächliche Empfindlichkeit der Viren in Zellkulturen auf antiretrovirale Substanzen misst (phänotypische Resistenztestung). Die Resistenztestung ist spezialisierten Laboratorien vorbehalten.

Antigennachweis. Dieses Verfahren weist Virusproteine im Untersuchungsmaterial nach und erlaubt den Virusnachweis innerhalb weniger Stunden. Der Antigennachweis basiert in der Regel entweder auf der Sandwich-ELISA-Technik (S. 22) oder der Immunfluoreszenz (S. 21). Er ist jedoch weniger sensitiv und spezifisch als der Nukleinsäurenachweis.
Eine Sonderrolle nimmt der CMV-pp65-Antigentest ein, der eine quantitative Aussage über die Höhe der „Antigenämie" erlaubt. Bei diesem Testverfahren wird die Anzahl der Virusprotein-positiven Granulozyten pro $2 \cdot 10^5$ Blutgranulozyten des Patienten bestimmt. Dazu werden die Granulozyten aus dem Blut präpariert und auf einen Objektträger aufgetragen. Danach wird mit monoklonalen Antikörpern das CMV-spezifische Virusprotein pp65 mit der Immunfluoreszenz nachgewiesen.

Elektronenmikroskopie. Viruspartikel können im Elektronenmikroskop (EM) sichtbar gemacht werden. Voraussetzung ist eine ausreichende Virusmenge im Präparat, die jedoch selten erreicht wird. Eine Immunfällung mit spezifischen Antikörpern kann die Partikelkonzentration spezifisch erhöhen und dem elektronenoptischen Nachweis vorausgehen. Der elektronenoptische Virusnachweis ist heute Sonderfällen vorbehalten, wie z. B. dem Schnellnachweis von Pockenviren bei entsprechendem Verdacht.

1.7.3 Antikörpernachweis

Zum Nachweis spezifischer antiviraler Antikörper werden heute Standardmethoden eingesetzt, die sich meist automatisieren lassen. Es handelt sich hauptsächlich um Absorbenstests (s. S. 22), Immunoblotverfahren (s. S. 24) und Immunfluoreszenz-Verfahren (s. S. 21). Die Komplement-Bindungsreaktion (s. S. 20) kommt ebenfalls noch zum Einsatz. Speziellere Testverfahren sind:

Lineassays. Eine Weiterentwicklung der Imunoblot-Verfahren stellen die sog. Lineassays dar. Dabei werden rekombinant hergestellte Virusproteine eingesetzt, um Antikörper spezifisch nachzuweisen. Die gelelektrophoretisch gereinigten Virusproteine werden an vorbestimmten Positionen auf Teststreifen aufgesprüht. Ein Vorteil dieses Verfahrens ist, dass die Konzentration und Bandenbreite der Antigene sehr präzise und reproduzierbar eingestellt werden können. Auch kann die Anordnung der Antigenbanden nach übergeordneten Gesichtspunkten festgelegt werden, und so z. B. die Befundinterpretation erleichtern.

Hämagglutinations-Hemmtest (HHT). Der Test wird zur Bestimmung der Röteln-Immunität eingesetzt. Das Hüllprotein einiger Viren (Rötelnviren, Influenzaviren) kann Erythrozyten agglutinieren. Diese Agglutination ist mit bloßem Auge sichtbar. Agglutinierte Erythrozyten bilden am Boden einer Mikrotestplatte einen „Teppich", während nicht-agglutinierte Erythrozyten an den schrägen Wänden entlang nach unten rutschen und einen „Knopf" bilden (s. Abb. **1.3**, S. 19). Bei positivem HHT verhindern Antikörper gegen das virale Hüllprotein die Agglutination. Durch Verdünnung des zu testenden Serums ist eine Bestimmung des Titers von Hämagglutinations-hemmenden Antikörpern möglich.

Virus-Neutralisationstest. Neutralisierende Antikörper verhindern das Angehen einer Virusinfektion, indem sie das infektiöse Viruspartikel abfangen. Sie sind biologisch hoch relevant und lassen sich in Spezialfällen im Zellkulturverfahren nachweisen.

1.8 Parasitologische Labordiagnose

J. Eckert, P. Deplazes

Von besonderer Wichtigkeit für die parasitologische Labordiagnose sind neben den üblichen Patientendaten Angaben über vorausgegangene Auslandsaufenthalte, insbesondere Aufenthalte in den Tropen und anderen Risikogebieten, sowie Hinweise auf klinische Symptome und Vorbehandlungen.

1.8.1 Material

Die Prinzipien der Materialeinsendung entsprechen denen bei der bakteriologischen Labordiagnose. Für Untersuchungen auf verschiedene Endo- und Ektoparasiten wird folgendes Material benötigt:

Stuhl

- **Darmprotozoen (*Entamoeba, Giardia, Cryptosporidium, Sarcocystis, Cyclospora,* Microsporidien):** Stuhl konserviert in SAF-Lösung. Etwa 1 g frischen (lebenswarmen!) Stuhl zu 10 ml SAF-Lösung zufügen (SAF: Sodiumacetate acetic acid formalin), intensiv schütteln und einsenden. Bei negativem Befund und weiterbestehendem Verdacht Untersuchung 1- bis 2-mal an verschiedenen Tagen wiederholen. Es können zur Erstuntersuchung auch 2–3 Proben von verschiedenen Tagen eingesandt werden. Einsenderöhrchen mit Lösung vom Labor anfordern. *Wichtig:* Die Einnahme von Medikamenten kann die Ausscheidung von Darmprotozoen beeinträchtigen!

- **Helminthen-Eier (ohne *Enterobius*):** 1–2 Proben von SAF-Stuhl oder besser 10–20 g Nativstuhl. Mit größeren Mengen von Nativstuhl kann mit Anreicherungsmethoden die Nachweischance erhöht werden.
- ***Enterobius*-(Oxyuren-)Eier:** Durchsichtigen Klebestreifen von etwa 4 cm Länge und 1 cm Breite morgens auf die Perianalhaut drücken, abziehen, mit Klebeschicht glatt auf einen Objektträger pressen und einsenden oder selbst mikroskopisch untersuchen.
- **Larven von *Strongyloides*** oder **Hakenwürmern**: Etwa 10–20 g Nativstuhl (ungekühlt) zur Durchführung des Auswanderverfahrens nach Baermann und einer Larvenkultur.
- **Koproantigene:** Zum Nachweis von Antigenen, die im Stuhl ausgeschieden werden (Koproantigene), stehen heute u. a. für *Entamoeba, Giardia* und *Cryptosporidium* kommerziell erhältliche Kits (ELISA) zur Verfügung. Die Materialeinsendung richtet sich nach den Vorschriften der betreffenden Tests und ist von dem Untersuchungslabor zu erfragen. Gleiches gilt für den in Speziallabors durchgeführten Koproantigennachweis bei anderen Parasitosen (z. B. *Taenia*-Befall).
- **Parasiten-DNA:** Einsendung von Nativstuhl (Formalin-fixiertes Material ist nicht geeignet) zum molekularen Nachweis.

Blut

- **Erreger der Malaria:** *Wichtig:* Blutentnahme vor einer Malaria-Therapie. Die Sensitivität des Erregernachweises ist zu Beginn eines Fieberanfalles am höchsten. Bei Malaria-Verdacht soll jedoch nicht auf einem erneuten Fieberschub gewartet, sondern sofort untersucht werden (ggf. Blutentnahme später wiederholen). Material auf dem schnellsten Weg an das Labor senden! 5–10 ml EDTA-Blut (zur Untersuchung auf *Plasmodium*-Antigen und Anfertigung von Blutausstrichen und „Dicken Tropfen"). Wenn möglich, zusätzlich 2–4 dünne, lufttrockene Blutausstriche (zur Färbung nach Giemsa und Nachweis/Identifikation der *Plasmodium*-Art(en)).
- **Andere Blutprotozoen** (Trypanosomen, Babesien): 5–10 ml EDTA-Blut.
- **Mikrofilarien:** 5–10 ml EDTA-Blut. Wichtig: Periodizität der Mikrofilarien (Tab. **11.3**, S. 653) beachten; entsprechend Blutentnahme in der Nacht oder während des Tages.
- Molekularer Nachweis verschiedener Erreger: Nativ- oder EDTA-Blut (s. oben).

Serum

- **Antikörper gegen verschiedene Parasiten:** 2–5 ml Serum oder 5–10 ml Vollblut (beides ohne Zusätze).

Liquor

- **Antikörper gegen** *Taenia solium* (Verdacht auf Neurocysticercose): 1–2 ml Liquor ohne Zusätze.
- **Trypanosomen** (Parasitennachweis): 1–2 ml Liquor ohne Zusätze
- **Toxoplasmen** (Antikörper und Parasiten): 1–2 ml Liquor

Bronchial-Proben

- **Microsporidien:** Induziertes Sputum oder 20 ml bronchoalveoläre Lavage (BAL).

Urin

- ***Schistosoma*-Eier und Microsporidien**: Urinsediment (etwa 20 ml) eines 24-Stunden-Absatzes.

Material für kulturellen Nachweis

- **Viszerale Leishmaniose:** Punktionsmaterial von Lymphknoten oder Knochenmark unter sterilen Entnahmebedingungen sofort in Kulturmedium überführen, das vom Labor angefordert werden kann. Bei immundefizienten Patienten ist auch Blut als Untersuchungsmaterial geeignet (10 ml EDTA-Blut).
- **Hautleishmaniose:** Gewebe von den Randpartien der Läsion entnehmen (nach oberflächlicher Desinfektion) und in Kulturmedium überführen.
- **Acanthamoeben:** 1–2 ml der zur Spülung von Kontaktlinsen verwendeten Flüssigkeit, Flüssigkeit einer Konjunktivalspülung ohne Zusätze, Abrasio.

Hautparasiten und Gewebeproben

- **Zecken:** Zecke mit einer geeigneten Pinzette an ihren Mundwerkzeugen direkt über der Haut fassen und gleichmäßig aus der Haut ziehen. Einsendung nativ in einem Röhrchen, das am Boden etwas feuchten Zellstoff enthält, oder fixiert in 70% Ethanol.
- **Sarcoptes-Milben** (s. S. 672):
- **„Skin snip":** Zum Nachweis von Mikrofilarien in der Haut. Etwa 5 mm^2 große Hautprobe mit Nadel und Skalpell oberflächlich und ohne Eröffnung von Blutgefäßen am Beckenkamm, Oberschenkel oder an anderer geeigneter Stelle entnehmen, sofort in 0,9%ige NaCl-Lösung überführen und an Labor per Express einsenden oder überbringen.
- **Organmaterial** und **Biopsien:** in physiologischer NaCl-Lösung oder 70% Ethanol einsenden.

Verschiedene Parasiten. Bandwurmteile, **Trematoden** und **Nematoden** in etwas Flüssigkeit (physiologische NaCl-Lösung) einlegen. **Arthropoden** (Zecken, Läuse) in feuchtem Röhrchen einsenden oder nach Konservierung in heißem 70%igem Ethanol. Einsendung anderer Parasiten nach Rücksprache mit dem Labor.

Material zum DNA-Nachweis. Wie in anderen Bereichen der Mikrobiologie (s. oben) hat auch in der Parasitologie die DNA-Analyse eine zunehmende Bedeutung zum Nachweis oder zur Identifikation verschiedener Arten oder Stämme von Parasiten, z.B. von Leishmanien, Toxoplasmen, Microsporidien, Cryptosporidien, Acanthamoeben, Entamoeben, *Echinococcus*, und Mikrofilarien. Je nach Parasitenart werden Punktat-, Biopsie- oder Gewebeproben, Blut (mit Zusatz von EDTA oder Heparin), Sputum oder anderes Material in nativem Zustand untersucht. Für gewisse Proben (Rücksprache mit dem Labor) eignet sich auch die Fixierung in 70%igem Ethanol; Formalin- (und SAF-)fixiertes Material ist für die DNA-Analyse nicht geeignet.

1.8.2 Untersuchungsmethoden

In der parasitologischen Diagnostik spielen nach wie vor die mikroskopische Untersuchung und die morphologische Identifikation von Erregen im ungefärbten oder gefärbten Präparat eine wesentliche Rolle. Die am häufigsten angewandte Methode zur Färbung von Protozoen ist die Giemsa-Färbung. Daneben gelangen Verfahren zum Einsatz, wie sie auch in anderen Bereichen der Mikrobiologie verwendet werden (Kultur, Nachweis von Antikörpern oder Antigenen, DNA-Analyse). Der indirekte Nachweis (spezifischer Antikörpernachweis) ist besonders bei extraintestinalen Infektionen (Toxoplasma, Leishmania, Larva migrans visceralis, Cysticercose, Echinococcose) verbreitet. Einzelheiten über die Labordiagnose der Parasitosen werden in den entsprechenden Kapiteln erwähnt.

2 Epidemiologie und Hygiene

F. H. Kayser, E. C. Böttger

Epidemiologie der Infektionskrankheiten und Hygiene sind Sachgebiete, die eng miteinander verbunden sind. Hygiene (gr. hygieinos = gesund, heilsam) ist die Bezeichnung für den Bereich der Medizin, der sich mit der Erhaltung der Gesundheit des einzelnen Menschen, von Bevölkerungsgruppen oder der gesamten Bevölkerung befasst. Man kann der **kurativen Medizin**, die sich mit Diagnose und Therapie von Erkrankten beschäftigt, die **präventive Medizin**, die sich an den Gesunden wendet, um das Entstehen von Krankheit zu vermeiden, gegenüberstellen. Als wichtige Gebiete der **Prävention von Infektionskrankheiten** können die Epidemiologie mit der Expositions- und Dispositionsprophylaxe (Schutzimpfungen), die Sterilisation und Desinfektion, die Krankenhaushygiene zur Vermeidung bzw. Reduktion nosokomialer Infektionen sowie aus dem Gebiet der Umwelthygiene das Thema Wasser (Trinkwasser, Badegewässer, Abwasser) angesehen werden. Diese präventiven Sachgebiete werden in den folgenden Kapiteln besprochen.

2.1 Epidemiologie

Im Rahmen der medizinischen Mikrobiologie umfasst die Epidemiologie die Lehre vom Auftreten, den Ursachen und der Verhütung der Infektionskrankheiten in der Bevölkerung. Infektionskrankheiten können in Abhängigkeit von Ort und Zeit sporadisch, epidemisch/pandemisch oder endemisch auftreten. Ihre Häufigkeit wird durch die Morbiditätsbegriffe Inzidenz und Prävalenz, die Sterblichkeit durch den Begriff Mortalität charakterisiert. Die Letalität ist ein Maß für die Gefährlichkeit einer Infektionskrankheit. Die wichtigsten Infektionsquellen sind die Erkrankten, die Ausscheider sowie die Keimträger. Von diesen Quellen aus können die Erreger direkt oder indirekt durch leblose Gegenstände oder durch Überträger auf Anfällige transferiert werden. Die Bekämpfung von Infektionskrankheiten in Bevölkerungskollektiven muss durch eine wirksame Gesetzgebung, die vor allem die Meldepflicht regelt, abgesichert sein. Die Kontrolle umfasst expositionsprophylaktische Maßnahmen, wie Isolierung, Quarantäne, Desinfektion, Sterilisation oder Anwendung von Insektiziden, sowie die Dispositionsprophylaxe, zu der die aktive und passive Immunisierung und die Chemoprophylaxe zählen.

2.1.1 Begriffe der Epidemiologie

Die Epidemiologie befasst sich mit der Untersuchung der Verteilung von Krankheiten, physiologischen Variablen und sozialen Krankheitsfolgen in menschlichen Bevölkerungsgruppen sowie mit den Faktoren, die diese Aspekte beeinflussen (WHO-Definition). Epidemiologie beschäftigt sich demnach mit gruppenmedizinischen Problemen. Für die Infektionskrankheiten gilt, dass sie sich in Abhängigkeit von der Virulenz des Erregers und der Anfälligkeit der bedrohten Population einer

Tabelle **2.1** Epidemiologische Begriffe

Begriff	Erklärung
Sporadisches Auftreten	vereinzeltes Auftreten einer Infektionskrankheit ohne zeitlichen und räumlichen Zusammenhang
Endemisches Vorkommen	Vorkommen von Infektionskrankheiten in Bevölkerungskollektiven ohne zeitliche Begrenzung
Epidemie	örtlich und zeitlich gehäuftes Auftreten einer Infektionskrankheit
Tardivepidemie	zunehmende Zahl von Erkrankungsfällen über einen großen Zeitraum hinweg
Explosivepidemie	plötzliches Auftreten zahlreicher Fälle
Pandemie	zeitlich gehäuftes Auftreten einer Infektionskrankheit ohne örtliche Begrenzung
Morbidität	Zahl der Erkrankten pro Bevölkerungskollektiv (z. B. pro 1000, 10 000, 100 000)
Inzidenz	Zahl der Neuerkrankungen pro Zeitperiode
Prävalenz	Zahl der Erkrankten zu einem bestimmten Zeitpunkt (Stichtag)
Mortalität	Zahl der an einer Krankheit Verstorbenen, bezogen auf ein Bevölkerungskollektiv
Letalität	Zahl der an einer Krankheit Verstorbenen, bezogen auf die Erkrankten. Misst die Gefährlichkeit einer Infektionskrankheit
Manifestationsindex	Zahl der Erkrankten pro Anzahl der Infizierten
Inkubationszeit	Zeit von Infektion bis zum Auftreten erster Krankheitssymptome
Präpatenz	Zeit zwischen Infektion und dem Auftreten der ersten Geschlechtsprodukte eines Parasiten (z. B. Wurmeier beim Vorliegen einer Helminthose)

Wirtsspezies sowie in Abhängigkeit von der Umwelt in charakteristischer Weise ausbreiten. In Tab. **2.1** sind die wichtigsten epidemiologischen Begriffe kurz definiert.

2.1.2 Übertragung, Zoonosen, Infektionsquellen

Übertragung, Zoonosen

Erreger können von einer Infektionsquelle durch direkten Kontakt oder indirekt übertragen werden. In Tab. **2.2** sind die Möglichkeiten der Übertragung aufgeführt.

Wenn ein Erreger von Mensch zu Mensch übertragen wird, liegt eine **homologe Infektkette** vor. Derartige Infektionskrankheiten werden als **Anthroponosen** bezeichnet. Wenn ein Erreger vom Wirbeltier auf den Menschen (gelegentlich auch umgekehrt) übertragen wird, liegt eine **heterologe Infektkette** vor. Diese Infektionen werden als **Zoonosen** (WHO-Definition) bezeichnet (Tab. **2.3**).

Tabelle **2.2** Übertragungsarten pathogener Mikroorganismen

Direkte Übertragung	Indirekte Übertragung
Fäkal-orale Übertragung (Schmierinfektion)	Übertragung durch Lebensmittel und Trinkwasser
Aerogene Übertragung (Tröpfcheninfektion)	Übertragung durch Erde und Staub
Genitale Übertragung (Übertragung beim Geschlechtsverkehr)	Übertragung durch leblose, kontaminierte Objekte
Übertragung über die Haut (selten)	Übertragung durch Vektoren (Arthropoden)
Pränatale (Syn. : diaplazentare, intrauterine oder vertikale) Übertragung (Übertragung während der Gravidität)	Übertragung durch Menschen (z. B. duch die Hände von Medizinpersonal im Krankenhaus)
Perinatale Übertragung (Übertragung während der Geburt)	

Tabelle **2.3** Beispiele von Zoonosen, verursacht durch Viren, Bakterien; Protozoen, Helminthen und Arthropoden

Zoonose	Erreger	Reservoirwirte	Übertragung
Zoonosen durch Bakterien			
Brucellose	*Brucella species*	Rind, Schwein, Ziege, Schaf (Hund)	Kontakt mit Geweben oder Sekreten erkrankter Tiere; Milch und Milchprodukte
Lyme-Borreliose	*Borrelia burgdorferi*	Wildlebende Nager; Rotwild; Rehwild	Stich von Schildzecken
Pest	*Yersinia pestis*	Nagetiere, vor allem Ratten	Kontakt mit erkrankten Tieren; Stich des Rattenflohs
Q-Fieber	*Coxiella burnetii*	Schaf, Ziege, Rind	Staub; evtl. Milch oder Milchprodukte
Enteritische Salmonellose	*Salmonella enterica* (enteritische Serovare)	Schwein, Rind, Geflügel	Nahrungsmittel: Fleisch, Milch, Eier etc.
Zoonosen durch Viren			
Tollwut (Rabies)	*Rhabdovirus*	Zahlreiche Tierarten	Biss erkrankter Tiere
Frühsommer-Meningoenzephalitis (FSME)	*Flavivirus*	Wildlebende Tiere	Stich von Schildzecken
Zoonosen durch Protozoen			
Toxoplasmose	*Toxoplasma gondii*	Hauskatze, Schaf, Schwein, weitere Schlachttiere	postnatale Toxoplasmose: oral; pränatale Toxoplasmose: diaplazentar
Cryptosporidiose	*Cryptosporidium spp.*	Rind (Kalb), Haustiere	orale Aufnahme von Oozysten
Zoonosen durch Helminthen			
Echinococcose	*Echinococcus granulosus*	Hund, Wildkaniden	orale Aufnahme der Eier
	Echinococcus multilocularis	Fuchs, selten Hund, Katze	orale Aufnahme der Eier

Tabelle **2.3** (Fortsetzung)

Zoonose	Erreger	Reservoirwirte	Übertragung
Taeniose	*Taenia saginata*	Rind, Büffel	orale Aufnahme der Metacestoden (= Finnen)
	Taenia solium	Schwein	orale Aufnahme der Metacestoden
	Taenia asiatica	Schwein	orale Aufnahme der Metacestoden
Zoonosen durch Arthropoden			
Pseudoscabies	*Sarcoptes species*; Milbenarten von Haustieren	Hund, Katze, Meerschweinchen, Hauswiederkäuer, Schwein	Kontakt mit erkrankten Tieren

Weitere Zoonosen (außer den in Tab. 2.3 genannten)

(Einzelheiten s. in den entsprechenden Kapiteln):

Bakterielle Zoonosen. Anaplasmose; Ehrlichiose; Erysipeloid; Kampylobakteriose; Katzen-Kratz-Krankheit; Leptospirose; Milzbrand (Anthrax); Ornithose; Rickettsiosen (verschiedene); Tularämie; *Vibrio parahaemolyticus*-Gastroenteritis

Virale Zoonosen. Hanta- und andere Bunyavirus-Infektionen; Infektionen durch Alpha-, Flavi-, Corona- und Arenaviren

Zoonosen durch Protozoen. Afrikanische Trypanosomose (Schlafkrankheit); Amerikanische Trypanosomose (Chagas-Krankheit); Babesiose; Balantidiose; Giardose; Leishmaniose; Microsporidiose; Sarcocystiose

Zoonosen durch Helminthen. Clonorchiose; Dicrocöliose; Diphyllobothriose; Fasciolose; Hymenolepiose; *Larva migrans interna*; Opisthorchiose; Paragonimose; Schistosomose (Bilharziose); Taeniose; Toxocarose; Trichinellose; Zerkariendermatitis, Cysticerkose

Zoonosen durch Arthropoden. Flohbefall; Sandflohbefall; *Larva migrans externa*

Infektionsquellen

Jede Infektion geht von einer Infektionsquelle aus (Tab. **2.4**). Als **primäre Quelle** wird der Ort bezeichnet, an dem sich der Erreger aufhält und vermehrt. **Sekundäre Quellen** sind leblose Gegenstände und Materialien oder auch Drittpersonen, die bei der indirekten Übertragung von der primären Quelle auf Anfällige eine Rolle spielen.

2

Tabelle **2.4** Primäre Infektionsquellen

Infektionsquelle	**Erklärung**
Kranker	wichtigste Quelle; in der Regel werden Erreger durch das gleiche Organsystem ausgeschieden, durch das sie aufgenommen wurden; Ausnahmen existieren
Inkubationsausscheider	Ausscheidung während der Inkubationszeit; typisch für viele Viruskrankheiten
Rekonvaleszenzausscheider	Ausscheidung nach Überstehen der Krankheit; typisch für enteritische Salmonellosen
Dauerausscheider	Ausscheidung 3 oder mehr Monate (evtl. Jahre) nach Überstehen der Krankheit; typisch für typhöse Salmonellosen
Keimträger	Tragen pathogene Keime auf Haut oder Schleimhäuten mit sich herum, ohne infiziert zu werden (Definition von Infektion s. Tab. 1.**4**, S. 9)
Tiere	Kranke oder gesunde Tiere, die pathogene Erreger ausscheiden
Umwelt	Erdboden, Pflanzen, Wasser: primäre Quelle von Mikroorganismen, deren natürlicher Lebensraum die genannten Biotope sind

2.1.3 Gesetzliche Bestimmungen bei der Bekämpfung der Infektionskrankheiten

Die Bekämpfung von Infektionskrankheiten und ihre Verhütung haben zum Teil große Eingriffe in die Privatsphäre des Einzelnen und wirtschaftliche Konsequenzen zur Folge. Deshalb müssen sie durch eine wirksame **Gesetzgebung** abgesichert sein. Diese ist im Prinzip von Land zu Land gleich, kann aber im Detail variieren. In Deutschland gilt das am 1. 1. 2001 in Kraft getretene Infektionsschutzgesetz (IfsG). Auf internationaler Ebene gilt die neueste Version der„International Health Regulations“ die im Juni 2007 in Kraft trat (s. http://www.who.int/en).

Im Zentrum der Gesetzgebung steht das **Meldewesen**. Im Prinzip erfolgen die Meldungen von der Peripherie her zentralwärts. Aufgetretene Infektionskrankheiten, aber auch Laborbefunde werden nach Dringlichkeitskategorien an die Gesundheitsämter, an gesundheitliche Landeszentren und, bei bestimmten Infektionskrankheiten, von dort der WHO gemeldet, sodass in kurzer Zeit eine globale Übersicht besteht. Was, wer und wie gemeldet werden muss, kann den für das jeweilige Land zutreffenden Bestimmungen entnommen werden (DE: Infektionsschutzgesetz, www.bmgs.bund.de/; AT: Epidemiegesetz, www.bmgf.gv.at/cms/site/; CH: Epidemiengesetz, www.bag.admin.ch/).

Die eigentliche Bekämpfung einer Epidemie zielt auf Unterbrechung der Infektkette ab, umfasst also prophylaktische Maßnahmen.

2.1.4 Expositionsprophylaxe

Zur Expositionsprophylaxe gehört in erster Linie die *Isolierung* der Infektionsquelle, vor allem also des Kranken, soweit das je nach Infektionskrankheit notwendig ist. Unter *Quarantäne* versteht man die Isolierung von gesunden Kontaktpersonen ersten Grades. Hierbei handelt es sich um Personen, die mit einer Quelle in Kontakt gekommen sind. Die Quarantäne erstreckt sich zeitlich auf die Inkubationszeit der betreffenden Infektionskrankheit.

Zu den expositionsprophylaktischen Maßnahmen zählen weiter *Desinfektion* und *Sterilisation* von Ausscheidungen und kontaminierten Gegenständen (S. 55), Anwendung von Insektiziden und Pestiziden sowie Ausrottung tierischer Seuchenträger.

2.1.5 Dispositionsprophylaxe

Aktive Immunisierung

Bei dieser wird durch Impfstoffe (Vakzine) das Immunsystem zur Ausbildung einer erworbenen Immunität veranlasst. Tab. **2.5** zeigt die einzelnen Gruppen von Impfstoffen. Die Regelimpfungen sind in Tab. **2.6** aufgeführt. Es bedeuten:

D: Diphtherietoxoid; **d** = reduzierter Toxoidgehalt (S. 273)
T: Tetanustoxoid (S. 266)
aP/ap: azelluläre Pertussis-Vakzine (S. 330); ap = reduzierte Dosis
Hib: *Haemophilus influenzae* b: Konjugatvakzine (S. 315)
HB: Hepatitis B, Oberflächenprotein (S. 474)
IPV Polioviren der Typen 1–3, inaktiviert (S. 491)
MMR: Mumps-Masern-Röteln-Viren; attenuiert (S. 524)
Var: Varicella-Zoster-Virus; attenuiert (S. 458)
Inf: Influenza-Viren A und B: Subtypen s. WHO, jährlich (S. 515)
Pneu: Pneumokokken, Kapselpolysaccharide: 7-valente oder (neu) 13-valente Konjugatvakzine oder 23-valente Polysaccharidvakzine (S. 257)
Men: Meningokokken, Kapselpolysaccharide: Konjugatvakzine, ab 12. Monat (S. 291)
HPV: Humane Papillomaviren, inaktiviert: Grundimmunisierung mit 3 Dosen für Mädchen im Alter von 12–17 Jahren (S. 480)

Tabelle **2.5** Gruppen von Impfstoffen für die aktive Immunisierung

Impfstoffgruppe	**Bemerkungen**
abgetötete Erreger	Impfschutz oft nicht optimal. Mehrere Applikationen der Vakzine sind notwendig
Lebende, in der Virulenz abgeschwächte (attenuierte) Erreger	optimaler Impfschutz. Oft reicht einmalige Applikation aus, da eine Vermehrung der attenuierten Erreger in der geimpften Person stattfindet und dadurch das Immunsystem sehr gut stimuliert wird. Anwendung bei Immunkompromittierten und in der Schwangerschaft (Ausnahmen) vermeiden
Gereinigte mikrobielle Immunantigene	
– Proteine	häufig rekombinante Antigene, d. h. gentechnologisch hergestellte Proteine. Bekanntes Beispiel: Hepatitis-B-surface-(HBs)-Antigen
– Polysaccharide	chemisch gereinigte Kapselpolysaccharide von Pneumokokken, Meningokokken, *Haemophilus influenzae* Serotyp „b“. Problem: Es handelt sich um T-Zell-unabhängige Antigene, die erst bei Kindern älter als 2 Jahre die Antikörperproduktion stimulieren
– Konjugatimpfstoffe	Kopplung von Polysaccharid-Epitopen an Proteine. Mit Konjugatimpfstoffen können auch Kinder unter 2 Jahren (ab 2 Monaten) gegen Polysaccharid-Epitope immunisiert werden
– Toxoide	durch Formaldehydbehandlung entgiftete bakterielle Toxine, die aber noch als Immunogene funktionieren
Neuartige, noch experimentelle Impfstoffe (s. S. 438)	Synthetische Peptide; DNA-Vakzine

Weiterhin werden wichtige Impfungen für Risikogruppen bei individuell (nicht beruflich) erhöhtem Risiko (I), bei erhöhtem beruflichem Risiko (B), zur postexpositiellen Prophylaxe (P) sowie Reise-Impfungen (R) empfohlen (s. Tab. **2.7**). Die Impfkalender in Österreich (www.bmgf.gv.at/cms/site/) und der Schweiz (www.bag. admin.ch/) können in Details von diesen Vorschlägen abweichen. Jede Impfung ist freiwillig; eine Impfpflicht existiert in keinem der Länder.

Tabelle **2.6** **Impfkalender.** Modifizierte Version der Empfehlungen der ständigen Impfkommission Deutschland (STIKO), 2009. (http://www.rki.de/, Stichwort Impfkalender)

Impfstoff/ Antigen-Kombinationen	Alter in vollendeten Monaten						Alter in vollendeten Jahren			
	Geburt	2	3	4	11–14	15–23 s. a)	5–6 s. a)	9–17 s. a)	ab 18	ab 60
TDaP*		1.	2.	3.	4.					
Tdap s. b)							A	A	A***	
Hib*		1.	2. c)	3.	4.					
IPV*		1.	2. c)	3.	4.			A		
HB*	s. d)	1.	2. c)	3.	4.			G		
MMR**					1.	2.				
Var					1.	s.f)		s.d)		
Inf										S
Men					1. s. e)					
Pneu		1.	2.	3.	4.					S
HPV								SM		

Um die Zahl der Injektionen gering zu halten, Kombinationsimpfstoffe verwenden

A Auffrischimpfung, nicht früher als 5 Jahre nach letzter Dosis
G Grundimmunisierung, falls noch nicht erfolgt
S Standardimpfung
SM Standardimpfung für Mädchen im Alter von 12-17 Jahren

a) Überprüfung des Impfstatus, evtl. Vervollständigung
b) Ab 5 Jahren mit Impfstoff **„d"** bzw. **„ap"**
c) Bei monovalenter Anwendung oder Kombinationsimpfstoffen ohne Pertussiskomponente kann diese Dosis entfallen
d) Indikation s. S. 474 (HB) und S. 458 (Varizellen)
e) Ab 12 Monaten. Bei Kombi-Impfstoffen Fachinformation beachten
f) Bei Kombi-Impfstoff MMR-Var 2. Dosis Var notwendig

* Abstände 4 Wochen; Abstand zwischen vorletzter und letzter Impfung 6 Monate
** Mindestabstand zwischen den Impfungen 4 Wochen
*** T Jeweils 10 Jahre nach der letzten Dosis

Tabelle **2.7** Beispiele für Impfungen bei beruflichem Risiko (B), spezieller Indikation (I), zur postexponentiellen Prophylaxe (P) sowie bei Reisen (R) (in Anlehnung an die Empfehlungen der STIKO 2009.

Impfung [Kategorie]	**Impfstoff**	**Bemerkungen** (Fachinformation/ Packungsbeilage beachten)
Cholera [I, R] (S. 313)	Oralvakzinen. Attenuierte (kein Gen der Untereinheit A des Toxins) oder abgetötete Cholerabakterien	Bei Reisen nur auf Verlangen des Ziel- oder Transitlandes. Massenimpfungen bei Katastrophen
FSME [B, I, R] (S. 498)	abgetötete Viren der Frühsommer-Meningoenzephalitis	zwei Applikationen im Abstand von 1–3 Monaten; 3. Impfung 9–12 Monate nach der 2. Alle 3–5 Jahre Booster
Gelbfieber [R] (S. 499)	attenuierte Gelbfieberviren	bei Reisen in Endemiegebiete
Hepatitis A [B, I, P, R] (S. 493)	inaktivierte Hepatitis A Viren	zwei Impfungen im Abstand von 4 Wochen; 3. Impfung 6–12 Monate nach der 2.
Meningokokken [B, I, P, R] (S. 291)	Kapsel-Polysaccharid-Vakzine; Konjugat-Vakzine (S. 291)	Immunsupprimierte; Laborpersonal; bei Ausbrüchen; bei Reisen in Endemiegebiete; bei engem Kontakt mit Erkrankten
Tollwut [B, P, R] (S. 526)	abgetötete Tollwutviren	präexpositionell bei speziellem Risiko. Postexpositionell bei Kontakt (Biss) mit erkrankten Tieren
Tuberkulose [I] (S. 283)	BCG (attenuierter Lebendimpfstoff Bacille Calmette Guérin)	bei Risikopersonen (z. B. Laborpersonal)
Typhus [R] (S. 301)	attenuierte orale Bakterien (Typhoral), gereinigtes Virulenzantigen Vi (Typhim Vi) oder abgetötete Bakterien	bei Reisen in Endemiegebiete
Varizellen [B, I, P] (S. 455)	attenuierter Lebendimpfstoff (Varicella-Zoster-Virus)	Standardimpfung s. Tab. **2.6**. Weitere Indikationen s. S. 458.

* Von der STIKO wird die Impfung mit dem derzeitig verfügbaren BCG-Impfstoff nicht empfohlen

Bedeutung von Impfungen.
Auf die wichtige Rolle von Schutzimpfungen für den Einzelnen, aber auch für die Gesellschaft kann nicht genug hingewiesen werden. Nur wenn ein ausreichender Impfschutz in der Bevölkerung vorliegt, können sich Infektionskrankheiten nicht mehr epidemisch ausbreiten. Das Beispiel der Pocken hat gezeigt, dass die konsequente Immunisierung der Weltbevölkerung sogar zu einem vollständigen Verschwinden von Infektionskrankheiten führen kann. Leider gibt es auch unter Ärzten Impfgegner, die diese Bedeutung nicht kennen oder aus weltanschaulichen Gründen nicht wahrnehmen wollen.

Passive Immunisierung

Bei dieser wird ein in einem anderen Wirt hergestellter Antikörper übertragen. Meist werden homologe, d.h. vom Menschen stammende Hyperimmunseren (von Rekonvaleszenten oder mehrfach geimpften Personen gewonnen) eingesetzt. Eine passiv erworbene Immunität ist zeitlich auf Wochen bis höchstens Monate beschränkt.

Chemoprophylaxe

Die präventive Applikation von Antiinfektiva ist in bestimmten Situationen angezeigt, kann aber in anderen kontraindiziert sein. Hier muss von Fall zu Fall entschieden werden. Vor allem sind Nutzen und Schaden (Nebenwirkungen, Superinfektionen mit besonders virulenten und resistenten Erregern, Selektion resistenter Mikroorganismen) gegeneinander abzuwägen. Ein gutes Beispiel für die positive Rolle einer Chemoprophylaxe ist die Malaria-Prophylaxe. Die prophylaktische Gabe von antiinfektiven Pharmaka allein bietet aber nur so lange Schutz, wie eine ausreichende Konzentration der Substanz im Organismus vorliegt.

2.2 Sterilisation und Desinfektion

Unter **Sterilisation** versteht man die Abtötung oder Entfernung aller Mikroorganismen und Viren, die sich in oder an einem Gegenstand oder Produkt befinden. Desinfektion bedeutet, einen Gegenstand, die Hände oder die Haut frei von Krankheitserregern zu machen. Die Asepsis umfasst alle Maßnahmen, die eine Kontamination von Gegenständen oder Wunden verhindern. Zur antimikrobiellen Behandlung werden physikalische und chemische Mittel eingesetzt. Die Abtötung von Mikroorganismen durch diese Noxen erfolgt exponentiell. Ein Maß für die Wirksamkeit der Abtötung ist der D-Wert, der die Zeit für die Reduktion der Keimzahl um 90% angibt. Mittel der Wahl zur Sterilisation sind heiße Luft (180 °C, 30 min; 160 °C, 120 min) oder gesättigter Wasserdampf (121 °C, 15 min, 202 kPa; 134°C, 3 min, 303 Pa). Zur Strahlensterilisation werden Gammastrahlen oder energiereiche Elektronen verwendet. Die empfohlene Dosis beträgt $2{,}5 \cdot 10^4$ Gy.

Zur **Desinfektion** werden vorwiegend chemische Mittel eingesetzt. Die wichtigsten Desinfektionsmittel sind die Aldehyde (Formaldehyd), die Alkohole, die Phenole, die Halogene (J, Cl) und die oberflächenaktiven Substanzen (Detergenzien).

2.2.1 Begriffe, Allgemeines

Begriffe

Unter **Sterilisation** versteht man die Abtötung sämtlicher Mikroorganismen und Viren oder ihre vollständige Entfernung aus einem Material mit an Sicherheit grenzender Wahrscheinlichkeit.

Als **steril** gilt ein Gegenstand, der einem Sterilisationsverfahren unterworfen und anschließend kontaminationssicher verpackt wurde.

Abtötung der Prionen und der hyperthermophilen Archaea. Bei den in der Medizin üblichen Sterilisationsverfahren (s. weiter unten) werden die medizinisch bedeutsamen Mikroorganismen wie die Bakterien und ihre Sporen, Protozoen, Pilze, Viren und die Helminthen einschließlich der Wurmeier irreversibel geschädigt. Für die Inaktivierung der Prionen jedoch sind weit extremere Verfahren notwendig. Zum Beispiel wird für ihre Inaktivierung eine Autoklavenbehandlung von 4,5 h bei 121 °C oder von 30 min bei 134 °C empfohlen. Weiterhin hat man in den letzten Jahren spezielle Formen hyperthermophiler Archaea (s. S. 5) kennen gelernt, die Temperaturen von 100 °C und mehr zum Wachstum bevorzugen, und die eine Behandlung mit 121 °C im Autoklaven während 1 Std. und länger tolerieren. Derartige extreme Lebensformen (Extremophile) und auch die Prionen werden in den Definitionen „Sterilisation" und „steril", sowie in den weiter unten aufgeführten Sterilisationsverfahren nicht berücksichtigt.

Unter **Desinfektion** versteht man das Abtöten oder irreversible Inaktivieren bestimmter Infektionserreger auf leblosen Objekten (Ausnahme: Hände/Haut-Desinfektion) mit dem Zweck, die Übertragung der Erreger zu verhindern. Der Begriff schließt bakterielle Sporen und auch Prionen nicht mit ein.

Im Begriff **Konservierung** werden alle Maßnahmen zur Verhütung eines mikrobiell verursachten Verderbens bei anfälligen Produkten (Pharmazeutika, Lebensmittel) zusammengefasst.

Als **Dekontamination** bezeichnet man die Entfernung oder die Reduktion der Zahl von Mikroorganismen, die einen Gegenstand kontaminieren.

Unter **Asepsis** fasst man Maßnahmen zusammen, die verhindern sollen, dass Materialien oder Wunden mikrobiell kontaminiert werden.

Antisepsis bedeutet die Bekämpfung von Erregern in oder auf lebendem Gewebe, z. B. in einer Wunde, mit chemischen Mitteln.

Kinetik der Keimtötung

Die Abtötung von Mikroorganismen durch chemische oder physikalische Noxen verläuft als Reaktion erster Ordnung. Das heißt, dass kein Verfahren der Keimtötung alle Mikroorganismen einer Population schlagartig abtötet. Trägt man den Abtötungsgrad in Beziehung zur Einwirkung einer Noxe in ein halblogarithmisches Koordinatensystem ein, dann resultiert eine Gerade (Abb. **2.1**).

Ausnahmen von dieser exponentiellen Abtötung sind sigmoidale oder asymptotische Abtötungskurven. Die Steilheit der Abtötungsgeraden ist von der Empfindlichkeit der Mikroorganismen gegenüber der Noxe und von ihrer Wirksamkeit abhängig. Mit Hitze wird eine sehr steile, mit ionisierenden Strahlen oder chemischen Desinfektionsmitteln eine flachere Gerade erzielt. Da die Zahl der Mikroorganismen, die ein Produkt kontaminieren (= *bioload, bioburden*), ebenfalls eine Rolle spielt, muss eine Noxe bei hohen Keimzahlen länger einwirken als bei niedrigeren.

Bei den Standardverfahren zur Sterilisation begnügt man sich nicht damit, dass alle Mikroorganismen im Sterilisiergut abgetötet wurden, sondern erwartet darüber hinaus als Risikoabsicherung, dass theoretisch die Zahl lebender Keime pro sterilisierter Einheit gleich oder kleiner 10^{-6} ist.

Ein Index für die **Wirksamkeit der Abtötung** ist der **D-Wert** (dezimale Abtötungszeit), der die Zeit angibt, die zur Reduktion der Keimzahl um den Faktor 10 (= 90 % Abtötung) notwendig ist.

Bei **chemischen Mitteln** spielt die **Konzentration** (c) für die Abtötungskinetik eine große Rolle. Die Beziehung zwischen Zeit der Einwirkung (t) und (c) wird durch den *Verdünnungskoeffizienten (n)* charakterisiert. Es gilt die Beziehung $t \cdot c^n$ = konstant. Der Koeffizient *n* ist für jedes Mittel charakteristisch. Für Phenol

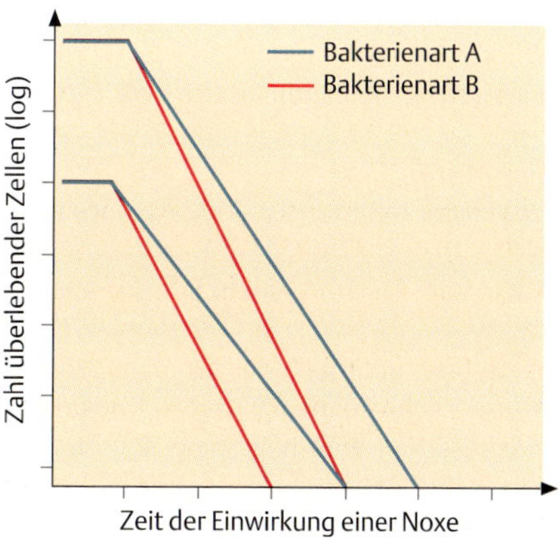

Abb. **2.1** **Absterbekinetik.** Die Absterberate kann von Bakterienart zu Bakterienart unterschiedlich sein. Je höher die Ausgangskonzentration einer Bakterienkultur ist, desto länger muss eine Noxe einwirken, um den gleichen Effekt zu erreichen.

beträgt er 5, d.h. bei einer Reduktion von *c* um die Hälfte muss die Zeit um das 32fache ansteigen, damit der gleiche Effekt erzielt wird.

Der *Temperaturkoeffizient* bestimmt den Einfluss der **Temperatur** auf die Wirkung chemischer Mittel. Mit steigender Temperatur nimmt die Wirkung zu, d.h. die Einwirkungszeit, die den gleichen Effekt erzielt, kann reduziert werden. Die Temperaturkoeffizienten müssen für jedes Mittel und jede Keimart experimentell bestimmt werden.

Wirkungsmechanismen

Die Abtötung von Mikroorganismen durch **Hitze** kommt durch eine irreversible Denaturierung von Proteinen (Enzymen) zustande. **Ionisierende Strahlen** führen zur Bildung reaktiver Gruppen, welche durch chemische Reaktionen Nukleinsäuren und Proteine schädigen. Unter **UV-Licht** entstehen strukturelle Veränderungen an der DNA (Thymin-Dimere), die eine Replikation der DNA unmöglich machen. Durch Licht kann dieser Schaden bis zu einem gewissen Grad korrigiert werden (Photoreaktivierung).

Die meisten **chemischen Mittel** führen zu einer irreversiblen Denaturierung von Proteinen: Alkohole, Phenole, Aldehyde, Schwermetalle, Oxidanzien. Oberflächenaktive Verbindungen (amphotere und kationische) greifen an der Zytoplasmamembran an. Acridinderivate interkalieren mit DNA (Bindung in die Zwischenräume benachbarter Basen doppelsträngiger DNA) und blockieren dadurch Replikation und Transkription.

2.2.2 Physikalische Verfahren der Keimtötung

Hitze

Die Anwendung von Hitze zur Keimtötung ist einfach, billig und wirksam. Je nach dem Ziel werden verschiedene Verfahren eingesetzt:

- **Pasteurisation.** Hierbei handelt es sich um die Behandlung flüssiger Lebensmittel (Milch).
  - Niederpasteurisation: 61,5 °C, 30 min; 71,0 °C, 15 s.
  - Hochpasteurisation: kurze (Sekunden) Einwirkung von 80–85 °C in kontinuierlichem Betrieb.
  - Uperisation: Durch Dampfinjektion wird die Milch in einem Druckkessel für 2,5 s auf 150 °C erhitzt.
- **Desinfektion.** Anwendung von Temperaturen unterhalb der für eine Sterilisation vorgegebenen Werte. Achtung: Auskochen von medizinischen Instrumenten, Nadeln, Spritzen usw. ist keine Sterilisation! Viele bakterielle Sporen werden nicht abgetötet.

- **Sterilisation mit trockener Hitze.** Die Richtwerte für Heißluftsterilisatoren betragen: 180 °C für 30 min, 160 °C für 120 min. Während dieser Zeiten muss das Sterilisiergut die betreffenden Temperaturen aufweisen.
- **Sterilisation mit feuchter Hitze.** Hierfür werden Autoklaven eingesetzt, die mit gesättigtem, unter Druck stehendem Wasserdampf arbeiten.
  - 121 °C, 15 min, 1 Atmosphäre Überdruck (insgesamt 202 kPa).
  - 134 °C, 3 min, 2 Atmosphären Überdruck (insgesamt 303 kPa).

Für den praktischen Betrieb müssen noch die Aufheiz- und Ausgleichszeit hinzugerechnet werden. Diese umfassen die Zeit bis zum Erreichen der Temperatur im Bereich der ungünstigsten Stelle des Sterilisierguts. Die Abkühlzeit ist bei der Sterilisation von Flüssigkeiten zur Vermeidung des Siedeverzugs notwendig.

Die gute keimtötende Wirkung des Wasserdampfes beruht auf seinem großen Gehalt an Wärme, die bei der Kondensation am kühleren Sterilisiergut auf dieses übergeht, sowie auf der guten Wärmeleitfähigkeit. Außerdem werden Proteine der Mikroorganismen in einem feuchten Milieu sehr viel leichter denaturiert als in wasserarmem Zustand.

Strahlen

Nichtionisierende Strahlen. Zu diesen zählen die UV-Strahlen (280–200 nm). Diese werden von verschiedensten Stoffen sehr schnell absorbiert. UV-Strahlen werden deshalb nur zur Keimzahlreduktion der Raumluft (Operationsräume, Abfülleinrichtungen) und zur Desinfektion glatter Oberflächen verwendet.

Ionisierende Strahlen. Zwei Strahlenarten werden eingesetzt.

- Gammastrahlen sind elektromagnetische Wellen, die beim Kernzerfall (z. B. des Radioisotops ^{60}Co) entstehen.
- Korpuskulärstrahlen bestehen aus Elektronen der Kernhülle, die in Generatoren erzeugt und durch Beschleunigung energiereich gemacht wurden.

Anlagen zur Strahlensterilisation sind teuer. Sie werden großtechnisch zur Sterilisation von Verbandsmaterial, Nahtmaterial, medizinischen Kunststoffartikeln, Lebensmittel oder hitzeempfindlichen Pharmaka eingesetzt. Die notwendige Dosis richtet sich nach der Höhe der Kontamination der Produkte (= bioload, bioburden) sowie nach der Strahlenempfindlichkeit der Kontaminanten. In der Regel wird eine Dosis von $2{,}5 \cdot 10^4$ Gy (Gray) als ausreichend betrachtet.

Ein Gy entspricht einer absorbierten Energie von 1 Joule (J)/kg.

Filtration

Flüssigkeiten oder Gase können durch Filtration entkeimt werden. Die meisten Filter halten lediglich Bakterien und Pilze zurück. Mit Ultrafeinfiltern können aber auch Viren und sogar große Moleküle weggefiltert werden. Bei den Flächenfiltern kommt die Rückhaltung durch Siebwirkung zustande. Am bekanntesten sind die Membranfilter, die aus organischen Kolloiden (z.B. Celluloseester) bestehen. Diese lassen sich zu dünnen Filterschichten mit abstufbaren, kalibrierten Porengrößen verarbeiten. Bei den Tiefenfiltern erfolgt der Durchfluss durch eine Schicht von faserigem Material (z.B. Asbest). Ihre Wirkung basiert vornehmlich auf Adsorption.

2.2.3 Chemische Verfahren zur Keimtötung

Ethylenoxid (EO). Bei der Sterilisation mit Ethylenoxid (C_2H_4O) handelt es sich um ein Verfahren, bei dem ein hochreaktionsfähiges Gas verwendet wird. EO ist eine giftige, mutagene, stark schleimhautreizende, brennbare Substanz. Es kann bei niederen Temperaturen (20–60 °C) angewendet werden. Das Gas hat ein großes Penetrationsvermögen; es kann durch bestimmte Kunststofffolien dringen. Nachteilig ist, dass angetrocknete Mikroorganismen nicht abgetötet werden, sodass man eine relative Feuchte von 40–90 % in der Sterilisierkammer haben muss. Ethylenoxid löst sich in Kunststoff, Gummi und ähnlichen Materialien. Das Sterilisiergut muss deshalb für 8-24 h zur Desorption (Entgasung) ausgelagert werden.

Aldehyde. Formaldehyd (HCOH) ist ein wasserlösliches Gas. *Formalin* stellt eine 35 %ige Lösung des Gases in Wasser dar. Formaldehyd kann in speziellen Apparaturen zur Gassterilisation eingesetzt werden. Vorwiegend wird er jedoch zur Desinfektion verwendet. Formaldehyd reizt die Schleimhäute; bei Hautkontakt können Entzündungen oder Ekzeme allergischer Natur auftreten. Das Wirkungsspektrum umfasst Bakterien, Pilze und Viren. In höheren Konzentrationen werden sogar Sporen abgetötet. Der Wirkungsmechanismus von Formaldehyd beruht auf der Denaturierung von Proteinen. Als weiterer zur Desinfektion von Instrumenten und medizinischen Geräten verwendeter Aldehyd ist **Glutaraldehyd** zu nennen.

Alkohole. Für die Desinfektion kommen **Ethanol** (80 %), **Propanol** (60 %) und **Isopropanol** (70 %) zum Einsatz. 100 %ige Alkohole wirken nicht desinfizierend sondern nur konservierend. Alle Alkohole wirken gut gegen Bakterien und Pilze, weniger gut gegen Viren. Bakteriensporen werden nicht abgetötet. Hauptanwendungsgebiet ist die chirurgische und hygienische Haut- und Händedesinfektion, da Alkohole sehr rasch wirken und gut in die Haut penetrieren. Ein Nachteil ist die fehlende Depotwirkung. Alkohole denaturieren Proteine.

Phenole. Phenol (Carbolsäure) wurde von Lister in die Medizin eingeführt, kommt als solches jedoch nicht mehr zum Einsatz. Weite Verbreitung haben jedoch mit organischen Gruppen und/oder mit Halogenen substituierte (alkylierte, arylierte, halogenierte) Phenolderivate gefunden. Sporen und Viren werden durch alle Phenole nicht sehr gut angegriffen. Phenole denaturieren Proteine. Sie werden nur mäßig durch organische Materialien gebunden, sodass sie auch zur Desinfektion von Ausscheidungen verwendet werden können.

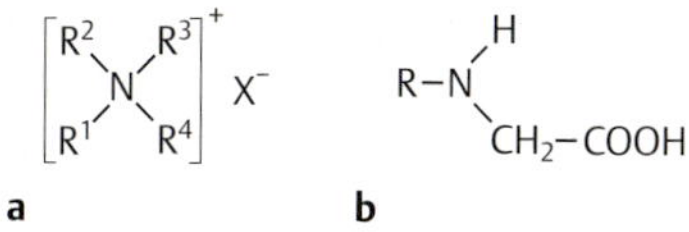

Abb. 2.2 **Oberflächenaktive Desinfektionsmittel.** Quarternäre Ammoniumverbindungen (**a**) und amphotere Substanzen (**b**) stören die Struktur und Funktion mikrobieller Membranen.

Halogene. Als Desinfektionsmittel kommen Chlor und Jod bzw. Derivate dieser Halogene in Frage. Chlor und Jod wirken auf alle Mikroorganismen einschließlich der Sporen abtötend.

Chlor denaturiert einerseits Proteine durch Verbindungen mit freien Aminogruppen; andererseits entsteht in wässrigen Lösungen unterchlorige Säure (HOCl), die in HCl und 1/2 O_2 zerfällt und damit als starkes Oxidans wirkt. Chlor wird zur Desinfektion von Trinkwasser und Badewasser eingesetzt (0.1 bis 0,5 mg/l). Chlorkalk kann zur Grobdesinfektion von Ausscheidungen verwendet werden. Chloramine sind organische Chlorverbindungen, die in wässriger Lösung Chlor abspalten. Sie werden zur Scheuer-, Wäsche- und zur Desinfektion von Ausscheidungen verwendet.

Jod besitzt ähnliche Eigenschaften wie Chlor. Die wichtigsten Präparate stellen Lösungen von Jod und Jodkali in Alkohol dar (Jodtinktur), die zur Desinfektion von Haut und kleineren Wunden verwendet werden. Jodophore sind Präparate, bei denen Jod an oberflächenaktive Verbindungen (z.B. an Polyvinyl-Pyrrolidon) gebunden ist. Jodophore reizen die Haut weniger als reines Jod, sind aber auch weniger wirksam.

Oxidationsmittel. Zu dieser Gruppe gehören Ozon, Wasserstoffperoxid, Kaliumpermanganat, Peressigsäure. Sie wirken dadurch, dass Sauerstoff abgespalten wird. Die meisten werden als milde Antiseptika zur Desinfektion von Schleimhäuten, Haut oder Wunden eingesetzt.

Oberflächenaktive Substanzen. Zu diesen werden anionische, kationische, amphotere und nichtionische Detergenzien gezählt. Von diesen sind vor allem die kationischen und die amphoteren Verbindungen wirksam (Abb. **2.2**).

Die bakterizide Wirkung dieser Substanzen ist mäßig. Sie wirken überhaupt nicht gegen Tuberkulosebakterien (Ausnahme: Amphotenside), Sporen und unbehüllte Viren. Gegen grampositive Bakterien sind sie gut wirksam, schlechter gegen gramnegative Stäbchen. Vorteile sind ihre geringe Toxizität, ihre Geruchlosigkeit, ihre gute Hautverträglichkeit und die gleichzeitige Reinigungswirkung.

2.2.4 Praktische Desinfektionsverfahren

Hände und Haut. Die **chirurgische Händedesinfektion** bezweckt die weitgehende Entkeimung der Hände des Operateurs. Sie erfolgt nach gründlichem Hände-

waschen. Am geeignetsten sind alkoholische Präparate, die jedoch keine Sporizidie und keine Langzeitwirkung aufweisen. Alkohole werden deshalb oft mit anderen Desinfektionsmitteln (z.B. quarternäre Ammoniumverbindungen) kombiniert. Auch Jodophore werden verwendet.
Die **hygienische Händedesinfektion** soll mit pathogenen Keimen kontaminierte Hände entkeimen. Auch hier sind Alkohole die Mittel der Wahl.

Für die Desinfektion der **Haut** vor chirurgischen Eingriffen oder Injektionen eignen sich Alkohole und Jodverbindungen.

Desinfektion von Ausscheidungen (Stuhl, Sputum, Urin usw.) kann mit Mitteln vorgenommen werden, die stark riechen. Sporen müssen nicht abgetötet werden. Geeignet sind Phenolpräparate. Falls notwendig, können Abwässer aus Krankenhäusern thermisch (80–100 °C) desinfiziert werden.

Flächendesinfektion ist eine wichtige Aufgabe in Krankenhäusern. Sie sollte mit der Reinigung verbunden werden können. Geeignet sind Aldehyd- oder auch Phenolderivate, kombiniert mit oberflächenaktiven Substanzen (z.B. Tensiden).

Desinfektion von Instrumenten und Geräten kommt nur zur Anwendung, wenn Instrumente ohne Verletzungen von Haut oder Schleimhäuten eingesetzt werden (z.B. zahnärztliche Instrumente für das Arbeiten an der Hartsubstanz, Endoskope, Bronchoskope). In Frage kommen Präparate mit einem gleichzeitigen Reinigungseffekt.

Wäschedesinfektion kann chemisch oder kombiniert mit Hitze durchgeführt werden. In Frage kommen Phenol-, Aldehyd- oder Chlorderivate, ebenso oberflächenaktive Verbindungen. Bevorzugt wird die Desinfektion während des Waschvorgangs.

Trink- und Badewasser. Zur Desinfektion von Trinkwasser und Badewasser wird in der Regel Chlor verwendet, das aufgrund seiner leichten Dosierbarkeit, schnellen Wirkung und seines breiten Spektrums geeignet ist. Es soll im Wasser in einer Konzentration von 0,1–0,3 mg/l (Trinkwasser) bzw. um 0,5 mg/l (Badewasser) vorliegen (s.S. 72). Ozon im Badewasser wird nicht mehr eingesetzt.

Schlussdesinfektion. Als Schlussdesinfektion bezeichnet man die Desinfektion eines Raumes samt Einrichtung nach Ablauf der Pflege eines Infektionskranken. Früher wurde die Verdampfung oder Vernebelung von Formaldehyd (5 g/m^3) angewendet. Diese Form der Schlussdesinfektion wird heute durch vereinfachte Schlussdesinfektion mittels Flächen- und Sprühdesinfektion meist mit formaldehydhaltigen Mitteln abgelöst.

Auswahl der Desinfektionsmittel und -verfahren. Bei Maßnahmen in Deutschland nach dem Infektionsschutzgesetz (2001, Paragraph 18) gilt die vom Robert-Koch-Institut herausgegebene Liste der geprüften und anerkannten Desinfektionsmittel und Desinfektionsverfahren (www.rki.de/). Außerdem kann die Liste der

Deutschen Gesellschaft für Hygiene und Mikrobiologie über geprüfte Desinfektionsmittel und Desinfektionsverfahren (www.dghm.org/) für die Auswahl verwendet werden. Die Informationen enthalten auch die Konzentrationen und Einwirkungszeiten der verschiedenen Präparate, die natürlich auch den Gebrauchsanweisungen der käuflichen Produkte entnommen werden können.

2.3 Krankenhaushygiene (Nosokomiale Infektionen)

Nosokomiale Infektionen treten bei hospitalisierten Patienten als Komplikation des Grundleidens auf. Derartige Infektionen werden im Mittel bei ungefähr 3,5 % aller hospitalisierten Patienten gefunden, in Schwerpunkt-Krankenhäusern in ungefähr 10 %, innerhalb eines Schwerpunkt-Krankenhauses in ungefähr 15–20 % bei Patienten der Intensivpflegestationen. Nosokomiale Infektionen können auch epidemisch auftreten.

Unter den nosokomialen Infektionen überwiegt der Harnwegsinfekt (~ 40 %), gefolgt von der Pneumonie (~ 20 %), dem chirurgischen Wundinfekt (~ 16 %) und der Sepsis (~ 8 %). Im Vordergrund der Erreger stehen die opportunistischen, gramnegativen Stäbchen sowie die Staphylokokken und Enterokokken, gefolgt von den Pilzen. Die Bakterien zeigen oft Resistenz gegen zahlreiche Antibiotika.

Bei der Übertragung spielen die Hände des Medizinalpersonals eine große Rolle. Zur Bekämpfung kommen betriebliche Maßnahmen (Desinfektion; Asepsis; rationelle Antibiotikatherapie; Isolierung), organisatorische Maßnahmen (Hygienekommission; Erkennen von Epidemien; Richtlinien zur Prävention; Ausbildung) sowie bauliche Maßnahmen in Frage.

Unter dem Begriff Krankenhaushygiene werden alle Maßnahmen zusammengefasst, die darauf abzielen, die Zahl von nosokomialen Infektionen zu reduzieren. Als nosokomiale Infektionen gelten solche, die bei Patienten ≥ 48 h nach Krankenhausaufnahme als Komplikation ihrer eigentlichen Grundleiden auftreten. (Infektionen, die Patienten ins Krankenhaus mitbringen und die sich dort klinisch manifestieren, zählen nicht dazu). Nosokomiale Infektionen gibt es solange es Krankenhäuser gibt. Die nosokomialen Infektionen in der Zeit vor den Antibiotika waren so häufig und zeigten eine so hohe Letalität, dass man sich heute fragt, wie man damals Patienten dazu überreden konnte, ein Krankenhaus aufzusuchen. Mit der Einführung von Hygienemaßnahmen wurde ihre Zahl sowie mit dem Einsatz von Antibiotika ihre Letalität stark reduziert. Es gibt sie aber immer noch, sie können für den Patienten gefährlich werden und sie können die größten medizinischen Erfolge in Frage stellen. Außerdem verursachen sie hohe Kosten. Im Folgenden sind wichtige Aspekte des Infektionshospitalismus zusammengefasst. Einzelheiten können dem deutschen Infektionsschutzgesetz (www.bmgs.bund.de/) und der Richtlinie für Krankenhaushygiene und Infektionsprävention des Robert-Koch-Instituts (www.rki.de/, Stichwort Krankenhaushygiene) entnommen werden.

2.3.1 Erreger, Infektionen, Häufigkeit

Die Bedeutung der verschiedenen Krankheitserreger des Menschen für nosokomiale Infektionen ist unterschiedlich:

- **Subzelluläre Strukturen.** Einzelne Fälle von Creutzfeldt-Jakob durch nicht ausreichend sterilisierte Instrumente wurden in der Literatur beschrieben. Derartige „Unfälle" sollten heute nicht mehr vorkommen.
- **Viren.** Zuverlässige Zahlen über nosokomiale Virusinfektionen existieren nicht. Es wird grob geschätzt, dass weniger als 1% der nosokomialen Infektionen durch Viren hervorgerufen werden. Ein Problem sind in Krankenhäusern, Pflegeheimen und Altersheimen auftretende Epidemien durch Noroviren (s. S. 505).
- **Bakterien.** Diese stehen als Erreger der nosokomialen Infektionen im Vordergrund. Es handelt sich oft um fakultativ pathogene (opportunistische) Bakterien, die häufig Resistenz gegen zahlreiche Antibiotika aufweisen. Sie haben sich in den Krankenhäusern als sog. Krankenhausflora eingenistet. Das Resistenzmuster dieser Bakterien reflektiert die für die verschiedenen Krankenhäuser oft unterschiedlichen Regeln des Einsatzes von Antibiotika.
- **Pilze.** Nosokomiale Pilzinfektionen nehmen in den letzten Jahren zu. Sie treten gehäuft bei immunkompromittierten Patienten auf.

Die Tab. **2.8** nennt die Erreger der wichtigsten nosokomialen Infektionen, die in einer Prävalenzstudie im Jahre 1995 in Deutschland West und Ost erhoben wurden (NIDEP-Studie). Tab. **2.9** führt die Prävalenz auf, mit der in der erwähnten Studie an einem bestimmten Stichtag nosokomiale Infektionen in 72 ausgewählten Krankenhäusern auftraten. Die Zahlen der beiden Tabellen sollen einen allgemeinen Eindruck geben. Es gilt, dass derartige Daten von Krankenhaus zu Krankenhaus und auch in Abhängigkeit von der Zeit stark schwanken können. Die Häufigkeit nosokomialer Infektionen nimmt mit der Größe des Krankenhauses zu. Für Krankenhäuser der Maximalversorgung kann sie 10% und mehr betragen. Innerhalb eines Krankenhauses ist die Infektionsrate auf den Intensivpflegestationen am höchsten.

2.3.2 Infektionsquellen, Infektionswege

Nosokomiale Infektionen können von der patienteneigenen Flora (endogene Infektionen) oder von äußeren Quellen (exogene Infektionen) ausgehen. **Endogene Infektionen** sind häufiger. Dabei kann der Patient die Erreger mit ins Krankenhaus bringen. Meist ist es jedoch so, dass Haut und Schleimhäute hospitalisierter Pa-

Tabelle **2.8** Relative Häufigkeiten der Erreger nosokomialer Infektionen (geordnet nach Häufigkeit der Erreger in der Spalte „gesamt")

Bakterien	**HWI**[2]	**RTI**[2]	**PWI**[2]	**SEP**[2]	**Rest**[2]	**gesamt**
E. coli	40,5	9,9	23,3	13,2	15,6	22,40
Enterokokken	19,8	29,5	27,2	0,0	11,7	14,75
Staphylococcus aureus	3,2	25,4	45,5	15,8	13,0	11,11
Koagulase-negative Staphylokokken	4,5	9,9	14,8	34,2	10,4	8,01
Pseudomonas aeruginosa	5,4	46,5	26,0	0,0	1,3	7,65
Klebsiella spp.	4,1	20,8	15,0	10,5	3,9	6,01
Pilze	5,9	19,1	0,0	2,6	11,7	6,01
Streptococcus spp.	1,8	16,8	8,2	0,0	9,1	4,74
Proteus mirabilis	5,0	4,0	2,4	0,0	2,6	3,10
Enterobacter spp.	1,4	4,0	4,7	2,6	1,3	2,00
Serratia spp.	0,9	1,7	3,8	7,9	0,0	2,00
sonstige *Enterobacteriaceae*	1,9	6,3	9,7	2,6	3,9	2,00
Acinetobacter spp.	2,7	5,7	1,2	0,0	0,0	1,82
sonstige grampos. Bakterien	0,0	0,0	7,3	2,6	2,6	1,28
Morganella spp.	1,4	4,0	0,0	0,0	1,3	1,09
Providencia spp.	0,9	0,0	5,0	0,0	2,6	1,09
Pseudomonadaceae (außer *P.aeruginosa*)	0,0	3,4	1,2	2,6	2,6	1,09
Rest (jeweils unter 1 %)	0,5	0,0	5,0	2,6	1,3	3,48

[1] Daten (modifiziert) nach „Nosokomiale Infektionen in Deutschland – Erfassung und Prävention (NIDEP-Studie)". Band 56. Schriftenreihe des Bundesministeriums für Gesundheit. Nomos Verlagsgesellschaft Baden-Baden 1995.
[2] HWI = Harnwegsinfektion; RTI = Infektion des tiefen Respirationstrakt; PWI = postoperative Wundinfektion; SEP = primäre Sepsis; Rest = alle anderen Infektionen.

tienten in 1–3 Tagen durch spitaltypische, oft multiresistente Bakterien, die die patientenindividuelle Flora verdrängen, besiedelt werden, sodass auch endogene Infektionen durch die spitalspezifische Flora verursacht werden. Als Infektionsquelle für **exogene Infektionen** kommt vor allem das medizinische Personal in

Tabelle **2.9** Häufigkeit (Prävalenz) der wichtigsten nosokomialen Infektionen (in %)

Infektion	Innere Medizin	Chirurgie	Gynäkologie	Intensivpflege	Alle Patienten
Harnwegsinfektion	1,57	1,45	0,91	2,35	1,46
untere Atemwegsinfektion	0,63	0,30	0,09	9,00	0,72
postoperative Wundinfektion	0,03	1,34	0,05	1,37	0,55
primäre Sepsis	0,31	0,15	0,14	2,15	0,29
andere Infektionen	0,52	0,74	0,27	1,96	0,62
Patienten mit mindestens einer Infektion	2,97	3,80	1,45	15,30	3,46

[1] Daten (modifiziert) nach „Nosokomiale Infektionen in Deutschland – Erfassung und Prävention (NIDEP-Studie)". Band 56. Schriftenreihe des Bundesministeriums für Gesundheit. Nomos Verlagsgesellschaft Baden-Baden 1995.

Frage. Meist werden Keime von Patient zu Patient durch die Hand bei der medizinischen und pflegerischen Tätigkeit übertragen. Seltener ist das Personal entweder selber infiziert oder durch die Spitalflora kolonisiert. Wichtige Ursachen nosokomialer Infektionen sind auch die Umwelt (Wasser, Nahrung, Staub, Luft) sowie medikotechnische und invasive diagnostische Eingriffe, durch die Infektionserregern der Weg ins Körperinnere gebahnt wird.

2.3.3 Bekämpfung

Die Maßnahmen zur Bekämpfung und Verhütung nosokomialer Infektionen entsprechen den allgemeinen Methoden zur Bekämpfung der Infektionskrankheiten. Im Detail sind diese Maßnahmen so vielfältig, dass sie hier nicht im Einzelnen aufgeführt werden können. Sie variieren auch je nach Situation in den einzelnen Krankenhäusern. Die verschiedenen Maßnahmen können vereinfacht in 3 Gruppen eingeteilt werden.

Betriebliche Maßnahmen. Unter diesem Stichwort können alle Maßnahmen bei der Therapie und Pflege der Patienten sowie bei der Reinigung zusammengefasst werden. Dazu gehören die Asepsis, die Desinfektion, die Sterilisation sowie die Reinigung. Als weitere betriebliche Vorsichtsmaßnahme sind gegebenenfalls die Isolierung von Patienten, die Infektionsquellen sind, und der sparsame und gezielte Einsatz von Antibiotika zu nennen.

Organisatorische Maßnahmen. Die Organisation der Krankenhaushygiene muss sich nach der Struktur des jeweiligen Krankenhauses richten. Wichtig für die Durchsetzung von notwendigen Maßnahmen ist die Etablierung einer Hygienekommission. Die Aufgaben der Kommission sind: Feststellen und Analyse der Ist-Situation; Festlegen der erforderlichen Maßnahmen zur Verbesserung der Hygiene durch Erlass von verbindlichen Richtlinien; Mitwirkung bei der Planung und Beschaffung betrieblicher und baulicher Einrichtungen; Mitwirkung bei der Organisation des Funktionsablaufs in verschiedenen Krankenhausbereichen; Mitwirkung bei der Unterrichtung des Personals in krankenhaushygienischen Fragen. Für diese Aufgaben sollte der Kommission eine fachspezifische Arbeitsgruppe zur Verfügung stehen. In größeren Krankenhäusern nimmt diese Aufgabe der Krankenhaushygieniker mit seinem Mitarbeiterteam wahr.

Bauliche Maßnahmen. Diese betreffen vor allem Neubauten, die nach hygienischen Kriterien zu erstellen sind. Hygienische Gesichtspunkte müssen natürlich auch bei der Sanierung von Altbauten berücksichtigt werden.

2.4 Umwelthygiene (Wasserhygiene)

Wasser ist ein wichtiges Vehikel für die Übertragung von gastrointestinalen Infektionen. **Trinkwasser** darf keine Krankheitserreger und die Gesundheit schädigenden Noxen enthalten. Die Trinkwasserverordnung regelt die mikrobiologischen, chemischen, pyhsikalischen und sensorischen Anforderungen an Trinkwasser. Sie ist eine Rechtsnorm zum Schutz der Verbraucher. **Badegewässer** sollen keine enteropathogenen Mikroorganismen enthalten. Als Indikatorbakterien für fäkale Verunreinigungen von Trinkwasser und Badegewässer gelten *E. coli*, koliforme gramnegative Stäbchenbakterien sowie Enterokokken. Das wichtigste Ziel bei der Reinigung von **Abwasser** ist die Beseitigung der Schmutzstoffe. Neben mechanischen Methoden (Stufe 1) wird die biologische Klärung mit dem Belebtschlammverfahren (Stufe 2) sowie die chemische Reinigung (Stufe 3) eingesetzt. Durch Flockungsfiltration (Stufe 4) werden über 90 % der Mikroorganismen, die im geklärten Wasser noch vorhanden sind, eliminiert.

Im Rahmen der Umwelthygiene (Wasser, Badegewässer, Abwasser, Atmosphäre, Lärm, exogene Krebsnoxen) kommt vor allem der Wasserhygiene in der Prävention von Infektionskrankheiten Bedeutung zu. Eine Reihe von Infektionskrankheiten wird durch Wasser übertragen (s. Tab. **2.10**). Trinkwasser muss deshalb in einwandfreier, nicht gesundheitsschädigender Form der Bevölkerung zur Verfügung stehen. Durch Baden in Badegewässern dürfen keine Infektionen bei Badenden auftreten. Erreger von gastrointestinalen Infektionen werden mit den Faeces ausgeschieden. Deshalb muss Abwasser so gereinigt werden, dass die Vor-

Tabelle **2.10** Infektionserreger, die häufig (aber nicht ausschließlich) durch Wasser (nicht einwandfreies Trinkwasser; Badegewässer; Oberflächenwasser) übertragen werden

Erreger	Übertragungsart	Seite
Bakterien, Pilze		
Vibrio cholerae	oral	310
Typhöse Salmonellen	oral	296
Enteritische Salmonellen	oral	296
Shigella spp.	oral	301
Campylobacter jejuni	oral	319
Enteropathogene Pathovare von *Escherichia coli*	oral	306
Yersinia enterocolitica	oral	303
Legionella pneumophila	aerogen	325
Pseudomonas aeruginosa	Kontakt; Haut	323
Chlamydia trachomatis	Kontakt; Konjunktiva	351
Dermatophyten	Kontakt	385
Viren		
Adenoviren	oral	475
Enteroviren	oral	489
Hepatitis A-Virus	oral	492
Hepatitis E-Virus	oral	506
Noroviren	oral	505
Rotaviren	oral	536
Protozoen		
Giardia intestinalis	oral	556
Cryptosporidium parvum	oral	589
Acanthamoeba spp.	aerogen	581
Naegleria fowleri	nasal	581

fluter (Meere, Seen, Flüsse) nicht mit pathogenen Erregern belastet werden und so die Oberflächengewässer gesundheitsgefährdend sein können.

2.4.1 Trinkwasser

Der tägliche Wasserbedarf eines erwachsenen Menschen beträgt ungefähr 2-3 l. Wasserentzug führt innerhalb von 3-7 Tagen zum Tode. Die notwendige Wasseraufnahme setzt sich aus dem Wassergehalt der flüssigen Nahrungsmittel (ca. 1,5 l), der festen Nahrung (ca. 0,6 l) sowie dem endogenen Oxidationswasser (ca. 0,4 l) zusammen. Der Wasserverbrauch in Haushalten, dem Gewerbe und der Industrie schwankt stark. Der Pro-Kopf-Verbrauch von Trinkwasser im Haushalt in Mitteleuropa beträgt ca. 150-300 l/Tag. Für das Verarbeiten von 100 l Milch in einer Molkerei werden 400-700 l Trinkwasser benötigt. Die Herstellung von 1 Tonne Roheisen erfordert ca. 10 000 Liter Gebrauchswasser.

Anforderungen an Trinkwasser

Wasser für den menschlichen Gebrauch muss frei von Krankheitserregern, genusstauglich und rein sein. Es darf keine gesundheitsschädigenden Stoffe enthalten und muss farblos, klar, kühl, geruchlos und von gutem Geschmack sein. In Deutschland sind in der Trinkwasserverordnung 2003 (s. bei http://bundesrecht.juris.de/bundesrecht/trinkwv/ ; entspricht der EU-Richtlinie 2003) die gesetzlichen Grundlagen für Trinkwasser niedergelegt. Die TrinkwV basiert auf dem Infektionsschutzgesetz, auf dem Lebensmittel- und Bedarfsgegenständegesetz sowie auf den Normen DIN 2000 und DIN 2001. Die Gesetzgebung regelt die mikrobiologischen, chemischen, physikalischen und sensorischen (Farbe, Geruch, Geschmack, Trübung) Anforderungen an ein einwandfreies Trinkwasser, beschreibt die entsprechenden Analyseverfahren, die Aufbereitung, die Überwachung und auch die Bestrafung des Herstellers bei Nichteinhalten der Verordnung. Bei Nichteinhalten von Grenzwerten liegt ein Straftatbestand vor, bei Nichteinhalten von Richtwerten eine Ordnungswidrigkeit. In Tab. **2.11** sind die mikrobiologischen Anforderungen für Trinkwasser zusammengestellt. Die Grenzwerte für *E. coli*, koliforme Bakterien und Enterokokken sind so streng, weil es sich bei diesen Bakterien um Fäkalindikatoren handelt. Wenn sie im Wasser aufgefunden werden, können auch enteropathogene Erreger vorhanden sein. Die Grenzwerte für einige chemische Stoffe sind im Kasten zusammengefasst. Die strengen Grenzwerte für Nitrit und Nitrat berücksichtigen die Empfindlichkeit des fetalen Hämoglobins gegenüber Nitrit sowie ihre indirekte kanzerogene Wirkung. Durch Nitrit wird Hämoglobin in das für den Sauerstofftransport inaktive Methämoglobin (MetHb) umgewandelt. Säuglinge besitzen noch nicht genügend MetHb-Reduktase, die diesen Prozess korrigiert. Nitrat wird entweder exogen oder endogen durch Bakterien zu Nitrit reduziert (s. auch Abb. **4.15**, S. 177). Nitrit kann mit Aminen zu N-Nitrosoverbindungen (z.B. Nitrosamin) reagieren, die kanzerogene Wirkung aufweisen.

Tabelle **2.11** Mikrobiologische Anforderungen an Wasser für den menschlichen Gebrauch (Trinkwasserverordnung Teil I und II)

Allgemeine Anforderungen (Teil I)	
Escherichia coli	0 in 100 ml
Enterokokken	0 in 100 ml
coliforme Bakterien	0 in 100 ml
Clostridium perfringens (einschließlich Sporen)[a]	0 in 100 ml
Anforderungen an Wasser, das zur Abfüllung in Flaschen oder sonstigen Behältnissen zum Zwecke der Abgabe bestimmt ist (Teil II)	
Escherichia coli	0 in 250 ml
Enterokokken	0 in 250 ml
Pseudomonas aeruginosa	0 in 250 ml
coliforme Bakterien	0 in 250 ml
Gesamtkoloniezahl[b] bestimmt bei 22 °C	100 in 1 ml
Gesamtkoloniezahl[b] bestimmt bei 36 °C	20 in 1 ml

[a] Dieser Parameter braucht nur bestimmt zu werden, wenn das Wasser von Oberflächenwasser stammt. Die Nichteinhaltung des Grenzwertes veranlasst die zuständige Behörde zu Nachforschungen im Versorgungssystem.
[b] Gesamtkoloniezahl: Bakterienkolonie-bildende Einheiten (KBE, s. S. 180) bestimmt mit standardisierter Methodik (z. B. Nährmedien)

Grenzwerte für einige Stoffe (TrinkwV):

Acrylamid:	0,0001 mg/l
Aluminium:	0,2 mg/l
Arsen:	0,01 mg/l
Blei:	0,01 mg/l
Bromat:	0,01 mg/l
Chlorid:	250 mg/l
Cyanid:	0,05 mg/l
Eisen:	0,2 mg/l
Fluorid:	1,5 mg/l
Kadmium:	0,005 mg/l
Nickel:	0,02 mg/l
Nitrat:	50 mg/l
Nitrit:	0,5 mg/l
Polyzyklische aromatische Kohlenwasserstoffe:	0,0001 mg/l
Quecksilber:	0,001 mg/l
Sulfat:	240 mg/l
pH-Wert:	≥6,5 – ≤9,5

Wasserförderung

Grundwasser. Es handelt sich um Niederschlagswasser, das sich im Boden auf einer undurchlässigen Schicht angesammelt hat. Das Durchsickern durch kies- oder sandhaltige Bodenschichten hat einen Reinigungseffekt zur Folge, sodass Grundwasser bestens als Trinkwasser geeignet ist. Für die Gewinnung von Grundwasser werden Brunnen angelegt.

Quellwasser. Bei Quellen handelt es sich um Grundwasser, das auf natürlichem Wege zu Tage tritt. Quellwasser kann sekundär durch Verunreinigungen an der Oberfläche kontaminiert werden.

Uferfiltrat. Dieses ist hinsichtlich der Qualität zwischen Grund- und Oberflächenwasser einzuordnen. Uferfiltrat wird in Brunnen gesammelt, die im Kies parallel zu einem Flusslauf angeordnet sind.

Oberflächenwasser. Seen, Flüsse und Meere können zur Trinkwasserversorgung herangezogen werden. Oberflächenwasser ist regelmäßig durch gelösten und partikulären Schmutz sowie durch Mikroorganismen kontaminiert und muss entsprechend aufbereitet werden.

Regenwasser. In Gebieten ohne natürliche Wasservorkommen wird während der Regenzeit das Wasser in Zisternen gesammelt (z. B. in Gibraltar). Für Trinkwasserqualität ist eine Aufbereitung notwendig.

Mineralwasser. Dieses hat seinen Ursprung in einem unterirdischen, vor Kontamination geschützten Wasservorkommen, ist von ursprünglicher Reinheit und besitzt ernährungsphysiologische Wirkungen durch einen Gehalt an bestimmten Stoffen. Für diese Stoffe gelten Grenzwerte. **Tafelwasser** ist Trinkwasser, dem Mineralsalze und/oder CO_2 zugesetzt wurden.

Trinkwasseraufbereitung

Je nach Qualität muss Rohwasser (s. oben) zum Trinkwasser aufbereitet werden. Folgende Verfahren werden je nach Beschaffenheit des Rohwassers eingesetzt.

- Vorklärung durch Sedimentierung von Partikeln.
- Ausflockung von Partikeln durch Zusatz von Flockungsmitteln (Fe(II)sulfat, Fe(III)chlorid, Al-Sulfat).
- Belüftung mit Luftsauerstoff: Entfernung von CO_2, H_2S, Geruchsstoffen.
- Enteisenung, Entmanganung, Entsäuerung, Enthärtung.
- Entsalzung von Meerwasser durch Umkehrosmose oder Destillation.
- Aktivkohlebehandlung: Adsorption von Spurenstoffen wie Mineralöle, Lösungsmittel, Pestizide, Ozon.
- Filtrierung durch Festbett-Kornfilter (Langsam- und Schnell-Sandfilter).

- Desinfektion. Hierfür sind Chlor, Chlorverbindungen (s.S. 61) sowie Ozon (0.5 – 2 mg/l; in aufbereitetem Trinkwasser dürfen aber nicht mehr als 0,05 mg/l freier O_3 verbleiben) zugelassen. Am häufigsten werden Chlorverbindungen eingesetzt: Chlorgas, das sich in Wasser zu unterchloriger Säure (HOCl) umsetzt oder Chlordioxid (ClO_2), das eine größere Bakterizidie bei geringerer Geruchswirksamkeit besitzt. Chloriertes Trinkwasser sollte mindestens 0,1 mg/l „freies Chlor" enthalten, also Chlor, das nicht an organisches Material (Chlorzehrung) gebunden ist.

Beispiel einer Aufbereitung von Seewasser.
Seewasser wird immer mehr zur Trinkwassergewinnung herangezogen. Es muss aber in mehreren Stufen vorbehandelt werden: In einer ersten Stufe werden durch Vor-Ozonung Mikroorganismen und Algen abgetötet. Zusatz von Flockungsmittel fällt Schwebestoffe aus. Diese werden über Festbett-Kornfilter wegfiltriert. Die Sandfilter müssen regelmäßig gespült werden (neuerdings kommen auch Membranfilteranlagen zur Anwendung). Nach der Filtrierung wird das Wasser einer Zwischen-Ozonung unterworfen und anschließend durch Aktivkohlefilter von weiteren Schmutzstoffen und dem Ozon befreit. Die Desinfektion erfolgt mit Chlordioxid (ClO_2). Falls notwendig, wird der pH-Wert durch Zugabe von NaOH korrigiert, da tiefe Werte durch Korrosion die Leitungen schädigen.

2.4.2 Badegewässer

Durch Schwimmbeckenwasser und Naturfreibadegewässer können eine Vielzahl von Krankheitserregern übertragen werden. Im Beckenbad ist der Badegast als Rekonvaleszenzausscheider, Dauerausscheider oder Keimträger (s. Tab. **2.4**, S. 50) die hauptsächlichste Infektionsquelle. Erreger, die im Schwimmbad übertragen werden können, sind in Tab. **2.10** aufgeführt. In speziellen Fällen kann durch das beim Duschen entstehende Aerosol *Legionella pneumophila* (S. 325) übertragen werden. Abgesehen von Dermatomykosen sind im Schwimmbad erworbene Infektionen extrem selten, da durch Desinfektion („freies Chlor" 0,03 – 0,05 mg/l), Umwälzung, Filtrierung und ständigen Zusatz von frischem Wasser zum Badewasser hohe Qualität erreicht wird. Die Gesamtbakterienzahl im Beckenwasser soll höchstens 100 Kolonie-bildende Einheiten pro ml betragen. Hundert ml des Beckenwassers dürfen keine *E. coli*, koliforme Bakterien sowie *P. aeruginosa* aufweisen (Anforderungen der Norm DIN 19634).

In natürlichen Badegewässern besteht die Prävention darin, die Einleitung von mit pathogenen Mikroorganismen kontaminierten Abwässern aus Siedlungen und der Landwirtschaft möglichst klein zu halten. Wichtige Parameter zur Qualitätsbeurteilung sind die Zahlen an koliformen Bakterien (Grenzwert: 10'000 Kolonie-bildende Einheiten in 100 ml) und an *E. coli* (Grenzwert: 2'000 KBE in 100 ml). Die Sichttiefe sollte mindestens 1 m betragen.

2.4.3 Abwasser

Abwasser setzt sich aus Schmutz- und Niederschlagswasser zusammen. Das wichtigste Verfahren zur Abwasserreinigung in geschlossenen Siedlungen ist die Behandlung in Kläranlagen (Syn.: Abwasserreinigungsanlagen, ARA). Die Reinigung über Tropfkörper, Fischteiche, Rieselfelder etc. wird nur noch in speziellen Fällen eingesetzt. Typisches kommunales Abwasser enthält ca. 300-400 mg/l gelöste und suspendierte Schmutzstoffe und weist immer auch enteropathogene Mikroorganismen auf. Die Reinigung erfolgt über mehrere Stufen:

- **Stufe 1. Mechanische Reinigung.** Über die Kanalisation wird das Abwasser der ARA zugeführt. In einem ersten Prozess hält der Rechen größere Stoffe zurück. Im Sandfang wird durch Strömungsverlangsamung das Abwasser von Kies und Sand befreit, im Ölfang werden Fett- und Ölbestandteile, die durch Einblasen von Luft flotieren, abgeschöpft. Das Abwasser wird danach für ca. 2 h in Vorklärbecken von Schmutzpartikeln, die sedimentieren, gereinigt. Der sedimentierte Schlamm wird der Schlammbehandlung (s. unten) zugeführt.
- **Stufe 2. Biologische Reinigung.** In dieser Stufe werden gelöste und dispergierte Schmutzstoffe im sog. **Belebungsbecken** durch die Abwasserflora, die zum Großteil aus Bakterien, in geringerer Zahl auch aus Protozoen besteht, in CO_2, H_2O und Biomasse umgewandelt. Dazu ist sehr viel Sauerstoff notwendig, sodass im Belebungsbecken intensiv belüftet wird. Die Abwasserflora lagert sich mit ungelösten, nicht abgebauten Abwasserstoffen zu sog. Belebtschlammflocken zusammen. Dieser flockige Belebtschlamm wird im **Nachklärbecken** durch Sedimentation vom gereinigten Abwasser getrennt. Ein Teil des Belebtschlammes wird zurück ins Belebungsbecken, ein anderer Teil der Schlammbehandlung zugeführt.
- **Stufe 3. Chemische Reinigung.** Abwasser enthält Phosphate. Um eine unerwünschte Anreicherung dieser Phosphate in den Vorflutern und damit Algenwachstum zu vermeiden, wird in den ARAs die **Phosphatfällung** betrieben. Dabei werden die gelösten Phosphate durch Zugabe von Eisen- oder Aluminium-Ionen in schwerlösliche Salze und damit in eine absetzbare Flockenform überführt. Dies geschieht meist gleichzeitig mit der biologischen Reinigung im Belebungsbecken (= Simultanfällung). Die sich in der Nachklärung absetzbaren Flocken werden zusammen mit dem Belebtschlamm im Nachklärbecken entnommen. Die Entphosphatierung kann auch biologisch erfolgen.
- **Stufe 4. Flockungsfiltration.** In Stufe 4 wird das nachgeklärte Abwasser einer Flockungsfiltration unterzogen. Dabei werden durch erneuten Zusatz von Fäll- und Flockungshilfsmitteln Flocken erzeugt. Anschließend strömt das Wasser durch einen zweistufigen Sandfilter, der die Flocken und einen Großteil der apothogenen und **pathogenen Mikroorganismen** (ca. 90%) zurückhält. Das so gereinigte Abwasser bietet keine Infektionsgefahr mehr und kann bedenkenlos in die Vorfluter (Flüsse, Seen, Meere) eingeleitet werden. Der bei den notwen-

digen retrograden Spülungen anfallende Filterschlamm wird in das Vorklärbecken geleitet und wiederum dem Klärprozess unterworden.

- **Die Schlammbehandlung.** Die auf den verschiedenen Stufen anfallenden Rohschlämme werden eingedickt, in Faultürme überführt und dort bei 38 °C für 35 Tage durch anaerobe Faulung mit Hilfe Methan-bildender Mikroorganismen (Archaea; s. S. 5) weiter behandelt. Dabei entsteht das Gas Methan, das als Heizgas oder Treibmittel für Gasmotoren Verwendung findet. Der ausgefaulte Schlamm kann in der Landwirtschaft eingesetzt werden, falls der zulässige Gehalt an Schwermetallen und organischen Schadstoffen laut Klärschlammverordnung nicht überschritten wird. Heute wird meist der ausgefaulte und weitgehend entwässerte Schlamm in Anlagen für die Kehrichtverbrennung dem Brenngut zudosiert oder nach Trocknung als Brennstoff (z. B. in Zementwerken) verbrannt. Nur noch gelegentlich erfolgt die Lagerung auf Deponien.

Mikroverunreinigungen im Abwasser.

Unter diesem Begriff fasst man Verunreinigungen wie Arzneimittelrückstände (z. B. Hormone, Antibiotika, Psychopharmaka), Pestizide, Chemikalien zusammen, die durch den Klärprozess nur ungenügend eliminiert werden. Da Seewasser aus dem Vorfluter See immer mehr für die Trinkwassergewinnung eingesetzt wird, versucht man, diese Substanzen aus dem geklärten Abwasser zu eliminieren. In Frage kommt der Einsatz von Aktivkohle oder von hochreaktivem Ozon. Dieser Reinigungsschritt hat aber bisher noch keinen allgemein Eingang in die Verordnungen zur Abwasserklärung gefunden.

3 Grundlagen der Immunologie

R. M. Zinkernagel

3.1 Einführung

Bei der Immunität unterscheidet man **angeborene Resistenz** von adaptiver oder **erworbener Resistenz.** Die erworbene Immunabwehr ist **spezifisch** und ergänzt die wichtigen natürlichen **unspezifischen Resistenzmechanismen** (physikalische Barrieren, Granulozyten, Makrophagen, chemische Barrieren [Lysozyme etc.]). Die **spezifische Immunabwehr** ergibt sich aus der Kombination wenig spezifischer Mechanismen (Aktivierung von Makrophagen, Komplement, Nekrosefaktoren), einer frühen, ebenfalls wenig spezifischen Erkennung (natürliche Killerzellen, γδ-T-Zellen) und einer nachfolgenden hochspezifischen Erkennung (Antikörper und αβ-T-Zellen).

Viele Komponenten, die bei der spezifischen Immunabwehr eine Rolle spielen, tragen auch zur unspezifischen natürlichen Abwehr bei (natürliche Antikörper, Komplement, Interleukine, Interferone, Makrophagen, natürliche Killerzellen).

Unter „Immunität" im engeren Sinn versteht man eine erworbene Resistenz (Schutz) vor Infektionskrankheiten. Diese ist spezifisch, d.h. erworbener Schutz besteht nur gegen den Erreger, der die Krankheit verursacht hat. Wer z.B. einmal Masern durchgemacht hat, wird kein zweites Mal erkranken und ist also immun gegen Masern. Die Widerstandsfähigkeit gegen Infektionen ist aber nicht zwingend an diese erworbenen und spezifischen Mechanismen gebunden. Das mit dem Masernvirus eng verwandte Virus der Hundestaupe z.B. verursacht beim Menschen keine Krankheit. Diese Widerstandsfähigkeit ist angeboren und unspezifisch; dabei wird der Erreger anhand bestimmter Oberflächenstrukturen als fremd erkannt und eliminiert. Der Mensch ist also von Anfang an resistent (**angeborene Resistenz**) gegen viele Mikroorganismen, gegen andere kann er Immunität erwerben (**adaptive oder erworbene Immunität**; Abb. **3.1**). Die Mechanismen der angeborenen Resistenz, auch als Basisabwehr bezeichnet, werden zuerst aktiv, wenn ein Erreger die äußeren Barrieren des Körpers überwunden hat. Später werden sie durch die Faktoren der spezifischen Immunität verstärkt und ergänzt. Die adaptive Immunität führt jedoch nicht nur zur Immunität im engeren Sinn, sondern sie kann auch an der Pathogenese vieler Krankheiten beteiligt sein. Unter **Immunpathologie**, **Autoimmunität** und **Allergie** versteht man Gruppen von Immunphänomenen, bei denen die krankmachenden Folgen im Vordergrund stehen. Es treten hier Schädigungen durch fehlende, fehlgeleitete oder überschießende Immunreaktionen auf. Fehlende Immunreaktionen können aber auch viele andere

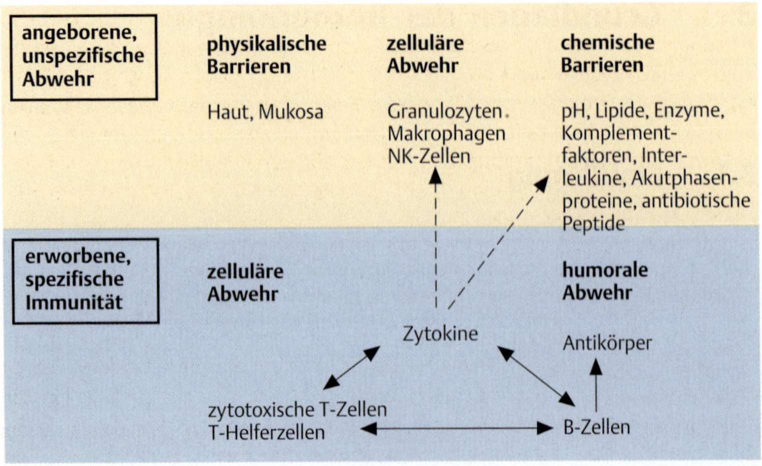

Abb. **3.1** **Die Komponenten der Infektionsabwehr.**

Ursachen haben. Kommt es z.B. infolge einer Virusinfektion oder durch die Einnahme von Medikamenten zu einer Herabsetzung oder Unterdrückung der Immunantwort, bezeichnet man das als Immundefekte bzw. **Immunsuppression.** Immundefekte können auch durch seltene Gendefekte verursacht werden.

Die übliche Abwesenheit einer Immunantwort gegen körpereigene Moleküle, also Autoantigene, wird mit dem Begriff immunologische **Toleranz** umschrieben.

Das Phänomen, dass die Zellen der Immunabwehr zwar vorhanden sind, aber wegen unvollständiger Aktivierung keine erkennbare Funktion ausüben, bezeichnet man als **Anergie**.

Eine Immunantwort erfolgt auf einen bestimmten immunologischen Reiz hin. Der Stoff, der diese Immunreaktion auslöst, wird **Antigen** genannt. Die Endung „gen" hat nichts mit Genen zu tun, sondern leitet sich ähnlich wie Zymogen (= Zielsubstrat eines Enzyms) ab. Es handelt sich meist um ein (ggf. glykosyliertes) Protein oder Zuckerstrukturen. Die **Antikörper** sind sterisch dazu passende Immunrezeptoren, die das gefaltete Protein über Bereiche von etwa 8–15 Aminosäuren erkennen. Diese frei zugänglichen Strukturelemente nennt man seitens der Antigene **Epitope**, seitens der Immunrezeptoren **Antigenbindungsstellen** (ABS). Das Epitop alleine kann aber die Immunantwort nur beschränkt stimulieren, erst als Bestandteil eines komplexen Makromoleküls kann es immunisieren. Deshalb trennt man bei einem Antigen das Epitop begrifflich von seinem makromolekularen Träger, dem **Immunogen**, ab. Durch den Antigenreiz ausgelöst, beginnen die B-Lymphozyten Antikörper zu bilden. Zudem werden die T-Lymphozyten (T-Zellen) aktiviert; sie sind für die **zelluläre Immunität** verantwortlich. Sie erkennen Proteinantigene nur dann, wenn diese zunächst von einer Wirtszelle in geeigneter Weise verarbeitet und dann auf deren Oberfläche dargeboten werden. T-Zell-Rezeptoren erkennen entweder die von der Zelle selber synthetisierten oder nach Phagozytose produzierten, 8–12 Aminosäuren langen Antigenfragmente, die von den Transplantationsantigenmolekülen auf der Zelloberfläche präsentiert werden. Die Hauptaufgabe von T-Zellen besteht darin, veränderte, vor allem infizierte Wirtszellen zu erkennen.

Immunabwehr wurde zuerst anhand von Infektionskrankheiten studiert, wie z.B. Antikörperantworten gegen Diphtherie, Hautreaktionen gegen Tuberkulin und Serodiagnostik der Lues. Da Antigene schlecht charakterisiert werden konnten, hat man über mehr als 60 Jahre an ihrer Stelle Antigene von roten Blutkörperchen und künstlich synthetisierte chemische Verbindungen oder leicht erhältliche Proteine verwendet. Erst mit den enormen Fortschritten in der Bakteriologie, Virologie, Parasitologie, Biochemie, Molekularbiologie und experimentellen Embryologie der letzten 30–40 Jahre konnte die Immunabwehr gegen Infektionen neu, intensiv und mit großem Gewinn studiert werden.

Dieses Immunologie-Kapitel in einem Kurzlehrbuch über Mikrobiologie versucht, das **Immunsystem** im Wesentlichen als **Abwehr gegen Infektionen** zu verstehen und seine Stärken und Schwächen aufzuzeigen, so wie sie für das Verständnis von Krankheitsentstehung und -verhinderung wichtig sind.

3.2 Der immunologische Apparat

Das spezifische Immunsystem besteht aus verschiedenen Leukozyten, die kontinuierlich zirkulieren (T- und B-Lymphozyten, antigenpräsentierende Zellen in verschiedenen Geweben). T- und B-Zellen entwickeln sich aus einer gemeinsamen Stammzelle und reifen in **primären lymphatischen Organen:** im Thymus (T-Zellen) und im Knochenmark (B-Zellen). Anschließend erfolgt eine weitere antigenspezifische Differenzierung in den spezialisierten, hochorganisierten **sekundären lymphatischen Organen** (Lymphknoten, Milz, Mukosa-assoziierte lymphatische Organe [MALT]). Ihre gestaffelten Interaktionen führen durch kontaktabhängige und über verschiedene Faktoren vermittelte Signale zu einer antigenspezifischen Aktivierung von B- und/oder T-Zellen.

B-Zellen tragen Antikörper auf ihrer Oberfläche (zellgebundene **B-Zell-Rezeptoren**). Voll ausgereift zu Plasmazellen sezernieren sie Antikörper ins Blut oder den Mukus **(gelöste Antikörper)**. Die Antikörper erkennen dreidimensionale Strukturen von komplexen, gefalteten Proteinen und Kohlenhydrate. B-Zell-Rezeptoren sind chemisch gesehen Globuline („Immunglobuline“) und kommen in einer enormen Vielfalt an Spezifitäten vor. Der strukturelle Aufbau aller Immunglobulinmonomere ist im Prinzip gleich, dennoch unterscheidet man verschiedene Klassen und Subklassen. Der Wechsel von IgM zu anderen Ig-Klassen vor allem zu IgG ist im Allgemeinen von T-Hilfe abhängig.

T-Zellen erkennen Peptide, die von MHC-Molekülen auf der Zelloberfläche präsentiert werden. Sie werden ausschließlich in organisierten lymphatischen Organen zur Antwort aktiviert. Naive T-Zellen zirkulieren im Blut, in der Milz und durch andere lymphatische Gewebe, aber sie können diese Kompartimente nur verlassen und in periphere nichtlymphatische Gewebe und Organe auswandern, wenn sie aktiviert sind. Die im Thymus, auf mobilen lymphohämopoietischen Zellen und in lymphatischen Geweben vorkommenden Selbstantigene induzieren eine Elimination der T-Zellen **(sog. negative Selektion)**. Antigene, die nur in der extralymphatischen Peripherie, d. h. außerhalb von Thymus und peripheren sekundären lymphatischen Organen exprimiert werden, werden von T-Zellen ignoriert; gegen solche Selbstantigene existieren also potenziell autoreaktive T-Zellen. T-Zellen reagieren gegen Peptide, die neu ins Immunsystem bzw. in die organisierten lymphatischen Gewebe gelangen. Fremde Antigene müssen zuerst für 3–5 Tage in einem oder wenigen Lymphknoten lokal vorliegen, damit eine Antwort zustande kommt. Wenn ein Selbstantigen, das normalerweise nicht im lymphatischen Gewebe vorkommt, durch Zellzerstörung während chronischer Infektionen oder aus anderen Gründen, neu in das organisierte lymphatische Gewebe gelangt, kann gegen dieses bisher ignorierte Selbstantigen eine Autoimmunantwort induziert werden. Wichtig ist, dass die Induktion von nur wenigen T-Zellen oft nicht für eine schützende Immunität gegen ein Pathogen ausreicht; hierfür ist eine Mindestmenge pro Zeiteinheit an aktivierten T-Zellen, meist für längere Zeit, erforderlich.

Der immunologische Apparat funktioniert durch ein komplexes Zusammenspiel humoraler und zellulärer, spezifischer und unspezifischer Mechanismen. Um dieses verstehen zu können, betrachten wir im Folgenden zunächst die einzelnen Komponenten.

Das immunologische System des Menschen ist ein diffus verteiltes „Organ" aus ca. 10^{12} Einzelzellen, vor allem **Lymphozyten**, mit einem Gesamtgewicht von ca. 1 kg. Aus pluripotenten Stammzellen des Knochenmarks entstehen Leukozyten, die sich in zwei unterschiedliche Richtungen weiterdifferenzieren können. Bei der **myeloiden Entwicklung** entstehen Granulozyten und Monozyten, die als Phagozyten („Fresszellen") wichtige Funktionen der Basisabwehr einnehmen. Bei der **lymphoiden Entwicklung** entstehen die Träger der spezifischen Immunantwort, die **T**- und **B**-Lymphozyten. Sie werden ständig erneuert (pro Minute werden ca. 10^6 neue Lymphozyten gebildet), während gleichzeitig dauernd Zellen in großer Zahl zugrunde gehen (s. Abb. **3.17**, S. 121). Morphologisch sehen T- und B-Lymphozyten einander ähnlich, sie durchlaufen allerdings unterschiedliche Reifungsschritte (Tab. **3.1**, Abb. **3.2**). Die Differenzierung der Lymphozyten erfolgt zunächst antigenunabhängig in den sog. **primären lymphatischen Organen**: T-Lymphozyten reifen im **T**hymus und B-Lymphozyten (bei Vögeln) in der **B**ursa Fabricii. Die Säuger besitzen zwar keine Bursa, aber entsprechende Lymphozyten sind funktionell und aufgrund ihrer bevorzugten anatomischen Lokalisation in den Lymphknoten der Milz und im Knochenmark von den im Thymus reifenden klar abgrenzbar (Tab. **3.1**). Diese Zellen haben daher die Bezeichnung B beibehalten. Sie reifen in der fetalen Leber und im fetalen und adulten Knochenmark (**b**one marrow). Neben ihrer unterschiedlichen Differenzierung unterscheiden sich T- und B-Lymphozyten in ihren Funktionen, Rezeptoren und Oberflächenmarkern. Sie zeigen verschiedene Antwortmuster auf Zytokine und bevölkern präferenziell unterschiedliche Kompartimente der lymphatischen Organe. Untereinander und mit anderen Zellen kommunizieren sie über Adhäsionsmoleküle, akzessorische Moleküle (CD-Antigene, s. Tab. **3.6**, S. 110ff.), sowie Zytokine und Botenstoffe, die an spezifische Rezeptoren anderer Zellen binden und dort Signale auslösen. Die Differenzierungsprozesse, die der Spezialisierung von T- und B-Zellen vorausgehen, erfolgen antigenspezifisch in den **sekundären lymphatischen Organen.** Hier kommt es zum Kontakt zwischen Antigen und Lymphozyten. Sekundäre lymphatische Organe enthalten in der Regel keine unreifen Zellen. Sie umfassen **Lymphknoten** und die **Milz**, die von einer Kapsel umgeben sind; dazu kommen die Strukturen ohne Kapsel: Haut-(Skin-), Mukosa-, Gastrointestinal- und Bronchus-assoziierte lymphatische Gewebe (**SALT, MALT, GALT** und **BALT**). Primäre und sekundäre Lymphorgane machen ca. 1–2% des Körpergewichts aus.

3

Tabelle **3.1** Verteilung der Lymphozytenpopulationen und APZ in verschiedenen Organen (% von allen mononukleären Zellen)

	B	**T**	**NK, LAK, ADCC**	**APZ**
Peripheres Blut	10–15	70–80	5–10	< 1
Lymphe	5	95–100	?	?
Ductus thoracicus	5–10	90–95	?	?
Thymus	1	95–100	?	0
Knochenmark	15–20	10–15	?	0
Milz	40–50	40–60	20–30	1
Lymphknoten, Tonsillen etc.	20–30	70–80	5–8	1

NK: Natürliche Killerzellen, LAK: Lymphokin-aktivierte Killerzellen, ADCC: Anitkörperabhängige zelluläre Zytotoxizität, APZ: Antigen präsentierende Zellen

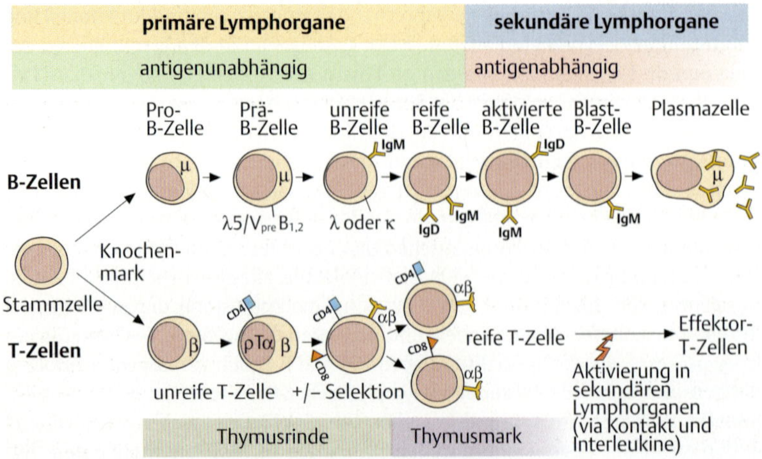

Abb. **3.2** **Reifung von B- und T-Zellen.** Alle lymphatischen Zellen stammen von pluripotenten Stammzellen im Knochenmark ab. Diese entwickeln sich, je nach der Umgebung, in der die Differenzierung stattfindet, zu B- oder T-Zellen. Im Knochenmark verbleibende Stammzellen entwickeln sich über mehrere antigenunabhängige Stadien zu reifen **B-Zellen**, λ5Vpre B-Zellen: Prä-B-Zellen mit spezieller Vorläufer λ5-Kette. Durch Antigenkontakt in sekundären lymphatischen Organen können diese aktiviert und schließlich zu antikörperbildenden Plasmazellen werden. **T-Zellen** reifen im Thymus: pTα ist eine Vorläufer α-Kette, die der TZR-β-Kette zur Oberflächenexpression verhilft und später durch die normale TZR-α-Kette ersetzt wird. $CD4^+$ $CD8^+$ doppelpositive unreife Thymozyten sind in der Rinde, autoreaktive T-Zellen werden z. T. in der Rinde, z. T. im Mark als einzelpositive reife T-Zellen deletiert, die verbleibenden T-Zellen reifen im Mark zu $CD4^+$ $CD8^-$- oder $CD4^-$ $CD8^+$-T-Zellen heran. Von dort gelangen sie in die peripheren sekundären Lymphorgane, wo sie durch Antigenkontakt plus Interleukine aktiviert werden können.

3.2.1 Das System der B-Zellen

B-Lymphozyten sind in der Lage, Antikörper zu produzieren, die in zwei Formen vorkommen, einer membranständigen und einer sezernierten. Die membranständige Form stellt den Antigenrezeptor der B-Zellen dar. Nach Stimulation durch das Antigen differenzieren die B-Lymphozyten zu **Plasmazellen**. Diese produzieren die sezernierte Form von derselben Antigenspezifität wie der B-Zell-Rezeptor. Wegen dieser Abgabe der Rezeptoren an die „Humores" des Körpers nennt man diesen Zweig der Immunität auch **humorale Immunität.** Diese umfasst außerdem noch unspezifische Abwehrmechnismen wie das Komplement-System (s. Mechanismen, S. 118ff). Die B-Zell–

Rezeptoren sind chemisch gesehen Globuline und heißen Immunglobuline (Ig). Es gibt verschiedene Klassen und Subklassen von Immunglobulinen und eine Unzahl verschiedener Spezifitäten, aber im Prinzip sind alle ähnlich konstruiert (Abb. **3.3a**).

Struktur der Immunglobuline

Jedes **Immunglobulinmonomer** besitzt die gleiche Grundkonfiguration: Es besteht aus zwei identischen leichten Ketten (light chain, L) und zwei identischen schweren Ketten (heavy chain, H). Die leichten Ketten erscheinen in zwei Versionen: **Lambda** (λ) oder **Kappa** (κ). Die schweren Ketten existieren in *5 Hauptvarianten:* μ, δ, γ, α, ε. Dementsprechend gibt es fünf Klassen von Immunglobulinen: Je nachdem, aus welcher schweren Kette sie bestehen, heißen sie **IgM, IgD, IgG, IgA** oder **IgE** (Abb. **3.3b**). Bei den Immunglobulinen IgA und IgM kann die Monomer-Grundstruktur verdoppelt bzw. verfünffacht (als Dimere bzw. Pentamere) auftreten. Die Zusammensetzung, Molekulargewichte und Serumkonzentrationen der verschiedenen Immunglobulinklassen ist in Tab. **3.2** (S. 84) wiedergegeben.

Die **Domänenstruktur** der Immunglobuline sei am Beispiel des IgG erläutert: An jedem Immunglobulinmonomer kann man Domänen, Proteinabschnitte von ca. 110 Aminosäuren, unterscheiden. Jede leichte Kette besitzt zwei solcher Domänen, jede schwere Kette vier bis fünf. Die Domänenstruktur erkannte man, als man die Aminosäuresequenzen vieler Immunglobuline der gleichen Klasse untersuchte und es sich zeigte, dass in der N-terminalen Domäne eine große Variabilität der Sequenz herrscht (**variable Domäne V**), während die übrigen Domänen eine weitgehend konstante Zusammensetzung aufweisen (**konstante Domänen C**). Die leichten Ketten bestehen aus jeweils einer variablen (V_L) und einer konstanten Domäne (C_L). Die schweren Ketten dagegen bestehen aus ca. 440–550 Aminosäuren und besitzen damit vier bis fünf Domänen. Die variable Region besteht auch hier aus einer Domäne (V_H), während die konstante Region in drei (Ketten des Typs γ, α, δ) bis vier (μ-, ε-Ketten) Domänen gegliedert ist (C_{H1}, C_{H2}, C_{H3} und C_{H4}). Die leichten Ketten sind mit den schweren Ketten und die schweren Ketten untereinander durch Disulfidbrücken verbunden, ferner besteht innerhalb jeder Domäne eine Disulfidbrücke.

Die dreidimensionale Gestalt des Moleküls erinnert an den Buchstaben Y, wobei die beiden kurzen Arme von je 4 Domänen gebildet werden (V_L, C_L, V_H, C_{H1}) und die Antigen bindenden Fragmente enthalten - deshalb werden sie auch **Fab** (**f**ragment **a**ntigen **b**inding) genannt. Die schematische Darstellung in Abb. **3.3** ist insofern irreführend, als in Wirklichkeit die beiden variablen Domänen der leichten und der schweren Kette innig ineinander verschränkt sind. Die Bindungsstelle – die entscheidende Struktur, die mit dem Epitop reagieren kann – wird von den variablen Domänen beider Ketten gebildet. Da die beiden leichten Ketten und die schweren Ketten jeweils (auch in ihren variablen Domänen) identisch sind,

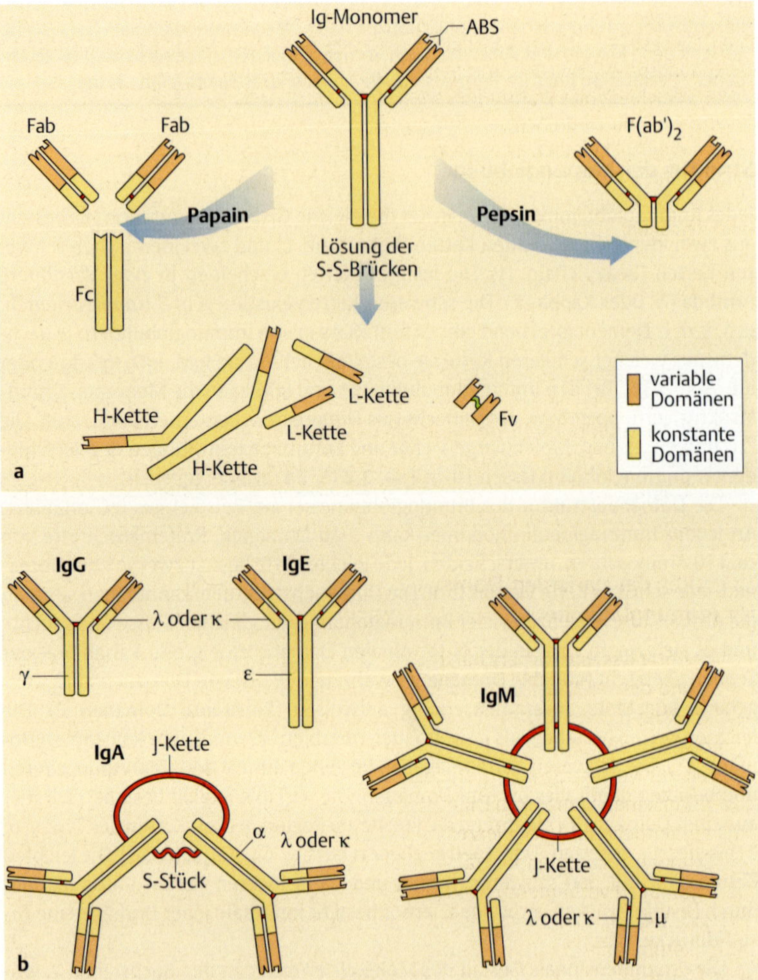

Abb. **3.3** **Grundstruktur der Immunglobuline.**

a Immunglobulinmonomer. Oben das intakte Monomer aus zwei L- und zwei H-Ketten mit angedeuteten S–S-Brücken, variablen N-terminalen Domänen und Antigenbindungsstelle (ABS). Durch Reduktion der S–S-Brücken und Denaturierung zerfällt das Monomer in die einzelnen Polypeptidketten (unten): Die ABS geht verloren. Papainverdauung liefert je zwei monovalente Fab-Fragmente und ein Fc-Fragment (links). Bei Pepsinverdauung (rechts) wird das Fc-Stück aufgelöst; die Fab-Fragmente werden immer noch durch S–S-Brücken zusammengehalten. Das F(ab')-2-Stück ist bivalent (zwei identische

ABS). Fv-Fragmente sind rekombinant hergestellte, einkettige antigenbindende Strukturen. Sie bestehen aus den variablen Teilen der H- und L-Kette, die über ein künstliches Verbindungspeptid kovalent verbunden sind.
b Die verschiedenen Immunglobulinklassen. IgM, IgD, IgG, IgE und IgA unterscheiden sich durch die schwere Kette μ, δ, γ, α bzw. ε. IgA (α-Kette) bilden Dimere, zusammengehalten durch eine J-Kette (joining chain); das S-Stück dient zum Transport durch epitheliale Zellen und verhindert enzymatische Spaltung in Sekreten. IgM (μ-Kette) bilden Pentamere mit 10 identischen ABS; auch hier sind die Monomere durch J-Ketten miteinander verbunden. Die leichten Ketten (λ und κ) werden von allen Klassen benutzt.

besitzt jedes Immunglobulinmonomer zwei identische **Antigenbindungsstellen (ABS)** am Ende der beiden kurzen Arme des Y. Die Kontaktstellen werden von etwa 10–15 Aminosäuren des Antikörpers gebildet, und das erkannte Gebiet ist ca. 500–800 $Å^2$ groß (Tab. **3.3**). Der Stiel, genannt **Fc** (kristallisiert leicht aus, daher „**f**ragment **c**ristallizable"), wird aus konstanten Domänen der schweren Ketten (C_{H2} und C_{H3}, evtl. C_{H4}) gebildet.

Diversität der variablen Domänen der Immunglobuline

Die Spezifität des Antikörpers hängt von der Aminosäuresequenz im variablen Teil der H- und der L-Kette ab, die im Erbgut des zugehörigen Zellklons genetisch fixiert ist. Wie löst die Natur das Problem, auf sparsame Weise eine Vielzahl von Aminosäuresequenzen zu realisieren, damit eine genügend große **Vielfalt von Spezifitäten** zur Verfügung steht? Die genetische Vielfalt der B-Zell-Population entsteht durch einen komplexen Differenzierungsprozess (Diversifizierung) der genetisch einheitlichen B-Vorläuferzellen. Für den variablen Teil der H-Ketten gibt es drei Gruppen rekombinationsfähiger Gensegmente: **V-** (Variabel), **D-** (Diversity) und **J-** (Joining = verbindend) **Abschnitte.** Sie liegen jeweils in mehreren Varianten vor (Abb. **3.4**, Tab. **3.4**). Im Zuge der B-Zell-Reifung kommt es zu einer Reihe von Gen-Rekombinationen und damit zu einer Neuordnung (engl. **rearrangement**) dieser Genabschnitte. Dabei wird je eines der V_H-, D_H-, und J_H-Segmente verknüpft. Es gibt also in der Keimbahn nicht *ein Gen* für die variable Domäne, sondern lediglich Gen-Segmente mit Fragmenten der dazu notwendigen Information. In den reifen B-Zellen liegt dann ein Gen vor, das aus je einer Variante jedes Genabschnittes zusammengefügt ist ($V_HD_HJ_H$-Gen). Auf ähnliche Weise entsteht auch die Diversität der T-Zell-Rezeptoren (s. S. 89).

In Abb. **3.4** ist das Prinzip am Beispiel einer H-Kette für Antikörper und der α-Kette der T-Zell-Rezeptoren erklärt.

Tabelle **3.2** Eigenschaften der verschiedenen Immunglobulinklassen

	IgM	**IgD**	**IgG**	**IgE**	**IgA**
Svedberg-Einheit	19 S	7 S	7 S	8 S	7 S, 9 S, 11 S
Molekulargewicht	900 kD	185 kD	150 kD	200 kD	160 kD
Anzahl der Grundeinheit	5	1	1	1	1, 2, 3
H-Kette (konstante Domäne)	μ (4)	δ (3)	γ (3)	ε (4)	α (3)
L-Kette	κ λ	κ λ	κ λ	κ λ	κ λ
Antigenbindungsstellen	10	2	2	2	2, 4, 6
Konzentration im normalen Serum (g/l)	0,5–2	0–0,4	8–16	0,02–0,50	1,4–4
% der Ig	6	0–1	80	0,002	13
Halbwertszeit (Tage)	5	3	21	2	6
C-Aktivierung:					
Klassisch	+	-	+	-	-
Alternativ	-	-	-	-	+
Plazentapassage	-	-	+	+	-
Bindung an Mastzellen und Basophile	-	-	-	+	-
Bindung an Makrophagen, Granulozyten und Plättchen	-	-	(+)	-	(+)
Subklassen	-	-	+ (4)	-	+ (2)
IgG-Subklassen		**IgG1**	**IgG2**	**IgG3**	**IgG4**
% des totalen IgG		60–70	14-20	4–8	2–6
Reaktion mit Staphylokokken Protein A		+	+	-	+
Plazentapassage		+	(+)	+	+
C-Aktivierung		+++	++	++++	(+)
Bindung an Monozyten/Makrophagen		+++	+	+++	(+)
Blockiert IgE-Bindung		(-)	-	-	+
Halbwertszeit (Tage)		21–23	21–23	7–9	21–23

Tabelle **3.3** Antigenerkennung bei B- und T-Zellen

	B-Lymphozyten	**T-Helferzelle ($CD4^+$)**	**Zytotoxische T-Zelle (CTL; $CD8^+$)**
Erkennungsstruktur der B- bzw. T-Zelle	Oberflächen-Ig (BZR)	TZR	TZR
Erkannte Epitope	konformationelle Epitope (keine MHC-Restriktion)	nur lineare Epitope (10–15 Aminosäuren) + MHC Klasse II	nur lineare Epitope (8–9 Aminosäuren) + MHC Klasse I
Art des Antigens	Eiweiße/Kohlenhydrate	nur Peptide	nur Peptide
Anitgenpräsentation	nicht notwendig	über MHC-Klasse-II-Strukturen	über MHC-Klasse-I-Strukturen
Effektoren	Antikörper (+/- Komplement)	Signale via Kontakt (T-B-Hilfe) oder über Zytokine	Zytotoxizität via Kontakt (Perforin, Granzyme) oder Freisetzung von Zytokinen

Tabelle **3.4** Organisation der genetischen Regionen für die humanen Immunglobuline und die T-Zell-Rezeptoren (TZR)

	Immunglobuline		**TZRαβ**		**TZRγδ**	
	H	L	α	β	γ	δ
V-Segmente	95	150	50–100	75–100	9	6
D-Segmente	23	-	-	2	-	3
J-Segmente	9	12	60–80	13	5	3
N-Zusätze	V-D, D-J	V-J	V-J	V-D, D-J	V-J	V-D_1, D_1-D_2, D_2-D_3, D_3-J
mögliche Kombinationen für V (H + L)	15000		8000		54	
theoretische obere Grenze aller Kombinationen	$> 10^{12}$		$> 10^{12}$		$> 10^{12}$	

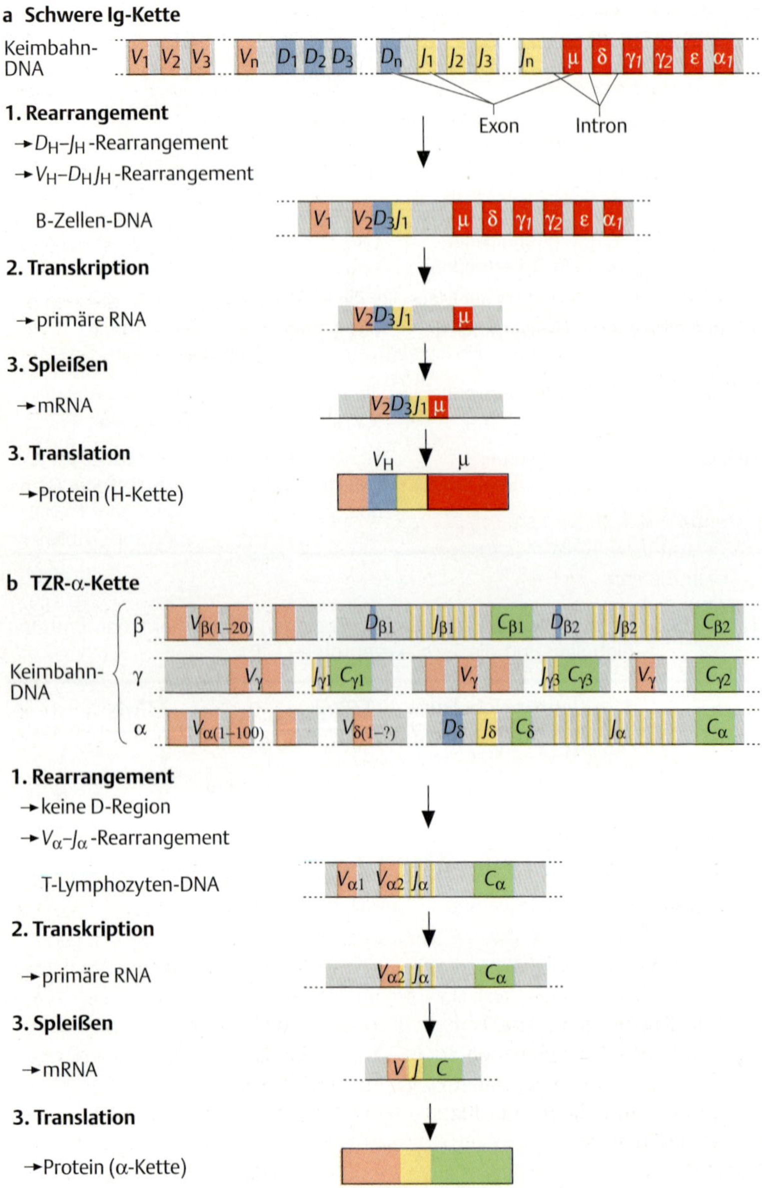
a Schwere Ig-Kette
Keimbahn-DNA
V1 V2 V3 Vn D1 D2 D3 Dn J1 J2 J3 Jn μ δ γ1 γ2 ε α1
Exon
Intron
1. Rearrangement
→DH–JH-Rearrangement
→VH–DHJH-Rearrangement
B-Zellen-DNA
V1 V2D3J1 μ δ γ1 γ2 ε α1
2. Transkription
→primäre RNA
V2D3J1 μ
3. Spleißen
→mRNA
V2D3J1 μ
3. Translation
VH μ
→Protein (H-Kette)
b TZR-α-Kette
Keimbahn-DNA
β
Vβ(1–20) Dβ1 Jβ1 Cβ1 Dβ2 Jβ2 Cβ2
γ
Vγ Jγ1 Cγ1 Vγ Jγ3 Cγ3 Vγ Cγ2
α
Vα(1–100) Vδ(1–?) Dδ Jδ Cδ Jα Cα
1. Rearrangement
→keine D-Region
→Vα–Jα-Rearrangement
T-Lymphozyten-DNA
Vα1 Vα2 Jα Cα
2. Transkription
→primäre RNA
Vα2 Jα Cα
3. Spleißen
→mRNA
V J C
3. Translation
→Protein (α-Kette)

◄ Abb. **3.4** **Rearrangement der B- und T-Zell-Rezeptorgene.**
a Schwere Kette des menschlichen IgG. Die Genabschnitte für den variablen Teil der H-Kette heißen V (variable), D (diversity) und J (joining). Die mit μ, δ, γ, ε und α bezeichneten Abschnitte codieren für die konstante Region und bestimmen die Immunglobulinklasse. Den V-Abschnitt gibt es in mehreren hundert, D in mehr als einem Dutzend und J in einigen Versionen. Nach dem Zufallsprinzip wird ein V-Abschnitt mit einem D-Abschnitt und einem J-Abschnitt zu einem Informationsstrang (V-D-J) vereinigt, der für den variablen Teil der H-Kette codiert. Diese rearrangierte DNA wird zum primären RNA-Transkript abgelesen. Aus diesem Transkript werden die nichtcodierenden Zwischenabschnitte (Introns) herausgespleißt, und die dadurch entstehende mRNA wird in das Proteinprodukt übersetzt.
b α-Kette des T-Zell-Rezeptors der Maus. Für die α-, β- und γ-Kette des T-Zell-Rezeptors existieren ebenfalls verschiedene V- und J-Genabschnitte für β und δ zusätzlich D-Gene. Die entsprechenden Gene für die δ-Kette befinden sich auf der DNA zwischen den Loci für die α-Kette.

Die Immunglobulindiversität wird also ermöglicht durch:

- multiple V-Gen-Segmente in der Keimbahn,
- V-J- und V-D-J-Rekombinationen,
- Zusammenbau der leichten und schweren Ketten,
- Ungenauigkeiten bei der Rekombination und Einfügung von zusätzlichen Nukleotiden (N-Zusätze),
- somatische Punktmutationen.

Theoretisch ergibt das mehr als 10^{12} Möglichkeiten; das biologisch einsetzbare und funktionell wichtige Repertoire umfasst aber wahrscheinlich nur etwa 10^4 verschiedene funktionell relevante Spezifitäten.

Die verschiedenen Immunglobulinklassen

Switch. Nach dem Rearrangement der Gen-Segmente liegt das rekombinierte VDJ-Gen zusammen mit den konsekutiv folgenden Bereichen für Cμ, Cδ, Cγ,, Cε,, Cα auf dem für die H-Kette zuständigen Chromosom. So beginnt, noch ohne Antigenstimulus, die Synthese von IgM (nur VDJ- und Cμ-Gen-Bereich wird transkribiert) und IgD (aus VDJ- und Cδ-Gen). Dieser Syntheseweg ist in naiven B-Zellen aktiv. Durch die Antigenstimulation kommt es zu einem zweiten Gen-Rearrangement. Dabei wird durch Rekombination das VDJ-Gen in die Nähe der Cγ, Cα oder Cε gebracht. Die dazwischen liegenden Regionen werden deletiert. Die Zellen bilden dann nicht mehr H-Ketten der Klassen IgM oder IgD, sondern sind auf IgG oder IgA oder IgE festgelegt. Dabei entstehen die bereits genannten Immunglobulinklassen (Tab. **3.2**). Diesen Klassen-Wechsel bei absolut gleichbleibender Spezifität nennt man „switch“.

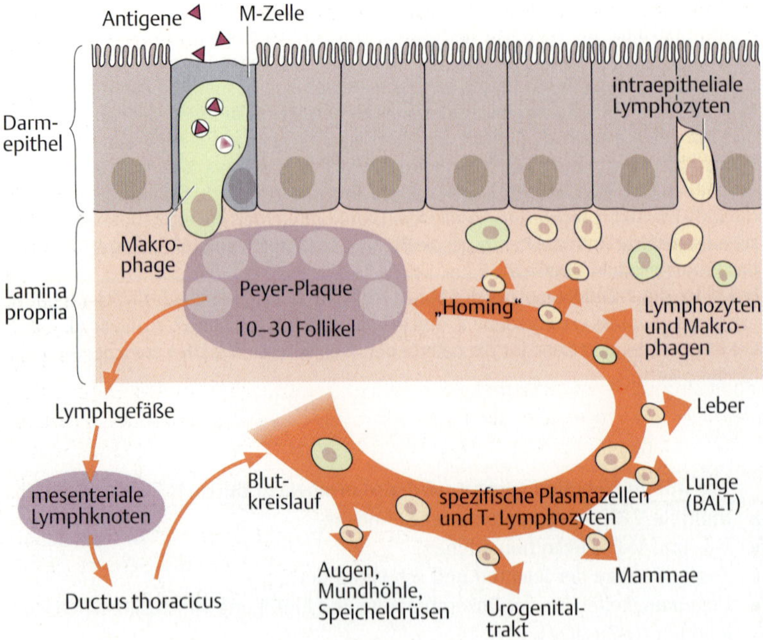

Abb. **3.5** **Mukosa-assoziiertes Immunsystem. (MALT) und „Homing".** An Schleimhäuten auftretende Antigene können IgA B-Zellen direkt aktivieren oder werden durch spezialisierte APZ (M-Zellen in der Darmwand oder Lungenmakrophagen in der Lunge) aufgenommen und im Peyer-Plaque oder lokalen Lymphknoten präsentiert. Dies fördert wahrscheinlich die T-Zell-abhängige Aktivierung von IgA-produzierenden B-Zellen. Diese B-Zellen werden über spezielle Adhäsionsmoleküle und wegen lokalen Antigendepots präferenziell in die ursprünglich befallene Mukosaregion rekrutiert („Homing"), wodurch eine Art geographische Spezifität der Abwehr entsteht.

Variabilitätstypen. Variationen, die auf unterschiedlichen schweren oder leichten Ketten beruhen, führen zu unterschiedlichen Klassen bzw. Spezifitäten der Immunglobuline. Diese Variation nennt man **Isotypen**. Auch innerhalb einer Spezies können sich Individuen bezüglich der konstanten Regionen unterscheiden. Diese genetisch verankerten, nach den Mendel-Gesetzen vererbte Unterschiede werden **Allotypen** genannt. Demgegenüber führen Unterschiede innerhalb der variablen Teile zur Bildung von Determinanten, die man als **Idiotypen** bezeichnet. Sie korrelieren mit der Spezifität der Antigenbindungsstelle und sind gewöhnlich für individuelle B-Zell-Klone spezifisch.

Funktionen. Die verschiedenen Antikörperklassen sind auf unterschiedliche Funktionen spezialisiert. IgM und IgD sind in ihrer frühen, transmembranständigen Form die Rezeptoren der B-Zellen, wobei die Funktion von **IgD** noch unklar ist. Bei der primären Immunantwort im Blut werden IgM, in der Schleimhaut IgA als erste produziert. Ihre Wirkung richtet sich vor allem gegen Mikroorganismen; sie können die Plazentaschranke nicht passieren. Die **IgG**, im Serum am reichlichsten vertreten, erreichen nach sekundärer Stimulation besonders hohe Titer. Sie treten durch die Plazenta und verleihen dem Neugeborenen einen passiven Schutz gegen jene Krankheitserreger, gegen die seine Mutter immun ist. Unter Umständen können solche Antikörper das Kind auch schädigen, nämlich dann, wenn sie gegen Epitope des Kindes gerichtet sind, gegen welche die Mutter immunologisch reagiert hat (klinisch wichtigstes Beispiel: Rhesusinkompatibilität). **IgA** treten in hoher Konzentration im Intestinaltrakt und in den Sekreten auf (Speichel, Darminhalt, Bronchial- und Nasensekret, Milch), wo sie strategisch günstig gelegen sind, um Infektionserreger, aber auch vor allem Kommensalen gleich an der Eintrittspforte abzufangen (Abb. **3.5**). Die **IgE**-Antikörper binden an basophile Granulozyten und Mastzellen mittels hoch-affinen Fcε-Rezeptoren. Gerät Antigen an eine mit den entsprechenden IgE beladene Mastzelle, kommt es zur Degranulierung der Zelle unter Freisetzung hochaktiver biogener Amine (Histamin, Kinine). IgE werden in größerer Menge bei Befall durch Darm-, Lungen- und Haut-Parasiten gebildet und spielen bei deren Abwehr eine wichtige schützende Rolle.

3.2.2 Das System der T-Zellen

T-Zell-Rezeptoren (TZR) und akzessorische Moleküle

Die T-Zellen tragen, wie die B-Zellen, Rezeptoren, die spezifische Bindungen mit sterisch passenden Epitopen eingehen können. Die Vielfalt der **T-Zell-Rezeptoren** entsteht ebenfalls durch Rearrangement von V-, D- und J-Segmenten (Abb. **3.4 b**). Diese Rezeptoren werden allerdings nicht sezerniert, sondern bleiben immer membranständig.

Jeder T-Zell-Rezeptor besteht aus **zwei transmembranären Ketten**, α und β bzw. γ und δ. Diese sind nicht zu verwechseln mit entsprechend benannten schweren Ketten der Ig. Beide Ketten bestehen aus zwei extrazellulären Domänen mit einem transmembranären Verankerungsteil und kurzen intrazellulären Fortsätzen. Wie bei Ig sind die endständigen Domänen variabel (Vα, Vβ) und bilden gemeinsam die Bindungsstelle (s. Abb. **3.9**, S. 96). Diese Rezeptoren sind mit ihren sog. Corezeptoren, anderen Polypeptiden auf der T-Zelloberfläche, assoziiert: mit dem mehrkettigen **CD3-Komplex** und, je nach Differenzierung, mit dem **CD4-** und dem **CD8-Molekül**. CD steht für „cluster of differentiation" oder „cluster determinant". Es handelt sich um Differenzierungsantigene, die durch Gruppen (Cluster) von monoklonalen Antikörpern definiert worden sind. (Eine Zusammenfassung der wichtigsten CD-Antigene gibt Tab. **3.6**, S. 110ff).

T-Zell-Spezifität und Haupthistokompatibilitäts-Genkomplex

T-Zell-Rezeptoren sind nicht imstande, freie Antigene zu erkennen. Ein T-Zell-Rezeptor erkennt „sein" Epitop nur, wenn das Antigen von präsentierenden Zellen in kürzere Peptidfragmente gespalten und diese dem Rezeptor anschließend, eingebettet in einer spezifisch gestalteten molekularen Rinne, präsentiert werden (sog. **T-Zell-Restriktion** oder **MHC-Restriktion**). Diese Rinne befindet sich im **MHC-Molekül** („major histocompatibility complex-" oder Haupthistokompatibilitäts-Molekül). Der Haupthistokompatibilitäts-Genkomplex (MHC) kodiert für die starken Histokompatibilitäts- oder Transplantationsantigene (die HLA-Moleküle, „human leucocyte antigen"; Abb. **3.6**).

Der Name „MHC-Moleküle" stammt von der ursprünglich entdeckten Funktion als Zelloberflächenstrukturen, die immunologische Zell- und Gewebeabstoßung bei Transfusionen oder Transplantationen verursachen. Die eigentliche Funktion als Präsentiermoleküle von Peptiden wurde erst in den 70er-Jahren entdeckt: Damals erkannte man beim Testen von Virus-spezifischen zytotoxischen T-Zellen, dass immune T-Zellen infizierte Zellen nur zerstören können, wenn beide vom gleichen Patienten oder von MHC-identischen Mäusen stammen. Der T-Zell-Rezeptor erkennt also außer den seiner Spezifität entsprechenden Aminosäuren des präsentierten Peptids auch bestimmte Strukturen des MHC-Moleküls. Über die Corezeptoren CD4 und CD8 wird der Kontakt zwischen APC und T-Zelle stabilisiert.

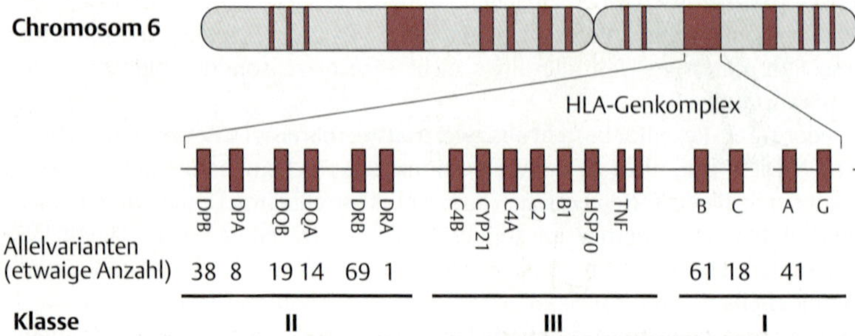

Abb. **3.6** **Der MHC-Genkomplex.** Der Haupthistokompatibilitäts-Genkomplex des Menschen (HLA-Gene) befindet sich auf Chromosom 6. Man unterscheidet 3 Klassen von MHC-Molekülen.

MHC-Klassen. Im MHC kodierte Moleküle teilt man in 3 Gruppen ein, die sich durch die Verteilung auf den Körperzellen und durch die Zellen, mit denen sie interagieren, unterscheiden:

- **MHC-Klasse-I-Moleküle.** Sie bestehen aus einer schweren α-Kette mit 3 Ig-artigen polymorphen Domänen (100–1000 Allele, wobei die α1- und α2-Domänen viel polymorpher sind als α3) und einem nicht membranständigen, löslichen, eindomänigen β_2-Mikroglobulin (β_2M, nur wenige Allele). Die α-Kette bildet eine Grube für die Präsentation von Antigenpeptiden (Abb. **3.7**) Die menschlichen HLA-A, -B, -C-Moleküle werden auf allen Zellen in unterschiedlicher Dichte exprimiert (relative Dichte auf Fibroblasten und Leberzellen 1 ×, Lymphknoten 100 ×, Neuronen 0,1 ×). Vor allem auf lymphohämopoietischen Zellen kommen zusätzlich wenig polymorphe, sog. nicht-klassische Klasse-I-Antigene mit Differenzierungsfunktion vor.
- **MHC-Klasse-II-Moleküle.** Zwei unterschiedliche, polymorphe, 2-domänige Transmembranketten (wobei α_1 sehr, β_1 mäßig, α_2 und β_2 wenig polymorph sind), die zusammen die Antigenpräsentiergrube bilden. Sie kommen vor allem auf *lymphohämatopoietischen Zellen*, auf *Antigenpräsentierzellen (APZ)*, *Makro-*

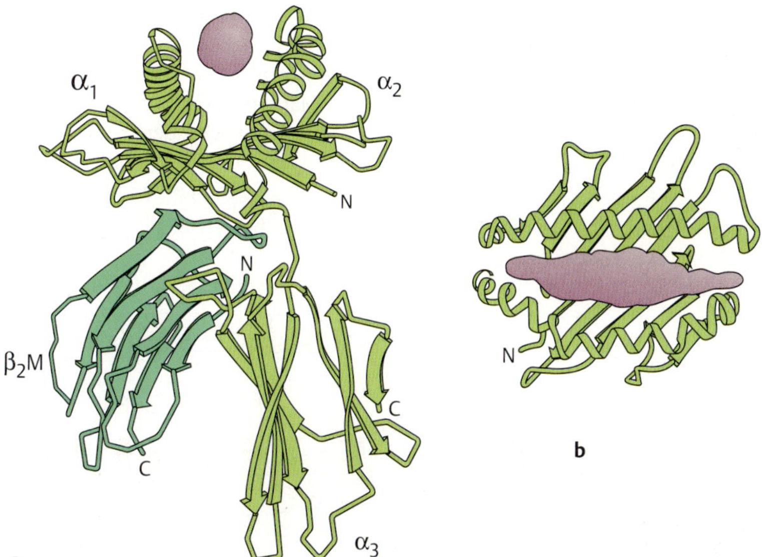

Abb. **3.7** **Proteinstruktur von MHC-Klasse-I-Molekülen.** **a** Seitenansicht, **b** Aufsicht. Violett eingezeichnet ist das präsentierte Peptid. α_1, α_2 und α_3 sind die 3 Domänen der schweren Kette. Das β_2-Mikroglobulin (β_2M) fungiert als leichte Kette und ist nicht kovalent mit der schweren Kette verbunden.

phagen usw. vor (s. Abb. **3.9a**, S. 96), können aber beim Menschen (nicht jedoch bei der Maus!) auch auf epithelialen, neuroendokrinen und T-Zellen gefunden werden. Die Produkte der 3 menschlichen HLA-DP-, - DQ-, -DR-Genregionen können sich auch aus zwei Loci kombinieren. Dies gibt zusätzliche Vielfalt für die Peptidpräsentation.

- **MHC-Klasse-III-Moleküle.** Dabei handelt es sich um keine eigentlichen MHC-Antigene, sie werden aber im MHC codiert: Komplement(C)-Komponenten C4, C2, Interleukine (IL, TNF), das Hitzeschockprotein 70 (HSP70) und andere Produkte, die für die Peptidpräsentation wichtig sind.

Funktion der MHC-Moleküle. MHC-Klasse-I und -II sind vor allem Präsentationsmoleküle (Abb. **3.7–3.9**). Diesen beiden Klassen von MHC-Molekülen sind zwei unterschiedliche Hauptaufgaben zugeordnet:

- **Zellinterne Antigene**, die in Proteasomen zu Peptiden gespalten worden sind, werden über den endogenen Weg der Antigenprozessierung mit MHC-Klasse-I-Molekülen assoziiert (Abb. **3.8** links).
- **Exogene, aufgenommene Antigene** werden in Phagolysosomen zu Peptiden verarbeitet und i. d. R. in MHC-Klasse-II-Molekülen wieder auf der Zelloberfläche präsentiert (Abb. **3.8** rechts). Dabei wird im Phagolysosom das Fragment der sog. invarianten Kette (CLIP, class-II-inhibiting protein) durch ein Antigenfragment ersetzt. CLIP blockiert normalerweise die Peptidbindungsstelle des MHC-Klasse-II-Dimers, damit sie nicht durch andere zellinterne Peptide besetzt wird.
- **Cross-presentation.** Exogene Antigene können sehr selten und forciert auf die MHC-Klasse-I Moleküle gelangen. Biologische Relevanz bis jetzt nicht erwiesen.

Im Gegensatz zu Antikörpern, die nichtlineare, komplexe dreidimensionale Strukturen erkennen, ist die Erkennung durch T-Zellen deshalb *strikt auf MHC-Zelloberflächenveränderungen beschränkt.*

In die an den Enden geschlossene Präsentationsgrube von MHC-Klasse-I-Molekülen passen Peptide mit einer Länge von etwa 8–10 (meistens 9) Aminosäuren, in die an den Enden offene Grube von MHC-Klasse-II 9–15 (meistens 10–12) Aminosäuren.

T-Zell-Spezifität. Die T-Zell-Erkennung umfasst also zwei Arten von Spezifitäten: Erstens binden **MHC-Präsentationsmoleküle** Peptide mit einer gewissen Spezifität, die durch die Form der Grube und die vorgegebenen Ankerpositionen für Peptide bestimmt ist. Zweitens wird diese MHC-Peptid-Kombination von **spezifischen T-Zell-Rezeptoren** (TZR) erkannt, wofür eine minimale Bindungsstärke notwendig ist. Deshalb sind mit dem HLA-Komplex assoziierte Krankheiten vor allem durch die Qualität der Peptidpräsentation, aber auch durch das TZR-Repertoire bestimmt. Die Struktur der MHC-Rinne bewirkt eine Vorselektion jener Peptide, die überhaupt als T-Zell-Epitope präsentiert und deshalb erkannt werden können. Somit funktionieren nicht bei allen Individuen die gleichen Peptide als T-Zell-Epitope.

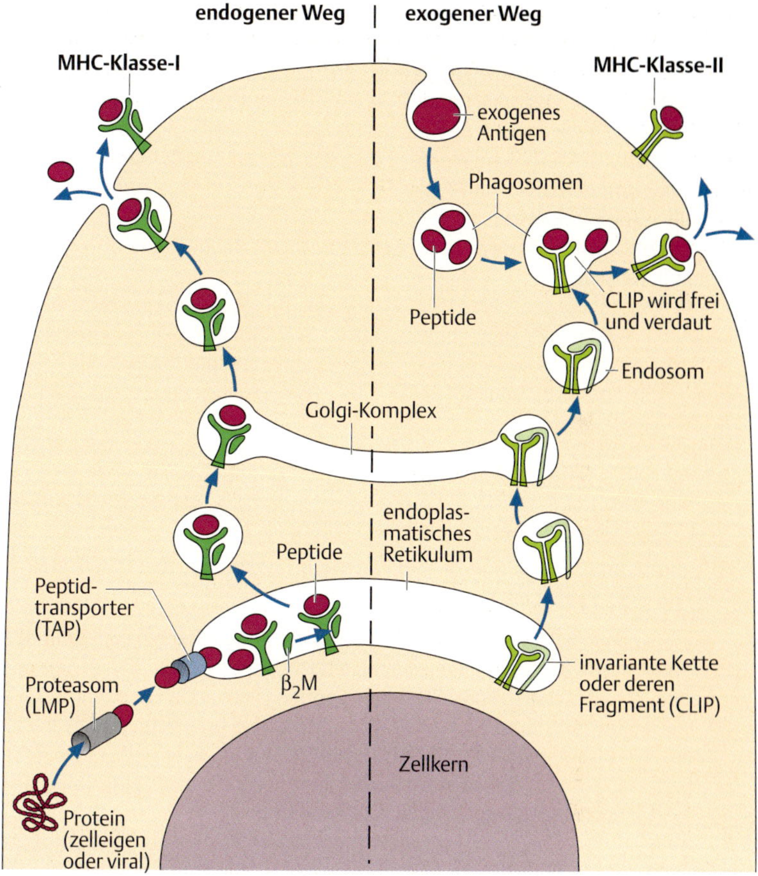

Abb. **3.8 Präsentation endogener und exogener Antigene.**
In der Zelle synthetisierte, endogene Antigenpeptide (links) werden im endoplasmatischen Retikulum an MHC-Klasse-I-Moleküle gebunden und mit β_2M in der Grube fixiert und auf der Zelloberfläche präsentiert. **Exogen aufgenommene Antigene** (rechts) werden zunächst in Phagosomen zu Peptiden gespalten. Das Phagosom verschmilzt mit einem Endosom, das MHC-Klasse-II-Moleküle enthält, deren Bindungsstelle bis dahin durch ein sog. CLIP-Fragment geschützt ist. Die beiden Präsentationswege sind nicht absolut, aber praktisch strikt getrennt.

Trotzdem gibt es häufig erkannte Peptid-MHC-Kombinationen: So besitzen etwa 50% der kaukasischen Bevölkerung das HLA-A2-Antigen, z.T. aber in Untervarianten.

Antigenpräsentierende Zellen (APZ). APZ sind Zellen des lymphohämatopoietischen Systems, die Peptide auf MHC-Moleküle laden und den T-Zellen so präsentieren, dass diese zur Antwort angeregt werden. Die komplexen Mechanismen sind zum Teil noch unklar. Im **Thymus** und **Knochenmark** funktionieren *Stromazellen* (d. h. Bindegewebszellen, dendritische Zellen, auch sog. Ammenzellen [nurse cells]), im Thymus wahrscheinlich auch *Epithelzellen* als APZ. In den **peripheren sekundären Lymphorganen** sind folgende Zellen APZ:

- zirkulierende Monozyten;
- im Gewebe sessile Makrophagen, welche im Zentralnervensystem Mikroglia genannt werden;
- wanderungsfähige dendritische Zellen aus dem Knochenmark: Sie kommen als Langerhans-Zellen der Haut vor, als „veiled cells“ (Schleierzellen) während des Antigentransfers in den afferenten Lymphgefäßen, als interdigitierende Zellen in der Milz und im Lymphknoten, als interstitielle dendritische Zellen oder als M-Zellen des MALT;
- follikulär-dendritische Zellen (FDC) in den Keimzentren der sekundären Lymphorgane, die wahrscheinlich nicht aus dem Knochenmark stammen; sie prozessieren Antigene nicht, sondern binden Antigen-Antikörper-Komplexe via Fc-Rezeptoren und Komplement(C3)-Rezeptoren;
- B-Lymphozyten, die aber nur während der T-B-Kooperation den T-Helferzellen als eine Art APZ dienen.

Konsequenzen der MHC-Vielfalt. Weil jedes Individuum (außer eineiige Zwillinge oder Inzuchtmäuse desselben Stammes) sich bezüglich der Kombination von polymorphen MHC-Antigenen und zelleigenen Peptiden vom anderen unterscheidet, ergeben sich von Individuum zu Individuum erhebliche Unterschiede. Die hochvariablen, als Präsentierstruktur für die T-Zell-Erkennung essenziellen MHC-Moleküle sind das Ziel der T-Zellen eines Empfängers von Zell- und Organtransplantaten (**Transplantatabstoßung**). Die „Transplantationsantigene“ tragen also eigentlich einen falschen Namen, weil ihre wirkliche Funktion erst nachträglich entdeckt worden ist. Im Normalfall werden Antigene von den T-Zellen nur in Assoziation mit MHC-kodierten Eigenstrukturen erkannt. Die Transplantaterkennung, bei der offensichtlich das Produkt Fremdantigen plus körpereigenes MHC-Molekül imitiert wird, stellt also eine gewisse Ausnahme dar. Sie reflektiert wahrscheinlich Kreuzreaktivitäten der T-Zell-Rezeptoren zwischen den wirtseigenen MHC-Antigenen plus Peptid einerseits und den fremden Transplantationsantigenen plus fremden Peptiden andererseits (z. B. kreuzreagiert der T-Zell-Rezeptor für HLA-A2 Peptid X mit HLA-A13 Peptid Y) und ist damit eine Konsequenz der enormen MHC-Vielfalt fast jeder Spezies.

Reifung der T-Zellen: positive und negative Selektion

Die Reifung der T-Zellen findet im **Thymus** statt; sie ist schematisch in Abb. **3.2** (S. 80) dargestellt. Da die MHC-kodierten Präsentiermoleküle sehr polymorph sind und auch mutieren, kann das **TZR-Repertoire nicht vorbestimmt** sein. Zur optimalen und effizienten Gestaltung des T-Zell-Repertoires müssen T-Zellen vielmehr einerseits **positiv selektioniert** werden, damit sie präferenziell die eigenen präsentierenden Transplantationsantigene plus Peptide erkennen; andererseits müssen die gegen Selbst-MHC plus Selbstpeptid reagierenden T-Zellen **negativ selektioniert**, d. h. deletiert werden. Die vom Zufall gesteuerten Vorgänge, welche zur Rearrangierung des T-Zell-Rezeptors führen, erzeugen in der Mehrzahl der Fälle unnütze αβ- oder γδ-Rezeptor-Kombinationen. Bevorzugt am Leben erhalten und vermehrt werden T-Zellen mit Rezeptoren, welche die aus dem riesigen Polymorphismus im Individuum gewählten und exprimierten Formen der MHC-Moleküle gut wahrnehmen (positive Selektion). Von diesen T-Zellen werden allerdings jene deletiert, die Selbstpeptide zusammen mit eigenen Transplantationsmolekülen mit hoher Affinität erkennen (negative Selektion). Die Vorgänge der positiven Selektion wurden mit Versuchsmäusen ohne Thymus (und deshalb ohne T-Zellen) anhand von MHC-Klasse-I-Molekülen a und b gezeigt. Die Implantation eines Thymus mit MHC-Klasse-I^a (ohne b) ließ in MHC-Klasse I^b I^a Mäusen T-Zellen reifen, die nur MHC-Klasse-I^a plus Peptide, nicht aber MHC-Klasse-I^b plus andere Peptide erkennen konnten. Neuere Experimente zeigen aber, dass nicht die Thymusepithelzellen (oder nicht nur), sondern vielmehr im Knochenmark gebildete Zellen die positive Selektion bestimmen. Positive Selektion geschieht generell über niedrige Bindungsstärke, und negative Selektion eliminiert die höchsten Affinitäten, nämlich die gegen selbstreagierende T-Zellen. Auf diese Weise bleiben nur T- Zellen mit niedrigen Bindungsstärken übrig. Diese können dann gegen Fremdpeptide, die von Selbst-MHC-Molekülen präsentiert werden, reagieren. Neben einer enormen Proliferation von unreifen Thymozyten gehen jedenfalls ständig große Zahlen von Thymozyten unter (Apoptose, Zusammenfassung in Abb. **3.17**, S. 121). Allgemein gilt, dass Reifung und Überleben von Lymphozyten auf ständige, repetitive Signalisierung via Transmembranmoleküle angewiesen sind; ein Fehlen oder Aufhören dieser Signale bedeutet den Zelltod.

T-Zell-Subpopulationen

Um das präsentierte Antigen zu erkennen, benötigt die T-Zelle außer dem spezifischen Rezeptor ein Molekül zur Erkennung des passenden MHC, nämlich entweder CD4 oder CD8. Aufgrund dieses Oberflächenmoleküls teilt man die T-Tellen in unterschiedliche Subpopulationen ein:

$CD4^+$-T-Zellen. Sie erkennen nur MHC-II-assoziierte Antigene und werden, wegen ihrer wichtigen Funktion bei der **T-B-Kooperation** (Abb. **3.9a**) auch **T-Helferzellen**

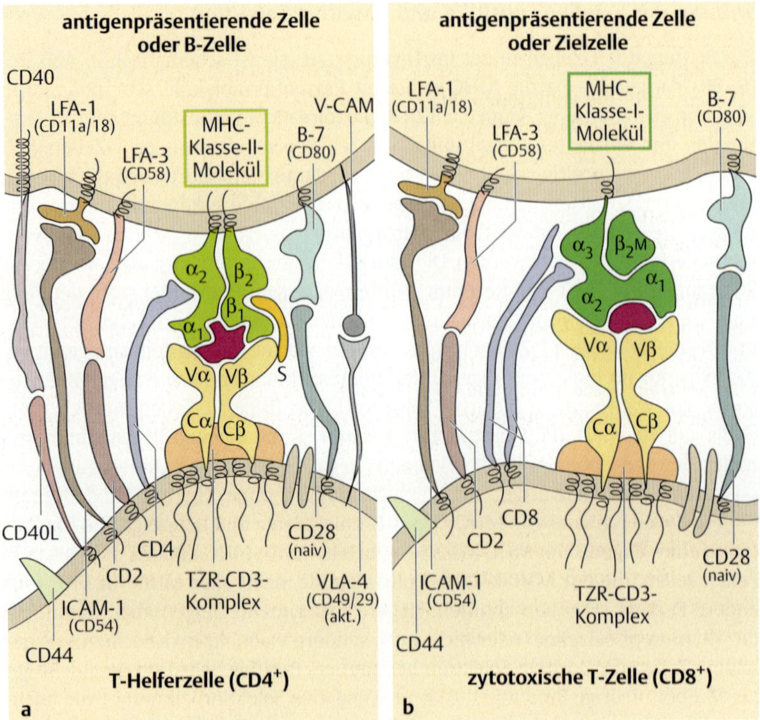

Abb. **3.9** **Interaktionen bei der Antigenerkennung. durch T-Zellen**
a Die Interaktion zwischen APZ oder B-Zellen und $CD4^+$-T-Zellen (T-Helferzellen) erfolgt über MHC-Klasse-II-Moleküle (Heterodimer).
b Die Interaktion zwischen CD8-T-Zellen (zytotoxischen T-Zellen) und ihren Zielzellen erfolgt über MHC-Klasse-I-Moleküle. Das präsentierte Peptid ist jeweils violett dargestellt. S bezeichnet ein Superantigen, so genannt, weil es durch Bindung an konstante Teile der MHC- und TZR-Ketten viele verschiedene T-Helferzellen aktivieren kann (naiv: auf nicht aktivierten, akt.: auf aktivierten T-Zellen).

genannt. Dieser Name ist nicht falsch, gibt aber nur einen Teil der vielen Funktionen dieser T-Zellen an. $CD4^+$-Zellen produzieren selber oder induzieren die *Produktion von Interleukinen*, dadurch aktivieren sie Makrophagen und haben regulierende Wirkung auf andere Lymphozyten (s.S. 107f). Sie sind *in vivo* aber *nicht zellzerstörend*, auch wenn dies zum Teil in vitro gezeigt werden konnte.

$CD8^+$-T-Zellen. $CD8^+$-T-Zellen erkennen MHC-I-assoziierte Antigene, wobei das CD8-Molekül an MHC-I bindet. Diese Zellen werden **zytotoxische T-Zellen** genannt, weil sie histokompatible, virusinfizierte oder anders veränderte Zielzellen sowie allogeneische Zellen in vitro, aber auch in vivo *zerstören* können (Abb. **3.9b**). Zur lytischen Effektorfunktion sind kostimulatorische Moleküle nicht nötig. Auch dieser Name gibt die Funktionen der $CD8^+$-T-Zellen nur teilweise wieder, denn sie üben über *Interleukinfreisetzung* und Induktion auch viele andere *nichtlytische Funktionen* aus. Der Name Suppressor-T-Zellen oder $CD8^+$-Suppressor-T-Zellen sollte nicht verwendet werden, weil er irreführend ist. Ursprünglich wurde er als Gegenstück zu den oben erwähnten T-Helferzellen geprägt. Die suppressive Wirkung von $CD8^+$-T-Zellen ist aber nur in ganz wenigen Beispielen glaubhaft dokumentiert worden. Sie geschieht direkt durch Elimination der APZ (d.h. durch Änderung der Antigen-Kinetik) oder wird indirekt über Interleukin-Effekte (s. Abb. **3.14**, S. 107) vermittelt. Der Name Suppressor-T-Zelle täuscht deshalb eine regulatorische Funktion vor, die wahrscheinlich kaum existiert. Allgemein ist eine neutrale Bezeichnung wie $CD4^+$-T-Zellen oder $CD8^+$-T-Zellen deshalb vorzuziehen. Während die zytotoxischen Effektorzellen in Milz und Lymphknoten ein heterodimeres (α+β Kette) $CD8^+$- Molekül besitzen, existieren in der Darmwand α-homodimere $CD8^+$-T- Zellen, deren Funktion noch unklar ist.

γδ-T-Zellen. Der γδ-T-Zell-Rezeptor ist wie das homologe αβ-Heterodimer mit dem **CD3-Komplex** auf der Zelloberfläche assoziiert. Auch die Organisation der Gene für die γ- und δ-Ketten ähnelt derjenigen der α- und β-Ketten. Es gibt jedoch einige wichtige Unterschiede. Der Genkomplex, der für die δ-Ketten kodiert, befindet sich vollständig innerhalb des Genkomplexes für die α-Kette der T-Zell-Rezeptoren zwischen den V- und J-Gensegmenten. Deshalb deletiert jede Rearrangierung der α-Kette die Gene für die δ-Ketten. Für die γ- und δ-Gene gibt es viel weniger V-Regionen als für die α- und β- Ketten des T-Zell-Rezeptors. Allerdings gleicht die erhöhte Verbindungsvariabilität der δ-Ketten möglicherweise die geringere Zahl von V-Regionen aus; nahezu die gesamte Variabilität innerhalb des γδ-Rezeptors konzentriert sich also auf die Verbindungsregion (Tab. **3.4** S. 85). Die Aminosäuren, die dort kodiert werden, liegen im Zentrum der Bindungsstelle. T-Zellen mit γδ-Rezeptoren erkennen bestimmte *Klasse-I-artige Genprodukte plus Phospholipide und Phosphoglykolipide*. In peripheren Lymphgeweben exprimieren nur wenige T-Zellen den γδ- und CD3-Corezeptor. In der Mukosa und Submukosa besitzen viele T-Zellen γδ-Rezeptoren.

γδ-T-Zellen exprimieren weder $CD4^+$ noch $CD8^+$ oder nur zwei α-Ketten, aber keine β-Kette des $CD8^+$-Moleküls. Obwohl man vermutet, dass die γδ-T-Zellen für frühe, wenig spezifische Abwehr der Haut und in den Schleimhäuten verantwortlich sein könnten, sind ihre Spezifitäten und Effektorfunktionen noch weitgehend unklar.

3.3 Mechanismen und Typen von Immunantworten

Die **Effektorfunktionen** des Immunsystems umfassen einerseits Antikörper und komplementabhängige Mechanismen in Körperflüssigkeiten und auf Schleimhäuten und andererseits gewebegebundene T-Zell- und Monozyten/Makrophagen-abhängige Effektormechanismen. B-Zellen sind durch eine bestimmte Antigenspezifität gekennzeichnet. Nach Stimulation durch das Antigen kommt es zur Proliferation und Differenzierung der spezifischen B-Zelle zur Plasmazelle, die ihren Antikörper in die Umgebung sezerniert. Die **B-Zell-Antwort** ist abhängig von der Menge und Art des gebundenen Antigens. Die Anregung von IgM-Antworten gegen Antigene, zusammen mit Lipopolysacchariden oder gegen hochorganisierte, kristallähnliche, repetitiv angeordnete identische Determinanten über eine direkte Kreuzvernetzung der B-Zell-Rezeptoren ist sehr effizient; diese IgM-Antwort ist T-Hilfe-unabhängig. Im Gegensatz dazu ist die Antikörperantwort gegen monomere oder oligomere Antigene wenig effizient und strikt T-Hilfe-abhängig. Dies gilt sowohl für Fremd- als auch für Eigenantigene.

Einige **T-Zell-Effektorfunktionen** werden durch freigesetzte lösliche Mediatoren (Zytokine) ausgeführt, die über die Grenzen von einzelnen Zell-Zell-Kontakten hinaus auf umliegende Zellen wirken können. Andere T-Zell-Effektormechanismen werden präzise über Zell-Zell-Kontakte vermittelt, z. B. die perforinabhängige Zell-Lyse oder die Induktion von Signalen, die die B-Zell-Differenzierung oder den Ig-Klassenwechsel einleiten.

3.3.1 B-Zellen

B-Zell-Epitope und B-Zell-Vermehrung

Die 1959 von Burnet aufgestellte **klonale Selektionstheorie** besagt, dass jeder B-Zell-Klon durch eine bestimmte Antigenspezifität gekennzeichnet ist, d. h. einen bestimmten Antigenrezeptor trägt. Ist also einmal in einer B-Zelle die Neuordnung der Ig-Gene erfolgt, wird das entsprechende Protein als Oberflächenrezeptor exprimiert und gleichzeitig eine weitere Umordnung in den Zellnachkommen unterbunden. Auf einer Zelle wird somit immer nur eine ABS oder **eine Spezifität** (also eine V_H plus V_L[entweder κ oder λ]) ausgedrückt, abstammend von einem Allel; dieses Phänomen heißt **allelische Exklusion**. Da sich der Körper während seines Lebens mit einer Vielzahl von verschiedenen Antigenen auseinanderzusetzen hat, müssen ständig dementsprechend große Anzahlen verschiedener Rezeptoren, und damit auch verschiedener B-Zellen entstehen. Kommt ein bestimmtes Antigen in den Organismus, bindet es an B-Zellen mit Rezeptorspezifität für dieses Antigen. Das Antigen trifft gewissermaßen unter den B-Zellen eine Wahl (Selektion), indem es an die entsprechenden Zellen gut bindet. Solange die B-Zellen nicht proliferieren, bleibt jedoch jede Spezifität auf wenige Zellen beschränkt. Um eine nachweisbare Wirkung entfalten zu können, müssen B-Zellen mit entsprechender Spezifität nach Antigenkontakt **klonal** gewaltig expandieren. Dies führt nach einigen Teilungsschritten in die Differenzierung der B-Zelle zu **Plasmazellen**, die den spezifischen Rezeptor nun als Antikörper in die Umgebung entlassen.

Antigene. Man unterscheidet einerseits Antigene, die B-Zellen unabhängig von jeglicher T-Zell-Hilfe zur Antikörpersekretion stimulieren, und solche, die hierfür zusätzliche Signale von T-Zellen benötigen:

- **T-unabhängige Antigene vom Typ 1 (TI1).** Parakristalline, identische, repetitiv zweidimensional angeordnete Epitope (z. B. auf Viren, Bakterien und Parasiten) oder Antigene zusammen mit Lipopolysacchariden (LPS). Aufgrund der Anordnung können mehrere Antigenrezeptoren einer B-Zelle binden, was Ig-Rezeptoren kreuzvernetzt und/oder mit einem Aktivierungssignal via LPS komplementiert; beides induziert B-Zellen ohne T-Hilfe.
- **T-unabhängige Antigene vom Typ 2 (TI2).** Sie sind weniger streng geordnet, meist flexibel oder mobil (z. B. auf Zelloberflächen). Sie vernetzen z. T. auch Ig-Rezeptoren, aber in geringerem Maße als TI1. Sie benötigen wenig und nicht direkt assoziierte T-Hilfe für eine B-Zell-Antwort (z. B. Hapten-Ficoll-Antigene oder virale Glykoproteine auf infizierten Zelloberflächen).
- **T-Hilfe-abhängige Antigene.** Monomere und oligomere (meist lösliche) Antigene, die keine Kreuzvernetzung von Ig verursachen, können eine B-Zell-Proliferation alleine nicht induzieren. Zur B-Zell-Aktivierung ist in diesem Fall noch ein Zusatzsignal notwendig, das via Kontakt von T-Zellen vermittelt wird (s. auch B-Zell-Toleranz, S. 124ff).

Die Rezeptoren auf den B-Zellen und die frei im Serum vorkommenden Antikörper erkennen in der Regel Epitope, die sich auf der Oberfläche des nativen Antigens befinden. Wenn es sich um Proteine handelt, sind Abschnitte von Polypeptidketten beteiligt, die im denaturierten, gestreckten Zustand der Ketten weit voneinander entfernt liegen. Erst durch die Faltung des Antigens in seiner nativen Konfiguration bildet sich ein **konformationelles** oder **strukturelles Epitop**. Im Inneren des Antigens versteckte, durch zusammenhängende Abschnitte einer Polypeptidkette gebildete Epitope, sog. **sequenzielle** oder **lineare Epitope**, sind für B-Zellen und Antikörper meist unzugänglich, solange das Antigenmolekül oder das infektiöse Agens in nativer Konfiguration bleibt; deshalb sind diese kaum von schützender, biologischer Bedeutung. Die Rolle der linearen Epitope wird weiter unten bei der T-Zell-vermittelten Immunität behandelt. B-Zellen erkennen auch häufig Zuckermoleküle spezifisch anhand ihrer Verknüpfungen auf der Oberfläche von infektiösen Keimen. T-Zellen können Zuckermoleküle wahrscheinlich nicht erkennen.

Proliferation der B-Zellen. Wie oben erwähnt, genügt im Allgemeinen der Kontakt eines oder weniger B-Zell-Rezeptoren mit dem passenden Epitop nicht, um die Proliferation der B-Zellen auszulösen. Dazu ist entweder eine starke Vernetzung von Antigen und Rezeptoren oder aber eine Beteiligung weiterer T-Zell-vermittelter Signale nötig.
Bei der Neuanordnung von genetischem Material und der Proliferation – Vorgängen, die ständig millionenfach stattfinden – können gelegentlich Fehler passieren; zusätzlich können Onkogene aktiviert werden. Auf diese Weise können **B-Zell-Lymphome** und **B-Zell-Leukämien** entstehen. Da der Fehler in einer einzigen Zelle passiert, sind solche Tumoren *monoklonal*. Die unkontrollierte Proliferation differenzierter B-Zellen, der Plasmazellen, führt zu **monoklonalen Plasmazelltumoren**, multiples Myelom oder Plasmozytom genannt. Manchmal werden von Myelomen die leichten Ketten des monoklonalen Immunglobulins im Überschuss gebildet und sind im Urin als **Bence-Jones-Protein** nachweisbar. Bence-Jones-Proteine waren die ersten einer chemischen Analyse zugänglichen Bestandteile von Immunglobulinen und lieferten wichtige Aufschlüsse über deren Aufbau.

Monoklonale Antikörper

Im Verlauf einer normalen Immunantwort reagieren und proliferieren in der Regel mehrere Klone von Zellen, die zu verschiedenen Epitopen eines Antigens unterschiedlich gut passende ABS tragen. Eine solche Immunantwort ist also **polyklonal**. Man kann aus einer polyklonalen Immunantwort experimentell eine einzelne Zelle isolieren und durch Fusion mit einer „unsterblichen", proliferationsfähigen Myelomzelle ein **Hybridom** erzeugen, welches nun das Immunglobulin der ursprünglichen Zelle in beliebiger Menge und in chemisch einheitlicher Form produziert. Auf diese Weise stellt man **monoklonale Antikörper** her (Abb. **3.10**). Sie sind wichtige Werkzeuge in der experimentellen Immunologie, in der Diagnostik und für die Therapie. Viele monoklonale Antikörper werden zurzeit noch in Mäuse- oder Rattenzellen hergestellt und sind somit, bezogen auf den Menschen, xenogenetisch. Um die damit verbundenen Abstoßungsprobleme zu umgehen, versucht man entweder, Antikörper mit Hilfe menschlicher Zellen herzustellen (was immer noch sehr schwierig ist) oder murine Antikörper zu „humanisieren", indem man die variablen Domänen muriner Antikörper an konstante Domänen humaner Antikörper anhängt. Transgene Mäuse, deren Ig-Gene durch die humanen Gene ersetzt worden sind, oder neueste molekularbiologische Tricks ermöglichen es jetzt, komplett humane Antikörper via Hybridomtechnik zu generieren.

T-unabhängige B-Zell-Antworten

B-Zellen erkennen Antigene über den Ig-Rezeptor. Ist das Antigen ein Monomer oder Oligomer und liegt es in löslicher Form vor, werden B-Zellen nur induziert,

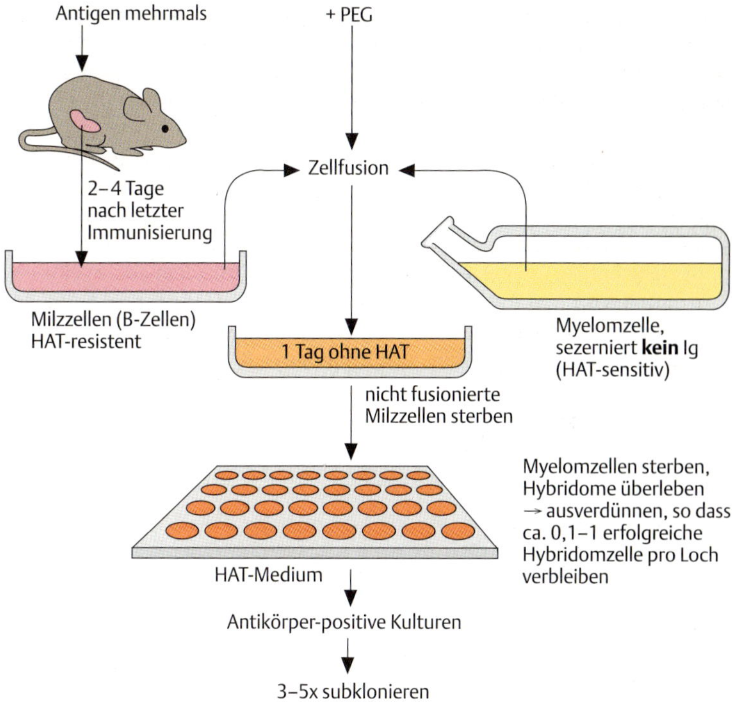

Abb. **3.10** **Herstellung von monoklonalen Antikörpern.** Die Herstellung monoklonaler Antikörper erfolgt mit Hilfe von Zelllinien, die durch Fusion eines B-Lymphozyten mit einer Myelomzelle erhalten wurden: Man immunisiert Mäuse mit dem Antigen und verabreicht 2–4 Tage vor der Fusion das Antigen nochmals intravenös. Die entnommenen Milzzellen werden mittels Polyethylenglykol (PEG) mit einer Myeloma-Zelllinie fusioniert. Nicht fusionierte Milzzellen sterben innerhalb eines Tages ab. Danach werden die Zellen in HAT-Medium (Hypoxanthin, Aminopterin und Thymidin) selektioniert. Aminopterin blockiert einen wichtigen Stoffwechselweg, den Milzzellen jedoch mit Hilfe der Intermediärmetabolite Hypoxanthin und Thymidin über eine Nebenreaktion nachvollziehen können, die Myelomzellen dagegen aufgrund eines Stoffwechseldefekts nicht. Durch Fusion einer Milzzelle mit einer Myelomzelle wird letztere wieder HAT-resistent, sodass nach einigen Tagen in Kultur nur noch die erfolgreich fusionierten Zellen überleben. Nun wird die Zellkultur so weit verdünnt, dass sich in jedem Napf idealerweise nur noch ein Hybridom befindet. Jeder Ansatz wird auf das Vorhandensein des gewünschten Antikörpers getestet. Im positiven Fall werden die Hybridomzellen zur Sicherheit noch mehrmals subkloniert, wobei immer wieder die Spezifität der produzierten Antikörper kontrolliert wird. Mäuse, deren eigene Ig-Gene entfernt und komplett mit humanen Ig-Genen ersetzt worden sind, erlauben das Herstellen von rein humanen monoklonalen Antikörpern.

wenn der oben beschriebene Prozess der T-B-Kooperation funktioniert. Viele infektiöse Keime tragen auf ihrer Oberfläche **Antigene mit polyklonalen Aktivierungseigenschaften** (z. B. LPS) und/oder kristallähnliche identische Determinanten, die sich oft in linearer (z. B. Flagellen) oder zweidimensionaler (z. B. Viren) *regelmäßiger Anordnung* wiederholen. Diese parakristallin geordneten Antigene können B-Zellen über *maximale Kreuzvernetzung der Ig-Rezeptoren* zu einer Antwort anregen, ohne dass kontaktabhängige T-Hilfe nötig wäre. Diese B-Zell-Antworten sind meistens nur vom **IgM-Typ**, da ein Switch zu anderen Klassen ohne T-Hilfe entweder nicht möglich oder sehr ineffizient ist und nur für kurze Zeit erfolgt. Die IgM-Antwort ist relativ kurzlebig, kann aber trotzdem enorm effizient sein. Beispiele sind IgM-Antworten gegen viele virale Hüllenantigene, die auf den Antikörpern zugängliche neutralisierende („schützende") Determinanten tragen und gegen Oberflächenantigene von Bakterien (z. B. Lipopolysaccharide) und Parasiten wirken.

3.3.2 T-Zellen

T-Zell-Aktivierung

Es gibt zwei Klassen von T-Zellen, die T-Helferzellen ($CD4^+$) und die zytotoxischen T-Zellen ($CD8^+$). Die T-Zell-Antworten in ihren Abhängigkeiten von Antigenlokalisation, Menge und Zeit sind in Tab. **3.5** zusammengefasst. Die Stimulation der T-Zelle über TZR, über akzessorische Moleküle oder Adhäsionsmoleküle akti-

Tabelle **3.5** Abhängigkeit der T-Zell-Antwort von der Lokalisation, der Menge und der zeitlichen Präsenz des Antigens

	Antigen		T-Zell-Antwort
Lokalisation	**Menge**	**Zeitliche Präsenz**	
Thymus	Wenig - viel	immer	negative Selektion durch Deletion
Blut, Milz,	wenig	kurz (1 Tag)	keine Induktion
Lymphknoten	wenig	lang (7 Tage)	Induktion
(sekundäre lymphatische Organe)	viel	kurz	keine Induktion
	viel	lang	erschöpfende Induktion/Deletion (Andergie?)
peripheres nicht-lymphatisches Gewebe	viel oder wenig	Immer oder kurz	Ignoranz, Indifferenz

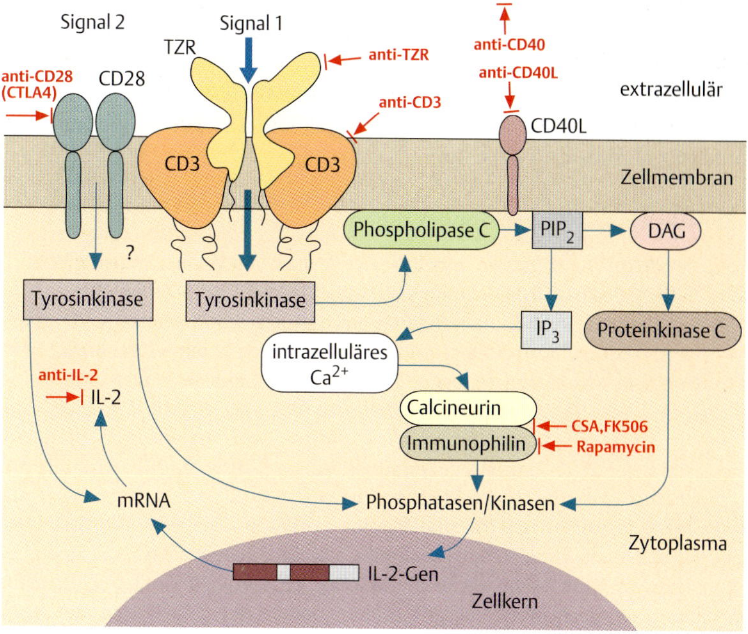

Abb. **3.11** **T-Zell-Aktivierung.** Mehrere Stufen der Signalübertragung sowie die meist notwendige Costimulation (Signal 2) ermöglichen eine differenzierte Regulation der T-Zell- Aktivierung: Die Stimulation der T-Zelle über den T-Zell-Rezeptor (TZR; Signal1) aktiviert eine Tyrosinkinase, die ihrerseits die Phospholipase C (PLC) aktiviert. PLC spaltet Phosphatidylinositoldiphosphat (PIP_2) in Inositoltriphosphat (IP_3) und Diacylglycerol (DAG). IP_3 setzt Ca^{2+} aus intrazellulären Speichern frei, DAG aktiviert die Proteinkinase C (PKC). Ca^{2+} sowie die PKC induzieren und aktivieren Phosphoproteine, die im Zellkern für die IL-2-Gentranskription notwendig sind. Erfolgt die Aktivierung nur über den TZR, wird nur sehr wenig IL-2 produziert. Für eine ausreichende IL-2-Produktion sind oft zusätzliche Signale (Costimulation, z. B. über CD28) notwendig. Durch CD28-Stimulation werden Tyrosinkinasen aktiviert, die sowohl die Transkription unterstützen als auch die mRNA für IL-2 posttranskriptionell stabilisieren. Immunsuppression kann erreicht werden (rot angezeichnet) über Zytostatika allgemein, über anti-TZR, anti-CD3, anti-CD28 (CTLA-4), anti-CD40, oder über Cyclosporin A und FK506 (interferieren bei Bindung von Immunophilin-Calcineurin, reduziert IL-2-Produktion) und Rapamycin (bindet und blockiert Immunophilin, reduziert IL-2 kaum). Anti-Interleukine (v. a. anti-IL-2 oder anti-IL-2 Rezeptor und anti-IL-15) blockieren T-Zell-Proliferation.

viert verschiedene Tyrosinkinasen (Abb. **3.11**) und ermöglicht über mehrere Stufen der Signalübertragung eine strenge und differenzierte Regulation. Zu einer Induktion und damit einer Aktivierung der T-Zelle kommt es durch ein Doppelsignal.

Außer der *Aktivierung über TZR (Signal 1 = Antigen)* ist meistens noch ein *Costimulierungssignal (Signal 2)* notwendig. Wichtige costimulatorische Signale werden durch die Bindung des B7- (B7.1- und B7.2-) Proteins (auf der APZ oder B-Zelle) an deren Liganden auf T-Zellen (CD28-Protein, CTLA-4) vermittelt oder über das CD40-CD40-Liganden-System. Das Doppelsignal löst u.a. über Interleukin-2 die klonale Expansion der T-Zelle aus.

T-Zell-Aktivierung durch Superantigene

Einige Produkte von Bakterien, möglicherweise auch von Viren, können in Verbindung mit MHC-Klasse-II-Molekülen viele verschiedene CD4-T-Zellen effizient stimulieren. Dies geschieht oft über *Bindung an konstante Teile* bestimmter Vβ-, möglicherweise aber auch Vα-Ketten, also wenig spezifisch (s. Abb. **3.9a**, S. 96). Man unterscheidet exogene und endogene Superantigene. **Exogene Superantigene** sind vor allem Toxine von *Bakterien* (Staphylokokken-Enterotoxine A–E (SEA, SEB usw.), Toxic-Shock-Syndrom-Toxin (TSST), Toxine von *Streptococcus pyogenes*, aber auch bestimmte Retroviren. **Endogene Superantigene** sind Bestandteile endogener Retroviren, die bei der Maus nachgewiesen worden sind und sich wie Superantigene verhalten (z.B. Murine-Mammary-Tumor-Virus, MMTV). Die Superantigene spielen für die T-Zellen eine ähnliche funktionelle Rolle wie die Lipopolysaccharide (LPS) von Bakterien für die B-Zellen: LPS aktivieren B-Zellen ebenfalls polyklonal, aber nicht über den Ig-Rezeptor, sondern über LPS-Rezeptoren (s.u.).

3.3.3 Zusammenspiel der einzelnen Systeme

T-Helferzellen (CD4-T-Zellen) und T-B-Kooperation

Reife T-Zellen, die CD4 exprimieren, werden als T-Helferzellen oder T_H-Zellen bezeichnet (s. auch S. 95f.). Damit wird ihre wichtigste Funktion, die Kooperation mit B-Zellen, hervorgehoben. Fremdantigene, die als dreidimensionale Strukturen von B-Zellen erkannt werden, enthalten auch lineare Peptide. In einer **ersten Phase** der T-Helferzell-Antwort werden die Antigene von APZ aufgenommen, prozessiert und als Peptide auf **MHC-Klasse-II-Molekülen** präsentiert, sodass sie von T-Helferzellen erkannt werden (s. Abb. **3.8**, S. 93 u. Abb. **3.13**, S. 106). Als die MHC-Restriktion noch nicht erkannt war, verwendete man für B-Zell-Epitope den Ausdruck **Hapten**, und den Teil des Antigens, der das T-Zell-Epitop lieferte, nannte man **Träger** (englisch: carrier). Die Antigen transportierenden APZ müssen die *organisierten sekundären lymphatischen Organe* erreichen (Abb. **3.12**), denn nur in diesen strikt geordneten kompartimentalisierten Organen kann der richtige Kontakt zwischen Lymphozyten und APZ stattfinden und eine Aktivierung der T-Helferzellen erfolgen. Interleukine (IL) IFNγ, IL-1, IL-2, IL-4 und IL-12 und verschiedene andere Faktoren spielen dabei eine große Rolle.

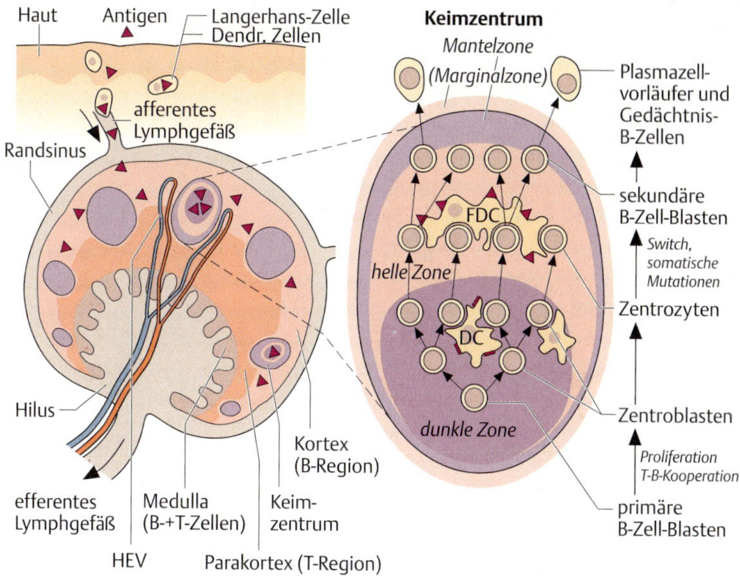

Abb. **3.12** **Aufbau von Lymphknoten und Keimzentren.** Antigenpräsentierende Zellen (z. B. dendritische Zellen aus der Haut, die lokal Antigen aufgenommen haben) sowie Antigene gelangen über afferente Lymphgefäße in den Randsinus des Lymphknoten (links). Antigene werden von speziellen Makrophagen aufgenommen. In der Milz existiert eine Marginalzone wo Marginalzonenmakrophagen (MZM) Antigen aus dem Blut aufnehmen. Jeder Lymphknoten besitzt eine eigene arterielle und venöse Blutgefäßversorgung. Aus den Blutgefäßen gelangen T- und B-Zellen über spezialisierte Venolen mit hohem Endothel (high endothelial venules, HEV) in den Parakortex; hier finden sich v. a. T-Zellen. Der Kortex enthält Ansammlungen von B-Zellen (sog. Primärfollikel). Im Kortex antigenstimulierter Lymphknoten entwickeln sich Sekundärfollikel mit sog. Keimzentren (rechts); hier findet eine aktive Proliferation von B-Zellen statt. Die Differenzierung der B-Zellen beginnt mit der Proliferation der primären B-Zell-Blasten in der dunklen Zone, wo eine intensive Interaktion mit antigenpräsentierenden dendritischen Zellen (DC) stattfindet. In der hellen Zone erfolgen anschließend der Antikörperswitch und somatische Mutationen. FDC (follikuläre dendritische Zellen) stimulieren dabei die B-Zellen und erhalten das Antikörpergedächtnis. Die sekundären B-Zell-Blasten können sich entweder zu Plasmazellen oder zu sog. Gedächtnis-B-Zellen entwickeln. Lymphozyten verlassen den Lymphknoten nur über efferente Lymphgefäße.

In einer **zweiten Phase** (Abb. **3.13**) erkennt die *aktivierte T-Helferzelle* auf der **B-Zelle** die gleiche MHC-Klasse-II-Peptidkombination wie auf der APZ. Die B-Zelle hat das Antigen über ihren Ig-Oberflächenrezeptor als konformationelles Epitop

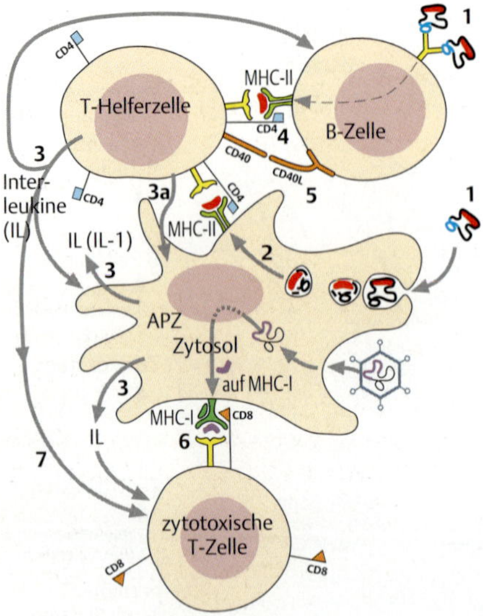

Abb. **3.13** **Lymphozyten und APZ bei der primären Immunantwort.** Zur Vereinfachung betrachten wir ein Antigen (**1**), das nur ein einziges B-Epitop und ein einziges T-Epitop aufweist. Das strukturelle B-Epitop (blau) befindet sich auf der Oberfläche des Antigens, das sequenzielle T-Epitop (rot) ist z. B. in seinem Innern versteckt. Eine antigenpräsentierende Zelle (APZ) oder ein Makrophage nimmt unspezifisch das Antigen auf und baut es ab. Das so freigesetzte T-Epitop wird auf MHC-II-Moleküle geladen und auf der Oberfläche präsentiert (**2**). Eine T-Helferzelle erkennt spezifisch das T-Epitop auf dem MHC-II-Molekül. Dieser Erkennungsvorgang aktiviert die APZ (3a) (bzw. die Makrophagen), T-Zellen, APZ und Makrophagen produzieren Interleukine (Abb. **3.14**) die auf T-, B-, APZ (Hochregulierung von CD40, B7) wirken, die daraufhin Interleukine produzieren (**3**). Diese regen ihrerseits die T-Zelle zur Proliferation an (IL-1) und fördern die Sekretion weiterer Botenstoffe (IL-2, γ-IFN, IL-4 usw.). Eine B-Zelle, die mit ihren Oberflächen-Ig das B-Epitop auf dem intakten Antigen erkannt und aufgenommen hat, präsentiert – genau wie die APZ – ebenfalls das T-Epitop aus dem Innern des Antigens auf ihrem MHC-II (**4**). Dadurch kommt eine direkte Interaktion zwischen T-Helferzelle und spezifischer B-Zelle zustande, die durch Interaktion von CD40-CD40 Ligand (**5**) wiederum zu Proliferation, Differenzierung und Umschalten der B-Zelle von IgM zu anderen Ig-Klassen (Switch) führt. Diese entwickelt sich zu einem antikörperbildenden Plasmazellklon. Die Antikörperbindungsstelle des gebildeten Antikörpers passt zum B-Epitop auf dem intakten Antigen. Die Induktion von zytotoxischen Effektorzellen durch MHC-I-Molekülen präsentierte Peptide (violett) ist im unteren Teil dargestellt (**6**). Den zytotoxischen T-Zell-Vorläufern kommt dabei i. d. R. keine kontaktvermittelte T-Hilfe zuteil, sondern sie werden über Zytokine (z. B. Interleukine) (v.a. IL-2) unterstützt (**7**). (Der Einfachheit halber wurde auf die Darstellung der CD3- und CD4- Komplexe sowie der Interleukine verzichtet; für Details der Antigenpräsentation s. Abb. **3.8**, S. 93)

erkannt, hat es aufgenommen und prozessiert und präsentiert Teile als lineare Peptide in MHC-Klasse-II-Molekülen auf ihrer Oberfläche, sodass sie für T-Helferzellen erkennbar sind. Über diesen Kontakt und die Interaktion über CD4, CD40 und CD28 (s. Abb. **3.9**, S. 96) findet eine Signaltransmission auf die B-Zelle statt, die den Switch von IgM zu IgG oder anderen Ig-Klassen, somatische Mutation und wahrscheinlich auch das Überleben der B-Zelle als sog. Gedächtnis-B-Zelle auslöst.

Subpopulationen von T-Helferzellen

Als induktiver Stimulus für die B-Zelle dienen lösliche Botenstoffe aus den T-Helferzellen, die Zytokine (Interleukine). Aufgrund der vorwiegenden IL-Muster von T-Helferzellen unterscheiden wir 2 Subpopulationen (Abb. **3.14**). Infektionen allgemein, vor allem durch intrazelluläre Parasiten, induzieren natürliche Killerzellen (NK) und eine starke **T-Helfer-1(T_{H1})-Antwort**. Diese ist charakterisiert durch frühe Interferon(IFN)-γ-Produktion, erhöhte Phagozytentätigkeit und Elimination

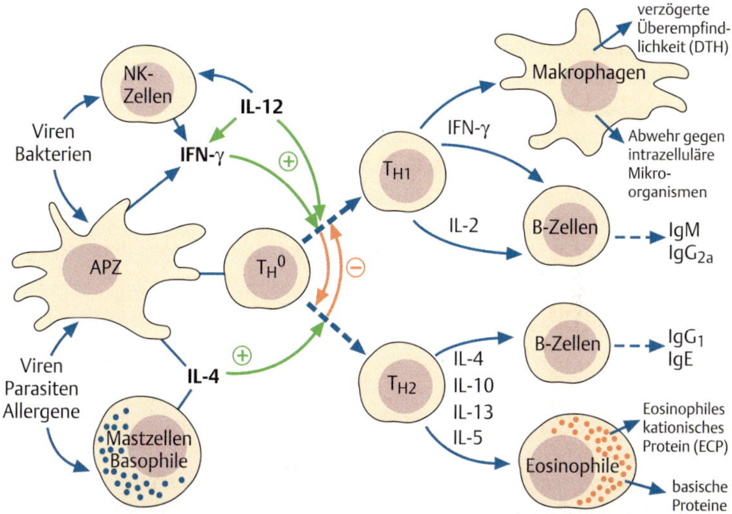

Abb. **3.14** **Subpopulationen von T-Helferzellen.** Anhand der freigesetzten Interleukine unterscheidet man zwischen T_{H1}- und T_{H2}-Zellen, die aus einer T_{H0} hervorgehen. T_{H1}-Zellen werden durch IL-12 und IFN-γ aktiviert und durch IL-4 gehemmt, bei T_{H2}-Zellen ist es umgekehrt. Viren und (besonders intrazelluläre) Bakterien induzieren über Aktivierung von natürlichen Killerzellen eine T_{H1}-Antwort, Allergene und Parasiten dagegen über IL-4 eine T_{H2}-Antwort. Die Abgrenzung von T_{H1} und T_{H2} ist wahrscheinlich in vivo nicht so klar wie im Schema! Eosinophile sezernieren toxische Proteine (Granula) gegen Parasiten. IL-17 produzierende T-Helferzellen T_{H-17} sind in Autoimmunkrankheiten vermehrt, ihre Verwandschaft mit T_{H1} und T_{H2} ist noch unklar!

des Antigens durch IFN-γ-aktivierte Makrophagen, sowie durch IgG2-Produktion, Bildung von komplementbindenden, opsonisierenden Antikörpern (s. Komplementsystem, S. 118ff.) und durch zytotoxische T-Zell-Antworten. IL-12 fungiert dabei als wichtigster *Förderer* der T_{H1}-Zellen und hemmt T_{H2}-Zellen.

Wurm- und viele andere Parasitenerkrankungen führen früh zu IL-4-Freisetzung und damit zur **T_{H2}-Antwort**. T_{H2}-Zellen rekrutieren und aktivieren eosinophile Granulozyten, induzieren *IgG1 und IgE*. Allergiker und Atopiker leiden unter einer übermäßigen pathologischen T_{H2}-Antwortbereitschaft. *IL-4 und IL-5* fördern die T_{H2}-Antwort; IL-4 hemmt die Entwicklung von T_{H1}-Zellen.

3

Zytotoxische T-Zellen (CD8-T-Zellen)

Eine wichtige biologische Bedeutung reifer CD8-T-Zellen liegt darin, dass sie ihre Zielzellen lysieren. Sie erkennen meist Peptide endogener Herkunft, die also von der Zelle selbst oder von intrazellulären Parasiten in Zellen synthetisiert wurden, immer in Assoziation mit **MHC-Klasse-I.** Helferzellen sind für die Induktion von zytotoxischen CD8-T-Zellen oft nicht oder nur auf indirekte Art nötig. Sind der antigene Stimulus und die begleitende Entzündung minimal, kann es jedoch sein, dass die von T-Helferzellen sezernierten Zytokin-Mengen nicht ausreichen; die Induktion von CD8-T-Zellen ist dann ohne T-Hilfe vermindert. CD8-T-Zellen können entweder über *Kontakt und Perforinfreisetzung* zytotoxisch wirken (Perforin macht die Zellmembran der gebundenen Zelle durchlässig, wodurch die Zelle getötet wird) oder über den Fas Ligand Apoptose erwirken, oder sie können über *Interleukinfreisetzung* (vor allem IFN-γ) nichtzytotoxische Effektorfunktionen vermitteln (Abb. **3.15**). Die Rolle von **Perforin** bei der **kontaktabhängigen direkten Zytolyse** durch natürliche Killerzellen (NK) und durch zytotoxische T-Zellen (s. a. Abb. **3.17**, S. 121) ist an sog. Gen-Knockout-Mäusen untersucht worden: Bei den Mäusen hat man das Perforin-Gen über homologe Rekombination ausgeschaltet, sodass die Tiere kein Perforin mehr bilden konnten. Vor allem *nichtzytopathogene Viren, Tumoren, transformierte Zellen,* aber auch hochvirulente, Synzytien bildende Viren (z. B. Pockenviren) werden in hohem Maße über perforinabhängige Zell-Lyse kontrolliert. Die **nichtzytolytischen Effektormechanismen** von CD8-Zellen, vor allem die Freisetzung von IFN-γ, spielen eine große Rolle bei der Kontrolle von *zytopathischen Viren und intrazellulären Bakterien.* An der Freisetzung von intrazellulären Mikroorganismen und Parasiten (z. B. Leishmanien) aus somatischen Zellen, die nur MHC-Klasse-I exprimieren, können zusätzlich aber auch zytolytische Effektormechanismen beteiligt sein.

Zytokine (Interleukine) und Adhäsion

Zytokine sind biologisch aktive Hormone, meistens Glykoproteine, die auf Zellen mit entsprechenden Rezeptoren verschiedenste biologische Effekte ausüben

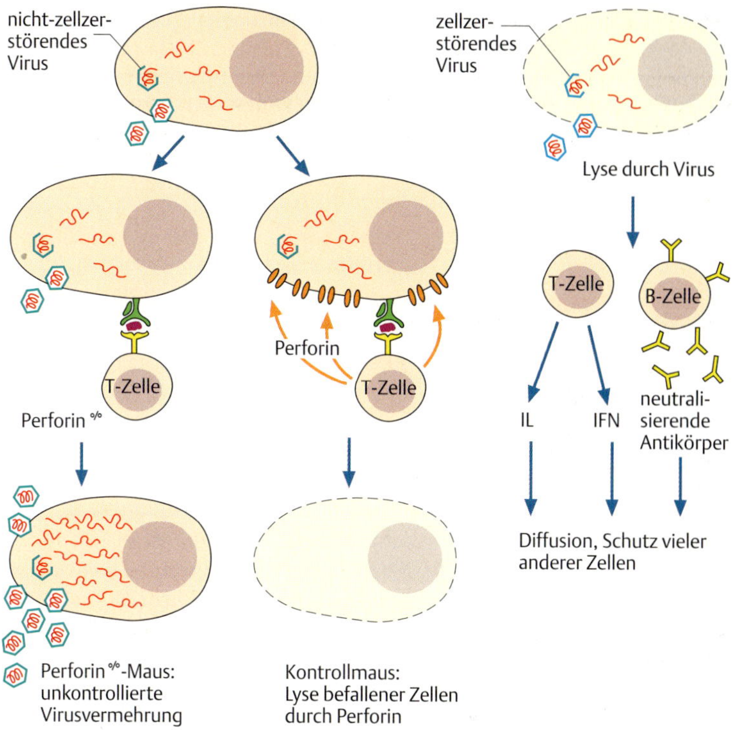

Abb. **3.15** **Antivirale Protektion durch T-Zellen.** Manche Viren zerstören die infizierten Wirtszellen (rechts), andere zerstören sie nicht (links). Neben diesen beiden Extremen existieren Zwischenformen. Zytotoxische T-Zellen können frisch infizierte Zellen durch direkten Kontakt mit Hilfe von Perforin zerstören und so die Virusreplikation hemmen (Mitte). Dabei bestimmt das Gleichgewicht zwischen dem Schutz vor der Virusvermehrung und dem Schaden durch die Zellzerstörung, ob das Resultat klinisch günstig oder ungünstig ist. Bei Perforin-Knockout-Mäusen (Perforin$^{0/0}$) können die T-Zellen kein Perforin herstellen und somit veränderte Wirtszellen nicht zerstören, auch wenn der Fas-Weg noch funktioniert. Nicht-zytopathische Viren werden dann ungehindert weiter produziert. Gegen die relativ schnell replizierenden zytopathischen Viren sind lösliche antivirale Interleukine (v.a. IFN-γ und TNF-α) und neutralisierende Antikörper effizienter als zytolytisch wirkende T-Zellen, da sie durch Diffusion mehr Zellen erreichen als die T-Zellen selbst.

(Tab. **3.6**). Je nach Ursprung des Zytokins wurden früher auch folgende Begriffe verwendet: **Monokine** für Zytokine, die von Makrophagen/Monozyten gebildet werden, **Lymphokine** für solche, die von Lymphozyten gebildet werden. Der Begriff

3

Tabelle **3.6** Die wichtigsten immunologischen Zytokine und Costimulatoren, deren Rezeptoren und Funktionen

Zytokine/Costimulatoren/Chemokine	Rezeptor	Zytokine/Zytokinrezeptoren	
		Produziert von	**Funktionen**
Interleukine			
IL-1	CD121 (α) β	Makrophagen Endothelzellen	Fieber via Hypothalamus NK-Zellaktivation, T- und B-Stimulation
IL-2 (T-Zell-Wachstumsfaktor)	CD25 (α) CD122 (β), CD132 γc	T-Zellen	Proliferation der T-Zellen
IL-3 (multicolony stimulating factor)	CD123, βc	T-Zellen, B-Zellen Epithelzellen des Thymus	synergistische Wirkung bei der Hämatopoese
IL-4	CD124, γc	T_{H2}-Zellen, Mastzellen	B-Zell-Aktivierung, Wechsel zu IgE
IL-5	CD125, βc	T-Zellen Mastzellen,	Wachstum und Differenzierung der eosinophilen Zellen
IL-6	CD126, CD130	T-Zellen, Makrophagen	Wachstum und Differenzierung von T- und B-Zellen, Immunantwort der akuten Phase
IL-7	CD127, γc	Knochenmark-stroma	Wachstum von Prä-B- und Prä-T-Zellen
IL-10		T-Helferzellen, (Maus v.a. T_{H2}) Makrophagen, Epstein-Barr-Virus	wirksamer Inhibitor für Makrophagen-funktionen, hemmt Entzündungs-reaktionen
TGF-β (transforming growth factor β)	TGF-βR	ubiquitär inkl. Monozyten, T-Zellen	hemmt das Zellwachs-tum, Makrophage-Deaktivie-rung (hemmt IL-1 u. TNF-α Switchfaktor für IgA

Tabelle **3.6** (Fortsetzung)

Zytokine/Costimulatoren/Chemokine	**Rezeptor**	**Zytokine/Zytokinrezeptoren**	
		Produziert von	**Funktionen**
IL-12		B-Zellen, Makropagen	aktiviert natürliche Killerzellen, induziert die Differenzierung von CD4-T-Zellen, fördert IFN_{γ}-Produktion
IL-13	IL-13R, γc	T-Zellen	Wachstum und Differenzierung der B-Zellen, hemmt die Produktion inflammatorischer Zytokine durch Makrophagen
		Eosinophile	Bildung von Eotoxin
IL-15	IL-15R, γc	T-Zellen, Plazenta, Muskelzellen	IL-2-ähnlich, wirkt v.a. imIntestinum
IL-17	IL-17R	T-Helferzellen (TH-17)	Entzündungsfördernd?
GM-/G-/M-CSF (granulocyte macrophage colony stimulating factor) and macrophage CSF	CD116, βc	Makrophagen, T-Zellen	stimuliert Wachstum und Differenzierung der myelomonozytischen Linie (GM-CSF) resp. monozytische Linie Osteoblasten (M-CSF)
LIF (leukaemia inhibitory factor)	LIFR, CD130	Knochenmarkstroma, Fibroblasten	erhalten embryonale Stammzellen; wie IL-6, IL-11
Interferone (IFN)			
IFN-γ	CD119	T-Zellen, natürliche Killerzellen	Aktivierung der Makrophagen, erhöhte MHC-Expression, antiviral
IFN-α	CD118	Leukozyten	antiviral, erhöhte MHC-Klasse-I-Expression
IFN-β	CD118	Fibroblasten	antiviral, erhöhte MHC-Klasse-I-Expression

3

Tabelle **3.6** (Fortsetzung)

Zytokine/Costimulatoren/Chemokine	Rezeptor	Zytokine/Zytokinrezeptoren	
		Produziert von	Funktionen
TNF (Tumornekrosefaktor)-Familie	**TNF (Tumornekrosefaktor)-Familie**		
TNF-α (Cachexin)	p55, p75, CD120a, CD120b	Makrophagen, natürliche Killerzellen	lokale Entzündungen, Endothelaktivierung
TNF-β (Lymphotoxin, LT, LT-α	P55, P75, CD 120a, CD120b	T-Zellen, B-Zellen	Endothelaktivierung
LT-β	TβR	T-Zellen, B-Zellen	unbekannt
CD40-Ligand (CD40-L)	CD40	T-Zellen, Mastzellen	B-Zell-Aktivierung, Klassenwechsel
Fas-Ligand	CD95 (Fas)	T-Zellen	Apoptose, Ca^{2+}-unabhängige Zytotoxizität
Chemokine			
IL-8 [CXCL8]	CXCR1, CXCR2	aktiviertes Endothel, aktivierte Fibroblasten	Attraktion von Neutrophilen, Degranulierung von Neutrophilen
MCP-1, i.e. (monocyte chemoattractant protein) [CCL2]	CCR2	aktiviertes Endothel, Gewebsmakrophagen, Synovialzellen	Attraktion von Monozyten und T-Lymphozyten
MIP-1α, i.e. (macrophage inflammatory protein) [CCL3]	CCR5, CCR1	T-Zellen, aktivierte Mϕ	Attraktion von Monozyten und T-Lymphozyten
MIP-1β [CCL4]	CCR5	T-Zellen, aktivierte Mϕ	Attraktion von Monozyten und T-Lymphozyten
RANTES, i.e.: (regulated upon activation normal T cell expressed and secreted) [CCL5]	CCR5, CCR1, CCR3	T-Zellen, Blutplättchen	Attraktion von Monozyten und T-Lymphozyten

Tabelle **3.6** (Fortsetzung)

Zytokine/Costimulatoren/Chemokine	Rezeptor	Zytokine/Zytokinrezeptoren	
		Produziert von	**Funktionen**
IP 10, i.e.IFNγ-induced protein) [CXCL10]	CXCR3	entzündetes Gewebe nach IFNγ-Einwirkung (z. B. fubiquitär)	
Mig. (CXCL9) I-TAC (CXCL11) (IFNγ-inducible T cell alpha chemoattractant	CXCR3	Attraktion von aktivierten T-Zellen	
Eotaxin (CCL11)	CXCR3	Endothel, epitheliale Zellen	Aufbau des Infiltrats bei allergischen Erkrankungen z. B. Asthma
MDC, i.e. (macrophage derived chemokine) [CCL22]	CCR4	DCs der T-Zell-Zone, aktivierte B-Zellen, Monozyten	unterstützt die T-B-Kollaboration für humorale Immunantworten
Fraktalkin (CX3CL1)	CX_3CR1	intestinales Epithel, Endothel, Makrophagen	Endothel Fraktalkine: Thrombozyten-Aktivierung; Bindung von Plasmodien an infizierte Eritrozyten
Konstitutive Chemokine			
LARC, i.e. (liver and activation regulated chemokine) MIP-3α	CCR6	Epithelien des Darms, Peyer'sche Platten	Beteiligung bei mucosaler Immunantwort
SLC, i.e. (secondary lympoid organ chemokine)	CCR7	hohe endothele Lymphknoten, T-Zell-Zone	erleichtert Eintritt von naiven T-Zellen, Kontakt zwischen T-Zellen und DCs
TECK, i.e. (thymus expressed chemokine, CCL25)	CCR9	Epithelien von Thymus und Darm	vermutlich Rolle bei d. T-Zell-Selektion
SDF-1α, i.e. (stromal cell derived factor, CXCL12)	CXCR4 (heisst auch Fusin)	Stromazellen des Knochenmarks	involviert in Hämatopoiese, inhibiert Zelleintritt von T-tropischem HIV

Tabelle **3.6** (Fortsetzung)

Zytokine/Costimulatoren/Chemokine	Rezeptor	Zytokine/Zytokinrezeptoren	
		Produziert von	**Funktionen**
BCA-1, i.e. (B cell attractant, CXCL13)	CXCR5	Follikulär-DCs (?)	Kontakt zw. T_H- und B-Zellen und zw. T_H- und Follikulär-DCs
Immunglobulinsuperfamilie			
B7.1 (CD80)	CD28 (Promotor; CTLA-4 (Inhibitor)	antigenpräsentierende Zellen	Costimulierung von T-Zell-Antworten
B7.2 (CD86)	CD28; CTLA-4	antigenpräsentierende Zellen	Costimulierung von T-Zell-Antworten

Interleukine wird für Zytokine verwendet, die hauptsächlich Zellinteraktionen beeinflussen. Alle Zytokine sind zellregulatorische Eiweiße mit Molekulargewicht unter 60 000 D (meist unter 25 000 D). Sie werden lokal produziert, haben sehr *kurze Halbwertszeiten* (Sekunden bis Minuten) und sind in *pikomolaren Konzentrationen* wirksam. Zytokine können *parakrin* (in der Nähe des Produktionsortes) wirken, die produzierende Zelle kann aber auch gleichzeitig als Zielzelle reagieren *(autokrin)*. Durch Interaktion mit hochspezifischen Zellrezeptoren induzieren Zytokine zellspezifische oder allgemeinere Effekte (Freisetzung von Mediatoren, Expression von Differenzierungsmolekülen, Regulation der Expression bestimmter Zelloberflächenmoleküle). Sie haben meistens *pleiotrope Wirkung*, d.h. sie entfalten mehrere gleiche oder unterschiedliche Wirkungen auf eine oder mehrere Zellarten. Bezüglich ihrer Funktionen können Zytokine wie folgt zusammengefasst werden:

- entzündungsfördernd: IL-1, IL-6, TNF-α und Chemokine (z.B. IL-8), IL-17
- entzündungshemmend: IL-10, TGF-β;
- hämatopoiesefördernd: IL-3, GM-CSF, G-CSF, M-CSF, IL-5, IL-7;
- antiinfektiös: IFN-α, -β, -γ , TNF-α;
- antiproliferativ: IFN-α, β TNF-α, TGF-β;
- T-Zell aktivierend: Prä-T-Zelle - IL-7 → naive T-Zelle - IL-27 → unreife T-Zelle, IL-7 - IL-12 → T-Effektor-Zelle - IL-23 → Gedächtniszelle;
- B-Zell aktivierend: CD40 L, IL-2, IL-6, IL-3, IL-4

Adhäsionsmoleküle spielen bei Zellkontakten und Zellinteraktionen oft eine wesentliche Rolle. Eine lymphohämatopoietische Zelle tritt mit einer anderen in Kontakt, wenn sich auf der einen Zelle ein Oberflächenmolekül befindet, welches mit einem Liganden auf der anderen interagieren kann. Das Resultat kann, wie im Fall von APC und T-Zelle, ein Zellsignal sein, das zu Differenzierungsschritten und zu Funktionsänderungen der Zielzelle führt. Adhäsionsproteine sind meist aus mehreren Ketten zusammengesetzt, die in verschiedenen Kombinationen verschiedene Wirkungen haben können. Oft sind Kaskaden von Interaktionen für eine Enddifferenzierung nötig. Man unterscheidet *Adhäsionsmoleküle* (cell adhesion molecules) der *Ig-Superfamilie* (z. B. I-CAM, V-CAM), der Integrinfamilie (lymphocyte function antigen, LFA-1, VLA-4), der *Selektinfamilie* (E-, L-, P-Selektine), der *Cadherinfamilie* und verschiedener anderer Familien. Selektine und Integrine spielen aber auch bei der Interaktion zwischen Leukozyten und Gefäßwänden eine wichtige Rolle und steuern z. B. die Emigration von Leukozyten aus der Blutzirkulation in entzündete Gewebe oder den Übertritt von rezirkulierenden Lymphozyten auf der Höhe der postkapillären Venolen (HEV, „high endothelial venules") in das Parenchym des Lymphknotens. Beispiele sind die Interaktion von VLA-4 auf aktivierten T-Zellen mit VCAM-1 auf IFN-γ/TNF-α stimulierten Endothelzellen, welche zusammen mit Matrixmetalloproteasen (MMP2) die Bindung von T-Zellen und Transmigration vom Gefäß ins Gewebe ermöglichen (z. B. bei der Multiplen Sklerose).

Chemokine (d. h. *chemo*attraktierende Zyto*kine*) sind eine Familie von über 30 kleinen (8-12 kD), meist sezernierten Proteinen, die an der Anlockung von „Entzündungszellen" (z. B. Monozyten) in entzündetes Gewebe beteiligt sind und das Rezirkulationsverhalten aller Klassen von Leukozyten beeinflussen (Tab. **3.6**). Manche Chemokine haben zusätzlich zu ihren chemotaktischen noch weitere aktivierende Wirkungen auf ihre Zielzellen. Strukturell, in Abhängigkeit von ihrem N-Terminus, kann man sie in drei Familien einteilen: *CC-Chemokine* enthalten dort zwei direkt aufeinanderfolgende Cystein-Reste, *CXC-Chemokine* haben eine Aminosäure dazwischen. Die Gruppe der *CX3C-Chemokine* und *XC-Chemokine* haben bis jetzt nur wenige Mitglieder, (Fraktalkin bzw. Lymphotaktin). Obwohl der N-Terminus Träger der biologischen Aktivität ist, ist es jedoch nicht zuverlässig möglich, aus der Aminosäuresequenz die biologische Funktion abzuleiten. Das Chemokinsystem bildet ein redundantes Netzwerk, d. h., oftmals wirkt ein Chemokin auf mehrere Rezeptoren oder derselbe Rezeptor kann verschiedene Chemokine erkennen. Auch funktionell gibt es Überlappungen zwischen verschiedenen Chemokinen.
Demnach kann man die Chemokine funktionell in zwei Klassen einteilen: *Inflammatorische Chemokine* werden bei Entzündungen oder Infektionen vom betroffenen Gewebe als Mediatoren der unspezifischen Immunantwort ausgeschüttet und bestimmen, gemeinsam mit Adhäsionsmolekülen des Endothels, die zelluläre Zusammensetzung des einwandernden Infiltrats. *Konstitutive Chemokine* hingegen werden in primären oder sekundären lymphatischen Organen produziert und erlauben die Feinlokalisation von Lymphozyten in den verschiedenen lymphatischen

Kompartimenten. Chemokine sind also wesentlich am Aufbau von inflammatorischen und lymphoiden Mikroumgebungen beteiligt. Chemokinrezeptoren sind G-Protein-gekoppelte Membranrezeptoren mit 7 Transmembransequenzen. Der o. g. Nomenklatur für Chemokine folgend heißen sie CCR, CXCR oder CX3CR und sind fortlaufend nummeriert. Manche Viren, z. B. das Cytomegalievirus, enthalten in ihrem Genom Proteine mit funktioneller Analogie zu Chemokinrezeptoren. Dies erlaubt eine rasche Neutralisation der lokal induzierten Chemokine und kann ein Vorteil für das Virus sein. DARC, der *D*uffy *A*ntigen *R*ezeptor für *C*hemokine, ist auf Endothelzellen exprimiert und kann verschiedene Chemokine hochaffin binden. Diesem Rezeptor ist keine intrazelluläre Signalkaskade nachgeschaltet; darum wird vermutet, dass er dazu dient, Chemokine an vorbeiströmende Leukozyten zu präsentieren. DARC ist ferner ein Rezeptor für *Plasmodium vivax*. Die Infektion von T-Zellen mit HIV erfolgt unter Nutzung von CD4 und einem Chemokinrezeptor (vor allem CCR5 und CXCR4, aber auch CCR2 und CCR3).

Toll-like Rezeptoren (TL-R) und Liganden (Tab. **3.7**). Pathogen-assoziierte molekulare Muster (patterns: PAMP) sind Strukturen, vor allem aus Leucin-reichen Repetitionen, die für das Überleben von Mikroben sehr wichtig sind. Solche Strukturen existieren aber in den höheren Vertebraten nicht. Sie werden von toll-like Rezeptoren (TL-R) gebunden, sind zum Teil überlappend, zum Teil spezifisch, so wie in Tab. **3.7** zusammengefasst.

Antikörperabhängige zelluläre Immunität und natürliche Killerzellen

Über Fc-Rezeptoren können Lymphozyten Antikörper der Klasse IgG unspezifisch binden und mit Hilfe dieser erworbenen Rezeptoren dann spezifische Ziele (z. B. infizierte oder transformierte Zellen) angreifen. Eine solche **antikörperabhängige zellvermittelte Zytotoxizität (ADCC)** ist in vitro nachgewiesen worden, ihre *in-vivo*-Funktion ist jedoch unklar. Bei der ADCC können auch **natürliche Killerzellen (NK-Zellen)** eine Rolle spielen. NK-Zellen scheinen weitgehend thymusunabhängig zu entstehen, können sehr früh ohne einen spezifischen Rezeptor IFN-γ produzieren und deshalb die IFN-γ-orientierte TH1-Immunantwort früh mitbestimmen. Sie reagieren vor allem gegen Zellen, die *keine MHC-Klasse-I*-Moleküle exprimieren, und werden inaktiviert, wenn sie auf MHC-Moleküle treffen. Die Erkennung geschieht über besondere (offenbar nicht klonal exprimierte) Rezeptoren. NK-Zellen spielen wahrscheinlich in der *frühen Abwehrphase* bei infektiösen Krankheiten eine wichtige Rolle, die aber noch zu definieren ist (viral induziertes IFN-α und -β fördert die NK-Induktion). Daneben scheinen sie auch bei *Transplantationsreaktionen*, vor allem gegen Stammzellen, eine abstoßende Wirkung zu haben.

Tabelle **3.7** Natürliche (innate) Resistenz: Wichtige Rezeptoren und Liganden

Rezeptoren	**Zielstruktur**	**Effektorfunktionen**
„natürliche" oder spontane Antikörper	infektiöse Keime Oberflächen-Antigene	Komplementaktivierung Opsonisation
Komplement	Oberflächen-Antigene von Mikroben und Viren	Komplementaktivierung Opsonisation
Mannose bindendes Lektin (MBL)	Mannose enthaltende Zuckerstrukturen auf Oberflächen von infektiösen Keimen	Komplementaktivierung Opsonisation
C-reaktive Proteine (CRP)	Phosphatidylcholin	Komplementaktivierung Opsonisation
LPS bindende Proteine (LBP)	bakterielle Lipopolysaccharide (LPS)	TLR4-CD14-MD-2-Komplexbildungen
Toll-Like Rezeptoren (TLR)		
TLR2	Zellwand-Bestandteile grampositiver Bakterien und Hefen	Entzündungszytokine, Aktivation von Makrophagen und DC, Phagozyten Chemotaxis
TLR3	Doppelsträngige RNS (dsRNS)	INF-β-Induktion
TLR4	LPS	Attraktion von Phagozyten, Aktivation von Makrophagen und DC, Induktion der Freisetzung von Entzündungszytokinen, vor allem IL-1, IL-4, TNF
TLR5	Flagellin	Attraktion von Phagozyten, Aktivation von Makrophagen und DC, Induktion der Freisetzung von Entzündungszytokinen, vor allem IL-1, IL-4, TNF
TLR9	CpG	Attraktion von Phagozyten, Aktivation von Makrophagen und DC, Induktion der Freisetzung von Entzündungszytokinen, vor allem IL-1, IL-4, TNF

Humorale antikörperabhängige Effektormechanismen

Die Immunantwort dient letztlich der Inaktivierung (Neutralisation) und der Entfernung von Fremdstoffen, Mikroorganismen, Viren, der Abstoßung fremder Zellen und der Verhinderung der Vermehrung veränderter Zellen (Tumoren). Bei diesen Effektorfunktionen werden Systeme und Mechanismen einbezogen, die an sich unspezifisch sind und erst durch die Immunerkennung auf ein besonderes Ziel gerichtet werden. Immunglobuline opsonisieren z.B. Pneumokokken, die durch ihre Polysaccharidkapsel der Verdauung in Phagozyten in hohem Maße widerstehen können. Durch die **Opsonisierung** der Pneumokokken, also das Umhüllen mit Antikörpern und Komplement, wird deren Phagozytose durch Granulozyten effizient gesteigert. Viele Zellen, insbesondere Phagozyten (interessanterweise auch einige Bakterien wie Staphylokokken), tragen auf ihrer Oberfläche Rezeptoren für die verschiedenen Ig-Klassen und -Subklassen. Mastzellen, basophile Granulozyten und Eosinophile, die gegen das Allergen gerichtete IgE-Moleküle tragen, degranulieren nach Bindung des Allergens und setzen pharmakologisch aktive biogene Amine (z.B. Histamin) frei. Diese lösen die für allergische Reaktionen typischen physiologisch-klinischen Grundphänomene aus (s. a. Typ I, S. 140ff).

3.3.4 Das Komplementsystem

Das Komplementsystem (C-System, Abb. **3.16**) bildet eine unspezifische Abwehr gegen Krankheitserreger und besteht aus einem Verband von Plasmaproteinen und zellulären Rezeptoren mit folgenden wichtigen Aufgaben:

- **Opsonisierung** von infektiösen Keimen und anderen Fremdsubstanzen zur effizienten Entfernung der Erreger. Durch gebundene Komplementfaktoren wird die Bindung an phagozytierende Zellen, die Aktivierung von Entzündungszellen, Chemotaxis, die Freisetzung von Entzündungsmediatoren, die direkte bakteriozide Wirkung sowie die Zell-Lyse (Abb. **3.17**, S. 121) verbessert.
- **Förderung der Löslichkeit** von sonst unlöslichen Antigen-Antikörper-Komplexen (Immunkomplexen).
- **Förderung des Transports** von Immunkomplexen, deren Elimination und deren Abbau.
- **Regulation der Immunantwort** durch Einflussnahme auf Lymphozyten.

Bis heute sind mehr als 20 Proteine des Komplementsystems identifiziert worden, die sich in Aktivierungs- und Kontrollproteine aufteilen lassen. Sie machen etwa 5% des gesamten Plasmaeiweißes aus, d.h. 3–4 g pro Liter. Dabei ist C3 nicht nur mengenmäßig das wichtigste Komplementprotein, sondern auch die Drehscheibe der Komplementaktivierung. Man unterscheidet zwischen der antikörperinduzierten „klassischen" Komplementaktivierung und der direkten „alternativen" Aktivierung über C3 (Abb. **3.16**).

Bei der **klassischen Aktivierung** wird C1q von mindestens zwei eng nebeneinander liegenden Antigen-Antikörper-Immunkomplexen gebunden, C4 und C2 lagern sich an. Alle drei gemeinsam bilden die C3-Konvertase, die C3 spaltet. Da für die C1q-Bindung und -Aktivierung mindestens zwei IgFc notwendig sind, ist das pentamere IgM nach Antigenbindung als C-Aktivator besonders wirksam.

Bei der **alternativen Aktivierung** wird C3 direkt über Produkte von Mikroorganismen, Endotoxine, Polysaccharide oder auch aggregiertes IgA gespalten. Das in beiden Fällen entstehende C3b wird durch die Faktoren B und D aktiviert und wirkt dann selbst als C3-Konvertase. Die nachfolgende Bildung des lytisch wirkenden Komplexes C5–C9 (C5–9) ist für die klassische und alternative Aktivierung identisch, ist aber häufig nicht essenziell für die Wirkung, da die freigesetzten Chemo-

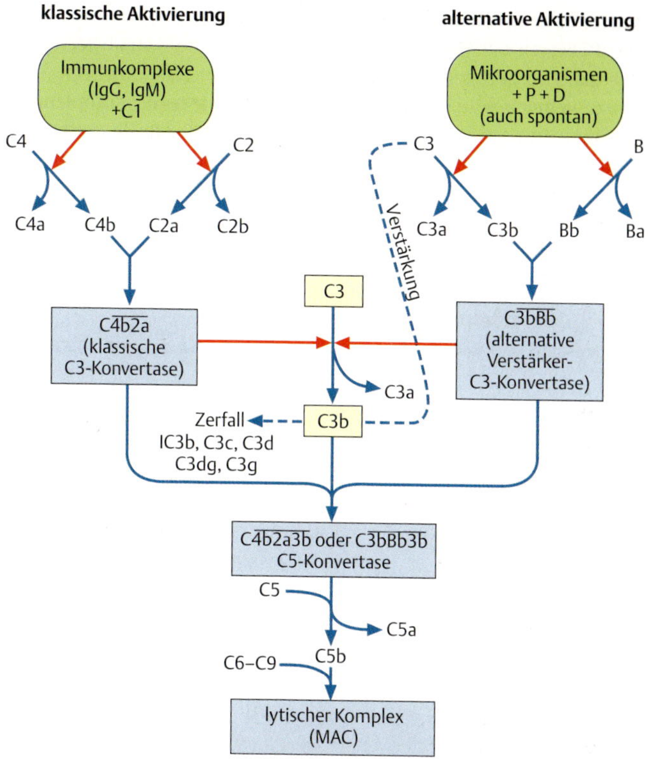

Abb. **3.16** **Das Komplementsystem: klassische und alternative Aktivierung.** Der klassische Aktivierungsweg wird durch Antigen-Antikörper-Komplexe ausgelöst, der alternative durch Bestandteile mikrobieller Erreger. Beiden gemeinsam ist die Bildung einer C3-Konvertase, die C3 zu C3a und C3b spaltet. C3b bildet mit der C3-Konvertase zusammen die C5-Konvertase. Das von dieser gebildete C5b lagert sich mit den Komplementfaktoren 6–9 zum Membranangriffskomplex (MAC membrane-attack-complex) zusammen. Die Zerfallsprodukte von C3b werden von Rezeptoren auf B-Lymphozyten erkannt und fördern die Bildung von Antikörpern sowie die Phagozytose der Erreger. Die Spaltprodukte C3a und C4a wirken chemotaktisch und stimulieren die Bildung von Adhäsionsmolekülen. *Zur Nomenklatur:* Die Komponenten des alternativen Weges werden mit Großbuchstaben bezeichnet (B, D, H, I; P für Properdin), die des klassischen Weges und der terminalen Lyse mit C und einer arabischen Zahl (1–9). Fragmente von Komponenten werden mit Kleinbuchstaben bezeichnet, wobei das erste abgespaltene, meist kleinmolekulare Stück a heißt (z. B. C3a), der zurückbleibende, gebundene Teil b (z. B. C3b), das nächste abgespaltene Stück c usw. Oft bilden mehrere Moleküle Komplexe; für deren Bezeichnung werden die einzelnen Komponenten aneinandergehängt und meist mit einem Strich überschrieben.

taxine und Opsonine für die Neutralisation und die Elimination oft wesentlicher sind. Einige Viren können das Komplementsystem auch ohne Antikörper durch direkte Bindung von C1q aktivieren. Dies scheint vor allem für Retroviren (einschließlich HIV) zu gelten. Ohne strenge Kontrolle würde dauernd Komplement aktiviert und es käme zur Lyse, z.B. von Erythrozyten. Die Kontrolle ergibt sich dadurch, dass das Komplementsystem nur aktiviert wird, wenn C1 an zwei oder mehrere IgM oder IgG bindet, d.h. vorzugsweise an die Fc-Region von Ig, welches an Oberflächenantigene gebunden ist. Zudem wird das aktivierte Komplementsystem durch die folgenden Proteine reguliert:

Kontrollproteine des Komplementsystems.

Folgende regulatorische Proteine des Komplementsystems sind bis jetzt charakterisiert worden:

C1-Inhibitor verhindert die klassische Komplementaktivierung.

DAF (decay accelerating factor) verhindert auf der Zelloberfläche die Assoziation von C3b mit Faktor B oder die Assoziation von C4b mit C2. Zum Teil kommt es auch zur Auflösung von bereits existierenden Komplexen. Außerdem ist er für die Kontrolle von klassischen und alternativen C-Aktivitäten verantwortlich.

MCP (membrane cofactor protein) verstärkt die Aktivität des Faktors, der C3b zu iC3b abbaut. Ähnlich wirken auch Faktor H sowie CR1 (Komplementrezeptor 1).

HRF (homology restriction factor). Synonyma: MAC (membrane attack complex)-inhibiting protein, C8-binding protein. HRF schützt Zellen vor der C5–9-vermittelten Lyse. Bei Patienten mit paroxysmaler nächtlicher Hämoglobinurie fehlt dieses Protein.

CD59. Synonyma: HRF20, membrane attack complex (MAC)-inhibierender Faktor, Protektin. Es handelt sich um ein in der Zelloberfläche verankertes Glykolipid, das die Anlagerung von C9 an den Komplex C5b–8 und damit die Lyse verhindert.

Die wichtigsten biologischen Wirkungen von Komplementkomponenten sind:

- **C3b**. Opsonisierung von Mikroorganismen und anderen Antigenen, entweder direkt oder als Immunkomplexe. Die „C-markierten" Mikroorganismen binden dann an die Rezeptoren (R) z.B. von Makrophagen oder Erythrozyten (CR1) oder von B-Zellen (CR2).
- **C3a und C5a** können die Degranulation von Basophilen und Mastzellen verstärken und werden deshalb als Anaphylatoxine bezeichnet. Die ausgeschütteten vasoaktiven Amine (z.B. Histamin) erhöhen die Gefäßpermeabilität, induzieren die Kontraktion der glatten Muskulatur und stimulieren den Arachidonsäure-Metabolismus. C5a bewirkt die chemotaktische Rekrutierung von Granulozyten und Monozyten, fördert deren Aggregation, stimuliert die oxidativen Vorgänge und fördert die Freisetzung des plättchenaktivierenden Faktors.
- **„Frühe" C-Faktoren**, insbesondere **C4**. Interaktion mit Immunkomplexen zur Hemmung der Immunkomplexausfällung.
- **Terminale Komponenten (C5–9).** Sie bilden zusammen den sog. „membrane attack complex (MAC)", der die Lyse von Mikroorganismen und anderen Zellen bewirkt.

- Allgemeine regulierende Einflüsse auf B-Zell-Antworten, vor allem via **CR1** und **CR2**.
- **Komplementrezeptoren:** CR1 (CD35) bindet C3b und C4b. Exprimiert auf verschiedenen Zelltypen, inkl. Granulozyten, Makrophagen und Lymphotyten. CR2 (CD21) bindet C3b auf B-Lymphozyten (= EBV-Rezeptor).

3.3.5 Immunologischer Zelltod

Abb. **3.17** fasst die bisher bekannten Mechanismen des Zelltodes bei immunologischen Zellinteraktionen und Differenzierungsvorgängen zusammen.

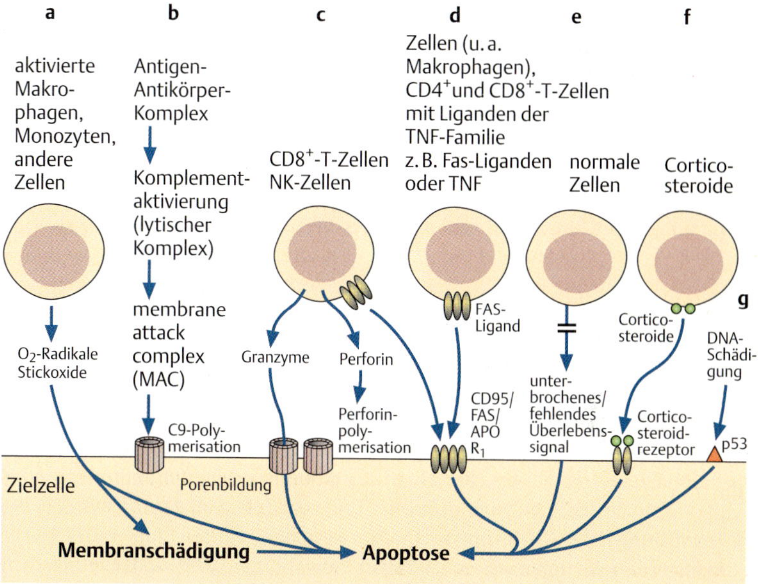

Abb. **3.17** **Immunologischer Zelltod.** Sauerstoffradikale und Stickoxide (**a**), der über Komplementaktivierung entstehende MAC (**b**) und Perforin (**c**) führen über Membranschäden zum Zelltod. Die Bindung von FAS über seinen Liganden oder TNF an den $TNFR_1$ (**d**), eine fehlende Signalisierung über verschiedene Rezeptoren (**e**), Corticosteroide, die an Rezeptoren und intrazelluläre Strukturen binden (**f**) sowie DNA-Schäden (**g**) führen durch Änderungen in der Signalkaskade zur Apoptose. (FAS = F-Antigenstruktur). Involviert sind zwei verschiedene Wege: durch FasL/Fas Interaktion erfolgt via (FADD) die Aktivierung von Procaspase 8 und durch Aktivierung der Mitochondrien die Freisetzung von (APAF1)/Cytochrom C. Beide Wege leiten durch Aktivierung der Procaspase 3 die Apoptose ein.

3.4 Immunologische Toleranz

T-Zell-Toleranz, gemessen als fehlende Immunreaktivität, kann auf mehreren Faktoren beruhen: 1. negative Selektion im Thymus (Deletion); 2. Selbst- oder Fremdantigen liegen in sekundären Lymphorganen nie, für eine zu kurze Zeit oder nicht in genügender Quantität vor; 3. übermäßige, erschöpfende Induktion von T-Zellen durch zuviel und überall vorhandenes Antigen. Möglicherweise können T-Zellen auch durch partielle oder inkomplette Induktion vorübergehend „anerg" werden. Im Allgemeinen sind selbstreaktive (autoimmune) **B-Zellen** vorhanden, da sie nur z.T. negativ selektioniert werden. B-Zellen, die spezifisch für membrangebundene Selbstdeterminanten sind, werden zum Teil deletiert oder sind anerg. Gegen Antigene, die streng repetitiv angeordnet sind, reagieren B-Zellen prompt (auch Selbstantigene). Gegen lösliche, monomere Antigene reagieren sie jedoch nur, wenn gekoppelte T-Hilfe vorliegt. Die B-Zell-Toleranz ist also in hohem Maße eine Folge der fehlenden Antigenordnung und der T-Zell-Toleranz.

Unter immunologischer Toleranz verstehen wir das Konzept, dass das Immunsystem gegen Eigenstrukturen in der Regel nicht reagiert, gegen fremde Antigene aber wohl. Toleranz wird erworben; sie wird als die selektive Abwesenheit von immunologischer Reaktivität gegenüber bestimmten Antigenen gemessen.

3.4.1 Toleranz bei T-Zellen

Man unterscheidet die **zentrale Toleranz**, die sich im Thymus entwickelt und auf *negativer Selektion* (Deletion) solcher T-Zellen beruht, die im Thymus vorhandene Selbstantigene erkennen, von der sog. **peripheren Toleranz**. Bei letzterer bewirkt eine erschöpfende Antigenerkennung in antigenreaktiven peripheren T-Zellen über klonale Zellvermehrung (Proliferation), Differenzierung und Zelltod dasselbe. Es sind folgende Mechanismen postuliert und zum Teil auch gezeigt worden, die zu einem Fehlen der T-Zell-Antwort in der Peripherie führen (Tab. **3.5**, S. 102):

- **Indifferenz oder Ignoranz von T-Zellen.** Sowohl vom Wirt kodierte als auch fremde Antigene, die nur in der Peripherie in epithelialen, mesenchymalen oder neuroektodermalen Zellen und Geweben vorkommen und selber nicht wandern, nicht oder nur in ungenügender Menge von APZ transportiert und so nie oder nur ungenügend in organisierte lymphatische Organe gelangen, werden von T- und B-Zellen ignoriert. Die meisten Eigenantigene, die nicht im Serum und nicht auf/in lymphohämatopoietischen Zellen vorkommen, gehören in die Kategorie der ignorierten, potenziell aber immunogenen Selbstantigene. Gewisse Viren und deren Antigene nutzen dies zu ihren Gunsten aus; z.B. werden Tollwutviren, solange sie nur in Axonen sind, oder Papillomaviren, wenn sie ausschließlich in Keratinozyten vorkommen (Warzen), vom

Immunsystem ignoriert. Der Hauptgrund dafür, dass viele Selbst- und einige Fremdantigene von T-Zellen ignoriert werden, liegt darin, dass Immunantworten nur in der Milz und in Lymphknoten induziert werden können und dass nicht aktivierte T-Zellen nicht in die Peripherie auswandern. Es wird auch postuliert, dass T- und B-Zellen, die solche Antigene in der Peripherie antreffen, anergisiert oder inaktiviert werden, vor allem weil dort die sog. zweiten oder Cosignale fehlen. Hinweise dafür sind aber zurzeit sehr indirekt. Experimente zur „Indifferenz" von T-Zellen sind im Kleindruck unten zusammengefasst. Wahrscheinlich werden sehr viele Selbstantigene (aber auch periphere Tumore) auf die beschriebene Weise vom Immunsystem ignoriert. Zugleich bilden diese Selbstantigene eine potenzielle Quelle für Autoimmunität.

- **Komplette, erschöpfende T-Zell-Induktion.** Wenn ein Antigen – unabhängig davon, ob es eigen oder fremd ist – auf sehr vielen APZ in lymphatischen Organen und peripheren Zellen auftritt, werden alle T-Zellen mit dem passenden TZR so effizient induziert, dass sie zu kurzlebigen Effektorzellen werden, die nur 2 bis 4 Tage überleben. Diese Phase der Induktion könnte auch der postulierten Anergie entsprechen (s. Tab. **3.5**, S. 102); demnach wäre Anergie, d.h. die Unfähigkeit, in vitro auf Antigenstimuli zu reagieren, darauf zurückzuführen, dass diese Zellen bereits auf dem Weg zur Apoptose (Zelltod, s. Abb. **3.17**, S. 121) sind. Nachdem alle enddifferenzierten Effektor-T-Zellen gestorben sind, bleibt keine Reaktivität mehr übrig. Neu reifende Thymozyten werden zum Teil schon im Thymus negativ selektioniert, wenn das fremde Antigen auch dorthin gelangt (z.B. bei chronischen Infektionen mit nichtzytopathogenen Viren), oder sie werden in sekundären Organen ständig induziert und erschöpft.
  Erschöpfende T-Zell-Induktion kommt wahrscheinlich gegen das Hepatitis-C-Virus oder gegen HIV vor und ist bei der Maus experimentell aufgezeigt worden am Beispiel der Infektion mit dem nichtzytopathischen Virus für lymphozytäre Choriomeningitis. Aber auch die erfolgreiche Etablierung eines Lymphozyten Chimärismus bei Lebertransplantationen, wo sich durch die zeitlich relativ begrenzte Immunsuppression viele dendritische Zellen im Rezipienten ansiedeln können und dabei die spezifisch gegen die fremden MHC-Moleküle reagierenden T-Zellen des Rezipienten verschwinden, scheint auf dem gleichen Prinzip zu beruhen.

Zwei wichtige Experimente zur Induktion der Immunantwort

APZ transportieren Antigene über die Lymphbahn zu peripheren lymphatischen Organen. *Hautlappenexperiment.* Zum Nachweis, dass Antigene von peripheren Antigenkontaktorten (z.B. Haut) zuerst auf APZ *über die Lymphgefäße* in den lokalen Lymphknoten gelangen müssen, damit eine Immunantwort induziert wird, wurde ein Hautlappen bei einem Meerschweinchen so präpariert, dass die Gefäße (Lymphgefäß, Vene und Arterie) zur Versorgung erhalten blieben. Wenn nun dieses Hautstück mit einem Hautkontaktantigen sensibilisiert wird, reagiert das Tier bei einer zweiten Behandlung seiner übrigen Haut mit einer beschleunigten Zweitreaktion. Wird allerdings vor der ersten Sensibilisierung das aus dem präparierten Hautlappen führende Lymphgefäß unterbrochen oder der lokale drainierende Lymphknoten zerstört, so bleibt diese typische Sekundärantwort aus, d. h., es können *keine T-Zellen induziert* werden. Durch direkte Sensibilisierung an einer anderen Hautstelle kann die Zweitreaktion überall auch auf dem Hautlappen ausgelöst werden, auch bei unterbrochenem Lymphgefäß oder zerstörtem Lymphknoten. Dies bedeutet, dass bereits induzierte Effektor-Lymphozyten den Ort des Antigenkontakts über die Blutbahn erreichen.

Viele Selbstantigene werden von CD8-Zellen ignoriert. *Transgene Maus mit viralem Glykoprotein-Gen.* Als Analogon zu vielen Selbstantigenen, die in peripheren nichtlymphatischen Organen und Zellen vorhanden sind, hat man Mäusen das Gen für das Glykoprotein (GP) eines Virus eingebaut, und zwar unter einem regulierenden Gen, sodass es nur in den Insulin produzierenden Zellen des Pankreas exprimiert wird. Dieses künstlich eingebrachte „Selbstantigen" wird vom Immunsystem des Wirts ignoriert, denn es entsteht keine Immunantwort, keine Autoimmunität und kein Diabetes. Wird diese transgene Maus aber mit dem Virus infiziert (inklusive lymphatische Organe), so generiert sie Anti-Virus-GP-spezifische zytotoxische T-Zellen, die die Inselzellen zerstören und Diabetes verursachen. Dieses Modell zeigt, dass viele Selbstantigene vom Immunsystem nicht beachtet werden, weil sie sich außerhalb des lymphatischen Systems befinden. Wenn aber solche Antigene in geeigneter Form ins Immunsystem gelangen (hier über die Infektion von APZ), entwickelt der Organismus eine Autoimmunantwort.

Zusammenfassend ist Areaktivität von T-Zellen erreichbar durch *negative Selektion im Thymus*, durch *übermäßige Induktion in der Peripherie* oder aber durch *Sequestration* des Antigens außerhalb von lymphatischen Organen unter Verhinderung der MHC-Klasse-I-Präsentation in APZ. Bei den ersten beiden Mechanismen ist die Persistenz des Antigens im lymphatischen Gewebe wichtigste Voraussetzung, beim dritten ist entsprechende Absenz wichtig. Die Rolle des zweiten oder Cosignals im lymphatischen Gewebe ist erwiesen, außerhalb davon aber noch unklar.

3.4.2 Toleranz bei B-Zellen

Im Gegensatz zur klassischen zentralen T-Zell-Toleranz werden B-Zellen gegen soluble Selbstantigene in der Regel wahrscheinlich *nicht negativ selektioniert* (Tab. **3.8**). Die B-Zell-Regeneration im Knochenmark ist sehr intensiv, und die Prozesse der Antigenselektion bei diesem Vorgang sind noch wenig erforscht. Obwohl negative Selektion von B-Zellen im Knochenmark für membranständige MHC-Moleküle experimentell (in Antikörper-transgenen Mäusen) nachgewiesen worden ist, gilt dies für wenig exprimierte membranständige Antigene und für die meisten löslichen Selbstantigene offenbar nicht. Diese selbstspezifischen, potenziell selbstreaktiven B-Zellen werden in der Regel deshalb nicht zu einer Immunantwort angeregt, weil die nötige T-Hilfe im Thymus deletiert worden ist. B-Zell- und Antikörpertoleranz wird also im Wesentlichen über die *fehlende T-Hilfe* kontrolliert.

Tabelle **3.8** B-Zellen unterscheiden nicht zwischen eigen und fremd, sondern vor allem zwischen repetitiven (meist fremden) und monomeren (meist eigenen) Antigenen

Antigen			**B-Zellen vorhanden**	**IgM-Antwort**		
				T-Zell-unabhängig	indirekt T-Hilfe abhängig	direkt T-Zell abhängig
auf Zellmembranen und Knochenmark	hohe Konzentration	eigen	Unklar ev + ?	-	-	-
	niedrige Konzentration	eigen	+[1]	+[1]	-	+[1]
monomeres Antigen	hohe Konzentration	eigen	+[1]	nicht anwendbar	-	-
	niedrige Konzentration	fremd	+	nicht anwendbar	+	+
repetitiv, identisch 5–10 nm entfernt, parakristallin		eigen (sehr selten)[2]	+	(+)[2]	(+)	(+)
		fremd („immer“ infektiös)	+	+	+	++

[1] B-Zellen sind vorhanden und werden angeregt, wenn das Antigen repetitiv und parakristallin angeordnet ist (T-Helfer-unabhängig Typ I). B-Zell-Antworten werden gegen wenig organisierte und monomere Antigene nicht direkt induziert; es ist dann indirekte (T-Helfer-unabhängig Typ II) oder konventionell-verknüpfte T-Hilfe nötig.
[2] Solche Selbstantigene sind B-Zellen normalerweise nicht zugänglich; in Läsionen können aber Kollagene, die Grundsubstanzen des Knorpels, Acetylcholinrezeptoren usw. möglicherweise solche B-Zell-Antworten anregen, wodurch eine Autoimmunantwort begünstigt wird.

Dass einige antigene Strukturen und Anordnungen B-Zellen ohne T-Hilfe induzieren können, zeigt, dass autoreaktive B-Zellen meistens vorhanden sind und über optimal Ig-kreuzvernetzende parakristallin-multimere Antigene zu entsprechenden IgM-Autoantikörperantworten angeregt werden können. Da jedoch Selbstantigene den B-Zellen üblicherweise *nicht* in den dafür nötigen *repetitiven und parakristallin angeordneten Mustern* zugänglich sind, werden solche IgM-Autoantikörperantworten nicht induziert. Interessant ist allerdings, dass DNA und Kollagen, die oft an chronischen Autoantikörperantworten beteiligt sind, repetitive Antigenstrukturen aufweisen. Solche sind in entzündlichen Läsionen den B-Zellen zugänglich und könnten deshalb Autoantikörperantworten induzieren. Für eine chronische Autoantikörperantwort vom IgG-Typ ist jedoch immer T-Hilfe nötig, die über Koppelung von entsprechenden MHC-Klasse-II-assoziierten Peptiden, die von T-Zellen erkannt werden können, erbracht werden muss. An dieser T-Hilfe-Spezifität können ignorierte Selbstpeptide, aber wahrscheinlich auch infektiöse Keime, beteiligt sein (Klebsiellen, Yersinien bei Rheumaerkrankungen, Coxsackie-Virus-Infektionen bei Diabetes oder viele chronische parasitäre Infektionen).

3.5 Immunologisches Gedächtnis

Das immunologische Gedächtnis ist zum Teil definiert durch eine erhöhte Anzahl von spezifischen B- oder T-Zellen, wie sie üblicherweise in vitro oder über adaptive Transferexperimente evaluiert werden. Vollständiger wird immunologisches Gedächtnis von **B-Zellen** als die Fähigkeit umschrieben, mittels erhöhten Antikörperkonzentrationen schützende Immunität zu vermitteln. Erhöhte Frequenzen spezifischer B- und T-Lymphozyten allein scheinen nur einen begrenzten Schutz zu gewährleisten. Für Schutz durch immunologisches Gedächtnis sind **antigenabhängig aktivierte B- und T-Zellen** notwendig, die ständig Antikörper produzieren oder sofort für T-Effektorfunktionen bereit sind und – weil sie aktiviert sind – auch in periphere Gewebe wandern können.

Wenn ein Wirt ein gleiches Antigen zum zweitenmal antrifft, ist die Immunantwort meistens beschleunigt und verstärkt. Man unterscheidet diese **sekundäre Immunantwort** von der **Primärantwort**. Ob diese Unterschiede durch eine erhöhte Anzahl von B- oder T-Zellen allein und/oder durch neuerworbene Gedächtnisqualitäten oder Aktivierung durch Antigen erzeugt werden, ist noch unklar (Tab. **3.9**).

Es gibt keine Oberflächenmarker, die eine eindeutige Unterscheidung von immunologischen Gedächtnis-T- und B-Zellen und „naiven" (d.h. nie vorher aktivierten) Zellen erlauben. Immunologisches Gedächtnis korreliert mit einer erhöhten Anzahl von spezifischen Vorläufer-T- und -B-Zellen. Die Aufrechterhaltung dieser erhöhten Zellzahl nach der Immunisierung ist offenbar von einer Antigenpersistenz weitgehend unabhängig. Die Vorläuferzellen werden aber nur durch Antigenreste aktiviert oder reaktiviert, und nur *aktivierte T-Zellen* können gegen Reinfektionen außerhalb von lymphatischen Organen, z.B. in den soliden peripheren Organen, sofort schützen. Ebenso können nur *aktivierte B-Zellen* zu *Plasmazellen* reifen und erhöhte protektive Antikörpertiter im Blut unterhalten. Gedächtnis-T- und B-Zellen als solche vermitteln in der Regel nur geringe oder keine schützende

Tabelle **3.9** Charakteristika des T- und B-Zell-Gedächtnisses

	Gedächtnis-T-Zellen		**Gedächtnis-B-Zellen**	
	ruhende	**aktivierte**	**ruhende**	**aktivierte**
Lokalisation und Migration	Blut, Milz, Lymphknoten	Blut, Milz, Lymphknoten und solide Gewebe	Blut, Milz, Lymphknoten	Keimzentren lokaler Lymphknoten, Knochenmark
Funktion	sekundäre T-Zell-Antwort	sofortige Zielzell-Lyse und Interleukin-Freisetzung	sekundäre B-Zell-Antwort	ständige IgG-Antwort
nötige Zeitdauer für schützende Antwort	langsam	schnell	langsam	sofort
Vermehrung und Ort der Vermehrung	in sekundären lymphatischen Organen	nur in sekundären lymphatischen Organen mit Antigenresten	Blut, Milz	Keimzentren mit Antigen-IgG-Komplexen
Antigenabhängigkeit	nein	ja	nein	ja

Immunität. Dagegen sind antigenabhängig aktivierte, migrierende T-Zellen sowie antikörpersezernierende B-Zellen in der Lage, Immunität und Resistenz gegen Reinfektion sehr effizient zu gewährleisten. Das **B-Zell- und Antikörpergedächtnis** wird von Antigen-IgG-Komplexen via Fc oder C3b auf *follikulärdendritischen Zellen* in Keimzentren unterhalten. Persistierende Infektionen (z. B. Tuberkulose, Hepatitis-B-Virus, HIV), Antigendepots in Adjuvantien, periodische Reexposition, lange Halbwertszeiten von peptidbeladenen MHC-Molekülen, möglicherweise auch kreuzreagierende Antigene können **Gedächtnis-T-Zellen**, aber z. T. auch **B-Zellen,** restimulieren und aktiviert halten. Aus diesem Grund sind für den Schutz verantwortliche aktivierte Gedächtnis-T- oder -B-Zellen nicht grundsätzlich von primär aktivierten T- und B-Zellen unterscheidbar.

3.5.1 B-Zell-Gedächtnis

Es ist wichtig, zwischen in vitro nachweisbaren Charakteristika von Gedächtnis-T- und -B-Zellen und den *in vivo* wichtigen Merkmalen einer verbesserten Immunabwehrlage zu unterscheiden. Obwohl nach einer Primärantwort erhöhte Zahlen von Gedächtnis-B-Zellen in vitro oder in Zellübertragungsexperimenten bei Mäusen durchaus nachgewiesen werden können, ist damit noch keine Protektion, z.B. gegen Reinfektion durch ein Virus, gewährleistet. Dafür ist meistens ein erhöhter Titer an protektiven Antikörpern im Wirt notwendig.

Warum ist immunologisches Gedächtnis überhaupt nötig?

Wenn der Wirt eine erste Infektion nicht überlebt, braucht er kein immunologisches Gedächtnis mehr. Wenn er die erste Infektion überlebt, hat sein Immunsystem bereits bewiesen, dass es mit dieser Infektion fertig wird, also bräuchte er dann ebenfalls kein immunologisches Gedächtnis. Selbst wenn man einräumt, dass eine bessere Immunabwehrlage durchaus einen evolutionären Vorteil mit sich bringt – vor allem während der Schwangerschaft –, muss immunologisches Gedächtnis auch entwicklungsgeschichtlich verstanden werden: 1. Wegen der MHC-Restriktion der T-Zell-Erkennung ist eine Übertragung von immunologischer Erfahrung von der Mutter auf die Nachkommen nicht möglich, da die Histoinkompatibilität eine gegenseitige zelluläre Abstoßungsreaktion induzieren würde. Aus diesem Grund ist auch eine Reifung der T-Zellen des Kindes offenbar erst relativ spät während der Entwicklung möglich, in der Regel erst zur Zeit der Geburt. Deshalb fehlt die aktive Immunabwehr bei Neugeborenen weitgehend (Abb. **3.18**). Bis das T-Zell-System, die T-B-Kooperation und damit die Antikörperantwort überhaupt funktionell werden, benötigen neugeborene Mäuse etwa 2–3 Wochen, Menschen etwa 3–9 Monate. Während dieser Periode ist ein passiver Immunschutz essenziell. Er wird durch die Übertragung von protektiven, vor allem IgG-Antikörpern von der Mutter auf das Kind gewährleistet. Diese Übertragung geschieht während der Schwangerschaft über die Plazenta und z.T. später auch über die Muttermilch. Bei Kühen z.B. erfolgt sie ausschließlich und für das Überleben essenziell über die kolostrale Milch während der ersten 24 Stunden nach der Geburt; fetales Kälberserum enthält keine Ig! Die mütterlichen Antikörper werden vom Kälberdarm während der ersten 18 Stunden nach der Geburt unverdaut über $F_C\gamma$-Rezeptoren aufgenommen. Wie kann unter diesen Voraussetzungen ein umfassender übertragbarer antikörpervermittelter Schutz gewährleistet werden? Da Mäuse während der 3 Wochen oder Mütter während der 270 Tage der Schwangerschaft in der Regel nicht alle wesentlichen Infektionen durchmachen (die für den Embryo/Fetus aber auch für die Mutter lebensgefährlich wären), und deshalb die nötigen verschiedenen Antikörper in dieser Zeit nicht akkumuliert werden könnten, sind akumulierte Antikörper notwendig. Dieses repräsentiert die **akkumulierte immunologische Lebens-(Infektions-)Erfahrung im Serum der Mutter**. Die weiblichen Geschlechtshormone begünstigen zudem die Ig-Synthese zusätzlich; dies korreliert auch mit dem allgemein erhöhten weiblichen Risiko (ca. 5fach) für Autoantikörperkrankheiten (z.B. Lupus) und allgemein Antikörper-vermittelten Autoimmunkrankheiten. 2. Fortpflanzung hängt von relativ **guter Gesundheit** und Ernährung **der Mutter** aber auch von guter Immunabwehrlage der gesamten Herde ab, die durch immer wiederkehrende schwere Infekte gefährdet würden. Die erhöhte Frequenz von spezifischen Vorläufer-B- und T-Zellen vermittelt eine verbesserte Abwehrlage gegen solche Infekte. Dieser relative Schutz steht aber im Gegensatz zum absoluten Schutz, wie er für das Überleben eines immuninkompetenten Neugeborenen nötig ist.

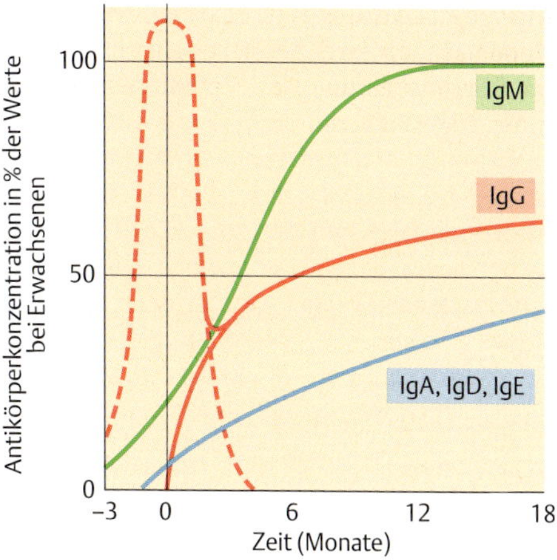

Abb. **3.18** **Verlauf der Ig-Serumkonzentration.** Das Neugeborene beginnt erst um den Zeitpunkt seiner Geburt mit einer nennenswerten Synthese von Immunglobulinen (durchgezogene Linien). Bis etwa 3–6 Monate nach der Geburt bilden somit IgG von der Mutter (gestrichelt) den Hauptschutz. Infektionen während dieser Zeit werden dadurch attenuiert und immunisieren die Nachkommen effektiv (physiologische Vakzinierung). Künstliche Impfstoffe, die selbst inaktiv oder attenuiert sind, werden durch denselben Mechanismus weiter geschwächt. Deshalb ist eine mehrmalige Impfung (bei immer weniger mütterlichen Antikörpern) nötig.

3.5.2 T-Zell-Gedächtnis

Ähnlich wie für Antikörper scheint auch für eine durch immunologisches Gedächtnis verbesserte Abwehr gegen intrazelluläre Infektionserreger – vor allem Viren und intrazelluläre Bakterien – nicht nur die erhöhte Anzahl der spezifischen T-Zellen, sondern vor allem ihr *Aktivitätszustand* ausschlaggebend zu sein. Es muss allerdings wieder betont werden, dass für eine auf immunologischem Gedächtnis beruhende Immunität gegen die meisten Bakterien, bakteriellen Toxine und Viren *Antikörper* verantwortlich sind! *Gedächtnis-T-Zellen* sind trotzdem von Bedeutung bei der *Kontrolle von persistierenden intrazellulären bakteriellen Infektionen* (z.B. TB, Lepra), bei Persistenz von und Reinfektionen mit *nichtzytopathogenen Viren,* etwa bei Hepatitis-B-Virus- und HIV-Infektionen (s. auch S. 137). Zumindest bei der Maus konnte gezeigt werden, dass erhöhte Zahlen von spezifischen T-Zellen allein den Wirt oft nicht gegen immunpathologische Konsequenzen der abwehrenden CD8-T-Zell-Antwort schützen können. Für Immunität müssen diese T-Zellen in einem aktivierten Zustand vorliegen. Die ständige Aktivierung einer kontrollierten T-Zell-Antwort durch minimale Infektionsherde wurde in den 60er-Jahren als **Infektionsimmunität** für die lebenslange und in der Regel effiziente Immunkontrolle gegen *Tuberkulose* postuliert und nachgewiesen. Ähnliches gilt auch für die zellvermittelte Abwehr gegen Lepra, Salmonellen und viele Parasitenerkrankungen, aber auch gegen solide Tumoren außerhalb von lymphatischen Geweben. Dies macht verständlich, warum es bei einer *Abschwächung des Immunsystems*, sei es durch Zytostatika, Alter oder als Folge einer HIV- Infektion, zu einem *Aufflammen* einer bis dahin kontrollierten minimalen Infektion kommt. Bei dieser Infektionsimmunität (z. B. Tuberkulose und Lepra) kann die verzögerte Hautreaktion (DTH, siehe unten und S. 145f) diagnostisch angewendet werden, denn die Infektion aktiviert ständig die dafür nötigen T-Zellen.

Verzögerte Überempfindlichkeitsreaktion der Haut.

Das typische Beispiel einer verzögerten immunologischen Überempfindlichkeit (**delayed type hypersensitivity, DTH**) ist die **Tuberkulinreaktion** (Mantoux-Probe beim Menschen). Diese Reaktion wurde schon in den 40er Jahren als eine der ersten zellvermittelten spezifischen Immunreaktionen beim Meerschweinchen identifiziert. Sie ist typisch und spezifisch für MHC-Klasse-II-Antigene und ist CD4-T-Zell-abhängig. In einigen Fällen kann auch eine DTH über CD8-T-Zellen nachgewiesen werden, vor allem bei aktiven Virusinfektionen. Eine DTH stellt man am einfachsten durch Einbringen eines diagnostischen, vom Keim abstammenden Proteins in die Haut fest. Sie entwickelt sich aber nur, wenn ständig aktivierte T-Zellen im Wirt vorhanden sind, denn nur diese können innerhalb von 24–48 Stunden in die Haut emigrieren, wo diagnostisches Antigen vorliegt. Sind keine aktivierten T-Zellen vorhanden, nimmt die Reaktivierung in den lokalen Lymphknoten und die Emigration mehr Zeit in Anspruch; die geringe Menge diagnostischen Peptids oder Proteins ist dann bereits verdaut und nicht mehr am Ort der Injektion vorhanden, sodass keine messbare lokale Reaktion mehr entsteht.

Eine positiv ausfallende verzögerte Überempfindlichkeitsreaktion zeigt aktivierte Gedächtnis-T-Zellen an. Das Fehlen einer solchen Reaktion bedeutet entweder, dass der Wirt noch nie Kontakt mit diesem Antigen hatte, oder dass er keine aktivierten T-Zellen mehr besitzt. Bei Tuberkulose kann also bei negativem Hauttest entweder kein Antigen oder Granulom mehr vorhanden sein, oder aber die systemische Immunreaktion ist so heftig und im Körper über viele Herde verstreut, dass die diagnostische Menge an Proteinen nicht genügend T-Zellen anlocken und deshalb nicht messbar wahrgenommen werden kann (z. B. kann bei einer Landouzy-Sepsis oder bei Miliar-Tuberkulose die Mantoux-Probe negativ ausfallen). Diagnostisch wird die verzögerte Überempfindlichkeitsreaktion bei **Tuberkulose** (Mantoux), **Lepra** (Lepromin) und **Boeck-Sarkoidose** (Kveim-Test) genutzt. Bei Immunsuppression können diese Hautreaktionen verschwinden, auch bei Masern oder bei AIDS.

3.6 Immunabwehr gegen Infektionen und Tumorimmunität

Schutz gegen Infektionen wird 1. durch unspezifische Abwehrmechanismen (Interferone, NK-Zellen), 2. durch spezifische Immunität mittels Antikörper und T-Zellen über freigesetzte Zytokine oder 3. durch Kontakt via Perforin oder Signalinduktion vermittelt. Zellzerstörende Viren werden über lösliche Faktoren (Antikörper, Zytokine), nicht-zellzerstörende Viren und Tumoren eher über Perforine und Zytolyse kontrolliert. Vor allem bei nicht zellzerstörenden Infektionen können zytotoxische Immunantworten Krankheit verursachen. Infektiöse Keime und Immunabwehr stehen in einem evolutionären Gleichgewicht, das sich ständig weiterentwickelt; so kennt man viele Beispiele von Ausweichmechanismen von Erregern und Tumoren gegenüber dem Immunsystem.

Alle Immunabwehrmechanismen (s. Abb. **3.1**, S. 76) sind wichtig gegen Infektionen: Natürliche, humorale Mechanismen (Antikörper, Komplement und Interleukine) und zelluläre Mechanismen (Phagozyten, natürliche Killerzellen, T-Zellen) werden in verschiedenen Kombinationen gegen unterschiedliche infektiöse Keime in verschiedenen Phasen der Infektion mit unterschiedlicher Gewichtung eingesetzt. Obwohl jede zu große Vereinfachung auch hier falsch ist, können trotzdem anhand von gewissen Modellinfektionen – vor allem bei der Maus – sowie anhand der klinischen Erfahrung bei Patienten mit Immundefekten einige allgemeine Regeln formuliert werden (Abb. **3.19**).

3.6.1 Allgemeine Regeln der Infektionsabwehr

Unspezifische Abwehr. Die wichtigsten, für die unspezifische Abwehr verantwortlichen Faktoren lassen sich in 3 Gruppen einteilen.

- **Mechanische Faktoren:** Anatomie der Haut und Schleimhäute; Schleimsekretion; Ziliarbewegung; Peristaltik; Harnfluss.
- **Humorale Faktoren:** Säuremantel der Haut; Schweiß; Salzsäure des Magens; Fettsäuren der Talgdrüsen; Lysozym; alternative Komplement-Aktivierung; C-reaktives Protein (CRP) und weitere Akutphase-Proteine; Interferone (S. 430); natürliche (nicht spezifisch induzierte) Antikörper; Fibronektin; Mannose-bindendes Lektin.
- **Zelluläre Faktoren:** Normalflora (S. 10); NK-Zellen (S. 108); professionelle Phagozyten. Letztere spielen bei allen Infektionen eine sehr wichtige Rolle. Sie werden durch chemotaktische Stoffe (z. B. C3a, C5a) angelockt. Mit Serumfaktoren (Antikörper, C3b, Fibronektin) beladene Mikroorganismen heften sich an Rezeptoren auf der Phagozytenoberfläche (unspezifischer R., Fc-R., die C3b-R. CR1 und CR3) an, werden phagozytiert und befinden sich nach Phagozytose

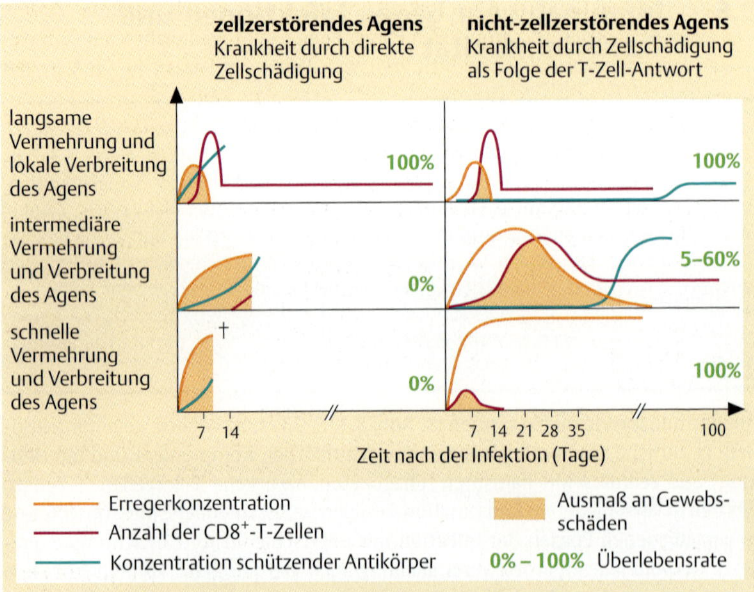

Abb. **3.19** **Allgemeine Abläufe von Infektionen.** Die Überlebensrate hängt sowohl von der Geschwindigkeit der Vermehrung und der Verbreitung des Agens als auch von der Intensität der zytotoxischen T-Zell-Antwort ab. Infektionen mit zellzerstörenden Erregern können nur bei langsamer Vermehrung und lokaler Verbreitung des Erregers kontrolliert werden, andernfalls enden sie i. d. R. tödlich. Bei nicht-zellzerstörenden Erregern ist die zytotoxische T-Zell-Reaktion die kritische Größe. Bei langsamer Vermehrung des Erregers wird dieser schnell ausgerottet, bei schneller Vermehrung und weiter Verbreitung kommt die T-Zell-Antwort zum Erliegen. In beiden Fällen ist die Überlebensrate hoch. Bei intermediärer Vermehrung und Verbreitung kann die T-Zell-Antwort große immunpathologische Schäden verursachen, sodass die Überlebenswahrscheinlichkeit sinkt. Durch Schwächung der Immunabwehr kann bei ursprünglich günstiger Ausgangslage trotz gleichbleibendem Erreger ein ungünstiges Virus-Wirts-Gleichgewicht entstehen.

in einem von einer Membran umgebenden Phagosom. Dieses fusioniert mit Lysosomen zum Phagolysosom, in dem Abtötung und Abbau durch O_2-unabhängige und O_2-abhängige Mechanismen erfolgt.

Spezifische Abwehr. Diese ist nur gegen bestimmte Mikroorganismen gerichtet und erworben (Abb. 3.1, S. 76).

- **Antikörper** sind gegen akute Bakterieninfektionen, gegen bakterielle Toxine, gegen Reinfektion durch Viren, zum Teil auch gegen akute zellzerstörende virale Erstinfektionen (z. B. bei Tollwut und Influenza) ausschlaggebend. Zudem tragen Antikörper bei chronischen Parasitenerkrankungen wahrscheinlich wesentlich zu einem Gleichgewicht zwischen Wirt und Parasit bei. IgA ist der wichtigste Abwehrmechanismus auf Schleimhäuten (Abb. **3.5**, S. 88).

- **Perforinabhängige Zytotoxizität bei CD8-T-Zellen** ist wichtig vor allem gegen nicht-zellzerstörende Viren, gegen chronisch intrazelluläre Bakterien zu deren Freisetzung und gegen intrazelluläre Stadien von Parasiten.
- **Nichtlytische T-Zell-Antworten** schützen via Zytokine (vor allem IFN-γ, TNF-α) durch verbesserte Verdauung und Zerstörung von intrazellulären Bakterien und Parasiten (z. B. Listerien, Leishmanien usw.), aber auch z. T. gegen komplexe Viren (z. B. Pockenviren) (Abb. **3.15**, S. 109). Infektiöse Keime scheinen schon innerhalb von Stunden Zytokine zu induzieren, z. B. IFN-γ, IL-12 oder IL-4, die die T-Zell-Antwort früh in eine sog. Typ-1- oder Typ-2-Richtung bringen (s. Abb. **3.14**, S. 107f).
- **IgE-vermittelte Abwehr** ist neben IgA wahrscheinlich bei Magen-Darm-, Lungen- und Haut-Parasiten wichtig (verbesserte Ausstoßung). Die Details sind noch weitgehend unbekannt, bei der Schistosomen-Modellinfektion wurden aber IgE-abhängige basophile und eosinophile Phagozytenprozesse beschrieben.

Störungen der Infektabwehr prädisponieren für Infektionen:

- **Primäre Defekte**, also angeborene Defekte des Komplement- und Phagozytose-Systems oder B- und T-Lymphozyten-Defekte, sind selten
- **Sekundäre Defekte** sind erworben und häufig, z. B. Unterernährung, hohes Alter, Stoffwechselstörungen, Autoimmunkrankheiten, HIV, immunsuppressive Therapie.

Immuneffektormechanismen gegen Bakterien

Extrazelluläre Bakterien. Kohlehydrathaltige Kapseln erhöhen die Resistenz der Bakterien gegen effiziente Phagozytose und Verdauung (v. a. durch Granulozyten); hochrepetitive Kohlenhydrat-Oberflächenantigene induzieren jedoch effizient B-Zellen ohne T-Hilfe, z. T. unterstützt durch Lipopolysaccharide (LPS). *Kohlenhydrate induzieren keine T-Hilfe!* IgM-Antworten sind effizient zur Kontrolle von Bakterien im Blut, genügen aber meistens nicht gegen Toxine. Hier sind IgG von großer Bedeutung, da sie besser in das Gewebe diffundieren und dort Antigen neutralisieren können.
Intrazelluläre Bakterien. Sie werden durch T-Zellen kontrolliert (v.a. IFN-γ- und TNF-α-Effekte auf Makrophagen), z. T. auch durch CD8-T-Zellen, die intrazelluläre Bakterien durch zytotoxische Zellzerstörung freisetzen können. ■

Ausweichmechanismen von Erregern und Beispiele

Einfluss auf das Komplementsystem. Einige Erreger verhindern, dass Komplementfaktoren an ihre Oberfläche binden:

- Verhinderung der C4b-Bindung: Herpesviren, Pockenviren;
- Verhinderung der C3b-Bindung: Herpes-simplex-Virus (imitiert DAF s. S. 120), Trypanosomen.

Verstecken in nichtlymphatischen Organen. Insbesondere Viren können sich der Immunabwehr durch ausschließlichen Aufenthalt in peripheren Zellen und Organen außerhalb von lymphatischen Geweben entziehen.

- Papillomaviren: infizieren Keratinozyten.

Modulation und Herunterregulation der Oberflächenantigene. Insbesondere Viren können der Immunabwehr durch Mutation oder verminderte Expression von T- oder B-Zell-Epitopen entgehen.

- Influenzaviren: Antigenshift durch Rearrangierung von Genelementen oder Drift durch Mutation des Hämagglutinins (auf Populationsebene);
- Gonokokken: Rekombination von Pilin-Genen;
- Schistosomen: Mutation von Hüllenproteinen sowie Verstecken durch Einhüllen mit Wirts-MHC-Antigenen.

Interferenz mit Phagozytose und Verdauung.

- *Mycobacterium tuberculosis* benutzt CR1, CR2 oder Fibronectin als Rezeptor für den Zelleintritt; es induziert in Makrophagen keine effizienten oxidativen Mechanismen.
- Bestandteile der bakteriellen Zellwand erschweren die Fusion von Phagosom und Lysosom und sind verdauungsresistent (S. 222).
- Zusätzliche Resistenz verleihen Hitzeschockproteine (Hsp 60 und 70) oder die Superoxiddismutase.

Einfluss auf Lymphozyten und Immunsuppression.

- Direkte Zerstörung von Lymphozyten oder negative Effekte auf deren Funktion;
- Induktion immunpathologischer T-Zell-Antworten (z. T. immunsuppressiv bei HIV);
- Induktion von immunsuppressiv wirkenden Autoantikörpern.

Einfluss auf Selektion, Induktion und Deletion von T-Zellen.

- Negative Selektion von T-Zellen: Sind virale Antigene im Thymus vorhanden, werden entsprechende T-Zellen deletiert.
- Erschöpfende Induktion und Deletion peripherer T-Zellen: Bei überwältigender peripherer Virusinfektion werden alle entsprechenden T-Zellen deletiert (HBV, HCV).

Interferenz mit Zytokinen, Zytokin- und Chemotaxinrezeptoren (R) usw. Zahlreiche Viren bilden Substanzen, die Rezeptoren für humorale Komponenten des Abwehrsystems blockieren oder hemmen.

- IL-1β-R, TNF-α-R, IFN-γ-R: Herpesviren, Pockenviren;
- Chemotaxinrezeptor: Cytomegalievirus;
- IL-10-R: Epstein-Barr-Virus produziert B-Zell-Rezeptorfaktor I, der an den IL-10-R bindet und so die Aktivierung von TH2-Zellen verhindert;
- Hemmung der Interleukinproduktion durch verschiedene Viren (z. B. IL-12 durch Masernviren [als Folge Tuberkulinreaktion gehemmt]);
- Stimulation von IL-10 durch Herpes und Pockenviren

MHC-Verminderung. Herunterregulierung der MHC-Klasse-I- und/oder Klasse-II-Expression.

- Adenovirus: E19-Protein bewirkt eine verminderte Expression von MHC-Klasse-I auf infizierten Zellen;
- murines Cytomegalievirus: verhindert Migration von MHC-Klasse-I zum Golgi-Apparat.

3.6.2 Immunschutz und Immunpathologie

Schützende und schädliche Folgen einer Immunreaktion sind eine Frage des Gleichgewichts zwischen Ausbreitung der Infektion und Stärke der Immunantwort. Wie die meisten biologischen Systeme ist auch die Immunabwehr gegen Infektionen optimiert, aber nur in 80-98%, nie in 100% der Fälle. Zum Beispiel ist die Immunzerstörung von virusinfizierten Wirtzellen während der Eklipsphase einer Virusinfektion eine Möglichkeit, die Virusreplikation zu verhindern (Abb. **3.15**, S. 109). Aus dieser Sicht sind **lytische CD8-T-Zell-Antworten** vorteilhaft. Wird ein *zytopathogenes Virus* nicht sehr früh an der weiteren Vermehrung gehindert, stirbt der Wirt. Wird ein *nicht-zellzerstörendes Virus* nicht sofort kontrolliert, entsteht primär zwar keine schwerere Erkrankung, die verzögerte, mit der Zeit aber effektive zytotoxische Antwort kann dann allerdings die Zerstörung von sehr vielen infizierten Wirtszellen und damit mehr Krankheit verursachen (Tab. **3.10** und Tab. **3.11**). Weil die Infektion durch solche nichtzytopathogene Viren das Leben des Wirtes an und für sich nicht in Gefahr bringt, ist es dann paradoxerweise die Immunantwort, die durch Zerstörung von Wirtsgewebe Pathologie und Krankheit verursacht.

Die Hepatitis-B-Virusinfektion beim Menschen (Tab. **3.11**) und die LCMV-Infektion (lymphozytäre Choriomeningitis) der Maus sind gut studierte Beispiele dieser negativen Konsequenz einer protektiven Immunantwort. Ähnlich verhält es sich bei der zellulären Immunabwehr gegen die eigentlich wenig pathogenen, fakultativ intrazellulären Tuberkulose- und Leprabakterien (Tab. **3.10**). Eine gute Immunabwehr bringt die Infektion früh unter Kontrolle, der immunologisch bedingte Zell- oder Gewebeschaden, der für die Eliminierung dieser Keime nötig ist, wird gering ausfallen und deshalb keine schweren pathologischen und klinischen Folgen haben. Wenn sich diese Keime jedoch relativ weit ausbreiten können, kommt es zu chronischen immunpathologischen Zell- und Gewebezerstörungen, wie sie bei der Hepatitis B als *chronisch oder akut-aggressive Hepatitis*, bei der Lepra als *tuberkuloide Form* imponiert. Wenn eine sich außerordentlich schnell ausbreitende Infektion zur Erschöpfung der T-Zell-Antwort führt, oder wenn keine immunpathologische Schutzantwort erzeugt wird, werden die infizierten Wirte zu Trägern. Hepatitis-B-Träger oder an lepromatöser Lepra Erkrankte sind eindrückliche Beispiele dieses Zustandes, der nur in wenig- und nichtzytopathischen Infektionen auftritt.

3

Tabelle **3.10** Gleichgewicht zwischen Infektion und Wirtsimmunität: Auswirkung auf die Krankheit

		Effizienz der Immunantwort		
Infektiöser Keim	**Zytopathogenität der Keime**	*Früher Beginn*	*später Beginn*	*keine Immunreaktion*
Extrazelluläre Bakterien				
Meningokokken, Staphylokokken	hoch	Gesundung	Tod	Tod
Fakultativ intrazelluläre Bakterien				
Listeria	hoch	Gesundung	Tod	Tod
Tuberkulosebakterien	mäßig	Gesundung	immunpathologische Entzündung	Miliartuberkulose (früher Tod) Landouzy-Sepsis (sehr früher Tod)
Leprabakterien	sehr niedrig	Gesundung	tuberkuloide Lepra	lepromatöse Lepra (später Tod)
Viren				
Pockenvirus	hoch	Gesundung	Tod	Tod (früh)
LCMV (lymphozytäre Choriomeningitis)	sehr niedrig	Gesundung	immunpathologische Krankheit	Gesunder Träger
Hepatitis-B-Virus	sehr niedrig	Gesundung	agressive Hepatitis	Träger (sehr spät Leberkarzinom)
HIV	niedrig (?)	Gesundung	AIDS	Gesunder Träger (okkulte Infektion) (?)
Nichterkannte und unbekannte Keime, Viren, Bakterien und endogene Viren	niedrig	?	Autoimmunität	„gesunder" oder okkulter Träger (obwohl infektiöses Agens nicht bekannt)
		keine klinischen Symptome	chronische Krankheit	variable Krankheitssymptome, z. T. erst nach langer Zeit, oder keine Symptome

Tabelle **3.11** Hepatitis-B-Virus-(HBV)Infektion. Zusammenhang zwischen Antigenpräsentation durch MHC-Moleküle, T-Zell-Antwort, Infektionsverlauf und Krankheitsbild. Eine Abnahme der Immunkompetenz oder eine Zunahme der HBV-Vermehrung verschiebt das Gleichgewicht nach unten, Impfung verschiebt es nach oben

Präsentation von HBV-Antigenen durch MHC	T-Zell-Antwort	Infektionskinetik	klinischer Phänotyp
+++	*früh*	HBV-Vermehrung wird gestoppt	Akute Hepatitis mit oder ohne Ikterus, da nur geringer Leberzellschaden
+/−	*spät*	HBV-Vermehrung wird zu spät gestoppt. Leberzell-Lyse durch $CD8^+$-T-Zellen	akute bis chronische agressive Hepatitis
−	*keine*	HBV-Vermehrung wird nicht gestoppt, aber auch keine Immunpathologie	Gesunder HBV-Träger (spät Leberkarzinom)

Allgemeine Grundlagen zur Beeinflussung der Immunabwehrlage durch Schutzimpfung

Impfungen bringen Schutz vor Krankheiten, verhindern aber meistens die Infektion nicht komplett. Entweder über eine limitierte Infektion mit attenuierten Keimen oder über eine Immunisierung mit abgetöteten Keimen oder Toxoiden erzeugt die Impfung eine sehr *milde Infektion oder Krankheit*, die den Wirt gegen eine Reinfektion schützt. Die erfolgreiche Ausmerzung der Pocken in den 70er-Jahren ist der größte Erfolg der Impfgeschichte. Allerdings bieten Impfungen niemals eine absolute Sicherheit, sondern verbessern lediglich die Überlebenschance um das 10–10 000fache. Eine besondere Situation zeigt sich bei Infektionen mit nicht-zytopathischen Keimen, bei denen die Krankheit ja eine Folge der Immunabwehr ist (s.o.). Ganz selten und unter speziellen Bedingungen können durch Impfung die Gleichgewichte zwischen Immunabwehr und Infektion bei einer Kleinzahl von Impflingen so ungünstig verändert werden, dass die Impfung zur *Verstärkung der Krankheit* führen kann. Beispiele hierfür sind Impfungen mit inaktivierten Vakzinen gegen das Respiratory Syncytial Virus in den 60er-Jahren. Es muss nochmals betont werden, dass die bis jetzt erfolgreich angewandten Impfungen den *Schutz über Antikörper* vermitteln. Dies gilt insbesondere für die in Tab. **2.6** (S. 53) aufgeführten klassischen Schutzimpfungen bei Kindern und auch dafür, dass Antikörper als lösliche, von der Mutter übertragbare immunologische Erfahrung für den Schutz des Neugeborenen während der immuninkompetenten Frühphase nach der Geburt verantwortlich sind. Wie schon in Zusammenhang mit dem immunologischen Gedächtnis diskutiert worden ist, scheinen T-Zellen vor allem für den Immunschutz des Wirtes wesentlich zu sein, wenn Antigenpersistenz über die sog. Infektionsimmunität (S. 130) effizient kontrolliert wird (z. B. Tuberkulose, HIV). Die erhöhte Frequenz von T- und B-Zellen allein garantiert wenig bis keinen Schutz gegen wiederholte Infektionen.

3.6.3 Tumorimmunität

Über die Immunkontrolle gegen Tumoren ist immer noch relativ wenig bekannt. Auch wenn gewisse Tumoren definierte tumorassoziierte oder tumorspezifische Antigene tragen, genügt dies offensichtlich meist nicht für eine Immunabwehr. Daneben besteht das Problem der Tumordiagnose: Die Präsenz von Tumoren wird zwar gelegentlich funktionell oder immunologisch nachgewiesen, aber der Tumor wird nicht gefunden, weil übliche Untersuchungen meistens erst Tumoren der Größe von etwa 10^9 Zellen entdecken können; das entspricht etwa 1 ml oder 1 cm^3 Tumorgewebe.

Wachstumsort, Wachstumsrate, Vaskularisation bzw. fehlende Vaskularisation, Nekrose und damit Phagozytose von zerfallendem Tumorgewebe sind für die Immunabwehr wichtig. Dabei ist offensichtlich, dass wir die Tumoren in allen Fällen, in denen die Immunüberwachung gegen Tumoren erfolgreich ist, gar nicht sehen; leider sind klinisch relevante Tumoren aber erfolgreiche Tumoren.

Es gibt folgende Hinweise für eine Rolle der Immunabwehr bei der Tumorkontrolle:

- Mehr als 85 % aller Tumoren sind Karzinome und Sarkome, d. h. nicht lymphohämatopoietische Tumoren, die in der Peripherie, also außerhalb von organisierten lymphatischen Geweben, entstehen. Diese Tumoren werden initial ganz allgemein vom Immunsystem ignoriert.
- Lymphohämatopoietische Tumoren zeigen oft immunologisch besonderes Verhalten, indem ihre antigenpräsentierende Funktionen abgeschwächt, ihre MHC- und/oder Tumorantigen-Konzentrationen ungewöhnlich niedrig sind oder selektiv ganz fehlen oder indem akzessorische Moleküle und Signale oft fehlen.
- Angeborene Immundefekte oder sekundäre Immundefizienz bedingt durch Anti-Lymphozyten-Seren, Zytostatika, γ-Bestrahlung, UV-Bestrahlung oder Infektionen, fördern im Allgemeinen das Tumorwachstum, insbesondere das von lymphohämatopoietischen Tumoren. Weniger oder nicht beeinflusst werden

Karzinome und Sarkome. Experimentelle Karzinogene sind oft auch immunsuppressiv.

- Wird der große Primärtumor chirurgisch entfernt, können Metastasen im Lymphknoten verschwinden (oder aber als immunologische Ausweichmutanten auch rasch auswachsen). Auch müssen selbst Tumorzellen im Blut oder in den Lymphbahnen nicht notwendigerweise zu Metastasen führen.
- Tumorzellen zeigen oft Modulationen der MHC-Expression und von tumorassoziierten Antigenen, z. B. fehlen manchen Tumoren MHC-Klasse-I-Moleküle, evtl. sogar nur dasjenige, das ein spezifisches tumorassoziiertes Peptid präsentieren kann (z. B. Kolonadenokarzinome). Aber auch durch die Herunterregulation von tumorassoziierten Antigenen können Tumoren der Immunüberwachung entgehen (z. B. MHC-Klasse-I-Verminderung durch das E19-Protein der Adenoviren).
- Die Immunantwort kann ausbleiben, weil Tumoren Differenzierungsantigene exprimieren, gegenüber denen der Wirt immunologisch tolerant ist (z. B. karzinoembryonales Antigen [CEA], T-Zell-Leukämie-Antigen).
- Eine Blockade des retikuloendothelialen Systems kann zur Förderung von lymphohämopoietischen Tumoren führen. So können chronische parasitäre Infektionen wie Malaria plus EBV-Infektion zum Burkitt-Lymphom, einem B-Zell-Malignom, führen.
- Tumorzellen können Zytokine bilden, welche die Immunantwort hemmen (TGFβ, IL-10) oder können löslichen Fas Rezeptor freisetzen, welcher proapoptotische Signale von Fas L abfängt.

3.7 Die krankmachende Immunreaktion

Immunabwehr kann Krankheit verursachen: **Typ I:** allergische IgE-abhängige Erkrankungen. **Typ II**: Antikörperantworten gegen Zellmembranen, Blutgruppenantigene oder andere Autoantigene. **Typ III:** Immunkomplexkrankheiten; übermäßige Antigen-Antikörper-Komplexe lagern sich an Basalmembranen ab und verursachen über Komplementaktivierung und Entzündungsreaktionen oft chronische Krankheiten. **Typ IV**: zelluläre Immunpathologie als Folge übermäßiger T-Zell-Abwehr bei sonst wenig pathogenen bis apathogenen Infektionen oder gegen fremde Organtransplantate.

3.7.1 Typ I: Anaphylaxie über IgE

Diese Soforttyp-Reaktion entwickelt sich beim allergisch sensibilisierten Individuum in wenigen Minuten. IgE, mit dem Fc-Teil an Basophile und Mastzellen gebunden, verursacht durch spezifische Bindung des Allergens eine Degranulierung und

Freisetzung von biogenen Aminen (z.B. Histamin, Seratonin) und durch Aktivierung der Phospholipase A die Bildung von Arachidonsäure und anschließend darauf durch die Zyklooxygenase die Freisetzung von Prostaglandinen (DGD2) oder unter dem Einfluss der 5-Lipoxygenase die Bildung von Leukotrienen (LTC4, LTE4). Diese freigesetzten Mediatoren beeinflussen die glatte Muskulatur: Kontraktion vor allem in der Lunge (Bronchokonstriktion), Kontraktion postkapillärer Venolen, aber Erweiterung der Arteriolen. Lokalisiert äußert sich eine solche IgE-vermittelte Anaphylaxie als Quaddel in der Haut, als Durchfall bei der Nahrungsmittelallergie, als Rhinitis oder Asthma bei der Pollenallergie und generalisiert als anaphylaktischer Schock. IgE-Reaktionen werden meistens in vitro über RIA (Radioimmunassay), RIST (Radioimmunosorbenstest) oder RAST (Radioallergensorbenstest) gemessen (s. Abb. **3.23** u. Abb. **3.24**, S. 155f.). Häufige Ursachen für IgE-Allergien beim Menschen sind Pollen, Tierhaare, Hausstaub (Milben), Insektenstiche, Penizilline und Nahrungsmittel. Beispiele allergischer Krankheiten sind lokale allergische Rhinitis und Konjunktivitis, allergisches Asthma bronchiale, systemischer anaphylaktischer Schock, Insektengiftallergien, Hausstaub(Milben)- und Nahrungsmittelallergien, Urtikaria und Angioödeme.

Eine Degranulierung der Mastzellen und Basophilen kann auch über andere Mechanismen als die Vernetzung von spezifischen zellständigen IgE-Antikörpern erfolgen, z.B. über die Komplementfaktoren C3a und C5a oder über direkte pharmakologische Auslösung („Pseudoallergie"!).

Atopiker sind übermäßig an Allergien leidende Individuen. Die Atopie ist genetisch bedingt: 50% Risiko, wenn beide Eltern allergisch sind; etwa 30% wenn nur ein Elternteil allergisch ist, etwa 10–15% in der allgemeinen Bevölkerung. Atopie korreliert mit hoher IgE-Bildung, hoher Dichte von gebundenem IgE und hoher Zahl von IL-4 bildenden TH2-Zellen im Blut. Unter dem Begriff Desensibilisierung fasst man Versuche zusammen, über wiederholte Injektionen oder orale Verabreichung von Allergenen eine TH2-Antwort in eine TH1-Antwort zu verändern (s. Abb. **3.14**, S. 107). Dabei spielt eine vermehrte IgG- statt IgE-Antikörperbildung eine große Rolle. IgE hat wahrscheinlich eine wichtige biologische Funktion, und die sog. allergischen Reaktionen sind aus dieser Sicht wohl nur unerwünschte Nebenwirkungen. Wie IgE bei Parasiteninfektionen protektiv wirkt (z.B. mit eosinophilen Granulozyten), ist noch wenig erforscht; über IgE-bedingt freigesetzte Mediatoren, die zu Kontraktionen der glatten Darmmuskulatur führen, wird die Ausstoßung von Darmparasiten begünstigt.

3.7.2 Typ II: Humorale Immunreaktion vom zytotoxischen Typ

Es handelt sich um krankmachende Immunreaktionen, die durch IgM- oder IgG-Antikörper gegen Antigene auf Zellmembranen (auch virale Produkte oder Haptene) oder Gewebskomponenten verursacht werden. Mediatoren sind meist Komponenten des Komplementsystems und Verdauungsenzyme der Granulozyten. Die wichtigsten Krankheiten, die auf einer Immunreaktion vom zytotoxischen Typ beruhen, sind in Tab. **3.12** zusammengefasst.

Autoantikörper-Antworten

Autoantikörper können zytostimulierend oder -blockierend sein. Einige Autoantikörper sind gegen Hormonrezeptoren gerichtet: Beispiele sind Hyperthyreose bei Morbus Basedow bedingt durch Autoantikörper, die den TSH-Rezeptor stimulieren, und blockierende Acetylcholinrezeptor-spezifische Autoantikörper bei Myasthenia gravis. Weitere Krankheiten durch Antikörper gegen Hormone und andere Eigenstrukturen sind: Hashimoto-Thyreoiditis, ausgelöst durch Anti-Thyreoglobulin- und Anti-Mitochondrien-Autoantikörper, perniziöse Anämie (Anti-Intrinsischer Faktor), Pemphigus vulgaris (Anti-Desmosomen), Guillain-Barré (aufsteigende Paralyse durch spezifische Myelin-Autoantikörper). Zu den Immunpathologien, bei denen Autoantikörper eine Rolle spielen, zählen auch die Trans-

Tabelle **3.12** Beispiel von antikörperbedingten Typ-II-Immunpathologien

Antikörper	**Autoimmun- oder Immunpathologie**
Anti-Zellmembran	– Rhesus-Inkompatibilität – Bluttransfusionskomplikationen – Autoimmun-hämolytische Anämie – Immun-Neutropenie – Idiopathische Thrombozytopenie Purpura (ITP)
Anti-Basalmembran	– Goodpasture-Syndrom (Typ IV Kollagen in Niere und Lunge)
Anti-Kollagen	– Pemphigoid (Proteine der epidermalen Basalmembran)
Anti-Desmosomen	– Pemphigus vulgaris
Anti-Rezeptor	– Anti-Acetylcholinrezeptoren: Myasthenia gravis – Anti-TSH-Rezeptoren: Morbus Basedow
Anti-Hormon	– Anti-intrinsischer Faktor (perniziöse Anämie)
Anti-Medikament	– chemische Gruppen (Haptene) an Zelloberfläche gebunden (Zell-Lyse, Agranulozytose)
Anti-Ig	– rheumatoide Arthritis (IgM-anti-IgG-Rheumafaktor) – Kryoglobulinämie
Anti-Zellkomponenten	– Anti-DNA (Lupus erythematodes, LE) – Anti-Mitochondrien (primäre biliäre Zirrhose) – Anti-neutrophiles Zytoplasma-Antigen (ANCA) (Myeloperoxidase oder Protease 3): Systemvaskulitiden

plantatabstoßung via Endothelschäden, v. a. auch bei Xenotransplantaten, und die Tumorabstoßung via Antikörper gegen tumorassoziierte Antigene auf neoplastischen Zellen (vor allem bei lymphohämopoietischen Tumoren). Eine besondere Situation stellen Antikörper gegen Granulaproteine von Neutrophilen dar (ANCA: Tab. **3.12**). Durch Aktivierung der Zellen kommt es zur Degranulierung und damit zur Bindung der Autoantigene an Neutrophile (Folge: Freisetzung von Sauerstoffradikalen nach Kontrolle mit Antikörper → Endothelschaden) und an Endothelien, was zur Vaskulitis führt. Antikörper gegen Kernproteine (DNA, Ribonukleoproteine, Histone) binden diese Antigene entweder nach Ablagerung auf Zellen oder Basalmembranen (Typ IV Kollagen). Allgemein muss aber betont werden, dass der Nachweis von Autoantikörpern nicht unbedingt mit pathologischen Veränderungen oder Krankheit einhergeht! Verwandte von Erkrankten zeigen oftmals ebenfalls Autoantikörper, ohne dass sie selbst erkranken.

Es ist immer noch weitgehend unklar, wie Autoantikörperantworten induziert werden. Wie im Zusammenhang mit der Zell-Toleranz schon diskutiert worden ist, kann ohne T-Hilfe keine solche IgG-Antwort entstehen. Deshalb sucht man intensiv nach Mechanismen, die T-Hilfe mit autoreaktiven B-Zellen verknüpfen; einige Möglichkeiten sind in Tab. **3.13** zusammengefasst.

Tabelle **3.13** Mechanismen der Autoantikörperproduktion

Mögliche Mechanismen	**Verursacht durch**
polyklonale B-Zell-Aktivierung	Lipopolysaccharide, Viren, chronische Parasiteninfektion
molekulare „Mimikry“	HTLV-I: anti-TaT-Antikörper kreuzreagieren mit neuronalem Antigen (hu RNP-A1 Riboprotein): HTLV-I assoziierte Myelopathie? (wahrscheinlich sehr selten)
Freilegen von verborgenen Eigenantigenen	zytopathische Effekte von Infektionserregern
Adjuvanseffekte	Bei Granulombildungen und chronischen Entzündungsreaktionen kann es zur Bildung von lymphatischem Gewebe in peripheren Organen kommen, z. B. Thyreoiditis Hashimoto
Brechen von Toleranz	durch Koppelung von T-Hilfe-Epitopen an Eigenantigene; möglich vor allem im Zusammenhang mit Virusinfektionen von Zellen

Anti-Blutgruppen-Antikörperreaktionen

AB0-System. Diese B-Zell-Epitope sind *Zuckergruppierungen in den Membranen der roten Blutkörperchen,* aber auch auf anderen Zellen inkl. Endothelzellen. Man unterscheidet vier klassische Blutgruppen, die durch ein Gen mit 3 Allelen determiniert werden, das die Glykosylierung steuert. Unter der Einwirkung des 0-Allels wird nur ein Grundgerüst (H-Substanz) gebildet, dessen terminale Zucker Galactose und Fucose sind. Das Allel A transferiert N-Acetyl-Galactosamin, das Allel B die Galaktose an dieses Grundgerüst. Dadurch entstehen Epitope, die in der Natur, namentlich als *Bestandteile von Darmbakterien,* weit verbreitet sind. Individuen, die das Allel A tragen, sind gegenüber dem durch A codierten Epitop tolerant, Individuen mit dem Allel B entsprechend gegenüber dem B-Epitop. Individuen, die beide Allele tragen (Genformel AB), sind gegenüber beiden Epitopen tolerant, während solche, die homozygot bezüglich 0 sind, weder gegenüber A noch gegenüber B Toleranz zeigen. Nach der Geburt wird der Darmkanal mit Bakterien besiedelt, die reichlich mit A- und B-ähnlichen Epitopen versehen sind. Im Laufe der ersten Lebensmonate bilden daraufhin Menschen der Blutgruppe 0 (homozygot bezüglich dem Allel 0) sowohl Anti-A- als auch Anti-B-Antikörper, Menschen der Blutgruppe A (Genformel A0 oder AA) nur Anti-B, Menschen der Blutgruppe B (Genformel B0 oder BB) nur Anti-A und Menschen der Blutgruppe AB weder Anti-A noch Anti-B.

Diese sog. „natürlichen“ Antikörper (man meint damit Antikörper, die ohne erkennbare Immunisierung gebildet werden) sind IgM; ein Switch zu IgG findet normalerweise nicht statt, wahrscheinlich mangels fremder T-Zell-Epitope. Die Anwesenheit der Blutgruppenantikörper stellt eine Gefahr bei der Bluttransfusion dar, weshalb vor jeder Transfusion die Blutgruppenzugehörigkeit von Spender und Empfänger festgestellt werden muss. Dabei sind die *Antikörper im Donorblut weniger wichtig,* da sie ausverdünnt werden; der 00 Genotyp ist deshalb ein universeller Donor. Mütterliche IgM-Antikörper gegen Blutgruppen sind für den Fetus ungefährlich, weil sie die Plazentaschranke nicht passieren können.

Rhesus-System. Es handelt sich hier ebenfalls um genetisch determinierte Epitope auf den roten Blutkörperchen, gegen die aber in der Regel keine „natürlichen“ Antikörper auftreten. Erst aufgrund einer *Immunisierung* (durch Bluttransfusion oder Schwangerschaft) werden IgM- und IgG-Antikörper induziert. Unter der Geburt treten oft kleinere Mengen von kindlichem Blut in den mütterlichen Kreislauf. Sind auf den Blutkörperchen des Kindes väterliche Epitope vorhanden, die der Mutter fehlen, so bewirkt dieser Blutübertritt eine Immunisierung. Falls dabei Antikörper der Klasse IgG entstehen, können diese eine *spätere Schwangerschaft* gefährden, sofern das Kind wiederum die gleichen Epitope trägt. Das Krankheitsbild heißt Morbus haemolyticus neonatorum oder Erythroblastosis fetalis.

Ist eine Immunisierung einmal eingetreten und muss aus genetischen Gründen mit der *Gefährdung künftiger Schwangerschaften* gerechnet werden, so lassen sich spätere Kinder durch aufwendige Maßnahmen, z.B. künstliche Entbindung und Austauschtransfusion, retten. Ist die Gefahr einer Rhesusimmunisierung am Ende einer ersten gefährdenden Schwangerschaft erkannt, so lässt sich durch *passive Zufuhr* entsprechender, gegen die kindlichen Epitope gerichteter Antikörper unmittelbar nach der Entbindung eine Immunisierung der Mutter verhindern. Diese spezifische Immunsuppression ist ein empirischer Erfolg der Immunologie; ihr genauer Mechanismus ist noch nicht restlos geklärt.

Weitere Blutgruppensysteme. Neben den bisher erwähnten gibt es noch mehrere andere Blutgruppensysteme, gegen die Antikörper vorkommen können, welche Transfusionen gefährden. Eine wichtige Sicherung zur Vermeidung von Transfusionszwischenfällen bildet die Kreuzprobe. Unmittelbar vor einer geplanten Transfusion wird Serum des prospektiven Empfängers mit Erythrozyten des prospektiven Donors und umgekehrt Serum des Donors mit Erythrozyten des Empfängers gemischt. In beiden Mischungen darf keine Agglutination eintreten. Da einige Serumantikörper zwar an Erythrozyten binden und diese opsonisieren können, jedoch nicht zur Agglutination in der Lage sind, gibt man zusätzlich noch Anti-Menschenimmunglobulin-Serum hinzu, um diese Antikörper zu vernetzen. Auch dann darf keine Agglutination eintreten.

3.7.3 Typ III: Durch Immunkomplexe verursachte Krankheiten

Immunkomplexkrankheiten werden durch Ablagerung von **kleinen, löslichen Antigen-Antikörper-Komplexen** im Gewebe verursacht. Hauptmerkmal ist die *Entzündung*, bei der Komplement involviert ist. Sofern das Komplementsystem intakt ist, die Opsonisation funktionell und keine Störungen der Granulozyten und Makrophagenfunktion vorliegen, werden große, d.h. in Äquivalenz gebildete Antigen-Antikörper-Komplexe durch Phagozyten des retikuloendothelialen Systems problemlos entfernt. Gelegentlich jedoch – besonders bei *persistierenden bakteriellen, viralen (z. B. Hepatitis B und C) oder Umweltantigenen* (z.B. Pilzsporen, pflanzliche oder tierische Materialien) oder bei *Autoimmunkrankheiten* gegenüber Selbstantigenen (DNS, Hormone, Kollagen, IgG), bei denen kontinuierlich Auto-Antikörper gegen körpereigene Antigene gebildet werden – werden immer und überall Antigen-Antikörper-Komplexe abgelagert, vorwiegend an sekretorisch aktiven Membranen und in kleineren Gefäßen der Nieren, Gelenke, Arterien, Haut, Lungen und im Plexus chorioideus des Gehirns. Die hervorgerufenen Entzündungen verursachen dort lokale Gewebeschäden. Vor allem die Aktivierung von Komplement durch diese Komplexe führt zur Bildung von inflammatorischen C-Komponenten (C3a und C5a). Diese *Anaphylatoxine* setzen aus Gewebemastzellen und Basophilen vasoaktive Amine frei, was die vaskuläre Permeabilität erhöht (s. a. S. 134f.). Zusätzliche chemotaktische Aktivitäten locken *Granulozyten* an, die versuchen, die Komplexe zu phagozytieren. Wenn diese Phagozyten zugrunde gehen, werden ihre lysosomalen, hydrolytischen Enzyme freigesetzt, was zu Gewebeschäden führt. Dadurch entstehen chronische Entzündungsreaktionen mit langwierigen Verläufen.

Man unterscheidet zwei Gruppen von Immunkomplex-Pathogenesen:

- **Immunkomplexe im Antigenüberschuss.** Die akute Form, z.B. bei der *Serumkrankheit*, sowie die chronische Form führen zu Arthritiden, Glomerulonephritiden und Exanthemen. Die eigentliche Serumkrankheit wird heute kaum mehr angetroffen. Sie war eine Folge der Serumtherapie in der Vorantibiotikazeit: Die Inokulation von Pferdeantikörpern gegen humanpathogene Keime oder bakterielle Toxine induzierte die Bildung von menschlichen Antikörpern gegen das Pferdeserum. Da aus therapeutischen Überlegungen relativ viel Pferdeserum gegeben wurde, bildeten sich Antigen-Antikörper-Komplexe, zum Teil eben im Antigenüberschuss
- **Immunkomplexe im Antikörperüberschuss.** Die sog. *Arthus-Reaktion* entsteht, wenn ein Individuum über lange Zeit wiederholt kleinen Mengen eines Antigens ausgesetzt ist, wobei sich Komplexe im Antikörperüberschuss bilden. Bei einer weiteren Exposition, vor allem in der Haut oder Schleimhaut, löst dies eine typische Reaktion mit Ödem und Erythem, eventuell mit Nekrose aus, die ihr Maximum nach 3–8 Stunden erreicht, nach 48 Stunden aber schon wieder verschwunden ist. Reaktionen vom Arthus-Typ können als *Berufskrankheiten* auftreten, immer dann, wenn ein Individuum einem Umweltantigen wiederholt und kontinuierlich ausgesetzt ist: Farmerlunge (thermophile *Actinomyces* in schimmeligem Heu), Vogel- und Taubenzüchterlunge (Protein im Staub getrockneter Faeces dieser Vögel), Käserlunge (Sporen von Penicillium casei), Kürschnerlunge (Proteine der Pelzhaare), Malzarbeiterlunge (Sporen von Schimmelpilzen).

3.7.4 Typ IV: Überempfindlichkeit oder zellvermittelte Überempfindlichkeit vom Spättyp

Injiziert man intrakutan ein lösliches Antigen des infektiösen Keimes, so entsteht am Applikationsort eine verzögerte Hautreaktion bei vorheriger Infektion und Immunantwort. Diese *Haut-Reaktion vom Spättyp* kann als Test dienen, um eine Immunität gegen intrazelluläre Bakterien oder Parasiten nachzuweisen.

Meistens beträgt die Zeitspanne zwischen Gabe des Antigens und der Schwellungsreaktion 48–72 Stunden, wie dies für die sog. zelluläre Überempfindlichkeitsreaktion in der Haut (DTH) schon dargestellt worden ist (S. 130). Wie bei den antikörperabhängigen Überreaktionen vom Typ I–III ist auch die Typ-IV-Reaktion eine krankmachende Reaktion, die sich *nur im Ausmaß und den Konsequenzen, nicht aber in den Details der Wirkungsmechanismen von schützenden Immunantworten unterscheidet.* Insbesondere am Beispiel der Typ-IV-Reaktion (z.B. aggressive Hepatitis beim Menschen oder lymphozytäre Choriomeningitis der Maus) lässt sich die unklare Abgrenzung zwischen Autoimmunkrankheiten und Immunpathologie vom Typ IV aufzeigen: Wenn der verursachende infektiöse Keim bekannt ist, spricht man von einer Typ-IV-Reaktion, ist er nicht bekannt, oder nicht erkannt, imponiert die gleiche Krankheit als „Autoimmunkrankheit". Da viele Beispiele der Typ-IV-Reaktion in verschiedenen Kapiteln schon besprochen worden sind, sei auf diese hingewiesen (DTH [S. 130], Immunschutz und Immunpathologie [Tab. **3.10** und Tab. **3.11**, S. 135f.], Transplantationsimmunologie [s. unten] und Autoimmunität [S. 141ff.]).

Autoimmune T-Zellen sind meistens gegen Selbstantigene gerichtet, die normalerweise ignoriert werden (weil sie nur in der Peripherie exprimiert werden). Bei der *Multiplen Sklerose* wirken wahrscheinlich autoaggressive $CD4^+$ T-Zellen gegen Bestandteile des Myelins, bei *Polyarthritis* $CD4^+$ T-Zellen gegen Kollagen-Determinanten, bei *Diabetes* gegen Inselzellbestandteile etc. Oft liegen Kombinationen von Typ III und Typ IV Reaktionen vor (z. B. bei der Multiplen Sklerose oder der chronischen Polyarthritis).

3.8 Transplantationsimmunität

Die Transplantatabstoßung ist innerhalb der Spezies im Wesentlichen eine Konsequenz der MHC-restringierten T-Zell-Erkennung. Zwischen den Spezies ist sie zusätzlich durch Antikörper und Unverträglichkeiten der Komplementinaktivierungsmechanismen bedingt. Möglichkeiten, die Abstoßung zu vermindern oder zu verhindern, sind: Immunsuppression, Toleranzinduktion durch Zellchimärismus oder die Sequestrierung vom Immunsystem der transplantierten Organzellen oder des Organs.

Die *starken* Transplantationsantigene sind im *MHC-Komplex kodiert* (s. S. 90ff.), die *schwachen* entsprechen MHC-präsentierten allelischen Unterschieden von *nicht-MHC-kodierten Proteinen bzw. Peptiden des Wirtes.* Man unterscheidet die Wirt-anti-Transplantat-(**host-versus-graft; HVG-**)Reaktion des Empfängers gegen ein genetisch unterschiedliches Gewebe oder Organ von der Transplantat-anti-Wirt-(**graft-versus-host-, GVH-**)Reaktion.

GVH-Reaktion. Sie entsteht, wenn *immunologisch aktivierbare Spender-T- Zellen* auf einen allogenen Empfänger übertragen werden, der sie nicht abstoßen kann (z. B. bei einer Knochenmarktransplantation in einen immuninkompetenten oder -supprimierten Empfänger). Ziel der Immunreaktion der transplantierten T-Zellen sind die MHC-Klasse-I- und -Klasse-II-Moleküle des Empfängers. Die Transplantationsantigene des Empfängers präsentieren zusätzlich allelisch unterschiedliche Empfänger-Selbstpeptide, und diese können von Spender-T-Zellen auf den gemeinsamen MHC-Allelen als schwache Transplantationsantigene erkannt werden. (Die Möglichkeit, dass auch starke Empfänger-Transplantationsantigene

von APZ des Spenders aufgenommen und prozessiert werden, besteht zwar, hat aber funktionell für Klasse I kaum Konsequenzen, da diese Antigenkonfiguration auf den Zellen des Empfängergewebes als solche nicht vorkommt.) Schwache Histokompatibilitätsantigene, d.h. alle Varianten von Peptiden, die in der Kombination mit an sich histokompatiblen MHC-Molekülen als fremd erkannt werden, spielen vor allem bei Knochenmarktransplantationen eine Rolle. Das Vorkommen schwacher Transplantationsantigene konnte bei komplett histokompatiblen Geschwistern oder zwischen unterschiedlichen aber MHC-identischen Tier-Inzuchtstämmen gezeigt werden. Die *Vielzahl der alloreaktiven T-Zellen* ist durch die Kreuzreaktivität einerseits und durch die enorme Vielfalt an unterschiedlichen Kombinationen von MHC-Molekülen und zelleigenen Peptiden zu erklären. Dazu muss betont werden, dass allogenetische MHC-Antigene auf APZ und Lymphozyten (den sog. passenger leukocytes) besonders immunogen sind. Die gleichen fremden Transplantationsantigene, auf Fibroblasten oder auf epithelialen oder neuroendokrinen Zellen exprimiert, sind kaum immunogen, wenn sie lokales lymphatisches Gewebe nicht erreichen können.
Um eine GVH bei Knochenmarktransplantationen zu vermeiden, müssen die immunkompetenten T-Zellen im übertragenen Knochenmark eliminiert werden. Dies kann über Anti-T-Zell-Antikörper, Anti-Lymphozyten-Antiseren und Komplement oder über Sortieren mit magnetischen spezifischen Antikörpern erfolgen. Es hat sich aber erwiesen, dass ein komplettes Eliminieren der reifen T-Zellen für das Angehen des Knochenmarktransplantats ungünstig ist. Zudem ist dadurch die bei Leukämie erwünschte Antitumorwirkung des Transplantats oft geschwächt. Wahrscheinlich induzieren die übertragenen wenigen T-Zellen im Knochenmark eine subklinische GVH-Reaktion, wodurch sie einerseits die Abstoßung durch den Empfänger verhindern und andererseits Leukämiezellen des Empfängers zerstören können und so ein Tumorrezidiv verhindern.

Anwendung von Knochenmarktransplantationen heute:
- Rekonstitution von Immundefekten auf der Seite von B- und T-Zellen,
- Rekonstitution von anderen lymphohämatopoietischen Defekten,
- Gentherapie durch Einbringen von Genen über lymphohämopoietische Stammzellen,
- Therapie von Leukämien durch letale Ausräumung der Tumorzellen und Rekonstitution durch autologe oder fremde histokompatible gereinigte Blut-Stammzellen.

HVG-Reaktionen, d.h. Immunantworten des Empfängers gegen übertragene Zellen oder Organe, spielen keine Rolle bei Autotransplantaten, z.B. Transplantationen von Haut von einer Körperstelle auf eine andere des gleichen Individuums. Das gleiche gilt für Transplantate zwischen eineiigen Zwillingen oder zwischen genetisch identischen Tieren (**syngene Transplantate**). Transplantate zwischen nicht-

verwandten oder nicht-ingezüchteten Tieren gleicher Art oder von einem Tier einer Inzuchtlinie auf ein Tier einer anderen Inzuchtlinie der gleichen Art (**allogene Transplantate**) sowie Transplantate zwischen Individuen, die verschiedenen Arten angehören (**xenogene Transplantate**), werden immunologisch abgestoßen. Wegen der MHC-Restriktion der T-Zellen ist die zelluläre Abstoßung innerhalb der Spezies sogar stärker als zwischen verschiedenen Spezies. Zwischen verschiedenen Spezies entstehen aber zusätzliche Komplikationen bei der Transplantation: Natürliche *kreuzreaktive Antikörper* und das *Fehlen der Komplementinaktivierung* durch antikomplementäre Faktoren (die oft Spezies-inkompatibel sind und deshalb bei xenogenen Transplantaten wegfallen) führen meistens zu hyperakuten Abstoßungen in Minuten oder Stunden bis wenigen Tagen, also bevor überhaupt spezifische Immunantworten induziert worden sind.
Bei der Transplantatabstoßung unterscheidet man:

- **Hyperakute Abstoßung** von vaskularisierten Transplantaten innerhalb von Minuten bis Stunden durch präformierte Antikörper des Empfängers, die mit Antigen auf dem Endothel reagieren. Dadurch kommt es zu Koagulation, Thrombosen, sowie zu Infarkten mit ausgedehnten Nekrosen.
- **Akute Abstoßung** innerhalb von Tagen bis Wochen. T-Lymphozyten-Infiltrate treten perivaskulär und prominent auf. Durch Immunsuppression kann die akute Abstoßung verhindert werden.
- **Chronische Abstoßung** nach Monaten bis Jahren. Zellulär und humoral vermittelt. Obliterierende vaskuläre Intimaproliferation, Vaskulitiden, toxische und Immunkomplex-Glomerulonephritis.

Antigenität und Immunogenität von MHC in Organtransplantaten.
Eine Schilddrüse von Donor „a“, frisch transplantiert unter die Nierenkapsel einer MHC(H-2)-inkompatiblen Rezipientenmaus „b“, wird nach 7–9 Tagen akut abgestoßen. Kultiviert man das Organ zuerst unter Bedingungen, die die wanderungsfähigen APZ und Leukozyten töten, und transplantiert es dann, wird das Transplantat „a“ vom Rezipienten „b“ permanent akzeptiert. Werden nach 100 Tagen frische Milzzellen (APZ) von einem Donor „a“ in den Rezipienten „b“ transfundiert, wird das bis dahin (100 Tage) akzeptierte Transplantat „a“ oft akut in 10 Tagen abgestoßen. Dieses Experiment zeigt, dass nicht die MHC-Antigene als solche stark immunogen sind, sondern nur, wenn sie sich auf migrationsfähigen Zellen befinden, die in die lokalen Lymphknoten gelangen können. Die Möglichkeit, fremde Gewebezellen oder kleine Organe zu übertragen, ohne die Immunabwehr zu wecken, wird heute mit Inselzellen bei Diabetes und neuronalen Zellen bei Parkinsonismus in der Klinik erprobt.

Messmethoden. Wichtige Methoden zum Verfolgen einer HVG oder GVH sind Biopsien und histologische Beurteilung, Beurteilung der Blutzellen sowie die gemischte Lymphozytenreaktion in vitro (S. 160).

3.9 Immundefekte und Modulation der Immunantwort

Immundefekte werden häufig erworben durch Therapie, Virusinfekte oder hohes Alter. Selten sind sie angeboren (z. B. findet man vorübergehende partielle Immundefekte, die vor allem IgA-Antworten betreffen). **Immunmodulation** wird versucht mit Interleukinen, monoklonalen Antikörpern gegen Lymphozytenoberflächenmoleküle oder mit antigenen Peptiden. **Immunstimulation** erreicht man über Adjuvanzien oder gentechnische Einfügung von kostimulatorischen Molekülen in Tumorzellen. Eine allgemeine **Immunsuppression** versucht man über Pharmaka generell oder spezifisch mit Antikörpern, Interleukinen oder löslichen Interleukinrezeptoren zu induzieren. Eine spezifische Toleranzinduktion erreicht man mit Proteinen, Peptiden oder Zellchimärismus.

3.9.1 Immundefekte

Die wichtigsten und häufigsten Immundefekte sind *erworben*, z. B. therapiebedingt (Zytostatika, Cortison, Bestrahlung usw.), altersbedingt oder durch Malnutrition, bei chronischen Parasitosen, Virusinfektionen (v. a. HIV) sowie bedingt durch schwere Erkrankungen (Leberzirrhose, Niereninsuffizienz, Diabetes mit Versagen des Phagozytensystems). *Angeborene Defekte* sind selten; Beispiele sind: X-Chromosom-gebundener B-Zell-Defekt nach Bruton (Agammaglobulinämie), Thymushypoplasie nach DiGeorge, kombinierte T-und B-Zell-Defizienz bei MHC-Defekten (Syndrom der nackten Lymphozyten) und bei Enzymdefekten (Adenosindesaminase [ADA]- oder Purinnukleotidphosphorylase-[PNP]-Mangel). Diese Defekte können durch Rekonstitution (Thymustransplantate) z. T. mit Stammzellen (Gentherapie), behoben werden (z. B. war die Gentherapie bei ADA-Defizienz eine der ersten erfolgreichen Anwendungen der Gentherapie). Häufig sind selektive IgA- sowie die IgG-Subgruppen-Mängel, die meist in der Kleinkindphase prominenter sind als später. Betroffene sind gegenüber Infektionen mit *Haemophilus influenzae*, Pneumokokken und Meningokokken empfänglicher. Zu nennen sind hier ebenfalls die erworbenen Hypogammaglobulinämien des Erwachsenen. Allgemeine *Folgen von Immundefekten* sind rekurrierende und ungewöhnliche Infektionen, Ekzeme und Diarrhö sowie Neigung zu Autoimmunität, Atopie und lymphohämopoietischer Tumorerkrankung.

3.9.2 Immunregulation

Dies ist immer noch ein schwieriges Kapitel der Immunologie. Antigene sind der wichtigste positive Regulator; wenn sie komplett entfernt sind, entfällt die Stimulation. Wichtige und etablierte Regulatoren sind Interferon-γ (IFN-γ) für TH1 und

IL-4 für TH2, andere IL-abhängige Regulationen werden jetzt definiert. Herunterregulierende spezifische $CD8^+$-T-Suppressorzellen sind früher postuliert worden, quasi als Gleichgewicht für aufregulierende $CD4^+$-T-Zellen. Solche $CD8^+$-T-Zellen sind aber nicht überzeugend nachgewiesen worden. An Bedeutung gewonnen haben neuerdings die bei Autoimmunkrankheiten, Transplantationssituationen und Tumoren nachgewiesenen CD25 exprimierenden sogenannten regulatorischen CD4 T-Zellen (TREG, welche IL-10 und TGF β bilden), deren Bedeutung in vivo ist aber noch nicht klar. Regulationen über *idiotypische/antiidiotypische Antikörpernetzwerke* (d.h. Antikörper gegen die ABS von Antikörpern), die auch TZR einbeziehen, sind hypothetisch geblieben. Diese attraktiven, aber meistens täuschenden theoretischen Konzepte sollten deshalb auch nicht mehr zur Erklärung herangezogen werden. In einzelnen Fällen können zwar unter forcierten experimentellen Bedingungen antiidiotypische oder anti-TZR-Peptid-spezifische Regelkreise konstruiert werden, das heißt aber noch lange nicht, dass diese Regelkreise das Immunsystem auch unter normalen Umständen und (oder gar) als Ganzes regulieren.

Immunstimulation

In der Infektions- und Tumorbekämpfung versucht man, mit Hilfe von Thymushormonen (Thymopoietin, Pentapeptide), Leukozytenextrakten und Interferonen eine Verbesserung der Immunstimulation zu erreichen. Als *Adjuvanzien* werden Derivate von Mikroorganismen und synthetische Analoga eingesetzt, z.B. BCG, Teile von *Corynebacterium parvum* und Peptidoglykane (z.B. Muramylpeptid). Auch Bestandteile von Streptokokken und Streptomyces sowie Eluate und Fraktionen von Bakteriengemischen sowie das damit verwandte synthetische Levamisol finden Verwendung.

Toll-like Rezeptoren (TLR)-Stimulation mittels LPS, Flagellin, ssRNS und CpG Oligonukleotiden wird zurzeit experimentell und in der Klinik vor allem zur Verbesserung der Vakzinewirkung auch gegen Tumore erprobt.

Neuere Strategien der Immuntherapie zielen darauf ab, die Antigenpräsentation zu verbessern. Es werden entweder *Interleukine* oder *costimulatorische Moleküle* wie B7 oder CD40 mittels Transfektion in Tumorzellen gebracht oder die APZ via TLR-Stimulation aktiviert. Durch Herstellen von Hybridantikörpern, z.B. Koppelung von anti-CD3 und Tumorantigen-spezifischen Antikörpern, versucht man, Antigenerkennung und Phagozytose zu verbessern. Systemisches (oft mit toxischen Problemen verbunden) oder gezieltes Einbringen von GM-CSF, TNF und IL-2, von IFN-γ oder IFN-β, von Zellen, die Zytokine sezernieren oder von polyklonalen T- und B-Zell-Stimulatoren, ist in Modellversuchen auch schon erfolgreich ausprobiert worden. Man hofft, über lokale chronische oder akute Infektionen eine direkte Infektion von Tumorzellen und deren zytolytischen Zerfall zu erreichen. Die dadurch forcierte Phagozytose und Aufnahme durch APZ soll Tumorimmunität induzieren oder amplifizieren.

Immunsuppression

Zur Hemmung der Immunreaktion gibt es verschiedene Möglichkeiten:

- Generelle Immunsuppression: Glucocorticoide (Hemmung der Entzündungszellen), Zytostatika (Endoxan; DNA-Alkylans; Methotrexat: Antimetaboliten) und spezifischere Immunsuppressiva, z.B. Cyclosporin A, FK506, Rapamycin (Hemmung der Signaltransduktion in T-Zellen, s. Abb. **3.11**, S. 103).
- Immunsuppression durch Antikörper, lösliche Zytokinrezeptoren, Deletion von T-Zellen oder T-Zell-Subpopulationen (anti-CD4, anti-CD8, anti-CD3, anti-Thy1 usw.). Gabe von monoklonalen Antikörpern gegen Adhäsionsmoleküle, akzessorische Moleküle, gegen Zytokine und Zytokinrezeptoren. Gabe von löslichen Zytokinrezeptoren oder von löslichem CTLA4, das B7.1 und B7.2 (wichtige Costimulatoren, s. S. 103ff.) blockiert. Breite Anwendung finden Antikörper gegen TNF-α oder die Applikation von löslichem TNF Rezeptor II (p 75) sowie IL-1 Rezeptor Antagonisten (IL-1RA) bei der chronischen Polyarthritis sowie Anti-CD20-Antikörper zur Elimination maligner B-Zellklone (Leukämien) und bei Hepatitis C-Virus verursachter Kryoglobulin assoziierter Vaskulitis.
- Spezifische Toleranzinduktion oder „Negativimpfung". Überwältigende deletierende T-Zell-Aktivierung durch systemische Gabe großer Mengen von Peptiden oder Proteinen (Gefahr: Immunpathologie).
- Verhinderung der Induktion einer Antikörperantwort durch komplettes Neutralisieren und Eliminieren des Antigens. Beispiel: Rhesusprophylaxe mit Hyperimmunserum.

3

Adaptive Immuntherapie

T-Zell-Effektorklone oder -Populationen des Patienten werden in vitro mittels Antigenstimulation vermehrt (spezifische $CD8^+$-T Zellen oder weniger spezifische **lymphokinaktivierte Killerzellen, LAK-Zellen**) und dann retransfundiert. Diese Methode wird heute z.T. gegen Cytomegalievirus und Epstein-Barr-Virus bei Knochenmarktransplantationen angewendet. Unter den LAK-Zellen finden sich neben spezifischen auch weniger spezifische NK-artige Zellen, die ohne Antigenstimulation mittels IL-2 vermehrt werden.

Toxische Antikörper sind monoklonale Antikörper, an die Toxine gekoppelt sind. Sie werden als spezifische Transporter des Toxins benutzt und entweder direkt verabreicht oder mit Liposomen, die verankerte Antikörper tragen und ein Toxin oder Zytostatikum enthalten.

3.10 Immunologische Testmethoden

3.10.1 Antigen- und Antikörperbestimmungen

Immunpräzipitation in Flüssigkeiten und Gelmedien

Auf der Präzipitation von Immunkomplexen beruhen mehrere Nachweis- und Testmethoden:

- **Immunpräzipitation** (s. Abb. **3.20**)

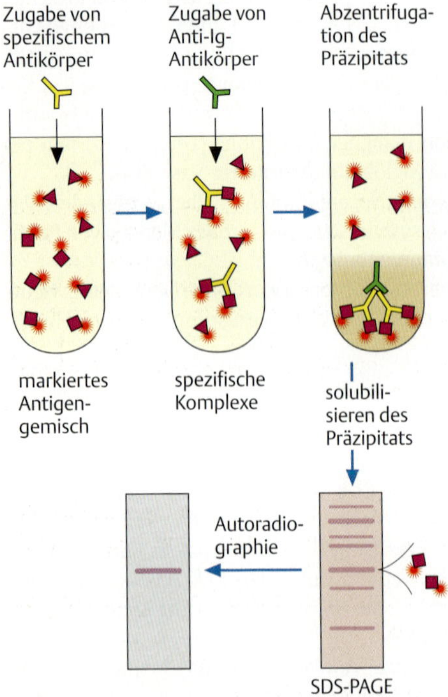

Abb. **3.20** **Immunpräzipitation.** Zur Bestimmung des unbekannten Antigens wird einem radioaktiv oder anders markiertem Antigengemisch ein bekannter spezifischer Antikörper zugegeben. Mit Hilfe kopräzipitierender Reagenzien (z. B. Antiimmunglobulinantikörper) werden die Immunkomplexe präzipitiert. Das Präzipitat wird gründlich gewaschen, um ungebundenes markiertes Antigen zu entfernen, und anschließend wieder gelöst (z. B. mit SDS) und die Komponenten mit einer SDS-Polyacrylamid-Gelelektrophorese (SDS-PAGE) aufgetrennt. Durch Autoradiographie lässt sich das markierte Antigen sichtbar machen.

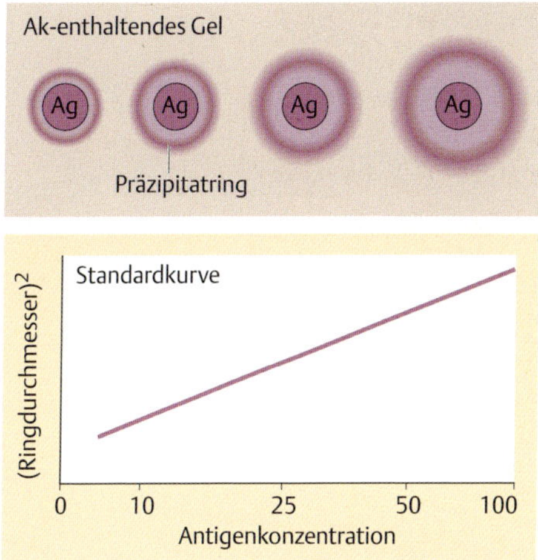

Abb. **3.21** **Radiale Immundiffusion nach Mancini.** Quantitative Bestimmung eines Antigens mit einem monospezifischen Antiserum. Dieses wird mit Agar gemischt und in eine Platte gegossen. Dann pipettiert man das Antigen in verschiedenen Konzentrationen in eingestanzte Vertiefungen. Antigen-Antikörper-Komplexe präzipitieren in Form eines Ringes um die Vertiefung, dessen Durchmesser proportional zur Antigenkonzentration ist. So erhält man eine Standardkurve, mit deren Hilfe unbekannte Testantigene quantifiziert werden können. In analoger Weise lassen sich auch Antikörper quantifizieren, indem man Antigene in das Gel mischt.

- **Doppeldiffusion nach Ouchterlony** (s.S. 18).
- **Radiale Immunodiffusion nach Mancini.** Sie ermöglicht eine quantitative Bestimmung von Antigen anhand einer zuvor ermittelten Standardkurve (Abb. **3.21**).
- **Nephelometrie.** Bei dieser Methode misst man durch Streulichtmessung die Trübung, die durch Präzipitation entstanden ist.

Immunpräzipitation kombiniert mit Elektrophorese

Antigene werden im Agarosegel durch Anlegen einer elektrischen Ladung getrennt. Dabei durchlaufen die Antikörper das Gel entweder ohne Anwendung eines elektrischen Feldes oder gleichzeitig im elektrischen Feld (und entweder in der gleichen Dimension wie die Antigene oder in einem zweiten Schritt vertikal dazu („Rocket"-Elektrophorese):

- **Immunelektrophorese nach Grabar und Williams.** Zunächst werden Serumproteine in einem dünnen Agarosegel elektrisch aufgetrennt. Nun ritzt man

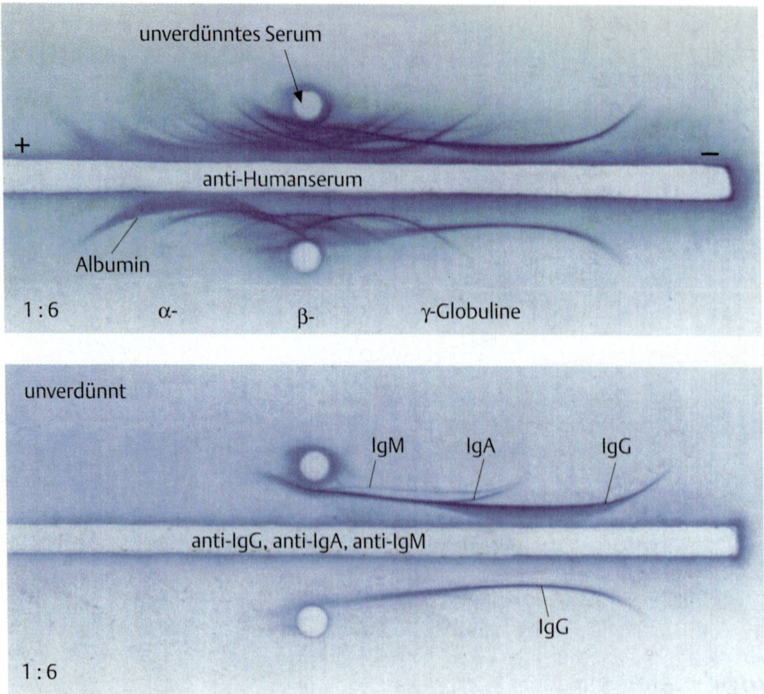

Abb. 3.22 Immunelektrophorese nach Graber-Williams. Serum wird im elektrischen Feld in Agarose aufgetrennt und mittels Antiserum gegen Humanserum (oben) oder mit spezifischen Antikörpern (unten) sichtbar gemacht.

neben die aufgetrennte Probe, parallel zur Laufrichtung und über die gesamte Laufstrecke, eine Rinne in den Agar, in die man Antiserum gibt. Die Antikörper diffundieren ins Gel; wo sie mit ihren Antigenen zusammentreffen, bilden sich Präzipitationslinien, die gefärbt und beurteilt werden können. Diese ältere Methode wird für die Bestimmung von Paraproteinen, monoklonalen Immunglobulinen usw. immer noch benutzt (Abb. **3.22**).

- Elektrophorese plus Antikörperreaktion: **Western Blotting.** (s. S. 23)

Radioimmunologische und enzymimmunologische Tests

Der **Radioimmunoassay (RIA)** und der **Enzymimmunoassay (EIA) oder ELISA** (enzyme-linked immunosorbent assay) (Abb. **3.23**) werden heute für die Bestimmung von Antigenen und Antikörpern sehr häufig angewendet. Alle Absorbensteste

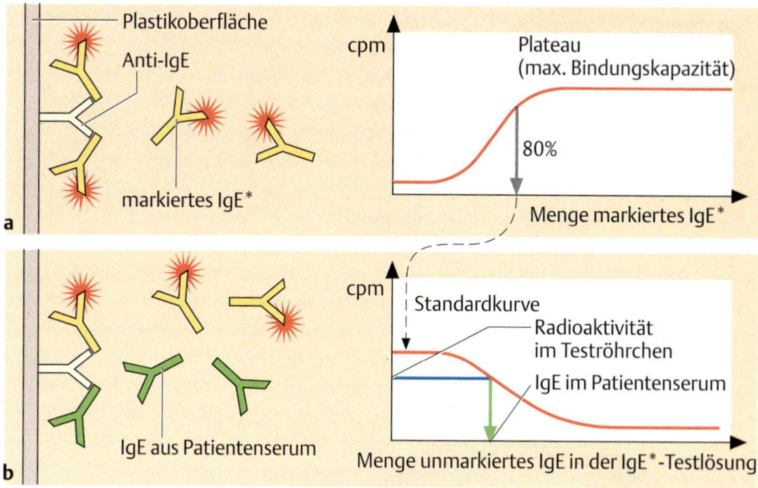

Abb. **3.23** **Radioimmunosorbens-Test (RIST).** Der RIST ist ein kompetitiver Radioimmunoassay (RIA) zur quantitativen Bestimmung von Antikörpern einer Ig-Klasse (in diesem Beispiel Gesamt-IgE) in einem Patientenserum. Man lässt Anti-IgE-Antikörper an der Festphase (Plastikoberfläche) adsorbieren. Anschließend ermittelt man mit Hilfe definierter Konzentrationen an radioaktiv markiertem IgE (IgE*) zunächst die maximale Bindungskapazität dieser Antikörper (**a**). Der eigentliche Test (**b**) wird mit der IgE*-Konzentration durchgeführt, die eine 80 %ige Sättigung der fixierten Antikörper bewirkt: Man gibt die IgE*-Testlösung zu den fixierten Anti-IgE-Antikörpern und pipettiert anschließend das Patientenserum hinzu. Je mehr IgE das Serum enthält, desto mehr IgE* wird von den fixierten Antikörpern verdrängt und desto geringer ist damit später die Radioaktivität im Teströhrchen. Mit Hilfe einer zuvor erstellten Standardkurve – diese erhält man durch fortlaufende „Verdünnung“ der IgE*-Testlösung mit unmarkiertem IgE – lässt sich auf die IgE-Konzentration im Patientenserum zurückschließen.

beinhalten die Immobilisierung von Antigen oder Antikörpern an bestimmten Kunststoffen (daher der Name!). Die untere Messgrenze liegt bei wenigen Nanogramm. Auf diesen Verfahren beruhen heute die Hepatitis-Serologie, die HIV-Bestimmungen, Bestimmungen von Autoantikörpern, Lymphokinen, Zytokinen usw. Die Assays können alle in einer direkten Form (verschiedene Sandwichkombinationen von Antigen, Antikörper und Anti-Antikörpern) und als Kompetitionsassays durchgeführt werden. Abb. **3.23** illustriert die quantitative Bestimmung von IgE, Abb. **3.24** das Vorgehen zum Nachweis von spezifischen IgE in Patientenseren. Analog kann auch zur Bestimmung von spezifischen antikörperbindenden Zellen oder zytokinfreisetzenden T-Zellen verfahren werden (Abb. **3.25**).

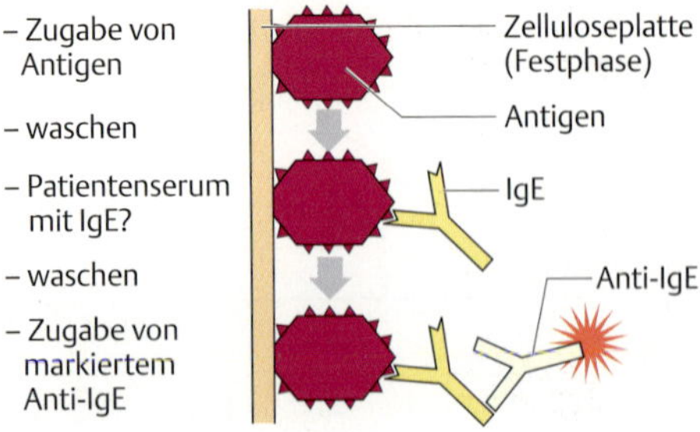

Abb. **3.24** **Radioallergosorbens-Test (RAST).** Der Test dient dem hochempfindlichen Nachweis von spezifischem IgE in Patientenserum. Antigen wird kovalent an eine Zelluloseplatte (Festphase) gebunden. Eventuell im Serum vorhandenes IgE bindet an die Antigene und wird anschließend mittels radioaktiv markierter Anti-IgE-Antikörper nachgewiesen.

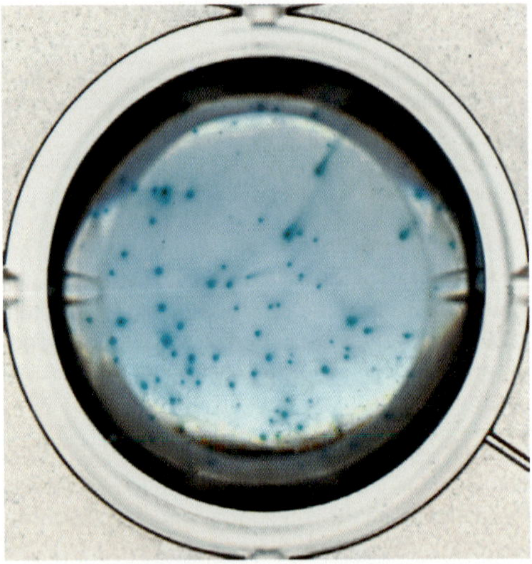

Abb. **3.25** **ELISPOT-Assay.** Beim ELISPOT-Assay werden entweder Antigene oder spezifische anti-IL-Antikörper auf das Plastik aufgetragen. So ist es möglich, Immunzellen zu zählen, die spezifische Antikörper gegen das aufgetragene Antigen freisetzen, bzw. die Interleukine freisetzen, die durch die aufgetragenen anti-IL-Antikörper gebunden werden. Dazu werden nach entsprechender Inkubation bei 37 °C die Immunkomplexe, die sich um die jeweiligen Zellen bilden, in einer darüber geschichteten Agaroseschicht mit einem enzymgekoppelten Antikörper entwickelt. Die Enzyme katalysieren eine Farbreaktion, wodurch Farbflecken entstehen, von denen jeder einer Zelle entspricht, die den spezifischen Antikörper, bzw. das Interleukin produziert.

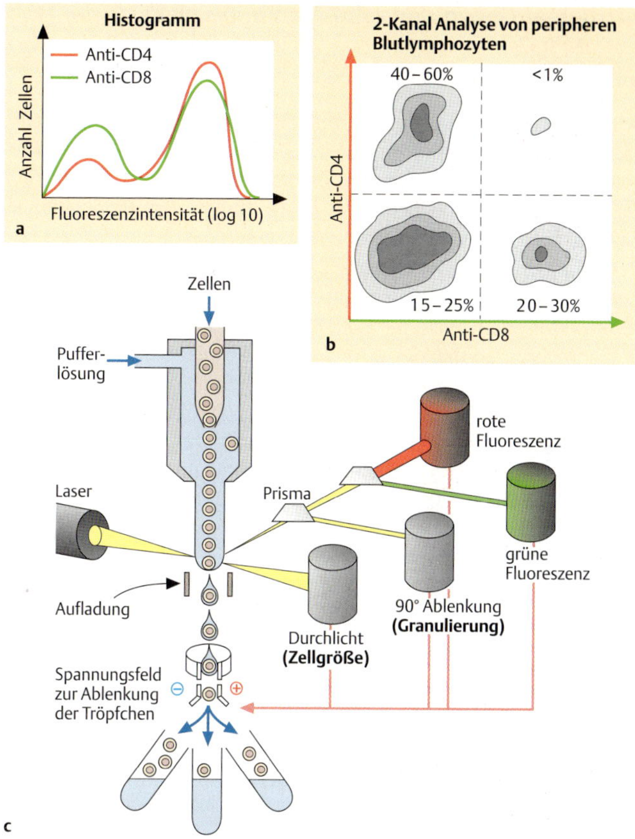

3

Abb. **3.26** **Fluoreszenzaktiviertes Zellanalysegerät und Zellsorter (FACS).** Dieses Gerät erlaubt die Analyse von Zellen mittels fluoreszierender Antikörper gegen Oberflächen-, oder – nach Permeabilisierung – gegen zellinterne Antigene. Inkubiert man periphere Blutlymphozyten (PBL) mit monoklonalen Antikörpern gegen CD4 bzw. CD8, so ergibt sich die in **a** gezeigte Verteilung der Fluoreszenzintensität. Die Darstellung in **b** zeigt, dass man mit anti-CD4 und anti-CD8 unterschiedliche Zellpopulationen markieren kann. So lassen sich die prozentualen Anteile der Subpopulationen an der Gesamtpopulation bestimmen. Diese Tatsache nutzt das fluoreszenzaktivierte Zellanalysegerät aus (**c**). Durch Vibration wird der Zellstrom in feine Tröpfchen verteilt, die je nach Fluoreszenzanalyse und Sortiervorgabe unmittelbar vor dem Abriss aufgeladen werden und im Idealfall nur eine Zelle enthalten. Mit Hilfe eines Laserstrahls werden verschiedene Parameter dieser Zelle gemessen und das betreffende Tröpfchen sofort durch die Ablenkungsplatten in das richtige Gefäß umgeleitet.

3.10.2 In-vitro-Reaktionen der zellulären Immunität

Isolierung von Lymphozyten

Die Verfahren zum Messen der zellulären Immunität sind experimentell weit aufwendiger als Antigen-Antikörper-Bestimmungen. Zunächst müssen menschliche Lymphozyten aus dem Blut isoliert werden. Das ist durch Dichtezentrifugation über einen Ficoll-Gradienten möglich. Bestimmte Lymphozytenpopulationen können mit magnetischen Perlen oder Schaferythrozyten, die mit spezifischen Antikörpern beladen sind, gebunden werden und dann mit Hilfe eines Magneten oder über einen Ficoll-Gradienten gereinigt werden. Hierzu setzt man heute auch häufig den fluoreszenzaktivierten Zellsorter ein (FACS, Abb. **3.26**): Monoklonale, mit verschiedenen Fluorochromen markierte Antikörper, die gegen Zelloberflächenantigene (CD4, CD8 usw.) oder nach Detergensbehandlung zur Erhöhung der Durchlässigkeit der Zellmembran gegen intrazelluläre Zytokine gerichtet sind oder markierte MHC-Klasse-I oder -II plus Peptid-Tetramere (s. unten) werden mit gereinigten Blutlymphozyten inkubiert. Nach Inkubation und mehreren Waschvorgängen werden die mit Antikörpern beladenen Lymphozyten vom Gerät identifiziert, gezählt und, falls notwendig, über einen magnetischen Puls aussortiert.

Tetramer-Test zur Erfassung spezifischer T-Zellen (Abb. **3.27**): Rekombinant hergestellte MHC-Klasse-I-Antigene, an die Biotin gekoppelt ist und die mit einem bestimmten Peptid plus β_2-Mikroglobulin richtig gefaltet sind, bilden mit markiertem Avidin Tetramere, die von spezifischen TZR gebunden werden. Über den Farbindikator des Avidins (Fluorescein, Phycoerythrin etc.) erfolgt die Analyse mit dem FACS-Gerät. Tetramere spezifisch für MHC-Klasse-II-Antigene plus Peptid (noch schwierig herzustellen) werden entsprechend für die Bestimmung spezifischer $CD4^+$-T-Zellen verwendet. Eine Anwendung in der Histologie ist möglich, aber noch schwierig.

Lymphozyten-Funktionstests

Um die Anzahl und Funktionsfähigkeit der Lymphozyten festzustellen, stehen verschiedene Tests zu Verfügung:

- Bestimmung der **Anzahl von antikörperproduzierenden Zellen**, z. B. Hämolyse-Plaque-Test: Durch Zugabe von antigengekoppelten Erythrozyten lässt sich die Antikörperbildung testen. In der Umgebung von antikörpersezernierenden Zellen sind die Erythrozyten mit Antikörpern umhüllt und können durch Komplement lysiert werden. Statt Erythrozyten werden heute oft ELISA-Verfahren verwendet (ELISPOT).

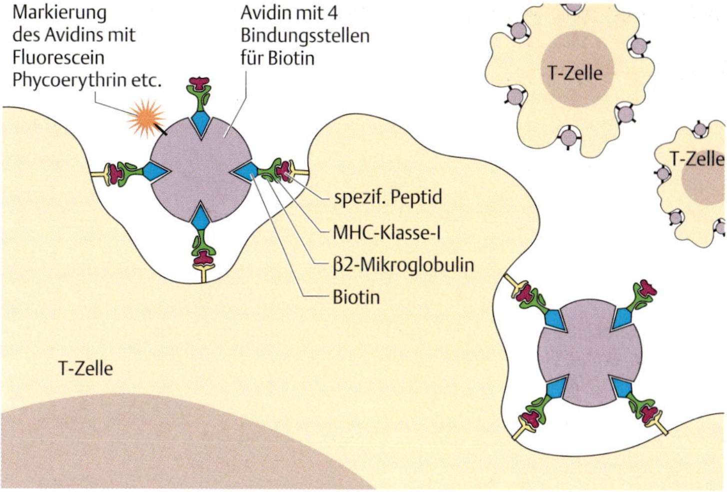

Abb. **3.27** **Tetramer-Test.** Der Tetramer-Test ist ein Antigen-spezifischer Bindungstest für lebende T-Zellen. Komplexe aus Biotin-gekoppelten MHC-Klasse-I schweren Ketten und β2-Mikroglobulin mit einem spezifischen Peptid werden richtig gefaltet, gereinigt, und an Avidin, das vier Bindungsstellen für Biotin hat, gebunden. Diese tetrameren Komplexe werden mit T-Zellen inkubiert. T-Zellen mit den entsprechenden T-Zell-Rezeptoren können pro Tetramer zwei bis drei der exponierten MHC-Klasse-I-Peptid-Komplexe binden. Die Markierung des Avidins über ein Fluorescein oder Phycoerythrin oder andere Fluoreszenz-Marker erlaubt einen Nachweis im FACS.

- **ELISPOT-TEST:** Zur Messung von Antikörper-produzierenden oder IL-freisetzenden Lymphozyten. Das Antigen oder der Anti-IL-Antikörper wird auf Plastik fixiert. Die Lymphozyten werden in einer dünnen Schicht darübergelegt. Inkubiert man die Zellen bei 37 °C, sezernieren sie Antikörper oder IL, die sich an die entsprechenden Testsubstanzen binden. Nach gegebener Zeit wird die Zellschicht abgeschüttelt, anschließend wird gewaschen. Das gebundene Material wird entsprechend den ELISA-Methoden in einem semisoliden Agar entwickelt. Die Enzymreaktion ergibt zählbare Farbinseln, die je einer sezernierenden Zelle entsprechen (Abb. **3.25**).
- **Lymphozytenstimulationstest**: Isolierte Lymphozyten werden mit Antigen in einem Kulturmedium inkubiert. Durch Messung des ^{3}H-Thymidin-Einbaus, der Interleukinfreisetzung oder über einen pH-Umschlag kann festgestellt werden, ob antigenspezifische Lymphozyten vorliegen oder ob polyklonale T-Zell-Antworten (Concanavalin A [ConA], Phytohämagglutinin [PHA]) oder B-Zell-Antworten (Lipopolysaccharide [LPS], Pokeweed Mitogen [PMA]) ausgelöst wurden.

- Gemischte Lymphozytenreaktionen zur Messung der **Alloreaktivität** (Proliferation, Zytotoxizität), vor allem zwischen Rezipient und Donor von Organ- oder Knochenmarktransplantaten.
- Chromfreisetzungstest zur Messung der **zellzerstörenden Aktivität**, vorwiegend von CD8-T-Zellen gegen allogeneische, virusinfizierte oder Peptidbeladene Zielzellen. Zielzellen werden mit ^{51}Cr inkubiert, das in die Zellen aufgenommen wird. Anschließend werden sie mit Effektorzellen kultiviert. Durch Lyse der Zielzellen gelangt das Chrom ins Kulturmedium, wo es quantitativ bestimmt werden kann.
- Nachweis von **intrazellulären Zytokinen**. Nach kurzer Stimulationskultur (6 h) werden die Zellen mit einem milden Detergens durchlässig gemacht, sodass spezifisch markierte Antikörper diffundieren können. So markierte Zellen können mit dem FACS-Gerät (oder Mikroskop) analysiert werden.

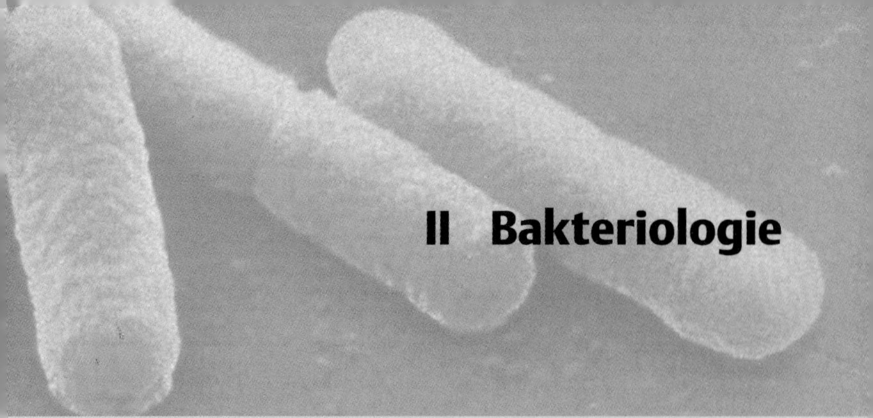

II Bakteriologie

4 Allgemeine Bakteriologie

F. H. Kayser, E. C. Böttger

4.1 Morphologie und Feinstruktur der Bakterien

Bakterienzellen sind zwischen 0,3–5 µm klein. Drei **Grundformen** kommen vor: Kokken, gerade Stäbchen und einfach oder spiralig gekrümmte Stäbchen. Das **Nukleoid** besteht aus einem nicht von einer Membran umgebenen, zirkulären DNA-Molekülfaden. Nichtessenzielle genetische Strukturen sind die **Plasmide**. In die **Zytoplasmamembran** sind zahlreiche Proteine wie Permeasen, Zellwandsynthese-Enzyme, Sensorproteine, Proteine von Sekretionssystemen und, bei aeroben Bakterien, Enzyme der Atmungskette eingelagert. Auf die Membran folgt die **Zellwand**, deren wichtigstes Bauelement das als Stützkorsett funktionierende Murein ist. Bei gramnegativen Bakterien findet sich als Bestandteil dieser Wand eine mit Poren durchsetzte äußere Membran, in die außen das für die Pathogenese gramnegativer Infektionen wichtige Lipopolysaccharid eingebaut ist. Die Zellwand der grampositiven Bakterien weist keine äußere Membran auf. Ihr Murein ist dicker und sie enthält (Lipo-) Teichonsäuren sowie wandassoziierte Proteine, die in der Pathogenese grampositiver Infektionen eine Rolle spielen. Viele Bakterien besitzen eine aus Polysacchariden aufgebaute **Kapsel**, die sie vor der Phagozytose schützt. Adhärenz an Wirtszellen wird durch **Haftfimbrien/-pili** ermöglicht. Bewegliche Bakterien besitzen **Geißeln**. Fremdkörper-assoziierte Infektionen werden durch Bakterien hervorgerufen, die sich an inerte Oberflächen anheften und einen **Biofilm** ausbilden können. Einige Bakterien bilden **Sporen**, die hohe Resistenz gegenüber chemischen und physikalischen Noxen aufweisen.

4.1.1 Form der Bakterien

Bakterien unterscheiden sich von anderen einzelligen Mikroorganismen durch ihren Zellaufbau und ihre Größe. Diese variiert von 0,3–5 µm. Für die optische Darstellung müssen 500- bis 1000fache Vergrößerungen eingesetzt werden, die gerade noch im Bereich der mit dem Lichtmikroskop zu erzielenden Vergrößerung und des Auflösungsvermögens liegen. Objekte in der Größenordnung der Bakterien sind jedoch wenig kontrastreich. Optische Methoden zur Steigerung des Kontrastes sind die Phasenkontrast- und die Dunkelfeldmikroskopie. Beide erlauben Lebendbeobachtung von Zellen. Chemische Verfahren stellen die Färbungen dar, bei denen die Bakterien abgetötet werden.

Tabelle **4.1** Morphologische Charakteristika von Bakterien (Beispiele s. Abb. **4.1**)

Bakterienformen	Bemerkungen
Kokken	Lagerung in Haufen (Abb. **4.2**), Trauben, Ketten, Pärchen (Diplo)
Gerade Stäbchen	gleichmäßig dick, abgerundete Enden (Abb. **4.3**), zugespitzte Enden, Keulenformen
Gekrümmte Stäbchen	einfache, spiralige (Abb. **4.4**) oder schraubenförmige Krümmung
Mykoplasmen	Bakterien ohne starre Zellwand: kokkoide Zellen, lange Fäden
Chlamydien	zwei Formen: kugelige/ovale Elementarkörper (300 nm); kugelige/ovale Initialkörper (1000 nm)
Rickettsien	kurze, kokkoide Stäbchen (0,3-1 µm)

- **Einfachfärbungen.** Dabei wird ein einziger Farbstoff, z.B. Methylenblau, verwendet.
- **Differenzierungsfärbungen.** Dabei wird mit 2 Farbstoffen gefärbt, die unterschiedliche Affinität zu verschiedenen Bakterien aufweisen. Die wichtigste Differenzierungsfärbung ist die Gram-Färbung. Grampositive Bakterien sind blauviolett angefärbt, gramnegative rot (Methodik s.S. 27).

Drei Grundformen werden bei Bakterien gefunden: die Kugel, das gerade Stäbchen und das gekrümmte Stäbchen (s. Abb. **4.1**–Abb. **4.4**).

4.1.2 Feinstrukturen der Bakterien

Die prinzipiellen Unterschiede zwischen Prokaryonten und Eukaryonten sind in Tab. **1.2**, S. 6 zusammengefasst.

Nukleoid (Kernäquivalent) und Plasmide

Bei Prokaryonten besteht der „Zellkern“ aus im Zytoplasma lokalisierter, nicht von einer Membran umgebener, stark verknäuelter Doppelstrang-DNA (Abb. **4.5**). Diese besteht bei *E. coli* (wie bei den meisten Bakterien) aus einem einzigen zirkulären Molekül. Das Genom von *E. coli* ist aus $4{,}63 \cdot 10^6$ Basenpaaren (bp) zusammengesetzt, die für 4288 Proteine codieren. Die Sequenz des Genoms von *E. coli* und von mehr als 1000 weiteren Bakterien ist heute bekannt.

Nichtessenzielle genetische Strukturen sind die Plasmide, sich autonom vermehrende, 100- bis 1000-mal kleinere, zirkuläre, verdrillte DNA-Mole-

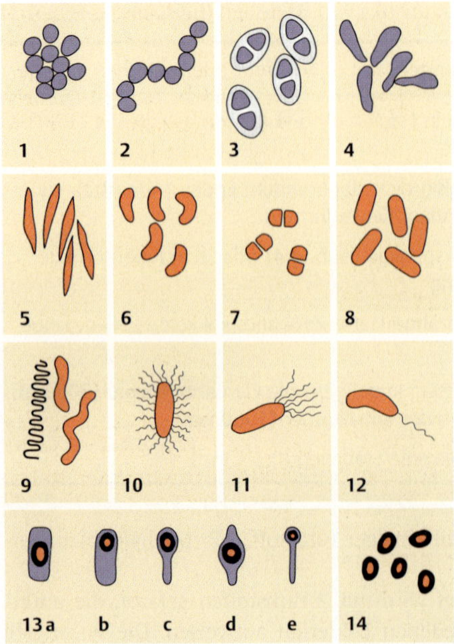

Abb. **4.1** **Morphologie von Bakterien.**

1. Grampositive Kokken in Haufen oder Trauben (Staphylokokken)
2. Grampositive Kokken in gewundenen Ketten (Streptokokken)
3. Grampositive Kokken mit Kapsel (Pneumokokken)
4. Grampositive, keulenförmige, pleomorphe Stäbchen in charakteristischer Lagerung (Korynebakterien)
5. Gramnegative Stäbchen mit zugespitzten Enden (Fusobakterien)
6. Gramnegative, einfach gekrümmte Stäbchen (Vibrionen)
7. Gramnegative, semmelförmige Diplokokken (Neisserien)
8. Gramnegative, gerade Stäbchen mit abgerundeten Enden (Kolibakterien)
9. Spiralig gekrümmte Stäbchen (Spirochäten, Leptospiren) und gramnegative, einfach gekrümmte Stäbchen (*Helicobacter*)
10. Peritriche Begeißelung
11. Lophotriche Begeißelung
12. Monotriche Begeißelung
13. Sporenbildende Zellen der Gattungen *Bacillus* und *Clostridium* (Sporenfärbung).
a) Sporenbildung zentral, ohne Auftreibung der vegetativen Zelle
b) Sporenbildung terminal, ohne Auftreibung
c) Sporenbildung terminal, mit Auftreibung (Tennisschläger)
d) Sporenbildung zentral, mit Auftreibung
e) Sporenbildung terminal, mit Auftreibung (Trommelschlegel)
14. Freie Sporen (Sporenfärbung)

Abb. **4.2** **Kokken sind kugelige Bakterien.** Wenn sie wie hier in Haufen oder Trauben gelagert sind, handelt es sich zumeist um Staphylokokken (Raster-Elektronenmikroskopie).

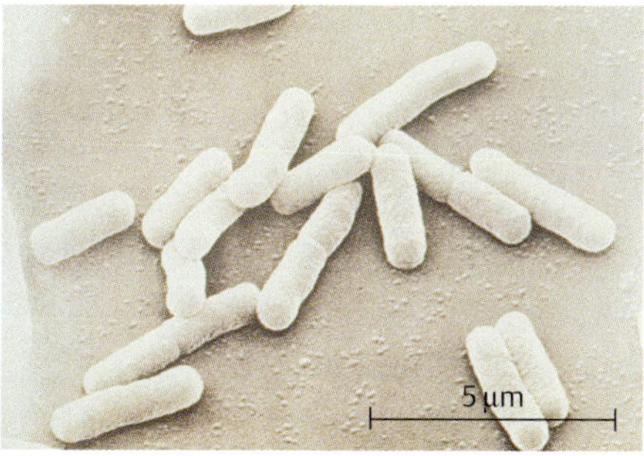

Abb. **4.3** **Stäbchenbakterien.** Die hier gezeigten geraden Stäbchen mit abgerundeten Enden sind Kolibakterien (Raster-Elektronenmikroskopie).

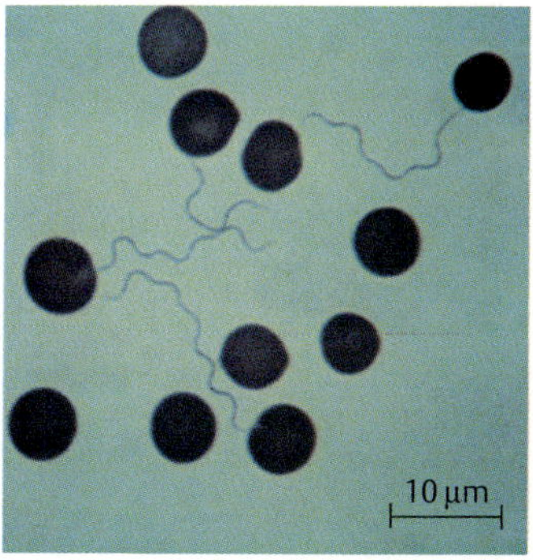

Abb. **4.4** **Spirochäten und Leptospiren**, in diesem Fall *Borrelia duttonii*, sind spiralig gekrümmte Bakterien (Lichtmikroskopie, Giemsa-Färbung).

küle (Abb. **4.6**). Plasmide von humanpathogenen Bakterien weisen oft wichtige, den Phänotyp der Trägerzelle bestimmende Gene auf (Resistenzgene, Virulenzgene).

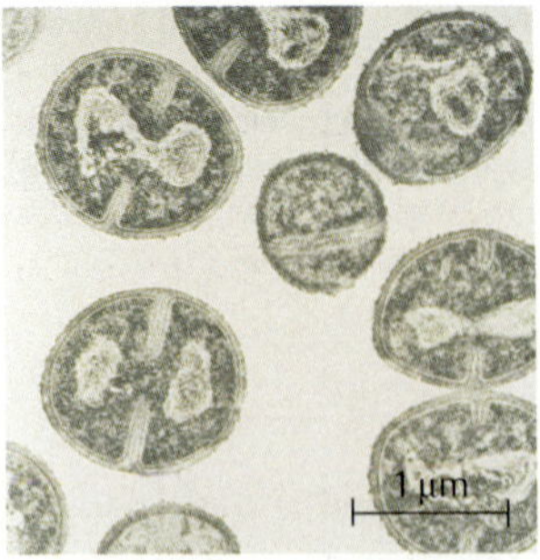

Abb. **4.5 Bakterien während der Zellteilung.** Das Nukleoid (Kernäquivalent) von Bakterien besteht aus einem verknäuelten, zirkulären DNA-Molekül ohne Kernmembran. Transmissions-Elektronenmikroskopie von Staphylokokken.

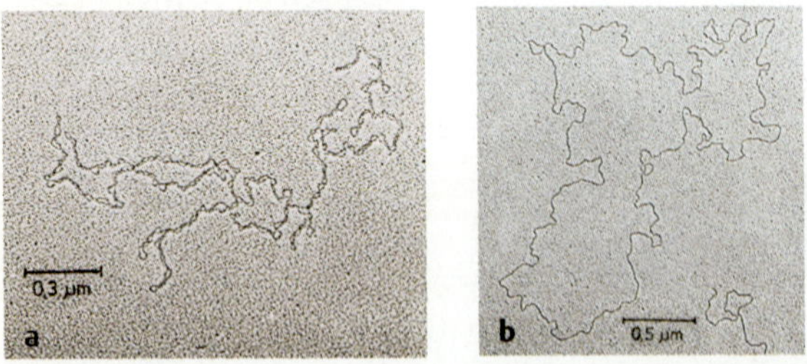

Abb. **4.6 Plasmide. a** „Covalently closed circle" (ccc) oder „supercoil" oder „supertwist". **b** „Open circle" (oc). Diese offene Form ist ein Artefakt: Es kommt durch einen Bruch („nick") in einem Strang der DNA-Doppelhelix zustande (TEM).

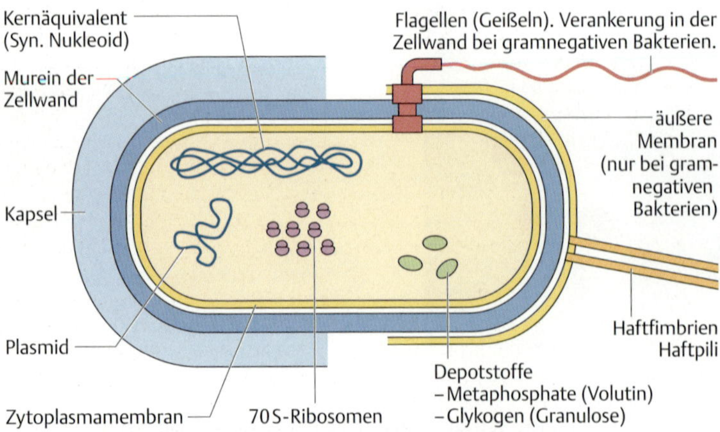

Abb. **4.7 Grundbauplan der Bakterien.** Alle Bakterien sind nach demselben Grundbauplan aufgebaut (nicht maßstabgetreu).

Topologie der DNA in der Bakterienzelle.
Die nach rechts gewundene DNA-Doppelhelix (1 Helixwindung/10 Basenpaare) ist zusätzlich nach links um die Helixachse verdrillt (1 Windung/15 Helixwindungen). Diese Vertwistung ist aus Platzgründen und auch aus energetischen Gründen notwendig. Nur vertwistete DNA kann redupliziert werden. Die Verdrillung wird durch Topoisomerasen realisiert. Nur bei Bakterien vorkommende Topoisomerasen sind die DNA-Gyrase und die Topoisomerase IV.

Zytoplasma

Das Zytoplasma enthält eine große Zahl gelöster nieder- und hochmolekularer Stoffe, RNA und ungefähr 20 000 Ribosomen pro Zelle. Bakterielle Ribosomen bestehen aus Proteinen und ribosomaler RNA. Sie sind aus einer 30S- und 50S-Untereinheit zum 70S-Ribosom zusammengesetzt. Ribosomen sind die Organellen der Proteinsynthese. Im Zytoplasma sind weiterhin oft Reservestoffe (Glykogendepots, polymerisierte Metaphosphate, Lipide) lokalisiert.

Die wichtigsten Zytoplasmamembran-Proteine der Bakterien.
Permeasen. Aktiver Transport von Nährstoffen von außen nach innen entgegen einem Konzentrationsgefälle.
Biosynthese-Enzyme. Für Biosynthese der Zellwand, z. B. des Mureins (s. dort) notwendig. Die Enzyme zur Endbiosynthese des Mureins sind mit den „Penicillin-Bindeproteinen" (PBPs) identisch.
Efflux-Pumpen. Aktiver Transport von Antibiotika und/oder Desinfektionsmitteln von innen nach außen (s. S. 214).
Proteine der Sekretionssysteme. Mit Hilfe von Sekretionssystemen transportieren Bakterien Proteine von innen nach außen. Unter Prokaryonten und Eukaryonten weit verbreitet ist der „Allgemeine Sekretionsweg" (engl.: general secretory pathway [GSP]), charakterisiert durch Proteinzylinder (Sec) in der Zytoplasmamembran. Bei gramnegativen Bakterien wurden 5 weitere Sekretionssysteme beschrieben (I–V), die sich in ihrem Aufbau und ihrer Wirkungsweise unterscheiden. Die Systeme III und IV (Ausnahme Pertussis-Toxin, s. S. 329) ermöglichen die direkte Injektion von biologisch aktiven Molekülen, den sog.Effektoren, in eine eukaryontische Zielzelle. Diese Effektoren spielen in der Pathogenese einer Reihe von gramnegativen Infektionen eine wichtige Rolle (S. 226). Über die Proteinfamilie der Typ-IV-Systeme wird auch DNA direkt zwischen Bakterienzellen transferiert (s. Konjugation, S. 189 und Transformation, S. 188).
Sensorproteine (auch Signalproteine). Übertragen Information aus der Umgebung der Zelle ins Innere. Eine sog. Empfängerdomäne ragt nach außen, eine Transmitterdomäne nach innen. Durch Bindung von Signalmolekülen an das Empfängermodul wird die Aktivität der Transmitter-Domäne reguliert. Die Funktionsweise eines 2-Komponenten-Systems zeigt Abb. **4.35**, S. 228)
Enzyme der Atmungskette. Bei Bakterien mit aerobem Stoffwechsel.

Zytoplasmamembran

Diese ist eine typische biologische Elementarmembran, die aus einer Phospholipiddoppelschicht besteht, in die zahlreiche Proteine eingebaut sind. Die wichtigsten Membranproteine können in 5 Gruppen (siehe Kasten) geordnet werden.

Zellwand

Die komplexe Zellwand hat die Aufgaben, den Protoplasten vor äußeren Noxen zu schützen, die osmotische Druckdifferenz zwischen innen und außen abzufangen (Innendruck manchmal 500–2000 kPa), der Zelle die äußere Form zu geben und die Kommunikation mit der Außenwelt zu ermöglichen.

Murein (Syn. Peptidoglykan). Das wichtigste Bauelement der Wand ist das Murein, ein netzartiges (= Sacculum), die gesamte Zelle einhüllendes Polymer. Es besteht aus Polysaccharidketten, die durch Peptide quervernetzt sind (Abb. **4.8** u. Abb. **4.9**).

Zellwand der grampositiven Bakterien (Abb. **4.10**). Das Mureinnetz kann bis zu 40 Schichten dick sein (15–80 nm) und 30% der Trockenmasse der Zellwand ausmachen.

- Die Membran-Lipoteichonsäuren sind in der Zytoplasmamembran verankert, während die Zellwand-Teichonsäuren mit dem Murein kovalent verknüpft sind. Teichonsäuren spielen eine Rolle in der Pathogenese (S. 171).
- Beispiele zellwandassoziierter Proteine sind das Protein A, der „Clumping factor" und das Fibronektin-Bindeprotein von *Staphylococcus aureus* oder das M-Protein von *Streptococcus pyogenes*. Derartige weit über das Murein hinausragende Proteine sind mit einer Zellwandanker-Region kovalent mit dem Peptidanteil des Mureins verbunden.

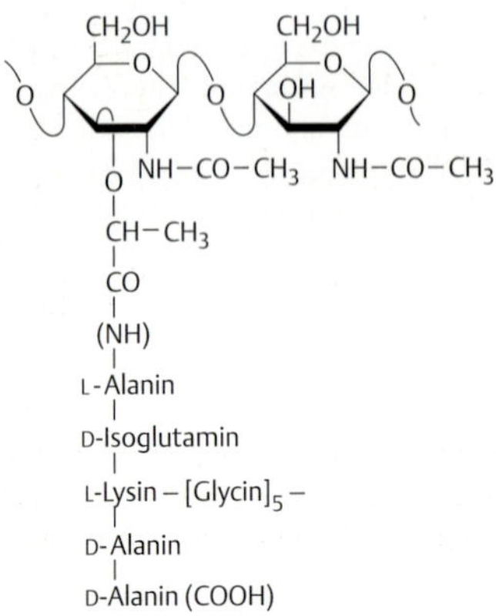

Abb. **4.8** **Mureinbaustein.** Das Murein (Syn. Peptidoglykan) der Zellwand ist aus zahlreichen identischen Untereinheiten zusammengesetzt. Für die Vernetzung des Sacculus sind die Peptide zuständig. Durch eine Peptidbindung zwischen der freien Aminogruppe einer basischen Aminosäure, z. B. des Lysins, einerseits sowie der freien Carboxylgruppe des Alanins an Position 4 einer benachbarten Kette kommt es zu den Querverbindungen. Die 5. Aminosäure des Peptids der Untereinheit, ein Alanin, wird bei diesem Vorgang abgespalten. Bei Staphylokokken ist zwischen benachbarten Peptiden eine aus 5 Glycinen bestehende Interpeptidbrücke eingebaut.

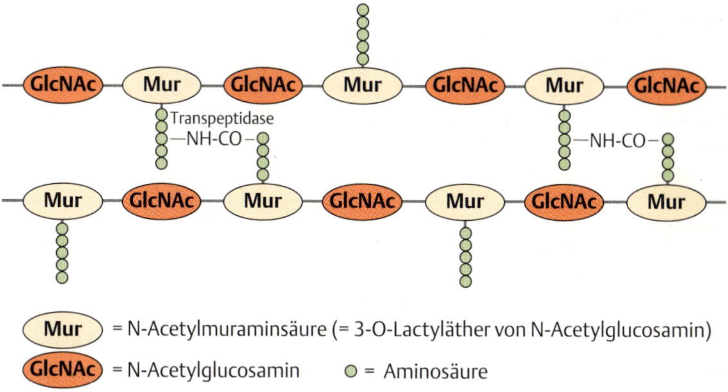

Abb. **4.9** **Struktur des Mureins (Schema).** Eine Transpeptidase katalysiert die Querverknüpfung der Polysaccharidketten (s. Abb. **4.8**).

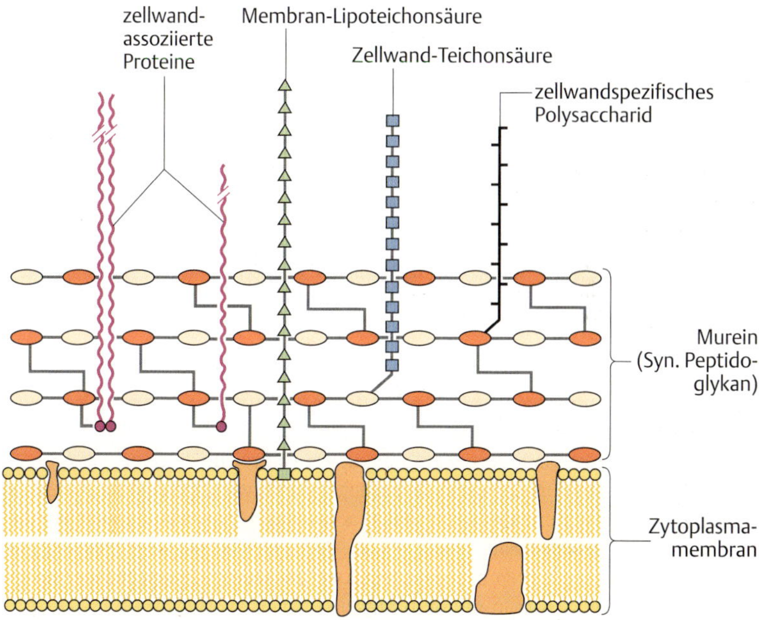

Abb. **4.10** **Zellwand grampositiver Bakterien (Schema).** Charakteristisch ist die Dicke der Mureinschicht, die im Murein verankerten Proteine und Teichonsäuren sowie die mit einem lipophilen Anker in der Membran befestigte Lipoteichonsäure (nicht maßstabgetreu).

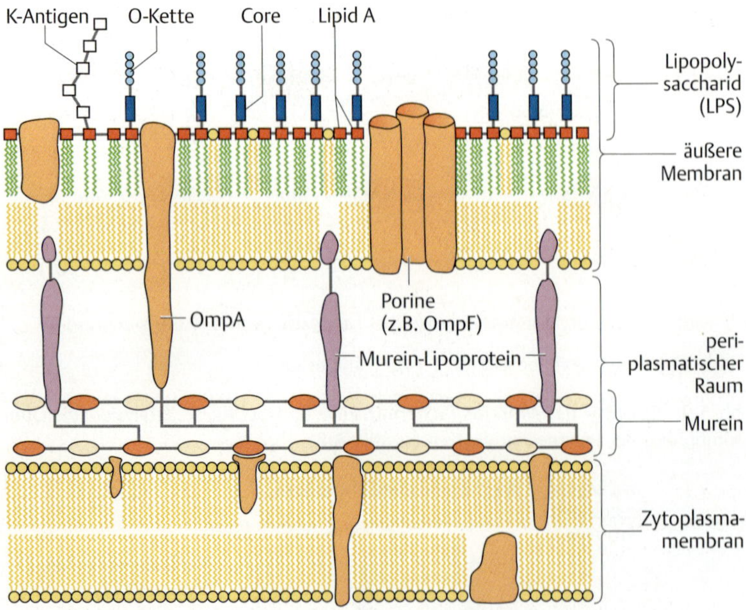

Abb. **4.11** **Zellwand gramnegativer Bakterien (Schema).** Charakteristisch ist die dünne Mureinschicht sowie die mit dem Murein über Proteine (OmpA, Murein-Lipoprotein) verbundene äußere Membran. In dieser sind zahlreiche Proteine lokalisiert. Die äußere Schicht dieser Membran setzt sich aus eng aneinander liegenden Lipopolysaccharid-Komplexen zusammen (s. Abb. **4.12**). In der äusseren Membran sind auch die K-Antigene verankert. Diese bilden eine außen aufgelagerte kohäsive Schicht, die O-Inagglutinabilität bedingen kann (s. S. 293).

Zellwand der gramnegativen Bakterien. Das Murein ist nur ungefähr 2 nm dick und nur zu 10% an der Trockenmasse der Wand beteiligt (Abb. **4.11**). Wichtiges Strukturelement ist die äußere Membran, in der zahlreiche Proteine vorkommen (50% der Masse) und in der auch das pathogenetisch wichtige Lipopolysaccharid lokalisiert ist. Die äußere Membran stellt eine wichtige Permeabilitätsbarriere dar.

- **Äußere Membranproteine**.
  - OmpA (Omp = outer membrane protein) und das Murein-Lipoprotein verknüpfen die äußere Membran mit dem Murein.
  - Eine Reihe von Omps sind für den Transport von außen nach innen zuständig. Ein Beispiel dafür ist das Omp FepA, zuständig für den Transport des mit Eisen beladenen Siderophors Fe^{3+}–Enterochelin bei *E. coli*. Viele Bakterien müssen Eisen für ein optimales Wachstum aktiv im Inneren anreichern.

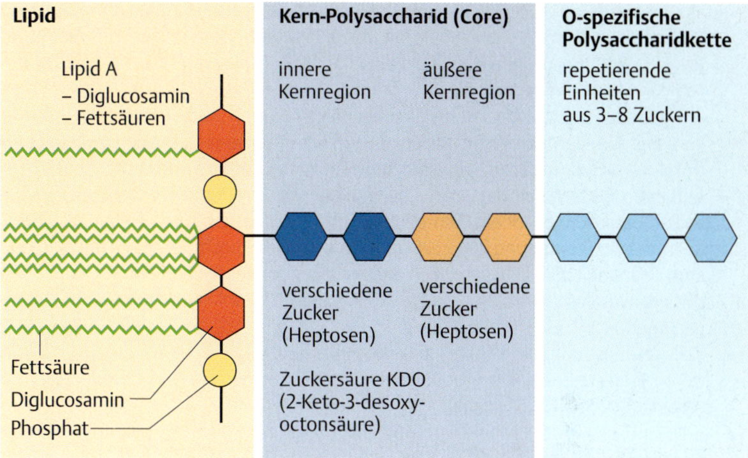

Abb. **4.12** **Lipopolysaccharid-Komplex (Schema).** Der dreiteilige Lipopolysaccharid-Komplex (LPS) gramnegativer Bakterien ist über Fettsäuren des Lipidanteils in der äußeren Membran verankert. LPS wird auch als Endotoxin bezeichnet.

- Über Porine gelangen hydrophile, niedermolekulare Substanzen in den periplasmatischen Raum.
- Mit der äußeren Membran sind Proteine assoziiert, über die sich Bakterien an Rezeptoren von Wirtszellen anheften können.

■ **Lipopolysaccharid (LPS).** Dieser auch als Endotoxin bezeichnete Molekülkomplex besteht aus dem Lipid A, dem „Core"-Polysaccharid und der O-spezifischen Polysaccharidkette (Abb. **4.12**).

- **Lipid A** ist für die toxische Wirkung verantwortlich. Als freie Substanz, meist aber eingebunden in den Komplex LPS, stimuliert es die Bildung und Sekretion von Zytokinen in Makrophagen und dendritischen Zellen (s. Kasten), die klinisch die Endotoxinsymptomatik bedingen (s. S. 227). Endotoxin wird bei der Dampfsterilisation nicht inaktiviert. Bei der Herstellung parenteraler Pharmaka müssen deshalb Endotoxin-(Pyrogen-)freie Ausgangsstoffe verwendet werden.
- **Die O-spezifische Polysaccharidkette** ist das sog. O-Antigen. Aufgrund ihrer chemischen Feinstruktur resultieren Antigenvarianten, die zur Typisierung in Serovarietäten verwendet werden (s. S. 297f.).

Die Rolle der Zellwand in der Pathogenese bakterieller Infektionen.

■ Zellwandbestandteile grampositiver und gramnegativer Bakterien (Mureinfragmente, Lipoteichonsäuren [LTS], Lipopolysaccharid [LPS]) können mittels „toll-like receptors“ (TLR, S. 117) Makrophagen und dendritische Zellen aktivieren und dadurch zur vermehrten Produktion von **Zytokinen** veranlassen. LPS bindet an das LPS-Bindungsprotein (LBP) und der LPS-LBP-Komplex dockt an CD14-Rezeptoren von Makrophagen an. CD14 liegt als Heterodimer mit TLR4 vor. Die wichtigsten gebildeten Zytokine TNF-α, daneben auch IL-1, IL-4, IL-6, IL-8 und IFN-γ bewirken eine Aktivierung der **Gerinnungs-** und **Komplement-Kaskade** sowie die Produktion von **sekundären Botenstoffen** wie Prostaglandine und Leukotriene. Prostaglandin E2 bewirkt, dass der „Thermostat“ im Temperaturzentrum des Hypothalamus auf eine höhere Temperatur geeicht wird, wodurch Fieber resultiert. Bei massiver Freisetzung von Zellwandbestandteilen kommt es durch die Zytokine zum Krankheitsbild der schweren Sepsis und zum septischen Schock (s. S. 710) mit intravasaler Koagulation, irreversiblem Blutdruckabfall und multiplem Organversagen.

- Zellwandbestandteile können das **Komplementsystem** aktivieren und somit durch Freisetzen der chemotaktischen Komponenten C3a und C5a Phagozyten anlocken (s. S. 118).
- Zellwandassoziierte Proteine grampositiver und gramnegativer Bakterien sind für **spezifische Adhärenz** und für **Phagozytoseschutz** verantwortlich und in dieser Funktion ebenfalls wichtige Pathogenitätsdeterminanten (s. S. 220, 222).

L-Formen (benannt nach dem Lister-Institut, an dem sie gefunden wurden). Als L-Formen werden Bakterien bezeichnet, die Mureindefekte aufweisen. Sie können durch Einwirkung von Betalactam-Antibiotika entstehen. L-Formen sind gegenüber osmotischen Einflüssen sehr instabil. Gegen Betalactam-Antibiotika weisen sie komplette Resistenz auf. Die klinische Bedeutung der L-Formen ist unklar. Eventuell können sie nach Absetzen einer Betalactam-Therapie in die normale Bakterienform revertieren und damit einen Rückfall verursachen.

Kapsel

Viele pathogene Bakterien synthetisieren mit Hilfe extrazellulärer Enzyme ein Polymer, das sich in Schichten um die Zelle anordnet und Kapsel genannt wird. **Die Kapsel schützt Bakterien vor der Phagozytose.** Bei den meisten Bakterien besteht die Kapsel aus Polysaccharid. Aufgrund der chemischen Feinstruktur des Polysaccharides lassen sich Bakterien einer Spezies in Kapselserovare unterteilen.

Geißeln

Mit Hilfe von Geißeln können sich Bakterien aktiv fortbewegen. Die Geißeln sind aus linearen Proteinen, den Flagellinen, aufgebaut. Sie können monotrich, lophotrich oder peritrich angeordnet sein (Abb. **4.1**, S. 164). Geißeln sind über einen Halteapparat in der Zellwand und der Zytoplasmamembran verankert (Abb. **4.7**, S. 166 und Abb. **4.13**). Sie sind in der Lage, mit Hilfe von aus Proteinen bestehenden

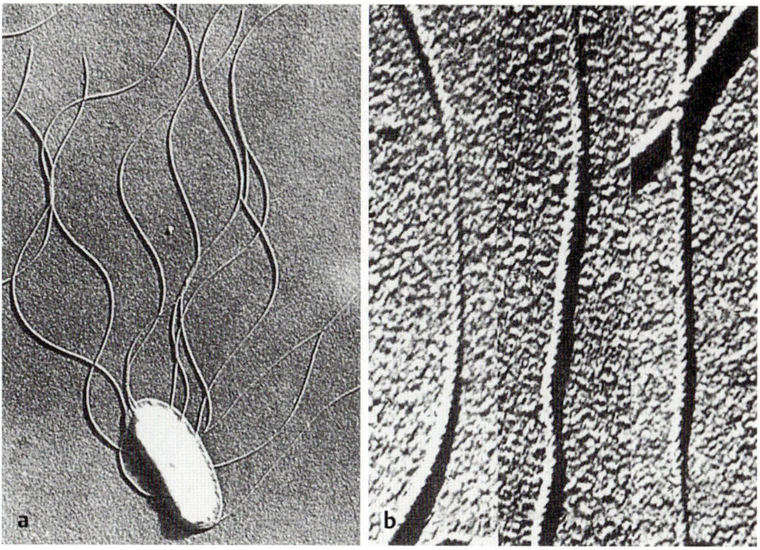

Abb. **4.13 Bakteriengeißeln.**
a Begeißelte Bakterienzelle (REM, 13 000fach). **b** Helikaler Aufbau von Bakteriengeißeln (Raster-Elektronenmikroskopie, 77 000fach).

„Motoren" wie ein Propeller (~ 100'000 Upm) um ihre Achse zu rotieren. Bei *Enterobacteriaceae* werden Geißel-Antigene als H-Antigene bezeichnet und dienen, zusammen mit den O-Antigenen, der Einteilung in Serovare (s. S. 297).

Haftfimbrien, Konjugationspili

Viele gramnegative Bakterien weisen dünne, aus Protein bestehende Mikrofibrillen (0,1–1,5 nm dünn, 4–8 nm lang) auf, die Haftfimbrien oder Haftpili. Diese sind in der äußeren Membran der Zellwand verankert und ragen radiär von der Oberfläche weg. Mit Hilfe dieser Haftstrukturen können sich Bakterien spezifisch (Ligand – Rezeptor, Schlüssel – Schlüsselloch) an Rezeptoren von Wirtszellen anheften.

Konjugationspili (Syn. Sexualpili) bei gramnegativen Bakterien sind für den Prozess der Konjugation und damit für den Transfer konjugativer genetischer Elemente (z. B. Plasmide) notwendig (s. S. 190).

Beispiele von Haftfimbrien und Haftpili

PAP (Syn. P-Fimbrien). Pyelonephritis-**a**ssoziierte **P**ili. Binden an Rezeptoren des Uroepithels (auch an das Blutgruppenantigen „P", deshalb P-Fimbrien). Die Rezeptoren für diese Fimbrien kommen gehäuft auf der Oberfläche des Uroepithels vor.

PAP charakterisieren eine Uropathovarietät von *Escherichia coli*, die häufig Harnwegsinfektionen verursacht.

CFA-1, CFA-2. Kolonisationsfaktoren. Fimbrien, die für eine spezifische Bindung enteropathogener Kolibakterien an Enterozyten verantwortlich sind.

Haftpili von Gonokokken. Ermöglichen ein spezifisches Anheften von Gonokokken an Mukosazellen des Urogenitalepithels.

Biofilm

Ein bakterieller Biofilm ist eine strukturierte Gemeinschaft von Bakterienzellen, eingebettet in eine selbstproduzierte Polymermatrix, die auf einer inerten Oberfläche oder auch auf lebendem Gewebe haftet. Biofilme können eine erhebliche Dicke (mm) erreichen. In der Tiefe dieser Beläge befindliche Bakterien sind weitgehend vor dem Immunsystem und auch vor Antibiotika geschützt. Da die sezernierten Polymere häufig glykosidisch verknüpfte Monosaccharide sind, nennt man die extrazelluläre Polymersubstanz (EPS) auch Glykokalix (= Schale aus Glykosiden).

Beispiele von medizinisch wichtigen Biofilmen

- Fremdkörper (Endoprothesen, Katheter, Herzschrittmacher, Shuntventile usw.) werden nach Implantation durch Matrixproteine des Makroorganismus wie Fibrinogen, Fibronektin, Vitronektin oder Laminin überzogen. Staphylokokken besitzen auf ihrer Oberfläche Proteine – z. B. den Clumping factor, der an Fibrinogen bindet, oder das Fibronektin-Bindeprotein –, mit denen sie sich an die entsprechenden Matrixproteine spezifisch binden können. Die adhärierten Bakterien vermehren sich und sezernieren die EPS, die den wesentlichen Bestandteil des Biofilms darstellt. Biofilme sind **Fremdkörper-assoziierte Infektionsherde**.
- Bestimmte orale Streptokokken (*S. mutans* und weitere) können sich an Proteine, die den Zahnschmelz überziehen, binden und in der Folge aus Saccharose eine vor allem aus Glucan bestehende Matrix bilden. An diese können wiederum andere Bakterien adhärieren. Es entsteht der Zahnbelag (Abb. **4.14**), die Voraussetzung für die Zerstörung des Zahnschmelzes und die Ausbildung der **Zahnkaries** (s. S. 258f.).
- Orale Streptokokken oder auch andere Bakterien heften sich an die Oberfläche der Herzklappen und bilden einen Biofilm. Professionelle Phagozyten werden angelockt und versuchen, die Bakterien zu phagozytieren, was aber nicht gelingt. Letzendlich resultiert eine Entzündungsreaktion und klinisch das Krankheitsbild der **Endokarditis** (s.S 707)

Bakteriensporen

Bakterielle Sporen sind Dauerformen, die aus einer „vegetativen“ Zelle entstehen. Sie sind kugelig bis oval, weisen eine dicke Sporenwand auf und zeigen hohe Resistenz gegen chemische und physikalische Noxen. Unter den humanpathogenen Bakterien sind nur die Gattungen *Clostridium* und *Bacillus* Sporenbildner. Von

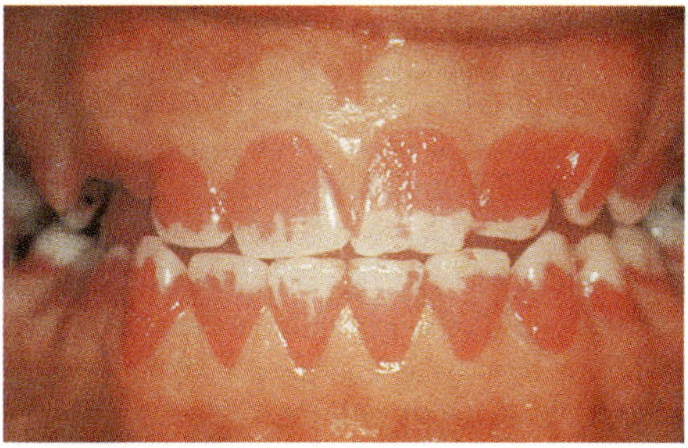

Abb. **4.14 Zahnbelag.** Dieser Biofilm auf schlecht gepflegten Zähnen lässt sich durch Anfärbung mit Erythrosin sichtbar machen.

medizinischem Interesse ist vor allem die Hitzeresistenz der Sporen, die hohe Temperaturen bei der Hitzesterilisation erfordert. Als Ursachen der Hitzeresistenz kommen die dicke Sporenwand, die Wasserarmut der Spore sowie eine Quervernetzung der Sporenproteine durch das Calciumsalz der Pyridin-2,6-Dicarboxylsäure in Frage, alles Faktoren, die eine Denaturierung der Proteine erschweren. Gerät eine Spore in ein günstiges Milieu (Nährmedium, Temperatur, osmotischer Druck etc.), erfolgt die Umwandlung der Spore in die vegetative Form. Nur in dieser Form können sich Sporenbildner vermehren.

4.2 Physiologie des Stoffwechsels und des Wachstums der Bakterien

Humanpathogene Bakterien sind chemosynthetische, organotrophe Bakterien. Sie gewinnen ihre Energie aus dem Abbau von organischen Nährstoffen und verwenden die gewonnene chemische Energie zur Neusynthese und für sekundäre Aktivitäten. Die Oxidation von Nährsubstraten kann auf dem Wege der Respiration oder Fermentation erfolgen. Bei der Respiration ist O_2 der Elektronen- und Protonenakzeptor, bei der Fermentation ein organisches Molekül. Aufgrund des Verhaltens gegenüber O_2 werden humanpathogene Bakterien in fakultative Anaerobier, obligate Aerobier, obligate Anaerobier und aerotolerante Anaerobier eingeteilt. Zur Kultivierung von Bakterien verwendet man Nährbouillon oder Nähragar. Nähragar enthält Agarose, die in Wasser suspendiert bei 100 °C verflüssigt wird und bei 45 °C vom flüssigen in den Gelzustand übergeht.

Bakterien vermehren sich durch einfache Querteilung. Die für eine Teilung notwendige Zeit wird Generationszeit genannt. Für schnell wachsende Bakterien beträgt diese in vitro 15–30 min. In vivo ist sie bedeutend länger. Die Gesetzmäßigkeiten bei der Vermehrung in Nährbouillon werden durch die normale Wachstumskurve mit den Phasen Lag, exponentielles Wachstum, stationäres Wachstum sowie Absterben charakterisiert.

4.2.1 Bakterienstoffwechsel

Überblick über die Stoffwechselformen

4

Als Stoffwechsel bezeichnet man die Gesamtheit der chemischen Reaktionen, die in Bakterienzellen ablaufen. Diese können in die anabolen (synthetischen), energieverbrauchenden Reaktionen sowie die katabolen, energieliefernden Reaktionen unterteilt werden. Bei den anabolen, endergonischen Reaktionen kann die notwendige Energie in Form von Licht oder als chemische Energie zur Verfügung gestellt werden. Je nachdem unterscheidet man photosynthetische oder chemosynthetische Bakterien. Die katabolen Reaktionen liefern Energie sowie die Grundbausteine für die Synthese bakterienspezifischer Moleküle. Sind die Nährstoffe der Bakterien anorganischer Natur, spricht man von lithotrophen, sind sie organischer Natur, von organotrophen Bakterien.
Humanpathogene Bakterien sind chemosynthetische, organotrophe Bakterien.

Katabole Reaktionen

Die Verarbeitung organischer Nährsubstrate erfolgt über eine vielfältige Reihe enzymatischer Prozesse, die schematisch in 4 Phasen unterteilt werden können:

- **Verdauung.** Spaltung der Nährsubstrate außerhalb der Zelle in kleine Moleküle durch bakterielle Exoenzyme. Diese stellen manchmal wichtige Virulenzfaktoren dar.
- **Aufnahme.** Diese kann durch passive Diffusion oder, häufiger, mittels aktiven Transports durch die Membran(en) hindurch erfolgen. Dabei spielen Permeasen der Zytoplasmamembran eine wichtige Rolle.
- **Vorbereitung zur Oxidation.** Abspaltung von Carboxyl- oder Aminogruppen, Phosphorylierungen usw.
- **Oxidation.** Diese ist definiert als Entzug von Elektronen und H^+-Ionen. Als H_2-Akzeptor bezeichnet man die Substanz, die den Wasserstoff aufnimmt. Nach dem endgültigen H_2-Akzeptor unterscheidet man 2 Grundformen der Oxidation (Abb. **4.15**).
  - **Respiration** (**Atmung**). Sauerstoff ist H_2-Akzeptor. Bei der **anaeroben Respiration** dient O_2 chemisch gebunden in einem anorganischen Salz als H_2-Akzeptor.
  - **Fermentation** (**Gärung**). Eine organische Verbindung dient als H_2-Akzeptor.

Wesentlicher Unterschied zwischen Fermentation und Respiration ist die Energieausbeute, die bei Respiration um den Faktor 10 größer sein kann als bei Fermentation eines Nährsubstrates. Fermentationen bei Mikroorganismen werden nach dem entstehenden Endprodukt bezeichnet, z. B. alkoholische Gärung, Buttersäuregärung usw.

Die bei der Oxidation freigesetzte Energie wird als chemische Energie gespeichert, entweder als Thioester (z. B. Acetyl-CoA) oder in Form organischer Phosphate (z. B. ATP).

Rolle des Sauerstoffs. Drei Arten der Aktivierung von Sauerstoff existieren.

- Übertragung von 4e⁻ auf O_2, wobei 2 Sauerstoffionen (2 O^{2-}) entstehen.
- Übertragung von 2e⁻ auf O_2, wobei 1 Peroxid-Anion (1 O_2^{2-}) entsteht.
- Übertragung von 1e⁻ auf O_2, wobei 1 Superoxid-Anion (1 O_2^-) entsteht.

Wasserstoffperoxid sowie das hochreaktive Superoxid-Anion müssen sofort weiter umgesetzt werden, da sie äußerst giftig sind (s. Abb. **4.15**).

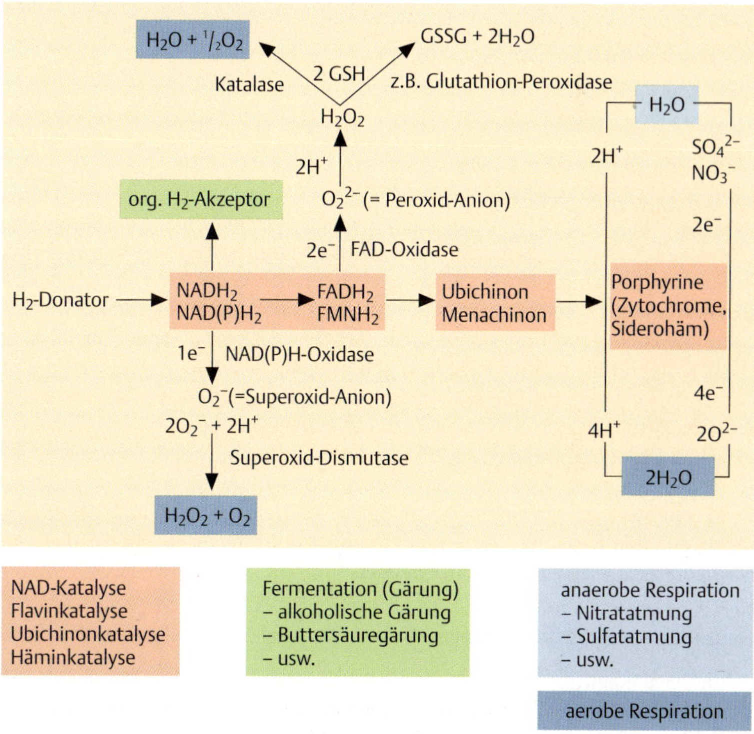

Abb. **4.15** **Oxidationswege der Bakterien.** Bei der Oxidation von organischen Nährsubstraten werden Protonen (H^+) und Elektronen (e^-) über Redoxkatalysatoren auf verschiedene Akzeporen übertragen. Wenn der endgültige e^--Akzeptor freier Sauerstoff ist, handelt es sich um aerobe Atmung. Von anaerober Atmung spricht man, wenn e^- auf anorganisch gebundenen Sauerstoff übertragen werden. Fermentation bedeutet Übertragung von H^+ und e^- auf einen organischen Akzeptor.

Hinsichtlich ihres Verhaltens gegenüber O_2 unterscheidet man:

- **Fakultative Anaerobier.** Das sind Bakterien, die Energie über Atmung und Vergärung gewinnen können.
- **Obligate Aerobier.** Sie können sich nur bei Anwesenheit von O_2 vermehren.
- **Obligate Anaerobier.** Diese Bakterien sterben bei Anwesenheit von O_2 ab. Ihr Stoffwechsel ist an ein niedriges Redoxpotenzial angepasst und lebenswichtige Enzyme werden durch O_2 gehemmt.
- **Aerotolerante Anaerobier.** Diese oxidieren Nährsubstrate ohne Sauerstoff, können diesen aber, im Gegensatz zu den obligaten Anaerobiern, tolerieren.

Grundmechanismen des katabolen Stoffwechsels. Das Prinzip der Einheit in der Biochemie besagt, dass Stoffwechselreaktionen in lebenden Zellen prinzipiell gleich sind. Demzufolge entspricht der katabole Intermediärstoffwechsel der Bakterien weitgehend dem der eukaryontischen Zellen.

Anabole Reaktionen

Auf Einzelheiten biosynthetischer Leistungen der Bakterien kann hier nicht eingegangen werden. Sie sind insgesamt erstaunlich. Einige Bakterien (*E. coli*) können aus einfachsten Nährstoffen komplizierte organische Moleküle in kurzer Zeit synthetisieren. In der technischen Mikrobiologie werden diese Leistungen ausgenutzt. Antibiotika, bestimmte Aminosäuren oder Vitamine werden mit Hilfe der Bakterien gewonnen. Es gibt Bakterien, die in der Lage sind, aliphatische Kohlenwasserstoffe als Energiequelle zu verwenden. Derartige Bakterien können Paraffin, ja sogar Rohöl als Energiequelle gebrauchen. Die metabolischen Leistungen dieser Bakterien versucht man zur Bekämpfung der Ölpest der Gewässer auszunutzen. Andererseits wird versucht, diese Leistungen zur Bekämpfung des Hungers heranzuziehen. Bestimmte Bakterien oder auch Pilze werden mit aliphatischen Kohlenwasserstoffen, die C-Quelle und Energielieferant sind, kultiviert, dann anschließend geerntet und zu einem Proteinpulver (Einzellerprotein) verarbeitet. Die Erzeugung von Biomasse durch Kultivierung von Bakterien in Nährmedien auf Methanolbasis wird ebenfalls angewendet.

Regulation des Stoffwechsels

Bakterien können ihren Stoffwechsel sehr wirksam regulieren. Die Regulation sorgt dafür, dass jede einzelne Reaktion mit anderen Aktivitäten sowie mit dem Nährstoffangebot möglichst ökonomisch und sinnreich abläuft. Sie kann einerseits über eine Steuerung der Aktivität vorhandener Enzyme erfolgen. Viele Enzyme sind allosterische Proteine und können durch Endprodukte von Stoffwechselwegen gehemmt oder aktiviert werden. Sehr wirtschaftlich ist eine Regulation über die Kontrolle der Synthese von Enzymen auf der Stufe der Transkription oder Translation (S. 182ff.).

4.2.2 Wachstum und Kultur der Bakterien

Ernährung

Unter einer Bakterienkultur versteht man die Vermehrung von Bakterien in einem geeigneten Nährsubstrat. Ein Nährmedium, in dem chemosynthetische, organotrophe Bakterien kultiviert werden sollen, muss organische Energiequellen (H_2-Donatoren) und H_2-Akzeptoren enthalten. Weiterhin sind eine Kohlenstoff- und eine Stickstoffquelle zur Synthese der bakterienspezifischen Verbindungen sowie Mineralien wie Schwefel, Phosphor, Calcium, Magnesium und als Aktivatoren von Enzymen gewisse Spurenelemente notwendig. Einige Bakterien benötigen darüber hinaus „Wachstumsfaktoren", d. h. organische Verbindungen, die sie nicht selber synthetisieren können. Je nach Bakterienart muss ein Nährmedium einen bestimmten Gehalt an O_2 und CO_2 sowie einen bestimmten pH-Wert und osmotischen Druck aufweisen. (Die wichtigsten Gruppen der in der diagnostischen Bakteriologie verwendeten Nährmedien sind auf S. 28 genannt).

Wachstum und Zelltod

Bakterien vermehren sich ohne Ablauf sexueller Vorgänge durch einfache Querteilung. Ihre Zahl (N) wächst logarithmisch an ($N = 2^G$). Die Zeit, die für einen Vermehrungszyklus (G) notwendig ist, wird als Generationszeit (g) bezeichnet. Diese kann von Art zu Art stark variieren. Für schnell wachsende Bakterien beträgt sie bei Kultivierung in einem optimalen Nährmedium 15–30 min. Bei Vermehrung derselben Bakterien in vivo kann sie Stunden betragen. Obligate Anaerobier wachsen auch in vitro bedeutend langsamer als Aerobier. Tuberkulosebakterien weisen in vitro eine Generationszeit von 12-24 h auf.

Klinische Bedeutung der Bakterienvermehrung.
Das logarithmische und schnelle Wachstum der Bakterien resultiert in einer großen Zahl von Bakterienzellen in kurzer Zeit. Dies bedeutet, dass „Zuwarten" bei Infektionskrankheiten nicht angesagt ist, sondern rasches therapeutisches Handeln, vor allem bei immungeschwächten Patienten. Die große Zahl der Bakterien ist auch eine wichtige Voraussetzung für die Evolution von Antibiotika-resistenten Mutanten (s. S. 215).

Impft man Bakterien, deren Stoffwechsel ruht, in eine Nährbouillon und bestimmt zu verschiedenen Zeiten ihre Zahl, so erhält man in einem halblogarithmischen Koordinatensystem die sog. **normale Wachstumskurve** der Bakterien (Abb. **4.16**). Die Lagphase (A) ist charakterisiert durch eine Zunahme von Bakterienmasse pro Volumeneinheit, jedoch keine Zunahme der Zellzahl. Während dieser Phase passt sich der Stoffwechsel an die Bedingungen des Nährmediums an. In der exponentiellen Phase (C) nimmt die Zellzahl bis zu ungefähr 10^9/ml logarithmisch zu.

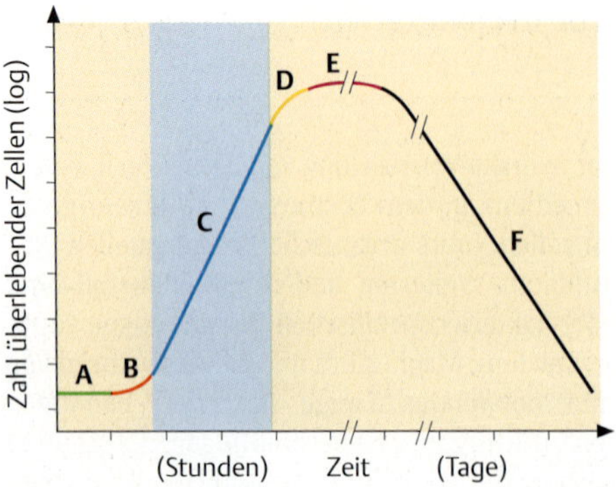

Abb. 4.16 **Normale Wachstumskurve einer Bakterienkultur.**
A = Lagphase,
B = Beschleunigungsphase,
C = exponentielle Phase (Logphase),
D = Verzögerungsphase,
E = stationäre Phase,
F = Absterbephase.

Dann erfolgt Verlangsamung des Wachstums, Übergang in die stationäre Phase (E) durch Erschöpfung der Nährstoffe und Anhäufung toxischer Stoffwechselprodukte. Schließlich setzen Absterbevorgänge ein (F). Die Generationszeit kann nur während der Phase C bestimmt werden, entweder graphisch oder durch 2 Messungen der Zellzahl (N) zu verschiedenen Zeiten und Anwendung der Formel

$$g = \frac{t_2 - t_1}{\log_2 N_2 - \log_2 N_1}$$

Bakterienzellzahl und Bakterienmasse

Koloniezählverfahren. Die Zahl lebender Zellen in einer Kultur oder einem Material wird mit dem Koloniezählverfahren ermittelt. Die Proben werden logarithmisch mit dem Verdünnungsfaktor 10 verdünnt. Die Verdünnungen (jeweils 0.1 ml) werden auf der Oberfläche von Nähragar ausplattiert. Nach Bebrüten entwickeln sich Kolonien. Ihre Zahl, multipliziert mit dem Verdünnungsfaktor, ergibt die ursprüngliche Zahl lebender Bakterienzellen.

Bakterienmasse. Diese kann durch Wägen (Trockengewicht oder Nassgewicht) bestimmt werden. Am einfachsten wird die Masse durch Adsorptionsmessung in einem Photometer ermittelt. Während der Phase C der Wachstumskurve laufen die Zunahme der Bakterienmasse und die der Zellzahl parallel.

4.3 Molekulare Grundlagen der Bakteriengenetik

In Bakterien kommen zwei genetische Strukturen vor: das **Chromosom** und die **Plasmide.** Beide Strukturen bestehen meist aus einer einzigen, zirkulären, um die Helixachse nach links verdrillten DNA-Doppelhelix. Die **Replikation** dieser DNA-Moleküle startet jeweils an einem Ursprungspunkt (*ori*gin of replication) und ist „semikonservativ", d. h. ein alter Einzelstrang findet sich jeweils in den beiden entstehenden Doppelsträngen wieder. **Bakterielle Gene** codieren für Polypeptide und RNA. Nichtcodierende Zwischensequenzen (Introns) wie bei den Eukaryonten gibt es nur ausnahmsweise. Die **Transkription** läuft mit den Phasen Promotorerkennung, Polymerisation und Termination ab. Viele mRNAs der Bakterien sind polycistronisch, d. h. sie enthalten die Information für mehrere Polypeptide. Die **Translation** erfolgt an den 70S-Ribosomen. Start und Stopp der Polypeptidsynthese wird durch spezielle Codons der mRNA angezeigt. Viele Gene, die für funktionell zusammenhängende Polypeptide codieren, sind an einer Stelle der DNA in einem sog. Operon lokalisiert. Der wichtigste Mechanismus der Regulation besteht in einer positiven oder negativen Kontrolle der Transkription. Diese kann einzeln lokalisierte Gene betreffen, die Gene eines Operons oder auch Gene, die in der Funktionseinheit eines Regulons zusammengefasst sind.

4

4.3.1 Struktur der bakteriellen DNA

Die genetische Information der Bakterien ist im Chromosom und in den Plasmiden gespeichert. Beide Strukturen bestehen aus jeweils einer einzigen, zirkulären (seltene Ausnahmen), nach rechts gewundenen DNA-Doppelhelix, die noch um die Helixachse nach links verdrillt ist (Abb. **4.5**, S. 166). Diese DNA-Topologie ist aus Platzgründen notwendig und ermöglicht funktionelle Aktivitäten wie Replikation, Transkription und Rekombination.

Chromosom. Das Chromosom entspricht dem Nukleoid (S. 166f.). Das Chromosom von *E. coli* ist aus $4{,}63 \cdot 10^6$ Basenpaaren (bp) zusammengesetzt. Es weist 4288 Gene auf. Gen und Genprodukt sind kolinear. Nichtcodierende Zwischensequenzen (Introns), wie sie bei eukaryontischen Genen die Regel sind, kommen nicht oder nur ausnahmsweise vor.

Plasmide. Plasmide sind autonome, im Zytoplasma lokalisierte DNA-Moleküle unterschiedlicher Größe ($3 \cdot 10^3$–$4{,}5 \cdot 10^5$ bp). Große Plasmide kommen in der Regel in den Zellen in 1–2 Kopien, kleine in 10–100 Kopien vor. Plasmide enthalten keine Gene, die für das Leben der Bakterien essenziell sind. Viele Plasmide tragen aber Gene, die für phänotypische Eigenschaften ihrer Wirtszelle codieren. Für die medizinische Bakteriologie sind *Virulenzplasmide* sowie *Resistenzplasmide* (s. Abb. **4.22**, S. 191), die für Resistenz gegen Antiinfektiva und Desinfektionsmittel codieren, bedeutsam. Es sind auch Plasmide beschrieben worden, die sowohl Virulenz- als auch Resistenzgene aufweisen.

4.3.2 Replikation der DNA

Die identische Reduplikation der DNA durch die DNA-Polymerase wird als semikonservativ bezeichnet, weil sich der DNA-Doppelstrang bei der Replikation öffnet und jeder Einzelstrang als Matritze für die Synthese des komplementären Stranges dient. Damit ist in jedem der beiden neuen Doppelstränge ein alter Strang (semi = halb) „konserviert“. Die Verdoppelung jedes DNA-Moleküls (Replikons) beginnt an einem einzigen Startpunkt, dem sog. „origin of replication“ (*ori*) und schreitet in beiden Richtungen entlang der beiden zirkulären Einzelstränge fort.

4.3.3 Transkription und Translation

Transkription. Umschrift der Nukleotide des Sinnstranges der DNA in mRNA durch die RNA-Polymerase. Die Nukleotidfolge von Genen liegt als kontinuierliche Sequenz vor und wird „kolinear“ in mRNA überschrieben. Nur wenige Ausnahmen von der Kolinearität existieren. Die Transkription kann in die Phasen „Promotorerkennung“, „Polymerisation“ und „Termination“ unterteilt werden. Der Promotorbereich entspricht der Stelle der Anfangsbindung der RNA-Polymerase auf der DNA. Für die Bindung ist ein Sigmafaktor notwendig. Sigmafaktoren sind Proteine, die sich temporär mit der RNA-Polymerase (Core-Enzym) zum Holoenzym assoziieren und nach Beginn der Transkription wieder dissoziieren und somit erneut für die Bindung zur Verfügung stehen. Gene, die für Proteine codieren, die funktionell zusammengehören, z. B. einen bestimmten Stoffwechselschritt katalysieren, sind oft an einer Stelle des Chromosoms oder eines Plasmids hintereinander angeordnet. Eine derartige DNA-Sequenz wird als Operon bezeichnet (Abb. **4.17**). Die mRNA, die bei der Transkription eines Operons synthetisiert wird, ist polycistronisch, d. h. enthält die Information mehrerer Gene. Die Informationsbereiche sind durch Intercistronbereiche getrennt. Beginn und Ende eines Cistrons wird durch Start- und Stopp-Codons der mRNA angezeigt.

Translation. Übersetzung der Nukleotidsequenz der mRNA in die Aminosäuresequenz von Polypeptiden an den 70S-Ribosomen. Im Prinzip unterscheidet sich die bakterielle Translation nicht von der Translation bei Eukaryonten.

4.3.4 Regulation der Gen-Expression

Bakterien sind in der Lage, sich optimal an die Bedingungen der Umwelt anzupassen. Zahlreiche Regulationsmechanismen sind bekannt, wie posttranslationelle

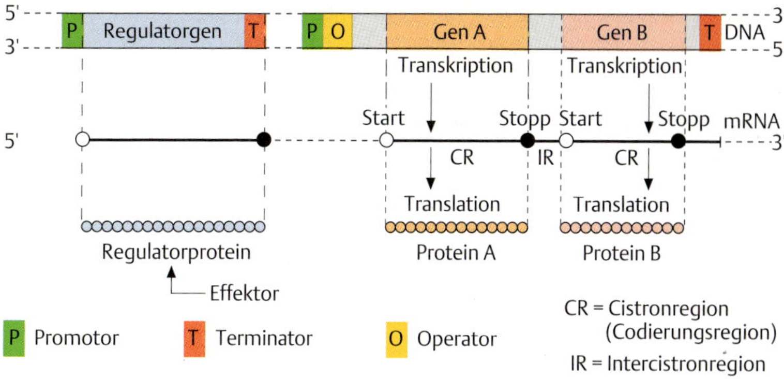

Abb. **4.17** **Bakterielles Operon und Regulatorgen.** Unter einem Operon versteht man eine zusammenhängend transkribierte DNA-Sequenz, die in der Regel mehrere Strukturgene aufweist. Diese codieren für Proteine, die funktionell zusammengehören. Die Transkription eines Operons wird oft durch das Produkt eines Regulatorgens, das an anderer Stelle des Chromosoms lokalisiert ist, reprimiert oder aktiviert (negative Regulation eines katabolen Operons, positive Regulation eines anabolen Operons. Einzelheiten s. Kasten).

Regulation, Translationsregulation, die Attenuation (frühzeitiger Abbruch der Transkription) oder auch das „quorum sensing“ (s. Abb. **4.36**, S. 229). Auf Einzelheiten kann hier nicht eingegangen werden. Am wichtigsten ist die Transkriptionsregulation durch Aktivierung oder Repression, die in dieser Form bei Eukaryonten nicht existiert. Dabei kann ein einzelnes Gen oder mehrere Gene, die an einem Ort der DNA in einem **Operon** zusammengefasst sind, betroffen sein (s. Abb. **4.17**). Am besten untersucht ist die transkriptionelle Regulation von katabolen und anabolen Operons durch einen Repressor.

Transkriptionelle Regulation eines Operons

Katabole Operons weisen Gene auf, die für Enzyme des katabolen Stoffwechsels codieren, **anabole Operons** codieren für Enzyme des anabolen Stoffwechsels.
Regulatorgen. Codiert für ein Protein, das die Transkription durch Bindung an den Operator eines Operons reprimieren oder aktivieren kann.
Effektoren. Niedermolekulare Signalmoleküle aus der Umgebung der Bakterienzelle. Können das Regulatorprotein über einen Allosterieeffekt aktivieren oder inaktivieren.
Negative Regulation eines katabolen Operons durch einen Repressor (Beispiel: Lac-Operon). Die Operon-Gene codieren für β-Galaktosidase (*lacZ*), β-Galactosidpermease (*lacY*) und für eine Transacetylase (*lacA*). In Abwesenheit vom Effektor Lactose im Nährmedium reprimiert das Regulatorprotein (Repressor) das Operon, d.h. die Enzyme werden nicht produziert. In Anwesenheit des Effektors wird der Repressor

inaktiviert, sodass die Gene des Lac-Operons transkribiert werden. Der Sinn dieser Regulation ist, dass die Zelle erst dann die für die Verwendung von Lactose als Nährsubstrat notwendigen katabolen Enzyme produziert, wenn Lactose vorhanden ist. Man sagt auch, ein kataboles Operon wird durch den Effektor induziert.

Positive Regulation eines anabolen Operons durch einen Aktivator. Das aktivierende Regulatorprotein bindet sich stromaufwärts vom Promoter an die DNA des Operons. Dadurch werden z. B. die Enzyme zur Biosynthese einer Aminosäure produziert. Ist diese jedoch im Medium vorhanden, muss die Zelle die anabolen Enzyme zur Herstellung der Aminosäure nicht synthetisieren. In einem derartigen Falle wird der Aktivator durch Verbindung mit dem Effektor (= Aminosäure) inaktiviert, sodass die zugehörigen Operon-Gene nicht aktiv sind.

Auch mehrere Gene, die nicht Teil eines Operons sind, sondern sich an verschiedenen Orten der DNA befinden, können durch ein und dasselbe Regulatorprotein reprimiert oder aktiviert werden. Derartige Gene werden in dem funktionellen Begriff des **Regulons** zusammengefasst (s. auch Abb. **4.35**, S. 228).

4.4 Genetische Variabilität der Bakterien

Änderungen der DNA von Bakterien beruhen auf spontanen **Mutationen** in einzelnen Genen und auf **Rekombinationsprozessen**, die zu neuen Genen oder Gen-Kombinationen führen. Die wichtigsten Rekombinationen bei Bakterien sind die homologe Rekombination, die ortsspezifischen Rekombinationsvorgänge und die Transposition. Vor allem die beiden letzteren Mechanismen liegen der starken Mobilität vieler Gene zugrunde und haben wesentlich zur Evolution bei den Bakterien beigetragen.

Obwohl es sexuelle Vererbung bei den Bakterien nicht gibt, existieren Mechanismen des interzellulären Transfers von Erbgut. Diese werden mit dem Begriff der Parasexualität bezeichnet. Als **Transformation** wird der Transfer von chemisch weitgehend reiner DNA von einer Donor- in eine Rezeptorzelle verstanden. Bei der **Transduktion** dienen Bakteriophagen als Vehikel für den Transport von DNA. Die **Konjugation** beinhaltet den Transfer von DNA durch Zell-zu-Zell-Kontakt. Sie wird durch konjugative Plasmide oder konjugative Transposons ermöglicht. Der Transfer betrifft in erster Linie die konjugativen Elemente selber. Von medizinisch großer Bedeutung sind konjugative Strukturen, die Resistenz- und/oder Virulenzgene tragen.

Eine wichtige Rolle bei der Beschränkung des Genaustausches zwischen unterschiedlichen Taxa spielen **Restriktion** und **Modifikation**. Die Restriktion beruht auf der Wirkung von Restriktions-Endonukleasen, die Fremd-DNA sequenzspezifisch schneiden. Diese Enzyme sind unerlässliche Hilfsmittel der Gentechnologie.

4.4.1 Molekulare Mechanismen der genetischen Variabilität

Spontane Mutation

Im Jahre 1943 gelang mit Hilfe des Fluktuationstests (Luria und Delbrück) der Beweis, dass Änderungen von Eigenschaften von Bakterienpopulationen die Folge von seltenen, ungerichteten Mutationen in Genen einzelner Zellen sind, die dann selektiert werden: Mutation plus Selektion. Mutationen können auf Änderungen einzelner Basenpaare beruhen (= Punktmutationen), auf einem Wechsel des Leserasters („frameshift" Mutation), sowie auf Deletionen, Inversionen oder Insertionen von DNA-Sequenzen. Die Häufigkeit einer Mutation wird in der **Mutationsrate** ausgedrückt, die als Wahrscheinlichkeit der Mutation meist bezogen auf ein einzelnes Gen pro Zellteilung definiert ist. Die Rate variiert und liegt in der Größenordnung von 10^{-6} bis 10^{-10}. Mutationsraten können durch mutagene Agenzien wie Radioaktivität, UV-Strahlen, alkylierende Chemikalien und weitere stark gesteigert werden. Mutatorstämme sind Bakterien, bei denen Mutationen gehäuft auftreten, weil Defekte in der DNA-Reparatur vorliegen.

4

Rekombination

Als Rekombination werden Prozesse bezeichnet, die zur Umstrukturierung von DNA, zur Bildung neuer Gene oder Genkombinationen führen.

Homologe (auch generalisierte) Rekombination. DNA wird zwischen korrespondierenden Sequenzen ausgetauscht. An dem komplizierten Bruch-Reunion-Prozess sind mehrere Enzyme beteiligt. Das wichtigste ist das RecA-Enzym. Ein Beispiel einer homologen Rekombination, die zum Austausch von Minikassetten zwischen zwei Genen führt, zeigt Abb. **4.33** (S. 224).

Ortsspezifische Rekombination. Integration (oder auch Exzision) einer DNA-Sequenz. Dabei muss nur eine Folge von wenigen Nukleotiden der Integrations-DNA mit dem Rekombinationsort der Rezeptor-DNA homolog sein. Dieser Prozess liegt z. B. der Integration von Bakteriophagen-Genomen (s. S. 199) und Plasmiden, z. B. mittels des F-Faktors (s. S. 189), zugrunde. Auch die Integration von Genkassetten, die Determinanten der Antibiotikaresistenz tragen, in ein Integron läuft nach diesem Prozess ab (Abb. **4.18**).

Transposition. Die Transposition läuft praktisch ohne Homologie zwischen der Donor- und der Empfänger-DNA ab. Durch diesen Vorgang können DNA-Sequenzen entweder an anderen Stellen des gleichen DNA-Moleküls oder auch in ein anderes Replikon integriert werden. Ebenso wie die ortsspezifische Rekombination spielte und spielt auch die Transposition eine große Rolle bei der Evolution von Mehrfachresistenz-Plasmiden (s. Abb. **4.22**, S. 191).

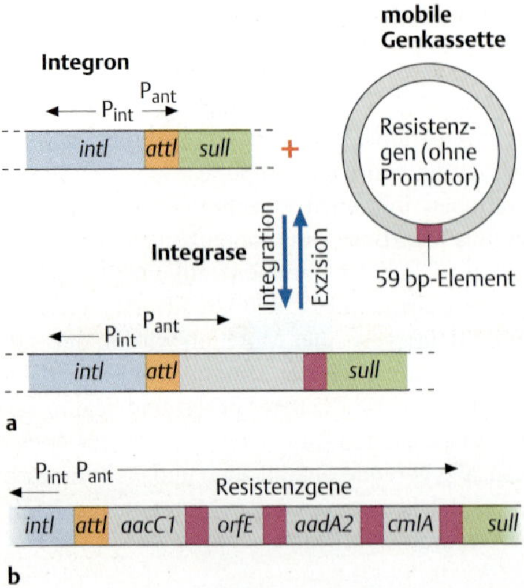

Abb. **4.18** **Ortsspezifische Rekombination (Integron).** **a** Integration bzw. Exzision einer zirkulären Genkassette in bzw. aus einem Integron. Als Integron bezeichnet man eine genetische Struktur, die die Determinanten eines ortsspezifischen Rekombinationssystems aufweist. Dieses ist in der Lage, mobile Genkassetten zu integrieren oder zu mobilisieren (Excision). Außerdem stellt es den Promotor für die Transkription der Kassettengene, die selbst keinen Promotor besitzen, zur Verfügung. Die Kassetten können frei in zirkularisierter Form oder als integrierte Form vorliegen.
intI Integrase-Gen. Codiert für die ortsspezifische Integrase (*int* → Integrase).
attI Erkennungssequenz für die Integrase. Ort der Rekombination (*att* → attachment).
P_{ant} Promotor für die integrierte Genkassette (P → Promotor).
P_{int} Promotor für das Integrase-Gen.
sul1 Gen für Sulfonamidresistenz (*sul* → Sulfonamid).
59bp Integrase-spezifischer Rekombinationsort der Kassette.
b Modell des Integrons 4 (In*4*), das 3 Resistenzgene (Funktion s. Abb. **4.22**, S. 191) sowie einen offenen Leserahmen (*orfE*) unbekannter Funktion aufweist. In*4* ist durch sukzessive Integration mehrerer Resistenzgene am Ort *attI* entstanden.

Transponierbare DNA-Elemente

Insertions-Sequenzen (IS-Elemente, Abb. **4.19a**). Diese einfachsten transponierbaren DNA-Sequenzen werden an den Enden durch identische, aber in gegenläufiger Nukleotidfolge angeordnete „inverse repetitive Elemente (E: inverted repeats [IR])" begrenzt, die 10 bis 40 Nukleotide umfassen. Sie rahmen eine Sequenz ein, die für das Enzym Transposase codiert, das die Transposition katalysiert. Als Konsequenz der Transposition werden in der Ziel-DNA die sog. „direct repeats", aus 2-14 bp be-

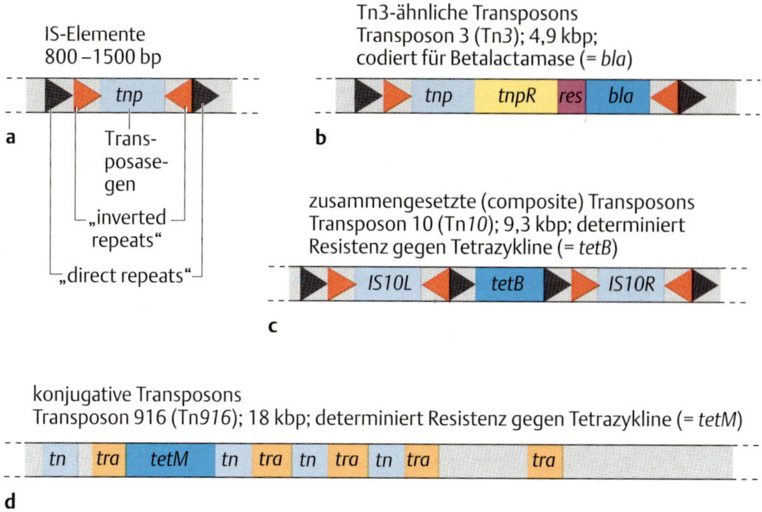

Abb. **4.19** **Transponierbare DNA-Elemente.** Erklärung der einzelnen Strukturen und Abkürzungen s. Kasten, S. 186.

stehende identische Nukleotidfolgen, generiert. Der Prozess läuft nach einem „Ausschneiden-Einfügen-Mechanismus" ab.

Tn3-ähnliche Transposons (Syn.: nichtzusammengesetzte [noncomposite] Transposons) (Abb. **4.19b**). Diese enthalten neben dem Transposase-Gen ***tnp*** die Regulatorsequenz ***tnpR*** und die Sequenz ***res***, die eine Resolvase determiniert. Tn3-Transposons werden bei der Transposition redupliziert, sodass eine Kopie am ursprünglichen Ort verbleibt, während die andere an der neuen Stelle integriert wird.

Zusammengesetzte (composite) Transposons (Abb. **4.19c**). Sie bestehen aus 2 IS-Elementen, die eine verschieden große, für die Transposition nicht notwendige Sequenz, z. B. ein Resistenzgen, einrahmen.

Konjugative Transposons (Abb. **4.19d**). Diese genetischen Elemente weisen mehrere DNA–Sequenzen auf, die sowohl für den interzellulären Transfer (*tra*-Gene) als auch für die Transposition (*tn*-Gene) verantwortlich sind. Weiterhin können zusätzlich Gene, z. B. Resistenz-Determinanten (*tetM*) vorhanden sein. Konjugative Transposons wurden vor allem bei grampositiven Kokken und bei gramnegativen Anaerobiern (*Bacteroides*) gefunden.

4.4.2 Interzelluläre Mechanismen der genetischen Variabilität

Obwohl bei Bakterien sexuelle Vererbung nicht existiert, können sie doch auch DNA zwischen verschiedenen Partnern transferieren. Die Mechanismen dieses Transfers werden im Begriff der **Parasexualität** zusammengefasst. Dabei wird ge-

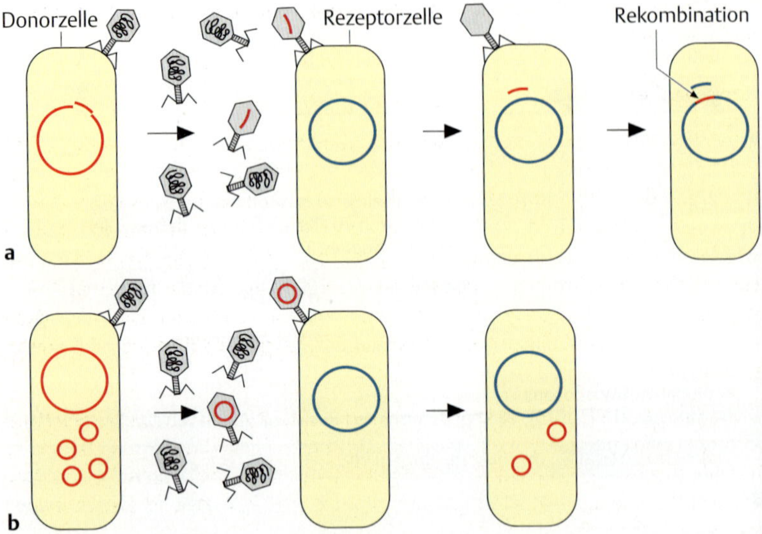

Abb. 4.20 Transduktion. Transduktion einer chromosomalen DNA-Sequenz (**a**) und eines Plasmids (**b**).

netische Information unilateral von einer Donorzelle in eine Rezeptorzelle transferiert. Die transferierte DNA muss – falls sie nicht ein Plasmid ist – über Rekombination in das Genom der Rezeptorzelle integriert werden, sonst wird sie nicht an Tochterzellen weitergegeben und geht verloren (s. Abb. **4.20**).

Transformation

Übertragung von „nackter" DNA. Im Jahre 1928 zeigte Griffith, dass die Fähigkeit zur Ausbildung einer bestimmten Kapsel zwischen verschiedenen Pneumokokken transferiert werden kann. 1944 wurde durch Avery bewiesen, dass das „transformierende Prinzip" DNA ist. Transformation kommt vor allem bei den Gattungen *Streptococcus, Neisseria, Helicobacter* und *Haemophilus* vor.

Transduktion

Übertragung von DNA mit Hilfe von Bakteriophagen (Abb. **4.20**). Bakteriophagen sind die Viren der Bakterien (S. 196ff.). Während ihrer Vermehrung kann es passieren, dass DNA-Sequenzen der Bakterienzelle anstelle des ganzen oder von Teilen des Phagengenoms in den Phagenkopf eingebaut werden. Derartige Phagenpartikel sind defekt. Sie können zwar noch an Rezeptorzellen andocken und ihre DNA injizieren, aber die infizierte Zelle kann keine neuen Phagen produzieren und wird nicht mehr zerstört.

Konjugation

Unter Konjugation versteht man die Übertragung von DNA von einem Donor auf einen Rezeptor durch einen Paarungsprozess, der durch direkten Zell-zu-Zell-Kontakt zustande kommt. Konjugation wird durch 2 genetische Elemente ermöglicht: die konjugativen Plasmide und die konjugativen Transposons. Bei der Konjugation werden in erster Linie die konjugativen Elemente selbst transferiert. Durch diese können aber auch chromosomale Gene oder nichtkonjugative Plasmide mobilisiert werden. Konjugation kommt häufig bei gramnegativen Stäbchen (*Enterobacteriaceae*) und bei Enterokokken vor. Am besten untersucht ist sie bei den *Enterobacteriaceae.*

Der F-Faktor von Escherichia coli. Dieser ist der Prototyp eines konjugativen Plasmids. Der Faktor besitzt die sog. *tra*-Gene, die für die Ausbildung von Sexualpili an der Oberfläche von F-Zellen sowie für den Transfervorgang zuständig sind. Der Transfer des konjugativen Plasmids läuft mit den in Abb. **4.21** schematisch dargestellten Schritten ab.
Durch gelegentliche Integration des F-Faktors in das Chromosom werden diesem die konjugativen Eigenschaften des F-Faktors aufgeprägt. Durch die Integration entsteht gewissermaßen ein riesengroßes, konjugatives Element, sodass nach dem gleichen Mechanismus auch chromosomale Gene transferiert werden können. Zellen, die einen integrierten F-Faktor aufweisen, werden deshalb Hfr-Zellen („high frequency of recombination") genannt.

Konjugative Resistenz- und Virulenzplasmide. Von medizinisch großer Bedeutung sind konjugative Plasmide, die zusätzlich zu den *tra*-Genen Determinanten aufweisen, die für Antibiotikaresistenz und/oder Virulenz codieren. 3 Eigenschaften veranschaulichen die Problematik:

- **Hohe Frequenz des Transfers.** Wegen des Mechanismus „Transfer/Replikation" wird jede Rezeptorzelle, die ein konjugatives Plasmid erhalten hat, automatisch zu einer Donorzelle. Außerdem kann jede plasmidpositive Zelle das Plasmid mehrmals auf Rezeptorzellen übertragen.
- **Breiter Wirtsbereich.** Viele konjugative Plasmide können zwischen verschiedenen Arten, Gattungen, ja sogar Familien transferiert werden: die Promiskuität der Bakterien.
- **Multiple Determinanten.** Ein hypothetisches Mehrfachresistenz-Plasmid ist in Abb. **4.22**, S. 191 dargestellt.

Konjugative Transposons (s. Abb. **4.19d**, S. 187). Es handelt sich um DNA-Elemente, die in der Regel in das bakterielle Chromosom integriert sind. Sie kommen vor allem bei grampositiven Kokken (Enterokokken) vor, sind aber auch bei gram-

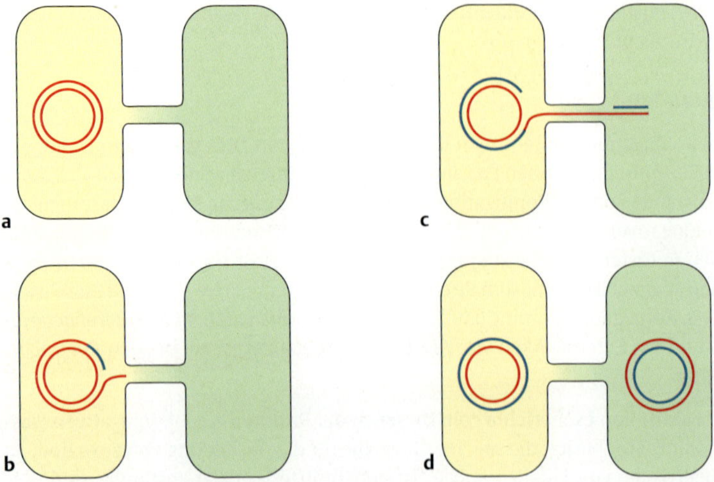

Abb. **4.21** **Konjugation.** Transfer-/Replikations-Vorgang eines konjugativen Plasmids.
a Paarbildung: Zusammentreffen von 2 Bakterienzellen. Für diesen Schritt sind Sexualpili notwendig. Auf die Paarbildung muss nicht immer Konjugation folgen.
b Effektive Paarbildung: Bildung einer spezifischen Konjugationsbrücke zwischen Donor- und Rezeptorzelle.
c Plasmidmobilisierung und Transfer: Durch eine Endonuklease wird ein Einzelstrang der zirkulären DNA-Doppelspirale an einer bestimmten Stelle gespalten (s. **b**). Der Einzelstrang tritt mit der „Führungsregion" in die Rezeptorzelle ein.
d Synthese: Der transferierte Einzelstrang sowie der zurückbleibende DNA-Strang werden durch Synthese komplementärer DNA wieder zu Doppelsträngen. Die jetzt Plasmid-positive Empfängerzelle wird Transkonjugante genannt.

negativen Bakterien (*Bacteroides*) gefunden worden. Beim interzellulären Transfer wird zuerst das Transposon aus dem Chromosom ausgeschnitten und zirkularisiert. Anschließend wird ein Einzelstrang der Doppelspirale geschnitten und der linearisierte Einzelstrang – in Analogie zum F-Faktor – in die Rezeptorzelle transferiert. Konjugative Transposons sind auch in der Lage, nichtkonjugative Plasmide zu mobilisieren.

Restriktion, Modifikation und Gen-Klonierungen

Die Mechanismen der genetischen Variabilität könnten den Eindruck entstehen lassen, dass Gene zwischen verschiedenen Bakterienarten frei hin und her pendeln können und damit die Speziesgrenzen bei Bakterien nicht existieren. Damit dieser genetische Austausch beschränkt bleibt, existieren verschiedene Kontrollen. Zu

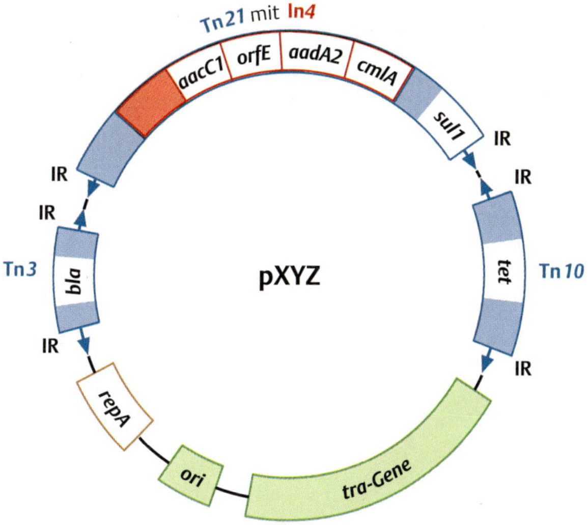

Abb. **4.22** **Modell eines hypothetischen konjugativen Mehrfachresistenzplasmids.** Mehrfachresistenzplasmide können durch sukzessive Integration transposabler Resistenz-DNA sowie Integration von mobilen Resistenzgen-Kassetten in Integrons entstehen (s. Abb. **4.18** und Abb. **4.19**)

Tn*21* Transposon der Tn*21*-Familie. Codiert für Resistenz gegen Sulfonamide (*sul1*) und weist ein R-Integron (In*4*) auf.

In*4* Codiert für Chloramphenicol-Acetyltransferase (= *cmlA*), eine Aminoglykosid-Acetyltransferase (= *aacC1*), eine Aminoglykosid-Adenylyltransferase (= *aadA2*) und enthält einen offenen Leserahmen (*orf*) unbekannter Funktion

Tn*3* Transposon 3. Codiert für eine Betalactamase (= *bla*)

Tn*10* Transposon 10. Codiert für Resistenz gegen Tetrazykline (= *tet*)

repA Codiert für das Replikationsenzym des Plasmids. (Weitere für die Replikation notwendige Enzyme stellt die Wirtszelle zur Verfügung)

ori Anfangsort der Replikation (origin of replication)

tra DNA-Region des Plasmids, die 25 *tra*-Gene aufweist. Die *tra*-Gene sind für den Transfer-Replikationsvorgang (s. Abb. **4.21**) verantwortlich.

den wichtigsten zählen die **Restriktion** und die **Modifikation.** Durch Restriktions-Endonukleasen kann Fremd-DNA zerstört werden, wenn sie keinen „Fingerabdruck" (keine Modifikation) trägt, der sie als ähnlich charakterisiert. Die Modifikation besteht in einer Methylierung der DNA-Basen durch Modifikationsenzyme.

Die bakteriellen Restriktions-Endonukleasen sind heute unentbehrliche Hilfsmittel für **Gen-Klonierungen**. Man bezeichnet diesen Vorgang deshalb als Gen-

„Klonierung“, weil dabei in vitro manipulierte DNA in einer geeigneten Wirtszelle vermehrt wird, so dass identische Kopien dieser DNA, Molekül-Klone oder Gen-Klone, entstehen. Durch diese Technik kann einerseits DNA einfach und bequem vermehrt und dadurch dem experimentellen Zugriff leicht zugänglich gemacht werden. Andererseits können Bakterien dazu benützt werden, Genprodukte der Fremdgene zu synthetisieren. Derartige Fremdproteine werden als Rekombinantenproteine bezeichnet. Als Vektoren, in die die zu klonierenden Sequenzen inseriert werden, dienen sehr häufig bakterielle Plasmide. In Abb. **4.23** ist das Prinzip von Gen-Klonierungen in vereinfachter Form dargestellt.

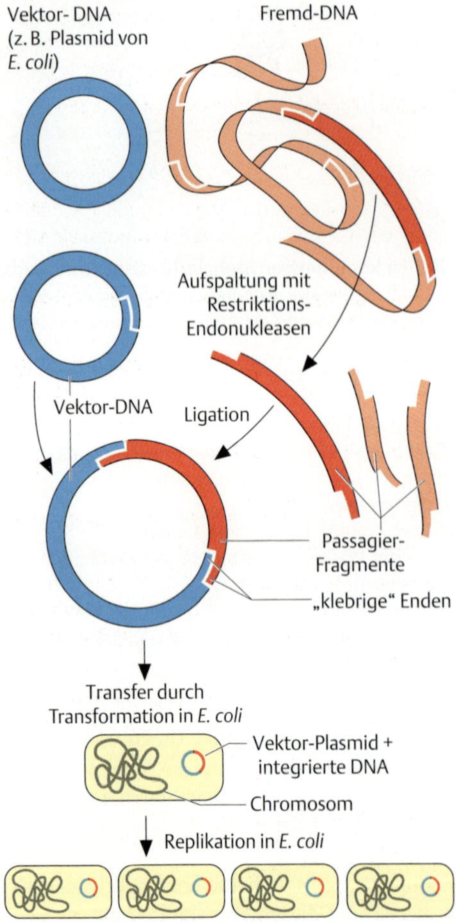

Abb. **4.23** **DNA-Klonierung.** Die zu klonierende DNA-Sequenz wird in eine Vektor-DNA (Plasmid, Bakteriophagengenom) integriert. Diesen Vektor transferiert man anschließend zur identischen Replikation in ein Wirtsbakterium, z. B. *E. coli*.

Die wichtigsten Begriffe der Bakteriengenetik sind in Tab. **4.2** zusammengestellt.

Tabelle **4.2** Glossar der wichtigsten Begriffe der Bakteriengenetik

Anticodon	Triplettsequenzen von Transfer-RNA, die zu den Codons der mRNA komplementär sind
Chromosom	s. Nukleoid
Cistron	genetische Einheit, identisch mit einem Gen
Code	Übersetzungsschlüssel zwischen der Nukleotidschrift der DNA und der Aminosäureschrift von Polypeptiden
Codon	Aufeinanderfolge von 3 Nukleotiden, Triplett-Codon. Codiert für eine Aminosäure
Deletion	Verlust einer DNA-Sequenz eines Replikons
Effektormoleküle	kleine Moleküle, die durch einen Allosterieeffekt einen Repressor oder einen Aktivator inaktivieren
F-Faktor	Prototyp eines konjugativen Plasmids (Fertilitätsfaktor)
Gen	Abschnitt der DNA, der die Information zur Synthese eines Polypeptids oder einer RNA beinhaltet. Identisch mit Cistron
Genom	Gesamtheit der genetischen Information in einer Zelle
Genotyp	Gesamtheit der von der DNA codierten genetischen Information
Hfr-Zellen	Kolibakterien, die den F-Faktor ins Chromosom integriert enthalten und deshalb chromosomale Gene in hoher Frequenz durch Konjugation übertragen können
Integron	genetische Struktur, die die Determinanten eines ortsspezifischen Rekombinationssystems aufweist. Zuständig für Integration bzw. Exzision mobiler Genkassetten
inverse, repetitive Sequenzen (engl.: inverted repeats (IR))	DNA- oder RNA-Sequenzelemente mit gegenläufiger komplementärer Nukleotidfolge. Charakterisitsch für die Enden transponierbarer DNA

4

Tabelle **4.2** (Fortsetzung)

IS-Elemente	Insertionssequenz-Elemente. Kleine, transponierbare DNA-Sequenzen, die nur für Funktionen ihrer Mobilität kodieren
Klon	Population identischer Zellen oder DNA-Moleküle
Konjugation	Transfer von Erbmaterial zwischen Bakterien durch einen Paarungsprozess
lysogene Bakterien	Zellen mit ins Chromosom integriertem Phagengenom (Prophage)
lysogene Konversion	durch Prophagen-Gene bedingte Änderung des Phänotyps einer Zelle
messenger-RNA (mRNA)	wird an der DNA synthetisiert und überträgt genetische Information zu den Ribosomen
Modifikationsenzyme	Methylasen, die durch Methylierung DNA als „eigen" kennzeichnen
Mutation	vererbbare Veränderung der genetischen Information
Nukleoid	Kernregion. Kernäquivalent. Chromosom
Operator	DNA-Sequenz eines Operons. Ort der Anheftung von Regulatorproteinen
Operon	Regulationseinheit, bestehend aus Promotor, Operator, Struktur-Genen und Terminator
Parasexualität	unilateraler Gentransfer von einem Donor auf einen Rezeptor
Phänotyp	Gesamtheit der in Erscheinung tretenden Eigenschaften einer Bakterienzelle
Plasmid	extrachromosomales, autonomes, meist zirkuläres DNA-Molekül
Promotor	Erkennungs- und Bindungsstelle für die RNA-Polymerase
Prophage	ins Chromosom integriertes Phagengenom
Regulator	regulatorisches Protein, das die Transkription von Genen kontrolliert. Repressor oder Aktivator
Regulon	Einheit von Genen, die durch den gleichen Regulator kontrolliert werden

Tabelle **4.2** (Fortsetzung)

Rekombination	Umorganisation von genetischem Material
homologe R.	Austausch einer DNA-Sequenz durch eine weitestgehend ähnliche oder identische Sequenz. Bruch-/Reunion-Modell
transpositionelle R.	Insertion transponierbarer DNA (s. bei Transposition, S. 185)
ortsspezifische R.	Integration bzw. Exzision einer DNA-Sequenz an einem nur wenige Nukleotide umfassenden spezifischen Ort (*att*) der DNA (s. bei Integron, S. 185)
Replikation	Vermehrung/Verdoppelung der DNA
Replikon	sich autonom vermehrendes DNA-Molekül (Chromosom, Plasmid, Phagen-Genom)
Restriktions-Endonukleasen	Enzyme, die eine bestimmte Nukleotidfolge erkennen und dort DNA spezifisch schneiden
semikonservative Replikation	Mechanismus der Verdoppelung der DNA, bei dem jeweils ein alter Einzelstrang in den beiden neuentstehenden Doppelsträngen erhalten ist
Sexualpili	Oberflächenstrukturen, die für Konjugation bei gramnegativen Stäbchenbakterien essenziell sind
Sigmafaktoren	Temporär mit prokaryontischer RNA-Polymerase (= Core-Enzym) zum Holoenzym assoziierende Proteine mit Funktion zur spezifischen Promotorbindung
Supercoil	um die Helixachse negativ verdrilltes DNA-Ringmolekül
Terminator	Sequenz, die das Ende eines Transkriptionsvorgangs festlegt
Transduktion	Gentransfer mit Hilfe von Bakteriophagen als Vehikel
Transfer-RNA (tRNA)	bindet jeweils spezifisch eine Aminosäure (Aminoacyl-tRNA) und transferiert diese ans Ribosom
Transformation	Transfer von Genen eines Donors in Form von „nackter" DNA
Transkription	Synthese von RNA (z. B. mRNA, tRNA, rRNA)
Translation	Synthese von Polypeptiden an den Ribosomen mit Hilfe der mRNA und der tRNA
Transposase (*tnp*)	Transpositionsenzym. Ermöglicht Transposition

4

Tabelle **4.2** (Fortsetzung)

Transposition	Translokation transponierbarer DNA zwischen nichthomologen Gen-Loci innerhalb eines oder verschiedener Replikons
Transposon (transponierbare Elemente, springende Gene)	DNA-Sequenz, die zwischen verschiedenen, nichthomologen Gen-Loci springen kann. Kann außer den Genen für Transposition weitere, den Phänotyp der Bakterienzelle verändernde Determinanten aufweisen
Triplettcode	3 Nukleotide determinieren 1 Aminosäure
Vektor	Vehikel für fremde DNA (Passagier-DNA). Meist Plasmid oder Phagen-Genom

4.5 Bakteriophagen

Als Bakteriophagen werden die **Viren der Bakterien** bezeichnet. Bakteriophagen bestehen aus einer Proteinhülle, die das Phagengenom, das bis auf wenige Ausnahmen DNA ist, umhüllt. Bakteriophagen heften sich an spezifische Rezeptoren ihrer Wirtsbakterien und injizieren durch die Zellwand hindurch ihr Genom. Dieses zwingt die Wirtszellen, neue Phagen zu synthetisieren. Am Ende der Vermehrung steht die Lyse der Wirtszelle. **Temperente Bakteriophagen** können Wirtszellen lysogenisieren. Dabei wird ihr Genom als sog. Prophage ins Wirtszellchromosom integriert. In diesem Zustand sind die Phagengene inaktiv, der Prophage wird aber synchron mit der Vermehrung der Wirtszellen redupliziert. Als (spontane oder künstliche) **Induktion** bezeichnet man den Übergang des Prophagenzustandes in den **lytischen Zustand**. Einige Phagengenome weisen Gene auf, die für ihre Vermehrung unnötig sind, die aber den Phänotyp der Wirtszelle verändern. Die Integration eines derartigen Prophagen in das Chromosom wird als **lysogene Konversion** bezeichnet.

Bakteriophagen sind Viren, deren Wirtszellen die Bakterienzelle ist. Demnach sind Bakteriophagen obligate Zellparasiten, die nur einen Typ von Nukleinsäure – DNA oder RNA – aufweisen, keine energieliefernden Enzymsysteme besitzen und keine Proteine synthetisieren können.

4.5.1 Morphologie und Zusammensetzung

Ähnlich wie die tierischen Viren können auch die Bakteriophagen recht unterschiedlich aussehen. Abb. **4.24a** zeigt schematisch den Aufbau eines Koliphagen

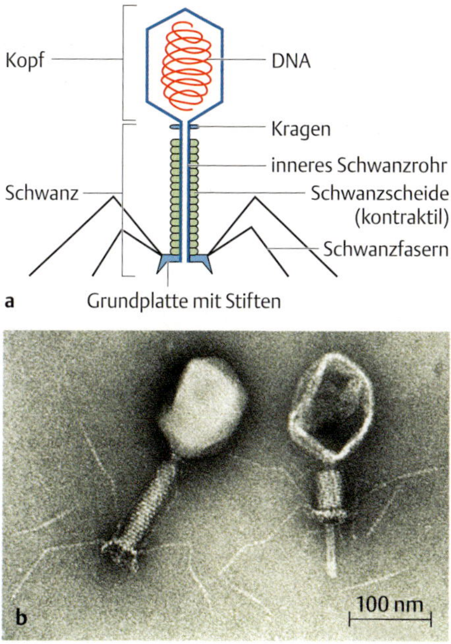

Abb. **4.24 T-Phagen. a** Morphologie eines komplex aufgebauten Bakteriophagen der T-Reihe. **b** Elektronenmikroskopie von T-Bakteriophagen. Links: Intakter, infektiöser Phage; rechts: Phagenhülle nach Injektion des Genoms: Der Phagenkopf ist leer, die Schwanzscheide kontrahiert.

der T-Reihe. Diese Phagen sind besonders gut untersucht. Abb. **4.24b** zeigt das Aussehen eines intakten T-Bakteriophagen und eines Phagen nach Injektion seines Genoms.

Phagen bestehen aus Protein und Nukleinsäure. Die Proteine formen Kopf und Schwanz sowie weitere morphologische Elemente. Ihre Aufgabe besteht im Schutz des Phagengenoms. Bei den meisten Phagen besteht die Nukleinsäure aus DNA. Diese liegt meist als einziger DNA-Doppelstrang vor. Selten sind RNA-Phagen.

4.5.2 Vermehrung

Der Prozess der Phagenvermehrung läuft in mehreren Schritten ab (Abb. **4.25**):

- **Adsorption.** Anheftung an die Zelloberfläche durch spezifische Wechselwirkung zwischen Phagenprotein am Schwanzende und bakteriellem Rezeptor in der Zellwand.
- **Penetration.** Injektion des Phagengenoms. Enzymatische Durchlöcherung der Wand, Einführen des peripheren Teils des Schwanzrohrs und Injektion der Nukleinsäure durch das Schwanzrohr.

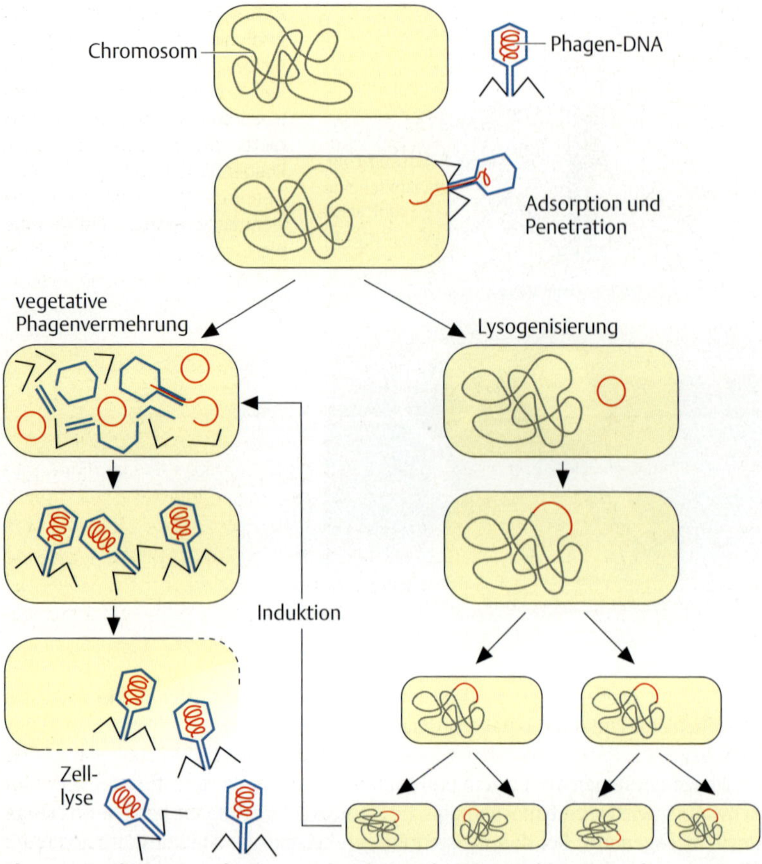

Abb. **4.25** **Lytische Phagenvermehrung und Lysogenisierung.** Nach der Injektion des Phagengenoms kann es entweder direkt zur intrazellulären (lytischen) Phagenvermehrung kommen oder zu einer Lysogenisierung der Wirtszelle. Bei der Lysogenisierung wird die Phagen-DNA ortsspezifisch in das Chromosom der Wirtszelle integriert und synchron mit diesem repliziert.

- **Vermehrung und Reifung.** Synthese der phagenspezifischen Enzyme und Strukturproteine, Zusammensetzung neuer Phagenpartikel.
- **Freisetzung.** Diese erfolgt in der Regel durch Lyse der Wirtszelle (Abb. **4.26**).

Je nach Phagenart und Nährmedium dauert ein Vermehrungszyklus 20–60 min. Diese Zeit wird als **Latenzzeit** bezeichnet und kann in Analogie zur Generationszeit

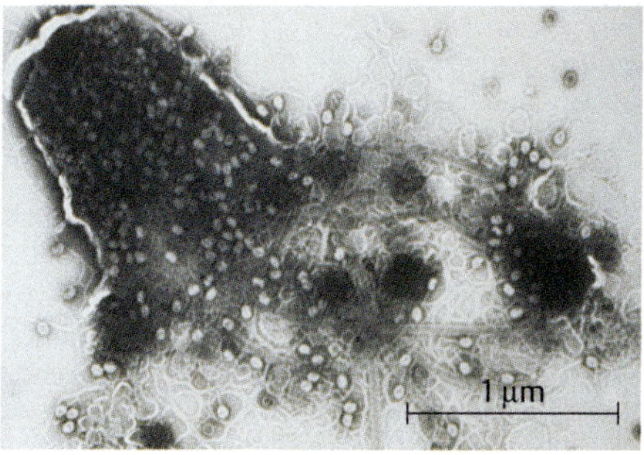

Abb. **4.26 Freisetzung der Phagen aus der Wirtszelle.** Zur Freisetzung am Ende der Phagenreifung wird die Wirtszelle durch eine Phagengenom-codierte Mureinhydrolase lysiert. Dieses Enzym gelangt durch Löcher in der Zytoplasmamembran, gebildet durch Einlagerung des Proteins Holin, das durch ein Phagen-Gen codiert wird, in die Mureinschicht.

der Bakterien gesetzt werden. Je nach Phagenart werden aus einer infizierten Zelle zwischen 20 und mehrere hundert Neuphagen freigesetzt, was als **Wurfgröße** bezeichnet wird. Phagen vermehren sich also rascher als Bakterien. Angesichts dieser Tatsache mag es erstaunen, dass in der freien Natur überhaupt noch Bakterien existieren. Man muss sich aber vergegenwärtigen, dass die Wahrscheinlichkeit des Findens einer Wirtszelle stark von der Zelldichte der Wirtszellen abhängt. Diese ist in der freien Natur relativ klein. Außerdem vermehren sich die wenigsten Phagen ausschließlich auf die geschilderte lytische oder vegetative Weise. Die meisten sind temperente Phagen, die nach Infektion ihre Wirtszellen lysogenisieren.

Lysogenie

In Abb. **4.25** ist die **Lysogenisierung** einer Wirtszelle dargestellt. Nach Injektion des Phagengenoms wird dieses durch ortspezifische Rekombination mit Hilfe einer Integrase in das Chromosom integriert. Das integrierte Phagengenom wird **Prophage** genannt. Dieser kann spontan oder induziert durch physikalische oder chemische Noxen (UV-Licht, Mitomycin) in das vegetative Stadium zurückkehren und durch Synthese neuer Phagen zur Lyse der Wirtszelle führen. Zellen, die einen Prophagen tragen, werden deshalb als **lysogen** bezeichnet. Die Lysogenisierung hat Vorteile für beide Partner. Einerseits verhindert sie die sofortige Lyse der Wirtszelle, andererseits sorgt sie dafür, dass das Phagengenom synchron mit der Wirtszelle vermehrt wird.

Von **lysogener Konversion** spricht man, wenn das Phagengenom, das eine Zelle lysogenisiert, ein Gen (evtl. auch mehrere Gene) trägt, das keine bakteriophagenspezifische, sondern eine bakterielle Funktion ausübt. Beispielsweise sind das Gen für das Diphtherietoxin (S. 271), die Gene der pyrogenen Exotoxine der A-Streptokokken (S. 252) oder das Gen des Cholera-Toxins (S. 311) auf Phagengenomen lokalisiert.

4

Bedeutung der Bakteriophagen

Biologische Forschung. Bakteriophagen dienen häufig als Modellobjekte für das Studium fundamentaler biologischer Prozesse: DNA-Replikation, Genexpression, Genregulation, Morphogenese von Viren, Studium des Zusammenbaus und Funktionierens supramolekularer Strukturen.

Gen-Technologie. Phagen eignen sich als Vektoren für die Gen-Klonierung und als Hilfsmittel für die Sequenzierung.

Therapie und Prophylaxe. Dieses alte Konzept wird in letzter Zeit wieder vermehrt verfolgt. Einsatz geeigneter Phagengemische bei Nutztieren, z. B. zur Eliminierung von enterohämorrhagischen *E. coli* (EHEC) durch mehrere, nur gegen EHEC wirkende Phagen (s. S. 307).

Epidemiologie. Zur Typisierung von Bakterien. Stämme einer Bakterienart werden aufgrund ihrer Empfindlichkeit gegenüber Typisierungs-Bakteriophagen in Phagovare (Syn. Lysotypen) unterteilt. Dadurch kann man feststellen, welcher Bakterienstamm für eine Epidemie verantwortlich ist. In den letzten Jahren wurde diese Typisierungsmethode mehr und mehr von molekularen Methoden (s. S. 17), verdrängt.

4.6 Grundlagen der Antibiotikatherapie

Die antibakterielle Therapie umfasst die gegen den Erreger gerichtete Behandlung von Infektionen mit Antiinfektiva. Die wichtigste Gruppe der Antiinfektiva sind die **Antibiotika**, die Produkte von Pilzen und Bakterien (vor allem Streptomyceten) darstellen. Antiinfektiva können ein breites, ein mittleres oder ein schmales **Wirkungsspektrum** aufweisen. **Pharmakodynamische Parameter** der Antiinfektiva sind Wirkungsaktivität und Wirkungsqualität. **Pharmakokinetische Parameter** beschreiben die zeitlichen Änderungen der Konzentration der Antiinfektiva im Makroorganismus. Die **Wirkungsmechanismen** von Antiinfektiva sind unterschiedlich. Unter dem Einfluss von Sulfonamiden und Trimethoprim wird in Bakterien die Bildung von Tetrahydrofolsäure blockiert. Betalactam-Antibiotika hemmen irreversibel die Biosynthese des Mureins. Rifamycine blockieren die Transkription. Aminoglykoside, Tetracycline/Tigecyclin, Makrolide, Lincosamide, Streptogramine, Oxazolidinone sowie Chloramphenicol blockieren die Translation. Fluorchinolone stören die DNA-Topologie in der Zelle durch Hemmung bakterieller Topoisomerasen und dadurch die DNA-Replikation. Bakterien können aufgrund ihrer genetischen Variabilität **Resistenzen** gegen Antiinfektiva erwerben. Die wichtigsten Resistenzmechanismen sind: inaktivierende Enzyme; resistente Zielmoleküle; reduzierter Influx oder gesteigerter Efflux. Mehrfachresistente Stämme (Problembakterien) kommen gehäuft im Krankenhaus vor. Für eine gezielte Therapie muss das Labor Resistenzprüfungen durchführen. Ein quantitativer Resistenztest ist die Bestimmung der minimalen Hemmkonzentration. Ein semiquantitativer Test ist der Disktest, mit dem in die Klassen resistent oder empfindlich eingeteilt wird. Chemoprophylaxe in der Chirurgie zur Verhütung einer postoperativen Infektion muss als Kurzzeitprophylaxe durchgeführt werden.

4.6.1 Definitionen

- **Antiinfektiva.** Oberbegriff. Umfasst alle antimikrobiellen Pharmaka, die gegen Infektionserreger gerichtet sind und das Prinzip der selektiven Toxizität aufweisen (s. u.).
- **Selektive Toxizität.** Antiinfektiva wirken in kleinen Konzentrationen gegen Mikroorganismen, ohne den Makroorganismus zu schädigen. Unerwünschte Wirkungen (s. S. 210) können aber auftreten.
- **Antibakterielle Therapie.** Spezifische Therapie bakterieller Infektionen mit antibakteriellen Antiinfektiva.
- **Antibiotika.** Wichtigste Gruppe der Antiinfektiva. Naturstoffe. Werden von Pilzen oder Bakterien (meist Streptomyzeten) produziert. Der Begriff wird in der Medizin häufig – nicht ganz korrekt zwar – für alle antibakteriellen Antiinfektiva verwendet.
- **Chemotherapeutika.** Veralteter Begriff in der Med. Mikrobiologie und Infektiologie. Im engeren Sinne werden damit antibakterielle Pharmaka bezeichnet, die nicht Antibiotika sind. Im weiteren Sinne wird der Begriff auch synonym zu Antiinfektiva verwendet.

In Abb. **4.27** sind die Wechselbeziehungen zwischen dem Antiinfektivum, dem Wirtsorganismus und dem bakteriellen Erreger dargelegt.

Tab. **4.3** vermittelt eine alphabetische Übersicht über antibakterielle Antiinfektiva. Abb. **4.28** zeigt die chemischen Grundstrukturen der wichtigsten Gruppen.

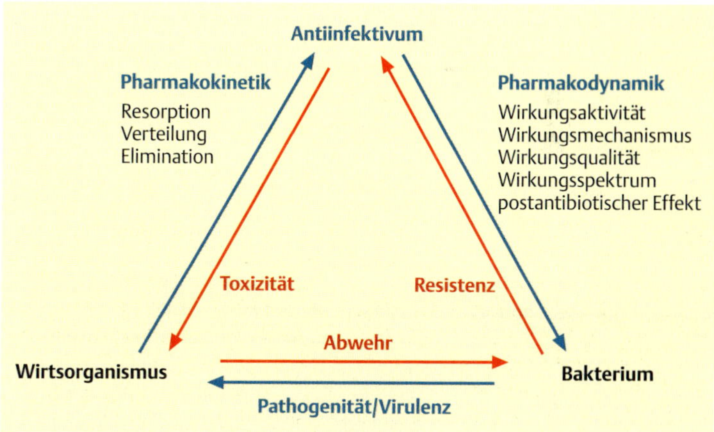

Abb. **4.27** **Wechselwirkungen „Antiinfektivum-Bakterium-Wirtsorganismus".** Die Wechselwirkungen zwischen einem Antiinfektivum und dem Wirtsorganismus werden mit den Begriffen **Pharmakokinetik** und **Toxizität**, die zwischen dem Antiinfektivum und dem bakteriellen Erreger mit **Pharmakodynamik** und **Resistenz** bezeichnet. Die Gast-Wirt-Beziehung beruht auf der **Pathogenität/Virulenz** des ungebetenen Gastes sowie der **Abwehr** des Wirts.

Tabelle **4.3** Überblick über antibakterielle Antiinfektiva*

Klasse/Wirkstoff	Bemerkungen
Aminoglykosid-/Aminocyclitol-Antibiotika (meist parenteral)	
(Dihydro-)Streptomycin	Heute nur noch selten eingesetzt (Tuberkulose)
Neomycin, Paromomycin	Nur zur oralen (Darmdekontamination) oder topischen Anwendung
Gentamicin, Tobramycin, Amikacin, Netilmicin	Neuere Aminoglykoside; parenterale Applikation; breites Spektrum; Oto- und Nephrotoxizität; Therapie unter Kontrolle der Blutspiegel
Carbacepheme	Betalaktame, die im 2. Ringsystem „C" statt „S" aufweisen (S. 208)
Loracarbef (oral)	
Carbapeneme	Penicilline mit „C" anstelle „S" im 2. Ringsystem (S. 208). Hohe Stabilität gegen Betalaktamasen (auch gegen ESBL, S. 213)
Gruppe 1 (parenteral)	
Imipenem (plus Cilastatin) Meropenem Doripenem	Sehr breites Spektrum einschließlich Anaerobier. Auch gute Aktivität gegen Pseudomonaden (S. 322) und *Acinetobacter* (S. 392) (vor allem Doripenem). Imipenem wird durch Dihydropeptidase-I der Niere inaktiviert. Deshalb Kombination mit dem Enzyminhibitor Cilastatin notwendig. Dosierungsintervall für alle: 12 h
Gruppe 2 (parenteral)	
Ertapenem	Spektrum wie Gruppe 1, aber nur mäßige Aktivität gegen Pseudomonaden (S. 322), *Acinetobacter* (S. 392) und Enterokokken (S. 258). Dosierungsintervall: 24 h
Cephalosporine (parenteral)	Bizyklische Betalaktame. Dihydrothiazinring (S. 208). Unwirksam gegen Enterokokken
Gruppe 1	
Cefazolin, Cephalothin	Wirksam gegen grampositive und teilweise gegen gramnegative Bakterien; stabil gegen Staphylokokken-Penicillinasen; instabil gegen β-Lactamasen gramnegativer Bakterien

* Einteilung und Schreibweise nach: Mutschler Arzneimittelwirkungen. 8. Auflage, Stuttgart: Wissenschaftliche Verlagsgesellschaft mbH; 2008.
Nicht alle der aufgeführten Substanzen sind in Deutschland, Österreich und der Schweiz im Handel oder zugelassen.

Tabelle **4.3** (Fortsetzung)

Klasse/Wirkstoff	**Bemerkungen**
Gruppe 2	Parenterale Applikation
Cefuroxim, Cefotiam	Breiteres Spektrum als Gruppe 1 gegen gramnegative Bakterien, da größere Stabilität gegen einige β-Lactamasen. Gegen grampositive Bakterien wie Gruppe 1
Gruppe 3a	
Cefotaxim, Ceftriaxon	Breiteres Wirkungsspektrum als Gruppe 1 und 2 gegen gramnegative Bakterien, da stabil gegen zahlreiche β-Lactamasen gramnegativer Bakterien. Schwache Aktivität gegen Staphylokokken und *Pseudomonas aeruginosa*
Gruppe 3b	
Ceftazidim	Spektrum wie Gruppe 3a; zusätzlich wirksam gegen *Pseudomonas aeruginosa.*
Gruppe 4	
Cefpirom, Cefepim	Wirkungsspektrum wie Gruppe 3b. Auch gute Aktivität gegen Staphylokokken
Gruppe 5	
Ceftobiprol, Ceftarolin	Wirkungsspektrum wie Gruppe 3b. Auch Aktivität gegen MRSA (s. S. 249)
Cephalosporine (oral)	
Cefaclor, Cefadroxil, Cefalexin, Cefradin	Wirkungsspektrum wie Cefalothin
Cefpodoxim-Proxetil, Cefuroxim-Axetil, Cefixim, Cefprozyl, Cefdinir, Cefetamet-Pivoxil, Ceftibuten	Oralcephalosporine mit breitem Wirkungsspektrum
Chloramphenicol (oral und parenteral)	Breites Spektrum, vorwiegend bakteriostatische Wirkung; Gefahr der aplastischen Anämie
Co-Trimoxazol (oral und parenteral)	Kombination aus Trimethoprim und Sulfamethoxazol.
Daptomycin (parenteral [i. v.]); alle 24 h)	Zyklisches Lipopeptid; gegen grampos. Bakterien; bakterizid. Insertion in Membran, Oligomerisation zu Poren, dadurch Efflux von Kalium-Ionen und Zusammenbruch des Membranpotentials. (Zusätzlich auch Hemmung der Mureinbiosynthese?)

Tabelle **4.3** (Fortsetzung)

Klasse/Wirkstoff	**Bemerkungen**
Diaminobenzyl-Pyrimidine Trimethoprim (oral)	Breites Spektrum; Hemmung der Dihydrofolsäurereduktase; oft bakterizider Synergismus mit Sulfonamiden (s. Co-Trimoxazol)
Ethambutol (oral)	Nur gegen Tuberkulosebakterien
Fluorchinolone	
Gruppe 1 (nur oral)	
Norfloxacin, Pefloxacin	Nur bei Harnwegsinfektionen
Gruppe 2 (oral und parenteral)	
Ciprofloxacin, Ofloxacin, Enoxacin	Gute Aktivität gegen gramnegative Bakterien, nur mäßige Wirkung gegen grampositive Bakterien, Chlamydien und Mykoplasmen
Gruppe 3 (oral und parenteral)	
Levofloxacin	Bessere Wirkung als Gruppe 2 gegen grampositive Bakterien, Chlamydien und Mykoplasmen
Gruppe 4 (oral und parenteral)	
Moxifloxacin	Wirkungsspektrum wie Gruppe 3. Zusätzlich Aktivität gegen Anaerobier
Fosfomycin (parenteral) **Fosfomycin-Trometamol** (oral)	Breites Spektrum; bakterizide Wirkung; Blockierung der Mureinbiosynthese; rasche Resistenzentwicklung. Fosfomycin-Trometanol nur zur Kurzzeittherapie unkomplizierter Harnwegsinfektionen
Fusidinsäure (oral und parenteral)	Nur gegen grampositive Bakterien; bakteriostatisch. Blockierung der Translation. Häufig Resistenzentwicklung
Glykopeptide (parenteral)	
Vancomycin Teicoplanin	Gegen grampositive Bakterien; mäßige Bakterizidie; Blockierung der Mureinsynthese; Nephrotoxizität, Thrombophlebitis. Wirksam gegen Methicillin-resistente Staphylokokken (S. 249)

Tabelle **4.3** (Fortsetzung)

Klasse/Wirkstoff	**Bemerkungen**
Isonicotinamide	
Isoniazid (INH) (oral und parenteral)	Nur gegen Tuberkulosebakterien; Blockierung der Mykolsäurebiosynthese. Zelltod.
Lincosamide	Lincomycin heute durch Clindamycin ersetzt
Clindamycin (oral und parenteral)	Wirksam gegen grampositive Bakterien und gegen gramnegative Anaerobier; gute Penetration ins Knochengewebe
Makrolide/Ketolide (oral und parenteral)	
Erythromycin, Roxithromycin, Clarithromycin, Azithromycin	Gegen grampositive und gramnegative Kokken, Chlamydien sowie Mykoplasmen
Telithromycin	Ketolid. Wirksam gegen viele Makrolid-resistente Stämme. Unerwünschte Wirkungen beachten
Monobactame	Monozyklische Betalaktame
Aztreonam (parenteral)	Gute Aktivität gegen *Enterobacteriaceae*; mäßige Wirkung gegen *Pseudomonas;* sehr hohe Betalactamase-Stabilität; keine Wirkung gegen grampositive Bakterien
Nitrofurane (nur oral)	
Nitrofurantoin, Furazolidon, Nitrofural usw.	Gegen grampositive und gramnegative Bakterien; nur bei Harnwegsinfektionen
Nitroimidazole (oral, parenteral, topisch)	
Metronidazol, Tinidazol, Ornidazol	Gegen obligat anaerobe Bakterien; bakterizide Wirkung. Auch gegen verschiedene Protozoen wirksam
Oxazolidinone	
Linezolid (oral und parenteral)	Nur gegen grampositive Bakterien. Hemmung der Translation. Keine Kreuzresistenz mit anderen Inhibitoren der Translation

Tabelle **4.3** (Fortsetzung)

Klasse/Wirkstoff	Bemerkungen
Penicilline	Betalaktame (Formel S. 208); bakterizide Wirkung in Teilungsphase; Blockierung der Mureinsynthese
Benzylpenicilline Penicillin G (parenteral), Penicillin V (oral), Pheneticillin, Propicillin	Wirksam gegen grampositive Bakterien und gegen gramnegative Kokken; Inaktivierung durch Penicillinase von Staphylokokken, Gonokokken, *Haemophilus influenzae, Moraxella catarrhalis*
Isoxazolylpenicilline (oral und parenteral)	Staphylokokken-Penicilline; Penicillinase-fest
Oxacillin, Cloxacillin, Flucloxacillin	Mittel der Wahl (vor allem Flucloxacillin) bei Staphylokokken-Infektionen, die keine „Methicillinresistenz" (S. 249) aufweisen. (Methicillin* als erstes Penicillinase-festes Penicillin wird heute nicht mehr eingesetzt)
Aminopenicilline (oral und parenteral)	Werden auch zusammen mit Betalaktamase-Inhibitoren (Clavulansäure, Sulbactam) eingesetzt
Ampicillin, Amoxicillin	Wirksam gegen *Enterobacteriaceae* und grampositive Bakterien, aber labil gegen Betalaktamasen
Amoxicillin/Clavulansäure, Ampicillin/Sulbactam	Feste Kombinationen. Durch Blockieren von Betalaktamasen Erweiterung des Wirkungsspektrums
Acylaminopenicilline (parenteral)	
Mezlocillin, Piperacillin	Wirksam gegen *Enterobacteriaceae*, Enterokokken, Anaerobier. Piperacillin auch gegen *Pseudomonas*. Labil gegen Betalaktamasen, aber hohe intrinsische Aktivität. Freie Kombination mit Betalaktamasen – Inhibitor Sulbactam möglich
Piperazillin/Tazobactam	Feste Kombination von Piperacillin mit Betalaktamasen – Inhibitor Tazobactam
Carboxylpenicilline (parenteral)	
Carbenicillin, Ticarcillin	Wirksam gegen *Enterobacteriaceae* und *Pseudomonas*, aber labil gegen Betalaktamasen
Temocillin (= 6-α- Methoxy-Ticarcillin)	Keine Wirkung gegen *Pseudomonas*; aber stabil gegen Betalaktamasen

* Schreibweise auch Meticillin

Tabelle **4.3** (Fortsetzung)

Klasse/Wirkstoff	**Bemerkungen**
Betalaktamase-Inhibitoren Sulbactam Tazobactam Clavulansäure	Meist nur geringe antibakterielle Aktivität, aber gute Hemmung von Betalaktamasen. Kombination mit anderen Betalaktamen (s. oben). Clavulansäure ist ein Oxalactam („O" anstelle von „S" im 2. Ringsystem, S. 208)
Polypeptide	
Bacitracin (nur topisch)	Gegen grampositive Bakterien
Polymyxine (oral und topsisch) Polymyxin B, Colistin	Gegen *Enterobacteriaceae* und *Pseudomonas*. Neuro- und Nephrotoxizität, deshalb Einsatz nur in speziellen Fällen. Zur Darmdekontamination
Rifamycine	Gehören zu den Ansamycinen
Rifampicin, Rifabutin (oral und parenteral)	Gegen grampositive Keime und Tuberkulosebakterien; rasche Resistenzentwicklung, deshalb Kombinationstherapie angebracht
Streptogramine (Gruppe A und B)	
Dalfopristin (A) plus Qinupristin (B) (parenteral)	Feste Kombination „Synercid". Synergistische Wirkung. Vor allem gegen grampos. Bakterien
Sulfonamide (meist oral)	
Sulfanilamid, Sulfamethoxazol, Sulfafurazol usw.	Breites Spektrum; ausschließlich bakteriostatische Wirkung; Resistenz häufig; für Monotherapie nicht mehr eingesetzt
Sulfone	
Dapson (oral)	Diaminodiphenylsulfon, zur Therapie der Lepra
Tetracycline oral und parenteral	
Doxycyclin, Tetracyclin, Oxytetracyclin, Rolitetracyclin, Minocyclin	Breites Spektrum, das alle Bakterien einschließlich Chlamydien und Rickettsien umfasst; Resistenz häufig. Bei Kleinkindern Ablagerung in Zähnen; Phototoxizität
Tigecyclin	
Glycylcyclin; chemisch mit Tetrazyklinen verwandt (nur parenteral)	Breites Wirkungsspektrum (wie Tetrazykline). Oft auch wirksam gegen Tetrazykline-resistente Stämme.

4

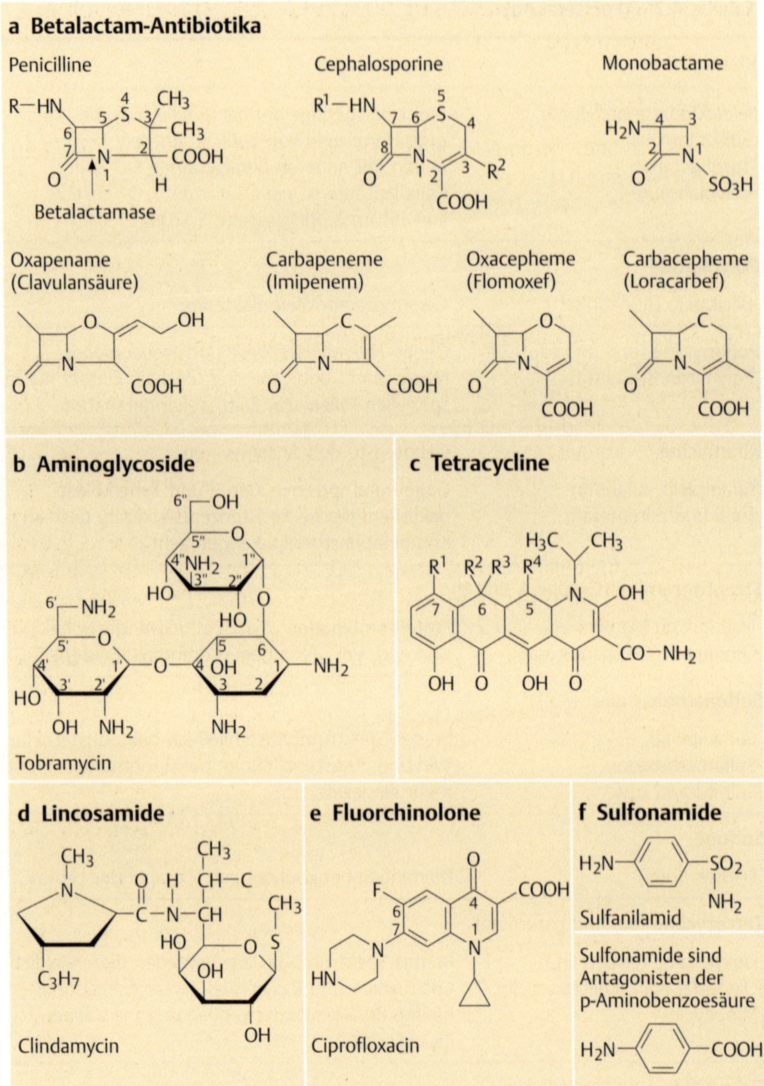

Abb. **4.28** **Grundstrukturen der wichtigsten Antiinfektiva.** Die oft zahlreichen Vertreter einer Antibiotikagruppe weisen verschiedene Substituenten auf.

4.6.2 Pharmakodynamik, Pharmakokinetik, Unerwünschte Wirkungen

Pharmakodynamik (PD)

Wirkungsaktivität. Darunter versteht man die quantitative Wirkung von Antiinfektiva. Das erste Antibiotikum, das Penicillin G, gehört immer noch zu den Antiinfektiva mit der größten Wirkungsaktivität. Penicillin wirkt auf die empfindlichlichsten Bakterien (Streptokokken, Neisserien) in Konzentrationen von nur 0.01 mg/l. Viele andere Antiinfektiva wirken erst in 100 Mal, manchmal auch 1 000 Mal höheren Konzentrationen (1 – 10 mg/l).

Wirkungsqualität (Syn.: Wirkungstyp). Zwei Grundformen können unterschieden werden: die durch **reversible** Hemmung des Wachstums gekennzeichnete **Bakteriostase** sowie der **irreversible** Effekt der **Bakterizidie** (Abb. **4.29**). Ein bakteriostatisches Antiinfektivum allein kann nie zur vollständigen Eliminierung pathogener Bakterien aus den Geweben führen. „Heilung" kommt durch die kombinierte Wirkung des Antiinfektivums sowie der spezifischen und unspezifischen Infektabwehr des Wirtsorganismus zustande. In einem Gewebe, in dem diese Infektabwehr schlecht funktioniert (Endokard), im Zentrum einer eitrigen Läsion, in dem keine funktionstüchtigen Phagozyten vorhanden sind, oder bei gestörter Immunitätslage **müssen** bakterizide Substanzen eingesetzt werden. Ganz ohne körpereigene Infektabwehr können jedoch auch mit bakteriziden Antiinfektiva nicht alle Bakterien eines Infektionsherds beseitigt werden. In einer Population befinden sich immer einige Zellen, die phänotypisch resistent sind, ohne es genotypisch zu sein. Das sind die sog. **Persister**, die in Reagenzglaskulturen mit einer Häufigkeit von $1:10^6$ bis $1:10^8$ beobachtet werden (Abb. **4.29**).

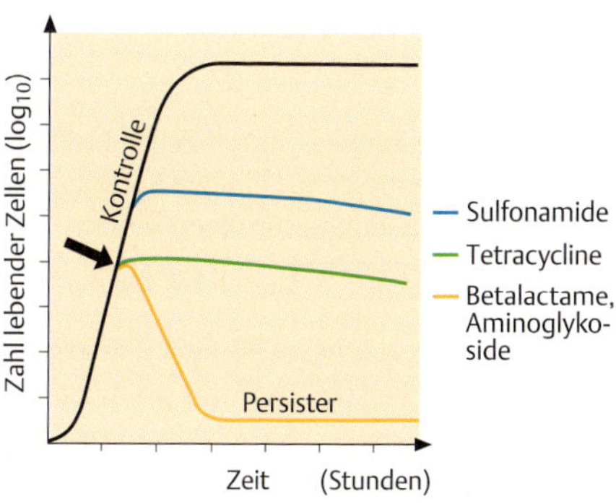

Abb. **4.29** **Wirkungsqualität einiger Antiinfektiva.** Der Pfeil kennzeichnet die Zugabe der Substanzen während der Logphase der Wachstumskurve (s. Abb. **4.16**, S. 180). Betalactame wirken nur während der Teilungsphase der Bakterien bakterizid, Aminoglykoside dagegen in allen Wachstumsstadien. Sulfonamide wirken immer, Tetracycline vorwiegend bakteriostatisch. Einige Zellen in einer Kultur (sog. Persister) sind gegenüber der bakteriziden Wirkung von Antiinfektiva phänotypisch (nicht genotypisch) resistent.

Der **postantibiotische Effekt (PAE)** kennzeichnet die Nachwirkung von Antiinfektiva. Nach ihrer Einwirkung können Bakterien so geschädigt sein, dass nichtabgetötete Zellen auch nach Verschwinden des Antiinfektivums eine Erholungsphase benötigen, bevor sie sich wieder vermehren. Der in Reagenzglaskulturen gemessene PAE kann je nach Antiinfektivum Minuten bis mehrere Stunden betragen.

Pharmakokinetik (PK)

4

Unter **Pharmakokinetik** versteht man die Gesetzmäßigkeiten der Resorption, Verteilung und Elimination von Pharmaka durch den Makroorganismus (s. Lehrbücher der Pharmakologie). Für die Therapie von Antiinfektiva wichtige pharmakokinetische Parameter sind:

- Resorptionsrate
- Verteilungsvolumen
- Proteinbindung
- Gewebekonzentration
- Elimination (Clearance)
- Resorptionsgeschwindigkeit
- Gewebediffusion
- Serumkonzentration
- Metabolisierung
- Halbwertszeit
- Fläche unter der Blutspiegel-Zeit-Kurve (engl. AUC = Area under the Curve)

PK/PD-Zusammenspiel

Pharmakokinetische zusammen mit pharmakodynamischen Parametern spielen eine wichtige Rolle für die Festlegung der Einzeldosis, des Dosierungsintervalls, der Applikationsart (intravenös, oral, intramuskulär, Infusion), der Dauer der Therapie und sind damit wichtig für die klinische Wirksamkeit jedes Antiinfektivums.

Unerwünschte Wirkungen

Trotz der „selektiven Toxizität" der Antiinfektiva können bei Nichtbeachten wichtiger Therapieregeln oder bei entsprechender Prädisposition des Patienten unerwünschte Wirkungen bei der Therapie auftreten. Insgesamt gesehen sind diese aber gering.

- **Toxische Wirkungen.** Sie kommen durch direkte Einwirkung auf Zellen und Gewebe des Makroorganismus zustande. Deshalb müssen bei einigen Substanzen, falls die Gefahr der Kumulierung durch Ausscheidungsstörungen besteht, die Konzentrationen im Blut unter der Therapie gemessen werden (Beispiel: Aminoglykoside).
- **Allergische Reaktionen.** Mögliche Mechanismen werden im Kapitel „Die krankmachende Immunreaktion"(S. 139) geschildert. Beispiel: Penicillinallergie: Allergie vom Typ I.
- **Biologische Nebenwirkungen.** Beispiel: Änderung oder Eliminierung der Normalflora. Dadurch wird die Funktion der Normalflora als „Platzhalter" (Kolonisationsresistenz) beseitigt (S. 10).

4.6.3 Wirkungsspektrum, Wirkungsmechanismus

Wirkungsspektrum

Jedem Antiinfektivum kommt ein bestimmtes **Wirkungsspektrum** zu. In diesem werden diejenigen Mikroorganismen zusammengefasst, die gegenüber einer Substanz natürliche Empfindlichkeit zeigen. Einige Antiinfektiva weisen ein schmales Wirkungsspektrum auf, z.B. Vancomycin, das nur gegen grampositive Bakterien wirkt. Viele Antiinfektiva besitzen ein breites Wirkungsspektrum, wie z.B. die Tetracycline, die fast alle Eubakterien beeinflussen können.

Wirkungsmechanismus

Eine Übersicht über die molekularen Wirkungsmechanismen der wichtigsten Gruppen der Antiinfektiva gibt Abb. **4.30**.

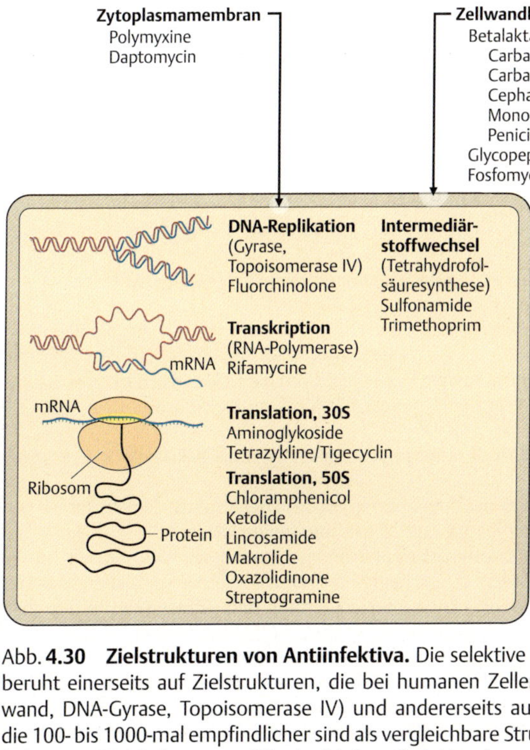

Abb. **4.30** **Zielstrukturen von Antiinfektiva.** Die selektive Wirkung der Antiinfektiva beruht einerseits auf Zielstrukturen, die bei humanen Zellen nicht vorkommen (Zellwand, DNA-Gyrase, Topoisomerase IV) und andererseits auf bakteriellen Strukturen, die 100- bis 1000-mal empfindlicher sind als vergleichbare Strukturen der Säugetierzelle (Ribosom, RNA-Polymerase, Dihydrofolsäure-Reduktase)

Details zu den Wirkungsmechanismen

1. **Inhibitoren der Folsäuresynthese.** Tetrahydrofolsäure (THFS) ist als Coenzym des C1- Stoffwechsels für den Transfer von Hydroxymethyl- und Formylgruppen verantwortlich. Zu wenig THFS resultiert in einem Wachstumsstopp. **Sulfonamide** kompetitieren mit p-Aminobenzoesäure als Substrat für die H_2-Pteroinsäure-Synthetase. H_2-Pteroinsäure ist ein Zwischenprodukt bei der Folsäuresynthese. **Trimethoprim** blockiert die H_2-Folsäure-Reduktase, die H_2-Folsäure zu THFS reduziert. Die Kombination Sulfamethoxazol/Trimethoprim (= **Co-Trimoxazol**) führt deshalb zu potenzierter Wirkung.
2. **Inhibitoren der Mureinsynthese.** Die Wirkung der **Betalactame** kann folgendermaßen charakterisiert werden:
   1. Irreversible Blockierung der DD-Transpeptidase, die die Querverknüpfung des Mureins über Peptide katalysiert (s. Abb. **4.8** und Abb. **4.9**, S. 169). Betalactame sind Strukturanaloga des D-Alanyl-D-Alanin-Terminus des Polypeptidbausteins der Seitenkette.
   2. Überschießende Aktivität von Mureinhydrolasen durch Verlust eines Inhibitors. Diese Enzyme (Syn.: Autolysine, Endolysine) sind während des Wachstums dafür verantwortlich, dass zum richtigen Zeitpunkt Lücken im Mureinsacculus entstehen, in die dann neues Mureinmaterial eingefügt wird.
   3. Zerstörung der Architektur des Mureins durch Mureinhydrolasen: am falschen Ort zur falschen Zeit.
   4. Lyse aufgrund des hohen osmotischen Innendrucks.

   Dieser Ablauf ist für Penicillin und Pneumokokken erarbeitet worden. Wahrscheinlich trifft er in gleicher oder ähnlicher Form auch für andere Betalactame und andere Bakterien zu.

   Toleranz gegenüber Betalactamen weisen Bakterien auf, die im Wachstum gehemmt, aber nicht lysiert werden (vorhandene bakteriostatische aber fehlende bakterizide Wirkung). Dieses Phänomen ist auf eine Hemmung der Aktivität von Mureinhydrolasen zurückzuführen.

   Glykopeptide, Fosfomycin und **Bacitracin** hemmen die Mureinbiosynthese auf verschiedenen molekularen Stufen.
3. **Inhibitoren der DNA-Replikation. Fluorchinolone** hemmen die nur bei Bakterien vorkommenden Topoisomerasen DNA-Gyrase und Topoisomerase IV, die die Verdrillung der rechtsgewundenen Doppelhelix um die Helixachse nach links katalysieren (S. 166). Der Verlust der Hyperhelizität führt zur Blockade der DNA-Replikation.
4. **Inhibitoren der Transkription. Rifamycine** blockieren die bakterielle RNA-Polymerase.
5. **Inhibitoren der Translation.** Trotz Unterschieden in der Struktur der Ribosomen von Eukaryonten und Prokaryonten sind es oft nur wenige Nukleotide der bakteriellen rRNA bzw. wenige Aminosäuren eines ribosomalen Proteins, die sich von dem homologen Gen der Eukaryonten unterscheiden und an die sich der Translationshemmer spezifisch bindet. **Aminoglykoside** interferieren mit dem Ablesen des genetischen Codes (Miscoding) durch die A-Stelle des Ribosoms (30S Untereinheit). **Tetrazykline** blockieren die Bindung der Aminoacyl-tRNA an die A-Stelle des Ribosoms (30S Untereinheit). **Chloramphenicol**, **Makrolide**, **Ketolide**, **Lincosamide** und **Streptogramine** blockieren die Peptidyl-Transferase des Ribosom bzw. die Kettenverlängerung (50S Untereinheit). **Oxazolidinone** hemmen die Bildung des 70S-Initiationskomplexes des Ribosoms.

4.6.4 Probleme der Resistenz

Die Problematik der bakteriellen Antibiotikaresistenz in der Medizin ist auf zwei Ursachen zurückzuführen:

- Auf eine eindrückliche genetische Variabilität bei den Bakterien (Mechanismen s. S. 184), die bedingt, dass Bakterien letztendlich gegen jedes Antiinfektivum resistent werden können.
- Auf der Ausbreitung resistenter, oft sogar multiresistenter Bakterienstämme.

Ein wesentlicher Motor für Resistenzentwicklung und Ausbreitung resistenter Bakterien stellt der durch Antiinfektiva ausgeübte **Selektionsdruck** dar.

Definitionen

- **Natürliche Resistenz.** Natürliche Eigenschaft einer Bakterienart, Gattung, Familie, die das Wirkungsspektrum bestimmt.
- **Erworbene Resistenz.** Stämme empfindlicher Taxa erwerben durch Änderung ihres Erbguts die Eigenschaft der Resistenz.
- **Klinisch relevante Resistenz.** Resistentes Verhalten von Bakterien gegenüber Konzentrationen von Antiinfektiva, die am Infektionsort realisiert werden.
- **Biochemische Resistenz.** Stämme empfindlicher Taxa weisen einen biochemisch nachweisbaren Resistenzmechanismus auf. Oft entspricht die biochemische Resistenz der klinisch relevanten Resistenz. Gelegentlich zeigen biochemisch resistente Stämme nur niedrige Resistenz, die unterhalb des klinisch definierten Grenzwertes liegt, der resistente von empfindlichen Stämmen abtrennt. Klinisch gesehen können derartige Stämme empfindlich sein.

Resistenzmechanismen

Prinzipiell sind diese sowohl für die natürliche Resistenz (vor allem Permeabilitätsbarriere) als auch für die erworbene Resistenz identisch.

Enzymatische Inaktivierung durch Hydrolyse oder Modifikation

- **Betalactamasen.** Hydrolysieren den Betalactamring (S. 208). Mehr als 200 sind bekannt, die sich vor allem im Substratprofil unterscheiden. Das Profil der „extended spectrum betalactamases" (ESBL) umfasst zahlreiche Betalactame. Die Bildung einiger der Betalactamasen wird durch Betalactame induziert (S. 183), andere werden konstitutiv produziert.
- **Aminoglycosidasen.** Modifizieren Aminoglycoside durch Phosphorylierung (Phosphotransferasen) und Nukleotidylierung (Nucleotidyltransferasen; von ATP wird AMP übertragen) freier Hydroxylgruppen oder Acetylierung freier Aminogruppen (Acetyltransferasen).

Veränderung der Zielstruktur (Resistente Zielmoleküle).

- Durch Mutationen in Genen, die für die Zielstruktur codieren, werden Gen-Produkte gebildet, die eine niedrige Affinität zu Antiinfektiva aufweisen. Beispiel: gegen Fluorchinolone resistente Untereinheit A der DNA-Gyrase (s.S. 167).
- Erwerb eines Gens, das für ein Zielmolekül mit niedriger Affinität zu Antiinfektiva codiert. Das Resistenzprotein übernimmt die Funktion der empfindlichen Zielmoleküle. Beispiel: Methicillinresistenz der Staphylokokken. Erwerb des Gens, das für das sog. Penicillin-Bindeprotein 2a (PBP2a) codiert. Dieses Protein übernimmt dann die Aufgaben der natürlichen Penicillin-empfindlichen PBPs 1-4.
- Erwerb eines Enzym-Gens, das den Zielort eines Antiinfektivums modifiziert. Beispiel: 23S rRNA-Methylasen; Modifizierung der ribosomalen RNA durch Methylierung; dadurch keine Bindung von Makroliden, Lincosamiden und Streptogramin B an die RNA (deshalb MLS_B –Resistenz).

Permeabilitätsmechanismen.

- **Reduzierter Influx.** Beispiel: Resistenz gegen Carbapeneme bei Pseudomonas durch veränderte Porine (S. 170).
- **Gesteigerter Efflux durch Membranpumpen.** Fünf Klassen von Membranpumpen sind bisher bekannt. Die RND-Pumpe bei gramnegativen Bakterien besteht aus einem Komplex aus 3 Proteinen. Sie bilden ein Tunnelsystem, das sich wechselseitig innen und außen öffnet und durch peristaltische Kontraktionen Antibiotika nach außen transportiert. Beispiel: Resistenz gegen Tetrazykline.

Vorkommen, Bedeutung

Stämme mit erworbener Resistenz kommen gehäuft bei den *Enterobacteriaceae*, den Pseudomonaden, den Staphylokokken und den Enterokokken vor. Stämme dieser sog. **Problembakterien** zeigen oft Mehrfachresistenz. Sie verursachen häufig nosokomiale, (s.S. 63f) oft lebensbedrohliche, antibiotisch schwer zu therapierende Infektionen. Bei Bakterien außerhalb des Krankenhauses werden Resistenzen gegen Antiinfektiva generell seltener gefunden. Zahlen zur Häufigkeit erworbener Resistenz können örtlich und zeitlich variieren. Beispielhafte Zahlen für A, CH und D können der Internet-Adresse http://www.p-e-g.org/ag_resistenz/main.htm und für Europa der Adresse http://www.earss.rivm.nl entnommen werden.

Bei der Entstehung und der Ausbreitung resistenter Stämme kommt der **Selektion** entscheidende Bedeutung zu. Je mehr Antiinfektiva angewendet werden, desto häufiger findet man Stämme mit erworbener Resistenz. Deshalb kommen resistente Stämme vor allem im Krankenhausbereich vor. Jedes Krankenhaus weist eine im Resistenz-Phänotyp spezielle Krankenhausflora auf, die durch die Verschreibungspraxis beeinflusst wird. Die Resistenzsituation bei dieser Krankenhausflora muss der Arzt kennen, damit er vor Eintreffen des Resultates des Resistenztests die richtigen Antiinfektiva für eine „**kalkulierte Antibiotikatherapie**“ (s.S. 218) auswählt.

Evolution der Resistenz

Resistenz durch Aufnahme von DNA. Viele Resistenz-Gene sind nicht erst durch Gebrauch der Antibiotika in der Medizin entstanden, sondern schon vor Millionen Jahren in Antibiotika-produzierenden Bakterien, deren natürliches Habitat die Umwelt, vor allem der Erdboden, war. Mit Resistenz-Mechanismen schützten sich die Produzenten vor ihren eigenen Produkten. Außerdem entstanden Resistenz-Gene in Bakterien, die mit den Antibiotika-Produzenten zusammenleben, um sich dadurch zu schützen. Ausgangs-Gene für die Evolution von Resistenz-Genen waren Sequenzen, die für anabole oder katabole Gene des Stoffwechsels codierten. Derartige Resistenz-Gene wurden irgendwann einmal zufällig mittels transponierbarer DNA mobilisiert und in humanpathogene Bakterien transferiert.
Die horizontale Verbreitung dieser Resistenz-Determinanten unter den humanpathogenen Bakterien wurde dann durch die Mechanismen des Gen-Transfers (s. S. 184) ermöglicht.

4

Resistenz durch Mutation. Diese entsteht zumeist im Nukleoid humanpathogener Bakterien. Sie kann nach einem Einschrittmuster oder nach einem Vielschrittmuster erfolgen.

- Beim **Einschrittmuster** genügt eine einzelne Mutation in einem Gen. Ein Beispiel ist die Mutation zur Resistenz gegen Rifampicin im Gen *rpoB* bei Tuberkulosebakterien, das für die RNA-Polymerase codiert.
- Beim **Vielschrittmuster** müssen mehrere Mutationen hintereinander erfolgen, bevor eine klinisch relevante Resistenz entsteht. Jede der einzelnen Mutationen hat zwar einen Effekt auf den Phänotyp (s. biochemische Resistenz, S. 213), aber erst die Addition mehrerer Mutationen führt zur klinischen Resistenz. Ein Beispiel sind Punktmutationen im *gyrA*-Gen, die schrittweise die Affinität der Fluorchinolone zur A-Komponente der Gyrase reduzieren.

Mutationen können sich außer in nativen Genen auch in schon vorhandenen Resistenz-Genen ereignen. Bekanntestes Beispiel sind Mutationen im aktiven Zentrum von Betalaktamase-Genen. Diese führen zu Gen-Varianten, die für Betalaktamasen mit einem veränderten Substratsspektrum codieren, den sog. **ESBL** (= extended spectrum betalactamases).

Maßgeblich für die über Mutationsereignisse erworbene Resistenz ist die Mutationsfrequenz, die zwischen 10^{-6} bis 10^{-10} liegt. Hohe Mutationsfrequenzen zeigen Mutationsstämme, die Defekte im DNA-Reparatursystem aufweisen. Die Möglichkeit einer unter Therapie erworbenen Resistenz ist immer dann gegeben, wenn am Infektionsort große Erregerzahlen vorliegen, die sich auch unter Therapie nur langsam reduzieren lassen (Beispiel: Tuberkulose). Die Mutationsfrequenz selbst wird durch Antiinfektiva nicht beeinflusst.

Bekämpfung der Resistenz

Resistenzentwicklung bei Bakterien, die horizontale Ausbreitung von Resistenz-Determinanten unter den Bakterien sowie die Ausbreitung resistenter Bakterienstämme kann nicht verhindert, sondern nur durch Reduktion des Selektionsdrucks verzögert werden. Zu den notwendigen Maßnahmen gehören:

- Strenge Indikation für den therapeutischen und prophylaktischen Einsatz von Antiinfektiva in der Medizin und Veterinärmedizin. „Fieber ist kein Symptom für Antibiotikamangel".
- Richtige Auswahl, Dosierung und Therapiedauer von Antiinfektiva entsprechend den Richtlinien und Empfehlungen der med. Fachgesellschaften (z. B. http://www.p-e-g.org; http://www.idsociety.org/).
- Vermeiden der Verwendung von Antiinfektiva bei nichtmedizinischer Indikation (z. B. als Wachstumsförderer in der Tierernährung).
- Rezeptpflicht. Antiinfektiva dürfen keine OTC (over the counter)-Medikamente sein.
- Einsatz von Kombinationen bei entsprechender Indikation. Beispiel: Tuberkulose-Therapie.
- Schutzimpfungen.
- Richtiges Infektionsmanagement, vor allem im Krankenhaus.

Resistenzprüfungen

Um in vitro Resistenzen von Bakterien zu bestimmen, werden zwei standardisierte Testsysteme verwendet.

Mit dem **Reihenverdünnungstest** (auch Dilutionstest) wird die minimale Hemmkonzentration (MHK) eines Antiifektivums ermittelt. Man stellt eine geometrische Verdünnungsreihe des Mittels mit dem Faktor 2 in Nährmedium her, beimpft mit dem Prüfstamm, bebrütet und bestimmt die geringste Konzentration, die das Wachstum hemmt. Meist wird der Test als Mikro-Version in den Vertiefungen (Näpfe) einer Mikrotiterplatte (Endvolumen/Vertiefung: 100 µl) durchgeführt. Es existieren Automaten zur Bestimmung der MHK.

Da die MHK-Bestimmung arbeitsintensiv ist, wird in Routinelaboratorien oft der **Agardiffusionstest** angewendet. Dabei wird eine Nähragarplatte diffus mit dem Prüfstamm beimpft. Anschließend werden Filterpapierscheibchen, die Antiinfektiva enthalten, aufgelegt. Nach Bebrüten dieser Platten entstehen keine oder verschieden große wachstumsfreie Hemmzonen um die Disks, die Aussagen über das Resistenzverhalten der geprüften Mikroorganismen zulassen (Abb. **4.31**). Das ist möglich, weil eine lineare Beziehung zwischen dem $\log_2$MHK und dem Durchmesser der Hemmhöfe besteht (Abb. **4.32**).

Bei der **Interpretation der Ergebnisse** orientiert man sich an Grenzwerten, die „Empfindlichkeit" und „Resistenz" charakterisieren (s. Abb. **4.32**). Die Grenzwerte basieren auf verschiedenen pharmakokinetischen Größen bei Normdosierung, wie

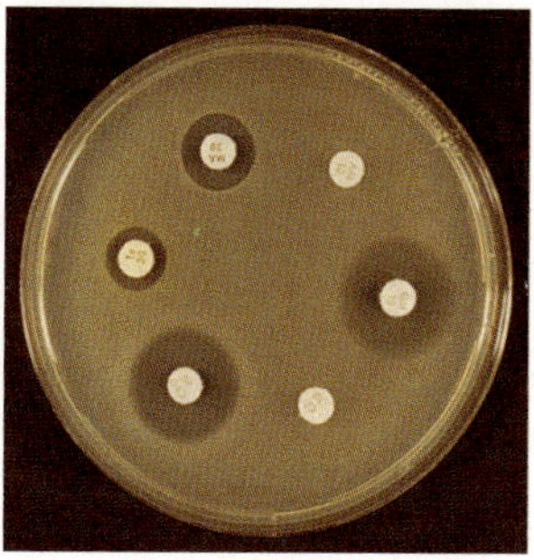

Abb. **4.31 Agardiffusionstest.** Mit diesem auch „Disktest" genannten Verfahren wird die Resistenz einer Bakterienkultur gegen verschiedene Antiinfektiva geprüft. Die Methode erlaubt die Einteilung eines Bakterienstammes aufgrund der Hemmzone in die Kategorie „empfindlich", „resistent" oder „intermediär".
Gebräuchliche Standards (Normen) für Disktest und MHK-Test. Methodik und Interpretation der Daten
- DIN (Deutsches Institut für Normung)
- EUCAST (European Committee on Antimicrobial Susceptibility Testing)
- CLSI (Clinical and Laboratory Standards Institute, USA)

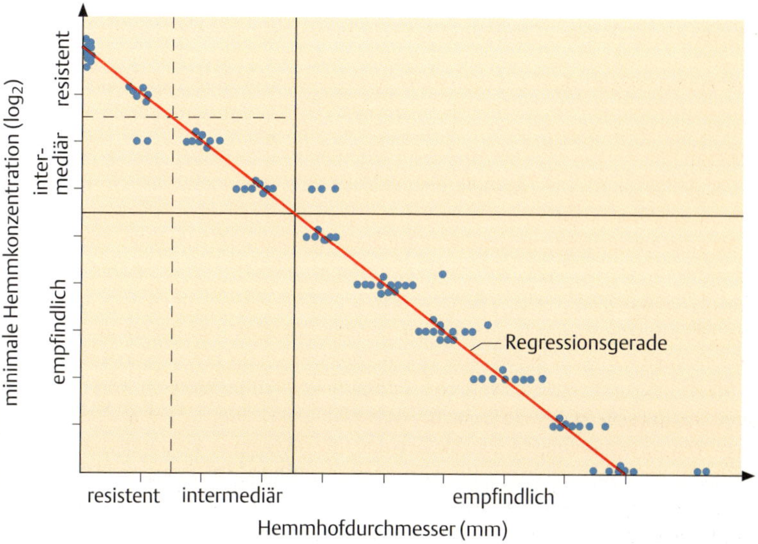

Abb. **4.32 Hemmhofdurchmesser und minimale Hemmkonzentration (MHK).** Jeder Punkt repräsentiert einen Bakterienstamm. Die Hemmhofgröße wurde mit dem Agardiffusionstest (Disktest) bestimmt, die minimale Hemmkonzentration (MHK) mit dem Reihenverdünnungstest. Die MHK korreliert logarithmisch (log_2) mit dem Hemmhofdurchmesser.

Blutkonzentration, Gewebekonzentration, Halbwertszeit, AUC (= Fläche unter der Zeit/Konzentrationskurve) etc. sowie auf **klinischen Studien**. Bei neuen Antiinfektiva werden die Grenzwerte anfänglich versuchsweise aufgrund pharmakokinetischer Daten vorgeschlagen und später durch klinische Ergebnisse bestätigt, gelegentlich aber auch korrigiert.

Die **minimale bakterizide Konzentration** (MBK) gibt die kleinste Konzentration eines Mittels an, die 99,9% der Zellen des Inokulums abtötet. Die MBK wird durch quantitative Subkulturen (S. 180) aus den makroskopisch ungetrübten Näpfen (Mikrotiterplatte) einer MHK-Verdünnungsreihe bestimmt.

Diskrepanzen zwischen Antibiogramm und Therapieergebnis

Die Gründe für ein nicht den Erwartungen entsprechendes klinisches Ergebnis der Therapie können vielfältiger Natur sein. Beispiele: Untersuchung nicht relevanter Erreger; fehlerhafte Durchführung oder Schwierigkeiten bei der Resistenztestung; Erregerwechsel; mangelnde Compliance (= Therapietreue); pharmakokinetische Probleme (ungenügende Diffusion an den Infektionsort); Resistenzentwicklung unter Therapie; fehlende Wirkung in vivo (pH, pO_2).

4.6.5 Klinische Aspekte der Therapie mit Antiinfektiva

Gezielte Antibiotikatherapie bedeutet Einsatz von Antiinfektiva bei bekanntem Infektionserreger und bekanntem Resistenzmuster (= Antibiogramm).

Kalkulierte Antibiotikatherapie wird durchgeführt, solange der Erreger noch nicht isoliert und das Ergebnis der Resistenzprüfung noch nicht verfügbar ist oder eine Labordiagnostik nicht geplant ist. Die kalkulierte Chemotherapie berücksichtigt die Häufigkeit, mit der bestimmte Bakterien eine Infektion verursachen (= *Erreger-Epidemiologie*) sowie die Resistenzlage bei diesen Bakterien (= *Resistenz-Epidemiologie*).
Sowohl für die kalkulierte als auch die gezielte Therapie müssen bei der Auswahl der in Frage kommenden Substanzen die Ergebnisse aus klinischen prospektiven Studien zugrunde gelegt werden. Leitlinien und Empfehlungen verschiedener Med. Fachgesellschaften (z.B. http://www.p-e-g.org/ oder http://www.idsociety.org/) oder entsprechende Lehrbücher der Infektiologie (s. Literatur) bieten dem Arzt bei der Wahl wertvolle Hilfe. Einzelheiten zur Auswahl, Dosis und Dauer können hier nicht genannt werden.

Generell gilt, dass der in der Praxis tätige Arzt über 90% der bakteriellen Infektionen seiner Patienten mit nur wenigen oralen Standard-Antiinfektiva effizient therapieren kann. Zu diesen zählen (s. auch Tab. **4.3**, S. 202): Co-Trimoxazol, Penicillin V, Amoxycillin ohne und mit dem Betalaktamase-Hemmer Clavulansäure, ein Fluorchinolon, ein neueres orales Cephalosporin, ein neueres Makrolid, ein Tetrazyklin (Doxycyclin).

Die Therapie von im Krankenhaus erworbenen bakteriellen Infektionen bei immunsupprimierten Patienten stellt erheblich höhere Ansprüche und erfordert Spezialwissen.

Sequenztherapie. Initial wird ein Antiinfektivum für 1-3 Tage parenteral (meist i. v.) verabfolgt und dann auf die orale Applikation umgestellt. Hauptvorteil ist die Kostenersparnis.

Monotherapie. Studien zu verschiedensten Indikationen zeigen, dass Monotherapien mit neueren Antiinfektiva oft das gleiche Ergebnis zeigen wie Kombinationstherapien. Wichtige Vorteile sind: weniger Nebenwirkungen, keine pharmakologischen Interaktionen, geringere Kosten.

Kombinationstherapie. Darunter versteht man die gleichzeitige Anwendung von 2 oder mehr Antiinfektiva. Es existieren galenische Zubereitungen, in denen 2 Komponenten in festem Verhältnis zueinander vorliegen (Beispiele: Co-Trimoxazol, Amoxycillin/Clavulansäure, Piperacillin/Tazobactam). In der Regel jedoch werden bei der Kombinationstherapie die einzelnen Substanzen getrennt appliziert. Mit einer Kombinationstherapie werden verschiedene Ziele verfolgt:

- *Erweiterung des Wirkungsspektrums.* Bei Mischinfektionen mit unterschiedlich resistenten Erregern; bei der „kalkulierten Antibiotikatherapie".
- *Verzögerung der Resistenzentwicklung.* Bei der Therapie der Tuberkulose; beim Einsatz von Antiinfektiva, gegen die Bakterien rasch Resistenzen entwickeln.
- *Potenzierung der Wirkung.* Bei schweren Infektionen, bei denen am Infektionsort maximale und bakterizide Aktivität notwendig ist. Bekanntestes Beispiel: Penicillin oder Amoxycillin plus Gentamicin zur Therapie der Endokarditis, verursacht durch Enterokokken oder Streptokokken.

Die Anwendung von Kombinationen setzt voraus, dass ihre Wirkung durch klinische Studien abgesichert ist.

Chemoprophylaxe. Die präventive Applikation von Antiinfektiva ist in bestimmten Situationen angezeigt, kann aber in anderen kontraindiziert sein. Hier muss von Fall zu Fall entschieden werden. Vor allem sind Nutzen und Schaden (Unerwünschte Wirkungen, Superinfektionen mit besonders virulenten und resistenten Erregern, Selektion resistenter Bakterien) gegeneinander abzuwägen.
Chemoprophylaxe ist z.B. sinnvoll bei rheumatischem Fieber, zystischer Lungenfibrose, rekurrierender Pyelonephritis, nach Kontakt mit Meningokokkenerkrankten, bei bestimmten chirurgischen Eingriffen bei Patienten mit gestörter Infektabwehr. Für die perioperative Chemoprophylaxe zur Verhütung einer postoperativen Infektion gilt generell: bei der „schmutzigen" Operation **ja**, bei der „sauberen" (Ausnahmen) **nein**. Wenn „ja" zutrifft, muss die Prophylaxe so durchgeführt werden, dass kurz vor Beginn der Operation im Operationsgebiet ausreichende Konzentrationen des eingesetzten Antiinfektivums vorliegen. Die Gesamtdauer der Prophylaxe sollte 24 Std. betragen (= Kurzzeitprophylaxe).

4.6.6 Immuntherapie

Trotz der guten Wirksamkeit der Antiinfektiva ist ein Therapieerfolg nicht garantiert. Eine einigermaßen funktionierende Infektabwehr ist meist zur vollständigen Eliminierung bakterieller Erreger notwendig. Da aber die Zahl von Patienten mit schweren Defekten der Abwehr zunimmt, versucht man, die spezifische Antibiotikatherapie bei diesen Patienten durch eine Therapie mit Immunmodulatoren zu unterstützen. Beispiele von Immunmodulatoren sind: myelopoetische Wachstumsfaktoren wie Granulozyten-koloniestimulierender Faktor (G-CFS) und Granulozyten/Makrophagen-koloniestimulierender Faktor (GM-CSF); Interferone (IFN-α und IFN-γ); Interleukine (IL-1, IL-2, IL-12); intravenöses Immunglobulin (s. auch das Kapitel über die Immunregulation, S. 149).

4.7 Pathogenese bakterieller Infektionen

Die Faktoren, die das Entstehen, das klinische Bild, die Schwere und den Ausgang einer Infektionskrankheit bestimmen, umfassen komplexe Interaktionen zwischen dem Wirtsorganismus und dem Infektionserreger. Diese können je nach Erreger oft recht unterschiedlich sein. Trotzdem lassen sich allgemeine Gesetzmäßigkeiten der Pathogenese formulieren. Die **Determinanten der Pathogenität und Virulenz** der Bakterien können folgendermaßen zusammengefasst werden:

- Adhärenz an Wirtszellen und extrazelluläre Matrixproteine.
- Überwindung der anatomischen Barrieren des Wirts, Invasion und Ausbreitung im Gewebe.
- Interferenz gegenüber der unspezifischen Infektabwehr, bei der die antiphagozytären Mechanismen besonders wichtig sind.
- Ausschalten von Mechanismen der spezifischen Immunität, bei der die Bildung von IgA-Proteasen, die molekulare Mimikry sowie die Antigenvariabilität hervorzuheben sind.
- Zytopathologische Schädigung von Wirtszellen und Geweben.
- Immunpathologische Schädigung von Wirtszellen und Geweben.

In diesem Kapitel werden zusammenfassend Strategien pathogener Bakterien besprochen, die es ihnen ermöglichen, in einen Wirtsorganismus einzudringen, der unspezifischen und spezifischen Abwehr zu entgehen und Krankheit hervorzurufen. Nicht alle pathogenen Bakterien weisen sämtliche dieser Mechanismen auf. Einzelheiten zur Pathogenese der verschiedenen Infektionen finden sich in den Kapiteln der speziellen Bakteriologie.

4.7.1 Adhärenz

Wenn pathogene Bakterien mit Gewebsstrukturen in Kontakt kommen, adhärieren sie über Adhäsine (Haftpili, Haftfimbrien, Haftproteine der äußeren Membran der gramnegativen Bakterien; Zellwand-assoziierte Proteine der grampositiven Bakterien) an Rezeptoren auf der Oberfläche von Zielzellen oder an extrazelluläre Matrixproteine (Kollagen, Fibrinogen, Fibronektin, Laminin, Vitronektin, Elastin, Sialoprotein). Dieser Prozess ist spezifisch, d.h., die Haftstruktur der Bakterien (auch Ligand) und der Rezeptor (auch Zelladhäsions-Molekül) müssen zusammenpassen wie ein Schlüssel zum Schlüsselloch.

4.7.2 Invasion, Vermehrung und Ausbreitung

Invasion. Bakterien können passiv über Mikro- oder Makrotraumen der Haut und der Schleimhäute in den Wirt eindringen. Oft sind über eine intakte Mukosa eindringende Bakterien in der Lage, nach ihrer Adhärenz aktiv diese anatomische Barriere zu überwinden. Hierfür sind je nach Bakterienart unterschiedliche Prozesse verantwortlich:

- Produktion gewebeschädigender Exoenzyme, die die anatomische Barriere zerstören;
- Bakterien-induzierte Transzytose (= Phagozytose/intrazellulärer Transport/ Exozytose) durch intakte Mukosazellen, im Darm auch durch M-Zellen.

Vermehrung und Ausbreitung.

- Lokale Ausbreitung im interstitiellen Gewebe vom Ort des Eindringens aus, wobei gewebeschädigende Exoenzyme (Hyaluronidase, Kollagenase, Elastase, weitere Proteasen) den Weg bahnen.
- Ausbreitung von Zelle zu Zelle. Intrazelluläre, durch Phagozytose aufgenommene und aus dem Phagosom freigesetzte Bakterien benutzen Strukturen des Zytoskeletts zur Ausbreitung innerhalb der Zelle (= *intrazelluläres Trafficking*) und für den Transfer in benachbarte Zellen. (*Listeria*, *Shigella*).
- Translokation durch Makrophagen von über M-Zellen eingedrungene Bakterien in das lymphatische Gewebe (= MALT, S. 88) des Darmtrakts (*Salmonella typhi*, *Yersinia enterocolitica*).
- Lymphogene und/oder hämatogene Generalisation. Die Bakterien gelangen dann in Organe, für die sie eine spezifische Tropie aufweisen.

4.7.3 Strategien gegen unspezifische Immunität

Die Etablierung von Bakterien in einem Wirt setzt voraus, dass sie Möglichkeiten haben, die unspezifische Infektabwehr des Wirtes zu umgehen. Die wichtigsten Mechanismen pathogener Bakterien sind:

Antiphagozytose

- *Kapsel.* Erschwert die Phagozytose. Beispiele: *Streptococcus pneumoniae, Haemophilus influenzae.*
- *Membran-schädigende Exotoxine.* Beispiele: Leucocidin von *Staphylococcus aureus*; Streptolysine von *Streptococcus pyogenes.*
- *Toxine, injiziert über Typ-III- und Typ-IV-Sekretionssysteme.* Phagozyten, vor allem Makrophagen, werden durch verschiedene Effektorproteine, die durch Typ-III- und Typ-IV-Sekretion (s. Abb. **4.34**, S. 227) injiziert werden, in ihrer Funktion beeinträchtigt (Beispiele: *Salmonella, Shigella, Yersinia, Escherichia* (EPEC, EHEC)).
- *Überleben in Phagozyten:*
  - Überleben in Phagolysosomen. Beispiele: Coxiellen und Typhus-Salmonellen in Phagolysosomen von Makrophagen.
  - Hemmung der Fusion von Phagosom und Lysosom. Beispiele: *Mycobacterium, Chlamydia, Legionella, Salmonella.*
  - Zerstörung des Phagosoms durch Porenbildung. Beispiele: *Listeria monocytogenes* (Listeriolysin), *Shigella, Rickettsia.*

Komplementresistenz (Serumresistenz). Modifizierte Strukturen der äußeren Membran gramnegativer Bakterien (z. B. LPS) verhindern die Aktivierung des Komplementsystems auf dem alternativen Weg, sodass der Membran-Angriffs-Komplex (C5b6789), nicht mehr eingelagert wird (S. 118ff.).

Resistenz gegen Defensine (Syn.: antimikrobielle Peptide [AMPs]) und Stickstoffmonoxyd (NO). AMPs kommen bei praktisch allen Lebewesen vor. Sie stellen die erste Linie der unspezifischen Abwehr gegen Mikroorganismen dar. Beim Menschen sind Defensine kationische Peptide (4–5 kDa), die von der Haut und der Mukosa sezerniert werden. Als Antwort gegen diese Form der unspezifischen Infektabwehr der Mukosa haben Bakterien Resistenzmechanismen entwickelt, wie z. B. die Bildung von spezifischen Peptidasen, die AMPs zerstören.
NO ist – neben anderen Molekülen, z. B. reaktive Sauerstoff-Moleküle – für die Abtötung von Bakterien in Phagozyten verantwortlich. Bestimmte Bakterien können gegen dieses Molekül Resistenz aufweisen.

Eisenanreicherung. Siderophore (z. B. Enterobactin, Aerobactin) sind niedermolekulare Eisen-Carrier, die Fe^{3+} aktiv ins Zellinnere transportieren. Sie bilden mit Eisen Komplexe und entreißen so eisenhaltigen Proteinen (Transferrin, Lactoferrin) das Eisen. Der Transport erfolgt mit Hilfe eines komplexen Transportsystems, das in der Zytoplasmamembran, bei gramnegativen Bakterien auch in der äußeren Membran, lokalisiert ist. *Staphylococcus aureus* ist in der Lage, Eisen aus Hämoglobin zu gewinnen und mit dem Transportsystem Hts (Häm-Transport-System) anzureichern. Bakterien benötigen für gutes Wachstum 10^{-5} mol/l freie Eisenionen. In den Körperflüssigkeiten sind aber nur ungefähr 10^{-20} mol/l frei vorhanden.

4.7.4 Strategien gegen spezifische Immunität

Immuntoleranz.

- *Pränatale Infektion.* Das Immunsystem erkennt bakterielle Antigene nicht als fremd.
- *Molekulare Mimikry.* Von molekularer Mimikry (Verbergetracht, Täuschungstracht) spricht man, wenn Bakterien auf der Oberfläche wirtsähnliche Moleküle aufweisen, die das Immunsystem nicht als fremd erkennt. Beispiele sind die Hyaluronsäurekapsel von *Streptococcus pyogenes*, oder die Polyneuraminsäurekapsel von *Escherichia coli* K1 und *Neisseria meningitidis* Serotyp B.

Antigenvariation. Einige Bakterien zeigen eine ausgeprägte Variabilität von Antigenen, die auf einer starken genetischen Variabilität der die Antigenproteine codierenden Strukturgene beruht. Dadurch entstehen während einer Infektion laufend Antigenvarianten, die zu den gegen das alte Antigen gerichteten Antikörpern nicht mehr „passen". Beispiele: Gonokokken können die Primärstruktur des Pilins der Haftpili mit großer Häufigkeit modifizieren (Abb. **4.33**); die Rückfallfieber-Borrelien können die Struktur eines Haftproteins ihrer äußeren Membran (VMP = variable major protein) verändern. Dadurch kommt es zu den typischen „Rückfällen".

IgA-Proteasen. In Sekreten von Schleimhäuten kommen sekretorische Antikörper der Klasse $sIgA_1$ vor (S. 84 und 89), die für die spezifische, lokale Immunität der Mukosa verantwortlich sind. Klassische Schleimhautparasiten wie z. B. Gonokokken, Meningokokken oder *Haemophilus influenzae* produzieren Proteasen, die diese Immunglobuline zerstören.

4.7.5 Krankheit

In den vorhergegangenen Abschnitten wurde geschildert, wie pathogene Bakterien in den Wirtsorganismus eindringen und wie sie sich gegenüber der unspezifischen und spezifischen Abwehr behaupten können. In diesem Kapitel werden die möglichen Mechanismen der Schädigung von Zellen und Geweben geschildert, die auf einem komplexen Zusammenspiel zwischen dem Pathogen und dem Wirt beruhen. Dabei können zwei Extrembeispiele herausgestellt werden,

- Schädigung durch bakterielle Toxine, wie sie z. B. dem Tetanus oder Botulismus zugrunde liegt.
- Schädigung durch das spezifische und unspezifische Immunsystem, wie z. B. in der Pathogenese der Sepsis (S. 710).

Zwischen diesen beiden Extremen spielt sich die Symptomatologie der Infektionskrankheiten ab.

4

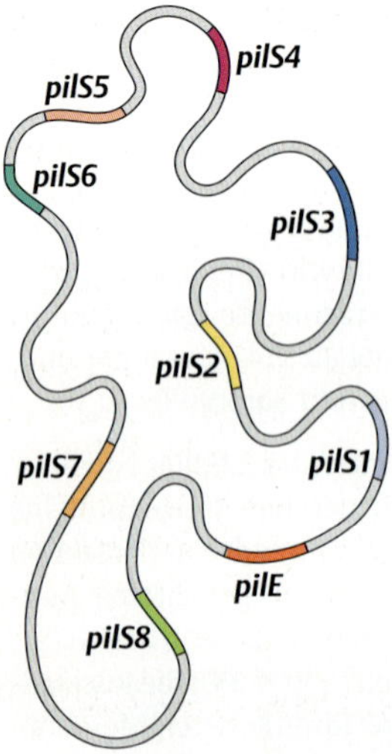

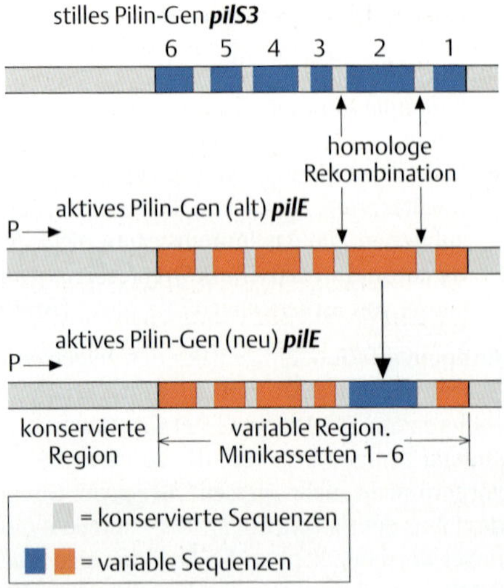

Abb. **4.33** **Mechanismus der molekularen Variabilität des Pilins von Gonokokken.** Haftpili von Gonokokken werden durch das Polypeptidmonomer Pilin aufgebaut. Die Mukosa-Immunität gegen Gonokokken beruht auf Antikörpern in den Sekreten der Urogenitalschleimhaut, die sich an den immundominanten Teil des Pilins heften und so die Adhärenz der Gonokokken an die Zielzellen blockieren.

a Modell des Genoms der Gonokokken. Die Primärstruktur des Pilins wird durch das Expressionsgen *pilE* determiniert. Zusätzlich zu *pilE* weist das Gonokokkengenom noch zahlreiche weitere *pil*-Gene auf, die keinen Promotor haben und deshalb „still" sind, d. h. nicht abgelesen werden (= *pilS1*, *pilS2*, *pilS3*, usw.).

b *pil*-Gene bestehen aus einer konservierten und einer variablen Region. Die variable Region aller *pil*-Gene hat Mosaikstruktur, d. h., sie ist aus Minikassetten aufgebaut. Die Minikassette 2 codiert für den wichtigsten immundominanten Bereich des Pilins. Durch intrazelluläre homologe Rekombination zwischen konservierten Regionen stiller *pil*-Gene mit entsprechenden Sequenzen des Expressionsgens entstehen *pilE*-Gene, die veränderte Kassetten aufweisen. Diese codieren für ein Pilin, das im immundominanten Teil geändert ist. Antikörper gegen das „alte" Pilin können nicht mehr an das „neue" Pilin binden.

Zytopathogenetische Mechanismen

Zytopathogene Wirkung. Obligate Zellparasiten (Rickettsien, Chlamydien) töten bei ihrer intrazellulären Vermehrung Wirtszellen ab.

Exotoxine. Diese können in der Pathogenese bestimmter Infektionen die einzige (Diphtherie, Cholera, Tetanus, Botulismus) oder eine wesentliche Rolle spielen. Ihre Einteilung und Nomenklatur berücksichtigt einerseits die Zelltypen, auf die sie wirken: *Zytotoxine* wirken toxisch auf eine Vielzahl von Wirtszellen; *Neurotoxine* wirken auf Neurone; *Enterotoxine* wirken auf Enterozyten. Andererseits beruht ihre Einteilung auf ihrer Struktur und ihrem Wirkungsmechanismus (Tab. **4.4**).

- **AB-Toxine.** Sie bestehen aus einem Fragment „B", das für die Bindung an spezifische Rezeptoren auf der Oberfläche von Zielzellen zuständig ist, sowie aus dem Fragment „A", das die aktive Wirkkomponente darstellt. Nur Wirtszellen, die den betreffenden B-Rezeptor aufweisen, werden geschädigt.
- **Membrantoxine.** Diese zerstören biologische Membranen, entweder, indem sie sich in Membranen einlagern, wodurch Poren in der Membran entstehen, oder indem sie als Phospholipasen die Struktur von Membranen enzymatisch zerstören.

Tabelle **4.4** Beispiele bakterieller Toxine. Wirkungsmechanismus und Rolle für das Krankheitsbild

Toxin	Zellspezifität	Molekulare Wirkung	Rolle für Krankheitsbild
AB-Toxine			
Diphtherie-Toxin (*Corynebacterium diphtheriae*)	viele Zellarten	ADP-Ribosyltransferase. Durch ADP-Ribosylierung Inaktivierung des Elongationsfaktors eEF2 der Proteinsynthese (S. 271); Absterben von Zellen	Schäden von Mukosazellen, Herzmuskulatur, Niere, Nebenniere, Leber, motorischen Kopfnerven
Tetanus-Toxin (*Clostridium tetani*)	Neurone (Synapsen)	Metalloprotease. Proteolyse von Proteinkomponenten, die für Freisetzung von Neurotransmittern in Synapsen von Hemmneuronen notwendig sind. Dadurch werden keine hemmenden Impulse auf das motorische Endneuron übertragen.	gesteigerter Muskeltonus; Auftreten von massiven Krämpfen der quergestreiften Muskulatur.

Tabelle **4.4** (Fortsetzung)

Toxin	Zellspezifität	Molekulare Wirkung	Rolle für Krankheitsbild
Membran-Toxine			
Alpha-Toxin (*Clostridium perfringens*)	viele Zellarten	Phospholipase	Lyse von Zellen; dadurch Gewebeschäden.
Listeriolysin O (*Listeria monocytogenes*)	viele Zellarten	Einlagerung in Membranen von Phagosomen, vor allem der Makrophagen; Porenbildung.	Zerstörung von Phagosomen; intrazelluläre Freisetzung phagozytierter Listerien.
Superantigen-Toxine			
Toxisches-Schock-Syndrom-Toxin (TSST-1) bei *Staphylococcus aureus*	T-Zellen; Makrophagen	unspezifische Stimulierung der Sekretion von Zytokinen in T-Zellen und Makrophagen.	Fieber; Exanthem; Enanthem; Hypotonie.

- **Exogene Superantigene** (s. S. 104). Diese vor allem von grampositiven Kokken gebildeten Toxine stimulieren durch unspezifische Verknüpfung von MHC-Klasse-II-Molekülen antigenpräsentierender Zellen mit konstanten Teilen des T-Zellrezeptors von CD4-T-Lymphozyten diese Zellen zur Produktion großer Mengen an Zytokinen, die dann die klinische Symptomatik bedingen.

Exoenzyme. Extrazellulär sezernierte Proteasen (z. B. Kollagenase, Elastase, unspezifische Proteasen), Hyaluronidase, Neuraminidase (Syn. Sialidase), Lecithinase, oder DNAsen schädigen Gewebsstrukturen.

Toxine des Typ-III-Sekretionssystems. Die Effektormoleküle (Polypeptide) werden nicht extrazellulär sezerniert, sondern über den Nadelkomplex des Typ-III-Sekretionssystems (Abb. **4.34**) direkt in Zielzellen injiziert. Bei den Yersinien werden sie als „Yops" bezeichnet (historische Bezeichnung: Yersinia outer proteins). Yops können unter anderem die Phagozytose durch Phagozyten blockieren, die Produktion von entzündungsfördernden Zytokinen der Makrophagen hemmen, das Zytoskelett der Zielzelle zerstören oder die Apoptose beschleunigen. Der Vorteil vom Standpunkt der Bakterien ist, dass direkt translozierte Effektoren nicht durch Antikörper im Extrazellulärraum neutralisiert werden. Transfer von Toxinen durch Typ-III-Sekretion wurde außer bei *Yersinia* auch bei *Salmonella*, *Shigella*, und *Escherichia* (EPEC, EHEC) gefunden.

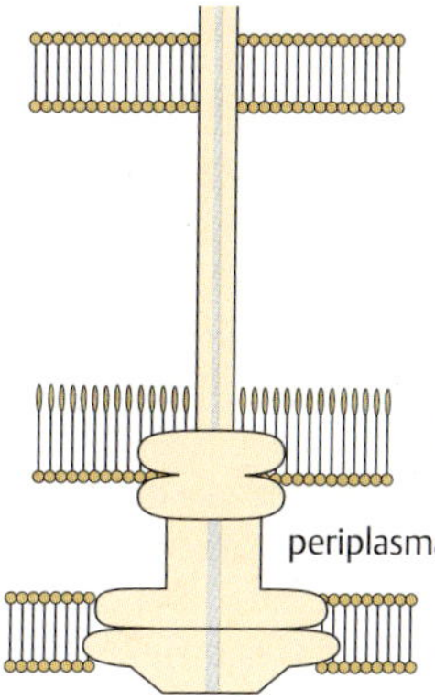

Abb. **4.34** **Nadelkomplex des Typ-III-Sekretionssystems.** Bei Kontakt bestimmter gramnegativer Stäbchenbakterien mit eukaryontischen Zielzellen interagiert ein Sensormolekül mit einem Rezeptor der Zielzellen. Diese Interaktion resultiert in der Öffnung eines Sekretionskanals des Nadelkomplexes (der durch die Zytoplasmamembran und die äußere Membran hindurchreicht) und in der Ausbildung einer Pore in der Membran der Zielzelle. Durch den Kanal und die Pore werden zelltoxische Moleküle in das Zytosol der Zielzelle transloziert (Einzelheiten s. Text).

4

Toxine des Typ-IV-Sekretionssystems. Die Effektormoleküle werden wie bei der Typ-III-Sekretion zumeist direkt in Zielzellen transloziert (Beispiele: *Helicobacter pylori, Bartonella spp.*), nur gelegentlich aber auch ins extrazelluläre Milieu sezerniert (Beispiel: *Bordetella pertussis*).

Immunpathogenetische Mechanismen

Zellwandbestandteile grampositiver und gramnegativer Bakterien (s.S. 171) induzieren in Makrophagen die vermehrte Bildung von TNF-α, IL-1, IL-4, IL-6, IL-8, IFN-γ und weiterer Entzündungszytokine, die sekundär dann die klinische Symptomatik der Entzündung auslösen. Bei massiver Freisetzung dieser Zellwandbestandteile kommt es über Zytokine zum Krankheitsbild der schweren Sepsis und des septischen Schocks mit intravasaler Koagulation, irreversiblem Blutdruckabfall und multiplem Organversagen (s.S. 710).

Eine **eitrige Gewebsnekrose** kommt durch lysosomale Bestandteile von Granulozyten, die chemotaktisch aufgrund der Aktivierung von Komplement sich am Ort der Infektion ansammeln und dort zerfallen, zustande.

Die Entstehung der typischen **Granulome** und der **verkäsenden Nekrose** im Verlauf der Tuberkulose ist eine Folge der Reaktion des zellulären Immunsystems auf Zellwandbestandteile der Tuberkulosebakterien. (Einzelheiten zum Thema Entzündung müssen den Lehrbüchern der Allgemeinen Pathologie entnommen werden).

4.7.6 Regulation der bakteriellen Virulenz

Viele pathogene Bakterien können außerhalb und innerhalb eines Wirtes leben oder auch in verschiedenen Wirtsspezies. Dieses Leben in unterschiedlicher Umgebung verlangt eine wirksame Regulation, deren Ziel es ist, Virulenzfaktoren nur nach Bedarf zur Verfügung zu stellen. Grundsätzlich können vier Regulationsmechanismen unterschieden werden:

- **Änderungen der DNA-Struktur.** Beispiele hierfür sind die Variabilität des Pilin-Gens der Gonokokken durch intrazelluläre Rekombination (s. S. 224) oder das An- und Abschalten von Genen bei der Phasenvariation der H-Antigene der Salmonellen durch Inversion einer DNA-Sequenz (s. S. 298).
- **Transkriptionelle Regulation.** Eine Kontrolle von Virulenzdeterminanten über die Transkription läuft im Prinzip genauso ab wie die Regulation der Aktivität von Stoffwechselgenen (s. S. 183f).
  - *Einfache Regulation.* Ein gut untersuchtes Beispiel stellt die Kontrolle des Diphtherietoxin-Gens dar. Eine bestimmte Konzentration von Eisen im Zytoplasma aktiviert das Regulatorprotein DtxR (= Diphtherietoxin-Regulator). Der entstehende aktive Repressor verhindert durch Bindung an die Promotorregion die Transkription des Toxin-Gens. Auf gleiche Weise kann durch Regulatoren auch die Aktivierung von Virulenzgenen erfolgen.
  - *Komplexe Regulation, Virulenzregulon.* Oft werden mehrere Virulenzgene durch dasselbe Regulatorprotein an- oder abgeschaltet. Die Virulenzdeterminanten

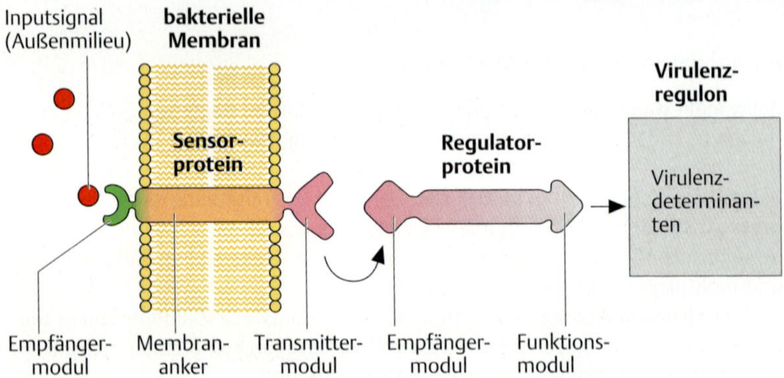

Abb. **4.35** **Regulation bakterieller Virulenz: 2-Komponenten-Regulatorsystem.** Ein in der Zytoplasmamembran eingebautes Sensorprotein empfängt durch das nach außen ragende Empfängermodul Signale, wodurch das Transmittermodul aktiviert wird. Die Signale aus dem Außenmilieu können verschiedenster Natur sein: pH-Wert, Temperatur, Osmolarität, Ca^{2+}, CO_2, stationäre Wachstumsphase, Hungerstress etc. Das Transmittermodul verändert das Empfängermodul des Regulatorproteins, wodurch das Funktionsmodul des Regulators in einen aktiven Zustand versetzt wird und nun durch Bindung an die Promotorregionen verschiedene Virulenzdeterminanten, die in einem funktionellen Virulenzregulon zusammengefasst sind, reprimieren oder aktivieren kann. Häufig besteht die Aktivierung der entsprechenden Module von Sensor und Regulator in einer Phosphorylierung.

sind dabei entweder Bestandteil desselben Operons oder sie sind an verschiedenen Stellen des Genoms lokalisiert. Wenn mehrere Vir-Gene Promotorregionen aufweisen, die auf das gleiche Regulatorprotein ansprechen, bilden diese ein sog. Virulenzregulon. Ein gut untersuchtes Beispiel der Regulation eines Virulenzregulons durch Aktivierung von Genen ist das Virulenzregulon von *Bordetella pertussis*. Dieses weist mehr als 20 Virulenzgene auf, die alle durch das Regulatorprotein BvgA kontrolliert werden (Abb. **4.35**).

- **Posttranskriptionelle Regulation**. Bei dieser verläuft die Regelung entweder über die mRNA oder über eine posttranslationelle Modifikation von Proteinen.
- **Quorum Sensing.** Hierbei handelt es sich um die von der Bakterienzelldichte abhängige Expression von Genen (Abb. **4.36**). „Quorum Sensing" kommt bei grampositiven und gramnegativen Bakterien vor. Es ist für die Kommunikation zwischen Bakterienzellen verantwortlich und ermöglicht es Bakterienpopulationen, wie multizelluläre Organismen zu reagieren. Die Anhäufung eines niedermolekularen Pheromons (= Autoinduktor) erlaubt es einer Bakterienpopulation herauszufinden, wann eine kritische Zelldichte (= Quorum), die für das Überleben in einem Wirt notwendig ist, erreicht wird. Erst wenn diese Zelldichte vorliegt, werden Virulenz-Determinanten transkribiert.

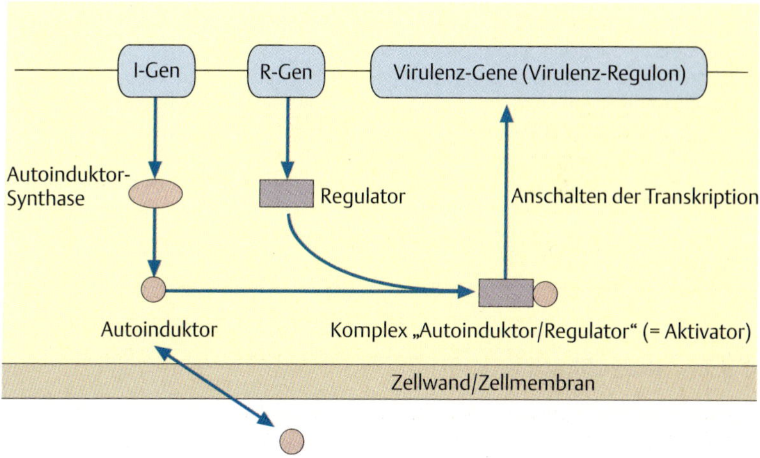

Abb. **4.36** **„Quorum-Sensing" der Bakterien (Signale von Zelle zu Zelle).** Die Signalisation von Zelle zu Zelle wird durch 2 Gene ermöglicht. Das I-Gen codiert für eine Synthase, die für die Synthese des Autoinduktors zuständig ist. Dieser (häufig ein N-Acyl-Homoserin-Lakton) kann frei durch die Zellhüllen diffundieren. Das R-Gen codiert für ein transkriptionelles Regulatorprotein, das in Verbindung mit dem Autoinduktor zu einem Aktivator wird und die Transkription verschiedener Virulenz-Gene ermöglicht.

4.7.7 Genetik der bakteriellen Pathogenität

Virulenzgene pathogener Bakterien sind häufig Teil von mobilen genetischen Elementen, wie z.B. von Plasmiden, Bakteriophagen-Genomen oder konjugativen Transposons. Dadurch wird ein lateraler Transfer dieser Gene zwischen Bakterien ermöglicht. Virulenzgene können auch in einer bestimmten Region des bakteriellen Chromosoms gehäuft vorkommen. Diese Region wird dann als *„Pathogenitäts-Insel„ (PAI)* bezeichnet. PAIs kommen sowohl bei grampositiven als auch bei gramnegativen Bakterien vor. Es handelt sich dabei um bis zu 200 kb große DNA-Sequenzen, die oft mehrere Vir-Gene aufweisen und an deren Enden häufig spezifische Sequenzen lokalisiert sind (z.B. IS-Elemente), die eine Transposition der Insel ermöglichen. Die Lokalisation der PAIs auf mobilen genetischen Elementen (Transposons, Plasmiden) ermöglicht ihren lateralen Transfer. Eine über lateralen Gentransfer erworbene PAI lässt sich dadurch nachweisen, dass der GC-Quotient der in das Chromosom integrierten PAI-DNA sich von dem GC-Quotient des restlichen Chromosoms unterscheidet.

4.8 Taxonomie (Klassifikation und Nomenklatur)

Die Taxonomie umfasst die Lehren von der Klassifikation und der Nomenklatur. Bakterien werden aufgrund phänotypischer Merkmale (morphologische, physiologische und chemische „Phäne") in einem hierarchischen System geordnet. Die Basis dieser Ordnung ist die Spezies bzw. Art. Ähnliche und damit verwandte Arten werden in einer Gattung und verwandte Gattungen in einer Familie zusammengefasst. Bei der Einordnung in höhere Taxa werden in der Medizinischen Mikrobiologie häufig praktische Gesichtspunkte berücksichtigt, z.B. die Einteilung in „beschreibende Sektionen". Eine Art wird mit 2 latinisierten Namen bezeichnet, wobei der erste Name die Gattung und beide zusammen die Art charakterisieren. Familiennamen enthalten die Endung „-aceae".

4.8.1 Klassifikation

Bakterien werden in der Domäne Bacteria zusammengefasst und so von den Domänen Archea und Eucarya abgetrennt (s.S. 5). Innerhalb ihrer Domäne werden Bakterien in taxonomische Gruppen (= Taxa) aufgrund von Verwandtschaftsbeziehungen geordnet. Letztere lassen sich am besten durch Erkenntnisse über die Evolution aufzeigen. Da über phylogenetische Beziehungen der Bakterien aber wenig bekannt ist, beruht ihre Klassifikation auf Ähnlichkeiten in phänotypischen Merkmalen (phänetische Verwandtschaft). Diese Merkmale lassen sich in **morphologische**, in **physiologische** (Stoffwechsel) und in **chemische** Merkmale gruppieren (s. Tab. **1.9**, S. 30). Chemische Merkmale spielen eine zunehmende Rolle für die Klassifikation. Zu nennen sind die Zusammensetzung des Mureins, das Vorkommen bestimmter Fettsäuren in der Zellwand und vor allem die Struktur der DNA. Die Zusammensetzung der DNA kann grob durch Bestimmung der Basenverhältnisse ermittelt werden: mol/l von Guanin + Cytosin. Der GC-Gehalt (mol %) humanpathogener Bakterien erstreckt sich von 25–70 %. Die Messung des Ausmaßes der Bildung heterologer Duplex-DNA-Hybride gibt Information über die Verwandtschaft von Bakterien. Sehr nützlich zur Feststellung phylogenetischer Verwandtschaft ist auch die Sequenzanalyse der (16S/23S-) rDNA. Diese weist Sequenzen auf, die hochkonserviert und für alle Bakterien mehr oder weniger gleich sind, und Sequenzen, die die verschiedenen Species und Genera charakterisieren (s. S. 30). Formell werden die Prokaryonten in Divisionen, Klassen, Ordnungen, Familien, Gattungen und Arten mit evtl. entsprechenden Subtaxa gegliedert:

- Familie (Familia): *Enterobacteriaceae*
- Gattung (Genus): *Escherichia*
- Art (Spezies): *E. coli*
- Var(ietät) oder Typ: Serovar 0157:H7
- Stamm, Isolat, Kultur: xyz

Die Basis der Klassifikation ist die **Art** (lat. **species**).

Probleme der Klassifikation der Bakterien

Einen natürlichen Artbegriff, wie er in der Zoologie oder Botanik existiert, gibt es in der Bakteriologie nicht. Die Definition der Bakterienart ist rein künstlich. Die Klassifikation der Bakterien beruht auf einem Konsens, auf den sich das „International Committee on the Systematics of Prokaryotes" (ICSP) geeinigt hat. Die zunehmende Genom-Sequenzierung wird in der Zukunft immer wieder zu Änderungen der Klassifikation – und damit auch der Nomenklatur – führen. Damit muss die Medizin leben.

Oft ist es, vor allem in der Epidemiologie, notwendig, eine Art noch in **Varietäten (Vare)** (Syn. **Typen**) zu unterteilen. Dabei werden Kulturen einer Art, die bestimmte Merkmale gemeinsam haben, zusammengefasst. Beispiele: Biovar (gleiche Stoffwechseleigenschaften, s. S. 31), Pathovar (gleiche Pathogenitäts- bzw. Virulenzeigenschaften), Morphovar (gleiche morphologische Eigenschaften), Serovar (gleiche Antigene), Genomvar (gleiche Genom-Eigenschaften (RFLP o. MLST, s. S. 17).

Stamm, Isolat, Klon

Eine allgemeingültige Definition dieser Bezeichnungen existiert nicht. In der klinischen Mikrobiologie wird als **Stamm** oft eine Reinkultur einer Bakterienart, die aus dem klinischen Material eines Patienten gewonnen wurde, bezeichnet. Für eine solche Reinkultur werden auch die Bezeichnungen **Isolat** oder **Kultur** gebraucht.
In der Epidemiologie wird der Begriff **Epidemiestamm** oder **Epidemie-Klon** verwendet. Darunter werden identische Reinkulturen, die aus verschiedenen Materialien

oder von verschiedenen Patienten gewonnen wurden und die für eine Epidemie verantwortlich sind, zusammengefasst.
Ein **Typstamm** (engl. **type strain**) ist eine Reinkultur, die alle typischen Eigenschaften aufweist, die eine Spezies charakterisieren. In der Regel ist der Typstamm eines der ersten Isolate, durch das eine neue Spezies beschrieben wurde.

Höhere Taxa als die Familie werden in der Medizinischen Mikrobiologie oft nach praktischen Gesichtspunkten gruppiert (s. Tab. **4.5**, S. 233).

4.8.2 Nomenklatur

Im „International Code for the Nomenclature of Bacteria" sind die Regeln für die Namengebung von Taxa festgelegt. Eine Art wird mit 2 latinisierten Namen gekennzeichnet, wobei der erste Name die Gattung, der zweite die Art charakterisiert (s. oben). Familien werden mit der Endung „-aceae" bezeichnet. Bezeichnungen, die durch das „International Committee on the Systematics of Prokaryotes" genehmigt wurden, gelten als offiziell und bindend. In der Medizin haben sich oft Trivialnamen eingebürgert, z.B. Gonokokken statt *Neisseria gonorrhoeae* oder Pneumokokken anstelle von *Streptococcus pneumoniae*.

4.8.3 Übersicht über die humanpathogenen Bakterien

In Tab. **4.5** werden Bakterien, die Infektionen beim Menschen verursachen, aufgrund morphologischer, physiologischer und struktureller Merkmale in 13 Sektionen zusammengefasst. Die Reihenfolge, in der die Sektionen, die Familien, die Gattungen und Arten aufgelistet sind, entspricht der Reihenfolge, in der die Erreger und ihre Krankheiten im Kapitel 5 abgehandelt werden. Die 13 Sektionen wurden aus praktischen Gründen zusammengestellt. Sie sollen die Übersicht für den Leser vereinfachen. Die Systematik und Nomenklatur innerhalb jeder Sektion beruht auf dem folgenden Standardwerk:

- Bergey's Manual of Systematic Bacteriology, 2nd ed. Garrity HM (chief-ed.). Berlin: Springer 2005

Änderungen der Taxonomie sind jederzeit möglich, da diese mit molekularen Methoden zurzeit intensiv bearbeitet wird. Bei den zwischen Anführungszeichen gesetzten Taxa handelt es sich um Vorschläge, die noch nicht durch eine der verschiedenen Nomenklatur-Kommissionen oder durch Veröffentlichung im International Journal of Systematic Bacteriology validiert wurden.

Ständig aktuell gehaltene Auflistung der Nomenklatur: (a) Deutsche Sammlung von Mikroorganismen und Zellkuren (**DSMZ**) (http://www.dsmz.de/). (b) **L**ist of **P**rokarytic names with **S**tanding in **N**omenclature (**LPSN**) (http://www.bacterio.cict.fr/).

Tabelle **4.5** Taxonomie und Eigenschaften medizinisch wichtiger Bakterien (Stand: 01, 2010)

Systematik	Eigenschaften des Erregers und Infektionen
Sektion 1 Grampositive Kokken	
„Staphylococcaceae" (245)	**Katalase positiv**; Haufenkokken; unbeweglich; fakultativ anaerob.
Staphylococcus aureus	Koagulase-positiv Abszesse, Furunkel, Wundinfektionen, Toxikosen
Staphylococcus epidermidis	Koagulase-negativ. Normalflora von Haut/Schleimhaut. Fremdkörper-assoziierte Infektionen
Staphylococcus saprophyticus	Koagulase-negativ. Normalflora von Haut/Schleimhaut. Harnwegsinfektionen bei jungen Frauen (in 10-20 %)
Streptococcaceae (250)	**Katalase negativ**; Ketten- und Diplokokken; αβγ-Hämolyse; Lancefield-Gruppen-Antigene (A bis V); fakultativ anaerob.
Streptococcus pyogenes (A-Streptokokken)	Ketten-Kokken. Gruppenantigen A, β-Hämolyse. Scharlach, Angina, Hautinfektionen, Sepsis Folgekrankheiten.
Streptococcus pneumoniae (Pneumokokken)	Diplokokken. Kein Gruppen-Antigen. α-Hämolyse. Pneumonie, Meningitis, Otitis media
Streptococcus agalactiae (B-Streptokokken)	Kettenkokken. Gruppen-Antigen B. β-Hämolyse. Meningitis/Sepsis des Neugeborenen
Streptococcus bovis (Syn.: *S. equinus*)	Kettenkokken. Gruppen-Antigen D; αγ-Hämolyse. Sepsis (selten); dann oft Korrelation mit Colon-Malignom
Orale Streptokokken (auch Viridans-Streptokokken)	Zahlreiche Arten; Kettenkokken; meist α-Hämolyse; in der Regel (Ausnahmen) kein Gruppen-Antigen; Normalflora.

Taxa zwischen Anführungszeichen noch nicht validiert

Tabelle **4.5** (Fortsetzung)

Systematik	Eigenschaften des Erregers und Infektionen
„Enterococcaceae" (258) *Enterococcus faecalis* (~ 90 %) *Enterococcus faecium* (~ 10 %)	**Katalase negativ**; Kettenkokken u. Diplokokken; α, β, oder γ-Hämolyse; Gruppen-Antigen D; Aesculin-positiv; Wachstum in 6,5 % NaCl sowie bei pH 9,6; fakultativ anaerob; ubiquitäres Vorkommen. Bestandteil der normalen Darmflora
	E. faecium zeigt häufig Antibiotika-Resistenz. Nosokomiale Infektionen (63). Endocarditis
Micrococcaceae (260) *Micrococcus spp.*, *Stomatococcus mucilaginosus*	Normalflora der Haut und des Oropharynx; fakultativ anaerob. Manchmal Bestandteil einer Mischflora bei verschiedenen Infektionen
Anaerobe Kokken (260) *Peptococcus*, *Peptostreptococcus*, und weitere	Normalflora. Gelegentlich Bestandteil einer Mischflora bei anaeroben Infektionen (335)
Sektion 2 **Grampositive, regelmäßig geformte Stäbchen; Sporenbildner; aerob oder anaerob**	
Bacillaceae (260)	**Aerob**. Sporen als Dauerformen. Umwelt (Erdboden)
Bacillus anthracis	Unbeweglich; Kapsel; Exotoxin. Anthrax (Hautmilzbrand, Lungenmilzbrand)
Clostridiaceae (262)	**Obligat anaerob.** Umwelt (Erdboden)
Clostridium perfringens. Weitere Arten	*C. perfringens*; zahlreiche Exotoxine und Exoenzyme. 1. Anaerobe Zellulitis; 2. Gasbrand (Myonekrose)
Clostridium tetani	Toxin Tetanospasmin Tetanus (Wundstarrkrampf)
Clostridium botulinum	Neurotoxine A-G Botulismus (Nahrungsmittel-Intoxikation)
Clostridium difficile	Pseudomembranöse Kolitis. Oft Antibiotika-assoziiert

Tabelle **4.5** (Fortsetzung)

Systematik	**Eigenschaften des Erregers und Infektionen**
Sektion 3 **Grampositive, regelmäßig geformte Stäbchen; Nichtsporenbildner**	
„Listeriaceae“	Umwelt (Erdboden)
Listeria monocytogenes (268)	Beweglich; β-Hämolyse; Wachstum auch < 10 °C Meningitis/Sepsis (Neugeborene, Immunsupprimierte, Senium). Enteritis (Nahrungsmittel)
Erysipelotrichaceae *Erysipelothrix rhusiopathiae* (269)	Beim Menschen Erysipeloid. Beim Tier Schweinerotlauf
Bifidobacteriaceae	
Gardnerella vaginalis (270)	Oft gramvariabel. Mikroaerophil. Normale Schleimhautflora der Vagina. Bei Vaginitis „clue-cells“ im Grampräparat. Vaginitis (Syn.: Vaginose), zusammen mit anderen Bakterien (693)
Sektion 4 **Grampositive, unregelmäßig geformte Stäbchen**	
Corynebacteriaceae	**Fakultativ anaerob**. Meist Normalflora.
Corynebacterium diphtheriae (271)	Keulenförmig (= Pleomorphie). Lagerung (X-, V- oder Y-Formen; Pallisaden). Diphtherie-Toxin (Exotoxin) Diphtherie (Rachen, Nase, Wunde)
Corynebacterium ulcerans (275)	Einige Stämme produzieren Di-Toxin
Weitere Corynebakterien (275)	Selten Endocarditis und verschiedene Infektionen bei Immunschwäche
Actinomycetaceae (273)	**Obligat anaerob**. Normalflora der Mukosa
Actinomyces israelii *Actinomyces naeslundii* weitere **anerobe Actinomyceten**	Filamente (auch verzweigt). Im Eiter oft Drusen. Begleitbakterien (z. B. *Aggregatibacter actinomycetemcomitans*) Aktinomykose; Mitbeteiligung an Karies
Mobiluncus mulieri (276) *Mobiluncus curtesii* (276)	Normalflora der Vagina Mitbeteiligung an Vaginitis

4

Tabelle **4.5** (Fortsetzung)

Systematik	Eigenschaften des Erregers und Infektionen
„Eubacteriaceae" *Eubacterium spp.* (276)	Normale Darmflora. Mitbeteiligung an anaeroben Infektionen
Propionibacteriaceae *Propionibacterium spp.* (276)	Mikroaerophil oder obligat anaerob. Propionsäure wichtigstes Stoffwechselendprodukt. Endocarditis (selten). Akne
Nocardiaceae (286)	**Obligat aerob**. Ubiqutär
Nocardia asteroides, N. brasiliensis, N. farcinica und weitere	Pleomorphe, teils verzweigte Stäbchen. Oft säurefest. Wachstum bevorzugt bei 30 °C. Nokardiosen bei Immunsupprimierten
Rhodococcus equi (276)	Pneumonie (beim AIDS)
Aerobe/fakultativ anaerobe Actinomyceten *Tsukamurella* (276) *Gordonia bronchialis* *Streptomyces somaliensis* (287) *Actinomadura madurae* (287)	Taxonomie noch nicht geklärt. Verschiedene Familien. Infektionen bei Abwehrschwäche: I. der Atemwege, Meningitis, Hirnabszess. Aktinomycetome (auch durch Pilze). Madurafuß
Tropheryma whipplei (276)	Taxonomisch den Actinomyceten nahestehend. Auf Nährböden nicht kultivierbar. Morbus Whipple
Sektion 5 **Säurefeste Stäbchen**	
Mycobacteriaceae (277)	Anfärbung nur nach Ziehl-Neelsen, Kinyoun, Auramin. Lipidreiche Zellwand
Mycobacterium tuberculosis	Langsames Wachstum (Kultur 4-6 Wochen) Tuberkulose
Mycobacterium leprae	Nicht kultivierbar Lepra
Nichttuberkulöse Mykobakterien (NTM)	Ubiquitäres Vorkommen Infektionen unterschiedlicher Organsysteme. Disseminierte Infektionen bei Immunsupprimierten (z. B. beim AIDS).

Tabelle **4.5** (Fortsetzung)

Systematik	Eigenschaften des Erregers und Infektionen
Sektion 6 **Gramnegative Kokken und Kurzstäbchen; aerob**	
Neisseriaceae	Unbeweglich. Oxidase positiv.
Neisseria gonorrhoeae (288) (Gonokokken)	Diplokokken. Säure aus Glukose Gonnorrhö
Neisseria meningitidis (290) (Meningokokken)	Diplokokken. Säure aus Glukose und Maltose. Kapsel-Serovare Meningitis, Sepsis
E*ikenella corrodens* (318)	HAC**E**K-Gruppe. Schleimhautflora. Kurzstäbchen.
K*ingella kingae* (318)	HACE**K**-Gruppe. Schleimhautflora. Kurzstäbchen.
Moraxellaceae (292)	Kokken und kokkoide Kurzstäbchen
Moraxella catarrhalis	Normalflora der Atemwege. Sinusitis, Otitis media (Kinder), Bronchitis
Acinetobacter baumannii *Acinetobacter calcoaceticus*	Kurzstäbchen. Ubiqutär Nosokomiale Infektionen. Mehrfachresistenz
Sektion 7a **Gramnegative, gerade Stäbchen; fakultativ anaerob: *Enterobacteriaceae***	
Enterobacteriaceae	47 Gattungen, Hunderte von Arten. Habitat: Darm von Tier und Mensch.
Escherichia coli (306)	Laktose positiv. Häufigster bakterieller Krankheitserreger. Indikatorkeim für fäkale Verunreinigung (Trinkwasser, Badegewässer, S. 70). Infektionen durch verschiedene Pathovare (307). Nosokomiale Infektionen (63)
Salmonella enterica (296)	Laktosenegativ. Beweglich. Mehr als 2000 Serovare (O- und H-Antigene). Gastroenteritische Salmonellosen; typhöse Salmonellosen
Shigella dysenteriae, S. boydii, S. flexneri, S. sonnei (301)	Laktosenegativ (*S. sonnei* oft laktosepositiv). Unbeweglich. Deshalb nur O-Serovare. Bakterielle Ruhr

4

Tabelle **4.5** (Fortsetzung)

Systematik	Eigenschaften des Erregers und Infektionen
Klebsiella, Enterobacter, Citrobacter, Proteus, Serratia, Morganella, Providencia, Plesiomonas etc. (309)	Opportunisten. Oft Resistenz gegen Antibiotika. Krankenhausflora. Nosokomiale Infektionen (63)
Yersinia pestis (303)	Bipolare Anfärbung. Beweglich. Beulenpest, primäre Lungenpest
Yersinia enterocolitica (304)	Reservoire: Wildtiere, Nutztiere, Haustiere. Enteritis, Mesenterial-Lymphadenitis.
Calymmatobacterium (neu auch *Klebsiella*) *granulomatis* (317)	Bekapselte Stäbchen. Unbeweglich. Lymphogranulom (Venerische Infektion)
Sektion 7b **Gramnegative, gerade Stäbchen; fakultativ anaerob:** ***Aeromonadaceae, Cardiobacteriaceae, Pasteurellaceae, Vibrionaceae***	
Aeromonadaceae (317)	Aquatische Biotope.
Aeromonas salmonicida und weitere	*Aeromonas salmonicida* pathogen für Fische. Gastroenteritis. Nosokomiale Infektionen.
Cardiobacteriaceae	
***C**ardiobacterium hominis* (318)	HA**C**EK-Gruppe (318). Pleomorph, unbeweglich, Normalflora der Atemwege Endocarditis
Pasteurellaceae	Normalflora bei Tier und Mensch
Pasteurella multocida (316)	Pathogen für verschiedene Tierarten (Sepsis). Infektionen nach Tierbissen.
Haemophilus influenzae (314)	X-und V-Faktor für Kultur. Kapsel-Serovar „b" (Hib) wichtigster Erreger. Meningitis, Infektionen der Atemwege
Haemophilus aphrophilus (316) (neu auch *Aggregatibacter aphrophilus*)	**H**ACEK-Gruppe (318) Endocarditis
***A**ctinobacillus actinomycetemcomitans* (318) (neu auch *Aggregatibacter actinomycetemcomitans*)	H**A**CEK-Gruppe (318). Normale Mundhöhlenflora. Begleitkeim bei zervikofazialer Aktinomykose. Endocarditis

Tabelle **4.5** (Fortsetzung)

Systematik	Eigenschaften des Erregers und Infektionen
Vibrionaceae	Aquatische Biotope. Oxidase-positiv.
Vibrio cholerae (310)	Kommaförmig. Alkalitoleranz. Durch Exotoxin Funktionsstörung der Enterozyten. Cholera (massive Diarrhö)
Vibrio parahaemolyticus (319)	Wasserkeim (Meerwasser, Brackwasser). Gastroenteritis nach Genuss von Meeresfrüchten
Sektion 8 Gramnegative Stäbchen; aerob	
Alcaligenaceae	Non-Fermenter; Oxidase-positiv.
Alcaligenes faecalis (317) und weitere	Opportunisten. Meist Bestandteil einer Mischflora.
Bordetella pertussis (329)	Kokkoide Stäbchen, unbeweglich. Pertussis (Keuchhusten)
Bartonellaceae (331)	Pleomorphe, kleine (0.6-1 µm) Stäbchen; schwer kultivierbar
Bartonella bacilliformis	Oroya-Fieber und Verruga peruana
Bartonella henselae	Katzen-Kratz-Krankheit. Selten Endocarditis. Bei Immunsupprimierten Sepsis, Angiomatose, Peliosis
Bartonella quintana	Fünf-Tage-Fieber. Selten Endocarditis. Bei Immunsupprimierten Angiomatose
Bradyrhizobiaceae	Kleine (0.6-1 µm), oft pleomorphe Stäbchen; schwer kultivierbar.
Afipia felis (333)	Katzen-Kratz-Krankheit (selten)
Brucellaceae (328)	Kleine, kokkoide Stäbchen, unbeweglich; aerob
Brucella abortus, Brucella melitensis, Brucella suis, Brucella canis.	Übertragung durch direkten Kontakt o. Lebensmittel (Milch). Brucellose

4

Tabelle **4.5** (Fortsetzung)

Systematik	Eigenschaften des Erregers und Infektionen
Burkholderiaceae (325)	Non-Fermenter; Oxidase-positiv; ubiquitär
Burkholderia cepacia und weitere Arten	Krankenhauskeime zeigen häufig Mehrfachresistenz gegen Antibiotika.
Burkholderia mallei	Hautabszesse nach Kontakt mit an Rotz erkrankten Tieren
Burkholderia pseudomallei	Habitat: Erdboden und Feuchtbiotope. Melioidose
Flavobacteriaceae	Non-Fermenter; Oxidase-positiv; unbeweglich.
Chryseobacterium meningosepticum (neu auch *Elizabethkingia meningoseptica* (318)	Neonatale Meningitis. Sepsis und Pneumonie bei Abwehrschwäche
Capnocytophaga spp. (318)	Sepsis bei Immunsupprimierten
Francisellaceae	Kleine, kokkoide, unbewegliche Stäbchen.
Francisella tularensis (330) (Subsp. *tularense, holarctica, mediasiatica*)	Tularämie; bei Kontakt mit erkrankten Tieren.
Legionellaceae (325)	Beweglich; Spezialmedien für Kultur.
Legionella pneumophila	Häufigste Art. Habitat: Erdboden und aquatische Biotope. Legionellose (Pneumonie); Pontiac Fieber
Pseudomonadaceae (322)	Beweglich. Oxidase positiv. Anspruchslos. Ubiquitär
Pseudomonas aeruginosa und viele weitere Arten	Nosokomiale Infektionen (69)
Xanthomonadaceae *Stenotrophomonas maltophilia* (325)	Nosokomiale Infektionen (69). Mehrfachresistenz
Sektion 9 **Gramnegative Stäbchen, gerade, gekrümmt, fusiform, helikal; anaerob** (333)	
Bacteroidaceae (*Bacteroides*) **„*Fusobacteriaceae*"** (*Fusobacterium*) **„*Porphyromonadaceae*"** (*Porphyromonas*) **„*Prevotellaceae*"** (*Prevotella*)	Ausgeprägte Pleomorphie. Normalflora der Schleimhäute des Menschen. Häufigste Bakterien im Intestinaltrakt. Subakute, eitrig-nekrotische Infektionen im ZNS, Kopfbereich, Abdomen, Genitale, evtl. Lunge. Fast immer Bestandteil einer Mischflora.

Tabelle **4.5** (Fortsetzung)

Systematik	**Eigenschaften des Erregers und Infektionen**
Streptobacillus moniliformis (319) (neu zu *fam. Fusobacteriaceae*)	Pleomorphie. Unbeweglich. Normalflora bei Ratten, Mäusen, Katzen. Rattenbissfieber
Sektion 10 **Gramnegative Stäbchen, helikal/vibroid (spiralig, kommaförmig gekrümmt), beweglich; aerob oder mikroaerophil**	
Campylobacteraceae (320)	Schlank, helikal (spiralig gewunden) oder vibroid (kommaförmig)
Campylobacter jejuni	Spezialmedien für Kultur (48 Std., 42 °C) Gastroenteritis (Nahrungsmittel)
Campylobacter fetus	Sepsis, Endocarditis (beide selten)
Helicobacteraceae	
Helicobacter pylori (321)	Helikal. Produziert Urease. Gastritis Typ B; Ulcera des Duodenums und Magens; evtl. Adenocarcinom des Magens
Spirillaceae	helikal gekrümmt
„Spirillum minus" (322)	Sodoku (Rattenbissfieber)
Sektion 11 **Gramnegative, spiralig gewundene Bakterien: Spirochäten, Leptospiren**	
Spirochaetaceae	
Treponema pallidum, „subsp. pallidum" (337)	Nicht kultivierbar. Serodiagnose Syphilis (Syn.: Lues)
Treponema pallidum, „subsp. endemicum" (339)	Nicht kultivierbar. Serodiagnose wie für Syphilis. Nicht-venerische Syphilis
Treponema pertenue (340)	Nicht kultivierbar. Serodiagnose wie für Syphilis. Frambösie
„Treponema carateum" (340)	Nicht kultivierbar. Pinta

4

Tabelle **4.5** (Fortsetzung)

Systematik	Eigenschaften des Erregers und Infektionen
Borrelia burgdorferi (342) *Borrelia garinii* *Borrelia afzelii* *Borrelia spielmanii*	Übertragung durch Zecken. Kaum kultivierbar. Serodiagnose. Lyme-Borreliose
Borrelia duttonii (341) *Borrelia hermsii* und weitere	Übertragung durch Zecken. Antigen-Variabilität. Endemisches Rückfallfieber
Borrelia recurrentis (341)	Übertragung durch Kleiderläuse. Antigen-Variabilität Epidemisches Rückfallfieber
Leptospiraceae	Spiralig, beweglich, kultivierbar
Leptospira interrogans (344)	Serogruppen und Serovare (z. B. *icterohaemorrhagiae*, *pomona*, *grippotyphosa* etc.). Leptospirose. Morbus Weil
Sektion 12 **Obligat intrazelluläre Bakterien: *Chamydiaceae, Coxiellaceae, Anaplasmataceae (früher Ehrlichiaceae), Rickettsiaceae***	
Chlamydiaceae (351)	Entwicklungszyklus in Zellen: Elementar- und Initialkörperchen (EK und IK)
Chlamydia trachomatis	Biovare „trachoma“ und „lymphogranuloma venerum“. Trachom; Konjuntivitis; Urogenital-Infektionen; Lymphogranulom
Chlamydophila (früher Chlamydia) psittaci	Reservoir: Infizierte Vögel (Papageien). Psittakose (Syn: Ornithose): Pneumonie (oft atypisch)
Chlamydophila (früher Chlamydia) pneumoniae	Infektionen der Atemwege.
Coxiellaceae (347)	Kokkoide Kurzstäbchen. Pleomorphie. Gramnegative Zellwand.
Coxiella burnetii	Übertragung von Schaf, Rind, Nagetiere, Inhalation von Staub. Akutes Q-Fieber (Pneumonie); chronisches Q-Fieber (Endocarditis)

Tabelle **4.5** (Fortsetzung)

Systematik	**Eigenschaften des Erregers und Infektionen**
Anaplasmataceae (früher *Ehrlichiaceae*) (350)	Übertragung durch Zecken
Ehrlichia chaffeensis	Humane monozytäre Ehrlichiose (HME)
Ehrlichia ewingii und *Anaplasma phagocytophilum* (früher *Ehrlichia phagocytophila*)	Humane granulozytäre Ehrlichiose (HGE) bzw. Anaplasmose (HGA)
Neorickettsia sennetsu (früher *Ehrlichia sennetsu*)	Sennetsu-Fieber; nur in Südostasien
Rickettsiaceae (347)	Kokkoide Kurzstäbchen. Gramnegative Zellwand.
Fleckfiebergruppe z. B. *Rickettsia prowazekii*	Übertragung durch Kleiderläuse
Zeckenbissfiebergruppe z. B. *Rickettsia rickettsii*	Übertragumg durch Zecken
Orientia tsutsugamuchi	Übertragung durch Milbenlarven
Sektion 13 Mykoplasmen (Bakterien ohne Zellwand)	
Mycoplasmataceae (355)	Kein Murein in Zellwand. Natürliche Resistenz gegen Zellwand-aktive Antibiotika (z. B. Betalaktame). Anfärben nach Gram nicht möglich. Kultur in vitro nur auf Spezialmedien.
Mycoplasma pneumoniae	Pneumonie (oft atypisch), vor allem bei Kindern und Jugendlichen
Mycoplasma genitalium, *Mycoplasma hominis* *Ureaplasma urealyticum* *Ureaplasma parvum*	Normalflora des Urogenitaltrakts. Ätiologische Rolle bei der unspez. Urethritis umstritten

Taxa zwischen Anführungszeichen noch nicht validiert.

4

5 Bakterien als Krankheitserreger

F. H. Kayser, E. C. Böttger

In den Kapiteln 5.1 bis 5.32 werden die humanpathogenen Bakterien und die durch sie verursachten Infektionen in der Reihenfolge „grampositive Kokken, grampositive Stäbchen, gramnegative Kokken, gramnegative Stäbchen, spiralig gekrümmte Stäbchen, obligat intrazelluläre Bakterien, Mycoplasmen" besprochen. Tabelle 4.5 (S. 232) gibt einen raschen Überblick über die Taxonomie sowie wichtige Eigenschaften dieser Bakterien sowie über die durch sie hervorgerufenen Krankheiten.

5.1 Staphylococcus

Staphylokokken sind grampositive, sich in Haufen oder Trauben anordnende Kokken. Sie können auf gewöhnlichen Nährmedien aerob und anaerob kultiviert werden. Die für die Humanmedizin wichtigste Spezies ist *S. aureus*. Die klinische Symptomatik von Infektionen durch diesen Erreger wird durch eine Reihe von extrazellulären Enzymen und Toxinen wie Plasmakoagulase, Hämolysine, Leucocidine, Exfoliatine, Enterotoxine, Toxischer-Schock-Syndrom-Toxin bestimmt. Die Krankheiten können in **invasive Infektionen**, in **reine Toxikosen** sowie in **Mischformen** unterteilt werden. Die Antibiotika der Wahl für die Therapie sind penicillinasefeste Penicilline. Die Labordiagnose umfasst den mikroskopischen und kulturellen Nachweis des Erregers. *S. aureus* ist ein häufiger Erreger **nosokomialer Infektionen**.

Koagulasenegative Staphylokokken sind klassische Opportunisten. *S. epidermidis* und weitere Arten verursachen aufgrund ihrer Fähigkeit, auf der Oberfläche von Fremdkörpern einen Biofilm auszubilden, fremdkörperassoziierte Infektionen. *S. saprophyticus* ist für 10–20 % der **akuten Harnwegsinfektionen** bei jungen Frauen verantwortlich.

Die zur Familie der *Staphylococcaceae* (fam. nicht validiert) gezählten Staphylokokken sind unbewegliche, Katalase-positive, fakultativ anaerobe, sich in Haufen oder Trauben anordnende, grampositive Kokken. Die Gattung *Staphylococcus* enthält 65 Spezies und Subspezies. Für die Medizin am wichtigsten sind die in Tab. **5.1** in Kurzform dargestellten Arten. *S. aureus* gehört neben *E. coli* zu den häufigsten Erregern bakterieller Infektionen des Menschen.

5.1.1 Staphylococcus aureus

Morphologie und Kultur. Das Aussehen von *S. aureus* im Grampräparat zeigt Abb. **5.1a**. Der Keim lässt sich auf gewöhnlichen Nährmedien bei 37 °C leicht kultivieren.

Tabelle **5.1** Übersicht über die wichtigsten Staphylokokken und die durch sie verursachten Infektionen

Spezies	**Eigenschaften des Erregers und Infektionen**
S. aureus	koagulasepositiv; Kolonien goldgelb gefärbt; häufig Hämolyse. Lokale, eitrige Infektionen: Furunkel, Karbunkel, bullöse Impetigo, Wundinfektion, Sinusitis, Otitis media, Mastitis puerperalis, Ostitis/Osteomyelitis. Pneumonie. Toxinbedingte Krankheiten: Lebensmittelintoxikation, Dermatitis exfoliativa, Toxisches-Schock-Syndrom. Invasive Infektionen: Endocarditis, Sepsis
S. epidermidis	koagulasenegativ; novobiocinempfindlich; häufigster ($\sim$70 %) Erreger unter den KNS*; Opportunist. Fremdkörperassoziierte Infektionen (S. 712) mit diskreter klinischer Symptomatik
S. saprophyticus	koagulasenegativ; novobiocinresistent. Harnwegsinfektionen bei jungen Frauen (10–20 %); gelegentlich unspezifische Urethritis des Mannes

* KNS: koagulasenegative Staphylokokken

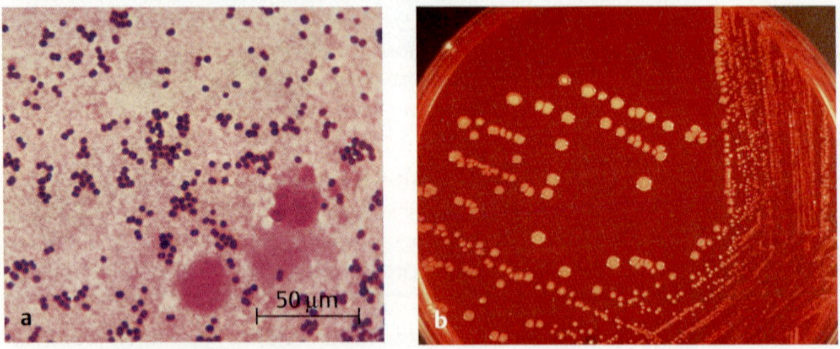

Abb. **5.1** **Staphylococcus aureus. a** Gram-Färbung eines Eiterpräparats: Grampositive Kokken, z. T. in Haufen. Klinische Diagnose: Furunkulose. **b** Kultur auf Blutagar: Konvex gewölbte, gelblich pigmentierte Kolonien mit porzellanartiger Oberfläche.

Nach 24 h Bebrütung entwickeln sich die in Abb. **5.1b** gezeigten Kolonien. Oft finden sich Hämolysezonen um die Kolonien.

Eine spezielle Kolonieform sind die „small colony variants" (SCV), die gelegentlich aus Patientenmaterial isoliert werden. Diese ungefähr nur 1–2 mm Durchmesser aufweisenden, nicht pigmentierten, keine Hämolysezone aufweisenden

Zwergkolonien bilden sich erst bei Bebrütung von ≥ 48 h. Sie werden gelegentlich bei chronisch-persistierenden Infektionen beobachtet. Auffällig ist, dass sie fast immer Resistenz gegenüber Aminoglycosid-Antibiotika (aufgrund von Defekten des Elektronentransports) und Co-Trimoxazol aufweisen.

Feinstruktur. Die Zellwand besteht aus einer dicken Mureinschicht, Teichonsäuren und Lipoteichonsäuren (Abb. **4.10**, S. 169). An den Peptidanteil des Mureins sind zellwandassoziierte Proteine gebunden. Der „Clumping factor", das Fibronektin-Bindeprotein sowie das Kollagen-Bindeprotein sind für die Adhärenz an Gewebe, Zellen und an Fremdkörper, die mit den entsprechenden Matrixproteinen bedeckt sind, verantwortlich. An das zellwandassoziierte Protein A binden Immunglobuline (IgG) unspezifisch mit ihrem Fc-Anteil. Diese Eigenschaft wird in der Diagnostik (Co-Agglutination, S. 18) ausgenützt.

Extrazelluläre Toxine und Enzyme. Die für die Pathogenese wichtigsten sind:

- **Hyaluronidase, Lipase, DNAse**. Diese wirken ortsständig und erleichtern die lokale Ausbreitung in Geweben.
- **Plasmakoagulase.** Dieses Enzym hat Thrombinfunktion, d.h. wandelt Fibrinogen in Fibrin um. Eine mit einem Fibrinwall umgebene Mikrokolonie im Gewebe erschwert ihre Phagozytose.
- **Hämolysine** (α, β, δ, γ). Alpha-Hämolysin (Syn.: α-Toxin) schädigt Membranen vieler Arten von Wirtszellen durch Einlagerung und Bildung von Poren (dadurch z.B. Hämolyse).
- **Leukocidine.** (z.B. Panton-Valentine (Namen der Erst-Autoren) Leukocidin). Schädigung von neutrophilen und eosinophilen Granulozyten sowie Makrophagen durch Porenbildung.
- **Exfoliatine.** Die Exfoliatine A und B verursachen intraepidermale Blasenbildung (Epidermolyse).
- **Toxisches-Schock-Syndrom-Toxin-1 (TSST-1).** Es handelt sich um ein exogenes Superantigen (S. 104), das von ungefähr 1% der Stämme produziert wird.
- **Enterotoxine**. Acht serologisch unterscheidbare Enterotoxine (A–E, H, G und I) sind für Lebensmittelintoxikationen verantwortlich. Diese Proteine (MG: ~35 kDa) werden durch Erhitzen während 15–30 min auf 100 °C nicht inaktiviert. Enterotoxine sind exogene Superantigene (s. S. 104). Ungefähr die Hälfte der Staphylokokken produzieren Enterotoxine.

Pathogenese und Krankheitsbilder. Hinsichtlich Pathogenese und Symptomatik lassen sich Infektionen durch *S. aureus* in 3 Gruppen einteilen:

- **Invasive Infektionen**. Nach dem Eindringen über Haut oder Schleimhäute entstehen lokale, mit Eiterbildung einhergehende Infektionen. Beispiele:
  - Furunkel (Abb. **5.2**) und Karbunkel, Myositis/Pyomyositis
  - bullöse Impetigo,
  - Wundinfektion,

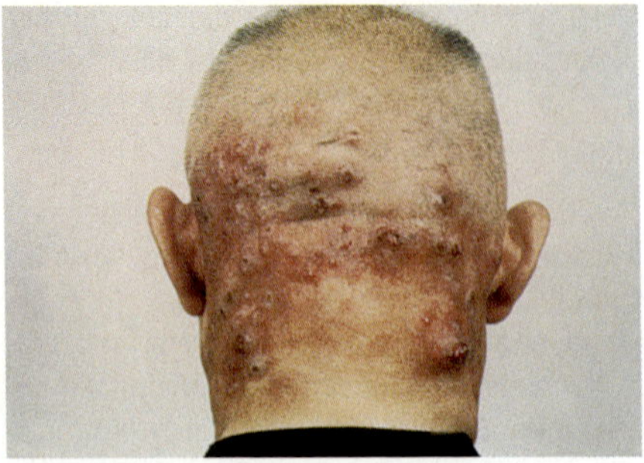

Abb. **5.2** **Furunkulose** bei einem Patienten mit Diabetes mellitus Typ II.
Die Furunkulose ohne Prädisposition wird oft durch Stämme verursacht, die das Panton-Valentine-Leukocidin produzieren. Lokale Epidemien von Hautinfektionen verursacht durch PVL-positive Stämme wurden beschrieben.

- Sinusitis
- Otitis media (Mittelohrentzündung)
- Mastitis puerperalis (Brustdrüseninfektion im Wochenbett)
- postoperative oder posttraumatische Osteomyelitis
- Endocarditis (vor allem nach Herzklappenersatz)
- Pneumonie
- Sepsis
- monobakterielle nekrotisierende Fasziitis

S. aureus und *E. coli* verursachen zu ungefähr gleichen Teilen ein Drittel aller Sepsen bei hospitalisierten Patienten.

Fremdkörper können durch *S. aureus* kolonisiert werden. Die Besiedelung beginnt mit der spezifischen Bindung der Staphylokokken mit Hilfe zellwandassoziierter Haftproteine an Fibrinogen, Fibronektin oder weitere Matrixproteine, die die Fremdkörper überziehen. In der Folge entsteht ein Biofilm (s.S. 174), der einen Streuherd darstellen kann.

- **Toxikosen.** Lebensmittelintoxikationen kommen durch Einnahme von Speisen zustande, die durch Enterotoxine kontaminiert sind. Wenige Stunden nach Einnahme der Speisen treten Übelkeit, heftige Bauchschmerzen, Erbrechen und massive Diarrhöen auf. Auch unbehandelt verschwinden die Symptome zumeist nach 24 Std.
- **Mischformen.** Die *Dermatitis exfoliativa* (staphylococcal scalded skin syndrome; Ritter-Erkrankung), der *Pemphigus neonatorum* und die *bullöse Impetigo* werden durch Exfoliatine-produzierende Stämme hervorgerufen, die oberflächlich die Haut infizieren. Das *Syndrom des toxischen Schocks* (TSS) wird durch TSST-1-produzierende Stämme verursacht. Diese können invasive Infektionen verursachen, aber auch nur auf Schleimhäuten siedeln. Die durch das Superantigen TSST-1 vermittelte Induktion von großen Mengen an Zytokinen führt zu Fieber, Hypotension und einem scharlachartigen Exanthem, das bevorzugt an den Handflächen und Fußsohlen auftritt.

Diagnose. Diese umfasst den mikroskopischen und kulturellen Nachweis des Erregers. Die Abtrennung von *S. aureus* zu den koagulasenegativen Arten erfolgt durch Nachweis der Plasmakoagulase und/oder des „Clumping factors". Enterotoxine in Lebensmitteln sowie das TSST-1 können mit immunologischen und molekularbiologischen Methoden (Speziallabors) nachgewiesen werden.

Plasmakoagulase- und „Clumping-Factor"-Test.
Zum Nachweis der **Plasmakoagulase** werden mehrere Kolonien in 0,5 ml Kaninchenplasma verrieben, das beimpfte Plasma 1, 4 und 24 h inkubiert und Koagulation registriert. Beim **„Clumping-Factor"-Test** wird Material von Kolonien in einem auf einem Objektträger deponierten Tropfen Kaninchenplasma verrieben. Makroskopisch sichtbare Verklumpung zeigt die Anwesenheit des Faktors an.

Therapie. Neben chirurgischen Maßnahmen beruht die Therapie auf der Applikation von penicillinasefesten Penicillinen (Flucloxacillin), da ~80% aller Stämme Penicillinase bilden. Diese Penicilline wirken jedoch nicht gegen S. aureus-Stämme mit Methicillinresistenz (= MRSA), eine Resistenz, die sich auf fast alle Betalactame erstreckt. Sie kommt vor allem bei Krankenhausstämmen (bei ~5–20–60% (USA)) vor.

Methicillinresistenz (historische Bezeichnung).
Diese beruht auf der Synthese eines Penicillin-Binde-Proteins (PBP-2a), das durch das Gen *mecA* codiert wird. PBP-2a weist geringe Affinität zu Betalactam-Antibiotika auf und übernimmt in Anwesenheit von Betalactamen die Mureinbiosynthese. Das Gen *mecA* ist Bestandteil des transponierbaren, chromosomalen Gen-Komplexes SCC*mec* (Staphylococcal Casette Chromosome *mec*. Typ I–V), der auch weitere Resistenzdeterminanten aufweisen kann (Mehrfachresistenz von MRSA). In letzter Zeit werden MRSA nicht nur im Krankenhaus (HCA-MRSA; health care associated MRSA), sondern auch in der Praxis als Erreger beobachtet (CA-MRSA; community-acquired MRSA). CA-MRSA produzieren häufig das Panton-Valentine-Leukocidin sowie ein PSM-Protein (PSM = Phenol Soluble Modulin).

Epidemiologie und Prophylaxe. *S. aureus* besiedelt Haut und Schleimhäute. Hohe Keimträgerraten (bis zu 70%) sind bei Krankenhauspatienten und bei Personen, die im Krankenhaus arbeiten, die Regel. Bei diesen ist vor allem die Schleimhaut des vorderen Nasenbereichs besiedelt.

S. aureus ist ein häufiger Erreger nosokomialer Infektionen (s. S. 63f.). Im Krankenhaus können bestimmte Stämme (Klone) epidemisch auftreten. Für die Abklärung von Epidemien werden heute molekulare Methoden verwendet, (s. S. 15).

Die wichtigste prophylaktische Maßnahme im Krankenhaus ist das gründliche Händewaschen vor medizinischen und pflegerischen Eingriffen. Eine Sanierung von Keimträgern kann mit intranasaler Applikation von Antibiotika (Mupirocin) versucht werden.

5.1.2 Koagulasenegative Staphylokokken (KNS)

KNS gehören zur Normalflora von Haut und Schleimhäuten. Sie sind klassische Opportunisten, die nur bei entsprechender Disposition Krankheiten verursachen.

S. epidermidis. Es handelt sich um die am häufigsten angetroffene Spezies (70–80%) bei Infektionen durch KNS. KNS verursachen vor allem fremdkörperassoziierte Infektionen (S. 712). Diese kommen dadurch zustande, dass die Fremdkörper im Makroorganismus durch Matrixproteine (Fibrinogen, Fibronektin, Kollagen, Elastin, Vitronektin) bedeckt werden, an die Staphylokokken mit spezifischen Zellwandproteinen binden können. Sie vermehren sich dann auf der Oberfläche und produzieren dabei eine aus Zuckern bestehende Polymersubstanz (= EPS; s. S. 174), die Grundlage des entstehenden Biofilms. In der Tiefe des Biobelages sind die Staphylokokken weitgehend vor Antibiotika sowie dem Immunsystem geschützt. Die Biofilme stellen Herde dar, von denen aus die KNS ins Blut geschwemmt werden und subakute sepsisartige Krankheitsbilder verursachen.

S. saprophyticus ist für 10–20% der akuten Harnwegsinfektionen, vor allem der Dysurie, bei jungen Frauen und für einen kleinen Teil der unspezifischen Urethritis bei sexuell aktiven Männern verantwortlich.

Eine Antibiotikatherapie bei Infektionen durch KNS ist oft problematisch, da diese Staphylokokken häufig Multiresistenz aufweisen. Methicillinresistenz (= Resistenz gegen alle Betalactam-Antibiotika) kommt bei ca. 70% der Stämme vor. Der Mechanismus ist identisch zu dem von *S. aureus* (S. 249, Kasten).

5.2 Streptococcus

Streptokokken sind grampositive, sich in Ketten oder als Pärchen anordnende, unbewegliche, katalasenegative Kokken. Sie werden aufgrund ihres Hämolysevermögens (α-, β-, γ-Hämolyse) sowie der Antigenität eines in der Zellwand vorkommenden Kohlenhydrates (Lancefield-Antigene A-V) eingeteilt.

Die β-hämolytischen A-Streptokokken (*S. pyogenes*) verursachen Infektionen der **oberen Atemwege** sowie invasive Infektionen der **Haut** und des **subkutanen Bindegewebes**. In Abhängigkeit von der Immunitätslage und der genetischen Disposition kann es zum **Scharlach** und zu schweren Infektionen wie der **nekrotisierenden Fasziitis**, einer **Sepsis** oder dem **septischen Schock** kommen. Die **Glomerulonephritis** ist eine Immunkomplexkrankheit. Eine Autoimmunpathogenese liegt dem **akuten rheumatischen Fieber** zugrunde.

Die α-hämolytischen Pneumokokken (*S. pneumoniae*) verursachen vorwiegend Infektionen des **Respirationstraktes**. Die Labordiagnose umfasst den Nachweis der Erreger in entsprechenden Materialien. Gegen Pneumokokken-Infektionen kann bei gefährdeten Personen mit einer Kapselpolysaccharid-Vakzine geimpft werden.

Orale Streptokokken sind an der Entstehung der **Zahnkaries** beteiligt. Orale Streptokokken verursachen ein Drittel aller **Endocarditiden**.

Streptokokken sind runde bis ovale, sich in gewundenen Ketten (aus griechisch streptos = gewunden, verdrillt) oder als Diplokokken anordnende, grampositive, unbewegliche, sporenlose Bakterien. Sie produzieren keine Katalase. Die meisten sind Bestandteil der Normalflora der Schleimhäute. Einige können Infektionen hervorrufen.

Klassifikation. Die Gattung *Streptococcus* (fam. *Streptococcaceae*) setzt sich aus zahlreichen Arten zusammen. In Tab. **5.2** sind die wichtigsten aufgeführt. Aus praktischen Gründen wird in der Medizin eine Einteilung verwendet, die auf dem Hämolysevermögen und der Antigenstruktur beruht:

- **α-, β-, γ-Hämolyse.**
  - *α-Hämolyse.* Kolonien auf Blutagar sind von einer grünen Zone umgeben. Die Vergrünung kommt durch H_2O_2 zustande, das Hämoglobin zu Methämoglobin umwandelt.
  - *β-Hämolyse.* Kolonien auf Blutagar sind von einem großen, gelblichen Hämolysehof umgeben, in dem keine intakten Erythrozyten mehr vorhanden sind.
  - *γ-Hämolyse.* Dieser (unlogische) Begriff kennzeichnet die Abwesenheit makroskopisch sichtbarer Hämolysezonen.
- **Lancefield-Gruppierung.** Viele Streptokokken besitzen ein in der Zellwand lokalisiertes polymeres Kohlenhydrat, das als Lancefield-Antigen bezeichnet wird. Aufgrund der unterschiedlichen Antigenität dieser C-Substanz werden Streptokokken in die Lancefield-Gruppen A–V gruppiert.

5.2.1 Streptococcus pyogenes (A-Streptokokken)

Morphologie und Kultur. Grampositive Kettenkokken mit einem Durchmesser von 1 µm (Abb. **5.3 a**). Kolonien auf Blutagar (Abb. **5.3 b**) zeigen β-Hämolyse, die durch die Streptolysine O und S (s. unten) hervorgerufen wird.

Feinstruktur. Auf die Mureinschicht der Zellwand folgen die aus der C-Substanz bestehenden, mit dem Murein kovalent verknüpften Kohlenhydrate der Serogruppe A. Im Murein der Zellwand sind lange, verzwirnte, nach außen ragende Proteinfäden verankert: das M-Protein. Die Chemie des M-Proteins erlaubt die Einteilung der A-Streptokokken in Serovare. Das M-Protein hat antiphagozytäre Wirkung, wie auch die bei einigen Stämmen vorkommende Hyaluronsäurekapsel.

Extrazelluläre Toxine und Enzyme. Für die Pathogenese am wichtigsten sind:

- **Streptolysin O, Streptolysin S.** Zerstören die Membran von Erythrozyten und weiteren Zellen. Das O_2-labile O-Streptolysin verursacht Poren und wirkt als

Tabelle **5.2** Übersicht über die wichtigsten Streptokokken und Streptokokken-Infektionen

Spezies	Hämolyse	Gruppenantigen	Infektionen
Pyogene, hämolytische Streptokokken			
Streptococcus pyogenes (A-Streptokokken)	β	A	lokale Infektionen der Haut und Subkutis mit Tendenz zur Ausbreitung; Tonsillitis; Sepsis; Folgekrankheiten
S. agalactiae (B-Streptokokken)	β	B	Meningitis/Sepsis des Neugeborenen; invasive Infektionen bei Prädisposition
C-Streptokokken	β(α; γ)	C	ähnlich *S. pyogenes*-Infektionen, aber klinisch leichter
G-Streptokokken	β	G	wie bei C-Streptokokken
S. pneumoniae (Pneumokokken)	α	–	Infektionen der Atemwege; Sepsis; Meningitis
S. bovis	α; γ	D	seltener Sepsiserreger; bei Isolierung aus Blut Verdacht auf Kolonkarzinom
Orale Streptokokken (Auswahl)			
S. salivarius *S. sanguis* *S. mutans* *S. mitis* S. milleri-Gruppe *S. anginosus* *S. constellatus* *S. intermedius*	α; γ	bei einigen Stämmen A, C, E, F, G, H, K nachweisbar	vergrünende (Viridans-) S.; Vorkommen in Mundhöhle; Endocarditis; eitrige Abszesse (*S. milleri-Gruppe*); Karies (*S. mutans; S. sanguis; S. mitis*)

Antigen. Bereits abgeklungene Infektionen können durch Messen von Antikörpern gegen dieses Toxin (Antistreptolysin-Titer) nachgewiesen werden.

- **Pyrogene Streptokokken-Exotoxine (PSE) A, B, C.** Verantwortlich für Fieber, Scharlach-Exanthem und –Enanthem, Sepsis, septischer Schock. Die Toxine werden durch Prophagen codiert (S. 199). PSE sind exogene Superantigene und induzieren als solche die Bildung großer Mengen von Zytokinen (S. 104).
- **Streptokinase.** Löst Fibrin auf; fördert die Ausbreitung von Streptokokken im Gewebe.
- **Hyaluronidase.** Auflösung des interzellulären Gewebekitts.
- **DNAsen.** Abbau von DNA. Dadurch dünnflüssiger Eiter.

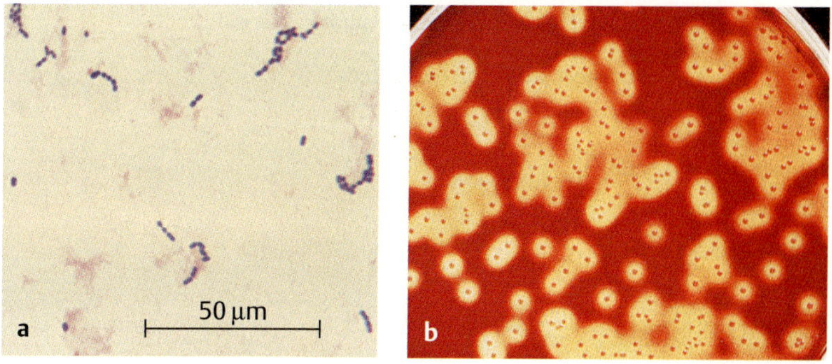

Abb. **5.3** **Streptococcus pyogenes.** **a** Gram-Färbung eines Präparats aus Pleurapunktat: Grampositive Kokken in gewundenen Ketten. **b** Kultur auf Blutagar: Kleine, weißlichgraue, von einer großen β-Hämolysezone umgebene Kolonien. Die β-Hämolyse bildet sich in einer 5 % CO_2-Atmosphäre optimal aus.

Pathogenese und Krankheitsbilder. Streptokokkenkrankheiten können in die akuten, invasiven Infektionen sowie in Folgekrankheiten unterteilt werden:

- **Akute, invasive Infektionen.** Die Erreger dringen über (Mikro)Traumen der Haut oder der Schleimhäute ein und verursachen invasive Infektionen mit Tendenz zur Ausbreitung (Abb. **5.4**). Der Scharlach ist eine Kinderkrankheit. Das Exanthem und Enanthem beim Scharlach gehen auf die PSE zurück. Diese vermitteln untereinander keine Kreuzimmunität. Die PSE spielen wohl auch eine entscheidende Rolle bei der Pathogenese des seltenen septischen Schocks sowie der nekrotisierenden Fasziitis/Myositis Typ 2 (S. 721) Diese seltenen Krankheiten (Inzidenz: 1-2/Million/Jahr) treten bevorzugt bei Personen mit „Risiko-MHCII-Allotypen" auf (z. B. DRB*14/DQB*0503, DRB*07/DQB*0201). Bei ihnen haben die PSE (vor allem PSE-A) eine besonders hohe Affinität zum MHCII-Komplex und zur ß-Kette des T-Zellrezeptors, sodass große Mengen an Zytokinen produziert werden, die dann die klinische Symptomatik verursachen.
- **Folgekrankheiten**. Die Glomerulonephritis ist eine Typ III Immunkomplexkrankheit (S. 144). Das akute rheumatische Fieber (ARF) ist eine Autoimmunkrankheit, bei deren Pathogenese Antikörper gegen ein aggregiertes Kollagen IV eine wesentliche Rolle spielen. Durch Bindung des M-Proteins (Typ M3) oder der Hyaluronsäurekapsel (Typ M18) rheumatogener Streptokokken an Kollagen IV kommt es zur Induktion einer entsprechenden Antikörperbildung. Diese Autoantikörper reagieren dann mit Kollagen-Selbstantigen, wodurch es zu Entzündungen vor allem im Herz (Endocarditis, Myocarditis, Pericarditis), den großen Gelenken (rheumatische Arthritis), dem ZNS (Chorea minor Sydenham), der Cutis (Erythema marginatum) sowie der Subcutis (Noduli rheumatici) kommt.

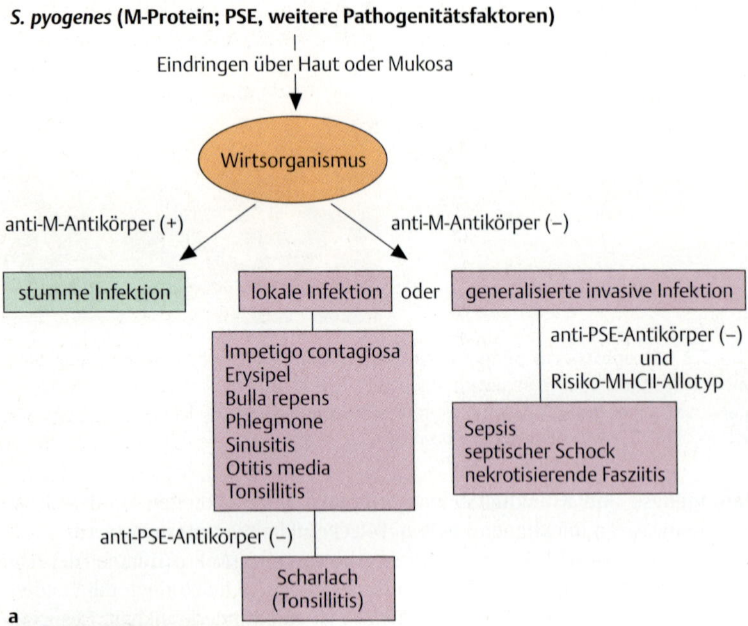

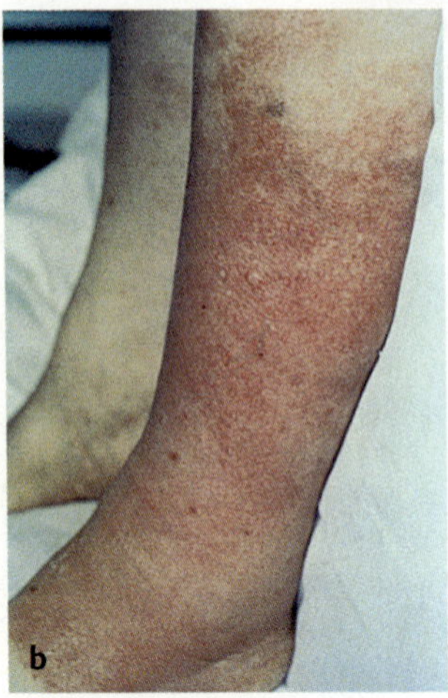

Abb. **5.4** **Infektionen durch Streptococcus pyogenes.** **a** Pathogenese und Krankheitsbilder von Infektionen durch *S. pyogenes* (vereinfachtes Schema). **b** Durch *S. pyogenes* verursachtes Erysipel.

Diagnose. Sie beinhaltet den mikroskopischen und kulturellen Erregernachweis. Zum Nachweis des Gruppenantigens A dienen mit Antikörpern beschichtete Partikel, die an das A-Antigen binden und so eine Agglutination herbeiführen (Latexagglutination, Coagglutination, S. 18). Diese Methoden erlauben auch den schnellen Direktnachweis von A-Streptokokken bei der Tonsillitis, den der Arzt in der Praxis durchführen kann. Die Sensitivität des Direktnachweises beträgt – je nach Studie – 70–95 %, die Spezifität 95–99 %, bezogen auf die Kultur als „Goldstandard".

Therapie. Mittel der Wahl sind Penicillin G oder V. Resistenz kommt nicht vor. Alternativen sind orale Cephalosporine oder die Makrolide, bei denen aber mit dem Vorkommen von Resistenzen ($\sim$ 10 %) gerechnet werden muss. Bei der nekrotisierenden Fasziitis und dem septischen Schock wird ein polyvalentes Immunglobulin eingesetzt, um die PSE zu inaktivieren.

Epidemiologie und Prophylaxe. Die Häufigkeit von Infektionen schwankt nach geographischem Gebiet, Jahreszeit und Alter. Der Mensch ist einziges Erregerreservoir. Die Übertragung erfolgt durch direkten Kontakt (Schmierinfektion) oder mit Tröpfchen. Die Inkubationszeit beträgt 1–3 Tage. Die Häufigkeit von Keimträgern bei Kindern beträgt 10–20%, kann aber je nach epidemiologischer Situation auch bedeutend höher liegen. Keimträger oder Erkrankte sind 24 h nach Beginn der Antibiotikatherapie nicht mehr infektiös.

Die Folgekrankheiten sind heute wegen der Primärprophylaxe sehr selten (Inzidenz: 0,1–0,2/100 000/Jahr).

Die Primärprophylaxe der Folgekrankheiten besteht in der rechtzeitigen Diagnose und Therapie (s. oben) der akuten Infektionen, vor allem der Tonsillitis.

Die Sekundärprophylaxe bei Patienten nach einem ARF mit einem Langzeitpenicillin (z. B. Benzathin-Penicillin, 1,2 Mio. IU, 1-mal/Monat während Jahren) wird gegen ein ARF-Rezidiv eingesetzt.

5.2.2 Streptococcus pneumoniae (Pneumokokken)

Morphologie und Kultur. Pneumokokken sind grampositive, ovale bis lanzettförmige Kokken, die meist als Pärchen oder kurze Ketten vorkommen (Abb. **5.5 a**). Die Zellen sind meist von einer dicken Kapsel umgeben.
Bei Kultivierung auf Blutagar entwickeln sich schleimig aussehende, α-hämolytische Kolonien (s-Form; Abb. **5.5 b**, s = smooth). Kapsellose Mutanten bilden Kolonien mit rauer Oberfläche (r-Form; r = rough).

Antigenstruktur. Aufgrund der chemischen Feinstruktur der Kapselpolysaccharide, die als Antigene wirken, werden die Pneumokokken in 91 Serovare unterteilt. Das Kapselantigen kann mit spezifischen Antiseren in der sog. Kapselquellungsreaktion bestimmt werden.

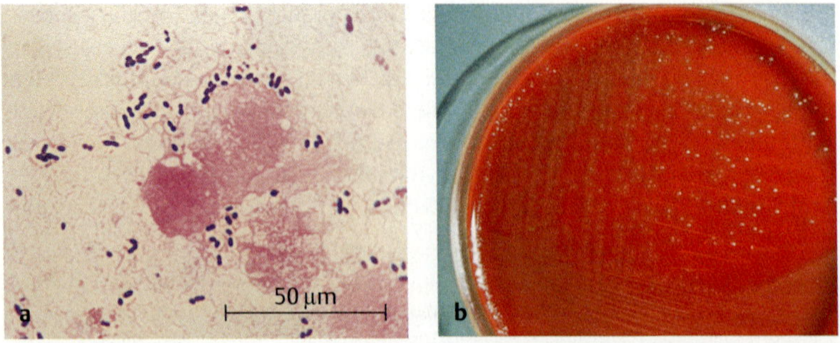

Abb. **5.5** **Streptococcus pneumoniae. a** Gram-Färbung eines Präparats aus Mittelohrsekret: Grampositive, rund-ovale, von einer Kapsel (Negativdarstellung) umgebene Kokken. Klinische Diagnose: Otitis media. **b** Kultur auf Blutagar: Graue, wenig Eigenfarbe aufweisende, oft schleimige (= Kapsel) Kolonien. Um die Kolonien Vergrünung durch α-Hämolyse. Das Aussehen der hell glänzenden Kolonien kommt durch Lichtreflexe zustande, die aufgrund der schleimigen Oberfläche entstehen.

Pathogenese und Krankheitsbilder. Die wichtigste Determinante der Virulenz der Pneumokokken ist die Kapsel, die die Erreger vor der Phagozytose schützt. Kapsellose Varianten können keine Krankheit hervorrufen. Weitere Virulenzfaktoren sind das Pneumolysin, das Membranen zerstört, sowie eine IgA_1-Protease (S. 223).

Das natürliche Habitat der Pneumokokken ist die Schleimhaut des oberen Respirationstraktes. Infektionen gehen in der Regel von kolonisierenden Pneumokokken aus (endogene Infektionen). Prädisponierende Faktoren des Wirts sind Alter, kardiopulmonale Grundleiden, bronchopulmonale Infektionen (z.B. Influenza), Milzexstirpation, Diabetes mellitus, Komplementdefekte, Alkoholismus.

Die wichtigsten Pneumokokkeninfektionen sind die **Lobärpneumonie** und die **Bronchopneumonie**. Weitere Infektionen sind die akute Exazerbation bei der chronisch-obstruktiven (COPD) Bronchitis, die Otitis media, Sinusitiden, die Meningitis, das Ulcus corneae. Schwere Pneumokokken-Infektionen gehen häufig mit einer **Sepsis** einher.

Diagnose. Die Labordiagnose beinhaltet den mikroskopischen und kulturellen Erregernachweis in entsprechenden Untersuchungsproben. Die Abtrennung der Pneumokokken von anderen α-hämolytischen Streptokokken kann aufgrund ihrer größeren Empfindlichkeit gegen Optochin (Aetylhydrocuprein) im Disktest oder durch den Nachweis der Gallelöslichkeit erfolgen. Zum Nachweis einer Pneumonie bei Jugendlichen und Erwachsenen kann im Urin ein Pneumokokken-spezifisches Polysaccharid-Antigen immunochromatografisch (NOW Test) nachgewiesen werden. Der Test kann auch im Liquor zum Nachweis einer Meningitis eingesetzt werden.

Therapie. Die Antibiotika der Wahl sind Basispenicilline (Penicillin G (i.v.), Penicillin V (oral), Amoxicillin). In letzter Zeit werden Stämme mit Penicillin-Resistenz beobachtet (Definition s. Kasten). In DE, AT und CH sind diese aber noch selten (~ 1–2 %). Alternativen zu den Penicillinen sind Makrolide (Resistenzquote aber 10–20 %).

Penicillinresistenz bei Pneumokokken.

Diese beruht auf modifizierten Penicillin-Bindeproteinen (s. S. 167), zu denen Betalaktam-Antibiotika eine geringere Affinität aufweisen als zu den natürlichen PBPs. Die Gene der modifizierten PBPs stammen von Penicillin-resistenten oralen Streptokokken. Diese Gene wurden durch Transformation aufgenommen und in das Chromosom durch homologe Rekombination integriert.

Interpretation von PenG-MHK-Werten in mg/l (s. S. 216) für Empfindlichkeit (1. Zahl) und Resistenz (2. Zahl) gegen Betalaktame (nach CLSI, 2008):

Bei Meningitis:	PenG (i.v.)	≤ 0.06	≥ 0.12
	Ceftriaxon/Cefotaxim	≤ 0.5	≥ 2
Bei anderen Infektionen:	PenG (i.v.)	≤ 2	≥ 8
	PenV (oral)	≤ 0.06	≥ 2
	Amoxicillin	≤ 2	≥ 8
	Ceftriaxon/Cefotaxim	≤ 1	≥ 4

Epidemiologie und Prophylaxe. Pneumokokken-Infektionen kommen endemisch vor, zu allen Jahreszeiten, häufiger bei alten Menschen. Der Mensch ist natürliches Erregerreservoir.

Die Regelimpfung bei Personen ≥ 60 Jahren (S. 53) wird mit einem Impfstoff, der die gereinigten Kapselpolysaccharide von 23 Serovaren enthält, durchgeführt. Die Abdeckung durch die Impfung liegt bei 80–90 %. Wiederimpfung nach 5 Jahren nur bei Immundefekten und chronischen Nierenkrankheiten/nephrotischem Syndrom. Ein 7-valenter Konjugat-Impfstoff wird bei Kleinkindern bis zu 2 Jahren eingesetzt. Die Abdeckung beträgt ungefär 70 %. Ein 13-valenter Konjugatimpfstoff mit einer geschätzten Abdeckung bis zu 80 % wurde 2010 zugelassen.

Eine Expositionsprophylaxe ist nicht notwendig.

5.2.3 Streptokokken der Gruppen B, C, G und orale Streptokokken

B-Streptokokken verursachen bei abwehrgeschwächten Individuen Infektionen der Haut und des Bindegewebes, Sepsen, Harnwegsinfektionen, Pneumonien und Peritonitiden. Beim Neugeborenen tritt mit einer Häufigkeit von ungefähr 1/1000 Geburten (bei unbehandelter Mutter) eine Sepsis mit oder ohne Meningitis auf (s. S. 731). Diese Infektionen manifestieren sich in den ersten Lebenstagen (early onset type) oder den ersten Lebenswochen (late onset type). Bei der frühen

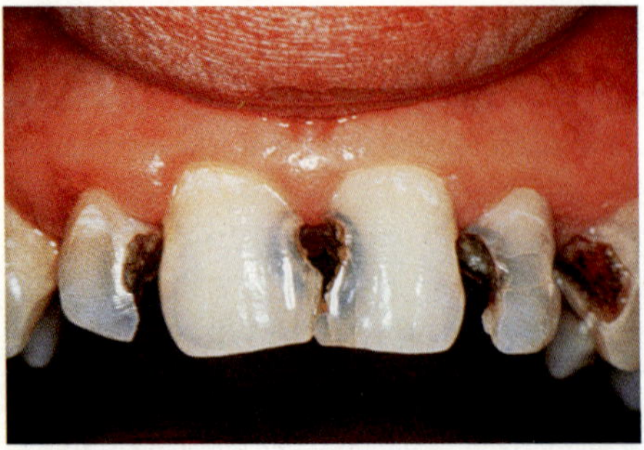

Abb. 5.6 **Ausgeprägte Zahnkaries.** Cariogene Streptokokken (*S. mutans*, *S. sanguis*, *S. mitis*) heften sich an den Zahnschmelz bedeckende Proteine und bauen aus Saccharose extrazelluläre klebrige Polysaccharide (Mutan, Dextran, Lävan) auf, in die die initiale Bakterienschicht sowie weitere Bakterien eingebettet sind. Als Endprodukte des Stoffwechsels der **Plaquebakterien** entstehen organische Säuren, die den Zahnschmelz schädigen. Dann beginnt die Zerstörung des Dentins.

5

Manifestation erfolgt die Infektion intra partum durch B-Streptokokken, die in der Vagina siedeln. Prädisponierende Faktoren sind Geburtskomplikationen, vorzeitiger Geburtstermin und Fehlen von Antikörpern gegen die Kapsel bei Mutter und Neugeborenem.

Streptokokken der Gruppen C und G werden gelegentlich als Erreger von Infektionen, wie sie für A-Streptokokken typisch sind, angetroffen.

Orale Streptokokken, oft auch als Viridans-Streptokokken bezeichnet, besitzen mehrheitlich kein Gruppenantigen und verursachen meist α-, manche auch γ-Hämolyse. Orale Streptokokken sind wichtige Erreger der bakteriellen **Endocarditis** (Einzelheiten s. S. 707). Sie spielen weiterhin neben *Actinomyces viscosus* und *A. naeslundii* in der Pathogenese der **Zahnkaries** eine Rolle (Abb. **5.6**).

5.3 Enterococcus

Enterokokken sind grampositive, katalasenegative, fakultativ anaerobe Kokken, die zur Normalflora von Mensch und Tier zählen. Sie besitzen das Lancefield-Antigen D. Die meisten Enterokokken sind harmlos. Sie werden zur Herstellung von Lebensmitteln eingesetzt und auch als Probiotika verwendet. Enterokokken können aber auch Harnwegsinfektionen, Wundinfektionen, intraabdominale Infektionen und Endocarditiden verursachen. Sehr häufig werden sie bei nosokomialen Infektionen, oft als Bestandteil einer Mischflora, isoliert. Problematisch ist ihre teilweise ausgeprägte Antibiotikaresistenz.

Enterokokken (fam. „*Enterococcaceae*") wurden früher zu den Streptokokken gezählt, da sie ähnlich aussehen und in ihrer Zellwand das Lancefield-Gruppenantigen D aufweisen. Sie sind fähig, in einem Medium, das 6,5% NaCl enthält, bei einem pH von 9,6 sowie bei einer Temperatur von 10–45 °C zu wachsen. Außerdem können sie eine Temperatur von 60 °C während 30 min tolerieren, alles Eigenschaften (= Sherman-Kriterien), die Streptokokken nicht aufweisen. Deshalb werden Enterokokken heute in einer eigenen Familie (nicht validiert) und Gattung zusammengefasst. Enterokokken gehören zur Normalflora des Menschen (s. Tab. **1.5**, S. 11). Sie kommen in großer Zahl im Darmtrakt von Mensch und Tier vor. Aufgrund ihrer Stabilität gegen chemische und physikalische Noxen findet man sie aber auch überall in der Umwelt. Von den 40 Arten wird *E. faecalis* in 80–90% und *E. faecium* in 5–15% aus klinischen Materialien isoliert.

Morphologie und Kultur. Enterokokken sind grampositive Kokken, die einzeln, in Paaren oder kurzen Ketten auftreten. Auf Blutagar können die grauen, kleinen Kolonien von einer α-, β- oder γ-Hämolysezone (S. 251) umgeben sein.

Pathogenese und Krankheitsbilder. Die meisten Enterokokken sind harmlos. Viele Stämme werden bei der Herstellung von Lebensmitteln (Wurst, Käse) eingesetzt und auch als Probiotika therapeutisch verwendet. Enterokokken werden aber auch häufig bei nosokomialen Infektionen nachgewiesen (S. 63). Meist kommen sie dabei als Bestandteil einer Mischflora vor, sodass es oft schwer ist, ihre pathogene Rolle im Einzelfall zu beurteilen.

Liegt eine entsprechende Prädisposition des Wirtsorganismus vor, können Enterokokken die folgenden Krankheiten verursachen: Harnwegsinfektion, Sepsis, Peritonitis, Wundinfektion, Endocarditis (in 2–8% aller Endocarditiden).

Enterokokken, die bei nosokomialen Infektionen isoliert werden, weisen oft einen oder mehrere der folgenden Virulenzmarker auf: Adhäsine (Aggregationssubstanz, extrazelluläres Oberflächenprotein); Cytolysine (Schädigung von Membranen); Proteasen; Hyaluronidase. Auch Resistenz gegen Glykopeptide, Aminopenicilline und weitere Antibiotika wird von vielen Autoren zu den Virulenz-Eigenschaften gezählt. Ein wichtiger Risikofaktor nosokomialer Infektionen ist der durch Cephalosporingabe ausgelöste Selektionsdruck, da Enterokokken natürliche Resistenz gegen Cephalosporine zeigen. Es wird angenommen, dass die Pathogenese einer nosokomialen Enterokokken-Infektion in Schritten verläuft. In einem ersten Schritt werden hospitalisierte Patienten mit Krankenhausstämmen, die einen oder mehrere der oben genannten Virulenzmarker aufweisen können, besiedelt. Die eigene Enterokokken-Flora (und weitere Bakterien im Darm) werden verdrängt. Dieser Prozess wird durch Therapie mit Antibiotika, gegen die die Krankenhaus-Enterokokken resistent sind, gefördert. In einem zweiten Schritt gelangen dann diese Enterokokken bei Prädisposition ihres Wirtes aus ihrem normalen Habitat an die Infektionsorte und verursachen Krankheit.

Diagnose. Mikroskopischer und kultureller Nachweis.

Therapie. Mittel der Wahl sind Aminopenicilline (S. 206). Problematisch ist, dass Enterokokken (vor allem *E. faecium*) häufig Resistenzen aufweisen. In letzter Zeit wurden Epidemien auf Intensivstationen durch Stämme von *E. faecium* mit Multiresistenz einschließlich Resistenz gegenüber Aminopenicillinen und den Glykopeptiden Vancomycin und Teicoplanin (= VRE, Vancomycin-resistente Enterokokken) beobachtet. Derartige multiresistente Stämme sind einer antibiotischen Therapie kaum noch zugänglich.

Zur Therapie der Endocarditis muss ein Aminopenicillin kombiniert mit Gentamicin (evtl. Streptomycin) eingesetzt werden. Voraussetzung für den Therapieerfolg ist die bakterizide Wirkung der Kombination. Diese ist nicht gegeben, wenn hohe Resistenz gegen Gentamicin (MHK > 500 mg/l), Streptomycin (MHK > 1000 mg/l) oder Resistenz gegen das Aminopenicillin vorliegt.

5.4 Anaerobe Kokken und Mikrokokken

Die grampositiven, strikt anaeroben Kokken (*Peptococcus*, *Peptostreptococcus* und weitere) sind regelmäßiger Bestandteil der Normalflora des Menschen. Als Infektionserreger werden sie meist nur als Teil von Mischfloren, zusammen mit anderen Anaerobiern oder fakultativen Anaerobiern, gefunden. Über Verletzungen der Haut oder der Schleimhäute dringen sie gemeinsam mit anderen Keimen ins Gewebe ein und verursachen subakute eitrige Infektionen. Diese sind entweder im Kopfbereich lokalisiert (Hirnabszess, Otitis media, Mastoiditis, Sinusitis), können die tieferen Respirationsorgane betreffen (nekrotisierende Pneumonie, Lungenabszess, Empyem), kommen im Abdominalbereich vor (Appendizitis, Peritonitis, Leberabszess) oder betreffen das weibliche Genitale (Salpingitis, Endometritis, Ovarial- und Tubarabszess). Auch an Weichteil-Infektionen (anaerobe Streptokokken-Myositis) sowie postoperativen Wundinfektionen können grampositive anaerobe Kokken beteiligt sein. Weitere Einzelheiten über die Klinik anaerober Infektionen s. S. 335ff.

Einige Arten der Familie der fakultativ anaeroben *Micrococcaceae* (s. Tab. **4.5**, S. 234) gehören zur Normalflora des Menschen. Man findet sie gelegentlich als Bestandteil einer Mischflora bei verschiedenen Infektionen immunsupprimierter Patienten. Ihre pathogene Rolle ist unklar.

5.5 Bacillus (Anthrax)

Der natürliche Lebensraum der Gattung *Bacillus*, grampositiven, sporenbildenden, obligat aeroben Stäbchen, ist der Erdboden. Die für die Human- und Veterinärmedizin wichtigste Art ist *B. anthracis*, der Erreger des **Milzbrandes (Anthrax)**. Der Mensch infiziert sich an erkrankten Tieren oder an tierischen Produkten, die mit Sporen kontaminiert sind. Je nach Eintrittspforte unterscheidet man den Hautmilzbrand (in 95 %), den primären Lungenmilzbrand und den Darmmilzbrand. Vom primären Infektionsherd aus kann es zur Sepsis kommen. Die Labordiagnose umfasst den mikroskopischen und kulturellen Nachweis des Erregers in entsprechenden Materialien sowie in Blutkulturen. Beim Hautmilzbrand wird Benzylpenicillin eingesetzt. Bei den schweren Anthrax-Formen wird eine Kombinationstherapie mit Ciprofloxacin plus 1 oder 2 zusätzliche Antibiotika empfohlen. Eine aktive Schutzimpfung ist möglich.

Die Gattung *Bacillus* (fam. *Bacillaceae*) umfasst grampositive, sporenbildende, aerobe Stäbchenbakterien, deren natürliches Habitat der Erdboden ist. Innerhalb der Gattung *Bacillus* existieren mehr als 200 Arten. *B. cereus* und *B. subtilis* sowie weitere Species spielen in der Humanmedizin als gelegentliche Erreger einer durch Lebensmittel übertragenen Enteritis oder einer Sepsis nur untergeordnete Rollen. *Bacillus anthracis* dagegen hat große veterinär- und humanmedizinische Bedeutung.

Vorkommen. Der Milzbrand ist eine primär bei Tieren, vor allem den Herbivoren vorkommende Krankheit. Die Erreger werden von Tieren oral mit dem Futter aufgenommen und verursachen ein schweres, septisches Krankheitsbild, das oft den Tod zur Folge hat.

Morphologie und Kultur. Das 1 µm breite und 2–4 µm lange Stäbchen ist unbegeißelt und besitzt eine aus Glutaminsäure-Polypeptid bestehende Kapsel. Der Keim lässt sich ohne Schwierigkeiten in einem aeroben Milieu kultivieren.

Pathogenese und Kranheitsbild. Die Pathogenität von *B. anthracis* beruht im Wesentlichen auf der antiphagozytären Kapsel sowie auf dem Anthraxtoxin-Komplex, der aus 3 Proteinen besteht: dem protektivem Antigen (PA), dem letalen Faktor (LF) sowie dem Ödemfaktor (OF). Die Symptomatologie des Krankheitsbildes wird im Wesentlichen durch den Toxin-Komplex vermittelt. Die natürliche Infektion des Menschen erfolgt über kranke Tiere oder durch kontaminierte tierische Produkte. Der Milzbrand ist eine klassische Zoonose.

Je nach Eintrittspforte der Anthrax-Sporen unterscheidet man den Hautmilzbrand, den primären Lungen- und den Darmmilzbrand. Beim **Hautmilzbrand** (bis zu 99 % der humanen *B. anthracis*-Infektionen) dringen die Sporen durch Hautverletzungen ein. Nach 2–3 Tagen entsteht lokal ein Infektionsherd, der Ähnlichkeit mit einem Karbunkel hat. Bei rechtzeitiger Antibiotikatherapie hat der Hautmilzbrand eine günstige Prognose. Nach Genuss kontaminierter Lebensmittel kann der **Darmmilzbrand** mit Erbrechen und blutigen Diarrhöen auftreten. Durch Inhalation von sporenhaltigem Staub entsteht der **Lungenmilzbrand**. Von primären Herden (Darm, Lunge, gelegentlich auch Haut) kann es zu einer foudroyant verlaufenden Sepsis mit ungünstiger Prognose kommen. Die Gefahr beim Einsatz von Anthrax-Sporen als Biowaffe besteht im Auftreten des Lungenmilzbrandes.

Diagnose. Diese umfasst den mikroskopischen und kulturellen Nachweis des Erregers in den Hautläsionen oder im Sputum und in Blutkulturen. Ein molekulargenetischer Nachweis des Erregers ist möglich.

Therapie. Beim lokalisierten Hautmilzbrand ist bei erwiesener Erregerempfindlichkeit Penicillin V (oral) Mittel der Wahl. Bei systemischer Ausbreitung (Sepsis) sowie beim Lungen- und Darmmilzbrand wird intravenös Penicillin G oder Ciprofloxacin empfohlen. Später kann auf orale Therapie umgestellt werden. Alternativen bei besonders schweren Fällen: Ciprofloxacin in Kombination mit entweder Penicillin G, Clindamycin, Vancomycin, Imipenem oder Clarithromycin.

Epidemiologie und Prophylaxe. Der Milzbrand kommt vor allem in Südeuropa und Südamerika vor, wo er bei Nutztieren erheblichen wirtschaftlichen Schaden anrichtet. Der Mensch infiziert sich beim Umgang mit infektiösen Tieren oder kontaminierten tierischen Produkten.

Zur Prävention kommen vor allem expositionsprophylaktische Maßnahmen in Frage, wie Vermeiden des Kontakts mit erkrankten Tieren und Desinfektion kontaminierter Produkte.

Eine Chemoprophylaxe bei gefährdeten Personen ist mit Amoxycillin, Ciprofloxacin oder Doxycyclin möglich.

Schutzimpfung.

Diese kann mit einer aus einem Kulturfiltrat gewonnenen zellfreien, PA-enthaltenden Vakzine durchgeführt werden (USA: Anthrax Vaccine Adsorbed [AVA]). Sechs Dosen verteilt über 18 Monate; jährlich 1 Booster). Wegen Nebenwirkungen ist in DE kein Impfstoff zugelassen. Impfstoffe, die neben modifiziertem PA das Kapselantigen enthalten oder die rekombinantes PA (rPA) aufweisen, sind in Erprobung.

5.6 Clostridium

Die Klostridien sind 3–8 µm lange, dicke, grampositive, sporenbildende Stäbchen, die sich nur anaerob kultivieren lassen. Ihr natürliches Habitat ist der Erdboden. Die Pathogenität der krankmachenden Arten beruht auf der Produktion von Exotoxinen und/oder Exoenzymen. Der häufigste Erreger der **anaeroben Zellulitis** und des **Gasbrands/Gasödems** ist *C. perfringens*. Der **Wundstarrkrampf** (Tetanus) wird durch *C. tetani* hervorgerufen. Der Erreger produziert das Exotoxin Tetanospasmin, das die Übertragung hemmender Impulse auf motorische Endneurone blockiert. Der **Botulismus** stellt eine Nahrungsmittelintoxikation dar, der durch die Neurotoxine von *C. botulinum* verursacht wird. Diese hemmen die Reizübertragung an den motorischen Endplatten. Die **pseudomembranöse Kolitis** wird durch *C. difficile* verursacht. Der Keim produziert ein Enterotoxin (A) sowie ein Zytotoxin (B).

Die Diagnose der Klostridieninfektionen beruht auf dem Nachweis des Erregers (Gasbrand) und/oder dem Nachweis der Toxine (Tetanus, Botulismus, Kolitis). Alle Klostridien sind gut empfindlich gegen Penicillin G. Bei der Therapie des Tetanus und Botulismus werden Antitoxine eingesetzt, bei der Therapie des Gasbrands hyperbarer O_2. Wichtigste prophylaktische Maßnahme gegen den Tetanus ist die aktive Schutzimpfung mit Tetanustoxoid.

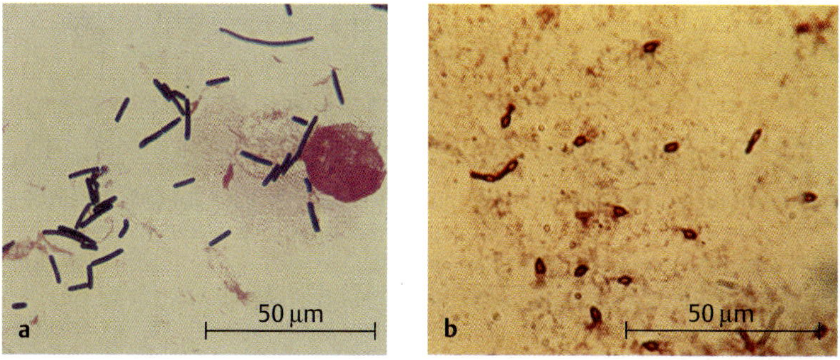

Abb. **5.7** **Clostridium perfringens und C. sporogenes. a** *C. perfringens:* Gram-Färbung eines Präparats aus Wundeiter. Große, plumpe, grampositive Stäbchen. Klinische Diagnose: Gasbrand nach Schussverletzung. **b** *C. sporogenes:* Sporenfärbung eines Präparats aus einer gealterten Bouillonkultur. Rot angefärbte, eine dicke Sporenwand aufweisende Sporen. Gelegentlich Tennisschlägerformen.

Vorkommen. Das natürliche Habitat der sporenbildenden Klostridien ist der Erdboden und der Darmtrakt von Mensch und Tier. Zahlreiche Arten sind apathogen. Einige Spezies verursachen den Gasbrand, den Tetanus, den Botulismus sowie die pseudomembranöse Kolitis.

Morphologie und Kultur. Morphologisch sind alle Klostridien große, ungefähr 1 µm dicke und 3–8 µm lange grampositive Stäbchenbakterien (Abb. **5.7**). In älteren Kulturen verhalten sich viele Zellen gramlabil. Mit Ausnahme von *C. perfringens* sind Klostridien begeißelt. Klostridien bilden Sporen. Sie werden am besten auf Blutagar in einer anaeroben Atmosphäre bei 37 °C kultiviert. Kolonien von *C. perfringens* sind konvex gewölbt, glatt und von einer Hämolysezone umgeben. Die Kolonien von beweglichen Klostridien weisen einen unregelmäßigen, ausgefransten Rand auf.

5.6.1 Clostridium perfringens und weitere Klostridien (Gasbrand, anaerobe Zellulitis)

Erregerspektrum. *C. perfringens* sowie *C. novyi, C. septicum, C. histolyticum C. sporogenes, C. sordellii* und weitere Arten verursachen den Gasbrand und die Clostridien-Zellulitis. Am häufigsten ist *C. perfringens* für diese Krankheiten verantwortlich.

Toxine, Enzyme. Die von den invasiven Klostridien produzierten Toxine haben nekrotisierende, Zellen lysierende und/oder letale Aktivität. Weiterhin werden Kollagenasen, Proteinasen, DNasen, Lecithinasen und Hyaluronidase produziert. Die Toxine und Enzyme zerstören Gewebestrukturen.

5

Pathogenese und Krankheitsbild. Da Klostridien ubiquitär vorkommen, kommt es bei vielen offenen Verletzungen zu einer Wundkontamination, häufig zusammen mit anderen Keimen. Der Nachweis von Klostridien in Wunden bedeutet deshalb noch nicht, dass eine Klostridieninfektion vorliegt. Eine Infektion resultiert, wenn aufgrund eines niedrigen Redoxpotenzials im Gewebe eine starke Vermehrung dieser Anaerobier möglich wird und es zu Gewebenekrosen kommt. Es werden zwei in ihrer Schwere differierende Infektionen unterschieden:

- **Anaerobe Zellulitis.** Infektion ohne Beteiligung der Muskulatur. Die Infektion bleibt auf die Faszienlogen beschränkt. Die Gasbildung im Gewebe kann durch das „Krepitus"-Zeichen wahrgenommen werden. Eine Toxinämie besteht nicht.
- **Gasbrand/Gasödem.** Aggressive, hochdramatische Infektion der Muskulatur mit Myonekrose und Toxinämie und häufig letalem Verlauf. Die Inkubationszeit beträgt Stunden bis wenige Tage.

Neben diesen klassischen Infektionen kann man Klostridien auch als Bestandteil einer anaeroben Mischflora bei intraabdominalen und pleuropulmonalen Infektionen, bei Infektionen des weiblichen Genitale, des ZNS sowie bei der Cholezystitis, finden. *C. perfringens* kann durch stark kontaminierte Nahrungsmittel eine milde verlaufende Toxin-Enteritis verursachen. Heute sehr selten ist die Enteritis necroticans (Darmbrand) durch *C. perfringens* Typ C.

Diagnose. Mikroskopischer und kultureller Nachweis. Die Identifizierung anaerober Kulturen erfolgt aufgrund morphologischer und physiologischer Merkmale.

Therapie. Die chirurgische Behandlung steht im Vordergrund. Zusätzlich müssen Antibiotika (Penicilline, Cephalosporine) gegeben werden. Gut bewährt bei der Therapie des Gasbrandes hat sich die Behandlung mit hyperbarem O_2 in Druckkammern (3 atm bzw. 303 kPa), die in speziellen Zentren vorgenommen wird.

Epidemiologie und Prophylaxe. Der echte Gasbrand ist heute eine seltene Erkrankung. Als prophylaktische Maßnahme kommt vor allem die rasche chirurgische Wundtoilette bei kontaminierten Wunden (Entfernung nekrotischen Gewebes, Sicherstellung gut durchbluteter aerober Wundverhältnisse) in Betracht.

5.6.2 Clostridium tetani (Tetanus)

Beim Tetanus (Wundstarrkrampf) werden die klinischen Manifestationen durch das Neurotoxin Tetanospasmin hervorgerufen.

Toxin. Das Tetanospasmin ist ein AB-Toxin (S. 225). Die schwere B-Kette bindet an Rezeptoren von motorischen Neuronen und ist nach Bindung für die Translokation der leichten A-Kette, die eine Zink-Metalloprotease ist, in das Neuron verantwortlich. Die A-Kette gelangt dann durch retroaxonalen Transport innerhalb der Motorneurone in die Vorderhörner des Rückenmarks, von dort durch Transzytose in Synapsen von Hemmneuronen, in denen sie durch Proteolyse die Synaptobrevine des Neuroexozytoseapparates zerstört. Dadurch werden keine Neurotransmitter mehr freigesetzt und deshalb inhibitorische Impulse auf die motorischen Neurone ausgeschaltet.

Pathogenese und Krankheitsbild. Nach Verletzungen dringen die ubiquitär vorkommenden Erreger ins Gewebe ein (Abb. **5.8a**). Bei Vorliegen anaerober Verhältnisse vermehren sie sich und produzieren Tetanospasmin. Es kommt zu einem Krankheitsbild, das durch erhöhten Muskeltonus sowie durch das Auftreten von Krämpfen, ausgelöst durch optische oder akustische Reize, charakterisiert ist. Die Krämpfe beginnen oft in der Gesichtsmuskulatur (Risus sardonicus, Abb. **5.8b**) und gehen dann auf Nacken- und Rückenmuskulatur über (Opisthotonus). Das Bewusstsein ist ungetrübt.

Diagnose. Das klinische Bild ist pathognomonisch. Der Nachweis des Toxins aus Wundmaterial mit dem Neutralisationstest im Tierversuch (Maus) kann versucht werden. Die Kultur gelingt selten.

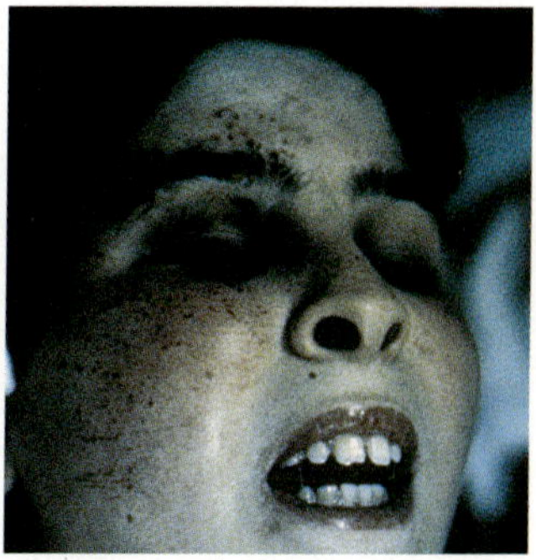

Abb. **5.8** **Tetanus. a** Offene Fraktur des Unterschenkels nach Verkehrsunfall. Eintrittsstelle der Erreger. **b** Risus sardonicus: Vollbild des Tetanus bei dem Patienten mit der Unterschenkelfraktur. Der Patient war nicht geimpft.

Therapie. Antitoxische Therapie mit Immunserum; chirurgische Wundversorgung; evtl. Ruhigstellen der Muskulatur mit Curare oder ähnlichen Mitteln; evtl. Antibiotikatherapie mit Metronidazol oder Penicillin G.

Epidemiologie und Prophylaxe. Wegen der Durchimmunisierung der Bevölkerung in den entwickelten Ländern ist der Tetanus selten geworden. Die Inzidenz beträgt weniger als 1 Fall/Million Einwohner/Jahr. In den Entwicklungsländern liegt die Häufigkeit bei 10–50 Fällen/100 000/Jahr. Im Vordergrund der Prophylaxe steht die aktive Immunisierung (s. Regelimpfungen, S. 53). Zum Auffrischen des Impfschutzes sollte alle 10 Jahre eine Dosis Td (S. 53) verabfolgt werden. Bei schweren Verletzungen muss „geboostert" werden, wenn die letzte Impfung mehr als 5 Jahre, bei leichten Verletzungen mehr als 10 Jahre zurückliegt. Bei unvollständig Immunisierten mit schweren Verletzungen oder bei unklarer Grundimmunsierung muss neben der aktiven Immunisierung humanes Tetanus-Immunglobulin (250 IE) verabreicht werden. Als weitere prophylaktische Maßnahme dient die chirurgische Wundtoilette bei kontaminierten Wunden.

5.6.3 Clostridium botulinum (Botulismus)

Beim Botulismus handelt es sich nicht um eine Infektion, sondern, abgesehen vom Säuglings- und Wundbotulismus, um eine Nahrungsmittel-Intoxikation.

Toxin. Das äußerst starke Neurotoxin (Prophagen-kodiert) ist ein hitzelabiles Protein. Die antigenetischen Varianten A, B, E und F rufen Intoxikationen beim Menschen hervor. Wie beim Tetanospasmin ist das Toxin eine AB-Metalloprotease (S. 225). Die B-Komponente bindet an Rezeptoren der motorischen Endneurone. Die A-Komponente wird eingeschleust und verursacht die Proteolyse von Proteinkomponenten (Synaptobrevine) des Neuroexozytoseapparates in den Präsynapsen der motorischen Endplatte. Dadurch gelangen keine cholinergischen Neurotransmitter in den synaptischen Spalt. Es treten schlaffe Lähmungen auf.

Botulismus-Toxin kann als Biowaffe eingesetzt werden. Das Toxin (Botox) wird auch therapeutisch zur Entkrampfung von Muskulatur verwendet, z. B. beim Torticollis spasticus, der Hyperhidrose, beim Apoplex oder auch in der kosmetischen Chirurgie (Faltenglättung).

Pathogenese und Krankheitsbild. Der klassische Botulismus entsteht nach Genuss verdorbener Lebensmittel, in denen das Gift unter anaeroben Bedingungen durch *C. botulinum* gebildet wurde. Das durch den Magen-Darm-Trakt resorbierte Toxin wird via Blut zum peripheren Nervensystem transportiert.

Nach Stunden bis Tagen kommt es zu Lähmungen, vor allem der Kopfnerven. Häufige Symptome: Doppeltsehen, Schluck- und Sprechschwierigkeiten, Obstipation, trockene Schleimhäute. Die Letalität ist abhängig von der Toxinmenge und liegt unbehandelt zwischen 25 und 70 %. Der Tod kommt meist durch Atemlähmung zustande. Der **Wundbotulismus** resultiert durch eine Infektion von Wunden mit Sporen von *C. botulinum*. Er ist selten. Der **Säuglingsbotulismus** ist ein erst 1976 beschriebenes Krankheitsbild, das durch Aufnahme von Sporen mit der Nahrung (z. B. Honig) zustande kommt. Wahrscheinlich bedingt durch die besonderen Verhältnisse im Darm von Säuglingen, können die Sporen auskeimen, sich vermehren und Toxin produzieren. Die Letalität des Säuglingsbotulismus ist niedrig (< 1 %).

Diagnose. Toxinnachweis im Serum, Stuhl und Nahrungsmittel (wenn noch vorhanden) mit dem Neutralisationstest im Tierversuch (Maus).

Therapie. Möglichst frühzeitige Gabe eines trivalenten Antitoxins (A, B und E).

Epidemiologie und Prophylaxe. Der Botulismus ist heute eine seltene Erkrankung. Die Intoxikation ist ein lebensmittelhygienisches Problem. Als Prophylaxe muss die sachgemäße Herstellung von Nahrungsmitteln genannt werden.

5.6.4 Clostridium difficile (pseudomembranöse Kolitis)

C. difficile kommt in der Fäkalflora von 1–4 % der gesundenen Erwachsenen und von 30–50 % der Kleinkinder im 1. Lebensjahr vor. Der Keim verursacht die **pseudomembranöse Kolitis**, die vor allem unter Therapie mit Antibiotika (Clindamycin und weitere; deshalb auch **antibiotikaassoziierte pseudomembranöse Kolitis**) bei hospitalisierten Patienten auftritt. Durch die Antibiotika wird die Kolonisation mit *C. difficile* gefördert. Die Krankheit kann aber auch bei Patienten auftreten, die keine Antibiotika erhielten. Risikofaktoren sind: Alter > 65 Jahre, langer Krankenhausaufenthalt, schwere Grundleiden, gastrointestinale Chirurgie. Die wichtigsten Virulenzfaktoren sind die Toxine TcdA (= Enterotoxin) und TcdB (= Zytotoxin). Sie sind für vermehrte Sekretion von Elektrolyten und Flüssigkeit sowie einen zytopathogenen Effekt verantwortlich. Die Gene *tcdA* und *tcdB* sind zusammen mit Regulationsgenen (*tcdC*, *tcdD*) auf einer chromosomalen Pathogenitätsinsel (S. 230) lokalisiert.

Das **klinische Bild** verläuft mit Fieber, Diarrhöen, krampfartigen Bauchschmerzen. Bei der Koloskopie findet man ödematös veränderte und mit gelblichweißen Belägen bedeckte Kolonschleimhaut-Areale.

Die **Labordiagnose** kann durch Kultur des Erregers auf Spezialmedien oder durch Nachweis des Toxins B in bakterienfreien Stuhlfiltraten in der Zellkultur (zytopathogener Effekt [CPE] sowie Ausbleiben des CPE nach Neutralisation mit einem Antiserum) erfolgen. TcdA und TcdB können auch mit einem EIA (S. 21f) nachgewiesen werden. Neuerdings kann das Gen *tcdB* im Stuhl innerhalb von 2 Std. mit einem kommerziellen Testsystem diagnostiziert werden.

Die spezifische **Therapie** bei schweren Manifestationen wird mit Metronidazol p. o. durchgeführt. Bei Therapieversagen ist die orale Gabe von Vancomycin indiziert.

5.7 Listeria, Erysipelothrix und Gardnerella

Bei ***Listeria monocytogenes*** handelt es sich um zarte, peritrich begeißelte, bei 20 °C gut bewegliche, grampositive Stäbchen, die aerob auf Blutagar kultiviert werden können. Sie kommen ubiquitär in der Umwelt vor. Infektionen können entstehen, wenn große Erregerzahlen mit Nahrungsmitteln in den Gastrointestinaltrakt gelangen. Listerien sind klassische Opportunisten. Bei immunkompetenten Personen verläuft eine Infektion entweder klinisch stumm, unter dem Bild einer unspezifischen, fieberhaften Infektion oder auch als Gastroenteritis. Infektionen bei Immunkompromittierten manifestieren sich als **primäre Sepsis** und/oder **Meningoenzephalitis**. Die Listeriose während der Gravidität kann zum Abort oder zur **konnatalen Listeriose** (Granulomatosis infantiseptica) führen. Zur Therapie wird Amoxycillin, manchmal in Kombination mit Aminoglykosiden, eingesetzt. Die Listeriose tritt sporadisch und selten auf. Gelegentlich kann es bei Verkettung unglücklicher Umstände zu Epidemien kommen.

5

Erysipelothrix rhusiopathiae, der Erreger der Zoonose „Schweinerotlauf", verursacht beim Menschen das **Erysipeloid**, eine heute sehr seltene Berufskrankheit.

Gardnerella vaginalis wird zusammen mit anderen Bakterien für die **unspezifische Vaginitis** (Vaginose) verantwortlich gemacht.

5.7.1 Listeria monocytogenes (Listeriose)

Unter den 8 Listeria-Arten verursachen nur *L. monocytogenes* und die sehr seltene Art *L. ivanovii* Krankheiten des Menschen. Die Bezeichnung *L. monocytogenes* resultiert aus der Beobachtung, dass Infektionen von Nagern, die bedeutend empfänglicher sind als der Mensch, von einer Monozytose begleitet werden.

Morphologie und Kultur. Die grampositiven, zarten Stäbchen sind peritrich begeißelt. Sie sind bei 20 °C beweglicher als bei 37 °C. Die Kultur gelingt am besten aerob auf Blutagar. Nach Bebrütung während 18 Std. entstehen kleine, graue Kolonien, die von einer leichten Hämolysezone umgeben sind. Diese kommt durch das Listeriolysin O zustande, das zu den Poren-bildenden Toxinen zählt. Listerien können sich noch bei 5–10 °C vermehren, was zu ihrer selektiven Anreicherung (= Kälteanreicherung) ausgenützt wird.

Pathogenese. Listerien werden mit kontaminierten Lebensmitteln aufgenommen. Die Invasion erfolgt über die Enterozyten. Durch hämatogene Streuung können verschiedenste Gewebe befallen werden. Die Pathogenese umfasst die Adhärenz an Zielzellen und deren Invasion durch Endozytose, induziert durch das Oberflächenprotein Internalin A. Dann folgt die Zerstörung des Endosoms durch Einbau von Listeriolysin O in die Membran und die Wirkung von 2 Phospholipasen. Die Listerien vermehren sich im Zytoplasma. Durch „intrazelluläres Trafficking" (s.S. 221) breiten sich dann die Erreger von Zelle zu Zelle aus.

Klinik. Listerien sind klassische Opportunisten. Die meisten Infektionen bleiben klinisch stumm. Erst wenn mit Nahrungsmitteln zahlreiche Erreger (10^6–10^9) in den Magen-Darm-Trakt gelangen, können bei immunkompetenten Personen Symptome einer allgemeinen, fieberhaften Infektion, ähnlich einem grippalen Infekt, auftreten. Bei massiver Infektion kann es auch zu einer Gastroenteritis kommen.

Bei Personen mit T-Zell-Defekten, Malignomen, bei Alkoholikern, bei Cortisontherapie, in der Schwangerschaft, im hohen Alter und bei Säuglingen kann sich eine invasive Listeriose als **Sepsis** und/oder **Meningoenzephalitis** manifestieren.

Die **konnatale Listeriose** (s. auch S. 731) ist durch eine Sepsis mit multiplen Abszessen und Granulomen in den verschiedensten Organen des Neugeborenen charakterisiert (= **Granulomatosis infantiseptica**).

Schwere Listeriosen bei Immunsupprimierten weisen eine Letalität von 10–40% auf. Die Inkubationszeit kann stark variieren, von 1–3 Tagen bis zu Wochen.

Diagnose. Sie erfolgt durch den mikroskopischen und kulturellen Erregernachweis. Identifikation biochemisch oder mittels DNA-Analyse.

Therapie. Amoxycillin, kombiniert mit Gentamicin.

Epidemiologie und Prophylaxe. Listerien kommen im Erdboden, in Oberflächengewässern, Pflanzen und Tieren ubiquitär vor und werden auch (in 10%) im Darm gesunder Menschen nachgewiesen. Obwohl deshalb ein Kontakt mit Listerien die Regel ist, ist die Listeriose eine seltene Erkrankung. Die Inzidenz der schweren Infektionen wird mit 6 Fällen/10^6 Einwohner/Jahr geschätzt. Die Krankheit tritt meist sporadisch auf. Epidemien, die ihren Ausgang von massiv mit Listerien kontaminierten Lebensmitteln wie Milch, Milchprodukten (Käse), Fleischprodukten und weiteren Lebensmitteln (z.B. Kohlsalat) nahmen, wurden beschrieben. Präventive Maßnahmen umfassen die sachgemäße, hygienisch einwandfreie Herstellung und Lagerung von Lebensmitteln.

5.7.2 Erysipelothrix rhusiopathiae (Erysipeloid)

Die feinen, unbeweglichen, grampositiven Stäbchen können auf Blutagar aerob kultiviert werden. *E. rhusiopathiae* verursacht eine septische Erkrankung des Schweins, den sog. Schweinerotlauf. Beim Menschen verursacht der Erreger das **Erysipeloid.** Die heute sehr seltene Infektion gilt als Berufskrankheit. Die Erreger dringen bei Kontakt mit infektiösem tierischem Material über Verletzungen der Haut ein. Nach einer Inkubationszeit von 1–3 Tagen entwickelt sich am Ort des Eindringens eine quaddelartige Schwellung mit blauroter Verfärbung. Die Lymphknoten sind mitbeteiligt. Die gutartige, oft auch spontan abheilende Infektion klingt unter den Basispenicillinen (Penicillin G, V, Aminopenicilline) rasch ab. Die Labordiagnose erfolgt durch mikroskopischen und kulturellen Nachweis des Erregers im Wundsekret.

5.7.3 Gardnerella vaginalis (Vaginose)

Bei *G. vaginalis* handelt es sich um gramvariable, unbewegliche und unbekapselte Stäbchenbakterien, deren taxonomische Zuordnung in den letzten Jahrzehnten laufend gewechselt hat. Sie wurden auch schon als *Corynebacterium vaginalis* und *Haemophilus vaginalis* bezeichnet. Aufgrund von DNA-Analysen wird der Erreger heute der Familie der *Bifidobacteriaceae* innerhalb der Gruppe der regelmäßig geformten, grampositiven, nichtsporenbildenden Stäbchenbakterien zugeordnet (Tab. **4.5**, S. 235). Das natürliche Habitat des Keims ist die Vagina von Frauen im geschlechtsfähigen Alter. Der Keim gilt als Leitkeim der **Vulvovaginitis** (Syn: Vaginose). Bei über 90% von Frauen mit der Symptomatik dieser Infektion wird *G. vaginalis* nachgewiesen, meist zusammen mit anderen Bakterien, unter denen obligate Anaerobier (*Mobiluncus, Bacteroides, Peptostreptococcus*) im Vordergrund stehen. *G. vaginalis* kann im Fluor mikroskopisch und kulturell nachgewiesen werden. Bei der Mikroskopie geben die sog. „clue cells" (= Vaginalepithelien, die dicht mit grampositiven bzw. gramlabilen Stäbchen besetzt sind) einen Hinweis auf die Rolle von *G. vaginalis* für die Symptomatik. Die Kultur ist auf mit Blut angereichertem Nähragar und Bebrütung in einer 5% CO_2-haltigen Atmosphäre möglich. Als Therapie der bakteriellen Vaginose kommen Metronidazol oder Clindamycin oral und lokal in Frage.

5

5.8 Corynebacterium, Actinomyces, grampositive Stäbchen mit geringer Pathogenität

Diphtheriebakterien sind pleomorphe, keulenförmige, oft Polkörperchen aufweisende, sich in V- oder Y-Formen oder als Palisaden lagernde, fakultativ anaerobe, grampositive Stäbchen. Sie können auf eiweißhaltigen Nährmedien kultiviert werden. Ihre Pathogenität beruht auf dem Diphtherietoxin. Das Toxin bindet sich mit der B-Kette an Rezeptoren empfindlicher Zellen. Nach der Bindung wird die aktive A-Kette in die Zelle eingeschleust. Diese blockiert irreversibel die Proteinbiosynthese. Das Toxin-Gen ist Bestandteil des β-Prophagen. Hinsichtlich des Krankheitsbildes muss zwischen lokaler Infektion und systemischer Intoxikation unterschieden werden. Die **lokale Infektion** betrifft zumeist die **Tonsillen**, auf denen die diphtherische Pseudomembran entsteht. Von der **Intoxikation** sind vor allem die **Leber**, die **Nieren**, die **Nebennieren**, der **Herzmuskel** sowie die **Kopfnerven** betroffen. Die Labordiagnose beruht auf dem Nachweis des toxinbildenden Erregers. Wichtigste therapeutische Maßnahme ist die antitoxische Therapie. Die Diphtherie kommt nur beim Menschen vor. Sie ist selten geworden, was auf der konsequenten Schutzimpfung beruht.

Anaerobe Aktinomyzeten gehören zur Normalflora der Schleimhäute. Es sind grampositive Stäbchen, die in jungen Kulturen oft als verzweigte Filamente vorliegen. Als

Drusen werden Konglomerate aus Mikrokolonien im Eiter bezeichnet. Die Erreger dringen über Mukosadefekte ins Gewebe ein. **Monoinfektionen** sind selten, meist liegen **endogene Mischinfektionen** vor, in denen die Aktinomyzeten dominieren. Die **zervikofaziale Aktinomykose** (*A. israelii*) ist die häufigste Aktinomykoseform. Die Therapie umfasst chirurgische Maßnahmen sowie die Antibiotikatherapie mit Aminopenicillinen.

In der Sektion 4 der grampositiven, unregelmäßigen (pleomorphen), nichtsporenbildenden Stäbchenbakterien werden eine Vielzahl von Gattungen zusammengefasst (Tab. **4.5**, S. 235), die häufig zur Normalflora der Haut und der Schleimhäute gehören. Zwei charakteristische Krankheiten werden durch Erreger dieser Gruppe verursacht: die Diphtherie und die Aktinomykose.

5.8.1 Corynebacterium diphtheriae (Diphtherie)

Morphologie und Kultur. Diphtheriebakterien sind grampositive, pleomorphe Stäbchen. Typisch ist die V- oder Y-förmige oder Palisadenlagerung der Einzelzellen (Abb. **5.9a**). Mit der Neisser-Färbung können endständig gelagerte Polyphosphate, die Polkörperchen, dargestellt werden.

Für die Primärkultur wird meist Schafblutagar (SBA) verwendet. Zur selektiven Kultur werden tellurithaltige Selektiv/Indikator-Medien eingesetzt (Abb. **5.9b**).

Extrazelluläres Toxin. Das Diphtherietoxin besteht aus den 2 funktionell unterschiedlichen Polypeptidketten A und B. **B** ist für **B**indung an Rezeptoren von Zielzellen zuständig, **A** für die toxische **A**ktivität. A blockiert irreversibel die Translation bei der Proteinsynthese in den Zielzellen, die daraufhin absterben. Das Toxin-Gen ist immer Bestandteil eines Prophagengenoms (s. lysogene Konversion, S. 199).

Diphtherie-Toxin.

Die Kette A ist eine ADP-Ribosyltransferase. Das Enzym überträgt Adenosindiphosphat-Ribose von NAD auf den eukaryontischen Elongationsfaktor eEF2, der dadurch inaktiviert wird.

NAD + eEF2 → ADP-Ribosyl-eEF2 + Nicotinamid + H^+

Obwohl das Toxin-Gen fester Bestandteil eines Phagengenoms ist, wird seine Aktivität durch das Genprodukt DtxR des Gens *dtxR* des Genoms der Bakterienzelle kontrolliert. DtxR verbindet sich mit Fe^{2+} und wird dadurch zu einem aktiven Repressor, der die Transkription des Toxin-Gens abschaltet.

Pathogenese und Krankheitsbild

- **Lokale Infektion.** Infektion der Schleimhaut von Tonsillen, Pharynx, Nase und Konjunktiva (Abb. **5.10**). Auch Wunden und Hautläsionen können infiziert werden. Die Erreger dringen ein, vermehren sich und produzieren Toxin, das lokal

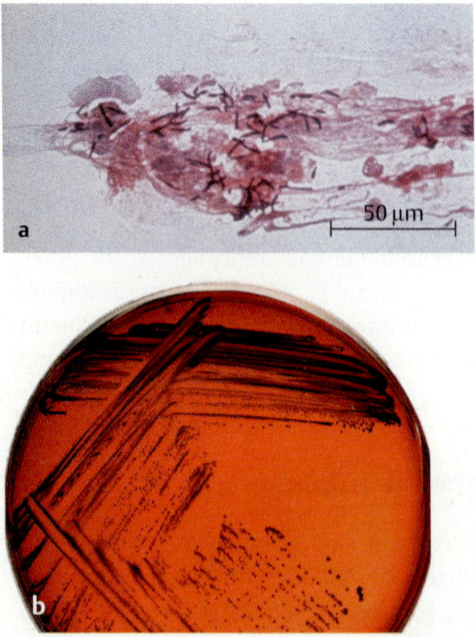

Abb. **5.9** **Corynebacterium diphteriae.** **a** Gram-Färbung eines Präparats aus Wundsekret bei Wunddiphtherie: Grampositive, unregelmäßig dicke, an einem Ende oft keulenförmig aufgetriebene Stäbchen in typischer Lagerung. **b** Kultur auf Cystin-Tellurit-Blutagar (CTBA), einem kombinierten Selektiv/Indikator-Medium. Durch K-Tellurit wird die Begleitflora gehemmt. Außerdem wird K-Tellurit zu Tellur reduziert, sodass die Kolonien schwarzbraun gefärbt sind.

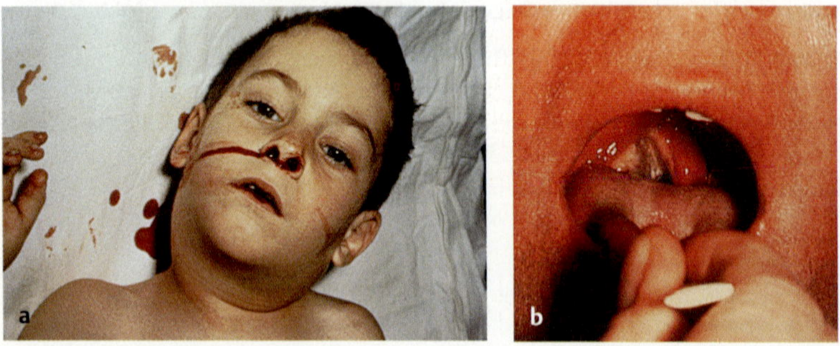

Abb. **5.10** **Rachen/Nasen-Diphtherie.** **a** Blutungen aus der Nasenschleimhaut (Endothelschäden). Starke Lymphknotenschwellungen im Halsbereich (Caesarenhals). **b** Dicke Beläge auf den stark geschwollenen Tonsillen (diphtherische Pseudomembran).

Zellschäden bewirkt. Die entzündliche Reaktion führt zur Ansammlung eines grauweißlichen Exsudates, welches die Matrix des entstehenden Belages darstellt. Diese „diphtherische Pseudomembran" besteht aus Fibrin, abgestorbenen Granulozyten, nekrotischen Epithelzellen. Der Belag haftet ziemlich fest. Er kann sich in den Larynx hinein ausdehnen und so zu Atembehinderungen führen.

- **Systemische Intoxikation.** Parenchymdegeneration in Herzmuskel, Leber, Nieren, Nebennieren. Lähmungen im Bereich der motorischen Kopfnerven. Oft treten die toxischen Schäden nach Abklingen der akuten Infektion als Spätschäden auf.

Toxin-negative Stämme von *C. diphtheriae* werden gelegentlich als Erreger einer Endocarditis oder von Hautinfektionen beobachtet.

Diagnose. Methode der Wahl ist der kulturelle Nachweis des Erregers in lokalen Infektionsherden. Als Medien werden SBA und ein Selektiv/Indikator-Medium verwendet (Abb. **5.9**). Die Identifizierung beinhaltet den Nachweis morphologischer und biochemischer Merkmale, z.B. mit dem api Coryne System (S. 31). Toxinbildung wird entweder mit der Agar-Immunpräzipitation (modifizierter Elek-Test) oder mit der PCR nachgewiesen. Wegen des Vorkommens von Toxin-negativen Stämmen ist der Toxinnachweis für die Labordiagnose Diphtherie notwendig.

Therapie. An erster Stelle steht die antitoxische Serumtherapie, die möglichst früh, schon bei Verdacht, begonnen werden muss. Sie wird ergänzt durch ein Basispenicillin (Pen G, Pen V, Amoxicillin) oder einem Makrolid.

Epidemiologie und Prophylaxe. Ausschließliches *Erreger-Reservoir* ist der Mensch. Als *Infektionsquelle* kommen Erkrankte und Keimträger (selten) in Frage. Die *Übertragung* erfolgt zumeist direkt durch Tröpfchen, selten indirekt durch kontaminierte Gegenstände. Die *Inkubationszeit* beträgt 2–5 Tage. Die *Inzidenz* ist in Mitteleuropa sehr niedrig (~0,001/100 000/Jahr), in anderen Ländern (Russland) kann sie aber um den Faktor 1000—10 000 höher liegen. Die *Immunisierungsprophylaxe* mit dem Diphtherietoxoid ist die wichtigste Form der Prophylaxe (s. Tab. **2.6**, S. 53). Die Impfung schützt vor der Erkrankung, aber nicht vor der Kolonisierung. Zur *Expositionsprophylaxe* zählt die Isolierung von Kranken, bis 2 im Abstand von nicht weniger als 24 h durchgeführte kulturelle Untersuchungen negativ sind.

5.8.2 Actinomyces (Aktinomykosen)

Bei der Gattung **Actinomyces** handelt es sich um obligat oder fakultativ anaerobe, grampositive Bakterien, die zur Normalflora der Schleimhäute gehören. Sie siedeln vorwiegend in der Mundhöhle. Die Aktinomykose entsteht immer durch endogene Infektion. In über 90% verursacht *A. israelii* Infektionen beim Menschen, viel seltener *A. naeslundii, A. turicensis, A. radingae, A. neuii* und weitere Arten.

Morphologie und Kultur. Aktinomyzeten sind grampositive, pleomorphe, echte Verzweigungen aufweisende Stäbchen (Abb. **5.11**). Ältere Kulturen zeigen diese myzeliale Morphologie häufig nicht, sondern ähneln mikroskopisch stark den Corynebakterien. Im Actinomyces-Eiter können oft schon makroskopisch die 1–2 mm großen, gelblichen **Drusen** beobachtet werden. Diese Körnchen bestehen

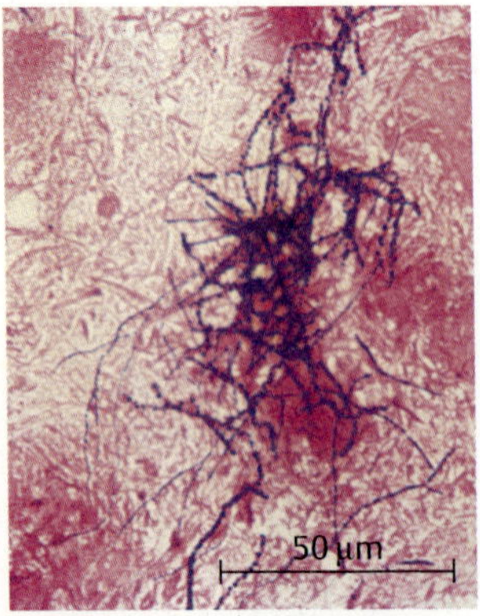

Abb. **5.11 Actinomyces israelii.** Gram-Färbung eines Eiterpräparats bei zervikofazialer Aktinomykose: Knäuel von grampositiven, verzweigten Stäbchen; daneben gramnegative Mischflora. Klinische Verdachtsdiagnose: Aktinomykose.

aus einem Konglomerat kleiner Actinomyces-Kolonien, die von einem Leukozytenwall umgeben sind. Myzelfäden ragen radiär aus den Kolonien heraus, daher die alte Bezeichnung „Strahlenpilz“. Am besten werden Aktinomyceten auf Blutagar anaerob kultiviert.

Pathogenese und Krankheitsbild. Die Erreger dringen über die Schleimhaut (evtl. auch über die Haut) ein und können sich bei Vorliegen eines niedrigen Redoxpotenzials im Gewebe vermehren. Neben mangelhafter Blutversorgung sind hierfür vor allem Begleitbakterien zuständig. Echte Aktinomykosen sind eigentlich immer Mischinfektionen. In der Mischflora finden sich vor allem Anaerobier der Mundhöhle. Häufig ist *Actinobacillus* (neu auch *Aggregatibacter*) *actinomycetemcomitans* nachweisbar, weiterhin verschiedene Arten von anaeroben, gramnegativen Stäbchen (S. 333). Aber auch fakultative Anaerobier, wie Staphylokokken, Streptokokken und *Enterobacteriaceae* werden als Begleitflora aufgefunden. Folgende Aktinomykosen werden unterschieden:

- **Zervikofaziale Aktinomykose.** Sie ist die häufigste Form (> 90 %). Sie tritt als anfänglich tumorartige, derbe, später nekrotisierende Affektion auf. Die Abszesse können zur Haut durchbrechen, was zur Fistelbildung führt.
- **Thorakale Aktinomykose.** Diese seltene Form entsteht nach Aspiration von Speichel, manchmal auch fortgeleitet von einer Aktinomykose im Halsbereich oder aufgrund hämatogener Streuung.
- **Abdominale Aktinomykose.** Sie geht von Verletzungen des Darmes oder des weiblichen Genitales aus.
- **Genitale Aktinomykose.** Kann bei Verwendung intrauteriner Verhütungsmaßnahmen (Spirale) entstehen.
- **Kanalikulitis, Dakrozystitis.** Entzündung der Tränenkanälchen bzw. des Tränensackes.

Diagnose. Diese erfolgt durch mikroskopischen und kulturellen Nachweis der Erreger in Eiter, Fistelsekret, Granulationsgewebe oder Bronchialsekret. Die Proben dürfen nicht mit körpereigener Flora, vor allem aus der Mundhöhle, kontaminiert sein. Mikroskopisch kann durch Nachweis der verzweigten Stäbchen eine Verdachtsdiagnose gestellt werden. Der kulturelle Nachweis myzelialer Mikrokolonien auf Blutagar nach 1–2 Wochen erhärtet den Verdacht. Die Identifizierung durch Nachweis von Stoffwechselleistungen erfordert mehrere Wochen. Am sichersten und schnellsten gelingt die Identifizierung durch Amplifikation und Sequenzierung speziesspezifischer Sequenzen der 16 rDNA (S. 33).

Therapie. Sie umfasst chirurgische und antibiotische Maßnahmen. Das Antibiotikum der Wahl ist ein Aminopenicillin. Wichtig ist, dass auch die Begleitbakterien erfasst werden.

Epidemiologie und Prophylaxe. Aktinomykosen kommen weltweit vor. Die Morbidität (Inzidenz) liegt zwischen 2,5–5 Fällen/100 000/Jahr. Männer werden 2-mal häufiger befallen als Frauen. Da die Aktinomykose eine endogene Infektion darstellt, kommen prophylaktische Maßnahmen nicht in Betracht.

5.8.3 Grampositive Stäbchen mit geringer Pathogenität

In Tab. **5.3** sind einige grampositive Stäbchenbakterien aufgezählt, die selten Infektionen verursachen. Sie gehören verschiedenen Familien an. Die Tabelle ist keinesfalls komplett. Unter den als Krankheitserreger schon einmal aufgefallenen

Tabelle **5.3** Einige grampositive, nichtsporenbildende Stäbchen mit geringer Pathogenität

Coryneforme Stäbchen	
Corynebacterium amycolatum	Häufigster Erreger unter den coryneformen Stäbchen. Wundinfektionen; Sepsis; Infektionen des Respirationstrakts
C. jeikeium	Kolonisiert die Haut bei hospitalisierten Patienten. Endocarditis, Sepsis, Fremdkörper-assoziierte Infektionen. Oft Mehrfachresistenz
C. pseudodiphtheriticum	selten Pneumonien, Keratitis, Konjunktivitis
C. ulcerans	kann Diphtherietoxin bilden und dann ein diphtherieähnliches Krankheitsbild verursachen; Hautinfektionen
C. urealyticum	Kolonisiert die Haut bei hospitalisierten Patienten. Oft Mehrfachresistenz. Harnwegsinfektionen.

Tabelle **5.3** (Fortsetzung)

Anaerobe Stäbchen	
Actinomyces pyogenes	kutane und subkutane eitrige Infektionen
Mobiluncus mulieri *Mobiluncus curtesii*	Normalflora der Vagina. Beteiligung an unspezifischer Vaginitis (Syn.: Vaginose)
Eubacterium spp.	Normalflora des Intestinaltrakts. Gelegentlich Bestandteil einer Mischflora bei verschiedenen anaeroben Infektionen (S. 333)
Propionibacterium acnes und weitere Propionibakterien	Anaerob o. mikroaerophil. Sehr selten Endocarditis. Fremdkörper-assoziierte Infektionen (orthopädische Implantate). *P. acnes* wird eine Beteiligung an der Aetiologie der Akne zugeschrieben.
Aerobe Stäbchen	
Rhodococcus equi	Infektionen der Atemwege bei Immunsupprimierten
Tsukamurella spp.	Infektionen der Atemwege bei Immunsupprimierten; Meningitis
Tropheryma whipplei (nov. gen., nov. spec.; früher *T. whippelii*)	Erreger des Morbus Whipple. Kultur nur in bestimmten humanen Zelllinien. Taxonomisch den Aktinomyzeten nahestehend. Seltene chronische Systemerkrankung. Dystrophie der Dünndarm-Mukosa (95%). Auch Befall des kardiovaskulären Systems (55%), der Atemwege (50%), des Zentralnervensystems (25%) und der Augen (10%). Klinische Leitsysmptome sind Gewichtsverlust, Arthralgien, Diarrhoen, Abdominalschmerzen. Nachweis in Dünndarm-Biopsien, anderen Biopsien oder Liquor mikroskopisch (PAS) und mit molekularen Methoden (S. 33). Antiinfektive Therapie mit Ceftriaxon für 2 Wochen, gefolgt von Clo-Trimoxazol für ≥ 1 Jahr.

Corynebakterien wurden z.B. bisher außer *C. diphtheriae* 40 verschiedene Arten beschrieben. Die Klassifikation und Nomenklatur dieser grampositiven Stäbchen hat sich in den letzten Jahren stark geändert und ist in einem andauernden Wandel begriffen. Viele dieser Stäbchen gehören zur Normalflora von Haut und Schleimhäuten. Sie werden nicht selten in Untersuchungsmaterialien gefunden, stellen dort jedoch meist nur Kontaminanten dar. Dann werden sie auch nicht näher identifiziert, sondern nur mit Sammelbegriffen, wie z.B. coryneforme oder diphtheroide Stäbchen, bezeichnet.

5.9 Mycobacterium (Tuberkulose, Lepra, NTMI)

Mykobakterien sind schlanke, stäbchenförmige Bakterien, die mit speziellen Differenzierungsfärbungen (Ziehl-Neelsen) angefärbt werden müssen. Einmal angefärbt, lassen sie sich mit verdünnten Säuren nicht entfärben, was als **Säurefestigkeit** bezeichnet wird. Zu den Mykobakterien gehören die Tuberkulosebakterien (TB), das Leprabakterium (LB) *M. lepra* sowie die nichttuberkulösen Mykobakterien (NTM).

TB lassen sich auf lipidreichen Medien kultivieren. Ihre Generationszeit beträgt 12–18 Stunden. Die Erstinfektion resultiert in der **Primärtuberkulose**, die meist immer die Lunge betrifft, in die die Erreger via Tröpfchen gelangt sind. Es entwickelt sich der Primäraffekt und, bei Mitbeteiligung der hilären Lymphknoten, der Ghon'sche Primärkomplex. In über 90 % der Infektionen heilen die primären Herde klinisch stumm ab. Bei ca. 10 % der Infizierten geht die Primärtuberkulose nach Wochen oder aber erst auch nach Jahren in die **Sekundärtuberkulose** (Organtuberkulose) über, die durch ausgedehnte Gewebsnekrosen charakterisiert ist. Die spezifische Immunität sowie die Allergie, die sich im Laufe einer Infektion ausbilden, ist eine Funktion von T-Lymphozyten. Die Allergie wird mit der Tuberkulinreaktion gemessen, mit der geprüft wird, ob eine latente Infektion mit TB vorliegt (= LTBI). Die Diagnose einer Tuberkulose erfolgt durch mikroskopischen, kulturellen und molekulargenetischen Nachweis der Erreger. Die Chemotherapie der Tuberkulose wird mit 4 Antituberkulotika für 2 Monate, gefolgt von 2 Substanzen für 4 Monate durchgeführt.

Zum Unterschied zu den TB können LB auf künstlichen Nährmedien nicht kultiviert werden. Die **Lepra** manifestiert sich vor allem an der Haut, den Schleimhäuten und den Nerven. Klinisch existieren die (maligne) lepromatöse sowie die (benigne) tuberkuloide Lepra. Übergangsformen sind häufig. Einzige Infektionsquelle ist der Mensch. Die Übertragung erfolgt durch engen Kontakt über die Haut und über Schleimhäute. Die Chemotherapie wird für 6 bis 24 Monate durchgeführt.

Zur Familie der *Mycobacteriaceae* gehört die Gattung *Mycobacterium*, die weit in der Natur verbreitete saprophytäre Arten umfasst, aber auch Spezies, die bedeutende humane Infektionen, die Tuberkulose und die Lepra, auslösen. Mykobakterien werden aufgrund ihres Zellwandaufbaus zu den grampositiven Bakterien gerechnet. Sie lassen sich jedoch in der Gram-Färbung nicht oder nur sehr schlecht anfärben. Der Grund dafür beruht auf der lipidreichen Zellwand, in die basische Farbstoffe schlecht eindringen. Wenn Mykobakterien jedoch einmal angefärbt sind, dann können sie auch mit einem HCl(3 %)-Alkohol-Gemisch nur schlecht wieder entfärbt werden. Diese Eigenschaft bezeichnet man als **Säurefestigkeit**.

5.9.1 Tuberkulosebakterien (Tuberkulose)

Zum *M. tuberculosis*-Komplex (TB) zählen als wichtigste Spezies *Mycobacterium tuberculosis, M. bovis* und *M. africanum*. TB wurden erstmals im Jahre 1882 durch R. Koch aus pathologischen Läsionen (lat. *tuberculum* = kleiner Knoten) von an der Tuberkulose Verstorbenen isoliert. Den kausalen Zusammenhang zwischen dem isolierten Erreger und der Krankheit bewies R. Koch durch Erfüllung der Koch'schen Postulate (S. 3).

Morphologie und Kultur. TB sind schlanke, 0,4 µm breite und 3–4 µm lange, säurefeste Stäbchen, die keine Sporen bilden und unbeweglich sind. Sie lassen sich mit Spezialfärbungen (Ziehl-Neelsen (S. 27), Kinyoun, Fluoreszenz) anfärben (Abb. **5.12a**).

5

TB wachsen am besten unter aeroben Bedingungen. Für die Kultivierung werden Flüssigmedien oder Festmedien mit hohem Lipidgehalt verwendet, z. B. Glycerin-Eiernährmedium nach Löwenstein-Jensen (Abb. **5.12b**). Da die Generationszeit von TB ca. 12–18 Stunden beträgt, müssen Kulturen 3-8 Wochen bei 37 °C bebrütet werden, bis makroskopisch Wachstum sichtbar wird.

Zellwand. Viele besondere Eigenschaften der TB sind auf die Lipide in der Zellwand zurückzuführen, die bis zu 60 % des Trockengewichtes der Zellwand ausmachen. Zu diesen zählen die Glykolipide (z. B. Lipoarabinomannan), die Mykolsäuren, die Mykoside und Wachs D.

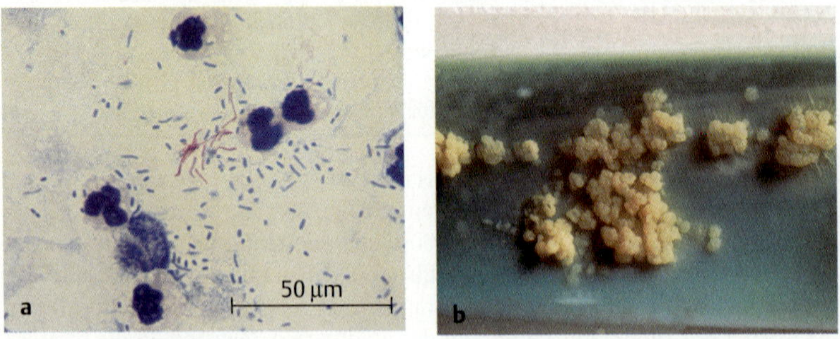

Abb. **5.12** **Mycobacterium tuberculosis. a** Ziehl-Neelsen-Färbung eines Präparats aus Urin: Feine, rote, säurefeste Stäbchen. Klinische Diagnose: Nierentuberkulose. **b** Kultur von *M. tuberculosis* auf Eiernährmedium nach Löwenstein-Jensen. Wesentliche Komponenten dieses Nährmediums sind Hühnereier, Glycerin und Kartoffelmehl. Malachitgrün wird wegen seiner selektiven Wirkung (Hemmung der Begleitflora) zugesetzt. Nach 3 bis 8 Wochen Bebrütung entstehen raue, blumenkohlartig aussehende, gelbliche Kolonien.

Biologische Eigenschaften der Zellwand

Murein. Adjuvanswirkung durch N-Acetyl-Muramyl-Dipeptid (MDP).

Lipide.

- *Resistenz* gegen chemische und physikalische Noxen, lysosomale Enzyme und reaktive Sauerstoffmetabolite.
- *Virulenz*: Cord-Faktor (Trehalose-6,6–Dimykolat). Virulenz-Mechanismus unbekannt. Der Faktor bewirkt das Aneinanderlagern von Zellen zu zopfartigen Strängen.
- *Persistenz*. Induktion von Granulombildung.

Tuberkuloproteine. Tuberkulin-Proteine. Nachweis der Allergie gegenüber diesen Proteinen im Tuberkulin-Test.

Pathogenese und Krankheitsbild. Es muss zwischen der Primärtuberkulose und der Sekundärtuberkulose (Syn.: Reaktivierungs- oder Postprimärtuberkulose) unterschieden werden (Abb. **5.13**). Die Pathologie und Klinik bei beiden Tuberkuloseformen beruht im Wesentlichen auf immunpathogenetischen Mechanismen.

5

Primärtuberkulose. Von Ausnahmen abgesehen, gelangen die Erreger mit Tröpfchen in die Lunge, werden dort durch Alveolarmakrophagen phagozytiert und ins Lungengewebe transportiert. In den Makrophagen können TB überleben, weil sie die Verschmelzung des Phagosoms mit Lysosomen hemmen. Als Reaktion des Immunsystems auf die Vermehrung der TB im Lungengewebe entsteht nach ungefähr 10–14 Tagen ein exsudativer Entzündungsherd, der sog. Primäraffekt (PA). Aus ihm gelangen die TB lymphogen oder hämatogen mit Makrophagen in die regionalen Hiluslymphknoten, vermehren sich dort und stimulieren eine zelluläre Immunantwort, die zu einer klonalen Expansion spezifischer T- Lymphozyten führt, wodurch die Lymphknoten anschwellen. Es entsteht – zwischen der 6. und 14. Woche nach Infektion – der Ghon'sche Primärkomplex (PK). Zeitgleich wandelt sich die exsudative Entzündung am Ort des PA in eine produktive, granulomatöse Entzündung um und auch in den befallenen Lymphknoten kommt es zur Bildung von Granulomen. Die Granulombildung ist ein zweischneidiges Schwert. Einerseits beschränkt sie die weitere Ausbreitung der TB, andererseits „schützt" sie die TB vor der Abtötung durch das Immunsystem (Abkapselung, „dormancy"). Im Makroorganismus entwickelt sich die Tuberkulinallergie. Gelegentlich kann es zu einer lokalen Herdbildung an anderen Orten kommen, was als primäre Streuherdbildung bezeichnet wird. Dabei werden die Lungenspitzen bevorzugt. Es können aber auch in dieser Phase über Lymphbahnen und das Blutsystem Mykobakterien in andere Organe gelangen und dort Streuherde bilden.

Der weitere Verlauf wird durch ein Wettrennen zwischen den TB und der spezifischen zellulären Abwehr bestimmt. Der Ausgang des Wettrennens zwischen dem Erreger und der Abwehr geht bei Immunkompetenten in über 95 % zugunsten des Wirts aus. Die granulomatösen Entzündungsherde fibrosieren, vernarben, verkalken, können aber noch lebende TB enthalten, die dort über Jahre und Jahrzehnte

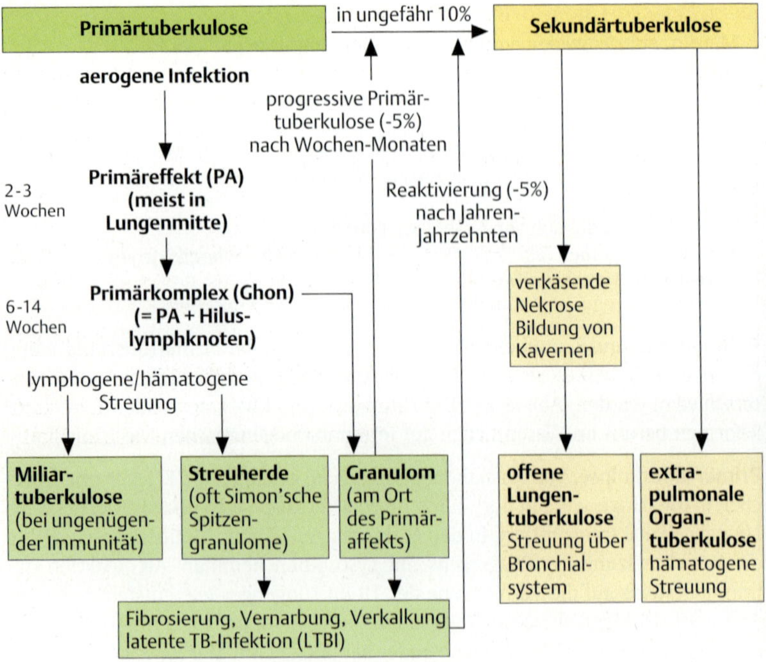

Abb. **5.13** **Mögliche Abläufe einer Lungentuberkulose.** Die Primärtuberkulose manifestiert sich klinisch in den meisten Fällen dank einer wirkungsvollen zellulären Immunabwehr nicht und geht in die LTBI (= latente TB-Infektion) über. In den latenten Infektionsherden können TB Jahre bis Jahrzehnte überleben. Die Sekundärtuberkulose entwickelt sich entweder nach wenigen Monaten direkt von der Primärtuberkulose aus (= progressive primäre Tuberkulose) oder entsteht nach Jahren bis Jahrzehnten, entweder durch eine seltene exogene Neuinfektion oder ausgehend von einem latent vorhandenem Infektionsherd.

persistieren. Wie sie diese „dormancy" bewerkstelligen, ist unbekannt. Wenn TB in diesen vernarbten Herden vorhanden sind, spricht man auch von einer **l**atenten **TB**-**I**nfektion (= LTBI).

Sekundärtuberkulose (Postprimär- oder Reaktivierungs-Tuberkulose). Bei ca. 5% der Patienten geht die Primärtuberkulose direkt innerhalb von Wochen bis Monaten in eine Sekundärtuberkulose über, was auch als progressive primäre Tuberkulose bezeichnet wird. Bei ca. 5% der Patienten kommt es nach Jahren oder Jahrzehnten durch Aktivierung der TB in alten Infektionsherden zur chronischen Organtuberkulose. Eine exogene Neuinfektion ist in der Bevölkerung der

entwickelten Länder selten. Die Sekundärtuberkulose manifestiert sich mit käsigen Nekrosen, die im Zentrum der Granulome beginnen. Die Gewebszerstörungen kommen durch Enzyme und Zytokine zustande, die von aktivierten Makrophagen und T-Lymphozyten produziert werden. Unter den Zytokinen spielt der Tumornekrose-Faktor-α (Syn.: Cachexin) eine wichtige Rolle. Reaktivierungen gehen häufig von alten Herden in den Lungenspitzen aus. Die Gewebsnekrosen in der Lunge können durch enzymatische Verflüssigung des käsigen Eiters zu großen, durch das Bronchialsystem belüfteten Kavernen führen. In diesen vermehren sich TB besonders gut, sodass pro Kaverne hohe Bakterienzahlen ($> 10^9$) vorkommen können. Die TB werden ausgehustet, es liegt eine sog. offene Lungentuberkulose vor, die wichtigste Infektionsquelle bei dieser Krankheit.
Durch hämatogene Streuung von Infektionsherden aus kann es zum Befall zahlreicher Organe kommen (= extrapulmonale Organtuberkulosen).

Immunität. Der Mensch weist gegen TB eine relativ hohe, genetisch determinierte Resistenz auf. Daneben erwirbt ein Organismus nach Erstinfektion eine spezifische Immunität. Diese äußert sich dahingehend, dass die TB am alten oder einem neuen Infektionsherd durch Ausbildung der Granulome lokalisiert werden und so ihre Ausbreitung beschränkt bleibt (= Kochsches Phänomen). Die Immunität ist ausschließlich eine Funktion von T-Lymphozyten. Sie ist während der akuten Abwehrphase gut ausgeprägt, nimmt aber nach Übergang in die LTBI ziemlich rasch ab. Eine mäßig ausgeprägte Immunität besteht nur so lange, wie TB im Organismus vorhanden sind Diese sog. Infektionsimmunität (S. 130) verleiht aber nur einen partiellen Schutz gegenüber einer exogenen Re-Infektion.

Tuberkulinallergie. Zusammen mit der Immunität entsteht in einem durch TB infizierten Organismus eine Typ IV Allergie (s.S. 130 und 145). Diese wird mit dem Tuberkulintest, der 6–14 Wochen nach Infektion positiv wird, nachgewiesen. Gereinigtes Tuberkulin (PPD = purified protein derivative) enthält die Tuberkuloproteine. Beim Mantoux-Test (= Goldstandard) werden 5 Tuberkulineinheiten intrakutan appliziert. Bei negativem Befund wird die Dosis gesteigert. Bei positiver Reaktion kommt es nach 48–72 Std. zu einer mindestens 10 mm Durchmesser aufweisenden Entzündungsreaktion. Eine positive Reaktion zeigt an, ob eine Testperson akut oder latent mit TB infiziert ist. Eine neuere Alternative zum Tuberkulintest ist der Interferon-γ-Bluttest (s. Kasten).

Interferon-γ-Bluttest ((T)-IGRA = (T-cell)-IFN-γ-release-assay)

Neuerdings werden Verfahren eingesetzt, die die Freisetzung von Interferon-γ (IFN-γ) durch T-Lymphozyten messen, nachdem diese durch spezifische Peptide von TB stimuliert wurden. Da diese Peptide nur bei TB vorkommen (seltene Ausnahmen), wird das Auftreten von falsch positiven Resultaten beim Tuberkulintest nach früher erfolgter BCG-Impfung oder aufgrund des Kontaktes mit Umweltmykobakterien vermieden.

Diagnose. Diese erfolgt ausschließlich durch mikroskopischen und kulturellen Nachweis des Erregers oder von erregerspezifischer DNA.

- **Vorbehandlung des Materials** – z. B. mit N-Acetyl-l-Cystein/NaOH – und **Zentrifugation**. Ziel: Ausschalten der schnellwachsenden Begleitflora; Verflüssigung von zähem Schleim; Anreicherung durch Zentrifugieren.
- **Mikroskopie.** Färbung nach Ziehl-Neelsen (S. 27), Kinyoun oder mit dem Fluorochrom Auramin. Vorteil: rasches Ergebnis; Nachteile: mangelnde Sensitivität (positiv nur bei > 10^4–10^5/ml); eingeschränkte Spezifität (nur säurefeste Stäbchen).
- **Kultur.** Entweder traditionell auf festen und in flüssigen Spezialmedien; Dauer: 3–8 Wochen. Oder Nachweis des Wachstums in Flüssigmedien durch Messen der Stoffwechselaktivität mit Automaten (BACTEC oder MGIT); Dauer: 1–4 Wochen.
- **Identifizierung.** Entweder aufgrund der Koloniemorphologie und biochemischer Teste mit Reinkulturen; Dauer: > 1–3 Wochen. Oder Einsatz von Gensonden bzw. von mittels PCR amplifizierter, speciesspezifischer 16S rDNA (s. S. 31); Dauer: 1–2 Tage, ab Reinkultur.
- **Resistenztest.** Einsatz von Automaten (s. oben bei „Kultur"). Nachweis von Wachstum/kein Wachstum in Flüssigmedien, die Standard-Antituberkulotika enthalten. Dauer: 7–10 Tage.
- **Direktnachweis.** Molekulare Methoden zum direkten Nachweis von *M. tuberculosis*-Komplex im Untersuchungsmaterial (ohne Kultur) mit Gen-Sonden. Die Methoden sind mit einer Amplifikation der Suchsequenz verknüpft.

Chemotherapie. Diese umfasst die „Initialphase", in der während 2 Monaten 4 Gruppe-1-Antituberkulotika (Isoniazid [INH], Rifampicin [RMP], Pyrazinamid [PZA], Ethambutol [EMB] evt. Streptomycin [SM] verabfolgt werden. In der „Stabilisierungsphase" wird dann über einen Zeitraum von 4 Monaten INH und RMP gegeben. Falls kein erhöhtes Risiko für eine Resistenz gegen diese Antituberkulotika besteht, wird im Kindesalter in der Initialphase nur mit INH, RMP und PZA therapiert. Die Kombinationstherapie wird wegen ihrer guten klinischen Wirkung sowie zur Verhinderung der Resistenzentwicklung (s. Kasten) eingesetzt. In Mitteleuropa sind Resistenzen noch selten, in Osteuropa und in Entwicklungsländern häufiger. Ein Problem sind MDR-Stämme (MDR = Multiple Drug Resistance), die gegen INH und RMP resistent sind. Bei XDR-TB (XDR = Extensively Drug Resistance) handelt es sich um TB, die Resistenz gegen INH, RMP und zusätzlich noch gegen Fluorchinolone sowie mindestens 1 Substanz der Gruppe 2 (Amikacin, Capreomycin, Kanamycin) aufweisen. (Therapeutisches Vorgehen s. bei http://www.who.int/en/). Ein Problem bei der Tuberkulosetherapie stellt die Therapietreue (= Compliance) der Patienten dar. Die WHO empfiehlt deshalb das DOTS-Verfahren (= Directly Observed Therapy Strategy), bei dem unter anderen Maßnahmen die Einnahme der Medikamente durch Medizinalpersonal kontrolliert wird.

Resistenzentwicklung bei Tuberkulosebakterien.
Diese ist das klassische Beispiel einer Resistenzentwicklung durch chromosomale Mutationen. In jeder größeren Population kommen natürlicherweise monoresistente Mutanten mit Resistenz gegen INH, RMP, PZA oder EMB vor (Frequenz $\sim 10^{-6}$). Bei einer Kombinationstherapie mit 4 Substanzen ist die statistische Wahrscheinlichkeit des Vorkommens einer Mutante mit Resistenz gegen alle 4 Substanzen 10^{-24}. Derartig viele TB sind nie bei einer Infektion anzutreffen. Eine lege artis durchgeführte Chemotherapie verhindert somit zuverlässig eine Resistenzentwicklung unter Therapie.

Epidemiologie und Prophylaxe. Die Tuberkulose kommt weltweit endemisch vor. In den entwickelten Ländern hat ihre Häufigkeit in den vergangenen Jahrzehnten stark abgenommen. Die **Inzidenz** beträgt hier ungefähr 5–15 Neuinfektionen/100 000/Jahr. Besonders betroffen von der Tuberkulose sind Risikogruppen, z. B. Altersheimbewohner, Obdachlose, Asylanten aus Endemiegebieten, HIV-Infizierte. Die **Mortalität** liegt bei uns zumeist unter 1/100 000/Jahr. Weltweit gesehen ist die Tuberkulose jedoch ein großes und ungelöstes Problem. Man schätzt, dass ungefähr ein Drittel der Weltbevölkerung latent infiziert ist, 8–9 Millionen Neuinfektionen pro Jahr auftreten und 1,6 Millionen an dieser Krankheit sterben. Besonders gefährdet sind HIV-Infizierte in den Entwicklungsländern. Wichtigste **Infektionsquelle** ist der erkrankte Mensch. Das erkrankte Rind als Infektionsquelle (Euter-Tuberkulose, Milch) spielt bei uns nur noch eine untergeordnete Rolle. Die **Übertragung** erfolgt in der Regel direkt, meist als Tröpfcheninfektion. Die **Inkubationszeit** beträgt 4–12 Wochen.

Die **Expositionsprophylaxe** besteht in der Isolierung von Patienten mit offener Tuberkulose während der Ausscheidungsphase. Tuberkulöse Rinder müssen eliminiert werden.

Zur **Dispositionsprophylaxe** existiert zwar eine aktive Schutzimpfung mit dem attenuierten Lebendimpfstoff BCG (Bacille Calmette Guérin). Wegen ihrer unsicheren Effektivität sowie wegen der geringen Prävalenz der Tuberkulose in Mitteleuropa (DE, AT, CH) wird die BCG-Impfung jedoch nur bei Risikogruppen eingesetzt.

Präventive Chemotherapie – Therapie einer klinisch inapparenten LTBI mit INH während 6–9 Monaten oder INH + RMP während 4 Monaten – wird bei Risikopersonen eingesetzt, wie z. B. bei Kontaktpersonen, die aufgrund des Kontakts tuberkulinpositiv wurden, oder bei tuberkulinpositiven Personen, die gesteigerte Anfälligkeit aufweisen (immunsuppressive Therapie, HIV-Infektion, Therapie mit Corticosteroiden, Diabetes, Alkoholismus).

5.9.2 Leprabakterien (Lepra)

Morphologie und Kultur. Das *Mycobacterium leprae* (Hansen, 1873) ist der Erreger des Aussatzes. Morphologisch entspricht dieses säurefeste Stäbchen den Tuberkulosebakterien. Im Unterschied zu diesen können Leprabakterien (LB) jedoch weder auf Nährmedien noch in Zellkulturen kultiviert werden.

Pathogenese. Die Pathomechanismen der LB sind mit denen der TB im Wesentlichen identisch. Der Wirtsorganismus versucht, Infektionsherde durch Ausbildung von Granulomen abzukapseln. Die Lepragranulome entsprechen histopathologisch den tuberkulösen Granulomen.

Immunität. Die Abwehr ist ausschließlich zellulärer Natur. Eine nach Infektion auftretende Allergie kann mit dem Lepromintest nachgewiesen werden. Die klinisch verschiedenen Verlaufsformen beruhen wahrscheinlich auf individuellen Unterschieden der Abwehr.

Krankheitsbild. Die Lepra manifestiert sich vor allem an der Haut, an den Schleimhäuten sowie an den peripheren Nerven. Klinisch unterscheidet man die tuberkuloide sowie die lepromatöse Lepra (Abb. **5.14**). Es existieren zahlreiche Zwischenformen. Die TL ist die benigne, nichtprogressive Form mit dem Auftreten von fleckenartigen Hautläsionen. Die LL tritt bei Versagen der zellulären Immunität auf und ist durch einen malignen, fortschreitenden Verlauf mit knotenartigen Hautläsionen sowie strangartigen Nervenverdickungen charakterisiert, die schlussendlich zu Nervenlähmungen führen. In den Entzündungsherden finden sich massenhaft Leprabakterien.

Diagnose. Mikroskopischer Erregernachweis im Haut- oder Nasenschleimhautgeschabsel nach Anfärben mit Ziehl-Neelsen. Molekularer Nachweis von spezifischen DNA-Sequenzen mit Nukleinsäre-Amplifikationstechniken.

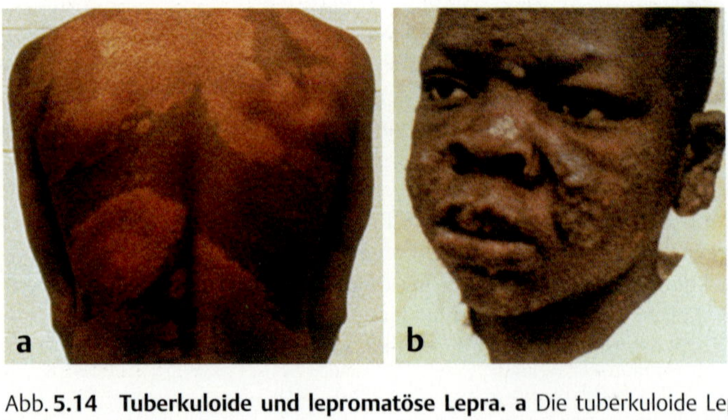

Abb. **5.14** **Tuberkuloide und lepromatöse Lepra.** **a** Die tuberkuloide Lepra ist die benigne, nicht progressive Lepraform, die durch fleckenartige Depigmentierungen der Haut charakterisiert ist. **b** Die lepromatöse Lepra verläuft mit knotenartigen Haut- und Schleimhautläsionen, Befall von Nerven, Nervenlähmungen und – als Folge – Verstümmelungen.

Therapie. Paucibakterielle (wenige Bakterien) Formen: Dapson kombiniert mit Rifampicin für 6 Monate. Multibakterielle Formen: Dapson kombiniert mit Rifampicin und Clofazimin für mindestens 2 Jahre.

Epidemiologie und Prophylaxe. In den sozial entwickelten Ländern ist die Lepra eine Seltenheit. Heute ist sie nur noch in den Ländern der Dritten Welt anzutreffen. Die globale Prävalenz (s. S. 46) wird auf 400 000 geschätzt (WHO; 2007). Einzige Infektionsquelle ist der kranke Mensch. Die Übertragungswege sind nicht genau bekannt. Diskutiert wird die Übertragung durch direkten Kontakt über Verletzungen von Haut oder Mukosa. Die Inkubationszeit beträgt 2–20 Jahre. Eine Isolierung von Kranken, die behandelt werden, wird nicht mehr gefordert. Epidemiologisch wichtig ist die frühzeitige Erkennung der Krankheit bei Kontaktpersonen durch periodische Untersuchungen alle 6–12 Monate bis zu 5 Jahren nach Kontakt.

5.9.3 Nichttuberkulöse Mykobakterien (NTMI)

Mykobakterien, die nicht Tuberkulosebakterien oder Leprabakterien sind, werden als atypische Mykobakterien (alte Bezeichnung) oder nichttuberkulöse Mykobakterien (NTM) bezeichnet.

Morphologie und Kultur. In der Morphologie und im Färbeverhalten entsprechen NTM weitgehend den Tuberkulosebakterien. Einige wachsen nur bei 30 °C. NTM kommen in der Umwelt (Wasser, Erdboden) vor. Viele weisen Resistenz gegen die gebräuchlichen Antituberkulotika auf.

Krankheitsbilder und Diagnose. Einige der NTM-Spezies sind apathogen, andere können zumeist chronisch verlaufende Mykobakteriosen (= **NTMI**) beim Menschen auslösen (Tab. **5.4**). Diese sind insgesamt selten. Ihr Entstehen wird durch herabgesetzte zelluläre Immunität begünstigt. Klinisch, radiologisch und histologisch sind die NTMI von tuberkulösen Läsionen in der Regel nicht zu unterscheiden. Für die Diagnose sind deshalb Kultivierung und Identifizierung notwendig.

Therapie. Für die Chemotherapie muss eine Kombinationstherapie (z. B. Clarithromycin, Rifampicin, Ethambutol für 3-12 Monate; Studien bei Infektionen mit *M-avium*-Komplex) eingesetzt werden. Reserve-Chemotherapeutika sind Aminoglykoside und Fluorchinolone Gruppe 3 und 4. Die Behandlung von NTMI ist bei Vorliegen einer Makrolidresistenz ausgesprochen schwierig. Einige NTM-Species weisen eine natürliche Resistenz gegen Makrolide auf, z. B. *M. fortuitum* (Ursache: chromosomal codierte *erm*-Methylasen, s. S. 214). Bei Vorliegen eines Infektionsherdes, z. B. einer Lymphadenitis oder einer Fremdkörper-assoziierten Infektion, muss dieser häufig chirurgisch entfernt werden.

Tabelle **5.4** Die wichtigsten Infektionen, die durch NTM ausgelöst werden können (gekürzte und modifizierte Version des „American Thoracic Society Statement; 2007")

Krankheit	häufige Spezies*	seltenere Spezies*
Lungenkrankheit (akute Exazerbation bei chronischer Bronchitis. Infektionen bei Bronchiektasen, Pneumokoniose, zystischer Fibrose, alveolärer Proteinose)	*M. abscessus* *M. avium-Komplex* *M. kansasii* *M. xenopi*	*M. celatum* *M. fortuitum* *M. malmoense* *M. simiae*
Lokale Lymphadenitis, vor allem bei Kindern und Adoleszenten. (submandibuläre, submaxilläre, zervikale, präaurikuläre Lymphknoten)	*M. avium-Komplex* *M. malmoense*	*M. fortuitum* *M. genavense* *M. haemophilum* *M. scrofulaceum*
Infektionen von Haut, Weichteilen, Knochen, Sehnen, Gelenken (Abszesse; Buruli-Ulkus; chirurgische Wundinfektionen; chronische granulomatöse Infektionen; Fremdkörper-assoziierte Infektionen)	*M. abscessus* *M. chelonae* *M. fortiutum* *M. marinum* *M. ulcerans* (Buruli-Ulkus)	*M. avium-Komplex* *M. haemophilum* *M. kansasii* *M. malmoense* *M. xenopi*
Disseminierte Infektionen bei immunkompromittierten Patienten, vor allem beim AIDS	*M. avium-Komplex* *M. haemophilum* *M. kansasii*	*M. fortuitum* *M. genavense* *M. malmoense* *M. marinum* *M. xenopi*
Kontamination des Untersuchungsmaterials	*M. gordonae*	

*alphabetische Reihenfolge. Am häufigsten meist *M. avium/intracellulare*-Komplex.

5.10 Nocardia (Nocardiosen)

Vorkommen. Die Gattung Nocardia setzt sich aus Spezies zusammen, die in ihrer Morphologie den Aktinomyzeten gleichen. Im Unterschied zu diesen ist der natürliche Lebensraum dieser obligaten Aerobier der Erdboden und Feuchtbiotope. Als die häufigsten Erreger der insgesamt sehr seltenen Nocardiosen des Menschen gelten *N. asteroides, N. brasiliensis, N. farcinica, N. nova* und *N. otitidiscaviarum.*

Morphologie und Kultur. Nocardien sind grampositive, feine, pleomorphe, teils verzweigte, oft auch säurefeste (S. 277) Stäbchen. Sie lassen sich auf gewöhnlichen Nährmedien kultivieren. Sie wachsen besonders gut bei 30 °C. Nocardien sind obligate Aerobier.

Pathogenese und Krankheitsbild. Nocardien dringen über den Atemtrakt oder über Hautwunden aus der Umwelt in den Makroorganismus ein. Eine Infektion entwickelt sich nur bei Patienten mit prädisponierenden Grundleiden, die meist die Infektabwehr tangieren. Beschrieben wurden: **pulmonale Nocardiosen** (Bronchopneumonie, Lungenabszess), **systemische Nocardiosen** (Sepsis, Hirnabszess, Abszesse in Nieren und Muskulatur), **oberflächliche Nokardiosen** (kutane und subkutane Abszesse, lymphokutanes Syndrom).

Aktinomyzetome sind tumorartige Prozesse an den Extremitäten mit Beteiligung des Knochens. Ein Beispiel ist der Madurafuß, der durch *Nocardia*-Arten, durch die verwandte Spezies *Actinomadura madurae* sowie durch *Streptomyces somaliensis* hervorgerufen wird. Aber auch Pilze (S. 385) können dieses Krankheitsbild bedingen.

Diagnose. Diese beinhaltet den mikroskopischen und kulturellen Erregernachweis. Wegen der langen Generationszeit der Nocardien ist eine Bebrütung der Kulturen von mindestens 1 Woche notwendig. Eine Artbestimmung erfolgt am besten mit molekularen Methoden (S. 33).

Therapie. Co-Trimoxazol, evtl. kombiniert mit Amikacin oder einem Carbapenem oder Ceftriaxon. Gegebenenfalls kommen chirurgische Maßnahmen in Betracht.

Epidemiologie und Prophylaxe. Nocardiosen sind seltene Infektionen. Ihre Inzidenz beträgt ungefähr 0,5–1/1 000 000/Jahr. Die Erreger kommen in der Umwelt vor. Prophylaktische Maßnahmen existieren nicht.

5.11 Neisseria, Moraxella und Acinetobacter

Neisserien sind gramnegative, oft paarig angeordnete, aerobe Kokken. Sie sind typische Schleimhautparasiten, die außerhalb des menschlichen Organismus rasch absterben. Sie können auf Spezialmedien kultiviert werden.

Neisseria gonorrhoeae ist der Erreger der **Gonorrhö** (Tripper). Die Infektion erfolgt durch den Geschlechtsverkehr. Die Keime dringen in das Urogenitalepithel ein und rufen eine pyogene Infektion hervor. Die Diagnose beruht auf dem mikroskopischen und kulturellen Nachweis der Erreger in eitrigen Sekreten. Mittel der Wahl zur Therapie ist das Penicillin G. Als Alternativen gegen Penicillinase-bildende Gonokokken kommen Cephalosporine oder Fluorchinolone in Frage.

N. meningitidis verursacht **septische Krankheitsbilder** mit und ohne **Meningitis**. Die Diagnose wird durch Nachweis der Erreger in Blut und Liquor und geführt. Die Krankheit tritt sporadisch oder in Form von Kleinepidemien bei Kindern, Jugendlichen oder jüngeren Erwachsenen auf. Antibiotika der Wahl sind Penicillin G und Ceftriaxon.

Die Familie der *Neisseriaceae* umfasst aerobe, gramnegative Kokken, unter denen die pathogenen Spezies *N. gonorrhoeae* und *N. meningitidis* die wichtigsten sind. Andere Arten der Gattung *Neisseria* gehören zur Normalflora der Schleimhäute.

5.11.1 Neisseria gonorrhoeae (Gonorrhö)

Morphologie und Kultur. Gonokokken sind gramnegative, semmelförmige, zumeist paarig auftretende Kokken mit einem Durchmesser von ungefähr 1 µm (Abb. **5.15a**). An der Oberfläche lokalisierte Haftpili und das Protein Opa (opacity antigen; früher PII) sind für die Adhärenz an Mukosazellen verantwortlich.

Gonokokken können auf mit Eiweiß angereicherten Medien kultiviert werden. Für die Primärkultur ist eine Atmosphäre von 5–10% CO_2 von Vorteil.

Pathogenese und Klinik. Die Gonorrhö (GO) gehört zu den durch Geschlechtsverkehr übertragenen Infektionen. Die Erreger dringen in die Urogenitalmukosa ein und rufen eine lokale, mit Eiterbildung einhergehende Infektion hervor. Neben der Urogenitalschleimhaut können beim Mann Prostata und Nebenhoden mitbefallen sein. Bei der Frau können die Gonokokken auch eine Salpingitis und sogar eine Peritonitis verursachen. Werden die Keime auf die Konjunktiva übertragen, kann eine eitrige Konjunktivitis entstehen, die vor allem bei Neugeborenen auftritt (Ophthalmia neonatorum). Gonokokken können auch die Rektal- oder Pharynxschleimhaut befallen. Bei hämatogener Streuung können sie Arthritiden und selbst Endocarditiden verursachen.

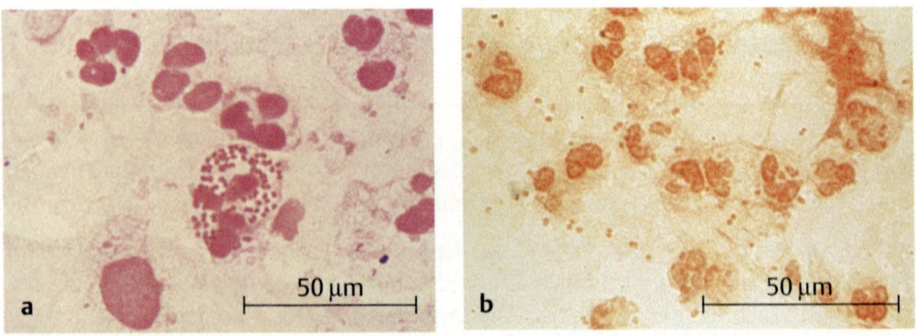

Abb. **5.15** **Neisseria gonorrhoeae und meningitidis.** **a** *N. gonorrhoeae:* Gram-Färbung eines Präparats aus Urethralsekret: kaffeebohnenförmige Diplokokken; Lagerung als Gruppe innerhalb eines Granulozyten. Klinische Diagnose: Gonorrhö. **b** *N. meningitidis:* Gram-Färbung eines Präparats aus Liquorsediment. Klinische Diagnose: akute, eitrige Meningitis

Virulenzfaktoren von Gonokokken.

Haftpili an der Oberfläche sowie das äußere Membranprotein Opa (früher PII) sind für Adhärenz an Zellen der Urogenitalmukosa zuständig. Die Haftpili spielen eine entscheidende Rolle bei der Pathogenese. Opa induziert auch die Transzytose (S. 221) der Gonokokken durch Epithelzellen. Diese Funktion wird auch dem Porin Por (früher PI) zugeschrieben, das außerdem auch noch die Fusion des Phagosoms mit Lysosomen in professionellen Phagozyten verhindert, sodass phagozytierte Gonokokken in Granulozyten überleben und sich in diesen sogar vermehren können. Das Lipooligosaccharid (LOS) der äußeren Membran bedingt Resistenz gegen Komplement (Serumresistenz) und ist auch in Analogie zum komplexer aufgebauten LPS der Enterobakterien für die Auslösung der entzündlichen Reaktion mitverantwortlich. Gonokokken können mittels in der äußeren Membran lokalisierten Siderophoren den Humanproteinen Lactoferrin und Transferrin Eisen entreißen und im Innern der Bakterienzelle anreichern, was ihre rasche Vermehrung ermöglicht. Eine von den Gonokokken gebildete IgA_1-Protease hydrolysiert sekretorische Antikörper in den Mukosasekreten. Eine ausgeprägte Antigenvariabilität der Haftpili (S. 224) sowie des Opa-Proteins ermöglichen es den Gonokokken, sich immer wieder der humoralen Immunabwehr zu entziehen.

5

Diagnose. Methode der Wahl ist der Erregernachweis durch ein Methylenblau- und Grampräparat sowie durch die Kultur. Beim kulturellen Nachweis ist die Hinfälligkeit der Erreger zu beachten. Material muss unmittelbar nach Entnahme auf Thayer-Martin-Medium (= Kochblutagar mit Zusatz von Antibiotika zur Ausschaltung von Begleitflora) geimpft und auf diesem Medium ins Labor transportiert werden. Die Identifizierung berücksichtigt die Morphologie sowie biochemische Merkmale.

Ein direkter Nachweis in Eiter- und Sekretproben ist mit direkter Immunfluoreszenz sowie mit molekularen Verfahren (S. 15) möglich.

Therapie. Früher war das Penicillin G das Antibiotikum der Wahl. In den letzten Jahren hat aber der Prozentsatz von penicillinasebildenden Stämmen weltweit stark zugenommen. Deshalb werden heute für die Therapie der unkomplizierten GO die Cephalosporine eingesetzt, die als Einmaldosis verabfolgt werden (z. B. Ceftriaxon, 250–500 mg i. m. oder Cefixim p. o.). Die Verwendung von Fluorchinolonen der Gruppe 2 (Ciprofloxacin, Ofloxacin) muss die regionale Resistenzsituation berücksichtigen.

Penicillinresistenz bei Gonokokken.

Hohe Resistenz gegen Penicillin wird durch kleine, nichtkonjugative Plasmide vermittelt. Diese können durch ein konjugatives Helferplasmid mobilisiert und zwischen Gonokokken übertragen werden. Die Penicillin-Resistenzplasmide codieren für eine TEM-Betalaktamase, die häufig bei *Enterobacteriaceae* vorkommt. Deshalb wird angenommen, dass das Penicillinase-Gen der Gonokokken aus dem Genpool der

Enterobacteriaceae stammt. Niedrige Resistenz gegen Penicillin beruht auf einem Penicillin-Bindeprotein (PBP; S. 167) mit herabgesetzter Affinität für Penicillin. Ähnlich den Pneumokokken sind Gonokokken natürlicherweise transformierbar. Die niedrige Penicillinresistenz geht auf Aufnahme und Rekombination entsprechender PBP-codierender Sequenzen kommensaler Bakterien (*Neisseria flavescens, N. cinerea*) zurück.

Epidemiologie und Prophylaxe. Die Gonorrhö ist eine weltweit verbreitete, durch Geschlechtsverkehr übertragene, ausschließlich beim Menschen vorkommende Krankheit. Ihre Inzidenz wird für die entwickelten Länder mit 1–2/1000/Jahr geschätzt. Diese Zahlen müssen aber als ungenau angesehen werden, da die Dunkelziffer groß sein dürfte. In den letzten Jahren ist die Häufigkeit, möglicherweise im Zusammenhang mit der AIDS-Prophylaxe, zurückgegangen. Eine Immunisierungsprophylaxe, die bei Risikopersonen eingesetzt werden könnte, existiert bisher nicht, vor allem wegen der Variabilität von Genen (*pilE, opa*), die für Immunantigene codieren (S. 224). Die Bekämpfung der Gonorrhö umfasst vor allem die rasche Erkennung von Infizierten und ihre entsprechende Behandlung.

Die Ophthalmia neonatorum kann zu 100% durch eine Einmaldosis von 125 mg Ceftriaxon parenteral verhütet werden. Diese Prophylaxe ist zwingend notwendig bei nachgewiesener GO der Wöchnerin. Sonst ist eine lokale Prophylaxe mit einer 1%igen wässrigen Lösung von Silbernitrat oder mit einer 1%igen Tetracyclin- oder 0,5%igen Erythromycin-Augensalbe angezeigt.

5.11.2 Neisseria meningitidis (Meningitis, Sepsis)

Morphologie und Kultur. Meningokokken sind gramnegative, semmelförmige, oft pleomorphe, einen Durchmesser von 1 µm aufweisende, Kokken (Abb. **5.15b**). Sie sind unbeweglich und besitzen eine Polysaccharidkapsel.
Zur Kultivierung müssen bluthaltige Medien eingesetzt werden. 5–10% CO_2 fördern das Wachstum.

Antigenstruktur. Aufgrund der Chemie der Kapsel unterscheidet man 13 Serogruppen. Die häufigsten sind A, B, C, Y und W_{135}. Aufgrund antigenetischer Unterschiede der Membranproteine können Serogruppen in Serovare unterteilt werden.

Pathogenese und Krankheitsbild. Meningokokken sind Parasiten der Nasopharynx-Schleimhaut. 5–10 % der Bevölkerung sind durch nichtinvasive Stämme kolonisiert. Nur hyperinvasive (hypervirulente) Klone (z. B. ST11) verursachen Krankheit. Diese können Transzytose (S. 221) durch Mukosazellen hindurch induzieren und so die Schleimhautbarriere überwinden. Der primäre Prädilektionsort ist das ZNS. Die Erreger können aber auch die Lunge, das Endocard oder die großen Gelenke befallen. Nach einer Inkubationszeit von 2–3 Tagen tritt meist schlagartig eine purulente Meningitis mit Kopfschmerzen, Genickstarre, Fieber auf. Häufig kommt es dabei auch zu einer Sepsis mit petechialen Läsionen der Haut und Emboli der Gefäße der Extremitäten, die sogar Amputationen notwendig machen können. Das Waterhouse-Friderichsen-Syndrom bei Kindern geht mit ausgedehnten Hauthämorrhagien und Symptomen eines septischen Schocks einher.

Diagnose. Diese beinhaltet den mikroskopischen und kulturellen Nachweis des Erregers im Liquor oder im Blut. Für die Kultur muss das Material möglichst rasch auf Blutagar angesetzt werden. Die Identifizierung gewachsener Kulturen beruht auf dem Nachweis von Stoffwechseleigenschaften. Ein molekulargenetischer Nachweis ist im Liquor oder EDTA-Blut möglich. Die Gruppierung und Typisierung mit der Objektträgeragglutination bleibt Referenz-Zentren vorbehalten.

Zum direkten Nachweis der Kapsel-Antigene A, B, C, Y und W_{135} im Liquor, Serum oder Urin wird die Latexagglutination oder die Koagglutination eingesetzt.

Therapie. Antibiotika der Wahl sind Penicillin G oder ein Cephalosporin 3a (z. B. Ceftriaxon). Wichtig ist ein frühzeitiges Einsetzen der Therapie, um Spätschäden, die meist das Gehirn und die Hirnnerven betreffen, zu verhüten. Der Vorteil der Cephalosporine 3a besteht darin, dass sie aufgrund ihres sehr breiten Wirkungsspektrums auch gegen andere Meningitiserreger (mit Ausnahme von *Listeria monocytogenes*) wirken.

5

Epidemiologie und Prophylaxe. Meningokokken-Infektionen treten gehäuft in den Winter- und Frühlingsmonaten auf. Die **Übertragung** erfolgt durch Tröpfchen. Der Mensch ist einziges Erregerreservoir. **Infektionsquellen** sind vor allem Erkrankte, aber auch Keimträger. In den entwickelten Ländern tritt die Erkrankung sporadisch oder in Form von Kleinepidemien in mehr oder minder geschlossenen Kollektiven (Arbeitslagern, Rekrutenlagern, Schullagern) auf. Die **Inzidenz** beträgt ungefähr 1–2/100 000/Jahr. In den Ländern der Dritten Welt kann die Erkrankung häufiger vorkommen (s. Meningitis-Gürtel in Afrika). Unbehandelt kann die Letalität bei Epidemien in kindlichen Kollektiven 50–80 % betragen. Bei rechtzeitiger Behandlung liegt sie unter 1 %. Postexpositionelle **Chemoprophylaxe** ist bei engem Kontakt mit Erkrankten (z. B. in der Familie) angezeigt. Zur Chemoprophylaxe wird auch die Sanierung von Keimträgern gerechnet. Sie ist mit Penicillin G nicht möglich, sondern muss mit Rifampicin durchgeführt werden. Einzelheiten zur **Immunisierungsprophylaxe** s. Tab. **2.6** und **2.7** (S. 53 und 54).

Impfstoffe.

Polysaccharid-Vakzinen. Monovalente Vakzine gegen Serogruppe A und C sowie quadrivalente Vakzine A, C, Y, W_{135}. Bei Personen älter als 2 Jahre.
Konjugatvakzinen (s. S. 52) bei Kleinkindern im Alter von 12–24 Monaten. Monovalente Vakzine gegen Serogruppe C (MenC). Quadrivalente Vakzine Men-ACWY (Menveo, Novartis); Lizensierung 2010 in Europa.
Protein-Vakzinen. Die Kapsel der Serogruppe B besteht aus Polyneuraminsäure (Syn: Polysialinsäure). Dieser Zucker ist Bestandteil des embryonalen Glykoproteins N-CAM

und wirkt deshalb wegen molekularer Mimikry (s. S. 223) nicht immunogen. Eine aus verschiedenen Serotypen der Gruppe B bestehende Proteinvakzine (OMV = outer membrane vesicles) ist in Entwicklung.

5.11.3 Moraxella und Acinetobacter

Bei diesen Gattungen handelt es sich um Gram-negative Kokken oder um kokkoide, manchmal auch in Diploform auftretende, unbewegliche Kurzstäbchen. Ihr natürliches Habitat sind entweder die Schleimhäute des Menschen (Moraxella) oder die Umwelt (Acinetobacter).

Moraxella. Die Gattung wird in 2 Subgattungen unterteilt:

- ***Moraxella (subgen. Branhamella) catarrhalis***. Bestandteil der Normalflora des oberen Respirationstrakts. Kann verantwortlich sein für: Pneumonie; akute Exazerbation bei chronischer Bronchitis; Otitis media (bis zu 20% bei Kindern); Sinusitis. Ungefähr 90% aller Stämme bilden eine Penicillinase. Therapie mit einem penicillinasestabilen Betalaktam-Antibiotikum ist deshalb angebracht.
- ***Moraxella (subgen. Moraxella) lacunata***. Kann Konjunktivitis und Keratitis verursachen. Wird heute selten als Erreger dieser Augeninfektionen gefunden.

Acinetobacter. *A. baumannii, A. calcoaceticus* und weitere Arten können bei schwerkranken Patienten im Krankenhaus Infektionen (Harnwegsinfektionen, Pneumonien, Wundinfektionen, Sepsen) verursachen. Die Bedeutung dieser Erreger, vor allem von *A. baumanii*, nimmt laufend zu. Wegen ihrer häufigen Mehrfachresistenz gegen Antiinfektiva kann die Therapie Probleme machen. Es wurden Stämme beschrieben, die gegen alle gängigen Antiinfektiva Resistenz aufwiesen.

5.12 Enterobacteriaceae, Übersicht

Die für die Humanmedizn wichtigste Bakterienfamilie ist die der *Enterobacteriaceae*. Diese umfasst Gattungen und Arten, die definierte, mit typischer klinischer Symptomatik einhergehende Krankheiten (**Typhus**, **Ruhr**, **Pest**) verursachen, sowie viele Opportunisten, die vor allem **endogene** und **nosokomiale Infektionen** (Harnwegsinfektionen, Pneumonien, Wundinfektionen, Sepsen) hervorrufen. *Enterobacteriaceae* sind gramnegative, meist bewegliche, fakultativ anaerobe Stäbchenbakterien. Sie zeigen große Stoffwechselaktivität, die zu ihrer Identifizierung ausgenützt wird. Aufgrund von O-, H- und K-Antigenen können Arten in Serovare unterteilt werden, was epidemiologische Bedeutung hat. Wichtige Pathogenitätsfaktoren der *Enterobacteriaceae* sind Kolonisationsfaktoren, Invasine, das Endotoxin sowie verschiedene Exotoxine. *Enterobacteriaceae* sind die wichtigsten Erreger von intestinalen Infektionen. Diese gehören in der Bevölkerung der Dritten Welt zu den häufigsten Krankheiten.

Definition und Bedeutung. *Enterobacteriaceae* gehören zusammen mit anderen Familien (Tab. **4.5**, S. 237) zu den gramnegativen, fakultativ anaeroben Stäbchenbakterien. Ihr natürliches Habitat ist der Darmtrakt von Mensch und Tier. Einige rufen charakteristische Krankheiten hervor. Andere sind fakultativ pathogen, gehören aber zu den heute am häufigsten als Krankheitserreger isolierten Bakterien (z. B. *E. coli*). Sie sind oft für nosokomiale Infektionen (s. S. 63ff.) verantwortlich.

Taxonomie. Die Taxonomie der *Enterobacteriaceae* hat in den letzten Jahrzehnten mehrfach gewechselt und darf auch heute noch nicht als abgeschlossen gelten. Die Familie umfasst zur Zeit 47 Gattungen mit Hunderten von Arten. Tab. **5.5** gibt eine Übersicht über die wichtigsten beim Menschen vorkommenden *Enterobacteriaceae* und die durch sie verursachten Infektionen.

Die Systematik der *Enterobacteriaceae* beruht auf verschiedenen Mustern an Stoffwechselleistungen, die mit einer sog. „Bunten Reihe" nachgewiesen werden (Abb. **1.10**, S. 31). Eine wichtige Eigenschaft dieser Bakterienfamilie ist der Lactoseabbau (Vorhandensein des Lac-Operons). Lactose-positive *Enterobacteriaceae* werden in der Gruppe der koliformen *Enterobacteriaceae* zusammengefasst. Lactose-negativ sind die Salmonellen und die Shigellen (Ausnahmen möglich).

Morphologie und Kultur. *Enterobacteriaceae* sind gramnegative, plumpe, abgerundete Enden aufweisende Stäbchen von 0,5–1,5 µm Dicke und 2–4 µm Länge (Abb. **5.16 a**). Viele sind peritrich begeißelt. Stark begeißelte Arten (z. B. Proteusarten) können sich auf der Agaroberfläche fortbewegen, was als „Schwärmen" bezeichnet wird. Einige *Enterobacteriaceae* besitzen eine Kapsel.

Alle Bakterien dieser Familie lassen sich auf einfachen Nährmedien gut kultivieren. Sie sind rasch wachsende, fakultative Anaerobier. Ihre mittlere Generationszeit in vitro beträgt 20–30 min. Sie zeigen Resistenz gegen verschiedene Chemikalien (Gallensalze, Kristallviolett), was für ihre selektive Kultivierung ausgenützt wird. Ein wichtiges Selektiv/Indikator-Medium ist der MacConkey-Agar, der nur das Wachstum von gramnegativen Stäbchenbakterien gestattet und Lactoseabbau anzeigt (Abb. **1.9**, S. 29). In bestimmten Situationen wird auch Endo-Agar (Abb. **5.16 b**, S. 295) eingesetzt.

Antigenstruktur. Die wichtigsten Antigene der *Enterobacteriaceae* sind:

- **O-Antigene.** Spezifische Polysaccharidketten des Lipopolysaccharid-Komplexes der äußeren Membran (S. 171).
- **H-Antigene.** Aus Protein bestehende Geißelantigene.
- **K-Antigene (Kapsel-Antigene).** In der Außenschicht der äußeren Membran verankerte, lineare Polymere aus sauren Polysacchariden (s. Abb. **4.11**, S. 170). In ihrer Gesamtheit bilden sie eine kohäsive Schicht von variabler Dicke und können, falls Antikörper die O-Antigene nicht mehr erreichen, O-Inagglutinabilität verursachen.
- **F-Antigene.** Antigene der aus Proteinen bestehenden Haftfimbrien.

Tabelle **5.5** Die wichtigsten Gattungen/Arten/Vare der Enterobacteriaceae und die zugehörigen Krankheitsbilder

Gattung/Art/Var	**Krankheit**	**Bemerkungen**
Salmonella enterica		
Serovar (SV) Typhi, *SV Parathyphi A, B, C*	Typhus abdominalis und Paratyphus	Septische Allgemeininfektion. Nur beim Menschen.
SV Typhimurium *SV Enteritidis* und über 2 500 weitere *SV*	Gastroenteritis (Diarrhö)	Profuse, wässrige Durchfälle. Infektionen bei Tier und Mensch. Übertragung auf Mensch meist durch Lebensmittel
Shigella	bakterielle Ruhr (Dysenterie)	Durchfälle, Koliken, oft Blut und Schleim im Stuhl. Nur beim Menschen
Klebsiella pneumoniae	Pneumonie	schwere Pneumonie bei Prädisposition
Escherichia coli *Citrobacter* *Klebsiella* *Enterobacter* *Serratia* *Proteus* *Providencia* *Morganella* und weitere	Infektionen der Harnwege; Wundinfektionen; Infektionen des Respirationstrakts; Sepsis; Cholezystitis; Peritonitis; und weitere Infektionen	fakultativ pathogene Keime; Ausnahmen sind bestimmte Pathovare von *E. coli* (s. unten); Prädisposition beim Wirtsorganismus meist Voraussetzung für Krankheit; verursachen oft nosokomiale Infektionen; Krankenhausstämme häufig resistent gegen Antibiotika
Yersinia		
Y. pestis	Pest (heute sehr selten)	Bubonenpest; Lungenpest; Sepsis
Y. enterocolitica *Y. pseudotuberculosis*	Enterokolitis, Lymphadenitis der Mesenteriallymphknoten	Pseudoappendizitis; Ileitis; Kolitis. Folgekrankheiten: reaktive Arthritis, Erythema nodosum
Escherichia coli		Intestinale (IPEC) und extraintestinale (ExPEC) Pathovarietäten
Enteropathogene *E. coli* (EPEC)	Säuglingsdiarrhö	Früher Epidemien in Krankenhäusern/Heimen. Heute noch häufig in Entwicklungsländern

Tabelle **5.5** (Fortsetzung)

Gattung/Art/Var	Krankheit	Bemerkungen
Enterotoxische *E. coli* (ETEC)	Diarrhö, choleraähnlich	Reisediarrhö (in ~50% durch ETEC)
Enteroinvasive *E. coli* (EIEC)	ruhrähnliche Dysenterie	Invasion der Kolon-Mukosa
Enterohämorrhagische *E. coli* (EHEC; Syn: VTEC, STEC)	Hämorrhagische Kolitis. In 5% der Infektionen durch EHEC hämolytisches Urämiesyndrom (HUS)	Shiga-Toxine 1 und 2 (Syn.: Verotoxine); häufig Serovar O157:H7.
Uropathogene *E. coli* (UPEC)	Urethritis, Zystitis, Pyelonephritis	Adhäsion mit Fimbrien, z. B. P-Pili (PAP) und Nicht-Fimbrien-Adhäsinen (NAF) an Mukosa
Septikämische *E. coli* (SEPEC)	Sepsis	Resistenz gegen Komplement (= Serumresistenz)

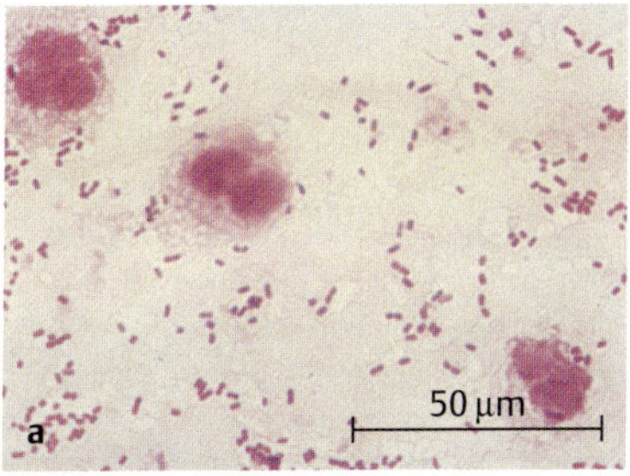

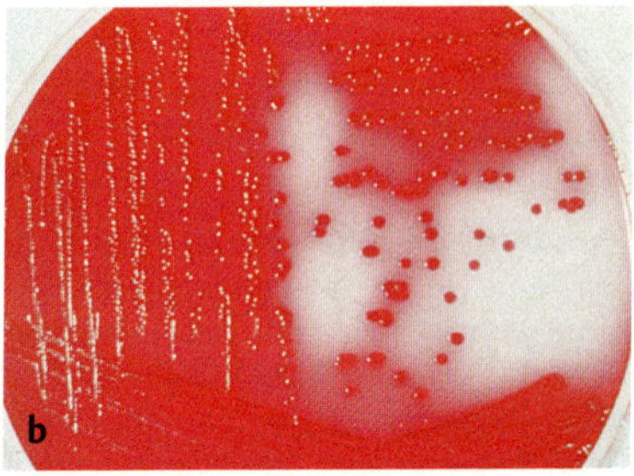

Abb. **5.16** **Escherichia coli. a** Gram-Färbung eines Präparats aus Urinsediment: Plumpe, z. T. kokkoide, gramnegative Stäbchen. Klinische Diagnose: akute Zystitis. **b** Kultur von *E. coli* auf Endo-Agar, einem kombinierten Selektiv/Indikator-Medium. Das Medium enthält Natriumsulfit und Fuchsin, die das Wachstum grampositiver Bakterien sowie gramnegativer Kokken hemmen. Weiterhin enthält das Medium Laktose. Beim Abbau dieses Disaccharids wird aus acetylierter Galaktose Acetaldehyd freigesetzt, das Fuchsin aus der farblosen Sulfit-Fuchsin-Verbindung verdrängt. Dadurch kommt es zur fuchsinroten Färbung der Kolonien und des Agars. Endo-Agar ist wegen seiner nur mäßigen selektiven Wirkung in der diagnostischen Bakteriologie weitgehend durch MacConkey-Agar (s. Abb. **1.9**, S. 29) ersetzt worden, wird aber noch bei Bestimmung des Colititers von Trinkwasser und Badegewässern verwendet

Determinanten der Pathogenität. Bei *Enterobacteriaceae* sind eine Vielzahl von Faktoren bekannt, die in der Pathogenese der verschiedenen Infektionen eine Rolle spielen. Für eine Erklärung dieser Faktoren s. Kap. 4.7.1–4.7.4 (S. 220–223). Zu nennen sind:
Adhärenzfaktoren; Invasine; Enterotoxine; Zytotoxine; Toxine des Typ-III-Sekretionssystems; Endotoxin (LPS); Serumresistenz; Phagozytoseresistenz; Siderophore.

5.13 Salmonella (Typhus, Paratyphus, Gastroenteritis)

Alle Salmonellen gehören zur Spezies *Salmonella enterica*. Diese umfasst mehr als 2500 Serovare, die aus historischen Gründen mit Speziesnamen (inkorrekt) bezeichnet werden. Zur Unterscheidung der Serovare von Spezies werden die Serovare mit großen Anfangsbuchstaben geschrieben.

Typhöse Salmonellosen werden durch die Serovare *Typhi* und *Paratyphi A, B und C* verursacht. Die Keime werden per os aufgenommen. Sie dringen über den Intestinaltrakt ein, gelangen in das lymphatische Gewebe und breiten sich von dort lymphogen und hämatogen aus. Es resultiert ein generalisiertes, septisches Krankheitsbild. Infektionsquellen sind ausschließlich menschliche Ausscheider. Die Übertragung kann direkt durch Schmierinfektion oder indirekt über Lebensmittel und Trinkwasser erfolgen. Zur Therapie müssen Antibiotika (Aminopenicilline, Fluorchinolone, Cephalosporine Gruppe 3) eingesetzt werden. Eine Immunisierungsprophylaxe ist nur gegen Typhus möglich.

Enteritische Salmonellosen werden durch nichttyphöse Serovare (z. B. Enteritidis, Typhimurium) hervorgerufen. Die Erreger werden mit Nahrungsmitteln aufgenommen. Primäre Infektionsquellen sind zumeist Nutztiere, die ebenfalls erkranken können. Die häufige Infektion bleibt auf den Magen-Darm-Trakt beschränkt. Von Ausnahmen abgesehen ist eine Therapie mit Antibiotika nicht angezeigt.

Taxonomie. Die für den Menschen wichtigen Salmonellen werden in dem Taxon *Salmonella enterica*, subspecies *enterica* zusammengefasst. Meist wird nur der Spezies-Namen verwendet. *S. enterica*, enthält mehr als 2500 Serovare, die (inkorrekt) mit Speziesnamen bezeichnet werden. Zur Unterscheidung von Spezies werden die Serovare mit großen Initialen geschrieben.

Taxonomie der Salmonellen.
Die Probleme mit der Systematik und Nomenklatur können nur historisch verstanden werden. Ursprünglich war man der Meinung, dass die Gattung Salmonella aus Arten besteht, die sich durch ihre Antigenstruktur voneinander unterscheiden. Das hat zur Verwendung von Speziesnamen für Serovare geführt. Neuere molekulargenetische

Studien haben aber ergeben, dass die Gattung Salmonella nur aus 2 Arten (*S. bongori*, *S. enterica* besteht. Letztere wird in 6 Subspezies unterteilt. Die für die Medizin wichtigen Salmonellen (*S. enterica*) gehören alle der Unterart *enterica* an. Da sich aber „Spezies"-Namen für Serovare in der Medizin eingebürgert hatten, wurden diese belassen.

Die Serovare werden durch O- und H-Antigene determiniert. Sie sind im Kauffmann-White-Schema geordnet (s. Tab. **5.6**). Um die Übersicht zu erleichtern, wurden Gruppen gebildet, die durch bestimmte O-Antigene (fett) charakterisiert sind. Die Typisierung hat epidemiologische und klinische Bedeutung, da bestimmte Serovare für die typhösen und andere für die enteritischen Salmonellosen verantwortlich sind.

Phasenvariation der H-Antigene.

H-Antigene können in 2 antigenetisch unterschiedlichen Strukturen vorkommen. Die Primärstruktur des Flagellins wird entweder durch das Gen *fljB* oder *fliC* festgelegt, von denen immer nur eines abgelesen wird. FljA des *fljBfljA*-Operons kontrolliert als Repressor die Transkription des *fliC*-Operons. Durch ortsspezifische Rekombination

5

Tabelle **5.6** Auszug aus dem Kauffmann-White-Schema, das mehr als 2500 Serovare umfasst

Gruppe	Serovar	O-Antigene	H-Antigene Phase 1	H-Antigene Phase2
A	*Paratyphi-A*	(1),**2**,12	a	– (1,5)
B	*Paratyphi-B*	(1),**4**,(5),12	b	1,2
	Typhimurium	(1),**4**,(5),12	i	1,2
C1	*Paratyphi-C*	**6**,7,(Vi)	c	1,5
	Choleraesuis	**6**,7	(c)	1,5
C2	*Newport*	**6**,8, (20)	e,h	1,2
D1	*Typhi*	**9**,12, (Vi)	d	–
	Enteritidis	(1),**9**,12	g,m	(1,7)
	Dublin	1,**9**,12,(Vi)	g,p	–
	Gallinarum	(1),**9**,12	–	–
	Panama	(1),**9**,12	l,v	1,5
E1	*Oxford*	**3**,10, (15)	a	1,7

Eine Klammer bedeutet, dass das Antigen oft nicht vorhanden ist. Beim Vi-Antigen handelt es sich um ein K-Antigen (S. 293). Die fett gedruckten Zahlen kennzeichnen das die O-Gruppe charakterisierende Antigen.

der Sequenz an den Loci *hixL* und *hixR* mit Hilfe der Hin-Invertase kommt es in einer Frequenz von ungefähr 10^{-3} bis 10^{-5} pro Generation zu einer Inversion, sodass der Promotor für das *fljBfljA*-Operon in die umgekehrte Richtung zeigt. Da dann FljB und FljA nicht gebildet werden, liegt das Flagellin in der Konfiguration FliC vor (Abb. **5.17**).

Pathogenese und Krankheitsbilder. Salmonellen weisen zahlreiche Pathogenitätsdeterminanten auf (S. 293). Adhäsive Fimbrien ermöglichen *Adhärenz* an Enterozyten. Mehrere PAIs (S. 230) enthalten Gene für Adhärenz, Invasion, Typ III-Sekretionsysteme und toxische Effektoren, die durch Typ III-Sekretion in Zielzellen injiziert werden. Häufig sind diese Gene auf Plasmiden lokalisiert.

Hinsichtlich der Pathogenese, der Krankheitsbilder und der Epidemiologie werden Salmonellosen in typhöse und enteritische unterteilt (Tab. **5.7**). Nicht bekannt ist, warum typhöse Salmonellen Systemerkrankungen nur beim Menschen hervorrufen, während die Infektion durch enteritische Salmonellen bei Mensch und Tier auftritt und beim Menschen in der Regel auf den Darm beschränkt bleibt.

5

- **Typhöse Salmonellosen** (Typ III der Gastroenteritis [S. 694]). Adhärenz der typhösen Salmonellen vorwiegend an M-Zellen des Dünndarms und Transzytose (S. 221); Phagozytose durch Makrophagen und Translokation ins GALT; lymphogene und hämatogene Streuung; sekundäre Ansiedelung in Milz, Leber, Knochenmark, Gallenwege, Haut (Roseolen); evtl. Nekrosen der Peyer Plaques.

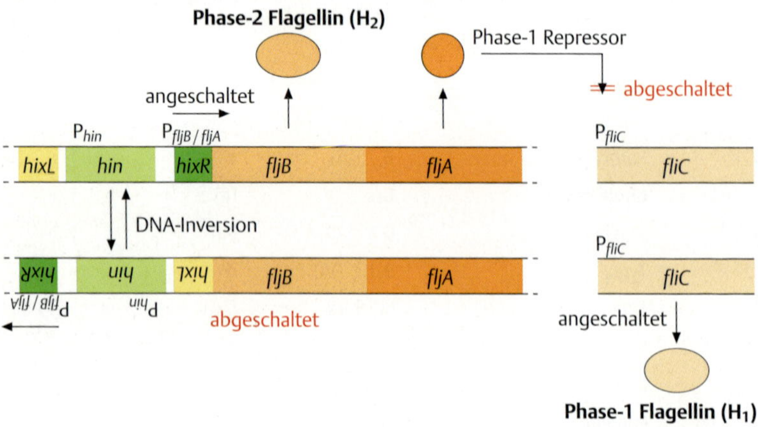

Abb. **5.17** **H-Phasenvariation der Salmonellen.** P = Promotor, *fljB* = Gen für Phase-2 Flagellin (H_2); *fljA* = Gen für den Phase-1 Repressor; *fliC* = Gen für Phase-1 Flagellin (H_1); *hin* = Gen der H-Invertase. Das Gen *hin* hat einen eigenen Promoter und kann in beiden Richtungen abgelesen werden; *hixL* und *hixR* = inverted repeats, Sequenzen, die die Inversion von *hin* durch ortsspezifische Rekombination ermöglichen.

Die Krankheit beginnt mit Fieber, das in der ersten Woche treppenförmig bis 39/40/41 °C ansteigt. Weitere Symptome bei unbehandelten Fällen: Benommenheit (gr. *typhos* = Umnebelung der Sinne); Leukopenie; Bradykardie; Milzschwellung; Roseolen am Abdomen; ab 3. Krankheitswoche Diarrhö, dabei evtl. Darmblutungen, bedingt durch Ulzera der Mukosa.

- **Enteritische Salmonellosen** (Typ II der Gastroenteritis, S. 694]). Adhärenz an Enterozyten des Ileums und Kolons und an M-Zellen; Transzytose (S. 221), induziert durch Invasinproteine; Injektion toxischer Effektoren in Mukosazellen über Typ III-Sekretion; lokale Entzündung in der Subserosa; vermehrte Produktion von cAMP in den Enterozyten und dadurch vermehrte Sekretion von Clorid-Ionen (s. Cholera-Toxin, S. 312); wässrige Diarrhö.
  Die Krankheit beginnt meist plötzlich mit einem akuten Brechdurchfall, der mit hohem Fieber einhergehen kann. Die Symptome klingen ohne spezifische Therapie nach wenigen Tagen ab. Bei massiven Diarrhöen können Symptome auftreten, die auf den Wasser- und Elektrolytverlust zurückzuführen sind.

Diagnose. Methode der Wahl ist der kulturelle Erregernachweis. Nachweis der typhösen Salmonellen primär aus Blut, der enteritischen Salmonellen aus Stuhl. Bei der Isolierung der Salmonellen aus dem Stuhl werden Selektiv/Indikator-Medien eingesetzt. Die Identifizierung erfolgt mit der „Bunten Reihe“ aufgrund eines Musters an Stoffwechseleigenschaften (Abb. **1.10**, S. 31). Die Serovarietät wird durch Nachweis der Antigenstruktur mit der Objektträger-Agglutination (S. 16) bestimmt. Der kulturelle Nachweis erfordert mindestens 2 Tage. Typhöse Salmonellosen können auch indirekt durch Bestimmung des Titers agglutinierender Antikörper gegen O- und H-Antigene (= Gruber-Widal) diagnostiziert werden. Beweisend ist nur ein Titeranstieg um mindestens das Vierfache innerhalb von ≥ 2 Wochen.

Therapie. Bei typhösen Salmonellosen müssen Antiinfektiva (Tab. **5.7**) eingesetzt werden, bei enteritischen genügt eine symptomatische Behandlung (Ausnahme: septische Krankheitsbilder). Letzere umfasst eine Ruhigstellung des Darmes (z. B. mit Loperamid) sowie, falls notwendig, einen oralen Flüssigkeits-/Elektrolytersatz (WHO-Formel: 3,5 g NaCl, 2,5 g $NaHCO_3$, 1,5 g KCl, 20 g Glucose pro Liter).

Ein Problem stellt die Sanierung der Stuhl-Dauerausscheider (S. 50) von typhösen Salmonellen dar, die in einer Häufigkeit von 2–5 % nach durchgemachter Infektion auftreten. Die Keime residieren meist in der Gallenblasenwand. Hohe Dosen von Antiinfektiva, z. B. Fluorchinolone, oder Aminopenicilline oder Cephalosporine Gruppe 3, können Erfolge bringen. In hartnäckigen Fällen ist die Cholezystektomie notwendig.

Epidemiologie und Prophylaxe. In Nord- und Mitteleuropa werden die *typhösen Salmonellosen* durch Reisende importiert und treten nur sporadisch oder bei Verkettung unglücklicher Umstände epidemisch auf. Primäre Infektionsquelle ist immer der Mensch.

Tabelle **5.7** Übersicht über die wichtigsten Unterschiede zwischen typhösen und enteritischen Salmonellen/Salmonellosen

Eigenschaft	Typhöse Salmonellen/ Salmonellosen	Enteritische Salmonellen/ Salmonellosen
Serovare	*Typhi; Paratyphi A, B, C* (s. Tab. **5.7**)	häufig *Enteritidis* und *Typhimurium*; seltener zahlreiche weitere Serovare
Infektionsspektrum	Mensch	Tier und Mensch
Infektionsquelle	Mensch: Kranke, Dauerausscheider	vorwiegend Nutztiere; Mensch auch möglich
Infektionsmodus	per os	per os
Übertragung	indirekt: Wasser, kontaminierte Lebensmittel direkt: Schmierinfektion	indirekt: kontaminierte Lebensmittel
Infektionsdosis	klein: 10^2–10^3 Bakterien	groß: > 10^6 Bakterien; meist Vermehrung in Lebensmitteln
Inkubationszeit	1–3 Wochen	1–2 Tage
Klinik	systemische Infektion; septisches Krankheitsbild	akuter Brechdurchfall; Fieber; meist selbstlimitierend. Bei Kleinkindern, alten Patienten und Immunkompromittierten auch Sepsis möglich.
Diagnose	Erregernachweis im Blut, Stuhl, Urin. Antikörpernachweis mit quantitativer Agglutinationsreaktion nach Gruber-Widal	Erregernachweis im Stuhl
Therapie	Aminopenicilline; Fluorchinolone; Cephalosporine Gruppe 3; (Chloramphenicol)	symptomatische Therapie: Loperamid, evtl. Wasser-Elektrolytersatz (WHO-Formel)
Vorkommen	sporadisch; meist importiert aus Ländern, in denen typhöse Salmonellosen endemisch vorkommen	endemisch; epidemisches Auftreten als Gruppen- (Familie, Kantine etc.) oder Massenerkrankung
Prophylaxe	Expositionsprophylaxe: Trinkwasserhygiene, Lebensmittelhygiene. Sanierung von Dauerausscheidern. Dispositionsprophylaxe: Schutzimpfung gegen Typhus möglich	Expositionsprophylaxe: Lebensmittelhygiene

Im Gegensatz dazu kommen die *enteritischen Salmonellosen* in unserer Bevölkerung endemisch und epidemisch vor. Sie nehmen an Häufigkeit laufend zu. Genaue Zahlen über die Morbidität gibt es nicht, da die Dunkelziffer sehr hoch sein dürfte. Die wichtigste Infektionsquelle sind die Nutztiere. Die Erreger werden mit Nahrungsmitteln auf den Menschen übertragen.

Die präventiven Maßnahmen sind vor allem expositionsprophylaktischer Natur. Dazu zählen: ein einwandfreies System der Trinkwasserversorgung; die Verhinderung der Kontamination von Lebensmitteln; das Vermeiden des Genusses von ungekochten Speisen in Ländern, in denen die Salmonellosen häufig sind; die Desinfektion von salmonellenhaltigen Ausscheidungen.
Für die Immunisierungsprophylaxe gegen Typhus stehen 3 Vakzinen zur Verfügung:

- Die subkutane Vakzine aus abgetöteten *S. Typhi*,
- die orale Vakzine aus lebenden attenuierten *S. Typhi* Ty21a (Vivotif),
- die intramuskuläre Polysaccharidvakzine Vi (Typhim Vi).

Für die Reiseprophylaxe empfiehlt sich die orale Vakzine.

5

5.14 Shigella (bakterielle Ruhr)

Shigellen sind die Erreger der **bakteriellen Ruhr**. Die Gattung besteht aus den Spezies *S. dysenteriae*, *S. flexneri*, *S. boydii* und *S. sonnei*. Shigellen sind unbeweglich. Aufgrund der Feinstruktur ihrer O-Antigene werden Shigellen in Serovare eingeteilt. Shigellen besitzen invasive Eigenschaften. Sie können in die Schleimhaut des Kolons eindringen und **lokale**, mit Nekrosen einhergehende **Infektionen** verursachen. Infektionsquelle ist immer der Mensch, da Shigellen an den Menschen standortgebunden sind. Die Erreger werden direkt von Erkrankten oder häufiger, indirekt über Lebensmittel und Trinkwasser übertragen. Als Therapie kommt der Einsatz von Antiinfektiva in Betracht.

Klassifikation. Die Gattung Shigella wird in 4 Arten unterteilt: *S. dysenteriae, S. flexneri, S. boydii, S. sonnei*. Die ersten 3 Spezies können aufgrund von Antigenen in 10, 6 bzw. 15 Serovare eingeteilt werden. H-Antigene kommen bei den unbeweglichen Shigellen nicht vor.

Pathogenese. Zwei Pathomechanismen sind beim Zustandekommen der Krankheit wichtig:

- **Invasion.** Die nur für den Menschen pathogenen Shigellen werden per os aufgenommen. Die Infektionsdosis liegt bei nur wenigen hundert Bakterien. Die Shigellen heften sich an M-Zellen des terminalen Ileums und des Kolons und gelangen über diese Zellen durch Transzytose (S. 221) in die Subserosa. Nach

Phagozytose durch Makrophagen lysieren die Shigellen das Phagosom und induzieren die Apoptose der Makrophagen. Die aus den toten Makrophagen freigesetzten Shigellen werden nun über die basolaterale Seite der Mukosa (also retrograd) durch Enterozyten aufgenommen. Diese Invasion wird durch die Invasine Ipa (invasion plasmid antigens), deren Gene auf einem 220 kb großen Plasmid lokalisiert sind, induziert. Benachbarte Enterozyten werden durch lateralen Transfer von infizierten Zellen aus befallen. Die Vermehrung der Shigellen in den befallenen Zellen führt zu deren Zerstörung.

- **Toxinbildung**. *Shigella dysenteriae* produziert das Shiga-Toxin. Dieses Toxin hemmt die Proteinsynthese eukaryontischer Zellen, indem es die 28S rRNA an einer bestimmten Stelle spaltet. Das Shigatoxin ist an der mit wässrigen Stühlen einhergehenden Diarrhö zu Beginn der Shigellose, am Entstehen von Epithelschäden im Kolon sowie des (seltenen) hämolytischen Urämiesyndroms (HUS) beteiligt.

Krankheitsbild. Nach einer Inkubationszeit von 2–5 Tagen beginnt die Krankheit mit wässrigen Durchfällen. Nach Befall des Kolons können dem Stuhl Schleim, Eiter und Blut beigemengt sein. Darmkrämpfe, schmerzhafte Stuhlentleerungen (Tenesmen) und Fieber werden im weiteren Verlauf beobachtet. Komplikationen sind massive Darmblutungen sowie die Perforationsperitonitis. Selten wird ein hämolytisches Urämiesyndrom beobachtet. Die schweren Verläufe werden vor allem durch *S. dysenteriae* hervorgerufen, während *S. sonnei*-Infektionen meist nur unter dem Bild einer Diarrhö ablaufen.

Diagnose. Diese erfolgt durch kulturellen Nachweis der Erreger. Für die Primärkultur müssen kombinierte Selektiv/Indikatormedien eingesetzt werden. Verdächtige Kolonien werden durch Nachweis metabolischer Merkmale mit der „bunten Reihe" identifiziert (Abb. **1.10**, S. 31). Die Serovar wird mit spezifischen Antiseren in der Objektträger-Agglutination bestimmt.

Therapie. In erster Linie werden Antiinfektiva (Aminopenicilline, Fluorchinolone, Cephalosporine) eingesetzt. Evtl. muss der Wasser- und Elektrolytverlust ausgeglichen werden.

Epidemiologie und Prophylaxe. Die bakterielle Ruhr kommt weltweit vor. In den entwickelten Ländern tritt sie meist nur sporadisch auf. In den unterentwickelten Ländern kommt sie endemisch und auch epidemisch vor. Infektionsquelle ist immer der Mensch, meist Erkrankte, die bis zu 6 Wochen nach Krankheit die Erreger ausscheiden. Die Übertragung erfolgt durch direkten Kontakt (Schmierinfektion) oder indirekt über Lebensmittel, Oberflächenwasser, Fliegen. Die Bekämpfung der Ruhr umfasst expositionsprophylaktische Maßnahmen, die Kontakt mit dem Erreger verhindern sollen.

5.15 Yersinia

Y. pestis ist der Erreger der **Pest**. Die Pest ist eine klassische Zoonose. Sie trat im Mittelalter epidemisch auf, kommt jedoch heute nur noch sporadisch bei Personen vor, die direkten Kontakt mit erkrankten, wildlebenden Nagetieren hatten. Die Erreger dringen über Mikrotraumen der Haut ein und gelangen in die regionären Lymphknoten, in denen sie sich vermehren. Es kommt zur Ausbildung der charakteristischen Bubonen. Von hier kann es zum Einbruch in die Blutbahn und zur Generalisation mit Befall anderer Organe kommen. Die Labordiagnose umfasst die Isolierung und Identifizierung der Keime in entsprechenden Materialien. Für die Therapie müssen Antibiotika eingesetzt werden.

Y. enterocolitica und *Y. pseudotuberculosis* verursachen generalisierte Zoonosen bei Wild- und Nutztieren. Erkrankte Tiere kontaminieren die Umgebung. Der Mensch nimmt die Erreger per os auf. Die Keime penetrieren die Mukosa des unteren Intestinaltrakts und rufen eine **Enteritis** mit begleitender Mesenterial-Lymphadenitis hervor. Bei 20 % der Infizierten werden extramesenteriale Formen (Sepsen, verschiedene fokale Infektionen) beobachtet. Als sekundäre immunpathologische Komplikationen werden die reaktive Arthritis und das Erythema nodosum beschrieben. Die Diagnose umfasst den Nachweis des Erregers durch selektive Kultivierung.

Zur Gattung *Yersinia* gehören heute 13 verschiedene Arten, unter denen *Y. pestis*, *Y. enterocolitica* und *Y. pseudotuberculosis* humanpathogene Bedeutung haben. Diese Bakterien verursachen Infektionen bei Tieren und werden vom Tier auf den Menschen übertragen. *Y. pestis* ist der Erreger des „schwarzen Todes", einer Infektion, die im Mittelalter epidemisch auftrat, heute aber nur noch eine geringe Rolle spielt. Alle Yersinien haben Affinität für Zellen des Lymphsystems. Wichtige Determinanten der Pathogenität sind als „Yops" (S. 226) bezeichnete Proteine, die z. B. die Phagozytose durch Phagozyten blockieren, die Produktion von entzündungsfördernden Zytokinen der Makrophagen hemmen oder Apoptose auslösen. Yops werden durch Typ III-Sekretionssysteme (S. 227) direkt in Zielzellen injiziert. Die Gene für Yops und das Typ III-Sekretionssystem sind auf Plasmiden lokalisiert. Eine chromosomale Pathogenitätsinsel (PAI) trägt die genetische Information für ein Siderophor (Yersiniabactin). *Y. enterocolitica* und *Y. pseudotuberculosis* weisen chromosomale Gene auf, die für Adhäsion und Invasion codieren.

5.15.1 Yersinia pestis (Pest)

Morphologie und Kultur. Es handelt sich um unbegeißelte, kurze, bekapselte, gramnegative, sich oft bipolar anfärbende Stäbchenbakterien. *Y. pestis* kann auf gewöhnlichen Nährmedien ohne Schwierigkeit bei 35 °C kultiviert werden.

Pathogenese und Krankheitsbild. Die Pest ist eine Erkrankung der Nagetiere (Ratten). Unter diesen werden die Erreger durch direkten Kontakt oder durch den Rattenfloh übertragen. Die Pestepidemien unter den Menschen früher entstanden auf denselben Übertragungswegen. Die seltenen heutigen Pesterkrankungen kommen durch Kontakt mit erkrankten oder an der Pest gestorbenen Nagern und Eindringen der Erreger über Hautverletzungen , gelegentlich auch durch den Stich eines infizierten Rattenflohs, zustande. Von der Eintrittsstelle aus gelangen die Erreger in die regionären Lymphknoten, in denen sie sich vermehren. 2–5 Tage nach Infektion entstehen hämorrhagisch veränderte, deshalb bläulich verfärbte, geschwollene Lymphknoten (Bubonen). Über 90% der Pestfälle verlaufen unter dem Bild der Bubonenpest. In 50–90% der unbehandelten Fälle von Bubonenpest kommt es zu einem Einbruch in die Blutbahn, was ein septisches Krankheitsbild zur Folge hat. Im Verlauf dieser Sepsis ist eine Absiedelung der Erreger in vielen Organen möglich. Bei einer Aussaat in den kleinen Kreislauf resultiert die sekundäre Lungenpest mit blutigem, bakterienreichem, hochinfektiösem Sputum. Kontakt mit diesen Patienten kann infolge direkter, aerogener Infektion zur primären Lungenpest führen, die unbehandelt eine 90-100%ige Letalität aufweist.

Diagnose. Sie erfolgt durch den Nachweis des Erregers im Bubonenpunktat, Sputum oder Blut. Dabei wird die Mikroskopie und die Kultur eingesetzt.

Therapie. Neben symptomatischer Therapie kommt vor allem der Einsatz von Antibiotika in Frage: Streptomycin, Gentamicin, Doxycyclin, Ciprofloxacin, bei Meningitis Chloramphenicol. Inzisionen der Bubonen sind kontraindiziert.

Epidemiologie und Prophylaxe. Die Pest kommt bei wildlebenden Nagetieren auch heute noch in weiten Teilen Asiens, Afrikas, Süd- und Nordamerikas **endemisch** vor. Die Pest des Menschen tritt heute aber nur noch sporadisch auf. **Infektionsquellen** sind vor allem kranke Nager. Die **Übertragung** erfolgt durch **direkten Kontakt** mit den Tieren.
Die **Prophylaxe** wird vor allem im Sinne einer **Expositionsprophylaxe** durchgeführt. Kranke, vor allem an Lungenpest Erkrankte, müssen isoliert werden. Kontaktpersonen müssen 6 Tage (= Inkubationszeit) in Quarantäne genommen werden.

5.15.2 Yersinia enterocolitica (Enteritis), Y. pseudotuberculosis

Vorkommen und Bedeutung. *Y. enterocolitica* und *Y. pseudotuberculosis* verursachen bei Haus- und Wildtieren, vor allem bei Nagern, generalisierte Infektionen. Die Erreger können vom Tier auf den Menschen übertragen werden. *Y. enterocolitica* ist für ungefähr 1% der akuten Enteritiden in Europa verantwortlich. *Y. pseudotuberculosis* hat nur geringe medizinische Bedeutung.

Morphologie, Kultur und Antigenstruktur. Es handelt sich um pleomorphe, peritrich begeißelte Kurzstäbchen. Die Kultur gelingt auf allen gebräuchlichen Medien. Bei Temperaturen von 25–30 °C wachsen diese Yersinien besser als bei 37 °C. Infektionen durch *Y. enterocolitica* werden vor allem durch die Serogruppen O:3, O:8 und O:9 verursacht.

Pathogenese und Krankheitsbilder. Die Erreger werden in der Regel über Lebensmittel aufgenommen. Selten sind Infektionen durch direkten Kontakt mit erkrankten Tieren oder tierischen Keimträgern. Die Keime ($> 10^8$) gelangen in den unteren Intestinaltrakt, werden durch M-Zellen eingeschleust und dann mit Makrophagen in das GALT (Peyer Plaques, Mesenteriallymphknoten) transportiert. Die Krankheitsbilder können vereinfacht in folgende Formen unterteilt werden:

- **Instestinale Yersiniosen.** Es dominiert klinisch die Enteritis, die mit mesenterialer Lymphadenitis einhergeht. Diese Form wird häufig bei Kindern und Jugendlichen beobachtet. Weitere enteritische Formen sind die Pseudoappendizitis bei Jugendlichen, die Ileitis (= Pseudo-Crohn) sowie die Kolitis bei Erwachsenen.
- **Extraintestinale Yersiniosen.** Diese manifestieren sich bei ungefähr 20% der Infizierten, meist bei Erwachsenen. Zu nennen sind eine Sepsis bei Abwehrschwäche, eine seltene Hepatitis und verschiedene fokale Infektionen (Pleuritis, Endocarditis, Osteomyelitis, Cholezystitis, lokalisierte Abszesse).
- **Folgekrankheiten.** Zu den immunpathologischen Komplikationen, die 1–6 Wochen nach Beginn der intestinalen Symptomatik bei ungefähr 20% der vorher akut Infizierten auftreten können, zählen die reaktive Arthritis sowie das Erythema nodosum.

5

Diagnose. Eine sichere Diagnose kann durch den kulturellen Nachweis des Erregers erbracht werden. Die Identifizierung erfolgt aufgrund von Stoffwechsel-Merkmalen. Für die Isolierung aus Stuhl werden Spezialmedien verwendet. Zum Nachweis von Antikörpern kann die Agglutinationsreaktion, ein EIA oder ein Immunoblot-Test eingesetzt werden.

Therapie. Die überwiegend gutartigen Verläufe erfordern keine Antibiotikatherapie. Bei klinisch schweren Fällen können Co-Trimoxazol, Cephalosporine 2/3a sowie die Fluorchinolone verwendet werden.

Epidemiologie und Prophylaxe. *Y. enterocolitica* und *Y. pseudotuberculosis* kommen bei Tieren weit verbreitet vor. Für die Epidemiologie sind kranke und latent infizierte Warmblüter wichtigste Reservoire. Von ihnen aus kommt es zur Kontamination der Vegetation, des Bodens und von Oberflächenwasser. Die Übertragung erfolgt auf oralem Weg über Lebensmittel. Kontaktzoonosen sind möglich, aber selten. Spezielle prophylaktische Maßnahmen existieren nicht.

5.16 Escherichia coli

Der natürliche Lebensraum von *E. coli* ist der Darmtrakt von Mensch und Tier. Deshalb gilt *E. coli* als Indikatorkeim für fäkale Verunreinigungen von Wasser und Lebensmitteln. *E. coli* ist der häufigste Erreger bakterieller Infektionen des Menschen. Zu den **extraintestinalen Infektionen** zählen die Harnwegsinfektionen, die bei Obstruktion der Harnwege oder auch spontan durch die Pathovarietät UPEC entstehen. Die wichtigsten weiteren Koliinfektionen sind Cholezystitis, Appendizitis, Peritonitis, postoperative Wundinfektionen, Sepsen. **Intestinale Infektionen** werden durch die Pathovare EPEC, ETEC, EIEC und EHEC verursacht. EPEC verursachen Diarrhoen bei Säuglingen. ETEC sind aufgrund der Produktion von Enterotoxinen für ein choleraähnliches Krankheitsbild verantwortlich. EIEC verursachen eine ruhrähnliche Infektion des Dickdarms. EHEC (Syn.: STEC; VTEC) produzieren Shiga-Toxine 1 und 2 und bewirken eine hämorrhagische Kolitis sowie das seltene hämolytische Urämiesyndrom. Infektionen durch Kolibakterien werden durch Nachweis des Erregers diagnostiziert.

Allgemeine Eigenschaften. Der natürliche Lebensraum von *E. coli* ist der Darm von Tier und Mensch. Dieser Keim gilt deshalb als Leitkeim für fäkale Verunreinigungen von Trinkwasser, Badewasser und Lebensmitteln. Die bakteriellen Anforderungen an Trinkwasser und Badegewässer sind auf den Seiten 70 und 72 dargestellt. Für die Bestimmung des Coli-Titers wird oft Endo-Agar (Abb. **5.16 b**, S. 295) eingesetzt.
E. coli ist aber auch ein wichtiger Krankheitserreger. Die verschiedenen klinischen Manifestationen von *E. coli*-Infektionen beruhen auf unterschiedlichen Pathogenitätsfaktoren. Diese werden häufig durch Gene determiniert, die auf Plasmiden lokalisiert sind oder als Bestandteil von Prophagen vorkommen.

Morphologie, Kultur und Antigenstruktur. Die gramnegativen, geraden Stäbchen sind peritrich begeißelt. Laktose wird prompt abgebaut. Die komplexe Antigenstruktur beruht auf O-, K- sowie H-Antigenen (S. 293). Auch Fimbrienantigene sind beschrieben. Die Antigene werden mit Zahlen bezeichnet, z.B. Serovar O18: K1:H7.

Pathogenese und Klinik extraintestinaler Infektionen durch ExPEC. Extraintestinale Infektionen entstehen dann, wenn Kolibakterien der Darmflora an Orte des Makroorganismus gelangen, wo sie nicht hingehören, und dort Bedingungen vorfinden, die ihre Vermehrung begünstigen.

- **Harnwegsinfektion.** Diese manifestiert sich entweder nur im unteren Bereich der Harnwege (Urethritis, Zystitis, Urethrozystitis) oder betrifft auch das Nierenbecken und die Niere (Pyelonephritis). Bei akuten Harnwegsinfektionen beruht die Ursache in 70–80%, bei chronisch persistierenden in 30–40% der Fälle auf *E. coli*.

Harnwegsinfektionen entstehen durch Aszension der Erreger vom Ostium urethrae aus. Obstruktive Anomalien, eine neurogene Blase sowie ein vesikoureteraler Reflux fördern ihr Entstehen. Harnwegsinfektionen werden durch uropathogene Varietäten (UPEC), die sich mittels Fimbrien oder über sog. Nicht-Fimbrien-Adhäsine (NFA = Proteine der äusseren Membran) an Uroepithelien anheften, verursacht. Für die Pyelonephritis sind häufig Colibakterien, die „Pyelonephritis assoziierte Pili" (PAP, Syn. P-Fimbrien) aufweisen, verantwortlich.

- **Sepsis.** *E. coli* verursacht 11–24% (verschiedene Studien) aller nosokomialen Sepsen. Die Koli-Sepsis wird häufig durch Stämme der Pathovarietät SEPEC hervorgerufen, die die Eigenschaft der Serumresistenz aufweist (S. 222).
- **Weitere Koli-Infektionen.** Wundinfektionen, Infektionen der Gallenblase und der Gallenwege, Appendizitis, Peritonitis, Meningitis der Früh- und Neugeborenen und im Senium.

Pathogenese und Krankheitsbilder intestinaler Infektionen durch IPEC. Die 4 wichtigsten Pathovare sind:

- **Enteropathogene *E. coli* (EPEC):** Diese rufen die epidemisch oder sporadisch auftretende Säuglingsdiarrhö hervor, die in den Industrienationen heute selten geworden ist, aber in den Entwicklungsländern noch beträchtlich zur Säuglingssterblichkeit beiträgt. EPEC können sich mit dem „EPEC-adhesion-factor" (EAF) an Epithelzellen des Dünndarms anheften und über ein Typ III-Sekretionssystem (S. 227) toxische Effektoren in die Enterozyten injizieren.
- **Enterotoxische *E. coli* (ETEC):** Die Pathogenität beruht auf dem hitzelabilen Enterotoxin LT (Inaktivierung bei 60 °C, 30 min) sowie den hitzestabilen Toxinen STa und STb (Inaktivierung erst bei Temperaturen von > 100 °C). Es gibt Stämme, die alle oder nur eines der Toxine produzieren. LT stellt ein dem Choleratoxin sehr ähnliches Toxin dar. Es stimuliert die Aktivität der Adenylatcyclase (S. 312). STa stimuliert die Aktivität der Guanylatcyclase. Durch cAMP und cGMP kommt es zu einer Hemmung der Absorption von Na^+ und Steigerung der Sekretion von Cl^- durch Enterozyten. Die Pathogenität der ETEC beruht weiterhin auf spezifischen Fimbrien, sog. Kolonisationsfaktoren (CFA), über die sich diese Bakterien an Enterozyten des Dünndarms anheften können. Dies verhindert ihre rasche Elimination durch die Peristaltik. Enterotoxine und CFA werden durch plasmidlokalisierte Gene determiniert. Das klinische Bild einer Infektion durch ETEC ist durch massive wässrige Durchfälle charakterisiert. Die Krankheit kann in allen Altersstufen auftreten.
- **Enteroinvasive *E. coli* (EIEC):** Diese können in die Schleimhaut des Kolons penetrieren und geschwürige Entzündungen verursachen. Die Pathogenese und das klinische Bild der EIEC-Infektionen entsprechen der bakteriellen Ruhr (S. 301). EIEC-Stämme sind oft Lac-negativ.
- **Enterohämorrhagische *E. coli* (EHEC):** Diese sind Ursache einer hämorrhagischen Kolitis und des „hämolytischen Urämiesyndroms" (HUS), das in ungefähr

5% der EHEC-Infektionen auftritt und mit akutem Nierenversagen, intravasaler Hämolyse mit dem Auftreten von fragmentierten Erythrozyten (Fragmentozyten) und Anämie sowie einer Thrombozytopenie einhergeht. EHEC produzieren Shigatoxin-ähnliche Toxine (Syn.: Verotoxine). Toxin 1 ist nahezu identisch mit dem Shigatoxin der Shigellen (S. 302), Toxin 2 dagegen weist nur 60% Homologie der Aminosäure-Sequenz mit dem Shigatoxin auf. Von einigen Autoren werden EHEC auch als VTEC (verotoxinbildende *E. coli*) oder STEC (shigatoxinbildende *E. coli*) bezeichnet. Stämme von EHEC wurden bei den O-Serovaren O157, O26, O111, O113 und ca. 50 weiteren gefunden. EHEC nehmen an Bedeutung zu. Die häufigste für das HUS verantwortliche Serovarietät ist O157:H7.

Geringere Bedeutung unter den Enteropathovaren haben enteroaggregative *E. coli* (EAEC). Die Rolle von diffus adherenten *E. coli* (DAEC) bei intestinalen Infektionen ist umstritten.

Diagnose. Extraintestinale Infektionen werden durch Nachweis des Erregers in entsprechenden Materialien diagnostiziert. Bei der Diagnose der Harnweginfektion aus Mittelstrahlurin muss die Keimzahl bestimmt werden, um zwischen Infektion und Kontamination zu differenzieren (S. 25). Zahlen von $> 10^5$/ml sprechen für Infektion, Zahlen von $< 10^3$/ml für Kontamination, bei Zahlen von 10^4/ml liegt ein fraglicher Befund vor. Bei der Urethritis können auch Keimzahlen von $\leq 10^4$/ml vorliegen. Schwierig ist der Nachweis darmpathogener Vare. Neuerdings werden hier spezifische Gensonden eingesetzt.

Therapie. Im Vordergrund steht die Antibiotikatherapie laut Antibiogramm mit Amino- oder Acylaminopenicillinen, Cephalosporinen 2/3a, Fluorchinolonen 2, Co-Trimoxazol (Tab. **4.3**, S. 202). Bei starker Diarrhö oraler Flüssigkeits/Elektrolytersatz (S. 299) oder Infusionen. Evtl. Ruhigstellen des Darmes mit Loperamid.

Epidemiologie und Prophylaxe. Die Übertragung intestinaler Infektionen erfolgt in der Regel über Lebensmittel, Trinkwasser, Oberflächenwasser. Die Reisediarrhö (S. 694) wird bis zu 50% durch *E. coli*, meist ETEC, hervorgerufen.

Die beste Prophylaxe gegen intestinale Infektionen, z. B. bei Reisen in südliche Länder, besteht darin, nur gekochte Speisen und desinfiziertes Trinkwasser einzunehmen.

5.17 Opportunistische Enterobacteriaceae

Viele *Enterobacteriaceae* weisen ein nur geringes pathogenes Vermögen auf, sie sind klassische Opportunisten. Die häufigsten opportunistischen Infektionen, die sie verursachen, sind: **Harnwegsinfektionen, Infektionen des Respirationstraktes, Wundinfektionen, Infektionen der Haut und der Subkutis, Sepsen.** Diese Infektionen treten gehäuft bei hospitalisierten Patienten mit schweren Grundleiden auf. Ein weiterer Grund für die Bedeutung der opportunistischen *Enterobacteriaceae* bei nosokomialen Infektionen (S. 63) beruht auf dem Vorkommen von Antibiotika-Resistenzen bei diesen Keimen. Deshalb können sie sich im Krankenhaus, wo Antiinfektiva häufig eingesetzt werden, besonders gut behaupten. Das Vorkommen von Mehrfachresistenz bei den *Enterobacteriaceae* ist auf eine eindrückliche genetische Variabilität zurückzuführen (S. 185). Eine Übersicht über die wichtigsten opportunistischen *Enterobacteriaceae* gibt Tab. **5.8**.

Tabelle **5.8** Übersicht über die wichtigsten *Enterobacteriaceae*, die opportunistische Infektionen verursachen

Bakterienart	Eigenschaften und Infektionen
Escherichia coli	Laktose-positiv. Nosokomiale Infektionen
Citrobacter freundii; C. diversus; C. amalonaticus	kann Citrat als alleinige C-Quelle verwenden; Lactose wird verzögert abgebaut; unbeweglich
Klebsiella pneumoniae; K. oxytoca, und weitere	Lactose-positiv; unbeweglich; viele Stämme besitzen eine Polysaccharidkapsel. Verursachen ca. 10% aller nosokomialen Infektionen. Bei Prädisposition, vor allem bei Vorliegen chronischer Lungenerkrankungen, Pneumonie
Klebsiella ozaenae	Erreger der Ozaena; Atrophie der Nasenschleimhaut
Klebsiella rhinoscleromatis	Erreger des Rhinoskleroms; Granulom in Nase und Pharynx
Enterobacter cloacae; E. aerogenes; E. agglomerans; E. sakazakii und weitere	Lactose-positiv; beweglich; häufig Mehrfachresistenz gegen Antibiotika
Serratia marcescens und weitere	Lactose-positiv.; beweglich; häufig Mehrfachresistenz gegen Antibiotika; einige Stämme bilden rotes Pigment bei 20 °C
Proteus mirabilis *Proteus vulgaris*	Lactose-negativ; sehr beweglich; wandert auf Oberfläche von Nähragar (= Schwärmphänomen)
Morganella morganii	Lactose-negativ; oft Mehrfachresistenz
Providencia rettgeri; P. stuartii	Lactose-negativ; oft Mehrfachresistenz

5.18 Vibrio cholerae (Cholera)

Choleravibrionen sind gramnegative, kommaförmig gekrümmte, monotrich begeißelte Stäbchen. Sie zeigen Alkalitoleranz (pH 9), was zur selektiven Kultivierung in alkalischem Peptonwasser ausgenützt wird. Die **Cholera** wird in erster Linie durch die Serovarietät **O1** hervorgerufen. Selten verursachen „Nicht-O1-Stämme" (z. B. O139) das typische Krankheitsbild. O1-Vibrionen können in die Biovare *cholerae* und *eltor* unterteilt werden. Krankheit entsteht, wenn eine große Zahl ($\geq 10^8$) der Erreger mit Lebensmitteln oder Trinkwasser in den Intestinaltrakt gelangt. Die Inkubationszeit beträgt 1–5 Tage. Die Keime heften sich mit den **Toxin-coregulierten Pili (TCP)** an Enterozyten im proximalen Dünndarm und produzieren das **Choleratoxin (CT)**. Dieses setzt in Enterozyten eine Kette von Reaktionen in Gang, an deren Ende ein vermehrter Transport von Cl^- aus den Enterozyten steht, wobei passiv auch Wasser abfließt. Die massiven wässrigen Durchfälle (bis 20 l/Tag) führen zur **Exsikkose**. Die Gene *ctxAB* sind Teil des Prophagen CTXΦ, der Gencluster *tcp* ist auf der chromosomalen Pathogenitätsinsel VPI lokalisiert. Therapeutisch steht bei der Cholera der Ausgleich des Elektrolyt- und Wasserhaushaltes im Vordergrund. Die Infektion kommt nur beim Menschen vor. Die Prävention umfasst in erster Linie expositionsprophylaktische Maßnahmen. Es existiert eine aktive Schutzimpfung mit einer oralen attenuierten oder einer oralen Tot-Vakzine. Der Impfschutz ist mäßig und besteht während 6–12 Monaten.

Morphologie und Kultur. Choleravibrionen sind gramnegative, zumeist leicht (kommaförmig) gebogene, eine Länge von 1,5–2 µm und eine Breite von 0,3–0,5 µm aufweisende Stäbchenbakterien. Die Keime sind monotrich begeißelt (Abb. **5.18**).

V. cholerae kann auf einfachen Nährmedien bei 37 °C und normaler Atmosphäre kultiviert werden. Wegen der ausgeprägten Alkalitoleranz lässt sich der Keim aus Bakteriengemischen in alkalischem Peptonwasser bei einem pH-Wert von 9 selektiv anzüchten.

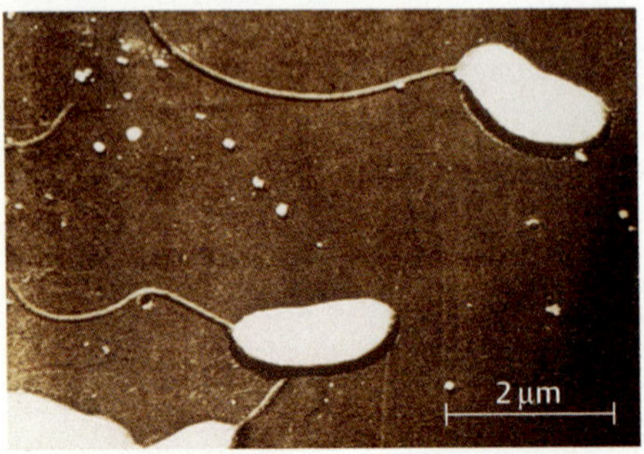

Abb. **5.18** **Vibrio cholerae.** Kommaförmige, monotrich begeißelte Stäbchenbakterien (REM).

Antigene und Klassifikation. *V. cholerae* kann aufgrund von O-Antigenen (Lipopolysaccharid-Antigene der äusseren Membran, s. S. 170) in mehr als 200 Serovare unterteilt werden. Erreger der klassischen Cholera ist die Serovarietät O1. Choleravibrionen, die mit einem O1-Antiserum nicht reagieren, werden in der Gruppe der Nicht-O1-Vibrionen zusammengefasst. V. cholerae O1 wird aufgrund biochemischer Merkmale in die virulente Biovarietät „*cholerae*" und die weniger virulente Varietät „*eltor*" eingeteilt. Bis 1992 war man der Meinung, dass nur O1-Vibrionen die Cholera hervorrufen können. Dann wurden aber lokale Epidemien in Indonesien, Indien und Bangladesh durch die Serovarietät O139 (Bengal) beschrieben (Evolution s. Kasten).

Pathogenese. Die Infektion erfolgt durch orale Aufnahme der Erreger. Die Infektionsdosis ist groß ($\geq 10^8$), da viele Vibrionen durch die Magensäure abgetötet werden. Durch ihre Alkalitoleranz können sich die Keime im Duodenum und proximalen Dünndarm vermehren. Sie heften sich an die Enterozyten und sezernieren das Choleratoxin. Eine Invasion der Mukosa durch die Erreger findet nicht statt. Die wichtigsten Virulenz-Faktoren sind:

- **Choleratoxin (CT)** veranlasst in Enterozyten die Hemmung der Resorption von Na^+ und die vermehrte Sekretion von Cl^-, wobei passiv auch Wasser abfließt. Das Toxin gehört zu den AB-Toxinen (s. S. 225). Mit **B** (5 Untereinheiten) **b**indet es an Rezeptoren von Enterozyten. Die **a**ktive Komponente **A** (2 Untereinheiten) ist dafür verantwortlich, dass die Adenylatcyclase in den Enterozyten cAMP permanent und in großer Menge produziert (Abb. **5.19**). Im Gefolge der intrazellulären Erhöhung des cAMP kommt es zu einer massiven Sekretion von Elektrolyten, vor allem von Chlorid.
- Die **Toxin-coregulierten Pili (TCP)** sind für die spezifische Adhärenz der Vibrionen an die Mukosazellen des proximalen Dünndarms verantwortlich.

Genetik der Pathogenität.

Die **Toxingene** *ctxA* und *ctxB* sind Teil des Phagen CTXϕ, dessen Genom als Prophage in das Chromosom von *V. cholerae* integriert ist (s. lysogene Konversion, S. 199). Die 15 Gene, die für die **Toxin-coregulierten Pili (TCP)** codieren, sind Teil der chromosomalen, transponierbaren 40 kb Vibrio-Pathogenitäts-Insel (S. 230) **VPI** (Syn.: **TCPI**), die auch Gene für eine Integrase und eine Transposase aufweist. Die Aktivität von *ctxA*, *ctxB* und dem Gencluster TCP werden gemeinsam über das Zwei-Komponenten-Regulatorsystem (S. 227) ToxRS reguliert (deshalb auch die Bezeichnung TCP). Kürzliche Studien haben gezeigt, dass wahrscheinlich die seit 1992 beobachtete Pathovarietät O139 durch Deletion der DNA-O-Sequenz von O1 Biovar *eltor* und Integration des Genclusters O139 von einem apathogenen O139-Klon durch horizontalen Gentransfer mittels Transformation (s. S. 188) entstanden ist.

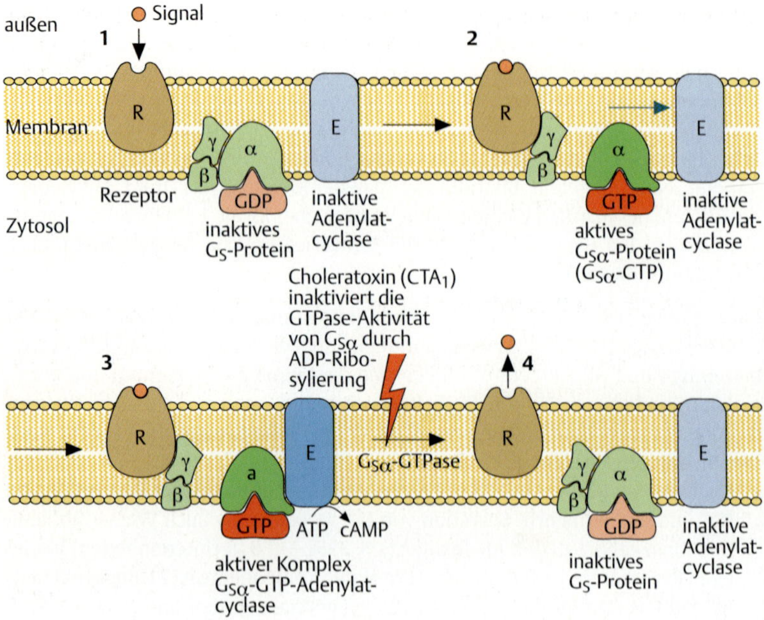

Abb. 5.19 **Wirkungsmechanismus des Choleratoxins.** Choleratoxin greift an der durch G_S-Proteine vermittelten Signalkaskade an. **1** G_S-Proteine in der Membran bestehen aus den 3 Untereinheiten α, β und γ. An die Untereinheit α ist GDP gebunden. In dieser Konfiguration ist G_s inaktiv. **2** Nach Bindung eines Signalmoleküls an den Membranrezeptor R dissoziieren die Untereinheiten von G_S; weiterhin wird das GDP an $G_{S\alpha}$ zu GTP phosphoryliert. **3** $G_{S\alpha}$-GTP verbindet sich mit der Adenylatcyclase zum aktiven Enzym, das ATP in den second messenger cAMP umwandelt. **4** Dissoziiert das Signalmolekül wieder vom Rezeptor ab, so wird das an $G_{S\alpha}$ gebundene GTP zu GDP dephosphoryliert und der Ruhezustand wiederhergestellt. Dieser Schritt wird durch Choleratoxin verhindert: Die A_1-Untereinheit des Choleratoxins (CTA_1) katalysiert die ADP-Ribosylierung von $G_{S\alpha}$. Dadurch verliert $G_{S\alpha}$ seine GTPase-Aktivität, sodass die Adenylatcyclase nicht mehr abgeschaltet wird und permanent cAMP synthetisiert wird.

Krankheitsbild. Die Inkubationszeit beträgt 2–5 Tage. Die Klinik ist durch starke, wässrige Durchfälle sowie Erbrechen geprägt. Es können pro Tag bis zu 20 l Flüssigkeit verloren gehen. Weitere Symptome sind auf die starke Exsikkose zurückzuführen: Blutdruckabfall, Tachykardie, Anurie, Untertemperatur. Unbehandelt beträgt die Letalität bis zu 50 %.

Diagnose. Diese beinhaltet den Nachweis des Erregers im Stuhl oder Erbrochenem. Manchmal gelingt eine mikroskopische Schnelldiagnose durch Feststellen zahlreicher, sich in Fischzügen anordnender gramnegativer, gekrümmter Stäbchen. Zur Kultur werden flüssige oder feste Selektivmedien, z. B. alkalisches Peptonwasser oder Taurocholat-Gelatine-Agar, verwendet. Verdächtige Kolonien werden biochemisch sowie durch Nachweis des 01–Antigens in einer Agglutinationsreaktion identifiziert.

Therapie. Im Vordergrund steht der Ausgleich des gestörten Wasser- und Elektrolythaushaltes. In zweiter Linie kommen der Einsatz von Tetracyclinen, Co-Trimoxazol oder Fluorchinolonen 2 (Ciprofloxacin) in Frage, vor allem um die Ausscheidung zu verringern und zu verkürzen.

Epidemiologie und Prophylaxe. Die Cholera trat im 19. Jahrhundert in Europa mehrmals pandemisch auf. Diese Pandemien wurden immer durch den klassischen Biovar *cholerae* verursacht. Seit 1961 werden gehäuft Fälle durch die Biovarietät *eltor* beobachtet, die eine geringere Virulenz zeigt. Choleraepidemien treten seit einigen Jahren in Südamerika auf. Einzige **Infektionsquelle** ist der Mensch. Vor allem Erkrankte scheiden die Erreger in Massen aus. Aber auch Rekonvaleszenten und symptomlose Infizierte können Ausscheider sein. Die **Übertragung** erfolgt in aller Regel über Lebensmittel, wobei dem Wasser eine besondere Rolle zukommt. Diese Tatsachen erklären, warum sich die Cholera vor allem in Ländern mit einem schlechten Hygienezustand epidemisch ausbreiten kann.

Die **prophylaktischen Maßnahmen** entsprechen weitgehend einer Expositionsprophylaxe. Zur Bekämpfung der Cholera gilt, dass für eine adäquate Lebensmittel- und Trinkwasserhygiene sowie für korrekte Abwasserbeseitigung zu sorgen ist. Kranke sind zu isolieren und infektiöse Ausscheidungen sowie kontaminierte Gegenstände zu desinfizieren. Für die Immunisierungsprophylaxe können 2 orale Vakzinen (OCV) eingesetzt werden. Die in Europa gebräuchliche Einmal-Vakzine (Orochol®) besteht aus attenuierten lebenden O1-Choleravibrionen, die das Gen für die Untereinheit A des Toxins nicht enthalten. Die 2. OCV (Dukoral®) besteht aus abgetöteten Zellen. Die Wirksamkeit beider Impfungen liegt bei ~ 70 %, die Dauer des Impfschutzes beträgt 6 12 Monate. Zu den Indikationen zählen: Reisen auf Verlangen des Ziel- oder Transitlandes sowie Massenimpfungen bei Katastrophen.

5.19 Haemophilus, Aggregatibacter, Pasteurella

Die für die Medizin wichtigste Spezies der *Pasteurellaceae* ist *Haemophilus influenzae*. Es handelt sich um unbewegliche, oft bekapselte, gramnegative Stäbchen. Pathogen ist vor allem die Kapselserovar „b“. Für die Kultivierung müssen *H. influenzae* im Medium die Wuchsfaktoren X (= Hämin) und V (= NAD, NADP) angeboten werden.

H. influenzae ist ein typischer Parasit der Mukosa des Respirationstraktes. Er kommt nur beim Menschen vor. Der Keim verursacht **Infektionen der oberen und tiefen Atemwege**. Bei Kleinkindern bis zu 4–5 Jahren werden auch invasive Infektionen wie **Meningitiden** und **Sepsen** beobachtet. Für die Antibiotikatherapie muss ein betalactamasefestes Betalactam eingesetzt werden, da immer mehr Stämme Betalactamase produzieren. Für die Immunisierungsprophylaxe im 1. Lebensjahr stehen Konjugatvakzinen (Hib) zur Verfügung.

5.19.1 Haemophilus influenzae

Hämophile Bakterien der Gattung *Haemophilus* werden in der Familie der *Pasteurellaceae* eingeordnet. Sie benötigen für ihre Vermehrung Wachstumsfaktoren, die im Blut vorkommen. Die wichtigste Art ist *Haemophilus influenzae*.

5

Morphologie und Kultur. Es handelt sich um kleine (Länge: 1,0–1,5 µm, Breite: 0,3 µm), oft bekapselte, unbewegliche, gramnegative Stäbchen (Abb. **5.20 a**). Bekapselte Stämme werden aufgrund der Feinstruktur des Kapselpolysaccharids in die Serovare a–f unterteilt. Serovar „b“ (= Hib) verursacht die meisten humanen Infektionen.

H. influenzae ist ein fakultativer Anaerobier, dem im Medium die Wuchsstoffe X und V angeboten werden müssen. Der X-Faktor ist Hämin, das von den Bakterien zur Synthese von Häm-enthaltenden Enzymen (Zytochrome, Katalase, Oxidasen) benötigt wird. Bei anaerober Kultivierung ist der Bedarf an X-Faktor stark reduziert. Der V-Faktor wurde als NAD bzw. NADP identifiziert. Eine übliche Blutagarplatte enthält nicht genügend freien V-Faktor. Manche Bakterien, vor allem

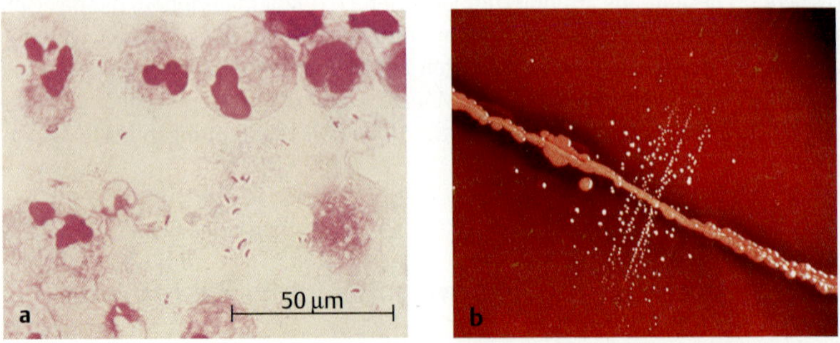

Abb. **5.20 Haemophilus influenzae. a** Gram-Färbung eines Liquorpräparats. Feine, gramnegative, von einer Kapsel (Serovar“b“) umgebene Stäbchen. Klinische Diagnose: eitrige Meningitis. **b** Satelliten-Phänomen von *H. influenzae* auf Blutagar. Die „Amme“ *Staphylococcus aureus* stellt geringe Mengen an V-Faktor zur Verfügung. Der X-Faktor ist frei im Blutagar vorhanden.

Staphylococcus aureus, produzieren NAD im Überschuss und sezernieren dieses Coenzym ins Medium. Deshalb kann *H. influenzae* in unmittelbarer Nachbarschaft von *S. aureus*-Kolonien wachsen, was als **Satelliten**- oder **Ammenphänomen** bezeichnet wird (Abb. **5.20 b**). Das übliche Medium zur Kultivierung von *H. influenzae* ist Kochblutagar (Syn. Schokoladenagar). Durch vorsichtiges Erhitzen von Blutagar auf 80 °C werden ausreichende Mengen an X- und V-Faktor aus den Erythrozyten freigesetzt.

Pathogenese und Krankheitsbilder. *H. influenzae* ist ein Schleimhautparasit der oberen Luftwege. Bei 30–50% Gesunder kann der Keim nachgewiesen werden. Meist handelt es sich dabei um unbekapselte und damit wenig virulente Stämme. Der wesentliche Virulenzfaktor der Erreger ist die Kapsel, die den Keim vor Phagozytose schützt. Als weiterer Virulenzfaktor ist eine IgA_1-Protease zu nennen.
An *H. influenzae*-Infektionen erkranken gehäuft Kinder im Alter zwischen 6 Monaten und 4 Jahren. An schweren Krankheitsbildern muss an erster Stelle die Meningitis und Sepsis genannt werden. Weitere Infektionen sind Epiglottitis, Pneumonie und Empyem, septische Arthritis, Osteomyelitis, Perikarditis, Zellulitis sowie Otitis media und Sinusitis. Bei Erwachsenen entstehen *Haemophilus*-Infektionen zumeist sekundär als Komplikation schwerer Grundleiden oder bei herabgesetzter Abwehrlage. Am häufigsten kommt die akute Exazerbation bei chronischer Bronchitis (AECB) vor. Auch Pneumonien durch *H. influenzae*, die oft als Superinfektion im Anschluss an eine Influenza auftreten, werden beobachtet.

Diagnose. Methode der Wahl ist der mikroskopische und kulturelle Nachweis (auf Kochblutagar) des Erregers in Liquor, Blut, Eiter oder purulentem Sputum. Ein Ammenphänomen auf Blutagar zeigt V-Faktor-Bedürfnis an.

Therapie. Zur Therapie sollten penicillinasefeste Betalactam-Antibiotika (Amoxycillin/Clavulansäure, Oral-Cephalosporine (S. 203) verwendet werden. In den letzten Jahren hat die Zahl an Betalactamase-Bildnern bei *H. influenzae* zugenommen. In Deutschland, Österreich und der Schweiz produzieren ungefähr 20% der Stämme dieses Enzym. Mittel der Wahl zur Therapie der Meningitis und Sepsis sind Ceftriaxon oder Cefotaxim.

Epidemiologie und Prophylaxe. *H. influenzae* kommt ausschließlich beim Menschen vor. Die Inzidenz schwerer, invasiver Infektionen (Meningitis, Sepsis, Epiglottitis) bei Kindern hat nach Einführung der akuten Schutzimpfung (Tab. **2.6**, S. 53) dramatisch auf ungefähr ein Zehntel abgenommen und wird bei konsequenter Durchführung der Impfung weiter abnehmen.
Die Impfung wird mit der Konjugat-Vakzine Hib durchgeführt. Bei dieser ist das für die Immunität verantwortliche Epitop des Kapselpolysaccharids „b“ an Protein konjugiert. Mit einer derartigen Konjugat-Vakzine kann schon ab dem 2. Lebensmonat immunisiert werden. Auf eine reine Polysaccharid-Vakzine reagiert das Immunsystem erst ab 2 Jahren, da Polysaccharide T-Helferzellen unabhängige An-

tigene darstellen. Gegen diese werden Antikörper in den 2 ersten Lebensjahren nicht oder nur gering produziert. Außerdem kommt es nicht zu einer Boosterantwort.
Für eine postexpositionelle Chemoprophylaxe nichtgeimpfter Kleinkinder ab dem 2. Lebensmonat hat sich die 4-tägige Gabe von Rifampin bewährt.

5.19.2 Weitere Haemophilus-Arten, Aggregatibacter

Haemophilus ducreyi. Die Züchtung dieser kurzen, unbeweglichen Stäbchen erfordert Spezialmedien. Der Keim verursacht das Ulcus Molle (weicher Schanker), eine vor allem in den Tropen vorkommende Geschlechtskrankheit. Die Infektion imponiert als schmerzhafte, leicht blutende Geschwüre im Genitalbereich, die mit einer lokalen Lymphadenopathie einhergehen. Die Diagnose erfolgt durch mikroskopischen und kulturellen Nachweis des Erreger in Speziallabors. Therapeutisch kommen Azithromycin oder Ceftriaxon in Frage.

Haemophilus aegyptius (evtl. metabolische Variante von *H. influenzae*?). Der Keim verursacht eine eitrige Konjunktivitis, die vor allem in Nordafrika und Ägypten auftritt. In Brasilien wurden in den letzten Jahren gehäuft invasive Infektionen bei Kleinkindern, das sog. brasilianische Purpura-Fieber, beobachtet. Therapie s. bei *H. influenzae*.

Aggregatibacter.Zu dieser „neuen" Gattung der *Pasteurellaceae* zählen: *A. actinomycetemcomitans* (früher *Actinobacillus actinomycetemcomitans*)), *A. aphrophilus* (früher *Haemophilus aphrophilus*) und *A. segnis* (früher *Haemophilus segnis*). Sie werden als Bestandteil der Mundhöhlenflora des Menschen aufgefunden und können gelegentlich auch Infektionen verursachen (s.S. 318).

5.19.3 Pasteurella

Verschiedene Arten der Gattung *Pasteurella* kommen bei Tier und Mensch als Bestandteil der normalen Schleimhautflora vor oder verursachen Infektionen bei Tieren. Als Erreger humaner Infektionen spielen sie nur eine untergeordnete Rolle. Als Beispiel für humane Pasteurellosen werden hier die Infektionen durch ***Pasteurella multocida*** genannt. Die Keime gelangen von außen, nach Biss- oder Kratzverletzungen oder mit Tröpfchen beim Kontakt mit erkrankten Tieren, in den Organismus. Meist entstehen lokale Wundinfektionen mit Lymphadenitis, subakute bis chronische Infektionen der tiefen Atemwege oder Infektionen des ZNS, letztere nach Schädeltraumen oder Hirnoperationen. Die Diagnose wird durch den Nachweis des Erregers gestellt. Die Therapie kann mit einem Aminopenicillin oder Cephalosporin durchgeführt werden. Infektionsquellen sind Haustiere (Hund, Katze, Vögel, Meerschweinchen) oder Nutztiere (Rinder, Schafe, Ziegen, Schweine).

5.20 Gramnegative Stäbchen mit geringer Pathogenität

Die in Tab. **5.9** aufgeführten Bakterienarten gehören verschiedenen Sektionen und Familien an (s. Tab. **4.5**, S. 232). Gemeinsam ist ihnen, dass sie als typische Opportunisten nur ein geringes pathogenes Vermögen aufweisen und dementsprechend auch nicht häufig als Infektionserrger isoliert werden. Werden sie in einem primär nicht sterilem Material nachgewiesen, ist es meist schwer, ihre Rolle als Infektionserreger zu interpretieren.

Tabelle **5.9** Gramnegative Stäbchenbakterien mit geringer Pathogenität

Bakterienart	Eigenschaften und Infektionen
Aeromonas spp.	Natürliches Habitat sind Oberflächengewässer. Gelegentlich in Feuchtbereichen von med. Apparaten anzutreffen. *A. salmonicida* für Fische pathogen. Nosokomiale Infektionen (S. 63). Bei Kontamination von Lebensmitteln Gastroenteritis. *A. hydrophila* kann nekrotisierende Fasziitis (S. 723) verursachen.
Alcaligenes faecalis (und weitere Spezies der Gattung *Alcaligenes*)	Aerob; Non-Fermenter. Lebensraum sind Erdboden und Oberflächengewässer. Nosokomiale Infektionen bei Patienten mit schweren Grundleiden; meist als Bestandteil einer Mischflora isoliert; Interpretation der Befunde schwierig
Calymmatobacterium granulomatis; (neu auch *Klebsiella granulomatis*)	Unbeweglich; Kapsel; Kultivierung auf eidotterhaltigen Medien; fakultativ anaerob. Granuloma inguinale. Chronische Geschlechtskrankheit; indolente, ulzerogranulomatöse Läsionen der Haut und Schleimhaut. In Europa sporadisches Vorkommen. Diagnose durch Nachweis von Bakterien in Vakuolen in großen, mononukleären Zellen mit Giemsa-Färbung (= Donovan-Körper). Antibiotika: Doxycyclin, Azithromycin, Ciprofloxacin.

Tabelle **5.9** (Fortsetzung)

Bakterienart	Eigenschaften und Infektionen
Capnocytophaga spp.	Bestandteil der normalen Mundhöhlenflora (Mensch, Hund). Lange, dünne, fusiforme Stäbchen. Wachstum auf Blutagar bei 5–10 % CO_2. Sepsis bei Leukämien, Malignomen, Neutropenie, anatomischen und funktionellen Milzdefekten und bei Alkoholabusus. Eine Rolle in der Pathogenese der Periodontitis wird diskutiert.
Chryseobacterum meningosepticum (neu auch *Elizabethkingia meningoseptica*).	Lebensraum sind Erdboden und Oberflächengewässer. Meningitis bei Neugeborenen. Schlechte Prognose. Bei immunkompromittierten Patienten Sepsis, Pneumonie.
HACEK-Gruppe	Für Kultur oft 5 % CO_2 notwendig. Bei Nachweis in Blutkultur an Endocarditis denken.
H*aemophilus aphrophilus* (neu auch *Aggregatibacter aphrophilus*)	Endocarditis, Hirnabszesse.
A*ctinobacillus actinomycetemcomitans* (neu auch *Aggregatibacter actinomycetemcomitans*	Bestandteil der normalen Mundhöhlenflora. Unbewegliche, feine Stäbchen; mikroaerophil. Resistenz gegen Benzylpenicillin, Empfindlichkeit gegen Aminopenicilline. Kommt in ungefähr 25 % der fazialen Aktinomykose als Begleitkeim vor. Häufigster Endocarditis-Erreger unter der HACEK-Gruppe.
C*ardiobacterium hominis*	Pleomorphie; unbeweglich;. Normalflora des Respirationstrakts. Kultur auf Blutagar in 5 % CO_2, 35 °C, 4 Tage. Endocarditis.
E*ikenella corrodens*	Unbeweglich, kokkoid. Normalflora der Mundhöhle und des oberen Respirationstrakts. Kultur auf Blutagar, dabei „Korrosion" der Agaroberfläche. Infektion nach Menschenbiss. Peritonitis, Empyem, septische Arthritis. Dabei oft Bestandteil einer Mischflora. Auch Endocarditis und Meningitis.
K*ingella kingae*	Normalflora des oberen Respirationstraktes. Vor allem bei Kindern: Endocarditis, Arthritis, Osteomyelitis.

Tabelle **5.9** (Fortsetzung)

Bakterienart	Eigenschaften und Infektionen
Streptobacillus moniliformis	Ausgeprägte Pleomorphie; häufig Ausbildung von zellwanddefekten Filamenten. Kultur in angereicherten Medien bei 35 °C, 5 % CO_2, 3 Tage. Bestandteil der Mundhöhlenflora von Ratten, Mäusen, Katzen. Rattenbissfieber. Inkubationszeit 1–22 Tage. Fieber, Arthralgien, Myalgien, Exanthem. Evtl. Entzündung an Bissstelle. Bei 50 % der Patienten Polyarthritis. Therapie mit Benzylpenicillin.
Vibrio parahaemolyticus	Vorkommen in Küstengewässern der Ozeane und in Brackwasser; halophil. Gastroenteritis. Übertragung durch kontaminierte Meeresfrüchte und rohe Fische.
Vibrio vulnificus	Habitat wie *V. parahämolyticus*. Übertragung durch kontaminierte Meeresfrüchte und rohe Fische, aber selten Gastroenteritis. Sepsis bei Immunsupprimierten; Hautinfektionen; nekrotisierende Fasziitis (S. 723).

5.21 Campylobacter, Helicobacter, Spirillum

Campylobacter, Helicobacter und *Spirillum* sind gramnegative, helikal/vibroid geformte, bewegliche, aerob/mikroaerophile Bakterien.

C. jejuni verursacht eine **Enteritis**. Infektionsquellen sind erkrankte Tiere. Die Erreger werden vorwiegend durch Lebensmittel auf den Menschen übertragen. Die Diagnose erfolgt durch kulturellen Nachweis des Erregers im Stuhl mit speziellen Selektivmedien.

Helicobacter pylori ist mit der Pathogenese der **Gastritis Typ B**, von **Duodenal- und Magen-Ulcera**, des **Adenokarzinoms** bei **chronisch-atrophischer Gastritis** sowie des **B-Zell-Lymphoms** der Magenmukosa assoziiert.

Spirillum minus verursacht das **Rattenbissfieber**, das gehäuft in Japan auftritt und dort Sodoku genannt wird.

Zur Sektion der aerob/mikroaerophilen, beweglichen, helikal/vibroid geformten, gramnegativen Stäbchenbakterien (Tab. **4.5**, S. 241) gehören die Gattungen *Campylobacter, Helicobacter* und *Spirillum*. Bei allen 3 Gattungen findet man humanpathogene Arten.

5.21.1 Campylobacter

Klassifikation. Die Gattung *Campylobacter* setzt sich aus 40 Spezies und Subspezies zusammen, unter denen *C. jejuni* sowie *C. fetus* am häufigsten als Erreger von Infektionen des Menschen beobachtet werden.

Morphologie und Kultur. Es handelt sich bei *Campylobacter* um schlanke, spiralig gekrümmte Stäbchen, die 0,2–0,5 µm dick und 0,5 bis 5 µm lang sind. Die Einzelzellen können eine oder mehrere Windungen aufweisen. Sie zeigen an einem oder beiden Polen eine einzige Geißel.

Campylobacter kann unter mikroaerophilen Bedingungen in einer Atmosphäre, die 5 % O_2, 10 % CO_2 und 85 % N_2 enthält, auf Blutagar kultiviert werden. Für *C. jejuni* beträgt die optimale Wachstumstemperatur 42 °C, für *C. fetus* 25 °C.

5

Pathogenese und Krankheitsbilder. Über die molekularen Pathomechanismen ist wenig bekannt. *C. jejuni* hat invasive Fähigkeit und verursacht eine Enterokolitis, die mit wässrigem, gelegentlich auch blutigem Durchfall und Fieber einhergeht (Typ II-Enteritis, S. 694). Die Inkubationszeit beträgt 2–5 Tage. Die Krankheit heilt meist nach wenigen Tagen spontan

C. fetus verursacht selten eine Enterokolitis, obwohl der Erreger über den Darmtrakt eindringt. Bei immunkompetenten Personen kommt es nach der Invasion meist nur zu einer transitorischen Bakteriämie. Bei Personen mit einer Abwehrschwäche kann eine Sepsis, eine Meningitis, Peritonitis, Arthritis, Cholezystitis, Salpingitis, gelegentlich auch eine Endocarditis auftreten.

Diagnose. Bei der Isolierung von *C. jejuni* aus dem Stuhl werden Medien verwendet, die selektive Supplemente (z. B. verschiedene Antiinfektiva) enthalten. Bebrütet wird 48 h bei 42 °C in einer mikroaerophilen Atmosphäre (s. oben). Die Identifizierung erfolgt aufgrund der Wachstumsbedürfnisse sowie durch Nachweis der Katalase und der Oxidase.

C. fetus wird zumeist ohne Schwierigkeit isoliert, da der Keim in der Regel in primär sterilen Untersuchungsmaterialien wie Blut, Liquor, Gelenkspunktat, Eiter usw. als alleiniger Erreger vorkommt.

Therapie. Schwere *Campylobacter*-Infektionen werden mit Makroliden oder Fluorchinolonen (Tab. **4.3**, S. 202) therapiert. Resistenzen können vorkommen.

Epidemiologie und Prophylaxe. *Campylobacter jejuni* gehört weltweit zu den häufigsten Erregern von Enteritiden. Sowohl *C. jejuni* als auch *C. fetus* werden von Tieren über Lebensmittel und Trinkwasser auf den Menschen übertragen. Eine direkte Übertragung durch Schmierinfektion von Mensch zu Mensch kommt vor, vor allem bei Kindern in Kindergärten oder innerhalb von Familien. Kampylobakteriosen werden gehäuft im Sommer und Herbst beobachtet. Die präventiven Maßnahmen (*C. jejuni*) sind expositionsprophylaktischer Natur und betreffen vor allem die Verhinderung der Kontamination von Lebensmitteln.

5.21.2 Helicobacter pylori

Morphologie und Kultur. *H. pylori* ist ein spiralig gekrümmtes, gramnegatives Stäbchen mit lophotricher Begeißelung. Der Erreger kann aus Magen-Biopsien auf Blutagar ohne und mit Zusatz von selektiven Antibiotika unter mikroaerophilen Bedingungen (90% N_2, 5% CO_2, 5% O_2) während 3–4 Tagen kultiviert werden. Seine Identifizierung erfolgt durch Nachweis der Oxidase, Katalase und Urease.

Pathogenese und Krankheitsbilder. *H. pylori* kommt nur beim Menschen vor und wird fäkal-oral oder oral (kontaminierte Lebensmittel) übertragen. Der Erreger kolonisiert vorwiegend die oberste Schleimschicht der Magenmukosa. In den tiefen Schichten des Schleims, direkt oberhalb der Mukosa , finden sich diese Bakterien jedoch nur selten. Der Grund dafür sind vermutlich spezielle Glykosaminoglykane (Syn.: Mucopolysaccharide) im „tiefen"Schleim, die die Zellwandbiosynthese von Helicobacter hemmen. Dieser natürliche Abwehrmechanismus erklärt, warum klinisch manifeste Infektionen verglichen mit der Kolonisierungsrate (s. bei Epidemiologie) relativ selten auftreten. Erst wenn *H. pylori* diese natürliche Barriere überwindet, kann es zur Infektion der Mukosa kommen.

5

Als Pathogenitätsfaktoren von *H. pylori* gelten. 1. Die starke Beweglichkeit, die – nachdem die Erreger in den Magen gelangt sind – die rasche Kolonisierung des Magenschleims ermöglicht. 2. Urease, die aus Harnstoff Ammoniak freisetzt und so die Magensäure neutralisiert. 3. Spezifische Adhärenz mit Hilfe „Helicobacter outer membrane proteins" (HOP) an Epithelzellen. 4. Vakuolisierendes Zytotoxin (VacA), das Mukosazellen zerstört. 5. Protein CagA. Das Gen *cagA* ist Bestandteil der Pathogenitätsinsel (S. 230) *cag*. Die *cag*-PAI weist weiterhin noch Gene auf, die für die Komponenten eines Typ-IV-Sekretionssystems (s.S. 227) codieren, durch das CagA in Epithelzellen tranzloziert wird. Dort veranlasst CagA eine Veränderung des Zytoskeletts und induziert die Bildung von Zytokinen. Folgende Krankheiten des Magens/Duodenums können mit *H. pylori* assoziiert sein:

- Gastritis Typ B, die mit nur wenigen oder nur mäßigen klinischen Symptomen einhergehen kann.
- Ulzera des Duodenums und des Magens.
- Chronisch-atrophische Gastritis.
- Adenokarzinom des Magens, ausgehend von einer chronisch-atrophischen Gastritis.
- B-Zell-Lymphom der Mukosa des Magens.

Diagnose. Folgende Möglichkeiten, die je nach Fragestellung eingesetzt werden, bestehen.

- *Invasive Verfahren mit endokospischen Biopsien:* Urease-Schnelltest; Mikroskopie und Histopathologie; Kultur und Resistenztest; molekulargenetische Untersuchungen.

- *Nicht-invasive Verfahren:* ^{13}C-Harnstoff-Atemtest (Nachweis von $^{13}CO_2$ in der Atemluft); *H. pylori*-Stuhl-Antigen-ELISA.

Therapie. Eine spezifische Therapie ist nur bei klinischer Symptomatik (Gastritis-Symptome, Ulcera, chronisch-atrophische Gastritis) indiziert. Die Tripeltherapie umfasst einen Protonenpumpenblocker, Amoxycillin und Clarithromycin während 7 Tagen. Die Eradikationsraten liegen bei 90%. Liegt eine Makrolidresistenz (Clarithromycinresistenz) vor, wird die Eradikation schwierig.

Epidemiologie. Seroepidemiologische Studien haben gezeigt, dass *H. pylori* weltweit vorkommt. Die Kolonisierung setzt schon in der Kindheit ein. Sie ist besonders hoch in Gruppen, die unter schlechten hygienischen Bedingungen eng zusammenleben und kann dort bei Erwachsenen bis zu 100% erreichen. In der älteren Bevölkerung der entwickelten Länder beträgt die Rate ungefähr 50%.

5.21.3 Spirillum minus (Rattenbissfieber)

Bei dieser Spezies handelt es sich um spiralige, 2–3 Windungen aufweisende, 0,2 µm dünne und 3–5 µm lange, bewegliche Bakterien. Die Keime können auf Nährmedien nicht kultiviert werden. *S. minus* verursacht das Spirillen-Rattenbissfieber, das auch Sodoku genannt wird. Es kommt weltweit vor, tritt aber gehäuft in Japan auf. Die Keime werden durch den Biss von Ratten, Mäusen, Eichhörnchen sowie nagerverzehrenden Haustieren übertragen. Nach einer Inkubation von 7–21 Tagen entwickelt sich ein fieberhaftes, mit einer Lymphangitis und Lymphadenitis einhergehendes Krankheitsbild. An der Bissstelle entstehen geschwürige Läsionen. Die Diagnose kann durch mikroskopischen Nachweis von Spirillen mit der Dunkelfeld- oder Phasenkontrastmikroskopie im Blut oder Geschwürsmaterial gestellt werden. Therapeutisch wird Penicillin G eingesetzt.

5.22 Pseudomonas, Burkholderia, Stenotrophomonas

Die gramnegativen, aeroben, stäbchenförmigen Pseudomonaden kommen in der Natur in Feuchtbiotopen weit verbreitet vor. Die für die Medizin wichtigste Art ist Pseudomonas aeruginosa. Zur Kultur ist freier O_2 als terminaler Elektronenakzeptor notwendig. Die Pathogenese von *Pseudomonas*-Infektionen ist komplex. Der Keim kann sich über Haftpili an Wirtszellen anheften. Pathogenitätsfaktoren sind: Exotoxin A, Exoenzym S, Zytotoxin, verschiedene Metalloproteasen, Phospholipase C, Lipopolysaccharid der äußeren Membran. *Pseudomonas*-Infektionen treten praktisch nur bei entsprechend disponierten Patienten auf. Als wichtigste zu nennen sind:

Pneumonien bei **zystischer Fibrose und bei beatmeten Patienten**, **Kolonisierung und Infektion von Verbrennungswunden**, **Endocarditiden** bei Drogensüchtigen, postoperative **Wundinfektionen**, **Harnwegsinfektionen**, **Sepsen**.

P. aeruginosa ist ein häufiger Keim von **nosokomialen Infektionen**. Die Diagnose umfasst den kulturellen Nachweis des Erregers. Ein Problem bei der Therapie stellt die Mehrfachresistenz gegen Antiinfektiva dar.

Zahlreiche weitere *Pseudomonas*-Arten sowie Arten der Gattungen *Burkholderia* und *Stenotrophomonas* werden gelegentlich bei Immunsupprimierten als Erreger gefunden. *Burkholderia mallei* verursacht den **Malleus** (Rotz), *B. pseudomallei* die **Melioidose**.

5.22.1 Pseudomonas aeruginosa

Vorkommen, Bedeutung. Alle Pseudomonaden kommen in der Natur weitverbreitet vor. Man findet sie regelmäßig im Erdboden, in Oberflächengewässern, die Ozeane eingeschlossen, auf Pflanzen und vereinzelt auch im Darm von Mensch und Tier. Sie sind anspruchslos und können sich in einem feuchten Milieu, das nur Spuren von Nährsubstraten enthält, vermehren. Der für die Medizin wichtigste Vertreter ist die Spezies *P. aeruginosa*. Zahlreiche weitere Pseudomonaden können bei immunsupprimierten Patienten Infektionen verursachen.

Morphologie und Kultur. Bei *P. aeruginosa* handelt es sich um 2–4 µm lange, plumpe, gramnegative Stäbchen, die eine bis mehrere polare Geißeln aufweisen. *P. aeruginosa* besitzt als Teil der Zellwand eine äußere Membran, deren Architektur für die natürliche Resistenz gegen viele Antibiotika verantwortlich ist.

Die Kultur von *P. aeruginosa* gelingt nur in einem Medium, das freien O_2 als terminalen Elektronenakzeptor aufweist. In Nährbouillon wächst deshalb der Keim an der Oberfläche unter Bildung einer sog. Kahmhaut. Kolonien auf Nähragar zeigen oft Metallglanz (deshalb *P. aeruginosa*; lat. aes = Erz.). Unter geeigneten Bedingungen kann der Keim Pigmente bilden, am häufigsten das gelblich-grüne Pyoverdin und das blaugrüne Pycocyanin.

Pathogenese und Krankheitsbilder. Obwohl *P. aeruginosa* ein opportunistischer Erreger ist, der bei Gesunden nur selten Krankheit verursacht, weist der Keim komplexe Pathomechanismen auf, die auch erklären, warum *P. aeruginosa* so unterschiedliche Infektionen (s. unten) verursachen kann. *P. aeruginosa* kann sich spezifisch mit Haftfimbrien und Nichtfimbrien-Adhäsinen an Gewebszellen anheften. Über Typ III-Sekretion (S. 227) werden Zytotoxine, z.B. „Exoenzym S" (ExoS) in Granulozyten sowie „Exoenzym U" (ExoU) in Makrophagen, injiziert. Ein wichtiger Pathogenitätsfaktor ist das Exotoxin A, eine ADP-Ribosyltransferase, die die Proteinsynthese durch Inaktivierung des Elongationsfaktors eEF2 blockiert (S. 271). Verschiedene Metalloproteasen hydrolysieren Elastin, Kollagen oder Laminin. Eine Phospholipase C und das Rhamnolipid zerstören Zellmembranen und in den Alveolen das Surfactant. *P. aeruginosa* kann das Exopolysaccharid Alginat produzieren, das sich wie eine Kapsel als visköses Gel außen auf die Bakterienzellen auflagert. Diese Matrix fördert das Kleben der Zellen an Gewebsbestandteile und schützt vor Phagozyten, Antikörpern, Komplement sowie vor dem Transport nach außen durch die Zilien des Respirationstrakt-Epithels.

Infektionen treten bei immunkompetenten Individuen nur selten auf. Die wichtigsten Infektionen sind: Pneumonien bei zystischer Fibrose (Syn: Mukoviszidose) oder beatmeten Patienten, Infektionen von Verbrennungswunden, postoperative Wundinfektionen, chronische Pyelonephritiden, Endocarditiden bei Drogensüchtigen, Sepsen, die maligne Otitis externa, das Ecthyma gangraenosum. *P. aeruginosa* ist ein häufiger Erreger nosokomialer Infektionen (s. S. 63). Als Infektion, die außerhalb des Krankenhauses auch bei Immunkompetenten auftreten kann, ist eine diffuse Follikulitis nach Baden in Whirlpools zu nennen, da sich Pseudomonaden im belüfteten Badewasser gut vermehren können.

Pseudomonas und zystische Fibrose (Syn.: Mukoviszidose).
Patienten mit zystischer Fibrose (ZF) entwickeln häufig eine chronische Lungeninfektion durch Pseudomonas. ZF-Stämme zeichnen sich oft durch den mukoiden Phänotyp und Mehrfachresistenz aus. Der mukoide Phänotyp beruht auf überschießender Produktion des Alginats aufgrund einer Mutation im Gen *mucA*. ZF-Stämme sind häufig sog. Mutator-Stämme. Bei diesen liegen Negativ-Mutationen in den Genen, die für Enzyme des DNA-Reparatur-Systems kodieren, vor. Dadurch ist die Mutationsfrequenz um den Faktor 10–100 heraufgesetzt und es entstehen häufiger Antibiotika-resistente Mutanten als in Stämmen ohne den Mutator-Genotyp.

Diagnose. Die Labordiagnose umfasst die Isolierung des Erregers aus entsprechenden Materialien und seine biochemische Identifizierung.

Therapie. Als Antibiotika kommen die Acylaminopenicilline, die Carboxylpenicilline, die Cephalosporine 3b, die Carbapeneme und die Aminoglykoside (Tab. **4.3**, S. 202) in Frage. Bei schweren Infektionen ist die Kombination eines Aminoglykosids mit einem Betalactam angezeigt. Resistenzen kommen häufig vor.

Epidemiologie und Prophylaxe. Größere Bedeutung kommt *P. aeruginosa* (außer bei der zystischen Fibrose) nur im Krankenhaus zu. Da sich der ubiquitäre Keim unter einfachsten Bedingungen in einem feuchten Milieu vermehren kann, kommen zahlreiche Infektionsquellen in Frage: Waschbecken, Toiletten, Kosmetika, Luftbefeuchter, Inhalatoren, Beatmungsgeräte, Narkosegeräte, Dialysegeräte usw. Zur Prävention kommen expositionsprophylaktische und krankenhaushygienische Maßnahmen in Betracht.

5.22.2 Burkholderia, Stenotrophomonas

Burkholderia mallei. Diese Spezies ist Erreger des Rotzes oder Malleus (Nasenausfluss), einer Seuche der Einhufer. Über Mikrotraumen der Haut oder Schleimhäute dringen die Keime in den menschlichen Organismus ein und bilden lokale Geschwüre. Von diesen primären Infektionsherden können sie lymphogen oder hämatogen in andere Organe gelangen und dort sekundäre Abszesse verursachen. Der Rotz kommt in Europa nicht mehr vor.

Burkholderia pseudomallei. Diese Art ist Erreger der Melioidose, einer rotzähnlichen Infektion bei Tieren und beim Mensch. Das natürliche Reservoir des Keimes stellt der Erdboden und Oberflächengewässer dar. Über Verletzungen von Haut und Schleimhaut dringen die Erreger ein und verursachen subkutane und subseröse multiple Abszesse und Granulome. Von Primärherden aus kann es zu einer Streuung und zum Befall verschiedener Organe mit Abszessbildung kommen. Die Krankheit wird vor allem in Asien beobachtet.

Burkholderia cepacia und Stenotrophomonas maltophilia. Diese Arten verursachen nosokomiale Infektionen (S. 63) bei Patienten mit schweren Defekten der Infektabwehr. Sie werden auch bei Patienten mit zystischer Fibrose angetroffen. Die Prognose ist dann besonders schlecht. Die meist im Krankenhaus auftretenden Arten zeichnen sich dadurch aus, dass sie häufig Mehrfachresistenz aufweisen. Eine Antibiotikatherapie muss sich deshalb immer am Resistenztest orientieren.

5.23 Legionella (Legionärskrankheit, Pontiac-Fieber)

Die Familie der *Legionellaceae* enthält nur die Gattung *Legionella*. Für die Mehrzahl der humanen Legionellosen ist die Spezies *L. pneumophila* verantwortlich. Es handelt sich um schwer anfärbbare, zu den gramnegativen Bakterien gehörende, aerobe Stäbchen. Für die Kultur müssen Spezialmedien eingesetzt werden. Infektionen entstehen durch Inhalation erregerhaltiger Tröpfchen. Zwei klinisch unterschiedliche Formen sind bekannt: die mit einer **multifokalen Pneumonie** einhergehende **Legionärskrankheit** sowie das **nichtpneumonische Pontiac-Fieber**. An einer Legionärskrankheit erkranken vor allem Personen mit kardiopulmonalen Grundleiden, ältere Personen und Personen mit allgemeiner Abwehrschwäche. Die Labordiagnose umfasst die Mikroskopie mit der direkten Immunfluoreszenz, die Kultur auf Spezialmedien, molekulargenetische Verfahren, den Nachweis von Legionellen-Antigen im Urin sowie die Bestimmung von Antikörpern. Antibiotika der Wahl sind die Makrolide. Das natürliche Habitat der Legionellen sind Feuchtbiotope. Als Infektionsquellen sind Warm- und Kaltwassersysteme, Kühltürme und Befeuchter von Klimaanlagen und Sprudelbäder beschrieben worden. Legionellosen können sporadisch und epidemisch auftreten.

Klassifikation. Die Legionellen wurden 1976 anlässlich einer Epidemie während eines Kongresses amerikanischer Legionäre (ehemalige Berufssoldaten) entdeckt. Die Gattung *Legionella* gehört zu den *Legionellaceae* und umfasst 52 Spezies und 3 Subspezies. Die Mehrzahl der Infektionen (90%) wird durch *L. pneumophila* verursacht. Diese Art kann in 16 Serogruppen unterteilt werden; die meisten Infektionen löst die Serogruppe 1 aus.

Morphologie und Kultur. Bei *L. pneumophila* handelt es sich um 0,3–1 µm dicke und 2–20 µm lange Stäbchen, die aufgrund ihres Zellwandaufbaus zu den gramnegativen Bakterien gehören. Sie lassen sich jedoch in der Gramfärbung nicht oder nur sehr schlecht anfärben. Die optische Darstellung erfolgt am besten mit der direkten Immunfluoreszenz (S. 20).
Die aeroben Keime wachsen nur auf Spezialmedien und in einer Atmosphäre, die 5% CO_2 enthält.

Pathogenese und Klinik. Infektionsquellen der Legionellosen sind legionellenhaltige Wasserreservoire. Diese stellen jedoch keine direkte Gefahr dar. Erst die Inhalation von Aerosolen oder die Aspiration von Wasser führen zur Krankheit. Als Infektionsquellen wurden beschrieben: Warmwassersysteme; raumlufttechnische Anlagen; Whirlpools; sämtliche Anlagen, die ein Aerosol erzeugen können. Die genauen Pathomechanismen werden noch nicht voll verstanden. Nachdem die Erreger in die Lunge gelangt sind, vermehren sie sich als fakultativ intrazelluläre Bakterien in Alveolarzellen und alveolären Makrophagen, die dadurch geschädigt werden. Zur Schädigung des Lungengewebes und Zerstörung des Surfactants tragen Proteasen und Phospholipasen, die durch Legionellen sezerniert werden, bei. Zwei klinisch unterschiedliche Formen der Legionellose wurden beschrieben:

- **Legionärskrankheit.** Die Infektion erfolgt durch Inhalation keimhaltiger Tröpfchen. Die Inkubationszeit beträgt 2–10 Tage. Das Krankheitsbild ist durch eine multifokale, nekrotisierende Pneumonie geprägt, die vor allem bei Patienten mit kardiopulmonalen Grundleiden, älteren Patienten oder Patienten mit Defekten der zellulären Immunität auftritt. Ein wichtiger Risikofaktor ist das Rauchen. Die Letalität beträgt ca. 10%.
- **Pontiac-Fieber.** Benannt nach einer Epidemie in Michigan. Inkubationszeit 1–2 Tage. Nichtpneumonische, fieberhafte Erkrankung. Selbstlimitierend. Selten. Die Beteiligung von Legionellen am Pontic-Fieber wird neuerdings in Frage gestellt.

Diagnose. Beim mikroskopischen Nachweis aus Materialien des tiefen Respirationstrakts werden mit Fluoreszein markierte, polyvalente Antikörper verwendet (Sensitivität 40–70%). Für die Kultur dienen Spezialmedien, die selektive Supplemente zur Ausschaltung der Begleitflora enthalten (Sensitivität < 30%). Diagnostische Methoden der Wahl sind der Nachweis von Antigen der Serogruppe 1 (LPS) im Urin mit einem EIA oder der Nachweis spez. DNA-Sequenzen aus Material des tiefen Respirationstrakts. Serum-Antikörper werden mit der Technik der indirekten Immunfluoreszenz bestimmt.

Therapie. Erythromycin oder die neueren Makrolide (vor allem Azithromycin) sowie die Fluorchinolone 2/3/4 (S. 204) gelten als Mittel der Wahl. Legionellen sind primär resistent gegen Betalactame. Diese Tatsache muss bei der kalkulierten Antibiotikatherapie der ambulant erworbenen Pneumonie berücksichtigt werden.

Epidemiologie und Prophylaxe. Die Legionellose kann als Epidemie oder in Form sporadischer Erkrankungen auftreten. Der natürliche Lebensraum der Legionellen sind Feuchtbiotope, die Infektionsquellen darstellen. Eine Übertragung von Mensch zu Mensch wurde bisher nicht festgestellt. Legionellen können Wassertemperaturen bis zu 50 °C tolerieren. Erst bei kurzfristiger Erhitzung des Wassers auf 70 °C werden sie abgetötet.

5.24 Brucella, Bordetella, Francisella

Bei *Brucella, Bordetella* und *Francisella* handelt es sich um kleine, kokkoide, gramnegative Stäbchen. Sie können aerob auf angereicherten Nährmedien kultiviert werden.

Brucella abortus, B. melitensis und *B. suis* verursachen die **Brucellose**, eine klassische Zoonose, die bei Rindern, Ziegen und Schweinen auftritt. Die Erreger werden direkt von erkrankten Tieren oder indirekt über Lebensmittel auf den Menschen übertragen. Sie rufen in den Organen des RES charakteristische Granulome hervor. Klinisch imponiert das undulierende Fieber. Die Diagnose umfasst den Nachweis des Erregers oder die Antikörperbestimmung mit einem standardisierten Agglutinationstest.
Bordetella pertussis verursacht den **Keuchhusten**, der nur beim Menschen vorkommt. Die Erreger werden aerogen übertragen. Der Keim weist keine invasiven Fähigkeiten auf, kann aber epitheliale und subepitheliale Nekrosen der Mukosa des tiefen Respirationstrakts hervorrufen. Die Stadien „catarrhale, convulsivum und decrementi“ charakterisieren das klinische Bild. Die Diagnose wird meist klinisch gestellt. Nur während des katarrhalischen und frühen Konvulsiv-Stadiums können die Erreger aus Sekret des Nasopharynx kultiviert werden. Die wichtigste prophylaktische Maßnahme ist die Schutzimpfung mit einer azellulären Vakzine.

Francisella tularensis verursacht die **Tularämie**. Diese in Europa seltene Krankheit kommt bei wildlebenden Nagetieren vor und kann durch direkten Kontakt, durch Vektoren oder durch Inhalation von Bakterien-haltigen Staubpartikeln übertragen werden.

5.24.1 Brucella (Brucellose, Morbus Bang)

Vorkommen und Klassifikation. Die Gattung *Brucella* umfasst vier für die Medizin bedeutsame Arten: *B. abortus, B. melitensis, B. suis* und *B. canis*. Diese verursachen bei Nutz- und Wildtieren, bevorzugt bei Rindern (*B. abortus*), Ziegen (*B. melitensis*), Schweinen (*B. suis*) und Hunden (*B. canis*) klassische Zoonosen. Die Keime können von erkrankten Tieren auf den Menschen übergehen und ein einheitliches Krankheitsbild, das undulierende Fieber (Bang'sche Krankheit) hervorrufen.

Morphologie und Kultur. Brucellen sind feine, kokkoide, gramnegative, unbegeißelte Stäbchen. Sie vermehren sich nur aerob. Für ihre Kultivierung während 2–4 Tagen wird Blutagar verwendet.

Pathogenese und Krankheitsbild. Die Brucellen werden direkt durch Kontakt mit erkrankten Tieren oder indirekt über kontaminierte Lebensmittel, vor allem über nichtpasteurisierte Milch und Milchprodukte, auf den Menschen übertragen. Die Keime gelangen über die Schleimhaut des oberen Intestinal- und Respirationstrakts oder über Läsionen der Haut in die Subserosa bzw. Subkutis. Von dort werden sie durch Mikro- und Makrophagen, in denen sie überleben können, in die Lymphknoten transportiert. Es entwickelt sich eine Lymphadenitis. Von den befallenen Lymphknoten werden die Keime zuerst lymphogen und dann hämatogen disseminiert und gelangen in die Leber, die Milz, das Knochenmark und weitere Gewebe des RES, in dessen Zellen sie überleben und sich sogar vermehren können. Es entstehen die für intrazelluläre Bakterien typischen **Granulome**. Aus diesen Entzündungsherden können die Brucellen in Schüben in den Blutkreislauf gelangen, wobei jedesmal einer der typischen Fieberschübe resultiert, die zumeist abends auftreten und mit Schüttelfrost einhergehen. Die Inkubationszeit beträgt 1–4 Wochen. *B. melitensis*-Infektionen verlaufen klinisch schwerer als die anderen Brucellosen.

Diagnose. Diese wird am besten durch Kultivierung des Erregers aus Blut oder Biopsiematerial gestellt. Da die Kulturen bis zu 4 Wochen bebrütet werden müssen, ist dem Labor die Verdachtsdiagnose mitzuteilen. Eine vorläufige Identifizierung kann mit einem polyvalenten Antiserum mit der Objektträger-Agglutination erfolgen (*B. canis* agglutiniert aber nicht). Die genaue Differenzierung in die 4 Spezies wird in Speziallabors durchgeführt.

Der Antikörpernachweis erfolgt mit dem Serum-Agglutinationstest (S. 18). In Zweifelsfällen können die Komplementbindungsreaktion sowie der direkte Coombs-Test (S. 18) eine serologische Diagnose ermöglichen.

Therapie. Im akuten Stadium wird eine Kombination von Doxycyclin und Gentamicin eingesetzt. Eine Alternative ist Co-Trimoxazol, kombiniert mit Rifampicin oder Gentamicin. Die Therapiedauer beträgt mindestens 6 Wochen.

Epidemiologie und Prophylaxe. Die Brucellose ist eine weltweit verbreitete Zoonose. Infektionen mit *B. melitensis* kommen gehäuft in den Mittelmeerländern, in Lateinamerika und in Asien vor. In Europa können Melitensis-Brucellosen durch importierte Milchprodukte aus diesen Ländern oder bei Reisenden auftreten. Infektionen durch *B. abortus* waren früher auch in Mitteleuropa häufig, sind aber heute dank der Eliminierung brucellenverseuchter Rinderbestände praktisch verschwunden. Bei der Bekämpfung der Brucellosen stehen expositionsprophylaktische Maßnahmen im Vordergrund. Eine Isolierung von Kranken ist jedoch nicht notwendig, da die Erreger von Mensch zu Mensch nicht übertragen werden. Eine Immunisierungsprophylaxe existiert nicht.

5.24.2 Bordetella (Keuchhusten, Pertussis)

Zur Gattung *Bordetella* gehören *B. pertussis, B. parapertussis* und *B. bronchiseptica*. Von diesen 3 Spezies kommt *B. pertussis* als Erreger des Keuchhustens die größte medizinische Bedeutung zu. Die anderen Arten werden nur selten als Erreger von Infektionen des tiefen Respirationstraktes des Menschen beobachtet.

Morphologie und Kultur. Bei *B. pertussis* handelt es sich um kleine, kokkoide, unbewegliche, gramnegative Stäbchen. Der Keim kann auf Spezialmedien während 3–4 Tagen bei 37 °C in einer aeroben Atmosphäre kultiviert werden.

Pathogenese. Die Keuchhustenbakterien werden aerogen übertragen. Sie sind in der Lage, sich an die Zellen des Flimmerepithels der Bronchien anzuheften. Eine Invasion ins Epithel ist selten. Es kommt zu (sub)epithelialen Entzündungen und Nekrosen.

Zahlreiche Virulenzfaktoren wurden bisher aufgefunden. Die wichtigsten sind unten aufgeführt. Die Gene dieser Faktoren sind funktionell in einem Virulenzregulon zusammengefasst und werden durch ein 2-Komponenten-Regulatorsystem (S. 228) gesteuert. Das Protein BvgS (Bvg = Bordetella Virulenz-Gene) stellt das Sensorprotein dar, während BvgA das eigentliche Regulatorprotein ist.

Die wichtigsten Virulenzfaktoren von Bordetella pertussis.

Adhärenzfaktoren. Der wichtigste Adhärenzfaktor ist das *filamentöse Hämagglutinin* (Fha). Die Adhärenz erfolgt an die Zilien des Epithels.

Exotoxine. Das wichtigste Exotoxin ist das *Pertussistoxin* (Ptx). Dieses ist ein AB-Toxin (S. 225); „A“ ist eine ADP-Ribosyltransferase; Wirkungsmechanismus über G_S-Proteine (wie Cholera-Toxin A_1 [S. 312]); Anstieg von cAMP in Zielzellen. Dadurch – neben anderen Wirkungen – vermehrte Sekretion durch gestörten Ionenfluss.

Endotoxine. Beim *Trachea-Zytotoxin* handelt es sich um ein Mureinfragment, das Toxizität für Zilienepithelien aufweist.

Als gramnegatives Bakterium besitzt *B. pertussis Lipopolysaccharid* in der Zellwand, das die Produktion von Zytokinen induziert und Komplement auf dem alternativen Weg aktiviert.

Krankheitsbild. Der Keuchhusten beginnt nach einer Inkubationszeit von ungefähr 10–14 Tagen mit einem uncharakteristischen Stadium catarrhale, das etwa 1–2 Wochen andauert. Danach entwickelt sich das 2–4 Wochen anhaltende Stadium convulsivum mit den typischen krampfartigen Hustenanfäallen (Stakkatohusten; inspiratorisches Ziehen). Danach setzt das Stadium decrementi ein, das mehrere Wochen anhalten kann. Als Komplikationen sind, vor allem im Säuglingsalter, sekundäre Pneumonien mit Pneumokokken oder *Haemophilus*, die über die vorgeschädigte Schleimhaut eindringen, sowie die Otitis media häufig. Als Spätkomplikation kann die seltene Enzephalopathie (0,4%) auftreten, deren Pathomechanismus nicht geklärt ist. Die Letalität am Keuchhusten beträgt im 1. Lebensjahr ungefähr 1–2%. Die Krankheit hinterlässt eine Immunität, die aber nicht lebenslang anhält. Zweiterkrankungen sowie auch Erstinfektionen im Erwachsenenalter trotz Immunisierung sind nicht ungewöhnlich.

Diagnose. Der Nachweis des Erregers ist nur während des katarrhalischen und frühen Konvulsivstadiums möglich. Mit einer speziellen Abstrichtechnik wird Material aus dem Nasopharynx durch die Nase hindurch entnommen. Anschließend sofortige Beimpfung eines Spezialmediums oder Transport ins Labor mit einem geeigneten Transportmedium. Im Nasopharynx-Sekret kann auch mit der direkten Immunfluoreszenz *B. pertussis* nachgewiesen werden. Angelegte Kulturen müssen 3–4 Tage aerob bebrütet werden. Antikörper können frühestens 2 Wochen nach Erkrankungsbeginn mit einem EIA bestimmt werden. Beweisend ist nur eine Serokonversion.

Therapie. Eine Wirkung von Antibiotika ist nur im Stadium catarrhale und evtl. im frühen Konvulsivstadium zu erwarten, wenn die Virulenzfaktoren noch nicht an die entsprechenden Zellrezeptoren gebunden sind. Mittel der Wahl sind die neuen Makrolide. Alternativ kommt Co-Trimoxazol in Betracht.

Epidemiologie und Prophylaxe. Keuchhusten kommt global vor. Der Mensch ist einziger Wirt. Infektionsquelle sind Erkrankte während des Stadium catarrhale, die die Erreger aushusten (Tröpfcheninfektion). Gesunde Keimträger gibt es nicht.

Die wichtigste prophylaktische Maßnahme ist die aktive Immunisierung im Kindesalter mit dem Kombinationsimpfstoff DTaP, im Jugend- und Erwachsenenalter mit dem Impfstoff „ap“ (s. Impfplan S. 53). Die azelluläre Pertussiskomponente aP/ap bei den meisten durch die Industrie angebotenen Impfstoffen enthält inaktiviertes Ptx sowie Fha.

5.24.3 Francisella tularensis (Tularämie)

Bei *F. tularensis* (*Subsp. tularense* [Syn.: Typ A], *holarctica* [Syn.: Typ B], *mediasiatica*) handelt es sich um Gram-negative, kokkoide, unbewegliche, aerobe, fakultativ intrazelluläre Stäbchenbakterien. Die Keime verursachen bei zahlreichen

Tierarten, vor allem bei Nagern, eine pestähnliche Krankheit. *F. tularensis* wird direkt durch Kontakt mit kranken oder an der Tularämie gestorbenen Tieren, durch Vektoren (verschiedene Insekten) oder mit bakterienhaltigem Staub und evtl. Wasser übertragen. Die Erreger dringen über Mikrotraumen der Haut und der Schleimhäute ein. An der Eintrittspforte entsteht eine ulzeröse Läsion mit Beteiligung der lokalen Lymphknoten (= ulzeroglanduläre oder okuloglanduläre Form). Lymphogen und hämatogen gelangen die Keime dann in parenchymatöse Organe, vor allem in Organe des RES wie Leber und Milz. Es entstehen kleine Granulome, die zentral verkäsen oder zu eitrigen Abszessen führen. Bei der pneumonischen Tularämie reichen schon 10–50 inhalierte Bakterienzellen für eine klinisch manifeste Lungeninfektion aus. Die Inkubationszeit beträgt 3–5 Tage. Die Diagnose strebt den Erregernachweis durch Mikroskopie und Kultur an. Auch molekulare Methoden werden eingesetzt. Agglutinierende Antikörper können ab der 2. Krankheitswoche festgestellt werden. Beweisend ist eine Serokonversion. Zur Antibiotikatherapie werden Gentamicin, Doxycyclin oder Chinolone Gruppe 2/3/4 eingesetzt.

5.25 Bartonella, Afipia

Bei *Bartonella* und *Afipia* handelt es sich um kleine, gramnegative, pleomorphe Stäbchen, die aerob auf Spezialmedien kultiviert werden können. Bartonellen verursachen das **Oroyafieber** und die **Verruga peruana** (*B. bacilliformis*), das **Fünftagefieber** (*B. quintana*), die **Katzen-Kratz-Krankheit** (*B. henselae*) und bei Immunsupprimierten die **bakterielle Angiomatose** (*B. henselae* und *B. quintana*) sowie die **bakterielle Peliosis** (*B. henselae*). Der direkte Nachweis der Bartonellen durch Mikroskopie, Kultur und DNA-Diagnostik wird in Speziallabors durchgeführt. Diagnostische Verfahren der Wahl sind Antikörpertests (IIF, EIA). Für die Antibiotikatherapie kommen vorwiegend Tetrazykline und Makrolide in Frage. *Afipia felis* kann Symptome einer Katzen-Kratz-Krankheit hervorrufen.

5.25.1 Bartonella (Oroyafieber, Fünftagefieber, bakterielle Angiomatose und Peliosis, Katzen-Kratz-Krankheit)

Klassifikation. Die Gattung *Bartonella* der Familie *Bartonellaceae* umfasst zur Zeit 19 Arten und 3 Unterarten. Die wichtigsten humanpathogenen Spezies sind in Tab. **5.10** aufgeführt.

Morphologie und Kultur. Bartonellen sind kleine (0,6–1 µm), gramnegative, oft pleomorphe, aerobe Stäbchen, die auf zellfreien Spezialmedien kultiviert werden können.

Tabelle **5.10** Die wichtigsten Erreger und Krankheitsbilder der Bartonellosen

Erreger	Übertragung	Wirt	Krankheit
Bartonella bacilliformis	Südamerikanische Sandfliegen	Mensch	Oroyafieber Verruga peruana
B. quintana	Kleiderläuse	Mensch	Fünftagefieber (Syn. Wolhynisches Fieber, Trench fever). Selten Endocarditis. Bei Immunsupprimierten (AIDS) bakterielle Angiomatose
B. henselae	Direkt von Katze auf Mensch; indirekt durch den Katzenfloh. (Katzen meist nicht erkrankt)	Mensch und Katze	Katzen-Kratz-Krankheit. Selten Endocarditis. Bei Immunsupprimierten (AIDS) Sepsis, bakterielle Angiomatose, bakterielle Peliosis

Pathogenese. Die Bartonellen werden über die Haut durch Vektoren (s. Tab. **5.10**) übertragen. Eine wichtige pathogenetische Eigenschaft ist ihr angiogenetisches Potenzial. Nach lymphogener und hämatogener Streuung kommt es zum Befall von Endothelzellen in verschiedenen Geweben mit anschließender Proliferation, welche sich klinisch – vor allem bei Immunsupprimierten – im Auftreten von vaskuloproliferativen Tumoren der Haut, Leber, Milz und von Lymphgewebe manifestiert. Die Tumoren werden durch direkte Stimulation der Endothelzellproliferation, Hemmung der Endothelzell-Apoptose sowie Induktion einer proangionetischen Wirtszellantwort induziert.

Klinik. Das nur beim Menschen auftretende **Oroyafieber** wird ausschließlich in den über 800 Meter hoch gelegenen Gebirgstälern der westlichen und zentralen Kordilleren in Südamerika beobachtet, weil nur dort der Vektor südamerikanische Sandfliege vorkommt. Die Inkubationszeit beträgt 15–40 Tage. Klinische Symptome: hohes Fieber; Lymphadenitis; Spleno-Hepatomegalie; hämolytische Anämie durch Lyse der infizierten Erythrozyten. Überlebt der Patient diese akute Phase, kommt es nach Wochen bis Monaten zum Auftreten der chronischen Form, Vaskuloproliferationen an der Haut, die **Verruga peruana**.

Das **Fünftagefieber** ist durch 3–8 alle 5 Tage auftretende Fieberschübe charakterisiert.

Die **Katzen-Kratz-Krankheit** kommt weltweit vor. Die Krankheit geht mit Lymphadenopathie und Fieber einher; eine kutane Läsion muss nicht vorhanden sein.

Bei der bakteriellen **Angiomatose** handelt es sich um Gefäßproliferationen von Haut und Mukosa, die vor allem bei Immunsupprimierten vorkommen.

Die **Peliosis** manifestiert sich durch zystische, mit Blut gefüllte Läsionen in Leber, Milz und Lymphknoten bei Immunsupprimierten.

Diagnose. Mikroskopischer Nachweis in Gewebeproben nach Warthin-Starry Silberfärbung; Kultur während > 7 Tagen auf Spezialmedien; Molekulargenetischer Nachweis in Gewebeproben; Antikörpernachweis durch indirekte Immunfluoreszenz oder Immunosorbenstests (S. 20/21).

Therapie. Doxycyclin, Makrolide, Cephalosporine Gruppe 3a (Tab. **4.3**, S. 202).

5.25.2 Afipia felis (Katzen-Kratz-Krankheit)

Afipia (Name von Armed Forces Institute of Pathology) gehört neu zur Familie der *Bradyrhizobiaceae* (Tab. **4.5**, S. 238). Ursprünglich war man der Meinung, dass die meisten Fälle der Katzen-Kratz-Krankheit durch diesen Erreger hervorgerufen werden. Dann stellte man jedoch fest, dass diese Krankheit vorwiegend durch Bartonellen verursacht wird und nur wenige Fälle *Afipia felis* zugeschrieben werden können. Die *Afipia felis*-Katzen-Kratz-Krankheit entspricht in ihrer akuten klinischen Symptomatik der *B. henselae*-Infektion. Vaskuloproliferationen werden aber nicht beobachtet. Das Vorgehen bei der Labordiagnose ist ebenfalls identisch. Die meisten Fälle von *A. felis*-Infektionen heilen spontan ohne Antibiotikatherapie aus. Sollte klinisch der Einsatz eines Antibiotikums notwendig sein, kommt am besten ein Tetrazyklin (Doxycyclin) in Frage.

5.26 Obligat anaerobe, gramnegative Stäbchen

Obligat anaerobe, gramnegative, pleomorphe Stäbchen gehören zur Normalflora der Schleimhäute des Respirations-, Intestinal- und Genitaltrakts. Unter den vielen Genera sind für die Medizin vor allem die Gattungen *Bacteroides, Prevotella, Porphyromonas* und *Fusobacterium*, die jeweils zahlreiche Spezies umfassen, bedeutsam. Diese Bakterien verursachen **endogene, subakut bis chronisch verlaufende, nekrotische Infektionen** im ZNS, im Kopfbereich, in der Lunge, im Abdominalbereich und im weiblichen Genitale. Typisch ist, dass bei diesen Infektionen fast immer eine Mischflora, bestehend aus verschiedenen Anaerobiern und Aerobiern, gefunden wird. Die Labordiagnose basiert auf dem Nachweis der Erreger. Für den Transport ins Labor sind spezielle Transportgefäße notwendig. Die Identifizierung berücksichtigt morphologische und physiologische Merkmale. Eine Besonderheit ist der Nachweis organischer Säuren im Kulturmedium mit dem Gaschromatographen. Für die Antibiotikatherapie kommen Betalaktam-Antibiotika, das Clindamycin sowie das Metronidazol in Frage.

Klassifikation und Vorkommen. Die Familien der *Bacteroidaceae*, sowie der noch nicht validierten Familien *Prevotellaceae*, *Phorphyromonadaceae* und *Fusobacteriaceae* umfassen eine große, heterogene Gruppe von gramnegativen, obligat anaeroben Stäbchen (s. Tab. **5.11**), die zur normalen Schleimhautflora des Menschen gehören. Besonders im Darmtrakt kommen sie in großer Zahl vor. Hier sind sie sogar 1000-mal häufiger als die *Enterobacteriaceae*. Weiterhin findet man sie regelmäßig in der Mundhöhle, dem oberen Respirationstrakt, im weiblichen Genitale und auch auf der Haut.

Tabelle **5.11** Übersicht über die für die Medizin wichtigsten Gattungen und Arten der obligat anaeroben gramnegativen Stäbchen

Taxonomie	Eigenschaften und Infektionen
Bacteroides *B. fragilis* *B. distasonis* *B. thetaiotaomicron* *B. merdae* *B. caccae* und weitere	Bakterien der normalen Darmflora; im Dickdarm > 10^{11}/g Stuhl. Die Spezies werden auch unter dem Begriff *Bacteroides fragilis*-Gruppe zusammengefasst. Vor allem Peritonitis, intraabdominelle Abszesse, Leberabszesse.
Prevotella *P. bivia* *P. disiens* *P. buccae* *P. denticola* *P. buccalis* und weitere	Standort im Urogenitaltrakt und/oder Oropharynx. Wird auch als *Prevotella oralis*-Gruppe bezeichnet. Chronische Otitis media und Sinusitis, Zahnabszesse, ulzerierende Gingivostomatitis, Infektionen im weiblichen Genitaltrakt, Hirnabszesse.
Prevotella *P. melaninogenica* *P. intermedia* und weitere	Normale Mundflora; braunschwarzes Hämatinpigment. Wird auch als *Prevotella melaninogenica*-Gruppe bezeichnet. Aspirationspneumonie, Lungenabszess, Pleuraempyem, Hirnabszesse.
Porphyromonas *P. asaccharolytica* *P. endodontalis* *P. gingivalis* und weitere	Normale Mundflora. Zahnabszesse, Gingivostomatitis, Parodontitis; auch beteiligt an Infektionen des tiefen Respirationstrakts (s. oben); Hirnabszesse.
Fusobacterium *F. nucleatum* *F. necrophorum* *F. periodonticum* und weitere	Stäbchen mit angespitzen Enden. Spindelformen. Normale Mund- und Darmflora. Infektionen im orofazialen Bereich, in den tiefen Atemwegen sowie im Bauchraum; beteiligt an Angina Plaut-Vincent (S. 683)
Bilophila wadsworthia	vor allem Peritonitis und intraabdominale Abszesse

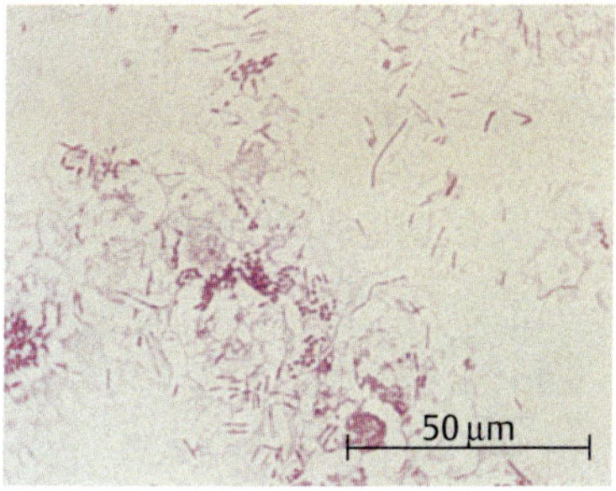

Abb. **5.21** **Anaerobe Mischflora.** Gram-Färbung eines Präparats aus Pleurapunktat: Gramnegative, fusiforme, pleomorphe und kokkoide Stäbchen. Klinische Diagnose: Pleuraempyem. Mikrobiologische Diagnose: anaerobe Mischflora.

Morphologie und Kultur. Bei den anaeroben, gramnegativen Stäbchen handelt es sich um eine ausgeprägte Pleomorphie aufweisende, gerade oder gebogene, zumeist unbewegliche, gramnegative Stäbchen. Fusobakterien färben sich in der Gramfärbung oft unregelmäßig an und weisen häufig zugespitzte Enden auf (Abb. **5.21**).

Die Kultur gelingt nur unter Anaerobiose. Einige Arten sind so sauerstoffempfindlich, dass man sämtliche Manipulationen in einer Anaerobenkammer (Handschuh-Kammer) durchführen muss. Anaerobier wachsen langsamer als Aerobier. Kulturen müssen daher zwei und mehr Tage bebrütet werden.

Pathogenese und Krankheitsbilder. Infektionen, an denen gramnegative Anaerobier beteiligt sind, sind fast ausschließlich endogene Infektionen. Diese Anaerobier weisen nur geringe Pathogenität auf. Deshalb findet man bei ihnen auch keine spektakulären Virulenzfaktoren, wie z. B. die Toxine der Clostridien. Einige besitzen eine Kapsel, die vor der Phagozytose schützt. Einige bilden verschiedene Enzyme (Hyaluronidase, Kollagenase, Neuraminidase) mit gewebszerstörender Wirkung. Charakteristisch ist, dass die gramnegativen Anaerobier in Infektionsherden fast nie in Reinkultur, sondern zusammen mit anderen anaeroben oder fakultativ anaeroben Keimen aufgefunden werden.

Die Klinik ist durch einen subakuten bis chronischen Verlauf charakterisiert. Nekrotische Abszesse sind häufig. Die Infektionen betreffen das ZNS, die Mundhöhle, den oberen und unteren Respirationstrakt, die Bauchhöhle sowie den Urogenitaltrakt (Tab. **5.11**). Wundinfektionen können nach Bissverletzungen oder nach Operationen in Gebieten, in denen diese Keime siedeln (Darm, Mundhöhle, Genitaltrakt), auftreten.

Diagnose. Diese muss durch den Bakteriennachweis erfolgen. Da die gramnegativen Anaerobier Bestandteil der Normalflora sind, kommt der korrekten Materialentnahme große Bedeutung zu. Das Material muss in speziellen Transportgefäßen für Anaerobier ins Labor transportiert werden. Die Kultivierung sollte immer anaerob und aerob erfolgen. Die Identifizierung berücksichtigt morphologische und biochemische Merkmale mit kommerziell erhältlichen Systemen. Eine Besonderheit ist der Nachweis organischer Säuren (Buttersäure, Essigsäure, Propionsäure usw.) als Stoffwechselprodukte oder als Zellwandbestandteile mit dem Gaschromatographen.

Therapie. Notwendig ist bei vielen nekrotischen Läsionen die chirurgische Intervention. Für die Therapie kommen Amoxycillin/Clavulansäure, Clindamycin, Cefoxitin, Imipenem, Piperacillin/Tazobactam, Metronidazol in Frage. Eine Resistenzprüfung muss nur ausnahmsweise durchgeführt werden.

Epidemiologie und Prophylaxe. Die meisten Infektionen gehen von der eigenen Flora aus. Exogene Infektionen können nach Bissverletzungen entstehen. Zur Prävention postoperativer Infektionen bei Operationen im Darmbereich wird häufig eine perioperative Prophylaxe (S. 219) durchgeführt.

5.27 Treponema

Treponema pallidum, subsp. *pallidum* ist der Erreger der Syphilis (Syn.:Lues). Die spiralig gekrümmten, 10–20 Primärwindungen aufweisenden Treponemen lassen sich in der Dunkelfeldmikroskopie darstellen. Auf Nährmedien können sie nicht kultiviert werden. Die Syphilis kommt nur beim Menschen vor. Die Erreger werden durch direkten Kontakt, meist während des Geschlechtsverkehrs, übertragen. Die Krankheit läuft in Stadien ab. Die **Syphilis I** ist durch den indolenten Primäraffekt und die lokale Lymphadenitis charakterisiert. Eine Generalisation führt zur **Syphilis II**, die sich durch Polylymphadenopathie sowie generalisierte Exantheme und Enantheme manifestiert. Die **Syphilis III** kann man grob in 3 Formen einteilen:

a. Gummöse Syphilis, bei der an Haut oder Schleimhaut sowie an verschiedenen Organen die Gummen auftreten.
b. Cardiovaskuläre Syphilis.
c. Neurosyphilis (meningovaskuläre und parenchymatöse Form).

Im Stadium I und II können die Erreger in den Läsionen mikroskopisch (Dunkelfeld) nachgewiesen werden. Tests zum Nachweis von Antikörpern sind die VDRL-Flockungsreaktion, die TPPA-Partikelagglutination, der indirekte Immunfluoreszenztest FTA-ABS. Therapie der Wahl ist das Penicillin G. Die Krankheit kommt weltweit vor. Die Prävention umfasst expositionsprophylaktische Maßnahmen. Weitere, in Europa nicht vorkommende Treponemenerkrankungen sind die nichtvenerische Syphilis, verursacht durch *T. pallidum*, subsp. *endemicum*, die Frambösie, verursacht durch *T. pertenue* sowie die Pinta, verursacht durch *T.carateum*.

Die zur Familie der *Spirochaetaceae* gehörende Gattung *Treponema* enthält mehrere humanmedizinisch wichtige Spezies und Subspezies. *T. pallidum*, subsp. *pallidum* ist der Erreger der Syphilis. *T. pallidum*, subsp. *endemicum* ist der Erreger der durch direkten Kontakt, aber nicht durch Geschlechtsverkehr übertragenen, endemischen oder nichtvenerischen Syphilis. *T. pertenue* ist der Erreger der Frambösie sowie *T. carateum* der der Pinta, zwei in den Tropen und Subtropen vorkommende, nichtvenerische Hautinfektionen. (Taxonomie zum Teil nicht validiert.)

5.27.1 Treponema pallidum, subsp. pallidum (Syphilis)

Morphologie und Kultur. Es handelt sich um zarte, 0,2 µm breite, 5–15 µm lange, 10–20 Primärwindungen aufweisende, durch Rotation um die Längsachse bewegliche Bakterien. Eine Lebendbeobachtung ist mit der Dunkelfeldmikroskopie möglich. Die Kultivierung in vitro ist bis heute nicht gelungen.

Pathogenese und Krankheitsbild. Die Syphilis oder Lues kommt nur beim Menschen vor. Sie wird in der Regel durch den Geschlechtsverkehr übertragen. Die Infektion erfolgt durch direkten Kontakt mit erregerhaltigen Läsionen über Mikrotraumen der Schleimhaut, evtl. der Haut. Die Inkubationszeit beträgt 2–4 Wochen. Unbehandelt manifestiert sich die Krankheit in mehreren Stadien:

- **Syphilis I (Primärstadium).** Derbe, indolente, später geschwürig zerfallende Infiltration im Genitalbereich. Wird harter Schanker oder Primäraffekt genannt. Dazu regionäre, indolente Lymphadenitis. Treponemen in Geschwür nachweisbar.
- **Syphilis II (Sekundärstadium).** 4–8 Wochen nach Auftreten des Primäraffektes erfolgt Generalisation. Häufige klinische Symptome sind Mikropolylymphadenopathie und makulöse oder papulo-squamöse Exantheme, breite Kondylome sowie Enantheme (Plaques muqueuses). In den oberflächlich nässenden Effloreszenzen sind zahlreiche Erreger nachweisbar.
- **Syphilis latens.** Es handelt sich um ein Krankheitsstadium, in dem keine klinischen Symptome vorliegen, die Erreger im Organismus aber vorhanden sind und die Antikörpertests positiv ausfallen. Die Latenz wird in die Frühlatenz (< 4 Jahre) und die Spätlatenz (> 4 Jahre) unterteilt.
- **Syphilis III (Tertiärstadium).** Langsam fortschreitende, chronische Entzündung, die jedes Organ befallen kann und sich viele Jahre nach der Primärinfektion manifestiert. Oft kommt es zum Gewebezerfall. Die Läsionen sind nur wenig oder überhaupt nicht infektiös. Vereinfacht wird das Tertiärstadium in die **gummöse Syphilis**, in die **kardiovaskuläre Syphilis** (Mesaortitis luetica, Aneurysmen) und die **Neurosyphilis** (meningovaskuläre oder parenchymatöse Form) eingeteilt. Die meningovaskuläre Neurosyphilis manifestiert sich als Endarteritis obliterans der Gefäße der Meningen und des Hirns, die parenchymatöse Form betrifft die Zerstörung von Nervenzellen im Cortex (progressive Paralyse) oder Rückenmark (Tabes dorsalis).
- **Syphilis connata.** Übertragung der Erreger von Mutter auf den Fetus nach dem 4. Schwangerschaftsmonat. Führt zum Abort oder zur Geburt eines schwer-

5

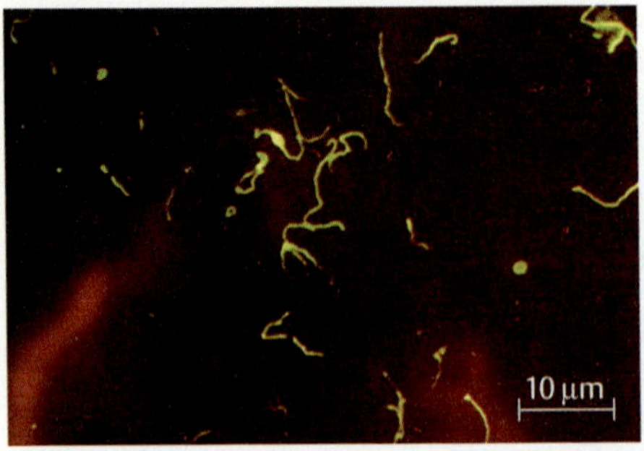

Abb. **5.22 Treponema pallidum.** Präparat aus Reizsekret eines Primäraffekts (harter Schanker). Direkte Immunfluoreszenz.

kranken Säuglings (S. 730), in dessen Organen zahlreiche Treponemen nachweisbar sind.

Diagnose. Die Labordiagnose umfasst den Erregernachweis sowie Antikörpertests.

Erregernachweis. Nur mikroskopisch im Reizsekret (Presssaft) vom Primäreffekt, in Sekreten nässender Effloreszenzen Stadium II oder in Lymphknotenbiopsien möglich. Methoden: Dunkelfeldmikroskopie; direkte Immunfluoreszenz (Abb. **5.22**).

Antikörpernachweis. Nachweis von 2 Antikörpergruppen:

- **Treponemen-unspezifische Antikörper** (Syn.: antilipoidale AK; Reagine). Werden wahrscheinlich gegen Phospholipide der Mitochondrien zerfallender Körperzellen gebildet. Als Antigen wird **Cardiolipin**, ein Lipidextrakt aus der Herzmuskulatur von Rindern, verwendet. Der serologische Test wird nach dem Standard des „Venereal Disease Research Laboratory" (USA) durchgeführt: VDRL-Flockungsreaktion.
- **Treponemen-spezifische Antikörper.** Gegen Antigene von *T. pallidum* gerichtet.
  - *Treponema pallidum-Partikelagglutinationstest (TPPA).* Antigene (mit Ultraschall behandelte Suspensionen von *T. pallidum* Nichols-Stamm, in Kaninchenhoden gezüchtet) sind an Gelatinepartikel oder Plastikpartikel als Träger gekoppelt. Dieser Test hat den TP-Hämagglutinationstest (TPHA) wegen seiner besseren Haltbarkeit und leichteren Handhabung weitgehend ersetzt. Der Test kann aufgrund kreuzreagierender, gegen apathogene Treponemen gerichtete Antikörper falsch positiv ausfallen.
  - *FTA-ABS.* Bei dem *F*luoreszenz-*T*reponemen-*A*ntikörper-*Abs*orptionstest besteht das Antigen aus abgetöteten, auf Objektträger aufgezogenen Treponemen des Nichols-Stammes. Beschichten mit Patientenserum, das vorher mit apathogenen Treponemen vorinkubiert wurde, um kreuzreagierende Antikörper zu entfernen (deswegen ABS). Nachweis gebundener Antikörper mit Fluoresce-

in-markiertem Antihuman-Immunglobulin. Mittels Antihuman-IgM-AK (capture-Test) können selektiv Antitreponemen-IgM-AK gemessen werden (= 19S-FTA-ABS).
- *Treponema-pallidum-Immunoblot (TPI).* Nachweis von IgM- und IgG-Antikörpern mit der Westernblot-Technik (S. 23) gegen *T. pallidum*-spezifische Antigene.

Die Antikörpertests werden folgendermaßen eingesetzt:
- **Suchtest (Screening)**: TPPA (qualitativ); evtl. VDRL-Test (qualitativ).
- **Bestätigungstest**: FTA-ABS (Goldstandard); evtl. TPI.
- **Spezielle Diagnostik**: VDRL (quantitativ); 19S-FTA-ABS; IgM-TPI.

Mit dem VDRL (quantitativ) kann der Erfolg der Therapie beurteilt werden. Ein rascher Abfall der Reagine spricht für Therapieerfolg. Der 19S-FTA-ABS oder der IgM-TPI kann zur Beantwortung spezieller Fragen eingesetzt werden. Beispiele: serologische Narbe? Konnatale Syphilis? Neurosyphilis?

Therapie. Penicillin G gilt als Antibiotikum der Wahl. Dosis und Dauer der Therapie richten sich nach dem Stadium der Krankheit und der galenischen Form des Penicillins. Bei Penicillin-Allergie Doxycyclin.

Epidemiologie und Prophylaxe. Die Syphilis ist weltweit verbreitet. In DE beträgt die Inzidenz 2–3/100 000/Jahr mit steigender Tendenz. Primäre prophylaktische Maßnahmen bestehen in der Vermeidung jeden Kontakts mit syphilitischen Effloreszenzen. Kontaktpersonen ersten Grades sollten einer sofortigen Untersuchung und bei positivem Befund einer Penicillintherapie unterworfen werden. Die Infektionsschutzgesetze in den einzelnen Ländern reglementieren die Maßnahmen zur Erkennung, Verhütung und Heilung. Eine Schutzimpfung existiert nicht.

5.27.2 Treponema pallidum, subsp. endemicum (endemische Syphilis; Bejel). Treponema pertenue (Frambösie). Treponema carateum (Pinta)

T. pallidum, subsp. endemicum. Diese Subspecies ist für die **endemische Syphilis** bzw. **nichtvenerische Syphilis** (**Bejel**) verantwortlich. Sie kommt in bestimmten, eng umschriebenen Regionen des Balkans, des östlichen Mittelmeerraums, von Asien und Afrika endemisch vor. Die Krankheit manifestiert sich mit makulösen bis papulösen, oft hypertrophischen Läsionen der Haut und der Schleimhäute. Diese ähneln den Effloreszenzen der Syphilis II. Die Erreger werden durch direkten Kontakt oder indirekt, über Gegenstände des täglichen Lebens, wie Kleider, Essgeschirr usw. übertragen. Die Inkubationszeit beträgt 3 Wochen bis 3 Monate. Zur

Therapie kommt Benzylpenicillin in Frage. Die serologischen Syphilistests fallen positiv aus.

T. pertenue. Der Keim verursacht die **Frambösie** (engl. „yaws“, franz. „pian“), eine in feuchtwarmem Klima (Afrika, Lateinamerika, Asien) endemisch vorkommende, chronische, mit Epidermisproliferationen und Ulzerationen einhergehende Krankheit. Die Übertragung erfolgt durch direkten Kontakt. Die Inkubationszeit beträgt 3–4 Wochen. Zur Sicherung der Diagnose dient der Treponemennachweis in den Frühläsionen. Die serologischen Syphilisreaktionen fallen positiv aus. Das Antibiotikum der Wahl ist Benzylpenicillin.

T. carateum. Diese Spezies verursacht die **Pinta**, eine in Teilen Zentral- und Südamerikas vorkommende, mit auffälligen Depigmentierungen der Haut einhergehende, endemische Treponematose. Die Erreger werden durch direkten Kontakt übertragen. Die Inkubationszeit beträgt 1–3 Wochen. Die oft chronisch verlaufende Krankheit kann Jahre andauern. Die Diagnose wird durch den mikroskopischen Nachweis von Treponemen aus den Hautläsionen gestellt. Die serologischen Syphilisreaktionen fallen positiv aus. Für die Therapie kommt Benzylpenicillin zum Einsatz.

5.28 Borrelia

Borrelia recurrentis ist der Erreger des **epidemischen Rückfallfiebers**, das durch die Kleiderlaus übertragen wird und in unseren Breiten nicht mehr vorkommt. *B. duttonii*, *B. hermsii* und weitere Borrelien verursachen das **endemische**, durch Zecken übertragene **Rückfallfieber**. Die Erkrankung heißt so, weil sie durch periodisch auftretende Fieberschübe charakterisiert ist. Die Rückfälle werden durch Borrelien mit veränderter Struktur des „variable major protein“ der äußeren Membran hervorgerufen, zu denen während des vorangegangenen Schubes gebildete Antikörper nicht mehr „passen“. Die Labordiagnose strebt den mikroskopischen Nachweis der Borrelien im Blut an. Antibiotika: Doxycyclin oder Makrolide.

B. burgdorferi verursacht die **Lyme-Borreliose**. Die Erreger werden durch Zecken übertragen. Unbehandelt verläuft die Krankheit in 3 Stadien. Klinische Leitkrankheit im Stadium I ist das Erythema migrans. Leitkrankheit im Stadium II in Europa ist die Meningoradikulitis (Bannwarth). Leitkrankheit des Stadium III ist die Lyme-Arthritis. Die Labordiagnose umfasst den Nachweis von spezifischen Antikörpern mit der IIF oder einem EIA. Zur Therapie werden Betalactam-Antibiotika eingesetzt. Die Lyme-Borreliose ist in Mitteleuropa die häufigste durch Zecken übertragene Infektion.

5.28.1 Rückfallfieber-Borrelien (Rückfallfieber)

Taxonomie und Bedeutung. Die Gattung *Borrelia* gehört zur Familie der *Spirochaetaceae* (Tab. **4.5**, S. 242). Das epidemische Rückfallfieber wird durch die mit der Kleiderlaus übertragene Spezies *B. recurrentis* verursacht. Das endemische, durch verschiedene Zecken übertragene Rückfallfieber wird durch zahlreiche (mindestens 15) Arten hervorgerufen, unter denen *B. duttonii* und *B. hermsii* die wichtigsten sind.

Morphologie und Kultur. Borrelien sind 0,3–0,6 µm dicke, 8–18 µm lange, 3–8 Windungen aufweisende, aufgrund von Rotationen um die Längsachse intensiv bewegliche Spirochäten. Sie können nach Giemsa angefärbt werden (Abb. **5.23**). Eine Lebendbeobachtung ist mit der Dunkelfeld- oder Phasenkontrastmikroskopie möglich.
Die Kultur ist möglich aber schwierig und daher für die Labordiagnose unzuverlässig.

Pathogenese und Krankheitsbild. *B. recurrentis* kommt nur beim Menschen als Krankheitserreger vor. Die Keime werden durch Kleiderläuse übertragen. *B. duttonii, B. hermsii* und weitere Arten werden durch Zecken übertragen. Reservoire für die Erreger des Zeckenrückfallfiebers sind Nager.

Nach einer Inkubationszeit von 5–15 Tagen beginnt die Krankheit mit hoher Temperatur, die 3–7 Tage andauert und dann plötzlich kritisch absinkt. Nach jeweils mehrtägigen, von Mal zu Mal länger anhaltenden fieberfreien Intervallen kommt es erneut zu Fieberschüben, die immer leichter verlaufen. Während der Fieberanfälle sind die Borrelien im Blut nachweisbar. Wegen der periodisch wiederkehrenden Fieberschübe erhielt die Krankheit ihren Namen. Während der fieberfreien Phasen „verbergen" und vermehren sich die Borrelien in zahlreichen Organen. Sie haben die Fähigkeit, Endothelzellen zur Transzytose (S. 221) zu veranlassen und können so aus dem Blut in das Gewebe verschiedener Organe und aus diesem zurück ins Blut gelangen. Die „Rückfälle" treten auf, wenn Borrelien mit veränderter Antigenstruktur wieder in das Gefäßsystem eintreten und durch die

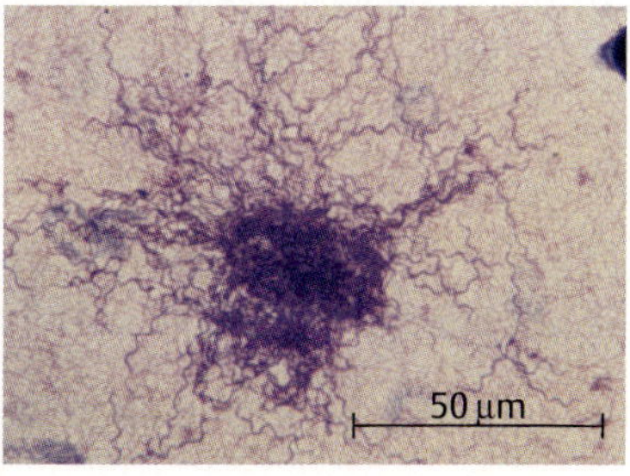

Abb. **5.23** **Borrelia duttonii.** Präparat aus dem Blut einer experimentell infizierten Maus. Giemsa-Färbung.

vom vorangegangenen Schub induzierten Antikörper nur schlecht attackiert werden. Borrelien weisen eine ausgeprägte Variabilität des Gens auf, das für das VMP (= **v**ariable **m**ajor **p**rotein) in der äußeren Membran der Zellwand, ein Adhärenz-Protein, codiert.

Diagnose. Borrelien werden mikroskopisch im Blut von Patienten während des Fieberanstiegs nachgewiesen. Die Kultur ist unzuverlässig. Allenfalls kann Patientenblut intraperitoneal in Mäuse injiziert werden. Nach 2–3 Tagen entwickelt sich bei der Maus eine Bakteriämie, die durch mikroskopischen Nachweis der Erreger im Blut verifiziert wird (Abb. **5.23**).

Therapie. Doxycyclin und Makrolide. In schweren Fällen Penicillin G in hohen Dosen oder Cephalosporine der Gruppe 3a.

5

Epidemiologie und Prophylaxe. *B. recurrentis* verursacht das **epidemische Rückfallfieber**, das noch zu Beginn des 20. Jahrhunderts global verbreitet war. Heute ist es weitgehend verschwunden, da der Überträger, die Kleiderlaus, nicht mehr vorkommt. Prophylaktische Maßnahmen haben die Beseitigung der Läuse mit Insektiziden zum Ziel.

B. duttonii, *B. hermsii* und weitere Borrelien verursachen das **endemische Rückfallfieber**, das auch heute noch in Afrika, im Nahen und Mittleren Osten und in Zentralamerika vorkommt. Die Übertragung erfolgt durch den Stich von Zecken. Als prophylaktische Maßnahme muss an erster Stelle die Bekämpfung der Überträger (Zecken) mit Insektiziden genannt werden.

5.28.2 Borrelia burgdorferi sensu lato (Lyme-Borreliose)

Klassifikation. 1977 traten in dem Bezirk Lyme des US-Staates Connecticut bei Jugendlichen vermehrt akute Arthritiden auf, deren Ätiologie anfänglich unklar war. Diese Krankheit wurde als Lyme-Arthritis bezeichnet. 1981 wurden als Ursache der Krankheit bisher unbekannte Borrelien beschrieben, die 1984 *B. burgdorferi* (nach dem Entdecker) benannt wurden. Aufgrund molekularer Analysen des Genoms verschiedener Isolate wurde die Aufteilung *von B. burgdorferi* (*sensu lato*) in die 4 Arten, *B. burgdorferi* (*sensu stricto*), *B. garinii*, *B. afzelii* und (neu) *B. spielmanii* vorgenommen.

Morphologie und Kultur. Es handelt sich um dünne, flexible, helixartig gewundene, intensiv bewegliche Spirochäten. Optische Darstellung nach Anfärbung mit Giemsa oder mit der Dunkelfeld- oder Phasenkontrastmikroskopie. Die Borrelien lassen sich in Spezialmedien bei 35 °C während 5–10 Tagen kultivieren. Die Kultur ist schwierig und führt deshalb häufig nicht zum Erfolg.

Pathogenese und Krankheitsbild. Die Erreger werden durch den Stich verschiedener Zeckenarten (s. S. 668ff) übertragen. Die Borrelien haben die Fähigkeit, Endothelzellen zur Transzytose (S. 221) zu zwingen, in Gewebezellen einzudringen und intrazellulär zu persistieren. Auf der Oberfläche sind die „outer surface proteins" Osp (A – E) lokalisiert, deren Funktion in der Pathogenese nicht klar ist. Einige werden nur in Zecken (z. B. OspA), andere nur in Säugetieren einschließlich des Menschen exprimiert. Das Oberflächenprotein VlsE (**V**MP-**l**ike-**s**equence E) zeigt strukturelle Ähnlichkeit mit dem VMP (Variable Major Protein) der Rückfallfieber-Borrelien und kann auch wie dieses seine Antigenstruktur verändern. Auf der Oberfläche von *B. burgdorferi* wurden Decorin-bindende Proteine nachgewiesen (DbpA und DbpB). Decorin ist ein Kollagen-assoziiertes Glykosaminoglykan, das in der Haut sowie in Synovial- Herz- und Nervengewebe vorkommt. Dies könnte die Affinität der Borrelien für diese Gewebe erkären.

Die Lyme-Borreliose ist eine chronisch verlaufende Infektionskrankheit, die meist mit den in Tab. **5.12** aufgeführten Stadien I–III abläuft. Jede klinische Manifestation kann aber auch isoliert oder in verschiedenen Kombinationen auftreten. Die Inkubationszeiten (Latenzzeiten) schwanken zwischen 3–30 Tagen für S-I, Monate für S-II und Jahre (bis zu 8) für S-III.

Diagnose. Der direkte mikroskopische und kulturelle Nachweis ist möglich, aber unsicher. Die PCR zum direkten Nachweis erregerspezifischer DNA ist mit ähn-

Tabelle **5.12** Klinische Manifestationen der Lyme-Borreliose beim Erwachsenen

Organ/ Organsystem	**Stadium I (S-I)** (frühe Manifestation; Tage)	**Stadium II (S-II)** (frühe Manifestation; Wochen)	**Stadium III (S-III)** (späte Manifestation; Monate bis Jahre)
Haut	**Erythema migrans** (s. Abb. 5.24)	Diffuses Erythem. Lymphadenosis benigna cutis (selten)	**Acrodermatitis chronica atrophicans (ACA)**
Lymphatisches System	lokale Lymphadenopathie	lokale Lymphadenopathie	
Nervensystem		**Meningoradikulitis** (Bannwarth-Syndrom); Fazialisparese; lymphozytäre Meningitis	periphere Neuropathie; chronische Enzephalomyelitis (seltene Spätkomplikation)
Gelenke		kurze Arthritisanfälle; Myalgien	**Arthritis** Myalgien
Herz		Karditis, atrioventrikulärer Block	Myo-Per-Pankarditis

Die fett gedruckten klinischen Bilder kennzeichnen die Leitkrankheiten der 3 Stadien.

5

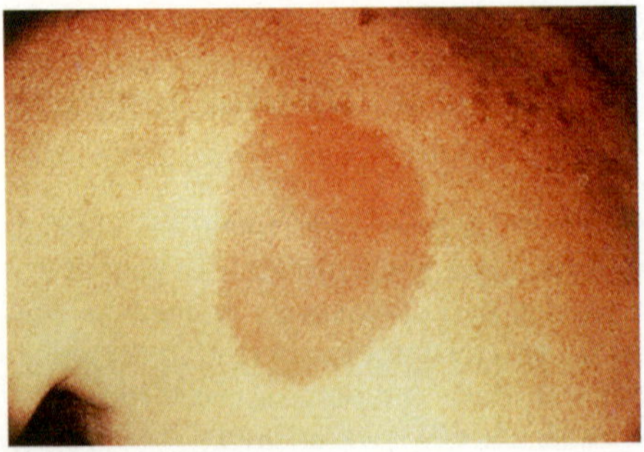

Abb. 5.24 **Lyme-Borreliose.** Erythema migrans in Stadium I.

lichen Problemen behaftet. Methode der Wahl ist der Antikörpernachweis (EIA oder IIF als Screeningtest, Western blot als Bestätigungstest).

Therapie. Stadium I und II: Amoxycillin, Cefuroxim-Axetil, Doxycyclin, evtl. Makrolide. Stadium III sowie hochgradiger AV-Block: Ceftriaxon.

Epidemiologie und Prophylaxe. Die Lyme-Borreliose kommt überall auf der nördlichen Halbkugel vor. Endemische Herde, in denen sie häufiger ist, existieren. Überträger sind verschiedene Arten von Zecken, in Europa vor allem *Ixodes ricinus* (Holzbock). In Endemiegebieten Deutschlands sind etwa 5–10% der Larven sowie 10–40% der Nymphen und Adulten mit *B. burgdorferi* (sensu lato) befallen. Es wird geschätzt, dass nach einem Zeckenstich bei 2–6% der Betroffenen mit einer manifesten Infektion zu rechnen ist. Eine Schutzimpfung existiert nicht.

Das natürliche Reservoir der Lyme-Borrelien sind Wildtiere, von den Nagern bis zum Rotwild, die im Lebenszyklus der Zecken als Blutwirte eine Rolle spielen. Diese Hauptwirte erkranken meist nicht. Die verschiedenen Entwicklungsstadien der Zecken infizieren sich bei ihrer Blutmahlzeit. Eine transovarielle Übertragung in der Zecke ist möglich.

5.29 Leptospira (Leptospirose, Morbus Weil)

Die pathogene Spezies *Leptospira interrogans* wird aufgrund von Oberflächenantigenen in mehr als 100 Serovare eingeteilt, die in 19 Serogruppen (Serogruppe *icterohaemorrhagiae, canicola, pomona* usw.) zusammengefasst werden. Die spiralig gekrümmten Stäbchen können in vitro kultiviert werden. Die weltweit vorkommende **Leptospirose** ist eine Zoonose. Alleinige Infektionsquellen sind erkrankte Nagetiere und Haustiere (Schweine), die die Erreger mit dem Urin ausscheiden. Bei Kontakt dringen sie über die Haut oder Schleimhaut ein, werden hämatogen disseminiert und rufen in verschiedenen Organen eine **generalisierte Vaskulitis** hervor. Die Inkubationszeit beträgt 7–14 Tage. Grob können 4 klinische Manifestationen unterschieden werden: 1. Grippeartige anikterische Leptospirose. 2. Morbus Weil mit hepatorenalen Schäden. 3. Seröse Meningitis/Meningoenzephalitis. 4. Hämmorrhagien der Lunge mit respiratorischem Versagen. Methode der Wahl bei der Labordiagnose ist der Antikörpernachweis. Zur Therapie wird Benzylpenicillin oder Doxycyclin eingesetzt.

Klassifikation. Leptospiren gehören zur Familie der *Leptospiraceae* (Tab. **4.5**, S. 242). Die Gattung *Leptospira* enthält neben apathogenen Arten die humanpathogene Spezies *L. interrogans. L. interrogans* wird aufgrund spezifischer Oberflächenantigene in mehr als 100 Serovare unterteilt, die zu 19 Serogruppen zusammengefasst werden. Einige der wichtigsten Serogruppen lauten: *icterohaemorrhagiae, canicola, pomona, australis, grippotyphosa, hyos, sejroe.*

Morphologie und Kultur. Leptospiren sind feine Spirochäten von 10–20 µm Länge und 0,1–0,2 µm Dicke (Abb. **5.25**). Geißeln sind nicht vorhanden. Die Beweglichkeit rührt von rotierenden Bewegungen des Zellleibs her. Optisch werden Leptospiren am besten mit der Dunkelfeld- oder Phasenkontrastmikroskopie dargestellt. Leptospiren können in Spezialmedien unter aeroben Bedingungen bei einer Temperatur von 27–30 °C kultiviert werden.

5

Pathogenese und Krankheitsbild. Leptospiren können durch kleine Verletzungen der Haut und Schleimhäute oder durch die intakte Konjunktivalschleimhaut in den Organismus eindringen. Entzündungszeichen am Ort des Eindringens bestehen nicht. Hämatogen gelangen die Erreger in alle Teile des Körpers, einschließlich des zentralen Nervensystems, was die Vielfalt der klinischen Symptome erklärt. Die Leptospirose ist eigentlich eine generalisierte Vaskulitis. Die Erreger schädigen vor allem die Endothelzellen der Kapillaren. sodass es zu erhöhter Permeabilität, hämorrhagischer Diathese und einer gestörten O_2-Versorgung der Gewebe kommt. Die klinischen Manifestationen sind sehr variabel. Die Krankheit kann grob in 4 klinische Formen eingeteilt werden (WHO-Einteilung):

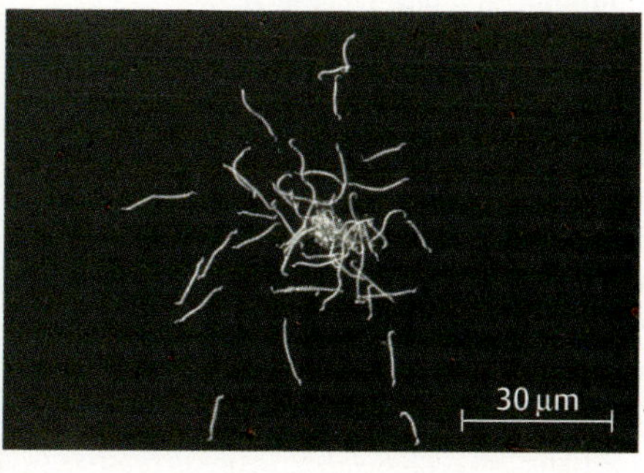

Abb. **5.25** **Leptospira interrogans.** Serogruppe *icterohaemorrhagiae.* Kulturpräparat. Dunkelfeld.

1. Grippeartige, anikterische Leptospirose mit Fieber, Kopfschmerzen, Myalgien.
2. Morbus Weil (5–10%): Zusätzlich Leberschäden mit Ikterus (hepatozelluläre Dysfunktion ohne Nekrosen); Nierenschäden; Hämorrhagien; Myokarditis mit Arrythmien.
3. Meningitis oder Meningoenzephalitis (≤ 25%).
4. Hämmorrhagien der Lunge mit respiratorischem Versagen.

Im Prinzip können alle Serovare diese Krankheitsbilder verursachen. Die Serogruppe *icterohämmorrhagiae* wird allerdings beim Morbus Weil häufiger gefunden.

Das Überstehen der Krankheit hinterlässt eine fundierte Immunität, die sich aber nur gegen die entsprechende Serovarietät richtet.

5

Klinischer Ablauf der Leptospirose.

Nach einer Inkubationszeit von 7–14 Tagen kommt es zum Auftreten von uncharakteristischen Infektionssymptomen wie Krankheitsgefühl, Fieber mit Schüttelfrost, Kopfschmerzen, Myalgien, die 3–7 Tage andauern. Dabei können auch petechiale Läsionen der Haut auftreten. Dieses auch als „septisches Stadium" bezeichnete Bild wird dann durch ein zweites Krankheitsstadium (sog. Immunphase) abgelöst, welches sich in verschiedenen Organen (s. oben) manifestiert und unbehandelt bis zu 30 Tagen andauern kann.

Diagnose. Ein Nachweis von Leptospiren ist mit der **Kultur** möglich. Der Erreger kann aus Blut, Liquor, Urin und Organbiopsien isoliert werden. Die Kultur erfolgt in Spezialmedien, die bei 27–30 °C während 3–4 Wochen bebrütet werden. Jede Woche muss mikroskopisch (Dunkelfeld) kontrolliert werden, ob Leptospiren gewachsen sind. Die Typisierung erfolgt mit spezifischen Testseren in einem **m**ikroskopischen **A**gglutinations**t**est (= **MAT**).

Die Methode der Wahl für die Labordiagnose stellt der **Antikörpernachweis** mit dem MAT dar. Als Antigene werden lebende Kulturstämme der Serogruppen bzw. Serovare verwendet, die in der entsprechenden Region vorkommen. Verschiedene ELISA-Testformate werden zur Bestimmung von IgM eingesetzt.

Therapie. Benzylpenicillin, Amoxycillin oder Doxycyclin.

Epidemiologie und Prophylaxe. Leptospirosen kommen auf sämtlichen Kontinenten bei Mensch und Tier vor. Es handelt sich um typische Zoonosen. Wichtige Infektionsquellen sind Nagetiere sowie Haustiere, unter diesen vor allem das Schwein. Die Tiere scheiden die Erreger mit dem Urin aus. Da die Leptospiren wenig trockenresistent sind, können Infektionen nur bei Kontakt mit urinkontaminiertem, feuchtem Milieu zustande kommen. Gefährdet sind vor allem in der Landwirtschaft tätige Personen, ferner Metzger, Abwasserarbeiter oder Zooangestellte.

Die **Prophylaxe** besteht im Vermeiden des Kontakts mit erregerhaltigem Material, in der Bekämpfung der Ratten und Mäuse, die das wichtigste Reservoir darstellen, sowie in der Sanierung der Nutztierbestände. Erkrankte Menschen sowie Kontaktpersonen müssen nicht isoliert werden. In Frankreich steht ein Impfstoff zur Verfügung, der jedoch in DE nicht zugelassen ist.

5.30 Rickettsia, Coxiella, Orientia, Ehrlichia, Anaplasma

Bei *Rickettsia*, *Coxiella*, *Orientia*, *Ehrlichia* und Anaplasma handelt es sich um gramnegative, kleine Kurzstäbchen, die sich nur in Wirtszellen vermehren können. Mit Ausnahme von *Coxiella* (aerogene Übertragung) werden diese Bakterien durch Vektoren (Läuse, Zecken, Flöhe oder Milben) übertragen.

R. prowazekii und *R. typhi* verursachen das **Fleckfieber** (engl. typhus), das mit hohem Fieber und einem fleckigen Exanthem einhergeht. Mehrere Rickettsien-Arten verursachen das **Zeckenbissfieber** (engl. spotted fever), ein milderes, fleckfieberartiges Krankheitsbild.

Das durch Milbenlarven übertragene **Tsutsugamushi-Fieber** wird durch *Orientia tsutsugamushi* hervorgerufen. Es kommt vor allem in Asien vor.

Coxiella burnetii ist für das **akute Q-Fieber**, das durch eine klinisch atypisch verlaufende Pneumonie charakterisiert ist, verantwortlich. Das seltene **chronische Q-Fieber (Endocarditis)** hat eine schlechte Prognose.

Ehrlichiosen sind Infektionskrankheiten der Tiere. Die Erreger verursachen beim Menschen die **„humane monozytäre Ehrlichiose“ (HME)** sowie die **„humane granulozytäre Ehrlichiose“ (HGE)** bzw. **„Anaplasmose“ (HGA)**.

Die Methode der Wahl bei der Labordiagnose der Rickettsiose, Ehrlichiosen und Anaplasmosen ist der Antikörpernachweis mit der indirekten Immunfluoreszenz. Die Antibiotika der Wahl sind die Tetracycline. Fleckfieber kommt in Europa nicht mehr vor, Zeckenbissfieber nur noch gelegentlich in bestimmten Regionen. Das Q-Fieber ist weltweit verbreitet. Infektionsquellen sind erkrankte Schafe, Ziegen oder Rinder. Ehrlichiosen und Anaplasmosen des Menschen sind selten.

Klassifikation. Zur Familie der *Rickettsiaceae* gehören die Gattungen *Rickettsia* und *Orientia*, zur Familie der *Coxiellaceae* (nov. fam.) die Gattung *Coxiella*. *Ehrlichia*, *Anaplasma* und *Neorickettsia* werden zur Familie der *Anaplasmataceae* gezählt (Tab. **4.5**, S. 243). Allen diesen gramnegativen Bakterien ist gemeinsam, dass sie sich nur in eukaryontischen Zellen vermehren können. Einige können leichte, selbstlimitierende, andere schwer verlaufende Krankheiten des Menschen verursachen.

Morphologie und Kultur. Es handelt sich bei diesen Erregern um kokkoide, eine Größe von 0,5–1 µm aufweisende, oft pleomorphe Kurzstäbchen, die sich schwach in der Gram-Färbung, aber gut in der Giemsa-Färbung anfärben lassen. Ehrlichien finden sich oft in Einschlüssen innerhalb von Wirtszellen, die Morulae (Verkleinerungsbildung zu lat. *morum* = Maulbeere) genannt werden.
Alle diese Bakterien vermehren sich nur intrazellulär durch einfache Querteilung. Ihre Kultivierung ist im Dottersack von Hühnerembryonen, in geeigneten Versuchstieren (Maus, Ratte oder Meerschweinchen) oder in Zellkulturen möglich.

Pathogenese und Klinik. Mit Ausnahme von *C. burnetii* werden die anderen Arten durch Arthropoden übertragen. Dabei werden sie von den meisten Arthropoden mit den Fäzes, von den Zecken beim Saugakt auch mit dem Speichel ausgeschieden. Über Hautverletzungen gelangen die Keime in den Wirtsorganismus. *C. burnetii* wird durch Inhalation erregerhaltigen Staubs übertragen. Im Körper vermehren sich Rickettsien vor allem in den Endothelzellen der Kapillaren, kleinen Arterien und Venen. Es kommt zu einer Vaskulitis mit perivaskulärer Infiltration. Die Angiitis manifestiert sich vor allem an der Haut, aber auch in der Herz-und Skelettmukulatur, dem ZNS und den Nieren. Die Vermehrung der Rickettsien in den Endothelzellen führt zur Zerstörung der Gefäßzellen, wobei schubweise immer wieder neue Erreger in die Blutbahn gelangen.
Zielzellen der Ehrlichien/Anaplasmen sind Monozyten und Granulozyten, in denen sich die Erreger vermehren.

Einzelheiten zur Einteilung, Übertragung und Klinik sind in Tab. **5.13** und Tab. **5.14** zusammengefasst.

Diagnose. Der direkte Erregernachweis durch Kultivierung in der Zellkultur, dem Hühnerembryo oder im Versuchstier ist unzuverlässig und kann auch wegen der Gefahr von Laborinfektionen nicht empfohlen werden. Speziallabors setzen die Polymerase-Kettenreaktion zum Nachweis Erreger-spezifischer DNA-Sequenzen ein. Methode der Wahl ist der Antikörpernachweis. Dabei kommen verschiedene Tests zur Anwendung, unter denen die IIF als „Goldstandard" anzusehen ist. (Die Weil-Felix-Agglutination wird wegen mangelnder Sensitivität und Spezifität nicht mehr verwendet).

Tabelle **5.13** Erreger und Krankheitsbilder der Rickettsiosen und des Q-Fiebers

Erreger	Vektor/Wirt	Krankheit	Klinik
Fleckfieber-Gruppe (engl. „typhus")			
Rickettsia prowazekii	Kleiderlaus/ Mensch	epidemisches Fleckfieber (EF)	Inkubation 10–14 Tage; hohes Fieber; 4–7 Tage nach Beginn makulöses Exanthem. Letalität ohne Therapie bis 20 %

Tabelle **5.13** (Fortsetzung)

Erreger	Vektor/Wirt	Krankheit	Klinik
		Morbus Brill-Zinsser	endogene Zweitinfektion durch R., die im RES persistierten; entsteht bei Abnahme der Immunität; mildere Symptomatik
R. typhi	Rattenfloh/Ratte	murines Fleckfieber	Symptomatik wie EF, jedoch milder
Zeckenbissfieber-Gruppe (engl. „spotted fever group")*			
R. rickettsii	Zecken/Nagetiere, Zecken	Rocky Mountains Spotted Fever (RMSF)	Inkubation: 6–7 Tage; Fieber-Kontinua 2–3 Wochen. Makulopapulöses Exanthem an den Extremitäten
R. conorii *R. sibirica* *R. africae* und weitere R.	Zecken/Nagetiere	Fièvre boutonneuse nordasiatisches oder afrikanisches Zeckenbissfieber	Symptomatik ähnlich RMSF. Manchmal nekrotische Läsion (= tache noire) an Stichstelle der Zecken
R. akari	Milbenlarven/Nagetiere	Rickettsien-Pocken	Fieber. Exanthem ähnelt dem der Windpocken
Tsutsugamushi-Fieber			
Orientia tsutsugamushi	Milbenlarven/Nagetiere	Japanisches Fleckfieber	Symptomatik änlich dem EF; dazu lokal Läsion an Bissstelle und Lymphadenitis
Q-Fieber (Query-Fieber)			
Coxiella burnetii	Staub/Schaf, Rind, Ziege, Nagetiere	Akutes Q-Fieber. Kommt in Mitteleuropa sporadisch, aber auch epidemisch vor.	Inkubation 2–3 Wochen; interstitielle (klinisch oft atypische) Pneumonie. Selten Hepatitis. Therapie mit Tetrazyklinen oder Chinolonen.
		Chronisches Q-Fieber. Verläuft häufig als Endocarditis	Oft Monate bis Jahre nach Primoinfektion. Zwei antigene Formen. Bei akutem QF Antikörper gegen Phase 2, bei chronischem QF AK gegen Phase 1 und 2

*Korrekt müsste es eigentlich Zeckenstichfiebergruppe heißen, da Zecken stechen, und nicht beißen (S. 668)

Tabelle **5.14** Erreger und Krankheitsbilder der Ehrlichiosen/Anaplasmosen

Erreger	Vektor/Wirt	Krankheit	Klinik
Ehrlichia chaffeensis (bisher nur in Nordamerika beobachtet)	Zecken/Rotwild, Hund	Humane monozytäre Ehrlichiose (HME). Zielzellen der Erreger vor allem Monozyten	Alle Infektionen weisen klinisch ein uncharakteristisches Krankheitsbild auf: milde bis gelegentlich schwere Systemerkrankung mit Kopfschmerzen, Fieber, Myalgien, Leukopenie, Thrombozytopenie, Anämie, erhöhten Transaminasen. Verschiedene Symptome von seiten des Gastrointestinaltrakts und/oder des Respirationstrakts und/oder des ZNS bei ungefähr 20-30% der Patienten. Die Inkubationszeit beträgt ~5-10 Tage. Tetrazykline (Doxycyclin) sind die Antibiotika der Wahl. Kultivierung aus Blut oder Liquor mittels Zellkulturen wenig sensitiv. Größere Sensitivität zeigt die PCR, mit der Erreger-spezifische Sequenzen nachweisbar sind. Antikörpernachweis mit der indirekten Immunfluoreszenz (IIF).
Ehrlichia ewingii; (bisher nur in Nordamerika beobachtet); *Anaplasma phagozytophilum*	Zecken/zahlreiche Tierarten (Pferd, Rind, Schaf)	Humane granulozytäre Ehrlichiose/Anaplasmose (HGE/HGA). Zielzellen der Erreger vor allem Granulozyten	
Neorickettsia sennetsu und weitere (bisher nur in Südostasien beobachtet)	Übertragung wahrscheinlich durch Genuss von rohem Fisch	Sennetsu-Fieber.	

Therapie. Tetracycline (Doxycyclin) sind die Antibiotika der Wahl. Sie führen innerhalb von 1–2 Tagen zur Entfieberung.

Epidemiologie und Prophylaxe. Das **epidemische Fleckfieber**, das früher vor allem in Osteuropa und Russland große Bedeutung hatte, ist heute aus Europa verschwunden und kommt auch in anderen Gegenden der Erde nur noch gelegentlich vor. Dagegen ist das **murine Fleckfieber** in den Tropen und Suptropen noch verbreitet. Die **Zeckenbissfieber** (eigentlich müsste es korrekt Zecken**stich**fieber heißen) treten in bestimmten geographischen Regionen, vor allem im Frühjahr, gehäuft auf. Das **Tsutsugamushi-Fieber** kommt nur in Japan und Südostasien vor. **Q-Fieber**-Epidemien ereignen sich immer wieder einmal auch in Mitteleuropa. Infektionsquelle sind erkrankte Nutztiere, die die Coxiellen mit dem Urin, der Milch oder durch die Geburtswege ausscheiden. Mensch und Tier infizieren sich durch Einatmen erregerhaltigen Staubs. Gezielte prophylaktische Maßnahmen sind schwierig, da symptomlose Tiere die Erreger ausscheiden können. Bis 1987 war man der Meinung, dass **Ehrlichiosen** und **Anaplasmosen** nur bei Tieren vorkommen. Heute weiß man, dass sie auch beim Menschen, allerdings selten, Infektionen verursachen können.

5.31 Chlamydia, Chlamydophila

Chlamydien sind obligate Zellparasiten. Sie durchlaufen bei ihrer Vermehrung einen Entwicklungszyklus, bei dem 2 Formen vorkommen. Die Elementarkörperchen (EK) sind optimal an ein Überleben außerhalb der Wirtszelle angepasst. Die Initialkörperchen (IK) sind die Form, in der sich die Chlamydien innerhalb von Wirtszellen vermehren. Die 3 humanpathogenen Spezies sind *Chlamydophila psittaci, Chlamydia trachomatis* und *Chlamydophila pneumoniae.* Zur Therapie aller Chlamydieninfektionen sind Tetrazycline und Makrolide geeignet.

Chlamydophila psittaci verursacht die **Psittakose** oder **Ornithose**. Diese Zoonose ist eine generalisierte Erkrankung von Vögeln. Die Erreger gelangen durch Inhalation chlamydienhaltigen Staubs in die Lunge des Menschen und rufen nach einer Inkubation von 1–3 Wochen eine klinisch oft atypisch verlaufende Pneumonie hervor.

Chlamydia trachomatis kommt nur beim Menschen vor. Die Spezies verursacht folgende Krankheiten.
1. Das **Trachom**, eine chronische, follikuläre Keratokonjunktivitis.
2. Die **Einschlusskonjunktivitis**. 3. **Infektionen des Urogenitaltrakts** bei Mann und Frau (Urethritis, Zervizitis, Salpingitis usw.). 4. Das **Lymphogranuloma venereum**, eine vor allem in warmen Ländern vorkommende Geschlechtskrankheit.

Chlamydophila pneumoniae ist für Infektionen des oberen Respirationstrakts und für **Pneumonien** verantwortlich.

5.31.1 Übersicht und allgemeine Eigenschaften

Definition und Klassifikation. Die in der Familie der *Chlamydiaceae* zusammengefassten Bakterien sind kleine (0,3–1 µm) obligate Zellparasiten, die in befallenen Zellen einen Entwicklungszyklus durchlaufen. Drei humanpathogene Arten sind bekannt: *Chlamydophila psittaci, Chlamydia trachomatis* mit den Biovarietäten *trachoma* und *lymphogranuloma venereum*, und *Chlamydophila pneumoniae.*

Morphologie und Entwicklungszyklus. Die Zellwand von Chlamydien weist eine äußere Membran auf, in die MOMPs (major outer membrane proteins) eingelagert sind. Weder EKs noch IKs besitzen jedoch eine Mureinschicht. Die stabilisierende Funktion des Mureins wird durch eine Schicht Cystein-reicher, stark vernetzter Proteine, die auf der Zytoplasmamembran aufliegt, wahrgenommen. Zwei morphologisch und funktionell unterschiedliche Chlamydien-Formen sind bekannt:

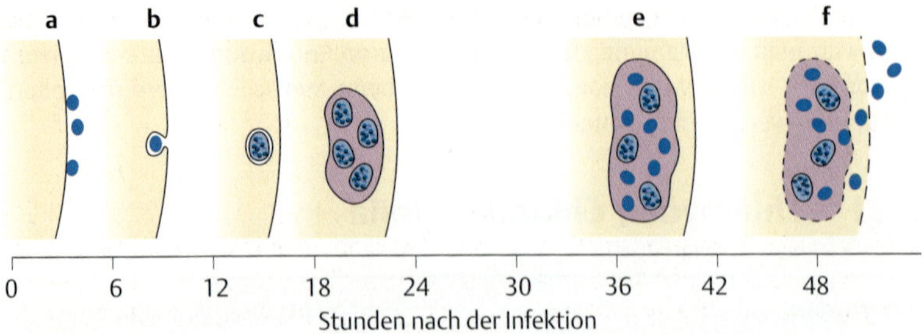

Abb. **5.26** **Vermehrungszyklus von Chlamydien.** Man unterscheidet 2 Formen: Elementarkörper und Initialkörper. **a** Anheftung der Elementarkörper an die Zellmembran, **b** Endozytose, **c** Umwandlung der Elementarkörper in Initialkörper innerhalb des Endosoms, **d** Vermehrung der Initialkörper durch Querteilung, **e** Rückbildung einiger Initialkörper in Elementarkörper, **f** Lyse der Einschlusskörper und der Zelle und Freiwerden der Initial- und Elementarkörper.

5

- **Elementarkörper (EK).** Die kugeligen bis ovalen, optisch dichten Elementarkörper zeigen einen Durchmesser von ca. 300 nm. Sie stellen die infektiöse Form dar und sind für die Existenz außerhalb von Wirtszellen spezialisiert. Nach Anheftung der EK an spezifische Rezeptoren der Wirtszellen werden sie durch Endozytose aufgenommen (Abb. **5.26**). Innerhalb der Zelle befinden sie sich in einem endozytotischen Membranvesikel (Endosom). In diesem wandeln sie sich nach einigen Stunden in Initialkörper um.
- **Initialkörper (IK).** Diese auch als Retikulärzelle bezeichnete kugelige bis ovale Form weist einen Durchmesser von ca. 1000 nm auf. Die Initialkörper vermehren sich durch Querteilung. Sie sind selber nicht infektiös. Am Ende des Zyklus wandeln sich die Initialkörper in Elementarkörper zurück, die Zelle platzt, und die freiwerdenden Elementarkörper können neue Zellen befallen.

Kultur. Chlamydien haben Defekte im Energiestoffwechsel (fehlende ATP-Synthese), die sie durch Leistungen ihrer Wirtszellen ausgleichen. Deshalb kann man sie nur in Zellkulturen oder in Versuchstieren kultivieren.

5.31.2 Chlamydophila (früher Chlamydia) psittaci (Ornithose)

Pathogenese und Krankheitsbild. Die natürlichen Wirte für *C. psittaci* sind Vögel. Bei Papageien, aber auch bei anderen Vögeln, ruft diese Art Infektionen der Respirationsorgane, des Intestinaltrakts, des Genitaltrakts und der Konjunktiven hervor. Der Mensch infiziert sich durch Inhalation erregerhaltigen Staubs (Vogelkot), seltener durch Inhalation infektiöser Aerosole.

Nach einer Inkubationszeit von 1–3 Wochen beginnt die Ornithose (od. Psittakose) mit Fieber, Kopfschmerzen und einer klinisch oft atypisch verlaufenden Pneumonie. Die Infektion kann auch mit der Symptomatik einer Erkältung und sogar klinisch stumm verlaufen. Erkrankte sind in der Regel keine Infektionsquelle.

Diagnose. Der kulturelle Direktnachweis in der Zellkultur ist schwierig. Molekulargenetische Nachweismethoden (s.S. 14) sind möglich. Die Komplementbindungsreaktion weist Antikörper gegen ein bei allen Chlamydien vorhandenes LPS-Antigen nach. Sie kann deshalb auch bei anderen Chlamydieninfektionen positiv ausfallen. Antikörpertest der Wahl ist die indirekte Mikro-Immunfluoreszenz.

Therapie. Tetrazykline (Doxycyclin) und Makrolide.

Epidemiologie und Prophylaxe. Die Ornithose kommt bei Vögeln weltweit vor. Sie kann auch beim Geflügel auftreten. Wird eine Ornithose beim Menschen diagnostiziert, muss nach der Quelle gefahndet und diese eliminiert werden, vor allem wenn es sich um als Haustiere gehaltene Vögel handelt.

5.31.3 Chlamydia trachomatis (Trachom, Lymphogranuloma venereum, Urogenitalinfektionen, Konjunktivitis)

C. trachomatis ist ein Erreger, der ausschließlich den Menschen infiziert. Verschiedene Biovare und Serovare sind bekannt. Als Krankheiten sind zu nennen:

Trachom (*C. trachomatis*, Biovar trachoma, Serovare A, B, C). Beim Trachom handelt es sich um eine follikuläre Keratokonjunktivitis. Die Krankheit kommt in allen Klimazonen vor, ist aber in den warmen, unterentwickelten Ländern häufiger. Die globale Prävalenz (S. 46) wird auf 85 Millionen geschätzt (WHO, 2007). Der Erreger wird durch direkten Kontakt und indirekt über Gegenstände des täglichen Lebens und durch Fliegen übertragen. Die zuerst akute, dann unbehandelt chronisch ablaufende Entzündung kann zur Ausbildung eines Pannus und im Laufe von Monaten und Jahren zu Hornhautnarben führen, die Erblindung zur Folge haben können. Die **Labordiagnose** wird durch mikroskopischen Nachweis von *C. trachomatis* in Konjunktivalabstrichen mit der direkten Immunfluoreszenz gestellt. Die mit dem Fluorochrom markierten monoklonalen Antikörper sind gegen das MOMP (Major Outer Membrane Protein) von *C. trachomatis* gerichtet. Der Erreger kann auch mit DNA-Amplifikation nachgewiesen werden. Als **Therapie** kommt der systemische und lokale Einsatz von Tetrazyklinen (Doxycyclin) oder Makroliden während mehrerer Wochen in Frage.

Einschlusskonjunktivitis (*C. trachomatis*, Biovar trachoma, Serovare D–K, Da, Ia). Es handelt sich um eine akute, eitrige Papillarkonjunktivitis, die das Neugeborene, aber auch Kinder und Erwachsene (Schwimmbadkonjunktivitis) befallen kann.

Neugeborene infizieren sich während der Geburt mit Erregern, die im Genitaltrakt der Mutter siedeln. Klinik, Labordiagnose und Therapie wie beim Trachom.

Urogenitalinfektionen (*C. trachomatis*, Biovar trachoma, Serovare D–K, Da, Ia). Beim Mann ist *C. trachomatis* in 30–60% für die Nicht-Gonokokken-Urethritis (NGU) verantwortlich. Als Komplikation können Prostatitis und Epididymitis auftreten. Die Erreger werden venerisch übertragen. Infektionsquelle ist der weibliche Sexualpartner, der oft keine klinischen Symptome zeigt.

Bei der Frau kann *C. trachomatis* eine Urethritis, Proktitis oder Infektionen der Genitalorgane verursachen. Selbst Pelveoperitonitiden und Perihepatitiden wurden beschrieben.

Bei massiver **perinataler Infektion** (S. 732) eines Neugeborenen kann bei diesem eine interstitielle Chlamydien-Pneumonie auftreten.

Labordiagnose. 1. Direktnachweis im Abstrichmaterial mit molekularen Methoden o. der DIF (s. bei Trachom). 2. Direktnachweis im Abstrich und Urin (♂) mit einem EIA-„Chlamydien-Schnelltest" (monoklonale Antikörper gegen Chlamydien-spezifisches Lipopolysaccharid). 3. Antikörpernachweis mit IIF oder EIA (S. 20/21).

Zur **Therapie** werden Doxycyclin oder Makrolide eingesetzt.

Lymphogranuloma venereum (C. trachomatis, Biovar Lymphogranuloma venereum, Serovare L_1, L_2 , L_3) Diese venerische Krankheit (nicht zu verwechseln mit dem Granuloma inguinale, S. 317) kommt gehäuft in der Bevölkerung warmer Klimazonen vor. An der Infektionsstelle im Bereich des Genitale entsteht eine herpetiforme Primärläsion, aus der sich ein Geschwür mit begleitender Lymphadenitis entwickelt. Die Labordiagnose erfolgt im eitrigen Material aus dem Geschwür oder aus eingeschmolzenen Lymphknoten durch Kultivierung des Erregers in Zellkulturen. Antikörper können mit der Mikro-Immunfluoreszenz bestimmt werden. Als Antibiotika kommen Doxycyclin und Makrolide in Frage.

5.31.4 Chlamydophila (früher Chlamydia) pneumoniae

Diese Chlamydienart (früher TWAR-Chlamydien) verursacht beim Menschen zumeist leicht verlaufende Infektionen der Respirationsorgane: influenzaähnliche Infektionen, Sinusitiden, Pharyngitiden, Bronchitiden, Pneumonien (atypisch). Klinisch stumme Infektionen sind häufig. *C. pneumoniae* ist nur für den Menschen pathogen. Der Keim wird durch Tröpfchen übertragen. Die Inkubationszeit beträgt 1–4 Wochen. Wahrscheinlich gehören diese Infektionen zu den häufigsten Chlamydieninfektionen des Menschen. Serologische Studien haben gezeigt, dass bis 60% der Erwachsenen Antikörper gegen *C. pneumoniae* aufweisen. Eine spezifische Labordiagnose ist schwierig. Der kulturelle Nachweis gelingt selten. Zuverlässiger sind molekulargenetische Nachweisverfahren. Ein mikroskopischer Nachweis mit markierten Antikörpern gegen das LPS (fällt aber bei allen Chlamydien positiv aus) kann in Speziallabors durchgeführt werden. *C. pneumoniae*-spezifische Antikörper werden mit der Technik der Mikro-Immunfluoreszenz bestimmt. Bei Primoinfektion treten messbare Titer erst nach Wochen auf und sind außerdem recht niedrig. Als Antibiotika können Tetrazykline (Doxycyclin) und Makrolide eingesetzt werden.

5.32 Mycoplasma, Ureaplasma

Mykoplasmen sind Bakterien, die keine rigide Zellwand aufweisen, da ihnen die Mureinschicht fehlt. Diese Bakterien sind sehr vielgestaltig. Sie können nur nativ mit der Phasenkontrast- oder Dunkelfeldmikroskopie dargestellt werden. Mykoplasmen können auf Medien mit hohem osmotischem Druck kultiviert werden.

M. pneumoniae verursacht häufig atypisch verlaufende **Pneumonien** vor allem bei Jugendlichen. 10–20% der außerhalb des Krankenhauses erworbenen Pneumonien gehen auf diesen Erreger zurück.

M. hominis und *M. genitalium* sowie *Ureaplasma urealyticum* und *U. parvum* sind an unspezifischen **Infektionen des Urogenitaltrakts** beteiligt.

Infektionen können durch kulturellen Nachweis oder durch Bestimmen von Antikörpern diagnostiziert werden. Antibiotika der Wahl sind die Tetrazykline sowie die Makrolide (Ausnahme: *M. hominis*). Gegen sämtliche Betalactam-Antibiotika zeigen Mykoplasmen hohe natürliche Resistenz.

Klassifikation. Zellwandlose Prokaryonten (Mollecutes) kommen bei Pflanzen und Tieren als Bestandteil der Normalflora, aber auch als Krankheitserreger weitverbreitet vor. Humanpathogene Arten findet man in der Familie der *Mycoplasmataceae* unter den Gattungen *Mycoplasma* und *Ureaplasma*. Infektionen der Respirationsorgane verursacht die Spezies *M. pneumoniae*. Infektionen im Bereich des Urogenitaltraktes werden durch die fakultativ pathogenen Arten *Mycoplasma hominis* und *M. genitalium* sowie *Ureaplasma urealyticum* und *U. parvum* hervorgerufen. Weitere Arten zählen zur apathogenen Normalflora.

Morphologie und Kultur. Die Bezeichnung Mykoplasmen bezieht sich auf die Vielgestaltigkeit dieser Erreger. Häufigste Grundform ist die kokkoide, 0,3–0,8 µm Durchmesser aufweisende Zelle. Aber auch lange, pilzartige Fäden werden beobachtet. Mykoplasmen werden am besten nativ mit dem Phasenkontrast- oder Dunkelfeldmikroskop betrachtet. Beim Anfärben zerfallen sie. Im Unterschied zu den üblichen Bakterien fehlt den Mykoplasmen eine starre Zellwand. Geißeln, Fimbrien, Pili und Kapseln sind ebenfalls nicht vorhanden. Wegen ihrer Plastizität können Mykoplasmen oft durch „bakteriendichte" Filter durchtreten. Da die Zellwand kein Murein aufweist, sind Mykoplasmen völlig unempfindlich gegenüber Antibiotika, die die Mureinsynthese hemmen (z. B. Betalactame, Glykopeptide). Mykoplasmen können auf speziellen Nährmedien kultiviert werden. Nach 2–8 Tagen entwickeln sich spiegeleiartig aussehende, teilweise in den Agar hineingewachsene, kleine Kolonien.

Pathogenese und Krankheitsbilder. Man unterscheidet Infektionen der Respirationsorgane und des Urogenitaltrakts.

- **Infektionen der Respirationsorgane.** Erreger ist *M. pneumoniae*. Der Keim wird aerogen übertragen. Die Zellen heften sich an die Epithelien von Trachea, Bronchien und Bronchiolen. Die Mechanismen, die schließlich zur Zerstörung der Epithelzellen führen, sind unbekannt. Die Infektion resultiert in einer Pneumonie mit einem entzündlichen Exsudat im Lumen der Bronchien und Bronchiolen. Die Inkubationszeit beträgt 10–20 Tage. Die Krankheit beginnt mit Fieber, Kopfschmerzen und einem hartnäckigen Husten. Klinisch verläuft die Infektion häufig unter dem Bild einer atypischen, d. h. auskultatorisch und perkutorisch nicht nachweisbaren Pneumonie. Differenzialdiagnostisch muss an Viruspneumonien, die Ornithose und das Q-Fieber gedacht werden. Während oder kurz nach der akuten Infektion können folgende Krankheiten auftreten. Peri-, Myokarditis, Pankreatitis, Arthritis, Erythema nodosum, hämolytische Anämien, Polyneuritis und weitere.
- **Infektionen des Urogenitaltrakts.** Diese werden durch *M. hominis*, *M. genitalium*, *Ureaplasma urealyticum* und *U. parvum* verursacht. Die fakultativ pathogenen Erreger kommen auch bei Gesunden als Bestandteil der Schleimhautflora vor, sodass ihre ätiologische Rolle bei ihrem Nachweis oft umstritten ist. Die Bakterien sollen beim Mann für 10–20 % der Nicht-Gonokokken-Urethritis und – Prostatitis verantwortlich sein.

Diagnose. Die Erreger können auf Spezialmedien kultiviert werden. Zum direkten Nachweis von *M. pneumoniae* stehen DNA-Amplifikationsverfahren zur Verfügung. Zum Nachweis von Antikörpern gegen *M. pneumoniae* wurde früher die KBR eingesetzt, die heute durch IgM-spezifische EIAs oder die IIF abgelöst wurde. Antikörpertests bei Infektionen durch *M. hominis* und *U. urealyticum* haben keinen diagnostischen Wert.

Therapie. Antibiotika der Wahl sind Doxycyclin, Fluorchinolone 3/4 und Makrolide/Ketolide (Tab. **4.3**, S. 202). *M. hominis* zeigt natürliche Resistenz gegen Makrolide, *U. urealyticum* gegen Lincomycine. Bei Urogenitalinfektionen ist eine Partnerbehandlung zu empfehlen.

Epidemiologie und Prophylaxe. *M. pneumoniae* ist weltweit verbreitet. Ausschließliche Infektionsquelle ist der Mensch. Die Erreger werden bei engem Kontakt durch Tröpfchen übertragen. Erkrankungen ereignen sich gehäuft in Familien, Schulen, Kinderheimen, Arbeits- und Militärlagern. Die Infektion tritt vermehrt im

Alter von 5–15 Jahren auf. Ungefähr 10–20% aller Pneumonien außerhalb des Krankenhauses gehen auf diesen Erreger zurück. *M. hominis* und *U. urealyticum* werden durch sexuellen Kontakt oder während der Geburt von der Mutter auf das Neugeborene übertragen. Spezielle prophylaktische Maßnahmen existieren bei allen Mykoplasmeninfektionen nicht.

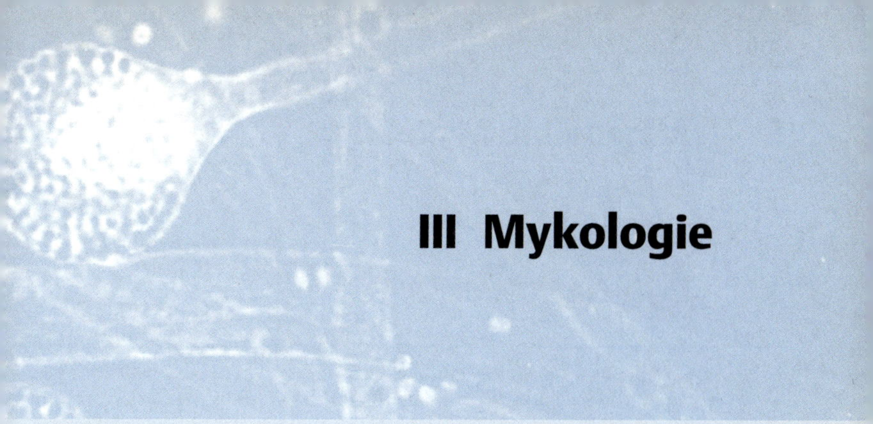

III Mykologie

6 Allgemeine Mykologie

F. H. Kayser, E. C. Böttger

6.1 Eigenschaften der Pilze

Pilze sind eukaryontische Mikroorganismen (Domäne Eukarya). Sie sind in der Umwelt weit verbreitet. Nur etwa 300 der mehr als 100'000 bisher bekannten Arten, die das Reich der Pilze umfasst, wurden bisher als Krankheitserreger des Menschen beschrieben. Unter den pathogenen Arten verursachen ungefähr nur ein Dutzend weit über 90% aller Infektionen.
Morphologisches Grundelement filamentöser Pilze ist die Hyphe. Ein Geflecht verzweigter Hyphen wird Myzel genannt. Grundform der unizellulären Pilze ist die Hefe. Dimorphe Pilze kommen im parasitären Stadium zumeist als Hefe, im saprophytären Stadium in der Myzelform vor. Die Zellwand der Pilze besteht zu fast 90% aus Kohlenhydraten (Chitin, Glucane, Mannane). Pilzmembranen sind reich an Sterolen, die in anderen biologischen Membranen nicht gefunden werden (z. B. Ergosterol). Filamentöse Pilze vermehren sich meist **asexuell** (Mitose) durch Wachstum und Verzweigung von Hyphen oder mit Hilfe asexueller Sporen. Hefen vermehren sich asexuell durch Sprossung. Bei der **sexuellen** Vermehrung (Meiose) entstehen haploide Sexualsporen. Pilze, bei denen sexuelle Fruktifikationsformen bislang nicht bekannt sind oder überhaupt nicht existieren, werden **Fungi imperfecti** oder Deuteromyzeten genannt.

6.1.1 Definition und Taxonomie

Pilze sind Mikroorganismen, die zur Domäne der Eukarya (s. S. 5) zählen. Sie sind weniger differenziert als die Pflanzen, weisen aber einen höheren Grad der Organisation auf als die prokaryontischen Bakterien (Tab. **6.1**). Das Reich der Pilze (*Mycota*, Fungi) umfasst mehr als 100 000 verschiedene Arten. Unter diesen wurden bisher ungefähr nur 300 als Krankheitserreger gefunden. Ungefähr ein Dutzend dieser „pathogenen" Spezies verursachen mehr als 90% aller Mykosen. Viele Mykosen sind relativ harmlos, wie z. B. die Dermatomykosen. In den letzten Jahren hat jedoch die Zahl an schweren, lebensbedrohlichen Mykosen zugenommen. Grund dafür ist die Zunahme von Patienten mit Immundefekten jeglicher Art.

Die wissenschaftliche Systematik und Nomenklatur der Pilze erfolgt nach den Regeln der Botanik, meist nach morphologischen und physiologischen Kriterien der geschlechtlichen Formen. Die phänotypische Vielgestaltigkeit der Pilze, ihr Dimorphismus (s. unten) und das Vorhandensein geschlechtlicher und ungeschlechtlicher Formen haben zu zahlreichen Unklarheiten in der Taxonomie ge-

Tabelle **6.1** Einige Unterschiede zwischen Pilzen und Bakterien

Eigenschaften	**Pilze**	**Bakterien**
Kern (Nukleus)	eukaryontisch; Kernmembran; Mitose	prokaryontisch; keine Membran; „Nukleoid"
Zytoplasma	Mitochondrien; endoplasmatisches Retikulum; 80S-Ribosomen	keine Mitochondrien; kein endoplasmatisches Retikulum; 70S-Ribosomen
Zytoplasmamembran	Sterole (Ergosterol)	keine Sterole
Zellwand	Glucane, Mannane, Chitin, Mannoproteine	Murein, Teichonsäuren (Ausnahmen), Proteine
Metabolismus	heterotroph; meist aerob; keine Photosynthese	heterotroph; obligat oder fakultativ aerob; anaerob
Größe, mittlerer Durchmesser	Hefe: 3–5–10 µm. Schimmelpilze: nicht definierbar	1–5 µm
Dimorphismus (Hefeform plus Myzelform)	bei einigen Pilzen vorhanden	nicht vorhanden

führt. In der Medizin werden die Pilze nach praktischen Gesichtspunkten in 4 große Gruppen (= DHSB-System) eingeteilt: **D**ermatophyten, **H**efepilze (Syn: Sprosspilze), **S**chimmelpilze (Syn: Fadenpilze), **B**iphasenpilze (Syn: dimorphe Pilze). Dermatophyten verursachen oberflächliche Infektionen der Haut; Hefepilze wachsen als Einzelzellen; Schimmelpilze kommen in der Myzelform vor; Biphasenpilze treten beim Parasitieren im Wirt in der Hefeform, außerhalb des Wirts in der Myzelform auf.

Pilze sind kohlenstoffheterotroph. Saprobische (Syn.: saprophytäre Pilze) beziehen ihre C-Verbindungen aus toter organischer Materie. Biotrophe Pilze (Parasiten oder Symbionten) benötigen lebende Organismen als Wirt. Einige Pilze können sowohl in der saprophytären wie auch in der biotrophen Form existieren.

6.1.2 Morphologie

Bei Pilzen kommen verschiedene morphologische Formen vor (Abb. **6.1**):

- **Hyphe.** Grundelement von filamentösen Pilzen. Verzweigte, tubuläre Struktur, 2–10 µm.
- **Myzel.** Geflecht von Hyphen. Substratmyzel (Ernährung) dringt in Nährsubstrat ein, Luftmyzel (ungeschlechtliche Fortpflanzung) entwickelt sich oberhalb des Nährmediums.

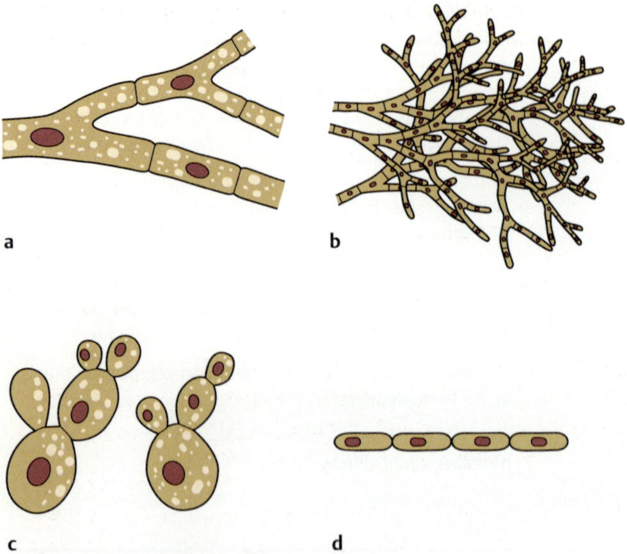

Abb. **6.1** **Morphologische Grundelemente der Pilze.** Man unterscheidet 2 morphologische Grundformen: die Hypheform und die Hefeform. **a** Hyphe, septiert oder unseptiert; **b** Myzel: Geflecht verzweigter Hyphen; **c** Hefeform, sprossend (Durchmesser der Einzelzelle 3–5 µm); **d** Pseudomyzel

- **Pilzthallus.** Gesamtheit des Myzels. Wird auch als Pilzkolonie bezeichnet.
- **Hefe.** Grundelement der unizellulären Pilze. Wird auch als Blastospore bezeichnet. Rund bis oval. Durchmesser 3–10 µm.
- **Pseudohyphen.** Mehrere, elongierte Hefezellen, die kettenförmig aneinanderhängen und so echten Hyphen ähneln.
- **Dimorphismus.** Einige Pilze können in Abhängigkeit von den Umweltbedingungen in der Hefeform oder in der Myzelform vorkommen, was als Dimorphismus bezeichnet wird. Dimorphe pathogene Pilze kommen im parasitären Stadium (als Krankheitserreger) als Hefe, im saprophytären Stadium (auf einem künstlichen Nährmedium oder in der Umwelt) als Myzel vor.

6.1.3 Metabolismus

Alle Pilze sind C-heterotroph, d.h. sie sind auf exogene, organische C-Quellen als Nährsubstrate angewiesen. Die meisten Pilze sind obligate Aerobier. Viele Arten können in einfachsten Nährmedien wachsen. Es existieren thermophile, psychrophile, azidophile und halophile Spezies. Die vielfältigen metabolischen Leistungen der Pilze werden in der Lebensmittelindustrie (Herstellung von Brot, Wein, Bier, Käse, Einzellerprotein) sowie in der Pharmaindustrie (Gewinnung von Antibiotika, Enzymen, Zitronensäure usw.) genutzt. Die Stoffwechselleistungen einiger Pilze können aber auch Schäden bedingen. Durch Pilzbefall können Lebensmittel, Holz oder Textilien zerstört werden. Pilze verursachen zahlreiche Pflanzenkrankheiten, vor allem Krankheiten der Nutzpflanzen.

6.1.4 Vermehrung der Pilze

Asexuelle Vermehrung. Diese umfasst die vegetative Vermehrung von Hyphen und Hefen sowie die vegetative Fruktifikation, d. h. die Bildung von asexuellen Sporen.

- **Hyphen** verlängern sich in einer apikalen Zone, in der die Zellwand besonders formbar ist. Es können auch seitliche Ausstülpungen entstehen, die zu Seitenhyphen werden, welche sich wiederum verzweigen können.
- **Hefen** vermehren sich durch Zellsprossung. Diese beginnt mit einer Ausstülpung der Zellwand, die zur Tochterzelle, manchmal auch als Blastokonidium bezeichnet, heranwächst. Schließlich wird diese an der engsten Stelle durch Ausbildung einer Querwand (= Septum) abgeschnürt. Manche Hefen vermögen sowohl als Hefen als auch als Hyphen zu wachsen (Abb. **7.2**, S. 375).
- **Vegetative Fruktifikation:** Aufgrund bestimmter Signale kommt es zur Ausbildung spezieller Sporen, die als **asexuelle Sporen** bezeichnet werden und welche Genomen ohne Kernphasenwechsel entsprechen. Diese Sporen erleichtern den Pilzen die Verbreitung in der Umwelt. Verschiedene morphologische Typen von asexuellen Sporen existieren: **Konidien, Sporangiosporen, Arthrosporen, Blastosporen**. Asexuelle Sporen werden beim Parasitieren im Wirt nur selten ausgebildet. Dies geschieht aber in der Kultur. Die Morphologie der asexuellen Sporen ist für die Identifizierung der Pilze wichtig.

Sexuelle Vermehrung. Die sexuelle Fruktifikation der **Fungi perfecti** (Syn.: **Eumyceten**) folgt im Prinzip demselben Muster wie die der höheren Eukaryonten. Die Kerne von 2 haploiden Partnern fusionieren und bilden eine diploide Zygote. Durch Meiose entstehen aus dem diploiden Kern haploide Kerne. Endprodukte sind die haploiden, sexuellen Sporen: **Zygosporen, Askosporen, Basidiosporen**. Sexuelle Sporen werden bei Pilzen, die im menschlichen Gewebe parasitieren, nur selten ausgebildet.

Bei vielen pathogenen Pilzen sind sexuelle Reproduktionsstrukturen nicht bekannt oder vielleicht sogar überhaupt nicht vorhanden. Diese Pilze werden als **Fungi imperfecti** (Syn.: **Deuteromyzeten**) bezeichnet.

6.2 Allgemeine Aspekte der Pilzerkrankungen

Neben Pilzallergien (z. B. exogenallergische Alveolitiden) und den Mykotoxikosen (Aflatoxikosen) sind Infektionen durch Pilze bei weitem die häufigsten Pilzerkrankungen. Die Mykosen kann man klinisch einteilen in:

- **primäre Mykosen**: Kokzidioidomykose, Histoplasmose, Blastomykosen;
- **opportunistische Mykosen**: oberflächliche und tiefe Hefemykosen, Aspergillose, Kryptokokkose, Mukormykosen, Phäohyphomykosen, Hyalohyphomykosen, Penicilliose, Pneumocystiose;
- **subkutane Mykosen**: Sporotrichose, Chromo(blasto)mykose, Maduramykose;
- **kutane Mykosen**: Dermatomykosen, Pityriasis versicolor, Tinea nigra, Piedra.

Über Pathogenitätsfaktoren der Pilze ist noch wenig bekannt. Die natürliche Resistenz des Makroorganismus gegenüber Pilzen beruht vor allem auf einer wirksamen Phagozytose durch neutrophile Granulozyten (unspezifische Immunabwehr). Die spezifische Immunität ist in der Regel zellulärer Natur. Opportunistische Mykosen entstehen vor allem bei Patienten mit Immundefekten (Granulozytopenie, T-Zell-Defekte). Zur Therapie von Mykosen können Polyene (vor allem Amphotericin B), Azole (z. B. Itraconazol, Fluconazol, Voriconazol), Allylamine, Echinocandine (Caspofungin), Antimetaboliten (5–Fluorocytosin) und weitere Substanzen eingesetzt werden. Häufig werden Antimykotika bei den opportunistischen Mykosen kombiniert verwendet.

6.2.1 Pilzallergien und Pilztoxikosen

Mykogene Allergien. Mit der Atemluft gelangen kontinuierlich Sporen ubiquitärer Pilze (z. B. von Aspergillen) in den Respirationstrakt. Die Sporen enthalten potente Allergene, gegen die anfällige Individuen mit einer starken Überempfindlichkeit reagieren können. Je nach Lokalisation entsteht eine allergische Rhinitis, ein Asthma bronchiale oder die allergische Alveolitis (S. 145). Viele dieser allergischen Krankheiten sind Berufskrankheiten, z. B. die „Farmer-Lunge", die „Holzarbeiter-Lunge" und weitere exogen-allergische Alveolitiden.

Mykotoxikosen. Einige Pilze können Mykotoxine (Aflatoxine, Ochratoxine, Mutterkornalkaloide und weitere) produzieren. Mykotoxine weisen eine Vielzahl von biologischen Aktivitäten auf. Aflatoxine haben kanzerogene Wirkung (primäres Leberkarzinom); Ochratoxine führen zu schweren Leber- und Nierenschäden; die pharmakologischen Wirkungen der Ergot-Alkaloide (Syn.: Lysergsäure-Derivate; Secale-Alkaloide) sind sehr vielseitig, weil verschiedene Rezeptoren für diese Alkaloide empfänglich sind. So führt Ergotamin durch Kontraktion der glatten Muskulatur des Uterus zu Aborten und durch Vasokonstriktion zur Blutdrucksteigerung aufgrund einer peripheren Gefäßverengung. Wichtigste Prophylaxe der Mykotoxikosen ist die Verhinderung des Pilzbefalls von Nahrungsmitteln. Erkennbar verschimmelte Nahrungsmittel dürfen nicht mehr gegessen werden.

6.2.2 Überblick über die wichtigstern Mykosen

Da Mykosen keine meldepflichtigen Krankheiten sind, ist ihre Inzidenz nicht genau bekannt. **Hautmykosen** dürften aber weltweit zu den häufigsten Infektionskrankheiten überhaupt zählen. **Primäre Mykosen** dagegen sind selten. Sie kommen in Mitteleuropa nicht vor. Mit importierten Fällen muss aber wegen der Mobilität der Bevölkerung immer gerechnet werden. **Opportunistische Mykosen** haben in den letzten 2 Jahrzehnten stark zugenommen. Das hängt damit zusammen, dass sich diese Mykosen nur bei entsprechender Disposition im Wirt als Krankheit manifestieren. Die zunehmende Zahl von Patienten mit Immundefekten sowie der häufige Einsatz invasiver Eingriffe und aggressiver Therapien in der Medizin erklärt die steigende Bedeutung opportunistischer Mykosen.

In Tab. **6.2** sind die wichtigsten Mykosen des Menschen zusammengefasst. Der Einteilung liegen klinisch-praktische Gesichtspunkte zugrunde.

Die Grundlagen der **Labordiagnose** werden in Kap. **1.6**, S. 34, abgehandelt.

6.2.3 Pathogenese der Mykosen

Der Mensch besitzt gegen die meisten Pilze eine erhebliche **unspezifische Immunität**, die vor allem auf mechanischen und zellulären Faktoren beruht (s. S. 131). Die bakterielle Normalflora von Haut und Schleimhäuten macht es den Pilzen schwer, diese Gewebe zu kolonisieren, eine Voraussetzung für die Invasion. Die Anatomie von Haut und Schleimhäuten stellt eine wichtige Barriere dar, die das Eindringen der Pilze erschwert. Haben sie einmal diese Barrieren überwunden, dann werden Pilze in der Regel rasch durch neutrophile Granulozyten und Makrophagen phagozytiert. Opportunistische Mykosen entstehen deshalb bevorzugt bei Patienten mit einer Neutropenie oder Leukämie.

Zu den wenigen bisher bekannten Determinanten der Pathogenität von Pilzen gehört die Vermeidung der Phagozytose. Wie auch bei den Bakterien vermittelt eine Schleimkapsel um die Pilzzelle einen wirksamen Schutz vor Phagozytose. Bekanntestes Beispiel: *Cryptococcus neoformans*. Von *Coccidioides immitis* ist bekannt, dass dieser Pilz die Fusion des Phagosoms mit Lysosomen blockiert, sodass die phagozytierte Pilzzelle im Phagozyten nicht abgebaut wird. Weitere bisher bekannte Determinanten der Pathogenität umfassen lektinartige Oberflächenproteine bei *Candida*, die für Adhärenz an Epithel- und Endothelzellen zuständig sind. Invasion und Zellschädigung können auf verschiedene Proteinasen, wie z. B. die Elastase bei *Aspergillus fumigatus*, zurückgeführt werden. Zu den Pathogenitätsfaktoren zählen auch Efflux-Systeme, die wirtsspezifische gegen Pilze wirkende Effektoren aus der Pilzzelle nach außen transportieren.

Die **spezifische Immunität** gegen Pilze beruht vor allem auf dem zellulären Ast der Immunität (T-Zell-Immunität).

Tabelle **6.2** Übersicht über die wichtigsten Mykosen des Menschen

Krankheit	Ätiologie	Bemerkungen
Primäre Mykosen durch dimorphe Pilze (kein Vorkommen in Mitteleuropa; importierte Fälle)		
Kokzidioidomykose	*Coccidioides immitis*	Lungenmykose. Inhalation von Sporen. Im Südwesten der USA u. in Südamerika
Histoplasmose	*Histoplasma capsulatum*	Lungenmykose. Inhalation von Sporen. Dissemination ins RES. In Amerika, Afrika, Asien
Nordamerikanische Blastomykose	*Blastomyces dermatitidis*	primäre Lungenmykose. Sekundär Streuung (Haut, Organe). In Nordamerika, Afrika
Südamerikanische Blastomykose	*Paracoccidioides brasiliensis*	primäre Lungenmykose. Sekundär Streuung (Haut, Schleimhäute, lymphatische Organe)
Opportunistische Mykosen durch Hefepilze		
Kandidose (Soor)	*Candida albicans*, weitere *Candida spp.*	endogene Infektion. Primär werden Schleimhäute u. Haut befallen. Sekundär Organbefall
seltene opportunistische Hefemykosen (außer Kandidose)	Beispiele: *Malassezia; Trichosproron* Sehr selten: *Blastoschizomyces, Clavispora; Hansenula; Pichia; Rhodoturula; Saccharomyces*	klinische Bilder wie bei der Kandidose. *Malassezia furfur* bei Kathetersepsis von Neugeborenen und bei i. v. Ernährung mit Lipiden
Kryptokokkose	*Cryptococcus neoformans* (dicke Kapsel)	aerogene Infektion. Lungen-Kryptokokkose. Sekundär Streuung ins ZNS. Meningitis. Gehäuft bei AIDS-Patienten
Opportunistische Mykosen durch Fadenpilze		
Aspergillose	*Aspergillus fumigatus* (90 %); andere *Aspergillus-Arten*	Aspergillosen des Respirationstrakts; Endophthalmitis; A. des ZNS; septische A.
Mucormykosen (Zygomykosen)	*Mucor; Rhizomucor; Rhizopus; Absidia; Cuninghamella* und weitere	rhinozerebrale, pulmonale, gastrointestinale, kutane Mukormykose

Tabelle **6.2** (Fortsetzung)

Krankheit	**Ätiologie**	**Bemerkungen**
Phaeohyphomykosen (Mykosen durch „dematiöse" Pilze, auch „Schwärzepilze" genannt aufgrund Melanin-ähnlichem Pigment in der Zellwand)	Beispiele: *Alternaria; Bipolaris; Cladophialophora; Curvularia; Exophiala; Exserophilum; Fonsecaea; Ochroconis; Phialophora*	kutane und subkutane Infektionen; paranasale Sinus-Infektionen; hämatogene Streuung in andere Organe, einschließlich des ZNS; auch Sepsis möglich
Hyalohyphomykosen (Mykosen durch farblose [hyaline] Fadenpilze)	Beispiele: *Acremonium; Chrysosporium; Chaetomium; Fusarium; Paecilomyces; Penicillium; Scedosporium; Scopulariopsis; Trichoderma*	Klinik s. bei Phaeohyphomykosen
Penicilliosis	*Penicillium marneffei*	Häufigste opportunistische Infektion bei AIDS-Patienten in Südostasien. Primärer Infektionsherd meist in der Lunge
Andere opportunistische Mykosen		
Pneumozystiose	*Pneumocystis jiroveci* (alter Name: *P. carinii*)	Interstitielle Pneumonie bei Defekten der zellulären Immunität (AIDS)
Subkutane Mykosen		
Sporotrichose	*Sporothrix schenckii*	dimorpher Pilz. Ulzeröse Läsionen an Extremitäten
Chromo(blasto)-mykose	*Phialophora verrucosa Fonsecaea pedrosoi Cladosporium carrionii etc.*	schwarze Schimmelpilze. Warzenartige, pigmentierte Läsionen an Extremitäten. Tropenkrankheit
Maduramykose (Myzetom)	*Madurella mycetomi Scedosporium apiospermum* etc.	subkutane Abszesse in Fuß- oder Handgegend. Kann auch durch Bakterien (s. S. 287) verursacht werden. In Tropen und Subtropen

6

Tabelle **6.2** (Fortsetzung)

Krankheit	Ätiologie	Bemerkungen
Kutane Mykosen		
Dermatomykosen Tinea pedis, T. cruris, T. capitis, T. barbae, T. unguinum, T. corporis	*Trichophyton spp.* *Microsporum spp.* *Epidermophyton floccosum*	Dermatophyten sind Fadenpilze. Antropophile, zoophile, geophile Arten. Häufig Kontaktinfektionen der Haut an feuchtwarmen Stellen; Infektionen der Haare und der Nägel (= Onychomykose)
Pytiriasis versicolor	*Malassezia furfur*	vor allem in Tropen und Subtropen
Tinea nigra	*Exophiala werneckii*	in Tropen. Braune bis schwarze, makulöse Effloreszenzen
Trichosporonose (Syn: Piedra)	*Trichosporon beigelii; Pidraia hortae*	Infektion der Haare
Weitere seltene Mykosen der Haut und Mukosa s. S. 387		

6.2.4 Therapie der Mykosen

Die wichtigsten Antimykotika zur spezifischen Therapie sind in Tab. **6.3** zusammengefasst.

Pilze können, wie andere Mikroorganismen auch, Resistenzen gegen Antimykotika entwickeln.

Die **Resistenzmechanismen** umfassen:

1. Permeabilität: reduzierter Influx oder gesteigerter Efflux durch Hochregulierung von Genen von Efflux-Pumpen (s. auch S. 214).
2. Resistente Zielmoleküle; durch Mutation in entsprechenden Genen.

Enzymatische Inaktivierung von Antimykotika durch Pilzenzyme wurde bisher noch nicht beobachtet. Weiterhin wurden bei Pilzen bisher auch keine Resistenzplasmide gefunden.

Das Vorkommen von Resistenzen bei Pilzen ist recht unterschiedlich. Resistenz gegen Flucytosin bei opportunistischen Pilzen wird relativ häufig beobachtet. Stämme von *Candida spp.* und *Cryptococcus neoformans* mit Resistenz gegen Azole werden vor allem bei AIDS-Patienten, die prophylaktisch lange Zeit mit Azolen behandelt wurden, gefunden. Resistenz gegen Polyene kommt nur sporadisch vor.

Tabelle **6.3** Überblick über die wichtigsten Antimykotika

Substanzklasse	Wirkungsmechanismus	Bemerkungen
Polyene		
Amphothericin B Nystatin (nur topisch)	Anlagerung an Ergosterol in der Membran; dadurch Destabilisierung der Membran	Breites Wirkungsspektrum. Fungizide Aktivität. Resistenz sehr selten. Parenterale Applikation. Liposomale Formen weniger nephrotoxisch als die klassische Desoxycholatform.
Azole (Derivate von Imidazolen und Triazolen)		
Fluconazol Voriconazol Itraconazol Posaconazol Ketoconazol (nur topisch)	Hemmung der Biosynthese von Ergosterol der Membran	Breites Wirkungsspektrum, aber keine Wirkung gegen Zygomyzeten; Ausnahme ist Posaconazol. Meist fungistatische Aktivität. Parenterale und orale Applikation möglich. Azole werden auch häufig topisch eingesetzt. Unerwünschte Wirkungen sind selten.
Echinocandine		
Caspofungin Micafungin Anidulafungin	Hemmung der Synthese von Glucan der Zellwand	Gut wirksam gegen *Candida spp.* und *Aspergillus spp.* Keine Wirkung gegen *Cryptococcus* und Zygomyceten. Nur parenterale Applikation. Unerwünschte Wirkungen sind selten.
Nukleosid-Analoga		
5-Flucytosin	Interferenz mit RNA- und DNA-Synthese	Wirksam gegen *Candida spp., Cryptococcus neoformans* und *Aspergillus spp.* Resistenzentwicklung möglich, deshalb Kombination mit Amphotericin B oder Azolen. Ausscheidung über die Niere, deshalb Dosisanpassung bei eingeschränkter Nierenfunktion.
Allylamine		
Terbinafin Naftifin	Hemmung der Ergosterol-Biosynthese in der Membran	Wird vor allem gegen Dermatophyten eingesetzt. Terbinafin kann auch oral verabfolgt werden, Naftifin nur topisch.

Tabelle **6.3** (Fortsetzung)

Substanzklasse	Wirkungsmechanismus	Bemerkungen
Griseofulvin	Hemmung der Mitose. Hemmung der Nukleinsäuresynthese	Älteres Antibiotikum. Nur gegen Dermatophyten wirksam. Orale Applikation. Therapie bei Onychomykose oft über Monate notwendig.

Für den gezielten Einsatz von Antimykotika sind **Resistenztests** erforderlich. Sowohl für Hefen als auch filamentöse Pilze werden standardisierte Bouillon-Reihenverdünnungstests eingesetzt, die die minimale Hemmkonzentrationen (s.S. 216) der Substanzen messen. In Europa werden sowohl für die Methodik als auch für die resistenten und empfindlichen Grenzwerte die Empfehlungen der Eur. Soc. Clin. Microbiol. Inf. Diseases (www.escmid.org) zugrunde gelegt.

7 Pilze als Krankheitserreger

F. H. Kayser, E. C. Böttger

7.1 Primäre Mykosen

Die primären Systemmykosen sind die Histoplasmose (*Histoplasma capsulatum*), die nordamerikanische Blastomykose (*Blastomyces dermatitidis*), die Kokzidioidomykose (*Coccidioides immitis*) sowie die südamerikanische Blastomykose (*Paracoccidioides brasiliensis*). Der natürliche Lebensraum der Erreger dieser Mykosen ist der Erdboden. Sporen werden mit Staub inhaliert, gelangen in die Lunge und rufen eine Lungenmykose hervor. Von Lungenherden aus können die Keime hämatogen oder lymphogen in andere Organe einschließlich die Haut gelangen und granulomatöse/eitrige Infektionsherde verursachen. Die Labordiagnose umfasst den direkten mikroskopischen und kulturellen Nachweis der Erreger sowie die Bestimmung von Antikörpern. Vorsicht beim Arbeiten mit diesen hochpathogenen Pilzen im Labor ist angezeigt. Zur Therapie werden Amphotericin B sowie Azole eingesetzt. Alle primären Systemmykosen kommen endemisch in oft nur eng begrenzten Gebieten der Erde vor. Mitteleuropa gehört nicht dazu. Eine Übertragung von Mensch zu Mensch existiert nicht.

7.1.1 Histoplasma capsulatum (Histoplasmose)

Histoplasma capsulatum ist der Erreger der Histoplasmose, einer intrazellulären Mykose des retikuloendothelialen Systems.

Morphologie und Kultur. *H. capsulatum* ist ein dimorpher Pilz. Als Infektionserreger im Gewebe bildet er Hefeformen (Abb. **7.1**). Die kleinen, oft innerhalb von Makrophagen lokalisierten Hefezellen weisen einen Durchmesser von 2–3 µm auf.

Bei der Giemsa- sowie der Gram-Färbung wird die Zellwand nicht angefärbt. Die Zellen sind deshalb von einem optisch leeren Hof umgeben, der fälschlicherweise als Kapsel interpretiert wurde und zur Bezeichnung Anlass gab. *H. capsulatum* lässt sich auf den für Pilzkulturen üblichen Nährmedien kultivieren. Auf Sabouraud-Agar und bei einer Temperatur von 20–30 °C wächst *H. capsulatum* in 2–3 Wochen als Myzel.

Pathogenese und Krankheitsbild. Der natürliche Lebensraum von *H. capsulatum* ist der Erdboden. Sporen (Konidien) gelangen durch Inhalation in den Respirationstrakt, werden von Alveolärmakrophagen aufgenommen und entwickeln sich zu Hefeformen, die sich durch Sprossung vermehren. Es entstehen kleine granulomatöse Entzündungsherde. Von primären Infektionsherden aus können die Er-

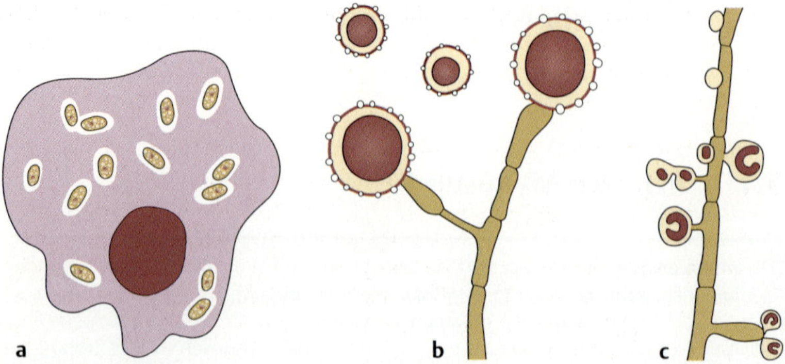

Abb. 7.1 **Histoplasma capsulatum. a** Hefeform (2–3 µm) in Makrophage, **b** Makrokonidien (7–15 µm), **c** Mikrokonidien (2–5 µm).

reger hämatogen disseminieren. Dabei ist das RES besonders stark involviert. Es kommt zu Lymphadenopathien sowie Befall von Milz und Leber. Über 90% der Infektionen bleiben klinisch stumm. Neben prädisponierenden Faktoren des Wirts spielt die Infektionsdosis für die Klinik eine große Rolle. Die Histoplasmose kann auch ausschließlich als respiratorische Infektion ablaufen.

Diagnose. Mikroskopie (Färbung nach Giemsa oder Wright). Kultur während 4-8 Wochen; Identifizierung mit DNA-Sonden möglich. Histoplasma-Polysaccharidantigen-Test (EIA) im Urin oder Serum. Nachweis von Antikörpern mit der KBR, der Latex-Agglutination oder der Gel-Immunpräzipitation.

Therapie. Bei schweren Formen, vor allem bei der disseminierten Form, ist eine Therapie mit Amphotericin B oder Azolen angezeigt.

Epidemiologie und Prophylaxe. Die Histoplasmose kommt endemisch im mittleren Westen der USA, in Mittel- und Südamerika, in Indonesien und auch in Afrika vor. Von wenigen Ausnahmen abgesehen, ist Westeuropa frei von Histoplasmose. Eine Übertragung des Erregers von Mensch zu Mensch gibt es nicht. Spezielle prophylaktische Maßnahmen sind für das Arbeiten im Labor notwendig.

7.1.2 Coccidioides immitis (Kokzidioidomykose)

Morphologie und Kultur. *C. immitis* ist ein atypisch dimorpher Pilz. Bei Kultivierung wächst der Pilz in Myzelform; im Gewebe bildet er jedoch weder klassische Sprossformen noch ein Myzel. Vielmehr findet man dickwandige, einen Durchmesser von 15–60 µm aufweisende, kugelige Gebilde (Sphaerulae), die mit wenigen bis zu 100 kugelig-ovalen Endosporen gefüllt sind.

C. immitis kann leicht auf den üblichen Pilznährmedien kultiviert werden. Nach 5 Tagen Bebrütung entsteht eine weiße, wollige Myzelkolonie. Ein morphologisches Charakteristikum des Myzels sind die asexuellen Arthrosporen, die sich innerhalb von Hyphen abgliedern.

Pathogenese und Krankheitsbild. Die Infektion erfolgt durch Inhalation arthrosporenhaltigen Staubs. Die primäre Kokzidioidomykose ist immer in der Lunge lokalisiert, wobei von stummer Infektion (bei 60% der Infizierten) bis zu schwerer Pneumonie die verschiedensten Schweregrade auftreten können. Bei 5% der Infizierten entsteht eine chronische kavernöse Lungenaffektion. In weniger als 1% kommt es zu hämatogener Disseminierung mit dem Auftreten granulomatöser Läsionen in Haut, Knochen, Gelenken und Meningen.

Diagnose. Nachweis des Erregers im Sputum, Eiter, Liquor oder in Biopsien durch Mikroskopie und Kultur. In frischem Material können die typischen Sphaerulae mikroskopisch gesehen werden. Antikörper werden mit der KBR, der Gel-Immunpräzipitation oder der Latexagglutination nachgewiesen. Ein Coccidioidin-Hauttest misst eine zelluläre Allergie gegen Pilzbestandteile. Er dient bei Verdacht als orientierende Erstuntersuchung.

Therapie. Bei den disseminierten Formen kommen als Antimykotika Amphotericin B und die Azole in Betracht.

Epidemiologie und Prophylaxe. Die Kokzidioidomykose kommt endemisch in wüstenartigen Gebieten von Kalifornien, Arizona, Texas, Neumexiko und Utah in den USA vor. Nur selten wird sie anderswo beobachtet. Infektionsquelle ist der an Pilzen reiche Erdboden. Auch Tiere können erkranken. Eine Übertragung von Mensch oder Tier auf den Menschen kommt nicht vor. Prophylaktische Maßnahmen zur Vermeidung von Laborinfektionen sind unerlässlich.

7.1.3 Blastomyces dermatitidis (nordamerikanische Blastomykose)

Blastomyces dermatitidis ist ein dimorpher Pilz, der im Erdboden vorkommt und durch Inhalation auf den Menschen übertragen wird.

Die Blastomykose ist eine granulomatöse Systemerkrankung mit pulmonaler und extrapulmonaler Manifestation, die jedes Organ (auch die Haut) betreffen kann. Die **Labordiagnose** erfolgt durch mikroskopischen und kulturellen Nachweis des Pilzes im Sputum, im Eiter der Hautläsionen oder im Biopsiematerial. Der Antikörpernachweis mit der KBR, dem EIA oder der Gel-Immunpräzipitation hat nur einen beschränkten diagnostischen Wert. **Therapeutisch** kommen Amphotericin B und die neuen Azole in Frage. Unbehandelte Blastomykosen enden fast immer letal.

Die Blastomykose tritt vor allem im Mississippi-Becken sowie in den Ost- und Nordstaaten der USA auf. Sie kommt relativ häufig auch bei Tieren, vor allem

Hunden vor. Eine Übertragung von Tier oder Mensch auf Anfällige ist nicht möglich. Prophylaktische Maßnahmen existieren nicht.

7.1.4 Paracoccidioides brasiliensis (südamerikanische Blastomykose)

Paracoccidioides brasiliensis ist ein dimorpher Pilz, der im Gewebe dickwandige, 10–30 µm Durchmesser aufweisende, meist mehrere Sprossungen zeigende Hefezellen bildet. Bei Kultivierung (25 °C) wächst der Pilz in der Myzelform.

Der natürliche Lebensraum von *P. brasiliensis* ist wahrscheinlich der Boden. Die Infektion des Menschen erfolgt durch Inhalation sporenhaltigen Staubs. Primäre eitrige und/oder granulomatöse Infektionsherde finden sich in der Lunge. Von diesen Herden aus kann hämatogen oder lymphogen eine Dissemination in die Haut, in Schleimhäute oder in lymphatische Organe erfolgen. Die disseminierte Parakokzidioidomykose schreitet langsam voran und endet ohne Behandlung mit dem Tod. Die **Labordiagnose** stützt sich auf den mikroskopischen und kulturellen Erregernachweis, auf den Antigennachweis mit monoklonalen Antikörpern sowie auf die Antikörperbestimmung mit der KBR, einem EIA oder der Gel-Immunpräzipitation. Zur **Therapie** werden Amphotericin B und Azolderivate eingesetzt. Durch die Therapie kann ein Fortschreiten des Prozesses verhindert werden. Sichere Dauerheilungen sind aber nicht bekannt.

Die Parakokzidioidomykose tritt vornehmlich in den ländlichen Gebieten Südamerikas, vor allem bei Landarbeitern, auf.

7.2 Opportunistische Mykosen

Opportunistische Mykosen, die Haut und Schleimhäute sowie innere Organe betreffen, werden sowohl durch Hefen als auch durch Fadenpilze verursacht. Voraussetzung für ihr Entstehen ist eine stark ausgeprägte Abwehrschwäche des Wirts. Die Kandidose stellt eine endogene Infektion dar. Viele dieser Mykosen sind aber exogene Infektionen, welche durch Pilze, deren natürlicher Lebensraum der Erdboden oder Pflanzen sind, verursacht werden. Diese Umweltpilze dringen in der Regel über den Respirationstrakt ein. Zu nennen sind die Aspergillose, die Kryptokokkose sowie die *Mucor*-Mykosen. Außer *Candida* und weiteren Hefen können auch Phäohyphomyzeten und Hyalohyphomyzeten, die nur ein geringes pathogenes Vermögen aufweisen, systemische Infektionen verursachen. Bei allen opportunistischen Mykosen existiert ein primärer Infektionsherd, häufig im oberen oder unteren Respirationstrakt. Von diesem Herd aus können die Erreger hämatogen und/oder lymphogen disseminieren und andere Organe befallen. Zur Chemotherapie werden Antimykotika eingesetzt. Die Prognose ist, wegen der Grundkrankheit, in vielen Fällen schlecht.

7.2.1 Candida (Soor) und seltenere Hefemykosen

Candida (Soor)

Mindestens 70 % humaner *Candida*-Infektionen werden durch *C. albicans*, der Rest durch *C. parapsilosis, C. tropicalis, C. guilliermondii, C. kruzei, C. glabrata* sowie einige weitere, seltene *Candida*-Arten hervorgerufen.

Morphologie und Kultur. Bei Gram-Färbung von Primärpräparaten erscheint *C. albicans* als grampositive, sprossende, einen Durchmesser von ca. 4-6 µm aufweisende, ovale Hefe. Oft können grampositive Pseudohyphen beobachtet werden. Gelegentlich findet man auch septierte Myzelien (Abb. **7.2**)

C. albicans lässt sich auf üblichen Nährmedien kultivieren. Nach 48 h Bebrütung bilden sich auf Agarmedien runde, weißliche, eine etwas raue Oberfläche aufweisende Kolonien. Zur Differenzierung von anderen Hefen werden morphologische und biochemische Merkmale herbeigezogen.

Pathogenese und Krankheitsbilder. *Candida* kommt als Kommensale auf der Schleimhaut von Mensch und Tier vor. *Candida*-Infektionen sind deshalb als endogene Infektionen zu betrachten. Die Mykosen entstehen zumeist bei Patienten mit herabgesetzter Resistenz, vor allem bei Neutropenie, Kortikosteroid-Therapie, Diabetes oder bei Therapie mit antibakteriellen Breitspektrum-Antibiotika (Aufhebung der Kolonisationsresistenz). Am häufigsten betroffen sind die Schleimhäute, seltener die äußere Haut und innere Organe oder das Abdomen bei komplizierter Abdominalchirurgie (= tiefe Kandidose). Bei Infektionen in der Mundhöhle sieht man weiße, festhaftende Beläge auf der Wangenschleimhaut und der Zunge. Die Vulvovaginitis ähnelt pathomorphologisch dem Mundsoor. Die Haut wird hauptsächlich an den feuchten und warmen Teilen des Körpers infiziert. Auch Nägel (Onychomykose) können befallen werden. *Candida* kann auch die Lunge, sowie durch hämatogene Streuung die Nieren, das Herz, das ZNS und weitere Organe

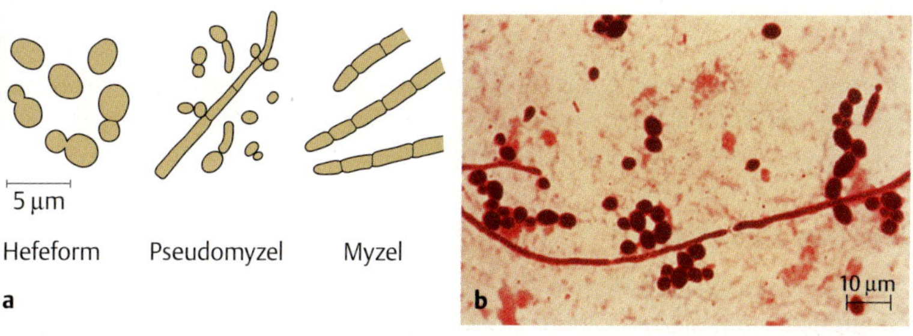

Abb. **7.2** **Candida albicans. a** Morphologische Formen. **b** Gram-Färbung von Sputum: Grampositive Hefezellen und Hyphen. Klinische Diagnose: Kandidose des Respirationstrakts.

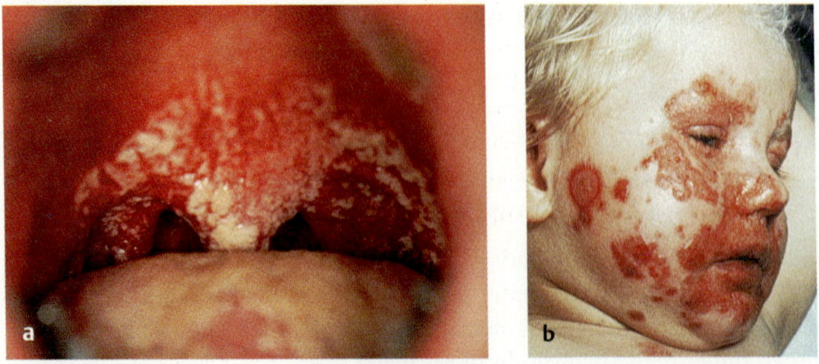

Abb. 7.3 Klinische Erscheinungsformen einer Kandidose. a Mundsoor. Oberflächliche Infektion der Mundschleimhaut und der Zunge durch *Candida albicans* bei einem AIDS-Patienten. **b** Chronische mukokutane Kandidose bei einem Kind mit einem Defekt der zellulären Immunität.

infizieren. Die *Candida*-Endokarditis und die Endophthalmitis treten bei Drogensüchtigen auf. Die chronische mukokutane Kandidose wird als Folge einer Schädigung der zellulären Immunität beobachtet (Abb. **7.3**).

Diagnose. Präparate verschiedener Materialien werden nativ und nach Gram gefärbt mikroskopisch untersucht. *Candida* wächst auf vielen üblichen Nährmedien, besonders gut auf Sabouraud-Agar. Typische Hefekolonien werden mikroskopisch und aufgrund verschiedener Stoffwechselmerkmale identifiziert. Bei tiefen Mykosen kann man versuchen, *Candida*-spezifische Antigene (z.B. freies Mannan) im Serum mit monoklonalen Antikörpern im EIA oder der Latex-Agglutination nachzuweisen. Für die Bestimmung von Antikörpern bei tiefer Kandidose werden verschiedene Methoden (Agglutination, Gelpräzipitation, EIA, Immunelektrophorese) eingesetzt. Allgemein ist zu sagen, dass dem Nachweis von Antigenen (geringe Sensitivität) oder Antikörpern (geringe Spezifität) nur eine limitierte Aussagekraft zukommt.

Therapie. Für die topische Therapie kommen Nystatin und die Azole in Frage. Bei invasiver Kandidose ist Amphotericin B das Mittel der Wahl, das oft auch mit 5-Fluocytosin oder einem Echinocandin kombiniert verabfolgt wird.

Seltenere Hefemykosen

Außer der bei weitem häufigsten Gattung *Candida* können weitere Hefen Mykosen bei immunsupprimierten Patienten verursachen (s. Tab. **7.1**, S. 382). Bei diesen „neuen" Hefemykosen handelt es sich meist nicht um endogene, sondern um exogene Infektionen. Klinisch und therapeutisch sind diese Hefemykosen der Kandidose gleichzusetzen.

Malassezia furfur und weitere *Malassezia*-Arten gehören zur Normalflora der Haut des Menschen und weiterer Warmblüter. Sie verursachen gelegentlich eine Kathetersepsis bei Patienten, die parenteral mit Lipiden ernährt werden. Lipide fördern das Wachstum dieser Hefe. (Pytiriasis versicolor verursacht durch *M. furfur* s.S. 387).

Verschiedene *Trichosporon*-Arten können außer Haarinfektionen (s.S. 387) auch systemische Infektionen bei kompromittierten Patienten verursachen. Diese Infektionen werden auch unter dem Begriff Trichosporonosis subsumiert.

Einige weitere Gattungen: *Blastoschizomyces, Clavospora, Hansenula, Pichia, Rhodotorula, Saccharomyces.*

7.2.2 Cryptococcus neoformans (Kryptokokkose)

Morphologie und Kultur. Bei *C. neoformans* handelt es sich um bekapselte Hefen. Die einzelne Zelle weist einen Durchmesser von 3–5 µm auf. Sie ist von einer mehrere Mikrometer breiten Polysaccharidkapsel umgeben (Abb. **7.4a**).

C. neoformans lässt sich auf Sabouraud-Agar bei 30–35 °C und Bebrütung während 3–4 Tagen kultivieren (s. Abb. **7.4b**).

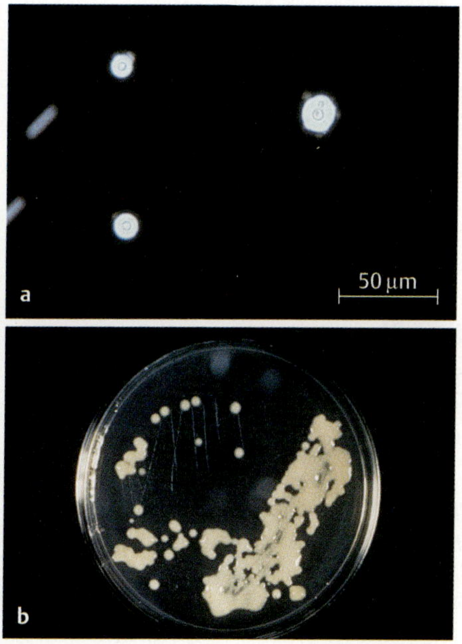

Abb. **7.4 Cryptococcus neoformans. a** Tuschepräparat aus Liquor: Negativdarstellung der dicken Schleimkapsel um die Hefezellen. Klinische Diagnose: Kryptokokken-Meningitis. **b** Kultur auf Sabouraud-Agar: Weißlich aussehende, cremige Kolonien, nach Bebrütung bei 30–35 °C während 4 Tagen.

Pathogenese und Krankheitsbild. Das normale Habitat des Erregers ist ein an organischen Substanzen reicher Erdboden. Besonders häufig findet sich der Keim im Vogelmist. Eintrittspforte beim Menschen ist der Respirationstrakt. Die Keime werden inhaliert. Sie gelangen in die Lunge, wo es zu einer oft inapparent verlaufenden Lungenkryptokokkose kommt. Von primären Lungenherden aus werden die Erreger hämatogen in andere Organe transportiert, vor allem auch in das ZNS, für das *C. neoformans* eine starke Affinität aufweist. Es entsteht die gefährliche *Meningitis/Meningoenzephalitis*. Die Dissemination von der Lunge aus wird vor allem durch Grundleiden, die die Infektabwehr tangieren, gefördert. AIDS, Corticosteroidtherapie sowie Lymphome (M. Hodgkin) bilden die häufigsten Prädispositionen. Als Determinanten der Pathogenität gelten die Kapsel, in die Zellwand eingebautes Melanin und verschiedene extrazelluläre Enzyme.

Diagnose. Diese ist vor allem bei der Meningitis von Bedeutung. Die Erreger lassen sich mit der Phasenkontrastmikroskopie im Liquorsediment nachweisen. Zur Negativdarstellung der Kapsel dient das Tuschepräparat (s. Abb. **7.4a**). Die Kultivierung gelingt am besten auf Sabouraud-Agar. *C. neoformans* kann aufgrund spezieller Stoffwechselmerkmale (z. B. Abbau von Harnstoff) von anderen Hefen abgegrenzt und identifiziert werden. Zum Nachweis von Kapselpolysaccharid im Liquor und Serum steht ein hoch sensitiver und spezifischer Latexagglutinationstest (Antikapsel-Antikörper, an Latexpartikel gekoppelt) und ein EIA zur Verfügung.

Therapie. Bei der Infektion des ZNS hat sich eine Kombination aus Amphotericin B und Flucytosin bewährt. Bei AIDS-Patienten mit durchgemachter oder klinisch inapparenter Kryptokokkose muss eine lebenslange Dispositionsprophylaxe mit Azolen durchgeführt werden.

Epidemiologie und Prophylaxe. Genaue Zahlen über die Häufigkeit der Lungenkryptokokkose existieren nicht. Die Meningoenzephalitis kommt in einer Frequenz von 1 pro 1 Million Einwohner pro Jahr vor.

7.2.3 Aspergillus (Aspergillose)

Am häufigsten werden Aspergillosen durch *Aspergillus fumigatus* und *A. flavus* hervorgerufen. Seltener werden *A. niger*, *A. nidulans* und *A. terreus* gefunden. Aspergillen kommen ubiquitär in der Natur vor. Gehäuft treten sie auf verrottenden Pflanzen auf.

Morphologie und Kultur. *Aspergillus* erkennt man in Geweben, Exsudaten oder im Sputum an den filamentösen, septierten Hyphen, die ungefähr 3–4 µm breit sind und Y-förmige Verzweigungen zeigen (Abb. **7.5**).

Aspergillus wächst als Myzelform auf vielen in der Mikrobiologie gebräuchlichen Medien. Für die selektive Kultivierung ist Sabouraud-Agar geeignet.

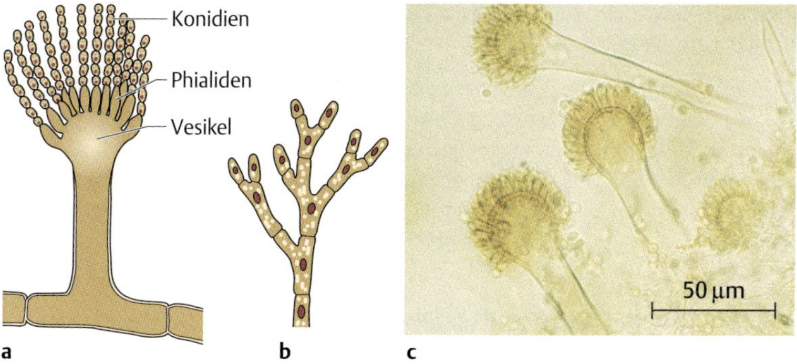

Abb. **7.5** **Aspergillus fumigatus.** **a** Konidiophor mit Konidien (2–5 µm); **b** Y-förmig verzweigte, septierte Hyphe (1,5–8 µm); **c** Nativpräparat. Die Konidien sind abgefallen.

Pathogenese und Krankheitsbilder. Die wichtigste Eintrittspforte des Erregers ist das Bronchialsystem. Aber auch durch Verletzungen der Haut oder Schleimhäute können die Keime eindringen. Folgende Lokalisationen der Aspergillose sind bekannt:

- **Aspergillose des Respirationstrakts.** Beim Aspergillom handelt es sich um einen umschriebenen Pilzknoten, der in der Regel in einer vorgegebenen Höhle (z.B. einer tuberkulösen Kaverne) entsteht. Eine weitere Lungenaffektion ist die chronische, nekrotisierende Pneumonie. Bei Patienten mit Neutropenie, AIDS und bei Transplantierten tritt die akute, invasive Aspergillose der Lunge auf, die eine schlechte Prognose zeigt. Eine weitere Aspergillose der Atemwege ist die Tracheobronchitis. Aspergillen sind am häufigsten unter den Pilzen für Infektionen der Nasennebenhöhlen verantwortlich. Eine wichtige Maßnahme zur Prävention einer pulmonalen Aspergillose bei Patienten mit Knochenmark-Transplantation ist die Filterung der Luft mit hochwirksamen Filtern (HEPA-Filter) in den Sterilpflegeeinheiten.
- **Weitere Aspergillosen.** Die Endophthalmitis entsteht 2–3 Wochen nach einer Operation oder einer Verletzung des Auges und führt meist zum Verlust des Auges. Die zerebrale Aspergillose entsteht nach hämatogener Streuung. Selten sind die durch *Aspergillus spp.* verursachte Endokarditis, Myokarditis und Osteomyelitis.

Diagnose. Da *Aspergillus* Untersuchungsmaterial kontaminieren kann, ist eine direkte Diagnose durch Nachweis des Erregers nicht so leicht. Findet man im Primärpräparat typisch verzweigte Hyphen und kann man wiederholt *Aspergillus* kultivieren, ist die Diagnose wahrscheinlich. Sicherheit erhält man, wenn in Gewebebiopsien mit der Methenaminsilber-Färbung verzweigte Hyphen festgestellt werden können. Der Nachweis von Galactomannan-Antigen mit monoklonalen Antikörpern ist mit dem EIA oder Latextest möglich.

Therapie. Amphotericin B, rechtzeitig in hohen Dosen angewendet, wird als Mittel der Wahl angesehen. Voriconazol, Posaconazol oder ein Echinocandin werden bei therapierefraktären Fällen eingesetzt. In Kleinstudien haben sich Kombinationen von Amphotericin plus Caspofungin oder Flucytosin bewährt. Bei lokalisierten Infektionsherden (z.B. dem Aspergillom) ist die chirurgische Entfernung notwendig.

7.2.4 Mucor, Absidia, Rhizomucor, Rhizopus, Cunninghamella (Mucormykosen)

Mucormykosen werden in erster Linie durch verschiedene Arten der Gattungen *Mucor, Absidia, Rhizomucor* und *Rhizopus* hervorgerufen. Seltener findet man Arten der Gattung *Cunninghamella* und Spezies weiterer Gattungen als Erreger dieser Mykosen. Alle diese Pilze, die zur Ordnung der *Mucorales* (fam. *Mucoreaceae, Cunninghamellaceae*) gehören, kommen ubiquitär vor. Sie werden besonders häufig auf zerfallendem, organischem Pflanzenmaterial gefunden.

Morphologie und Kultur. *Mucorales* sind Fadenpilze, die breite, nichtseptierte, dickwandige, in fast rechtem Winkel verzweigte Hyphen bilden (Abb. **7.6**). Sie wachsen auf allen gebräuchlichen Medien, wobei sie ein hohes, weißgraues bis

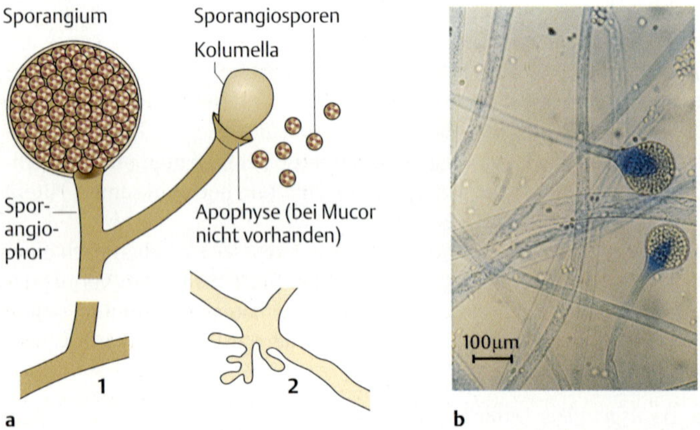

Abb. **7.6** **Mucorales (Zygomyzeten).** **a** Morphologische Elemente: **1** = Sporangium (60–350 µm) mit Sporangiosporen (5–9 µm); **2** = unseptierte Hyphe (Durchmesser 6–15 µm) mit Rhizoid (→ wurzelähnliche Struktur). **b** *Absidia corymbifera*: Laktophenolblaupräparat. Material von einer Kultur.

braunes, wolliges Luftmyzel bilden. Für die Kultivierung verwendet man am besten Sabouraud-Agar.

Pathogenese und Krankheitsbilder. *Mucorales* sind typische Opportunisten, die nur bei Patienten mit Immundefekten oder bei Stoffwechselkranken (Diabetes) Infektionen verursachen. Die Erreger dringen mit Staub in das betreffende Organsystem ein. Sie zeigen eine starke Affinität zu Gefäßen (Angiotropismus), in denen sie sich vermehren und zu Thrombosierung mit anschließender Infarktbildung führen können. Je nach Manifestation werden unterschieden:

- die **rhinozerebrale** Mucormykose, die von der Nase oder den Nebenhöhlen ausgeht und auf das Gehirn übergreifen kann und vor allem bei diabetischer Azidose beobachtet wird;
- die **pulmonale** Mucormykose, mit septischen Lungeninfarkten, die vor allem bei neutropenischen Patienten mit hämatologischen Malignomen unter Chemotherapie auftritt;
- die **sehr seltene gastrointestinale** Mucormykose bei unterernährten Kindern, mit dem Auftreten von Infarkten im Gastrointestinaltrakt;
- die **kutane** Mucormykose, die sich bei Verletzungen der Haut, vor allem bei Verbrennungen, manifestiert;
- die **disseminierte septische** Mucormykose, die sich an alle Formen, vor allem aber an die pulmonale Mucormykose, anschließen kann.

Diagnose. Die Diagnose beruht auf dem Nachweis der Gewebeinfiltration durch morphologisch typische Pilzfäden. Die Kultur der Pilze kann auf Sabouraud-Agar versucht werden. Die Identifizierung beruht auf morphologischen Merkmalen der asexuellen Sporen. Eine Diagnose durch Antikörpernachweis existiert nicht.

Therapie. Diese umfasst Amphotericin B als das Antimykotikum der Wahl, evtl. Posaconazol, chirurgische Maßnahmen sowie die Kontrolle der Grundkrankheit.

7.2.5 Phaeohyphomyzeten, Hyalohyphomyzeten, Penicillium marneffei (Hyphomykosen, Penicilliosis)

In den letzten Jahren hat die Liste klinisch relevanter Pilze, die bislang nicht als klassische Opportunisten bekannt waren, stark zugenommen. Diese Keime werden bei Patienten mit Malignomen, bei AIDS-Patienten, bei Patienten unter zytostatischer und immunsuppressiver Therapie oder massiver Therapie mit Corticosteroiden oder auch bei Patienten mit länger andauernder Therapie mit Breitspektrum-Antibiotika als Erreger aufgefunden. Die Begriffe Phaeohyphomyzeten und Hyalohyphomyzeten dienen der Vereinfachung der Nomenklatur.

Phaeohyphomyzeten (Phaeohyphomykosen). Mit dem Begriff Phaeohyphomyzeten werden „dematiöse“ Fadenpilze oder „Schwärzepilze“ zusammengefasst, die durch Einbau von Melanin in die Zellwand braunschwarze Hyphen ausbilden.

Bisher wurden zahlreiche Gattungen und Spezies als pathogene Agentien beschrieben. Die wichtigsten Gattungen sind im Kasten aufgeführt. Das natürliche Habitat dieser Pilze sind der Erdboden, faulende Pflanzen oder schmutzige Oberflächengewässer. Einige sind Pathogene von Pflanzen. Sie kommen weltweit vor. Phaeohyphomyzeten dringen über die Haut oder über die Schleimhäute der Atemwege durch Inhalation von Sporen ein. Sie verursachen subkutane Mykosen (s. Chromomykose, S. 385), Sinusitiden und Infektionen der Lunge. Von primären Herden aus können die Erreger hämatogen disseminieren und andere Organe einschließlich des ZNS (zerebrale Phaeohyphomykose) befallen. Klinisch ähneln diese Fälle am ehesten den Mukormykosen sowie der Aspergillose. Therapeutisch kommt, falls möglich, die chirurgische Entfernung des involvierten Gewebes und der Einsatz von Antimykotika während Monaten in Frage. Die Prognose ist schlecht.

Hyalohyphomyzeten (Hyalohyphomykosen). Hyalohyphomyzeten sind Fadenpilze, die hyaline (nicht pigmentierte oder nur leicht kolorierte) Zellwände aufweisen. Die bisher aus Krankheitsprozessen isolierten Gattungen (30) und Arten (70) sind weltweit verbreitet. Am häufigsten sind *Fusarium spp.*, die nicht nur Infektionen der Nägel und der Cornea verursachen können, sondern auch invasive Infektionen. Hinsichtlich der Pathogenese, der Klinik, der Therapie und der Prognose gelten die bei den Phaeohyphomykosen genannten Aspekte.

Einige Gattungen der Hyphomyzeten.

Phaeohyphomyzeten	Hyalohyphomyzeten
Alternaria	*Acremonium*
Bipolaris	*Chrysosporium*
Cladophialophora	*Chaetomium*
Curvularia	*Fusarium*
Exophilia	*Paecilomyces*
Exserophilum	*Penicillium*
Fonsecaea	*Scedosporium*
Ochroconis	*Scopulariopsis*
Phialophora	*Trichoderma*

Zuordnung zu den 2 Gruppen teilweise umstritten

Penicillium marneffei (Penicilliosis). Die Penicilliosis wird durch den dimorphen, wahrscheinlich im Erdboden vorkommenden Pilz *Penicillium marneffei* verursacht. Im menschlichen Gewebe wächst dieser Pilz als Hefe, in der Natur als Schimmelpilz. Die Penicilliosis ist eine der häufigsten opportunistischen Infektionen bei AIDS-Patienten, die in Südostasien beheimatet sind oder sich dort eine Zeitlang aufgehalten haben. Die Sporen des Pilzes werden inhaliert, die primären Infektionsherde sind deshalb in der Lunge lokalisiert. Von hier aus kann eine Dissseminierung in andere Organe erfolgen. Klinisch ähnelt das Krankheitsbild der akuten, disseminierten Histoplasmose (s. S. 371). Die Therapie der Wahl in der akuten Phase ist Amphotericin B. Daran anschließend ist eine langzeitige prophylaktische Gabe von oralen Azolen notwendig, um Remissionen zu vermeiden.

7.2.6 Pneumocystis jiroveci (Pneumozystiose)

Pneumocystis jiroveci (früher *P. carinii*) ist ein einzelliger, eukaryonter Keim, der ursprünglich zu den Protozoen gerechnet wurde, heute aber als Pilz angesehen wird. Dieser Erreger verursacht bei Personen mit Defekten der zellulären Immunität, vor allem bei AIDS-Patienten, eine **Pneumonie**. Extrapulmonale Manifestationen kommen in einer kleinen Zahl von Fällen vor. Die Labordiagnose umfasst den mikroskopischen Erregernachweis mit der direkten Immunfluoreszenz oder den Nachweis mit molekularen Methoden. Die Therapie wird mit Co-Trimoxazol, Pentamidin oder der Kombination dieser beiden Antiinfektiva durchgeführt.

Die Gattung *Pneumocystis* wurde bis vor kurzem noch zu den Protozoen gezählt. Molekulare Analysen der DNA haben aber gezeigt, dass dieser Keim eher zu den Pilzen gehört, obwohl charakteristische Eigenschaften von Pilzen, wie z. B. Ergosterol in der Membran, bei *Pneumocystis* nicht vorkommen. *Pneumocystis* wird in der Lunge vieler Säugetierarten einschließlich des Menschen gefunden, ohne dass die Keimträger klinisch erkrankt sind. Die beim Menschen vorkommende Art wird neuerdings als *P. jiroveci* bezeichnet. (Die alte Bezeichnung *P. carinii* wird für Pneumocysten verwendet, die bei Ratten vorkommen). Eine klinisch manifeste Krankheit durch *P. jiroveci* beim Menschen tritt dann auf, wenn schwere Defekte der zellulären Immunität, wie z. B. bei dem AIDS, vorliegen.

Morphologie und Entwicklungszyklus. Drei Entwicklungsformen sind bekannt. Die **Trophozoiten** sind elliptische Zellen mit einen Durchmesser von 1,5 bis 5 µm. Es wird vermutet, dass sich die haploide trophische Form durch Querteilung, also asexuell, vermehrt. Die sexuelle Vermehrung beginnt mit der Verschmelzung von 2 haploiden Trophozoiten zu diploiden **Sporozoiten** (Syn. Präzysten). In den Sporozoiten erfolgt eine Meiose, gefolgt von Mitosen, sodass die Präzysten am Ende ihrer Entwicklung 8 haploide Kerne aufweisen. Durch Kompartimentalisierung entstehen nun acht 1–2 µm Durchmesser aufweisende Sporen, die sich in einer 5–8 µm großen **Zyste** befinden. Aus den Zysten werden dann die Sporen freigesetzt, aus denen dann wieder die Trophozoiten entstehen.

Kultur. *P. jiroveci* kann nicht in Nährmedien kultiviert werden. Bis zu maximal 10 Entwicklungszyklen lässt sich der Keim in Zellkulturen vermehren. Eine ausreichende Vermehrung ist nur in Versuchstieren möglich. Diese Tatsache erschwert das Studium der Biologie des Erregers und der Pathogenese und erklärt das noch unvollständige Wissen über die Erkrankung.

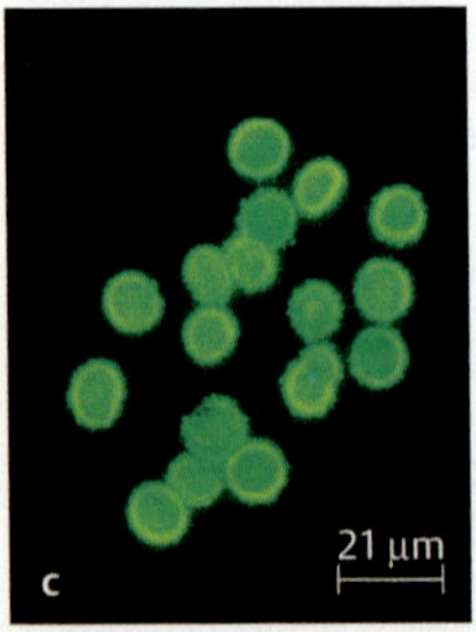

Abb. **7.7** **Pneumocystis jiroveci.** Zysten von *P. jiroveci*. Nachweis mit FITC-markierten monoklonalen Antikörpern, die gegen ein Oberflächen-Antigen gerichtet sind.

Pathogenese und Krankheitsbilder. Der Mensch weist gegen *P. jiroveci* erhebliche Resistenz auf, was erklärt, dass ungefähr zwei Drittel der Bevölkerung entweder Keimträger sind oder schon einmal Kontakt mit dem Erreger hatten. Krankheit entsteht nur dann, wenn Defekte der zellulären Immunität vorliegen. Im Vordergrund bei der klinischen Manifestation steht die **interstitielle Pneumonie**. Durch starke Vermehrung des Erregers in den Alveolen kommt es zu einer Schädigung des Alveolarepithels. Die Erreger dringen ins Interstitium ein und verursachen dort die Pneumonie. Von dem primären Infektionsherd aus können bei ungefähr 1–2 % der Patienten die Keime in andere Organe gelangen und extrapulmonale Infektionen (Infektionen des Mittelohrs, des Auges, des ZNS, der Leber, des Pankreas etc.) verursachen.

7

Diagnose. Als Untersuchungsmaterial dienen Lungenbiopsien oder bronchoalveoläre Lavage (BAL) aus den befallenen Lungenarealen. Methode der Wahl des mikroskopischen Nachweises ist die direkte Immunfluoreszenz (s. Abb. **7.7**). Für den molekularen Nachweis hat sich die Amplifikation spezifischer DNA-Sequenzen mit molekularen Methoden bewährt.

Therapie. Die akute Pneumozystiose wird mit Co-Trimoxazol (oral oder parenteral) oder Pentamidin (parenteral) oder einer Kombination dieser beiden Antiinfektiva behandelt. Pentamidin kann auch in Aerosolform eingesetzt werden, um unerwünschte Wirkungen zu reduzieren.

7.3 Subkutane Mykosen

Pilze, die klassische subkutane Mykosen verursachen, wachsen im Boden und auf absterbenden Pflanzen. Sie dringen durch Verletzungen der Haut ins subkutane Bindegewebe ein und rufen lokale chronisch-granulomatöse Infektionen hervor. Diese Infektionen kommen vor allem in den Tropen und Subtropen vor.

Die **Sporotrichose** wird durch *Sporothrix schenckii*, einem dimorphen Pilz, der im Gewebe in Hefeform wächst, verursacht. Die Sporotrichose ist durch eine ulzeröse Primärläsion, meist an den Extremitäten sowie durch multiple subkutane Knoten und Abszesse entlang den Lymphbahnen charakterisiert.

Die **Chromomykose** (Syn. Chromoblastomykose) wird durch verschiedene Spezies der Phaeohyphomyzeten hervorgerufen. Zahlreiche Arten können eine Chromomykose verursachen: *Phialophora spp., Fonsecaea spp., Cladophialophora spp.* und weitere. Nach Eindringen der Sporen entwickeln sich zumeist an den unteren Extremitäten über Wochen bis Monate warzenartige, ulzerierende, granulomatöse Knoten. Die Infektion kommt vor allem in den Tropen und Subtropen vor.

Die **Maduramykose** oder das **Myzetom** wird durch eine Vielfalt von Pilzen, aber auch von fadenförmigen Bakterien (*Nocardia spp., Actinomadura madurae, Streptomyces somaliensis*) hervorgerufen. Unter den Pilzen sind zu nennen: *Madurella spp., Pseudoallescheria boydii, Aspergillus spp.* Klinisch ist das Bild durch subkutane Abszesse, meist in der Fuß- oder Handgegend, charakterisiert. Die Abszesse können sich in die Muskulatur und sogar in die Knochen ausbreiten. Fistelbildungen sind häufig.

7.4 Kutane Mykosen

7

7.4.1 Dermatomykosen durch Dermatophyten

Dermatophyten sind Pilze, die Gewebe infizieren, in denen reichlich Keratin vorkommt (Haut, Haare, Nägel).

Klassifikation. Die Dermatophyten umfassen 3 Gattungen:

- *Trichophyton*, mit den wichtigsten Spezies *T. mentagrophytes, T. rubrum, T. schoenleinii, T. tonsurans*;
- *Microsporum*, mit den Arten *M. audouinii, M. canis, M. gypseum*;
- *Epidermophyton*, mit der Spezies *E. floccosum*.

Einige der Dermatophyten sind anthropophile, andere zoophile Spezies. Der natürliche Lebensraum der geophilen Spezies *M. gypseum* ist der Erdboden.

Morphologie und Kultur. Die Dermatophyten sind filamentöse Pilze (Abb. **7.8**). Sie lassen sich auf Pilznährböden bei 25–30 °C gut kultivieren. Nach 5–14 Tagen entstehen zumeist wollig aussehende Kulturen unterschiedlicher Farbe.

Pathogenese und Krankheitsbilder. Die Dermatomykosen sind Infektionen, die direkt durch Kontakt von Mensch zu Mensch, von Tier zu Mensch oder indirekt über unbelebte Gegenstände (Kleider, Teppiche, Feuchtigkeit und Staub in Duschen, Schwimmbädern, Garderoben, Sporthallen) übertragen werden. Die Lokalisation der primären Herde entspricht der Kontaktstelle. So sind Füße, unbedeckte

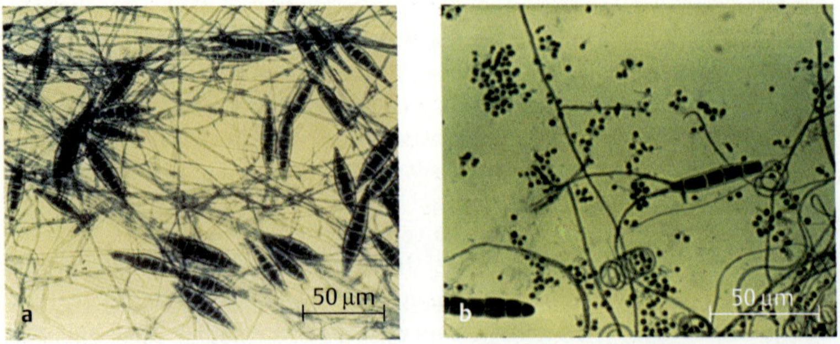

Abb. **7.8** **Dermatophyten.** **a** *Microsporum canis*. Laktophenolblaupräparat: Große, fusiforme Makrokonidien. **b** *Trichophyton mentagrophytes*. Laktophenolblaupräparat: Dünnwandige, zylindrische Makrokonidien; zahlreiche Mikrokonidien, oft in haufenförmiger Lagerung; spiralige Hyphen.

Körperteile (Haare, Kopf- und Gesichtshaut) am häufigsten befallen. Verschiedene Arten können das gleiche Krankheitsbild hervorrufen. Häufige Dermatomykosen sind:

- **Tinea corporis (Ringelflechte):** *Microsporum canis* und *Trichophyton mentagrophytes*. Vorkommen auf unbehaarter Haut.
- **Tinea pedis (Athletenfuß):** *T. rubrum*, *T. mentagrophytes* und *Epidermophyton floccosum*. Vorkommen in Interdigitalfalten.
- **Tinea cruris**: *T. rubrum*, *T. mentagrophytes* und *E. floccosum*. Vorkommen vor allem in der Unterschenkelgegend.
- **Tinea capitis**: *T. tonsurans* und *M. canis*. Befall des Kopfhaars.
- **Tinea barbae**: *T. rubrum* und *T. mentagrophytes*. Flechte des Barthaars.
- **Tinea unguium:** *T. rubrum*, *T. mentagrophytes* und *E. floccosum*.
- **Onychomykose** (= Nagelmykose): verschiedene Dermatophyten. Auch *Candida* möglich (S. 375).

Diagnose. Als Untersuchungsmaterial dienen Geschabsel von Haut und Nägeln sowie erkrankte Haare. Die Pilze werden nach Herstellen eines KOH-Präparats mikroskopisch nachgewiesen. Die Identifizierung beruht auf der Morphologie der Hyphen sowie der Makro- und Mikrokonidien von Pilzkulturen.

Therapie. Dermatomykosen können durch lokal applizierte, antimykotisch wirkende Therapeutika behandelt werden. Bei massiven Erkrankungen der Haare und vor allem der Nägel wird das orale Allylamin Terbinafin oder die Azole eingesetzt. Griseovulfin wird kaum noch verwendet.

Epidemiologie und Prophylaxe. Dermatophyten kommen überall auf der Welt vor. Der geophile Dermatophyt *M. gypseum* führt bei intensiver und andauernder beruflicher Exposition (Gärtner) zu Krankheit. Die Prophylaxe aller Dermatomykosen besteht im Vermeiden direkter Kontakte mit dem Erreger. Regelmäßige Desinfektion von Duschen und Garderoben kann zur Prophylaxe des sehr häufigen Sportlerfußes beitragen.

7.4.2 Seltene Mykosen der Haut, der Haare und der Mukosa

In diesem Kapitel werden Infektionen der Haut, Subkutis und gelegentlich auch der Mukosa zusammengefasst, die meist in den Tropen/Subtropen vorkommen. Es handelt sich ausnahmslos um sehr seltene Pilzinfektionen.

- **Entomophthoramykose** (Conidiobolomykose und Basidiobolomykose). Die Erreger gehören zur Klasse der Zygomyzeten. Affektionen im Gesichtsbereich werden meist durch *Conidiobolus coronatus*, Läsionen am Stamm und den Gliedern durch *Basidiobolus ranarum* hervorgerufen. Vorkommen vorwiegend in den Tropen
- **Lobomykose**. Keloidale, warzenartige Läsionen der Haut der Gliedmaßen. Als Erreger wird der Pilz *Lacazia loboi* angesehen, der *in vitro* nicht kultiviert werden kann.
- **Pityriasis** (oder **Tinea**) **versicolor**. Oberflächliche, mit Hypopigmentierung der Haut einhergehende Infektion verursacht durch *Malassezia furfur*. Der Pilz gehört zur normalen Hautflora. Die Pathogenese ist unklar. Weltweites Vorkommen. Die Kathetersepsis durch *M. furfur* wird auf S. 377 besprochen.
- **Rhinosporidiosis.** Polypenartige Vegetationen der Mukosa der Nase, gelegentlich auch im Augen-, Larynx- oder Genitalbereich. Als Erreger wird der nichtkultivierbare Mikroorganismus *Rhinosporidium seeberi* angesehen. Es wird diskutiert, ob es sich bei *R. seeberi* um einen Pilz oder um ein Protozoon handelt.
- **Tinea nigra.** Braune bis schwarze, makulöse Effloreszenzen der Haut, verursacht durch *Exophilia werneckii.*
- **Trichosporonose.** Die weiße und schwarze **Piedra** sind Haarinfektionen, die durch *Trichosporon beigelii* bzw. *Piedraia hortae* verursacht werden.

Trichosporon beigeii und *Trichosporon capitatum* können bei Immunsupprimierten eine systemische Mykose klinisch ähnlich der systemischen Candidose hervorrufen (S. 377).

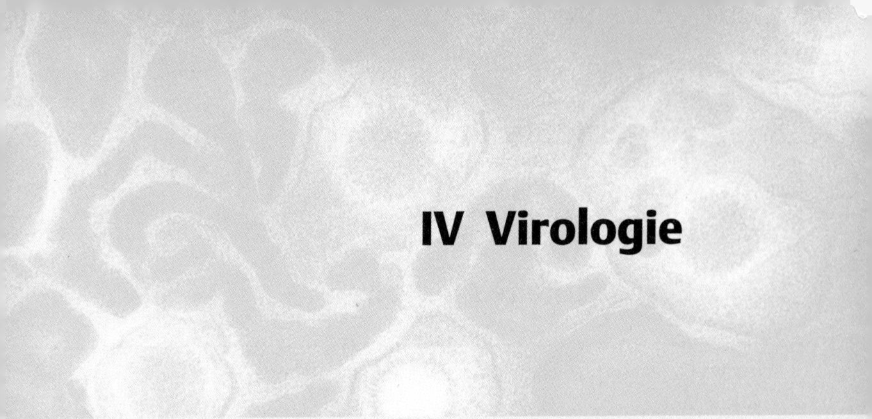

IV Virologie

8 Allgemeine Virologie

O. Haller

8.1 Besonderheiten der Viren

Viren sind infektiöse Erreger mit folgenden Eigenschaften:

- Sie bestehen mindestens aus Nukleinsäure als Träger der Erbinformation und aus viralen Proteinen.
- Sie enthalten nur einen Typ von Nukleinsäure, entweder DNA oder RNA.
- Sie vermehren sich obligat intrazellulär und sind selbst nicht zur Energiegewinnung oder Proteinsynthese befähigt.
- Die Virusvermehrung erfolgt in der infizierten Zelle durch Herstellung der einzelnen Virusbestandteile mit anschließendem Zusammenbau der Einzelkomponenten zum vollständigen Virus. Die Bildung neuer Viren ist somit eine Syntheseleistung der Wirtszelle, die das im Erbgut des Virus festgelegte genetische Programm ausführt.

Aufgrund dieser Eigenschaften unterscheiden sich Viren grundsätzlich von anderen Mikroorganismen, die einen eigenen Stoffwechsel besitzen und sich durch Wachstum und Teilung vermehren. Viren sind auf raffinierte Weise an ihre Wirtszelle angepasst, die sie für ihre Zwecke ausnutzen. Sobald die virale Nukleinsäure in die Zelle eindringt, setzt sie ihre genetische Information um und programmiert die zellulären Prozesse für eine optimale Virusvermehrung. Das Virusprogramm dient einem einzigen Zweck, nämlich dem Überleben und der Weiterverbreitung des viralen genetischen Materials. Dieses Ziel wird meist durch eine massive Überproduktion von infektiösen Nachkommenviren erreicht. Die dabei angewandten Vermehrungsstrategien sind, je nach Virustyp, sehr unterschiedlich. Ebenso unterscheidet sich das Schicksal der Wirtszelle, das je nach Virus z. B. den Zelltod oder die Immortalisation und maligne Entartung zur Tumorzelle beinhalten kann.

Viren besitzen eine Doppelexistenz, je nachdem ob sie sich innerhalb oder außerhalb der Wirtszelle befinden. Sie kommen somit in mindestens zwei Zustandsformen vor. Außerhalb der Wirtszelle existiert das Virus als Viruspartikel, auch Virion genannt (siehe Hinweis „Virus und Virion“).

Was bedeutet der Begriff Virus? Was ist ein Virion?

Das Virus (sächlich) bezeichnet als abstrakter Begriff einen virtuellen Erreger mit den generell für Viren typischen Eigenschaften (vergleiche „das Geld" im ökonomischen Bereich). Der Begriff kann auf eine gewisse Virusgruppe angewandt und entsprechend eingeengt werden (das Influenzavirus, das Adenovirus). Der lateinische Terminus bedeutet soviel wie Schleim oder Gift als schädliche Aussonderung von Lebewesen. In der Mehrzahl spricht man von Viren (analog „Gelder"). Bezeichnenderweise wird der Begriff heute in der Computerfachwelt für ein selbstreplizierendes Informationspaket verwendet, das seine elektronische Information (analog dem biologischen Genom eines Virus) in einer Hardware (der Wirtszelle) vermehrt und, nach angerichtetem Schaden, in infektiöser Weise an vernetzte Computer weiterverbreitet.

Das Virion (sächlich) bezeichnet das physikalisch fassbare, reife und i.d.R. infektöse Viruspartikel. Das Virion besitzt eine definierte chemische Zusammensetzung, Größe und Ausdehnung (analog dem „Geldstück"). Virionen lassen sich in elektronenmikroskopischen Aufnahmen sichtbar machen. Die dreidimensionale Struktur mehrerer Virionen ist heute dank Röntgenstrukturanalyse, Magnetresonanz und kryoelektronenoptischer Verfahren bekannt (Beispiele unter www.virology.net).

Es handelt sich dabei um ein inertes Gebilde bestehend aus Nukleinsäure, Proteinen und, bei einigen Viren, einer Virushülle sowie weiteren Bestandteilen. Diese Virusform dient dem Überleben in der Außenwelt und der Übertragung auf neue Wirte und gehorcht mehr oder weniger einheitlichen strukturellen Prinzipien. Nach Infektion der Wirtszelle löst sich das Viruspartikel in seine Einzelbestandteile auf und die Existenz als intrazellulärer Parasit beginnt. Dieser intrazelluläre Zustand ist von den genetischen Eigenschaften des Virus diktiert und deshalb von Virusart zu Virusart verschieden. Die intrazelluläre Existenz eines Virus ist oft äußerst dynamisch. Das genetische Programm läuft innerhalb von Stunden ab, wobei neue Virusbestandteile gebaut und wie am Fließband zu Virionen montiert werden. In anderen Fällen wird die virale Erbinformation stillgelegt und dafür gesorgt, dass sie intakt bleibt um zu einem späteren Zeitpunkt wieder aktiv zu werden. In der infizierten Zelle werden meist zusätzliche Virusproteine gebildet, die im Virion nicht vorkommen. Diese sogenannten Nichtstrukturproteine dienen der Umsteuerung des normalen Zellmetabolismus zugunsten des Virus oder greifen direkt in die Aufrechterhaltung des viralen Genoms oder die Virusvermehrung ein.

Diese intime Wechselwirkung zwischen Virus und Wirtszelle sowie die Tatsache, dass sämtliche Virusbestandteile durch die befallene Zelle so produziert werden als wären sie zelleigene Komponenten, erklärt, warum die Herstellung spezifischer antiviraler Medikamente prinzipiell schwieriger ist als die der Antibiotika, welche bakterielle Stoffwechselleistungen treffen (S. 441).

Die Details der intrazellulären Virusvermehrung sind in den meisten Fällen erst ansatzweise verstanden. Ein besseres Verständnis wird von weiteren Fortschritten in der Zell- und Molekularbiologie abhängen, zu denen die Virusforschung ihrerseits beiträgt. Dennoch ist unser heutiges Wissen über Viren vergleichsweise groß.

Das Virus der erworbenen Immunschwäche AIDS ist einer der bestuntersuchten Erreger, und neu auftretende virale Krankheitskeime werden in kurzer Zeit entschlüsselt, wie das Beispiel des schweren Atemnotsyndroms SARS gezeigt hat.

8.2 Virusaufbau

Biochemisch setzen sich Viren aus Nukleinsäure, Proteinen, Kohlenhydraten und – bei Viren mit Hülle – aus Lipiden zusammen (Tab. **8.1**). Der Virusaufbau folgt relativ einfachen Bauplänen, die sich im Laufe der Evolution entwickelt und bewährt haben. Das infektiöse Viruspartikel (Virion) besteht aus wenigen Grundelementen, wobei gelegentlich zusätzliche Komponenten vorkommen. Zu den Grundelementen gehört ein Genom aus DNA oder RNA, ein Kapsid aus viralen Proteinen, und oft eine Hülle, die von zellulären Membranen abstammt (Abb. **8.1**). Generell gelten die unten aufgeführten Regeln.

Genom. Je nach Nukleinsäuretyp werden die Viren als DNA-Viren oder RNA-Viren bezeichnet. DNA-Viren sind genetisch relativ stabil und besitzen (wie z. B. die Pocken- oder Herpesviren) oft recht große Genome mit einer beachtlichen Menge an genetischer Information. Die meisten DNA-Genome sind doppelsträngig (ds) und liegen entweder linear als Faden mit definierten Enden vor oder sie sind ringförmig (zirkulär). RNA-Viren besitzen in der Regel ein einzelsträngiges (ss, für single-stranded) Genom, das einer hohen Mutationsrate unterliegt, da RNA-Polymerasen keine Fehlerkorrekturfunktion haben. Die Genomgröße und genetische Ausstattung sind deshalb beschränkt; hingegen sind RNA-Viren dank Mutation und Se-

Tabelle **8.1** Zusammensetzung eines Viruspartikels (Virions)

Bestandteile	Chemische Zusammensetzung	Vorkommen
genetisches Material	Nukleinsäure DNA oder RNA ein- oder doppelsträngig, ein- oder mehrteilig (segmentiert), linear oder ringförmig	obligat
strukturelle Elemente	Proteine Lipide Kohlenhydrate	fakultativ, meist vorhanden
funktionelle Elemente (Enzyme)	Proteine Glykoproteine	fakultativ

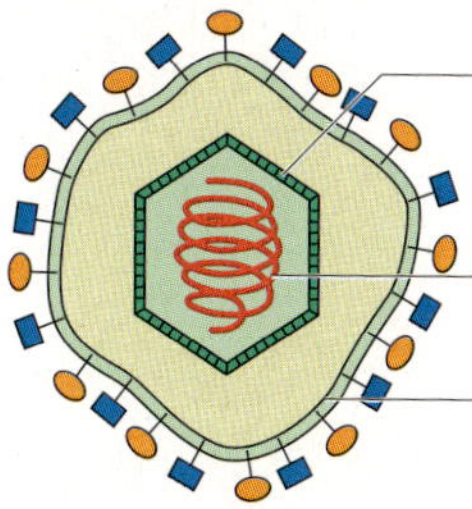

Abb. **8.1** **Aufbau eines Viruspartikels (Virion) mit Hülle.** Die Grundausstattung besteht aus der viralen Nukleinsäure (DNA oder RNA) und dem Kapsid. Das Kapsid ist aus identischen Untereinheiten aufgebaut (Kapsomere), die im einfachsten Fall aus Homooligomeren eines einzigen Kapsidproteins bestehen. Meist enthält das Kapsomer mehrere verschiedene Kapsidproteine, die zusammen einen heterooligomeren Komplex bilden. Die Hülle besteht aus einer Lipiddoppelschicht, in die virale (und zelluläre) Proteine eingelagert sind.

lektion extrem anpassungsfähig. Viren mit einem Doppelstrang-RNA-Genom kommen ebenfalls vor, sind aber eine Ausnahme. Die einzelsträngigen RNA-Viren werden aufgrund der Polarität ihres Genoms in zwei Klassen unterteilt. Positiv-Strang (oder Plus-Strang)-RNA-Viren besitzen ein RNA-Genom positiver Polarität, das die kodierende Sequenz beinhaltet und direkt als Boten-RNA (mRNA) dienen kann. Negativ-Strang (oder Minus-Strang)-RNA-Viren tragen den nicht-kodierenden RNA-Strang negativer Polarität als Genom im Virion. Dieser Negativstrang muss in der infizierten Zelle zuerst in eine komplementäre positiv-strängige mRNA umgeschrieben werden bevor es zur Proteinsynthese kommt. Dies wird durch eine viruseigene RNA-abhängige RNA-Polymerase bewerkstelligt, die im Viruspartikel vorhanden ist und in die Wirtszelle eingebracht wird.

Kapsid. Das Kapsid besteht aus viralen Proteinen, die die genomische Nukleinsäure umgeben. Das Kapsid besteht aus Untereinheiten, die als Kapsomere bezeichnet werden. Die Kapsomere ihrerseits sind aus einer oder mehreren viruskodierten Polypeptidkette(n) aufgebaut. Kapsid und Nukleinsäure sind mehr oder weniger eng miteinander verbunden. Bei vielen Viren wird das Genom durch das Kapsid wie von einem Proteinmantel umgeben. Bei anderen Viren besteht eine innige Bindung zwischen Nukleinsäure und Kapsidproteinen. In diesen Fällen werden beide Anteile zusammen als Nukleokapsid bezeichnet (Abb. **8.2**). Die Kapside, respektive Nukleokapside sind nach strengen Bauplänen aufgebaut. Die räumliche Anordnung der Bestandteile ergibt entweder stäbchenförmige Gebilde mit helikaler Symmetrie oder Körper in Form von Ikosaedern mit kubischer Symmetrie. Daneben sind komplexe Baumuster mit komplexer Symmetrie zu beobachten (siehe

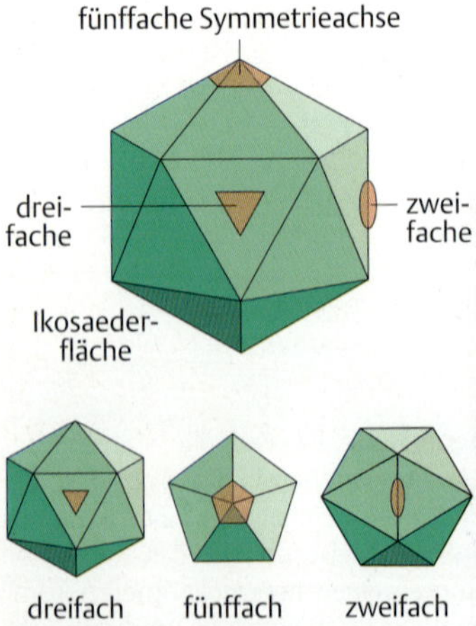

a Kubische Symmetrie

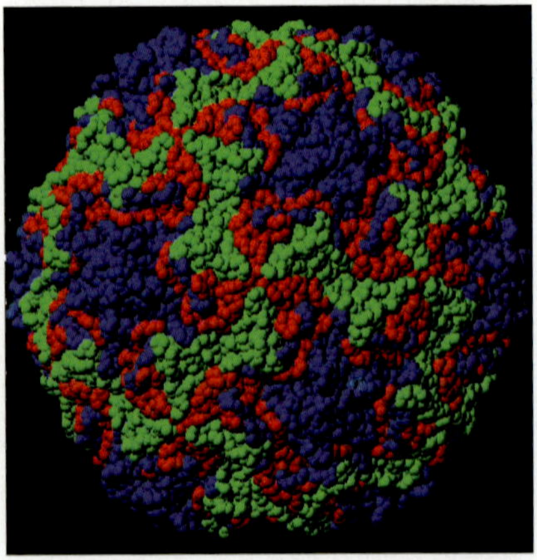

b Rhinovirus 14

c Helikale Symmetrie (Tabakmosaikvirus)

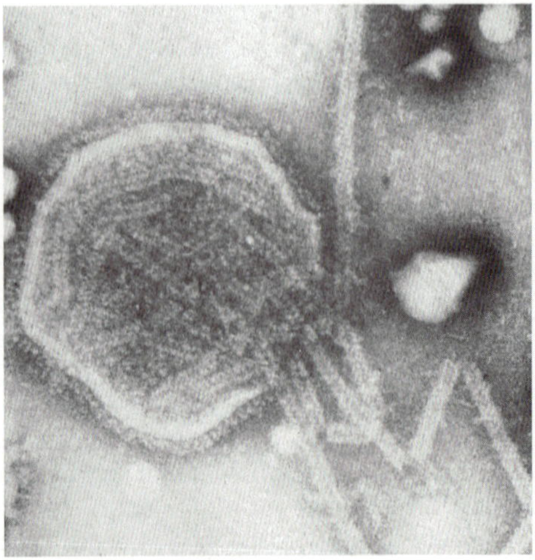

d Masernvirus

◀ Abb. **8.2** **Symmetrieformen der Viruskapside. a, b** Kubische Symmetrie; Ikosaeder mit 20 gleichschenkligen Dreiecksflächen. **a** Schematische Darstellung; **b** Rekonstruktion eines Rhinovirus-Kapsids aufgrund der 3D-Röntgenstruktur: Die verschiedenenViruskapsidproteine sind in unterschiedlichen Farben dargestellt, nämlich VP1 in Blau, VP2 in Grün und VP3 in Rot. VP4 befindet sich im Innnern und ist nicht sichtbar (Jean-Yves Sgro, Institute for Molecular Virology, University of Wisconsin, USA [www.virology.wisc.edu/IMV]; with permission). **c, d** Helikale Symmetrie. Meist ist das Kapsidprotein (oft auch als Nukleoprotein bezeichnet) eng mit der Nukleinsäure verbunden. Zusammen bilden sie das Nukleokapsid (bei RNA-Genomen auch viraler Ribonukleoproteinkomplex [vRNP] genannt). **d** Elektronenoptische Aufnahme des Nukleokapsids eines Masernvirus. Wegen einer Verletzung der Hülle ist das Nukleokapsid teilweise aus dem Virion ausgetreten, was eine besonders schöne Darstellung erlaubt (Aufnahme Thomas Bächi, EMZ, Universität Zürich).

Hinweis „Aufbau der Viren"). Die Viruskapside erfüllen essentielle Funktionen. Dazu gehören der Schutz der genomischen Nukleinsäure vor Umwelteinflüssen sowie wichtige Schritte bei der Infektion der Wirtszelle (siehe Kap. 8.4). Die Kapsidproteine bestimmen bei unbehüllten Viren die Wirtsspezifität und den Zelltropismus. Sie tragen antigene Determinanten, die für den Immunschutz und die antigenische Klassifikation der Viren (Serotypen) bedeutsam sind.

Aufbau der Viren.

Folgende Bauprinzipien der Kapside werden bei der Klassifikation der Viren berücksichtigt, unabhängig vom Besitz einer Hülle:

Kubischer Aufbau. Das Kapsid dieser Viren besteht aus 20 gleichseitigen Dreiecksflächen (Ikosaeder). Ein ikosaedrischer Körper besitzt kubische Symmetrie mit (a) einer fünffachen Symmetrieachse, die durch die Ecken des Ikosaeders verläuft, (b) einer dreifachen Symmetrieachse, die durch die Mitte einer Dreiecksfläche verläuft und (c) einer zweifachen Symmetrieachse entlang der Kanten (Abb. **8.2 a**). Ikosaedrische Kapside lagern sich in der infizierten Zelle spontan zu hochgeordneten Strukturen zusammen, die als sogenannte „Einschlusskörper" lichtmikroskopisch sichtbar sind. Die kristalline Natur gereinigter Kapside ermöglicht die dreidimensionale Darstellung mittels hochauflösender bildgebender Verfahren (Abb. **8.2 b**).

Helikaler Aufbau. Das Kapsid dieser Viren ist in der Regel ein Nukleokapsid (siehe unter Kapsid). Die Kapsidproteine sind eng mit dem Nukleinsäurefaden (meist einer RNA) verbunden, und bilden eine Helix. Der spiralförmig angeordnete RNA-Protein-Komplex hat eine lange Symmetrieachse, die durch das Zentrum des zylinderförmigen Körpers führt (Abb. **8.2 c**). Das Nukleokapsid wird auch als viraler Ribonukleoproteinkomplex oder kurz vRNP bezeichnet. Es ist bei den meisten RNA-Viren die zentrale Einheit, die sämtliche Funktionen der Transkription und Replikation des viralen Genoms aktiv steuert (s. S. 406). Bei behüllten Viren ist das helikale Nukleokapsid fadenförmig im Inneren der Hülle aufgeknäuelt (Abb. **8.2 d**).

Komplexer Aufbau. Das Kapsid mancher Viren ist komplex aufgebaut und kann nicht durch einfache Symmetrien beschrieben werden. Zum Beispiel besitzt das Pockenvirus ein bikonkaves Kapsid von hoher Komplexität.
Bildliche Darstellungen finden sich im Internet unter folgenden Adressen: www.virology.net; www.virology.wisc.edu/IMV

Hülle. Die Kapside einiger Viren sind von einer Hülle umgeben. Sie stammt entweder von der Plasmamembran der Wirtszelle oder von intrazellulären Membranen, vornehmlich des Golgi-Apparates oder des endoplasmatischen Retikulums ab. Die Hülle trägt virale Glykoproteine, die während der Infektion in die entsprechenden Zellmembranen selektiv eingebaut werden und später für die Anlagerung des Virus an seine Wirtszelle sowie die Verschmelzung (Fusion) der Virushülle mit der Wirtszellmembran zuständig sind (s. S. 405). Die membranständigen Glykoproteine der Virushülle dienen neutralisierenden Antikörpern als Angriffspunkt und unterliegen starkem Selektionsdruck von Seiten des Immunsystems (s. Kapitel 8.10.2). Behüllte Viren sind empfindlich für äußere Einflüsse wie Austrocknung oder Hitze. Dies hat einen Einfluss auf die Übertragungswege. Nackte Viren sind in der Regel resistenter als Viren mit Hülle.

Weitere Bestandteile. Je nach Virustyp werden weitere virale Strukturproteine in das Virion eingebaut, die die Infektion der Wirtszelle begünstigen oder erst ermöglichen. Beispiele sind die RNA-abhängigen RNA-Polymerasen der Negativ-Strang-RNA-Viren, die reverse Transkriptase bei Retroviren oder die Tegument-Proteine bei Herpesviren. Dazu kommen bei einigen Viren zusätzliche Bestandteile aus der Wirtszelle, wie die tRNAs bei Retroviren, die bei der Retrotranskription eine wichtige Rolle spielen. Unklar ist die Bedeutung der Ribosomen bei Arenaviren oder der zellulären Membranproteine, die in der Virushülle mitgeschleppt werden.

Größe. Viren sind unterschiedlich groß, mit Durchmessern von 18 nm (Parvoviren) bis zu Quaderformen von 250 × 350 nm (Pockenviren). Das Auflösungsvermögen des Lichtmikroskops liegt bei 300 nm. Ein Größenvergleich verschiedener Viren ist in Abb. **8.3** dargestellt.

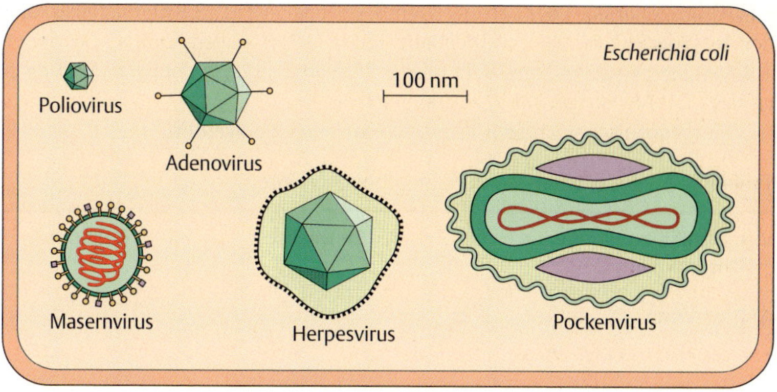

Abb. **8.3** **Größenvergleich zwischen Viren und Bakterien.** Verschiedene Viren sind maßstabgerecht in eine E.-coli-Zelle eingezeichnet.

8.3 Taxonomische Einteilung der Viren

Die Klassifizierung der Viren nach gewissen Regeln dient der gegenseitigen Verständigung und ist von praktischem Nutzen. Sie erfolgt anhand morphologischer, biologischer, biochemischer und zunehmend auch anhand genetischer Eigenschaften. Hauptkriterien sind:

- **Die Art des Genoms:** entscheidend ist der Nukleinsäuretyp (DNA oder RNA), die Form als Einzel- oder Doppelstrang sowie die Polarität bei RNA-Viren (Positiv- oder Negativ- Strangorientierung). Ferner wird unterschieden, ob das Genom in Stücken (segmentiert) oder zusammenhängend (nicht segmentiert) vorliegt. Genomgröße und Genomorganisation werden ebenfalls berücksichtigt.
- **Die Symmetrieform der Kapside:** kubisch, helikal oder komplex.
- **Der Besitz einer Hülle.**
- **Der Ort der Vermehrung**: Zusammenbau des Nukleokapsids im Zellkern oder Zytoplasma.
- **Der Ort der Umhüllung**: Kernmembran, ER, Golgi, Plasmamembran.
- **Die Größe des Virions:** die Durchmesser variieren von 18 nm bis 250 nm (Abb. **8.3**). Die kleinsten Viren sind die Parvoviren (18 nm) und die Picornaviren (30 nm), die größten die Pockenviren (250 × 350 nm).

Die taxonomische Einteilung der Viren wird von einer internationalen Expertenkommission (ICTV) überwacht und ständig den neuesten Erkenntnissen angepasst (www.danforthcenter.org/iltab/ICTVnet). Die gegenwärtige Systematik kennt die hierarchischen Ebenen der Familie (gekennzeichnet durch die Endung „*-viridae*“,

8

z. B. *Paramyxoviridae*), der Gattung (Genus, Endung „*-virus*", z. B *Morbillivirus*) und der Art (Spezies). Familien werden zum Teil in Unterfamilien (Endung „*-virinae*", z. B *Alphaherpesvirinae*) unterteilt oder in übergreifenden Ordnungen (Endung „*-virales*", z. B *Mononegavirales*) zusammengefasst.

Die medizinisch wichtigen Viren sind in Tab. **8.2** aufgeführt.

Tabelle **8.2** Die wichtigsten humanpathogenen Viren

Virusfamilie Unterfamilie	Genus	Beispiele	Abkürzung
A) DNA-Viren			
1. Doppelstrang-DNA-Viren			
Herpesviridae			
Alphaherpes-virinae	Simplexvirus	Herpes-simplex-Virus Typ 1 und 2	HSV-1 und -2
	Varicellovirus	Varicella-Zoster-Virus	VZV
Betaherpes-virinae	Cytomegalovirus Roseolovirus	Zytomegalievirus Humanes Herpesvirus 6/7	CMV HHV-6/7
Gammaherpes-virinae	Lymphocryptovirus Rhadinovirus	Epstein-Barr-Virus Humanes Herpesvirus 8 (Kaposi-Sarkom-assoziiertes Herpesvirus [KSHV])	EBV HHV-8
Hepadnaviridae (mit RNA-Prägenom)	Orthohepadnavirus	Hepatitis-B-Virus	HBV
Poxviridae			
Chordopox-virinae	Orthopoxvirus	Variolavirus Vacciniavirus Affenpockenvirus; Kuhpockenvirus	
	Parapoxvirus Mullusciрoxvirus	Orfvirus; Melkerknoten-virus Molluscum-contagiosum-Virus	
Adenoviridae[1]	Mastadenovirus	Humane Adenoviren	
Papillomaviridae[1]	Papillomavirus	Humane Papillomviren	HPV
Polyomaviridae[1]	Polyomavirus	BK- und JC-Virus	BKV und JCV

Tabelle **8.2** (Fortsetzung)

Virusfamilie **Unterfamilie**	**Genus**	**Beispiele**	**Abkürzung**
2. Einzelstrang-DNA-Viren			
Parvoviridae[1]	Erythrovirus	Parvovirus B19	
	Dependovirus	Adeno-assoziierte Viren	AAV
	Bocavirus	Humaes Bocavirus	HBoV
Circoviridae[1,2]	nicht klassifiziert	TT-Virus	
B) RNA-Viren			
1. Einzelstrang-RNA-Viren			
a) *Positiv-Strang-RNA-Genom*			
Togaviridae	Alphavirus	Sindbisvirus	
	Rubivirus	Rötelnvirus	
Flaviviridae	Flavivirus	Gelbfiebervirus	
		Denguevirus	
		West-Nile-Virus	WNV
		FSME-Virus	
	Hepacivirus	Hepatitis-C-Virus	HCV
Coronaviridae	Coronavirus	Humane Coronaviren	
		SARS-Coronaviren	SARS-CoV
Picornaviridae[1]	Enterovirus	Polioviren,	
		Coxsackieviren,	
	Rhinovirus	Echoviren,	
	Hepatovirus	Rhinoviren	HAV
		(> 100 Typen)	
		Hepatitis-A-Virus	
Calciviridae[1]	Norovirus	Norwalkvirus	
	Sapovirus	Sapporovirus	
nicht klassifiziert[3]	Hepatitis-E-Virus	Hepatitis-E-Virus	HEV
b) *Negativ-Strang-RNA-Genom*, nicht-segmentiert (Mononegavirales)			
Paramyxoviridae			
Paramyxovirinae	Respirovirus	Parainfluenzavirus	
		Typ 1 und 3	
	Rubulavirus	Mumpsvirus	
		Parainfluenzavirus	
		Typ 2 und 4a,b	
	Morbillivirus	Masernvirus	

Tabelle **8.2** (Fortsetzung)

Virusfamilie Unterfamilie	Genus	Beispiele	Abkürzung
Pneumovirinae	Pneumovirus Metapneumovirus Henipavirus	Respiratory-Syncytial-Virus humanes Metapneumovirus Hendravirus Nipahvirus	RSV HMPV
Rhabdoviridae	Lyssavirus	Rabiesvirus	
Filoviridae	Filovirus	Marburg- und Ebolavirus	MBGV, EBOV
Bornaviridae	Bornavirus	Bornavirus[7]	BDV
c) Negativ-Strang-RNA-Genom, segmentiert			
Orthomyxoviridae	Influenzavirus A Influenzavirus B Influenzavirus C Thogotovirus	Influenza-A- Virus Influenza-B-Virus Influenza-C-Viren Thogotovirus	FLUAV FLUBV FLUCV THOV
Bunyaviridae	Orthobunyavirus	La-Crosse-Virus	LACV
	Phlebovirus	Sandfliegenfiebervirus Rift-Valley (Rifttal)-Fiebervirus	 RVFV
	Nairovirus	Krim-Kongo-Fieber-Virus	CCHFV
	Hantavirus	Hantaanvirus, Puumalavirus Sin-Nombre-Virus	
Arenaviridae	Arenavirus	Virus der lymphozytären Choriomeningitis Lassavirus, Juninvirus	LCMV
d) unklassifiziert, mit Negativ-Strang-RNA-Genom			
	Deltavirus[4]	Hepatitis-D-Virus (Delta-Agens)	HDV

8

Tabelle **8.2** (Fortsetzung)

Virusfamilie **Unterfamilie**	**Genus**	**Beispiele**	**Abkürzung**
2. Doppelstrang-RNA-Viren			
Reoviridae[1]	Orthoreovirus	Reovirus Typ 1, 2, 3	
	Rotavirus	Humane Rotaviren	
	Coltivirus	Colorado-Zeckenfieber-virus	
3. Retroviren			
Retroviridae[5]	γ-Retrovirus	Humane endogene Retroviren[6]	HERV
	δ-Retrovirus	Humanes T-Zell-Leukämievirus Typ 1 und 2	HTLV-1 und -2
	Lentivirus	Humanes Immun-defizienzvirus Typ 1 und 2	HIV-1 und -2
Spumaretrovirinae	Spumavirus	Prototyp Foamyvirus[7]	PFV

[1] ohne Hülle
[2] zirkulär-geschlossene DNA
[3] früher den Caliciviridae zugeordnet
[4] Viroid-ähnlich, mit zirkulärem RNA-Genom und Hülle des HBV (Helfervirus)
[5] Positiv-Strang-RNA-Genom mit DNA-Provirus (im Wirtszellgenom integriert)
[6] Pathogenität für den Menschen strittig.
[7] auch als Humanes Foamyvirus (HFV) bezeichnet, es handelt sich genetisch um ein Affenvirus (Simian-Foamy-Virus [SFV]), das aus einer menschlichen Zellkultur isoliert wurde. Infektionen des Menschen bei Kontakt zu Primaten möglich.

8.4 Virusvermehrung

Die Virusvermehrung läuft in zeitlich aufeinander abgestimmten Phasen ab, die für alle Viren gleichermaßen gelten. Diese sind:

- die Anlagerung des Virus an die Wirtszelle,
- das Eindringen des Virus,
- die Freisetzung des Genoms aus dem Kapsid,
- die Vermehrung der viralen Komponenten,
- der Zusammenbau der Virusbestandteile und
- die Freisetzung der Nachkommenviren.

Die einzelnen Schritte des Vermehrungszyklus sind in Abb. **8.4** dargestellt.

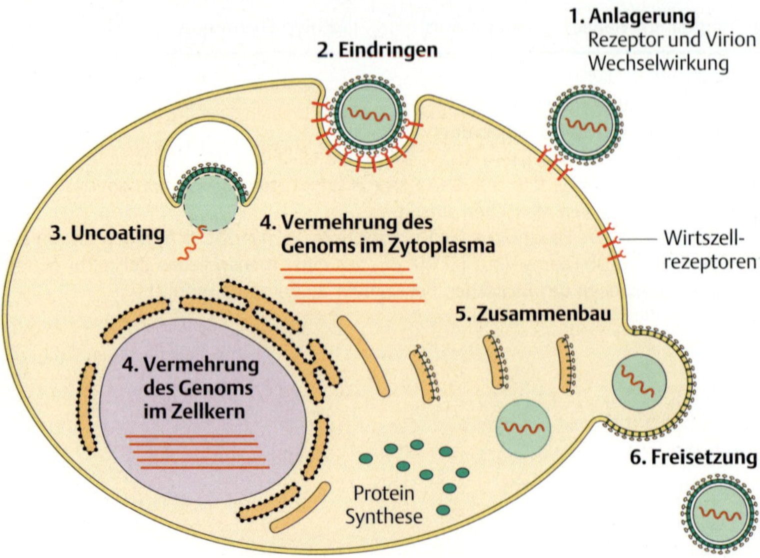

Abb. **8.4** **Virusvermehrungs-Zyklus.** Die Virusvermehrung läuft in streng definierten, zeitlich gestaffelten Schritten ab (siehe Text). Ein vollständiger Vermehrungszyklus dauert wenige Stunden (schneller Zyklus, z. B. Influenzavirus) bis mehrere Tage (langsamer Zyklus z. B. Zytomegalievirus).

8.4.1 Adsorption, Penetration und Uncoating

Anlagerung oder Adsorption. Sie beruht auf einer spezifischen Wechselwirkung zwischen viralen Proteinen auf der Oberfläche des Virions und Rezeptoren auf der Wirtszelle. Die Ausstattung mit bestimmten Rezeptormolekülen entscheidet, ob eine Zelle infizierbar ist oder nicht und ist ein Grund für die Zellspezifität von Virusinfektionen (Zelltropismus). Die Rezeptor-bindenden viralen Proteine sind entweder Kapsidproteine (bei unbehüllten Viren) oder Glykoproteine der Virushülle. Die Natur der zellulären Rezeptoren ist erst zum Teil bekannt. Es handelt sich einerseits um membranständige Oberflächenglykoproteine, die spezifische zelluläre Funktionen ausüben und ausschließlich auf bestimmten Zelltypen als Rezeptoren oder Signalmoleküle für physiologische Liganden vorkommen. Anderseits können ubiquitäre zelluläre Strukturen, die als Proteinmodifikationen auf der Oberfläche vieler Zellen vorkommen, als virale Andockungsstellen dienen (Tab. **8.3**).

Tabelle **8.3** Virusrezeptoren der Zytoplasmamembran

Virus	**Rezeptor**
HIV	CD4 plus Korezeptoren (CCR5, CXCR4, CCR2)
HCV	SR-B1, CD 81, Claudin-1, Occludin
Masernvirus	SLAM (CD150) für Wild-Typ-Virus; CD46 für Impfvirus
Influenzavirus	Sialinsäure an Glykoproteinen
Rabiesvirus	Acetylcholin-Rezeptor, NGF-Rezeptor u. a.
Hepatitis-A-Virus	HAVcr-1 (Ig-ähnlich, unbekannte Funktion)
Poliomyelitisviren	PVR (Ig-ähnlich, unbekannte Funktion)
Enzephalomyokarditisvirus	Glykophorin A
Coxsackieviren	CAR
Rhinoviren, „Major Group" (91 Serotypen)	ICAM-1 (Interzelluläres Adhäsionsmolekül 1)
Rhinoviren, „Minor Group" (10 Serotypen)	LDLR (Lipoproteinrezeptor)
Parvovirus B19	Erythrozyten-P-Antigen
SARS-Coronavirus	ACE-2 (für engl. „angiotensin-converting enzyme 2")-Rezeptor
Herpes-simplex-Virus	Heparan-Sulfat an Glykoproteinen
Zytomegalievirus	Heparan-Sulfat an Glykoproteinen
Epstein-Barr-Virus	Komplement-Rezeptor 2 (CD21)
Vacciniavirus	EGF-Rezeptor

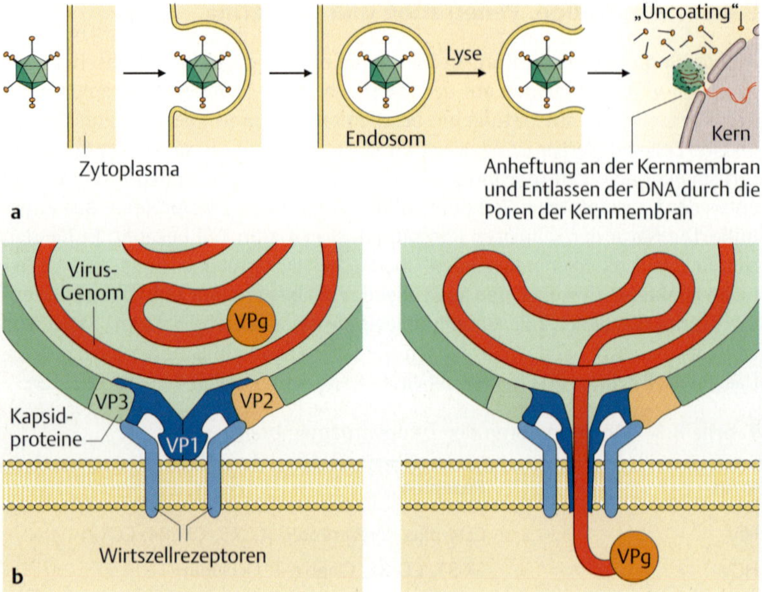

Abb. **8.5** **Adsorption, Penetration und Uncoating von unbehüllten Viren. a** Rezeptor-vermittelte Endozytose und Vesikel-Lyse bei unbehüllten Viren (z. B. Adenovirus). **b** Rezeptor-vermittelte Endozytose und Porenbildung durch die Vesikel-Membran bei unbehüllten Viren (z. B. Poliomyelitisvirus); VP1-3 sind Kapsidproteine; VPg ist ein kovalent an das virale Genom gebundenes Protein.

8

Eindringen oder Penetration. Nach der Adsorption wird das Virion in das Zellinnere aufgenommen. Dies geschieht je nach Ausstattung des Virus auf verschiedene Arten. Bei Viren ohne Hülle wird das Kapsid durch rezeptorvermittelte Endozytose aufgenommen. Dabei entstehen Kapsid-Rezeptor-Komplexe an Clathrinreichen Membranstellen, die sich einstülpen und ein Endozytosevesikel ausbilden. Spezialisierte Kapsidproteine werde dann im sauren Milieu des Vesikels aktiv und lysieren die Membran (wie bei Adenoviren, Abb. **8.5 a**) oder bilden Poren in der Vesikelmembran, durch die das virale Genom in das Zytoplasma gelangt (bei Poliomyelitisviren, Abb. **8.5 b**). Alternative Wege führen zum Eindringen über sogenannte Caveolae und Caveosomen. Hüllenlose Viren nutzen immer die normalen Mechanismen, durch die Zellen auch sonst Stoffe von außen in das Zellinnere befördern. Bei Viren mit Hülle ist die Situation vergleichsweise komplizierter. Das Nukleokapsid dieser Viren ist von einer Membran umgeben. Es muss deshalb zwingend zu einer Verschmelzung (Fusion) der Virushülle mit der Zellmembran kommen. Deshalb besitzen behüllte Viren sogenannte Fusionsproteine auf ihrer

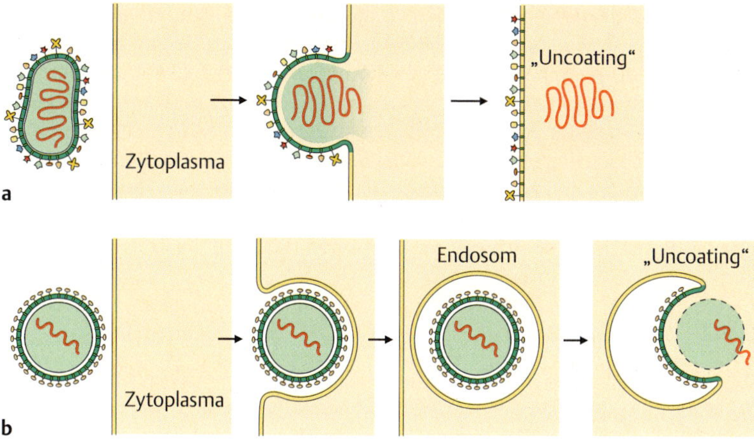

Abb. **8.6** **Adsorption und Fusion von behüllten Viren. a** Adsorption und Fusion von außen (z. B. HIV-1). **b** Rezeptor-vermittelte Endozytose und Fusion von innen (z. B. Influenzaviren).

Oberfläche. Bei einigen Viren (z. B. bei HIV-1) werden diese Fusionsproteine direkt nach der Rezeptorbindung auf der Zelloberfläche durch molekulare Umlagerungen aktiviert und bewirken eine unmittelbare Verschmelzung von Virus- und Zytoplasmamembran. Das Nukleokapsid wird auf diese Weise direkt in das Zytoplasma entlassen. Dieser Vorgang wird auch als „Fusion von außen" bezeichnet (Abb. **8.6 a**). Bei anderen Viren (z. B. bei Influenzaviren) bleiben die Fusionsproteine vorerst inaktiv. Das behüllte Virion wird durch rezeptorvermittelte Endozytose aufgenommen, wie oben beschrieben. In der sauren Umgebung des Vesikelinnern werden die Fusionsproteine dieser Viren aktiviert und es kommt zur Verschmelzung der Virushülle mit der Vesikelmembran und zur Freisetzung des Nukleokapsids ins Zytoplasma. Man spricht von einer „Fusion von innen" (Abb. **8.6 b**). Der prinzipielle Unterschied zur Fusion von außen besteht darin, dass die für die Fusionsaktivität notwendige Umlagerung der Fusionsproteine in Abhängigkeit von der Protonenkonzentration der Umgebung, d. h. vom pH-Wert, erfolgt.

Freisetzung des Genoms oder Uncoating. Die Freisetzung der genomischen Nukleinsäure aus dem Kapsid ist noch weitgehend unverstanden. Viele virale und zelluläre Faktoren sind daran gleichermaßen beteiligt. Die Nukleokapside der RNA- und Retroviren bleiben als virale Ribonukleoproteinkomplexe erhalten und sind nur in dieser Form aktiv, wobei eigentliche Replikationskomplexe (s. S. 502) oder reverse Transkriptionskomplexe (s. S. 543) entstehen. Entschei-

8

dend ist, dass die viralen Komponenten das der Virusvermehrung dienliche zelluläre Kompartiment erreichen. DNA-Viren vermehren sich fast ausnahmslos im Zellkern. Ihr Genom wird durch die Kernporen in den Zellkern transportiert, oft zusammen mit viralen Proteinen. Dazu werden die diversen Transportprozesse der Wirtszelle benutzt. Ausnahme: Pocken im Zytoplasma. RNA-Viren vermehren sich hauptsächlich im Zytoplasma, wobei bestimmte subzelluläre Kompartimente bevorzugt werden und z. B. Membranen des endoplasmatischen Retikulums oder des Golgi-Apparates einbezogen werden. Eine Ausnahme bilden die Influenzaviren und das Bornavirus, die sich wie die DNA-Viren im Zellkern vermehren.

8.4.2 Replikation

Die Virusvermehrung beruht auf zwei sehr komplizierten Vorgängen. Diese sind die virale Genexpression durch Transkription und Translation sowie die virale Genomvermehrung durch Replikation. Die Transkription dient der Herstellung der viralen mRNAs, die anschließend mittels Translation an den Ribosomen in die entsprechenden viralen Proteine übersetzt werden. Die Replikation dient der Vermehrung des viralen Genoms. Der Begriff Replikation wird verallgemeinernd auch als Synonym für den gesamten Prozess der Virusvermehrung gebraucht. Im engeren Sinne bezeichnet er aber nur den Vorgang der Vervielfältigung des viralen Genoms. Transkription und Replikation verlaufen je nach Art des Virusgenoms sehr unterschiedlich. Beide Prozesse werden durch die Informationen und Faktoren gesteuert, die das Virus mitbringt. Zusätzlich sind meist Proteine und Funktionen der Wirtszelle notwendig. Falls sie fehlen, kann die Virusvermehrung nicht vollständig ablaufen, und es kommt zur sogenannten abortiven Infektion. Ein mangelhaftes intrazelluläres Milieu ist neben der Rezeptorausstattung ein weiterer häufiger Grund für den Zelltropismus eines Virus. Transkription und Replikation können je nach Virusbeschaffenheit im Zytoplasma oder im Zellkern stattfinden. Die Vermehrung im Zellkern hat gewisse Vorteile, wie die Ausnutzung der spezifischen zellulären Syntheseleistungen, die nur im Zellkern vorhanden sind. Dazu gehören unter anderem die Enzymsysteme der zellulären Genexpression wie die zellulären DNA-abhängigen RNA-Polymerasen oder die für das Spleißen der mRNA notwendigen Faktoren.

Die Vermehrungsstrategien der unterschiedlichen Virusklassen haben die in Abb. **8.7** dargestellten charakteristischen Merkmale.

Doppelstrang-DNA-Viren. Das Genom wird im Zellkern unter Verwendung zellulärer und viraler Enzyme transkribiert und repliziert (Abb. **8.7 a**). Die großen DNA-Viren (z. B. Herpesviren) kodieren meist für eigene DNA-Polymerasen und für einige am Nukleinsäureaufbau beteiligte Enzyme und weitere Faktoren, die die Replikation des Genoms ermöglichen. Die kleineren DNA-Viren (z. B. Polyomaviren) haben keine Kodierkapazität für eigene Polymerasen. Hingegen kodieren sie

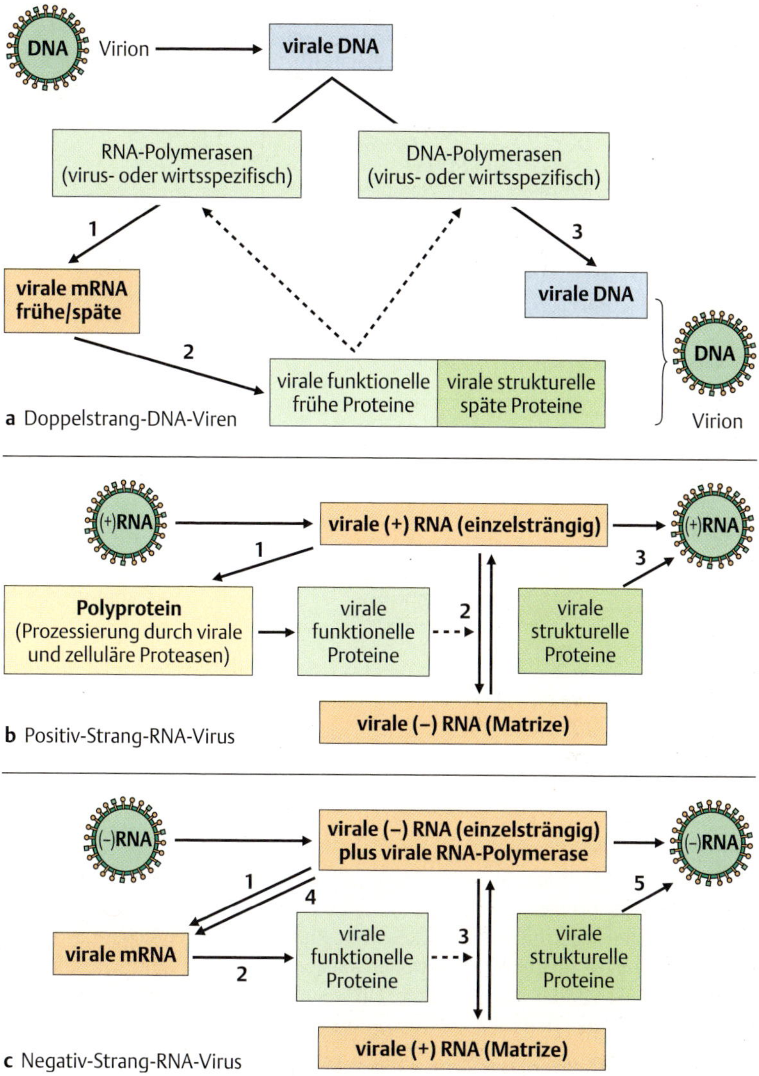

Abb. **8.7** **Strategien der Virusvermehrung.** **a** Doppelstrang-DNA-Viren. **b** Positiv-Strang-RNA-Viren. **c** Negativ-Strang-RNA-Viren. Für Details und weitere Strategien siehe Text.

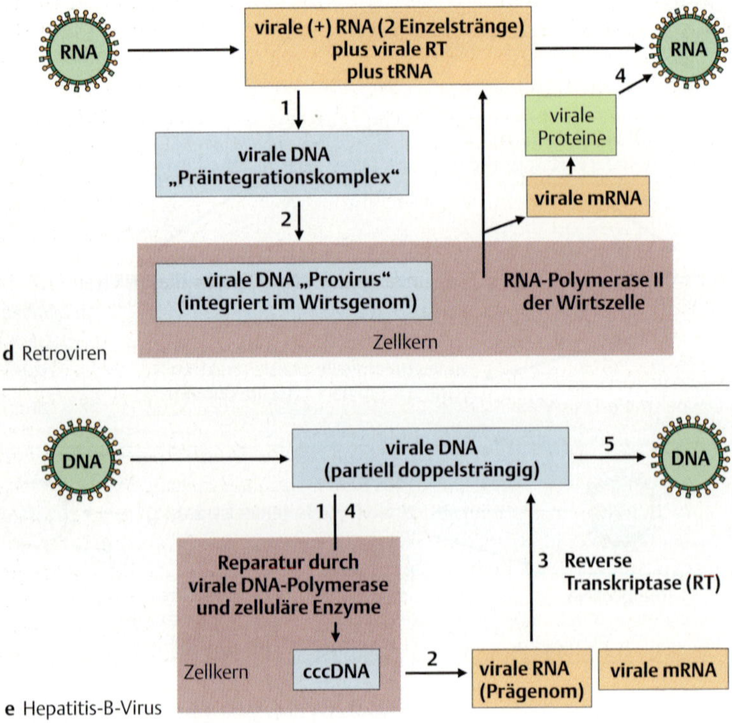

Abb. **8.7** **Strategien der Virusvermehrung.** **d** Retroviren. **e** Hepatitis-B-Virus. Für Details und weitere Strategien siehe Text.

für kleinere Polypeptide, die mit den zellulären DNA-Polymerasen interagieren und diese dazu bringen, bevorzugt die viralen DNA-Sequenzen zu replizieren. Eine Sonderstellung nehmen die Pockenviren ein. Sie vermehren sich im Zytoplasma und sind nicht auf Zellkernfunktionen angewiesen , da sie sämtliche notwendigen Enzymaktivitäten selbst besitzen. Ein weiterer Sonderfall sind die Hepadna-Viren, zu denen das Hepatitis-B-Virus gehört (siehe unten).

Einzelstrang-DNA-Viren. Das Genom dieser Viren (z. B. Parvoviren) wird im Kern durch zelluläre DNA-Polymerasen repliziert, deren Funktion durch virale Proteine umgesteuert wird. Es entsteht zunächst ein Doppelstrang-Intermediat, das dann als Matrize für die mRNA-Synthese und für die Synthese neuer Einzelstrang-Genome dient.

Positiv-Strang-RNA-Viren. Das einzelsträngige RNA-Genom dieser Viren (z. B. Poliomyelitisvirus) dient nach dem Eintritt in das Zytoplasma direkt als mRNA (Abb. **8.7 b**). Die genomische mRNA wird an den Ribosomen in Proteine übersetzt, wobei Vorläuferpolyproteine entstehen, die proteolytisch in die reifen viralen Proteine gespalten werden. Darunter befindet sich eine RNA-abhängige RNA-Polymerase, die die Replikation des RNA-Genoms vornimmt. Die Polymerase katalysiert einen zum Genom komplementären Minusstrang, der dann als Matritze für die Herstellung neuer Positivstränge dient, die entweder als weitere mRNAs genutzt oder als genomische RNA in das neu entstehende Virion verpackt werden.

Negativ-Strang-RNA-Viren. Das Einzelstrang-RNA-Genom dieser Viren (z. B. Influenzaviren) liegt in negativer Orientierung vor und kann deshalb nicht direkt in Proteine übersetzt werden (Abb. **8.7 c**). Das Genom muss zuerst in eine komplementäre mRNA transkribiert werden. Dazu bringen die Viren eine viruseigene RNA-abhängige RNA-Polymerase mit, die ein essentieller Bestandteil des Nukleokapsids ist und zusammen mit dem Genom in die Zelle gelangt. Das virale Enzym katalysiert als erstes die Synthese der viralen mRNAs. Dieser Vorgang wird als Primärtranskription bezeichnet, da er aufgrund einer initial vorhandenen viralen Enzymfunktion als erstes erfolgt. Danach werden dank der neu gebildeten viralen mRNAs weitere RNA-Polymerase-Moleküle hergestellt, die das Genom replizieren und transkribieren (Sekundärtranskription). Schließlich wird die RNA-abhängige RNA-Polymerase in die neugebildeten Nukleokapside verpackt und den Nachkommenviren mitgegeben. Bei einigen Negativ-Strang-RNA-Viren finden diese Prozesse im Zellkern statt, was erlaubt, die Kodierkapazität des Genoms durch Spleißen der mRNAs zu erhöhen.

Doppelstrang-RNA-Viren. Das Genom dieser Viren (z. B. Rotaviren) liegt in Segmenten vor. Die in den Nukleokapsiden vorhandene RNA-abhängige RNA-Polymerase schreibt die Minusstränge der Genomsegmente in translatierbare mRNAs um. Diese Plusstränge dienen ebenfalls als Matritze zur Synthese neuer Doppelstränge. Die virale RNA-abhängige RNA-Polymerase wird mit in das Virion verpackt.

Retroviren. Diese Viren (z. B. HIV) besitzen ein Positiv-Strang-RNA-Genom (Abb. **8.7 d**). Ihre Replikation erfolgt jedoch über eine DNA-Zwischenstufe und unterscheidet sich dadurch grundlegend von den übrigen RNA-Viren. Das Einzelstrang-Genom liegt im Virion in zwei identischen Kopien vor, zusammen mit dem Enzym Reverse Transkriptase. Die Reverse Transkriptase ist eine RNA-abhängige DNA-Polymerase, die das RNA-Genom in der infizierten Zelle in eine doppelsträngige DNA umschreibt. Diese Umschreibung erfolgt im sogenannten Reverse-Transkriptase-Komplex im Zytoplasma und führt zum Präintegrationskomplex. Der Präintegrationskomplex besteht aus dem umgeschriebenen doppelsträngigen DNA-Genom und assoziierten viralen und zellulären Proteinen, die den Transport in den Kern und die Integration des viralen Genoms in das Genom der Wirtszelle ermöglichen. Das in das Zellgenom eingebaute Virusgenom wird als Provirus bezeichnet. Das Provirus verhält sich nun wie ein normales zelluläres Gen und wird bei der Zellteilung an die Tochterzellen weitergegeben. Allerdings sorgen spezielle virale Sequenzen (sogenannte Long Terminal Repeats, LTR) dafür, dass das Virusgenom bevorzugt transkribiert wird. Die Transkription produziert virale mRNA, die einerseits in Proteine überschrieben werden und andererseits als Positiv-Strang-RNA-Genome verpackt und aus der Zelle entlassen werden.

Hepadna-Viren. Die Hepadna-Viren (z. B. Hepatitis-B-Virus) besitzen ein DNA-Genom, das aus einem langen Minusstrang und einem kurzen Plusstrang besteht und somit im Virion nur teilweise doppelsträngig vorliegt (Abb. **8.7 e**). Das Genom wird im Zellkern der infizierten Zellen zu einem zirkulär geschlossenen Doppelstrang („covalently closed circular DNA“, cccDNA) vervollständigt. Von diesem Doppelstrang werden von der Zelle die viralen mRNAs gebildet, unter denen sich auch ein langes Positiv-Strang-RNA-Molekül befindet, das als Prägenom bezeichnet wird. Diese prägenomische RNA wird im Zytoplasma in eine komplementäre Minusstrang-DNA rückübersetzt. Die reverse Transkription wird von der viralen DNA-Polymerase bewerkstelligt, die also auch die Funktion einer Reversen Transkriptase hat. Diese Eigenschaft macht Hepadna-Viren anfällig für Hemmstoffe der Reversen Transkriptase, die z. B. bei der Therapie der Hepatitis-B-Virus-Infektion eingesetzt werden.

8.4.3 Assembly und Release

Zusammenbau der Virusbestandteile oder Assembly. Die in der infizierten Zelle neu synthetisierten Bestandteile müssen nun sinnvoll zusammengebaut werden. Aus Einzelbestandteilen entstehen makromolekulare Strukturen. Der Zusammenbau erfolgt weitgehend durch spontane Zusammenlagerung der passenden Teile und wird als Self-Assembly bezeichnet. Dabei ist eine korrekte Proteinfaltung ausschlaggebend, die ihrerseits durch virale und zelluläre Chaperone (Proteinfaltungshelfer) gewährleistet wird. Ebenfalls sind proteolytische Spaltungen und weitere posttranslationale Proteinmodifikationen wichtig, an denen wiederum die Wirtszelle aber auch virale Enzyme und Modifikatoren beteiligt sind. Insgesamt handelt es sich um einen höchst dynamischen Prozess, der zelluläre Transportprozesse und Überwachungsfunktionen optimal nutzt. Der Zusammenbau und die Reifung der Kapside von behüllten Viren erfolgt oft in unmittelbarer Nachbarschaft zu den entsprechenden zellulären Membranen. Die Virusmorphogenese ist heute ein erstklassiges Forschungsgebiet der Strukturbiologie, die sich neue Erkenntnisse zur Anatomie und Funktion von Multiproteinkomplexen erhofft.

Freisetzung (Release). Die Freisetzung der zusammengebauten Viruskapside erfolgt auf ganz unterschiedlichen Wegen. Bei Viren ohne Hülle kann sie durch Lyse

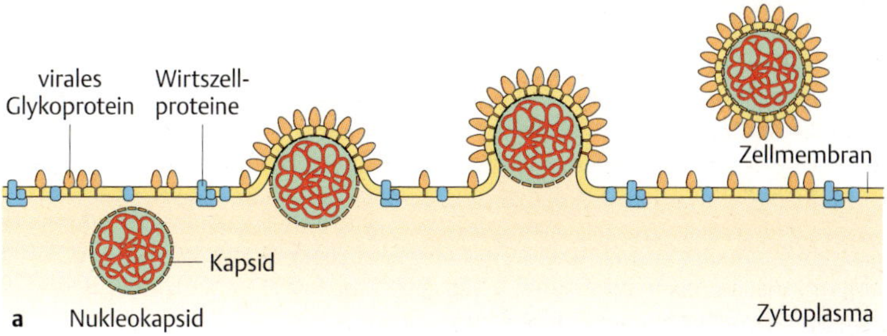

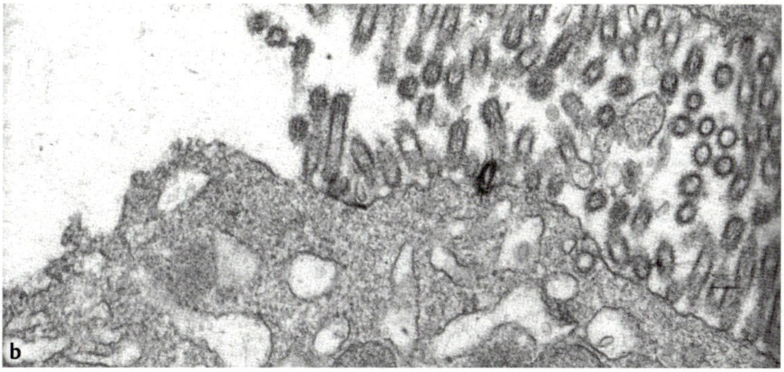

Abb. **8.8** **Freisetzung von Viren.** **a** und **b** Freisetzung von Viren durch Umhüllung und Sprossung an der Plasmamembran. **a** Schematische Darstellung. **b** Elektronenoptische Aufnahme von sprossenden Influenzaviren an der Oberfläche zweier benachbarter Zellen (Aufnahme Thomas Bächi, EMZ, Universität Zürich).

8

der Wirtszelle oder durch Exozytose erfolgen. Die Zell-Lyse kann durch einige Viren aktiv induziert werden, indem der programmierte Zelltod (Apoptose) herbeigeführt wird. Auch kann die Wirtszelle durch die Virusvermehrung in ihrer eigenen Syntheseleistung so gestört werden, dass es zum Zelluntergang kommt. Viren, die ihre Hülle von der Plasmamembran ableiten, verlassen die Wirtszelle durch den Vorgang der Knospung (budding). An besonders geeigneten Stellen, die als Membraninseln oder „lipid rafts“ bezeichnet werden, werden die viralen Glykoproteine zusammengeführt. Das virale Kapsid gelangt an die zytoplasmatische Seite dieser Inseln und der Knospungsvorgang wird eingeleitet. Die knospende Virushülle wird dann wie ein Vesikel abgeschnürt unter Beibehaltung der Integrität der Zellmembran und das behüllte Virus ist frei (Abb. **8.8**). Viren, deren Kapside von intrazellulären Membranen in vergleichbaren Knospungsvorgängen umhüllt werden, werden durch die normale Exozytose aus der Wirtszelle entlassen.

8.5 Virusgenetik und -evolution

Die virale Erbinformation unterliegt dauernd genetischen Veränderungen. Treibende Kräfte sind Mutation und Selektion. Mechanistisch unterscheidet man die Mutation im engeren Sinne, die Rekombination, und – bei segmentiertem Genom – den genetischen Austausch (Reassortment). Diese Vorgänge erlauben eine ständige Anpassung an die Abwehrreaktionen und sonstigen wechselnden Bedingungen des Wirtes und ganzer Wirtspopulationen. Auf diese Weise sind zudem Adaptationen an neue Wirte möglich, wie z. B. der Wechsel vom natürlichen Wirt zu einem neuen Wirt derselben oder gar einer anderen Spezies. Mutation und Selektion sind verantwortlich für das Auftreten neuer Viren aus dem Tierreich, die sich in der menschlichen Population etablieren und zu gefürchteten Epidemien oder Pandemien führen können, wie von Vogelinfluenzaviren oder HIV-1 bekannt.

8.5.1 Mutation

Mutationen sind Änderungen in der Basensequenz der Nukleinsäure, wobei ein Nukleotid durch ein anderes ersetzt wird. Auch können ganze Sequenzbereiche verloren gehen oder neue Nukleotide eingeführt werden. Falls sich solche Veränderungen im kodierenden Bereich ereignen, können daraus kleinere oder größere Veränderungen des zugehörigen Proteins resultieren, die für das Virus von Vorteil sind. Änderungen im nichtkodierenden Bereich können die Genexpression und Genregulation durch zelluläre Faktoren günstig beeinflussen. Das Ziel ist, die Fitness des Virus für den jeweiligen Wirt zu erhöhen. Der Preis dafür ist das Auftreten von Mutanten mit geringerer oder gar fehlender Fitness. Die kurze Generationszeit und die hohe Vermehrungsrate von Viren garantieren eine hohe genetische Variabilität, die diesen Nachteil ausgleicht. Allerdings gibt es zwischen den Viren große Unterschiede in der Mutationsrate.

DNA-Viren. Die viralen DNA-Genome werden entweder durch zelluläre oder virale DNA-Polymerasen repliziert. In beiden Fällen findet eine Korrektur von falsch eingebauten Nukleotiden statt, da auch die viralen DNA-Polymerasen über entsprechende Proofreading-Enzyme verfügen. Durch diese Aktivität wird eine hohe Genauigkeit der viralen Replikation erreicht, die bei einer Rate von einer falsch eingebauten Base pro ca. 10^9 Nukleotiden liegt. DNA-Viren sind daher genetisch relativ stabil.

RNA-Viren. Die viralen RNA-Genome müssen durch viruseigene RNA-abhängige RNA-Polymerasen repliziert werden, da den Wirtszellen ein solches Enzym fehlt. Die viralen RNA-Polymerasen haben keine Proofreading-Aktivität. Sie führen statistisch gesehen ein falsches Nukleotid auf 1000 bis 10 000 richtige Nukleotide ein, ohne dass dieser Fehleinbau korrigiert würde. Die Mutationsrate liegt demnach bei 1:10^3 bis 1: 10^4. Angenommen das RNA-Genom besitzt eine Länge von 10 000 Nukleotiden (oder 10 Kilobasen [kb]), dann unterscheiden sich die Nachkommenviren in 1 bis 10 Nukleotiden vom Genom des Elternvirus. Bei der Virusvermehrung entstehen also nicht bloß identische Kopien des Elterngenoms sondern zusätzlich variante Formen, die nebeneinander existieren und zusammen eine Population eng verwandter Genotypen bilden. Eine solch inhomogene Population von fast identischen Genotypen wird als Quasispezies bezeichnet. Klassische Beispiele dafür sind HIV-1 und das Hepatitis-C-Virus. Die genetische Variabilität bei HIV-1 beruht auf der Ungenauigkeit der Reversen Transkriptase und vor allem auch der zellulären RNA-Polymerase II, welche die retroviralen RNA-Genome von der proviralen DNA ohne Korrekturmöglichkeit abliest. Die Quasispezies-Natur der Poliomyelitisviren erklärt, warum nach Impfung mit einer Polio-Lebendvakzine die ausgeschiedenen Viren sich genetisch vom oral verabreichten Impfvirus unterscheiden und gelegentlich pathogene Wildtyp-ähnliche Varianten enthalten, die eine Impfpoliomyelitis auslösen können (s. S. 491).

8.5.2 Rekombination

In der infizierten Zelle entstehen große Mengen an viralen Genomen. Bei Doppelinfektion einer Zelle mit zwei verwandten Viren kann es zur Rekombination der unterschiedlichen Genome kommen. Der genetische Austausch durch Rekombination führt zum Auftreten neuer Viren mit verändertem Genotyp und entsprechend neuen Eigenschaften. Bei DNA-Viren besteht der Rekombinationsmechanismus im Bruch und der Wiedervereinigung der DNA-Stränge nach dem klassischen Prinzip des reziproken Austauschs. Bei RNA-Viren springt die RNA-Polymerase von einem RNA-Strang zum nächsten und wechselt so während des Kopiervorgangs die Matrize. Bei einigen Positiv-Strang-RNA-Viren ist die Rekombinationshäufigkeit bemerkenswert hoch. Bei Negativ-Strang-RNA-Viren ist die Rekombination selten, da die Replikation in stabilen Ribonukleoproteinkomplexen erfolgt, was den Matrizenwechsel erschwert.

8.5.3 Reassortment

Viren, bei denen das Genom in Segmenten vorliegt (z. B. Influenzaviren, Bunyaviren, Rotaviren), verfügen über einen weiteren Mechanismus der genetischen Diversifikation. Er besteht im Segment-Austausch. Voraussetzung ist die gleichzeitige Doppelinfektion einer Wirtszelle mit zwei genetisch verschiedenen, jedoch verwandten Viren. Die Genomsegmente werden dann nach dem Zufallsprinzip an die Nachkommenschaft neu verteilt, wodurch ganz neue genetische Kombinationen entstehen, die gegebenenfalls einen enormen Überlebensvorteil bieten. Das Reassortment ist für das Verständnis der Epidemiologie der Influenza wichtig und wird praktisch zur Herstellung neuer Influenzaimpfstoffe genutzt.

8.5.4 Genetische Manipulation von Viren

Molekularbiologische Kenntnisse und Verfahren erlauben heute die gezielte Veränderung des genetischen Materials einer Reihe von medizinisch wichtigen Viren. Durch Einführung spezifischer Mutationen oder Deletion ganzer Genabschnitte können vermehrungsfähige Viren, die ihre krankmachenden Eigenschaften verloren haben, künstlich hergestellt werden. Solche Virusstämme werden als abgeschwächt oder attenuiert bezeichnet und werden als rekombinant hergestellte Lebendimpfstoffe vor allem in der Veterinärmedizin eingesetzt. Die herkömmlichen Lebendimpfstoffe der Humanmedizin besitzen ebenfalls attenuierende Mutationen, die sie im Laufe von Zellkulturpassagen oder künstlicher Vermehrung in fremden Wirten auf natürliche Weise erworben haben. Die Möglichkeiten der Gentechnik werden es erlauben, zukünftige Lebendimpfstoffe schneller herzustellen und noch sicherer zu machen, als es die bisherigen Verfahren nach dem Zufallsprinzip erlauben. Eine zunehmend wichtige Anwendung der genetischen Manipulation von Viren ist ferner die Herstellung viraler Vektoren in der Gentherapie (siehe Hinweis „Viren als Vektoren").

Viren als Vektoren.

Viren sind ideale Vehikel um Fremdgene in bestimmte Zellen einzubringen. Die genetische Manipulation erlaubt es, Virusgenome mit Fremdsequenzen auszustatten, wobei die Größe des eingebrachten Fremdmaterials von der Genomgröße und der Verpackungskapazität des betreffenden Virus abhängt. In der Regel werden nichtessentielle Virusgene entfernt und Genabschnitte, die für unerwünschte Eigenschaften des Virus zuständig sind, verändert. Grundsätzlich wird zwischen nichtintegrierenden und integrierenden viralen Vektoren unterschieden. Nichtintegrierende Vektoren (z. B. abgeleitet von Vacciniaviren, Papillomviren oder Sindbis-Viren) führen nicht zu einer Integration der Fremdsequenz in das Wirtsgenom. Hingegen ist eine vorübergehende Genexpression möglich. Solche Vektoren werden zur Überproduktion von erwünschten Proteinen verwendet und werden auch zu Impfzwecken eingesetzt. So gibt es z. B. ein Vacciniavirus zur Impfung freilebender Füchse gegen Tollwut, das ein Rabiesvirus-Glykoprotein exprimiert. Integrierende Vektoren leiten sich von Retroviren oder adenoassoziierten Viren ab und werden benutzt um das Fremdgen stabil in das Wirtszellgenom zu integrieren. Dadurch wird eine dauerhafte Ausstattung der Wirtszelle mit den erwünschten Eigenschaften angestrebt. Solche Vektoren werden in der virologischen und zellbiologischen Forschung mit großem Gewinn breit eingesetzt. Die Anwendung zur somatischen Gentherapie am Menschen zwecks Korrektur einfacher genetischer Defekte, wie der zystischen Fibrose oder des X-chromosomal vererbten schweren kombinierten Immundefektes (X-SCID), ist jedoch – u.a. aus Sicherheitsgründen – nach wie vor problematisch.

8.5.5 Epigenetische Veränderungen von Viren

Bei der experimentellen Infektion einer Zelle durch mehrere Viren kann es zum Austausch von nichtgenetischem Material kommen. So können z. B. Proteine von verschiedenen Viren in das gleiche Kapsid eingebaut werden. Es resultiert ein gemischtes Kapsid, das antigene Eigenschaften mehrerer Viren besitzt. Diese Eigenschaft wurde für die Herstellung polyvalenter Impfviren genutzt. Ähnlich verhält es sich mit den Glykoproteinen der Virushülle. Das Kapsid eines Virus kann mit der Hülle eines anderen Virus ausgestattet werden. Solche chimären Viren heißen Pseudotypen. Pseudotypen erwerben den Wirtszelltropismus des Virus, von dem die Hülle stammt. Dies wird experimentell genutzt, um bestimmte Virusgenome in sonst unzugängliche Zellen zu bringen. Pseudotypen sind natürlich nicht genetisch determiniert und die Nachkommenschaft ist wieder gemäß dem vorhandenen Genotyp.

8.6 Infektionsformen und Veränderungen der Wirtszelle

Eine Virusinfektion führt in der Regel zu Veränderungen der Wirtszelle. Dieselben sind unterschiedlicher Natur und betreffen die Funktion und oft auch die Morphologie der Zelle. Je nach Art des Virus resultiert kein direkter Zellschaden oder aber eine mehr oder weniger ausgeprägte Schädigung bis hin zur Zellzerstörung. Einige Viren bewirken eine Zelltransformation mit deregulierter Zellproliferation und Tumorbildung. Ferner gibt es eine Infektionsform bei der das Virusgenom stumm in der Zelle verbleibt, ohne Nachkommen zu produzieren oder die vitalen Zellfunktionen zu stören.

Im Organverband ist die infizierte Zelle zusätzlich den Reaktionen des Organismus auf die Infektion ausgesetzt. Bei einigen Virusinfektionen ist der beobachtete Zellschaden eine Folge der Wirtsabwehr und nicht der Virusvermehrung an sich. Es wird deshalb unterschieden zwischen der lytischen Virusinfektion mit direkter Zellschädigung durch die Virusvermehrung und der nichtlytischen Infektion mit indirekter Schädigung durch die Immunabwehr.

8

8.6.1 Lytische Infektion mit direkter Zellschädigung durch das Virus

Viele Viren sorgen nach dem Eindringen in die Wirtszelle für eine rasche und äußerst effiziente Vermehrung, die den Zellmetabolismus in einer Weise verändert, dass es zum Absterben der Wirtszelle kommt. Diese Art der Virusvermehrung wird als lytischer Infektionszyklus bezeichnet. Viren, die eine lytische Infektion verursachen heißen zytolytische oder zytopathogene Viren. Die infizierten Zellen zeigen oft charakteristische morphologische Veränderungen, die als „Zytopathischer Effekt“ bezeichnet werden (siehe Hinweis „Der zytopathische Effekt“). Die strukturellen Veränderungen der Wirtszelle sind teils Voraussetzung für bestimmte Vermehrungsschritte des Virus und teils Folge der Anhäufung des neu gebildeten Virusmaterials. Einige Viren schalten gezielt die zelluläre Transkription und Translation aus, um mehr Kapazität für die eigene Proteinsynthese zu schaffen. Dieses Phänomen wird als „host cell shut-off“ bezeichnet und trägt zur Zytopathogenität bei. Der vom Virus verursachte Zelluntergang ist meist eine Hauptursache für die beobachteten Krankheitssymptome. Beispiele sind das Poliomyelitisvirus oder das Herpes-simplex-Virus.

Die Rolle des programmierten Zelltodes (Apoptose) beim lytischen Infektionszyklus ist noch unklar. Bestimmte Viren induzieren die Apoptose, was vermutlich die Freisetzung der Nachkommenviren begünstigt. Allerdings werden apoptotische Zellen rasch eliminiert, so dass die Apoptose auch als ein zellautonomer Abwehrmechanismus angesehen werden kann, was erklären könnte, warum gewisse Viren die Apoptose hemmen.

Der zytopathische Effekt.

Zytopathogene Viren verursachen charakteristische morphologische Veränderungen der infizierten Zelle, die für bestimmte Virusarten typisch sind. Diese Veränderungen sind besonders gut in infizierten Zellkulturen zu beobachten und werden unter dem Oberbegriff „zytopathischer Effekt“ (CPE) zusammengefasst. Der CPE wird in der Virusdiagnostik (Kapitel 1.7.2) und bei der histologischen Begutachtung von pathologischem Material differentialdiagnostisch genutzt. Folgende Ausprägungen des CPE werden unterschieden:

- Abrundung der Zellen und Ablösung aus dem Zellverband mit nachfolgender Lyse (z. B. Picornaviren, Abb. **8.9 a, b**).
- Bildung mehrkerniger Riesenzellen, die auch als Synzytien bezeichnet werden. Die Synzytienbildung beruht auf Zellverschmelzungen und kommt bei behüllten Viren vor, die ihre Hülle von der Plasmamembran ableiten. Die Zell-Zell-Fusion basiert auf der Aktivität der viralen Fusionsproteine, die in die Plasmamembran

---

Abb. **8.9 Morphologische Veränderungen infizierter Zellen (zytopathischer Effekt). a** Normaler Zellrasen (Monolayer, Giemsa-Färbung). **b** Zell-Lyse durch zytopathogenes Virus (hier Poliomyelitisvirus). **c** Normaler Zellrasen (Affennierenzellen, Giemsa-Färbung). **d** Synzytienbildung durch Zell-Zell-Fusionen nach Infektion mit Masernvirus. **e** Riesenzellen nach Infektion von menschlichen Fibroblasten mit Zytomegalievirus. **f** Riesenzellen („Eulenaugen-Zellen“) in histologischem Präparat einer infizierten Niere; die virale DNA ist durch in-situ-Hybridisierung im vergrößerten Zellkern färberisch dargestellt. **g** Elektronenoptische Darstellung der parakristallinen Anordnung von Kapsiden im Kern einer Adenovirus-infizierten Zelle („Einschlusskörper“). (Bilder: Institute für Medizinische Virologie und Pathologie der Universität Zürich). ▶

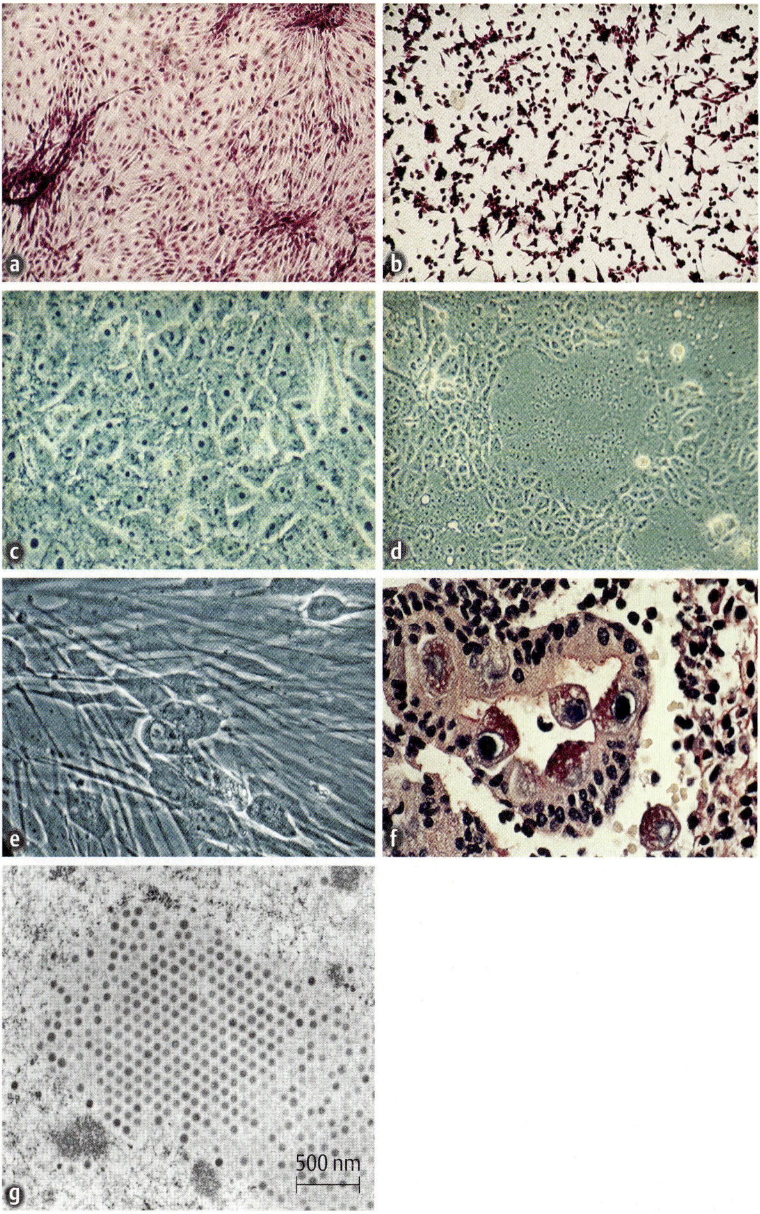
a
b
c
d
e
f
g
500 nm

der infizierten Zelle eingelagert werden und zur Membranverschmelzung mit Nachbarzellen führen (z. B. HIV-1 oder Masernvirus, Abb. **8.9 c, d**).

- Bildung einzelliger „zytomegaler“ Zellen. Der Zellkern und das Zytoplasma der infizierten Zelle sind stark vergrößert und erscheinen wie aufgebläht. Sie enthalten i.d.R. virale Einschlusskörper (s.u.); in der Histopathologie werden sie als „Virozyten“ bezeichnet. Typisch sind die zytomegalen Zellen bei der Infektion des Zytomegalievirus, die auch als Eulenaugenzellen bezeichnet werden (Abb. **8.9 e,f**).
- Bildung von Einschlusskörperchen. Es handelt sich um makromolekulare Strukturen, die aus viralem und oft auch zellulärem Material bestehen und sich durch Anfärbung der Zellen nachweisen lassen. Beispiele sind kristalline Anhäufungen von Kapsiden im Zellkern (Adenoviren, Abb. **8.9 g**) oder abgelagertes Virusmaterial im Zytoplasma (Pockenviren, Negri-Körperchen bei Rabiesviren).

8.6.2 Nicht-lytische Infektion mit indirekter Zellschädigung durch die Immunabwehr

Eine Reihe von Viren verursacht keinen direkten Zellschaden. Diese nicht-lytischen (oder nicht-zytopathogenen) Viren vermehren sich in ihren Zielzellen ohne dass es zur Zell-Lyse kommt. Die infizierte Zelle ist in ihren zellulären Funktionen wenig gestört, obschon sie mit der Virusvermehrung zusätzliche Syntheseleistungen aufzubringen hat. Die neu gebildeten Virionen werden meist durch Exozytose auf physiologischem Wege nach außen abgegeben. Es kommt erst zur Zellschädigung, wenn zytotoxische T-Zellen des Immunsystems die viralen Epitope auf der Zelloberfläche erkennen und die infizierten Zellen eliminieren. Das Hepatitis-A-Virus, das Hepatitis-B-Virus und das Hepatitis-C-Virus gehören zu dieser Kategorie von Viren.

8.6.3 Latente Infektion und Reaktivierung

Bestimmte Viren können in einen Latenzzustand übergehen und eine latente Infektion erzeugen. In der Latenz ist das intakte Virusgenom in der Zelle vorhanden; der Vermehrungszyklus ist aber unterbrochen und es werden keine neuen Viren produziert. Eine Schädigung der Wirtszelle bleibt aus, weil die normalen zellulären Funktionen erhalten bleiben. Die Etablierung der Latenz geschieht auf unterschiedliche Weise. Bei DNA-Viren (z. B. Herpesviren) liegt das Genom in mehreren Kopien als zirkuläres DNA-Molekül wie ein Plasmid im Zellkern vor und wird als Episom bezeichnet. Dabei werden spezifische Latenzgene exprimiert, welche die Aufrechterhaltung der Latenz und die Integrität der episomalen DNA garantieren. Bei der Teilung der Wirtszelle werden die Episome mit amplifiziert und zu gleichen Teilen an die Tochterzellen weitergegeben. Auf diese Weise bleibt das virale Genom auch in sich rasch teilenden Zellen (z. B. B-Zellen beim Epstein-Barr-Virus) bis zum Ableben des Wirtes immer erhalten. Unter bestimmten Umständen kommt es zur meist asymptomatischen Reaktivierung des Virus. Intrazelluläre

Veränderungen, induziert durch hormonelle Einflüsse, Stress, Differenzierungsvorgänge oder andere Faktoren, aktivieren den viralen Vermehrungszyklus, der zu erneuter Virusproduktion mit Ausscheidung infektiöser Viren führt. Das virale Genom bleibt auch unter Reaktivierung erhalten und kann wieder in den Latenzzustand übergehen. Antivirale Substanzen vermögen zwar die Virusproduktion unter Reaktivierung zu hemmen, können jedoch die Latenz nicht beseitigen.

Bei den Retroviren wird die virale Nukleinsäure in Form des Provirus (Kapitel 8.4.2) in das Wirtszellgenom integriert und wie ein zelleigenes Gen an die Tochterzellen weitergegeben. Auch hier führen Aktivierungen der Zelle durch verschiedenste Stimuli zur Expression des integrierten viralen Genoms und zur Virusproduktion. Das Provirus ist einer antiviralen Therapie nicht zugänglich.

Die Latenz ist eine virale Überlebensstrategie, die es den betreffenden Viren erlaubt, sich dem Zugriff des Immunsystems zu entziehen und lebenslang im Körper eines Infizierten zu verweilen, um gelegentlich wieder in Erscheinung zu treten. Ein Beispiel ist das Varicella-Zoster-Virus, das bei Erstkontakt die Varizellen auslöst und sich später bei Reaktivierung als Zoster manifestiert. Die Durchseuchung der Bevölkerung mit Viren, die Latenz und häufige Reaktivierung durchlaufen, ist entsprechend hoch.

8.6.4 Transformierende Infektion und Tumorbildung

Einige Viren führen nicht zum Zelltod sondern im Gegenteil zu Immortalisierung und Tumortransformation der Wirtszelle. Sie werden vereinfachend als Tumorviren oder onkogene Viren bezeichnet. Dazu gehören Vertreter sehr unterschiedlicher Virusfamilien (Tab. **8.4**). Tumorviren verursachen meist eine Proliferation der infizierten Zelle durch Deregulierung des normalen Zellzyklus, wobei verschiedene Mechanismen am Werk sind. So können wachstumsstimulierende Gene des Virus (sog. virale Onkogene) in die Zelle eingebracht werden oder zelluläre Onkogene aktiviert werden. Auch werden wachstumshemmende Gene der Wirtszelle (sog. Tumorsuppressorgene) inaktiviert und Signale ausgeschaltet, die zur Apoptose führen. Ferner werden Wachstumsfaktoren produziert oder aktiviert und Regelkreise der Zelle umprogrammiert. Damit es letztlich zum Tumor kommt, müssen in einem Mehrstufenprozess sukzessiv weitere genetische Veränderungen erfolgen, bei denen eine Reihe von Kofaktoren eine zusätzliche Rolle spielen.

8.7 Onkogene Viren

Das Vorkommen menschlicher Tumorviren war lange Zeit umstritten. Heute ist klar, dass bestimmte Viren kausal an der Entstehung bestimmter Krebsarten beteiligt sind und dass die Prävention der Infektion (z. B durch Impfung) gleichzeitig eine präventive Maßnahme gegen die Entstehung des entsprechenden Tumors

Tabelle **8.4** Häufige Tumor-assoziierte Viren beim Menschen

Virus	Tumor	Beteiligung
Humane Papillomaviren	Zervixkarziom; andere Anogenitalkarzinome, Hautkarzinome bei Epidermodysplasia verruciformis; Bowenoide Papulose	direkt
HTLV-1	adulte T-Zell-Leukämie	direkt
HHV-8	Kaposi-Sarkom; B-Zell-Lymphome	direkt
EBV	Burkitt-Lymphom, Nasopharyngeales Karzinom; B-Zell-Lymphome, M. Hodgkin	indirekt
HBV	Leberzellkarzinom	indirekt
HCV	Leberzellkarzinom	indirekt

darstellt. Die heute bekannten humanpathogenen Tumorviren sind in Tab. **8.4** aufgeführt. Dazu gehören sowohl DNA- als auch RNA-Viren. Sie besitzen vielfältige Strategien, um die Kontrolle des Zellzyklus und damit die Zellproliferation zu beeinflussen.

8.7.1 DNA-Tumorviren

Das onkogene Potential dieser Viren beruht auf der Expression viraler Gene, welche für die virale DNA-Replikation benötigt werden. Diese Gene werden früh im Virusvermehrungszyklus exprimiert und kodieren für virale Regulatorproteine, die unter anderem mit zellulären Tumorsuppressorproteinen interagieren und deren Wirkung aufheben. Dazu gehören in erster Linie das Retinoblastomprotein (pRb) und das p53-Tumorsuppressorprotein, die beide als physiologische Barrieren gegen unkontrolliertes Zellwachstum angesehen werden. Das mit dem Zervixkarzinom assoziierte humane Papillomavirus Typ 16 exprimiert z. B zwei frühe (early) Proteine, E6 und E7, die auch als Onkoproteine bezeichnet werden. Das E6-Onkoprotein inaktiviert das p53-Tumorsuppressorprotein durch einen raschen proteolytischen Abbau, während E7 an das pRb-Tumorsuppressorprotein bindet und es dadurch in seiner Funktion stört. Das Zusammenspiel von E6 und E7 bewirkt eine Deregulation des Zellzyklus und trägt somit zur ungehemmten Zellproliferation bei.

Virale Onkogene.

Virale Onkogene (vOnc) kommen im Genom bestimmter Retroviren vor. Sie sind für die Virusvermehrung entbehrlich, spielen aber eine zellmodulierende Rolle. Die vOnc zeigen große Sequenzähnlichkeiten mit zellulären Genen, die in der einen oder anderen Form das normale Zellwachstum steuern und als zelluläre Onkogene (cOnc) oder - treffender - als Protoonkogene bezeichnet werden. Bei den zellulären Genprodukten handelt es sich um Wachstumsfaktoren, Wachstumsfaktor-Rezeptoren, Hormonrezeptoren, GTP-bindende Signalmoleküle, DNA-bindende Proteine, Tyrosinkinasen und andere hochkonservierte genregulatorisch aktive Moleküle. Protoonkogene sind an sich nicht onkogen, da sie normalerweise in der Zelle bezüglich Expression und Aktivität streng reguliert werden. Die entsprechenden viralen Proteine hingegen tragen aktivierende Mutationen, die eine deregulierte Daueraktivität bewirken und den onkogenen, d. h. tumorinduzierenden, Effekt erklären. Es wird angenommen, dass Retroviren im Laufe der Evolution die jeweiligen cOnc-Sequenzen ihrer Wirtszellen erworben und leicht verändert haben, vermutlich durch Rekombination mit den entsprechenden zellulären mRNAs und anschließender Retrotranskription und Mutation. Das klassische Beispiel ist das virale *src* Onkogen (vSrc) des Rous-Sarkom-Virus des Huhnes, welches eine Tyrosin-Kinase kodiert, die sich in einem einzigen Aminosäure-Austausch vom nicht onkogenen zellulären Gegenstück (cSrc) unterscheidet. Protoonkogene der Zelle (wie das cSrc) können ebenfalls onkogene Eigenschaften erwerben, falls sie zum Onkogen mutieren oder aufgrund chromosomaler Veränderungen nicht mehr der normalen Genregulation unterliegen und dauernd überexprimiert werden. Retroviren können deshalb auf drei verschiedenen Wegen zur Tumorentstehung beitragen:

Retroviren mit einem Onkogen. Das veränderte (virale) Onkogen zellulären Ursprungs wird zusammen mit dem viralen Genom nach Retrotranskription in das Wirtsgenom eingebaut. Das Onkogen wird unter dem Einfluss der viralen Steuerelemente (LTR) exprimiert und entfaltet sofort sein onkogenes Potential, was zu einem raschen Auftreten von Tumorzellen führt. Die meisten Retroviren dieses Typs haben bei der Aufnahme der onkogenen Sequenzen eigenes Genmaterial verloren und sind deshalb selbst replikationsdefizient. Sie können noch in das Wirtsgenom integrieren aber selbst keine neuen Viren produzieren. Sie benötigen für ihre Vermehrung ein intaktes Helfer-Virus als Partner, der die fehlenden Genprodukte komplementär zur Verfügung stellt. Bisher gibt es kein Beispiel fïr entsprechende Viren beim Menschen.

Retroviren ohne Onkogen. Das retrovirale Genom wird in Form des Provirus ungerichtet irgendwo ins Wirtszellgenom eingebaut. Geschieht dies zufällig in der Nachbarschaft zu zellulären Protoonkogenen, können dieselben zu dauerhaft erhöhter Expression veranlasst werden. Ursache sind die starken Promotoren der viralen LTR, die eine auf benachbarte Gene übergreifende Aktivität entfalten können. Dieser Vorgang der Aktivierung in *cis* wird als Insertionsmutagenese bezeichnet und ist statistisch gesehen ein seltenes Ereignis. Deshalb führen solche Viren erst nach vielen Insertionsereignissen zur Zelltransformation, was lange dauern kann: beim Menschen ist dieser Prozess bisher nicht beschrieben. Demgegenüber verfügen einige Retroviren (z. B. HTLV-1) über virale Transaktivator-Proteine, die promiskuitiv auch zelluläre Gene ansteuern und zelluläre Protoonkogene transaktivieren. Eine Insertionsmutagenese ist hier nicht notwendig, da in diesen Fällen die onkogene Wirkung in *trans* und nicht in *cis* erfolgt.

8.7.2 RNA-Tumorviren

Sie gehören hauptsächlich zur großen Gruppe der Retroviren, die als onkogene Viren im Tierreich und als Studienobjekte zur Erforschung der viralen Onkogenese von herausragender Bedeutung sind (siehe Hinweis „Virale Onkogene"). Hingegen scheinen Retroviren für die Tumorentstehung beim Menschen eine untergeordnete Rolle zu spielen. Der wichtigste Vertreter ist das Humane-T-Zell-Leukämievirus Typ1 (HTLV-1), das T-Zellen infiziert und die adulte T-Zell-Leukämie verursachen kann. Das HTLV-1-Genom besitzt einen Genabschnitt, der für die Zelltransformation notwendig ist und für mehrere nichtstrukturelle Proteine kodiert. Ein wesentliches virales Protein ist der Transaktivator Tax, der eine Vielzahl zellulärer Gene transkriptionell aktiviert, die zusammen eine unphysiologische Proliferation der T-Zellen bewirken. Weitergehende genetische Veränderungen führen dann mit der Zeit zur Leukämie. Das Hepatitis-C-Virus ist bei chronischer Infektion mit Leberkrebs assoziiert, wobei zusätzliche Risikofaktoren zur Entstehung beitragen.

8.8 Pathogenese

Die Pathogenese beschreibt den Infektionsverlauf und sämtliche Vorgänge, die zur Krankheitsentstehung beitragen. Viren unterscheiden sich bezüglich des Eintritts in den Körper, der Ausbreitung im Organismus sowie den Organmanifestationen und Reaktionen des Wirtes, die sie hervorrufen. Diese und weitere quantitative oder qualitative Unterschiede (wie die übertragene Virusmenge oder die Pathogenität und Virulenz des Virus sowie die Empfänglichkeit/Resistenz des Wirtes) bestimmen weitgehend den Infektionsverlauf (siehe Hinweis „Pathogenität und Virulenz"). Apathogene Viren verursachen keine Erkrankung. Auch bei pathogenen Viren gibt es durchaus Infektionsverläufe ohne Krankheitssymptome, in Abhängigkeit von der verabreichten Virusmenge und/oder der Resistenzlage des Wirtes. Ein solcher Verlauf wird als inapparente oder subklinische Infektion bezeichnet. Im Gegensatz dazu wird eine Infektion mit manifester Erkrankung als apparent oder klinisch bezeichnet. Bei lytischen Viren leistet die virusbedingte Zellschädigung einen Hauptbeitrag zu den Krankheitserscheinungen. Bei nicht-lytischen Viren sind die immunologischen Abwehrreaktionen maßgeblich für die Krankheitssymptome verantwortlich. Die antivirale Immunabwehr bewirkt erst die Erkrankung, ein Vorgang, der als Immunpathogenese bezeichnet wird.

Pathogenität und Virulenz.

Die **Pathogenität** bezeichnet die krankmachenden Eigenschaften des Virus. Diese sind genetisch vorgegeben, können sich jedoch nur in einem geeigneten Wirt manifestieren. Die Gesamtheit der genetischen Eigenschaften des Virus und seines Wirtes bestimmt die jeweilige Pathogenität. Sie ergibt sich aus dem Zusammenspiel und den

Wechselwirkungen zwischen den beiden Partnern. So kann ein Virus für den einen Wirt pathogen, für den andern Wirt jedoch apathogen sein. Bei einem Wirtswechsel können durch adaptive Mutationen und Selektion im neuen Wirt pathogene Eigenschaften erworben oder verloren werden.
Die **Virulenz** bezeichnet den Grad der Ausprägung der pathogenen Eigenschaften eines Virus. Dabei wird ein Vergleich innerhalb einer Virusspezies bezogen auf einen Wirt angestellt, der von hoch virulent bis zu niedrig virulent reicht. Die Virulenz ist ebenfalls genetisch determiniert und unterliegt ähnlichen Veränderungsmöglichkeiten wie die Pathogenität. Oft wird Virulenz vereinfachend mit Pathogenität gleichgesetzt.

8.8.1 Eintrittspforten und Übertragungswege

Die häufigsten Eintrittspforten sind die Schleimhautepithelien des Respirationstraktes, des Gastrointestinaltraktes und des Genitaltraktes. Weitere Eintrittspforten sind die Konjunktiva des Auges, die Plazenta und die (ggf. verletzte) Haut (siehe Kleindruck).

Orale versus parenterale Übertragung.
Oral bedeutet Aufnahme über den Oropharynx und Gastrointestinaltrakt. Meist handelt es sich um eine fäkal-orale Übertragungskette. Als Überträger kommen aber auch Speichel, Urin, Sperma, Zervixsekret und Muttermilch in Frage. Parenteral bedeutet Übertragung ohne orale Aufnahme. Die natürliche Infektion erfolgt meist über Mikrotraumen und Übertragung virushaltigen Blutes.

Der Respirationstrakt. Viele Viren gelangen durch Tröpfcheninfektion auf die Schleimhäute der Nase, des Mundes, und des Rachens und vermehren sich im oberen und gelegentlich auch im unteren Respirationstrakt (Trachea, Bronchien und Bronchiolen). Die Ausscheidung und Weiterübertragung erfolgt durch Aerosolbildung beim Sprechen, Niesen und Husten. Zu den Viren, die sich im oberen Respirationstrakt vermehren, gehören nicht nur die klassischen respiratorischen Viren sondern auch Viren, die danach in den Gastrointestinaltrakt gelangen und sich auf den dortigen Schleimhäuten vermehren, wie z. B. die Enteroviren (s. S. 489). In beiden Fällen können nasopharyngeale Aspirate oder Spülflüssigkeiten zum Virusnachweis verwendet werden (s. S. 35). Der Respirationstrakt ist zudem Eintrittspforte für eine Reihe von Viren, die zu einer generalisierten Infektion mit entsprechender Symptomatik führen, wie z. B. die Pockenviren. Das Epstein-Barr-Virus wird mit Speichel übertragen und benutzt den Waldeyer'schen Rachenring als Eintrittspforte.

Der Gastrointestinaltrakt. Viele säurestabile Viren gelangen über Schmierinfektion oder durch kontaminierte Nahrungsmittel in den Gastrointestinaltrakt. Voraussetzung ist eine ausreichende Resistenz gegenüber der Magensäure und das Fehlen einer lipidhaltigen Virushülle, die durch die Galle zerstört würde. Die Ausscheidung erfolgt über den Stuhl, was die fäkal- orale Übertragung ermöglicht. In vielen Fällen findet nach der oralen Aufnahme eine erste Vermehrung im Nasopharyngealbereich statt.

Der Urogenitaltrakt. Einige Viren bevorzugen die venerische Übertragung und benutzen die Genitalschleimhaut als Eintrittspforte. Dieser Übertragungsweg ist für das Virus relativ risikoarm, da die Verweildauer an der Außenwelt bei meist engem Schleimhautkontakt vergleichsweise kurz ist.

Die Haut. Die intakte Epidermis der Hornhaut ist für Viren undurchdringlich. Allerdings bilden kleinste Hautverletzungen und Mikrotraumen geeignete Eintrittsstellen, z. B. für Papillomaviren. Eine weitere Eintrittsmöglichkeit ist die direkte Inokulation durch die intakte oder verletzte Haut. Dazu gehören Stiche oder Bisse infizierter Arthropoden oder der Biss eines tollwütigen Tieres, sowie kontaminierte Spritzen bei Drogensüchtigen und iatrogene Stichverletzungen mit kontaminierten Kanülen oder die Transfusion infektiöser Blutprodukte.

Die Plazenta. Sie dient als Eintrittspforte bei der intrauterinen Übertragung von der Mutter auf das Kind. Voraussetzung ist eine mütterliche Virämie und das Vermögen des Virus, die Plazenta zu infizieren. Man spricht von einer transplazentaren Infektion (siehe Hinweis „Vertikale Übertragung von der Mutter auf das Kind").

Vertikale Übertragung von der Mutter auf das Kind.

Eine Virusübertragung ist zu verschiedenen Zeitpunkten der Schwangerschaft möglich. Oft entscheidet der Zeitpunkt über die Infektionsfolgen und das Ausmaß der kindlichen Schädigung. Erfolgt die Infektion vor der Geburt (d. h. vor dem Blasensprung) spricht man von pränataler Infektion, die bei Geburt als konnataler Infektionsstatus bzw. konnatale Erkrankung imponiert. Die Virusübertragung erfolgt intrauterin, d. h. immer transplazentar. Erfolgt die Infektion des Embryos während der Organogenese, können Entwicklungsstörungen der betroffenen Organe eintreten, die als Embryopathie bezeichnet werden. Zu den embryopathogenen Viren gehören besonders das Rötelnvirus, das Parvovirus B19 und das Zytomegalievirus (Kapitel 9.1.3; 9.7; 9.15).

Erfolgt die Infektion zum Zeitpunkt der Geburt, spricht man von perinataler Infektion. Dieselbe kann kurz vor der Geburt aszendierend erfolgen oder unter der Geburt (intra partum) durch virushaltiges Blut und Zervixsekret oder nachgeburtlich mit der Muttermilch. Perinatale Infektionen mit Herpes-simplex-Virus, Hepatitis-B-Virus oder HIV-1 erfordern entsprechende Präventionsmaßnahmen (Kapitel 9.1; 9.2; 9.27.2).

8.8.2 Virusausbreitung im Körper

Die Epithelien der Eintrittspforten bilden eine physiologische Barriere, die das Virus überwinden muss. Gelingt dies, so kann sich das Virus im Organismus ausbreiten. Dies geschieht in unterschiedlichem Maße. Entsprechend werden zwei Infektionsformen unterschieden.

Lokale Infektion. Die Viren vermehren sich nur an der Eintrittspforte. Die Ausbreitung findet von Zelle zu Zelle statt und die Basalmembran des Epithels wird nicht durchbrochen. Das Infektionsgeschehen und die Krankheitssymptome bleiben auf den Eintrittsort beschränkt. Beispiele sind die Papillomaviren, die Rhinoviren, die Influenzaviren u.a. respiratorische Viren.

Generalisierte Infektion. Sie beginnt mit einer lokalen Infektion in den Epithelien und ist durch die anschließende Ausbreitung des Virus über das Lymph- und Blutgefäßsystem charakterisiert. Nach der Durchbrechung der Basalmembran erfolgt eine erste Vermehrungsrunde in den regionalen Lymphknoten. Danach verlassen die neu gebildeten Viren das Lymphsystem und verbreiten sich über das Blut im Organismus. Diese sogenannte primäre Virämie lässt sich nur schwer nachweisen. Einige Viren bleiben zellassoziiert und werden durch infizierte Zellen auf lymphohämatogenem Weg verbreitet. Es erfolgen weitere Vermehrungsrunden im retikulohistiozytären/retikuloendothelialen System, wobei Histiozyten, Monozyten, Retikulumzellen und Endothelzellen bevorzugte Orte einer massiven Virusvermehrung darstellen. In einer zweiten hämatogenen Aussaat verbreiten sich die Viren mit hoher Effizienz im Körper und erreichen ihr Zielorgan. Diese zweite Virämie wird von uncharakteristischen Krankheitszeichen wie Fieber, Schüttelfrost und allgemeinem Unwohlsein begleitet. Die Virämie ist so ausgeprägt, dass die Viren im Blut oft kurzfristig nachweisbar sind. Im Zielorgan erfolgt dann die eigentliche Virusvermehrung, die zu der klinischen Erkrankung mit den organspezifischen Krankheitsmanifestationen führt, wie z. B. Hepatitis, Pankreatitis, Parotitis, Pneumonie, Hautausschlag usw. Auf die einzelnen Organmanifestationen wird bei der Besprechung der Viren als Krankheitserreger eingegangen. Die Zeitdauer von der Infektion bis zum Auftreten der klinischen Symptome wird als Inkubationszeit bezeichnet. Die während der initialen Virusvermehrung und im Verlauf der primären und sekundären Virämie auftretenden uncharakteristischen Symptome werden auch als Prodromi bezeichnet.

Spezielle Ausbreitungswege

Neuronale Ausbreitung. Einige neurotrope Viren verbreiten sich ausschließlich auf neuralem Weg. Sie besitzen die Fähigkeit, in freie Nervenendigungen einzudringen und die intraaxonalen Transportmechanismen der Nervenzellen auszunutzen. Das Rabiesvirus dringt in die motorischen Endplatten der infizierten Muskelzellen ein und wandert in Form des infektiösen Nukleokapsids im Axon motorischer Nervenzellen zentripetal von der Bissstelle bis ins Zentralnervensystem. In der Spätphase der Infektion erfolgt die zentrifugale Ausbreitung vom Zentralnervensystem in periphere Organe wie die Speicheldrüsen. Ähnliche intraaxonale Transportmöglichkeiten werden von den Alpha-Herpesviren genutzt, die von der peripheren Eintrittsstelle aufsteigend (anterograd) den Zellkern sensorischer Ganglienzellen erreichen und latent infizieren. Nach Reaktivierung wandern die neu gebildeten Viren absteigend (retrograd) zu Haut und Schleimhäuten, wo das Rezidiv entsteht (s. S. 457).

Ausbreitung über die Blut-Liquor-Schranke. Sie ist für makromolekulare Strukturen wie Viren normalerweise undurchdringlich. Viren umgehen sie durch neuronale Ausbreitung entlang der Nervenfasern oder durch Infektion mobiler Zellen wie Lymphozyten, Monozyten und Makrophagen, die das Virus in das Gehirn transportieren. Auch wird die Barriere durch Infektion der auskleidenden Endothelzellen überwunden.

Transplazentare Übertragung. Die Durchdringung der Plazenta geschieht meist durch direkte Infektion der plazentaren Zellen oder mittels infizierter Blutzellen (siehe Hinweis „Vertikale Übertragung von der Mutter auf das Kind“ S. 424).

8.8.3 Virusausscheidung

Die Ausscheidung der neu gebildeten Viren hängt vom Ort der Virusvermehrung ab. So werden z. B. Viren, die sich im Respirationstrakt vermehren, über die Atemluft in Form eines Aerosols ausgeschieden, was zur Tröpfcheninfektion führt. Bei Vermehrung im Gastrointestinaltrakt erfolgt die Ausscheidung im Stuhl. Bei einer generalisierten Infektion spielt neben der lokalen Vermehrung an der Eintrittspforte oft auch das virushaltige Blut und das Zielorgan eine Rolle. Manche Viren werden zusätzlich im Urin ausgeschieden. Die Virurie ist im Gegensatz zur Bakteriurie meist asymptomatisch. Bei Viren, die durch Arthropoden Ïbertragen werden, geschieht die Ausscheidung naturgemäß durch das Blutmahl des beteiligten Invertebratenwirtes (siehe Hinweis „Arboviren“). Die Virusausscheidung erfolgt in der Regel früh im Infektionsverlauf, da die Virusproduktion dem Ausbruch der Erkrankung meist um Tage vorausgeht. In vielen Fällen geschieht die Virusausscheidung bereits gegen Ende der Inkubationszeit. Der Patient ist also ansteckend, bevor er richtig erkrankt.

Arboviren.

Der historische Begriff Arboviren steht für „arthropod-borne viruses“ und bezeichnet zusammenfassend alle Viren, die durch Arthropoden, d. h. Insekten, Zecken und andere Invertebraten, übertragen werden. Arboviren gehören ganz unterschiedlichen Virusfamilien an, haben jedoch eine wichtige Gemeinsamkeit. Sie können sich sowohl im Vertebraten- als auch im Invertebratenwirt vermehren. Sie sind befähigt, einen vollständigen Vermehrungszyklus unter Bildung infektiöser Nachkommenviren in zwei total verschiedenen Organismen zu durchlaufen. Dies bedingt vielfältige Adaptationen an die zellulären Ausstattungen der jeweiligen Wirtszellen sowie an die Abwehrkräfte des Interferonsystems (Kap. 8.9.1) und des Immunsystems (Kap. 8.9.2), welche nur im Vertebratenwirt vorkommen. Arboviren können transovariell von einer Invertebratengeneration zur nächsten vertikal übertragen werden und verursachen im Vertebratenwirt meist eine ausgeprägte Virämie, die der Übertragung auf weitere blutsaugende Arthropoden dient. Natürliche Vertebratenwirte sind oft kleine Nagetiere oder Vögel, die den enzootischen Zyklus aufrechterhalten. Der Mensch ist meist Endwirt, von dem die Viren nicht weiterverbreitet werden. Beispiele sind Flaviviren wie das Gelbfiebervirus, das FSME-Virus, das Denguevirus, das West-Nile-Virus und viele Bunyaviren, wie das Sandfliegenfiebervirus, das Rifttalfiebervirus oder das La-Crosse-Virus.

8.8.4 Verlaufsformen der Virusinfektionen

Virusinfektionen können sehr unterschiedliche Verläufe zeigen, die im Kapitel „Spezielle Virologie“ ausführlich erörtert werden. Grundsätzlich wird unterschieden zwischen akuten und mehr chronischen Verlaufsformen.

Akute Infektion mit Elimination des Virus. Sie ist gekennzeichnet durch eine zeitlich limitierte Virusvermehrung, die durch die einsetzende Immunreaktion kontrolliert und letztlich beendet wird. Es handelt sich um einen selbstlimitierenden Verlauf, bei dem das Virus aus dem Körper eliminiert wird. Zurück bleibt eine virusspezifische Immunität, die eine Reinfektion mit dem identischen Virus verhindert und deshalb als „sterile Immunität“ bezeichnet wird. Dieser Verlauf ist für zytopathogene (lytische) Viren charakteristisch.

Akute Infektion mit asymptomatischer Persistenz des Virus. Der Verlauf ist wie bei der akuten Infektion. Allerdings wird das Virus nicht vollständig eliminiert sondern bleibt trotz steriler Immunität in kaum nachweisbaren Mengen in gewissen Organen über lange Zeiträume erhalten. Es handelt sich um nicht-zytopathogene (nicht-lytische) Viren, die selbst keine Zellschädigung bewirken und unter geeigneter Immunkontrolle jeweils nur wenige Zellen infizieren. Auf diese Weise können sie unbemerkt persistieren, und der einmal Infizierte ist nachweislich gesund. Erst bei schwerer Immunsuppression kann das Virus sich wieder manifestieren. Als Beispiel dient das Hepatitis-B-Virus, das je nach Abwehrlage des Wirtes auch zu chronisch-persistierenden symptomatischen Infektionen führen kann.

Chronisch-persistierende symptomatische Infektion. Die akute Infektion geht in eine chronische Infektion über, in der das Virus trotz einsetzender Immunantwort persistiert. Die Viruspersistenz kann unterschiedliche Ausmaße annehmen. Die dauernde Virusvermehrung unterliegt je nach Kontrolle durch das Immunsystem großen Schwankungen, bleibt aber immer nachweisbar. Auch hier handelt es sich um nicht-lytische Viren. Die chronische Persistenz und dauernde Virusaktivität führt dennoch langfristig zu Organschäden, die meist immunpathologischer Natur sind und durch weitere Noxen wie Alkohol gefördert werden. Bei Verlust der Immunkontrolle können progrediente Verläufe mit zunehmender Virusvermehrung und ausgeprägter Immunpathologie resultieren.

Latente Infektion mit Rekurrenz. Einige Viren gehen nach einer akuten Primärinfektion mit massiver Virusvermehrung und Kontrolle durch die Immunantwort in die Latenz über. Die entsprechenden Virusgenome bleiben in infizierten Zellen intakt erhalten, ohne dass Nachkommenviren gebildet werden. Nach Reaktivierung treten die latenten Virusgenome wieder in einen vollständigen Vermehrungszyklus ein (s. S. 418). Es kommt zu Krankheitssymptomen einer rekurrenten Infektion (Rekurrenz), die sich wegen der bestehenden Immunität von der Symptomatik der Primärinfektion unterscheidet. Eine vorübergehende Immunsuppression bei Erkrankung oder Schwangerschaft oder eine abnehmende Immunität im Alter begünstigen die Rekurrenz. Klassische Beispiele sind die Infektionen mit Varicella-Zoster-Virus, Herpes-simplex-Virus oder Zytomegalievirus. Die Unterscheidung zwischen latenter und chronisch-persistierender Infektion ist theoretisch einfach. Sie wird in der Praxis jedoch oft nicht streng angewendet, da Mischformen vorkommen.

8.8.5 Klinische Manifestation der Infektion

Eine Infektion führt nicht in allen Fällen zum Vollbild der Viruskrankheit. Es kann eine milde oder gar keine Symptomatik auftreten. Entsprechend wird die apparente (klinische, symptomatische) Infektion mit klinischen Symptomen von der inapparenten (subklinischen, asymptomatischen) Infektion ohne Krankheitserscheinungen unterschieden. Ein Maß dafür ist die Manifestationsrate oder der Kontagionsindex (s. S. 9). Masern- und Pockenvirusinfektionen erzeugen fast immer die jeweiligen klassischen Krankheitszeichen. Dagegen verlaufen Infektionen mit Poliomyelitisviren oder Herpesviren weitgehend inapparent.

8.9 Antivirale Abwehrmechanismen und Gegenstrategien der Viren

Die Abwehrmechanismen gegen Viren lassen sich in zwei Kategorien einteilen, nämlich die angeborene, **unspezifische Abwehr** und die erworbene, **spezifische Immunabwehr**. Sie werden bei einer Virusinfektion zeitlich gestaffelt nacheinander wirksam. Die unspezifische Abwehr wird nach dem Eindringen des Virus sofort aktiv und stellt die erste Verteidigungslinie dar. Sie beruht auf der antiviralen Wirkung des Interferonsystems und Effektorfunktionen spezialisierter Abwehrzellen, wie Granulozyten, Monozyten, Makrophagen und natürlichen Killerzellen. Diese Abwehrreaktionen sind dadurch charakterisiert, dass sie nach einem genetisch vorgegebenen Programm in immer gleicher Weise ablaufen und transienter, d. h. zeitlich befristeter Natur sind. Die unspezifische Abwehr wird deshalb auch als natürliche oder angeborene Immunabwehr sowie als nicht-adaptive Immunantwort bezeichnet. Sie limitiert die initiale Virusvermehrung und gibt dem Immunsystem die notwendige Zeit zum Aufbau der spezifischen Immunabwehr als zweite Abwehrfront. Bei genetisch bedingtem Ausfall der unspezifischen Abwehr nehmen banale Virusinfektionen einen schweren Verlauf mit oft tödlichem Ausgang, bevor das Immunsystem richtig eingreifen kann. Die spezifische Immunabwehr oder adaptive Immunität entwickelt sich erst nach der Etablierung einer Infektion und ist ein komplizierter und zeitraubender Prozess. Die erworbene Immunität ist antigenspezifisch, hoch effektiv und vermittelt dank dem immunologischen Gedächtnis den lebenslangen Immunschutz. Der Schutz vor Reinfektion beruht in erster Linie auf der humoralen Immunität durch neutralisierende Antikörper. Der Schutz vor Reaktivierung latenter Viren und die immunologische Kontrolle der Viruspersistenz wird der zellulären Immunantwort zugeschrieben. In den meisten Fällen ist sowohl die humorale als auch die zelluläre Immunität beteiligt, zusammen mit Zytokinen und Interferonen. Viele Viren sind den angeborenen oder erworbenen Immunmechanismen nicht hilflos ausgeliefert. Sie haben Gegenstrategien entwickelt, mittels derer sie die Immunantwort des Wirtes zu ihren Gunsten modulieren und entschärfen. Dabei greifen sie hemmend in das Interferonsystem und das Immunsystem ein. Die Mechanismen der immunologischen Abwehr sind im Kapitel 3 („Grundlagen der Immunologie“, S. 75) behandelt. Hier werden zusätzliche Aspekte der Virusabwehr erörtert, wie das Interferonsystem und die speziellen Fähigkeiten der Viren, die Immunantwort zu umgehen oder auszuschalten.

8

8.9.1 Angeborene, unspezifische Abwehr▪

Die unspezifische Abwehr wird wirksam, sobald die Viren die äußeren Barrieren überwunden haben. Die Mechanismen bestehen wie bei anderen Krankheitserregern in der Phagozytose, der Inaktivierung durch das Komplementsystem, der Aktivität von NK-Zellen und unspezifischen Fieberreaktionen, die temperatursensitive Virusvermehrungsschritte blockieren können. Eine Hauptrolle bei der Abwehr von Viren spielen jedoch die Interferone (IFN) (Tab. **8.5**). Am wichtigsten sind IFN-α (mindestens 13 verschiedene Subtypen) und IFN-β (ein einziger Subtyp), die gemeinsam als IFN-α/β oder Typ-I-IFN bezeichnet werden. Typ-I-IFN werden durch Viren induziert, sind säurestabil (pH 2) und entfalten ihre antivirale Wirkung über einen gemeinsamen Rezeptor und Signalweg (siehe unten). Daneben gibt es das säurelabile IFN-γ, das hauptsächlich von T-Zellen und NK-Zellen während der antiviralen Immunreaktion gebildet wird und auch als Typ-II-IFN oder Immun-IFN bezeichnet wird. Es wirkt über einen eigenen Rezeptor/Signalweg und entfaltet neben immunmodulatorischen Eigenschaften ebenfalls antivirale Aktivität. Dieselbe spielt bei der zellerhaltenden Viruselimination durch antivirale T-Zellen eine entscheidende Rolle. Die Typ-III-Interferone mit den Sub-

Tabelle **8.5** Die wichtigsten Eigenschaften der Interferone des Menschen

	IFN-α/β (Typ-I-IFN)	**IFN-γ (Typ-II-IFN)**	**IFN-λ (Typ-III-IFN)**
Subtypen	IFN-β: 1 IFN-α: 13	1	3
Lokalisation der Gene	Chromosom 9, ein einziges Exon	Chromosom 12, mehrere Exons	Chromosom 19, mehrere Exons
Sezerniertes Protein	166 Aminosäuren	146 Aminosäuren	154 Aminosäuren
Säurestabilität	ja	nein	nein
Produktion	die meisten Zellen, speziell plasmazytoide dendritische Zellen (pDC)	T-Zellen NK-Zellen	viele Zelltypen
Induktion	Virus (dsRNA)	antigener Stimulus	Virus (dsRNA)
Rezeptoren	IFN-α/β-Rezeptor (IFNAR), bestehend aus den Untereinheiten IFNAR1 und IFNAR2 (beide Gene auf Chromosom 21)	IFN-γ-Rezeptor (IFNGR), bestehend aus den Untereinheiten IFNGR1 und IFNGR2 (Chromosom 6 und 21)	IFN-λ-Rezeptor, bestehend aus den Untereinheiten IFN-λR1 (IL-28Rα) und IL-10R2 (Chromosom 1 und 21)
Signalvermittlung	STAT1/STAT2/IRF-9-Komplex (= ISGF-3)	STAT1/STAT1 Homodimere (= GAF)	STAT1/STAT2/IRF-9-Komplex (= ISGF-3)
responsives Kontrollelement im Promotorbereich der ISGs	ISRE	GAS	ISRE
antivirale Aktivität	++++	++	+
immunmodulatorische Aktivität	+	++++	+

typen IFN-λ1 (IL-29), IFN-λ2 (IL-28A) und IFN-λ3 (IL-28B) aktivieren den Typ-I-IFN-Signalweg, obschon sie einen anderen Rezeptor benutzen. Ihre medizinische Bedeutung ist noch unklar. Die wichtigsten menschlichen Interferone sind gentechnisch in großen Mengen herstellbar und werden z. T. bei der antiviralen Therapie eingesetzt (Kapitel 8.11).

Das Typ-I-Interferon-System

Typ-I-Interferone sind virusinduzierte Zytokine mit antiviraler Wirkung. Sie werden von virusinfizierten Zellen produziert und ausgeschüttet. Sie regen benachbarte Zellen zur Bildung von antiviralen Proteinen an, die eine intrazelluläre Resistenz (einen „antiviralen Zustand") vermitteln, und begrenzen so die weitere Virusausbreitung. Es gibt mehrere Gene für verschiedene Subtypen des IFN-α und ein Gen für IFN-β. (Tab. **8.5**) Diese Gene sind in den meisten Zellen stumm, werden aber durch Virusbefall aktiviert. Die Aktivierung geschieht über eine Signalkaskade, die durch bestimmte Virusstrukturen ausgelöst wird (Abb. **8.10)**. Als Induktoren dienen virale Nukleinsäuremoleküle, wie Einzelstrang- oder Doppelstrang-RNA-Moleküle, die – als Produkte der Virusvermehrung – von der Zelle als Gefahrensignale erkannt werden. Die dafür zuständigen zellulären Sensoren sind Helikasen (z. B. RIG-I) im Zytoplasma. Sie aktivieren über ein Mitochondrien-ständiges Signalmolekül (als „IFN-β promoter stimulator-1" [IPS-1] oder „mitochondrial antiviral signaling-" [MAVS] bezeichnet) die Phosphorylierung spezifischer Transkriptionsfaktoren, die dann in den Zellkern wandern und die IFN-β-Genexpression veranlassen. Ein solcher Transkriptionsfaktor ist IRF-3, der von den zellulären Kinasen IKKε oder TBK-1 phosphoryliert wird. Zusätzlich ist die Aktivierung genereller Transkriptionsfaktoren (wie NFκB) erforderlich. Ein weiterer Signalweg führt über bestimmte Toll-like Rezeptoren (TLR).

Die sezernierten IFN binden an spezifische Typ-I-IFN-Rezeptoren auf der Oberfläche benachbarter Zellen. Die Rezeptorbindung führt zu einem Signal von außen in den Zellkern, das die transkriptionelle Aktivierung einer Vielzahl zellulärer Gene anregt, die man zusammenfassend als Interferon-stimulierbare Gene (ISG) bezeichnet. Das Signal wird über den sog. JAK-STAT-Signalweg geleitet. Er ist aus wenigen Komponenten vergleichsweise einfach aufgebaut und daher sehr schnell und wenig störungsanfällig. Am Anfang steht eine Konformationsänderung des IFN-Rezeptors, die zu Aktivierung von Proteinkinasen der JAK-Familie führt. Diese phosphorylieren und aktivieren zwei Transkriptionsfaktoren der STAT-Familie. STAT steht für „Signal-Transduktoren und Aktivatoren der Transkription" und bezeichnet die Eigenschaft dieser Proteine, als Signalvermittler in den Zellkern zu gelangen und dort als Transkriptionsfaktor der Genexpression zu wirken. Im vorliegenden Fall wird ein Transkriptionskomplex aus STAT-1, STAT-2 und IRF-9 gebildet, der bestimmte DNA-Sequenzen im Promotorbereich der ISGs erkennt und zusammen mit Ko-Aktivatoren die koordinierte Expression dieser Gene bewirkt. In

8

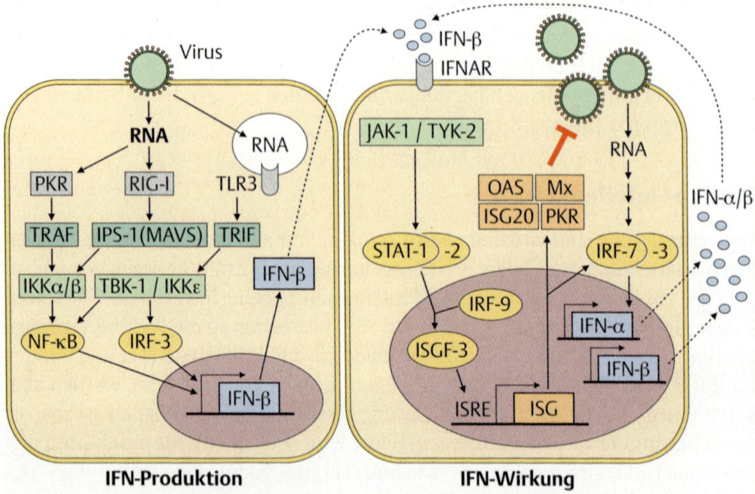

Abb. **8.10** **Produktion und Wirkung von IFN-α/β**
Viren induzieren die Synthese des IFN-β und verschiedener Subtypen des IFN-α. Die sezernierten Interferone binden an einen gemeinsamen Rezeptor (IFNAR) und führen zur Expression von IFN-stimulierbaren Genen (ISG). Einige induzierte Genprodukte haben antivirale Eigenschaften und vermitteln eine intrazelluläre Resistenz (den „antiviralen Zustand") gegenüber eindringenden Viren. PKR, RIG-I und TLR3 sind RNA-bindende Proteine, die als Sensoren dienen. TRAF, IPS-1 (MAVS) und TRIF sind Signalmoleküle. IKKαβ, TBK-1, IKKε, JAK-1 und Tyk-2 sind Proteinkinasen. NF-κB, IRF-3, IRF-7, IRF-9 sowie STAT-1 und STAT-2 sind Transkriptionsfaktoren. Die drei letztgenannten Faktoren bilden zusammen einen Komplex (ISGF-3 = „IFN-Stimulated Gene Factor-3"), der an das ISRE („IFN-Stimulated Response Element") der ISG bindet. OAS (Oligoadenylatsynthetase), ISG20 („IFN-stimulated gene 20 kDa"), Mx (Mx GTPase) und PKR (Proteinkinase R) sind antiviral wirksame Enzyme (s. Text und Box für Details).

8

IFN-behandelten Zellen werden also gleichzeitig Hunderte von Genen transient hochreguliert, was die Eigenschaften dieser Zellen vorübergehend stark ändert. Der antivirale Zustand basiert auf dem Zusammenwirken solcher IFN-induzierter Proteine (siehe Hinweis „IFN-induzierte antivirale Mechanismen") und dauert deshalb nur so lange wie IFN anwesend ist.

IFN-induzierte antivirale Mechanismen.

Sie betreffen in der Regel frühe Schritte der Virusvermehrung. Bisher wurden vier IFN-induzierte Enzymsysteme (Abb. **8.10**) näher beschrieben, die entweder die Transkription/Replikation oder die Translation hemmen, sowie eine Reihe anderer antiviraler Faktoren.

Hemmung der Transkription/Replikation. Das ISG-20 kodiert für eine zelluläre 3'-5'-Exonuklease, die spezifisch Einzelstrang-RNA-Moleküle abbaut. Sie entfaltet antivirale Aktivität gegenüber gewissen RNA-Viren. Die IFN-induzierten Mx-Proteine sind 80 kD große GTPasen, die mit Dynamin und Dynamin-ähnlichen GTPasen verwandt sind. Das MxA-Protein des Menschen hemmt die Transkription/Replikation einer Reihe von RNA-Viren, indem es die Nukleokapside dieser Viren erkennt und inaktiviert. Betroffen sind Influenzaviren und andere Orthomyxoviren (Mx steht für Orthomyxovirus-Resistenz), ferner Paramyxoviren (Masernvirus), und Bunyaviren (Hantaviren, La-Crosse-Virus, Virus des hämorrhagischen Krim-Kongo-Fiebers und andere).
Hemmung der Translation. Die IFN-induzierte Proteinkinase PKR inaktiviert durch Phosphorylierung den für die zelluläre Proteinsynthese erforderlichen Initiationsfaktor eIF-2a. Die PKR ist nur in virusinfizierten Zellen voll aktiv, da sie für ihre Funktionsfähigkeit auf die Aktivierung durch virale dsRNA-Moleküle angewiesen ist. Dadurch erklärt sich die selektive antivirale Wirkung. Ein zweites Enzymsystem verunmöglicht die Translation durch Abbau der viralen mRNA. Die IFN-induzierte 2'-5'-Oligoadenylatsynthetase (OAS) katalysiert die Veresterung von bis zu fünf Adenosin-Triphosphaten (ATP) zu 2'-5'-gebundenen Oligoadenylaten. Diese binden an eine im Zytoplasma latent (d. h. inaktiv) vorkommende Ribonuklease (RNaseL), die virale und zelluläre RNA abbaut. Wiederum ist die Spezifität der OAS/RNaseL- Wirkung dadurch gewährleistet, dass die katalytische Aktivität der OAS durch dsRNA-Gebilde aktiviert werden muss, die erst bei Virusbefall in der Zelle auftreten.
Weitere antivirale Aktivitäten. Es ist bekannt, dass weitere IFN-induzierte Proteine und Faktoren an der antiviralen Aktivität beteiligt sind, die es noch weiter zu charakterisieren gilt. Dazu gehören weitere GTPasen und Enzyme, die Proteinmodifikationen ausführen sowie Proteine der TRIM-Familie, die antiretrovirale Aktivitäten vermitteln. ■

Die IFN-Expression und die Aktivität der ISGs unterliegt einer strengen zellulären Kontrolle mit fördernden und hemmenden Einflüssen und ist immer zeitlich begrenzt. Grundsätzlich sind alle Körperzellen in der Lage, virusinduziertes IFN zu produzieren – wenn auch in unterschiedlichen Mengen. Die IFN-Produktion wird in vielen Körperzellen durch eine positive Rückkoppelung verstärkt. Das zuerst gebildete IFN-β induziert die Synthese des Transkriptionsfaktors IRF-7, der dann zusammen mit IRF-3 die Expression der multiplen IFN-α-Gene betreibt, die in großen Mengen sezerniert werden. Dadurch wird die IFN-Antwort vorübergehend stark amplifiziert. Zusätzlich gibt es spezielle Zelltypen wie die plasmazytoiden dendritischen Zellen, die auf IFN-α-Produktion spezialisiert sind und bei vielen Virusinfektionen als Hauptquelle der IFN-Produktion angesehen werden. Die notwendigen IFN-Rezeptoren sind ebenfalls auf sämtlichen Zellen vorhanden. Dadurch ist unter Infektion eine systemische IFN-Antwort im gesamten Organismus gewährleistet. Zusätzlich zu der intrazellulären Resistenz entfalten die IFN weitere antivirale Aktivitäten, indem sie z. B. die zytolytische Aktivität der NK-Zellen verstärken oder die Expression der MHC-Klasse-I-Moleküle erhöhen, was das Erkennen und die Zerstörung der infizierten Zellen durch zytotoxische T-Zellen erleichtert.

Virale IFN-Antagonisten als Pathogenitätsfaktoren. Damit Viren in Gegenwart der IFN-Abwehr überhaupt eine ausreichende Menge an Nachkommenviren produzieren können, müssen sie das IFN-System austricksen. Dazu haben die diversen Virustypen im Laufe der Koevolution mit ihrem Vertebratenwirt eigene Strategien entwickelt. Dieselben zielen darauf ab, entweder die Produktion oder die Wirkung der Interferone zu hemmen. So verfügen die meisten Viren über spezialisierte Proteine, die als IFN-Antagonisten wirken und dadurch die scheinbar ungehemmte Vermehrung und Ausbreitung im Organismus erst ermöglichen. Diese IFN-Antagonisten sind oft nichtstrukturelle Proteine, die früh in der infizierten Zelle gebildet werden. Sie sind für die Virusvermehrung in Abwesenheit von IFN entbehrlich, nicht jedoch für die Propagation der Viren im IFN-kompetenten Wirt. Somit stellen diese Proteine virale Pathogenitätsfaktoren dar. Viren, die aufgrund einer Mutation den IFN-Antagonisten verloren haben, sind im normalen Wirt stark attenuiert. Diese Tatsache wird heute experimentell genutzt, um hochpathogene Viren durch eine einfache genetische Manipulation in gutverträgliche Varianten zu verwandeln. In Abb. **8.11** sind die bekannten anti-IFN-Strategien zusammengefasst dargestellt.

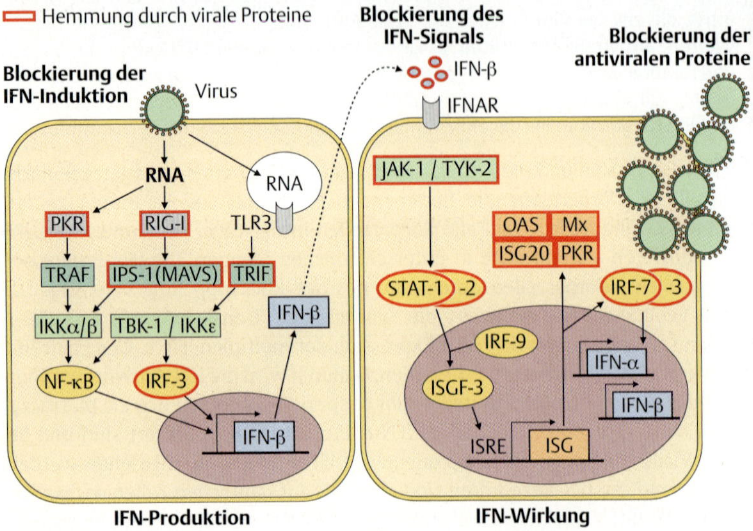

Abb. **8.11** **Viren bekämpfen die IFN-Abwehr.** Viele Viren besitzen spezialisierte Proteine (virale IFN-Antagonisten), die das IFN-System lahmlegen. Die Gegenwehr der Viren bewirkt entweder eine Hemmung der IFN-Produktion oder der IFN-Wirkung. Virale Proteine können sowohl Signalwege als auch die antiviralen Effektorproteine stören. Oft wird eine Kombination verschiedener Hemmschritte erzielt. IFN-Antagonisten sind Pathogenitätsfaktoren, deren Verlust zu Attenuierung im immunkompetenten Wirt führt.

Blockierung der IFN-Produktion. Sehr viele Viren hemmen die Signalwege, welche zur IFN-Genexpression führen. Oft sorgt ein virales Protein dafür, dass die Phosphorylierung und der Kerntransport des spezifischen Transkriptionsfaktors IRF-3 unterbleibt. So zerstört eine Protease des HCV die beiden Signalmoleküle MAVS und TRIF (S. 502). Das NS1-Protein der Influenza-A-Viren inaktiviert RIG-I (S. 512). Bei lytischen Viren wird alternativ die Aktivität der zellulären RNA-Polymerase gestört, was eine verminderte zelluläre Genexpression bewirkt und letztlich zur Zell-Lyse beiträgt (Abb. **8.11**).

Blockierung der IFN-Wirkung. Hier wird auf sämtlichen Ebenen interveniert. Einige Pockenviren produzieren IFN-bindende Proteine, die als lösliche Rezeptoren von der infizierten Zelle abgegeben werden und das zirkulierende IFN abfangen. Diese viralen Rezeptor-ähnlichen Proteine werden als Virozeptoren bezeichnet. Andere Viren blockieren den JAK-STAT-Signalweg, indem sie entweder die JAK-Tyrosinkinasen hemmen oder die STAT-Proteine zum Abbau an die Proteasomen führen. Schließlich werden die IFN-induzierten Effektorproteine direkt in ihrer antiviralen Funktion gestört. Viele Viren exprimieren RNA-bindende Proteine, die dsRNA-Moleküle abfangen und dadurch die Aktivierung der OAS und der PKR verunmöglichen. Zusätzlich wird weniger IFN produziert, da dsRNA nicht als Induktor zur Verfügung steht (Abb. **8.11**).

8.9.2 Erworbene, spezifische Immunabwehr

8

Die spezifische adaptive Immunantwort ist unerlässlich für die langfristige Kontrolle einer Virusinfektion und die Elimination des Virus. Sie ist ebenfalls unerlässlich für den Schutz vor Reinfektion und ein wichtiger Schutzfaktor in den ersten Lebensmonaten in Form mütterlicher Antikörper. Sie ist ferner das Ziel aller Schutzimpfungen und das einzig verlässliche Mittel, gewisse humanpathogene Viren weltweit auszurotten. Die Komponenten des Immunsystems und ihre vielfältigen Wechselwirkungen werden im Kapitel 3 („Grundlagen der Immunologie", S. 75) behandelt. Hier sollen ergänzend einige für die Virusabwehr relevante Punkte besprochen werden.

Bedeutung der humoralen Immunantwort

Antikörper sind vor allem bei akuten Infektionen mit lytischen Viren wichtig. Sie blockieren die Virusausbreitung und oft die Aussaat in das Endorgan und sorgen für die Elimination des Virus. So verhindern neutralisierende Antikörper im Serum zwar nicht die Vermehrung des Poliomyelitisvirus im Darm, jedoch die nachfolgende Virämie und den Befall der Motoneurone im Rückenmark. Antikörper sind der wichtigste Schutzfaktor zur Verhinderung der Tollwut, da sie die Rabiesviren vor dem Eintritt in die Nervenendigungen und dem intraaxonalen Transport ins Zentralnervensystem abfangen. IgA sind wichtig für die Eindämmung der lokalen Infektion der Schleimhäute. Die transplazentar übertragenen mütterlichen Antikörper schützen das Neugeborene für Monate und sind ein Grund dafür, dass die klassischen Kinderkrankheiten erst später auftreten. Die Schutzwirkung der meisten Impfungen erfolgt über Antikörper. Neben neutralisierenden Antikörpern werden im Verlauf einer Infektion viele weitere Antikörperspezifitäten gebildet. Einige davon sind ebenfalls antiviral aktiv, indem sie infizierte Zellen zusammen mit Komplement oder mittels der antikörperabhängigen zellvermittelten Zytotoxizität zerstören. In Sonderfällen können nicht-neutralisierende Antikörper jedoch zur Verstärkung der Krankheitssymptome beitragen, indem sie die Virusausbreitung fördern oder entzündliche Reaktionen begünstigen. Beispiele sind Infektionen mit Dengue-Viren oder abartige Verläufe bei Masern. Bei chronisch-persistierenden Infektionen mit nicht-lytischen Viren ist die humorale Immunität von geringerer Bedeutung. Die Viren persistieren in Gegenwart der antiviralen Antikörper weil sie der Immunantwort durch sukzessive Mutationen (Quasispezies, siehe S. 412) laufend entgehen. Mit der Zeit entstehen Immunkomplexe und die dadurch verursachten Krankheiten. Generell sind Antikörper von praktischer Bedeutung für die serologische Diagnostik von Virusinfektionen (S. 39).

Bedeutung der zellulären Immunantwort

Sie richtet sich gegen virusinfizierte Zellen und bewirkt deren Elimination durch zytotoxische T-Zellen. Je früher und kräftiger einzelne virusproduzierende Zellen zerstört werden, desto eher werden chronisch-persistierende Virusinfektionen vermieden. Zusätzlich bewirken zytotoxische T-Zellen eine nicht-zytotoxische Viruselimination durch die antivirale Wirkung des IFN-γ. Diese spielt eine entscheidende Rolle bei selbstlimitierenden Verläufen z. B. der Hepatitis B oder Hepatitis C. Fällt die zelluläre Immunantwort initial zu schwach aus oder setzt verspätet ein, kommt es zu unkontrollierter Virusvermehrung und zum Befall ganzer Organe. Die später einsetzende Immunreaktion bewirkt dann immunpathologische Schäden.

8.9.3 Ausweichmechanismen der Viren

Viren, die lebenslang im Körper verbleiben und oft chronisch-persistierende Infektionen verursachen, verfügen über spezielle Strategien, dem Immunsystem zu entgehen. Eine erfolgreiche Strategie ist das Verstecken. Ein gutes Beispiel dafür ist die Latenz, bei der das Virusgenom erhalten bleibt ohne immunologisch erkannt zu werden. Einige Viren (wie z. B. das Zytomegalievirus) verhindern die Prozessierung der neu gebildeten viralen Proteine durch das Proteasom sowie den intrazellulären Transport der Antigenpeptide oder deren Präsentation an der Zelloberfläche. Dadurch wird die infizierte Zelle von T-Zellen nicht als solche erkannt. Aus demselben Grund bewirken Viren eine Herunterregulierung der MHC-Klasse I- und/oder Klasse II- Moleküle auf der Zelloberfläche, wobei einige dieser Viren eigene MHC-ähnliche Proteine exprimieren, um der Erkennung durch NK-Zellen zu entgehen. Eine zweite Strategie besteht in der Täuschung durch ständige Mutation der kritischen Proteindomänen, die virale T- oder B-Zell-Epitope enthalten. Beispiele dafür sind die Influenzaviren oder Viren mit Quasispezies-Natur, wie HIV-1 oder HCV. Eine weitere Strategie besteht in der Immunsuppression durch direkte Schädigung der Lymphozyten und/oder der antigenpräsentierenden Zellen. Die virusinduzierte Immunsuppression kann vorübergehend sein (wie bei Masern und sehr vielen anderen Viruskrankheiten) oder progredient (wie bei AIDS).

Ungelöste Fragen. Die Frage, ob gewisse Viren als Auslöser von Autoimmunkrankheiten in Frage kommen, ist noch nicht ausreichend geklärt. In einigen experimentellen Systemen trifft dies zu und wird entweder durch immunologische Kreuzreaktionen (molekulares Mimikry) oder überschießende Immunreaktionen (z. B. T-Zell-Aktivierung durch virale Superantigene oder fehlgeleitete Produktion von Zytokinen) erklärt.

8.10 Prävention und Eradikation

Die Prävention ist von erstrangiger Bedeutung für die Bekämpfung von Virusinfektionen. Die wichtigste prophylaktische Maßnahme ist die Schutzimpfung (s. auch S. 51). Diese vermittelt sowohl einen wirksamen Individualschutz als auch durch Bekämpfung und Verhütung von Epidemien einen Kollektivschutz. Durch welt-umspannende Impfprogramme lassen sich sogar humanpathogene Viren ausrotten (Pocken-Viren, Poliomyelitis-Viren, s. Hinweis „Ausrottung von Viren"). Grundsätzlich wird zwischen aktiver und passiver Immunisierung unterschieden. Zur Prävention von Virusinfektionen ist in besonderen Fällen eine Expositionsprophylaxe (s. S. 51) sowie eine Chemoprophylaxe mit antiviralen Pharmaka (s. S. 55) erforderlich.

Ausrottung von Viren.
Die Durchimpfung der gesamten Erdbevölkerung kann zur Eradikation einzelner humanpathogener Viren führen, wie das Beispiel der Pocken zeigt. Die Ausrottung des Poliomyelitisvirus und des Masernvirus sind erklärte Ziele der Weltgesundheitsorganisation. Die beiden wichtigsten Voraussetzungen sind, dass das Virus nur beim Menschen vorkommt (kein Tierreservoir) und die Impfung eine lang dauernde Immunität hinterlässt.

8.10.1 Aktive Immunisierung (Impfung)

Sie aktiviert das Immunsystem des Geimpften und bewirkt den Aufbau einer eigenen Immunität mit Langzeitgedächtnis. Dazu wird entweder inaktiviertes Virusmaterial als vorgefertigtes Antigen benutzt oder ein attenuiertes Virus verabreicht, das sich vermehrt und dabei die viralen Antigene wie bei einer natürlichen Infektion exprimiert. Die Qualität der Immunantwort des Geimpften ist entsprechend unterschiedlich (s. unten). Impfkalender für Säuglinge, Kinder, Jugendliche und Erwachsene regeln das Vorgehen bei den Standardimpfungen. Die Impfkalender in Deutschland, Österreich und der Schweiz sind im Prinzip identisch und weichen nur in Details voneinander ab (s. auch Tab. **2.5**, **2.6** und **2.7** sowie S. 52–54).

Totimpfstoff

Er besteht aus inaktivierten Viren oder deren immunogenen Bestandteilen (s. Tab. **2.5**, S. 52). Die Viren werden auf Zellkulturen oder im bebrüteten Hühnerei gezüchtet, gereinigt und anschließend inaktiviert. Die Inaktivierung basiert meist auf der Behandlung mit Formaldehyd in Konzentrationen, welche die viralen Proteine denaturieren ohne die Antigenität zu zerstören. Die Virusbestandteile werden entweder durch Aufspaltung von Virionen gewonnen (Spaltvakzine) oder gentechnisch (rekombinant) hergestellt. Totimpfstoffe sind definitionsgemäß nicht vermehrungsfähig. Die benötigte Antigenmenge muss von außen zugeführt werden, wobei wiederholte Gaben zum Erreichen des Immunschutzes notwendig sind (Booster-Impfung). Zur Steigerung der Immunantwort wird ein Adjuvanz (meist Aluminiumhydroxid) verwendet, das die entzündliche Lokalreaktion am Inokulationsort fördert. Die Applikation erfolgt intramuskulär, bevorzugt in den Trapezmuskel (M. deltoideus). Die Impfung aktiviert vor allem T-Helferzellen und das B-Zell-System und erzeugt eine humorale Immunität mit Antikörperbildung. Der Hauptvorteil der Totimpfstoffe besteht in ihrer Sicherheit und Haltbarkeit. Sie können gefahrlos an Schwangere oder immunsupprimierte Personen verabreicht werden. Ferner können verschiedene Impfstoffe kombiniert werden (Kombinationsimpfstoffe) oder in beliebigen Zeitintervallen verabreicht werden. Auch wird die Impfantwort des Säuglings durch allenfalls vorhandene maternale Antikörper nicht beeinträchtigt.

Neuartige Impfstoffe.
Neue Formen von Schutzimpfungen werden experimentell erprobt. Dazu gehören Peptidimpfstoffe, die aus synthetischen Peptiden von bis zu 30 Aminosäuren bestehen und viralen Epitopen entsprechen. In Tierversuchen konnte die schützende Wirkung solcher Peptidimpstoffe bereits gezeigt werden. Eine weitere Entwicklung sind DNA-Impfstoffe. Plasmide mit viralen DNA-Sequenzen, die für immunologisch relevante Proteine kodieren, werden intramuskulär injiziert. Dabei gelangt die Plasmid-DNA in Muskel- und andere Körperzellen. Die intrazelluläre Expression der viralen Proteine führt zu der erwünschten humoralen und zellulären Immunantwort, wie in Infektionsmodellen gezeigt werden konnte. Falls am Menschen anwendbar, hätte diese Vakzine den Vorteil der leichten Herstellbarkeit und guten Haltbarkeit.

Lebendimpfstoff

Er besteht aus attenuierten, d. h. abgeschwächten und apathogenen Viren, die aber noch vermehrungsfähig sind und große Mengen an Virusbestandteilen, d. h. viralen Antigenen produzieren. Idealerweise ahmen Lebendimpfstoffe die natürliche Infektion nach, ohne Krankheitssymptome hervorzurufen. Der Vorteil dieser Impfstoffe ist ihre gute Immunogenität. Die Impfung induziert eine asymptomatische Infektion und eine vollständige Immunreaktion mit Bildung von Antikörpern und zytotoxischen T-Zellen und erzeugt dadurch einen lang andauernden Schutz vor Reinfektion. Die Applikation erfolgt meist subkutan. Gewisse Lebendimpstoffe können kombiniert werden, wie z. B. die Masern-, Mumps- und Rötelnimpfstoffe (MMR). Attenuierte Virusstämme besitzen attenuierende Mutationen in kritischen Genen (siehe Kapitel 8.5.4, S. 414) und werden für die Impfstoffherstellung in geeigneten humanen oder tierischen Zellkulturen oder bebrüteten Hühnereiern gezüchtet. Rückmutationen, die den virulenten Phänotyp wieder herstellen, sind möglich, aber extrem selten. Unabhängig davon sind Lebendimpfstoffe in der Schwangerschaft sowie bei schwerer Immunsuppression generell kontraindiziert. Maternale Antikörper können im ersten Lebensjahr die verabreichten Impfviren neutralisieren und dadurch das Angehen der Impfvirusinfektion verhindern. Deshalb sind Lebendvirus-Impfungen erst ab dem zweiten Lebensjahr sinnvoll.

Vor- und Nachteile von Tot- und Lebendimpfstoffen.

Lebendimpfstoffe haben folgende Vorteile:
- sie bieten jahrelange Immunität (humoral und zellulär),
- eine Impfung genügt meist für die Grundimmunisierung,
- z. T. ist die orale Gabe möglich,
- sie sind kostengünstiger in der Herstellung.

Es gibt jedoch auch Nachteile:
- ihre beschränkte Haltbarkeit (Kühlketten-Transport),
- die Möglichkeit der Rückmutation zum pathogenen Wildtyp,
- eine aufwändige Prüfung auf Kontamination mit anderen Viren ist nötig,
- Interferenz mit anderen Viren könnten auftreten (nur Gesunde impfen!),
- Neutralisation durch vorbestehende Antikörper,
- Lebendimpfstoffe können nicht bei Immunsuppression und nicht in der Schwangerschaft angewendet werden.

Totimpstoffe dagegen
- sind sicher (sie bergen keine Infektionsgefahr durch Mutationen/Kontaminationen),
- sind haltbar und transportfähig,
- lassen sich untereinander kombinieren,
- und eine Boosterimpfung ist möglich.

Ihre Nachteile:
- zur Grundimmunisierung sind mehrere Impfungen notwendig,
- in erster Linie wird nur eine humorale Immunität erzielt,
- Auffrischimpfungen sind notwendig,
- allergische Reaktionen gegen Konservierungsmittel/Stabilisatoren sind möglich,
- die Herstellungskosten sind hoch.

8

8.10.2 Passive Immunisierung

Sie beruht auf der Gabe menschlicher Immunglobuline, die parenteral (intramuskulär oder intravenös) verabreicht werden. Der Schutz ist kurzdauernd, da die Immunglobuline relativ schnell abgebaut werden (s. auch S. 55). Die passive Immunisierung bleibt deshalb besonderen Umständen vorbehalten. Sie dient z. B. der Prophylaxe bei Reisen mit vorübergehend erhöhtem Infektionsrisiko unter der Voraussetzung, dass eine aktive Impfung kurzfristig nicht möglich ist. Sie dient weiterhin der Prophylaxe bei Virusexposition infolge nachweislicher Kontakte sowie zum Schutz von Patienten mit Immundefizienz. Dies gilt z. B. für den Kontakt einer nichtimmunen Schwangeren mit an Röteln erkrankten Personen in der Frühschwangerschaft. Die passive Immunisierung muss sofort nach der Exposition erfolgen, um die initiale Virusausbreitung zu stoppen. In den meisten Fällen ist sie bereits 48–72 Stunden nach erfolgter Exposition unwirksam. Immunglobulinpräparate mit besonders hohen Konzentrationen an spezifischen Antikörpern stehen zur Prophylaxe einiger ausgewählter Virusinfektionen zur Verfügung (HBV, VZV, CMV, Röteln und Rabies). Einige dieser sog. Hyperimmunglobuline liegen als intramuskulär oder intravenös zu verabreichende Präparate vor.

8.10.3 Simultanimpfung

Sie bezeichnet eine gleichzeitige aktive und passive Immunisierung. Die Simultanimpfung wird ausschließlich zur Postexpositionsprophylaxe angewandt. Die alleinige passive Immunisierung reicht z. B. bei Bissverletzungen durch tollwutverdächtige Tiere nicht aus und muss durch die sofortige aktive Immunisierung ergänzt werden. Dies gilt gleichermaßen für Nadelstichverletzungen mit HBV-haltigem Blut bei fehlender Immunität oder für die HBV-Infektionsprophylaxe bei Neugeborenen von HBV-Trägerinnen. Die passive Immunisierung besteht in der intramuskulären Gabe der Immunglobuline; für die simultane aktive Immunisierung werden Totimpstoffe auf der kontralateralen Seite injiziert.

Gute Gründe für Impfungen.

Individualschutz: Verminderung des eigenen Krankheitsrisikos, Vermeidung von Spätkomplikationen wie Krebs, Reise in ein Endemiegebiet (z. B. Gelbfieber, Poliomyelitis, Tollwut, Hepatitis A), Exposition im Berufsleben (z. B. Hepatitis B).

Kollektivschutz: Verhütung von Epidemien, Verhütung der Ansteckung von Personen mit fehlendem oder schlechtem Immunschutz (Impfversager, Immunsupprimierte, Schwangere). Impfung des Personals in Krankenhäusern, Alten- und Pflegeheimen.

Eindämmung einer Epidemie: Masern, Influenza, Pocken bei Terroranschlag.

Ausrottung von Infektionskrankheiten: Pocken, Poliomyelitis, Masern.

8.11 Antivirale Therapie

Es gibt eine zunehmende Anzahl antiviraler Chemotherapeutika, die zur Behandlung oder zur Prophylaxe von Virusinfektionen eingesetzt werden können. Die Virusvermehrung ist innig mit zellulären Strukturen und Funktionen verbunden und stellt im Grunde eine Leistung der Wirtszelle dar. Die Entwicklung von Chemotherapeutika, die spezifisch die Virusvermehrung hemmen sollen, ohne die Zellen des Wirts zu schädigen, ist deshalb prinzipiell schwierig. Die Virusselektivität wird auf zwei Arten erreicht. Die meisten antiviralen Substanzen hemmen spezifisch die Funktion essentieller viraler Proteine und blockieren auf diese Weise selektiv nur virale Prozesse. Angriffspunkte sind die Schlüsselenzyme der viralen Nukleinsäuresynthese oder die viralen Proteasen, die für die Prozessierung der viralen Polyproteine unerlässlich sind, sowie weitere virusspezifische Enzymsysteme. Andere antivirale Substanzen sind weniger selektiv, werden aber erst durch virale Enzyme aktiviert und damit ausschließich in virusinfizierten Zellen wirksam. Bei der praktischen Anwendung gibt es zwei Probleme. Erstens sollte die antivirale Chemotherapie bei akuten Erkrankungen (z. B. Influenza, Verdacht auf Herpesvirusenzephalitis) möglichst früh im Infektionsverlauf erfolgen, da der Höhepunkt der Virusvermehrung mit Einsetzen der klinischen Symptome meist schon erreicht ist. Dies erfordert eine rasche und zuverlässige Diagnostik (Schnelldiagnostik, s. S. 36). Zweitens können resistente Virusstämme auftreten, die eine Resistenztestung (s. S. 38, S. 549) und gegebenenfalls den Einsatz eines alternativen Therapeutikums mit anderer Wirkung erforderlich machen.

Die wichtigsten antiviral wirksamen Chemotherapeutika sind in Tab. **8.6** zusammengefasst.

Ihre Anwendung wird bei der Besprechung der einzelnen Krankheitserreger vertiefend erläutert. Prinzipiell lassen sie sich unterschiedlichen Kategorien zuordnen.

Inhibitoren der viralen DNA-/RNA-Synthese. Man unterscheidet:

- **Nukleosidanaloga.** Sie werden intrazellulär zum aktiven Nukleosid-Triphosphat phosphoryliert und hemmen kompetitiv die virale Polymerase oder werden in den wachsenden viralen Nukleinsäurestrang eingebaut. Die Nukleosidanaloga mit fehlender 3'-Hydroxygruppe am Zuckeranteil führen regelmäßig zum Kettenabbruch bei der viralen DNA-Synthese. Einige Nukleosidanaloga (z. B. Aciclovir) werden vor allem durch virale Phosphotransferasen zum Monophosphat umgewandelt und bleiben in nicht infizierten Zellen inaktiv, was die gute Verträglichkeit erklärt (Abb. **8.12**). Die sog. azyklischen Nukleosid-Phosphonat-Analoga sind bereits monophosphoryliert und werden unabhängig von viralen Enzymen zum aktiven Triphosphat umgewandelt. Einige Nukleosidanaloga hemmen bevorzugt die Reverse Transkriptase (RT) und werden gegen HIV-1 und HBV eingesetzt.

- **Pyrophosphatanaloga**. Sie besetzen die Pyrophosphatbindungsstelle der viralen Polymerasen und hemmen so die DNA-Polymerasen der Herpesviren und die RT der Retroviren.
- **Nichtnukleosidische Inhibitoren der RT**. Sie binden hochspezifisch an funktionell wichtige Domänen der RT des HIV-1 und bewirken Konformationsänderungen, welche die Enzymaktivität hemmen. Da schnell Resistenzmutationen selektioniert werden, wird, wie für alle HIV-Therapeutika, die Kombinationstherapie mit Nukleosidanaloga und Proteaseinhibitoren empfohlen (siehe HAART, S. 549).

Tabelle **8.6** Gebräuchliche antivirale Chemotherapeutika

Hemmstoff (Abkürzung) Handelsname® Substanz	**Anwendung**	**Wirkung**	**Resistenz**	**Nebenwirkungen**
a) Antivirale Nukleosidanaloga und Pyrophosphatanaloga				
Aciclovir (ACV) Zovirax® Acycloguanosin	HSV VZV	Hemmung der DNA-Synthese (Kettenabbruch)	Mutation der viralen Thymidinkinase oder seltener der DNA-Polymerase	Exantheme, Übelkeit
Ganciclovir (GCV) Cymeven® Guanosinanalogon	CMV	Hemmung der DNA-Synthese	Mutation der viralen Kinase oder seltener der DNA-Polymerase	hämatotoxisch myelosuppressiv
Brivudin (BVdU) Zostex® Uracilanalogon	nur HSV-1 VZV	Hemmung der DNA-Synthese	Mutation der viralen Thymidinkinase, oft Kreuzresistenz zu ACV	
Famciclovir (FCV) Famvir®; oder für lokale Anwendung: Penciclovir (PCV) Vectavir® Guanosinderivat	HSV VZV	Hemmung der DNA-Synthese, FCV (Prodrug) wird in Darm und Leber zu PCV (aktiver Wirkstoff) metabolisiert.	Mutation der viralen Thymidinkinase oder seltener der DNA-Polymerase	

Tabelle **8.6** (Fortsetzung)

Hemmstoff (Abkürzung) Handelsname® Substanz	**Anwendung**	**Wirkung**	**Resistenz**	**Neben-wirkungen**
Cidofovir (CDV) Vistide® azyklisches Nukleosid-Phosphonat-Analogon des Cytosin	CMV, bei GCV-Resistenz	Hemmung der DNA-Synthese (Kettenabbruch)	Mutation der viralen DNA-Polymerase	nephrotoxisch
Adefovir (PMEA) Preveon® azyklisches Nukleosid-Phosphonat-Analogon des Adenins	HBV	Hemmung der DNA-Synthese (Kettenabbruch)	Mutation der Reversen Transkriptase/DNA-Polymerase	
Foscarnet Foscavir® Phosphonoameisensäure, Pyrophosphatanalogon	CMV, HSV bei ACV-Resistenz, HIV	Hemmung der DNA-Synthese		nephrotoxisch Fieber, Übelkeit
Zidovudin (AZT) Retrovir® azidothymidin, nukleosidischer RT-Inhibitor (NRTI)	HIV	Hemmung der RT (DNA-Synthese, Kettenabbruch)	Mutationen der RT	hämatotoxisch, myelosuppressiv, Anämie, Neutropenie, Anorexie
Lamivudin (3TC) Epivir® Didesoxy-3-Thiacytidin, nukleosidischer RT-Inhibitor (NRTI)	HIV HBV (kombiniert mit IFN-α)	Hemmung der RT (DNA-Synthese, Kettenabbruch)	Mutationen der RT	Malaise, Diarrhoe
Didanosin (ddI) Videx® Didesoxyinosin, nukleosidischer RT-Inhibitor (NRTI)	wie AZT	wie AZT	Mutationen der RT	Pankreatitis

Tabelle **8.6** (Fortsetzung)

Hemmstoff (Abkürzung) Handelsname® Substanz	Anwendung	Wirkung	Resistenz	Nebenwirkungen
Zalcitabin (ddC) Hivid®	wie AZT	wie AZT	Mutationen der RT	Polyneuropathie
Didesoxycytidin, nukleosidischer RT-Inhibitor (NRTI)				
Stavudin (d4T), Zerit® Thymidinanalogon, nukleosidischer RT-Inhibitor (NRTI)	wie AZT	wie AZT	Mutationen der RT	Neuropathie, Pankreatitis
Ribavirin Virazole®, Rebetol® Purinanalogon	Lassavirus, HCV in Kombination mit PEG-IFN-α (RSV)	verschiedene Mechanismen	Nicht bekannt	Anämie Exanthem
b) Nicht-nukleosidische RT-Inhibitoren (NNRTI) des HIV-1				
Nevirapin (NVP) Viramune®	HIV-1	Hemmung der RT	Mutationen der RT, Kreuzresistenz mit anderen NNRTI	Exantheme, Übelkeit
Efavirenz (EFV) Sustiva®	HIV-1	Hemmung der RT	Mutationen der RT, Kreuzresistenz	Schwindel, Kopfschmerz
Delarvidin (DLV) Rescriptor®	HIV-1	Hemmung der RT	Mutationen der RT, Kreuzresistenz	Exantheme
c) Proteaseinhibitoren				
Nelfinavir (NFV) Viracept®	HIV-1	Hemmung der viralen Protease	Mutationen der viralen Protease	Diarrhoe

Tabelle **8.6** (Fortsetzung)

Hemmstoff (Abkürzung) Handelsname® Substanz	Anwendung	Wirkung	Resistenz	Nebenwirkungen
Indinavir (IDV) Crixivan®	HIV-1	wie NFV	wie NFV	Lipodystrophie
Saquinavir (SQV) Invirase®	HIV-1	wie NFV	wie NFV	Diarrhö hepatotoxisch
Ritonavir (RTV) Norvir®	HIV-1	wie NFV	wie NFV	Parästhesien
Amprenavir (APV) Agenerase®	HIV-1	wie NFV	wie NFV	
Atazanavir Reyataz®	HIV-1	wie NFV einmalige Dosis/Tag ausreichend		Diarrhö Störungen des Fettstoffwechsels
d) Integrase-Inhibitoren				
Raltegravir Isentress®	HIV-1	Hemmung der Integrase Einsatz bei vorgängigem Therapieversagen		Diarrhö Übelkeit Kopfschmerz
e) Entry-Inhibitoren				
Maraviroc Celsentri®	HIV-1	Blockierung des CCR-5-Korezeptors Reserve-Medikamente bei vorgängigem Therapieversagen		Übelkeit Störungen Leber, ZNS
T20 Fuzeon® synthetisches Peptid	HIV-1	Hemmung der Fusion	Mutation der viralen gp41	Unbekannt
f) Andere antivirale Chemotherapeutika				
Amantadin trizyklisches Amin (Adamantanamin)	Influenza-A-Viren	Hemmung des Uncoating	Mutation des viralen M2-Ionenkanals	Ataxie, Tremor Unruhe

Tabelle **8.6** (Fortsetzung)

Hemmstoff (Abkürzung) Handelsname® Substanz	**Anwendung**	**Wirkung**	**Resistenz**	**Neben-wirkungen**
Zanamivir Relenza®; Oseltamivir Tamiflu® Neuraminidase-inhibitor	Influenza-A-Viren Influenza-B-Viren	Hemmung der Virusfreisetzung	Mutation der viralen Neuraminidase	unbekannt
Imiquimod	Papillomviren Molluscum-contagiosum-Virus	IFN-Induktor und Immunstimulans	unbekannt	unbekannt
IFN-α-2a Roferon A®; IFN-α-2b Intron A® Zytokin	Chronische HBV-Infektion Chronische HCV-Infektion (PEG-IFN-α kombiniert mit Ribavirin)	Hemmung der Virusvermehrung	virale IFN-Antagonisten, Bildung IFN-neutralisierender Antikörper	Fieber, Müdigkeit. Myalgien myelosuppressiv

Proteaseinhibitoren. Hierbei handelt es sich um peptidähnliche Hemmsubstanzen, die sterisch in das aktive Zentrum viraler Proteasen passen und deren Aktivität blockieren. Dadurch wird die Spaltung der viralen Vorläuferproteine in die aktiven Untereinheiten verhindert. Proteaseinhibitoren werden bei HIV-1 eingesetzt und sind für weitere Viren (HCV, Picornaviren) in Erprobung oder Entwicklung.

Integraseinhibitoren. Sie hemmen spezifisch die Enzymaktivität der retroviralen Integrase (Seite 540, 544). Dadurch wird die Integration der viralen DNA in das Genom der Wirtszelle verhindert; es entsteht kein Provirus (Seite 408) und die Virusvermehrung ist gehemmt.

Korezeptor – Antagonisten. Das erste Medikament dieser Substanzklasse (Maraviroc) ist ein CCR5-Korezeptor-Antagonist. Er verhindert den Eintritt von CCR5-tropen Viren (R5-Viren) in die Zelle (Seite 543). Maraviroc ist derzeit ein Reserve-Medikament zur Behandlung von Patienten mit Therapieversagen, die R5-Viren tragen.

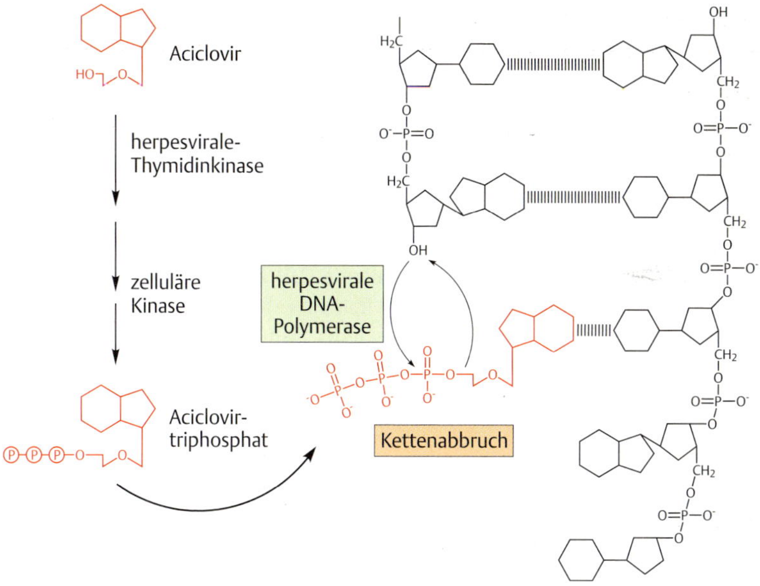

Abb. **8.12** **Wirkungsmechanismus des Aciclovir.** Das Aciclovir wird von der Thymidinkinase der Herpesviren monophosphoryliert und von zellulären Kinasen weiter modifiziert. Das Triphosphat wird von der viralen DNA-Polymerase als Baustein akzeptiert und bei der Replikation in die wachsenden DNA-Stränge eingebaut, was den Kettenabbruch bewirkt. Resistenzen entstehen durch Mutationen der viralen Thymidinkinase (fehlende Monophosphorylierung) oder der viralen DNA-Polymerase (fehlender Einbau des Triphosphats).

Fusionsinhibitoren. Sie verhindern bei behüllten Viren die Fusion der Virushülle mit der Wirtszellmembran. Das Prinzip wird erstmals bei HIV-1 angewandt. Ein synthetisches Peptid aus 38 Aminosäuren, das der zentralen Domäne des gp41 nachgebildet ist, verhindert die für die Fusion notwendigen Umlagerungen des viralen Glykoproteins nach der Adsorption des Virus an die Zelloberfläche.

Neuraminidaseinhibitoren. Sie hemmen die Neuraminidase der Influenzaviren, indem sie die katalytische Tasche des Enzyms belegen. Die Neuraminidase ist Bestandteil der Virushülle und für die Freisetzung der Influenzaviren aus den infizierten Zellen notwendig. Die Blockierung hemmt die Virusausbreitung im Organ. Entsprechend sind Neuraminidasehemmer in der Frühphase der Infektion am besten wirksam und sollten sofort nach erfolgter Exposition eingesetzt werden.

Weitere antivirale Substanzen kommen zum Einsatz:

- **Amantadin und Rimantadin.** Diese trizyklischen Amine hemmen ausschließlich Influenza-A-Viren. Sie binden an das M2-Protein und blockieren dessen Funktion als Ionenkanal. Dadurch wird die Freisetzung (uncoating) des viralen Nukleokapsids gestört. Nachteilig sind die zentralnervöse (dopaminerge) Nebenwirkungen und eine rasche Resistenzbildung des Virus.
- **Ribavirin.** Dieses Purinanalogon wird durch zelluläre Kinasen phosphoryliert und hat eine breite Hemmwirkung gegen unterschiedliche RNA- und DNA-Viren. Das Monophosphat hemmt die Inosinmonophosphat-Dehydrogenase und bewirkt die Verarmung an intrazellulärem GTP. Das Triphosphat hemmt die Guanylyltransferase, welche für das Capping der mRNA zuständig ist. Es wird zudem von den RNA-Polymerasen der RNA-Viren in neue Virusgenome eingebaut, was zu letalen Mutationen führt. Ribavirin kommt trotz seiner Toxizität zur Behandlung des Lassafiebers und, als Kombinationstherapie mit PEG-IFN-α zur Behandlung der chronischen Hepatitis C zum Einsatz (siehe unten).
- **Antisense-Oligonukleotide.** Hierbei handelt es sich um chemisch stabilisierte Nukleinsäurestücke, die komplementär sind zu viraler mRNA und deren Funktion durch Hybridisierung blockieren. Formivirsen (Vitravene) wird zur intravitrealen Therapie bei CMV-Retinitis eingesetzt.
- **Hemmstoffe der Virusadsorption/Penetration bei Picornaviren.** Diese Substanzen binden an die Kapsidoberfläche unterschiedlicher Picornaviren und verhindern die Virusadsorption und das Uncoating. Einige Substanzen (wie Pleconaril [Picovir]) sind in klinischer Erprobung zur Behandlung von Rhinovirus- oder Enterovirusinfektionen.
- **Immunmodulatorische Substanzen.** Sie werden bevorzugt zur Lokalbehandlung angewandt, z. B. bei Papillomvirusinfektionen. Imiquimod dient der Behandlung von Warzen, Kondylomen und des Molluscum contagiosum. Die Substanz induziert an der Auftragsstelle die Produktion von IFN und Zytokinen und bewirkt eine lokale Entzündungsreaktion.

Interferone. IFN-α wird zur Behandlung der chronischen Hepatitis B und Hepatitis C eingesetzt. Bei Hepatitis C besteht die Standardtherapie in der Gabe von pegyliertem IFN-α in Kombination mit Ribavirin. Die Modifikation des Interferonmoleküls mit Polyethylenglykol (PEG) führt zu einer längeren Verweildauer im Körper und hat eine Depotwirkung.

Immuntherapie. Sie ist besonderen Fällen zur Verhinderung von Komplikationen durch CMV- oder EBV-Infektionen nach Knochenmarktransplantationen vorbehalten. Sie besteht in der passiven Übertragung von virusspezifischen zytotoxischen T-Zellen, die in Zellkultur expandiert und stimuliert werden.

9 Viren als Krankheitserreger

O. Haller

9.1 Herpesviren

Herpesviren sind bei Mensch und Tier weit verbreitet. Sie sind praktisch identisch aufgebaut und teilen viele Eigenschaften. Die wichtigste Gemeinsamkeit der Herpesviren ist ihre Fähigkeit, lebenslang im infizierten Wirt zu persistieren. Nach der Erstinfektion verbleibt das Virusgenom lebenslang im Körper, d.h. es persistiert in latenter Form. Die Latenz wird periodisch durch Phasen der Reaktivierung und Virusneubildung (Rekurrenz) unterbrochen. Die Häufigkeit und Dauer der Virusreaktivierungen wird von der Art des Herpesvirus, dem Latenzort und dem Immunstatus des Wirtes bestimmt. Eine klinisch manifeste (symptomatische) Rekurrenz wird als Rezidiv bezeichnet. Es sind **8 humane Herpesviren** (**HHV**) bekannt (Tab. **9.1**), die gemäß ihrer unterschiedlichen biologischen Eigenschaften in 3 Unterfamilien eingeteilt werden.

Allgemeine biologische Eigenschaften der Herpesviren. Das Virion besteht aus einem **linearen dsDNA-Genom**, das sich um eine fibrilläre Protein-Struktur (auch Nukleoid oder Core genannt) windet und vom **ikosaedrischen Kapsid** umschlossen wird, das aus 162 zylinderförmigen Kapsomeren aufgebaut ist. Das Kapsid liegt in einer amorphen Proteinmatrix (**Tegument**) eingebettet, die ihrerseits von der Virushülle umgeben ist. In der Virushülle sind unterschiedliche Glykoproteine eingelagert, die für die Adsorption, Penetration und Membranfusionsprozesse zuständig sind und Zielstrukturen für neutralisierende Antikörper darstellen (Abb. **9.1a**). Im Elektronenmikroskop sehen alle Herpesviren gleich aus und sind ununterscheidbar (Abb. **9.1b**).

Die Virusvermehrung geschieht im Zellkern, wo auch der Kapsidzusammenbau erfolgt. Die Hülle wird in einem ersten Sprossungsvorgang von der inneren Kernmembran gebildet, jedoch später auf dem Weg nach außen durch die Membran der Trans-Golgi-Vesikel ersetzt. Bei der Infektion wird die lineare dsDNA im Zellkern zu einem Ring geschlossen, der dann als **virales Episom** vorliegt. Das Virusgenom besitzt zwei unabhängige Genabschnitte, nämlich eine **lange codierende Region**, die als UL (für „unique long") bezeichnet wird, und eine **kurze codierende Region**, die als US (für „unique short") bezeichnet wird. Die viralen Gene und Genprodukte werden entsprechend kartiert und benannt. Die Codiereinheiten werden von repetitiven Sequenzen eingerahmt, die je nach der Lage als terminale (TR) oder interne repetitive Sequenzen (IR) bezeichnet werden und Funktionen bei der Genregulation und der Verpackung des Genoms haben. Das zirkulär geschlossene

Tabelle **9.1** Einteilung der humanen Herpesviren (HHV)

Virus	Unterfamilie	Krankheit
Herpes-simplex-Virus 1 (HSV-1)	α	Gingivostomatitis, Herpes labialis (meist Rezidiv), Herpesenzephalitis, herpetische Keratokonjunktivitis, Herpes neonatorum
Herpes-simplex-Virus 2 (HSV-2)	α	Herpes genitalis (primär oder rezidiv), Herpesenzephalitis, herpetische Keratokonjunktivitis, Herpes neonatorum
Varicella-Zoster-Virus (VZV)	α	Varizellen (Primärinfektion); Zoster (Rezidiv)
Zytomegalievirus (CMV)	β	fieberhafte, gelegentlich Mononukleose-ähnliche Erkrankung beim Immunkompetenten; schwere Verläufe beim Immunsupprimierten (interstitielle Pneumonie, Ösophagitis, Enterokolitis, Hepatitis, Retinitis) und untergewichtigen Frühgeborenen (Hepatosplenomegalie, Knochenmarkdepression, Enzephalitis); häufigste intrauterine Infektion, kongenitales CMV-Syndrom (selten).
Epstein-Barr-Virus (EBV)	γ	infektiöse Mononukleose, Posttransplantations-Lymphome bei massiver Immunsuppression, EBV-assoziierte Tumore
Humanes Herpesvirus 6 (HHV-6)	β	Dreitagefieber (Exanthema subitum, Roseola infantum)
Humanes Herpesvirus 7 (HHV-7)	β	Fieber mit flüchtigem Exanthem (Exanthema subitum)
Humanes Herpesvirus 8 (HHV-8)/Kaposi-Sarkom-assoziiertes Herpesvirus (KSHV)	γ	Kaposi-Sarkom, lymphoproliferative Erkrankungen (Castleman's Disease), seltene B-Zell-Lymphome (primäres Effusionslymphom, body cavity-based lymphoma)

Genom besitzt ferner einen Hauptreplikationsursprung (**ORI**, für „origin of replication"), der die Vervielfältigung des viralen Genoms, z. B. bei der Zellteilung, ermöglicht und die Aufrechterhaltung des Genoms in der einmal infizierten Zelle sowie die Weitergabe an die Tochterzellen gewährleistet (Abb. **9.2**).

Im **lytischen Infektionszyklus** werden die viralen Gene in einer strengen zeitlichen Reihenfolge kaskadenartig exprimiert. Zuerst entstehen die sehr frühen

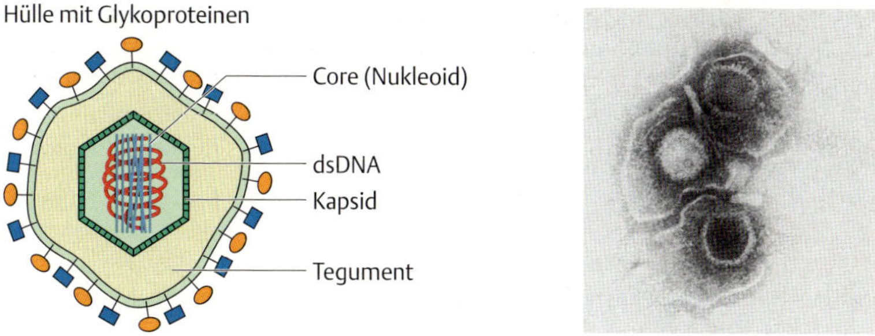

Abb. **9.1** **Herpesvirus. a** Schematische Darstellung. **b** Elektronenmikroskopische Aufnahme. Im Innern ist das Kapsid mit den zylinderförmigen Kapsomeren zu erkennen, umgeben vom Tegument und der Virushülle.

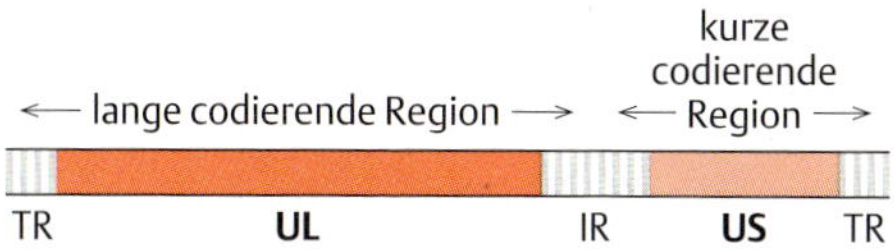

a lineares Genom im Viron

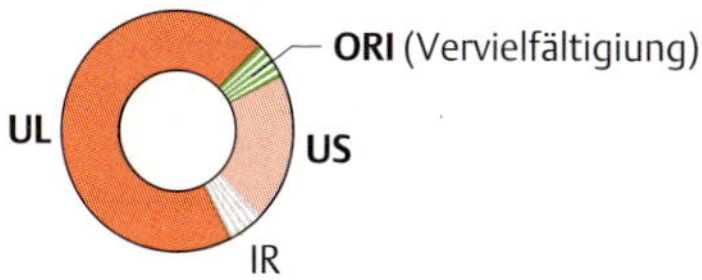

b zirkulär geschlossenes Genom (Episom) im Zellkern

Abb. **9.2** **Herpesvirus-Genom im Virion und im Zellkern der infizierten Zelle.** Die beiden codierenden Regionen UL und US (s. Text) werden durch repetitive Sequenzen an den Enden (TR) und dazwischen (IR) begrenzt.
a Im Virion liegt das Genom als linearer Doppelstrang vor, **b** im Zellkern der infizierten Zelle als kovalent geschlossener Ring (Episom). Am Hauptreplikationsursprung (ORI) beginnt die Vervielfältigung (Replikation) des Genoms.

(immediate early) Virusproteine (Enzyme und Transkriptionsfaktoren), welche die Expression der frühen (early) Gene ermöglichen (weitere Enzyme und Transkriptionsfaktoren, die unter anderem für die Genomvermehrung verantwortlich sind). Dieselben veranlassen ihrerseits die Expression der späten (late) Gene, die für die Kapsidproteine und weitere Strukturproteine codieren, die zum Virion zusammengebaut werden. Im **latenten Infektionsmodus** werden die Genome als multiple extrachromosomale Episome aufrechterhalten und i.d.R. an die Tochterzellen weitergegeben. Bei der Reaktivierung (durch intrazelluläre Veränderungen infolge äußerer Stressfaktoren und Zytokine) erfolgt die Umschaltung in den lytischen Vermehrungszyklus (s. S. 418). Die lebenslange Persistenz unter gelegentlicher (oft asymptomatischer) Reaktivierung garantiert eine hohe Durchseuchungsrate der Bevölkerung. Einige Herpesviren (EBV, HHV-8) sind mit Tumorerkrankungen assoziiert (s. S. 420).

Die Unterfamilien der Herpesviren:

Alpha-Herpesviren: breites Wirtsspektrum, rasche Virusvermehrung, lytischer Replikationszyklus, Latenz in sensorischen Ganglienzellen.
Beta-Herpesviren: enges Wirtsspektrum, langsame Virusvermehrung, Zellvergrößerung (Zytomegalie) oder Zellvermehrung (Lymphoproliferation), Latenz in vielen Zellen.
Gamma-Herpesviren: enges Wirtsspektrum (meist T- oder B-Lymphozyten), variable (schnelle oder langsame) Virusvermehrung, Zellvermehrung (Lymphoproliferation), Latenz in lymphoiden Zellen.

9.1.1 Herpes-simplex-Virus (HSV-1; HSV-2)

Es gibt zwei nahe verwandte Virustypen, die serologisch als Typ1 (HSV-1) und Typ 2 (HSV-2) identifizierbar sind. Der klinisch bedeutsamste Unterschied liegt in der bevorzugten Lokalisation (Prädilektionsstelle) der Infektion. HSV-1 kommt überwiegend im **orofazialen Bereich**, HSV-2 im **anogenitalen Bereich** vor. Allerdings wird zunehmend auch die umgekehrte Konstellation beobachtet, sowie gelegentliche Doppelinfektionen. Die Übertragung erfolgt durch Schleimhaut- oder Hautkontakte.

Klinik und Pathogenese.

HSV-1. Die meisten Primärinfektionen mit HSV-1 erfolgen im Kleinkindesalter. Sie verlaufen überwiegend asymptomatisch, selten klinisch manifest als **Stomatitis aphthosa** (Mundfäule). Die akute herpetische Gingivostomatitis ist ein schmerzhaftes Krankheitsbild mit Fieber, Lymphknotenschwellung und ulzerösen Läsionen der Mundschleimhaut, der Zunge und der Lippen, das bei ca. 1 % der Primärinfektionen auftritt. Wegen der Schmerzen verweigern die Kinder oft über Tage jegliche Nahrungsaufnahme, was zur Exsikkose führen kann. Im Laufe der (asymptomatischen oder symptomatischen) Primärinfektion kommt es zur neuronalen Ausbreitung über die Axone der sensiblen Innervation und zur latenten Infektion der Neurone des Trigeminus im Ganglion trigeminale (Gasseri). Spätere Reaktivierungen äußern sich durch erneutes Auftreten von infektiösen Virionen im Bereich der sensiblen Nervenendigungen (Kap. 8.6.3). Bei symptomatischem Verlauf entstehen Herpesbläschen nahe der ursprünglichen Infektionsstelle (Herpes labialis, Abb. **9.3**). Diese Ausscheidungen stellen die wichtigste Quelle für Neuinfektionen mit HSV-1 dar.

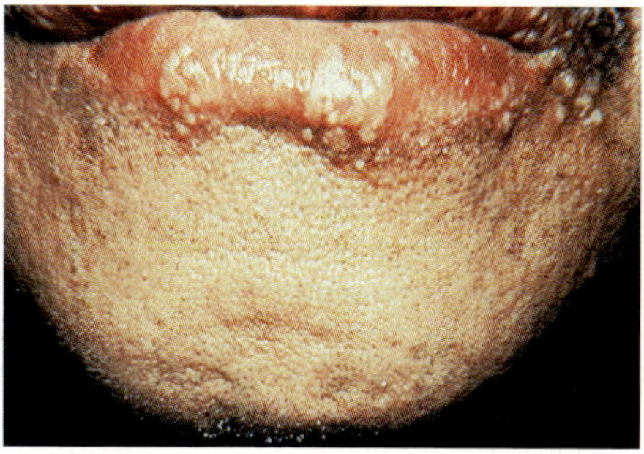

Abb. **9.3 Herpes labialis.** Die Herpes-simplex-Viren (HSV) persistieren nach der Infektion latent in den Nervenzellen des ZNS. Nach der Reaktivierung gelangen sie durch die Axone dieser Zellen wieder in die Peripherie und verursachen das bläschenförmige Exanthem.

HSV-2. Die Übertragung des HSV-2 geschieht durch Sexualkontakte. Entsprechend erfolgt die Erstinfektion im Jugendlichen- oder Erwachsenenalter. Es bilden sich Bläschen und kleine Ulzerationen am Präputium und der Glans des männlichen Genitale oder im Bereich der Vulva und Vagina bei der Frau, gelegentlich auch perianal und rektal. HSV-2 bleibt in den Lumbosakralganglien latent und imponiert bei Reaktivierung als **Herpes genitalis**. Genitale Infektionen sind auch durch HSV-1 möglich, aber seltener.

Komplikationen.

HSV- Enzephalitis. Sie ist die Folge einer aufsteigenden Infektion des ZNS mit Befall des Temporallappens und kann bei Erstinfektion und - überwiegend - bei einer Reaktivierung auftreten. HSV-2 kann auch auf dem Blutweg in das ZNS gelangen und eine Meningoenzephalitis verursachen. Bei Verdacht ist sofort die antivirale Therapie mit Aciclovir einzuleiten, ohne die virologische Bestätigung abzuwarten. Dieselbe geschieht durch Nachweis der viralen DNA im Liquor (durch PCR).

Keratokonjunktivitis herpetica. Aus Läsionen im Hornhautepithel bilden sich astförmig verzweigte Gänge, die durch eine Fluoreszeinlösung mit Blaulicht sichtbar gemacht werden können (Keratitis dendritica). Bei Befall tieferer Hornhautschichten entsteht eine scheibenförmige Keratitis (Keratitis disciformis). Die Therapie erfolgt mit Aciclovir. Bei Rezidiven können irreversible Vernarbungen resultieren.

Eczema herpeticatum. Bei Neurodermitis oder vorbestehendem chronischem Ekzem bewirkt die Primärinfektion eine ausgedehnte Blasenbildung, da die vorgeschädigte Haut besonders virusempfindlich ist.

Herpes neonatorum. Das Neugeborene ist bei einer genitalen Primärinfektion der Mutter in der Spätschwangerschaft besonders gefährdet. Die perinatale Infektion kann aszendierend oder während der Passage durch den infizierten Geburtskanal erfolgen. Die Infektion des Neugeborenen reicht von lokalen Infektionen der Haut- und Schleimhäute bis zur hochvirämischen generalisierten Infektion mit Beteiligung der inneren Organe und des ZNS. Die Therapie mit Aciclovir kommt meist

9

zu spät, um den letalen Ausgang zu verhindern. Bei Verdacht auf Herpes genitalis der Schwangeren am Geburtstermin ist die Entbindung durch Kaiserschnitt indiziert.

Diagnostik. Der Direktnachweis der HSV-DNA erfolgt mittels PCR, bevorzugt im Liquor bei Verdacht auf Enzephalitis, in Biopsie- oder bronchoalveoläres Lavage-Material bei Immunsupprimierten und im Bläscheninhalt bei Hauterscheinungen. Ein positives PCR-Ergebnis bei Verdacht einer Herpesenzephalitis verlangt die Fortsetzung der bereits begonnenen Chemotherapie. Ein negatives Ergebnis kann nicht einziges Kriterium zum Abbruch der Therapie sein. Der Virusnachweis durch Anzüchtung aus Bläscheninhalt, Schleimhautabstrichen (z. B. Zervixabstrich) oder Urin (Neugeborene) dauert länger (2-3 Tage). Eine Resistenztestung ist bei klinischem Verdacht auf Therapieversagen nach Langzeittherapie angezeigt. Serologische Untersuchungen (Titerverläufe) sind wenig aussagekräftig. Die Serokonversion beweist eine Primärinfektion.

Prophylaxe. Im Vordergrund steht die Expositionsprophylaxe zur Verhinderung der perinatalen Infektion. Schwangere mit nachgewiesener genitaler Virusausscheidung kurz vor dem Geburtstermin sollen durch Kaiserschnitt entbunden werden. Alternativ muss dem Neugeborenen Aciclovir verabreicht werden. Eine Chemoprophylaxe bei Immunsupprimierten (z. B. Patienten unter Hochdosis-Chemotherapie) oder eine Rezidivprophylaxe bei häufig rekurrierendem Herpes genitalis sind möglich.

Therapie. Die Standard-Therapie besteht in der Gabe von Aciclovir (s. S. 447). Je klinischem Bild und Schweregrad der Erkrankung ist eine lokale (Salben, Cremes), orale (bei Immunkompetenten) oder intravenöse (schwere Infektionen) Anwendung angezeigt. Die Entstehung resistenter Virusstämme ist möglich. Die Therapie hat keinen Einfluss auf die Latenz der Viren in den Ganglienzellen und die spätere Reaktivierung.

9.1.2 Varicella-Zoster-Virus (VZV)

Das VZV verursacht zwei unterschiedliche Krankheitsbilder, nämlich

- die Varizellen (Windpocken) bei der Erstinfektion, sowie
- den Herpes Zoster (Gürtelrose) bei einer Reaktivierung.

Das Virus wird aerogen oder durch Bläscheninhalt übertragen und führt zu lebenslanger Persistenz. Es ist hoch kontagiös. Schon ein kurzfristiger Aufenthalt in einem Raum, in dem sich ein Kranker mit Varizellen befindet, gilt als Exposition; ebenso der nahe Kontakt zu einer Person, die wenige Tage später erkrankt, da die Virusausscheidung vor Ausbruch des Exanthems beginnt. Der Durchseuchungsgrad ist entsprechend hoch (über 95 % im Erwachsenenalter).

Die Varizellen (Windpocken)

Klinik und Pathogenese. Die Erstinfektion mit dem VZV erfolgt meist im Kindesalter und verläuft überwiegend klinisch apparent unter dem Bild der **Windpocken**, einer klassischen Kinderkrankheit (englisch: chicken pox). Nach Eintritt des Virus über die Schleimhäute des Nasenrachenraums und die Konjunktiven kommt es zur generalisierten Infektion (s. Abschnitt 8.8.2, S. 425). Die Ausbreitung erfolgt vor allem über infizierte Blutzellen (Virämie) in die Haut und Schleimhäute, wonach infektiöses Virus als Aerosol (bereits 2–3 Tage vor Exanthem-Ausbruch) und im Bläscheninhalt ausgeschieden wird. Der schubweise Befall epidermaler Zellen führt infolge zytopathischer Schädigung zu dem charakteristischen pleomorphen Hautausschlag, der aus Bläschen unterschiedlicher Reifegrade besteht (Abb. **9.4**) Das Exanthem breitet sich vom Stamm über das Gesicht und in die Extremitäten aus. Die Effloreszenzen erscheinen zunächst als rötliche Papeln und gehen dann in Bläschen, Pusteln und schließlich verschorfende Krusten über. Die Verkrustung und Abheilung erfolgt ohne Narbenbildung, jedoch unter starkem Juckreiz. Erst das Aufkratzen führt zu bakterieller Superinfektion, Entzündung und Vernarbung. Die Inkubationszeit dauert 12–23 Tage, die Erkrankung ca. 1 Woche. Danach besteht eine langjährige Immunität gegen Varizellen. Die Erkrankung im Erwachsenenalter verläuft oft schwerer, mit hohem Fieber und gelegentlichen Komplikationen.

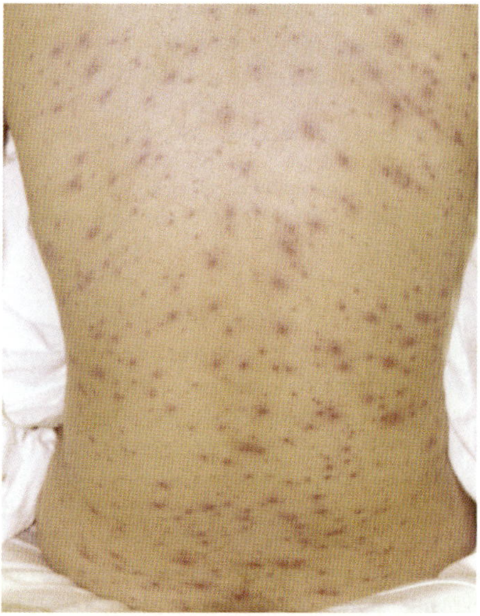

Abb. **9.4** **Hautausschlag bei Varizellen.** Typisch ist das pleomorphe Bild mit Bläschen unterschiedlicher Reifegrade.
Aus: Baenkler, H.-W. et al. Kurzlehrbuch Innere Medizin. 1. Aufl., Thieme, Stuttgart, 2007

9

Während der Erstinfektion gelangt das Virus retrograd über die sensible Innervation in die sensorischen Ganglien und etabliert dort eine latente Infektion. Während der Viruslatenz ruht die Virusvermehrung (s. Abschnitt 8.6.3, S. 418). Sie kann gelegentlich reaktiviert werden und führt in Abhängigkeit von der Immunitätslage (Teilimmunität im Alter, Immunsuppression) zum Herpes zoster (s. Abb. **9.5**).

Komplikationen. Gefährdet sind besonders Immunsupprimierte, Schwangere und Neugeborene. Komplikationen bestehen in der Varizellenpneumonie, Varizellenenzephalitis, bakteriellen Superinfektionen, Otitiden, Beteiligung des peripheren Nervensystems sowie in schweren haemorrhagischen Verläufen bei Neugeborenen und immunsupprimierten Kindern.

Varizellen in der Schwangerschaft

Gefahr für die Mutter: In Europa gehen etwa 3–5 % der Frauen ungeschützt vor Varizellen, d. h. ohne antivirale Antikörper, in die Schwangerschaft. Sie setzen sich dem erhöhten Risiko aus, an einer Varizellenpneumonie oder anderen Komplikationen zu erkranken. Bei Exposition ist eine passive Immunprophylaxe möglich, die den Krankheitsverlauf verhindert oder mildert. Empfohlen wird die Prävention durch aktive Impfung.

Gefahr für das Kind: *Fetales Varizellensyndrom*. Varizellen in der Frühschwangerschaft (bis zur 20. Schwangerschaftswoche) können selten zu schweren Fehlbildungen beim Feten führen (in ca. 1–2 % der Fälle). Die Schädigungsrate bei nachgewiesener intrauteriner Infektion liegt bei ca. 12 %. Die psychische Belastung für die Schwangere ist groß; Varizellen in der Schwangerschaft sollten deshalb unbedingt vermieden werden.

***Konnatale Varizellen*.** Bei Varizellen der Mutter innerhalb der letzten 3 Schwangerschaftswochen, kann das Neugeborene bis zum 12. Lebenstag an Varizellen erkranken. Die größte Gefahr besteht, wenn die Schwangere um den Geburtstermin erkrankt, nämlich innerhalb von 5 Tagen vor bis zu 2 Tagen nach der Geburt, da dann der Nestschutz durch mütterliche Antikörper fehlt. Neugeborene solcher Mütter erhalten sofort Varicella-Zoster-Immunglobulin und Aciclovir beim Auftreten der ersten Krankheitszeichen, ggf. bereits prophylaktisch. Varizellen, die nach dem 12. Lebenstag auftreten, sind postnatal erworben.

Herpes zoster (Gürtelrose)

Klinik und Pathogenese. Die **Gürtelrose** entsteht durch eine endogene Reaktivierung des VZV aus den latent infizierten Ganglienzellen bei bestehender Teilimmunität. Das Virus wandert zentrifugal entlang der Axone des sensiblen Nervs in das zugehörige Innervationsgebiet der Haut (Abb. **9.5a**). Dort kommt es zur Virusvermehrung in den Epithelzellen unter Ausbildung der charakteristischen zosteriformen Bläschen, die streng halbseitig auf das innervierte Hautsegment (Dermatom) begrenzt bleiben (Abb. **9.5b**). Die Erkrankung kündigt sich oft mit Missempfindungen (Hyper- oder Parästhesien) an und geht mit starken Schmerzen (Neuralgie) im Bereich des befallenen Nervensegments einher, wobei das Allgemeinbefinden

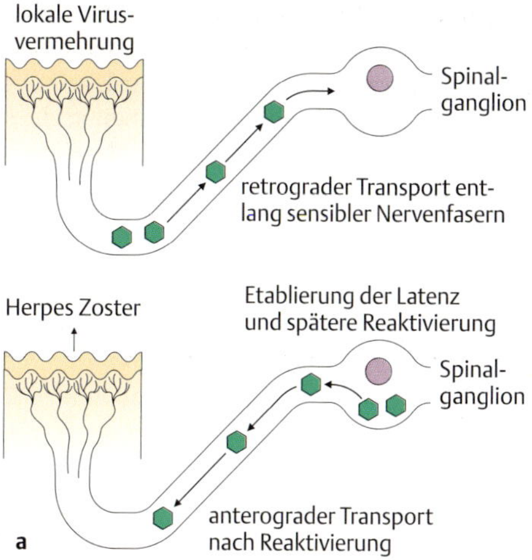

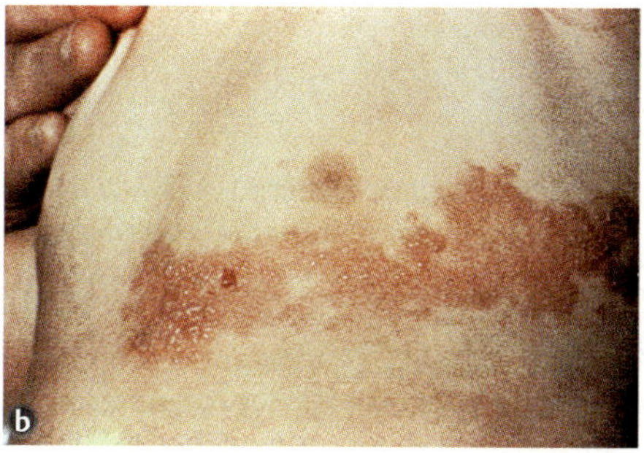

Abb. **9.5 Varizellen und Herpes zoster. a** Die Erstinfektion geht mit lokaler Virusvermehrung in Haut und Schleimhäuten (Varizellen) und dem retrograden Transport des Virus entlang sensibler Nervenfasern in die Spinalganglien einher, wo die Viruslatenz etabliert wird. Nach Reaktivierung wandern neugebildete, infektiöse Viren anterograd in das innervierte Dermatom ein, wo sie den Herpes Zoster ausbilden. **b** Klinisches Bild der Hauteffloreszenzen bei Herpes zoster.

stark gestört ist. Klinisch inapparente Verläufe mit ausstrahlenden Schmerzen ohne Exanthem sind möglich.

Komplikationen. Bei Befall des ersten Trigeminusastes, der das Auge versorgt, kann es zum Zoster ophthalmicus kommen und unter Umständen zu schweren Erkrankungen des Auges. Häufig ist die postzosterische Neuralgie, die lang anhaltend (Monate bis Jahre) und sehr quälend sein kann. Selten sind Enzephalitis und Enzephalomyelitis, Fazialisparesen und Zoster oticus mit Tinnitus oder Taubheit.

Diagnostik der VZV-Infektion

Varizellen und Herpes zoster werden aufgrund des klinischen Bildes diagnostiziert. Bei atypischen Verläufen und in der Schwangerschaft sind jedoch Untersuchungen angezeigt. Der direkte Erregernachweis mittels PCR gelingt aus frischem Bläscheninhalt, bronchoalveolärer Lavage, Liquor und evtl. EDTA-Blut und zeigt die aktive Infektion (Erstinfektion oder Reaktivierung) an. Serologische Untersuchungen dienen der Bestimmung der Immunität (VZV-IgG) oder der Bestätigung eines klinischen Verdachts (Serokonversion bei Varizellen, Titeranstieg bei Zoster).

Prophylaxe der VZV-Infektion

Ein attenuierter Lebendimpfstoff ist für die aktive Impfung zugelassen. Empfohlen wird die generelle Impfung im 11.–14. Lebensmonat, sowie die Impfung für alle ungeimpften 9- bis 17-jährigen Jugendlichen ohne Varizellenanamnese. Die Impfung wird ferner empfohlen für seronegative Frauen mit Kinderwunsch und seronegatives Personal im Gesundheitsdienst. Eine spezielle Indikation besteht für seronegative Patienten vor (auch unter) immunsuppressiver Therapie (z. B. vor Organtransplantationen), sowie für Patienten mit Leukämie, Malignom oder schwerer Neurodermitis.

Die passive Immunisierung mit Varicella-Zoster-Immunglobulin zur Expositionsprophylaxe ist für gefährdete Personen möglich (Schwangere, Neugeborene).

Therapie der VZV-Infektion

Die antivirale Behandlung der Varizellen mit Aciclovir ist nur für Risikopatienten indiziert (konnatale Varizellen, disseminierte Infektionen bei Immunsupprimierten, Schwangere mit schweren Varizellen). Zur Behandlung des Herpes zoster stehen Aciclovir, Valaciclovir, Famciclovir oder Brivudin zur Verfügung (Tab. **8.6**, S. 442). Bei raschem Therapiebeginn kann der akute Zosterschmerz und ggf. die postzosterische Neuralgie gemildert werden. Patienten mit Zoster ophthalmicus, Zoster oticus sowie Patienten mit prädestinierenden Faktoren für schwere Verläufe sind stets zu behandeln. Bei kurzer Behandlungsdauer von wenigen Wochen ist nicht mit dem Auftreten von resistenten Virusstämmen zu rechnen.

9.1.3 Zytomegalievirus (CMV)

Das humane Zytomegalievirus infiziert ausschließlich menschliche Zellen und vermehrt sich vergleichsweise langsam, wobei es zu einer zytomegalen Veränderung (Eulenaugenzellen) der virusproduzierenden Zellen kommt. CMV persistiert nach der Primärinfektion lebenslang in latenter Form in verschiedenen Zelltypen und Organen und wird häufig reaktiviert. Sowohl die Primärinfektion als auch die lebenslange Persistenz und intermittierenden Reaktivierungen sind **in der Regel asymptomatisch**. Die CMV-Infektion ist heute die wichtigste pränatale Virusinfektion (konnatale Erkrankung) und führt unter Immunsuppression auch bei Kindern und Erwachsenen zu schweren Krankheitszuständen.

Klinik und Pathogenese. Bei der meist oralen Übertragung durch Speichel oder andere Körperflüssigkeiten vermehrt sich das Virus in den Speicheldrüsen und verbreitet sich von dort aus meist zellgebunden über das Blut in viele Organe, wie die Leber, Milz, Lunge, Knochenmark und Nieren. Während der generalisierten Infektion kann das Virus in Granulozyten und mononukleären Zellen diagnostisch nachgewiesen werden (s. Antigenämie, S. 39). Das Virus bleibt in den befallenen Organen in latenter Form vorhanden und wird unter Reaktivierung durch infizierte Zellen im Speichel, Urin, Muttermilch, Zervixsekret und Samenflüssigkeit ausgeschieden. Entsprechend sind Sexualkontakte eine wichtige Ansteckungsquelle. Ein weiterer wichtiger Übertragungsweg ist die pränatale oder perinatale Infektion von der Mutter auf das Kind. Laut Schätzungen sind bis zu 1 % aller Neugeborenen infiziert, davon 90 % symptomlos. Die Übertragung ist auch durch Organtransplantate und Blutprodukte möglich.

Pränatale Infektion. Voraussetzung ist eine Primärinfektion mit hoher Virämie der Schwangeren. Das Virus wird in ca. 40 % der Fälle diaplazentar übertragen. Bei ca. 5–10 % zeigen sich klinische Manifestationen. Der Großteil der infizierten Neugeborenen zeigt keine Symptome, scheidet aber über Wochen massiv Virus im Urin aus. Bei einem Teil dieser Kinder und auch bei mildem Verlauf der konnatalen Erkrankung finden sich ein Wachstums- und Differenzierungsrückstand mit Spätfolgen. Oft liegt ein geringes Geburtsgewicht vor. Dazu kommen später Hör- und Sehstörungen, evtl. Zahndefekte, Paresen und allgemeine geistige Retardierung. Schwere Verläufe sind durch eine generalisierte Infektion mit Bildung von zytomegalen Zellen in vielen Organen charakterisiert. Es finden sich ein schwerer Ikterus, Hepatosplenomegalie, interstitielle Pneumonie, Thrombopenie und Blutungen, hämolytische Anämie, Mikrozephalie oder Totgeburt.

Perinatale Infektion. Die Infektion erfolgt entweder unter der Geburt durch CMV im Zervixsekret oder nachgeburtlich durch die Muttermilch. Ursache sind oft Reaktivierungen und Viruspersistenz in der Schwangerschaft. Die Infektion des Neugeborenen verläuft in der Regel subklinisch mit monatelangem Ausscheidertum und gelegentlichen Spätfolgen, wie Hörstörungen und Verhaltensauffälligkeiten, die sich oft erst beim Eintritt in Kindergarten oder Schule bemerkbar machen. Frühgeborene sind jedoch sehr gefährdet und müssen durch Expositionsprophylaxe geschützt werden

Postnatale Infektion. Sie kommt gehäuft in zwei Lebensaltern vor, nämlich bei Kindern zum Zeitpunkt des Eintritts in Krippe, Kindergarten oder Schule und später in der Adoleszenz. Der Verlauf ist bei Kindern meist subklinisch, im Erwachsenenalter oft mild. Charakteristisch ist lang dauerndes geringgradiges Fieber (Status febrilis), gelegentlich eine mononukleoseähnliche Symptomatik unter Mitbeteiligung der Leber (Transaminasenerhöhung).

Komplikationen. Komplikationen kommen vor allem unter Immunsuppression und bei pränataler Infektion vor. Manifestationen sind Pneumonie, Oesophagitis,

Läsionen im Gastrointestinaltrakt, Retinitis (bes. bei AIDS), Nephritis (Befall der Mesangialzellen), Enzephalitis und häufig systemische Dissemination mit dem Bild einer schweren generalisierten Infektion.

Diagnostik. Der Nachweis von infektiösen Viren in Urin, Bronchiallavage-Material oder Blut ist durch Virusanzucht in der Zellkultur möglich, dauert aber mehrere Tage bis Wochen. Ein schnelleres Verfahren ist die Kurzzeitkultur, bei der bereits nach wenigen Stunden die sehr frühen Virusproteine in den infizierten Zellen in der Zellkultur spezifisch angefärbt werden (s. S. 38). Ebenfalls schnell ist der Nachweis der viralen DNA mittels PCR, die bei Problempatienten und auch bei intrauterin gewonnenem fetalem Blut oder Fruchtwasser bevorzugt eingesetzt wird. Zur Frühdiagnose sowie zur Therapie-Erfolgskontrolle eignet sich der Antigenämie-Test, bei dem virale Antigene direkt in Blutzellen des Patienten nachgewiesen werden (s. S. 39). Eine positive Antigenämie, ein hoch positiver Genomnachweis und/oder die Virusisolierung sind Beweis für eine aktive Infektion. Die Unterscheidung zwischen Erstinfektion oder reaktivierter Infektion ist oft schwierig und bedarf weiterer Abklärungen (Serokonversion, Aviditätsmessung der Antikörper). Der Nachweis spezifischer Antikörper zeigt, dass eine Infektion stattgefunden hat. IgM können lange persisitieren und bei Reaktivierungen wieder auftreten.

Prophylaxe. Die passive Immunisierung mit Hyperimmunglobulinen ist möglich; die Wirksamkeit bei Transplantationspatienten ist unsicher. Antivirale Chemoprophylaxe ist wegen der Toxizität und frühzeitiger Resistenzbildung problematisch.

Therapie. Eingesetzt wird Ganciclovir, bei Resistenzbildung oder in speziellen Fällen alternativ Cidofovir (erhebliche Nephrotoxizität) oder Foscarnet. Alle drei Wirkstoffe hemmen die virale Polymerase und haben Nebenwirkungen (Leukopenie, Thrombozytopenie). Bei besonders gefährdeten Knochenmark-Transplantationspatienten wird ein frühzeitiger Therapiebeginn durch eine lückenlose virologisch-diagnostische Überwachung angestrebt (präemptive Therapie). Resistenzentwicklungen gegen Ganciclovir sind durch Mutationen im viralen Polymerasegen sowie Phosphotransferasegen bedingt.

9.1.4 Epstein-Barr-Virus (EBV)

Die Infektion mit EBV führt zu einer lebenslang persistierenden Infektion mit Latenz des Virus in B-Lymphozyten und intermittierender Virusausscheidung im Speichel. EBV hat neben seiner Fähigkeit zur Persistenz zusätzlich das Vermögen, die infizierten B-Zellen zur Proliferation anzuregen und zu immortalisieren. Die EBV-Primärinfektion führt zur **Lymphoproliferation**, die bei Immunsuppression oder genetisch bedingten Immundefekten nicht kontrolliert werden kann. EBV-assoziierte B-Zell-Lymphome sind das **Burkitt-Lymphom** und ein Teil der **Hodgkin-Lymphome**. Ferner besteht eine Beziehung zum **Nasopahrynxkarzinom** der Bevölkerung Südchinas und andernorts. Weltweit sind 90–95 % der erwachsenen Bevölkerung infiziert. Es zirkulieren hauptsächlich zwei Subtypen des Virus (EBV-1 und EBV-2), die sich klinisch nicht unterscheiden.

Klinik und Pathogenese. Das Virus wird hauptsächlich im Speichel übertragen, ferner durch Genitalsekrete, selten durch Blutzellen oder Transplantate. Die Primärinfektion erfolgt meist im frühen Kindesalter durch Austausch von Speichel und verläuft in der Regel asymptomatisch. Bei älteren Kindern und jungen Erwachsenen (**„Kissing-disease“**) kommt es des öfteren zum Krankheitsbild der infektiösen Mononukleose (s. unten). Primär vermehrt sich das Virus in den Epithelzellen der Mundschleimhaut und der Speicheldrüsen. Danach kommt es zur Infektion der B-Lymphozyten des lokalen (Tonsillen und Waldeyer-Rachenring) und sonstigen lymphoiden Gewebes. Die massive Proliferation der infizierten B-Lymphozyten wird durch virusspezifische zytotoxische T-Lymphozyten eingeschränkt. Gleichzeitig zur lytischen Infektion in den Epithelzellen und B-Zellen etabliert das EBV eine Latenz in einer Subpopulation von B-Zellen. Es handelt sich um langlebige, ruhende Gedächtnis-B-Zellen. In diesen rezirkulierenden B-Lymphozyten liegt das Virusgenom in mehrfacher Kopie als zirkulär geschlossenes Episom im Zellkern vor (s. Abb. **9.2**, S. 451).

Für die Etablierung der Latenz sind einige wenige virale Proteine wichtig. Das **EBV-codierte nukleäre Antigen 1** (**EBNA-1**) ist notwendig für die Vermehrung des viralen Genoms als Episom im Zellkern. Weitere virale Proteine in Zellkern (EBNA-2, EBNA-3A, -3B, -3C, EBNA-LP) und virale Proteine in der Zellmembran (**latente Membranproteine** oder **LMP** genannt) sowie kleine **EBV-codierte RNA-Moleküle** (**EBER**) ermöglichen die kontinuierliche Zellteilung und somit die Immortalisierung der Zelle. Nach der vollständigen Etablierung der Latenz exprimieren die ruhenden B-Zellen nur noch ein einziges Virusprotein, LMP2A. Sie entgehen der Immunantwort und stellen ein langlebiges Virusreservoir dar. Gelegentliche Reaktivierungen erlauben eine erneute Infektion von Epithelzellen des Nasen-Rachenraums und eine intermittierende Virusausscheidung. Die Reaktivierungen verlaufen klinisch meist stumm.

Infektiöse Mononukleose (Pfeiffersches Drüsenfieber). Sie tritt vor allem bei Jugendlichen und im Erwachsenenalter auf und ist durch Fieber, Lymphknotenschwellung und Belägen der Tonsillen charakterisiert (Abb. **9.6a**). Pathognomonisch ist das Blutbild, das eine Lymphozytose mit atypischen T-Lymphozyten (mit stark vergrößertem, gelapptem Zellkern) zeigt (Abb. **9.6b**). Es handelt sich um virusspezifische reaktive T-Lymphoblasten als Folge der Immunabwehr gegen die EBV-infizierten B-Lymphozyten. Gelegentlich tritt ein makulopapulöses Exanthem der Haut auf, i. d. R. nach der Gabe bestimmter Antibiotika. Gelegentlich finden sich Erhöhungen der Transaminasewerte und eine Hepatomegalie als Zeichen einer Mitbeteiligung der Leber. Als Folge der polyklonalen B-Zell-Stimulation können Autoantikörper auftreten, die an den gelegentlich auftretenden hämolyti-

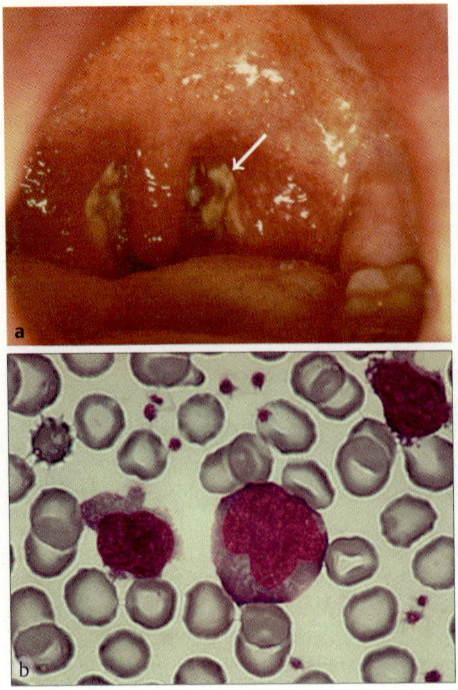

Abb. 9.6 **Infektiöse Mononukleose. a** Rachenbefund bei infektiöser Mononukleose mit Anschwellen des lymphoiden Gewebes und Belägen (Pfeil) auf den stark vergrößerten Tonsillen. **b** Das Blutbild zeigt die charakteristischen mononukleären Zellen (T-Lymphoblasten) mit vergrößertem und gelapptem Zellkern. Aus: Baenkler, H.-W. et al. Kurzlehrbuch Innere Medizin. 1. Aufl., Thieme, Stuttgart, 2007

schen Anämien und Thrombozytopenien beteiligt sind. Die Erkrankung dauert ca. 4–6 Wochen und heilt komplikationslos aus. Selten gibt es chronische Verlaufsformen mit monatelanger Symptomatik.

Burkitt-Lymphom. Das Burkitt-Lymphom ist in Äqatorialafrika endemisch und tritt bei Kindern im Alter von 6–9 Jahren auf. Bei den Tumorzellen handelt es sich um monoklonal proliferierende B-Zellen, die mehrere Kopien des EBV-Genoms tragen und regelmäßig eine chromosomale Translokation des c-myc-Gens in der Nähe eines aktiven Immunglobulin-Gens aufweisen. Als einziges virales Protein wird EBNA-1 exprimiert. Das Wachstum der Tumorzellen verdrängt das umliegende Gewebe ohne zu metastasieren, was sich in entstellenden Tumoren des Kiefer- und Gesichtsbereichs oder des Abdomens zeigt. Es besteht ein unklarer Zusammenhang zwischen dem Auftreten des Burkitt-Lymphoms und der Malaria. Vermutlich begünstigt eine Malaria-Infektion die ungebremste Proliferation von EBV-infizierten B-Zellen über längere Zeiträume. Dadurch erhöht sich die Wahrscheinlichkeit der chromosomalen Translokation und weiterer genetischer Veränderungen, die das Auswachsen eines malignen B-Zell-Klons ermöglichen. Essentiell für die maligne Transformation scheint die translokationsbedingte Überexpression des c-myc-Onkogens zu sein, die auch ohne Mitwirkung von EBV zustande kommen kann.

Nasopharynxkarzinom (NPC). Das NPC tritt in der Bevölkerung gewisser Regionen (Südchina, vorderer Orient und Nordafrika) auf. Ernährungsgewohnheiten (Nitrosamine des gepökelten Fleisches, Phorbolesterverbindungen in Kräutertees) scheinen zusammen mit EBV die Tumorentstehung zu begünstigen. Die epithelialen Karzinomzellen des Nasopharynx sind EBV-positiv und bilden rasch Metastasen.

Es werden Beziehungen der EBV-Infektion zu weiteren Karzinomen vermutet, so zum lymphoepithelialen Magenkarzinom und seltene Karzinome der Speicheldrüsen und der Lunge.

Hodgkin-Lymphom. Bei einem beträchtlichen Prozentsatz sind die charakteristischen Reed-Sternberg-Zellen dieses B-Zell-Lymphoms latent mit EBV infiziert und produzieren nukleäre Proteine (EBNA-1), Latenz-assoziierte Membranproteine (LMP-1 und LMP-2A) sowie kleine EBV-RNA- Transkripte (EBER).

Besondere Verläufe bei Immunsuppression. EBV-Infektionen bei Immunsupprimierten gehen oft mit Komplikationen einher, da die mangelhafte Immunantwort die Proliferation der infizierten B-Zellen nicht genügend kontrollieren kann. Es entwickeln sich lymphoproliferative Erkrankungen mit polyklonaler oder oligoklonaler Tumorbildung.

- **Lymphoproliferative Erkrankung nach Transplantation** (Posttransplantation Lymphoproliferative Disease, PTLD). Bei EBV-Primärinfektion unter massiver transplantationsbedingter Immunsuppression kommt es zum opportunistischen Auftreten von B-Zell-Lymphomen mit sehr schlechter Prognose.
- **Duncan-Syndrom (X-linked lymphoproliferatives Syndrom XLP).** EBV-Infekte verlaufen bei männlichen Trägern eines seltenen X-chromosomal rezessiv vererbten Immundefektes äußerst schwer. Der genetische Defekt bewirkt den Ausfall des SAP-Proteins (auch SH2D1A genannt), das als immunmodulatorisches Molekül für eine normale T-Zellantwort gegenüber EBV-infizierten B-Zellen unerlässlich ist. Die betroffenen Knaben können die akute EBV-Infektion nicht kontrollieren und es kommt unter der chronischen Infektion zur Entwicklung polyklonaler B-Zell-Lymphome.
- **Orale Haarleukoplakie.** Sie äußert sich durch schmerzlose weißliche Papeln am seitlichen Zungenrand oder an der Wangenschleimhaut und wird vor allem bei AIDS-Patienten gefunden. In den Epithelzellen der Läsion findet eine produktive EBV-Vermehrung statt, ohne maligne Transformation (Abb. **9.7**).

9

Diagnostik. Die EBV-Diagnostik ist wichtig zum Nachweis oder Ausschluss einer frischen EBV-Infektion wegen der notwendigen Abgrenzung zu anderen Infektionskrankheiten, die ähnliche klinische Bilder hervorrufen können (z. B. HIV, CMV, Röteln, Ringelröteln, HCV, Streptokokkenangina, Toxoplasmose, Malaria).

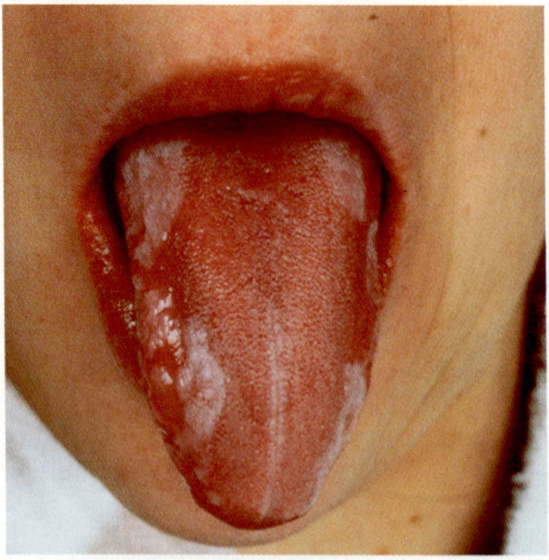

Abb. **9.7 Orale Haarleukoplakie bei AIDS-Patienten.** Am seitlichen Zungenrand bilden sich schmerzlose weißliche Papeln, in denen EBV-Vermehrung stattfindet. Aus: Riemann, J. et al. (Hrsg.) Gastroenterologie Das Referenzwerk für Klinik und Praxis. 1. Aufl., Thieme, Stuttgart, 2007

Ebenso ist die Abgrenzung zu malignen Lymphomen und Leukämien essentiell. Die Diagnostik beruht weitgehend auf dem Nachweis des Auftretens EBV-spezifischer Antikörper (Serologie). Standardmethoden sind der Immunfluoreszenztest, ELISA und der Immunoblot/Lineassay (s. Kap. 1.7.3). Gemessen werden Antikörper gegen VCA (IgG, IgM) und EBNA-1. Daneben ist der Nachweis heterophiler Antikörper, die EBV-typisch sind, als Schnelltest möglich, aber wenig sensitiv.

Bei der frischen Infektion sind in der Regel IgM-Antikörper gegen VCA nachweisbar, aber keine Antikörper gegen EBNA-1. Dieselben treten erst ca. 4 Wochen nach Krankheitsbeginn auf und gelten als sogenannte späte Antikörper, die eine frische Infektion ausschließen (Abb. **9.8**). Allerdings ist die serologische Antwort in der Praxis sehr variabel. In etwa 20 % aller Fälle wird bei der Primärinfektion kein IgM nachgewiesen. Auch werden in ca. 5 % der Fälle keine Antikörper gegen EBNA-1 gebildet oder der Antikörper geht mit der Zeit verloren. Um Verwechslungen zwischen Primärinfektion und abgelaufener Infektion zu verhindern, müssen weitere Parameter gemessen werden, wie z. B. die Avidität der VCA-IgG oder Antikörper gegen weitere virale Antigene im Immunoblot/Lineassay. Da die EBV-Infektion zu polyklonaler B-Zell-Stimulation führt, können fremde Antikörperspezifitäten vermehrt gebildet werden und andere Infektionen vortäuschen (z. B. CMV wegen des Auftretens von CMV-IgM). Für die korrekte Interpretation der serologischen Befunde ist eine große Erfahrung des Diagnostiklabors erforderlich.

Zum direkten Erregernachweis wird die virale Nukleinsäure mittels PCR amplifiziert. Die Quantifizierung der EBV-Genomäquivalente im Blut ist bei der präemptiven Therapie des PTLD notwendig. Die Diagnose EBV-assoziierter Tumore geschieht histologisch oder zytologisch durch den Nachweis von EBV-Antigenen oder der EBER-RNAs.

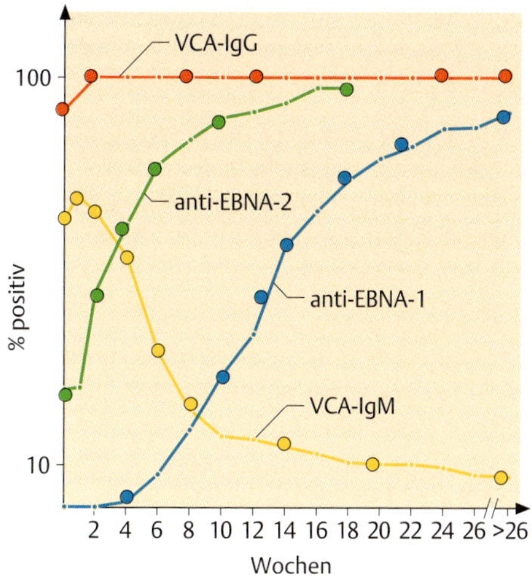

Abb. 9.8 **EBV-spezifische Antikörper nach Primärinfektion.** Die Wahrscheinlichkeit des Auftretens der diagnostisch wichtigen EBV-spezifischen Antikörper ist im zeitlichen Verlauf dargestellt. Die IgM- und IgG-Antikörper gegen das Viruskapsid-Antigen (VCA-IgM, VCA-IgG) treten früh auf, wobei VCA-IgG lebenslang erhalten bleiben. Im Gegensatz dazu erscheinen anti-EBNA-1-Antikörper spät und gelten als Indiz für eine zurückliegende Infektion.

Therapie. Die Therapie der infektiösen Mononukleose erfolgt rein symptomatisch. Die bekannten antiherpesviralen Medikamente sind zwar in der Zellkultur gegen EBV wirksam, aber in der Klinik von geringem Nutzen und zur Behandlung EBV-assoziierter Erkrankungen nicht zugelassen. Therapiemaßnahmen bei PTLD bestehen in der Reduktion der Immunsuppression. Bei B-Zelltumoren ist die Gabe des gegen B-Zellen gerichteten monoklonalen anti-CD20-Antikörpers (Rituximab) erfolgreich. Ebenso ist der adoptive Transfer von EBV-spezifischen zytotoxischen T-Zellen viel versprechend.

9.1.5 Humanes Herpesvirus 6 (HHV-6)

Das HHV-6 ist weit verbreitet und wird früh im Kleinkindesalter durch Speichel übertragen. Die Durchseuchung bei Dreijährigen beträgt bereits 95 %. Es gibt zwei Subtypen HHV-6A und HHV-6B, die sich in vielerlei Hinsicht unterscheiden. HHV-6B ist der Erreger des **Exanthema subitum** (Roseola infantum, Dreitagefieber).

Klinik und Pathogenese. HHV-6 infiziert CD4-positive T-Lymphozyten, sowohl produktiv als auch latent. Es wird im Speichel aber auch im Vaginalsekret ausgeschieden und wird vermutlich bereits perinatal und anschließend postnatal von Erwachsenen auf Säuglinge übertragen. Die Erstinfektion im Säuglingsalter bleibt meist asymptomatisch. Im Kleinkindesalter kann es nach einer Inkubationszeit von 5–15 Tagen zum Exanthema subitum (Dreitagefieber) kommen. Es ist gekennzeichnet durch einen abrupten Fieberanstieg auf 40–41 C (Fieberkrämpfe!) und einer ebenso raschen Entfieberung nach drei Tagen. Danach erscheint ein flüchtiges Exanthem. Reaktivierungen sind bei Immunkompetenten symptomlos.

Komplikationen. Bei der Erstinfektion sind Entzündungen des Respirationstrakts und des Mittelohrs möglich. Im Jugendlichenalter kann ein mononukleose-ähnliches Bild auftreten. Selten sind Meningitis, Enzephalitis, Hepatitis. Gefürchtet sind Infektionen unter Immunsuppression bei Organtransplantationen. Abstoßungsreaktionen der Niere sowie schwerste interstitielle Pneumonien nach Knochenmarktransplantation sind beschrieben worden.

Diagnostik. Der Virusgenomnachweis mittels PCR ist aus verschiedenen Patientenmaterialien möglich. Spezifische Antikörper lassen sich in der Immunfluoreszenz an HHV-6-infizierten Zellkulturen nachweisen.

Therapie. Die Therapie des Exanthema subitum ist symptomatisch. Für schwere Verläufe bei Immunsupprimierten stehen Ganciclovir und Foscarnet zur Verfügung.

9.1.6 Humanes Herpesvirus 7 (HHV-7)

HHV-7 ist weit verbreitet und wird durch Speichel übertragen, wie HHV-6. Die Infektion der Kleinkinder scheint jedoch etwas später zu erfolgen als mit HHV-6. HHV-7 ist lymphotrop und befällt die CD4-positiven T-Zellen. Das Virus persistiert in den Speicheldrüsen. Sowohl die Erstinfektion als auch die Reaktivierung bei Immunsuppression sind **meist asymptomatisch**. Die Primärinfektion kann gelegentlich unter dem Bild des Exanthema subitum verlaufen.

9.1.7 Humanes Herpesvirus 8 (HHV-8) / Kaposi-Sarkom-assoziiertes Herpesvirus (KSHV).

HHV-8 wurde bei genetischen Untersuchungen von Zellen des **Kaposi-Sarkoms** eines AIDS-Patienten mit molekularen Techniken entdeckt. Es ist ursächlich an der Entstehung dieses Tumors beteiligt und ist mit atypischen lymphoproliferativen Erkrankungen und B-Zell-Lymphomen assoziiert. Außerhalb der Risikogruppen (männliche Homosexuelle mit häufigem Partnerwechsel) scheint HHV-8 bei höchstens 1–5 % der Bevölkerung vorzukommen. Das Virus besitzt eine Anzahl von Genen, die Ähnlichkeit zu Genen der menschlichen Wirtszellen haben und für virale Zytokine und Zytokinrezeptoren, Chemokine und Chemokinrezeptoren sowie immunregulatorische Proteine, Onkogene und anti-apoptotische Proteine codieren. Dies erklärt die transformatorischen Eigenschaften des Virus sowie seine Fähigkeit, proliferative Störungen und Dysregulationen des Zytokinsystems hervorzurufen.

Klinik und Pathogenese. HHV-8 wird vermutlich durch Speichel und auf sexuellem Wege übertragen. Nach der Primärinfektion mit Befall der Epithelzellen des Mund- und Rachenraumes kommt es zu lebenslanger Persistenz, wobei CD19-positive B-Lymphozyten und Endothel- und Spindelzellen latent infiziert werden. Die Symptome der Primärinfektion, die Latenzorte sowie die folgenden Reaktivierungen sind noch wenig verstanden. Die Infektion der Endothel- und Spindelzellen der Haut scheint die Angiogenese auf noch unbekannte Weise zu stimulieren. HHV-8 findet sich in fast allen Kaposi-Sarkomen, im sog. primären Effusionslymphom (auch „Body-cavity-associated lymphoma" oder „AIDS-related B cell lymphoma" genannt) und bei der multizentrischen Form der Castleman-Erkrankung, einer atypischen Lymphoproliferation.

Diagnostik. Der Erregernachweis beruht auf dem Genomnachweis durch PCR. Eine Virusisolierung ist nicht praktikabel. Serologisch lassen sich Antikörper gegen das sog. Latenz-assoziierte nukleäre Antigen (LANA) im Immunfluoreszenztest nachweisen. Immunoblotverfahren mit rekombinanten HHV-8-Antigenen sind in Entwicklung.

Therapie und Prophylaxe. Es gibt keine Prophylaxe und keine etablierte antivirale Therapie. Kaposi-Sarkome können sich unter einer Verminderung der Immunsuppression spontan zurückbilden (z. B. bei anti-retroviraler Kombinationstherapie der HIV-Patienten).

9.2 Hepatitis-B-Virus (HBV)

HBV ist von herausragender medizinischer Bedeutung. Weltweit sind über 300 Millionen Menschen chronisch mit HBV infiziert. Das Virus verursacht akute und chronische **Leberentzündungen** und ist an der Entstehung der **Leberzirrhose** und des **Leberkarzinoms** beteiligt. Eine aktive Impfung im Kleinkindesalter schützt vor Infektion.

9

Allgemeine biologische Eigenschaften des HBV. Das humanpathogene HBV gehört zur Familie der **Hepadnaviren**, zu denen auch Vertreter gehören, die bei Säugetieren (z. B. das Woodchuck-HBV [WHV] bei Waldmurmeltieren) oder Vögeln (z. B. das Duck-HBV [DHBV] bei Enten) vorkommen. Es besitzt ein **partiell doppelsträngiges DNA-Genom** von nur 3,2 kb. Das Virus ist streng hepatotrop; die Virusvermehrung erfolgt in den Hepatozyten (Abb. **9.9**). Nach Eindringen in den Zellkern erfolgt die Replikation des DNA-Genoms über eine genomische RNA-Zwischenstufe, die als RNA-Prägenom bezeichnet wird. Das virale RNA-Prägenom wird zusammen mit der viralen Polymerase/Reversen Transkriptase in das Kapsid verpackt. Das Prägenom wird dann durch die viruseigene Reverse Transkriptase in das partiell doppelsträngige DNA-Genom rückübersetzt (Details s. Abb. **8.7e**,

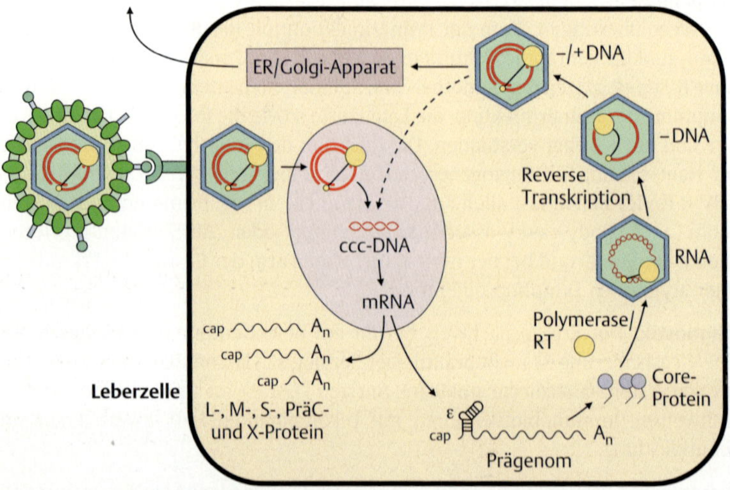

Abb. **9.9** **Vermehrungszyklus des HBV.** Die Virusvermehrung des HBV erfolgt im Hepatozyten unter Ausbildung der sogenannten kovalent geschlossenen zirkulären DNA (ccc-DNA) im Kern und einer RNA-Zwischenstufe im Zytoplasma, dem Prägenom, das durch die virale Reverse Transkriptase in DNA rückübersetzt wird (für Details s. Text). Die Strukturproteine beinhalten die L-, M- und S-Formen des HBs, HBc sowie das PräC-Protein und das X-Protein unbekannter Funktion. Das PräC-Protein wird zu Hbe umgewandelt. Das HBc verpackt das RNA-Prägenom zusammen mit der viralen Polymerase/Reverse Transkriptase (RT) in neugebildete Kapsidstrukturen, in denen die Retrotranskription stattfindet. Die Nukleokapside werden initial in den Zellkern importiert, was zu einer Amplifikation der cccDNA-Gebilde führt. Später werden die Nukleokapside an intrazellulären Membranen umhüllt und über den Sekretionsweg des ER/Golgi-Apparates nach außen sezerniert.

9

S. 408; 410). Das **Kapsid** besteht aus 240 Coreprotein-Untereinheiten, die als HBc-Antigen (HBcAg) bezeichnet werden. Das virale Kapsid wird im Zytoplasma mit einer **Hüllmembran** umgeben, die sich von intrazellulären Membranen ableitet, und danach über den Golgi-Apparat sezerniert. Ein Teil der noch nicht umhüllten Viruskapside verlässt die infizierte Zelle nicht, sondern wird zurück in den Kern transportiert, sodass eine neue Infektionsrunde starten kann, was der Amplifikation der Virusvermehrung dient. In der Virushülle der sezernierten Viruspartikel befinden sich die **viralen Glykoproteine**. Diese kommen in drei Formen vor, nämlich als L-(vollständiges Protein), als M- und als S-Protein (HBs-Antigen) (s. Abb. **9.10**).

Das vollständige Virion, bestehend aus dem Virusgenom, dem Viruskapsid und der Virushülle, wird nach seinem Entdecker auch **Dane-Partikel** genannt (Abb.

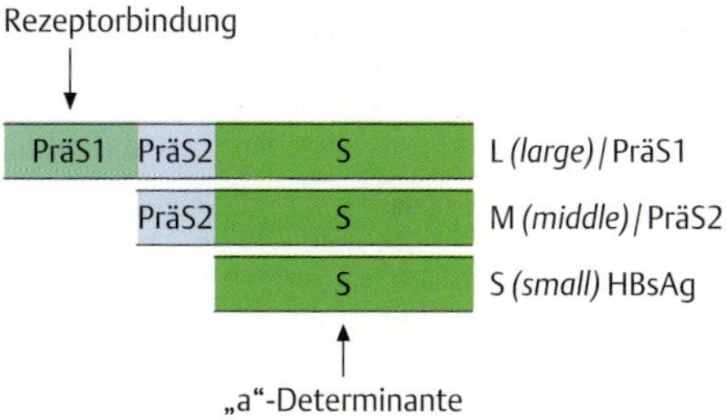

Abb. **9.10** **Synthese und Funktion der HBs-Oberflächenglykoproteine des HBV.** Aufbau des mittleren (M) und langen (L) Hüllproteins, die je aus aminoterminalen Verlängerungen des S-Proteins (HBsAg) bestehen. Die PräS1-Domäne des L-Proteins (40–80 Moleküle pro Virion) bindet an den zellulären Rezeptor. HBs ist der Hauptbestandteil der Virushülle (300–400 Moleküle pro Virion) und kommt auch in den leeren Virushüllen vor. HBs ist als Antigen im Impfstoff enthalten. Alle drei Hüllproteine teilen eine immundominante „a"-Determinante, gegen die bevorzugt Antikörper gebildet werden. Anti-HBs-Antikörper neutralisieren das HBV und schützen vor Infektion.

9.11a). Es hat einen Durchmesser von 42–47 nm. Dane-Partikel werden in großen Mengen in das Blut abgegeben, was zu einer ausgeprägten Virämie führt, mit bis zu 10^9 infektiösen Einheiten/ml Plasma. Zusätzlich sezernieren die infizierten Hepatozyten überschüssiges Hüllprotein (HBs-Antigen) in Form von sphärischen 20-nm-Partikeln oder filamentösen Partikeln (23–200 nm, Abb. **9.11b**). Ein weiteres virales Protein ist das HBe-Antigen. Es stellt eine posttranslationell verkürzte Form des PräC-Proteins dar. HBe wird von den Hepatozyten während der Virusvermehrung sezerniert. Sein Auftreten im Serum ist ein Zeichen der produktiven Infektion mit Bildung infektiöser Viruspartikel, jedoch gibt es auch HBe-negative Virusvarianten.

Das HBV ist genetisch stabil und kommt nur beim Menschen und höheren Primaten vor. Beim Menschen werden 8 Genotypen (A bis H) und 9 HBs-Antigen-Subtypen unterschieden. Das Virus ist wenig zytopathogen. Der Leberschaden wird durch die Immunantwort verursacht (Immunpathogenese, s. S. 135). Auch nach Ausheilung bleibt das Virus latent in der Leber und teilweise auch extrahepatisch vorhanden. Unter Immunsuppression ist eine Virusreaktivierung möglich.

Klinik und Pathogenese. Die Übertragung des HBV erfolgt durch Blut und Blutprodukte. Die extrem hohe Virämie bewirkt, dass geringste Beimengungen von Blut genügen, um andere Körperflüssigkeiten zu kontaminieren. Die Infektion erfolgt parenteral entweder durch mukokutane Kontakte beim Sexualverkehr oder durch Inokulation mit kontaminierten Injektionsnadeln bei Stichverletzungen und bei Drogenabusus. Das Neugeborene wird unter der Geburt (perinatal) infiziert, falls eine chronische HBV-Infektion der Mutter vorliegt, und bleibt dann mit gro-

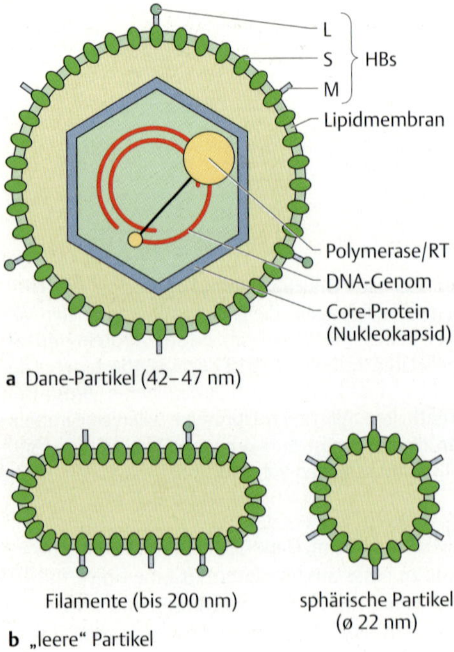

Abb. **9.11** **Aufbau des HBV (schematisch).** **a** Das vollständige infektiöse Virion (Dane-Partikel) hat eine Lipidmembran-Hülle, in der die lange (L), mittlere (M) und kurze (S) Form des Hepatitis-B-"surface"-Antigens (HBsAg) eingelagert sind. Das partiell doppelsträngige DNA-Genom mit der assoziierten Polymerase/Reverse Transkriptase (RT) wird vom Hepatitis-B-Core (HBc)-Protein umgeben, welches das Nukleokapsid bildet. **b** Sphärische und filamentöse Partikel, bestehend aus HBsAg-tragenden Hüllen, sind leer und daher nicht infektiös. Sie werden von infizierten Hepatozyten im Überschuss gebildet und an das Blut abgegeben.

ßer Wahrscheintlichkeit selbst lebenslang infiziert und infektiös (s. u.). Nach dem Eintritt in den Körper gelangt das Virus auf dem Blutweg in die Leber, wo eine zunächst langsame, schließlich aber massive Virusvermehrung erfolgt. Der weitere Verlauf hängt in erster Linie von der Infektionsdosis und der Immunitätslage des Wirtes ab (Abb. **9.12**). Entscheidend ist, ob die zelluläre Immunantwort mittels zytotoxischer T-Zellen und IFN-γ die HBV-Vermehrung in den Hepatozyten rechtzeitig eindämmen kann (60–70 %). Trifft dies zu, so verläuft die Infektion entweder inapparent und führt zu lebenslanger Immunität („stille Feiung“) oder äußert sich in einer vorübergehenden Leberentzündung.

Bei **klinisch apparenten Verläufen** macht sich die Hepatitis nach einer Inkubationszeit von meist mehreren Monaten (1–7 Monate) bemerkbar. Das Leitmerkmal ist der Ikterus (Abb. **9.13**). In der Mehrzahl der Fälle heilt die akute Hepatitis folgenlos aus. Selten kommt es zu einer fulminanten Hepatitis (0,1-0,5 %), die in 80 % tödlich verläuft. Die akute Hepatitis geht in 5–10 % in die **chronische Hepatitis** über, die nach vielen Jahren zur Leberzirrhose und zum hepatozellulären Karzinom führen kann. Die perinatale Infektion verläuft meistens inapparent, führt aber wegen Ausbleibens einer adäquaten Immunantwort in 90 % der Fälle zu einem chronischen Verlauf. Die chronische Hepatitis B kann sich über Jahre weitgehend

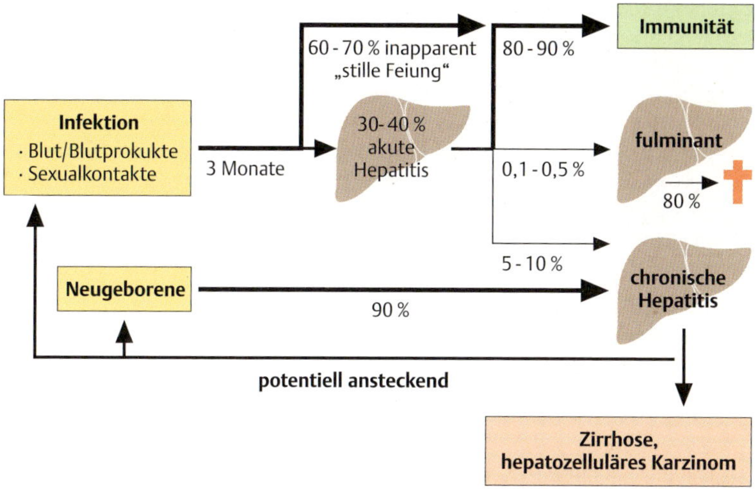

Abb. **9.12** **Unterschiedliche klinische Verläufe der HBV-Infektion.** Der Infektionsverlauf hängt weitgehend von der Infektionsdosis und der Immunitätslage des Wirtes ab (s. Text). Die Infektion verläuft entweder klinisch inapparent unter Hinterlassung einer Immunität (stille Feiung) oder äußert sich als akute Hepatitis. Chronische Verläufe sind bei ungenügender Immunabwehr (besonders bei Infektionen unter der Geburt) häufig und führen nach Jahren zu Leberzirrhose und Krebs (s. auch S. 137).

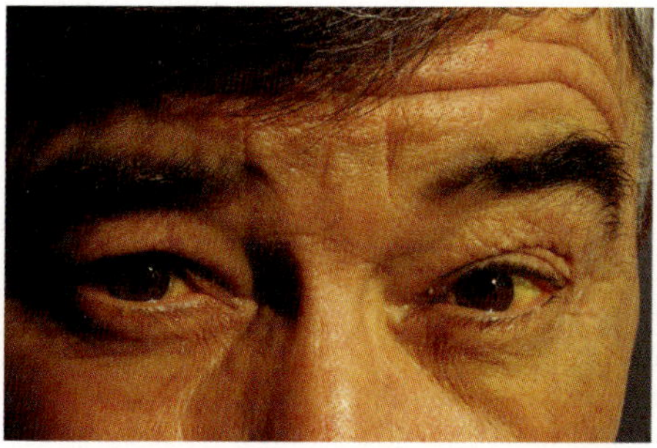

Abb. **9.13** **Ikterus als Leitsymptom der Hepatitis.** Die Gelbfärbung durch Bilirubin-Einlagerung in Skleren und Haut (Ikterus) zeigt die Funktionsstörung der Leber an. Aus: Baenkler, H.-W. et al. Kurzlehrbuch Innere Medizin. 1. Aufl., Thieme, Stuttgart, 2007

asymptomatisch darstellen oder aber als chronisch-aggressive Hepatitis mit Leberschäden imponieren, die der Entwicklung der Leberzirrhose und dem Leberkarzinom Vorschub leisten. Das symptomarme Stadium wird weiterhin unterteilt in zwei unterschiedliche Kategorien. Der gesunde Virusträger hat eine geringe Virämie von nur 10^2–10^6 viralen Genomen/ml Plasma und ist HBeAg-negativ. Im Gegensatz dazu hat der immuntolerante Virusträger eine hohe Viruslast (bis zu 10^{10} Virusgenome/ml) und ist HBeAg-positiv (Tab. **9.2**). Nach langjährigem chronischem Verlauf können sog. „Immune escape"-Mutanten auftreten oder Virusmutanten, die kein HBeAg mehr bilden können (s. Kleindruck).

HBV-Mutanten:

Lamivudin-Resistenz (Mutationen im Polymerase-Gen). Aminosäure-Austausche im YMDD-Motiv führen zur Resistenz gegen Nukleosid-Analoga.

„Immune escape" Mutanten (Mutationen im PreS/S-Gen). Aminosäure-Austausche innerhalb der immundominanten „a"-Determinante führen zu fehlender Erkennung durch Antikörper.

HBe-minus-Mutante (z. B. PräC-Stopcodon-Mutante). Durch ein Stopcodon in der PräC-Region des Genoms wird die Bildung des HBe-Antigens verhindert. Daraus resultiert eine HBe-Antigen-negative chronische Hepatitis B (ca. 50 %)

Diagnostik. Die Diagnostik der akuten oder chronischen Hepatitis B beruht auf dem Nachweis des Virusgenoms und weiterer Virusbestandteile (HBsAg, HBeAg)

Tabelle **9.2** Typische Konstellationen der serologischen Marker bei der HBV-Infektion

Status der HBV-Infektion	Serologische Marker				
	HBsAg	**HBeAg**	**anti-HBe**	**anti-HBc**	**anti HBs**
keine HBV-Infektion	-	-	-	-	-
geimpft / immun	-	-	-	-	+
frische HBV-Infektion	+	+	-	+	-
frisch abgelaufene Infektion	-	-	+	+	+
abgelaufene Infektion / immun	-	-	-	+	+
Viruspersistenz, asymptomatischer HBsAg-Träger (gesunder „Carrier")	+	-	+	+	-
Viruspersistenz, immuntoleranter HBsAg-Träger	+	+	-	+	-

9

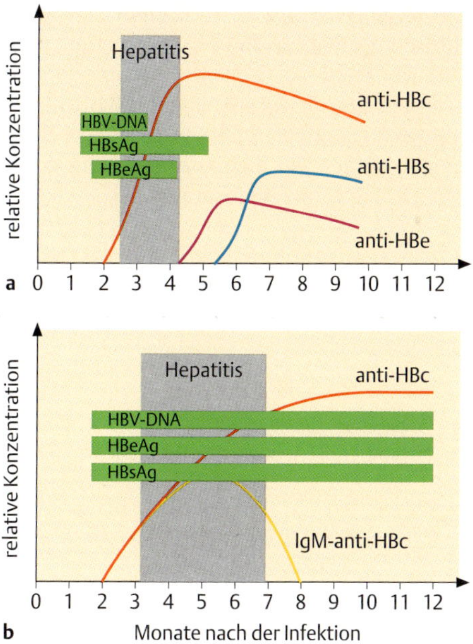

Abb. **9.14 Labordiagnostik der akuten und chronischen Hepatitis B.**
a Akuter Verlauf. Bereits vor der immunologisch bedingten Leberentzündung besteht eine hohe Virämie mit 10^9–10^{12} Viruspartikel/ml Serum und eine überschießende Produktion leerer Hüllen (10^{13}/ml). Entsprechend fällt der Nachweis von HBV-DNA, HBsAg und HBeAg stark positiv aus. Anti-HBc (IgM und IgG) treten früh auf, anti-HBe als Zeichen der Genesung und anti-HBs spät in Zusammenhang mit der Viruseliminierung.
b Chronischer Verlauf. HBV-DNA und HBsAg persistieren auf individuell unterschiedlichem Niveau. Die Persistenz des HBe zeigt die aktive Virusvermehrung und andauernde Produktion von infektiösen Viruspartikeln an.

im Serum oder Plasma. Der Nachweis spezifischer IgM- oder IgG-Antikörper umfasst Anti-HBs-, Anti-HBc- und Anti-HBe-Antikörper. Die genannten Hepatitismarker treten zeitlich gestaffelt in einer charakteristischen Reihenfolge auf (Abb. **9.14**). Der Abfall des HBsAg, Verlust des HBeAg und das Auftreten von Anti-HBe-Antikörpern sind prognostisch günstige Zeichen für die Überwindung der Infektion, die mit dem Auftreten der Anti-HBs-Antikörper abgeschlossen ist. Anti-HBs-Antikörper schützen vor erneuter Infektion. Anti-HBc-Antikörper persistieren meistens lebenslang und sind ein Zeichen für eine durchgemachte oder bestehende Infektion. Prinzipiell besteht bei jedem Anti-HBc-Positiven eine HBV-Latenz und -Reaktivierbarkeit. Bei chronischen Verläufen persistiert das HBsAg und je nach Trägerstatus, auch das HBeAg (Tab. **9.2**).

Prophylaxe.

Expositionsprophylaxe. Überprüfung von Blut und Blutprodukten, Verwendung von Einmalgeräten sowie strenge Desinfektions- und Sterilisationsmaßnahmen haben das Übertragungsrisiko im medizinischen Bereich stark gesenkt. Grundsätzlich müssen Blut, Serum und sonstige Körpersekrete als potentiell infektiöses Material betrachtet werden.

Impfung. Die aktive Impfung mit HBsAg (Totimpfstoff, in Hefezellen rekombinant hergestellt) wird heute allgemein empfohlen (s. Box). Der Impferfolg nach dreimaliger Immunisierung soll bei Personen mit hohem Hepatitis-B-Risiko nach ein bis zwei Monaten geprüft werden. Ein Anti-HBs-Titer von 100 I. E./ml garantiert eine langjährige Immunität. Sogenannte Hypo- und Non-Responder (Titer unter 100 I. E./ml) sollen weiter geimpft werden. Für die passive Immunisierung und Simultanimpfung gibt es spezielle Immunglobulinpräparate.

Empfehlungen der Ständigen Impfkommission (STIKO) zur Bekämpfung der Hepatitis B:

1. HBs-Antigen-Bestimmung bei Schwangeren und Impfung der Neugeborenen aller HBsAg-positiver Mütter innerhalb der ersten 12 Stunden nach Geburt (Simultanimpfung, s. S. 440)
2. Grundimmunisierung
   - aller Säuglinge mit Beginn des 3. Lebensmonats,
   - aller bisher ungeschützten Kinder/Jungendlichen bis zum 18. Lebensjahr.
3. Indikationsimpfung
   - aller Angehörigen von Risikogruppen,
   - aller Reisenden in Regionen mit hoher Hepatitis-B-Prävalenz.

Therapie. Zur Behandlung der chronischen Hepatitis B sind IFN-α und verschiedene Reverse-Transkriptase-Hemmer zugelassen. Ein anhaltender Therapieerfolg ist mit IFN-α nur bei ca. 30–40 % der Probanden erzielbar. Mit Reverse-Transkriptase-Hemmern ist eine Dauertherapie bis zum Verschwinden des HBsAg (selten!) nötig. Lamivudin führt oft zur Resistenz. Das dann eingesetzte Adefovir ist weniger wirksam. Wesentlich wirksamer sind Entacavir und Tenofovir.

9.3 Hepatitis-D-Virus (HDV)

Das HDV verursacht akute und chronische Hepatitiden in Wechselwirkung mit dem Hepatitis-B-Virus.

Allgemeine biologische Eigenschaften des Hepatitis-D-Virus. Das HDV ist ein **defektes Virus.** Es ist für seine Vermehrung auf die Helferfunktionen des Hepatitis-B-Virus angewiesen. HDV besitzt ein **zirkuläres Negativ-Strang-RNA-Genom**, welches für ein Kapsidprotein codiert, das als Hepatitis-Delta-Antigen (HD-Ag) bezeichnet wird. Das Kapsid wird von einer Hülle umgeben; die Hüllproteine sind identisch mit den Hüllproteinen des HBV und bestehen aus dem kleinen, mittleren und großen HBs-Protein. Der Eintritt in die Hepatozyten erfolgt wie bei HBV. Die virale RNA wird im Zellkern mittels zellulärer RNA-Polymerasen vermehrt. Die RNA besitzt Ribozym-Aktivität (s. Box).

Es gibt 7 Clades mit unterschiedlicher geographischer Verteilung (Clade 1 in USA und Europa; 2 und 4 in Japan und Taiwan; 3 in Südamerika, 5–7 in Afrika).

Ribozym des HDV.
Das HDV-RNA-Genom hat Enzymfunktion welche aus langen RNA-Vorläufern genomlange Moleküle herstellt. Eine bestimmte Sequenz wirkt als Endonuklease und kann die RNA an einer bestimmten Stelle schneiden und anschließend wieder ligieren. In dieser Hinsicht ähnelt das HDV-Genom den pflanzenpathogenen Viroiden. Das Ribozym des HDV wird heute oft in der Gentechnologie angewandt.

Klinik und Pathogenese. Die parenterale Infektion erfolgt immer zusammen mit HBV, entweder als Koinfektion eines naiven Wirts oder als Superinfektion eines chronischen HBV-Trägers. Es gibt große regionale Unterschiede in der Häufigkeit der HDV-Infektion, wobei vor allem i.-v.-Drogenabhängige betroffen sind. Die Inkubationszeit beträgt vier Wochen bis mehrere Monate. Bei der Koinfektion ist der klinische Verlauf wie bei der alleinigen HBV-Infektion. Bei der Superinfektion eines HBV-Trägers kommt es gehäuft zu schweren, gelegentlich fulminanten Verläufen. Oft resultiert eine chronische Hepatitis-D-Infektion mit dem Übergang in die Leberzirrhose.

Diagnostik. Nachweis von Anti-HDV-IgM und Anti-HDV-IgG. Bestimmung von HDV-RNA mittels RT-PCR.

Prophylaxe. Impfung gegen HBV ist ausreichend.

Therapie. Es gibt keine effektive Therapie. IFN-α ist bloß mäßig und Lamivudin gar nicht wirksam.

9.4 Adenoviren

Adenovirusinfektionen treten sporadisch und epidemisch auf. Die insgesamt 51 humanpathogenen Serotypen verursachen zahlreiche Erkrankungen, die vor allem den **Respirationstrakt** („grippaler Infekt"), das **Auge** (Konjunktivitis) oder den **Gastrointestinaltrakt** (Durchfälle) betreffen. Die unterschiedlichen Krankheitsbilder korrelieren recht gut mit bestimmten Serotypen und Risikogruppen (Tab. **9.3**).

Allgemeine biologische Eigenschaften der Adenoviren. Adenoviren sind sehr umweltresistente Viren, die ein ikosaedrisches Kapsid ohne Hülle haben (80 nm). Das Genom besteht aus einer **linearen dsDNA** (36 kb). Die Virusvermehrung erfolgt im Zellkern, wo die neu gebildeten Virionen zu **kristallähnlichen Einschlusskörpern** aggregieren (Abb. **9.15**). Die Kapsomerproteine des Viruskapsids tragen

Tabelle **9.3** Typische Adenovirus-Infektionen

Erkrankung	**Risikogruppen**	**Serotypen**
akuter grippaler Infekt, fieberhafte Pharyngitis	Säuglinge, Kleinkinder	1–3, 5–7
akuter respiratorischer Infekt	Rekruten	3, 4, 7, 14, 21
Pneumonie	Rekruten	4, 7
	Säuglinge, Kleinkinder	1–3, 7
pharyngokonjunktivales Fieber	Schulkinder	3, 7, 14
epidemische Keratokonjunktivitis	alle Altersgruppen	8, 19, 37 nosokomiale Übertragung
follikuläre Konjunktivivitis (Schwimmbadkonjunktivitis)	Kinder	3, 4, 7
Gastroenteritis	Säuglinge, Kleinkinder	31, 40, 41

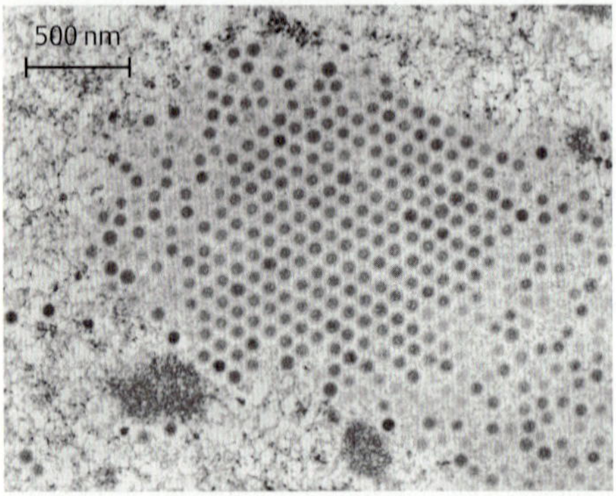

Abb. **9.15** **Adenoviren.** Viruskristalle im Kern der Wirtszelle (TEM).

9

die serologisch wichtigen antigenen Epitope sowie die im elektronenoptischen Bild charakteristischen Fibern, die wie Antennen nach außen ragen. Das Fiberprotein vermittelt den Erstkontakt zur infizierten Zelle.

Klinik und Pathogenese. Infektionen mit Adenoviren treten trotz dauerhafter Immunität wegen der Typenvielfalt immer wieder sporadisch oder auch epidemisch auf. Die Durchseuchung beginnt im Säuglings- und Kleinkindesalter. Die Übertragung erfolgt durch Tröpfchen- oder Schmierinfektionen. Adenoviren infizieren die Epithelzellen des Oropharynx, des Respirations- und des Gastrointestinaltraktes sowie des Auges. Die Infektion verläuft oft asymptomatisch oder mit milden Symptomen. Inkubationszeiten variieren von einigen bis zu zehn Tagen.

Atemwegsinfektionen: Ein beachtlicher Teil aller „Erkältungskrankheiten" von Kleinkindern ist durch Adenoviren verursacht. Bei jungen Erwachsenen können respiratorische Infekte bis hin zu lebensgefährlichen Lungenentzündungen unter bestimmten Bedingungen (z. B. Rekruten in Ausbildungscamps) epidemisch auftreten. Bei Schulkindern kommt die Kombination von fiebriger Pharyngitis und Konjunktivitis als pharyngokonjunktivales Fieber vor. Auch Keuchhusten-ähnliche Fälle sind bekannt.

Augeninfektion: Die akute follikuläre Konjunktivitis äußert sich in einseitiger, oft auch beidseitiger schmerzhafter Rötung des Auges und einer periaurikulären Anschwellung der Lymphknoten. Sie kommt sporadisch vor, aber auch epidemisch als sog. Schwimmbadkonjunktivitis bei ungenügender Qualität des Schwimmbadwassers. Die epidemische Keratokonjunktivitis kann durch augenärztliche Tätigkeit bei ungenügender Sterilisation bzw. Desinfektion von Instrumenten übertragen werden.

Intestinale Infektionen: Sie sind durch die sog. enteralen Adenovirustypen 31, 40 und 41 bedingt und äußern sich in ausgeprägten Durchfällen. Bei Kleinkindern sind Adenoviren die zweithäufigste Ursache für Diarrhoe nach den Rotaviren.

Weitere Infektionen: Im Urogenitalbereich ist die akute hämorrhagische Zystitis beschrieben, die fast nur bei Knaben vorkommt. Selten sind Darminvagination und Meningoenzephalitis.

Komplikationen. Bei Immunsuppression (AIDS-Patienten, Patienten mit Knochenmarktransplantation) kann es zu persistierenden Harnwegsinfektionen, zu Hepatitis und generell zu einer disseminierten Infektion kommen, sowie zu lebensgefährlichen Pneumonien.

Diagnostik. Zur Verhinderung der epidemischen Ausbreitung ist die Frühdiagnostik durch direkten Erregernachweis bei den akuten Erkrankungen des Auges und des Respirationstraktes enorm wichtig. Dazu dient der immunzytologische Antigennachweis in Zellen von Rachen- und Nasenabstrichen sowie von Konjunktivalabstrichen. Die Virusisolierung in Zellkultur sowie der Genomnachweis mithilfe der PCR sind möglich. Bei akuten Erkrankungen des Gastrointestinaltrakts wird der Antigennachweis im Stuhl mittels Enzymimmunoassays durchgeführt. Der serologische Antikörpernachweis spielt eine untergeordnete Rolle.

Prophylaxe. Die Prophylaxe beruht ausschließlich auf hygienischen Maßnahmen. Wichtig ist die Sterilisation ärztlicher Instrumente und die Behandlung des Wassers in öffentlichen Bädern.

Therapie. Es gibt keine spezifische antivirale Therapie. Bei Augeninfektionen ist eine antibiotische Therapie zur Vermeidung bakterieller Superinfektionen angezeigt.

9.5 Humane Papillomaviren (HPV)

HPV verursachen meist gutartige Haut- und Schleimhauttumoren in Form von **Warzen** und **Papillomen**. Es sind über 150 Genotypen bekannt, von denen einige ätiologisch an der Entstehung maligner Epitheltumoren, vor allem im Genitalbereich (Zervixkarzinom), beteiligt sind.

Allgemeine biologische Eigenschaften der Papillomaviren. Das Virus besteht aus einem ikosaedrischen Kapsid (ca. 55 nm) ohne Hülle (Abb. **9.16a**). Das Kapsid wird von zwei Strukturproteinen (L1 und L2) gebildet. Im Inneren befindet sich das kovalent geschlossene, **zirkuläre dsDNA-Genom** (Abb. **9.16b**). Neben den „späten" Genen für die beiden Strukturproteine gibt es eine Anzahl Gene, die früh im Vermehrungszyklus abgelesen werden (E für early = früh). Bei einigen HPV-Typen haben die E6- und E7-Proteine transformierende Eigenschaften und sind eigentliche Onkoproteine, die eine ungeregelte Proliferation der infizierten Zellen bewirken (s. Kap. 8.7.1). Die Virusvermehrung geschieht im Zellkern. Es kann als seltenes Ereignis zur Integration des viralen Genoms in die Wirtszell-DNA kommen (Abb. **9.16c**).

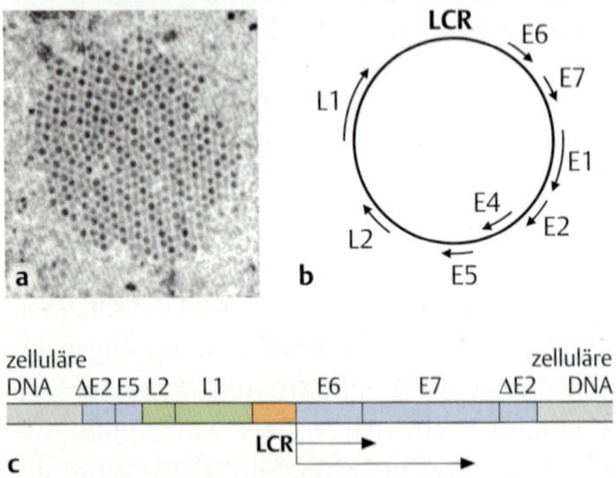

Abb. **9.16** **Humane Papillomaviren.**
a Elektronenoptisches Bild der umweltstabilen Viruspartikel bestehend aus einem unbehüllten ikosahedralen Kapsid von ca. 55 nm Durchmesser.
b Das kleine (ca 8 kb) zirkuläre DNA-Genom besitzt eine Kontrollregion (LCR) und zwei codierende Bereiche, von denen die eine für die früh im Vermehrungszyklus gebildeten Regulatorproteine E1–E7 zuständig ist und die andere für die spät synthetisierten Strukturproteine L1 (= Hauptkapsidprotein) und L2 (= Kapsidprotein). Bei den Hochrisiko-Viren (HPV 16, 18 u. a.) haben E6 und E7 onkogenes Potenzial.
c HPV-Genom in Zervixkarzinomzellen. Die Integration in das Wirtszellgenom zerstört das E2-Gen. Damit entfällt die normale Regulation der LCR durch E2 und die Onkoproteine E6 und E7 werden verstärkt exprimiert.

Die Papillomaviren lassen sich in den üblichen Zellkulturen nicht vermehren. Ihre Charakterisierung und Typisierung erfolgt allein auf molekulargenetischer Basis.

Klinik und Pathogenese. HPV sind weit verbreitet und befallen das verhornende Epithel der Haut oder die Schleimhäute. Die Übertragung geschieht durch direkten Haut- oder Schleimhautkontakt. Die Viren sind in der Außenwelt stabil und können deshalb auch in Schwimmbädern und anderen Gemeinschaftsräumen übertragen werden. HPV-Typen im Genitalbereich werden sexuell übertragen sowie – selten – unter der Geburt. Die Neugeboreneninfektion kann sich später in Papillomen des Nasopharynx und Larynx manifestieren.

Die Infektion der Epidermis der Haut erfolgt über Mikroläsionen. Zuerst werden die Basalzellen infiziert, wobei sich häufig eine latente Infektion etabliert. Während der anschließenden Differenzierungsphasen der Basalzellen zu Keratinozyten kommt es zunehmend zu erhöhter Aktivität der viralen Gene. In den ausdifferenzierten Keratinozyten der obersten Hautschicht werden dann neue infektiöse Viruspartikel gebildet und nach dem Absterben der Zellen freigesetzt. Da aus den latent infizierten Basalzellen immer wieder für Nachschub gesorgt ist, entsteht eine chronisch-persistierende Infektion.

Wegen der Virus-bedingten Zellproliferation entstehen **Warzen**, die sich meist spontan zurückbilden. Die Schleimhautinfektionen heilen ebenfalls meist folgenlos aus. Einige HPV-Typen können jedoch auf den Schleimhäuten Dysplasien unterschiedlicher Ausprägung verursachen. Diese initial gutartigen Läsionen können mit der Zeit maligne entarten und treten dann als **Plattenepithel-, Basalzell- oder Adenokarzinome** in Erscheinung. Blumenkohlartig wachsende Gebilde werden als **spitze Kondylome** (Condylomata acuminata oder Feigwarzen) bezeichnet (Abb. **9.17**).

Die unterschiedlichen Erkrankungen sind gehäuft mit bestimmten **HPV-Typen** assoziiert (s. Kleindruck). Dabei werden bezüglich des Potenzials zur Malignität sog. **Hochrisiko** („high risk")-Typen im Genitalbereich (z. B. HPV-16, HPV-18) von Virustypen mit **niedrigem Risiko** („low risk", z. B. HPV-6, HPV-11) unterschieden. Während der malignen Entartung ist die Integration des Virusgenoms in die DNA der Wirtszelle ein häufiges Ereignis. Die Integration zerstört meist den E2-Leserahmen und führt zu einer Überexpression der E6- und E7-Onkoproteine (Abb. **9.16c**). Oft resultiert monoklonales Zellwachstum. Der häufigste HPV-assoziierte Krebs ist das Zervixkarzinom, der zweithäufigste Krebs bei der Frau mit über 6000 Neudiagnosen pro Jahr allein in Deutschland. Davon sind nachgewiesenermaßen 99 % durch persistierende HPV-Infektionen verursacht, wobei den Hochrisiko-Virustypen HPV-16, -18 und -45 eine Hauptrolle zukommt. Bei schwerer Immunsuppression oder aufgrund genetisch bedingter Prädispositionen verlaufen HPV-Infektionen besonders schwer (z. B. Epidermodysplasia verruciformis, eine HPV-5- bzw. -8-induzierte Hauterkrankung mit multipler Warzenbildung am ganzen Körper).

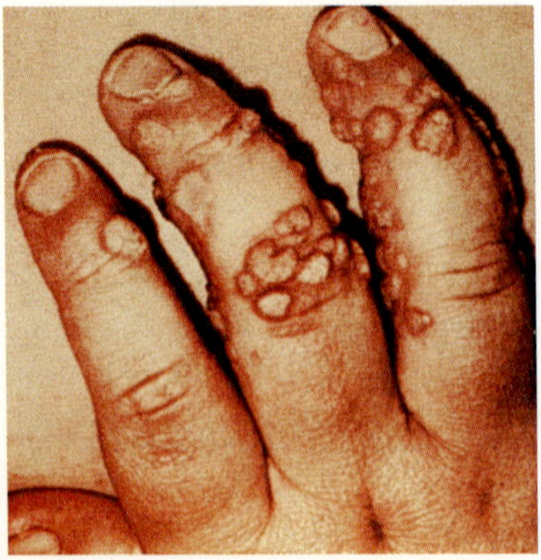

Abb. **9.17** **Durch Papillomaviren verursachte Warzen.** Sie sind meist gutartig.

Krankheitsassoziation bestimmter HPV-Typen.

Bestimmte Virustypen sind bevorzugt mit bestimmten Krankheiten assoziiert. Die häufigsten Typen sind kursiv gesetzt:
- Hautwarzen: *HPV-1*, *-2*, -3, *-4*, -5, 8, -10, 17, u. a.
- Anogenitalläsionen: *HPV-6*, *-11*, -16, -18, -31, -33, -42, u. a.
- Tumoren im Halsbereich: *HPV-2*, *-6*, *-11*, -13, -16, -32, u. a.
- Zervixkarzinome: *HPV-16*, *-18*, -31, -45, u. a.

Diagnostik. Empfohlen werden zytologische Vorsorgeuntersuchungen an genitalen Abstrichen. Koilozyten (auffällig „leere" Zellen mit pyknotischem Kern) sind ein starker Hinweis auf eine HPV-Infektion. Sie wird durch den Nachweis der viralen Nukleinsäure in Abstrichzellen oder Biopsiematerial bestätigt (mittels In-situ-Hybridisierung, PCR oder Hybrid-Capture-Assay). Beim Nachweis von Hochrisiko-HPV-Typen sind engermaschige Kontrolluntersuchungen indiziert.

Prophylaxe. Aktive Impfung

Krebs-Prophylaxe durch aktive HPV-Impfung.

Ein neuartiger Totimpfstoff besteht aus einer einzigen Komponente, dem Hauptkapsidprotein L1, das gentechnisch in Hefezellen hergestellt wird und sich spontan zu einer virusähnlichen Struktur zusammenlagert. Das gereinigte künstliche Kapsid induziert Virus-neutralisierende Antikörper und kann gefahrlos zur Impfung benutzt werden, da es kein Virusgenom enthält. Die Impfung aller Mädchen und jungen Frauen zwischen 12 und 17 Jahren wird in Deutschland von der STIKO empfohlen. Multivalente Impfstoffe gegen HPV-16, -18, -6 und -11 stehen zur Verfügung.

Therapie. Spontanheilung bei gutartigen Warzen ist häufig. Alternativ werden lokal der Immunmodulator Imiquimod oder physikalische Verfahren wie Ätzungen, Kryotherapie oder chirurgische Eingriffe angewandt.

9.6 Polyomaviren JCV und BKV

JCV- und BKV-Infektionen sind häufig. Die Viren verursachen eine asymptomatische, aber lebenslang latent persistierende Infektion, die erst unter Immunsuppression manifest wird. JCV ist Erreger der **progressiven multifokalen Leukenzephalopathie (PML)**. BKV verursacht **tubulo-interstitielle Nephritiden**, zum Teil mit schweren **hämorrhagischen Zystitiden**.

Allgemeine biologische Eigenschaften der Polyomaviren. Polyomaviren bestehen aus einem ikosaedrischen Kapsid ohne Hülle und besitzen ein **doppelsträngiges DNA-Genom**. Sie sind ähnlich aufgebaut wie die Papillomaviren und haben Regulatorproteine (sog. großes und kleines T-Antigen), aber drei Kapsidproteine. Das Affenvirus SV40 (Simian Virus 40) ist als Modellsystem der Molekular- und Zellbiologie der am besten untersuchte Vertreter dieser Virusfamilie. Bei Tieren gibt es eine zweite Gruppe von Polyomaviren, die die Eigenschaft besitzen, in vielen verschiedenen Organen Tumore zu erzeugen. Im Gegensatz dazu sind die menschlichen JCV und BKV nicht tumorigen. Ihre Namen leiten sich von den Initialen der Patienten (J.C., B.K.) ab, bei denen die Viren erstmals isoliert wurden.

Klinik und Pathogenese. JCV und BKV werden bereits im Kindesalter vermutlich durch Tröpfcheninfektion übertragen; die Durchseuchung ist mit ca. 50–80 % entsprechend hoch. JCV gelangt in das Zentrale Nervensystem und persistiert als Episom lebenslang in Oligodendrozyten. Unter Abnahme der zellulären Immunkontrolle (z. B. bei AIDS) wird die Virusvermehrung reaktiviert und es entstehen die multifokalen primären **Entmarkungsherde** der PML. Die Krankheit äußert sich in zunehmenden motorischen, sensorischen und mentalen Beeinträchtigungen und führt progredient innerhalb weniger Monate zum Tode. BKV persistiert latent vor allem in Zellen des Nierengewebes und wird gelegentlich bei Knochenmarkstransplantierten sowie nach allogener Nierentransplantation reaktiviert (hämorrhagische Zystitis, BKV-Nephropathie).

Diagnostik. Der Verdacht auf PML wird durch den JCV-Genomnachweis mittels PCR aus Liquor oder Hirngewebe erhärtet. Bei Verdacht auf BKV-Nephropathie kann der BKV-Genomnachweis im Serum oder Plasma weiterhelfen; die Diagnose muss jedoch histologisch mit einer Nierenbiopsie bestätigt werden. Serologische Untersuchungen auf Antikörper sind auf Grund der hohen Durchseuchung bedeutungslos.

Prophylaxe und Therapie. Es gibt keine spezielle Prophylaxe oder Therapie.

9.7 Parvoviren

Parvovirus B19 ist der Erreger der **Ringelröteln** (Erythema infectiosum) bei Kindern und Auslöser von aplastischen Krisen bei chronischen Anämien. Chronisch-persistierende Verläufe werden bei Immunsupprimierten und Patienten mit Immundefekten beobachtet. Infektionen in der Schwangerschaft können zum Hydrops fetalis und Fruchttod führen.

Allgemeine biologische Eigenschaften der Parvoviren. Parvoviren sind mit einem Durchmesser von 19–25 nm die kleinsten DNA-Viren. Das nackte ikosaedrische Kapsid besteht aus nur zwei Strukturproteinen. Sie besitzen ein kleines (5,5 kb) Genom aus **einzelsträngiger linearer DNA**. Die Vermehrung findet im Zellkern statt. Allerdings kann Parvovirus B19 sich nur in Zellen vermehren, die gerade den Teilungszyklus durchlaufen. Dabei nutzt das Virus die DNA-Syntheseleistung des Zellkerns in der S-Phase aus. Andere Parvoviren (z. B. das Adeno-assoziierte Virus, AAV) sind auf die Hilfe eines Helfervirus angewiesen.

Klinik und Pathogenese. Parvovirus B19 wird aerogen als Tröpfcheninfektion übertragen. Das Virus vermehrt sich in den erythroiden Vorläuferzellen im Knochenmark. Das Erythrozyten-P-Antigen ist Bestandteil des zellulären Rezeptors für Parvovirus B19. Es handelt sich um ein Glycosphingolipid (Globosid), das auf Erythrozyten und deren Vorläuferzellen stark exprimiert wird und als Blutgruppenantigen dient. Individuen ohne dieses Blutgruppenantigen (p-Phänotyp) sind nicht infizierbar. Bei suszeptiblen Individuen entsteht vorübergehend eine hochgradige Virämie (bis zu 10^{13} Virionen/ml), die eine gelegentliche Übertragung durch Blutprodukte ermöglicht. Das Virus schädigt die Erythroblasten und es kommt zu einem vorübergehenden Abfall der Retikulozytenzahlen und zu einer **transienten Anämie**. Bei Patienten, die an einer vorbestehenden Anämie (Sichelzell-Anämie, chronische hämolytische Anämie) leiden, führt die Infektion wegen des fehlenden Nachschubs an Erythrozyten zu sog. aplastischen Krisen. Im Kindesalter entsteht das **Erythema infectiosum** (Ringelröteln, engl. „Fifth Disease“, die fünfte exanthematöse Kinderkrankheit neben Scharlach, Masern, Röteln und Exanthema subitum). Diese Kinderkrankheit ist durch ein Exanthem charakterisiert, das im Gesicht beginnt („Slapped Face“) und an den Streckseiten der Extremitäten ringelförmige Muster ausbildet. Bei gewissen Patienten, insbesondere bei Immunsuppression, kann das Virus persistieren und über Monate im Knochenmark nachgewiesen werden. Arthritiden und Arthralgien gelten als Spätkomplikationen.

Parvovirus-B19-Infektion in der Schwangerschaft. Sie führt in ca. 20 % der Fälle zu einer intrauterinen Infektion. In der Frühschwangerschaft kann es zum **Spontanabort** kommen. Im zweiten und dritten Trimenon entsteht ein **Hydrops fetalis**, der unbehandelt meist das Absterben der Frucht zur Folge hat. Der Hydrops ist

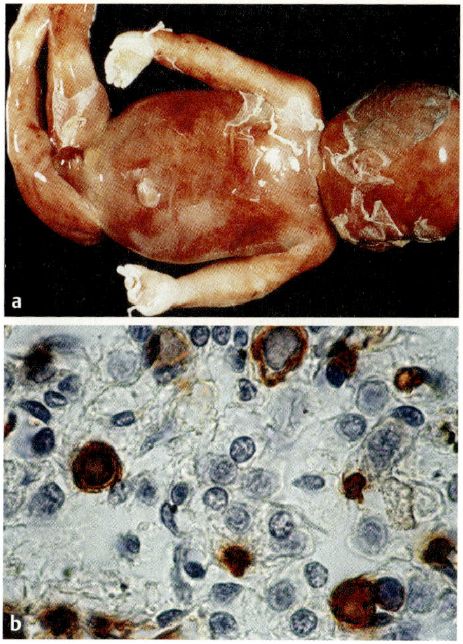

Abb. **9.18** **Hydrops fetalis bei Parvovirus-B19-Infektion.**
a Weichteilschwellung und Ödem bei Hydrops fetalis.
b Reaktive Erythroblastose im Lungengewebe. Spezifische Anfärbung der Erythroblasten für Glykophorin A. (Aufnahme Norbert Böhm, Sektion Kinderpathologie, Pathologisches Institut des Universitätsklinikums Freiburg)

charakterisiert durch ausgeprägte Hirn- und Weichteilödeme, Aszitesergüsse und Mazeration des Fetus wegen schwerstem Sauerstoffmangel der Gewebe infolge der Virus-bedingten Anämie (Abb. **9.18**). Kritisch ist das Absinken des fetalen Hämoglobins unter Werte von 8–10 g/dl. Eine körpereigene Gegenreaktion ist die charaktersitische Erythroblastose in vielen Geweben (Abb. **9.18b**). Die Schädigungen lassen sich durch rechtzeitige intrauterine Austauschtransfusionen oft verhindern. Gelengentlich persistiert das Virus und manifestiert sich als kongenital erworbene Aplasie der roten Blutzellen (pure red cell aplasia, PRCA). Im Gegensatz zum Rötelnvirus verursacht der Erreger der Ringelröteln keine Embryopathie. Ein Schwangerschaftsabbruch ist deshalb nicht indiziert.

Diagnostik. Bei unkompliziertem Erythema infectiosum genügt der Antikörpernachweis (IgM, IgG) zur Abgrenzung gegenüber anderen Exanthemen. Bei aplastischen Krisen sowie bei Verdacht auf chronische Infektionen wird das Virusgenom mittels PCR im Blut, Serum oder Knochenmark nachgewiesen. Bei Exposition in der Schwangerschaft wird zuerst der Serostatus (Immunität) der Mutter bestimmt. Bei Verdacht auf transplazentare Infektion wird zusätzlich der Virusgenomnachweis im mütterlichen Blut/Serum sowie im Nabelschnurblut, Fruchtwasser oder in Chorionbiopsiematerial erbracht. Bei der Totgeburt wird das Virus in den fetalen Organen und der Plazenta nachgewiesen.

Prophylaxe und Therapie. Expositionsprophylaxe für Schwangere, wobei zu beachten ist, dass vom Exanthemstadium kaum eine Ansteckungsgefährdung mehr ausgeht. Es gibt keine spezifische antivirale Therapie.

9.8 Pockenviren

Der Erreger der menschlichen Pocken (Variolavirus) ist seit 1980 offiziell ausgerottet. Er wird noch in zwei Laboratorien (USA, Russland) verwahrt. Das Virus spielt heute keine Rolle mehr, außer als **bioterroristische Bedrohung**. Das Vacciniavirus, seit Edward Jenner als Impfvirus gegen Pocken verwendet, wird heute als Vektor in der Grundlagenforschung und als rekombinantes Impfvirus in der Veterinärmedizin eingesetzt (z. B. ausgestattet mit immunodominanten Epitopen des Rabiesvirus). Pockenviren aus dem Tierreich werden gelegentlich auf den Menschen übertragen. Das Affenpockenvirus ist für den Menschen pathogen. Die übrigen tierpathogenen Pockenviren verursachen dagegen nur harmlose Hautläsionen. Das Molluscum-contagiosum-Virus kommt nur beim Menschen vor (ubiquitär) und verursacht gutartige Hautpapeln (Dellwarzen).

Allgemeine biologische Eigenschaften der Pockenviren. Pockenviren sind die **größten bekannten Viren** und sind mit einer Ausdehnung von 250–350 nm gerade noch im Lichtmikroskop darstellbar. Sie haben einen komplexen Aufbau (Abb. **9.19**) und sind üppig mit viralen Genfunktionen ausgestattet. Als einzige Vertreter der DNA-Viren vermehren sich Pockenviren im Zytoplasma der Wirtszelle.

9

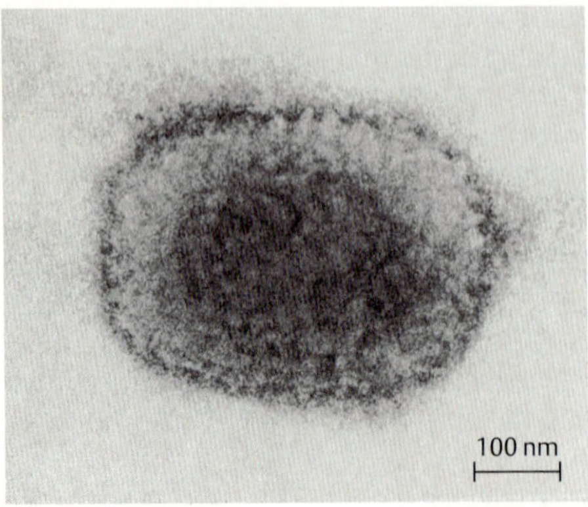

Abb. **9.19** **Backsteinförmiges Orthopoxvirus.** Die Pockenviren sind mit einem Durchmesser von 250–350 nm gerade noch im Lichtmikroskop zu erkennen (TEM).

Die Virusvermehrung geschieht in einem gesonderten Bereich, der von Membranen des endoplasmatischen Retikulums gegenüber dem Rest des Zytoplasmas abgegrenzt wird, und als „Minikern“ oder „Virusfabrik“ auch färberisch im Lichtmikroskop nachweisbar ist (Guarnieri-Einschlusskörper). Die Pockenviren produzieren eine Vielzahl viraler Struktur- und Regulatorproteine sowie Enzyme, Pathogenitäts- und Virulenzfaktoren, die erst teilweise bekannt sind. Sie verfügen zusätzlich über virale Proteine, welche die angeborene und erworbene Immunabwehr des Wirtes unterlaufen können. Dazu gehören viruscodierte Proteine, die von den infizierten Zellen sezerniert werden und die homolog zu zellulären Zytokinen, Interferonen, Chemokinen und deren Rezeptoren sind.

Pockenviren, denen Teile dieser immunmodulatorischen Gene fehlen, sind weitgehend attenuiert. Die intrazelluläre Morphogenese der Virionen ist äußerst kompliziert und erst unvollständig verstanden. Pockenviren sind hoch resistent gegen Austrocknung und thermische Inaktivierung und an der Außenwelt entsprechend stabil. Das Virus kann durch kontaminierte Gegenstände, Kleidungsstücke, Wasser und weitere Materialien übertragen werden.

Die humanpathogenen Pockenviren werden in vier Gattungen und verschiedene Arten eingeteilt (Tab. **9.4**). Das Variolavirus hat kein Tierreservoir und kommt in der Natur nicht mehr vor.

Klinik und Pathogenese der Pocken. Das Variolavirus wird durch Tröpfchen- und Schmierinfektion übertragen und vermehrt sich zuerst im oberen Respirationstrakt. Danach kommt es zu einer generalisierten Infektion, unter Ausbildung des typischen **Pockenexanthems** an der Haut und an den Schleimhäuten. Der Hautausschlag beginnt im Gesicht und verbreitet sich in die Extremitäten. Es bilden sich Papeln, die zu flüssigkeitshaltigen Vesikeln werden und schließlich zu Pusteln, die

Tabelle **9.4** Humanpathogene Pockenviren

Gattung	Art	Primärwirt
Orthopoxvirus	Variolavirus	Mensch
	Affenpockenvirus	Nagetiere
	Kuhpockenvirus	Nagetiere
	Vacciniavirus	unbekannt
Molluscipoxvirus	Molluscum-contagiosum-Virus	Mensch
Parapoxvirus	Melkerknotenvirus	Rind
	Orfvirus	Schafe
Yatapoxvirus	Tanapockenvirus	Affen

nach einigen Tagen verschorfen. Im Gegensatz zum pleomorphen Bild der Windpocken befinden sich bei echten Pocken alle Effloreszenzen in demselben Entwicklungsstadium und heilen nach 3-4 Wochen unter der Bildung von Narben (Pockennarbe) ab. Die Erkrankung hinterlässt eine lebenslange Immunität. Das Variolavirus ist hoch kontagiös.

Diagnostik. Der elektronenoptische Nachweis der Viruspartikel und der Genomnachweis ist Speziallabors vorbehalten.

Prophylaxe und Therapie. Die Impfung mit Vacciniavirus schützt vor Variolavirusinfektionen. Der Impfstoff ist noch vorhanden, aber für den Routinegebrauch nicht mehr zugelassen. Wegen der Gefahr bioterroristischer Anschläge werden zurzeit neue Impfstoffreserven angelegt und sicherere Impfviren erprobt (s. u.).

Affenpockenviren. Das Affenpockenvirus kann Menschen infizieren und von Mensch zu Mensch übertragen werden, was zu lokalen Pockenausbrüchen führt. Das Virus ist im tropischen Regenwald West- und Zentralafrikas beheimatet und wird über Zwischenwirte, wie die gambische Riesenhamsterratte in Westeuropäische Länder eingeführt. Die generalisierte Infektion mit Exanthem hat eine Letalität von 3–4 %. Die Diagnostik ist wie bei Variolaviren. Die Pockenschutzimpfung schützt vor Affenpocken.

Kuhpockenvirus. Der Name ist irreführend. Das Kuhpockenvirus kommt in Nagetieren vor und wird auch auf Katzen übertragen. Beim Menschen kommt es zu einem lokalisierten und selbstlimitierten Exanthem, das die typischen Entwicklungsstadien durchläuft. Wegen des fehlenden Schutzes durch die Pockenschutzimpfung werden diese Läsionen heute in Europa zunehmend festgestellt.

Vacciniavirus (Pockenschutzimpfung). Das Vacciniavirus, ursprünglich von Edward Jenner als Impfvirus gegen die Pocken benutzt, ist unbekannten Ursprungs. Es teilt mit dem Variolavirus viele physikalische (Umweltresistenz) und antigenetische Eigenschaften. Es wurde im Rahmen der Pockeneradikation weltweit als Impfstoff eingesetzt (s. Kleindruck). Die künstliche intrakutane Infektion führt zu lokalen Bläschen, die oft unter Narbenbildung spontan abheilen. Gefürchtete Impfkomplikationen sind die postvakzinale Enzephalititis (ca. 1 Fall pro 1 Million Erstimpfungen im Erwachsenenalter, bei Jugendlichen seltener) sowie ein generalisierter Hautausschlag bei Patienten mit allergischen Ekzemen (Eczema vaccinatum). Eine progressive Vacciniavirusinfektion kann bei Impflingen mit Störung der zellulären Immunabwehr auftreten. Wegen der möglichen Impfschäden ist der Impfstoff seit Eradikation der Pocken nicht mehr zugelassen. Ein Ausweg könnte eine Vorimpfung mit einer hoch attenuierten Variante des Vacciniavirus sein. Der Virusstamm MVA (Modifiziertes Vacciniavirus Ankara) hat aufgrund forcierter Passagen in Hühnerfibroblastenkulturen essentielle Gene für das lytische Wachstum in Säugetierzellen verloren. MVA kann keine Nachkommenviren mehr bilden (abortive Infektion), aber immer noch immunogene Virusproteine, die eine humorale und zelluläre Immunantwort auslösen. MVA wird als sicheres Vacciniavirus heute in der Grundlagenforschung angewendet und wird als universelles Impfvirus geprüft.

Für den Fall eines Wiederauftretens des Variolavirus sind weltweit Pockenalarmpläne erstellt worden. Sie sehen die Impfung von Personen vor, die für die Erkennung und Behandlung von Verdachtsfällen ausgewählt werden. Für den Fall des Ausbruchs sind Riegelungsimpfungen (auch flächendeckend) geplant. Wirksame Chemotherapeutika müssen noch entwickelt werden.

Pockenausrottung: eine Erfolgsgeschichte in Gefahr

1874: Impfpflicht in Deutschland
1950: Endemische Pocken in Industrieländern ausgerottet
1950: Gefriertrocknung von Vacciniavirus (keine Kühlung mehr nötig, Impfung in Tropen möglich)
1972: Letzter Pockenfall in Deutschland
1976: Aufhebung der Pockenimpfpflicht in Deutschland
1977: Letzter natürlicher Pockenfall (Somalia)
1980: Pocken werden für ausgerottet erklärt
1983: Pockenimpfstoff nicht mehr zugelassen
2002: Erneute Herstellung von Pockenimpfstoffen für Riegelimpfungen bei terroristischem Pockenanschlag (Bioterrorismus). Prüfung des modifizierten Impfstammes MVA.

Weitere menschenpathogene Pockenviren aus dem Tierreich. Das Melkerknotenvirus erzeugt Läsionen am Euter von Rindern. Das Orfvirus kommt bei Ziegen und Schafen vor. Infektionen mit diesen Viren verursachen Zoonosen und sind typische Berufskrankheiten von Landwirten und Tierärzten. Es bilden sich harmlose Läsionen auf der Haut, die zusammen mit der lokalen Lymphadenitis spontan abheilen.

Molluscum-contagiosum-Virus. Das Virus wird durch engen Kontakt bereits im Kindesalter übertragen. Es verursacht lokal kleine derbe Knötchen in der Haut, die eine zentrale Eindellung aufweisen (Dellwarzen). Sie erscheinen oft gruppiert und werden durch Kratzen verbreitet (Autoinokulation). Schwere Formen mit atypischem Erscheinungsbild werden als opportunistische Infektion bei AIDS-Patienten beobachtet. Die Diagnose wird klinisch oder histologisch gestellt. Die Therapie besteht in der Abtragung der Dellwarzen.

9.9 Picornaviren

Die unterschiedlichen Vertreter der Picornavirus-Familie verursachen sowohl **asymptomatische Infektionen** als auch akute Erkrankungen mit Fieber und meist unspezifischen Krankheitszeichen („ **grippaler Infekt**") sowie den banalen **Schnupfen**. Daneben sind einige Virustypen für **schwere Krankheitszustände** verantwortlich, wie aseptische Meningitis, Myokarditis, Poliomyelitis und Poliomyelitis-ähnliche Erkrankungen sowie Hepatitis A.

Allgemeine biologische Eigenschaften der Picornaviren. Picornaviren sind kleine (Pico-) Viren mit einem **RNA-Genom** (-rna) in Positiv-Strang-Orientierung. Das hüllenlose ikosaedrische Partikel ist gegenüber Umwelteinflüssen relativ resistent. Die Kapside bestehen aus 60 Untereinheiten, die aus je vier viralen Proteinen (VP1, VP2, VP3 und VP4) aufgebaut sind (s. Kap. 8.2). Das einzelsträngige Genom dient als mRNA (s. Kleindruck) und wird nach dem Eintritt in das Zytoplasma sofort an den Ribosomen in ein zusammenhängendes Polyprotein übersetzt, das kotranslational in die funktionellen Einheiten gespalten wird (Kap. 8.4). Die Virusvermehrung findet im Zytoplasma statt und endet mit der Lyse der Wirtszelle. Picornaviren erzeugen deshalb meist eine akute Infektion, die nicht persistiert, außer bei gewissen Formen der Immundefizienz. Die Infektion hinterlässt in der Regel eine solide Immunität, wobei die rein respiratorischen Rhinoviren eine Ausnahme machen. Die menschenpathogenen Picornaviren gliedern sich in die Gattungen der **Enteroviren**, der **Hepatoviren** und der **Rhinoviren** (Tab. **9.5**), die hier einzeln besprochen werden. Daneben gibt es bedeutende Erreger von Tierseuchen.

IRES – Interne Ribosomale Eintritts-Stelle.

Das RNA-Genom der Picornaviren besitzt im Gegensatz zu den zellulären mRNA-Spezies keine Cap-Struktur am 5'-Ende, die als Eintrittsstelle für die Ribosomen dienen könnte. Stattdessen besitzt die virale RNA einen internen Sequenzabschnitt mit stark ausgeprägter Sekundärstruktur, an den das Ribosom andocken kann. Diese Sequenz wird als Interne ribosomale Eintritts-Stelle (IRES) bezeichnet und erlaubt die Cap-unabhängige Translation des viralen Genoms. Der Vorteil für das Virus besteht darin, dass die Cap-abhängige Translation der zellulären mRNA aktiv ausgeschaltet werden kann. Eine virale Protease baut den Cap-Bindungskomplex der Zelle ab. Dadurch werden die Ribosomen für die Translation der viruseigenen mRNA frei. Ferner kann der Pool an zellulären Aminosäuren für die Virusproteinsynthese optimal genutzt werden. Der Preis für diese streng auf maximale Virusproduktion ausgerichtete Strategie ist der Zelluntergang (Lyse). IRES-Strukturen kommen auch bei Flaviviren vor, z. B. im Genom des Hepatitis-C-Virus (HCV). Sie werden heute in der Gentechnologie zur gezielten Proteinexpression eingesetzt.

Tabelle **9.5** Einteilung der humanpathogenen Picornaviren

Gattung (Spezies)	Art (Genus)	Typ (Serotypen)
Enterovirus*	Poliovirus (PV) Typ 1-3	3
	Coxsackievirus A (CVA)	23
	Coxsackievirus B (CVB)	6
	Echovirus (ECV)	29
	Humanes Enterovirus (HEV) 68-71	10
Hepatovirus	Hepatitis-A-Virus (HAV)	1
Rhinovirus	Humanes Rhinovirus (HRV)	über 100

*) Die Einteilung der Enteroviren in die Arten PV, CVA und CVB beruht auf unterschiedlichen biologischen Eigenschaften und ist historisch gewachsen. ECV 22 und 23 unterscheiden sich vom Rest der ECV und werden als Parechovirus Typ 1 und 2 bezeichnet. Nach einer neuen taxonomischen Einteilung wird nur noch zwischen PV und humanen Enteroviren (HEV) Gruppe A–D unterschieden. Neue Einteilungskriterien sind die Genomorganisation und Sequenzhomologien.

Picornavirus verursacht Tierseuche.

Das **Maul-und-Klauenseuche**-Virus (MKSV) infiziert Wiederkäuer (Rind, Schaf, Ziege, Rehe, Hirsche) und andere Klauentiere (Schweine) und führt zur Bildung von Bläschen (Aphthen) an Schleimhäuten und am Kronsaum der Klauen. Das Virus wird durch Tröpfcheninfektion übertragen und ist extrem umweltstabil; es kann mit dem Wind über Hunderte von Kilometern übertragen werden. Als Tierseuche verursacht es riesige ökonomische Verluste. Vereinzelt sind Infektionen des Menschen beschrieben worden. Das MKSV wurde bereits 1898 von Löffler und Frosch (Greifswald-Insel Riems) als erstes animales Virus entdeckt.

9.9.1 Enteroviren

Zu den humanpathogenen Enteroviren gehört das Poliovirus als Erreger der **Poliomyelitis** (spinale Kinderlähmung) sowie die Coxsackie-A- und -B-Viren und die Echoviren. Es werden verschiedene Serotypen unterschieden, die keine Kreuzimmunität hinterlassen (Tab. **9.5**). Die meisten Enterovirusinfektionen verlaufen asymptomatisch oder mit den unspezifischen Krankheitszeichen eines grippalen Infektes. Da die Infektionen im Sommer gehäuft vorkommen, spricht man von „Sommergrippe“. Enteroviren werden fäkal-oral übertragen. Die massenhafte Ausscheidung durch asymptomatisch infizierte Personen und die hohe Umwelt-

Tabelle **9.6** Typische Krankheitsbilder bei Infektionen mit Enteroviren

Viren		**Erkrankungen**
alle Enteroviren	generell	Fieber, Kopf- und Gliederschmerzen („Sommergrippe")
Poliovirus	typisch	Myelitis der Motoneurone, Paralyse, Meningitis, Enzephalitis
Coxsackie-A-Viren	typisch	Atemwegserkrankung, Pneumonie (Säuglinge), Herpangina (Kleinkinder), Hand-Fuß-Mund-Krankheit, Gingivostomatitis, Myokarditis, Perikarditis, hämorrhagische Konjunktivitis, Exantheme, Meningitis, Meningoenzephalitis, Paralyse*
Coxsackie-B-Viren	typisch	Pleurodynie (Bornholm-Krankheit), Myokarditis, Perikarditis, Diarrhö, Meningitis, Meningoenzephalitis, Paralyse*
ECHO-Viren	typisch	makulopapulöses Exanthem, Myokarditis, Gastroenteritis (Kleinkinder), Meningitis, Meningoenzephalitis, Paralyse*
übrige Enteroviren	typisch	Bronchiolitis. Pneumonie, Hand-Fuß-Mund-Krankheit, hämorrhagische Konjunktivitis, Meningitis, Meningoenzephalitis, Paralyse*

*) Polio-ähnliche Symptome können in seltenen Fällen von allen Enteroviren verursacht werden.

resistenz der Viren fördern ihre Verbreitung. Einzelne Virustypen können schwere Krankheitsbilder erzeugen (Tab. **9.6**).

Klinik und Pathogenese. Nach oraler Aufnahme vermehren sich die Enteroviren zunächst im lokalen Gewebe des Nasopharynx und später des Darmes, inklusive des lymphatischen Gewebes (Peyer-Plaques). Enteroviren sind säurestabil, und ein Teil überlebt die Magenpassage unbeschadet. Auf dem Blutweg (Virämie) oder über neurale Ausbreitung erreichen die Viren ihr Zielorgan, wie die Skelettmuskulatur, das Myokard, den Respirationstrakt oder das Zentrale Nervensystem. In einem kleinen Prozentsatz der Fälle kommt es zur **Organmanifestation** mit den typischen klinischen Zeichen (Tab. **9.6**). Das Poliovirus erreicht die Vorderhörner des Rückenmarks und vermehrt sich lytisch in den motorischen Neuronen. Der Untergang dieser Zellen führt zur **spinalen Form der Poliomyelitis** mit irreversiblen **schlaffen Lähmungen** der Extremitätenmuskulatur. Wird die Brustmuskulatur oder das Zwerchfell mit betroffen, droht Erstickungsgefahr. Daneben gibt es eine **bulbäre Form** der Poliomyelitis mit Störungen des Atem- und Kreislaufzentrums sowie eine **enzephalitische Form**, die beide rasch zum Tod führen können.

Die **Herpangina** wird durch Coxsackie-A-Viren vor allem bei Kleinkindern verursacht und äußert sich durch Bildung schmerzhafter kleiner Bläschen auf der Mundschleimhaut, bevorzugt im hinteren Gaumenbereich, hohes Fieber und Appetitlosigkeit. Die **Hand-Fuß-Mund-Krankheit**, ebenfalls durch Coxsackie-A-Viren verursacht, ist charakterisiert durch Bläschenbildung an Händen, Füßen und im Mund. Die **Pleurodynie**, meist durch Coxsackie-B-Viren verursacht, ist eine Myositis der Brust- und Abdomenmuskulatur, begleitet von einer trockenen Pleuritis, die zusammen das Atmen äußerst schmerzhaft gestalten. Die Erkrankung wird nach dem Ort der Erstbeschreibung auch als Bornholm-Krankheit bezeichnet. Enteroviren sind häufig Ursache von **aseptischen (abakteriellen) Meningitiden** mit gutartigem Verlauf, seltener von Meningoenzephalitiden und Paralysen. Oft äußern sich Enterovirusinfektionen in mehr oder weniger diskreten Hautausschlägen.

Diagnostik. Virusisolierung (vorzugsweise an mehreren aufeinanderfolgenden Tagen) aus Stuhl und Rachenabstrich. Enteroviren vermehren sich in Zellkultur lytisch und erzeugen einen charakteristischen CPE. Virusgenomnachweis mittels RT-PCR aus Liquor bei Meningitis und (Meningo-) Enzephalitis oder aus Biopsiematerial bei Myokarditis. Die Virusausscheidung im Stuhl kann über längere Zeit persistieren und bei Immunsupprimierten (AIDS) jahrelang erfolgen.

Prophylaxe. Prophylaxe der Poliomyelitis durch aktive Immunisierung mit der inaktivierten Poliovakzine (IPV) nach Salk. Sie enthält inaktivierte Polioviren aller drei Serotypen. Empfohlen wird die dreimalige Gabe im Säuglingsalter als Grundimmunisierung und eine Auffrischimpfung vor Schulentlassung (Tab. **2.6**, S. 53). Die orale Poliovakzine (OPV) nach Sabin enthält attenuierte, vermehrungsfähige Viren der drei Typen. Dieselben mutieren gelegentlich zum Wildtypvirus zurück und können eine Impfpoliomyelitis verursachen. OPV wird zur weltweiten Eradikation der Wildpolioviren eingesetzt und käme in poliovirusfreien Ländern nur mehr als Riegelungsimpfung bei einer Wildviruseinschleppung zum Einsatz. Die Prophylaxe für alle anderen Enteroviren besteht in hygienischen Maßnahmen.

Therapie. Zurzeit keine. Eine synthetische Substanz, die das Andocken der Viruskapside an die zellulären Rezeptoren verhindert, ist als „Pleconaril" zurzeit in Erprobung.

Geschichte der Poliovirus-Bekämpfung:

1950: Enders: Vermehrung von Poliovirus in Zellkultur. 3 Serotypen erkannt, hohe Rate symptomloser Infektionen erkannt
1955: Salk: Inaktivierte Poliovakzine (IPV) als Totimpfstoff gegen Poliomyelitis
1961: Sabin: Orale Poliovakzine (OPV) als Lebendimpfstoff gegen Poliomyelitis
1980: Racaniello: Poliovirusgenom kloniert und sequenziert, erstes „rekombinantes“ Poliovirus künstlich hergestellt
1980: Hogle: Erste Kristallstruktur eines humanen Virus
1989: Racaniello: Rezeptor für Poliovirus kloniert, Poliovirus-empfängliche transgene Mäuse erzeugt
2010: WHO: Weltweite Ausrottung des Poliovirus angestrebt. Seit 1998 wird in USA, Deutschland und anderen Poliomyelitis-freien Ländern nur noch die IPV verwendet, zur Vermeidung der Impfpoliomyelitis.

9.9.2 Hepatitis-A-Virus (HAV)

HAV ist der Erreger der Hepatitis A, auch **epidemische Hepatitis** (Hepatitis epidemica) genannt. Das Virus ist äußerst hitze- und umweltstabil. Es gelangt durch Düngung mit Fäkalien oder durch kontaminierte Abwässer in die Nahrungsmittelkette, wobei die Anreicherung in Muscheln und Austern bei Ausbrüchen eine Rolle spielt. In Ländern mit schlechten hygienischen Verhältnissen ist HAV endemisch.

Klinik und Pathogenese. HAV gelangt durch Schmierinfektion und kontaminierte Lebensmittel/Trinkwasser in den Gastrointestinaltrakt. Vermutlich auf dem Blutweg erreicht das Virus die Leber, wo es die Hepatozyten infiziert, ohne direkt eine Zellschädigung herbeizuführen (nicht lytische Virusvermehrung). Der Zellschaden und die damit verbundene Symptomatik der akuten Hepatitis sind immunologisch bedingt und treten erst 3–7 Wochen nach Infektion auf. Im Kindesalter verläuft die Infektion in 90–98 % der Fälle subklinisch. Im Erwachsenenalter kommt es in 70–80 % der Fälle zur **akuten Hepatitis**, gekennzeichnet durch einen abrupten Beginn mit Appetitverlust, Abgeschlagenheit, Fieber, Erbrechen, Bilirubinurie und Ikterus (Abb. **9.13**). Bei ca. 2 % der über 50-Jährigen entsteht eine schwerwiegende Erkrankung, bis hin zur fulminanten Hepatitis mit tödlichem Ausgang. Die akute Hepatitis heilt nach 2–4 Wochen aus und hinterlässt eine solide Immunität. Es gibt **keine chronischen Verläufe**. Die Virusausscheidung erfolgt über die Galle mit dem Stuhl und beginnt bereits zwei Wochen vor der Erkrankung (gesunde Ausscheider). Sie ist am Ende der Inkubationszeit und zu Beginn der klinischen Symptomatik mit bis zu 10^9 infektiösen Viruspartikeln/g Stuhl am höchsten (Abb. **9.20**). Zeitgleich ist eine vorübergehende Virämie vorhanden, welche die sehr selten beobachtete parenterale Übertragung bei Drogenabusus erklärt.

Diagnostik. Sie beruht auf dem HAV-Antikörpernachweis im Serum. IgM- und meist auch IgG-Antikörper sind bei Krankheitsbeginn nachweisbar und zeigen eine akute oder kürzliche Infektion an. Zusätzlich kann der Virusantigennachweis

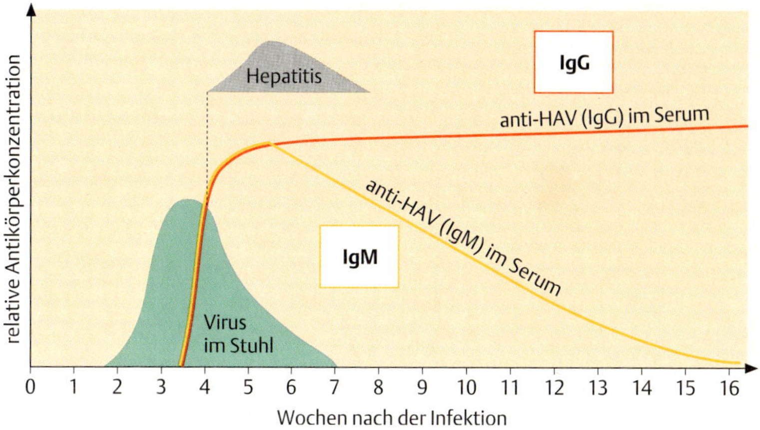

Abb. **9.20** **Verlauf der Hepatitis-A-Virus-Infektion.** Virusausscheidung im Stuhl, Hepatitis und Antikörperbildung sind im zeitlichen Verlauf dargestellt (s. Text).

aus dem Stuhl erfolgen, der schon Wochen vor Beginn der Erkrankung positiv ausfällt. Der Nachweis des viralen RNA-Genoms mittels RT-PCR im Serum oder Stuhl ist Sonderfällen vorbehalten und beweist die akute Infektion. Sequenzbestimmungen können Infektketten aufdecken und sind epidemiologisch von Bedeutung.

Prophylaxe. Die aktive Impfung mit Totimpfstoff (2 Gaben im Abstand von mindestens 4 Wochen) bietet einen langjährigen Schutz. Sie ist vor Reisen in Endemiegebiete auch kurzfristig möglich, da ein gewisser Impfschutz bereits innerhalb von zehn Tagen nach Erstimpfung erreicht wird. Die Impfung wird für besonders exponierte Personenkreise empfohlen, wie homosexuell aktive Männer, sämtliches Personal im Gesundheitsdienst oder Kindertagesstätten, Küchenpersonal sowie Kanalisations- und Klärwerksarbeiter mit direktem Kontakt zu Abwässern, ferner Kontaktpersonen zu Erkrankten und Reisende in Endemiegebiete. Ein HAV/HBV-Kombinationsimpfstoff steht ebenfalls zur Verfügung. Die aktive Impfung wird bei kleineren Epidemien auch als Postexpositionsprophylaxe (Riegelimpfung) angewandt. Eine passive Immunisierung mit Immunglobulinen ist nur bei bereits vorbestehender Leberschädigung erforderlich.

Therapie. Es gibt keine spezifische antivirale Therapie.

9.9.3 Humane Rhinoviren (HRV)

HRV sind die Erreger des **Schnupfens**. Es gibt über 100 Serotypen, die sich in zwei Gruppen einteilen lassen. Die Hauptgruppe („Major Group") umfasst ca. 90 Vertreter, die dadurch charakterisiert sind, dass sie das Adhäsionsmolekül ICAM-1 als zellulären Rezeptor benutzen. Die Vertreter der „Minor Group" binden an den LDL-Rezeptor. Rhinoviren sind im Gegensatz zu Enteroviren oder HAV säureempfindlich und generell weniger umweltresistent. Sie sind an die Vermehrung in den Schleimhäuten des Nasen-Rachen-Raums adaptiert und hinterlassen eine kurzzeitige lokale Immunität, die Infektionen mit anderen Serotypen nicht ausschließt.

Klinik und Pathogenese. Rhinoviren werden durch Tröpfchen- oder Schmierinfektionen direkt von Mensch zu Mensch übertragen und vermehren sich lytisch in Epithelzellen des Nasopharynx. Nach einer Inkubationszeit von 1–4 Tagen stellt sich der Schnupfen ein mit Niesen, Husten und wässrigem bis schleimigem Sekretausfluss. Die Krankheitsdauer beträgt i. d. R. eine Woche. Bakterielle Superinfektionen sind häufig. Infektionen sind das ganze Jahr über möglich, mit Spitzen im Frühjahr und Herbst.

Diagnostik. In Sonderfällen (Asthmapatienten, Säuglinge, Immunsupprimierte) ist der Virusnachweis mittels RT-PCR oder Isolierung möglich.

Prophylaxe und Therapie. Expositionsprophylaxe: Vermeidung von Händekontakt und Kontakt zu kontaminierten Gegenständen, Händewaschen. Es gibt keine spezifische Therapie.

9.10 Humane Coronaviren (HCoV)

Humane Coronaviren verursachen in der Regel **banale Infekte des oberen Respirationstraktes**. Schwerere Erkrankungen und gelegentlich auch Gastroenteritiden sind vor allem bei Kleinkindern und beim Vorliegen einer Immundefizienz möglich. Neu enteckte Virustypen sind gehäuft auch mit Infektionen des unteren Respirationstraktes assoziiert. Das **SARS-Coronavirus** (SARS-CoV) ist der Erreger des schweren akuten respiratorischen Atemwegssyndroms (SARS).

Allgemeine biologische Eigenschaften der Coronaviren. Coronaviren besitzen das größte Genom aller bekannten RNA-Viren. Es besteht aus einem **linearen Positiv-Strang-RNA**-Molekül von über 30 kb und ist als helikales Ribonukleoprotein von einer Hülle umgeben. Die Hülle mit ihren regelmäßig angeordneten Glykoproteinen erscheint im elektronenoptischen Bild als eine Corona (Strahlenkranz), woraus sich der Name der Virusfamilie ableitet. Die Virusvermehrung geschieht im Zytoplasma in enger Assoziation zu den intrazellulären Membranen des endoplasmatischen Retikulums. Es sind mehrere humanpathogene Serotypen bekannt (HCoV-229E, HCoV-OC43, SARS-CoV und HCoV-NL63). Es ist anzunehmen, dass weitere noch unbekannte Typen in der menschlichen Bevölkerung zirkulieren.

Klinik und Pathogenese der Infektion mit herkömmlichen HCoV. Die Virusübertragung geschieht durch Tröpfcheninfektion. Die Durchseuchungsrate ist bereits im frühen Kindesalter hoch. Die Infektion verläuft oft asymptomatisch oder mit dem Zeichen eines **leichten respiratorischen Infektes**. Eine Infektion des unteren Respirationstraktes ist besonders bei Asthmapatienten oder bei Vorliegen anderer chronischer Lungenerkrankungen festzustellen. Die Immunität ist bei den banalen Fällen von relativ kurzer Dauer, und Reinfektionen sind möglich. Als Folge der SARS-Epidemie und verbesserter diagnostischer Möglichkeiten wurden neue Coronaviren bei Kindern mit respiratorischen Infekten entdeckt. Die neuen HCoV (z. B. NL63) sind weit verbreitet und verursachen zum Teil schwere Erkältungskrankheiten mit Husten, Schnupfen, Fieber und Atemnot.

Klinik und Pathogenese der Infektion mit SARS-CoV. Der Erreger des SARS trat erstmals im November 2002 in der südchinesischen Provinz Guandong in Erscheinung und wurde rasch in andere Länder und Kontinente verbreitet. Das Virus stammte aus einem noch unbekannten Tierreservoir und wurde durch Tröpfcheninfektion von Mensch zu Mensch übertragen. Möglicherweise spielten auch Schmierinfektionen über Stuhl eine Rolle. Nach einer Inkubationszeit von wenigen Tagen trat hohes Fieber, trockener Husten und Atemnot infolge einer atypischen Pneumonie auf. Die Patienten wurden schnell beatmungspflichtig. Die Letalität betrug ca. 10 %.

Diagnostik. Differentialdiagnostisch ist der spezifische IgM- und IgG-Antikörpernachweis möglich. Bei Verdacht auf SARS wird der Virusgenomnachweis mittels RT-PCR in geeigneten Materialien durchgeführt (Sputum, Bronchiallavage, Nasopharynxaspirat, Rachen-/Nasenspülflüssigkeit oder Stuhl). Die Aufarbeitung des Materials ist nur unter speziellen Sicherheitsvorkehrungen möglich. Retrospektiv kann die Infektion serologisch (Serokonversion/Titeranstieg) bestätigt werden.

Prophylaxe. Im Vordergrund steht die Expositionsprophylaxe (Mundschutz, Quarantäne). Die rigorosen expositionsprophylaktischen Maßnahmen haben die Epidemie von 2002/2003 eingedämmt und das Virus wieder aus der menschlichen Population eliminiert; mit neuen Ausbrüchen ist allerdings zu rechnen.

Therapie. IFN-α ist antiviral wirksam und wird therapeutisch eingesetzt.

9.11 Flaviviren

Zur Familie der Flaviviren gehören die humanpathogenen Viren der Gattungen Flavivirus und Hepacivirus. Viren der Gattung Flavivirus werden von Arthropoden übertragen (Tab. **9.7**). Prototyp ist das **Gelbfiebervirus** (*flavus*, lateinisch für Gelb). Sie verursachen generalisierte Infektionen mit zum Teil schweren Folgen, wie hämorrhagisches Fieber oder Enzephalitis. In Europa ist das Virus der **Frühsommer-Meningoenzephalitis** (**FSME**) von Bedeutung, in Nordamerika neuerdings das West-Nil-Virus.

Das **Hepatitis-C-Virus** (HCV) der Gattung Hepacivirus wird durch Blut und Blutprodukte übertragen. Es erzeugt eine meist chronisch-persistierende Infektion der Leber, die nach Jahren zur Leberzirrhose und zum Leberkrebs führen kann.

Allgemeine biologische Eigenschaften der Flaviviren. Beide Gattungen haben ein **Plus-Strang-RNA-Genom** (10 kb), das in einem Kapsid verpackt ist, welches seinerseits von einer Virushülle umgeben wird. Die Virusvermehrung findet im Zytoplasma statt. Die genomische RNA dient als mRNA zur Herstellung eines Vorläufer-Polyproteins, das ko- und posttranslational in die einzelnen Virusproteine gespalten wird. Während das RNA-Genom der Gattung Flavivirus eine **Cap-Struktur** aufweist, besitzt **HCV** eine **IRES-Sequenz**, welche die Bindung an die Ribosomenuntereinheiten ermöglicht (s. Kleindruck S. 488). Die Virusreplikation und Morphogenese erfolgt an intrazellulären Membranen, vornehmlich des endoplasmatischen Retikulums, die ein regelrechtes Netzwerk ausbilden (englisch: „membraneous web"). Viele Flaviviren infizieren die Wirtszellen lytisch und verursachen eine akut verlaufende Infektion. Dagegen hat HCV einen nicht-lytischen Vermehrungszyklus und neigt zu chronisch-persistierenden Verläufen.

9.11.1 Frühsommer-Meningoenzephalitis (FSME)-Virus

FSME-Viren werden durch Zecken übertragen. Es gibt, je nach geographischer Lage, verschiedene Subtypen des Virus, die genetisch und immunologisch nah verwandt sind. Hauptüberträger des europäischen Subtyps, der u. a. in Deutschland, Österreich und der Schweiz vorkommt, ist der gemeine Holzbock (*Ixodes ricinus*). Das Virus hält sich in gewissen Zeckenpopulationen durch einen steten Wirtswechsel zwischen Zecken und Kleinsäugetieren (besonders Mäuse) sowie durch transovarielle Übertragung von Zecke zu Zecke. Auf diese Weise entstehen lokal begrenzte FSME-Naturherde (Biotope) die ein Hochendemiegebiet definieren. Das Infektionsrisiko in diesen Regionen wird mit einer Infektion auf tausend Zeckenstiche als hoch eingestuft. Es schwankt jahreszeitlich mit der saisonalen Zeckenaktivität, die von April bis Oktober anhält. Seltener ist die Übertragung durch rohe Milch, vor allem von Ziege und Schaf. Das FSME-Virus hat im menschlichen Organismus ausgeprägte neurotrope Eigenschaften.

Tabelle **9.7** Übersicht über die wichtigsten von Arthropoden übertragenen Flaviviren

Virusart (Typ)	**Überträger**	**geographische Verbreitung**	**Krankheit**
Frühsommer-Meningoenzephalitis (FSME)-Virus (europäischer, sibirischer und fernöstlicher Subtyp)	Zecken (*Ixodes*)	Europa, Russland, Asien	Grippaler Infekt, Meningitis, Enzephalitis, Radikulitis, Lähmungen
Gelbfiebervirus	Moskito (*Aëdes*)	West- und Zentralafrika, Süd- und Zentralamerika	Gelbfieber
Denguevirus (1-4)	Moskito (*Aëdes, Stegomyia*)	Westafrika, Pazifik, Süd- und Südostasien, Karibik, Venezuela, Kolumbien, Brasilien	Dengue-Fieber
West-Nil-Virus (Kunjin-Virus und viele andere Subtypen)	Moskito (*Culex* und viele andere Arten) Zecken (Argasiden)	Ost- und Westafrika, Süd- und Südostasien, Mittelmeerstaaten, neu auch USA, Kanada	Fieber, Enzephalitis
Japanisches B-Enzephalitisvirus	Moskito (*Culex*)	Ost-, Südost- und Südasien, Westpazifik	Enzephalitis
St. Louis-Enzephalitisvirus	Moskito (*Culex*)	Nord- und Mittelamerika, Brasilien und Argentinien	Enzephalitis

9

Klinik und Pathogenese. Das Virus vermehrt sich an der Stichstelle und im drainierenden Lymphgewebe. Meist bleibt die Infektion klinisch inapparent. In ca. 30% der Fälle kommt es jedoch zu einer generalisierten Infektion und nach 3–14 Tagen zu einem grippeähnlichen Krankheitsbild, das in 90% der Fälle problemlos ausheilt (monophasischer Verlauf). In den restlichen 10% der Fälle entsteht nach einem beschwerdefreien Intervall von 2–7 Tagen die zweite Phase der Erkrankung (biphasischer Verlauf). Sie ist charakterisiert durch hohes Fieber und Meningitis (bei Kindern) oder Meningoenzephalitis (bei Jugendlichen oder Erwachsenen), seltener einer Meningo-Myelo/-Radikulitis oder schlaffen Lähmungen (besonders der oberen Extremitäten). Bei milderer Symptomatik heilt die Krankheit folgenlos aus. Bei schwererer Symptomatik bleiben in ca. 2–10 % die neurologischen Ausfälle teilweise bestehen. In 0,5–2 % endet die Erkrankung letal.

Diagnostik. Nachweis spezifischer IgM- und IgG-Antikörper im Serum und – ca. 10 Tage nach Erkrankungsbeginn – auch im Liquor. Wichtig ist der Verlauf mit signifikantem Titeranstieg.

Prophylaxe. Aktive Impfung (dreimalige Gabe) mit Totimpfstoff (Formalin-inaktivierte, gereinigte Viruspartikel aus Hühnerfibroblasten-Kulturen) vorzugsweise in den Wintermonaten. Auffrischung alle 3–5 Jahre. Die aktive Impfung wird empfohlen für die Bevölkerung in Hochendemiegebieten, sowie für Personen mit beruflicher oder sonstiger Exposition. Die passive Immunisierung ist hinsichtlich Wirksamkeit und Komplikationen umstritten und deshalb für Kinder unter 14 Jahren nicht zugelassen. FSME-Immunglobuline sind in Deutschland, Österreich und in der Schweiz nicht mehr verfügbar.

Therapie. Antivirale Therapeutika sind nicht verfügbar.

9.11.2 Gelbfiebervirus, Denguevirus, West-Nil-Virus

Gelbfiebervirus

Das Gelbfiebervirus (ein einziger Serotyp) wird durch Moskitos übertragen und kommt heute nur noch in tropischen Gegenden Afrikas sowie Mittel- und Südamerikas vor. Das Virus zirkuliert in Stechmückenpopulationen verschiedener *Aedes*-Arten, die im Dschungel, in den Savannen oder den Städten heimisch sind. Im Dschungel sind Affen die hauptsächlichen Zwischenwirte. Sporadisch wird das Virus auf Menschen als Nebenwirte übertragen (Dschungel- oder Savannengelbfieber). In den Städten dient der Mensch als Hauptwirt. Das Virus wird durch die dort heimische Mückenart *Aedes aegypti* verbreitet, was zu epidemischen Ausbrüchen führen kann (urbanes Gelbfieber). Die direkte Übertragung von Mensch zu Mensch ist nur durch direkten Blutkontakt möglich.

Klinik und Pathogenese. Das Virus vermehrt sich an der Einstichstelle in Endothelzellen, Monozyten und Makrophagen und gelangt auf dem Lymph- und Blutweg in die Leber. Die Virämie ist von hohem Fieber begleitet. Nach kurzer Remission (1–2 Tage) schließt sich in der 2. Phase die Organmanifestation an. Die lytische Vermehrung in Makrophagen (Kupffer-Sternzellen) und Hepatozyten führt zur **Schädigung der Leber** (akute Hepatitis) und **Gerinnungsstörungen**, die sich in Haut- und Organblutungen manifestieren (Kaffeesatzerbrechen, blutige Stühle). Die **Schädigung der Nieren** führt zu Albuminurie und Mikrohämaturie.

Diagnostik. Bei Gelbfieberverdacht sind besondere Sicherheitsvorkehrungen zu treffen. Im Vordergrund steht der serologische IgM- und IgG-Antikörpernachweis. Virusisolierung oder Genomnachweis mittels RT-PCR aus Blut ist als Notfalldiagnostik möglich.

Prophylaxe. Aktive Impfung mit einem attenuierten Lebendimpfstoff (Gelbfieberimpfstamm 17D). Es besteht Impfpflicht für Reisende in Endemiegebiete. Der Impfschutz dauert zehn Jahre. Die Impfung ist ausschließlich den von der WHO zugelassenen Impfstellen vorbehalten. In Endemiegebieten gilt die Expositionsprophylaxe und die Bekämpfung der Mückenplage (Insektizide, Trockenlegung der Brutstätten).

Therapie. Es ist keine spezifische Therapie möglich.

Denguevirus

Dengueviren werden durch Stechmücken der *Aedes*-Arten übertragen und sind in den Tropen und Suptropen weit verbreitet. Es gibt vier Serotypen, die immunologisch partiell kreuzreagieren, ohne kreuzneutralisierende Antikörper zu erzeugen. Diese Kreuzreaktion bewirkt, dass eine Zweitinfektion mit einem anderen Serotyp wegen verstärkter Immunpathologie oft schwerer verläuft.

Klinik und Pathogenese. Die Erstinfektion verläuft oft asymptomatisch oder als **selbstlimitierendes Denguefieber** (bis 40 °C) mit Kopf-, Glieder- und Muskelschmerzen. Schwerere Verläufe sind bei Kleinkindern und im Alter möglich. Das **hämorrhagische Denguefieber** ist durch ein makulo-papulöses Exanthem und Blutungen der Haut und Schleimhäute (Petechien, Nasenbluten, Hämatemesis und Meläna) charakterisiert. Das **Dengue-Schock-Syndrom** ist zusätzlich gekennzeichnet durch massive Blutungen in die inneren Organe und Massenblutung ins Gehirn (10–40 % Letalität). Beide Krankheitsbilder sind durch immunpathologische Mechanismen bedingt. Besonders bei Zweitinfektionen reagiert das Immunsystem mit einer ungeordneten Ausschüttung verschiedenster Zytokine, die Kapillarschäden zur Folge haben. Auch scheinen antivirale Antikörper die Virusinfektion von Monozyten und Makrophagen zu fördern. Diese sog. infektionsverstärkenden Antikörper („enhancing antibodies") erleichtern die Virusaufnahme über die FC-Rezeptor-vermittelte Phagozytose von Immunkomplexen.

Diagnostik. Sie stützt sich auf den Nachweis spezifischer Antikörper.

Prophylaxe und Therapie. Sie beruht auf Expositionsprophylaxe und symptomatischer Therapie. Es gibt keinen Impfstoff und keine antiviralen Medikamente.

West-Nil-Virus (WNV)

Das West-Nil-Virus gilt als **„emerging" Virus.** Es scheint sich außerhalb seiner Herkunftsländer (Afrika, Naher und Mittlerer Osten) in weitere Weltgegenden zu verbreiten. Es wurde 1999 erstmals in die USA eingeschleppt und ist nun in ganz Nordamerika und Mexiko fest etabliert. In Australien existiert ein eigener Subtyp mit dem Namen Kunjin-Virus. Die WNV-Isolate lassen sich phylogenetisch in zwei Linien einteilen; die Linie 1-Viren, zu denen auch das Kunjin-Virus gehört, sind weit verbreitet und für die wiederkehrenden Ausbrüche der letzten Jahre verantwortlich. Die Linie 2-Viren sind hauptsächlich in Afrika zu finden.

Das WNV wird von einer für Flaviviren ungewöhnlich **großen Zahl an Mückenarten** übertragen. Der Hauptarthropodenwirt gehört zur Gattung Culex. Das Vertebratenreservoir stellen **Vögel** dar. Die Virusübertragung innerhalb der Vogelpopulation geschieht durch Mücken, die auf Vögeln parasitieren. Die infizierten Vögel tragen zur geographischen Verbreitung des Virus bei. WNV kann durch Zugvögel transkontinental verschleppt werden. Bestimmte Vogelarten, wie die Rabenvögel (Krähen) sind ungewöhnlich virusempfindlich und entwickeln eine tödliche Enzephalitis. Ein Massensterben von Krähen (wenn die Vögel tot von den Bäumen fallen) ist oft das erste Zeichen einer beginnenden WNV-Epidemie. **Pferde** und auch der **Mensch** sind Nebenwirte. Die Übertragung erfolgt durch Stechmücken, die sowohl Vögel als auch Säuger befallen. WVN kann auch direkt von Mensch zu Mensch durch Bluttransfusionen oder Organtransplantate übertragen werden. Auch die Übertragung durch Muttermilch oder pränatal von der Mutter auf das Kind ist möglich.

Klinik und Pathogenese. Die Infektion verläuft meist asymptomatisch oder nach einer Inkubationszeit von wenigen Tagen als **grippeähnliche Erkrankung.** Bei Immunschwäche und im hohen Lebensalter kann es zu einer schweren Erkrankung kommen mit Enzephalitiden oder Meningoenzephalitiden, oft begleitet von generalisierter Muskelschwäche und Paresen.

Diagnostik. Der Nachweis des Virusgenoms (RT-PCR) oder spezifischer Antikörper ist geeignet.

Prophylaxe und Therapie. Expositionsprophylaxe mit mückenabwehrenden Substanzen, Bekämpfung der Mücken mit Pestiziden und Trockenlegung von Brutstätten. Die virologische Testung von toten Vögeln oder Pferden dient der Früherkennung von Ausbrüchen. In der Veterinärmedizin steht ein Formalin-inaktivierter Totimpfstoff für die Impfung von Pferden zur Verfügung.

Weitere humanpathogene Flaviviren

Es gibt eine Reihe weiterer humanpathogener Arboviren der Flavivirusfamilie, von denen hier nur noch das **St. Louis-Enzephalitis-Virus** , das in Teilen Nord-, Mittel-

und Südamerikas vorkommt und das Japanisches-B-Enzephalitisvirus erwähnt werden sollen. **Das Japanische B-Enzephalitisvirus** ist in Ostasien vertreten und führt zu einer oft schwer verlaufenden Enzephalitis. Bleibende Schäden sind mit ca. 30 % vergleichsweise hoch, ebenso die Letalität (40 %). Ein Formalin-inaktivierter Totimpfstoff ist in den deutschsprachigen Ländern nicht zugelassen.

9.11.3 Hepatitis-C-Virus (HCV)

Das HCV gehört zur Gattung Hepacivirus in der Familie der Flaviviren. Es wird durch Blut und Blutprodukte übertragen und war vor Einführung des Spender-Screenings für den Großteil der **Posttransfusions- Hepatitiden** verantwortlich. Es ist zudem weltweit eine der häufigsten Ursachen für eine **chronische Hepatitis**. Die Anzahl der Virusträger wird weltweit auf 200 Millionen, in Deutschland auf 500000 geschätzt. Die chronische Infektion mit HCV ist häufig Ursache einer **Leberzirrhose** und des **hepatozellulären Karzinoms**.

HCV ist mit den herkömmlichen Methoden in Zellkulturen nicht anzüchtbar. Das Virus wurde bisher rein molekulargenetisch charakterisiert (Abb. **9.21**). Unterschiedliche RNA-Genomsequenzen erlauben die Eingruppierung in **6 Genotypen**, die geographisch ungleich verteilt sind. In Europa ist der Genotyp 1 vorherrschend. Daneben finden sich die Genotypen 2 und 3. Die Genotypen 4 und 5 sind in Afrika beheimatet und der Genotyp 6 vorwiegend in Asien. Die einzelnen Genotypen werden aufgrund von Sequenzunterschieden in mehrere Subtypen unterteilt. Bisher sind ca. 100 Subtypen beschrieben.

HCV weist eine ausgeprägte genetische Variabilität auf, die durch zwei Faktoren bedingt ist. Das Virus besitzt eine hohe Mutationsrate, wobei die RNA-Polymerase einen bis zwei falsche Bausteine pro 1000 Nukleotide in das Genom einbaut. Das Virus hat ferner eine hohe Vermehrungsrate in den Leberzellen. Während der akuten Infektion werden täglich 10^{12} Viruspartikel gebildet, die mit einer Halbwertszeit von ca. 3 Stunden wieder abgebaut werden. Die Kombination von hoher Mutationsrate mit hoher Vermehrungsrate führt zur Entstehung einer heterogenen Population eng verwandter Virusvarianten, die als **„Quasispecies"** bezeichnet werden (s. S. 412). Die Quasispecies-Natur erlaubt dem HCV, sich der Immunabwehr dauernd zu entziehen und eine chronische Infektion zu etablieren.

HCV-Replikons zum Studium der Virusvermehrung.
Das HCV lässt sich in Zellkultur nur sehr schlecht vermehren. Um die Schritte der Virusvermehrung und die Wirkung von antiviralen Substanzen dennoch studieren zu können, wurden sog. HCV-Replikons entwickelt. Dazu wird das virale RNA-Genom (gekoppelt an ein Resistenzgen gegen ein Zellgift) von einer entsprechenden cDNA in vitro transkribiert und in eine menschliche Hepatozyten-Zellinie (Huh-7) transfiziert. Unter dem Selektionsdruck des Zellgiftes entstehen Zellklone, die das Resistenzgen

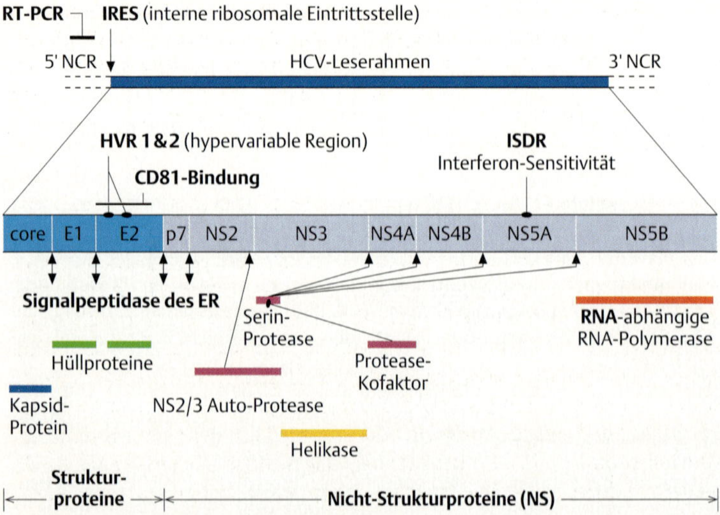

Abb. **9.21** **Die Genom-Organisation des HCV.** Das Positiv-Strang-RNA-Genom (9,5 kb) besitzt einen zusammenhängenden großen Leserahmen (dunkelblau), der für ein Vorläuferpolyprotein (blau) codiert. Der Leserahmen wird von nichttranslatierten Nukleotidsequenzen („non-coding regions", NCR) flankiert, die für die Genomreplikation und -verpackung wichtig sind. Die nichttranslatierte Region am 5'-Ende ist bei allen bekannten Genotypen fast sequenzidentisch und erlaubt den diagnostischen Genomnachweis mittels RT-PCR. Sie beherbergt ferner eine IRES-Sequenz (s. Kleindruck S. 501), an der die Translation des Polyproteins beginnt. Das Polyprotein wird ko- und posttranslational in die funktionellen viralen Proteine gespalten. Im aminoterminalen Bereich befinden sich die Strukturproteine (das Kapsid- oder „Core"-Protein) und die zwei Glykoproteine (E1, E2) der Virushülle). E2 bindet an den Zellulären Rezeptor CD81. Im carboxyterminalen Bereich befinden sich die Nichtstruktur (NS)-Proteine (p7, NS2, NS3, NS4A, NS4B, NS5A, NS5B). Die Translation und Replikation des Genoms geschieht in enger Beziehung zu intrazellulären Membranen. Die proteolytische Spaltung des Vorläuferproteins in die reifen Strukturproteine erfolgt durch die Signalpeptidasen des endoplasmatischen Retikulums (ER). Die Spaltung in die Nichtstrukturproteine wird durch die viruseigene NS2/3-Metalloprotease (eine Autoprotease) und vor allem die NS3- Serinprotease bewerkstelligt. NS4A ist ein Protease-Kofaktor und bildet mit NS3 ein Heterodimer. Die Protease baut zelluläre Faktoren ab (TRIF, MAVS), die für die TLR3- und RIG-I/IRF-3-vermittelte Interferonproduktion benötigt werden (s. S. 434). Das NS3-Protein ist bifunktionell und hat zusätzlich eine Helicase-Aktivität, die für die Entwindung der stark strukturierten viralen RNA notwendig ist. Die Funktion des NS4B-Proteins ist noch nicht bekannt. NS5A besitzt eine spezifische Aminosäuresequenz, die als ISDR (für „Interferon Sensitivity Determining Region") bezeichnet wird und die antivirale Wirkung von Interferon modulieren soll. Inwieweit dieser Proteindomäne eine IFN-antagonistische Wirkung zukommt, ist allerdings umstritten. NS5B ist die RNA-abhängige RNA-Polymerase.

und die virale RNA exprimieren. Das virale Genom codiert für sämtliche Virusproteine (Abb. **9.21**), die die Transkription und Replikation der HCV-RNA unterhalten. Wichtig ist, dass die beiden Enden der transfizierten RNA genau zur Sequenz der viralen RNA passen, was durch Ribozyme gewährleistet wird. Kürzlich wurden in diesem System erstmals vollständige, infektiöse Viren gewonnen und vier zelluläre Rezeptoren identifiziert, die zur Infektion der Leberzellen benötigt werden (CD81, SR-B1, Claudin, Occludin).

Klinik und Pathogenese. HCV wird ausschließlich parenteral übertragen. Dank der Spendertestung auf Antikörper und Virusgenom ist das Risiko einer iatrogenen Übertragung durch Blut und Blutprodukte heutzutage sehr gering, während dies bis vor wenigen Jahren der Hauptübertragungsweg war (mit noch zu erwartenden Spätfolgen). Der intravenöse Drogengebrauch stellt derzeit den wichtigsten Übertragungsweg dar. Nadelstichverletzungen im Krankenhaus, Tätowierungen, Piercing und intranasaler Kokainabusus (z. B. Übertragung durch kontaminierte Strohhalme) sind weitere Risikofaktoren. Die Übertragung auf sexuellem Wege sowie die Übertragung von der Mutter auf das Kind sind von geringerer Bedeutung. Die akute Infektion wird in der Mehrzahl der Fälle nicht als solche erkannt, da sie mit uncharakteristischen grippeähnlichen Symptomen einhergeht (Abb. **9.22**). Bei ca. 25 % der Infizierten entsteht eine häufig milde Hepatitis mit nur mäßig erhöhten Transaminasewerten. HCV ist selbst wenig zytopathogen; der Leberschaden ist immunpathologisch bedingt. Ca. 80 % der Infektionen gehen in eine chronische Form über. Klinisch ist die **chronisch-persistierende HCV-Infektion** ebenfalls häufig mild verlaufend und durch Müdigkeit, Leistungsabfall und unklare Oberbauchbeschwerden charakterisiert. Langfristig entwickelt sich bei rund 15 %

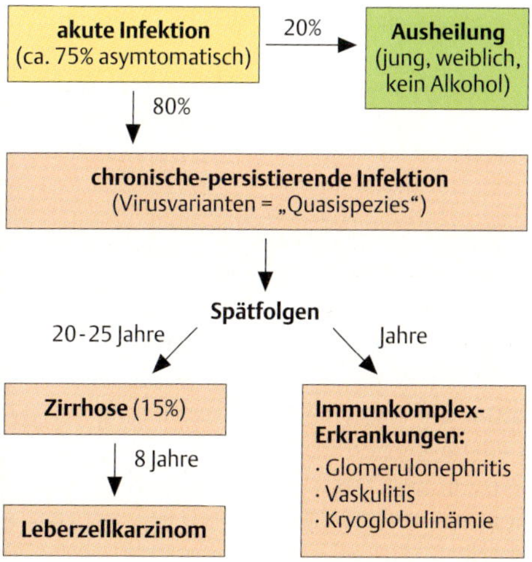

Abb. **9.22** **Typische Verläufe der HCV-Infektion.** Die akute Infektion verläuft meist uncharaktersitisch als grippaler Infekt. Nur bei ca. 25 % der Infizierten kommt es nach einer variablen Inkubationszeit von einigen Wochen zur klinisch manifesten Hepatitis, die fast immer einen milden Verlauf nimmt. Bei ca. 80 % der Infizierten entwickelt sich eine chronisch- persistierende Infektion mit langanhaltender Virämie, die in eine chronische Hepatitis übergehen kann. Spätfolgen sind Leberzirrhose, Leberzellkarzinom und Immunkomplex-Erkrankungen.

der chronisch Infizierten eine Leberzirrhose, die nach Jahren in ein Leberzellkarzinom übergehen kann. **Extrahepatische Manifestationen** der chronischen Infektion sind Immunkomplex-Erkrankungen, wie Glomerulonephritis, Vaskulitis und Kryoglobulinämie. Prognostisch ungünstige Faktoren sind Koinfektionen mit HIV oder HBV sowie hohes Alter, männliches Geschlecht und Alkoholabusus.

Diagnostik. Die virologische Diagnostik besteht im Nachweis spezifischer Antikörper gegen HCV-Proteine im Immunoassay. Ein positiver Befund muss mit Zusatztesten (Immunoblot und/oder Genomnachweis mittels PCR) bestätigt werden. Der Antikörpernachweis ist ca. 6-8 Wochen nach Infektion möglich, gelegentlich aber erst später. Im Verdachtsfall ist ein Test auf HCV-RNA, evtl auch eine erneute Untersuchung mit Folgeseren notwendig. Eine Leberbiopsie zur Beurteilung von Entzündungsaktivität und Fibrosegrad der Leber ist empfehlenswert.

Prophylaxe. Sie beruht auf der Expositionsprophylaxe. Dazu gehören das Routine-Screening von Blut und Blutprodukten (Anti-HCV-Antikörper und HCV-RNA) sowie die konsequente Verwendung von Einmalgeräten (inkl. Abgabe an i. v. Drogenabhängige).

Therapie. Die Standardtherapie besteht in der kombinierten Gabe von PEG-IFN und Ribavirin (s. auch Kap. 8.11). Die Dauer der Behandlung richtet sich nach dem HCV-Genotyp. Der Therapieerfolg misst sich am Abfall der HCV-Viruslast im Blut. Die Therapie ist beim relativ IFN-unempfindlichen Genotyp 1 in ca. 50 % erfolgreich, bei Genotyp 2 und 3 in ca. 80 %. Neue antivirale Medikamente sind zurzeit in Entwicklung. Die Aufklärung der dreidimensionalen Struktur der NS3-Serinprotease, der NS2-/NS3-Metalloprotease sowie der HCV-Polymerase (s. Abb. **9.21**) hat zur Entwicklung spezifischer Enzyminhibitoren geführt. Als erste Substanz ist ein Serinprotease-Inhibitor bereits erfolgreich getestet worden, jedoch tritt rasch Resistenz auf.

9.12 Caliciviren

> Caliciviren sind eine häufige Ursache **akuter Gastroenteritiden** und werden über Stuhl oder Erbrochenes von Mensch zu Mensch übertragen. Zusätzlich spielen kontaminierte Nahrungsmittel und kontaminiertes Wasser eine große Rolle.

Allgemeine biologische Eigenschaften der Caliciviren. Caliciviren sind **Positivstrang-RNA-Viren** (ca. 7,5 kb) mit einem kleinen ikosaedrischen Kapsid (27–32 nm) ohne Hülle, die sehr umweltresistent sind. Das Kapsid besteht aus einem einzigen Kapsidprotein und ist durch kelchförmige Vertiefungen (lateinisch *calix* = Kelch) im elektronenoptischen Bild gekennzeichnet. Humanpathogene Caliciviren werden aufgrund der unterschiedlichen Genomorganisation in die beiden Gattungen Norovirus und Sapovirus eingeteilt.

9.12.1 Norovirus

Dazu gehören das klassische Norwalkvirus und die serologisch mit ihm verwandten Norwalk-ähnlichen Viren. Die Noroviren werden in Genogruppen unterteilt und dieselben wiederum in mehrere Genotypen. Noroviren der Genogruppen I und II sind häufige Erreger akuter viraler Gastroenteritiden bei Kleinkindern und Jugendlichen und eine Hauptursache viraler Lebensmittelinfektionen bei Erwachsenen. Sie verursachen plötzliches Erbrechen und starke Durchfälle, die höchstens 2–3 Tage dauern. In der Regel besteht ein Krankheitsgefühl mit Kopf- und Muskelschmerzen sowie eine allgemeine Schwäche. Die Viren sind äußerst infektiös und können noch Wochen nach einer akuten Erkrankung im Stuhl nachgewiesen werden. Chronische Verläufe sind nicht bekannt.

9.12.2 Sapovirus

Dazu gehört das Sapporovirus und verwandte Viren. Sie sind zusammen mit den Noroviren die häufigste Ursache viraler Gastroenteritiden bei Kleinkindern. Sapoviren scheinen mehr durch Schmierinfektion und weniger durch Lebensmittel übertragen zu werden.

Diagnostik. Nachweis des Genoms im Stuhl mittels RT-PCR. Eine Virusisolierung ist nicht möglich.

Therapie. Es gibt keine spezifische Therapie.

Prophylaxe. Strikte Hygienemaßnahmen, auch im Lebensmittelbereich und Gemeinschaftseinrichtungen.

9.13 Astroviren

Astroviren verursachen **akute, selbstlimitierende Gastroenteritiden**, die gelegentlich epidemieartig auftreten. Sie sind die zweithäufigste Ursache für den akuten Brechdurchfall beim Kleinkind nach den Rotaviren.

Allgemeine biologische Eigenschaften der Astroviren. Es handelt sich um unbehüllte und äußerst umweltresistente **Positivstrang-RNA-Viren** (ca. 6,8 kb). Das Kapsid (30 nm) hat im Elektronenmikroskop ein sternförmiges Aussehen. Es gibt 8 humanpathogene Serotypen.

Klinik und Pathogenese. Nach einer kurzen Inkubationszeit von 1–3 Tagen kommt es zu Übelkeit, Fieber, Erbrechen, Durchfällen und abdominellen Schmerzen, die höchstens 2–3 Tage anhalten. Die Virusausscheidung im Stuhl erfolgt vor, während und ca. einen Tag nach dem Abklingen der Durchfälle. Bei Immunsupprimierten werden auch längere Ausscheidungszeiten beobachtet.

Diagnostik. Direkter Nachweis viraler Antigene (Immunoassay) oder des viralen Genoms (RT-PCR) im Stuhl. Der Nachweis von Viruspartikeln im EM ist möglich, ebenso die Virusisolierung in der Zellkultur.

Therapie. Es gibt keine spezifische antivirale Therapie.

Prophylaxe. Strenge Hygienemaßnahmen, wie bei Calici- oder Rotavirusinfektionen.

9.14 Hepatitis-E-Virus (HEV)

HEV ist ein **Positivstrang-RNA-Virus** (7,2 kb) mit einem kleinen ikosaedrischen Kapsid (27–34 nm) ohne Hülle. Es wird fäkal-oral übertragen (oft durch kontaminiertes Trinkwasser) und stellt neben HAV den zweitwichtigsten Erreger von **enteral übertragbaren viralen Hepatitiden** dar. Es gibt keine chronisch persistierenden Verläufe. Das Virus ist in Südost- und Zentralasien, im mittleren Osten sowie in Teilen Afrikas und Mexikos endemisch. Verwandte Viren gibt es bei Schweinen und anderen Tieren, die als mögliches Virusreservoir diskutiert werden. Das klinische Bild und die pathogenetischen Zusammenhänge sind **ähnlich wie bei Hepatitis A**. Nach einer variablen Inkubationszeit von 3 bis 8 Wochen geht die Prodromalphase mit Fieber, Übelkeit und Erbrechen in die akute Hepatitis mit Ikterus über. Im Kleinkindesalter verläuft die Infektion meist asymptomatisch, im Erwachsenenalter fast immer selbstlimitierend. In der Schwangerschaft nimmt die HEV-Infektion aus unbekannten Gründen in 20 % der Fälle einen fulminanten Verlauf mit tödlichem Ausgang.

Diagnostik. Antikörper- oder Genom (RT-PCR) -Nachweis im Stuhl.

Prophylaxe und Therapie. Hygienische Maßnahmen in Endemiegebieten (Trinkwasserdesinfektion, Erhitzen von Speisen). Bei Schwangeren im Verdachtsfall postexpositionelle Prophylaxe mit Standardimmunglobulinen von Spendern aus Endemiegebieten.

9.15 Rötelnvirus (Rubellavirus)

Das Rötelnvirus kommt nur beim Menschen vor und verursacht die **Röteln**, eine vergleichsweise harmlose exanthematische Krankheit des Kindes- und Jugendlichenalters. Ein beträchtlicher Teil der natürlichen Durchseuchung findet jedoch erst im frühen Erwachsenenalter statt. Infektionen in der Frühschwangerschaft (erstes Trimenon) können zur Röteln-Embryopathie führen. Die aktive Rötelnschutzimpfung (Lebendimpfstoff) aller Kinder dient der Prophylaxe der Röteln-Embryopathie.

Allgemeine biologische Eigenschaften der Togaviren. Das Rötelnvirus (Rubellavirus, Gattung Rubiviren) gehört zusammen mit den Alphaviren (ca. 27 Vertreter, s. Kleindruck S. 510) zur Familie der Togaviren. Es handelt sich um **Positivstrang-RNA-Viren** (ca. 10 kb) mit einem ikosaedrischen Kapsid, das aus einem einzigen viralen Protein aufgebaut ist. Togaviren besitzen eine Hülle, in die zwei virale Glykoproteine (E1 und E2) als Heterodimer eingelagert sind. Die E1/E2-Heterodimere lagern sich zu trimären Komplexen zusammen, gegen die neutralisierende Antikörper (z. B. nach Rötelnschutzimpfung) gebildet werden. Das Glykoprotein E1 ist ein Hämagglutinin. Diese Eigenschaft wird diagnostisch ausgenutzt; die Menge an hämagglutininationshemmenden Antikörpern korreliert gut mit der Menge an neutralisierenden Antikörpern. In frühen elektronenoptischen Abbildungen wurde die Virushülle als ein umhüllender Mantel (lateinisch *toga*) gesehen, was für die Namensgebung ausschlaggebend war.

Klinik und Pathogenese. Das Rötelnvirus wird respiratorisch durch Tröpfchen übertragen und vermehrt sich initial in den Schleimhäuten des oberen Respirationstraktes. Es kommt zu einer generalisierten Infektion mit Virämie, Virusaussscheidung im Nasopharynx, Stuhl und Urin. Oft besteht eine Lymphadenopathie mit Lymphknotenschwellungen besonders hinter den Ohren (retroaurikulär) und im Nackenbereich (nuchal). Nach 8–14 Tagen entsteht ein meist diskretes klein- bis mittelfleckiges, nicht konfluierendes makulöses **Exanthem**, das sich über das Gesicht, die Streckseiten der Extremitäten und den Rücken ausbreitet. Das exanthematische Stadium dauert zwei bis drei, höchsten vier Tage. Die Virusausscheidung beginnt etwa eine Woche vor Ausbruch des Exanthems und bleibt auch nach Abklingen des Exanthems für einige Zeit bestehen.

Komplikationen der postnatalen Rötelnvirusinfektion. Komplikationen sind selten und haben fast ausnahmslos eine gute Prognose. Sie bestehen in Arthralgien und Arthritis (gehäuft bei Frauen) sowie in einer thrombozytopenischen Purpura (Häufigkeit 1:3000) und der postinfektiösen Enzephalitis (Häufigkeit 1:10000). Weitere Manifestationen sind Hepatosplenomegalie, Thrombozythopenie, Purpura, Pneumonie, ferner Hörschäden, Epilepsie und selten progressive Panenzephalitis.

Konnatale Röteln. In der Schwangerschaft führt die Infektion der Mutter fast immer zu einer Infektion des Ungeborenen. Während der mütterlichen Virämie kommt es zur Virusvermehrung in der Plazenta und anschließend in der Frucht. Das Rötelnvirus ist wenig zytopathogen, führt aber zu Störungen der Zelldifferenzierung und Zellmigration während der Organogenese. Welche Organe betroffen werden, hängt somit vom Zeitpunkt der Infektion ab, ebenso der Grad der Schädigung. Das Rötelnvirus führt vor allem in den ersten 12 Schwangerschaftswochen (erstes Trimenon) zu Missbildungen (Tab. **9.8**). Die Missbildungsraten sind mit 60–90% im ersten Schwangerschaftsmonat am höchsten (klassische Gregg-Trias mit Herzmissbildungen, Augen- [Katarakt] und Innenohrdefekten [Taubheit]) und sinkt danach kontinuierlich auf 10% (vor allem Innenohrdefekte) im 4. Monat ab. Nach der 20. Schwangerschaftswoche treten nur noch selten Missbildungen auf. Pränatal infizierte Kinder scheiden das Rötelnvirus nach der Geburt für Monate im Urin aus, selbst wenn die Infektion asymptomatisch verlief. Spätfolgen sind möglich, wie Hörschäden und psychomotorische Retardierung oder – selten – eine progressive Rötelnpanenzephalitis.

Diagnostik. Die Rötelndiagnostik ist wegen der Konsequenzen einer nachgewiesenen Rötelnvirusinfektion in der Schwangerschaft besonders anspruchsvoll. Rötelnvirus-spezifische Antikörper werden mit dem Hämagglutinationshemmtest (HHT) oder ELISA bestimmt. Das virale Genom kann mittels RT-PCR zur Pränataldiagnostik in intrauterin entnommenem Material nachgewiesen werden. Die Virusanzucht in Zellkultur ist möglich, aber schwierig.

Das diagnostische Vorgehen richtet sich nach der Fragestellung.

Tabelle **9.8** Rötelnembryopathie

Betroffenes Organ	**Schädigung**	**Manifestation**
Augenanlage: Linse	beidseitige Trübungen (Katarakt)	Blindheit
Netzhaut	Glaukom	Blindheit
Innenohr	Cochleadegeneration	Taubheit
Herzanlage	offener Ductus Botalli, Septumdefekte	Herzfehler
ZNS	Mikrozephalie, intrakranielle Verkalkungen	geistiger Entwicklungsrückstand
Wachstumsrückstand		geringes Geburtsgewicht, Minderwuchs

Nachweis der Rötelnimmunität. Um eine bestehende Immunität (nach durchgemachter Rötelnvirusinfektion oder -Impfung) zu dokumentieren, wird der Antikörpertiter im Serum bestimmt. Als Standardtest dient der Hämagglutinationshemmtest (HHT). Ein HHT-Titer von 1:32 (und höher) zeigt Immunität sicher an. Die Mutterschaftsvorsorge im 1. Trimenon sieht vor, dass HHT-Titer von 1:8 und 1:16 durch eine Wiederholung des Testes überprüft und durch Zusatztests (Immunoblot, ELISA, HIG) bestätigt werden müssen. Niedrige Titer schützen nicht unbedingt vor einer Reinfektion, verhindern aber i. d. R. eine Embryopathie. Bei niedrigem Titer (1:8) nach zweimaliger Impfung kann ein weiterer Impfversuch i.d.R. keine Titersteigerung bewirken. Der Grenzwert für die Annahme eines Immunschutzes liegt im ELISA bei 15 internationalen Einheiten.

Nachweis einer frischen Rötelnvirusinfektion. Der Nachweis spezifischer IgM-Antikörper gegen Rötelnvirusproteine und/oder eine Serokonversion gelten als Beweis einer frischen oder kürzlich durchgemachten Infektion. Die Primärinfektion in der Schwangerschaft gilt als bewiesen, wenn IgM-Antikörper gegen Röteln in zwei methodisch verschiedenen Testverfahren eindeutig nachgewiesen werden. Zur Bestätigung eines positiven IgM-ELISA-Befundes kann das mütterliche Serum durch Chromatographie oder Ultrazentrifugation in Fraktionen aufgeteilt werden, die vornehmlich IgG bzw. IgM enthalten. Diese können im HHT einzeln getestet werden. Der Nachweis von niedrig-aviden IgG-Antikörpern in der Aviditätsbestimmung und das Fehlen von Antikörpern gegen das E2-Hüllprotein im Western-Blot sind weitere Hinweise auf eine frische Infektion. IgM-Rötelnantikörper können auch längerfristig persistieren bzw. bei einer Reinfektion trotz vorbestehender Teilimmunität neu auftreten. In diesem Fall sind aber hoch avide IgG-Antikörper und Antikörper gegen das E2-Hüllprotein vorhanden.

Pränatale Rötelndiagnostik beim Fetus. Nachweis der viralen RNA mittels RT-PCR in Fruchtwasser oder Chorionzottenbiopsie-Material (11.-18. Schwangerschaftswoche) sowie Nabelschnurblut (18.-22. Schwangerschaftswoche). IgM-Antikörper können im Fetalblut ab der 22. Schwangerschaftswoche nachgewiesen werden.

Postnatale Rötelndiagnostik beim Neugeborenen. Zum Nachweis der pränatalen Infektion werden die IgM-Antikörper bestimmt und die (langdauernde) Virusausscheidung in Urin oder Rachensekret mittels RT-PCR nachgewiesen.

Prophylaxe. Empfohlen wird die aktive Impfung zu Ende des 1. und Beginn des 2. Lebensjahres (mit dem trivalenten Masern-, Mumps-, Röteln-(MMR)-Impfstoff). Eine zweite Impfung bis Ende des 2. Lebensjahres dient der Schließung von Impflücken. Die Impfung muss bei Nichtgeimpften so rasch wie möglich nachgeholt werden. Eine Kontraindikation ist eine bestehende Schwangerschaft. Frauen im gebärfähigen Alter sollen eine Rötelnimmunität besitzen. Knaben sollen ebenfalls geimpft werden, da sie sonst als Virusreservoir und Überträger der Krankheit dienen. Bei seronegativen Schwangeren ist eine postexpositionelle Prophylaxe mit Röteln-Hyperimmunglobulin innerhalb von 48 Stunden möglich.

Therapie. Es gibt keine spezifische Therapie.

Humanpathogene Alphaviren.
Im Gegensatz zum Rötelnvirus werden die Alphaviren durch Vektoren (Arthropoden) übertragen und gehören deshalb zu den Arboviren (s. S. 427). Die humanpathogenen Alphaviren verursachen entweder inapparente Infektionen oder Enzephalitiden, die bei bestimmten Viren wegen ihres Schweregrades gefürchtet sind. Die medizinisch bedeutsamsten Infektionen werden durch drei Viren ausgelöst. Das **Eastern-Equine-Enzephalitis-Virus** (**EEEV**) tritt endemisch bei Pferden im Osten der USA und in vielen Ländern Südamerikas auf und kann beim Menschen schwerste Enzephalitiden verursachen, die eine Letalität von 50–70% haben. Das **Western-Equine-Enzephalitis-Virus** (**WEEV**) ist im Westen und Südwesten der USA beheimatet und kann mittelschwere Enzephalitiden verursachen. Das **Venezuela-Equine-Enzephalitis-Virus** (**VEEV**) kommt in Zentral- und Südamerika sowie auf den Westindischen Inseln vor. Es verursacht grippeähnliche Erkrankungen oder vergleichsweise leichte Enzephalitiden.
Daneben gibt es Alphaviren, die als klinisches Bild abrupt einsetzende Gelenkschmerzen (Arthritiden) und hohes Fieber erzeugen. Dazu gehört z.B. das **Chikungunya-Virus** (**CHIKV**), das in Afrika, Indien und Südost-Asien beheimatet ist (und im Sommer 2007 erstmals zu einem Ausbruch in Europa (Italien) führte) sowie das **O'nyong-nyong-Virus** (**ONNV**) in Afrika oder das **Ross-River-Virus** (**RRV**) in Australien. Einige Alphaviren, wie das **Semliki-Forest-Virus** (**SFV**) oder das **Sindbisvirus** gehören zu den am besten untersuchten Vertretern der Togaviren, da sie in den Forschungslabors als Vektoren zur Expression von Fremdgenen eingesetzt werden (s. S. 414).

9.16 Influenzaviren

9

Die Influenzaviren (A und B) treten im Winterhalbjahr oft epidemisch auf und verursachen meist schwere Atemswegserkrankungen (Influenza oder Grippe). Die **Influenza-A-Viren** sind ständigen genetischen Veränderungen unterworfen und besitzen ein riesiges Reservoir in Wasservögeln. Sie können neben den **jährlichen Epidemien** auch **Pandemien** auslösen, die weltweit Millionen von Toten fordern. Im Gegensatz dazu verursachen **Influenza-C-Viren** nur milde Erkrankungen im Kindesalter, die praktisch bedeutungslos sind.

Bezeichnung der Influenzaviren.
Die Bezeichnung der verschiedenen Influenzaviren folgt strengen Regeln. Dies ist wichtig, um die Virus-Isolate richtig klassifizieren zu können und korrekte Angaben zur Zusammensetzung der Impfstoffe machen zu können. Die Namensgebung beginnt mit dem Typ des Virus (A, B oder C), gefolgt vom Wirt (außer dem Menschen), aus dem das Virus isoliert wurde, der Ort der Isolierung, der Nummer des Isolates,

dem Jahr der Isolierung und den Subtypen der Oberflächenglykoproteine. So heißt der erste aus Gänsen 1996 in Guangdong isolierte Influenza-A-Virusstamm mit dem Hämagglutinin H5 und der Neuraminidase N1 entsprechend A/goose/Guangdong/1/96 (H5N1). Das fünfte Isolat mit dem Hämagglutinin H3 und der Neuraminidase N2, das während einer Influenza-A-Virus-Epidemie 1997 in Sydney aus menschlichem Material gewonnen wurde, heißt A/Sydney/5/97 (H3N2). Bei den genetisch stabileren Influenza-B- und -C-Viren entfällt die Nennung der HA- und NA-Subtypen. Die Aktivität der Influenzaviren wird durch die WHO mittels eines weltweiten Netzwerkes an Influenza-Referenzzentren fortlaufend überwacht. Aufgrund der vorherrschenden Virustypen gibt die WHO halbjährlich Empfehlungen zur Zusammensetzung der Influenzavirus-Impfstoffe für die Nord- und Südhalbkugel heraus.

Allgemeine biologische Eigenschaften der Influenzaviren. Die Influenzaviren gehören zur Familie der **Orthomyxoviren** und werden in die Gattungen Influenzaviren A, B und C eingeteilt. Sie besitzen ein **segmentiertes Negativstrang-RNA-Genom**, das bei den Influenza-A-Viren und Influenza-B-Viren aus 8 Genomsegmenten, bei den Influenza-C-Viren aus 7 Segmenten besteht. Die Segmentierung des Genoms ist Voraussetzung für den besonders bei Influenza-A-Viren zu beobachtenden Austausch genetischen Materials zwischen unterschiedlichen Virusstämmen (Entstehung von Virusreassortanten).

Die RNA-Genom-Segmente bilden zusammen mit dem Nukleoprotein (NP) und den Polymeraseproteinen PB1, PB2 und PA die **helikalen Nukleokapside**. Diese sind von einer **Lipidhülle** umgeben, die bei Influenza-A- und -B-Viren die viralen Oberflächenglykoproteine **Hämagglutinin** (**HA**) und **Neuraminidase** (**NA**) tragen (Abb. **9.23a**). Das Hämagglutinin ist wichtig für die Anlagerung der Viruspartikel an die zellulären Rezeptoren. Es bindet bei der Adsorption an die Sialinsäurereste zellulärer Oberflächenglykoproteine. Die Neuraminidase (NA) spaltet Sialinsäurereste von den zellulären Glykoproteinen ab. Diese Funktion ist wichtig für die Freisetzung der neu gebildeten Virionen aus den infizierten Zellen, da die Viren sonst direkt wieder an die Rezeptoren auf der Zelloberfläche der Wirtszelle anhaften und ebenfalls miteinander verklumpen würden. Die NA ermöglicht so eine ungehinderte Virusausbreitung im Körper sowie eine effiziente Virusausscheidung aus dem Organismus. Sie ist Angriffspunkt der neueren Neuraminidase-Hemmstoffe, die therapeutisch eingesetzt werden (s. u.).

Bei Influenza-A-Viren werden **16 Hämagglutinintypen** (H1 bis H16) und **9 Neuraminidasetypen** (N1 bis N9) unterschieden. Bei menschlichen Influenza-A-Virusstämmen kommen die Hämagglutinine H1, H2 und H3 sowie die Neuraminidasen N1 und N2 vor. Gegenwärtig zirkulieren in der menschlichen Bevölkerung zwei Influenza-A-Virussubtypen, nämlich H1N1-Viren und H3N2-Viren. Die restlichen Hämagglutinin- und Neuraminidase-Typen werden vor allem bei Vogelinfluenzaviren gefunden (s. Kleindruck). Die beiden Oberflächenglykoproteine HA und NA tragen Antigendeterminanten, gegen die **Antikörper** gebildet werden. Neutralisierende Antikörper sind gegen das HA gerichtet. Antikörper gegen die

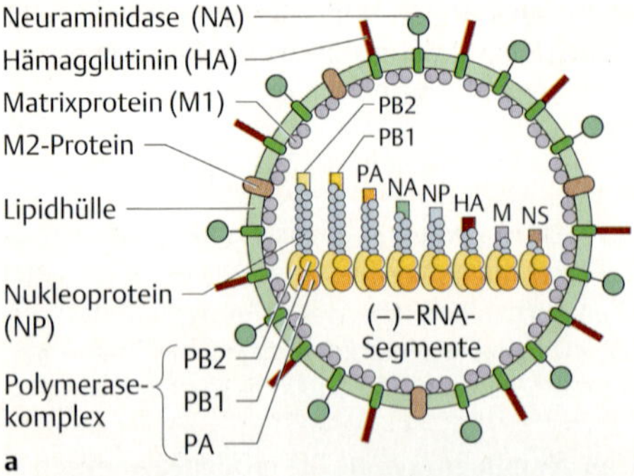

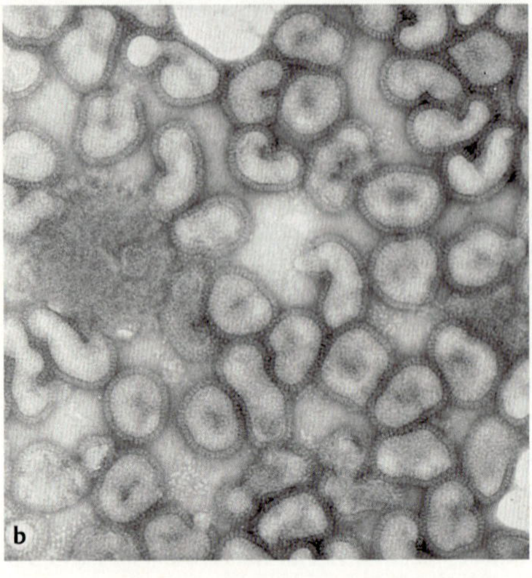

Abb. **9.23** **Influenzavirus.**

a Schematischer Aufbau. Das Virus mit einem Durchmesser von 80–120 nm besitzt ein segmentiertes Negativ-Strang-RNA-Genom, das aus 8 Segmenten unterschiedlicher Länge ([-]-RNA-Segmente) besteht. Die genomische RNA ist an das Nukleoprotein (NP) gebunden, das zusammen mit den drei Polymeraseuntereinheiten (PB1, PB2 und PA) den viralen Ribonukleoprotein-Komplex (vRNP) in Form eines helikalen Nukleokapsids bildet. Die einzelnen Nukleokapside sind autonome Gebilde, die bei der Infektion in den Zellkern der infizierten Zelle wandern und dort ihre Transkriptions- und Replikationsaktivität entfalten. Der komplette Satz an Genomsegmenten wird von einer Lipidhülle umgeben, die sich von der Plasmamembran der Wirtszelle ableitet und innen durch das Matrixprotein (M1) ausgekleidet ist. In der Hülle sind die beiden viralen Glykoproteine, Hämagglutinin (HA) und Neuraminidase (NA), eingelagert. Das M2-Protein formt als Tetramer einen Ionenkanal, der die Hülle durchdringt. Das NS2-Protein, auch NEP (für „nuclear export protein") genannt, fördert den Export der neugebildeten Nukleokapside aus dem Zellkern und ist in geringen Mengen im Virion vorhanden (hier nicht dargestellt). Nicht im Virion enthalten ist das Nichtstrukturprotein NS1, das in der infizierten Zelle verschiedene regulatorische Funktionen ausführt und als Pathogenitätsfaktor wirkt, weil es die Interferon-Produktion hemmt (siehe Interferon-Antagonist, Kapitel 8.9.1, S. 434).

b Transmissionselektronenoptisches Bild der Influenza-A-Viren. Die Hüllproteine sind als radiär angeordnete Fortsätze („Spikes") gut zu erkennen (Aufnahme: Thomas Bächi, EMZ, Universität Zürich).

NA blockieren die Virusausbreitung im Organismus. Antikörper gegen das NP sind Typ-spezifisch und werden zur serologischen Differenzierung der Influenzavirustypen A, B und C benutzt.

Pandemiegefahr durch Vogel- und Schweineinfluenzaviren. Das natürliche Reservoir der Influenza-A-Viren sind die Vögel, insbesondere Wildenten und andere umherziehende Wasservögel. Die Tiere sind wenig krankheitsanfällig und scheiden als gesunde Virusträger die Viren im Kot aus. Gelegentlich entstehen leicht veränderte Virusstämme, die für Nutztiere wie das Huhn oder den Truthahn hochpathogen sind. Diese Viren erzeugen eine hoch ansteckende Erkrankung, die sich schnell ausbreitet und innerhalb weniger Tage tödlich endet (Geflügelpest). Aviäre Influenzaviren infizieren gewöhnlich nur Vögel oder Schweine. Selten kann es jedoch zu einer direkten Übertragung auf den Menschen kommen. Die Gefahr besteht, dass Vogelgrippeviren durch adaptive Mutationen oder durch eine Reassortierung mit einem menschlichen Influenzavirus die Fähigkeit gewinnen, von Mensch zu Mensch übertragen zu werden und in der menschlichen Bevölkerung eine Pandemie auslösen. Als Gegenmaßnahme wird bei einem Geflügelpestausbruch sofort sämtliches Geflügel prophylaktisch vernichtet. Das 2009 neu aufgetretene H1N1-Pandemievirus ist eine Vierfach-Reassortante, die im Schwein entstand. Das Virus enthält genetische Elemente von aviären, humanen und zwei porzinen Influenzaviren, nämlich einer nordamerikanischen und einer eurasischen Linie. Die genetische Neukombination ermöglichte die Übertragung auf den Menschen sowie die weltweit rasche Ausbreitung in der menschlichen Bevölkerung. Influenza-A-Viren kommen neben den Vögeln, dem Menschen und dem Schwein, auch noch bei Pferden, Robben und Walen vor.

Die Virusaufnahme geschieht durch rezeptorvermittelte Endozytose (s. S. 405). Im sauren Milieu des Endozytosevesikels kommt es zu zwei entscheidenden Vorgängen. Erstens erfolgt eine pH-abhängige Umlagerung des Hämagglutininmoleküls in der Virushülle. Durch diese Konformationsänderung wird eine fusionsaktive Domäne des HA aktiviert, die den Fusionsprozess zwischen der Virushülle und der Vesikelmembran in Gang setzt. Voraussetzung dazu ist die Spaltung des HA durch zelluläre Proteasen, die bei der Viruspartikelreifung erfolgt. Zweitens gelangen Protonen aus der sauren Umgebung des Endosoms durch einen Ionenkanal in das Virusinnere. Der Ionenkanal besteht aus dem viralen M2-Protein, das als Tetramer in die Virushülle eingebaut wird. Die Ansäuerung des Virusinnern ist für die noch wenig verstandenen Prozesse des Uncoatings und den darauf folgenden Transport der Nukleokapside in den Zellkern wichtig. Die Transkription und Replikation des viralen Genoms geschieht ausschließlich im Zellkern der Wirtszelle. In der Spätphase der Infektion (nach 8 bis 10 Stunden) verlassen die neu gebildeten Nukleokapside den Kern und werden zusammen mit dem M1-Protein an der Plasmamembran der Zelle in neue Virionen verpackt, wobei die Hülle sich von der Zellmembran durch einen Sprossungsvorgang abschnürt. Die Aktivität der Neuraminidase erleichtert anschließend die Virusfreisetzung.

Die Vermehrung des viralen Genoms im Zellkern wird durch den **viralen Polymerasekomplex** bewerkstelligt, der aus drei Untereinheiten (PB1, PB2 und PA) besteht. Dieser Komplex hat RNA-abhängige RNA-Polymerase-Aktivität und arbeitet fehlerhaft. Der Einbau falscher Basen in die neu gebildeten Genomsegmente führt zu Punktmutationen, die die Aminosäurezusammensetzung der codierten Proteine verändern können. Dadurch kommt es zu Virusvarianten mit z. B. veränderten Antigenbereichen der HA- und NA-Proteine, die von den vorhandenen Antikörpern schlechter oder nicht mehr erkannt werden. Antigenetische Veränderungen als Folge ständiger Punktmutationen akkumulieren mit der Zeit. Dieser stetige Prozess der antigenen Veränderung wird **antigener Drift** („antigenic drift" oder Antigenverschiebung) genannt. Der antigene Drift ist der Grund für das jährliche Auftreten neuer **epidemischer Virusvarianten**. Im Gegensatz dazu wird der komplette Austausch eines ganzen HA- oder NA-Genomsegmentes durch Reassortierung als **antigener Shift** („antigenic shift" oder Antigensprung) bezeichnet. Der antigene Shift bewirkt eine komplette Neuausstattung der Oberfläche des reassortanten Virus mit Hämagglutinin und/oder Neuraminidasemolekülen, gegen die in der Bevölkerung keine Immunität besteht. Der fehlende Immunschutz ermöglicht das Entstehen von **verheerenden Pandemien**.

Rekonstruktion des Erregers der spanischen Grippe von 1918 durch Reverse Genetik.

Die große Influenza-Pandemie von 1918–1919 (spanische Grippe) forderte über 50 Millionen Tote innerhalb von 18 Monaten. Sie war vermutlich durch ein Influenzavirus (H1N1) aus Wasservögeln verursacht, das für den Menschen hoch pathogen wurde. Die Pandemien von 1957 (H2N2) (asiatische Grippe) und 1968 (H3N2) (Hongkong-Grippe) waren durch Reassortanten zwischen aviären und humanen Influenzavirusstämmen bedingt und forderten ebenfalls viele Tote. Influenzaviren können heute mithilfe der Reversen Genetik im Labor künstlich auf Plasmidbasis hergestellt werden. Dies erlaubt die gezielte genetische Manipulation der Viren und damit die Aufklärung der biologischen Eigenschaften der verschiedenen Virusbestandteile. Das Verfahren erlaubt auch, längst verschollene Viren zu studieren, sofern noch genetisches Material in historischen Gewebeproben aufgespürt werden kann. Zurzeit werden einzelne Genomsegmente des 1918-Virus rekonstruiert und in rekombinanten Viren auf ihre Funktion getestet. Ziel ist, die Ursachen für die hohe Pathogenität des pandemischen 1918-Virusstammes zu entschlüsseln und so für zukünftige pandemische Ausbrüche besser vorbereitet zu sein.

Klinik und Pathogenese. Influenzaviren werden u. a. durch Tröpfcheninfektion, aber auch Schmierinfektion (Hände) übertragen. Sie vermehren sich lokal in den Epithelzellen des oberen und unteren Respirationstraktes. Das Virus ist **zytopathogen** und führt zu einer direkten Schädigung der infizierten Zellen. Der Zelluntergang bewirkt **starke Entzündungsreaktionen**. Oft kommt es infolge der lokalen Gewebeschädigung zu **bakteriellen Superinfektionen**, z. B. mit Staphylococcus aureus, Streptococcus pneumoniae oder Hämophilus influenzae. Die Virusausbreitung im Respirationstrakt ist rein lokal, ohne Durchbrechung der epithelialen Basalmembran. Bei **gutartigem Verlauf** kommt es nach ca. einer Woche zur vollständigen Regeneration des Epithels. Klinisch äußert sich die Erkrankung nach einer Inkubationszeit von wenigen Tagen durch den plötzlichen Beginn mit schlagartig hohem Fieber, Schüttelfrost, Abgeschlagenheit, trockenem Husten, Glieder- und Muskelschmerzen sowie allgemeiner Schwäche. Nach Entfieberung hält das allgemeine Schwächegefühl oft noch für ein bis zwei Wochen an. **Schwerere Verläufe** resultieren in einer primären viralen Pneumonie (Lobärpneumonie) mit teilweise schwerer hämorrhagischer Tracheobronchitis. Bei älteren Patienten können atypische Verläufe auftreten. Bei Säuglingen und Kleinkindern stehen oft unklare gastrointestinale Beschwerden mit Bauchschmerzen im Vordergrund. Eine **seltene Komplikation** ist das **Reye-Syndrom**, eine schwere Hirn- und Leberschädigung im Kindesalter, die durch Salizylatgabe (Aspirin) ausgelöst werden kann.

Die Influenza hinterlässt eine langdauernde Immunität. Trotzdem sind erneute Erkrankungen wegen des Auftretens antigener Virusvarianten (antigener Drift) zeitlebens möglich.

Diagnostik. Sie beruht auf der Virusisolierung in Zellkultur oder dem Genomnachweis mittels RT-PCR aus Nasen- oder Rachenabstrichen/Aspiraten, Bronchiallavage oder aus Lungen- sowie Trachealgewebe bei Todesfällen. Der direkte Virusantigennachweis aus Nasen-Rachenmaterial ist mit kommerziellen Schnelltests in der Frühphase der Erkrankung möglich, aber wenig spezifisch und wenig sensitiv. Aussagekräftiger ist der schnelle Nukleinsäurenachweis. Bei positivem Befund kann bereits in der Frühphase der Erkrankung mit der Therapie begonnen werden. Die zeitaufwändige Virusisolierung ist notwendig, um zu Beginn einer Epidemie den aktuellen Virusstamm nachzuweisen. Sie ist ferner für die globale Überwachung der Influenzavirus-Aktivität sowie für Impfstoffempfehlungen der WHO unerlässlich. Serologisch gibt ein signifikanter Antikörpertiteranstieg (im HHT oder mittels KBR) in gepaarten Seren einen Hinweis auf die kürzlich durchgemachte Infektion.

Prophylaxe. Empfohlen wird die **jährliche aktive Immunisierung** vor der Influenza-Saison im Herbst. Der **Totimpfstoff** besteht aus gereinigten HA- und NA-Molekülen der Virushülle (Spaltvakzine) oder aus inaktivierten, vollständigen Viruspartikeln (Ganzvirus-Vakzine). Die Impfstoffzusammensetzung wird von der WHO entsprechend den aktuell zirkulierenden Virusstämmen festgelegt und enthält die Antigene der vorherrschenden beiden Influenza-A-Virus-Subtypen (H1N1; H3N2) und das Influenza-B-Virus. Geimpft werden sollten in erster Linie Personen über 60 Jahre, Personen, die wegen eines Grundleidens ein erhöhtes Komplikationsrisiko haben, ferner Personen mit erhöhter beruflicher Exposition sowie Pflegepersonal (damit es nicht als Virusüberträger dient). Der Schutz vor Infektion liegt bei 70–80 %, bei älteren Personen niedriger. Falls eine Erkrankung bei Geimpften eintritt, verläuft dieselbe meist milder. Für einen optimalen Schutz sind jährliche Wiederimpfungen erforderlich. Ein **Lebendimpfstoff** zur intranasalen Immunisierung ist in den USA für die Altersklasse der gesunden 5- bis 50-Jährigen zugelassen. Er besteht aus attenuierten, kälteadaptierten Viren, die temperatursensitiv sind und sich nur im Nasen- und Rachenraum vermehren können, nicht aber im unteren Respirationstrakt, wo die Temperaturen höher sind. In Spezialfällen (Schutz vor Vogelgrippeviren auf Reisen, Ausbrüche in Seniorenheimen, Postexpositionsprophylaxe von ungeimpften Personen nach engem Kontakt mit Erkrankten oder als Prophylaxe im Falle einer Pandemie, gegen die kein Impfschutz besteht) ist die Chemoprophylaxe mit Neuraminidasehemmern oder Amantadin möglich (s. u.).

Therapie. Die Neuraminidasehemmstoffe (Oseltamivir oral oder Zanamivir zur Inhalation) sind gegen Influenza-A- und -B-Viren wirksam, sofern sie bei den ersten Krankheitszeichen verabreicht werden (s. Schnelldiagnostik). Die frühzeitige Anwendung mildert und verkürzt die Erkankung und vermindert die Virusausscheidung. Die Therapie ist bei Risikopatienten, Patienten mit chronischen Grundkrankheiten und/oder Immunsuppression sinnvoll. Die antivirale Substanz Amantadin, die den M2-Ionenkanal blockiert, ist wegen ihrer eingeschränkten Wirksamkeit nur gegen Influenza-A-Viren, der raschen Resistenzentwicklung und den vielfältigen Nebenwirkungen heute weniger empfehlenswert.

9.17 Parainfluenzaviren

9

Parainfluenzaviren verursachen akute **Infektionen des Respirationstraktes** und sind für 30–40 % dieser Erkrankungen im Kleinkindes- und Kindesalter verantwortlich. Es werden vier Serotypen unterschieden. Parainfluenzavirus Typ 1, 2 und 3 sind weltweit verbreitet, Typ 4 (mit den Untergruppen 4A und 4B) vor allem auf dem amerikanischen Kontinent.

Allgemeine biologische Eigenschaften der Parainfluenzaviren. Parainfluenzaviren gehören zur Familie der **Paramyxoviren** (allgemeine Beschreibung s. unter Masern, S. 519) und besitzen ein helikales Nukleokapsid mit einem **nichtsegmentierten Negativ-Strang-RNA**-Genom (ca. 15 kb) sowie eine Lipidhülle.

Klinik und Pathogenese. Parainfluenzaviren werden durch Tröpfcheninfektion und direkten Kontakt übertragen und vermehren sich in den Epithelzellen der Nasen- und Rachenschleimhäute des oberen Respirationstraktes. Von dort können sie sich über den Larynx in die Trachea und Bronchien, seltener Bronchiolen, ausbreiten. Es kommt zu einer starken **Entzündung und Anschwellung der Schleimhäute**, die das Krankheitsbild beherrschen. Nach einer Inkubationszeit von 3–5 Tagen beginnt die

Erkrankung mit Husten, Heiserkeit und hohem Fieber. In **schwereren Fällen** entwickelt sich eine akute Laryngotracheobronchitis mit inspiratorischem Stridor, bellendem Husten, Heiserkeit und Dyspnoe (Pseudokrupp, gehäuft im Kleinkindesalter). Bei **Säuglingen** kann die absteigende Infektion zu Broncheolitis und Pneumonie führen (vor allem Typ 3). Die Durchseuchung im Kindesalter ist hoch und liegt bei Fünfjährigen zwischen 50% (Typ 1und 2) und 90% (Typ 3). Reinfektionen mit dem gleichen Virustyp sind trotz eines gewissen Immunschutzes möglich. Ernsthafte Erkrankungen kommen bei stark immunsupprimierten Patienten, vor allem nach Knochenmarktransplantation, vor.

Diagnostik. Virusisolierung aus Nasen-Rachenabstrichen oder Aspiraten. Der Direktnachweis viraler Antigene (mittels monoklonaler Antikörper im Immunfluoreszenztest in Zellen von Nasen-Rachenaspiraten) oder der Nachweis viraler RNA mittels RT-PCR ist möglich. Serologisch ist die Serokonversion oder ein signifikanter Titeranstieg in gepaarten Seren aussagekräftig.

Prophylaxe und Therapie. Zurzeit nicht verfügbar.

9.18 Respiratory-Syncytial-Virus (RSV)

Das RSV verursacht bei Säuglingen und Kleinkindern **Atemwegsinfektionen**, die saisonal – gehäuft im Spätherbst und Winter – auftreten. Das Virus ist Haupterreger der **Bronchiolitis bei Säuglingen** in den ersten Lebensmonaten. Es ist hoch kontagiös und als Ursache nosokomialer Infektionen in Kinderkliniken und Frühgeborenenabteilungen gefürchtet. Die Durchseuchung in den ersten beiden Lebensjahren ist groß; Reinfektionen sind möglich. Schwer verlaufende Infektionen kommen bei älteren Personen sowie immunsupprimierten Patienten vor.

Allgemeine biologische Eigenschaften. Das RSV gehört zur Familie der Paramyxoviren und hat ein helikales Nukleokapsid mit einem **nicht segmentierten Negativ-Strang-RNA**-Genom. Es gibt zwei Hauptgruppen, A und B. In der Virushülle sind zwei Glykoproteine eingelagert. Das G-Protein ermöglicht die Adsorption an die Epithelzellen. Das F-Protein wird bei allen Paramyxoviren gefunden und hat Fusionseigenschaften. Es bewirkt die Veschmelzung der Virushüllmembran mit der Zellmembran. In infizierten Zellen wird das F-Protein an der Zelloberfläche exprimiert. Dies führt zur Verschmelzung der infizierten Zelle mit nicht infizierten Nachbarzellen und somit zur Ausbildung von Synzytien (Riesenzellen).

Klinik und Pathogenese. RSV wird durch Tröpfcheninfektion sowie kontaminierte Gegenstände (Schmierinfektion) übertragen und vermehrt sich in den Epithelzellen des oberen Respirationstraktes. Das Virus kann sich in die unteren Luftwege ausbreiten und die Epithelien der Bronchiolen und Alveolen infizieren. Es kommt durch Zellverschmelzung (Fusion) zu einer **Riesenzellbildung** (**Synzytien**) und **Zerstörung des Flimmerepithels**. Die begleitende Entzündung und Ödembildung führt zur Verengung der Bronchiolen, durch die die Luft beim Einatmen noch in die Alveolen eindringen, aber beim Ausatmen nicht mehr passiv austreten kann. Es kommt zu einer lebensbedrohlichen **Überblähung der Lunge**. Neben Säuglingen in den ersten Lebensmonaten sind auch ältere Säuglinge und Kleinkinder mit Vorerkrankungen, wie angeborenem Herzfehler, Mucoviszidose oder Asthma bronchiale, besonders gefährdet. Bei Patienten mit Immunsuppression (z. B. nach Knochenmarktransplantation) kann eine oft letale Pneumonie auftreten, die differentialdiagnostisch von der ähnlich verlaufenden CMV-Pneumonie abgegrenzt werden muss. Häufig verursacht das Virus auch eine **Mittelohrentzündung** (Otitis media), die bakteriell superinfiziert sein kann.

Diagnostik. Direkter Virusnachweis durch Virusanzucht in der Zellkultur, Antigennachweis in der Immunfluoreszenz oder Nukleinsäurenachweis mittels RT-PCR. Bei Säuglingen und Kleinkindern muss auf die korrekte Entnahme von Nasen-Rachensekret resp. Absaugmaterial geachtet werden. Die Serologie ist bei Säuglingen und Kleinkindern zweitrangig.

Prophylaxe. Für Risikosäuglinge mit Frühgeburtlichkeit (vor 33. Schwangerschaftswoche), angeborenem Herzfehler oder bronchopulmonaler Dysplasie besteht die Möglichkeit der Immunprophylaxe mit einem humanisierten monoklonalen Antikörper (Palivizumab (Synagis)). Der Antikörper ist gegen ein Epitop des F-Proteins des RSV gerichtet und neutralisiert die Fusionsfähigkeit und Infektiosität des Virus.

Therapie. In schweren Fällen (z. B. RSV-Pneumoie bei Knochenmarktransplantierten) wird Ribavirin als Aerosol eingesetzt; die Wirksamkeit ist umstritten.

9.19 Humanes Metapneumovirus (HMPV)

Das HMPV ist nach RSV eine der Hauptursachen für Atemwegsinfektionen in den ersten Lebensjahren. Die Infektionen treten saisonal gehäuft in den Wintermonaten auf und führen zu einer hohen Durchseuchung vor dem 5. Lebensjahr.

Allgemeine biologische Eigenschaften des Metapneumovirus. Das Virus wurde erst im Jahr 2001 entdeckt. Deshalb ist der gegenwärtige Stand des Wissens noch lückenhaft. Das HMPV gehört zur Familie der Paramyxoviren und ist ein naher Verwandter des RSV. Es kommt in zwei Subtypen, A und B, vor.

Klinik und Pathogenese. Das Virus wird vermutlich durch Tröpfchen- und Schmierinfektion übertragen und führt zu Atemwegserkrankungen, die denen bei RSV gleichen. Die HPV-Infektion scheint allerdings eher ältere Säuglinge und Kleinkinder zu betreffen und einen etwas milderen Verlauf zu nehmen als RSV. Die Bedeutung des HMPV bei immunsupprimierten und älteren Personen ist noch unklar.

Diagnostik. Der Virusgenomnachweis mittels RT-PCR ist möglich. Serologische Tests sind in Entwicklung.

Prophylaxe und Therapie. Keine.

9.20 Masernvirus

Das Masernvirus erzeugt eine schwere, hoch fieberhafte Erkrankung, die typischerweise im Kindesalter auftritt. Die Masern sind wegen der **möglichen, gravierenden Komplikationen** gefürchtet. Sie sind weltweit immer noch für eine hohe Zahl an Todesfällen bei Kindern unter fünf Jahren verantwortlich. Die aktive Schutzimpfung mit attenuierten Lebendimpfviren hinterlässt eine langjährige Immunität.

Allgemeine biologische Eigenschaften des Masernvirus. Das Masernvirus gehört zur Gattung der Morbilliviren der Familie der **Paramyxoviren**. Es gibt nur einen einzigen Serotyp, der nur beim Menschen vorkommt. Das Virus hat den für Paramyxoviren typischen Aufbau und besteht aus einem **Negativ-Strang-RNA**-Genom (15,9 kb), das zusammen mit dem Nukleoprotein (NP), der Polymerase (L-Protein) und dem Phosphoprotein (P) das helikale Nukleokapsid ausmacht (Abb. **9.24**). Das pleomorphe Viruspartikel ist umhüllt und hat einen Durchmesser von 100–250 nm. Die Virushülle ist innen mit dem Matrixprotein (M) ausgekleidet und trägt zwei Oberflächenglykoproteine. Das Hämagglutinin (H) ist für die Anlagerung an den zellulären Rezeptor CD150 (SLAM) verantwortlich. Das Fusionsprotein (F) vermittelt nach der Adsorption an die Zielzelle die Fusion mit der Zellmembran von außen. Das Masernvirus infiziert CD150-tragende Lymphozyten und Makrophagen und eine Reihe weiterer Zielzellen und verursacht eine vorübergehende Immunsuppression. Die attenuierten Impfstämme sind in ihrem Hämagglutinin so verändert, dass sie nicht mehr an CD150 binden, sondern ein anderes Molekül (CD46) als Rezeptor benutzen.

Klinik und Pathogenese. Das Masernvirus wird durch Tröpfcheninfektion übertragen und ist hoch kontagiös. Nach Infektionen der Schleimhäute des Nasopharynx kommt es zur klassischen generalisierten Infektion, die in 90% klinisch manifest wird, d.h. fast jeder Infizierte erkrankt. Die Erkrankung verläuft in Stadien und beginnt mit uncharakteristischen katarrhalischen Symptomen. Das sog. **Prodro-**

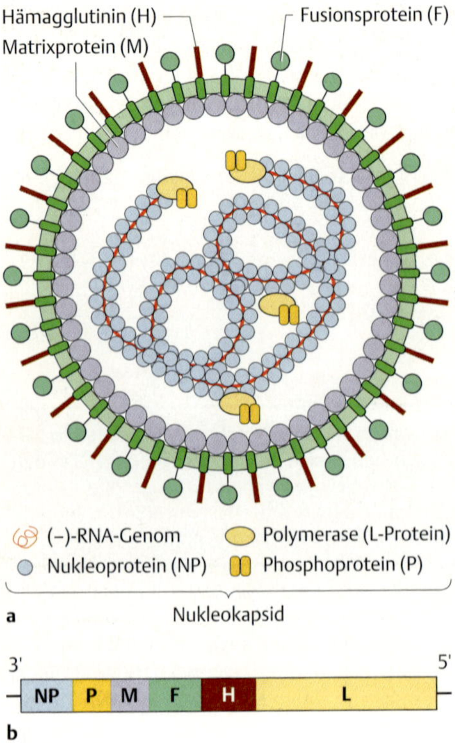

Abb. **9.24** **Masernvirus.**
a Schematischer Aufbau. Das Masernvirus hat ein helikales Nukleokapsid bestehend aus dem unsegmentierten Negativ-Strang-RNA-Genom ((-)-RNA-Genom), dem Nukleoprotein (NP), der RNA-abhängigen RNA-Polymerase (L-Protein) und dem Phosphoprotein (P), das funktionell einen Polymerase-Kofaktor darstelllt. Die Lipidmembran der Virushülle ist innen vom Matrix-Protein (M) ausgekleidet und trägt die beiden Glykoproteine H (Hämagglutinin) und F (Fusionsprotein). **b** Anordnung der viralen Gene auf der einzelsträngigen RNA des Masernvirus.

malstadium ist gekennzeichnet durch Fieber, Konjunktivitis, Schnupfen, Husten und das Auftreten von Koplik-Flecken auf der Wangenschleimhaut (Abb. **9.25a**). Zu diesem Zeitpunkt scheiden die Patienten massiv Virus aus. Die **fortschreitende Entzündung des Respirationstraktes** kann unterschiedliche Grade annehmen mit Pharyngitis, Tracheitis, Bronchitis bis hin zur seltenen Masernpneumonie. Nach einigen Tagen entsteht das bekannte makulopapulöse **Masernexanthem** (Abb. **9.25b**) das mehrere Tage andauert (Exanthemstadium). In unkomplizierten Fällen kommt es danach zur Entfieberung und Rekonvaleszenz. Die Krankheitsdauer beträgt ca. 10 Tage. Das Masernexanthem ist die Folge einer Immunvaskulitis, bedingt durch eine zelluläre Immunreaktion gegen Virusbestandteile in den Endothelzellen der Kapillaren und in infizierten Hautzellen. Nach durchgemachter Infektion besteht eine lebenslange Immunität.

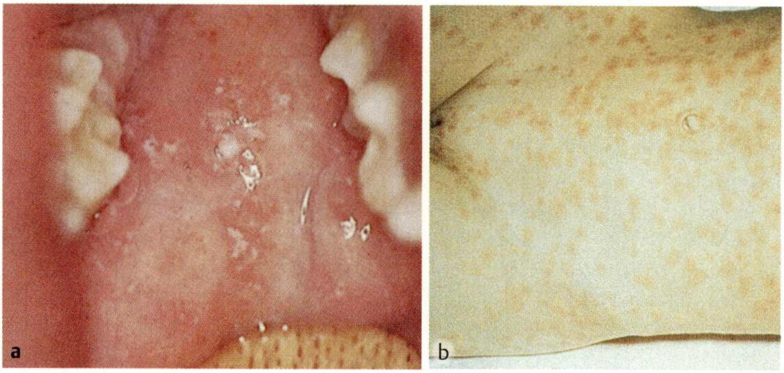

Abb. **9.25** **Symptomatik einer Masern-Infektion. a** Koplik-Flecken auf der Wangenschleimhaut, **b** Masernexanthem.

Komplikationen der Masernvirusinfektion.

Masernpneumonie (Riesenzellpneumonie). Sie beginnt meist nach dem Höhepunkt der Masernerkrankung und ist histopathologisch durch Riesenzellbildung charakterisiert. Gefährdet sind in erster Linie Säuglinge und Kleinkinder, sowie Personen mit Immundefekten, Mangelernährung oder Patienten unter Immunsuppression.

Mittelohrentzündung (Otitis media) und **schwere Laryngitis (Krupp).** Beide Komplikationen kommen bei sonst gesunden Kindern vor und sind durch die teilweise schwere Immunsuppression bei Masern mitbedingt.

Masernenzephalitis. Es gibt drei unterschiedliche Erscheinungsformen der Masernvirus-bedingten Enzephalitis (Tab. **9.9**):

9

- **Akute postinfektiöse Enzephalitis (Autoimmunenzephalitis):** Sie tritt bei ca. einer von 2000 Maserninfektionen auf und entwickelt sich meist etwas verzögert etwa 1–2 Wochen nach dem Masernexanthem, seltener gleichzeitig mit dem Exanthem. Die Erkrankung wird mit einer Autoimmunreaktion gegenüber zelleigenen Bestandteilen (basisches Myelin) erklärt und äußert sich durch Entmarkung der Myelinscheiden. Das Masernvirus ist im Gehirn nicht nachweisbar. Betroffen sind vor allem Kinder, die älter als zwei Jahre sind. Die Erkrankung führt in 10–20% mit Lähmungen, Delirium und Koma zum Tod.
- **Akute progressive infektiöse Enzephalitis** (Einschlusskörperchen-Enzephalitis, engl. **MIBE** für „Measles Inclusion Body Encephalitis“): Sie tritt nur bei immundefizienten Personen auf, die das Masernvirus nicht kontrollieren können. Das Virus dringt in das Gehirn vor und vermehrt sich in Neuronen und Gliazellen, die charakteristische Einschlusskörperchen (Inclusion Bodies) aufweisen. Die

Tabelle **9.9** Masernenzephalitiden

	Virusnachweis im Gehirn	Virusvermehrung	Einschlusskörperchen	Letalität
akute postinfektiöse Enzephalitis (Autoimmunenzephalitis)	nein	nein	nein	10–20%
akute progressive infektiöse Enzephalitis (Einschlusskörperchen-Enzephalitis)	ja	ja	ja	100%
subakute sklerosierende Panenzephalitis (SSPE)	ja, mit vielen Mutationen	überwiegend defekt	wenige	100%

akut progressiv verlaufende Enzephalitis entsteht erst 6–10 Monate nach dem Masernexanthem und verläuft ausnahmslos tödlich.

- **Subakut sklerosierende Panenzephalitis (SSPE):** Es handelt sich um eine seltene Spätkomplikation, die erst Jahre nach der akuten Masernerkrankung mit einer Wahrscheinlichkeit von 1:100000 auftritt. Ein gewisses Erkrankungsrisiko scheint die Erstinfektion im frühen Kleinkindesalter (unter zwei Jahren) darzustellen. Im Gehirn der Erkrankten lassen sich stark veränderte Viren mit Mutationen in verschiedenen Genbereichen nachweisen. Es kommt zu einer starken intrathekalen Antikörperbildung gegen Masernvirusbestandteile, insbesondere gegen das Nukleoprotein. Trotz der intrathekalen Antikörperproduktion verläuft die Infektion progredient und führt unter allmählichem (subakutem) Verlust der Hirnfunktionen stets zum Tode.

Diagnostik. Die Maserndiagnostik stützt sich in erster Linie auf den IgM-/IgG-Antikörpernachweis im Serum mittels ELISA, HHT oder anderer serologischer Verfahren. In der Frühphase der Infektion oder bei immunsupprimierten Patienten (Riesenzellpneumonie) ist der direkte Virusnachweis mittels Virusisolierung oder RT-PCR aus Nasen-Rachensekret, Blutmonozyten oder Urin möglich. Der Nachweis viraler RNA aus Hirnbiopsiematerial sichert die Diagnose der akuten progressiven infektiösen Enzephalitis. Bei SSPE wird die intrathekale (oligoklonale) Antikörpersynthese gegen Masernvirusbestandteile nachgewiesen.

Prophylaxe. Empfohlen wird die aktive Impfung zum Ende des ersten und Beginn des zweiten Lebensjahres (bevorzugt mit dem trivalenten Masern-, Mumps-, Röteln- [MMR] Kombinationsimpfstoff). Eine zweite Impfung bis Ende des zweiten

Lebensjahres dient der Schließung von Impflücken. Bei Masernexposition kann eine postexpositionelle aktive Impfung innerhalb von drei Tagen die Erkrankung verhindern. Bei seronegativen Schwangeren und Immunsupprimierten ist eine postexpositionelle passive Immunisierung mit Immunglobublinen möglich. Ein erklärtes Ziel der Gesundheitspolitik ist die Eliminierung der Masern dank hoher Durchimpfungsraten (mehr als 95%). Dies ist in einigen europäischen Ländern und Nordamerika bereits realisiert.

Therapie. Es gibt keine spezifische antivirale Therapie.

9.21 Mumpsvirus

Das Mumpsvirus verursacht die **Parotitis epidemica** (Mumps). Es ist ferner eine häufige Ursache für eine aseptische (abakterielle) Meningitis und Meningoenzephalitis im Kindesalter und kann Entzündungen in vielen weiteren Organen verursachen.

Allgemeine biologische Eigenschaften des Mumpsvirus. Das Mumpsvirus gehört zur Familie der **Paramyxoviren** (s. Masern) und kommt nur beim Menschen vor. Es gibt attenuierte Impfstämme.

Klinik und Pathogenese. Das Mumpsvirus wird durch Tröpfcheninfektion oder direkten Kontakt übertragen. Es verursacht in der kalten Jahreszeit oft kleinere Epidemien. Das Virus vermehrt sich in den Epithelzellen des Nasen-Rachen-Raumes und führt zu einer generalisierten Infektion. Es kann eine Vielzahl von Organen infizieren und zu schmerzhaften Entzündungen führen. Das klassische Bild ist die einseitige oder nacheinander beidseitige **Schwellung der Ohrspeicheldrüsen** (Parotis). Nach der Pubertät kann es beim Mann zur Infektion des Hodens kommen mit einseitiger oder beidseitiger Entzündung und ödematöser Anschwellung, die sehr schmerzhaft ist und bei beidseitiger Hodenatrophie zur Sterilität führen kann. Bei Frauen können die Ovarien und Brustdrüsen befallen sein ohne negative Folgen. Häufig kommt es auch zum Befall des Pankreas mit schmerzhafter Pankreatitis, seltener zu Störungen des Innenohrs (Labyrinth) mit einseitiger Schwerhörigkeit. Recht häufig verursachen Mumpsviren eine Meningitis oder – seltener – eine Meningoenzephalitis, die meist folgenlos ausheilen. Pankreatitis und Meningitis können auch ohne manifeste Parotitis auftreten. Das Virus wird über Speichel, Urin und Muttermilch ausgeschieden. Die Infektion hinterlässt eine langjährige Immunität.

Diagnostik. Die Mumpsdiagnostik stützt sich auf den serologischen Nachweis von spezifischen Antikörpern. Bei aseptischer Meningitis/Meningoenzephalitis ist der Virusgenomnachweis mittels RT-PCR möglich.

Prophylaxe. Empfohlen wird die aktive Impfung zu Ende des ersten und Beginn des zweiten Lebensjahres, bevorzugt mit dem trivalenten Masen-, Mumps-, Röteln-(MMR) Kombinationsimpfstoff. Eine zweite Impfung bis Ende des zweiten Lebensjahres dient der Schließung von Impflücken.

Therapie. Es gibt keine spefizische antivirale Therapie.

9.22 Tollwutvirus (Rabiesvirus)

Das Rabiesvirus verursacht die Tollwut (Rabies, Lyssa) und wird in der Regel von einem erkrankten Tier auf den Menschen übertragen. Die Zoonose äußert sich in schweren zentralnervösen Störungen aufgrund einer **akuten, progressiven Enzephalitis**, die stets tödlich endet. Die Impfung (präventiv oder postexpositionell) verhindert die Erkrankung, sofern korrekt vorgegangen wird.

Allgemeine biologische Eigenschaften der Rabiesviren. Die Rabiesviren gehören zur Gattung Lyssavirus in der Familie der **Rhabdoviren**. Die Rhabdovirus-Familie umfasst mehr als 150 unterschiedliche Vertreter, die bei Vertrebraten, Invertebraten und auch Pflanzen vorkommen. Zu den humanpathogen Tollwutviren gehören 7 Genotypen, die in verschiedenen Tierarten und in unterschiedlichen geographischen Regionen vorkommen. Die Genotypisierung der Virus-Isolate aus Autopsiematerial kann die Herkunft des Virus aus einer bestimmten Tierart und Weltgegend anzeigen. Wie alle Rhabdoviren besitzen die Rabiesviren ein **einzelsträngiges, nicht segmentiertes Negativ-Strang-RNA**-Genom, das zusammen mit der viralen Polymerase und dem Nukleoprotein das helikale Nukleokapsid bildet. Das Nukleokapsid ist von einer Hülle umgeben, die sich von der Zellmembran ableitet und das virale Glykoprotein (G) trägt. Das G-Protein ist für die Anheftung des Virions an zelluläre Rezeptoren verantwortlich, zu denen vermutlich nikotinsäureabhängie Acetylcholinrezeptoren, ein Neurotrophin-Rezeptor (p75 NTR), ein neuronales Zelladhäsionsmolekül (NCAM) sowie weitere Zelloberflächenproteine gehören. Das Virus ist ausgesprochen neurotrop und vermehrt sich im Zytoplasma der Zelle, wo es lichtmikroskopisch sichtbare Einschlusskörperchen (Negri-Körperchen) bildet, die diagnostisch bedeutsam sind. Im elektronenoptischen Bild hat das Viruspartikel ein geschossförmiges Aussehen (180 nm x 75 nm). Die neutralisierenden Antikörper sind gegen das virale G-Protein gerichtet. Das Tollwutvirus kann die meisten Säugetiere infizieren. Echte Virusreservoire stellen allerdings nur Carnivoren und gewisse Fledermausarten dar.

Klinik und Pathogenese. Die Tollwut kommt bei uns vor allem in Wildtieren vor (silvatische Tollwut). Virusreservoire sind meist Füchse, aber auch Dachse, Marder und Wiesel. Andernorts wird das Virus zusätzlich durch Wölfe, Stinktiere, Waschbären oder Fledermäuse übertragen. In gewissen Weltgegenden, wie Indien, Teilen Ostasiens, Afrikas und Südamerikas kommt die urbane Tollwut vor, bei der in erster Linie streunende Hunde in Städten und Agglomerationen als Virusüberträger dienen. Dank breit angelegter Veterinär-Impfprogramme ist die silvatische und urbane Tollwut mancherorts stark zurückgegangen, und einige Länder gelten als virusfrei.

Das Tollwutvirus wird fast ausschließlich durch den **Biss eines erkrankten Tieres** auf den Menschen übertragen. Andere Infektionswege über Aerosole, Staub (Fledermauskot), kontaminiertes Fleisch oder transplantierte Organe sind möglich. Das Tollwutvirus gelangt normalerweise mit dem Speichel in die Biss-Stelle und vermehrt sich vorerst lokal im Bindegewebe und der Muskulatur. Es dringt nach einiger Zeit durch die neuromuskulären Endplatten in die sensorischen Nervenfasern ein und gelangt über den retrograden Transport im Axoplasma langsam (3 mm pro Stunde) zu den dorsalen Ganglien des Rückenmarks und von dort in das **Zentrale Nervensystem.** Dort findet eine zweite und **massive Virusvermehrung in den Neuronen** statt. Schließlich gelangt das Virus über die Nervenbahnen zentrifugal in periphere Organe wie die Haut (vor allem im Kopfbereich und Nacken), die Kornea, das Nasenepithel und die Speicheldrüsen, die für eine massive **Ausscheidung im Speichel** sorgen.

Die **Inkubationszeit** von der Infektion bis zum Beginn der Erkrankung ist sehr variabel und liegt meist zwischen 1–2 Monaten, wobei kürzere Zeiten von 10–14 Tagen (bei Verletzungen in Kopfnähe) und sehr lange Zeiten von über einem Jahr ebenfalls möglich sind.

Bei **Inhalation** vermehrt sich das Virus im Nasopharynx und wandert dann entlang dem Nervus olfactorius in das Gehirn.

Die Erkrankung verläuft klassischerweise in drei Stadien. Das **Prodromalstadium** ist gekennzeichnet durch relativ uncharakteristische Beschwerden wie Übelkeit, Erbrechen, Kopfschmerz, Fieber und Schmerzempfindungen (Parästhesien) an der Biss-Stelle. Schon früh kann eine starke Abneigung gegen Wasser (Hydrophobie) auffällig sein. Auch können sich Veränderungen des Gemütes einstellen, wie Angstgefühle oder depressive Verstimmungen. Das anschließende **Exzitationsstadium** äußert sich in Muskelspasmen des Larynx und Pharynx sowie in generalisierten Krampfanfällen, die durch äußere Reize wie helles Licht, gewisse Geräusche oder der Anblick von Wasser ausgelöst werden können. Charakteristisch sind Schweißausbrüche und starker Speichelfluss. Die Krankheit geht dann allmählich in das **paralytische Stadium** über mit zunehmenden Lähmungen, die zuletzt auch die Atemmuskulatur betreffen,. Das Exzitationsstadium kann fehlen; man spricht dann von „stiller Wut". Bis zum Koma und Tod ist der Patient bei vollem Bewusstsein und erlebt den unaufhaltbaren Prozess mit.

Diagnostik. Die Diagnostikmöglichkeiten sind unbefriedigend. Das Rabiesvirus kann meist erst spät nachgewiesen werden, d. h. oft erstmals nach Krankheitsbeginn. Der immunhistologische Nachweis viraler Antigene im Kornea-Abklatschpräparat oder in Biopsiematerial der Nackenhaut (das Virus befindet sich in den Nervenendigungen der Haarfollikel) beweist die Infektion, ebenso der Genomnachweis mittels PCR. Antikörper in Serum und Liquor sind oft erst kurz vor dem Exitus nachweisbar. Die Postmortem-Diagnostik an Hirngewebe dient der Bestätigung der Verdachtsdiagnose sowie der Bestimmung des Virustyps und der Eruierung der Infektionsquelle (Tierart, Weltgegend).

Prophylaxe. Die **aktive Schutzimpfung** mit formalininaktivierten Tollwutviren („Human Diploid Cell" (HDC)-Vakzine) wird für Personen mit beruflichem Expositionsrisiko (Tierärzte, Jäger, Förster) sowie für Reisende in Gebiete mit hoher Tollwutgefährdung (urbane Tollwut) empfohlen. Wichtig ist die **Expositionsprophylaxe**, d.h. die Vermeidung von Kontakt zu verdächtigen Tieren, Isolierung von Erkrankten und vorsorgliche Impfung des Pflegepersonals. Die wichtigste Maßnahme ist die aktive Impfung von Haus- und Wildtieren. Zur Wildtierimpfung werden Köder ausgelegt, die attenuierte Lebendimpfviren enthalten.

Die korrekte **Postexpositionsprophylaxe** bei nicht geimpften Personen richtet sich nach dem Grad der tatsächlichen Exposition (Tab. **9.10**). Bei gegebener Indikation umfasst sie erstens das ausgiebige Reinigen und Spülen der Wunde (Verdünnung des Virusinokulums) und zweitens die passive wie aktive Immunisierung

Tabelle **9.10** Postexpositionelle Immunprophylaxe der Tollwut

Grad der Exposition	**Art der Exposition**		**Impfprophylaxe**
	Tier mit Verdacht auf Tollwut	**Imfstoffköder**	
I	Berühren/Füttern, Belecken der intakten Haut	Berühren des Köders bei intakter Haut	keine Impfung
II	Knabbern an der unbedeckten Haut, nicht blutende Kratzer, Belecken der nicht intakten Haut	Kontakt mit der Impfflüssigkeit mit nicht intakter Haut	aktive Impfung
III	jegliche Bissverletzung oder Kratzwunde, Kontamination von Schleimhäuten mit Speichel	Kontamination von Schleimhäuten und frischer Hautverletzung mit Impfflüssigkeit	einmalige Simultanimpfung (HDC-Vakzine + Tollwut-Immunglobulin) und weitere aktive Impfung nach speziellen Richtlinien

(Simultanimpfung). Dabei wird Tollwut-Hyperimmunglobulin lokal in und um die Wunde appliziert und ebenfalls systemisch durch intramuskuläre Injektion verabreicht. Gleichzeitig wird die aktive Impfung mit der HDC-Vakzine nach einem speziellen Impfschema durchgeführt. Diese Maßnahmen sind sofort durchzuführen. Falls der Tollwutverdacht beim Tier später nicht bestätigt wird, kann die Immunisierung immer noch modifiziert oder abgebrochen werden.

Therapie. Es gibt keine spezifische antivirale Therapie.

9.23 Marburgvirus (MBGV) und Ebolavirus (EBOV)

Marburg- und Ebolaviren verursachen Zoonosen in Afrika, die klinisch als hämorrhagische Fieber in Erscheinung treten und eine hohe Letalität (20–90%) haben. Das Virusreservoir und die natürlichen Übertragungswege sind noch unbekannt. Die Erkrankungen treten sporadisch in Form von **lokalen Epidemien** auf, die die Bevölkerung dezimieren und spontan enden. In den Zwischenzeiten ist das Virus nicht auffindbar. Man zählt EBOV und MBGV, die beide zur Familie der Filoviren gehören, deshalb zu den sog. neu oder wiederkehrend auftauchenden Viren („emerging viruses“).

Besondere Umstände bei Marburg- und Ebolavirusausbrüchen.
Das Marburgvirus trat erstmals 1967 als Erreger des hämorrhagischen Fiebers bei Laborpersonal in Marburg, Frankfurt und Belgrad auf. Das Virus wurde mit Grünen Meerkatzen (Cercopitecus aethiops) aus Uganda eingeschleppt, die unter anderem als Organspender für Nierenzellkulturen dienten. Innerhalb weniger Wochen erkrankten 25 Personen, darunter auch Ärzte und Krankenschwestern; es gab 7 Todesfälle. Eine größere Epidemie bei Goldgräbern in Nordost-Kongo (früher Zaire) war vermutlich mit illegalen Goldschürfaktivitäten und Wilderei verbunden, die zu Kontakten mit einer unbekannten Tierart führten, die das Marburgvirus asymptomatisch beherbergte. Der neueste (2005) Ausbruch in Angola forderte 335 Tote bei 399 Erkrankungen. Das Ebolavirus (benannt nach einem Fluss in Zaire) wurde erstmals 1976 bei Epidemien in Zaire und im Sudan identifiziert, die 430 Todesopfer bei 550 Erkrankten forderte. Seitdem wurden periodisch Ausbrüche in Zentralafrika und der Elfenbeinküste registriert, so 1995 in der Stadt Kikwit in Zaire (236 Tote bei 296 Erkrankten) und im Jahre 2000 in Uganda mit 224 Toten bei 425 Erkrankten. Mit den zunehmenden Reisetätigkeiten und den schnellen interkontinentalen Flugverbindungen muss mit einer Einschleppung von Filoviren nach Europa durchaus gerechnet werden.

Allgemeine biologische Eigenschaften der Filoviren. Die Familie der Filoviren besteht aus den beiden Gattungen Marburg- und Ebolavirus. Obschon verwandt, besteht zwischen MBGV und EBOV kaum eine serologische Kreuzreaktivität. Bisher sind vier EBOV-Stämme bekannt, nämlich Stamm Zaire, Elfenbeiküste (Ivory

Coast), Sudan und Reston, die serologisch eng verwandt sind. Der Reston-Stamm scheint für den Menschen nicht pathogen zu sein. Filoviren haben ein relativ großes (19 kb) **einzelsträngiges, nicht segmentiertes Negativ-Strang-RNA**-Genom, das zusammen mit dem Nukleoprotein (N) der Polymerase (L) und dem Phosphoprotein (VP35) und einem weiteren viralen Protein (VP30) das Nukleokapsid bildet. Das Nukleokapsid wird von einer Hülle umgeben, die innen mit den Matrixproteinen (VP40 / VP24) ausgestattet ist und an ihrer Oberfläche ein Glykoprotein (GP) als Trimer trägt. Charakteristisch ist die ungewöhnliche Morphologie der Virionen, die lange, teilweise verzweigte Filamente (800 nm x 80 nm) bilden (Filoviren). Die Viren haben einen lytischen Replikationsmodus und vermehren sich in Monozyten, Makrophagen und Endothelzellen der Blutgefäße. Die Infektion ist immer akut; chronisch persistierende Verläufe sind nicht bekannt.

Klinik und Pathogenese. Die Pathogenese ist bei Marburg- und Ebolavirusinfektionen ähnlich und erst teilweise verstanden. Die Viren vermehren sich in den Endothelzellen der Blutgefäße und der Leber und verursachen **nekrotische Schäden in vielen Organen**, darunter Leber, Milz, Lymphknoten, und Nieren. Eine **erhöhte Gefäßpermeabilität** sowie eine **Störung der Blutgerinnung** (Thrombozytopenie, abnorme Koagulationen und Fibrinablagerungen) führen zu Ödemen und starken Blutungen. Klinisch äußert sich die Erkrankung initial durch Kopf- und Muskelschmerzen, Fieber, Übelkeit, Erbrechen, Durchfälle sowie Blutungen in den Konjunktiven und im Nasen-Rachenraum. Später kommt es zu massiven Blutungen in den inneren Organen und der Haut, die zu einem **hypovolämischen Schock** und zum **Tod** führen. Das Blut und sämtliche Ausscheidungen sind hoch infektiös. Nosokomiale Infektionen werden durch Mängel im örtlichen Gesundheitswesen begünstigt.

Diagnostik. Die Untersuchungsmaterialien dürfen nur in **Hochsicherheitslabors** der Stufe L-4 aufbearbeitet werden. Der Probentransport und die Lagerung unterliegen speziellen Sicherheitsbestimmungen. Der Nachweis viraler Antigene (in Immunoassays), des viralen Genoms (mittels RT-PCR), oder der Virionen (im Elektronenmikroskop) sind möglich, ebenso die Virusisolierung in Zellkultur. Serologische Verfahren sind weniger geeignet, da spezifische Antikörper in der akuten Krankheitsphase meist noch nicht vorhanden sind.

Prophylaxe. Sie besteht ausschließlich in der Expositionsprophylaxe. Krankheitsverdächtige Personen müssen isoliert werden. Hygienische Maßnahmen in der Pflege von Infizierten sehen den Einsatz von Schutzanzügen, Gesichtsmasken und eventuell Unterdruckzelten vor. Verstorbene müssen sofort eingeäschert werden.

Therapie. Es gibt keine spezifische Therapie.

9.24 Hantaviren, Viren des hämorrhagischen Fiebers und andere humanpathogene Bunyaviren

Bunyaviren bilden eine der größten Virusfamilien mit über 200 Arten, von denen allerdings nur ein kleiner Teil für den Menschen pathogen ist. Die menschenpathogenen Viren verursachen Zoonosen und kommen in 4 Gattungen vor. Mit Ausnahme der Hantaviren werden sie durch Vektoren (Stechmücken, Zecken) vom Tier auf den Menschen übertragen; eine Übertragung von Mensch zu Mensch ist äußerst selten. Die Viren existieren in unterschiedlichen Tierreservoiren und sind für ihre Verbreitung auf spezifische Vektoren angewiesen. Das Vorkommen der Zoonosen hängt deshalb von der geographischen Verbreitung der Wirtstiere und der Vektoren ab (Tab. **9.11**). Die Erkrankungen beim Menschen reichen je nach Virus von uncharakteristischem Fieber bis zur akuten Enzephalitis oder schwerem hämorrhagischem Fieber. Wirksame Maßnahmen beschränken sich auf Expositionsprophylaxe sowie Kontrolle und notfalls Dezimierung der Wirtspopulationen und/oder der Vektoren.

Allgemeine biologische Eigenschaften der Bunyaviren. Alle Bunyaviren besitzen ein **einzelsträngiges, Negativ-Strang-RNA**-Genom, das aus **3 Segmenten** besteht, die als L (für lang), M (für mittellang) und S (für kurz = engl. short) bezeichnet werden. Die drei RNA-Segmente sind mit dem Nukleoprotein (N) und der RNA-abhängigen RNA-Polymerase (L) vergesellschaftet und stellen die Transkriptions- und Replikations-aktiven Nukleokapside dar. Sie sind von einer Hülle umgeben, die sich von Golgi-Membranen ableitet und in welche die beiden Glykoproteine G1 und G2 eingelagert sind. Bunyaviren besitzen kein Matrixprotein, hingegen zwei Nichtstruktur (NS)-Proteine, die einerseits auf dem M-Segment (NSm-Protein mit unbekannter Funktion), andererseits auf dem S-Segment (NSs-Protein) kodiert werden. Beide NS-Proteine werden nur in der infizierten Zelle gebildet und sind im Virion nicht enthalten. Das NSs-Protein ist bei einigen Bunyaviren als Pathogenitätsfaktor identifiziert worden, welches die IFN-Produktion hemmt und einen sog. IFN-Antagonisten darstellt (s. Kap. 8.9.1, S. 434). Die Virusvermehrung findet ausschließlich im Zytoplasma statt. Mit Ausnahme der Hantaviren haben sämtliche Bunyaviren die Fähigkeit, sich sowohl im Vertebraten- als auch im Invertebraten-Wirt (Insekten, Zecken) zu vermehren. Der ständige Wirtswechsel stellt besondere Anforderungen an die Adaptationsfähigkeit dieser Viren. Neben der Zirkulation im Wildtierreservoir werden viele Bunyaviren auch transovariell, d. h. vertikal in der Vektorpopulation weitergegeben.

9.24.1 Hantaviren

Klinik und Pathogenese. Die Hantaviren werden durch chronisch-persistent infizierte Nager ausgeschieden und aerogen durch Staub oder Aerosole übertragen.

Tabelle **9.11** Menschenpathogene Bunyaviren

Gattung	**Virus**	**Vorkommen**	**natürlicher Wirt**	**Übertragung**	**Krankheit**
Hantavirus	Puumula-Virus (PUUV)	Nord- und Mitteleuropa	Rötelmaus	aerogen durch virushaltige Ausscheidungen der persistent infizierten Nager (Kot, Urin, Speichel)	Nephropathia epidemica (NE)
	Dobrava-Virus (DOBV)	Mittel-/Nordosteuropa	Brandmaus		
		Balkan	Gelbhalsmaus		
	Tula-Virus (TULV)	Mittel-/Nordosteuropa	Feldmaus		
	Hantaan-Virus (HTNV)	Asien	Brandmaus		Hämorrhagisches Fieber mit Renalem Syndrom (HFRS)
	Seoul-Virus (SEOV)	Asien	Ratten		
	Sin-Nombre-Virus (SNV)	USA, Südamerika	Hirschmaus		Hantavirus-bedingtes pulmonales Syndrom (HPS)
	Andes-Virus (ANDV)	Südamerika	Nager		
	Prospect-Hill-Virus (PHV)	USA	Wühlmaus		asymptomatisch
Phlebovirus	Sandfliegen-Fieber-Virus (SFFV)	Italien (Toskana, Neapel, Sizilien), Spanien, Zypern, Balkan, Mittlerer und Naher Osten	Nager, Schaf, Ziege	Sandfliege (Phlebotomus papatasi, perniciosus u. a.)	hohes Fieber (Pappataci-Fieber) Meningitis, Meningoenzephalitis
	Rift-Valley-Fieber-Virus (RVFV)	Afrika	Schaf und andere Wiederkäuer	Stechmücken (Aedes, Culex)	Hämorrhagisches Fieber

Sie führen zu Endothelzellschädigungen, die oft mit intravasaler Koagulation und Gerinnungsstörungen einhergehen. Betroffen sind in erster Linie entweder die **Nieren** (interstitielle Nephritis) oder die **Lunge** (interstitielle Pneumonie). In Europa kommen mindestens drei Virustypen endemisch vor. Von Bedeutung sind insbesondere die Puumala-Viren sowie die Dobrava-Viren. Sie erzeugen die sog. Nephropathia epidemica.

Tabelle **9.11** (Fortsetzung)

Gattung	Virus	Vorkommen	natürlicher Wirt	Übertragung	Krankheit
Nairovirus	Krim-Kongo-Fieber-Virus (CCHFV)	Osteuropa, Asien, Afrika	Wildhase, Schaf, Ziege	Schildzecken (Gattung Hyalomma)	Hämorrhagisches Fieber
Orthobunyavirus	Tahyna-Virus (TAHV)	Mitteleuropa	Igel, Kaninchen	Stechmücken (Aedes, Culiseta)	febrile, grippale Erkrankung
	Inkoo-Virus (INKV)	Finnland	Elch, Rentier		
	La-Crosse-Virus (LACV)	USA	Eichhörnchen, Backenhörnchen (chipmunk)	Steckmücken (Aedes triseriatus)	Akute Enzephalitis im Kindesalter
	Oropouche-Virus	Brasilien	Faultier, Affen	Stechmücken (Cuticoides)	Fieber mit Kopf-, Gelenk- und Muskelschmerzen

Nephropathia epidemica. Es handelt sich um eine milde Form des hämorrhagischen Fiebers mit renalem Syndrom (s.u.). Die Erkrankung beginnt meist plötzlich mit hohem Fieber und grippeähnlichen Symptomen, die über einige Tage anhalten. Anschließend stellen sich Schmerzen im Lendenbereich (Lumbalgien) ein und gelegentlich auch abdominale Schmerzen mit Nausea und Erbrechen. Es kann zu Nierenfunktionsstörungen bis hin zum aktuen Nierenversagen kommen (Anstieg des Serumkreatinins, Proteinurie und Mikrohämaturie). Häufig verlaufen die Infektionen jedoch mild oder auch asymptomatisch.

Hämorrhagisches Fieber mit renalem Syndrom (HFRS). Infektionen mit den Hantaan- oder Seoul-Viren sind durch schwere Verläufe gekennzeichnet. Die Erkrankung beginnt wie bei der Nephropathia epidemica, verläuft jedoch schwer mit akutem Nierenversagen und hämorrhagischen Symptomen, die sich in Petechien und Hämaturie äußern. Es kann zu tödlich verlaufenden Schockzuständen kommen.

Hantavirus-bedingtes pulmonales Syndrom (HPS). Einige Hantavirusarten, wie das Sin-Nombre-Virus, das in den USA und Südamerika beheimatet ist, erzeugen eine interstitielle Pneumonie und ein schweres Atemnotsyndrom.

Diagnostik. Sie ist im konkreten Verdachtsfall angezeigt (Risikogruppen mit entsprechender Symptomatik in Endemiegebieten, z.B. Landwirte oder Kanalarbeiter) und stützt sich auf serologische Verfahren (Speziallabors).

Prophylaxe und Therapie. Expositionsprophylaxe; eine spezifische Therapie ist nicht verfügbar.

9.24.2 Sandfliegen-Fieber-Virus

Klinik. Es gibt drei eng verwandte Serotypen (Toskana, Sizilien und Neapel), die durch Sandfliegen übertragen werden. Die meisten Infektionen verlaufen subklinisch. Klinische Fälle sind durch plötzlich einsetzendes hohes Fieber mit starken Kopfschmerzen gekennzeichnet. In schweren Fällen kommt es zu einer Meningitis oder Meningoenzephalitis, die sich im allgemeinen spontan und ohne Folgeschäden zurückbildet.

Diagnostik. Sie ist Speziallabors vorbehalten. Antikörpernachweise sowie der Genomnachweis mittels RT-PCR und die Virusisolierung sind möglich.

Prophylaxe und Therapie. Expositionsprophylaxe durch Repellentien. Es gibt keine spezifische Therapie.

9.24.3 Rift-Valley-Fieber-Virus (RVFV)

Klinik und Pathogenese. RVFV kommt **endemisch in Afrika** vor. Periodisch führt es zu epizootischen Infektionen bei Nutztieren wie Rindern und Schafen. Diese bilden die Quelle für lokale Epidemien. Die Übertragung auf den Menschen geschieht durch Aerosole beim Schlachten infizierter Tiere oder durch Insektenstiche bei hoher Vektorvermehrung während Regenperioden. Das Virus vermehrt sich in Monozyten und Makrophagen und befällt die Leber und das ZNS. Bei trächtigen Tieren kommt es zur lytischen Schädigung des Fetus und Spontanabort. Massenhafte Aborte gelten als erstes Zeichen einer beginnenden Epizootie. Die Erkrankung beginnt beim Menschen schlagartig mit hohem Fieber, Kopf- und Gliederschmerzen, die 2–4 Tage anhalten. In ca. 1% der Fälle entwickelt sich ein hämorrhagisches Fieber (50% Letalität) oder eine Enzaphalitis (10% Letalität). Eine Begleit-Retinitis kann zur Erblindung führen.

Diagnostik. Der Nachweis des viralen Genoms aus dem Blut oder Serum mittels RT-PCR sowie IgM- und IgG-Antikörpernachweis im Immumfluoreszenztest sind Speziallabors vorenthalten.

Prophylaxe und Therapie. Die Bekämpfung erfolgt durch aktive Impfung der Nutztiere mit einem Totimpfstoff (Formalin-inaktiviertes RVFV) sowie durch Trockenlegung von Brutstätten der Insekten und Einsatz von Insektiziden. Ein attenuierter Lebendimpfstoff wird zurzeit entwickelt. Es gibt keine spezifische Therapie.

9.24.4 Krim-Kongo- (hämorrhagisches) Fieber-Virus (CCHFV)

Klinik und Pathogenese. Das CCHFV kommt in Osteuropa, Asien und Afrika vor und wird durch Zecken von infizierten Wildtieren (Hasen und hasenartige Nager) oder Nutztieren (Schafe, Ziege, Rind) auf den Menschen überragen. Die direkte Übertragung im Schlachthof oder als nosokomiale Infektion sind möglich. Die Krankheit beginnt mit akut hohem Fieber, Kopf- und Gliederschmerzen und Petechien an Haut- und Schleimhäuten, die in schwere Hämorrhagien, Hepatitis oder Enzephalitis übergehen können (10–50% Letalität).

Diagnostik. Sie ist Speziallabors vorbehalten und beruht auf dem direkten Virusnachweis sowie dem Nachweis spezifischer IgM-Antikörper.

Prophylaxe und Therapie. Expositionsprophylaxe durch Schutz vor Zeckenstich und Isolierungsmaßnahmen im Krankenhaus. Es gibt keine spezifische Therapie.

9.24.5 La-Crosse-Virus (LACV)

Das LACV kommt in USA vor und ist dort die Hauptursache für akute virale Enzephalitiden bei Kindern. Die Enzephalitis ist begleitet mit hohem Fieber und Krampfanfällen, bleibende Schäden sind möglich.

9.24.6 Oropouche-Virus

Das Virus kommt in Brasilien vor und führt während der Regenzeit zu großen Epidemien. Die Krankheit äußert sich durch Fieber und Kopf-, Gelenk- und Muskelschmerzen und hat eine gute Prognose.

9.25 Lassavirus und andere Arenaviren

Die Arenaviren sind überwiegend auf dem amerikanischen und afrikanischen Kontinent verbreitet. Das Reservoir sind chronisch-persistent infizierte Nagetiere. Kontakt zu virushaltigen Ausscheidungen oder Blut führt zu Infektionen bei Menschen, die asymptomatisch oder als schweres hämorrhagisches Fieber sowie gelegentlich Meningitis/Meningoenzephalitis verlaufen können.

Allgemeine biologische Eigenschaften der Arenaviren. Arenaviren haben ein **Negativ-Strang-RNA**-Genom, das aus einem langen (L) und einem kurzen (S) (für engl. „short“) Segment besteht. Die RNA bildet mit dem Nukleoprotein (NP) und der Polymerase (L) zwei helikale Nukleokapside, die von einer Hülle umgeben sind, welche die viralen Glykoproteine G1 und G2 trägt. Die Virionen enthalten als Besonderheit eine Anzahl von Ribosomen-Untereinheiten aus der Wirtszelle, deren Funktion unbekannt ist. Diese ribosomalen Bestandteile imponieren im elektronenoptischen Bild als Sandkörner und haben den Viren den Namen gegeben (lat. *arenosus* = sandig). Die menschenpathogenen Vertreter der Arenaviren sind in Tab. **9.12**) aufgeführt.

Klinik und Pathogenese. Arenaviren werden aerogen durch kontaminierten Staub oder Aerosole übertragen und verursachen eine generalisierte Infektion. Sie vermehren sich initial in Zellen des retikuloendothelialen Systems und erreichen danach ihre Zielorgane, in denen es zu den für jedes Virus typischen Organmanifestationen kommt.

Tabelle **9.12** Menschenpathogene Arenaviren

Art	Vorkommen	natürlicher Wirt	Erkrankung
Virus der Lymphozytären Choriomeningitis (LCMV)	Asien, Amerika, Europa	Hausmaus (Mus musculus)	Meningitis, Meningoenzephalitis
Lassavirus (LASV)	Westafrika	Afrikanische Buschratte (Mastomys natalensis)	Hämorrhagisches Fieber (Lassa-Fieber)
Juninvirus (JUNV)	Argentinien	Buschmaus (Calomys musculinus)	Argentinisches hämorrhagisches Fieber
Machupovirus (MACV)	Bolivien	Buschmaus (Calomys callosus)	Bolivianisches hämorrhagisches Fieber
Sabiaviarus (SABV)	Brasilien	Nager	Brasilianisches hämorrhagisches Fieber
Guanaritovirus (GTOV)	Venezuela	Nager	Venezuelanisches hämorrhagisches Fieber

9.25.1 Virus der lymphozytären Choriomeningitis (LCMV)

Infektionen sind bei engem Kontakt zu Labor- oder Hausmäusen möglich, ebenso zu Hamstern, die durch Mäuse infiziert wurden. Die Infektion äußert sich meist milde als grippaler Infekt. Nach Infektion in der Schwangerschaft wurden fatale Folgen für das Kind beschrieben. Das Krankheitsbild der lymphozytären Choriomenigitis ist selten; es ist durch massive Infiltrate von mononukleären Zellen im Plexus chorioideius, in den Meningen und im Bereich des Gefäßendothels charakterisiert. Die lymphozytären Infiltrate sind Zeichen der Immunpathogenese, die bei diesem nicht-lytischen Virus das Krankheitsgeschehen diktiert. Viele Erkenntnisse über die Immunabwehr und die Immunpathologie wurden beim Studium der LCMV-Infektion im Tiermodell gewonnen; so wurde z. B. die Bedeutung der MHC-Moleküle für die Erkennung infizierter Zellen durch zytotoxische T-Lymphozyten an diesem Modell entdeckt (Nobelpreis 1996 an Rolf Zinkernagel und Peter Doherty).

9.25.2 Lassavirus (LASV)

Klinik und Pathogenese. LASV ist hauptsächlich in Westafrika endemisch, kommt aber auch in anderen Teilen Afrikas vor. In Europa können importierte Krankheitsfälle ein Problem darstellen. LASV wird hauptsächlich im Urin chronisch infizierter Nagetiere ausgeschieden und durch kontaminierte Nahrungsmittel oder aerogen als Aerosol aufgenommen. Nach einer Inkubationszeit von 1–2 Wochen entwickelt sich die Erkrankung schleichend mit uncharakteristischen Symptomen wie Fieber, Kopf-, Hals-, Muskel- und Gelenkschmerzen. In ca. 20 % der Fälle entsteht das Krankheitsbild eines hämorrhagischen Fiebers, das nur in einem Teil der Fälle einen schweren Verlauf nimmt. Dieser äußert sich initial mit Gesichtsödem, Konjunktivitis, Pharyngitis, Proteinurie und retrosternalen Schmerzen. Die massive Virämie ist von hohem Fieber begleitet; es kommt zu Hämorrhagien der Schleimhäute und inneren Organe, die zum Multiorganversagen führen.

Diagnostik. Die Lassavirusdiagnostik ist Speziallaboratorien vorbehalten. Das Probenmaterial muss unter den nötigen Sicherheitsvorkehrungen entnommen, transportiert und analysiert werden. Das virale RNA-Genom wird mittels RT-PCR im Blut (hohe Virämie), Urin und Liquor nachgewiesen. IgM- und IgG-Antikörper lassen sich mittels Immunfluoreszenz oder ELISA ab der zweiten Krankheitswoche nachweisen.

Prophylaxe. Expositionsprophylaktische Maßnahmen umfassen die Vermeidung der Kontamination von Nahrungsmitteln, die Isolierung allfälliger Erkrankter (Unterdruckzelte, Schutzkleidung und Gesichtsschutz für das Pflegepersonal) sowie die Desinfektion sämtlicher Ausscheidungen. Entsprechende Alarmpläne sind vorhanden (www.rki.de).

Therapie. Es gibt keine spezifische Therapie. Ribavirin scheint die Virusvermehrung zu reduzieren.

9.25.3 Weitere Viren des hämorrhagischen Fiebers

Dazu gehören das Junin-, Machupo-, Sabia- und Guanarito-Virus (Tab. **9.12**), die hämorrhagische Fieber mit Gerinnungsstörungen, Haut- und Organblutungern verursachen können. Es gelten sinngemäß dieselben Überlegungen und Maßnahmen wie bei Lasssaviren.

9.26 Rotaviren und andere humanpathogene Reoviren

Rotaviren sind die häufigste Ursache von **akuten Durchfallserkrankungen** (Gastroenteritiden) bei Kindern. Sie können als nosokomiale Infektionen auf Säuglingsstationen epidemisch auftreten. Wegen Dehydrierung (Exsikkose) tragen Rotavirus-Infektionen zur erhöhten Kindersterblichkeit in Ländern mit schlechten sozio-ökonomischen Verhältnissen bei. Rotaviren gehören zur Familie der Reoviren, deren Mitglieder auch Tiere und Pflanzen infizieren.

Allgemeine biologische Eigenschaften der Reoviren. Rotaviren besitzen wie alle Reoviren keine Hülle und sind entsprechend umweltresistent. Sie haben einige Besonderheiten. Das Virusgenom besteht aus **11 doppelsträngigen RNA-Segmenten** unterschiedlicher Länge (0,66–3,3 kb). Die Segmentierung des Genoms erlaubt eine Reassortierung bei Doppelinfektion, ähnlich der bei Influenza- oder Bunyaviren. Die Genomsegmente sind zusammen mit viralen Proteinen als Virus-Core in einem ikosaedrischen Doppelkapsid verpackt, das aus einem inneren und einem äußeren Kapsid besteht. Die Virusvermehrung findet im Zytoplasma der Wirtszellen statt. Rotaviren werden in 6 Gruppen (A bis F) eingeteilt, von denen die Gruppen A bis C insgesamt 11 humanpathogene Serotypen bzw. Subtypen enthalten. Im elektronenoptischen Bild haben Rotaviren ein radförmiges Aussehen, was die Namensgebung erklärt (Abb. **9.26**).

9.26.1 Rotavirus

Klinik und Pathogenese. Rotaviren werden fäkal-oral übertragen. Sie vermehren sich in den apikalen Entzerozyten der Dünndarmzotten. Nach 2–3 Tagen äußert sich die funktionelle Schädigung des Dünndarmepithels durch **wässrige Durchfälle** infolge Resorptionsstörungen, **Erbrechen** und **Fieber**. Diese Symptomatik

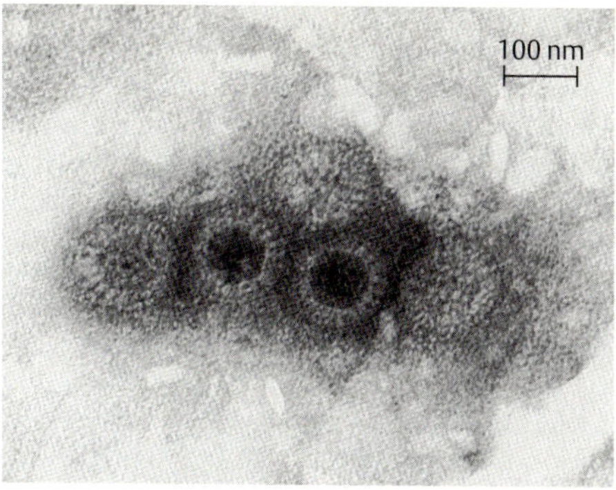

Abb. **9.26** **Rotaviren.** TEM-Aufnahme von Rotaviren aus dem Stuhl eines durchfallkranken Säuglings. Alle Viren der Reofamilie haben ein doppeltes Kapsid von ikosaedrischer Form. Das äußere Kapsid hat einen Durchmesser von ca. 70 nm, das innere einen von ca. 40 nm. Es enthält das segmentierte RNA-Genom, das – je nach Virusart – aus 10–12 doppelsträngigen Untereinheiten besteht.

wird vermutlich durch ein virales Protein (NSP4) verstärkt, das die Eigenschaften eines Enterotoxins aufweist. Schwere Krankheitsverläufe werden vor allem bei Kindern im Alter zwischen 6 Monaten und 2 Jahren beobachtet. Die Erkrankung dauert i.d.R. 6–8 Tage. In dieser Zeit wird massiv Virus im Stuhl ausgeschieden. Im höheren Kindesalter oder im Erwachsenenalter kommt es zu milden oder asymptomatischen Verläufen. Reinfektionen kommen vor.

Komplikationen. Bei mangelhafter Flüssigkeitszufuhr kann es zur Exsikkose und Tod kommen.

Diagnostik. Die Schnelldiagnostik zur Abgrenzung gegenüber bakteriell bedingten Diarrhoen beruht auf dem Virus-Antigennachweis im Stuhl (enzymimmunologischer Gruppenantigen-Nachweis, standardisiert für Gruppe-A-Rotaviren). Der direkte Erregernachweis wird durch die hohe Viruskonzentration im Stuhl erleichtert. Auch der Nachweis der Viruspartikel im Elektronenmikroskop ist möglich. Epidemiologische Zusammenhänge können mittels RT-PCR und Sequenzierung oder durch Vergleich der Bandenmuster nach elektrophoretischer Auftrennung der RNA-Genomsegmente aufgedeckt werden. Die Virusisolierung in Zellkultur ist nicht möglich. Die Serologie ist für epidemiologische Fragestellungen von Bedeutung, für die akute Diagnostik jedoch selten hilfreich.

Prophylaxe. Strikte Hygienemaßnahmen als Expositionsprophylaxe sind in Kinderkliniken, Alten- und Pflegheimen sowie in klinischen Abteilungen mit immunsupprimierten Patienten zu beachten. Orale Lebendimpfstoffe sind in Deutschland für die aktive Immunisierung von Säuglingen bis zur 24. bzw. 26. Lebenswoche zugelassen.

Therapie. Es gibt keine spezifische antivirale Therapie. Die orale Gabe von Immunglobulinen oder antikörperhaltiger Muttermilch kann die Erkrankungsdauer bei Säuglingen/Kleinkindern oder immundefizienten Kindern verkürzen.

9.26.2 Reoviren des Menschen

Es wurden bisher 3 Serotypen bestimmt. Sie wurden aus gesunden Individuen isoliert oder aus Patienten mit gastrointestinalen wie auch respiratorischen Infekten. Der Zusammenhang zwischen Virusnachweis und Erkrankung ist unklar. Reovirus steht für „respiratory enteric orphan virus" und besagt, dass eine eindeutige Zuordnung der Viren zu einem bestimmten Krankheitsbild nicht möglich ist (orphan engl. für Waise).

9.26.3 Colorado-Zeckenfieber-Virus

Das Virus gehört zur Gattung Coltivirus innerhalb der Reovirus-Familie und wird durch Zecken übertragen. Es kommt vor allem in den Rocky Mountains des Bundesstaates Colorado/USA vor und verursacht remittierende Fieberschübe mit Muskel- und Gelenkschmerzen, ähnlich dem durch Rickettsien verursachten Rocky-Mountain-spotted Fieber.

9.27 Retroviren

Retroviren sind vor allem im Tierreich weit verbreitet. Die Familie der Retroviren besteht aus 7 Gattungen, nämlich den α-, β-, γ-, δ- und ε-Retroviren sowie den Lentiviren und Spumaviren. Beim Menschen kommen die **humanen T-Zell-Leukämieviren** Typ 1 und Typ 2 (HTLV-1, HTLV-2) vor, die zu den δ-Retroviren gehören, sowie die **humanen Immundefizienzviren** Typ 1 und Typ 2 (HIV-1, HIV-2), die zu den Lentiviren gehören. HIV-1 breitet sich seit ca. 1980 weltweit aus und stellt zurzeit die größte Seuchenbedrohung der Weltbevölkerung dar.

Allgemeine biologische Eigenschaften der Retroviren. Retroviren besitzen das Enzym **Reverse Transkriptase** (**RT**), die das **RNA-Genom** in der infizierten Zelle in eine doppelsträngige DNA umschreibt. Die virale DNA wird dann in das Genom der Wirtszelle eingebaut und bleibt als sog. Provirus in der Zelle erhalten. Das Provirus wird bei Zellteilung an die Tochterzellen weitergegeben. Die reverse Transkription der viralen RNA und die Integration des Provirus in das zelluläre Genom ist essentiell für eine erfolgreiche Infektion der Wirtszelle (s. Kapitel 8.4.2; der Virusvermehrungszyklus ist schematisch in Abb. **8.7** (S. 407) wiedergegeben). Die Störung dieser Prozesse durch Reverse-Transkriptase-Hemmstoffe (z. B. bei der HIV-Therapie) verhindert die Neuinfektion der Zellen.

Das im Wirtszellgenom integrierte Provirus dient als Template für Transkripte, die für die Produktion neuer infektiöser Viren sorgen, welche ihre Hülle von modifizierten intrazellulären Membranen oder der Plasmamembran ableiten. Die Bestandteile des viralen Kapsids und das Matrixprotein entstehen aus dem **Gag-Vorläuferprotein**, das durch die viruseigene Protease gespalten wird. Die Matrix-,

Kapsid- und Nukleoka[illegible]e enthalten gruppenspezifische Antigendeterminanten und werden des[illegible] **gruppenspezifische Antigene** oder Gag-Proteine bezeichnet. Zusätzlich wird ein längeres **Gag-Pol-Vorläuferprotein** gebildet, das die Polymerase-Untereinheiten (RT, Ribonuklease H und Integrase) sowie die virale Protease enthält. Die korrekte Spaltung der zwei Vorläuferproteine ist unerlässlich zur Entstehung infektiöser Virionen. Die Störung der Proteaseaktivität (z. B. bei der HIV-Therapie) führt zu unreifen und nichtinfektiösen Viruspartikeln. Das **virale Glykoprotein** wird durch zelluläre Proteasen der Furinfamilie in zwei Teile gespalten, nämlich einen externen Teil (SU für engl. „surface“) und einen Transmembranteil (TM).

Die **einfachen Retroviren** besitzen nur die Gene für die Gag-Proteine (*gag*), die Polymerase (*pol*) und das Glykoprotein der Hülle (*env*). Bei Tieren, insbesondere Vögeln, gibt es eine Vielzahl einfacher Retroviren, die virale Onkogene (vOnc) tragen und deshalb tumorigen sind. In den meisten Fällen haben solche Retroviren jedoch essentielle Genbereiche verloren (z. B. Teile des gag-Gens oder des Polymerase-Gens) und sind deshalb für ihre Vermehrung auf intakte Helferviren angewiesen (s. Kapitel 8.7.2, S. 421). Neben den einfachen Retroviren kommen sog. **komplexe Retroviren** vor, die zusätzlich zu den Genbereichen *gag*, *pol* und *env* noch weitere virale Gene tragen. Diese zusätzlichen Gene codieren für Proteine, die als Regulatoren in die virale und/oder zelluläre Genexpression eingreifen und der Virusvermehrung in vielfältiger Weise dienlich sind. Die menschenpathogenen Retroviren gehören in die Klasse der komplexen Retroviren (Abb. **9.27**).

Humane endogene Retroviren (HERV).

Das humane Genom enthält einen erstaunlich hohen Prozentsatz (ca. 8 %) an Gensequenzen retroviralen Ursprungs. Die meisten sog. endogenen Retroviren sind defekt und stellen evolutionäre Reste früherer retroviraler Infektionen dar, bei denen die chromosomale Integration des Provirus in Keimbahnzellen erfolgte. Einige der proviralen Sequenzen sind bei allen Primaten hochkonserviert und abstammungsgeschichtlich interessant. Molekulargenetisch wird die große Gruppe der HERVs in mindestens 26 Linien eingeteilt, die auf einzelne Infektionsereignisse zurückgehen. Viele der integrierten retroviralen Provirusbruchstücke besitzen noch aktive regulatorische Sequenzen (LTRs), die die Transkription benachbarter Wirtszellgene beeinfussen können. Eine Sonderstellung nehmen die Proviren der HERV-K-Familie ein. Sie besitzen funktionelle Gene für die Strukturproteine Gag, Pol, Env sowie für zwei Regulatorproteine (Rec, np9). Die Aktivierung gewisser HERV-K-Proviren wurde in Tumoren der Keimbahn (Teratokarzinome) und in Mammakarzinom-. Seminom- und Melanomzellen nachgewiesen, wobei HERV-K-Proteine und -Viruspartikel gebildet werden. Ein Teil der Patienten mit diesen Tumoren entwickelt spezifische anti-HERV-K-Antikörper. Endogene Retroviren kommen bei vielen Spezies vor. Medizinisch bedeutsam sind die endogenen Retroviren des Schweines (PERVs für engl. „porcine endogenous retroviruses“), da sie menschliche Zellen infizieren können und deshalb eine hypothetische Gefahr bei Xenotransplantationen darstellen.

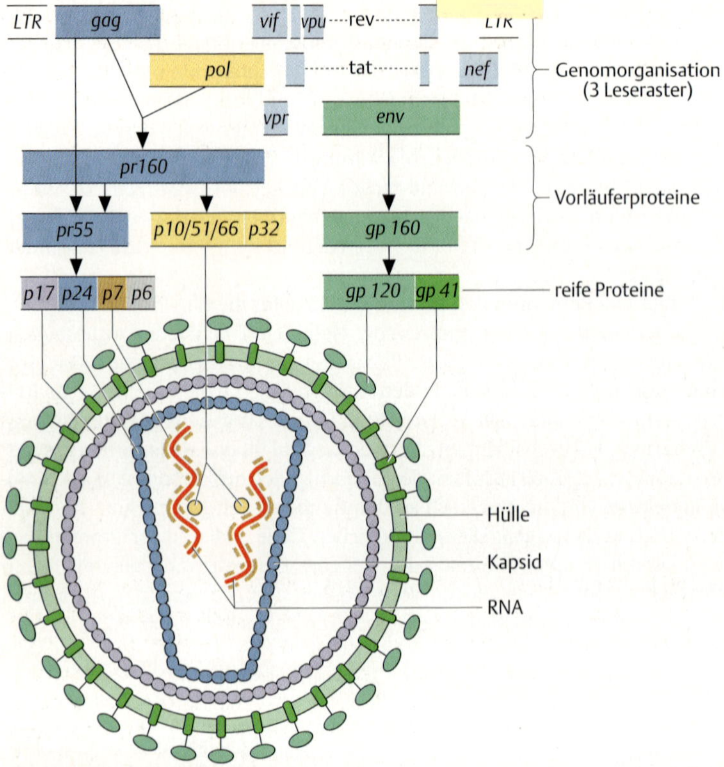

9

Abb. **9.27** **Schematische Darstellung eines Retrovirus (HIV-1).** Die Genomorganisation zeigt die teilweise überlappenden offenen Leseraster (ORFs) zwischen den beiden LTRs des Provirus. Es entstehen ungespleißte, einfach gespleißte und mehrfach gespleißte virale mRNAs. Das Gag-Vorläuferprotein pr55 wird durch die virale Protease in die reifen Proteine p17 (Matrixprotein, MA), p24 (Kapsidprotein, CA), p7 (Nukleokapsidprotein NC) und p6 gespalten. Das Gag/Pol-Vorläuferprotein pr160 entsteht als Fusionsprotein durch eine Verschiebung des ribosomalen Leserasters während der Translation (Leserastersprung). Es wird einerseits in die Gag-Proteine (s. o.) und andererseits in die Pol-Proteine p66/51 (Reverse Transkriptase/Ribonuklease H (RT), ein Heterodimer aus 2 Proteinen mit Molekulargewichten von 66 kD und 51 kD), p10 (Protease, PR) und p32 (Integrase, IN) gespalten. Das Vorläuferprotein gp160 wird durch zelluläre Proteasen der Furinfamilie in den externen Teil gp120 und den Transmembranteil gp41 des Oberflächenglykoproteins gespalten. HIV-1 besitzt ein Positiv-Strang-RNA-Genom (9 kb) in doppelter Ausführung. *tat, rev, nef, vif, vpu* und *vpr* sind Gene für akzessorische Regulator-Proteine (Tab. **9.13**, S. 544). Zwei identische Genomstränge sind im Virion (Durchmesser ca.140 nm) verpackt. Die RNA ist mit dem Nukleokapsidprotein (p7) sowie dem viralen Polymerasekomplex assoziiert und liegt innerhalb des vom Kapsidprotein (p24) geformten konischen Kapsids. Das Kapsid ist von einer Hülle umgeben, die innen durch das Matrixprotein (p17) ausgekleidet ist und das virale Glykoprotein mit seinen beiden Untereinheiten gp120 (externer Anteil) und dem gp41 (Transmembranteil) trägt. Im Virion sind als Bestandteile der Wirtszelle unter anderem einige Moleküle einer Transfer-RNA (tRNA) enthalten, die der RT als Primer dienen (nicht dargestellt).

9.27.1 Humanes T-Zell-Leukämievirus, Typ 1 und 2 (HTLV-1/-2)

HTLV-1 und -2 sind mit den δ-Retroviren der Tiere verwandt und vermehren sich in CD4-positiven T-Helfer-Zellen (CD4-T-Zellen). Die Viren bleiben streng zellassoziiert; es werden nur geringe Mengen an infektiösen Viruspartikeln freigesetzt. HTLV-1 codiert für zwei akzessorische Proteine, nämlich Tax und Rex. Tax ist ein virales Transaktivatorprotein, das die Transkription des Provirus fördert. Zusätzlich erhöht Tax die Expression von Interleukin 2 und Interleukin-2-Rezeptoren sowie weiteren Wachstumsfaktoren, die eine starke T-Zell-Proliferation bewirken. HTLV-1/-2 besitzen keine viralen Onkogene.

Klinik und Pathogenese. HTLV-1 ist in Südjapan, der Karibik und Teilen Zentralafrikas endemisch. Die Übertragung erfolgt zellgebunden über das Blut, die Muttermilch, bei Sexualkontakten und intrauterin. Es kommt zu einer chronisch-persistierenden Infektion der T-Lymphozyten und einer polyklonalen T-Zell-Proliferation. Nach Jahren der autokrinen T-Zell-Proliferation entsteht im Erwachsenenalter bei ca. 2–4% der Infizierten die **Erwachsenen** (engl. „adult")**-T-Zell-Leukämie** (**ATL**). Sie besteht aus monoklonal veränderten $CD4^+/CD25^+$ T-Zellen, die das HTLV-1-Progenom ganz oder als Bruchstück tragen. Klinisch ist eine Infiltration leukämischer Zellen in die Haut und die inneren Organe (Hepatosplenomegalie) auffällig. Eine seltene Manifestation der HTLV-1-Infektion ist die Tropische Spastische Paraparese (TSP), auch HTLV-1-assoziierte Myelopathie (HAM) genannt. Klinisch stehen Lähmungen der unteren Extremitäten sowie Harn- und Stuhlinkontinenz im Vordergrund. Ursache ist die Schädigung des Rückenmarks durch die Infiltration autoreaktiver T-Zellen. HTLV-2 kommt bei Ureinwohnern in Panama vor und scheint apathogen zu sein.

Diagnostik. Direkter Nachweis der proviralen DNA mittels PCR in Zellen aus Blut oder Biopsiematerial. Nachweis spezifischer Antikörper mittels ELISA und Immunoblot.

Prophylaxe und Therapie. Expositionsprophylaxe. Es gibt keine antiretrovirale Therapie gegen HTLV.

9.27.2 Humanes Immundefizienz-Virus (HIV-1-2)

HIV Typ 1 und Typ 2 (HIV-1, HIV-2) sind die Erreger des erworbenen Immunmangelsyndroms (AIDS für engl. „Acquired Immune Deficiency Syndrome"). HIV-1 wurde 1983 bei homosexuellen Männern mit der damals neuen Erkrankung AIDS entdeckt und hat seither eine Pandemie bei homo- wie heterosexuell aktiven Personen ausgelöst.

Die AIDS-Pandemie.

Schätzungen der UNAIDS aus dem Jahr 2007 gehen davon aus, dass ca. 33 Mio. Personen mit HIV infiziert sind, wobei vor allem der afrikanische Kontinent und Asien, zunehmend auch Indien, betroffen sind. Schätzungen sprechen von 7000 Neuinfektionen pro Tag, d. h. ca. 2,5 Mio./Jahr. In Deutschland ist die Zahl der Neuinfektionen pro Jahr mit ca. 3000 Fällen über die letzten Jahre leicht angestiegen. Es gibt ca. 60000 Infizierte.

Subtypen von HIV. HIV-1 wird in die Subgruppen M (für engl. „major"), O (für engl. „outlier") und N (für engl. „new variant") unterteilt. Die Hauptgruppe M beinhaltet neun Subtypen (A–D, F–H, J und K), die geographisch unterschiedliche Verteilungsmuster aufweisen. Zudem werden rekombinante Viren gefunden, die genetische Anteile von verschiedenen Subtypen enthalten. In Westeuropa und in den USA ist der Subtyp B am weitesten verbreitet. Innerhalb der einzelnen Subtypen besteht eine hohe genetische Variabilität. Aufgrund der Quasispezies-Natur des Virus (s. Kapitel 8.5.1) entstehen im infizierten Individuum im Laufe der Zeit viele unterschiedliche Virusvarianten. HIV-2 kommt vor allem in Westafrika vor, wird aber vereinzelt auch in anderen Ländern nachgewiesen. HIV-2 lässt sich in 7 Subtypen (A–G) einteilen. HIV-1 und HIV-2 sind miteinander verwandt und stammen ursprünglich von Immundefizienzviren unterschiedlicher Affenspezies ab.

Herkunft des HIV.

Sequenzvergleiche zeigen klar die Verwandtschaft zwischen Immundefizienzviren der Affen und des Menschen. Die phylogenetischen Gruppen M, O und N des HIV-1 entsprechen drei unabhängigen Transspezies-Übertragungen eines Affen-Immundefizienzvirus (SIV engl. für „Simian immunodeficiency virus"), das bei einer Subspezies der Schimpansen vorkommt, nämlich bei Pan troglodytes troglodytes. Die ersten bekannten HIV-Infektionen beim Menschen reichen in das Jahr 1959 zurück, so dass die zoonotischen Übertragungen schon um diese Zeit oder früher stattgefunden haben müssen. HIV-2 ist eng verwandt mit einem SIV aus einer anderen Affenart, nämlich den Sooty mangabeys, die in Westafrika vorkommen. Auch hier fanden wohl Mehrfachübertragungen statt, die die verschiedenen Subtypen erklären. Die Verwandtschaft des HIV-2 zu diesen Affenviren ist größer als zu HIV-1. Während die SIVs in ihren Ursprungsspezies weitgehend apathogen sind, führt die Infektion des Menschen und mancher Affenspezies zu AIDS.

Übertragung. Beide Viren werden durch kontaminiertes Blut sowie durch das Sperma oder die Vaginalflüssigkeit bei Sexualkontakten übertragen. Das Virus wird selten pränatal, häufiger perinatal oder postnatal (mit der Muttermilch) von der infizierten Frau auf das Neugeborene übertragen. HIV-1 ist eines der erfolgreichsten und für den Menschen verheerendsten humanpathogenen Viren der jüngeren Zeit.

Was macht HIV-1 so erfolgreich?

Es sind vermutlich vier Eigenschaften, die HIV-1 erfolgreich machen. Dazu gehört erstens, dass das Retrovirus (als Provirus im Wirtsgenom integriert) zu einer chronisch-persistierenden Infektion des CD4-T-Zellpools führt sowie in latenter Form in ruhenden Zellen (z. B. Makrophagen und T-Gedächtniszellen) in sämtlichen Geweben vorkommt. Der zweite Faktor ist die genetische Variabilität des Virus (Quasispezies-Natur), die es ihm erlaubt, der Immunabwehr zu entkommen und rasch Resistenzen gegen antivirale Substanzen zu bilden. Der dritte Grund ist der spezielle Übertragungsweg, der eng an die sexuelle Aktivität der Bevölkerung gebunden ist. Als vierte Komponente kommt die lange Inkubationszeit mit langsamer Progredienz dazu, während welcher der gesunde Ausscheider den Erreger unbemerkt auf neue Empfänger übertragen kann.

Allgemeine biologische Eigenschaften des HIV. HIV-1 und HIV-2 gehören zur Gattung der Lentiviren innerhalb der Familie der Retroviren. Das Genom und der Aufbau, insbesondere des HIV-1-Partikels, sind weitgehend bekannt (Abb. **9.27** und Tab. **9.13**). Lentiviren sind in der Regel makrophagotrop und infizieren Makrophagen als primäre Zielzellen. Die infizierten Makrophagen stellen ein langlebiges Virusreservoir dar. HIV-1 kommt in 2 biologischen Varianten vor, die entweder den Chemokinrezeptor CCR5 (R5-trope Viren) oder den Chemokinrezeptor CXCR4 (X4-trope Viren) zum Zelleintritt nutzen. Letztere Viren können hauptsächlich T-Zellen infizieren, wohingegen die R5-tropen Viren auch effizient in Makrophagen eindringen können.

HIV-1 bindet mit dem **gp120**-Anteil des Glykoproteins der Virushülle an **zelluläre Rezeptoren** auf der Oberfläche der Zielzellen. Der Hauptrezeptor ist das CD4-Molekül, das auf Makrophagen, T-Helferzellen und weiteren lymphohämatopoetischen Zellen vorkommt. Als Korezeptoren dienen die genannten Chemokinrezeptoren. Die Bindung an den Haupt- und jeweiligen Korezeptor führt zu einer Umlagerung des viralen Hüll-Glykoproteins dergestalt, dass eine fusionsaktive Domäne (Fusionspeptid) des **gp41** freigesetzt wird, welche die Verschmelzung der Virushülle mit der Plasmamembran der Zelle veranlasst.

Im Zytoplasma wird die Reverse Transkriptase aktiv und beginnt mit der Synthese des viralen Doppelstrang-DNA-Genoms. Der entstehende Prä-Integrationskomplex wird in den Zellkern importiert und die **virale Integrase** vermittelt die Integration der viralen DNA in das Wirtszellchromosom. Die Aktivität des Provirus

Tabelle **9.13** Die Genprodukte des HIV-1

Gen	Vorläufer-protein	reifes Protein	Funktion
1. Strukturproteine und Enzyme			
gag	pr55	p17	Matrixprotein (MA)
		p24	Kapsidprotein (CA)
		p7	Nukleokapsidprotein (NC)
		p6	p6
gag-pol	pr160		Gag-Pol-Vorläuferprotein
pol		p10	Protease (PR)
		p66/p51	Reverse Transkriptase/Ribonuklease H (RT)
		p32	Integrase (IN)
env	gp160	gp120	exerner Teil (CD4- und Korezeptor-Bindung) des viralen Glykoproteins
		gp41	Transmembranteil (Fusion) des viralen Glykoproteins
2. Regulator-Proteine			
tat		p14	Tat (bewirkt Transaktivierung der Transkription)
rev		p19/20	Rev (ermöglicht Transport ungespleißter viraler mRNA aus dem Zellkern)
nef		p28/27	Nef (vielfältige Funktionen, Pathogenitätsfaktor, reduziert die Expression von CD4 und MHC-I-Molekülen an der Zelloberfläche)
vif		p24	Vif (viraler Infektiositätsfaktor, erhöht die Infektiosität der Viren durch Abbau der zellulären Cytosindeaminase APOBEC3G)
vpu		p16	Vpu (fördert die Freisetzung von Nachkommenviren, indem es die Expression von CD4 und CD317 (Tetherin) an der Zelloberfläche reduziert)
vpr		p15	Vpr (blockiert den Zellzyklus in der G2-Phase, fördert den Import des Präintegrationskomplexes in den Zellkern)

wird durch zelluläre Transkriptionsfaktoren, die an Sequenzen der LTR binden, sowie durch den viralen Transaktivator **Tat** gesteuert. Die viralen Transkripte gelangen in das Zytoplasma, wobei der Export der ungespleißten und einfach gespleißten mRNA aus dem Zellkern durch das virale **Rev**-Protein gefördert wird. Der Zusammenbau aller Bestandteile erfolgt i. d. R. an der Plasmamembran, wobei diese in Makrophagen häufig tiefe Einstülpungen aufweist, so dass die freigesetzten Viren lange mit der Zelle assoziiert bleiben können. Infizierte T-Zellen werden durch die Virusproduktion rasch zerstört, wohingegen Makrophagen länger überleben und kontinuierlich Virus produzieren können.

Intrazelluläre Restriktionsfaktoren gegen HIV-1.

Menschliche T-Lymphozyten verfügen über eine Cytosindeaminase, die 2-Deoxycytidin in Deoxyuridin deaminiert. Das Enzym heißt APOBEC3G (für engl. „*A*polipoprotein *B* mRNA *E*diting *C*atalytic subunit *3G*“). APOBEC3G wird beim Viruszusammenbau in die Virionen verpackt. Bei einer nachfolgenden Infektion wird die Deaminase im Integrationskomplex aktiv und führt bei der Doppelstrang-DNA-Synthese zu Mutationen, die sich in Guanin(G)- zu Adenosin(A)-Substitutionen äußern und das Provirus inaktivieren können. Zusätzlich hemmt APOBEC3G die Aktivität der Reversen Transkriptase und Integrase. Damit dies nicht geschieht, verfügt HIV-1 über eine Gegenstrategie: Das akzessorische Protein Vif sorgt dafür, dass in infizierten Zellen APOBEC3G gezielt in den Proteasomen abgebaut wird. Folglich kann es nicht in die neu entstehenden Virionen eingebaut werden, und die Infektiosität der Viren bleibt ungeschmälert. Ein weiterer antiviraler Faktor ist CD317 (auch Tetherin genannt). Das Interferon-induzierbare Protein wird an der Zelloberfläche exprimiert. Neugebildete Viruspartikel bleiben durch CD317 an der Zelloberfläche haften und werden via Endozytose direkt wieder ins Zellinnere geschleust und abgebaut. Das virale Vpu-Protein verhindert die CD317-Expression und ermöglicht so die ungehinderte Virusfreisetzung.

Die graduelle Zerstörung der CD4-T-Zellen führt zu einer kontinuierlichen Abnahme der CD4-T-Zellzahlen und zu den Folgeerscheinungen der erworbenen Immundefizienz.

Wie zerstört HIV-1 die CD4-T-Zellen?

Für das Vollbild AIDS spielt der Verlust an CD4-T-Zellen eine zentrale Rolle. Schätzungen ergeben, dass ca. 10^7 bis 10^9 CD4-T-Zellen pro Tag zerstört werden und wieder ersetzt werden müssen. Die Schädigung der CD4-T-Zellen geschieht auf drei verschiedenen Wegen. Erstens führt die HIV-Infektion zu einer direkten Zerstörung der Zelle, die durch Membranschäden, toxische virale DNA/RNA-Hybride und proapoptotische HIV-1-Proteine bedingt ist. Zweitens kommt es zu indirekt schädigenden Effekten, indem infizierte T-Helferzellen durch spezifische zytotoxische T-Zellen oder durch eine Antikörper-abhängige Lyse via Komplement zerstört werden. Drittens beobachtet man sog. Kollateralschäden, die dadurch bedingt sind, dass z. B. lösliches gp120 an CD4-Moleküle nicht infizierter Zellen bindet und deren Funktion stört. Auch führt das virale Nef-Protein zur vermehrter Expression des Fas-Liganden, der bei Kontakt in anderen T-Zellen via Fas die Apoptose induziert.

Wegen der Quasispezies-Natur des HIV, dem Vorhandensein inaktiver Proviren in ruhenden T-Zellen und dem Vorliegen der Proviren im ZNS (Mikroglia, Astrozyten, Oligodendrozyten, Endothelzellen), im Knochenmark (Monozyten, Makrophagen, dendritische Zellen) sowie in Haut- und Schleimhäuten (Langerhans-Zellen, enterochromaffine Zellen und T-Gedächtniszellen) kann das Immunsystem die HIV-Infektion letztlich nicht kontrollieren. Die Folge sind opportunistische Infektionen und Tumore, wie das Kaposi-Sarkom (s. S. 420), die nach Jahren zum Tode führen.

Klinik und Pathogenese. HIV-1/-2 wird parenteral über Geschlechtsverkehr, über kontaminierte Nadeln und Spritzen (i.v. Drogenkonsum, Nadelstsichverletzungen), über Transfusion von Blut und Blutprodukten übertragen, ferner von der Mutter auf das Neugeborene. Das Virus kommt in freier Form oder zellgebunden im Blut (Virämie), im Sperma, Genitalsekret und der Muttermilch vor. Die Wahrscheinlichkeit der Übertragung hängt von vielen Faktoren ab; bei sexueller Übertragung z. B. von vorbestehenden Läsionen am Genitale und den bevorzugten Sexualpraktiken. Übertragbar sind fast ausschließlich R5-Stämme, die sich in den Makrophagen und dendritischen Zellen der betreffenden Schleimhäute vermehren. Auch bei der i.v.-Übertragung werden zuerst Makrophagen des lymphoretikulären Systems infiziert. Die infizierten Gewebsmakrophagen und dendritischen Zellen sind nicht nur für die Erstvermehrung des Virus im Körper verantwortlich, sondern bilden zusammen mit Astrozyten, Gliazellen, Knochenmarksmakrophagen und weiteren Makrophagen-ähnlichen Zellen in vielen Geweben das lebenslange Virusreservoir. Erst später bilden sich im weiteren Infektionsverlauf durch Mutationen und Adaptationen bei einem Teil der Patienten X4-Varianten, deren Auftreten mit rascher Krankheitsprogression korreliert.

Die **virämische Phase** der Erstinfektion ist meist **asymptomatisch** oder verläuft mit den Zeichen einer **Mononukleose** (Lymphadenopathie, Hautausschlag) oder eines grippalen Infektes. Danach schließt sich immer eine persistierende Infektion an, die durch eine andauernde Virusreplikation gekennzeichnet ist. Die Virusmenge („Viruslast") im Blut und die CD4-T-Zellzahl erlauben als prädikative Werte eine Voraussage über den weiteren Verlauf der Erkrankung (Abb. **9.28**). Entsprechend kommt es nach unterschiedlich langer Zeit zu den symptomatischen Erscheinungen des AIDS. Die **Inkubationszeit** bis zum Auftreten einer nicht immer vorhandenen Primärsymptomatik dauert ca. 2–8 Wochen, danach schließt sich die subklinische Phase an, die oft jahrelang andauern kann.

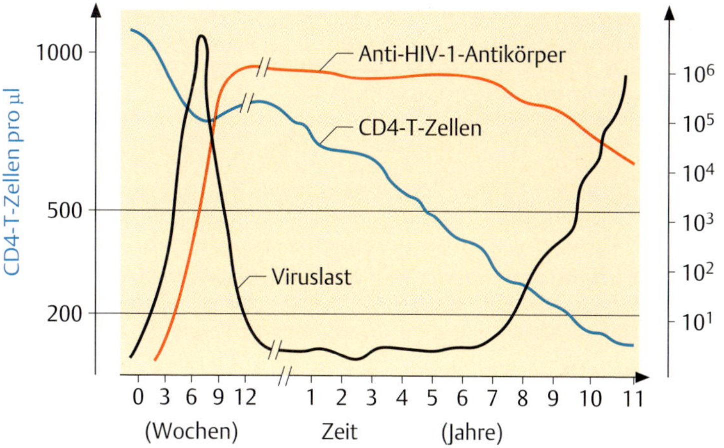

Abb. **9.28** **Viruslast und CD4-T-Zellzahl nach Infektion mit HIV-1.** Die Menge der HIV-1-Genomkopien pro ml Plasma (quantitative RT-PCR) ist ein Maß für die Viruslast im Blut. Sie steigt nach der Erstinfektion innerhalb weniger Wochen massiv an (bis über 10^6 Genomkopien pro ml), um später wieder abzufallen. Der initiale Abfall beruht auf der antiviralen Antwort durch zytotoxische T-Zellen des noch intakten Immunsystems. Das Ausmaß der initialen Viruslast-Reduktion ist entscheidend für den weiteren Infektionsverlauf. Liegt der Wert unter 1000 Genomkopien pro ml Plasma, schließt sich meist eine lange asymptomatische Phase mit persistierender Virusvermehrung auf niedrigem Niveau an. Bei höheren Werten verkürzt sich diese Phase erheblich. Die Zahl der CD4-T-Zellen nimmt mit der Zeit stetig ab. Wenn sie unter 500 Zellen pro µl Blut liegt, wird dies als Zeichen der beginnenden Immunschwäche gewertet. Das Therapie-Monitoring stützt sich auf das Ausmaß der Viruslast und zusätzlich auf die CD4-T-Zell-Zahlen. 50 000 Viruskopien pro ml Blut sind eine Indikation für den Therapiebeginn. Die kritische Grenze bezüglich der CD4-T-Zellzahlen liegt bei 200 Zellen pro µl Blut. Wird dieser Wert unterschritten, sollte die antiretrovirale Kombinationstherapie eingeleitet werden, unabhängig von der Viruslast. HIV-1-Antikörper werden ca. 3 Wochen nach Infektion nachweisbar und bleiben lebenslang bestehen. Sie vermögen das Virus wegen der Entstehung neuer Virusvarianten nicht dauerhaft zu neutralisieren und schützen nicht vor Superinfektion mit neuen HIV-1-Stämmen.

Angeborene Resistenz und Langzeitüberlebende („long term non progressors").

Der Chemokinrezeptor CCR5 dient als Korezeptor für die R5-Stämme des HIV-1. Ein Defekt im CCR5-Gen ist bei Kaukasiern (d. h. den Nachfahren der früheren Besiedler von Europa und Westasien) verbreitet und wird bei ca. 10 % der Europäer bzw. weißen Amerikaner in heterozygoter Form gefunden. Der Gendefekt besteht in einer Deletion von 32 Basenpaaren, die dazu führt, dass ein verstümmeltes Protein gebildet wird, das an der Zelloberfläche nicht exprimiert werden kann. Personen, die das defekte Allel [CCR5 (Delta 32)] in homozygoter Form tragen (ca. 1 % der Kaukasier), sind nicht oder nur schwer infizierbar. Bei Heterozygotie behindert das mutierte Genprodukt die Zelloberflächenexpression des normalen CCR5. Es kommt zwar zur HIV-1-Infektion, die aber einen verzögerten Verlauf nimmt (Langzeitüberlebende). Der Schutz vor Infektion bei CCR5-Defekten ist nicht absolut, da das HIV-1 die Tendenz hat, auf andere Chemokinrezeptoren auszuweichen. Weitere Gendefekte sind auch für andere Chemokinrezeptoren (z. B. CCR2) und Chemokine beschrieben worden, die einen Einfluss auf die HIV-1-Suszeptibilität haben können. Das Langzeitüberleben gibt es auch bei genetisch normalen Personen. In diesen Fällen liegt der Grund in einem genetischen Defekt des Virus. Am besten untersucht sind nef-Deletionsmutanten. Sie sind vermehrungsfähig, führen aber zu geringerer Virusproduktion und geringerer Viruslast. Entsprechend ist die Schädigung des Immunsystems wenig ausgeprägt.

Das **Folgestadium** ist durch eine generelle Anschwellung der Lymphknoten (Lymphadenopathiesyndrom) gekennzeichnet. Chronische Fieberzustände, Durchfälle, Nachtschweiß und Gewichtsverlust leiten das **Vollbild AIDS** ein. Es ist durch das Auftreten opportunistischer Infektionen und Tumoren charakterisiert und kann von einer Enzephalopathie begleitet sein, die zur Demenz führt. Ein Teil der infizierten Neugeborenen entwickelt ein AIDS-ähnliches Krankheitsbild bereits innerhalb der ersten Lebensjahre.

Diagnostik. Die Labordiagnostik stützt sich auf den HIV-Antikörpernachweis (mittels ELISA und Immunoblot-Verfahren), den HIV-Antigennachweis (mittels EIA für das Kapsidprotein p24) und den HIV-Genomnachweis (mittels RT-PCR). Die HIV-Isolierung in Zellkultur wird in der Routinediagnostik nicht durchgeführt. Folgende Fragestellungen können damit angegangen werden:

- **Infektionsstatus** (z.B. bei Blutspendern). Eingesetzt wird ein ELISA-HIV-1/2-Antikörper-Suchtest oder ein Kombinationstest, der simultan Antikörper gegen HIV-1 und -2 sowie das p24-Antigen nachweist. Ein positiver Befund wird im HIV-Immunoblot-Bestätigungstest überprüft. Im positiven Fall wird eine zweite, unabhängige Probe zum Ausschluss von Probenverwechslung nachgetestet. Bei Neugeborenen und Säuglingen sowie bei Patienten mit humoralen Immundefekten wird das Virus im Plasma mittels RT-PCR nachgewiesen. Bei Säuglingen kann auch der PCR-Nachweis der proviralen DNA in Lymphozyten zum Nachweis perinataler HIV-Übertragung hilfreich sein.
- **Ausschluss einer frischen Infektion bei kürzlicher Exposition.** Antikörper- und p24-Antigen-Such- und -Bestätigungsteste, wie erwähnt. Bei Negativität wird eine zweite Probe nach zwei Wochen untersucht. Weitere Verlaufskontrollen (6 Wochen sowie 3 und 6 Monate nach Exposition) sind angezeigt, eventuell auch ein HIV-Genomnachweis.
- **Monitoring der antiretroviralen Therapie** (Indikation und Kontrolle). Die Viruslast wird durch einen quantitativen Nachweis der HIV-RNA im Plasma mittels

RT-PCR oder anderer vergleichbarer Verfahren bestimmt. Zusätzlich wird die CD4-T-Zellzahl bestimmt. Die Viruslast muss periodisch überprüft werden. Bei einem signifikanten Anstieg unter Therapie wird eine Resistenztestung notwendig.

- **Resistenztestung.** Die genotypische Resistenzbestimmung sucht nach bekannten Mutationen in Genbereichen der Reversen Transkriptase und der Protease, welche bekanntermaßen den Phänotyp der Resistenz bewirken. Dazu werden RT-PCR-Produkte aus dem Patientenblut sequenziert und die erhaltenen Sequenzen mit bekannten Sequenzen verglichen. Der Nachteil dieses Verfahrens ist, dass naturgemäß nur bereits bekannte Resistenzmuster nachgewiesen werden können. Um neue Resistenzen zu finden, muss die phänotypische Resistenzbestimmung durchgeführt werden. Sie misst die effektive Empfindlichkeit der Viren auf antiretrovirale Substanzen in Zellkulturverfahren und ist aufwändig.

Prophylaxe. Die Prophylaxe bedient sich ausschließlich expositionsprophylaktischer Maßnahmen. Eine zuverlässige Impfung steht in Anbetracht der Natur des Virus in absehbarer Zeit nicht zur Verfügung.

Postexpositionelle Prophylaxe (HIV-PEP). Bei perkutanen Verletzungen mit kontaminierter Injektionsnadel, Skalpell etc. sowie nach übertragungsverdächtigen Gewaltverbrechen wird eine unverzügliche Chemoprophylaxe in der Dreifach-Standard-Kombination (s. u.) empfohlen. Die Prophylaxe sollte sicherheitshalber vier Wochen lang durchgeführt werden.

Therapie. Die Verfügbarkeit mehrerer antiretroviraler Substanzen erlaubt heute eine kausale Therapie der HIV-Infektion. Ziel ist, die Virusvermehrung in den produktiv infizierten Zellkompartimenten möglichst zu unterdrücken und die Entwicklung resistenter Virusmutanten zu verhindern. Die integrierten HIV proviralen Genome bleiben davon unberührt und stellen ein jederzeit reaktivierbares Virusreservoir in vielen Geweben des Körpers dar. Die Chemotherapie bewirkt also einen **Block für die Virusvermehrung**, ohne dass die Ursache der chronisch-persistenten Infektion (Provirus) eliminiert wird. Die Hemmsubstanzen müssen deshalb dauerhaft verabreicht werden. Die künstliche Drosselung der Virusvermehrung führt in den allermeisten Fällen zu einem Erhalt oder einer Wiederherstellung der allgemeinen Immunkompetenz, was die Voraussetzung zur Vermeidung der AIDS-definierenden Erkrankungen ist. Selbst bei bereits bestehenden opportunistischen Infektionen oder Tumoren ist die antiretrovirale Therapie oft eine Voraussetzung zum Erfolg aller weiteren Maßnahmen. Allerdings lässt sich die immunologische Kontrolle des HIV selbst durch Chemotherapie meist nicht verbessern, weil früh nach Infektion die HIV-spezifischen T-Helferzellen eliminiert werden. Die antiretrovirale Therapie ist ratsam bei bestehender AIDS-Symptomatik, bei CD4-Zell-Zahlen unter 200 pro µl Blut, aber auch bei höheren CD4-Werten

(200–500), besonders wenn die Viruslast 50000 Kopien pro ml Plasma überschreitet.

Um **Virusresistenz** zu vermeiden, wird heute das Prinzip der **hoch aktiven antiretroviralen Therapie** (**HAART**) angewandt. Es handelt sich dabei um eine Kombinationstherapie mit mehreren antiretroviralen Substanzen, die unterschiedliche Schritte des HIV-Vermehrungszyklus blockieren. Derzeit werden Dreifach-Kombinationen mit zwei verschiedenen nukleosidischen Reverse-Transkriptase (RT)-Inhibitoren (NRTI) und entweder einem nichtnukleosidischen RT-Inhibitor (NNRTI) oder einem Protease-Inhibitor (PI) eingesetzt (s. Tab. **8.6**, S. 442).

Um die Protease-Inhibitoren als Option zu erhalten, setzt man zu Beginn der Therapie häufig **PI-freie Dreifach-Kombinationen** ein. Die Reverse-Transkriptase-Inhibitoren verhindern einen frühen Schritt im Infektionszyklus, nämlich die Umwandlung des viralen RNA-Genoms in das provirale DNA-Genom. Die Protease-Inhibitoren verhindern einen späten Schritt, nämlich die korrekte Spaltung der neu gebildeten viralen Proteine während der Viruspartikelreifung und die Entstehung infektiöser Viren.

Alle drei Wirkstoffgruppen haben **unerwünschte Nebenwirkungen**, die sich vor allem in der Langzeittherapie bemerkbar machen. Die NRTI führen zum Lipodystrophie-Syndrom, das als Rückbildung der subkutanen Fettpolster im Gesicht und an den Extremitäten unangenehm auffällt. Hemmstoffe der Protease bewirken oft eine Umverteilung von Fettpolstern mit einer Fetthypertrophie im Bereich des Nackens, der als Büffelhöcker („buffalo hump") bezeichnet wird. Gefürchtet ist das kumulative Auftreten von Mehrfachresistenzen und deren Übertragung bei Neuinfektion.

Neuere Hemmstoffe, die bei Mehrfachresistenz eingesetzt werden können, sind zum einen Integrase-Inhibitoren (verhindern die Integration der viralen DNA als Provirus in das Genom der Wirtszelle), ferner Korezeptor-Antagonisten (verhindern das Andocken bestimmter HIV-1 mit dem entsprechenden Tropismus an die Zelle) und Fusions-Inhibitoren, die die Verschmelzung der Virushülle mit der Zytoplasmamembran beim Eindringen des HIV in die Wirtszelle blockieren. Die HIV-Therapie ist heute stark individualisiert, da zahlreiche individuelle Faktoren und klinisch relevante Wechselwirkungen mit anderen Medikamenten zu beachten sind. Als Therapiekontrolle ist die wiederholte Messung der Viruslast wichtig. (s.o).

9.28 Prionen

Das Prion ist der Erreger einer Reihe von übertragbaren Krankheiten des Zentralen Nervensystems, die zusammengefasst als **transmissible, spongiforme Enzephalopathien (TSE)** bezeichnet werden. Dazu gehören u. a. die Traberkrankheit der Schafe (Scrapie) , der Rinderwahnsinn (BSE für „bovine spongiforme Enzephalopathie") und einige seltene Erkrankungen des Menschen, wie die Creutzfeldt-Jakob-Krankheit (CJD für „Creutzfeldt-Jakob-Disease"), die neue Variante der CJD (vCJD), das Gerstmann-Sträußler-Scheinker-Syndrom (GSS) sowie die tödlich verlaufende (engl. „fatal") familiäre Insomnie (FFI). Das infektiöse Prion ist ein neuartiger Krankheitserreger, der ausschließlich aus einem **missgefalteten Protein** besteht und sich somit grundsätzlich von Viren und allen anderen klassischen Erregern unterscheidet.

Allgemeine biologische Eigenschaften der Prionen. Normalerweise haben die Erreger übertragbarer Krankheiten ein nukleinsäurehaltiges Genom. Die bisher einzige Ausnahme bildet das Prion. Das infektiöse Prion ist ein **körpereigenes Protein**, das eine **abnorme Faltung** aufweist. Die normale Form des Prionproteins wird vor allem im Gehirn exprimiert. Die infektiöse Form des Prions scheint aus der zellulären Form durch einen pathologischen Umfaltungsprozess zu entstehen. Naturgemäß gibt es keine chemischen Unterschiede zwischen diesen beiden Formen. Allein die Faltungsstruktur scheint für die infektiösen Eigenschaften des krankmachenden Prions verantwortlich zu sein. Sie scheint auch die außerordentliche Resistenz gegenüber Desinfektionsmitteln, wie Alkohol, Aldehyde, große Hitze und UV-Strahlen zu erklären. Die abnorme Faltung bietet einen Schutz vor Verdau durch Proteasen und bewirkt die Ablagerung von unlöslichen Protein-Aggregaten im Extrazellulärraum, die als sog. Plaques im Gewebe akkumulieren und sich als sog. Scrapie-assoziierte Fibrillen (SAF) aufreinigen lassen.

Die Funktion des normalen Prionproteins ist nicht bekannt. In geringeren Mengen wird es außerhalb des Gehirns auch in anderen Organen gefunden, mit Ausnahme der Leber und des Pankreas. Das Prionprotein wird mittels eines Membranankers in der Zellmembran verankert und zirkuliert normalerweise zwischen der Zelloberfläche und endosomalen Kompartimenten im Zellinnern, wo ein Teil abgebaut wird. Die falsch gefaltete Form kann nicht vollständig abgebaut werden und reichert sich deshalb im Gewebe an.

Mäuse, denen das Prionprotein aufgrund eines genetischen Defektes fehlt, sind fortpflanzungsfähig und gesund. Wie zu erwarten sind solche prionlosen Mäuse vollständig resistent gegenüber einer Prionerkrankung. Diese Resistenz belegt, dass sich experimentell in das Maushirn inokulierte infektiöse Prionen nicht autonom vermehren können, sondern für die Vervielfältigung auf das Vorhandensein normaler Prionproteine angewiesen sind. Erst wenn das Prionproteingen auf gentechnische Weise wieder in die prionlosen Mäuse eingefügt wird, kommt es zur Wiederherstellung der Anfälligkeit für Prionerkrankungen. Diese Versuchsanordnung erlaubt zudem, die sog. Speziesbarriere zu illustrieren. Mausprionen sind aktiv in Gegenwart des normalen Prionproteins der Maus und weniger des Hamsters oder anderer Spezies. Umgekehrt bevorzugen Hamsterprionen die Prionproteine des Hamsters vor denen der Maus. Dies lässt sich gut zeigen anhand von Mäusen, die das normale Hamsterprionprotein als Transgen exprimieren, und dadurch für Hamsterprionen besonders empfindlich werden. Die Speziesbarriere kann durchbrochen werden, wie das Auftreten der vCJD im Anschluss an die BSE-Epidemie bei den Rindern zeigt.

Klinik und Pathogenese. Die Übertragung und Ausbreitungswege der Prionen sind erst ansatzweise verstanden. Die **orale Aufnahme** über den Gastrointestinaltrakt ist möglich und erklärt die Verbreitung der BSE durch die Verfütterung von Tiermehl und die Übertragung der BSE-Prionen auf den Menschen. Daneben sind **iatrogene Übertragungen** beschrieben, z.B. durch kontaminierte chirurgische Instrumente, Cornea- und Dura-Mater-Transplantate sowie durch die Verabreichung von Wachstumshormon, das aus prionhaltigem Leichenmaterial gewonnenen wurde. Die **Inkubationszeit** ist lang und kann bis zum Auftreten der ersten Krankheitszeichen mehrere Jahre dauern.

Bei einer Reihe sporadisch oder familiär auftretender spongiformer Enzephalopathien scheint das infektiöse Prion nicht von außen in den Körper zu gelangen, sondern aus genetischen Gründen oder infolge eines Zufalls **spontan** im Körper selbst zu entstehen. Beim Menschen sind eine Reihe von Mutationen im zellulären Prionproteingen bekannt, die die Entstehung der pathologischen Form offenbar begünstigen. So kommen bestimmte Formen der Creutzfeldt-Jakob-Krankheit bzw. des Gerstmann-Sträußler-Scheinker-Syndroms familiär gehäuft vor, wie auch die letal verlaufende familiäre Insomnie. Die sporadische Creutzfeldt-Jakob-Krankheit kommt klassischerweise bei älteren Menschen vor, wobei ca. 1–2 Fälle pro Million Einwohner pro Jahr beobachtet werden.

Die katalytische Vermehrung der abnorm gefalteten Prionen führt zu fibrillären **Ablagerungen und amyloiden Plaques** im Gehirn. Die Folge ist eine massive Vakuolisierung und Degeneration der Neuronen. Der weiträumige **Neuronenverlust** imponiert histologisch als schwammartige Veränderung (**Spongiose**). Reaktiv kommt es zu einer Proliferation von Gliazellen (**Gliose**) ohne entzündliche Veränderungen. Klinisch äußert sich die Enzephalopathie je nach dem betroffenen Hirnareal in Ataxie, Gangstörungen, Schlaflosigkeit und mentalen Ausfällen. Eine **progrediente Demenz** führt unweigerlich zum Tode. Eine neue Variante der Creutzfeldt-Jakob-Krankheit (vCJD) wird vor allem bei jüngeren Personen beobachtet und ist vermutlich auf die orale Übertragung von Prion-Erregern der bovinen spongiformen Enzephalopathie mit Produkten erkrankter Rinder auf den Menschen zurückzuführen.

Diagnostik. Die Diagnose wird meist histologisch im Rahmen neuropathologischer Untersuchungen gestellt. Das pathologische Prionprotein kann immunologisch mithilfe monokolonaler Antikörper im Hirngewebe und lymphatischen Gewebe nachgewiesen werden. Ein Antikörpernachweis ist nicht möglich, da eine Immunantwort gegen die Prionenerreger ausbleibt.

Prophylaxe. Die Expositionsprophylaxe beinhaltet den Verzicht auf den Verzehr potentiell prionhaltiger Speisen, wie Gehirn, Rückenmark und andere stark innervierte Organe. Im Medizinalbereich ist auf eine genügende Dekontamination neurochirurgischer Instrumente zu achten. Wirksam sind 2N NaOH oder 4M Guanidiniumthiocyanat sowie frische Hypochloritlösungen. Die Sterilisation im Autoklaven muss für mindestens 1 Stunde bei 136 C erfolgen. Organ- und Blutspenden sind anamnestisch auf ein mögliches Risiko hin zu prüfen.

Therapie. Es gibt keine spezifische Therapie.

V Parasitologie

10 Protozoen

P. Deplazes und J. Eckert

Allgemeines zu Parasiten.
Ein Parasit (gr. *parasitos*: Mitesser, Schmarotzer) ist ein Lebewesen, das sich zeitweise oder dauernd auf oder in einem anderen, *artfremden* und meist größeren Lebewesen (Wirt) aufhält, auf dessen Kosten lebt und pathogene Eigenschaften besitzt. Im weiteren Sinne bezieht sich der Begriff „Parasit" auf alle Organismen mit derartigen Charakteristika, doch wird er im medizinischen Bereich auf eukaryotische Krankheitserreger beschränkt, von denen die wichtigsten zu den Protozoen (Einzeller, Urtiere) (Kap. 10) und Animalia (Tiere) gehören. Von Letzteren haben vor allem die Helminthen (parasitische „Würmer") (Kap. 11) und Arthropoden (Gliederfüßer) (Kap. 12) medizinische Bedeutung (s. auch Kap. I, S. 7 und Tab. **2.3**, S. 49).
Parasiten sind Ursache zahlreicher Krankheiten (Parasitosen) des Menschen, von denen einigen eine herausragende Bedeutung zukommt, z. B. der Malaria. In Mitteleuropa sind neben einheimischen auch importierte Parasitosen (Tropen- und Reisekrankheiten) praktisch bedeutsam. Die Namen der Parasitosen werden in diesem Buch nach den Empfehlungen internationaler parasitologischer Gesellschaften einheitlich durch Anfügen der Endung „ose" an den Stamm der Gattungsnamen gebildet (z. B. Leishmaniose).

Protozoen. Der Begriff „Protozoen" ist eine Kollektivbezeichnung für frei oder parasitisch lebende, einzellige Mikroorganismen, die verschiedenen Stämmen von Eukaryoten angehören (Tab. **10.1**). Die Microspora, die ursprünglich als Protozoen angesehen wurden und daher im folgenden Kapitel besprochen werden, sollen nach neuen Erkenntnissen den Pilzen (Fungi) zugeordnet werden. Einige allgemeine Charakteristika der Protozoen sind in Kap. 1.2 beschrieben (S. 6).

10.1 Giardia duodenalis

Erreger der Giardiose, Lambliose

Giardia duodenalis (Syn: *Giardia lamblia, G. intestinalis*) ist ein weltweit verbreiteter, auch in Europa vorkommender Dünndarmparasit des Menschen und potentieller Erreger von **Enteritiden**. Die Infektion erfolgt peroral durch Aufnahme von Zysten. Verschiedene Säugetierarten sind Reservoirwirte.

Tabelle **10.1** Taxonomie der im Text erwähnten Protozoen

Stamm – Unterstamm	Klasse	Ordnung	Gattung
Metamonada	Diplomonadea	Diplomonadida	*Giardia*
		Enteromonadida	*Enteromonas*
		Retortamonadida	*Chilomastix, Retortamonas*
Parabasala	Trichomonadea	Trichomonadida	*Dientamoeba, Trichomonas*
Euglenozoa			
– Kinetoplasta	Trypanosomatidea	Trypanosomatida	*Trypanosoma, Leishmania*
Amoebozoa	Lobosea	Entamoebida	*Endolimax, Entamoeba, Iodamoeba, Acanthamoeba, Balamuthia, Hartmannella*
Percolozoa	Heterolobosea	Schizopyrenida	*Naegleria*
Alveolata			
– Apicomplexa	Coccidea	Eimeriida	*Cryptosporidium, Cyclospora, Isospora, Sarcocystis, Toxoplasma*
	Haematozoea	Haemosporida	*Plasmodium*
		Piroplasmida	*Babesia*
– Ciliophora	Litostomatea	Vestibuliferida	*Balantidium*
Microspora[1]	Microsporea	Microsporida	*Brachiola, Encephalitozoon, Enterocytozoon, Nosema, Pleistophora, Trachipleistophora, Vittaforma*

[1] sind nach neuen Erkenntnissen mit Pilzen (Fungi) verwandt

Vorkommen. *G. duodenalis* ist weltweit verbreitet. Die Prävalenzen sind in der Normalbevölkerung industrialisierter Länder mit 2–5 % meist niedrig, in Regionen mit mangelhaften Hygieneverhältnissen können sie hohe Werte > 50 % erreichen.

Erreger und Entwicklung. Morphologisch sind vegetative Stadien (Trophozoiten) und Zysten zu unterscheiden (Abb. **10.1**). Die auf der Schleimhaut des Dünndarmes (selten auch der Gallenblase) lebenden Trophozoiten (9–21 µm × 5–12 µm) ähneln einer längsgespaltenen Birne mit gewölbter Dorsalfläche und flacher Ventralseite, die vorne zu einer Adhäsionsscheibe vertieft ist. Sie besitzen 8 Geißeln, zwei zu

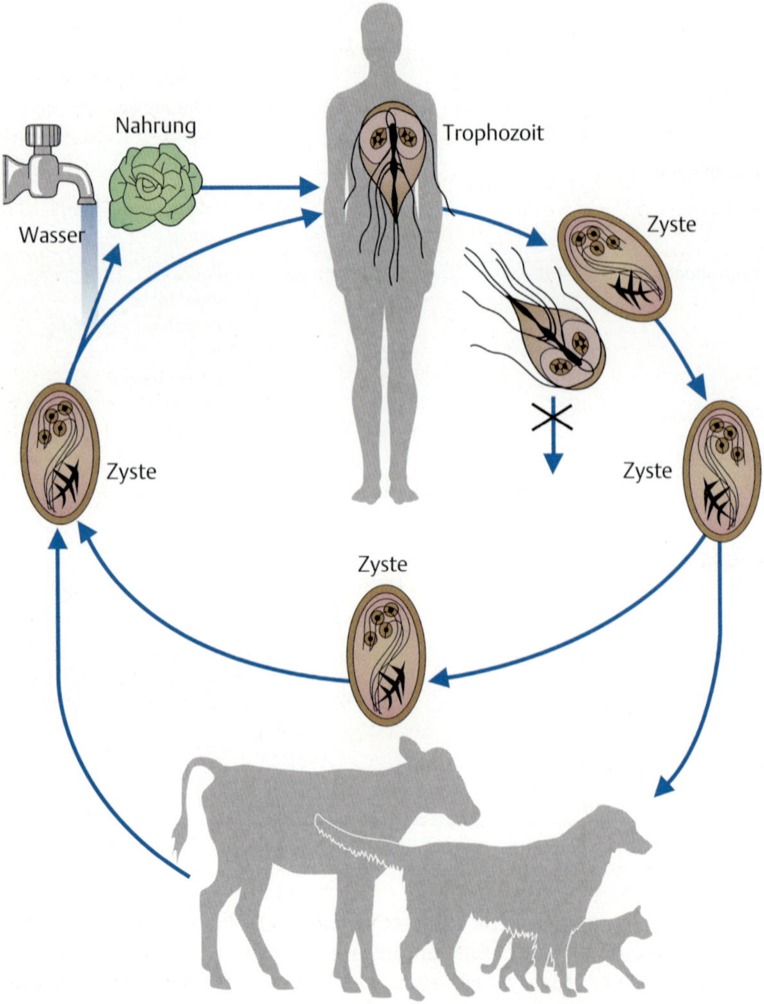

Abb. **10.1** ***Giardia duodenalis:* Entwicklungszyklus.** Erklärungen im Text.

beiden Seiten der Längsachse gelegene Kerne und zwei gebogene Mediankörper (Abb. **10.1** und 10.**10a**). Die Vermehrung erfolgt durch Zweiteilung. Die Trophozoiten können variantenspezifische Oberflächenproteine produzieren. *G. duodenalis* bildet ovale Zysten (8–14 × 8–10 µm), die 4 Kerne, Geißeln und sichelförmige Medianköper enthalten. Die Zysten (seltener Trophozoiten) werden im Stuhl ausgeschieden. Der Entwicklungszyklus von *G. duodenalis* ist in Abb. **10.1** dargestellt.

Epidemiologie. Zur Gattung *Giardia* gehören außer *G. duodenalis* weitere Arten (*G. muris, G. agilis* u. a.), die sich morphologisch und genetisch unterscheiden. *Giardia*-Isolate aus Menschen und verschiedenen Arten von Haus- und Wildsäugetieren sind morphologisch einheitlich und entsprechen *G. duodenalis*. Diese Art ist heterogen und umfasst verschiedene Genotypen. Einige Genotypen wurden sowohl bei Menschen als auch bei Haustieren (z. B. Rind, Schaf, Hund) gefunden. Dies zeigt, dass zumindest einige Genotypen von *G. duodenalis* von Wirbeltieren auf den Menschen übertragbar sind (Zoonose). Der Mensch stellt offenbar das wichtigste Erregerreservoir dar, gewisse Säugetierarten werden als zusätzliche Infektionsquellen angesehen.

Für die Verbreitung der Infektion sind die im Stuhl ausgeschiedenen Zysten verantwortlich, die in feuchter Umgebung bei 21 °C bis 3 Wochen, in kühlem Wasser (8 °C) etwa 3 Monate lebensfähig bleiben; die Trophozoiten gehen in der Außenwelt rasch zugrunde. Die Ansteckung erfolgt per os, wobei Zysten auf fäko-oralem Weg von Person zu Person (innerhalb von Familien, Kindergärten, Heimen u. a.), durch Nahrungsmittel oder unzureichend aufbereitetes Trinkwasser übertragen werden. In den USA und einigen anderen Ländern sind zahlreiche trinkwasservermittelte Ausbrüche von Giardiose beschrieben worden.

Pathogenese und Krankheitsbild. *G. duodenalis* kann Entzündungen von Schleimhäuten (Dünndarm, Gallenblase) und Resorptionsstörungen im Darm verursachen. Häufig werden die Erreger innerhalb weniger Wochen aus dem Darm eliminiert, sie können aber auch jahrelang persistieren. Bei einem Teil der infizierten Personen verläuft die Infektion inapparent, bei anderen verursacht sie Erkrankungen mit chronisch-rezidivierenden Durchfällen, Steatorrhö, Malabsorption, Oberbauchschmerzen, Erbrechen, gelegentlich auch mit Fieber und Gewichtsabnahme.

Diagnose, Therapie und Prophylaxe. Das Standardverfahren zur Diagnose ist die Stuhluntersuchung mit Hilfe der SAFC-Technik auf Zysten und (seltener) Trophozoiten (S. 40). Trophozoiten sind auch im Duodenalaspirat nachweisbar. Neuerdings stehen käufliche Tests (IFAT, ELISA) zum Nachwies *Giardia*-spezifischer Antigene im Stuhl zu Verfügung. Zur Chemotherapie werden Metronidazol, Ornidazol und Tinidazol (Nitroimidazolverbindungen) und Albendazol (Benzimidazol) eingesetzt. Eine neue, gegen *Giardia* wirksame Substanz ist Nitazoxanid (Nitrothiazolverbindung; in den USA zugelassen).

10.2 Trichomonas vaginalis

Erreger der Trichomonose

Trichomonas vaginalis ist eine häufige, weltweit verbreitete, mehrgeißelige Flagellatenart, die vorwiegend beim Geschlechtsakt übertragen wird. Sie verursacht bei Frauen **Vaginitis** und bei Männern **Urethritis**.

Vorkommen. Weltweit wird die jährliche Inzidenz auf 180 Millionen Fälle geschätzt. In industrialisierten Ländern sind in der Normalbevölkerung etwa 5–20 % der Frauen infiziert, bei Männern liegen die Infektionsraten meist unter 5 %. Höhere Prävalenzen werden in bestimmten Regionen und bei Risikogruppen festgestellt. *Trichomonas vaginalis* kommt relativ häufig in Mischinfektionen mit Erregern anderer sexuell übertragbarer Infektionen vor.

Erreger, Entwicklung und Epidemiologie. *T. vaginalis* ist ein birnenförmiges, im Nativpräparat lebhaft bewegliches Protozoon (10–20 × 2–14 µm) (Abb. **10.2**). Am vorderen Pol entspringen aus einem Basalapparat 5 Geißeln, von denen 4 nach vorne frei aus der Zelle austreten, während eine den Randfaden der undulierenden Membran bildet, die bis kurz über die Zellmitte nach hinten reicht. Ein aus Mikrotubuli bestehender Achsenstab (Axostyl) tritt am Hinterende als freie Spitze aus der Zelle hervor. Der ovale Zellkern liegt im vorderen Teil des Protozoons. Trichomonaden sind anaerobe Protozoen ohne Mitochondrien oder Peroxisomen, aber mit Hydrogenosomen, die H_2, CO_2 und ATP produzieren.

T. vaginalis besiedelt die Schleimhäute des Urogenitaltraktes und vermehrt sich durch longitudinale Zweiteilung. Trichomonaden bilden keine Zysten, doch treten abgerundete, bewegungslose Formen auf, die degenerierende Stadien ohne epidemiologische Bedeutung darstellen. Reservoir für *T. vaginalis* ist nur der Mensch.

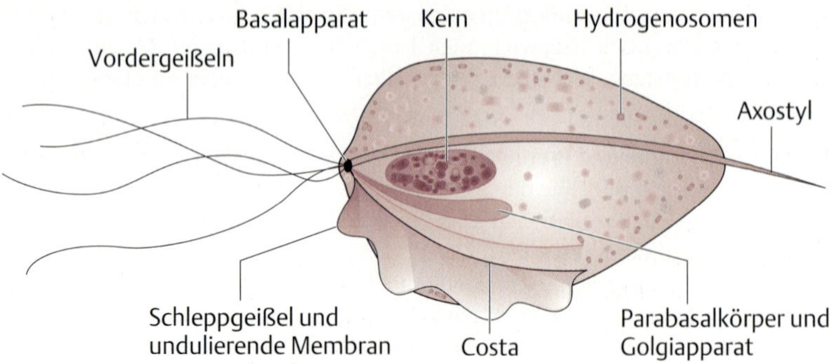

Abb. **10.2** ***Trichomonas vaginalis.*** Morphologie.

Die Erregerübertragung erfolgt vorwiegend beim Geschlechtsverkehr. Tiefer sozioökonomischer Status, mehrere Sexualpartner und mangelnde Hygiene sind mit erhöhten Inzidenzen assoziiert. Etwa 2–17 % der weiblichen Säuglinge von infizierten Müttern erwerben die Infektion perinatal.

Die Tenazität von Trichomonaden in der Außenwelt ist gering, doch können sie in Leitungswasser und in Wasser von nicht chlorierten Thermalbädern vereinzelt einige Stunden überleben. Erreger-Übertragungen durch feuchte Badekleidung, Schwämme, Handtücher usw. sowie Infektionen in nicht chlorierten Thermalbädern oder schlecht gewarteten Schwimmbecken sind nicht ganz auszuschließen, doch gelten sie als epidemiologisch unbedeutend. Trichomonaden können das Tiefgefrieren von Sperma überleben.

Pathogenese und Krankheitsbild. Bei der Frau besiedelt *T. vaginalis* in erster Linie die Schleimhaut von Vagina, Zervix und Harnröhre, seltener auch von Harnblase und Uterus. Die von Trichomonaden ausgelösten Entzündungsreaktionen werden auf die Anheftung der Erreger an Epithelzellen (mit Hilfe von Adhäsionsproteinen), die Abtötung der Zellen durch zytotoxische Mechanismen sowie auf die Wirkung löslicher Erregersubstanzen zurückgeführt (z. B. Proteasen, perforinartige Proteine). In 20–50 % der Fälle verläuft die Infektion bei Frauen inapparent, doch können nach einer Inkubation von 2–24 Tagen Symptome auftreten, vor allem Vaginitis (dünnflüssiger, gelblicher Ausfluss, der Trichomonaden, Leukozyten und Bakterien enthält) und Dysurie. Beim Mann verläuft die Infektion meistens symptomlos (50–90 %); sie kann aber zu einer manifesten Urethritis führen, selten mit Befall der Prostata und der Samenblasen. Die Infektion induziert keine ausgeprägte Immunität.

Diagnose. Zum Nachweis von Trichomonaden wird frisch entnommenes Sekret aus Vagina oder Urethra im Deckglaspräparat mikroskopisch untersucht. Dabei lassen sich die Erreger an der typischen Form und an der taumelnden Bewegung leicht erkennen. Hingegen sind Rundformen von Trichomonaden kaum von Leukozyten zu unterscheiden. In Ausstrichen können die Erreger nach Färbung (Giemsa, Papanicolaou) oder im Immunfluoreszenz-Test mit monoklonalen Antikörpern nachgewiesen werden. Die sichersten Ergebnisse (Sensitivität > 80 %) ergibt die Kultivierung in flüssigen Spezialmedien. Gut bewährt hat sich das „In Pouch-TV-System" (BioMed Diagnostics), das in zwei flexiblen Plastikkammern Kulturmedium enthält und eine kombinierte mikroskopische und kulturelle Untersuchung ermöglicht. Sehr sensitiv ist der DNA-Nachweis mittels PCR.

Therapie und Prophylaxe. Der Behandlung haben sich stets beide Geschlechtspartner zu unterziehen. Dafür stehen verschiedene Nitroimidazolpräparate zur Verfügung, wie Metronidazol, Tinidazol und Ornidazol. In der frühen Schwangerschaft sind diese Mittel kontraindiziert. Die Vorbeugemaßnahmen entsprechen denen bei anderen venerischen Krankheiten.

10.3 Trypanosoma-Arten

Erreger der Afrikanischen Trypanosomose (Schlafkrankheit) und der Amerikanischen Trypanosomose (Chagas-Krankheit)

Trypanosoma brucei gambiense und *Trypanosoma brucei rhodesiense* verursachen die Afrikanische Trypanosomose (**Schlafkrankheit**) des Menschen, die sich u. a. in Fieber und Meningoenzephalitis manifestiert. In einer eher chronisch verlaufenden Form (*T. b. gambiense*) tritt diese Krankheit vorwiegend in West- und Zentralafrika auf, in akuter Form (*T. b. rhodesiense*) in Ost- und Südostafrika. Die Erreger werden durch den Stich von Tsetse-Fliegen (Glossinen) übertragen. Antilopen sowie andere Wild- und Haustiere sind Erregerreservoire mit unterschiedlicher Bedeutung. *Trypanosoma cruzi*, der Erreger der Amerikanischen Trypanosomose (**Chagas-Krankheit**), kommt beim Menschen und zahlreichen Wirbeltieren in Mittel- und Südamerika vor und wird durch den Kot von Raubwanzen übertragen. In der Bekämpfung der Chagas-Krankheit sind in den letzten Jahren beachtliche Erfolge erzielt worden.

Allgemeines. Die Gattung *Trypanosoma* (gr. *trypanon*: Bohrer, *soma*: Körper) gehört zur Familie Trypanosomatidae (Unterstamm Kinetoplasta, Syn. Kinetoplastida) (Tab. **10.1**). Ein Charakteristikum dieser Familie ist, dass während der Entwicklung in Vertebraten und Vektoren (Insekten) unterschiedliche Formen auftreten. Morphologisch werden spindelförmige, mit einer Geißel ausgerüstete Stadien (trypomastigot, epimastigot, promastigot) ein rundliches, amastigotes Stadium und einige weitere Formen unterschieden (Abb. **10.3b**). Die trypomastigote Form der Gattung *Trypanosoma* weist folgende Merkmale auf (Abb. **10.3a**): Zentral gelegener Kern, ein langgestrecktes Mitochondrion, das im hinteren Teil den Kinetoplasten enthält, einen cristaefreien Bereich mit dichter Anhäufung von Kinetoplasten-DNA (kDNA). In der Nähe, aber außerhalb des Mitochondrions, liegt die Basis der Geißel, die aus einem Basalkörper im Plasma entspringt, zunächst von der Geißeltasche umgeben ist, dann an die Oberfläche hervortritt und als Zuggeißel nach vorn zieht. Dabei heftet sie sich an die Zelloberfläche an und faltet diese bei Bewegung zu einer lichtmikroskopisch sichtbaren „undulierenden Membran" aus. Eine Besonderheit der Kinetoplasta stellen die von einer Membran umschlossenen Glykosomen dar, die Enzyme der Glykolyse enthalten. Die Zelle wird von einer Elementarmembran umschlossen, die bei den im Blut auftretenden Stadien mit einer Glykokalix bedeckt ist (s. unten). Dicht an die innere Zellwand angelagert sind spiralig angeordnete Mikrotubuli, die ein Zytoskelett bilden (weitere Zellorganellen s. Abb. **10.3a**). Bei der epimastigoten und der promastigoten Form sind Kinetoplast und Geißelursprung in Kernnähe bzw. an das Vorderende verschoben; in der amastigoten Form ist elektronenmikroskopisch eine reduzierte Geißel nachweisbar, die jedoch nicht an die Zelloberfläche hervortritt (Abb. **10.3b**).

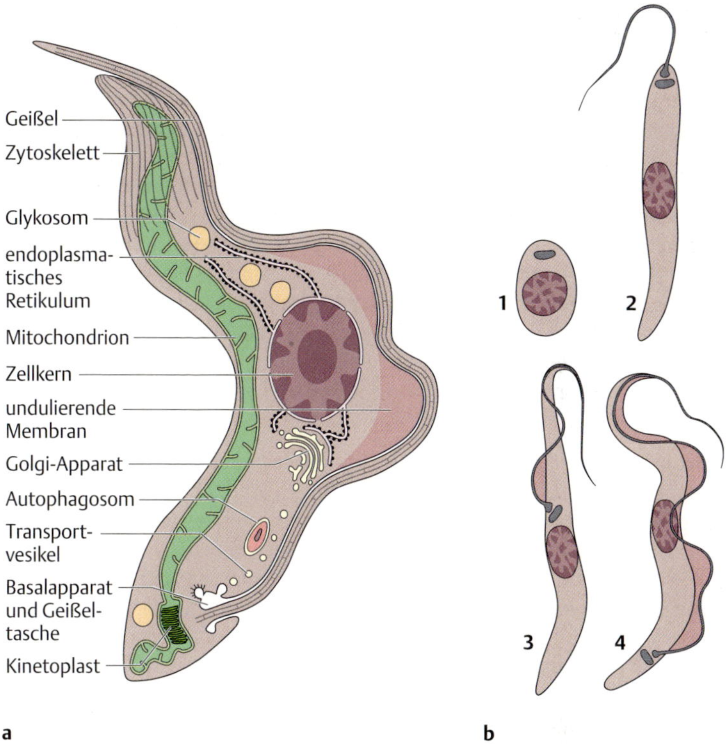

Abb. **10.3** **Trypanosomatidae.** **a** Ultrastruktur von *Trypanosoma* (trypomastigote Form) (nach Warren KS, ed. Immunology and Molecular Biology of Parasitic Infections. 3rd ed. Boston: Blackwell, 1993). **b** Entwicklungsformen: **1** amastigot, **2** promastigot, **3** epimastigot, **4** trypomastigot.

Die Vermehrung der *Trypanosomatidae* erfolgt durch longitudinale Zweiteilung. Bei *Trypanosoma brucei brucei* (s. unten) ist ein Genaustausch während der Entwicklung im Vektor nachgewiesen.

Trypanosoma brucei gambiense und Trypanosoma brucei rhodesiense

Erreger der Afrikanischen Trypanosomose (Schlafkrankheit)

Erregerarten und Vorkommen. Die Erreger der Schlafkrankheit sind Unterarten von *Trypanosoma brucei* und heißen daher taxonomisch korrekt *Trypanosoma bru-*

cei gambiense und *Trypanosoma brucei rhodesiense* (hier kurz als *T. gambiense* und *T. rhodesiense* bezeichnet). Sie unterscheiden sich morphologisch weder untereinander noch von *Trypanosoma brucei brucei*, einem Erreger der Nagana der Haustiere, der für Menschen nicht infektiös ist. Eine Differenzierung der Unterarten ist aufgrund biologischer Kriterien (u. a. Wirtsspezifität, Empfindlichkeit gegen Humanserum) sowie durch Isoenzym- und DNA-Analysen möglich. Die Schlafkrankheit, die nur in Afrika südlich der Sahara zwischen den Breitengraden 14° N und 20° S auftritt, ist an die Verbreitungsgebiete der Überträger (Glossinen, Tsetse-Fliegen) gebunden (Abb. **10.4**). Vermutlich sind in heterogen verteilten Endemiegebieten 300 000 bis 500 000 Menschen infiziert. Jährlich werden ca. 50 000–70 000 neue Fälle gemeldet, doch ist die Dunkelziffer sehr hoch (WHO, 2009). In manchen Gebieten ist die Schlafkrankheit in den letzten Jahren verstärkt und epidemieartig aufgetreten. Für Reisende ist das Infektionsrisiko bei Kurzaufenthalten in Endemiegebieten gering, so dass bei ihnen nur selten Fälle von Schlafkrankheit auftreten.

Entwicklung. *T. gambiense* und *T. rhodesiense* parasitieren in Vertebraten extrazellulär im Blut oder in anderen Körperflüssigkeiten (Abb. **10.5**). Im Blut des Menschen treten die trypomastigoten Formen pleomorph auf: bei ansteigender Parasitämie als schlanke Formen von 25–40 µm Länge mit einem das Vorderende überragenden Geißelende, die sich durch Längsteilung vermehren, und bei abklingender Parasitämie als kurze, plumpere, 12–25 µm lange Formen ohne freies Geißelende, die sich im Blut nicht teilen, aber für Glossinen infektiös sind. Lichtmikroskopisch sind die Trypanosomen im Giemsa-gefärbten Blutausstrich als spindelförmige Gebilde mit zentral gelegenem Zellkern, punktförmigem, am Hinterende lokalisierten Kinetoplasten (beide violett gefärbt) und undulierender Membran erkennbar (Abb. **10.5**). Die Zelloberfläche der Blutformen ist mit einer 10–15 nm

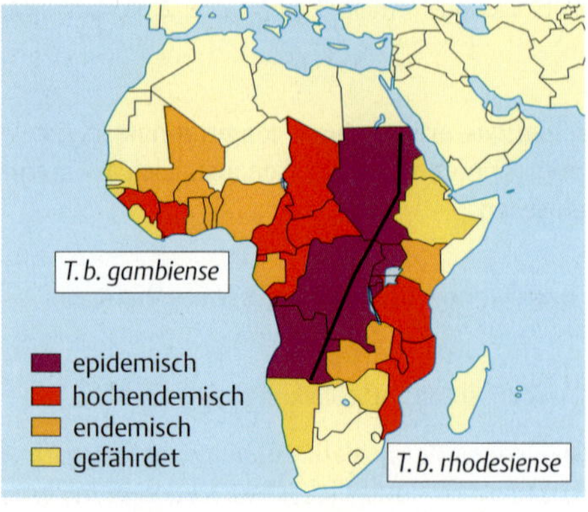

Abb. **10.4** **Verbreitung der Schlafkrankheit in Afrika.** Westlich der Linie vor allem *Trypanosoma b. gambiense*, östlich der Linie *T. b. rhodesiense*. (Nach: WHO report on global surveillance of epidemic-prone infectious diseases, Chapter 8: African trypanosomiasis. WHO, Genf.

10

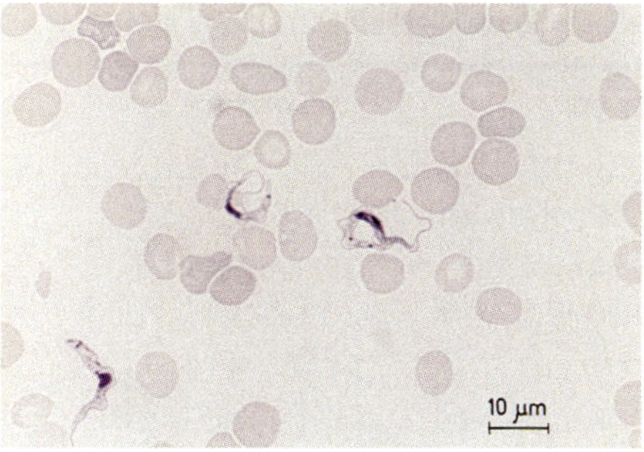

Abb. **10.5 Trypanosoma brucei rhodesiense.** Giemsa-Färbung eines Blutausstrichpräparats.

dicken Schicht eines bestimmten Typs eines Glykoproteins bedeckt, das gegen ein neues ausgetauscht werden kann. Daher spricht man von variantenspezifischen Oberflächenantigenen (VOA); zu einem gegebenen Zeitpunkt wird jeweils eine der ca. 1000 im Genom kodierten Varianten exprimiert (Antigenvarianz).

Beim Blutsaugen an einem infizierten Wirt nehmen die Glossinen Trypanosomen auf, die sich in prozyklische und epimastigote Stadien ohne VOA umwandeln und sich im Darm und in den Speicheldüsen vermehren. In den Speicheldrüsen werden schließlich trypomastigote, mit VOA ausgestattete metazyklische Formen gebildet, die bei einer weiteren Blutmahlzeit mit dem Speichel in die Haut eines Wirtes inokuliert werden können. Die Entwicklung in den Insekten dauert bei günstigen Bedingungen 15-35 Tage. Infizierte Glossinen sind während ihrer gesamten Lebensdauer (bis 6 Monate) in der Lage, die Erreger zu übertragen.

Epidemiologie. Epidemiologisch bestehen zwischen *T. gambiense* (West- und Zentralafrika) und *T. rhodesiense* (Ost- und Zentralafrika) Unterschiede (Abb. **10.4**). Wesentlich dabei ist, dass *T. rhodesiense* in einem inapparent-enzootischen Zyklus bei Wild- und Haustieren existiert und normalerweise durch Glossinen (*Glossina morsitans*-Gruppe) von Tier zu Tier und seltener auch auf den Menschen übertragen wird. Reservoirwirte sind u.a. verschiedene Antilopenarten, Rind, Schaf, Ziege, Warzenschwein, Löwe, Hyäne und Hund. Dagegen wird *T. gambiense* durch Glossinen (*G. palpalis*-Gruppe) vorwiegend von Mensch zu Mensch übertragen. Allerdings können für einige Stämme von *T. gambiense* auch Tiere Reservoirwirte sein (Schwein, Rind, Schaf, Hund, wenige Antilopenarten).

Krankheitsbild. Die Schlafkrankheit manifestiert sich in der initialen Phase als fieberhafte Allgemeinerkrankung mit Lymphadenopathie und ist später durch meningoenzephalitische Symptome gekennzeichnet. Im Infektionsverlauf sind zwei Stadien zu unterscheiden: Das febrilglanduläre (= hämolymphatische) Stadium 1 und das meningoenzephalitische Stadium 2. Diese Unterscheidung ist im Hinblick auf die Therapie wichtig. Im Stadium 1 vermehren sich die Trypanosomen nach der Übertragung zunächst in der Gewebeflüssigkeit an der Stichstelle.

Tabelle **10.2** Infektionsverlauf und Krankheitsbild der Schlafkrankheit

Stadium, Verlauf und Symptome	***T. gambiense***	***T. rhodesiense***
1. Stadium: Febril-glanduläre oder hämolymphatische Phase		
– Trypanosomenschanker	bei Afrikanern: < 5 % bei Europäern: um 20 %	um 50 %
– Parasitämie-Beginn:	2-3 Wochen p.i.	1-2 Wochen p.i.
– Art der Parasitämie:	niedrig, intermittierend	hoch, oft anhaltend
– Parasitämie-assoziierte Symptome:	Fieber, Schüttelfrost, Kopfschmerzen, Gelenk- und Muskelschmerzen, flüchtige Ödeme, Gewichtsverlust, allgemeine Lymphadenopathie (Schwellung der Lymphknoten am Nacken = Winterbottom-Zeichen), Störungen der Herzfunktion (besonders bei *T. rhodesiense*-Infektion), Anämie, Thrombozytopenie, erhöhte IgM-Spiegel im Serum.	
2. Stadium: Meningo-enzephalitische Phase		
– Eindringen der Erreger in das ZNS:	4-6 Monate p.i. oder später	oft bereits nach wenigen Wochen
– Symptome:	Progrediente Zeichen der Meningoenzephalitis, epileptiforme Anfälle, später Somnolenz, Apathie, Koma. Pleozytose im Liquor, erhöhte Gesamtprotein- und IgM-Spiegel.	
3. Krankheitsdauer beider Stadien:	Monate bis > 6 Jahre	selten > 3-7 Monate

Als Reaktion darauf kann innerhalb von 2–4 Tagen eine entzündliche, ödematöse Schwellung entstehen, der Primäraffekt oder Trypanosomenschanker, der innerhalb von etwa 3 Wochen verschwindet. Nach ca. 2 Wochen gehen die Erreger in die Blutbahn und in das Lymphsystem über und später, im 2. Stadium, in das Zentralnervensystem. Weitere Angaben zur Erkrankung sind in Tab. **10.2** zusammengefasst.

Pathogenese und Immunologie. Der Infektionsverlauf ist durch aufeinander folgende Wellen von Parasitämien gekennzeichnet, die durch Populationen von Trypanosomen wechselnder Antigenität ausgelöst werden (= Antigenvarianz, s. oben). Parallel zur ansteigenden Parasitämie treten IgM-Antikörper auf, die gegen ein bestimmtes variantenspezifisches Oberflächenantigen (VOA) der Trypanosomen gerichtet sind und jenen Teil der Erregerpopulation eliminieren, der Träger dieses VOA ist. Danach klingt die Parasitämie ab, doch vermehren sich Trypanosomen mit einem anderen VOA, es werden erneut spezifische Antikörper gebildet usw. Die Antigenvarianz ist eine von verschiedenen Strategien der Trypanosomen, sich der Immunabwehr des Wirtes zu entziehen (= Immunevasion). Ferner werden Immunkomplexe gebildet. Bezüglich weiterer Faktoren der komplexen Pathogenese sei auf die Spezialliteratur verwiesen.

Diagnose. Mikroskopische Untersuchung von Blut, Lymphknotenpunktat oder Liquor (bei Verdacht auf die zerebrale Form) auf Trypanosomen (Nativpräparat, Giemsa-gefärbter Ausstrich, „Dicker Tropfen" S. 41). Bei geringen Parasitämien Einsatz von Anreicherungsverfahren (z. B. Mikrohämatokrit-Zentrifugationstechnik) oder der PCR. Im Blut sind spezifische Antikörper nachweisbar. Für epidemiologische Untersuchungen hat sich der Card Agglutionation Trypanosomiasis Test (CATT) bewährt. Indikatoren des Stadiums 2 sind das Vorhandensein von Trypanosomen und/oder erhöhte Leukozyten-, Protein- und IgM-Werte im Liquor.

Therapie. Die Chemotherapie der Schlafkrankheit ist schwierig, da nur wenige wirksame Medikamente zur Verfügung stehen, die ziemlich häufig erhebliche Nebenwirkungen verursachen. Ein Problem stellen auch Arzneimittel-resistente Erreger dar. Im Stadium 1 wird die *T. gambiense*-Infektion vorwiegend mit Pentamidin behandelt, die *T. rhodesiense*-Infektion mit Suramin. Im 2. Stadium (liquorpositive Fälle) sind diese Medikamente nicht wirksam, so dass die sehr toxische Arsenverbindung Melarsoprol eingesetzt werden muss. Als Nebenerscheinung ist besonders eine Enzephalopathie gefürchtet, die bei 3–10 % der Melarsoprol-behandelten Patienten letal verlaufen kann. Im 2. Stadium der *T. gambiense*-Infektion wird als Alternative zu Melarsoprol auch Eflornithin eingesetzt.

Prophylaxe und Bekämpfung. Touristen wird zur individuellen Prophylaxe gegen die tagaktiven (!) Glossinen empfohlen: Haut weitgehend durch Kleidung abdecken, auf unbedeckte Hautpartien ein Repellent auftragen (s. Malaria, S. 593), Innenraum von Autos auf Tsetse-Fliegen inspizieren und nötigenfalls mit Insektiziden aussprühen. Glossinen werden u. a. durch gezieltes Versprühen von niedrig dosierten Insektiziden und durch Fangen in farblich und olfaktorisch für die Insekten attraktiven, insektizidbeladenen Fliegenfallen bekämpft.

Trypanosoma cruzi

Erreger der Amerikanischen Trypanosomose (Chagas-Krankheit)

Vorkommen. Die Chagas-Krankheit, verursacht durch *Trypanosoma cruzi* (1908 durch Chagas entdeckt), kommt in Lateinamerika vor (Mexiko bis südliches Argentinien); die größte Bedeutung hat sie in armen ländlichen und periurbanen Gebieten von Südamerika.

Erreger, Entwicklung und Epidemiologie. *T. cruzi* parasitiert im Blut von Vertebraten als trypomastigote Form (Länge 12–30 µm, spitzes Hinterende, großer Kinetoplast) und intrazellulär als amastigotes Stadium (1,5–4 µm). In Endemieherden zirkuliert *T. cruzi* zwischen Wirbeltieren (ca. 150 Arten, u. a. Hund, Katze, Nagetiere, Gürteltiere, Huhn) und Raubwanzen (Gattungen *Triatoma, Rhodnius* u. a.), die beim nächtlichen Blutsaugen an einem infizierten Wirt Trypanosomen aufnehmen und nach einiger Zeit bei einer weiteren Blutmahlzeit infektiöse, trypomastigote Erregerstadien im Kot ausscheiden. Die Erreger dringen durch Hautläsionen oder die Schleimhaut (z. B. durch die Konjunktiva) in den Wirt ein. Auf diese Weise werden die Erreger auch auf den Menschen übertragen. Außerdem ist *T. cruzi* von Mensch zu Mensch diaplazentar sowie durch Bluttransfusion und Organtransplantate übertragbar.

Im Menschen befallen die eingedrungenen trypomastigoten Stadien Makrophagen in der Haut oder Subkutis, gehen dabei in die amastigote Form über und vermehren sich durch Zweiteilungen. Nach 4–5 Tagen werden diese Stadien beim Zerfall der Wirtszelle frei und können dann weitere Makrophagen infizieren. Einige Erreger gelangen ins Blut und nehmen die trypomastigote Form an. Im Blutstrom werden sie in verschiedene Organe transportiert, wo sie weitere Zellen befallen (u. a. Skelett- und Herzmuskelzellen, Gliazellen).

Krankheitsbild und Pathogenese. Im Krankheitsverlauf lassen sich drei Hauptphasen unterscheiden:

- **Lokale Reaktionen:** bei einem Teil der Infizierten entzündliche Hautveränderung (Chagom) oder Konjunktivitis mit Lidödem (Romaña-Zeichen) als Reaktion auf den Erregereintritt.
- **Akute Phase:** nach Inkubation von 7–30 Tagen bei 1–2 % der Infizierten symptomatischer Verlauf: Fieber, Ödeme, Lymphknotenschwellung, Hepato- und Splenomegalie, Myokarditis und seltener Meningoenzephalitis. Etwa 4–10 Wochen danach inapparenter Verlauf; im Serum sind Antikörper nachweisbar, in 20–60 % der Fälle auch Erreger.
- **Chronische Phase:** diese folgt oft erst 10–20 Jahre nach der akuten und äußert sich in Kardiopathie (Megakor, 30 % der Fälle), Schäden des Verdauungstraktes (Megaösophagus, Megakolon u. a., 6 %) und neurologischen Störungen (3 %).

Diagnose. Akute Phase: Nachweis von Trypanosomen im peripheren Blut (Blutausstriche, „Dicke Tropfen", Zentrifugation in Hämatokritröhrchen, Blutkultur; Sensitivität 60–100 %). Chronische Phase: Erregernachweis mit den üblichen Methoden sehr unsicher (Sensitivität < 10 %), sensitiver ist die PCR. Außerdem serologischer Nachweis spezifischer Antikörper.

Therapie, Prophylaxe und Bekämpfung. Nur in der Frühphase der Infektion sind Nifurtimox oder Benznidazol wirksam. Prophylaxe: Verbesserung der Wohnverhältnisse, Schutz vor Raubwanzenstichen durch Einsatz Insektizid-imprägnierter

Moskitonetze (s. Malaria, S. 606) sowie Unterbindung der Erregerübertragung bei Bluttransfusionen und Organtransplantationen. Bekämpfung der Vektoren mit Insektiziden. Bekämpfungsmaßnahmen haben in den letzten Jahren die Infektionsraten in einigen Ländern stark reduziert (Argentinien, Bolivien, Brasilien, Chile, Paraguay, Uruguay).

10.4 Leishmania-Arten

Erreger der Leishmaniose

Verschiedene, durch Sandmücken (Familie Psychodidae) übertragene *Leishmania*-Arten verursachen in warmen Regionen beim Menschen viszerale, kutane und mukokutane Leishmaniosen. In Mitteleuropa hat die Leishmaniose als Importkrankheit sowie als HIV-assoziierte Infektion praktische Bedeutung.

Vorkommen. Verschiedene Formen der Leishmaniose kommen in warmen Regionen von 88 Ländern in Asien, Afrika, Europa und Lateinamerika vor (Abb. **10.6**). Für Europa ist das Endemiegebiet von *Leishmania infantum* im Mittelmeerraum am wichtigsten.

Erreger und Entwicklung. Die zahlreichen (etwa 15) humanpathogenen Arten der Gattung *Leishmania* sind morphologisch einheitlich. Die Differenzierung von Arten, Unterarten und Stämmen erfolgt durch Isoenzym- oder DNA-Analyse unter Berücksichtigung der Krankheitsbilder sowie biologischer und epidemiologischer Kriterien (Tab. **10.3**, S. 571).

Im Menschen und Wirbeltier parasitieren die Leishmanien in mononukleären, phagozytischen Zellen (Makrophagen, Monozyten, Langerhans-Zellen) als amastigote Stadien. Sie sind lichtmikroskopisch nach Giemsa-Färbung als rundovale Zellen von 2–5 µm Durchmesser mit einem Zellkern und einem kleinen, stäbchenförmigen Kinetoplasten erkennbar (Abb. **10.7**). Elektronenmikroskopisch werden außerdem eine rudimentäre Geißel, ein einzelnes Mitochondrion und andere Zellorganellen sichtbar (s. auch *Trypanosoma*).

Die beim Menschen parasitierenden Leishmanien werden durch weibliche Sandmücken (englisch *sand flies*) der Gattungen *Phlebotomus* (Alte Welt) oder *Lutzomyia* (Neue Welt) übertragen (Abb. **10.8**). Die beim Blutsaugen an einem infizierten Wirt in die Insekten gelangten amastigoten Stadien wandeln sich im Darm der Überträger in 10–15 µm lange, schlanke, begeißelte promastigote Formen um, die sich extrazellulär vermehren und schließlich in den Stechrüssel einwandern. Diese Entwicklung dauert bei tropischen Temperaturen 5–8 Tage. Bei einer weiteren Blutmahlzeit infizierter Mücken gelangen die promastigoten Formen aus dem Stechrüssel in einen neuen Wirt (Wirbeltier, Mensch). Dort koppeln sie mit Hilfe

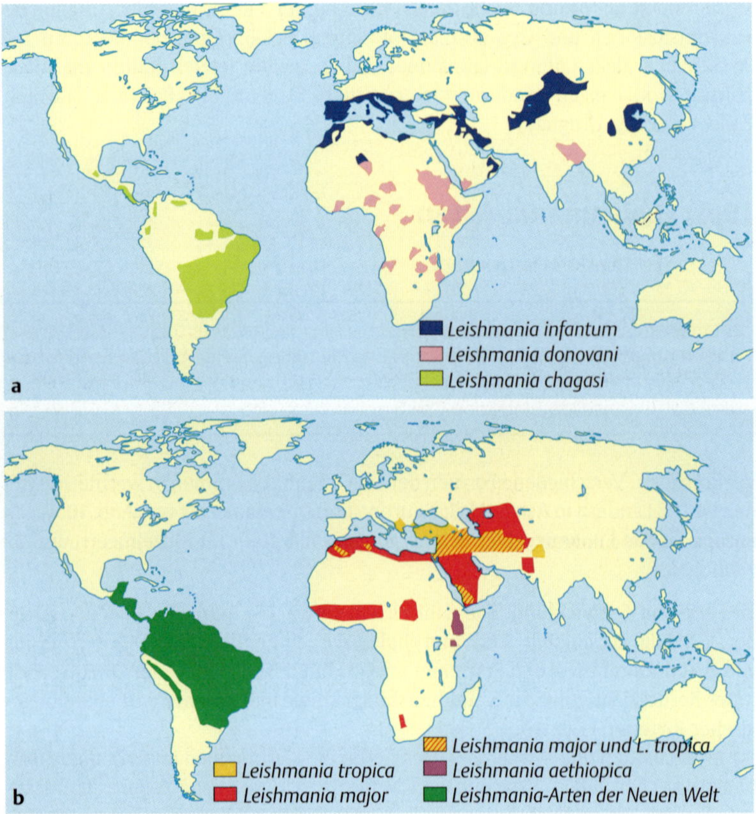

Abb. **10.6** **Verbreitung von Leishmaniosen. a** Viszerale Leishmaniosen, **b** kutane und mukokutane Leishmaniosen. (Nach Bryceson ADM. In: Cook GC, ed. Manson's Tropical Diseases. 20th ed. London: Saunders, 1996: 1217–1219)

von Rezeptoren an Makrophagen an, werden danach phagozytiert und in ein Phagolysosom eingeschlossen, wo sie vor der Wirkung lysosomaler Enzyme u. a. durch Substanzen in ihrer Zellmembran geschützt sind. In kurzer Zeit (12–14 h) wandeln sich die promastigoten in amastigote Stadien um, die innerhalb des Phagolysosoms in einer parasitophoren Vakuole eingeschlossen sind; sie vermehren sich durch Zweiteilungen. Die amastigoten Stadien werden freigesetzt und infizieren neue Zellen.

Krankheitsbild und Immunologie. Die wichtigsten Leishmaniose-Formen des Menschen sind in Tab. **10.3** zusammengestellt. Bei **kutanen Leishmaniosen** bleiben

Tabelle **10.3** Leishmaniose-Formen des Menschen (Auswahl)
Zeichenerklärung: ER: Erregerreservoir; Ü: Überträger

Viszerale Leishmaniose

Hauptlokalisation:	Innere Organe, seltener Haut.
Inkubation:	meist 3 - 6 Monate, auch wenige Wochen bis Jahre.
Leitsymptome:	Fieber, Spleno- und Hepatomegalie, Hypergammaglobulinämie, progrediente Anämie.

***L. donovani* in Asien:** Indien, Bangladesh, südliches Nepal. Vorwiegend bei Erwachsenen. Wird auch als Kala-Azar[1] bezeichnet. ER: Mensch. Ü: *Phlebotomus*-Arten.
In Afrika: Hauptsächlich Sudan, Äthiopien, Kenia. ER: Mensch, Hund (Feliden, Nager?)[2]. Ü: *Phlebotomus*-Arten.

L. infantum: Mittelmeerraum (Iberische Halbinsel bis Türkei, Nordafrika), Mittlerer Osten und Zentralasien, China. Bei Kindern und Erwachsenen; selten Hautmanifestation. ER: Hund, evtl. Wildkaniden, Ratte Ü: *Phlebotomus*-Arten.

L. chagasi:[3] Mittel- u. nördl. Südamerika. Vorwiegend bei Jugendlichen. ER: Hund, Fuchsarten, Opossumarten. Ü: *Lutzomyia*-Arten.

Kutane Leishmaniose

Hauptlokalisation:	Haut.
Inkubation:	Wochen bis Monate.
Leitsymptome:	Solitäre oder multiple, trockene, später evtl. geschwürig zerfallende Papeln in der Haut; selten Ausbreitung in Lymphgefässe und Lymphknoten. Heilung unter Narbenbildung. Solide Immunität bei *L. major*- und *L. tropica*-Infektion.

L. major (Orientbeule): Nordafrika, Mittlerer Osten, Sahelzone, Westasien. „Feuchte", „ländliche" oder „zoonotische" Form. Schnelle Vergrösserung der Hautläsion, später geschwüriger Zerfall und Heilung innerhalb von 6 Monaten. ER: Nagetiere.
Ü: *Phlebotomus*-Arten.

L. tropica (Orientbeule): Mittelmeerraum, Südwest-Asien bis Indien. „Trockene", „städtische" oder „anthroponotische" Form. Entwicklung und Persistenz der Läsion länger als bei *L. major*. ER: Mensch. Ü: *Phlebotomus*-Arten.

***L. aethiopica*:** Äthiopien, Kenia. ER: Klipp- und Buschschliefer. Ü: *Phlebotomus*-Arten.

Amerikanische Haut- und Schleimhautleishmaniose

Hauptlokalisation:	Haut, Schleimhaut.
Leitsymptome:	Hautveränderungen ähnlich der kutanen Leishmaniose, bei einigen Formen Tendenz zur Ausbreitung in Schleimhäute und zu starker Gewebezerstörung.

Fußnoten s. S. 572

10

Tabelle **10.3** (Fortsetzung)

***L. mexicana*- Komplex:** Südl. USA (Texas), Zentralamerika und nördl. Südamerika. Verschiedene Unterarten des Erregers. Destruktive kutane Form. ER: Waldnager. Ü: *Lutzomyia*-Arten.

***L. braziliensis*-Komplex:** Zentral- und Südamerika. Verschiedene Unterarten des Erregers. Mukokutane Form („Espundia"). ER: Waldnager, Faultier, Opossum. Ü: *Lutzomyia*-Arten.

L. peruviana: Peru (Anden). Kutane Form („Uta"). ER: Hund. Ü: *Lutzomyia*-Arten.

[1] Kalar-Azar = Schwarze Krankheit (wegen Hyperpigmentierung der Haut durch die Infektion). [2] In Klammern mit Fragezeichen: Bedeutung fraglich. [3] *L. chagasi* (Syn. *L. infantum*), wurde aus Europa nach Südamerika vermutlich mit Hunden eingeschleppt.

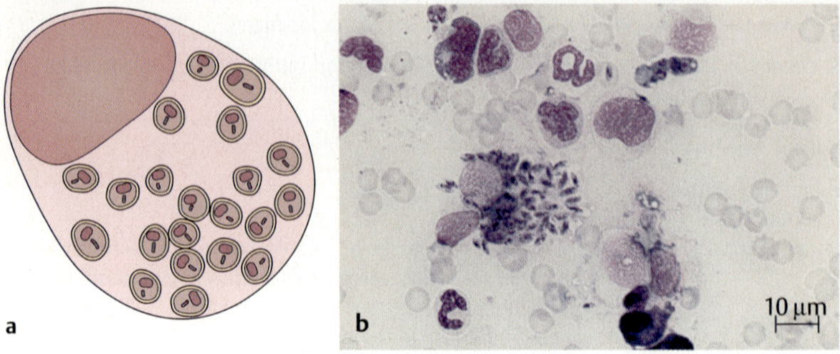

Abb. **10.7** **Leishmanien. a** Leishmanien in einem Makrophagen. **b** *Leishmania infantum* in einem Makrophagen; Giemsa-Färbung eines Knochenmarkausstrichs.

10

die Erreger im Allgemeinen auf die Haut beschränkt. Die Läsionen können zwar lange persistieren, neigen aber zur Selbstheilung. Einige Formen der **Haut- und Schleimhautleishmaniosen** haben die Tendenz zur Ausbreitung in tiefere Gewebschichten und zu destruktiven Veränderungen. Bei **viszeralen Leishmaniosen** können die Erreger das mononukleäre Phagozytensystem in verschiedenen inneren Organen (u. a. Milz, Leber, Lymphknoten, Knochenmark) und seltener auch in der Haut befallen und entsprechende Läsionen verursachen.

Der Infektionsverlauf hängt von der Aktivierung verschiedener Subpopulationen von T-Lymphozyten durch *Leishmania*-Antigene ab. Die Aktivierung von T_{H1}-Zellen ist mit der Produktion von INF-γ verbunden, das Makrophagen aktiviert, die eine Schutzwirkung vermitteln. Hingegen werden bei der Aktivierung von T_{H2}-Zellen größere Mengen IL4 und IL10 gebildet, die auf die Makrophagenaktivierung und die T_{H1}-Akivitäten hemmend wirken und damit die Elimination

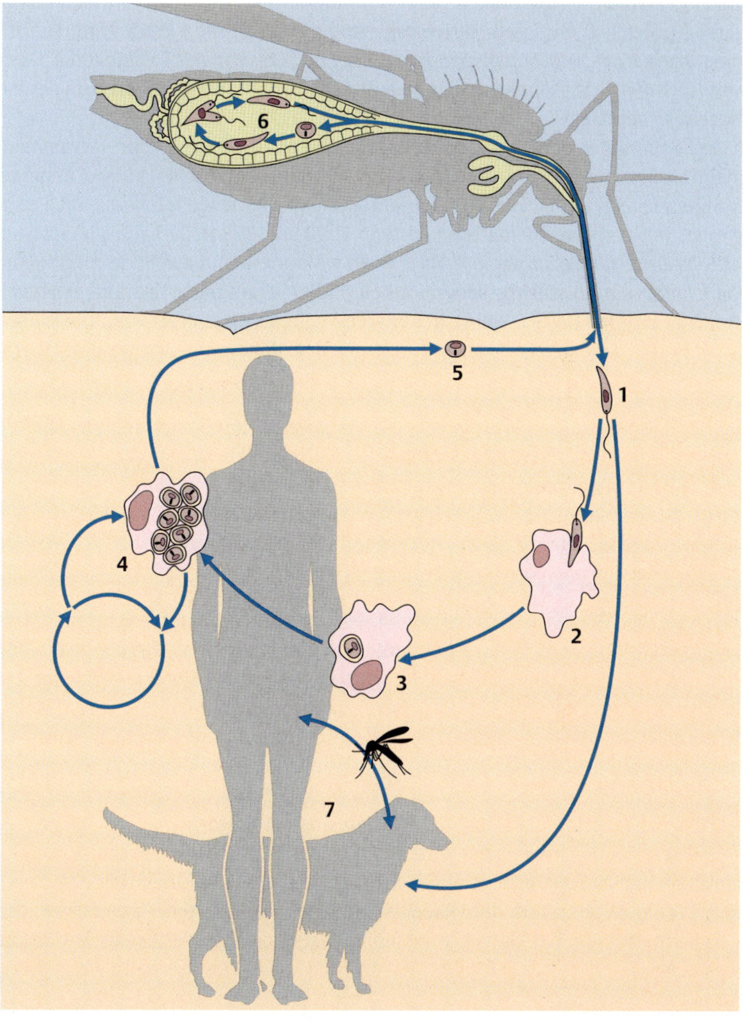

Abb. **10.8** ***Leishmania infantum:* Entwicklungszyklus. 1** Inokulation von promastigoten Stadien durch Sandmücke; **2** Invasion von Zellen durch Erreger (Langerhans-Zellen, dendritische Zellen, Makrophagen); **3** amastigote Form in parasitophorer Vakuole eines Makrophagen; **4** Vermehrung amastigoter Formen in einem Makrophagen; **5** Aufnahme amastigoter Formen beim Blutsaugen durch Sandmücke; **6** Umwandlung in promastigote Form und Vermehrung im Insekt; **7** Hund als Reservoirwirt.

von Leishmanien einschränken oder verhindern. Außerdem kommt es zu einer starken polyklonalen B-Zell-Aktivierung und einer erhöhten Produktion spezifischer Antikörper. Die Antikörper spielen bei der Abwehr der Leishmanien keine wesentliche Rolle, sie sind jedoch durch Bildung von Immunkomplexen an der Pathogenese beteiligt.

Bei Immundefizienz (z. B. bei HIV-Infektion) kann eine latente *Leishmania*-Infektion exazerbieren und einen fulminanten, symptomatischen Verlauf nehmen. In Endemiegebieten ist für AIDS-Patienten das Risiko einer Infektion mit Leishmanien stark erhöht. Die meisten der von 1990 bis 1999 in 31 Ländern erfassten AIDS-assoziierten Leishmaniose-Fälle (> 80 % Männer) sind aus Endemiegebieten von *L. infantum* im südwestlichen Europa (Italien, Frankreich, Spanien, Portugal) gemeldet worden (WHO, 2004). In anderen Regionen wurden HIV-Koinfektionen mit weiteren *Leishmania*-Arten gefunden (z. B. *L. donovani, L. braziliensis, L. tropica*).

Epidemiologie. Kurze Hinweise zur Epidemiologie finden sich in Tab. **10.3**. In Mitteleuropa verdient die Leishmaniose als Reisekrankheit Beachtung, vor allem die aus Mittelmeerländern importierte viszerale, durch *L. infantum* verursachte Leishmaniose. Gelegentlich treten in verschiedenen Regionen große Epidemien von viszeraler Leishmaniose auf, z. B. im südlichen Sudan mit 100 000 Todesfällen in einer Bevölkerung von < 1 Million (WHO, 2000).

Diagnose. Die Diagnose der viszeralen Leishmaniosen erfolgt durch Erregernachweis in Punktatmaterial von Lymphknoten oder Knochenmark (bei HIV-Patienten auch in der angereicherten Leukozytenfraktion des Blutes). Die Erreger werden in Giemsa-gefärbten Ausstrichen (unsicher!), in Kulturen (in denen sich Promastigote entwickeln) oder durch die PCR nachgewiesen. Kultur und PCR haben eine hohe, etwa gleichwertige Sensitivität. Ferner sind im Serum eines großen Teiles der immunkompetenten Patienten (um 99 %) spezifische Antikörper nachweisbar, aber 40–50 % der Patienten mit HIV-Koinfektion sind seronegativ.

10

Bei den Hautleishmaniosen wird die Diagnose meist klinisch gestellt. Die ätiologische Verifizierung erfolgt durch Erregernachweis (s. o.) in Ausstrichen und/oder Probeexzisaten aus den Randgebieten der veränderten Hautbezirke. Nur bei einem kleinen Teil der Fälle lassen sich serologisch spezifische Antikörper nachweisen.

Therapie und Prophylaxe. Standardbehandlung der viszeralen Leishmaniose bisher parenteral mit Antimonpräparaten (u. a. Glucantime; langwierig, oft Nebenwirkungen), zum Teil in Kombination mit Pentamidin, Amphotericin B oder Allopurinol. Neuerdings perorale Applikation von Miltefosin, das hochwirksam und gut verträglich ist und auch bei Kindern und HIV-Patienten mit viszeraler Leishmaniose eingesetzt werden kann. Miltefosin wirkt auch gegen verschiedene Formen von kutaner Leishmaniose. Eine wirksame Chemoprophylaxe gibt es bisher nicht. Wichtig ist daher der Schutz vor den Stichen der Sandmücken mit kleinmaschigen, insektizidimprägnierten „Moskitonetzen" (S. 606). Die Überträger werden mit Insektiziden und durch Beseitigung ihrer Brutstätten bekämpft.

10.5 Entamoeba histolytica und andere Darmamöben

Erreger der Amöbose (Amöbiasis, Entamöbose)

Entamoeba histolytica ist als Erreger der weltweit verbreiteten, vor allem in warmen Ländern häufigen Amöbose von großer Bedeutung. Die vegetativen Stadien (Trophozoiten) von *E. histolytica* leben im Dickdarm und bilden enzystierte Stadien (Zysten), die mit den Fäzes ausgeschieden werden. Durch Zysten wird die Infektion von Mensch zu Mensch übertragen. Die Trophozoiten von *E. histolytica* können in die Darmwand eindringen und auf dem Blutweg in die Leber sowie in andere Organe gelangen und verschiedene Formen der Amöbose verursachen, am häufigsten die invasive Darmamöbose (**„Amöbenruhr"**) und die Leberamöbose (**„Amöbenleberabszess"**). Die Diagnose der Darminfektion erfolgt durch Erregernachweis im Stuhl; bei invasiven, intestinalen oder extraintestinalen Infektionen mit *E. histolytica* lassen sich spezifische Antikörper im Serum nachweisen. Morphologisch ist *E. histolytica* von der apathogenen *Entamoeba dispar* nicht unterscheidbar (Sammelbegriff für beide Arten: *E. histolytica*/*E.dispar*-Komplex).

Vorkommen. Weltweit sind ungefähr 500 Millionen Menschen mit *E. histolytica/ E. dispar* infiziert. Dabei ist die Prävalenz von *E. dispar* etwa 10 mal höher als die von *E. histolytica. E. histolytica* verursacht jährlich etwa 40 Millionen Krankheitsfälle, davon 40 000-100 000 mit letalem Ausgang. Die höchsten Prävalenzen von *E. histolytica/ E. dispar* findet man in warmen Regionen mit niedrigem Hygienestandard. In den USA und Europa sind bis 4 % der Bewohner Träger dieser Amöbenarten. Höhere Prävalenzen von *E. histolytica/ E. dispar* wurden in Risikogruppen festgestellt (u. a. männliche Homosexuelle, Immigranten aus Endemiegebieten).

Erreger. Erreger der Amöbose ist die pathogene *Entamoeba histolytica*. Diese Art und die apathogene *E. dispar* sind morphologisch identisch, sie lassen sich aber durch Zymodem- und DNA-Analysen sowie mit Hilfe monoklonaler Antikörper unterscheiden. Beide Arten treten in Form von Trophozoiten (= vegetative Stadien) und Zysten auf (Abb. **10.9** und **10.10**).

- Die **Trophozoiten** von *E. histolytica* sind Zellen von variabler Form und Größe (10–40 µm), die meist ein einziges, breites Pseudopodium (= Ausstülpung von Zellmembran und Zytoplasma) bilden, das rasch in Bewegungsrichtung ausgestülpt wird. Charakteristisch für die Gattung *Entamoeba* ist der im gefärbten Präparat ringförmig erscheinende Kern mit zentralem Kernkörperchen und

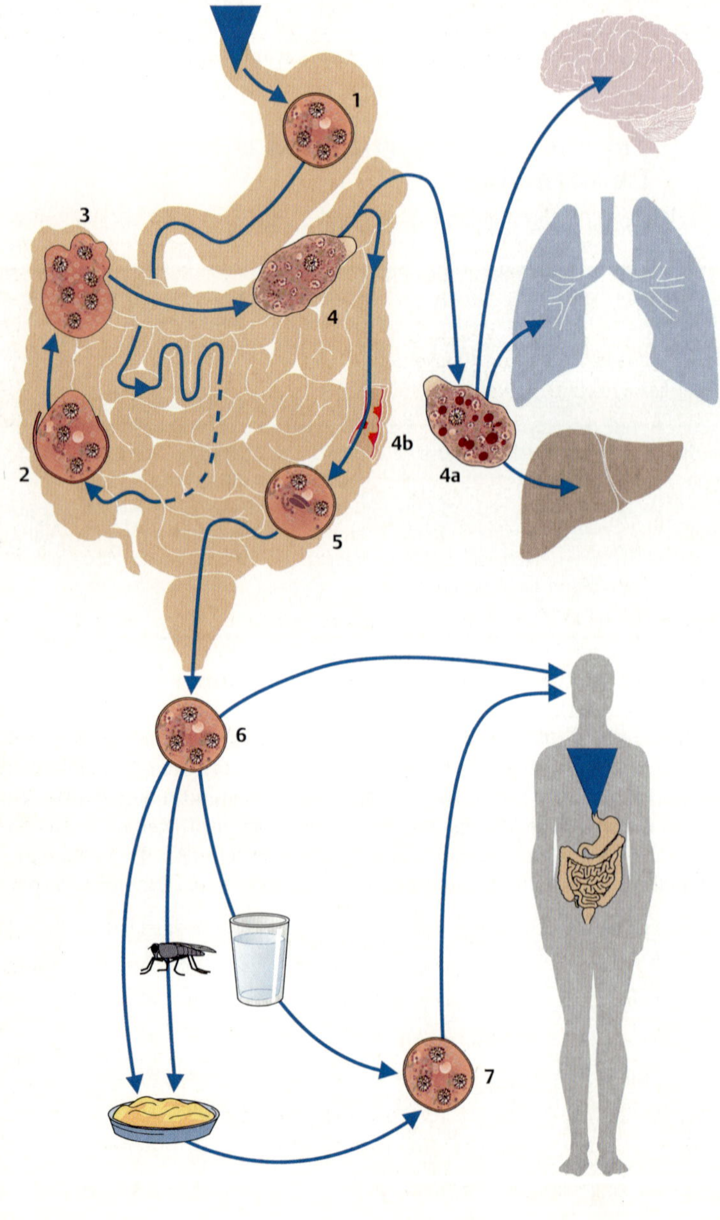
1
3
4
4a
4b
2
5
6
7

◄ Abb. **10.9** ***Entamoeba histolytica:*** **Entwicklungszyklus. 1** Zyste von *E. histolytica* nach peroraler Aufnahme im Magen; **2** Schlüpfen der Amöbe aus der Zyste; **3** Teilungsstadium der Amöbe; **4** aus der Teilung hervorgegangener einkerniger Trophozoit; **4a** invasives Stadium mit phagozytierten Erythrozyten, extraintestinal; **4b** Läsionen in der Darmwand; **5** Zystenbildung; **6** mit dem Stuhl ausgeschiedene Zysten und verschiedene Übertragungswege; **7** perorale Aufnahme von Zysten.

---

an der Kernmembran angelagerten, regelmäßigen Chromatingranula. In Gewebe eingedrungene Trophozoiten enthalten oft phagozytierte Erythrozyten.

- Die kugelförmigen, unbeweglichen **Zysten** (10–16 µm) sind mit einer widerstandsfähigen Hülle versehen und enthalten zunächst je eine einkernige Amöbe, in Vakuolen abgelagertes Glykogen und zigarrenförmige sog. Chromidialkörper (= Aggregate von Ribosomen). Durch Kernteilung entstehen zunächst zweikernige und später die vierkernigen, infektionsfähigen Zysten (Abb. **10.10c**). Die Zysten werden allein oder gemeinsam mit Trophozoiten im Stuhl infizierter Personen ausgeschieden.

Entwicklung, Pathogenese und Krankheitsbild. Die Entwicklung von *E. histolytica* ist in Abb. **10.9** dargestellt. Die Infektion mit *E. histolytica* kann bereits 2–4 Wochen p.i. oder erst nach einer monate- bis jahrelangen Inkubation zu Krankheitserscheinungen führen.

Symptomatische (invasive) intestinale Amöbose. Nach peroraler Aufnahme einer reifen Zyste von *E. histolytica* wird im terminalen Ileum oder Dickdarm die vierkernige Amöbe frei, aus der durch Teilung 8 einkernige Trophozoiten hervorgehen, die sich weiter vermehren und Zysten bilden können. Die Trophozoiten parasitieren auf der Mukosa oder im Lumen des Dickdarmes. Sie können sich an Darmzellen durch Vermittlung von Oberflächenlektinen anheften, Zellen durch porenbildende Peptide (Amoebapor der Typen A–C) abtöten und die extrazelluläre Matrix durch Cystein-Proteasen auflösen. Die Trophozoiten von *E. histolytica* sind dadurch in der Lage, in die Darmwand einzudringen, sich dort zu vermehren und pathologische Veränderungen hervorzurufen (Nekroseherde, Geschwüre, Entzündungsreaktionen).

Die betroffenen Darmabschnitte (Kolon, Zäkum, Rektum, gelegentlich terminales Ileum) weisen eng begrenzte oder mehr flächenhafte Veränderungen unterschiedlicher Intensität auf, die von ödematöser Schwellung und Rötung über stecknadelkopfgroße Herde mit zentraler Nekrose bis zu größeren, tief in die Darmwand vordringenden, flaschenförmigen Geschwüren mit aufgewulsteten Rändern sowie großen Zerfallsherden reichen. Die Geschwüre perforieren gelegentlich in die Peritonealhöhle. Heilungsvorgänge mit Narbenbildung können zur Verengung des Darmlumens und starke Entzündungsreaktionen zur tumorartigen Verdickung der Darmwand führen (= Amöbom).

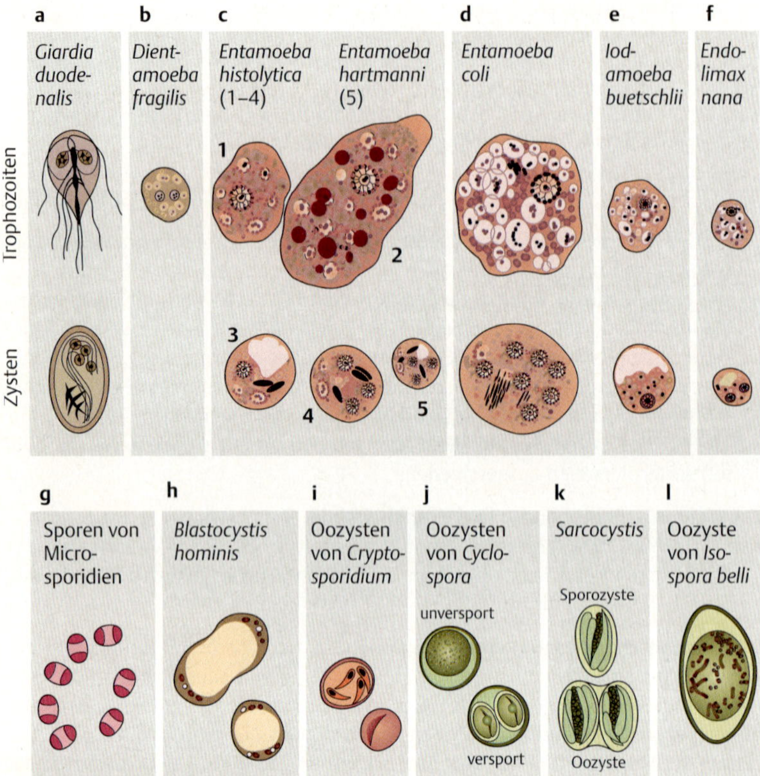

Abb. **10.10** **Differenzialdiagnose von Darmprotozoen**

a *Giardia duodenalis* (pathogen):
Trophozoiten: 9–21×5–12 µm;
Zysten: 8–14×8–10 µm.

b *Dientamoeba fragilis* (apathogen oder fakultativ pathogen):
Trophozoiten: 5–15 µm, 3/4 der Stadien mit zwei Kernen, der Rest mit einem; Karyosom aus 4–6 Granula;
Zysten: keine.

c *Entamoeba histolytica* (pathogen):
Trophozoiten: kleine Form (**1**) 10–20 µm, mit *Entamoeba*-Kern und wenigen bakterienhaltigen Vakuolen; größere Form (**2**) 20–40 µm, mit phagozytierten Erythrozyten; (**3**) Zysten: 10–16 µm, 1–4 Kerne. Im Bild zweikernige Zysten mit Glykogenvakuole und balkenförmigen Chromatoiden (**4**) eine vierkernige Zyste.

Entamoeba dispar (apathogen): von *E. histolytica* morphologisch nicht unterscheidbar (s. Text).

Entamoeba hartmanni (**5**) (apathogen): ähnlich wie *E. histolytica*, jedoch kleiner. Trophozoiten und Zysten ca. 3–10 µm.

d *Entamoeba coli* (apathogen):
Trophozoiten: mit *Entamoeba*-Kern, 10–50 µm, meist viele Vakuolen mit Bakterien und Partikeln;
Zysten: 15–25 µm, 1–8 Kerne, Chromatoide schlank, splitterförmig.

e *Iodamoeba buetschlii* (apathogen):
Trophozoiten: 6–20 µm, Kern mit großem, zentral gelegenem oder der Kernmembran anliegendem Karyosom;
Zysten: 5–18 µm, 1 Kern, selten 2.

f *Endolimax nana* (apathogen):
Trophozoiten: 6–15 µm, Kern mit Karyosom;
Zysten: gewöhnlich oval, 8–12 µm lang.

g Microsporidien (pathogen):
Sporen: sehr klein (!), je nach Art 1–3,5 µm lang, oval, in Chromotropfärbung nach Weber Sporen oft nicht homogen gefärbt (s. Abb.10.**18c**, S. 609);

h *Blastocystis sp.* (fakultativ pathogen):
Einzelzellen: 5–20 µm.

i *Cryptosporidium sp.* (pathogen):
Oozysten: 4–5 µm (s. Abb.10.**14c**, S. 592).

j *Cyclospora cayetanensis* (pathogen):
Oozysten: 8–10 µm, kugelig, in frischem Stuhl unversport; nach Sporulation mit 2 Sporozysten und je 2 Sporozoiten (s. Abb. 10.**14a, b**, S. 592).

k *Sarcocystis sp.* (pathogen):
Sporozyste: 14×9 µm; Oozyste: 20×13 µm.

l *Isospora belli* (pathogen):
Oozyste: 20–33×10–19 µm.

Die **akute Krankheit** beginnt meist mit Abdominalbeschwerden und Durchfallepisoden unterschiedlicher Dauer, wobei anfänglich breiiger, dann zunehmend schleimiger und auch blutiger „himbeergeleeartiger" Stuhl abgesetzt wird, in dem sich Amöben nachweisen lassen, auch erythrozytenhaltige Trophozoiten. In solchen Fällen treten in der Regel spezifische Antikörper im Serum auf. Die Symptome können spontan zurückgehen, doch entwickelt sich nicht selten eine über Monate oder Jahre anhaltende, rezidivierende **chronische Kolitis**.

Asymptomatische intestinale Amöbose. Bei dieser Form liegt meist eine Infektion mit der apathogenen *E. dispar* vor, oder die pathogene *E. histolytica* besiedelt den Dickdarm, ohne invasiv zu werden. Neben Monoinfektionen mit einer dieser Amöbenarten kommen Mischinfektionen mit beiden Arten vor. *E. dispar* hat zwar die Fähigkeit zur Adhäsion an Wirtszellen, doch fehlen ihr im Vergleich zu *E. histolytica* gewisse Pathogenitätsfaktoren (u. a. fehlen der potente Typ C von Amoebapor und einige für bestimmte Cystein-Proteasen codierende Gene). Bei dieser Form der Amöbose werden im Stuhl Zysten des *E. histolytica*/*E. dispar*-Typs ausgeschieden, im Serum sind meist keine Antikörper gegen *E. histolytica*-Antigen nachweisbar.

Extraintestinale Amöbose. Von der Darmwand aus ist eine hämatogene Streuung von *E. histolytica* in andere Organe möglich, am häufigsten in die Leber (Abb. **10.9**). Infolge der Zerstörung von Leberparenchymzellen entstehen zunächst kleine Nekroseherde, die allmählich an Umfang zunehmen und einen oder mehrere Herde bilden können, die als **„Amöbenleberabszesse„** bezeichnet werden. Im Zerfallsherd befindet sich eine meist bakteriologisch sterile, bräunliche oder gelbliche, eiterähnliche Flüssigkeit oder nach deren Eindickung eine nekrotische Masse (Beteiligung von Bakterien in etwa 5% der Fälle). Amöben sind oft nur in der Zone des Übergangs zum intakten Lebergewebe nachweisbar. Leberabszesse brechen manchmal in die Pleurahöhle und in die Lunge durch; seltener führt eine hämatogene Aussaat von Amöben zur Besiedelung von Milz, Gehirn und anderen Organen. Hautamöbose besteht am häufigsten in der Perianalgegend, ausgehend von Rektumveränderungen. Zu beachten ist, dass nur bei rund 10% der Patienten mit Leberabszess gleichzeitig eine Amöbenkolitis vorliegt.

Der Leberabszess löst nach einer Inkubation von 8–20 Wochen zum Teil hohes, remittierendes Fieber, Oberbauchschmerzen, Lebervergrößerung, Zwerchfellhochstand, allgemeine Schwäche und andere Symptome aus. Große und nicht rechtzeitig behandelte Leberabszesse führen oft zum Tode. Spezifische Antikörper sind in einem großen Teil der Fälle (um 95%) nachweisbar (s. auch Diagnose).

Epidemiologie. Erregerreservoir für *E. histolytica* ist der Mensch (selten Affen, Hunde, Katzen). Die Infektion erfolgt durch reife Zysten, die durch kontaminierte Nahrungsmittel (Obst, Gemüse), Trinkwasser oder fäkalienkontaminierte Hände übertragen werden. Fliegen und Schaben können Zysten von den Fäzes eines Ausscheiders auf Lebensmittel verschleppen. Die Zysten besitzen im Gegensatz zu den Vegetativformen in feuchter Umgebung eine beachtliche Tenazität (bei 28–34 °C etwa 8 Tage, bei 10 °C bis einen Monat); bei Austrocknung und Temperaturen über 55 °C gehen sie in kurzer Zeit zugrunde. Der übliche Chlorzusatz zum Trinkwasser reicht zur Abtötung der Zysten nicht aus. Für *E. dispar* sind Affen als Reservoirwirte nachgewiesen.

Immunität. Reinfektionen sind möglich, da sich im Verlauf einer Infektion keine ausreichende Immunität entwickelt.

Diagnose. Bei Verdacht auf **intestinale Amöbose** wird primär eine koproskopische Untersuchung durchgeführt. Dazu wird eine körperwarme Stuhlprobe sofort in SAF-Lösung fixiert (S. 40) und nach Aufbereitung im Labor mikroskopisch untersucht (Sensitivität bei einmaliger Stuhluntersuchung: 50–60%; bei Untersuchung von Stuhlproben von 3 aufeinanderfolgenden Tagen: 95%). Da *E. histolytica* und *E. dispar* mikroskopisch nicht unterscheidbar sind, wird ihr Nachweis unter dem Sammelbegriff *E. histolytica*/*E. dispar*-Komplex zusammengefasst. Wichtig ist die Abgrenzung des *E. histolytica/E.dispar*-Komplexes von apathogenen Darmprotozoen (Amöben: *Entamoeba coli, E. hartmanni, E. polecki, Iodamoeba buetschlii, Endolimax nana*; Flagellaten: *Dientamoeba fragilis, Enteromonas hominis*) sowie von Darmepithelien, Granulozyten, Makrophagen und Pilzen (Abb. **10.10**). Zur Unterscheidung von *E. histolytica* und *E. dispar* werden in Speziallabors PCR-Verfahren eingesetzt. Ferner kann Kopro-Antigen von *E. histolytica* in Stuhlproben mit einem auf monoklonalen Antikörpern basierenden ELISA mit guter Sensititvität (um 90%) nachgewiesen werden. Bei invasiver, durch *E. histolytica* verursachter Darmamöbose sind häufig spezifische Antikörper im Serum nachweisbar, nur selten dagegen bei Befall mit *E. dispar.*

Amöben-Leberabszesse lassen sich durch bildgebende Verfahren (Ultrasonographie, Computertomographie) in Verbindung mit serologischem Antikörpernachweis diagnostizieren (95–100% der Patienten mit Amöben-Leberabszess sind seropositiv).

Therapie. Bei asymptomatischer Darmamöbose werden Kontaktamöbizide eingesetzt, die nur im Darmlumen wirken (z.B. Furamid, Humatin). Chemotherapie symptomatischer intestinaler und extraintestinaler Formen mit systemisch wirkenden Nitroimidazol-Derivaten (Metronidazol, Ornidazol, Tinidazol), gefolgt von einem Kontaktamöbizid zur Elimination der Darmlumenformen.

Prophylaxe. Reisenden ist zu empfehlen, in Endemiegebieten Trinkwasser durch Abkochen oder Filtration (z.B. mittels Katadyn-Filtern) zu entkeimen, auf den Genuss von Salaten zu verzichten, nur selbst geschältes Obst zu essen und bei der Nahrungsumstellung vorsichtig zu sein. Eine Möglichkeit zur Chemoprophylaxe besteht nicht.

Naegleria, Acanthamoeba und Balamuthia

Freilebende Amöben der Gattungen *Naegleria*, *Acanthamoeba* und *Balamuthia* gehen gelegentlich zum Parasitismus über und verursachen beim Menschen Erkrankungen. Im Wasser können verschiedene Arten dieser Amöben pathogene und infektionsfähige Bakterien beherbergen und zu deren Verbreitung beitragen (z.B. *Legionella pneumophila*, Erreger der Legionärskrankheit des Menschen, s. dort).

10

Morphologische Merkmale.

Kern mit großem Karyosom, Fehlen von Chromatingranula an der Kernmembran (s. *Entamoeba*). Trophozoiten: *Naegleria fowleri* (15–30 µm) mit breiten Pseudopodien, bildet in Wasser begeißelte Stadien; *Acanthamoeba* spp. (24–56 µm) spitze „Filopodien“; *Balamuthia mandrillaris* (12–60 µm) unregelmäßig verzweigte Pseudopodien. Alle Gattungen bilden Zysten.

Pathogenese und Krankheitsbild.

Naegleria. *Naegleria fowleri* verursacht selten die „Primäre Amöben-Meningoenzephalitis" (PAM), die meist perakut und letal verläuft. Diese Amöbenart kommt in weltweiter Verbreitung in Süßwasser vor, vorwiegend in erwärmtem Wasser (Schwimmbecken, Vorratsbehälter, thermisch belastete Flüsse und Seen); sie infiziert Menschen auf nasalem Weg (z. B. beim Duschen oder Schwimmen) und dringt über das Riechepithel entlang den Nervenbahnen in das ZNS ein.

Acanthamoeba. *Acanthamoeba culbertsoni* und einige andere Arten der Gattung sind potentiell humanpathogen. Weltweite Verbreitung, Vorkommen in Erde, Sand, Staub (auch in Häusern), in der Luft sowie in Wasser (auch in Leitungswasser). Zysten können sogar in Trockenheit einige Jahre überleben und durch Staub verbreitet werden. Das Einatmen von Zysten mit Staub gilt als wichtiger Übertragungsweg. Acanthamöben besiedeln häufig die Mukosa von Nase und Mund, sie kommen auch in Hautläsionen und auf der Kornea vor. Von einer Eintrittspforte aus können sie auf dem Blutweg das ZNS und andere Organe besiedeln. Infektionsverlauf häufig inapparent. Bei Linsenträgern verursachen Acanthamoeben nicht selten Keratitis (Nachweis der Amöben in Spülflüssigkeit von Konjunktiva und Kontaktlinsen in Kultur oder mit PCR; Prophylaxe: nur sterile Linsenspülflüssigkeit verwenden). Bei seltenen generalisierten Infektionen können Acanthamoeben eine „Granulomatöse Amöben-Enzephalitis" (GAE) sowie granulomatöse Veränderungen der Lunge und anderer Organe hervorrufen, vor allem bei immundefizienten Patienten. Nach einem Einzelbericht war die Therapie mit Miltefosin erfolgreich. *Balamuthia mandrillaris* kann ebenfalls eine GAE verursachen.

10.6 Toxoplasma gondii

Erreger der Toxoplasmose

Toxoplasma gondii ist der Erreger einer **weltweit verbreiteten und häufigen Zoonose** (Prävalenz in der Bevölkerung regional und altersabhängig bis 80 %). Menschen infizieren sich durch perorale Aufnahme von Oozysten, die von Endwirten (Katzen) ausgeschieden werden, oder durch Verzehr von Fleisch von Zwischenwirten, das *Toxoplasma*-Zysten enthält. Wenn sich Frauen während der Schwangerschaft erstmalig mit Toxoplasmen infizieren, ist eine **diaplazentare Übertragung** des Erregers auf den Fetus möglich, die schwerwiegende Folgen haben kann (u. a. Missbildungen, Augenschäden, Erkrankungen im Kindesalter). Bei Frauen, die bereits vor Eintritt der ersten Schwangerschaft infiziert sind und spezifische Antikörper im Serum aufweisen (etwa 35–45 %), besteht dagegen kein Risiko für den Fetus. Inapparente Infektionen können bei immundefizienten oder immunsupprimierten Patienten exazerbieren und zu symptomatischer zerebraler oder generalisierter Toxoplasmose führen. Die Exazerbation kann durch Chemotherapie verhindert werden.

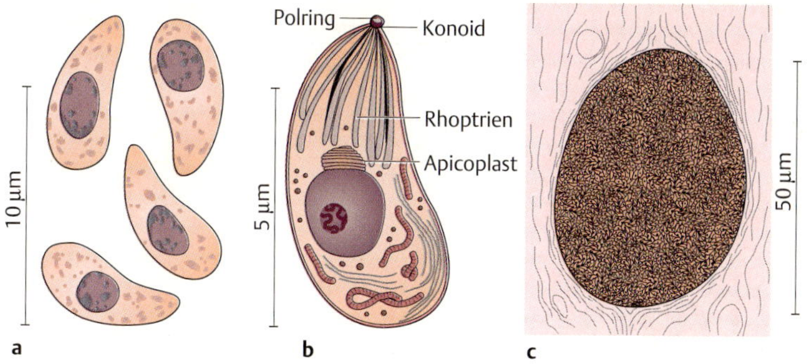

Abb. **10.11** ***Toxoplasma gondii.*** **a** Tachyzoiten, **b** Ultrastruktur eines Tachyzoiten, **c** Zyste mit Bradyzoiten.

Vorkommen. *T. gondii* ist weltweit verbreitet. Seine geringe Wirtsspezifität befähigt den Erreger zur Infektion eines breiten Artenspektrums warmblütiger Vertebraten (u. a. Mensch, Schaf, Schwein, Rind, Pferd, Hund, Katze, wildlebende Säugetiere, Vogelarten). Nach Schätzungen ist bis ein Drittel der Weltbevölkerung mit *T. gondii* infiziert, allerdings bestehen in der Prävalenz starke altersabhängige und regionale Schwankungen. Beispiel Schweiz (1995): mittlere Seroprävalenz bei 4000 Personen in verschiedenen Altersgruppen: 1–19 Jahre: 24 %, 20–39 Jahre: 43 % und 40–70 Jahre: 69 %. Von rund 9000 schwangeren Frauen waren 46 % seropositiv.

Erreger. Von *T. gondii* sind verschiedene Stämme mit unterschiedlicher Virulenz bekannt. Im Entwicklungszyklus tritt *T. gondii* in verschiedenen Stadien auf:

- **Tachyzoiten** (= Endozoiten) (Abb. **10.11a, b**) sind Proliferationsformen, die sich innerhalb einer parasitophoren Vakuole in kernhaltigen Zellen des Wirtes durch Endodyogenie schnell vermehren. Dabei entstehen innerhalb einer Mutterzelle zwei Tochterindividuen. Die Endozoiten sind sichelförmige („bogenförmige"; gr. *toxon*: Bogen) Zellen, etwa 4–7 µm lang und 2–4 µm breit. Am vorderen Pol befindet sich ein Apikalkomplex (aus Konoid, Polringen, Rhoptrien und Mikrotubuli), der beim Eindringen des Parasiten in eine Wirtszelle eine Rolle spielt. Der Kern liegt in der hinteren Zellhälfte. Außer dem chromosomalen und dem mitochondrialen Genom enthält die Zelle ein Apicoplast-Genom aus zirkulärer DNA (35 kb). Der aus mehreren Membranen und zentralem Vesikel bestehende und in Kernnähe liegende Apicoplast ist im Verlauf der Evolution durch sekundäre Endosymbiose einer Rotalge durch die Apicomplexa-Vorläuferzelle hervorgegangen. Darauf weisen mit dem Apicoplasten assoziierte Stoffwechselwege hin, die von Pflanzen und verschiedenen Mikroorganismen bekannt sind. Einen Apicoplasten haben auch andere Apikomplexa (u. a.

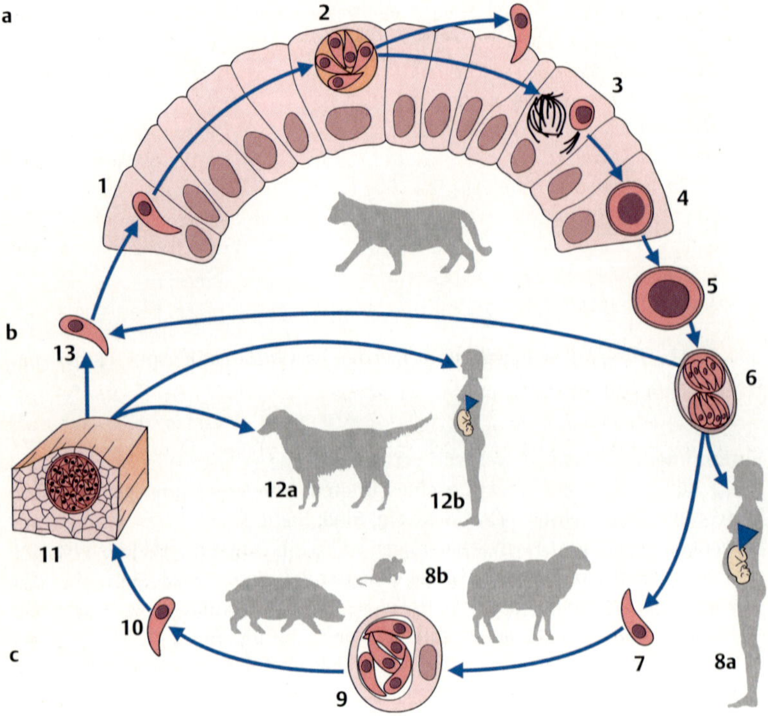

Abb. **10.12** ***Taxoplasma gondii:* Entwicklungszyklus**

a Entwicklung im Endwirt (Katze): Enteroepitheliale Phase mit Ausbildung von Geschlechtsformen: **1** In Epithelzelle des Dünndarms eingedrungenes *Toxoplasma*; **2** ungeschlechtliches Vermehrungsstadium mit Merozoiten (diese Vermehrung kann über mehrere Generationen erfolgen). Der Pfeil deutet an, dass in der Katze auch eine extraintestinale Entwicklung stattfindet; **3** Entwicklung von Geschlechtsformen und Bildung der Zygote; **4** Oozyste.

b Externe Phase mit Sporogonie: 5 Im Kot der Katze ausgeschiedene, unsporulierte Oozyste; **6** sporulierte Oozyste mit 2 Sporozysten und je 4 Sporozoiten.

c Entwicklung im Zwischen- oder Fehlwirt (Säugetiere, Vögel, Mensch): Extraintestinale Phase, nur ungeschlechtliche Vermehrung des Parasiten: **7** Im Organismus freigewordener Sporozoit nach oraler Aufnahme von Oozysten; **8a** Infektion des Menschen; **8b** Infektion verschiedener Tierarten; **9** ungeschlechtliche Vermehrungsstadien (Tachyzoiten) in einer Körperzelle; **10** freier Tachyzoit; **11** Zyste mit Bradyzoiten in der Muskulatur; **12a** Infektion eines Hundes mit *Toxoplasma*-Zysten im Fleisch von Tieren; **12b** Infektion des Menschen mit *Toxoplasma*-Zysten; **13** Infektion der Katze mit infektiösen Stadien aus Zysten im Fleisch oder aus Oozysten.

Plasmodium, Sarcocystis). *Toxoplasma*-Tachyzoiten lassen sich in Versuchstieren und in Gewebekulturen zur Vermehrung bringen. An der Außenwelt sind sie sehr hinfällig; nach peroraler Aufnahme überstehen sie die Magenpassage im Allgemeinen nicht.

- **Bradyzoiten (** = Zystozoiten**)** sind durch langsame Vermehrung innerhalb von Zysten gebildete Stadien (4–8 × 2–4 µm). Die Zysten entwickeln sich intrazellulär in verschiedenen Geweben (s. unten), sie sind dünnwandig, werden bis zu 100 µm groß und enthalten bis zu mehrere Tausend Bradyzoiten (Abb. **10.11c**). Menschen und Tiere können sich durch perorale Aufnahme zystenhaltigen Fleisches infizieren (Abb. **10.12**)
- **Oozysten** sind rundliche, mit einer resistenten Hülle ausgestattete, 9 × 14 µm große Dauerstadien, die als Endprodukt einer im Darmepithel von katzenartigen Tieren ablaufenden geschlechtlichen Entwicklung entstehen, eine Zygote enthalten und im Kot ausgeschieden werden (Abb. **10.12**). Bei Zimmertemperatur sporulieren die Oozysten in 2–4 Tagen unter Bildung von 2 Sporozysten mit je 4 Sporozoiten und werden damit für Menschen und Tiere infektiös.

Entwicklung. Der Entwicklungszyklus von *T. gondii* umfasst eine enteroepitheliale, externe und extraintestinale Phase (Abb. **10.12**).

- Die **enteroepitheliale Phase** mit Ausbildung von Geschlechtsformen vollzieht sich nur im Dünndarm der Hauskatze (selten in anderen, epidemiologisch unbedeutenden Feliden). Katzen infizieren sich durch Aufnahme von *Toxoplasma*-Zysten, die in Beutetieren oder in rohem Fleisch enthalten sind, oder mit sporulierten Oozysten. Nach Erstinfektion und Ablauf der Präpatenz scheiden sie während einiger Tage bis zu 3 Wochen meist zahlreiche Oozysten aus. In Zwischenwirten (Schwein, Schaf, viele andere Tierarten) oder in Fehlwirten (z. B. Mensch, Hund) findet nur eine extraintestinale Entwicklung statt (s. unten).
- **Externe Phase.** Die im Katzenkot ausgeschiedenen Oozysten sporulieren in der Außenwelt (s. oben). In feuchter Umgebung bleiben sie bis 5 Jahre infektiös.
- **Extraintestinale Phase.** Diese Phase schließt sich an eine perorale Infektion mit Oozysten oder Zysten an und kommt bei Zwischenwirten (Schaf, Schwein, andere Säugetiere, Vögel) und Fehlwirten (Mensch, Hund), aber auch bei Endwirten (Katze) vor. Vom Darm aus gelangen die Toxoplasmen im Blut oder in der Lymphe in verschiedene Organe und vermehren sich in kernhaltigen Wirtszellen, vorzugsweise im retikulohistiozytären System, in der Muskulatur und im ZNS. Durch wiederholte Endodyogenie entstehen in der sich erweiternden Wirtszelle bis zu 32 Tochterindividuen, die nach Desintegration der Zellwand frei werden und benachbarte Zellen befallen. Dadurch kommt es im betroffenen Gewebe zu fokalen Nekrosen und entzündlichen Reaktionen. Im Rahmen einer Generalisation kann es zur Besiedlung der Plazenta und auch zur Infektion des Fetus kommen. Relativ früh im Verlauf der Infektion entstehen Zysten, die in ihrer Umgebung keine entzündlichen Reaktionen hervorrufen. Solche Zysten

(= Gewebezysten) findet man vor allem im ZNS, in der Skelett- und Herzmuskulatur, aber auch in der Retina, der Uteruswand und in anderen Organen. Sie können jahrelang persistieren, ohne den Wirt merklich zu schädigen.

Immunität. Durch verschiedene *Toxoplasma*-Antigene werden humorale und zelluläre Immunreaktionen ausgelöst, die nach einer Primärinfektion einerseits zur Antikörperbildung und andererseits zur Limitierung der Vermehrung von Tachyzoiten führen. Mit der ziemlich rasch einsetzenden Bildung von Zysten entziehen sich die Toxoplasmen der Immunabwehr (= Immunevasion). Sie können daher in immunkompetenten Wirten über viele Jahre persistieren.

Bradyzoiten können aus Zysten (auch ohne Zystenruptur) emigrieren und sich in Tachyzoiten umwandeln, die in immunkompetenten Wirten lokal inaktiviert werden. Durch die dabei erfolgende Freisetzung von Antigenen wird der Immunstatus aufrecht erhalten. Bei zellulärer Immundefizienz entfällt jedoch diese Kontrolle, so dass sich die Toxoplasmen vermehren können und die inapparente Infektion in eine akute, manifeste Toxoplasmose übergeht. Bei AIDS-Patienten exazerbiert die inapparente *Toxoplasma*-Infektion gewöhnlich dann, wenn die Zahl der $CD4^+$-Zellen auf Werte unter 200 pro µl sinkt.

Pathogenese und Krankheitsbild. Fokale Nekrosen und Entzündungen sowie immunpathologische Vorgänge bilden die Grundlage für das vielgestaltige Krankheitsbild der Toxoplasmose, bei der man postnatal und pränatal erworbene Formen unterscheidet.

Formen der postnatalen Toxoplasma-Infektion

Primärinfektion bei Immunkompetenten. Häufigste Form ohne klinische Manifestation, erkennbar an spezifischen Antikörpern im Serum. Die Infektion kann lebenslang persistieren und bei Immunsuppression exazerbieren. Bei etwa 1% der infizierten Personen im Halsbereich subakute Lymphadenitis.

Primärinfektion während der Schwangerschaft. Sie kann zu pränataler Infektion des Fetus führen und somit besondere Bedeutung erlangen (s. pränatal erworbene Toxoplasmose).

Primärinfektion bei Immunsupprimierten. Bei Immundefizienz (erhebliche Störungen der T-Zellfunktionen) und immunsuppressiven Therapien (z. B. bei Organtransplantation) fieberhafte Allgemeinerkrankung mit makulopapulösem Exanthem, generalisierter Lymphadenitis, nekrotisierender interstitieller Pneumonie, Hepatosplenomegalie, Myokarditis, Meningoenzephalitis, Augenschäden und anderen Erscheinungen. Unbehandelt hohe Letalität.

Reaktivierungs-Toxoplasmose bei Immundefizienz. Örtliche oder generalisierende Reaktivierung einer *Toxoplasma*-Infektion, ausgehend von Gewebezysten. Am häufigsten sind zerebrale Manifestationen, u. a. mit multiplen Koagulationsnekrosen, kleinherdigen Blutungen und Umgebungsödem. Seltener sind andere Organsysteme betroffen, z. B. Myokard und Lungen.

Pränatal erworbene Toxoplasmose

Vorkommen. Die pränatale Infektion des Fetus tritt nur bei Frauen auf, die sich während der Schwangerschaft *erstmalig* mit Toxoplasmen infizieren! Bei immunkompetenten Frauen, die zu Beginn der Schwangerschaft bereits inapparent infiziert sind und Antikörper (IgG) aufweisen, besteht keine Gefahr der pränatalen Infektion des Fetus. Die Rate der verifizierten Erstinfektionen bei Schwangeren wurde in Deutschland, Österreich und der Schweiz auf < 0,5–0,7% geschätzt. In einem geringen Teil der Fälle ist mit einer pränatalen Infektion des Fetus zu rechnen, wobei das Infektionsrisiko für den Fetus im ersten Trimenon geringer ist als in den folgenden. Mögliche Folgen der pränatalen Infektion sind:

- 10% klinisch gravierende Fälle, davon 85% Gehirnschäden (u. a. Hydrozephalus, intrazerebrale Verkalkungen), 15% perinataler Tod;
- 15% mildere Symptomatik (99% Chorioretinitis, 1% Gehirnschädigung);
- 75% subklinische Fälle (15% keine Schädigung, 85% Chorioretinitis).

Die Kinder der letztgenannten Gruppe erscheinen bei der Geburt klinisch unauffällig, doch können bei ihnen später im Säuglings- und Kleinkindalter Anzeichen von Hirn- und Augenschäden sowie andere Symptome auftreten.

Diagnose. Bei **immunkompetenten Erwachsenen** wird die Toxoplasmose serologisch durch Nachweis parasitenspezifischer IgM- und IgG-Antikörper diagnostiziert. IgM: nachweisbar bereits 1 Woche nach Erstinfektion, Maxima nach weiteren 2–4 Wochen, Persistenz einige Wochen bis wenige Monate, selten länger. IgG: treten etwas später auf, Maxima nach 2-4 Monaten, Persistenz bis mehrere Jahre. Hohe oder ansteigende IgG-Konzentrationen und Nachweis von IgM sowie eine niedrige Avidität der Antikörperbindung sind Anzeichen für eine akute Erstinfektion. Die isolierte **okuläre Toxoplasmose** ist serologisch meist nicht erfassbar.

Bei **immundefizienten Patienten** sind serologische Befunde wegen der verminderten Antikörperproduktion oft nicht aussagekräftig. Die bei Reaktivierungs-Toxoplasmose auftretende zerebrale Form der Infektion kann mit bildgebenden Verfahren diagnostiziert werden.

Diagnose bei **Schwangeren** (s. auch S. 730): Frauen können vor oder zu Beginn der Schwangerschaft auf spezifische Anti-*Toxoplasma*-Antikörper untersucht werden. Bei seropositiven, immunkompetenten Frauen besteht kein Risiko einer pränatalen Infektion des Fetus. Für seronegative Schwangere empfehlen Gesundheitsbehörden serologische Vorsorgeuntersuchungen (z. B. eine Untersuchung pro Trimenon), doch gilt diese Empfehlung nicht generell, sondern nur in einigen Ländern. Bei **Neugeborenen** liefert der Vergleich der Antikörperprofile von Mutter und Kind im Westernblot Hinweise auf eine pränatale Infektion; beweisend ist der DNA-Nachweis im Nabelschnurblut, Blut oder Liquor.

Therapie. Eine Indikation zur Chemotherapie besteht bei der seltenen akuten, klinisch manifesten Infektion von Erwachsenen, bei akuter Toxoplasmose von Immunsupprimierten, bei pränataler Infektion von Neugeborenen und bei okulärer Toxoplasmose. Die verfügbaren Medikamente (Kombination Pyrimethamin/Sulfadiazin, Clindamycin, Spiramycin) sind nur gegen Tachyzoiten, nicht gegen Bradyzoiten in Zysten wirksam. Zur Behandlung der inapparenten, postnatal erworbenen *Toxoplasma*-Infektion besteht keine Indikation.

Eine Chemotherapie während der Schwangerschaft mit dem Ziel der Kontrolle einer Erstinfektion der Schwangeren und der Verhütung von Schädigungen des Fetus ist möglich, doch ist die Wirkung unzureichend belegt und daher umstritten.

Epidemiologie und Prophylaxe. Potentielle Infektionsquellen für Menschen sind Katzen, die *Toxoplasma*-Oozysten ausscheiden, und vor allem rohes Fleisch von Haus- oder Wildtieren. Schafe, Ziegen und verschiedene Wildtierarten (z. B. Wildschweine) sind häufig mit *Toxoplasma* infiziert. Rinder sind schlechte Wirte für *Toxoplasma* und enthalten nur sehr selten lebende Erreger. Pasteurisierte Milch und Eier gelten nicht als Ansteckungsquelle. Im Fleisch überleben Bradyzoiten in Zysten bei 4 °C bis 3 Wochen, bei -20 °C gehen sie innerhalb von 3 Tagen und durch Erhitzen auf 70 °C innerhalb weniger Minuten zugrunde. *Toxoplasma*-Oozysten werden durch Hitze (> 70 °C) rasch abgetötet; die üblichen Desinfektionsmittel sind unwirksam.

Seronegative, werdende Mütter sollten nur durch gründliches Erhitzen oder Tiefgefrieren vorbehandeltes Fleisch verzehren. Wichtig ist auch Hygiene beim Umgang mit Katzen sowie mit Erde oder Lebensmitteln (Gemüse), die mit Oozysten kontaminiert sei könnten. Durch koproskopische und serologische Untersuchungen lässt sich feststellen, ob Katzen ein aktuelles Infektionsrisiko darstellen oder nicht.

Auf serologische Vorsorgeuntersuchungen bei Schwangeren wurde bereits oben hingewiesen.

Bei immundefizienten oder immunsupprimierten Personen ist neben der Expositionsprophylaxe auch die medikamentelle Verhütung der Reaktivierungs-Toxoplasmose wichtig (s. oben). Durch die antiretrovirale Therapie bei HIV-Patienten ist die Toxoplasmose als opportunistische Inefektion bei AIDS selten geworden.

10.7 Cryptosporidium

Erreger der Cryptosporidiose

Wichtigste Erreger der Cryptosporidiose des Menschen sind *Cryptosporidium hominis* (Übertragung von Mensch zu Mensch) und der bei Wiederkäuern vorkommende bovine Genotyp von *C. parvum* (zoonotische Übertragung). Menschen infizieren sich durch perorale Aufnahme infektiöser Oozysten, es besteht aber auch die Möglichkeit der endogenen Autoinfektion. Bei immunkompetenten Personen verläuft die Infektion inapparent oder als selbstlimitierende **Durchfallerkrankung**. Hingegen kann die Infektion bei immundefizienten Patienten lange anhaltende, choleraähnliche, lebensbedrohliche Diarrhöen verursachen.

Erregerarten und Vorkommen. Derzeit sind mindestens 15 Arten und mehrere Genotypen der Gattung *Cryptosporidium* bekannt, die vorwiegend als Parasiten des Darmes (selten der Gallenblase, Lunge u.a. Organe) bei Menschen sowie bei zahlreichen Arten von Säugetieren, Vögeln, Reptilien und Fischen vorkommen. *Cryptosporidium hominis* parasitiert bei Menschen und Affen, der bovine Genotyp von *C. parvum* kommt bei verschiedenen Säugetierarten (Wiederkäuer u.a.) und beim Menschen vor. Außer den oben genannten Arten sind u.a. *C. felis* (Wirt: Katze) sowie *C. meleagridis* (Wirte: Vögel) bei AIDS-Patienten gefunden worden.

Die Cryptosporidiose ist weltweit verbreitet. Bei immunkompetenten Personen mit Diarrhö wurden mittlere Prävalenzen bis 6% und bei HIV-positiven Patienten bis 24% festgestellt. In der letztgenannten Gruppe sind auch Prävalenzen über 50% bekannt. Unter den Haustieren weisen junge Kälber besonders hohe Prävalenzen auf (nicht selten 20 - 100%).

Morphologie und Entwicklung. Nach peroraler Aufnahme infektiöser Oozysten, die 4 Sporozoiten enthalten, dringen die im Verdauungstrakt freigesetzten Sporozoiten in den Mikrovillisaum des Dünndarms ein, wo sie sich intrazellulär, innerhalb einer parasitophoren Vakuole dicht unter der Zellmembran, entwickeln. Diese Lokalisation ist für Cryptosporidien charakteristisch (Abb. **10.13**). Aus den Sporozoiten entwickeln sich Meronten des Typs I mit 8 Merozoiten, die neue Zellen befallen. Im weiteren Verlauf entstehen Meronten des Typs II mit 4 Merozoiten, aus denen geschlechtlich differenzierte Stadien hervorgehen. Die geschlechtliche Entwicklung führt zur Ausbildung von etwa 80% dickwandigen und 20% dünnwandigen Oozysten. Die Oozysten sporulieren bereits im Darm; sie enthalten dann 4 freie (d.h. nicht von einer Sporozyste umschlossene) Sporozoiten und sind in diesem Zustand infektiös. Die dünnwandigen Oozysten können bereits im Wirt Sporozoiten freisetzen, die endogene Autoinfektionen verursachen. Mit den nach kurzer Präpatenz (2–4, gelegentlich bis 12 Tage) in den Fäzes ausgeschie-

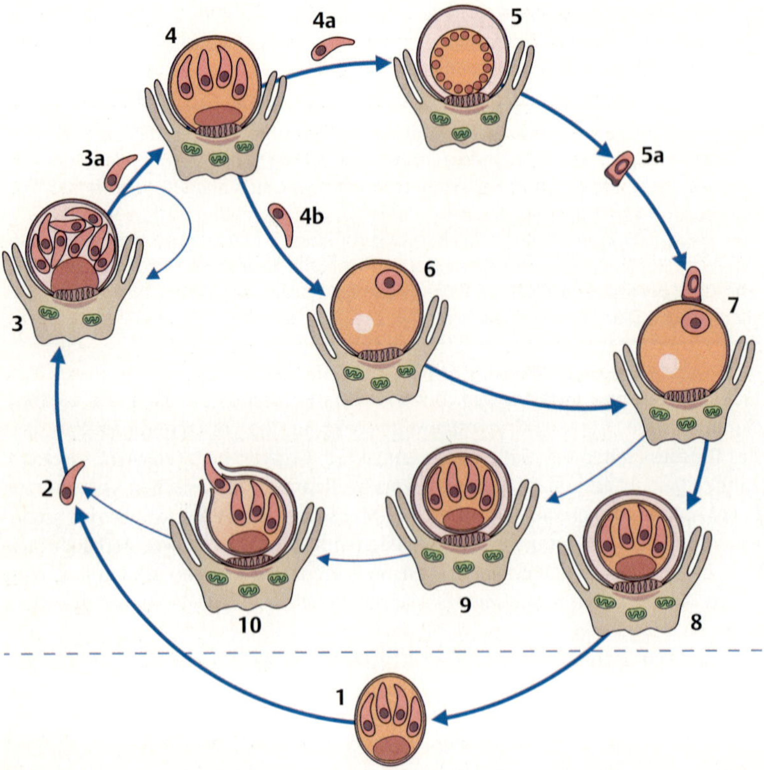

Abb. 10.13 **Entwicklungszyklus von *Cryptosporidium*.** **1** Infektiöse Oozyste; **2** Sporozoit vor dem Eindringen in einen Enterozyten; **3** Meront Typ I mit 8 Merozoiten; **3a** freier Merozoit; **4** Meront Typ II mit 4 Merozoiten; **4a,b** freie Merozoiten; **5** Mikrogamont; **5a** Mikrogamet; **6** Makrogamet; **7** Makrogamet, der von einem Mikrogameten befruchtet wird; **8** dickwandige Oozyste (wird im Stuhl ausgeschieden); **9–10** dünnwandige Oozyste, aus der im Darm des Wirts Sporozoiten freigesetzt werden (Autoinfektion). (Nach Current W.L. et al.)

denen dickwandigen Oozysten können sich neue Wirte infizieren. Es wird angenommen, dass lange persistierende Infektionen bei immundefizienten Personen auf endogene Autoinfektionen durch Sporozoiten aus dünnwandigen Oozysten zurückzuführen sind.

Epidemiologie. *C. hominis* wird von Mensch zu Mensch übertragen. Andere *Cryptosporidium*-Arten oder Geotypen können von Wirbeltieren auf den Menschen übergehen (zoonotische Übertragung). Am häufigsten sind zoonotische Infektionen mit dem bovinen Genotyp von *C. parvum*, die meist von Kälbern ausgehen. Die Übertragung der Oozysten erfolgt fäko-oral oder über kontaminierte Nahrungsmittel oder Trinkwasser. Die infektiöse Dosis für einen Menschen beträgt nur 30–100 Oozysten. Die Oozysten von *C. parvum* bleiben in kühlem Wasser monatelang lebensfähig. Daher ist zu erklären, dass es bei fäkaler Kontamination und mangelhafter Aufbereitung des Trinkwassers zu epidemieartigen Ausbrüchen von Cryptosporidiose kommen kann.

Krankheitsbild. Cryptosporidien besiedeln vorwiegend den Dünndarm, wo sie Zerstörungen der Mikrovilli, Verkürzung und Schwellung der Zotten, Zottenfusionen sowie zellige Infiltrationen der Mukosa verursachen können. Schweregrad und Krankheitsverlauf sind vom Immunstatus des Wirtes abhängig.

- **Immunkompetente Personen.** Die Infektionen verlaufen inapparent oder führen nach Inkubationszeiten von 5–28 Tagen zu akuten, selbstlimitierenden, meist milden Erkrankungen mit Durchfall und verschiedenen Allgemeinsymptomen, besonders bei Kindern. Die Krankheitsdauer beträgt wenige Tage bis 3 Wochen.
- **Immundefiziente Patienten.** Chronischer Krankheitsverlauf mit schweren Diarrhöen und lange anhaltender Erregerausscheidung, z. B. bei AIDS-Patienten. Die Diarrhö ist wässrig, voluminös, choleraähnlich und oft mit anderen Symptomen (Bauchschmerzen, Nausea, Erbrechen, leichtes Fieber u. a.) assoziiert. Bei AIDS-Patienten werden Cryptosporidien auch in anderen Lokalisationen gefunden (Gallenblase, Gallen- und Pankreasgänge, Ösophagus, Magen, Dickdarm, Respirationstrakt).

Diagnose, Therapie und Prophylaxe. Nachweis von *Cryptosporidium*-Oozysten in Stuhlausstrichen durch Färbeverfahren (z. B. modifizierte Ziehl-Neelsen-Färbung) (Abb. **10.10i**, S. 578, und Abb. **10.14c**, S. 592), durch Immunfluoreszenz mit Hilfe monoklonaler Antikörper oder durch Kopro-Antigen-Nachweis im ELISA. Die einzige, gegen Cryptosporidien wirksame Substanz ist Nitazoxanid (s. auch *Giardia*). Prophylaxe: Hygiene beim Umgang mit Erregerausscheidern (Menschen, Tiere) und Untersuchungsmaterial sowie in gewissen Gebieten Verbesserung der kommunalen Trinkwasseraufbereitung. Die Oozysten sind gegen die üblichen Konzentrationen von Chlor oder Ozon im Trinkwasser resistent, sie lassen sich aber durch Hitze (> 70 °C) in wenigen Minuten abtöten. Bei antiretroviraler Therapie von HIV-Infizierten ist das Risiko einer Cryptosporidiose stark vermindert.

10.8 Isospora, Cyclospora, Sarcocystis

Diese zu den Apicomplexa (Ordnung Eimeriida) gehörenden Protozoen sind in Mitteleuropa seltene Parasiten.

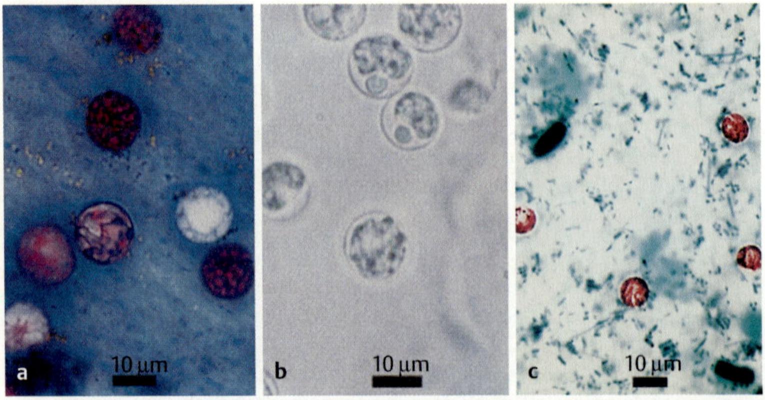

Abb. **10.14** ***Cyclospora* und *Cryptosporidium*:** **a** Oozysten von *Cyclospora cayetanensis* im Stuhlausstrich, modifizierte Ziehl-Neelsen-Färbung. **b** Oozysten von *Cyclospora*, ungefärbt nach Isolation aus Stuhl. **c** Oozysten von *Cryptosporidium* sp. im Stuhlausstrich. Färbung wie bei **a.** (**b** und **c** aus Bench Aids for the Diagnosis of Intestinal Parasites. Genf: WHO, 1995.)

Isospora belli.

Erreger der Isosporose. Entwicklung: Perorale Aufnahme sporulierter Oozysten → Merogonie und Gamogonie im Dünndarmepithel → Bildung und Ausscheidung unsporulierter Oozysten (Präpatenz 9-16 Tage) → Sporulation der Oozysten in der Umwelt (2 Sporozysten mit je 4 Sporozoiten). Bei AIDS-Patienten wurden sporozoitenähnliche Parasitenstadien in verschiedenen extraintestinalen Organen gefunden (Lymphknoten, Leber, Gallenblase, Milz).

Krankheitsbild, Diagnose und Therapie: *I. belli* kann schwere klinische Symptome verursachen, vor allem bei AIDS-Patienten, u. a. persistierenden Durchfall, Steatorrhö, Gewichtsverlust und Fieber. Nachweis unsporulierter Oozysten (20–30 µm lang) im Stuhl (Abb. **10.10l**, S. 578) oder von Entwicklungsstadien in Darmbiopsien. Behandlung mit Cotrimoxazol in erhöhter Dosis.

Cyclospora cayetanensis.

Erreger der Cyclosporose. Verbreitung in verschiedenen Ländern aller Kontinente, Prävalenz allgemein gering. Entwicklung: ähnlich wie bei *Isospora* → Ausscheidung unsporulierter Oozysten (Präpatenz etwa 1 Woche) → Sporulation in 5–12 Tagen (2 Sporozysten mit je 2 Sporozoiten) (Abb. **10.10j**, S. 578).

Krankheitsbild, Diagnose und Therapie: Bei Immunkompetenten selbstlimitierende Diarrhö meist ohne Fieber; bei immundefizienten Patienten kann die Diarrhö monatelang anhalten. Nachweis der Oozysten in Stuhlproben mit Anreicherungsverfahren und in Stuhlausstrichen nach Färbung (Abb. **10.10j**, Abb. **10.14a,b**); sie sind leicht mit Oozysten von Cryptosporidien zu verwechseln. Therapie mit Cotrimoxazol.

Sarcocystis hominis und S. suihominis.

Erreger der Sarcocystiose. Regional waren in Deutschland und Frankreich 1,6% bzw. 2% der untersuchten Personen Ausscheider von Sarcocystis. Entwicklung: Infektion durch Aufnahme rohen Fleisches vom Rind oder Schwein, das häufig Muskelzysten der genannten Arten enthält → im Dünndarm nur geschlechtliche Entwicklungsphase in der Lamina propria → Bildung dünnwandiger Oozysten, die bereits in der Darmwand sporulieren → Ausscheidung von Oozysten oder viel häufiger von Sporozysten (mit je 4 Sporozoiten), die nach Verlust der hinfälligen Oozystenwand freigesetzt wurden (Präpatenz 2 – 3 Wochen). Die Sporozysten sind für Zwischenwirte infektiös. Krankheitsbild, Diagnose, Therapie und Prophylaxe: Beide Arten können kurzdauernde Krankheitserscheinungen hervorrufen, wie Nausea, Erbrechen, Diarrhö und leichtes Fieber. Diagnose: Nachweis von Sporozysten (14 × 9 µm) und seltener von Oozysten (ca. 20 × 13 µm) (Abb. **10.10k**, S. 578) im Stuhl mit Hilfe des SAFC-Verfahrens oder der Flotationsmethode (S. 40). Die beiden *Sarcocystis*-Arten lassen sich dabei nicht unterscheiden. Eine wirksame Chemotherapie ist noch nicht bekannt. Prophylaxe: Kochen oder Tiefgefrieren (20 °C für 3 Tage) des Rind- und Schweinefleisches.

10.9 Plasmodium-Arten

Erreger der Malaria

Malaria, die häufigste tropische Parasitose, ist in Mitteleuropa als **Reisekrankheit** von praktischem Interesse. Die Infektion wird durch Plasmodien (*Plasmodium vivax, P. ovale, P. malariae, P. falciparum*) verursacht, die durch den Stich von *Anopheles*-Mücken übertragen werden. Da sich die Malaria zunächst in uncharakteristischen Symptomen (Kopfschmerzen, Mattigkeit, Übelkeit, Fieber) manifestiert und die unbehandelte Malaria tropica (Erreger: *P. falciparum*) nach kurzer Zeit letal verlaufen kann, ist es wichtig, möglichst rasch durch mikroskopischen Erregernachweis im Blut eine ätiologische Diagnose zu stellen und eine wirksame Behandlung einzuleiten. Bei Reisen in Malariagebiete sind **prophylaktische Maßnahmen** (Schutz vor Mückenstichen, Chemoprophylaxe) unerlässlich.

Vorkommen. Die Malaria ist eine der bedeutendsten Infektionskrankheiten des Menschen, die nach Angaben der WHO (2009) in über 100 Ländern oder Territorien vorkommt, vor allem in Subsahara-Afrika, Asien, Ozeanien, Zentral- und Südamerika und in der Karibik. Etwa 40% der Weltbevölkerung lebt in Malariagebieten. Jährlich sind 500 Millionen neue Malariafälle zu verzeichnen, von denen etwa 90% in Subsahara-Afrika auftreten und die meisten durch *Plasmodium falciparum* verursacht werden. An Malaria sterben jährlich 1,1 bis 1,2 Million Menschen, darunter 1 Million Kinder im tropischen Afrika. In der EU werden jährlich 10000 bis 12000 importierte Malaria-Fälle diagnostiziert (hohe Dunkelziffer!), davon fast 80% durch *P. falciparum* verursachte.

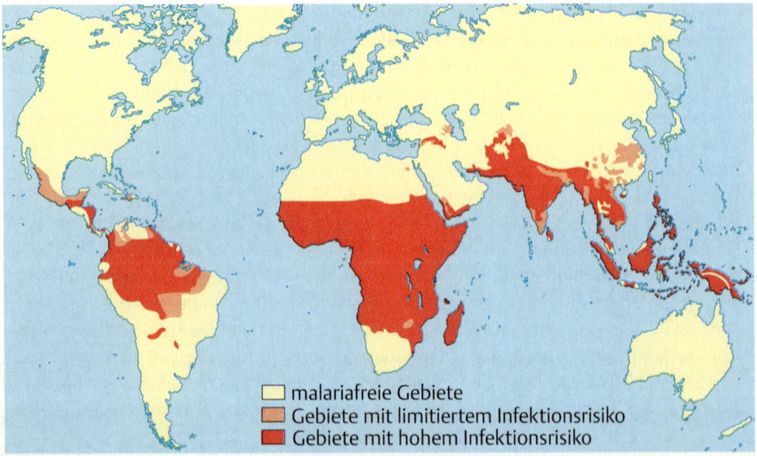

Abb. 10.15 Verbreitung der Malaria. Stand: 2003. (Nach International Travel and Health, Geneva: World Health Organization, 2004; www.who.int)

In einigen Gebieten ist die früher kontrollierte Malaria in den letzten Jahrzehnten wieder aufgelebt (teils in Epidemien mit über 100000 Fällen/Jahr), u.a. im Südosten der Türkei sowie in einigen kaukasischen und zentralasiatischen Ländern (z.B. in Aserbaidschan, Tadschikistan, Turkmenistan, Kirgistan) (WHO, 2008). Den approximativen Stand der Malariaverbreitung zeigt Abb. **10.15**

Erreger. Beim Menschen kommen 4 *Plasmodium*-Arten vor, die verschiedene Formen der Malaria verursachen:

- *Plasmodium vivax*: Malaria tertiana
- *Plasmodium ovale*: Malaria tertiana
- Plasmodium malariae: Malaria quartana
- *Plasmodium falciparum*: Malaria tropica („bösartige Malaria").

10

In Südost-Asien kann *Plasmodium knowlesi* (ähnelt *P. malariae*) durch Mücken von Affen auf Menschen übertragen werden und Malaria-Fälle verursachen.

Die einzelnen *Plasmodium*-Arten lassen sich während der im Menschen ablaufenden erythrozytären Phase ihrer Entwicklung lichtmikroskopisch im gefärbten Blutausstrich identifizieren und voneinander abgrenzen (Abb. **10.17**, S. 602) (s. auch Diagnose).

Entwicklung. Der Entwicklungszyklus der Malariaplasmodien ist mit einem Generationenwechsel (ungeschlechtliche/geschlechtliche Vermehrung) und einem obligaten Wirtswechsel verbunden, der sich zwischen Mensch und *Anopheles*-Mücke abspielt (Abb. **10.16**).

Exoerythrozytäre Entwicklung im Menschen (asexuelle Vermehrung, Bildung von Gewebeschizonten und Hypnozoiten). Mit Plasmodien infizierte weibliche *Anopheles*-Mücken inokulieren beim Blutsaugen am Menschen spindelförmige, infektiöse Erregerstadien (Sporozoiten) in die Blutbahn oder in Lymphspalten. Zur Infektion reichen wenige Sporozoiten aus (etwa 10 bei *P. falciparum*). Innerhalb von 15–45 Min. nach der Inokulation gelangen die Sporozoiten aller *Plasmodium*-Arten auf dem Blutweg zur Leber und dringen in Hepatozyten ein, in denen eine asexuelle Vermehrung stattfindet. Dabei entwickeln sich die Sporozoiten zu vielkernigen, recht großen (30–70 µm) Schizonten (= Gewebsschizonten, Meronten), aus denen nach zytoplasmatischer Teilung je 2000 (*P. malariae*) bis 30 000 (*P. falciparum*) Merozoiten hervorgehen. Diese Entwicklung dauert 6 (*P. falciparum*) bis 15 (*P. malariae*) Tage. Kurz danach werden aus den Gewebsschizonten die Merozoiten freigesetzt, die anschließend Erythrozyten befallen. Bei der Entwicklung in der Leber gehen aus den Sporozoiten von *P. vivax* und *P. ovale* außer den Gewebsschizonten auch sog. Hypnozoiten hervor, kleine, einkernige Stadien, die in den Hepatozyten lange Zeit (Monate bis Jahre) persistieren und sich erst später in zeitlich verschiedenen Schüben zu Schizonten entwickeln. Die von diesen gebildeten Merozoiten befallen Erythrozyten und sind für Malariarückfälle verantwortlich (s. S. 598).

Erythrozytäre Entwicklung (asexuelle Vermehrung und Bildung von Gametozyten). Die aus der Leberinfektion hervorgegangenen Merozoiten befallen in der Blutbahn Erythrozyten, in denen zunächst eine asexuelle Vermehrung erfolgt. Die Merozoiten sind kleine, ovoide, etwa 1,5 µm lange, bewegliche Gebilde, die sich an Rezeptormoleküle auf der Oberfläche von Erythrozyten anheften und anschließend in diese eindringen. Im Zytoplasma werden die Erreger in eine membranbegrenzte parasitophore Vakuole eingeschlossen.

Der frisch in den Erythrozyten eingedrungene Erreger (< 12 h) erscheint lichtmikroskopisch im Giemsa-gefärbten Blutausstrich ringförmig mit dünnem Zytoplasmasaum, einer zentralen Nahrungsvakuole und randständig gelegenem, dunkel gefärbtem Kern. Dieses Stadium ist bei allen 4 *Plasmodium*-Arten sehr ähnlich (Abb. **10.17**, S. 602). Die Ringformen wachsen zu Schizonten heran, die als Nahrung Glucose und Hämoglobin aufnehmen. Letzteres wird nach Abtrennung der durch die Plasmodien genutzten Aminosäuren zu einem braunschwarzen Pigment (Hämozoin) abgebaut und in der Nahrungsvakuole des Parasiten abgelagert. Nach Vielfachteilung geht aus dem Schizonten eine je nach *Plasmodium*-Art unterschiedliche Anzahl (6–36) von Merozoiten hervor, die nach Zerstörung des Erythrozyten in das Blutplasma gelangen und nach Infektion anderer Erythrozyten den asexuellen Zyklus erneut beginnen. Die Schizogoniezyklen verlaufen nach einer kurzen Initialphase in regelmäßigen Intervallen und dauern bei *P. vivax*, *P. ovale* und *P. falciparum* 48 h und bei *P. malariae* 72 h. Da bei der Desintegration der Schizonten und beim Massenzerfall roter Blutkörperchen Fieber ausgelöst wird, kommt es zu bestimmten Verlaufsformen der Fieberkurven („Wechselfieber").

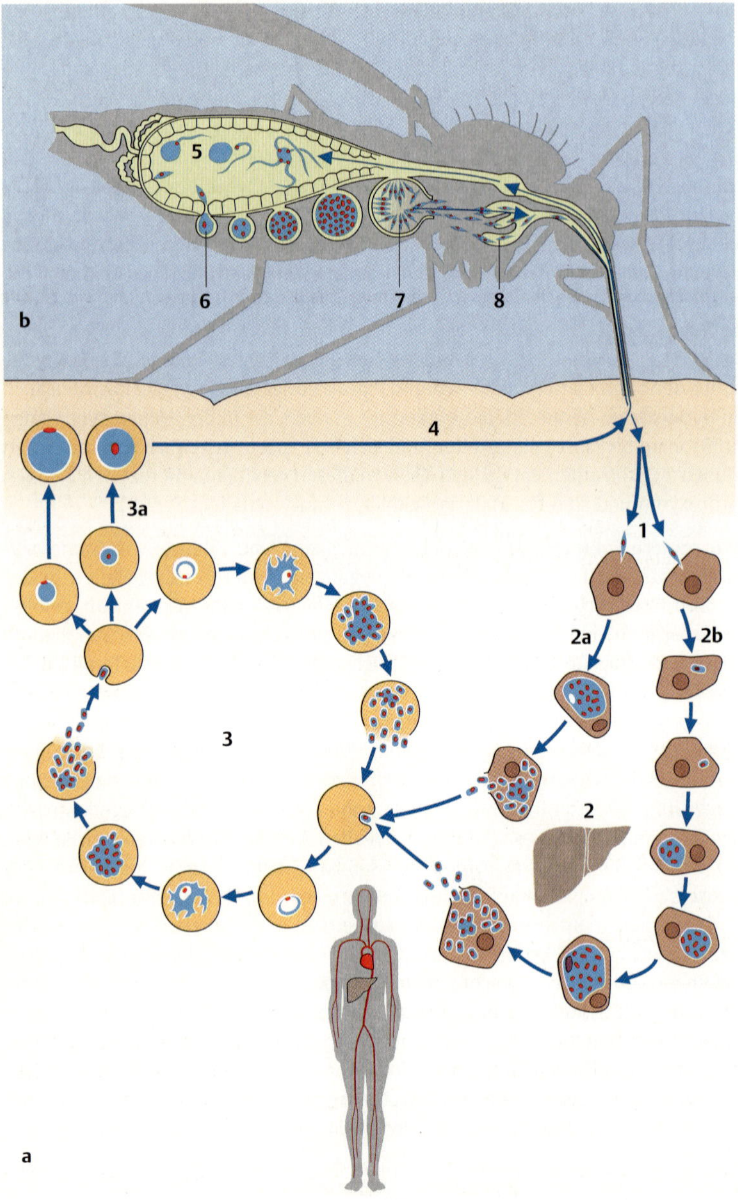

10

◀ **Abb. 10.16 Entwicklungszyklus der Malaria-Erreger**
a Im Menschen: 1 Sporozoit aus infizierter *Anopheles*-Mücke; **2** Entwicklung in der Leber; **2a** primäre Gewebsschizonten und Schizogonie in Hepatozyten (bei allen *Plasmodium*-Arten); **2b** Hypnozoiten und spätere Schizogonie in Hepatozyten (nur bei *P. vivax* und *P. ovale*); **3** Weiterentwicklung in Erythrozyten durch Schizogonien; **3a** Entwicklung geschlechtlich differenzierter Stadien (weibliche Makrogametozyten und männliche Mikrogametozyten).
b In der *Anopheles*-Mücke: 4 Aufnahme von Makro- und Mikrogametozyten durch blutsaugende Mücke; **5** Befruchtung von Makrogameten (rund) durch Mikrogameten (fadenartig); **6** befruchteter Makrogamet (Ookinet) in der Darmwand der Mücke; **7** Oozyste mit Sporozoiten in der Darmwand; **8** Infektionstüchtige Sporozoiten in der Speicheldrüse. (Nach Peters W. Chemotherapy and Drug Resistance in Malaria. Vol. 1. London: Academic Press, 1987: 16.)

Nach einer oder mehreren Schizogoniegenerationen entwickeln sich jeweils einige Plasmodien zu Geschlechtsformen, und zwar zu den männlichen Mikrogamonten (= Mikrogametozyten) und den weiblichen Makrogamonten (= Makrogametozyten). Diese Geschlechtsformen persistieren eine Zeitlang im Blut (bei *P. vivax* 1 Tag, bei *P. falciparum* bis 22 Tage) und sterben ab, wenn sie nicht von blutsaugenden *Anopheles*-Weibchen aufgenommen werden.

Entwicklung in der *Anopheles*-Mücke (sexuelle Entwicklung und Sporogonie) (Abb. **10.16** b). Im Mitteldarm der Mücke entstehen aus jedem Mikrogamonten 4–8 einkernige, begeißelte Mikrogameten und aus jedem Makrogamonten ein Makrogamet → Verschmelzung der Gameten zu einer beweglichen Zygote (= Ookinet) → Ansiedlung des Ookineten zwischen Epithelschicht und Basalmembran des Mitteldarms → morphologische Umwandlung zur dünnwandigen Oozyste (40–60 µm groß) → in dieser Kernvermehrung und Bildung Tausender von Sporozoiten → Wanderung der Sporozoiten in der Hämolymphe durch die Leibeshöhle zu den Speicheldrüsen. Von dort aus können sie auf einen neuen Wirt übertragen werden. Die Dauer des Zyklus in der Mücke ist abhängig von der Plasmodienart sowie von der Außentemperatur und beträgt bei 20–28 °C etwa 8 bis 14 Tage.

Krankheitsbild

Inkubationszeiten. Die klinischen Erscheinungen der Malaria werden durch die asexuellen Stadien der erythrozytären Entwicklung ausgelöst und setzen demzufolge frühestens kurz nach Beginn der Parasitämie ein. Die Inkubationszeiten variieren je nach *Plasmodium*-Art zwischen 7 und 35 Tagen. Diese Zeiten können aber um Wochen bis Monate verlängert sein, besonders bei Unterdrückung der Infektion durch medikamentöse Prophylaxe.

Klinische Manifestation. Die klinische Manifestation der Malaria hängt von verschiedenen Faktoren ab, vor allem von der Erregerart und vom Immunstatus der betroffenen Personen. Die pathogenste *Plasmodium*-Art ist *P. falciparum*, der Erreger der „bösartigen“ Malaria tropica, während die anderen *Plasmodium*-Arten mildere Formen der Malaria („gutartige“ Malaria) verursachen. Besonders anfällig sind nichtimmune Kinder und Erwachsene aus malariafreien Gebieten (z.B. Touristen aus Europa) sowie in endemischen Gebieten Kinder im Alter von 6 Monaten bis 3 Jahren.

Initialsymptome. Die Malaria beginnt mit unspezifischen, einige Tage anhaltenden Initialsymptomen, u.a. mit Kopf- und Gliederschmerzen, allgemeiner Abgeschlagenheit, Frösteln und gelegentlich Übelkeit sowie anfänglich kontinuierlichem oder unregelmäßig intermittierendem Fieber. Diese Symptome können leicht mit denen eines grippalen Infekts verwechselt werden!

Fiebertypen. Einige Tage bis eine Woche nach Beginn der Parasitämie erfolgt eine Synchronisierung des Schizogoniezyklus, der bei *P. vivax*, *P. ovale* und *P. falciparum* in 48 h und bei *P. malariae* in 72 h abläuft. In gleichen Zeitintervallen treten Fieberanfälle auf, d.h. am Tag 1 und dann wieder nach 48 h, d.h. am Tag 3 (daher „Malaria tertiana“) oder am Tag 1 und dann nach 72 h, d.h. am Tag 4 (daher „Malaria quartana“). Besonders zu beachten ist, dass bei Malaria tropica das Fieber häufig nicht einen typischen Rhythmus aufweist.

Klassischer Malariaanfall. Nach anfänglichem Temperaturanstieg bis 39 °C tritt in Verbindung mit peripherer Vasokonstriktion Schüttelfrost auf (Dauer 10 Min. bis 1 h), die Temperatur steigt dann weiter auf 40–41 °C an (Dauer des Fieberstadiums 2–6 h), worauf periphere Vasodilatation und Schweißausbruch folgen. Die Anfälle ereignen sich meist in den Nachmittags- und Abendstunden. Nach Abklingen des Anfalls und Rückgang des Fiebers fühlt sich der Patient wieder wohl, bis der nächste Anfall einsetzt. Bei schwerer Malaria tropica kann es jedoch zu Kreislaufstörungen mit Kollaps sowie zu deliriösen Zuständen ohne Fieber kommen (= algide Malaria).

Infektionsverlauf und Rückfälle. Die Malariaanfälle wiederholen sich in Intervallen, bis die Erregervermehrung in den Erythrozyten durch Chemotherapie oder die Wirtsimmunität unterdrückt wird. Bei Persistenz von Erregern im Organismus sind längere Zeit (Monate bis Jahre) nach der Infektion Rückfälle möglich. Diese können einerseits aus persistierenden erythrozytären Formen hervorgehen (= Rekrudeszenzen) oder durch Reaktivierung von Hypnozoiten (s. oben) verursacht werden (= Rezidive).

Formen der Malaria

Malaria tertiana (verursacht durch *P. vivax* oder *P. ovale*)

Inkubation:	9–20 Tage, auch bis mehrere Wochen oder Monate.
Parasitämie:	im Allgemeinen niedrig, maximal 1–2%.
Verlauf:	meist gutartig („benigne Malaria“). Fieberstadium von 3–4 h Dauer, Wiederauftreten nach 48 h. Dauer der unbehandelten Erkrankung 3–8 Wochen und länger.

Rückfälle: häufig Rezidive, auch nach Monaten bis zu 5 Jahren,

Besonderheiten: „Tertiana quotidiana“ ist durch tägliche Fieberanfälle gekennzeichnet und kommt bei Überlagerung der Zyklen zweier Parasitenpopulationen zustande.

Malaria quartana (verursacht durch *P. malariae*)

Inkubation: 15–40 Tage (= i. d. R. länger als bei anderen Arten).

Parasitämie: im Allgemeinen niedrig, bis 1 %.

Verlauf: meist gutartig. Fieberstadium von 4–5 h Dauer, Wiederauftreten alle 72 h. Dauer der unbehandelten Erkrankung 3–24 Wochen und länger.

Rückfälle: häufig Rekrudeszenzen, auch nach Monaten bis Jahrzehnten (30 Jahre).

Besonderheiten: Nephrotisches Syndrom, vor allem bei Kindern in Afrika.

Malaria tropica (verursacht durch *P. falciparum*), **„bösartige Malaria“**

Inkubation: 7–15 Tage und länger.

Parasitämie: oft hoch, bis 20 % und mehr!

Verlauf: Initialsymptome oft ausgeprägter als bei anderen Formen. Rascher, gravierender Verlauf bei nichtimmunen Personen, ohne Behandlung hohe Letalität (50–60 % bei Mitteleuropäern). Fieber nach kurzer Anfangsphase hoch, kontinuierlich oder mit Rhythmus < 48 h, selten periodisch mit Intervallen von 48 h. Dauer der unbehandelten Erkrankung wenige Tage bis 3 Wochen.

Rückfälle: Rekrudeszenzen selten, meist innerhalb eines Jahres.

Besonderheiten: **schwere Komplikationen möglich**, vor allem zerebrale Malaria (u. a. Konvulsionen, Seh- und Koordinationsstörungen, Bewusstseinstrübung, Hirnödem, Koma); hohes Fieber (39,5–42 °C); metabolische Azidose; Hypoglykämie; schwere Anämie; Lungenödem und Ateminsuffizienz; Niereninsuffizienz; gastrointestinale Störungen; Kreislaufschock; Flüssigkeits- und Elektrolytimbalanzen; Hämorrhagien; disseminierte intravasale Koagulation; Hämoglobinurie („Schwarzwasserfieber“).

Mischinfektionen: Mischinfektionen mit 2 *Plasmodium*-Arten treten etwa in 3–4 % aller Erkrankungsfälle auf, was Besonderheiten im Krankheitsverlauf bedingen kann.

Pathogenese und Pathologie. Die klinischen Erscheinungen der Malaria werden durch die erythrozytären Entwicklungsstadien der Plasmodien ausgelöst und beruhen auf multifaktoriellen und bisher noch nicht vollständig geklärten pathogenetischen Vorgängen, die viele Organe betreffen. Hier können nur einige Aspekte vereinfacht dargestellt werden, vor allem in Bezug auf die Infektion mit *P. falciparum*.

- **Rolle von Zytokinen und Prostaglandinen.** *P. falciparum* bildet Glykosylphosphatidyl-Inositol (GPI), eine toxinähnliche Substanz, die die Produktion von TNF-α und anderer proinflammatorischer Zytokine (IL-1, IL-6) durch Wirtszellen stimuliert. Damit assoziiert sind Fieberanfälle, an deren Auslösung vermutlich auch Hämozoin beteiligt ist. GPI allein oder im Zusammenwirken mit IFN-γ regt über die entsprechenden Gene eine vermehrte Bildung von NO (Stickstoffmonoxid) an, dem in der Pathogenese der zerebralen Malaria eine wichtige Rolle zugeschrieben wird. Ferner wird durch GPI die Produktion intrazellulärer und vaskulärer Adhäsionsmoleküle erhöht, die für die Zytoadhärenz bedeutsam sind (s. unten). Von *P. falciparum* gebildete Prostaglandine (D_2, E_2, $F_{2\alpha}$) haben u. a. pyrogene und immunsuppressive Wirkungen.
- **Zytoadhärenz.** Während der Entwicklung von *P. falciparum* zum Schizonten entstehen knopfförmige Vorwölbungen der Erythrozytenmembran, unter denen hochmolekulare (200–300 kDa) Parasiten-Proteine angereichert und dann an der Oberfläche präsentiert werden. Diese Erythrozytenmembran-Proteine binden an unterschiedliche endotheliale Rezeptoren und heften dadurch parasitenbefallene Erythrozyten an das Endothel von Blutgefäßen an, vor allem im Bereich postkapillärer Venulen. Außerdem kommt es zur Rosettenbildung, einer Zusammenballung von mit *P. falciparum* infizierten und nicht infizierten Erythrozyten, die auf ähnlichen Mechanismen wie die Zytoadhärenz beruht. Zytoadhärenz und Rosettenbildung haben für den Parasiten den Vorteil, dass ein Teil der Population abgesondert wird (Sequestrierung) und dadurch der Elimination in der Milz entgeht. Andererseits führen diese Vorgänge zur Behinderung der lokalen Mikrozirkulation des Blutes sowie des Gas- und Stoffaustausches, zur Hypoxie des Gewebes, die durch die Anämie verstärkt werden kann, und schließlich zu Zell- und Organschädigungen, die sich vor allem im Gehirn gravierend auswirken.
- **Anämie.** Ein wichtiger Faktor in der Pathogenese, vor allem bei der Malaria tropica, ist die Anämie, die durch Zerfall von Erythrozyten bei der Schizogonie, vermehrte Elimination infizierter und nicht infizierter Erythrozyten in der Milz, Hemmung der Erythropoese durch TNF-α und andere Faktoren verursacht wird.
- **Andere Vorgänge (Auswahl).** Durch den Zerfall von Erythrozyten und Parasiten und die dadurch ausgelöste Produktion von TNF-α werden Zellen des mononukleären Phagozytensystems aktiviert. Zeichen dafür sind die im Verlauf der Erkrankung auftretende Milzschwellung sowie die vermehrte Elimination von Erythrozyten in der Milz (s. Anämie). Nierenschäden werden bei akuter Malaria tropica durch Zytoadhärenz in den Kapillaren und tubuläre Nekrose verursacht, bei Malaria quartana sind sie auf Ablagerung von Immunkomplexen in den Nierenkapillaren zurückzuführen.
- **Pathologische Veränderungen.** Diese sind besonders gut bei der Malaria tropica bekannt. Man findet im Gehirn durch infizierte Erythrozyten verstopfte Kapillaren (besonders auffallend ist das Pigment in den Plasmodien), Hämorrhagien

sowie an obturierten Gefäßen Nekroseherde, die von einer entzündlichen Reaktion umgeben sind (= Dürcksche Granulome). Weitere Veränderungen können in Milz und Leber (u.a. Schwellung, Hyperplasie phagozytierender Zellen, die Plasmodien und Pigment enthalten), Herz, Lunge, Nieren und anderen Organen vorhanden sein.

Resistenz und Immunität. Bestimmte Bluteigenschaften sind Ursachen einer erhöhten natürlichen Resistenz gegen Malaria. So ist die intraerythrozytäre Entwicklung von *P. falciparum* bei verschiedenen Hämoglobinopathien (HbS, HbE, HbF, HbC), bei Glucose-6-Phosphat-Dehydrogenase-Mangel (GPDM) und β-Thalassämie reduziert. Andererseits sind Personen mit GPDM gegen bestimmte Antimalariamittel (Chinin, 8-Aminochinoline) empfindlicher. Personen, denen das „Duffy"-Blutgruppenantigen fehlt, sind gegen *P. vivax* resistent, aber für *P. ovale* empfänglich. Bei Milchdiät wird die Entwicklung der Malariaparasiten in den Erythrozyten partiell gehemmt, bedingt durch mangelnde Zufuhr von p-Aminobenzoesäure (Vitamin H_1). Dementsprechend nimmt die Malaria einen milderen Verlauf, z.B. bei Säuglingen.

Im Laufe der Malariainfektion entwickelt sich eine Immunität, die allerdings keinen völligen Schutz, aber eine erhöhte Widerstandsfähigkeit gegen neue Infektionen verleiht. Daher ist der Krankheitsverlauf in Bevölkerungsgruppen von Endemiegebieten ein anderer als bei Personen, die der Infektion weniger häufig oder erstmalig ausgesetzt sind. In endemischen Gebieten sind vor allem Kinder Opfer der Malaria, während die Krankheit in höheren Altersstufen seltener und in abgeschwächter Form auftritt. Säuglinge von Müttern, die Malaria überstanden haben, erkranken in den ersten Lebensmonaten meist nicht, da Antikörper diaplazentar übertragen werden und die Milchdiät eine gewisse Schutzwirkung hat. Andererseits können Kinder, die nicht durch maternale Antikörper geschützt sind, sehr schwer erkranken, weil sich die eigene Immunabwehr erst allmählich entwickelt. Besonders gefährdet sind auch nicht immune Reisende aus malariafreien Gebieten.

Die von den Plasmodien im Menschen ausgelöste Immunität entwickelt sich langsam und ist spezifisch gegen bestimmte Arten und Stämme. Zudem sind die Plasmodien zur Antigenvarianz befähigt, ein wichtiger Immunevasionsmechanismus. Klinisch protektive Immunreaktionen lösen besonders die asexuellen Blutformen aus. Bezüglich weiterer Einzelheiten sei auf die Spezialliteratur verwiesen. Seit vielen Jahren wird an der Entwicklung von Impfstoffen gegen Malaria gearbeitet, doch ist noch keine Vakzine verfügbar.

Epidemiologie. Für die vektorielle Übertragung der Malaria sind Mindesttemperaturen von 16–18 °C erforderlich, die einige Wochen anhalten; als optimal gelten Temperaturen zwischen 20 und 30 °C und hohe Luftfeuchtigkeit. Weitere Voraussetzungen für den Zyklus sind ein epidemiologisch relevantes Erregerreservoir in der Bevölkerung und das Vorhandensein geeigneter Vektoren.

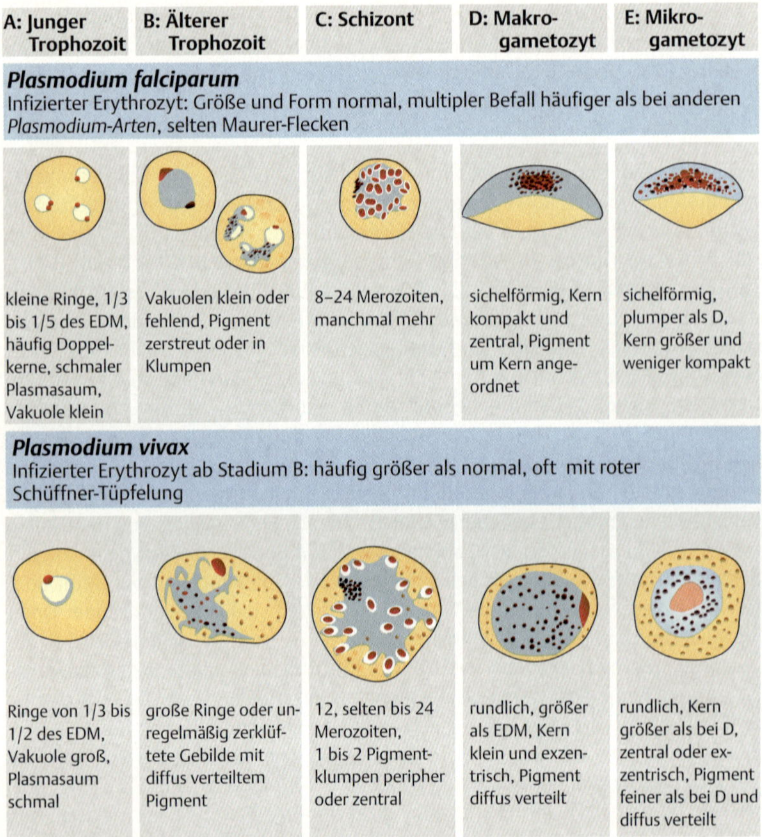

Abb. **10.17** **Malariaplasmodien: Differenzialdiagnose im Blutausstrich.** EDM = Erythrozytendurchmesser. (Nach Geigy R., Herbig A. Erreger und Überträger tropischer Krankheiten. Basel: Verlag für Recht und Gesellschaft, 1995.)

Überträger der Malariaparasiten sind weibliche Stechmücken von etwa 60 Arten der Gattung *Anopheles* (*Anopheles gambiae*-Komplex u.a.). Die Larven- und Puppenstadien dieser Mücken entwickeln sich in stehenden Gewässern, oft in der Nähe der Behausungen von Menschen. Die Anophelen sind während der Dämmerung und der Nacht aktiv, die Weibchen stechen sowohl im Freiland als auch innerhalb von Gebäuden. Oft tritt die Malaria in Abhängigkeit von der Regenzeit auf, die den Mücken gute Entwicklungsmöglichkeiten bietet. Meistens tritt die Malaria in endemischer Form auf, sie kann aber auch epidemischen Charakter an-

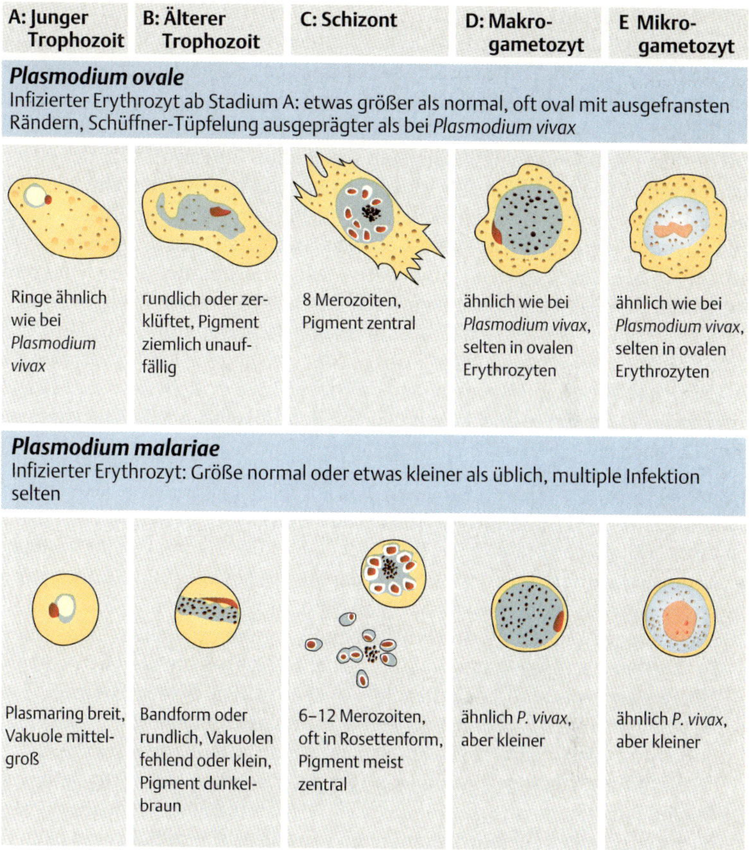

Abb. **10.17** (Fortsetzung)

nehmen. Reisemedizinische Aspekte der Epidemiologie werden im Kapitel Prophylaxe (S. 605) besprochen.

Malariaplasmodien können auch diaplazentar sowie durch Bluttransfusion (Lebensfähigkeit in Blutkonserven um 5 Tage, selten länger) und bei der Injektion von Drogen über kontaminierte Kanülen und Spritzen übertragen werden.

Diagnose. Ätiologisch gesichert wird die klinische Diagnose durch den Nachweis von Malariaparasiten im Blut (Abb. **10.17**). Kapillarblut wird vor Beginn einer Chemotherapie und möglichst vor dem Einsetzen eines Fieberanfalles entnommen und in dünnen Ausstrichen sowie parallel dazu in „Dicken Tropfen“ nach Giemsa-

10

Färbung mikroskopisch untersucht (S. 41). In Verdachtsfällen muss die Untersuchung nötigenfalls mehrfach wiederholt werden. Im Blut sind Entwicklungsstadien von *P. falciparum, P. vivax* und *P. ovale* frühestens 5-8 Tage nach der Infektion nachweisbar, bei *P. malariae* nach 13-16 Tagen. Seit einigen Jahren stehen zur Diagnose der *P. falciparum*-Infektion auch Schnelltests (u. a. ParaSight, MalaQuick) zur Verfügung, mit denen im Vollblut ein spezifisches Antigen (HRP2) des Parasiten mit Hilfe eines monoklonalen Antikörpers mit hoher Sensitivität und Spezifität nachgewiesen werden kann. Ein anderer Schnelltest (OptiMAL) zur Diagnose aller *Plasmodium*-Arten beruht auf dem Nachweis spezifischer Laktatdehydrogenase. Die verschiedenen *Plasmodium*-Arten lassen sich an bestimmten Stadien morphologisch im dünnen Blutausstrich und auch durch DNA-Analyse unterscheiden.

Spezifische Antikörper sind im Serum bei Erstinfizierten frühestens 6–10 Tage nach Krankheitsbeginn feststellbar. Daher ist der serologische Antikörpernachweis zur Diagnose des akuten Malariaanfalles nicht geeignet, er stellt aber zur Feststellung länger bestehender Infektionen und zur Identifikation von Blutspendern, die mit Plasmodien infiziert sind, ein wertvolles Hilfsmittel dar.

Therapie. Erstmalig infizierte Patienten (z. B. Europäer nach kurzfristigem Tropenaufenthalt) können akut und schwer erkranken. Daher ist ein schnelles therapeutisches Eingreifen erforderlich, besonders bei akuter Malaria tropica (**Notfall!**).

- **Antimalariamittel.** Die meisten Antimalariamittel sind gegen die **intraerythrozytären, asexuellen Stadien** (Schizonten) wirksam. Dazu gehören u. a. Arylaminoalkohole (Chinin, Lumefantrin, Mefloquin), 4-Aminochinoline (Chloroquin), Sesquiterpenlactone (Artemisinin, Arthemether, Artesunate), Naphthochinone (Atovaquon), Phenanthrenmethanole (Halofantrin), Biguanide (Proguanil), Sulfone/Sulfonamide (Dapson, Sulfadoxin), Diaminopyrimidine (Pyrimethamin), Antibiotika (Doxycyclin) sowie Kombinationspräparate, die zwei bis drei dieser Wirkstoffe enthalten (z. B. Atovaquon + Proguanil; Chloroquin + Proguanil; Sulfadoxin + Pyrimethamin oder Sulfadoxin + Pyrimethamin + Mefloquin). Diese Wirkstoffe unterscheiden sich zum Teil erheblich in ihren pharmakokinetischen Eigenschaften.
  Die meisten der Einzelwirkstoffe sind auch gegen die **Gametozyten** von *P. vivax, P. ovale* und *P. malariae* wirksam; dagegen werden Gametozyten von *P. falciparum* nur von Primaquin (= 8-Aminochinolin) sowie Artemisinin und seinen Derivaten erfasst. Gegen die **Gewebeschizonten** in der Leber wirken Primaquin, Doxycyclin sowie Atovaquon + Proguanil und gegen **Hypnozoiten** von *P. vivax* und *P. ovale* Primaquin. Gegen **Sporozoiten** ist keines der Mittel wirksam.
  Einige dieser Mittel sind der Therapie der Malaria vorbehalten, andere werden sowohl zur Chemoprophylaxe als auch zur Therapie eingesetzt (s. auch Chemoprophylaxe).
- **Behandlung der akuten Erkrankung.** In dieser Indikation werden rasch wirkende Schizontozide eingesetzt, wie Chinin, Mefloquin, Halofantrin und Artemisi-

nin-Derivate, außerdem Chinin mit Doxycyclin (vor allem bei komplizierter Malaria tropica) und verschiedene Kombinationspräparate. Einige der letztgenannten Präparate wirken auch gegen Plasmodienstämme mit Chloroquin- oder Multiresistenz.

- **Rezidivverhütung (= radikale Therapie).** Zur Rezidivverhütung können die Hypnozoiten von *P. vivax* und *P. ovale* im Anschluss an die Behandlung des akuten Anfalles durch Primaquin beseitigt werden. Diese Rezidivprophylaxe ist bei *P. falciparum* und *P. malariae* nicht nötig, da sie keine Hypnozoiten bilden.

Arzneimittelresistenz. Ein erhebliches Problem stellt die weit verbreitete Arzneimittelresistenz von Malaria-Plasmodien dar, besonders bei *P. falciparum*. Die Wirkung von Chloroquin gegen *P. falciparum* ist in den meisten Endemiegebieten erheblich eingeschränkt (Ausnahme Amerika nördlich von Kolumbien); in einigen Regionen liegen auch Resistenzen gegen Sulfadoxin + Pyrimethamin und andere Wirkstoffe oder sogar Multiresistenzen (gegen mindestens drei Wirkstoffe verschiedener chemischer Gruppen) vor, z.B. gegen Sulfadoxin + Pyrimethamin + Mefloquin. Bei der Auswahl und Dosierung der Mittel zur Chemoprophylaxe oder Therapie muss dieses Problem berücksichtigt werden.

Prophylaxe. Vor einer Reise in ein Malariagebiet ist eine **ärztliche Beratung der Reisenden** über das Infektionsrisiko am Zielort und über Vorbeugemaßnahmen wichtig. Informationen dazu sind im Internet zu finden (Deutschland: http://www.dtg.org; Österreich: http://www.reisemed.at; Schweiz: http://www.safetravel.ch; WHO: http://www.who.int). Da diese Informationen umfassend sind, ständig aktualisiert werden und auch genaue Hinweise für bestimmte Länder und Zielorte bieten, beschränken wir uns hier auf einige grundsätzliche Angaben. Stets zu beachten ist, dass die Empfehlungen zur Malariaprophylaxe in den einzelnen Ländern variieren und raschen Änderungen unterliegen können.

Vorbeugemaßnahmen werden dann empfohlen, wenn am Zielort in der betreffenden Jahreszeit ein Infektionsrisko besteht. Hauptziel dieser Maßnahmen ist der Schutz vor der lebensbedrohenden Malaria tropica. **Hochrisikogebiete** (auch wegen der Arzneimittelresistenzen von *P. falciparum*) sind vor allem Subsahara-Afrika, gewisse Gebiete in Asien und Ozeanien sowie das Amazonasbecken in Südamerika. Innerhalb eines größeren Endemiegebietes kann das Infektionsrisiko saisonal, lokal und in Abhängigkeit von der Aufenthaltsdauer des Reisenden schwanken oder auch fehlen. Die prophylaktischen Maßnahmen müssen darauf abgestimmt werden. Zur Verhütung der Malaria bestehen folgende Möglichkeiten: Schutz vor Mückenstichen (Expositionsprophylaxe), medikamentöse Prophylaxe (Chemoprophylaxe) und Notfallbehandlung (sog. „standby therapy“).

Schutz vor Mückenstichen. Angesichts der weitverbreiteten Arzneimittelresistenz von *P. falciparum* ist der Schutz vor Mückenstichen in Ergänzung zur Chemoprophylaxe besonders wichtig. *Anopheles*-Mücken sind **dämmerungs- und nachtaktiv** und stechen sowohl im Freien als auch innerhalb von Gebäuden (in der

Regel nicht in künstlich klimatisierten Räumen). In großen Städten ist das Risiko, von *Anopheles* gestochen zu werden, im Allgemeinen (aber nicht immer!) geringer als in ländlichen Gebieten, oder es fehlt ganz. Folgende Maßnahmen werden empfohlen:

- In der Dämmerung und nachts **Kleidung** tragen (lange Ärmel, lange Hosen), die Mückenstiche möglichst verhindert. Evtl. Kleidung mit einem rasch wirkenden Insektizid (Pyrethrin) besprühen.
- Auf unbedeckte Hautstellen ein **Repellent** auftragen (Mittel mit 20% Diäthyl-m-Toluamid als Wirkstoff, Wirkungsdauer 3–5 h).
- Betten durch **Moskitonetze** dicht abschirmen (besonders zum Schutz von Säuglingen und Kleinkindern wichtig!). Durch Imprägnation der Bettnetze mit einem Pyrethroid-Insektizid (Permethrin, Deltamethrin) lässt sich die Wirksamkeit wesentlich steigern.
- Räume gegen Mücken **abschirmen** (Fenster und Türen schließen, engmaschige Gitter vor Fenstern und Türen).
- Sitzstellen der Mücken im Raum mit einem Insektizid besprühen oder Insektiziddispenser mit auswechselbaren Insektizidplättchen oder Pyrethroid-Rauchspiralen einsetzen.

Chemoprophylaxe und Notfallmedikamente. Die **Chemoprophylaxe** besteht in der regelmäßigen Einnahme von Antimalariamitteln vor Beginn, während und eine Zeitlang nach dem Aufenthalt im Malariagebiet. Die meisten der derzeit eingesetzten Mittel haben eine „suppressive" Wirkung, d. h. sie wirken gegen die asexuellen Stadien in den Erythrozyten und verhindern dadurch Krankheitserscheinungen (die Hypnozoiten von *P. vivax* oder *P. ovale* in der Leber werden aber nicht beeinflusst!). Zur Prophylaxe werden derzeit u. a. folgende Medikamente eingesetzt: Chloroquin (in Gebieten ohne Arzneimittelresistenzen); Chloroquin + Proguanil; Mefloquin; Doxycyclin; Atovaquone + Proguanil.

Bei Kurzaufenthalten in Gebieten mit geringem Infektionsrisiko ist es unter bestimmten Bedingungen vertretbar, auf die Chemoprophylaxe zu verzichten und ein Antimalariamittel als **Notfallmedikament** mitzuführen. Damit ist eine Selbstbehandlung durchzuführen, wenn malariaverdächtige Symptome auftreten und innerhalb von 12 h keine ärztliche Hilfe verfügbar ist. Die Mitnahme eines Notfallmedikamentes ist auch dann zu erwägen, wenn ein hohes Infektionsrisiko mit *P. falciparum* (besonders mit multiresistenten Stämmen) besteht und unsicher ist, ob die durchgeführte Chemoprophylaxe einen ausreichenden Schutz bieten wird. Bei diesen Maßnahmen sind die folgenden Hinweise besonders zu beachten:

- **Eine garantiert sicher wirksame Chemoprophylaxe gibt es derzeit nicht.** Daher muss **unverzüglich eine ärztliche Konsultation erfolgen**, wenn während oder nach Abschluss der Chemoprophylaxe Fieber auftritt.
- Für die Chemoprophylaxe und die Notbehandlung werden ganz bestimmte Antimalariamittel eingesetzt, die **Nebenwirkungen** verursachen können. Die

Empfehlungen müssen auf die **individuelle Situation der Reisenden** (allgemeiner Gesundheitszustand, Schwangere, Alte, Kleinkinder, Allergie-Risiko usw.) und die **Gegebenheiten im Zielgebiet** abgestimmt sein.

- **Beginn** der Chemoprophylaxe: spätestens *1–2 Wochen vor der Einreise* in ein Malariagebiet, weil diese Zeitspanne die Erkennung eventueller Nebenwirkungen, entsprechende Gegenmaßnahmen und einen Wechsel der Medikamente ermöglicht.
- **Dauer** der Chemoprophylaxe: während und *4 Wochen nach dem Aufenthalt* im Malariagebiet (bei Atovaquon + Proguanil nur 1 Woche). Diese Maßnahme richtet sich gegen das Auftreten der Malaria tropica, doch werden die Hypnozoiten von *P. vivax* und von *P. ovale* nicht erfasst (evtl. Behandlung zur Rezidivverhütung mit 8-Aminochinolinen, s. o.). Bei Langzeitaufenthalten (über 3 Monate) wird empfohlen, die Prophylaxe wie bei Kurzaufenthalten zu beginnen und sich nach Einreise in ein Endemiegebiet über längerfristige Maßnahmen ärztlich beraten zu lassen.

Bekämpfung. Hauptmaßnahmen sind die *Anopheles*-Bekämpfung durch gezieltes Besprühen von Wohn- und Stallräumen mit Insektiziden und die gleichzeitige Chemoprophylaxe bei der Bevölkerung. Seit einigen Jahren werden vermehrt insektizidimprägnierte Bettnetze (s. oben) eingesetzt, die sowohl das Infektionsrisiko für die Bevölkerung als auch die Mückenpopulation reduzieren können. Impfstoffe gegen Malaria stehen noch nicht zur Verfügung.

10.10 Babesia

Erreger der Babesiose

Babesien

sind Blutprotozoen aus der Ordnung der Piroplasmida, die bei Haus- und Wildtieren auf allen Kontinenten vorkommen und durch Schildzeckenarten übertragen werden. In Vertebraten parasitieren sie in Erythrozyten und sind im gefärbten Blutausstrich nachweisbar, meist in Form kleiner Ringe oder einzelner oder doppelter Tropfen (etwa 2–2,5 µm lang). Im Gegensatz zu Plasmodien enthalten sie kein Pigment (Hämozoin). Gelegentlich kommen Infektionen mit Babesien auch beim Menschen vor, vor allem bei splenektomierten, älteren oder immundefizienten Patienten. Als Ursachen wurden *Babesia microti* aus Nagetieren, *B. divergens* und ähnliche Erreger aus Rindern und Wildwiederkäuern sowie einige bisher nicht näher charakterisierte *Babesia*-Arten oder Stämme identifiziert. Solche Infektionen können malariaähnliche Symptome hervorrufen.

10.11 Balantidium coli

Erreger der Balantidiose

Balantidium coli

ist ein weltweit verbreiteter Ziliat von sehr variabler Größe (30–150 µm lang), der als Dickdarmbewohner bei Affen, Ratten und besonders bei Schweinen häufig, bei Menschen in Mitteleuropa aber nur selten vorkommt und gelegentlich Dickdarmentzündungen mit Geschwürbildung verursacht. Die Übertragung von Wirt zu Wirt erfolgt auf fäko-oralem Weg durch kugelförmige Zysten (40–60 µm). Die Diagnose beruht auf dem Nachweis von Zysten oder der vegetativen Formen im Stuhl. Therapeutisch sind Tetrazykline und Metronidazol wirksam.

10.12 Microspora

Erreger der Microsporose

Die Microspora haben vor allem als „opportunistische Parasiten" bei immundefizienten Patienten klinische Bedeutung. Am wichtigsten ist *Enterocytozoon bieneusi*. Die Übertragung erfolgt durch charakteristische Sporen.

Erreger. Eukaryoten des Stammes Microspora weisen gemeinsame Merkmale mit Pilzen auf. Sie entwickeln sich obligat intrazellulär und bilden charakteristische, sehr kleine, in der Umwelt resistente Sporen. Die bereits seit Mitte des vorigen Jahrhunderts bekannten Microspora haben als humanpathogene Erreger erst durch die AIDS-Epidemie klinische Bedeutung erlangt, die allerdings in Mitteleuropa und einigen anderen Gebieten seit Einführung der antiretroviralen Kombinationstherapie gegen HIV-Infektionen wieder rückläufig ist. Beim Menschen sind bisher 8 Gattungen und mindestens 14 Arten diagnostiziert worden.

Morphologie und Entwicklung. Die Microspora vermehren sich intrazellulär durch wiederholte, ungeschlechtliche Zwei- oder Vielfachteilung (= Merogonie) und bilden im Anschluss daran Sporen (= Sporogonie). Dabei liegen die Entwicklungsstadien frei im Zytoplasma der Wirtszelle (*Enterocytozoon*) oder innerhalb einer parasitophoren Vakuole (*Encephalitozoon*). Die Sporen der humanpathogenen Microsporidien-Arten sind 1-4 µm lang und haben eine typische Feinstruktur (Abb. **10.18a,b**). Die zweischichtige Sporenwand (Exo- und Endospore) umschließt ein einkerniges (selten zweikerniges) Erregerstadium (= Sporoplasma oder Amöboidkeim) und einen komplexen Expulsionsapparat, bestehend aus einem aufgewundenen, bis zu 100 µm langen Polschlauch und einem membranösen Verankerungsapparat (Polaroplast). Diagnostisch wichtig sind Anzahl und

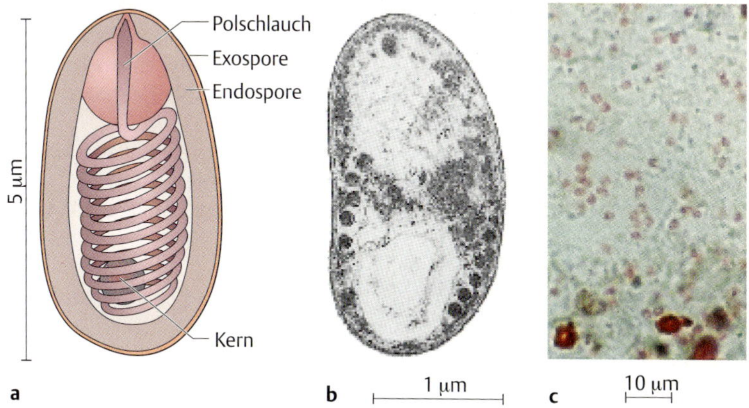

Abb. **10.18** **Microsporidien. a** Spore (nach Binford CH, Connor D, ed. Pathology of Tropical and Extraordinary Diseases. Vol. 1. Washington: Armes Forces Institute of Pathology, 1987: 336; **b** unreife Spore von *Encephalitozoon hellem* (TEM); **c** Sporen von *Enterocytozoon bieneusi* im Stuhlausstrich, Chromotrop-Färbung nach Weber.

Lage der Windungen des Polschlauches, wie sie elektronenmikroskopisch sichtbar sind (Abb. **10.18a,b**).

Die Sporen gelangen in den Fäzes, im Urin oder im Sputum ins Freie, wo sie einige Wochen überleben können. Nach peroraler Aufnahme der Spore wird das Sporoplasma (= Cytoplasma der Spore mit Kern) durch den Polschlauch in das Zytoplasma der Wirtszelle injiziert, entweder direkt durch die Zellwand der Zelle hindurch oder nach vorheriger Endocytose der Spore. Die Microsporidien vermehren sich anschließend lokal in Zellen der Darmwand oder sie invadieren von dort aus andere Organe. Ob diese Ausbreitung im Organismus durch freie Sporen oder intrazelluläre Stadien erfolgt, ist unklar. Aerogene Infektionen sind bei einigen Gattungen wahrscheinlich; bei Tieren ist die diaplazentare Übertragung von *Encephalitozoon* gesichert.

Krankheitsformen. Klinisch relevant sind die Microspora fast ausschließlich bei immundefizienten Personen, vor allem bei AIDS-Patienten. Die durch die einzelnen Arten verursachten Krankheitsformen sind im Folgenden zusammengefasst.

Enterocytozoon bieneusi:

Erreger: sehr kleine Sporen (1,1–1,6 × 0,7–0,9 µm) mit 4–7 Windungen des Polschlauches, angeordnet in Doppelreihe (bei anderen Arten nur eine Reihe!).

Vorkommen: wahrscheinlich weltweite Verbreitung; bei etwa 2–50% von AIDS-Patienten mit chronischer Diarrhö, auch bei HIV-negativen Personen nachgewiesen, z.B. in Spanien bei 17% älterer Personen mit Durchfall. *E. bieneusi* kommt auch bei Tieren vor (Schwein, Rind, Hund, Katze, Stadt-Tauben), doch werden Genotypen aus Tieren offenbar nur selten auf Menschen übertragen. Als Hauptinfektionsquellen gelten infizierte Personen.

Lokalisation: vorwiegend im Dünndarm in Enterozyten an Villusspitzen, seltener auch im Kolon, in Gallengängen und Gallenblase.

Symptome: chronische Diarrhö, auch Cholangiopathie, asymptomatische Infektionen kommen vor.

Encephalitozoon intestinalis (früher *Septata intestinalis*):

Erreger: Sporen (1,5–2,0 × 1,0–1,2 µm) etwas größer als bei *E. bieneusi*, 4–7 Windungen des Polschlauches.

Vorkommen: bei HIV-positiven Patienten und immunkompetenten Personen, aber seltener als *E. bieneusi*. Erregerreservoire sind wahrscheinlich einige Haus- und Nutztierarten.

Lokalisation: vorwiegend im Dünndarm in Enterozyten, Lamina propria, Fibroblasten, Makrophagen und Endothelzellen, auch disseminiert, u.a. in Gallenwegen, Luftwegen und Nieren. Innerhalb der Zelle Lage in „Kammern", die von Septen umgrenzt werden (daher früher: *Septata*).

Symptome: chronische Diarrhö wie bei *E. bieneusi*, andere Symptome entsprechend Organlokalisation.

Encephalitozoon cuniculi:

Erreger: Sporen 2,5–3,2 × 1,2–1,6 µm, mit 4–6 Windungen des Polschlauches, morphologisch nicht von *E. hellem*-Sporen zu unterscheiden.

Vorkommen: weltweit; häufig bei Haus- und Wildkaninchen, außerdem bei vielen anderen Tierarten (Nagetiere, Hund, Katze, Fuchsarten, Affen); selten bei HIV-Patienten. Von drei bekannten Erregerstämmen sind bisher zwei („Kaninchen"- und „Hundestamm") beim Menschen nachgewiesen (= Zoonose).

Lokalisation und Symptome: Bei AIDS-Patienten mit disseminierter Infektion, u.a. Hepatitis, Peritonitis, Nephritis, Pneumonie, Sinusitis, Enzephalitis und Keratokonjunktivitis.

Encephalitozoon hellem:

Erreger: Morphologisch mit *E. cuniculi* identisch, Unterscheidung immunologisch und molekularbiologisch.

Vorkommen: selten, bei AIDS-Patienten. Tierreservoir: Vögel.

Lokalisation und Symptome: Keratokonjunktivitis, Sinusitis, Bronchitis, Pneumonie, Nephritis, Harnwegsinfektion, disseminierte Infektion.

Andere seltene humanpathogene Microsporidien-Arten:
Brachiola (früher *Nosema*) *connori* (disseminiert in inneren Organen), *Nosema ocularum* (Kornea), *Vittaforma corneae* (früher *Nosema corneum*) (Kornea, disseminierte Infektionen), *Pleistophora* sp. (Skelettmuskel), *Trachipleistophora hominis* (Skelettmuskel, Nasenschleimhaut), *Trachipleistophora anthropophthera* (Herz- und Skelettmuskel, Leber, Gehirn).

Diagnose. Direkter Erregernachweis in Ausstrichen von Stuhl, Urinsediment, Liquor oder anderem Material nach Chromotrop-Färbung (Abb. **10.10g**, S. 578, **10.18c**) oder durch Chemofluoreszenz (z.B. mit Calofluor, Uvitex). Histologische oder elektronenmikroskopische Untersuchung von Organproben. Eine wichtige diagnostische Rolle spielt heute die PCR. *Encephalitozoon*-Arten sind in verschiedenen Zellarten in vitro kultivierbar, bei *Enterocytozoon* ist die Kultivierung bisher nicht gelungen.

Therapie und Prophylaxe. Nach kasuistischen Berichten wirkt sich die Behandlung mit Albendazol bei enteralem und auch systemischem Befall mit *Encephalitozoon*-Arten klinisch und parasitologisch günstig aus; gegen *E. bieneusi* ist das Mittel weniger wirksam.

11 Helminthen

J. Eckert und P. Deplazes

Helminthen (gr. *helmins*: Wurm) (Tab. **11.1**; Abb. **11.1**) sind parasitisch lebende Metazoen aus den Stämmen Platyhelmintha (Plattwürmer), Nematoda (Rundwürmer) und Acanthocephala (Kratzer). Letztere sind als Parasiten des Menschen von geringer Bedeutung. Zu den Platyhelmintha gehören die Klassen Trematoda (Saugwürmer) und Cestoda (Bandwürmer).

Tabelle **11.1** Übersicht zur Taxonomie (vereinfacht) der im Text erwähnten Helminthen

Stamm – Klasse	**Ordnung – Überfamilie**	**Gattung**
Platyhelmintha (Syn. Platyhelminthes)		
– Trematoda	Strigeidida	*Schistosoma, Bilharziella, Trichobilharzia*
	Echinostomida	*Fasciola, Fasciolopsis, Echinostoma*
	Plagiorchiida	*Dicrocoelium, Paragonimus*
	Opisthorchiida	*Opisthorchis, Clonorchis, Heterophyes, Metagonimus*
– Cestoda	Pseudophyllida	*Diphyllobothrium*
	Cyclophyllida	*Taenia, Echinococcus, Hymenolepis*
Nematoda		
– Secernentea	Rhabditida	*Strongyloides*
	Strongylida	*Ancylostoma, Necator, Trichostrongylus*
	Ascaridida	*Ascaris, Toxocara, Baylisascaris, Anisakis, Phocanema, Contracaecum*
	Oxyurida	*Enterobius*
	Spirurida	
	– Filarioidea	*Wuchereria, Brugia, Loa, Onchocerca, Mansonella, Dirofilaria*
– Adenophorea	Enoplida	*Trichuris, Trichinella*

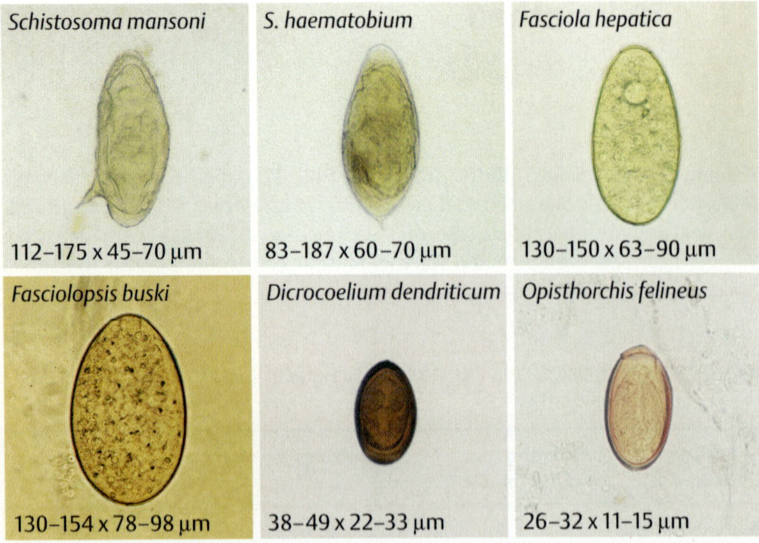

Abb. **11.1** **Eier und Larven wichtiger Helminthen.** Differenzialdiagnose der Eier wichtiger Helminthen (Trematoden, Cestoden und Nematoden) sowie der Larven von *Strongyloides stercoralis*. Abbildungen sind nicht im gleichen Maßstab, daher Größenangaben beachten! (Aufnahmen von *Hymenolepis* und *Enterobius*: H. Mehlhorn, Düsseldorf.) Fortsetzung S. 615

11.1 Trematoda (Saugwürmer)

Die meisten Trematodenarten sind dorsoventral abgeplattet und haben eine ovale bis lanzettförmige Gestalt, einige weisen andere Körperformen auf, z. B. die fadenartigen Schistosomen. Als Haftorgane dienen Saugnäpfe (gr. *trema*: Loch, Öffnung), und zwar ein Mundsaugnapf, der die Mundöffnung umgibt und mit dem Ösophagus sowie dem blind endenden Darm in Verbindung steht, und ein ventral gelegener Bauchsaugnapf. Die Körperoberfläche bildet ein synzytiales Integument, durch das Stoffe aus der Umgebung aufgenommen werden können. Die meisten Arten sind Zwitter; nur bei den Schistosomen sind die Geschlechter getrennt. Im Entwicklungszyklus der Trematoden fungieren Schnecken als erste und bei einigen Arten Arthropoden oder Fische als zweite Zwischenwirte.

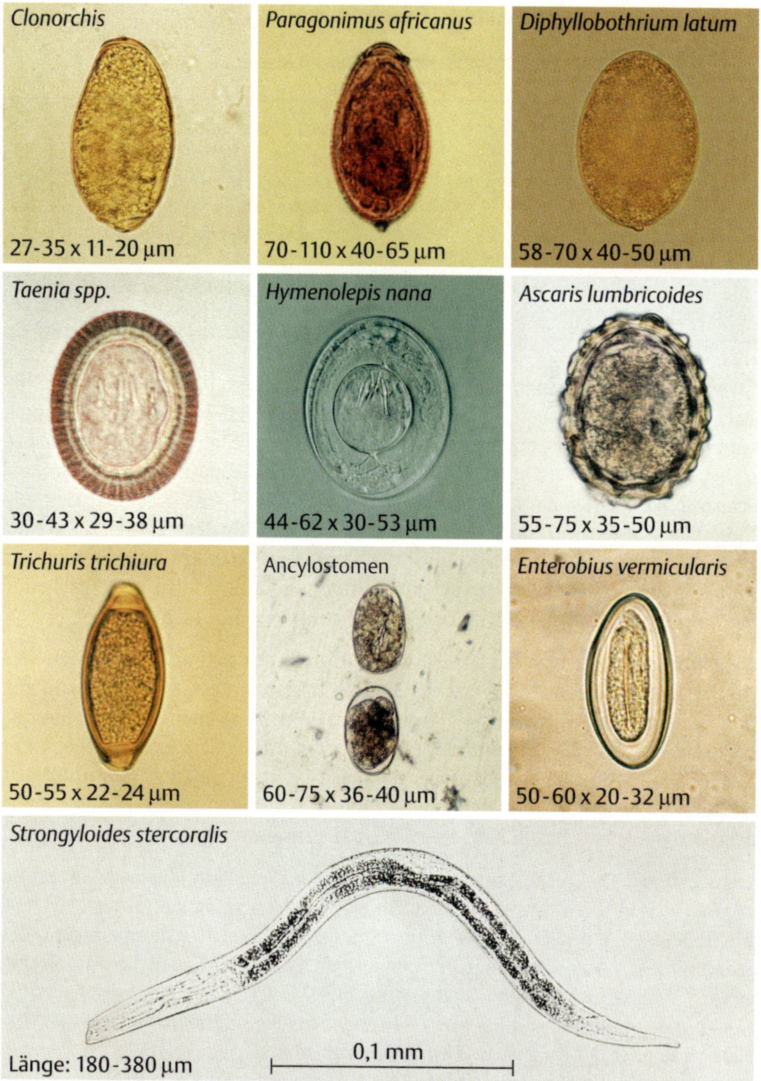

Abb. **11.1 Eier und Larven wichtiger Helminthen.** (Fortsetzung)

11.1.1 Schistosoma-Arten (Pärchenegel)

Erreger der Schistosomose oder Bilharziose

Die Schistosomose ist eine der häufigsten Tropenkrankheiten, deren Verbreitung an das Vorkommen bestimmter Zwischenwirte (Süßwasserschnecken) gebunden ist. Die Infektion des Menschen erfolgt in Gewässern (Süßwasser) durch Eindringen von *Schistosoma*-Zerkarien in die Haut. *Schistosoma haematobium* verursacht die **Blasenschistosomose**, *S. mansoni*, *S. japonicum*, *S. intercalatum* und *S. mekongi* sind Erreger der **Darmschistosomose** und anderer Formen der Erkrankung. Die Diagnose wird durch Nachweis von *Schistosoma*-Eiern im Stuhl oder Urin sowie von spezifischen Antikörpern im Serum gestellt.

Erreger und Vorkommen. Die Schistosomose (nach dem deutschen Arzt Th. Bilharz [1825 – 1862] auch als Bilharziose bezeichnet) ist in 74 tropischen oder subtropischen Ländern endemisch, etwa 200 Millionen Menschen sind mit Schistosomen infiziert (WHO, 2008). Die wichtigsten humanpathogenen Arten sind *Schistosoma haematobium* (Verbreitung: Afrika, Naher Osten, fragliche Herde in Indien), *S. mansoni* (Afrika, Naher Osten, Karibik, Länder an der südamerikanischen Ostküste) und *S. japonicum* (Südostasien und Westpazifik, China, Indonesien, Philippinen, nicht mehr in Japan). *S. intercalatum* kommt fokal in Zentral- und Westafrika vor, *S. mekongi* in Laos und Kambodscha (Abb. **11.2**).

Morphologie. Die einzelnen *Schistosoma*-Arten lassen sich an morphologischen Merkmalen voneinander unterscheiden. Das relativ dicke Männchen formt mit den Seitenrändern des Körpers eine ventrale Rinne (Canalis gynaecophorus) und schließt das mehr fadenförmige Weibchen darin ein. Dadurch erscheint der Körper des Männchens wie längsgespalten (gr. *schizein*: spalten; *soma*: Körper). Die adulten Parasiten leben im Lumen von Venen. Angaben zu den verschiedenen *Schistosoma*-Arten sind in Tab. **11.2** (s. S. 619) zusammengefasst.

Entwicklung. Die geschlechtsreifen *Schistosoma*-Weibchen legen, bevorzugt in kleinen Venen des Darmes oder des Urogenitaltraktes, täglich je nach Art 100 bis 3500 Eier. Jedes Ei enthält ein unreifes Mirazidium (= Wimperlarve), das während des Aufenthaltes im Wirt innerhalb von 6–10 Tagen heranreift und etwa 3 Wochen lebensfähig bleibt (Abb. **11.3**). Ein Teil der Eier penetriert die Gefäßwand sowie das umliegende Gewebe, erreicht schließlich das Lumen der Harnblase oder des Darmes und wird im Stuhl oder Harn ausgeschieden. Geraten die Eier ins Süßwasser, schlüpfen die Mirazidien aus der Eihülle und beginnen mit der Suche nach einem geeigneten Zwischenwirt (Abb. **11.3**).

In den Zwischenwirten (Süßwasserschnecken, s. Tab. **11.2**) entwickeln sich aus den eingedrungenen Mirazidien über Mutter- und Tochtersporozysten und durch ungeschlechtliche Vermehrung zahlreiche Zerkarien, die frühestens 3–6 Wochen

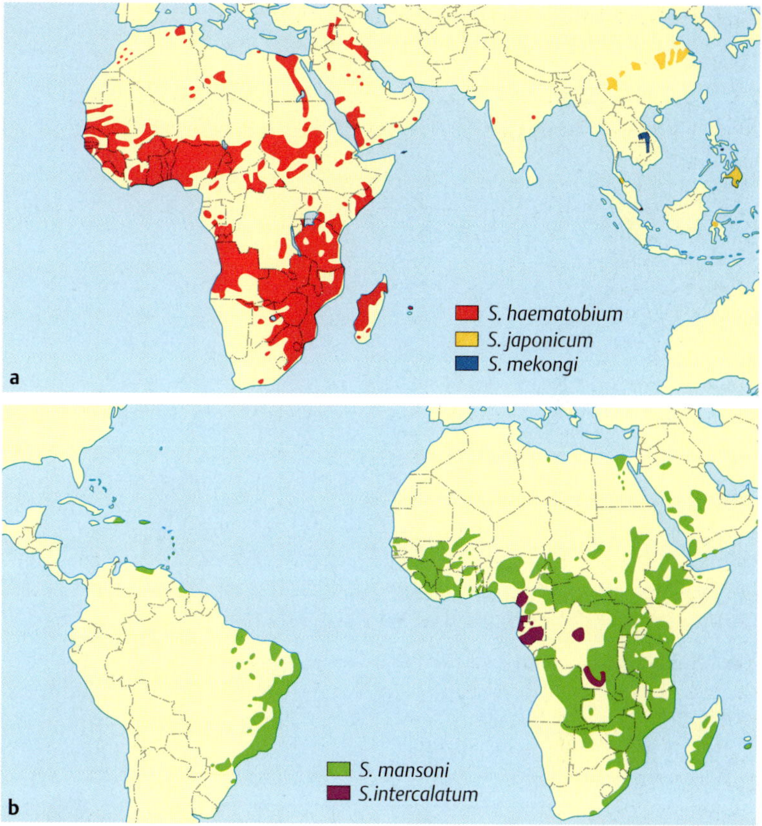

Abb. **11.2** **Approximative Verbreitung von Schistosomen.** **a** *Schistosoma haematobium, S. japonicum* und *S. mekongi;* **b** *S. mansoni* und *S. intercalatum*. (Nach WHO-Angaben)

nach der Infektion die Schnecken verlassen und in das Wasser ausschwärmen. Die ca. 340–520 µm langen Zerkarien sind morphologisch vor allem durch den gegabelten Ruderschwanz charakterisiert (Abb. **11.3**). Die frei umherschwimmenden oder an der Wasseroberfläche haftenden Zerkarien dringen bei Kontakt mit einem Menschen innerhalb weniger Minuten in die Haut ein, selten auch in die Mundschleimhaut. Im Verlauf des Infektionsvorganges verliert die Zerkarie den Schwanz, streift die oberflächliche Glykokalix ab, bildet ein neues Integument aus und wird damit zum Schistosomulum. Der weitere Wanderweg im Menschen umfaßt folgende Stationen: → Schistosomula durchwandern das subkutane Ge-

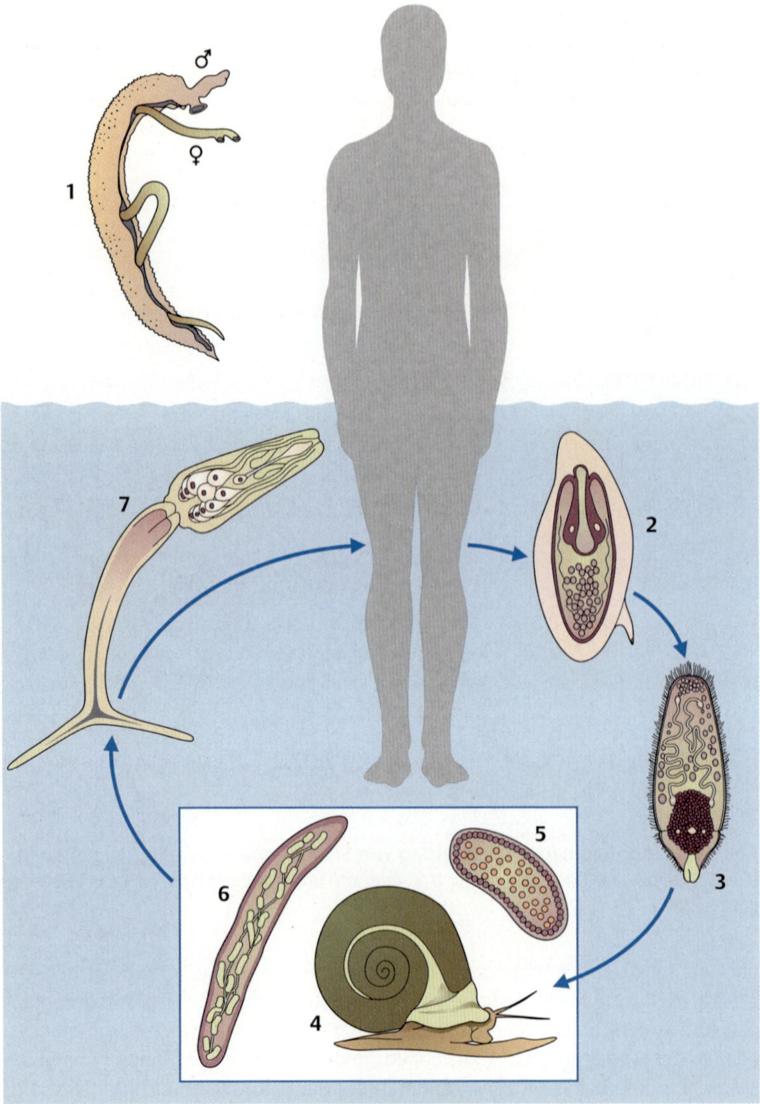

Abb. **11.3** ***Schistosoma mansoni*: Entwicklungszyklus. 1** Männchen und Weibchen; **2** Ei mit Mirazidium; **3** Mirazidium; **4** Zwischenwirt (*Biomphalaria glabrata*); **5** Sporozyste; **6** Tochtersporozyste mit Zerkarien; **7** Gabelschwanzzerkarie. (Nach Piekarski G. Medizinische Parasitologie in Tafeln. 2. Aufl. Berlin: Springer: 1973.)

Tabelle **11.2** *Schistosoma*-Arten des Menschen

***Schistosoma*- Art und Länge sowie Hauptlokalisation der Adultstadien**[1]	**Eier: Merkmale, Maße und Ausscheidung (A)**	**Z: Zwischenwirte (Schnecken), R: Reservoirwirte (Wirbeltiere)**[2]
S. haematobium: ♂♂: 7–15, ♀♀: 9–20 mm. Venengeflechte im kleinen Becken (Harnblase u. a.)	spindelförmig mit Endstachel, 83 – 187 x 60 – 70 µm. A: Harn, selten Stuhl	Z: *Bulinus*-Arten. R: (Affen)
S. intercalatum: ♂♂:11–14, ♀♀: 13–24 mm. Mesenterialvenen	spindelförmig mit Endstachel, 140 – 240 x 50 – 85 µm. A: Stuhl[3]	Z: *Bulinus*-Arten. R: Schafe, Ziegen
S. mansoni: ♂♂: 6–10, ♀♀: 7–15 mm. Mesenterialvenen	spindelförmig, mit Seitenstachel, 112 – 175 x 45 – 70 µm. A: Stuhl	Z: *Biomphalaria*-Arten. R: (Paviane, Nagetiere)
S. japonicum: ♂♂: 7–20, ♀♀: 10–26 mm. Mesenterialvenen	elliptisch, Seitenstachel winzig oder fehlend, 70 – 100 x 50 – 65 µm. A: Stuhl	Z: *Oncomelania*-Arten. R: Rind, Büffel, Schwein, Hund, Nagetiere u. a.
S. mekongi: ♂♂: 10–18, ♀♀: 14–20 mm. Mesenterialvenen	elliptisch, Seitenstachel winzig oder fehlend, 50 – 65 x 30 – 55 µm. A: Stuhl	Z: *Neotricula*-Arten. R: Hund

[1] Lokalisation nicht absolut spezifisch; adulte Stadien auch in Gefäßen der Leber, Lunge und seltener in anderen Organen. ♂♂: Männchen, ♀♀ : Weibchen. [2] In Klammern: Von untergeordneter oder lokaler Bedeutung [3] Im Gegensatz zu *S. haematobium* nach Ziehl-Neelsen anfärbbar.

webe → Aufsuchen venöser Kapillaren oder Lymphgefäße → Wanderung über den venösen Kreislauf in die rechte Herzkammer und die Lunge → hämatogener Transport in die intrahepatischen Verzweigungen der Pfortader → dort Entwicklung zu adulten Würmern und Paarbildung aus Männchen und Weibchen kurz vor Erreichen der Geschlechtsreife → retrograde Wanderung der Paare in die Mesenterialvenen oder die Venengeflechte des kleinen Beckens (Tab. **11.2**).

Präpatenz je nach *Schistosoma*-Art etwa 4–10 Wochen. Im Endwirt überleben die Schistosomen durchschnittlich 2–5 Jahre, einzelne 20–40 Jahre.

Epidemiologie. Zwischenwirte für *S. haematobium*, *S. mansoni*, *S. intercalatum* und *S. mekongi* sind aquatische Süßwasserschnecken (Tab. **11.2**), die stehende oder langsam fließende Gewässer bevorzugen. Als Zwischenwirte für *S. japonicum* dienen amphibisch lebende Schnecken, die sich auch auf feuchtem Boden und an Pflanzen aufhalten, z.B. in Reisfeldern.

Obwohl in die Zyklen aller *Schistosoma*-Arten Tiere mit einbezogen sein können, ist bei den meisten Arten der Mensch das wichtigste Erregerreservoir (Tab. **11.2**). Bei *S. japonicum* und auch bei *S. mekongi* haben allerdings Tiere einen erheblichen Anteil an der Ausstreuung von *Schistosoma*-Eiern. Tropenreisende können sich in endemischen Gebieten infizieren, selbst bei einmaligem Gewässerkontakt.

Pathogenese. Das Eindringen der Zerkarien in die Haut (**Penetrationsphase)** verläuft inapparent oder ist, besonders bei wiederholter Exposition, mit Juckreiz und Hautveränderungen (Erythem, Papeln) verbunden, die in wenigen Tagen wieder abklingen. In einer a**kuten Phase** können 2–10 Wochen nach einer starken Erstinfektion Fieber, Kopf- und Gliederschmerzen, Oberbauchbeschwerden, Lymphknotenschwellung, Störungen der Darmfunktion und andere Symptome auftreten (= Katayama-Syndrom). Sie stehen mit einer erhöhten Produktion von TNF, IL-1 und IL-6 und einer dominanten T_{H1}–Reaktion im Zusammenhang. Das Katayama-Syndrom tritt vor allem bei immunologisch naiven Individuen auf (z.B. bei Tropenreisenden) und weniger bei Personen in Endemiegebieten. Eine mögliche Ursache dafür ist, dass die letztgenannten Personen sehr früh (zum Teil schon intrauterin) mit *Schistosoma*-Antigen in Kontakt kommen und die Immunreaktion in Richtung T_{H2}-Antwort ausgerichtet wird. In der akuten Phase sind im Serum spezifische Antikörper nachweisbar. *Schistosoma*-Eier werden frühestens 4 Wochen p.i. ausgeschieden (s. Präpatenzen).

In der **chronischen Phase** beginnt nach einer Inkubation von mindestens 2 Monaten die pathogenetisch bedeutsamste Phase. Ein erheblicher Anteil der abgelegten Eier (bis 50%) verbleibt in den Körpergeweben in der Nähe des Ansiedlungsortes der Schistosomen und nach Verschleppung über den Blutkreislauf auch in entfernteren Lokalisationen (Leber und Lunge, seltener ZNS, Haut u.a. Organe), wo sie in kleinen Gefäßen stecken bleiben.

Die in den Eiern eingeschlossenen Mirazidien produzieren Antigene (Proteine, Glykoproteine), die durch die Eischale ins Gewebe austreten und auch noch nach Absterben der Wimperlarve in den Eiern vorhanden sind. Nach Stimulation von $CD4^+$T-Zellen entstehen unter Mitwirkung von Zytokinen um die Eier Granulome aus Makrophagen, Eosinophilen, $CD4^+$T-Zellen und Fibroblasten (Abb. **11.4**). Diese Herde können konfluieren und Ausgangspunkt größerer, granulomatöser Wucherungen sein, die in das Lumen von Blase oder Darm hineinragen. Die Mirazidien sterben innerhalb von einigen Wochen ab. Die Eier werden dann abgebaut oder verkalken, während die Granulome durch Bindegewebe ersetzt werden. Damit entstehen in zunehmendem Maße fibröse Veränderungen. Diese werden auf eine Dominanz der T_{H2}-Reaktion und eine daraus resultierende starke Produktion von IL-4 zurückgeführt.

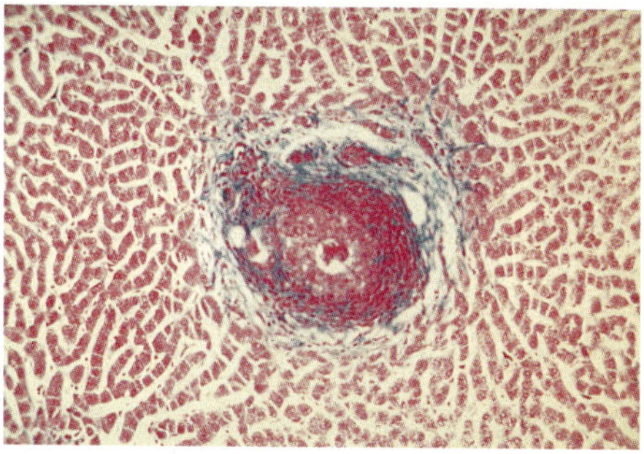

Abb. **11.4** ***Schistosoma*-Granulom in der Leber.** Im Zentrum des Granuloms ist der Anschnitt eines Eies zu sehen.

Krankheitsbild. Entsprechend der Lokalisation der Veränderungen lassen sich verschiedene **Hauptformen der Schistosomose** (Bilharziose) unterscheiden:

- **Blasenschistosomose:** Erreger *S. haematobium.* Inkubation 10-12 Wochen, auch viel länger. Hämaturie, Fibrose, Knötchenbildung, Nekrosen, Geschwüre und Verkalkung der Blasenwand u. a. Symptome. In manchen Gebieten wird die Entstehung von Blasenkrebs durch die Infektion mit *S. haematobium* begünstigt.
- **Darmschistosomose:** Erreger hauptsächlich *S. mansoni* und *S. japonicum*, auch *S. mekongi*. Inkubation 4–12 Wochen (akute Phase), Monate bis Jahre (chronische Phase). Initialer Verlauf meist inapparent oder subklinisch. In der chronischen Phase fast ausschließlich Dickdarmveränderungen mit Hyperämie, granulomatösen Knötchen, Papillomen („Bilharziome"), Ulzerationen, Blutungen und zunehmender Fibrose; Bauchschmerzen und blutige Diarrhö.
- **Hepatolienale Schistosomose:** Erreger vor allem *S. japonicum*, seltener *S. mansoni.* Die durch Eier verursachte Fibrose um die Pfortaderäste in der Leber („Tonpfeifenstielfibrose" nach Symmers) führt u. a. zur Behinderung des Blutflusses, portaler Hypertonie, Splenomegalie, Aszites sowie zu Hämorrhagien im Verdauungskanal.
- **Weitere Formen: Lungenschistosomose** wird vor allem bei schweren Infektionen mit *S. mansoni* beobachtet. Ursache **zerebraler oder spinaler Formen** können *S. japonicum* und andere *Schistosoma*-Arten sein.
- **Zerkariendermatitis:** Hautveränderungen (Juckreiz, Rötung, Quaddeln, Papeln) bei Menschen, verursacht durch (wiederholtes) Eindringen von Zerkarien von Schistosomatiden, die in Vögeln (z. B. *Bilharziella, Trichobilharzia*) oder Säugern (z. B. *Schistosoma spindale*) parasitieren. Die Infektion tritt im Süßwasser (teils auch im Brackwasser) weltweit auf und wird als „Badedermatitis" bezeichnet. Die Symptome klingen in der Regel nach einigen Tagen ab. Zerkarien humanpathogener Schistosomen können ähnliche, meist mildere, Symptome hervorrufen.

Immunität. In der Bevölkerung endemischer Gebiete steigen Prävalenz und Intensität der *Schistosoma*-Infektionen bis zum 15. Lebensjahr, danach erfolgt ein Rückgang, gewöhnlich verbunden mit reduzierter Eiausscheidung. Dem liegt eine infektionsgebundene Immunität zugrunde. Dabei ist der Wirt gegen eine erneute Infektion mit Zerkarien ganz oder teilweise geschützt, die bereits im Körper etablierten Schistosomen werden aber nicht eliminiert und können Jahre bis Jahrzehnte überleben. Das Überleben der Schistosomen wird durch verschiedene Mechanismen der Immunevasion ermöglicht, z.B. durch Maskierung ihrer Oberfläche mit wirtsähnlichen Makromolekülen (= molekulare Mimikry).

Diagnose. Serologische Untersuchung auf spezifische Antikörper während der Präpatenz (wichtig bei Tropenrückkehrern!). Nach Ablauf der Präpatenz vor allem Nachweis von Eiern im Stuhl oder Urinsediment (Abb. **11.1**, S. 614 u. Tab. **11.2**, S. 619), teils auch in Biopsien der Darm- oder Blasenwand. Zusätzlich Antikörpernachweis. Veränderungen der Leber und des Urogenitaltraktes lassen sich ultrasonographisch diagnostizieren.

Therapie. Mittel der Wahl ist Praziquantel, das eine hohe Wirksamkeit gegen adulte Stadien aller *Schistosoma*-Arten hat und gut verträglich ist.

Bekämpfung und Prophylaxe. Hauptsäulen der Bekämpfung sind die planmäßige medikamentöse Behandlung bestimmter Bevölkerungsgruppen sowie hygienische oder organisatorische Maßnahmen (Bau von Aborten, Verbesserung der Wasserversorgung u.a.). In *Schistosoma*-Gebieten sollte Hautkontakt mit natürlichen oder künstlichen Gewässern (Süßwasser) möglichst vermieden werden. Möglicherweise mit Zerkarien kontaminiertes Trinkwasser kann durch Kochen oder durch Filtration dekontaminiert werden.

11.1.2 Fasciola hepatica (Großer Leberegel) und F. gigantica (Riesenleberegel)

Erreger der Fasciolose

Fasciola hepatica und *F. gigantica* sind häufige Gallengangsparasiten von Hauswiederkäuern. In ihrem Entwicklungszyklus dienen Süßwasserschnecken als Zwischenwirte. Menschen infizieren sich akzidentell durch Genuss von Pflanzen (z.B. Wasserkresse), an denen infektiöse Stadien (Metazerkarien) der Parasiten haften.

Vorkommen. *Fasciola hepatica* ist ein weltweit verbreiteter, bedeutsamer Parasit von Hauswiederkäuern, der aber auch andere Tierarten befällt. Sporadischer oder endemischer *F. hepatica*-Befall bei Menschen wurde bisher aus rund 50 Ländern aller Kontinente gemeldet (WHO, 1999). Aus Asien und Afrika sind auch Infektionen des Menschen mit dem bis zu 7,5 cm langen Riesenleberegel (*F. gigantica*) bekannt.

Erreger, Entwicklung und Epidemiologie. *F. hepatica* ist ein abgeplatteter, einem Lorbeerblatt ähnelnder Parasit, 2–5 cm lang und maximal 1 cm breit. Besondere Kennzeichen sind der vom übrigen Körper etwas abgesetzte „Kopfkonus" und die starke Verzweigung verschiedener innerer Organe (Abb. **11.5a**).

Die adulten Leberegel parasitieren in den Gallengängen. Sie produzieren große (etwa 130 × 85 µm), goldgelb gefärbte, gedeckelte Eier (Abb. **11.1**, S. 614), die über die Gallenwege und den Darmkanal des Wirtes an die Außenwelt gelangen. Im wässrigen Milieu entwickelt sich innerhalb einiger Wochen im Ei eine bewimperte Larve, das Mirazidium, das ausschlüpft, in eine Süßwasserschnecke (in Mitteleuropa *Lymnaea* [Syn. *Galba*] *truncatula*) eindringt und sich zur Sporozyste umformt. Über weitere, ungeschlechtliche Vermehrungsstadien (Redien) entstehen schließlich Zerkarien, die in das Wasser ausschwärmen. Nach kurzer Zeit setzen sie sich an Pflanzenteilen fest, wo sie sich enzystieren und damit zu infektionsfähigen Metazerkarien heranreifen, die mit pflanzlicher Nahrung von Endwirten aufgenommen werden können. Beim Menschen stellt der Genuss mit Metazerkarien behafteter Wasserkresse eine der möglichen Infektionsquellen dar.

Die im Dünndarm schlüpfenden juvenilen Leberegel durchdringen die Darmwand und wandern über die Peritonealhöhle in die Leber ein. Nach einer 6–7 Wochen langen Migration durch das Leberparenchym gelangen die Parasiten in die Gallenwege, wo sie geschlechtsreif werden. Frühestens 2–3 Monate p.i. beginnt die Eiausscheidung.

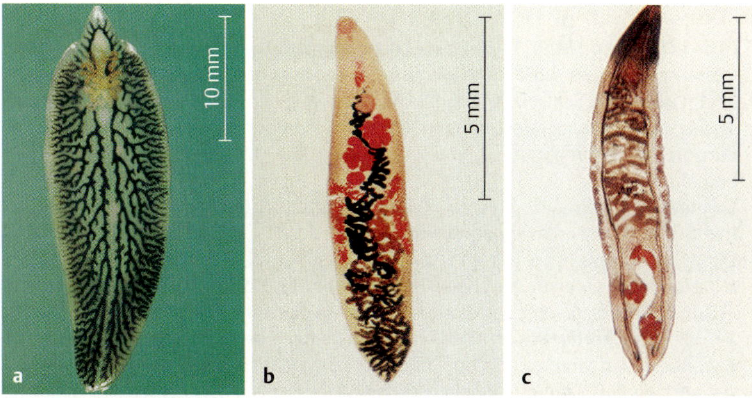

Abb. **11.5** **Leberegel.** **a** *Fasciola hepatica*, adultes Stadium mit blutgefülltem verzweigten Darm; **b** *Dicrocoelium dendriticum*, adultes Stadium; **c** *Opisthorchis felineus*, adultes Stadium (Aufnahme a: K. Wolff, Zürich; c: V. Kumar, Antwerpen).

11

Krankheitsbild. Die Infektion kann inapparent verlaufen oder nach einer Inkubationszeit von 4–6 Wochen mit Abdominalschmerzen, Hepatomegalie, Fieber, Leukozytose und Eosinophile (akute Phase) sowie mit unspezifischen hepatocholangitischen Erscheinungen (chronische Phase) und Anämie einhergehen. Gelegentlich wandern die Parasiten auch in andere Organe als die Leber ein.

Diagnose. Leukozytose, Eosinophilie und Erhöhung leberspezifischer Enzyme im Serum sind vor allem während der Wanderphase der Leberegel zu erwarten. Der Nachweis der Eier (Abb. **11.1**, S. 614) im Stuhl oder Duodenalsaft gelingt frühestens 2–3 Monate nach der Infektion. Bei Patienten aus Asien sind Eier der Dünndarmparasiten *Echinostoma* und *Fasciolopsis* (Abb. **11.1**) differenzialdiagnostisch zu berücksichtigen, die denen von *Fasciola* sehr ähneln. Der Nachweis von Antikörpern im Serum ist eine weitere diagnostische Möglichkeit.

Therapie und Prophylaxe. Mittel der Wahl ist Triclabendazol (Präparat aus der Veterinärmedizin, in einigen Ländern ad usum humanum registriert, von der WHO empfohlen). Durch Verzicht auf den Verzehr roher Wasserkresse und anderer möglicherweise mit Metazerkarien behafteter Pflanzen kann die Infektion vermieden werden.

11.1.3 Dicrocoelium dendriticum (Kleiner Leberegel, Lanzettegel)

Erreger der Dicrocoeliose

Der Lanzettegel

(0,5–1,0 × 0,2 cm) (Abb. **11.5b**), ein Gallengangsparasit von Schaf, Rind u. a. Pflanzenfressern, tritt in der nördlichen Hemisphäre regional gehäuft auf (u. a. Süddeutschland, Österreich, Schweiz) und entwickelt sich in einem Zyklus mit zwei Zwischenwirten (gehäusetragende Landschnecken und Ameisen). Menschen infizieren sich durch zufällige Aufnahme von Ameisen, die infektiöse Metazerkarien des Lanzettegels enthalten.

Solche Infektionen sind selten; sie verlaufen symptomlos oder sind mit milden Abdominal- und Leberbeschwerden verbunden.

Diagnose: Nachweis der Eier im Stuhl (40 × 25 µm, oval, dunkelbraun, enthalten ein Mirazidium mit zwei runden „Keimkernen") (Abb. **11.1**, S. 614). Gelegentlich kommt es zur Darmpassage von Lanzettegeleiern, ohne dass eine Infektion vorliegt. Dies ist der Fall, wenn bei der Schlachttierkontrolle in Rinder- oder Schaflebern einige Lanzettegel übersehen worden sind und solche Lebern oder daraus hergestellte Produkte verzehrt werden. Differenzialdiagnostisch sind die Eier von *Opisthorchis* und *Clonorchis* in Betracht zu ziehen (Abb. **11.1**, S. 614). Chemotherapie: Behandlungsversuch mit Praziquantel (s. Opisthorchiose).

11.1.4 Opisthorchis- und Clonorchis-Arten (Katzenleberegel und Chinesischer Leberegel)

Erreger der Opisthorchiose bzw. der Clonorchiose

Arten der Gattungen *Opisthorchis* und *Clonorchis* kommen in Fluss- und Binnenseegebieten in Asien und Osteuropa vor, *Opisthorchis* auch weiter westlich bis nach Norddeutschland. In den Zyklus sind zwei Zwischenwirte eingeschaltet (Wasserschnecken, Fische). Die Infektion erfolgt mit Rohfisch, der infektiöse Stadien (Metazerkarien) enthält. Diagnose: Nachweis von Eiern im Stuhl oder Duodenalaspirat.

Erreger und Vorkommen. Die Vertreter dieser Gattungen ähneln in Größe (Länge: 1–2 cm) und Form dem Lanzettegel (*Dicrocoelium dendriticum*). Unterscheidungsmerkmale bieten die Lage und Struktur der Hoden (Abb. **11.5c**, S. 623).

Opisthorchis und *Clonorchis* kommen in Fluss- und Binnenseegebieten endemisch vor: *Opisthorchis felineus* in Eurasien (Russland, Kasachstan, Ukraine; Endemieherde auch in Baltischen Staaten, im nördlichen Polen und in Norddeutschland), *Opisthorchis viverrini* in Thailand und Laos, *Clonorchis sinensis* im fernöstlichen Russland und in weiteren asiatischen Gebieten (u.a. China, Taiwan, Vietnam, Korea). Die Zahl der mit *Opisthorchis* und *Clonorchis* infizierten Personen wird auf 17 Millionen geschätzt (WHO, 1995).

Entwicklung und Epidemiologie. Endwirte von *Opisthorchis*- und *Clonorchis*-Arten sind fischfressende Säugetiere (Katze, Hund, Schwein u.a.) sowie der Mensch, in denen die Trematoden die Gallengänge besiedeln. Die Entwicklung ist an verschiedene Arten von Wasserschnecken (*Bithynia* u.a.) als erste und an Süßwasserfischarten als zweite Zwischenwirte gebunden. Die infektiösen Metazerkarien befinden sich in der Muskulatur der Fische und gelangen beim Genuß roher Fischgerichte in den Darm des Endwirtes und von dort über den Ductus choledochus in die Gallengänge. Die Präpatenz beträgt 4 Wochen.

Pathogenese und Krankheitsbild. Der Befall mit *Opisthorchis* und *Clonorchis* verursacht Wucherungen des Gallengangepithels, zystenartige Erweiterungen und fibröse Verdickungen der Gallengänge sowie Bindegewebsvermehrung im Leberparenchym. In Endemiegebieten von *C. sinensis* und *O. viverrini* wurde eine Häufung von Gallengangkarzinomen festgestellt. Zum Krankheitsbild gehören u.a. variables Fieber, cholangitische Symptome, Hepatomegalie, Leukozytose, Oberbauchschmerzen und Durchfall.

Diagnose, Therapie und Prophylaxe. Diagnose durch Nachweis der Eier (26–32 µm lang) im Stuhl oder im Duodenalsaft (Abb. **11.1**, S. 614). Differenzialdiagnostisch sind Eier von *Heterophyes heterophyes, Metagonimus yokogawai* und anderer Trematodenarten zu berücksichtigen. Serumantikörper lassen sich bei einem Teil der Infizierten nachweisen. Zur Behandlung ist Praziquantel das Mittel der Wahl. Eine sichere Prophylaxe bildet das Kochen oder Braten der Fische, da die Metazerkarien bereits bei 70 °C absterben, oder das Tiefgefrieren bei - 10 °C für 5 Tage.

11.1.5 Paragonimus (Lungenegel)

Erreger der Paragonimose

Lungenegel

Mindestens 9 *Paragonimus*-Arten u. a. *Paragonimus westermani, Paragonimus heterotremus* u. a. Arten in Ost- und Südostasien, *Paragonimus africanus* und *Paragonimus uterobilateralis* im westlichen und südlichen Afrika, *Paragonimus kellicotti* in Nordamerika sowie *Paragonimus mexicanus* u. a. in Mittel- und Südamerika. Abgesehen von Menschen spielen krebsfressende Säugetiere (Feliden, Kaniden, Schweine u. a.) als Erregerreservoire eine wesentliche Rolle. Die adulten Stadien (7–15 mm lang) parasitieren in Zysten der Lunge. Eier der Parasiten gelangen über die Luftwege und den Verdauungstrakt in die Außenwelt. Nach Entwicklung larvaler Formen in zwei Zwischenwirten (Süßwasserschnecken und Krebse) können infektiöse Stadien (Metazerkarien) beim Verzehr roher Krebse auf Menschen übergehen und vom Dünndarm aus durch die Peritonealhöhle zum Diaphragma und schließlich in die Lunge einwandern. Vom normalen Wanderweg abgekommene Parasiten gelangen in verschiedene Organe (z. B. Gehirn oder Haut). Mit dem Blut ausgeschwemmte Eier induzieren in verschiedenen Organen entzündliche Granulome. Eier der Parasiten sind im Sputum oder Stuhl nachweisbar, spezifische Antikörper im Serum. Differenzialdiagnostisch ist insbesondere die Tuberkulose zu berücksichtigen. Chemotherapie: Praziquantel oder Triclabendazol (s. *Fasciola,* S. 624). Eine sichere Prophylaxe ist das Kochen der Krabben- und Krebsgerichte.

11.2 Cestoda (Bandwürmer)

Der Körper der adulten Cestoden (gr. *kestos*: Band) besteht aus dem sog. Kopf (Skolex), einer ungegliederten Wachstumszone und einer Kette von Gliedern (Proglottiden) (Abb. **11.6a–d**). Die Geschlechtsorgane sind zwittrig angelegt, Verdauungsorgane fehlen, Nährstoffe werden durch das resorbierende, synzytiale Integument aufgenommen. Die Entwicklung verläuft über einen oder zwei Zwischenwirte.

Verschiedene Arten der niederen (Pseudophyllida) und der höheren (Cyclophyllida) Cestoden (Tab. **11.1**, S. 613) sind im Adultstadium Dünndarmparasiten des Menschen. Im Körpergewebe des Menschen können sich Larvalstadien (Metacestoden, Finnen) bestimmter Cestoden-Arten ansiedeln und eine größere Schadwirkung entfalten als die intestinalen Stadien.

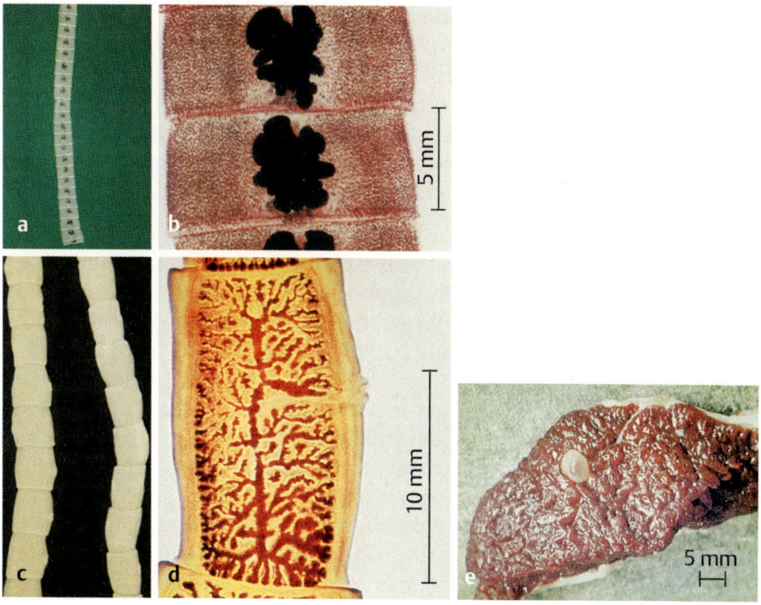

Abb. **11.6** **Cestoden.** **a** Gliederkette (Strobila) von *Diphyllobothrium sp.*, ungefärbt; **b** Strobila von *Diphyllobothrium latum*, gefärbt; **c** Strobila von *Taenia saginata*, ungefärbt; **d** gravide Proglottis von *T. saginata*, gefärbt; **e** Finne von *T. saginata* in der Muskulatur vom Rind (Aufnahme e: Institut für Parasitologie der Tierärztlichen Hochschule Hannover).

11.2.1 Taenia-Arten

Erreger von Taeniose und Cysticercose

Die adulten, bis einige Meter langen *Taenia*-Arten parasitieren im Dünndarm des Menschen. Die Infektion verläuft inapparent oder mit meist milden intestinalen Symptomen (Taeniose). Für *Taenia saginata* fungieren Rinder als Zwischenwirte, in deren Muskulatur sich Metacestoden (Finnen) entwickeln, die mit rohem Rindfleisch vom Menschen aufgenommen werden können. Bei *T. solium* entwickeln sich Metacestoden im Schwein und akzidentell auch in Organen (ZNS, Augen, Muskulatur, Haut) des Menschen, der an dieser Infektion schwer erkranken kann (Cysticercose).

11

Taenia saginata (Rinderfinnenbandwurm)

Erreger der *T. saginata*-Taeniose

Vorkommen. Diese Art ist weltweit verbreitet. Ein Indikator für die Häufigkeit ist die durch *T. saginata* verursachten Cysticercose des Rindes: Prävalenz bei Schlachtrindern in Europa durchschnittlich 0,4–7%, in Einzelbeständen bis über 50%. Hohe Prävalenzen auch in einigen außereuropäischen Regionen.

Erreger, Entwicklung und Epidemiologie (Abb. **11.7**, S. 629). *T. saginata* (lat. *taenia*: Band; *saginatus*: gemästet) wird bis 10 m lang; am Skolex befinden sich 4 Saugnäpfe, Hakenkränze und Rostellum fehlen (s. *T. solium*). Die Proglottiden am Ende der Gliederkette sind länger als breit; jede der Proglottiden enthält einen baumartig verzweigten Uterus mit 80 000–100 000 Eiern (= gravide Glieder) (Abb. **11.6**). In unregelmäßigen Abständen lösen sich gravide Glieder von der Bandwurmkette ab und werden ausgeschieden. Die Eier werden bereits bei der Abtrennung einer Proglottis von der Bandwurmkette im Darmlumen oder erst an der Außenwelt frei. Die kleinen runden Eier (Durchmesser 30–40 µm), bestehen aus einer dicken, bräunlich gefärbten, radiär gestreiften Hülle (Embryophore) und einer im Inneren gelegenen, mit 3 Hakenpaaren bewehrten Onkosphäre (Abb. **11.1**, S. 615, **11.7**). Die Eier können in feuchtem Milieu wochen- bis monatelang infektiös bleiben. In den Fäzes von *Taenia*-infizierten Menschen gelangen sie auf Weideflächen oder Futtermittel; sie werden auch durch Abwasser verbreitet. Nach Aufnahme der Eier durch Rinder (oder Büffel) schlüpfen im Dünndarm die Onkosphären, die in die Darmwand einwandern und im Blutstrom in die quergestreifte Muskulatur transportiert werden, wo sie sich innerhalb von 3–4 Monaten zu infektionstüchtigen Metacestoden oder Finnen (= Cysticercus bovis) entwickeln. Dabei handelt es sich um erbsengroße, mit Flüssigkeit gefüllte Blasen mit je einer Skolexanlage (Abb. **11.6e**).

Der Mensch infiziert sich durch Aufnahme rohen oder halbrohen, finnenhaltigen Rindfleisches. Im Dünndarm stülpt die Finne den Skolex aus, heftet sich an der Mukosa des oberen Dünndarmes an und entwickelt sich zum adulten Bandwurm, der Jahre bis Jahrzehnte am Leben bleiben kann. Etwa 2–3 Monate nach der Infektion werden die ersten graviden Glieder abgestoßen, die mit den Fäzes ausgeschieden werden oder auch ohne Defäkation den Darm verlassen. Die Proglottiden sind noch eine Zeit lang aktiv beweglich und wandern häufig aus dem Stuhl aus.

Pathogenese und Krankheitsbild. In mindestens 25% der Fälle verläuft die Infektion mit *T. saginata* inapparent. Krankheitszeichen sind u. a. Nausea, Erbrechen, Oberbauchschmerzen, Durchfall oder Obstipation, Hungergefühl und teils auch Eosinophilie. Erneute Infektionen sind möglich, da sich keine ausreichende Immunität entwickelt.

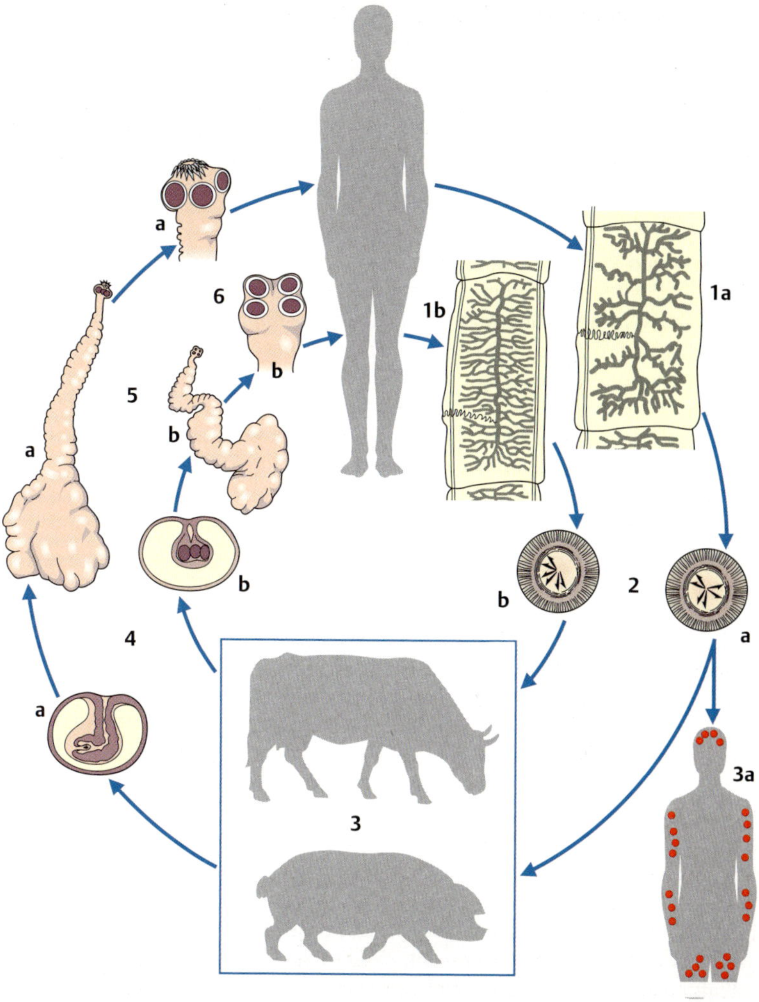

Abb. **11.7** ***Taenia saginata* und *T. solium*: Entwicklungszyklus. 1a,b** Eihaltiges, gravides Glied von *T. solium* (**a**) und *T. saginata* (**b**); **2** freie *Taenia*-Eier; **3** natürliche Zwischenwirte für *T. saginata* (Rind) und *T. solium* (Schwein); **3a** Mensch als Zufallswirt für *T. solium-Cysticercen*. Rote Punkte im Menschen: Hinweise zur Lokalisation der Finnen von *T. solium*. **4a,b** infektionstüchtige Finnen von *T. solium* (**a**) und *T. saginata* (**b**); **5a,b** Finnen mit ausgestülpter Kopfanlage; **6a,b** „bewaffneter" Kopf von *T. solium* (**a**) und „unbewaffneter" von *T. saginata* (**b**) aus dem Dünndarm des Menschen. (Nach Piekarski G. Medizinische Parasitologie in Tafeln. 2. Aufl. Berlin: Springer: 1973.)

Diagnose. Der *Taenia*-Befall lässt sich leicht diagnostizieren, wenn die 1,5–2 cm langen und 0,7 cm breiten Glieder im Stuhl abgehen. Eine Artbestimmung an den graviden Proglottiden gelingt morphologisch oft nicht, sie ist aber durch DNA-Analyse möglich. Die unregelmäßig im Stuhl ausgeschiedenen Eier von *T. saginata* lassen sich von den *T. solium*-Eiern morphologisch nicht unterscheiden (Abb. **11.7**, S. 629). Mit einem ELISA können im Stuhlsaft Antigene von Taenien nachgewiesen und dadurch Infektionen auch dann diagnostiziert werden, wenn weder Proglottiden noch Eier ausgeschieden werden.

Therapie und Prophylaxe. Mittel der Wahl ist das hochwirksame Praziquantel. Albendazol, Mebendazol oder Paromomycin sind in der Wirkung weniger zuverlässig. Schwerpunkte der Maßnahmen zur Bekämpfung sind die Abwasserreinigung und die staatlich verordnete Erfassung der Finnenträger bei der Schlachttieruntersuchung (Sensitivität < 30 %). Fleisch von stark finnigen Rindern ist ungenießbar, in schwach finnigen Tierkörpern werden die Bandwurmfinnen durch Tiefgefrieren abgetötet. Eine individuelle Prophylaxe besteht im Verzicht auf den Verzehr von rohem oder nicht tiefgefrorenem Rindfleisch.

Taenia asiatica

In Ost- und Südostasien (Korea, Taiwan, Philippinen, Thailand, Indonesien, Malaysia u. a.) kommt als Dünndarmparasit des Menschen *T. asiatica* vor. Diese Art ist nahe mit *T. saginata* verwandt, unterscheidet sich aber morphologisch, genetisch und biologisch. Zwischenwirte sind Haus- und Wildschweine, in denen sich infektiöse Cysticercen nicht in der Muskulatur, sondern in der Leber entwickeln. Ansteckungsquelle für Menschen ist rohe, mit Cysticeren befallene Schweineleber.

Taenia solium (Schweinefinnenbandwurm)

Erreger der *T. solium*-Taeniose und der Cysticercose

Vorkommen. *T. solium* tritt vor allem in ländlichen Gebieten von Zentral- und Südamerika, Afrika und Asien endemisch auf, sporadisch auch in den USA sowie in Europa. In Endemiegebieten von Mexiko sind bis 7 % der ländlichen Bevölkerung Träger des adulten Bandwurmes, bis 25 % der Schweine sind mit Finnen von *T. solium* befallen. In nichtendemischen Gebieten (z. B. Mitteleuropa) werden bei Menschen gelegentlich importierte Fälle von Cysticercose diagnostiziert.

Erreger und Entwicklung. *T. solium* (*solium* von *sosl*, arabisch: Kette) ist mit 3–4 m Länge kleiner als *T. saginata*. Der Skolex von *T. solium* hat außer den 4 Saugnäpfen ein mit einem doppeltem Hakenkranz bewaffnetes Rostellum (Abb. **11.7**). In den graviden Gliedern ist die Anzahl vom Uterus abzweigender Hauptäste mit 7–13 gewöhnlich kleiner als bei *T. saginata* (meistens > 15). Die Entwicklung verläuft ähnlich wie bei *T. saginata*, doch ist für *T. solium* das Schwein Zwischenwirt, in dem sich die Finne (Cysticercus cellulosae, 6-8 × 5 mm) in der quergestreiften Muskulatur ansiedelt und sich in 2–3 Monaten zur Infektionsreife entwickelt.

Pathogenese und Krankheitsbild. Der Befall des Darmes mit *T. solium* verursacht keine oder nur geringfügige Störungen (siehe *T. saginata*).

Diagnose, Therapie, Prophylaxe und Bekämpfung. Für die Diagnose und Therapie gelten die für *T. saginata* gegebenen Empfehlungen. (Cave: Die Behandlung mit Praziquantel kann bei bestehender Augen- und Neuro-Cysticercose zu Schäden führen, s. unten). Die intestinale Infektion mit *T. solium* lässt sich durch Kochen oder Tiefgefrieren (- 20 °C für mindestens 24 h) des Schweinefleisches verhüten. Maßnahmen zur Bekämpfung in Endemiegebieten sind die Massenbehandlungen der Bevölkerung mit Praziquantel sowie die Verbesserung der Hygiene und der Schlachttieruntersuchung.

Cysticercose

Erreger und Epidemiologie. Die als Cysticercus cellulosae bezeichneten Finnen von *T. solium* können sich in verschiedenen Organen des Menschen ansiedeln (Abb. **11.7**) und das Krankheitsbild der Cysticercose verursachen. Die Infektion erfolgt unter unhygienischen Bedingungen durch die perorale Aufnahme von Eiern, die aus den Fäzes von Bandwurmträgern stammen (exogene Autoinfektion oder Fremdinfektion), oder durch Eier, die im Darm einer infizierten Person aus einem Bandwurm freigesetzt werden (endogene Infektion).

Krankheitsbild. Besonders gravierend ist die Cysticercose des zentralen Nervensystems (Neurocysticercose) oder des Auges (okuläre Cysticercose). Im ZNS siedeln sich die Finnen vorwiegend im Großhirn an (Ventrikelbereich, Subarachnoidalraum), seltener im Rückenmark; sie können epileptiforme Anfälle, erhöhten intrakranialen Druck und andere neurologische Symptome verursachen. In Lateinamerika waren in einem Kollektiv von Patienten (> 25 Jahre alt) mit epileptiformen Anfällen 29–50% der Fälle mit Neurocysticercose assoziiert. In Endemiegebieten von Lateinamerika (z.B. Mexiko), Asien und Afrika wurden Cysticercose-Seroprävalenzen bis 10% festgestellt. Die Finnen entwickeln sich auch in der Unterhaut, im Herzen und in der Skelettmuskulatur.

Diagnose. Finnen in der Haut lassen sich zum Teil durch Palpation feststellen. Der Befall innerer Organe wird mit bildgebenden Verfahren und immundiagnostischen Methoden diagnostiziert. Bei einem hohen Prozentsatz (um 90%) der Patienten mit zerebraler Cysticercose lassen sich spezifische Antikörper im Serum mit Hilfe des Western blots nachweisen.

Therapie. Praziquantel in Kombination mit Kortikosteroiden hat sich in einem erheblichen Teil der behandelten Fälle (auch bei Neurocysticercose) als wirksam erwiesen, wenn die Finnen noch nicht verkalkt waren. Auch Albendazol wird zur Therapie eingesetzt.

11.2.2 Echinococcus-Arten

Erreger der Echinococcose

Die wichtigsten Arten der Gattung *Echinococcus* sind *Echinococcus granulosus* (Dünndarmparasit vor allem des Hundes) und *E. multilocularis* (Dünndarmparasit von Fuchsarten, seltener von Hund, Katze u. a. Karnivoren), die beide auch in Europa vorkommen. Larvalstadien (Metacestoden) dieser Arten verursachen bei Menschen die **zystische Echinococcose** (ZE) bzw. die **alveoläre Echinococcose** (AE). Die Infektion des Menschen erfolgt durch perorale Aufnahme der *Echinococcus*-Eier. Bei der ZE entwickeln sich Metacestoden in Form flüssigkeitsgefüllter, größerer Blasen, vor allem in Leber und Lunge. Bei der AE wird primär fast immer die Leber befallen, in der die Metacestoden in Form kleinblasiger Konglomerate karzinomähnlich proliferieren; sekundär kann eine Metastasierung in andere Organe erfolgen. Zur Diagnose werden bildgebende Verfahren und immundiagnostische Methoden eingesetzt. Die Behandlung erfolgt chirurgisch und/oder chemotherapeutisch.

Erreger-Arten. Zur Zeit sind mehrere humanpathogene *Echinococcus*-Arten bekannt, u. a. *Echinococcus granulosus* (verschiedene Stämme), *E. multilocularis*, *E. vogeli* und *E. oligarthrus*. Die beiden letztgenannten Arten werden hier nicht berücksichtigt; sie sind Erreger der polyzystischen bzw. der unizystischen Echinococcose mit Verbreitungsgebieten in Mittel- und Südamerika.

Echinococcus granulosus (Gefährlicher Hundebandwurm)

Erreger der zystischen Echinococcose (ZE)

11

Vorkommen. *E. granulosus* ist weltweit verbreitet und kommt u. a. in Ost- und Südosteuropa, in Mittelmeerländern, im Nahen Osten, in Nord- und Ostafrika, in Südamerika sowie in verschiedenen Gebieten Asiens und Australiens häufig vor. In Mitteleuropa ist der Parasit selten geworden; die Mehrzahl der dort diagnostizierten Fälle von ZE des Menschen ist importiert, vor allem aus Mittelmeerländern (s. auch Epidemiologie). In manchen Gebieten kommen *E. granulosus* und *E. multilocularis* gemeinsam vor.

Morphologie und Entwicklung

- Das **Adultstadium** von *E. granulosus* ist ein 4–7 mm langer Bandwurm mit häkchenbewehrtem Skolex und typischerweise 3 (2–6) Proglottiden. Ein auffallendes Merkmal ist der mit seitlichen Aussackungen versehene Uterus, der bis 1500 Eier enthält (Abb. **11.9a**, S. 636). Wichtigster **Endwirt** ist der Hund, regional spielen auch Schakal, Dingo u. a. Wildkaniden eine Rolle. Als **Zwischenwirte** fungieren herbi- und omnivore Vertebraten, vor allem Haustiere (Wiederkäuer, Schwein, Kamel), in manchen Gebieten auch Wildtiere.

- Die **Entwicklung** entspricht im Prinzip der von *Taenia*-Arten, wie Abb. **11.8** zeigt. Im Dünndarm der Endwirte leben die adulten Bandwürmer einige Monate, nur wenige bis 2 Jahre (Abb. **11.9c**). Die Infektion von Zwischenwirten, Menschen oder anderen Zufallswirten erfolgt durch perorale Aufnahme von Eiern. Aus diesen werden im Dünndarm die Onkosphären frei, die in die Darmwand eindringen und auf dem Blutweg in die Leber, zum Teil auch in die Lunge und in andere Organe gelangen. Aus den Onkosphären entwicklen sich zunächst kleine Bläschen, die allmählich zu größeren Finnenblasen (= Metacestoden) heranwachsen.
- Die **Finne** von *E. granulosus* (auch als „Hydatide" bezeichnet; gr. *hydatis*: Wasserblase) stellt im typischen Fall eine mit Flüssigkeit gefüllte, ein- oder mehrkammerige Blase („Zyste") dar, deren Wand aus einer inneren, zellulären Keimschicht und einer äußeren, azellulären Laminarschicht besteht. Die Parasitenblase wird von einer Bindegewebeschicht des Wirtes umschlossen (Abb. **11.9d, f**). Frühestens 5–6 Monate p. i. entstehen an der Keimschicht Brutkapseln und in jeder von ihnen bis 20 Kopfanlagen (Protoskolezes), jede mit 4 Saugnäpfen und doppeltem Hakenkranz (Abb. **11.9h**). Nach Zerfall der dünnen Brutkapseln findet man freie Protoskolezes in der Hydatidenflüssigkeit. Letztere bilden zusammen mit Brutkapseln, deren Trümmern und Kalkkörperchen den sog. „Hydatidensand". Die Größe der Finnenblasen ist abhängig von ihrem Alter und anderen Faktoren. Im Menschen liegt ihr Durchmesser meist bei 1–15 cm, sie kann aber zwischen wenigen Millimetern und 20 cm schwanken; relativ häufig findet man Finnen, die kleinere Tochterblasen enthalten.

Der Entwicklungskreislauf ist dann geschlossen, wenn Karnivoren mit Schlachtabfällen (Innereien) oder mit Beutetieren Finnen von *E. granulosus* aufnehmen, die reife Protoskolezes enthalten, aus denen sich im Dünndarm innerhalb von 5–8 Wochen geschlechtsreife Stadien entwickeln.

Epidemiologie. Von *E. granulosus* existieren verschiedene Stämme (einige gelten heute als gesonderte Arten), die sich morphologisch, biologisch und genetisch unterscheiden, zum Teil auch in ihrer Infektiosität für den Menschen. Weltweit ist für die Mehrzahl der Fälle beim Menschen der sog. „Schafstamm" verantwortlich, der sich in einem Zyklus zwischen Hund und hauptsächlich Schaf entwickelt. Im Mittelmeerraum kommt der „Schafstamm" am häufigsten vor, im Baltikum und in Polen dagegen der „Schweinestamm".

Der Mensch infiziert sich durch orale Aufnahme von *Echinococcus*-Eiern direkt bei Kontakt mit infizierten Hunden oder indirekt durch kontaminierte Nahrungs-

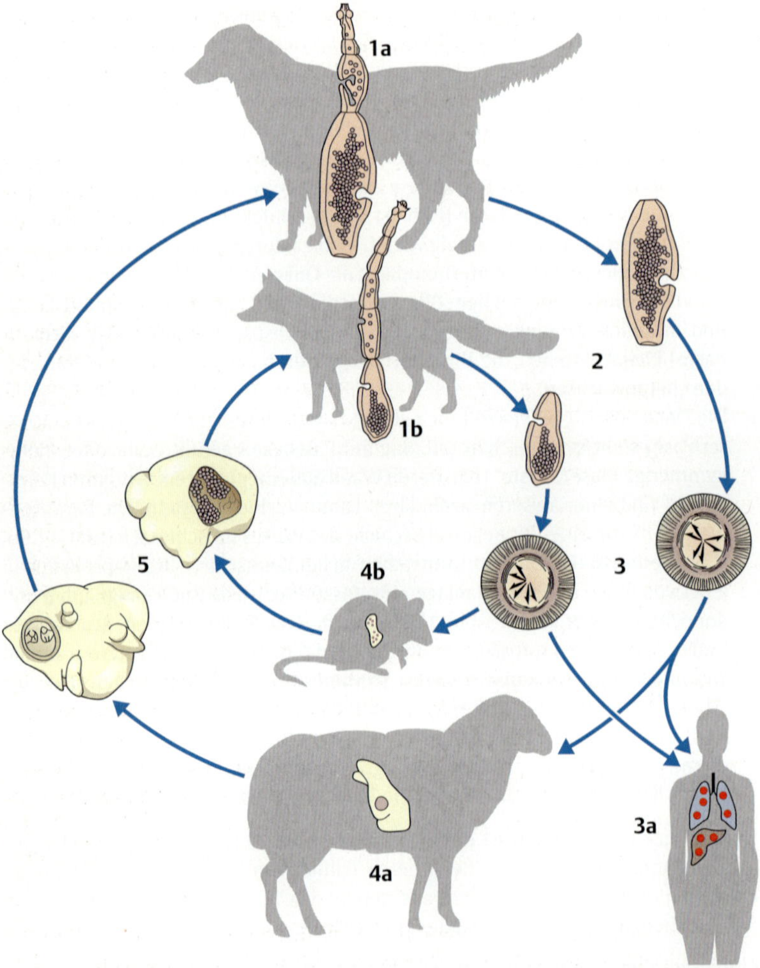

Abb. **11.8** ***Echinococcus granulosus* und *E. multilocularis*: Entwicklungszyklus. 1a,b** Adulte Parasiten in Endwirten: *E. granulosus* im Hund, *E. multilocularis* im Rotfuchs (selten Hund und Katze); **2** eihaltige, gravide Glieder; **3** *Echinococcus*-Eier, Infektion natürlicher Zwischenwirte oder des Menschen (Zufallswirt) (**3a**); **4** natürliche Zwischenwirte: für *E. granulosus*; Schaf, Rind und andere Ungulaten (**4a**), für *E. multilocularis*: Nagetiere (**4b**); **5** Finnen (Metacestoden) in der Leber der Zwischenwirte. Rote Punkte im Menschen: Hinweise zu den häufigsten Organlokalisationen der Finnen (s. auch Text).

mittel oder Trinkwasser. Die *Echinococcus*-Eier sind in feuchtem Milieu monatelang lebensfähig und können auch überwintern. Bei Austrocknung sterben sie rasch ab. Sie lassen sich durch Hitze (75–100 °C) in wenigen Minuten und durch Tiefgefrieren bei -70 °C innerhalb von 4 Tagen abtöten; die üblichen chemischen Desinfektionsmittel sind unwirksam.

Die mittlere Inzidenz der ZE schwankt im Mittelmeergebiet zwischen 1–10 neuen Fällen je 100 000 Einwohner und Jahr, erreicht aber in hoch endemischen Gebieten (z.B. Südamerika, China) auch höhere Werte (> 40 Fälle/100 000 Einwohner).

Pathogenese und Krankheitsbild. Die Finnen von *E. granulosus* siedeln sich primär zu 60-70 % in der Leber, zu 15–25 % in der Lunge und seltener in Milz, Nieren, Muskel, ZNS u.a. Organen an. Viele Patienten (40–80 %) sind nur mit einer Zyste infiziert, andere weisen mehrere Zysten in einem oder in mehreren Organen auf. Die Infektion verläuft initial immer und in einem Teil der Fälle dauerhaft inapparent, besonders wenn nur kleine, gut abgekapselte oder verkalkte Zysten vorliegen. Symptome treten nach einer Inkubation von einigen Monaten oder Jahren dann auf, wenn eine oder mehrere Zysten durch ihre Größe, ihr expansives Wachstum und ihre Lokalisation die Organfunktionen beeinträchtigen. Am häufigsten tritt die Krankheit bei Personen im mittleren Alter um 40 Jahre auf (Extremwerte 3 bis > 80 Jahre). Das Krankheitsbild ist variabel und wird u.a. durch die Organlokalisation der Zysten geprägt. So äußert sich z.B. eine ZE der Leber in Oberbauchschmerzen, Hepatomegalie, Cholestase und anderen unspezifischen Symptomen; bei Befall der Lunge können Thoraxschmerzen, Husten und Dyspnoe auftreten, bei Infektion des Gehirns neurologische Symptome. Eine traumatisch oder intraoperativ verursachte Finnenruptur kann akute Symptome und – bedingt durch das Freiwerden antigenhaltiger Hydatidenflüssigkeit – anaphylaktische Reaktionen auslösen. Außerdem besteht dabei die Gefahr der Ausstreuung von Protoskolezes, aus denen sich im Menschen neue Zysten entwickeln können, z.B. in der Peritonealhöhle (= sekundäre ZE). Andererseits können Zystenrupturen zu Spontanheilungen führen.

Diagnose. Feststellung der Zysten mit Hilfe bildgebender Verfahren (Ultrasonographie, Computertomographie, Thorax-Röntgen u.a.) in Verbindung mit dem serologischen Antikörpernachweis. Spezifische Antikörper sind bei 80–90 % der Patienten mit ZE der Leber nachweisbar, aber nur in 60–80 % der Fälle mit Lungenechinococcose. Auf die diagnostische Punktion von Zysten sollte wegen der oben beschriebenen Risiken (sekundäre Echinococcose, anaphylaktische Reaktionen) verzichtet werden.

Therapie. Durch chirurgische Entfernung der *Echinococcus*-Zysten ist eine vollständige Heilung möglich. Inoperable Patienten (z.B. bei multiplem Befall von Leber und Lunge) werden über längere Zeit mit Albendazol behandelt. Dabei ist

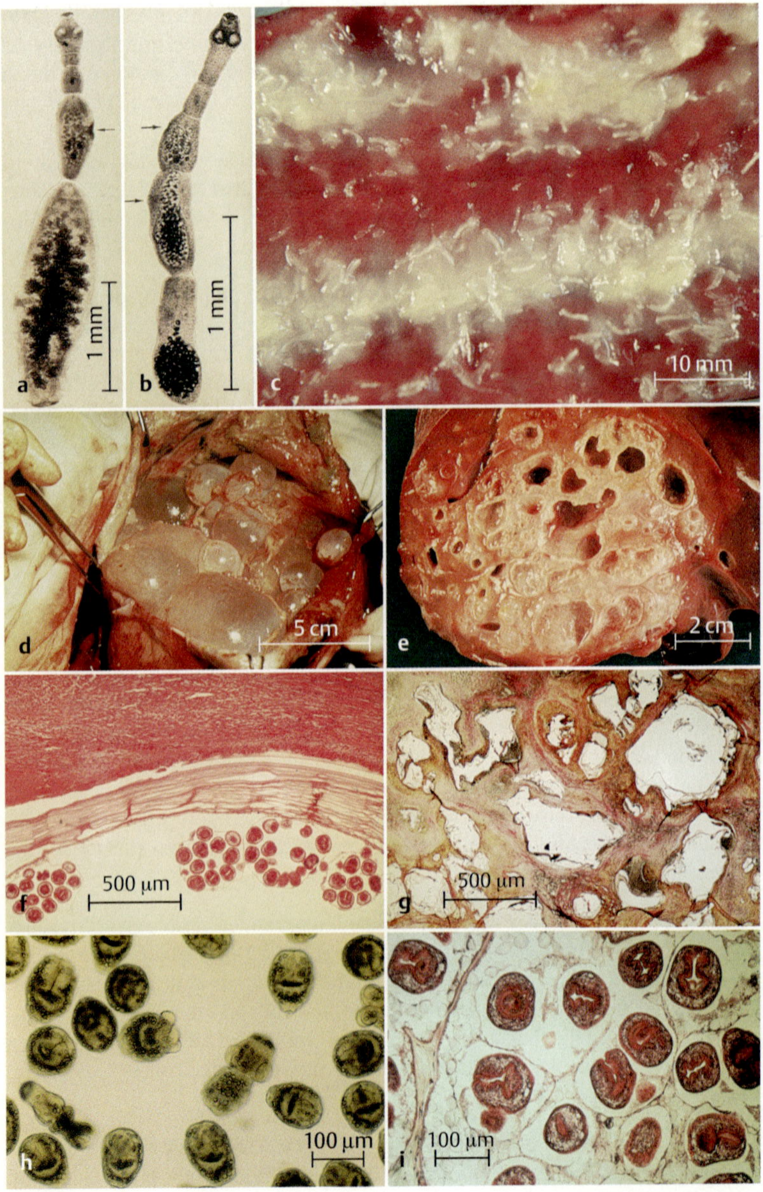
a
1 mm
b
1 mm
c
10 mm
d
5 cm
e
2 cm
f
500 µm
g
500 µm
h
100 µm
i
100 µm

◀ Abb. **11.9** ***Echinocoocus granulosus* und *E. multilocularis*.** **a** *Echinococcus granulosus*, adult; **b** *E. multilocularis*, adult; **c** Darm eines Hundes mit *E. granulosus*; **d** zystische Echinococcose des Menschen: Mutterzyste von *E. granulosus* in der Leber mit Tochterzysten; **e** alveoläre Echinococcose in der Leber; **f** Zyste von *E. granulosus*: histologischer Schnitt durch die Zystenwand; **g** Schnitt durch *E. multilocularis* in der Leber des Menschen; **h** isolierte Kopfanlagen von *E. granulosus*; **i** Schnitt durch Metacestoden von *E. multilocularis* mit Kopfanlagen aus einem Nagetier. (Aufnahme d: A. Akovbiantz, Waidspital Zürich.)

in ca. 30% der Fälle mit Heilung und in 30–50% mit Besserung zu rechnen. Eine weitere, wenig invasive Therapiemöglichkeit ist die PAIR-Technik (**P**uncture-**A**spiration-**I**njection-**R**easpiration) (s. Spezialliteratur).

Bekämpfung und Prophylaxe. Zur Bekämpfung der ZE werden verschiedene Maßnahmen eingesetzt, u. a. regelmäßige Massenbehandlungen der Hunde gegen *E. granulosus*, Sicherung von Schlachtabfällen vor Hunden, Reduktion der Populationen streunender Hunde, Aufklärung der Bevölkerung und Verbesserung der Hygiene.

Echinococcus multilocularis (Gefährlicher Fuchsbandwurm)

Erreger der alveolären Echinococcose (AE)

E. multilocularis ist in der nördlichen Hemisphäre weit verbreitet, mit Endemiegebieten in Europa, Asien (Türkei, Iran, Russland und angrenzende Staaten bis Japan) und Nordamerika (Alaska, Kanada, nördliche und zentrale Staaten der USA) (Abb. **11.10a**). Auch in Zentraleuropa ist der Parasit weit verbreitet mit Prävalenzen bei Füchsen bis über 60% (Abb. **11.10b**).

Morphologie und Entwicklung.

- Das **Adultstadium** von *E. multilocularis* erreicht nur eine Länge von 2–4 mm, besitzt typischerweise 5 Proglottiden (2–6) und ist durch einen sackförmigen Uterus charakterisiert, der bis zu 300 Eier enthält (Abb. **11.9b**). Die bedeutendsten **Endwirte** sind Rot- und Polarfuchs, aber auch Kojote, Marderhund sowie Hund und Katze können Träger dieser Bandwurmart sein (s. unten). Als **Zwischenwirte** fungieren hauptsächlich Nagetiere (Feldmaus, Schermaus, Bisam u. a.). Metacestoden entwickeln sich auch im Menschen sowie in verschiedenen Tierarten, wie Affen, Haus- und Wildschwein und Hund. 11
- Der **Zyklus** von *E. multilocularis* verläuft ähnlich wie bei *E. granulosus* (Abb. **11.8**, S. 634). In natürlichen Zwischenwirten entwickeln sich in der Finne (s. unten) im Verlauf von 40–60 Tagen Protoskolezes. Werden Zwischenwirte, die Finnen mit Protoskolezes enthalten, von einem Endwirt verzehrt, wächst im Dünndarm eine neue Bandwurmgeneration heran, die bereits nach 26–28 Tagen infektiöse Eier produzieren kann.

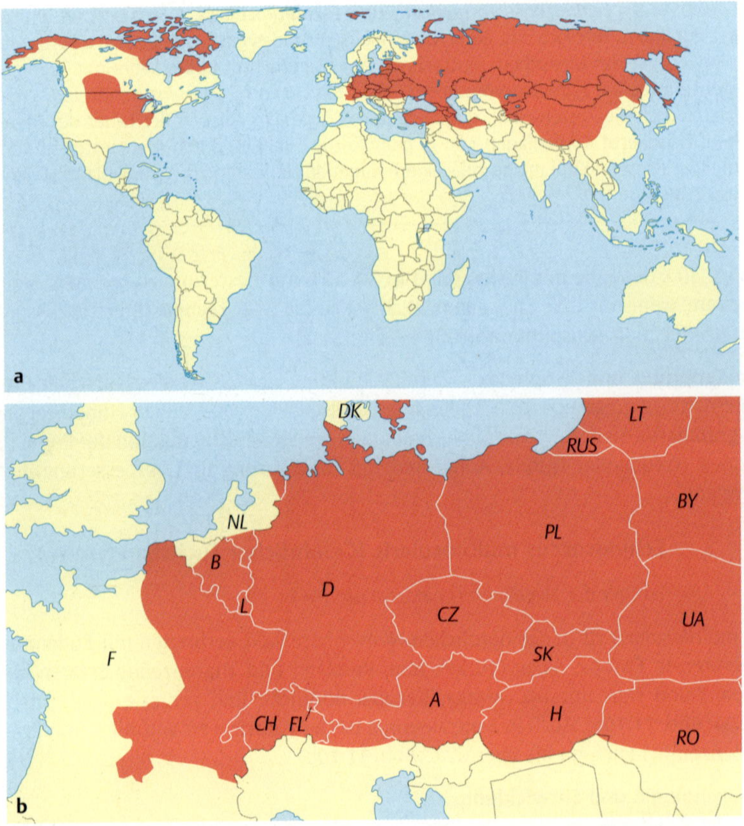

Abb. **11.10** **Approximative Verbreitung von *Echinococcus multilocularis*.** **a** Globale Verbreitung. **b** Länder und Regionen in West- und Mitteleuropa mit gesichertem Vorkommen von *E. multilocularis. Weiteres Vorkommen auf der norwegischen Svalbard-Inselgruppe im Nordpolarmeer. © Institut für Parasitologie, Universität Zürich.*

- Die **Finne** von *E. multilocularis* besteht aus zahlreichen, mikroskopisch kleinen bis maximal 3 cm großen Bläschen, die ein Konglomerat von alveolärer Struktur bilden (Abb. **11.9e**). Der Aufbau der Einzelbläschen entspricht im Prinzip dem der Finnen von *E. granulosus*, doch enthalten sie meist eine gallertige Masse. Zur Bildung von (wenigen) Protoskolezes kommt es bei *E. multilocularis*-Finnen im Menschen nur selten (bis 10% der Fälle) (Abb. **11.9g**). Einzelbläschen und das ganze Konglomerat sind je nach Situation von nekrotischem Gewebe oder von Granulations- und Bindegewebe umschlossen.

Pathogenetisch bedeutsam ist, dass der Parasit durch exogene Proliferation (exogene Bildung neuer Bläschen, Auswachsen dünner Ausläufer von der Keimschicht) wurzelartig das umliegende Gewebe oder benachbarte Organe infiltriert. Außerdem können Fernmetastasen entstehen, z. B. in der Lunge, im Gehirn oder im Knochen, vermutlich durch hämatogene Streuung kleinster Finnenbläschen oder von Zellverbänden, die sich von den Ausläufern ablösen. Demnach verhält sich die Finne wie ein bösartiger Tumor. Im Menschen erreichen die Finnenkonglomerate Durchmesser bis 20 cm, sie können zentral nekrotisieren und eine Zerfallshöhle aufweisen.

Epidemiologie. In Europa persistiert *E. multilocularis* vorwiegend in einem Wildtierzyklus mit dem Rotfuchs als Endwirt. Hunde und Katzen können durch Verzehr finnenhaltiger Kleinsäuger zu Parasitenträgern und Ausscheidern von *E. multilocularis*-Eiern werden. Katzen haben aber eine geringe epidemiologische Bedeutung, da sie für *E. multilocularis* wenig empfänglich sind und sie – wenn überhaupt – nur wenige Eier ausscheiden. Besonders zu berücksichtigen ist, dass Füchse sehr unterschiedliche Habitate mit eihaltigem Kot kontaminieren können, z. B. Wegränder, Äcker, Wiesen, Gärten, Friedhöfe oder Grünflächen in Erholungsgebieten (auch in Städten). In der Außenwelt sind die Eier von *E. multilocularis* ähnlich resistent wie jene von *E. granulosus*.

Für die Übertragung der Eier auf den Menschen kommen verschiedene Wege in Betracht, doch ist noch nicht bekannt, welche davon die wichtigsten sind:

- Die Aufnahme von Nahrungsmitteln (Gemüse, Fallobst, Beeren usw.), die mit Eiern von *E. multilocularis* kontaminiert sind. Eine Übertragung durch kontaminiertes Trinkwasser ist weniger wahrscheinlich.
- Die Kontamination der Hände, von Schuhwerk, Kleidung und Gebrauchsgegenständen mit *E. multilocularis*-Eiern beim Lagern oder Spielen auf kontaminierten Flächen, bei Arbeiten mit Erde oder Pflanzen oder auch bei Kontakt mit infizierten Endwirten (Hund, Fuchs).

Trotz des häufigen Vorkommens von *E. multilocularis* bei Füchsen und der hohen Kontamination der Umgebung mit Echinococcus-Eiern ist die Inzidenz der AE des Menschen derzeit relativ gering. Ein Grund dafür könnte eine geringe Empfänglichkeit des Menschen für *E. multilocularis* sein, für die es verschiedene Indizien gibt. Die in den letzten Jahren in Zentraleuropa ermittelten (landesweiten oder regionalen) Inzidenzen schwankten zwischen 0,02 und 1,4 neuen Fällen pro 100 000 Einwohner und Jahr. In der Schweiz nahmen die Fallzahlen ab 2000 um das 2,6-fache zu, vermutlich infolge erhöhter Fuchsdichte.

Pathogenese und Krankheitsbild. Die initiale Phase verläuft immer asymptomatisch. Nach einer langen Inkubationszeit von 5 bis 15 Jahren kann sich die Infektion klinisch mit Lebersymptomen manifestieren, die jenen bei einem bösartigen Tumor ähneln (Oberbauchschmerzen, Ikterus, Gewichtsverlust, teils auch Fieber und Anämie). Der Krankheitsverlauf ist schleichend-chronisch mit einer Dauer von einigen Wochen bis mehreren Jahren, zum Teil auch geprägt durch Metastasen in verschiedenen Organen (Lunge, Gehirn, Knochen u. a.). Betroffen sind vor allem ältere Personen > 50 Jahre (Extremwerte < 20 bis > 80 Jahre). Die Letalitätsrate kann bei unbehandelten Patienten > 94% erreichen. Spontanheilungen sind möglich, doch ist deren Häufigkeit nicht bekannt.

Diagnose. Das diagnostische Vorgehen bei AE entspricht dem bei ZE. Für den serologischen Antikörpernachweis stehen besonders sensible und spezifische Methoden zur Verfügung.

Therapie. Die totale Entfernung des Parasiten durch radikale Operation bietet Heilungsaussichten, ist aber nur in einem Teil der Fälle möglich (ca. 50%). Da wegen des infiltrativen Wachstums der Finne von *E. multilocularis* nie mit Sicherheit festgestellt werden kann, ob alle Teile des Parasiten entfernt worden sind, muss auch nach vermeintlicher Radikaloperation eine Chemotherapie mit Mebendazol oder Albendazol von mindestens 2 Jahren Dauer und eine Überwachung des Patienten bis zu 10 Jahren angeschlossen werden. Jahrelange oder lebenslange Dauertherapie ist in inoperablen Fällen notwendig. Diese Therapie ist aufwendig und teuer. Langzeitstudien haben gezeigt, dass die Chemotherapie in Kombination mit anderen medizinischen Maßnahmen bei der Mehrzahl der Patienten zur signifikanten Lebensverlängerung und Steigerung der Lebensqualität führt.

Bekämpfung und Prophylaxe. In Fuchspopulationen lässt sich durch regelmäßiges Auslegen von Ködern mit Praziquantel die Prävalenz von *E. multilocularis* reduzieren. Dieses Verfahren wurde bisher nur experimentell und lokal eingesetzt. Zur Prophylaxe werden in Endemiegebieten folgende Maßnahmen empfohlen:

- Rohgemüse und Früchte gründlich waschen. Tiefgefrieren bei – 20 °C tötet die Eier von *E. multilocularis* nicht ab; gekochte Nahrungsmittel stellen kein Risiko dar.
- Hände nach Schuh-, Erd- oder Rasenkontakt oder Kontakt mit Hunden oder anderen potentiellen Wirten waschen.
- Füchse nicht in Siedlungsräumen füttern; Fuchskot im Garten in Plastiksack aufnehmen und sicher entsorgen.
- Hunde, die Kleinsäuger verzehren, 1 × im Monat mit Praziquantel behandeln.
- Personen, die Kontakt mit nachweislich oder wahrscheinlich infizierten Endwirten hatten, häufig mit Füchsen umgehen oder einem anderen konkreten Infektionsrisiko ausgesetzt waren oder sind, können vorsorgliche Blutuntersuchungen auf Antikörper gegen *E. multilocularis* durchführen lassen (Ziel: Ausschluss oder Früherkennung der Infektion).

Von den oben aufgeführten Möglichkeiten der Bekämpfung und Prophylaxe ist anzunehmen, dass sie zu Minderung des Infektionsrisikos für Menschen beitragen. Über ihre Auswirkungen sind weitere Untersuchungen erforderlich.

11.2.3 Weitere Bandwurmarten

Hymenolepis nana (Zwergbandwurm) und _Diphyllobothrium latum_ („Fischfinnenbandwurm").

Diese beiden Arten sind in Mitteleuropa seltene Dünndarmparasiten des Menschen. *H. nana* (1–4 cm, selten bis 9 cm lang) parasitiert in Nagetieren und Menschen (am häufigsten bei Kindern in warmen Ländern) und wird direkt durch Eier oder indirekt durch akzidentelle Aufnahme infizierter Insekten übertragen. *D. latum* (2–15 m lang) ist in Binnenseegebieten von Europa (Russland, Finnland, Skandinavien, selten Deutschland, Schweiz, Italien u. a.), Asien und Amerika verbreitet.

Endwirte sind Menschen und Fisch fressende Säugetiere wie Fuchs, Hund, Katze und Schwein. Die Entwicklung erfolgt im Wasser über Kleinkrebse als erste und Süßwasserfische als zweite Zwischenwirte. Der Mensch infiziert sich durch Verzehr roher oder ungenügend erhitzter Fische. Beide Parasiten sind wenig pathogen, doch kann sich bei etwa 2 % der Träger von *D. latum* eine Anämie entwickeln, die auf den Entzug von Vitamin B_{12} durch den Bandwurm zurückzuführen ist.

Diagnose: Nachweis von Eiern (Proglottiden) im Stuhl, Therapie Praziquantel.

11.3 Nematoda (Rund- oder Fadenwürmer)

Die Nematoden (gr. *nema:* Faden) sind spindelförmige, unsegmentierte, wenige Millimeter bis etwa 1 m lange, getrenntgeschlechtliche Metazoen. Das äußere, komplex aufgebaute Integument, die inneren Organe (u. a. Verdauungstrakt, Reproduktionsorgane) und eine primäre Leibeshöhle bilden die Grundelemente des Nematodenkörpers. Die Männchen sind meist kleiner als die Weibchen und haben Begattungsorgane, die arttypische Merkmale aufweisen. Die Entwicklung verläuft vom Ei über 4 Larvenstadien zu den adulten Nematoden und ist mit 4 Häutungen verbunden. Einige Arten benötigen für ihre Entwicklung einen Zwischenwirt.

11.3.1 Intestinale Nematoden

Ascaris lumbricoides (Spulwurm), Hakenwürmer (*Ancylostoma*-Arten und *Necator americanus*) und *Strongyloides stercoralis* (Zwergfadenwurm) sind Dünndarmparasiten, *Trichuris trichiura* (Peitschenwurm) und *Enterobius vermicularis* (Madenwurm) parasitieren im Dickdarm des Menschen. Infektionswege und Entwicklungszyklen sind bei diesen Parasiten unterschiedlich. In warmen Ländern erworbene Infektionen mit *S. stercoralis* können über viele Jahre inapparent persistieren, bei Immundefizienz aktiviert werden und zu lebensbedrohlichen systemischen Infektionen führen. Daher ist in Verdachtsfällen eine sorgfältige diagnostische Abklärung erforderlich.

Ascaris lumbricoides (Spulwurm)

Erreger der Ascariose

Vorkommen. Der Spulwurm des Menschen ist weltweit verbreitet. Die Zahl infizierter Personen wird auf > 1 Milliarde geschätzt (WHO, 2009). Hauptendemiegebiete sind Länder in Südostasien, Afrika und Lateinamerika mit Prävalenzraten von 10– 90% (höchste Prävalenzen bei Kindern). In Mitteleuropa sind autochthone Infektionen selten.

Erreger und Entwicklung. Die im Dünndarm lebenden adulten Ascariden (gr. *ascaris:* Eingeweidewurm) sind 15–40 cm lang, etwa bleistiftdick und gelblich-rosa gefärbt (Abb. **11.11**). Jedes der geschlechtsreifen Spulwurmweibchen produziert täglich bis 200 000 Eier, die mit den Fäzes in ungefurchtem Zustand ausgeschieden werden. Die 60 × 45 µm großen, rund-ovalen Eier sind durch eine dicke Schale mit bräunlicher Färbung und unregelmäßiger Oberflächenstruktur charakterisiert (Abb. **11.12**). Bei günstigen Temperaturen von 20–25 °C sowie ausreichender Feuchtigkeit und Sauerstoffzutritt entwickelt sich im Ei innerhalb von 3–6 Wochen eine infektionsfähige Larve. Die Ansteckung des Menschen erfolgt peroral durch Aufnahme larvenhaltiger Eier. Die im oberen Dünndarm ausgeschlüpften Larven

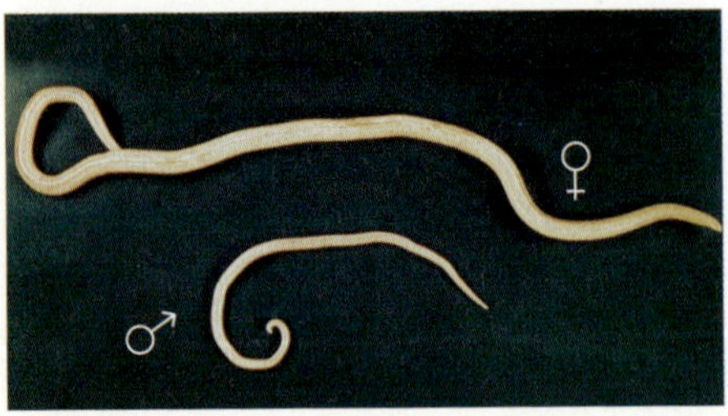

Abb. **11.11** ***Ascaris lumbricoides.*** Männchen und Weibchen.

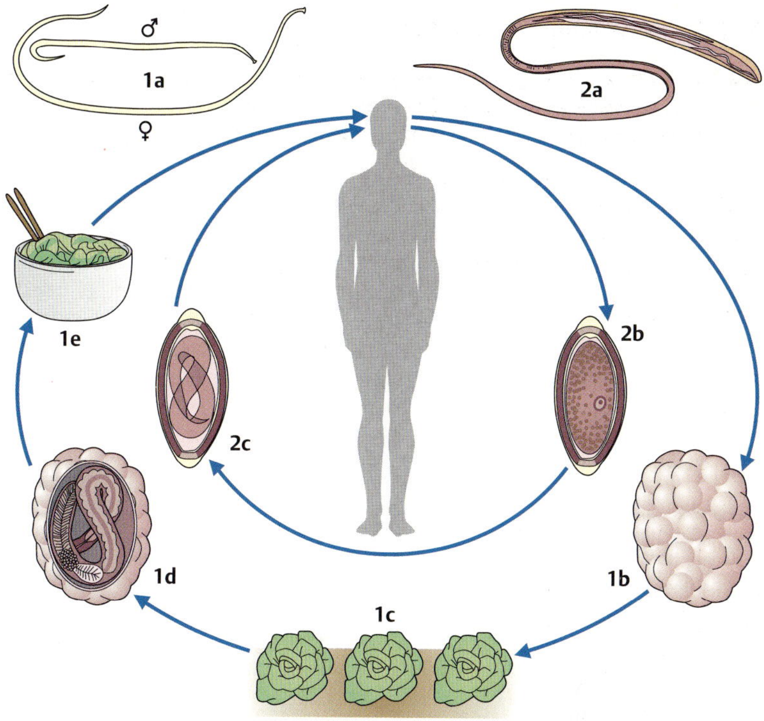

Abb. **11.12** ***Ascaris lumbricoides*** **und** ***Trichuris trichiura*****: Entwicklungszyklus.** **1a** Adulte Stadien von *A. lumbricoides*; **1b** frisch ausgeschiedenes Ei, noch nicht infektiös; **1c** Kontamination von Gemüse mit Eiern; **1d** infektiöses Ei mit Larve; **1e** Aufnahme infektiöser Eier mit kontaminierter Nahrung. **2a** Adultes Stadium von *T. trichiura*; **2b** frisches ausgeschiedenes Ei, nicht infektiös; **2c** infektiöses Ei mit Larve. (Bei *T. trichiura* bestehen ähnliche Übertragungswege wie bei *Ascaris*.)

dringen in Venen der Darmwand ein. Sie gelangen im Blutstrom zunächst in die Leber und 4–7 Tage p. i. zur Lunge, wo sie das Kapillarnetz verlassen und in die Alveolen einwandern. Über Trachea und Pharynx („trachealer Wanderweg") erreichen sie schließlich den Verdauungskanal, wo im Dünndarm die weitere Differenzierung zu Adulten erfolgt. Die Präpatenz dauert 7–9 Wochen, die Lebensdauer der Parasiten beträgt 12–18 Monate.

Epidemiologie. Erregerreservoir ist der Mensch. Die ausgeschiedenen Eier sind in feuchter Umgebung (z. B. Erde, Abwasser) jahrelang lebensfähig, gegen Austrocknung sind sie jedoch empfindlich. Die infektionstüchtigen *Ascaris*-Eier können mit kontaminierten Nahrungsmitteln, mit Erde (Geophagie bei Kindern!) und seltener im Trinkwasser in den Menschen gelangen. Larvenhaltige Eier von *Ascaris suum* aus dem Schwein sind auch für Menschen infektiös. Die ausgeschlüpften Larven können in die Leber und Lunge einwandern, erreichen aber nur selten die Geschlechtsreife im Darm (s. auch S. 663).

Pathogenese und Krankheitsbild. Leichter Befall verläuft häufig inapparent. Bei stärkeren Infektionen treten während der **Wanderphase der Larven** in der Lunge Hämorrhagien und entzündliche Infiltrationen auf, die im Röntgenbild als Verschattungen in Erscheinung treten (Löffler-Syndrom) und mit Husten, Dyspnoe, leichtem Fieber und Bluteosinophilie einhergehen können. Während der **intestinalen Phase** der Infektion kommt es nur bei einem Teil der Infizierten zu klinischen Erscheinungen: Abdominalbeschwerden mit Nausea, Erbrechen, Schmerzen und Durchfall. Gelegentlich wandern Ascariden in den Magen, in den Pankreasgang oder in die Gallenwege ein und verursachen entsprechende Symptome. Die Infektion oder häufiger Kontakt mit den flüchtigen *Ascaris*-Antigenen (Laborpersonal!) kann zur Allergie führen.

Diagnose. Der Befall mit geschlechtsreifen Spulwürmern lässt sich durch den Nachweis der Eier im Stuhl feststellen (Abb. **11.1** u. Abb. **11.12**).

Therapie und Bekämpfung. Pyrantel, Mebendazol und Albendazol sind gegen Darmstadien von *Ascaris* wirksam. Wanderstadien werden bei den üblichen Dosierungen nicht erfasst. Wegen möglicher Nachschübe ist daher die Behandlung nach 2–3 Wochen zu wiederholen. Allgemeine Hygienemaßnahmen wie Abwasserreinigung, gute Körper- und Nahrungsmittelhygiene (Waschen von Obst und Gemüse, Kochen der Nahrungsmittel usw.) sowie regelmäßige anthelminthische Behandlungen befallener Personen in endemischen Gebieten dienen der Vorbeuge und Bekämpfung (s. auch Filariosen S. 656).

Trichuris trichiura (Peitschenwurm)

Erreger der Trichuriose

Vorkommen. *Trichuris trichiura* ist weltweit verbreitet mit den höchsten Prävalenzen in feuchtwarmen Gebieten mit niedrigem Hygienestandard. Die Zahl der infizierten Personen wird auf 795 Millionen geschätzt (WHO, 2009).

Erreger, Entwicklung und Epidemiologie. Mit dem Namen „Peitschenwurm" ist die Gestalt dieser 3–5 cm langen Nematoden charakterisiert, deren Körper aus einem haardünnen Vorderteil und einem dickeren, peitschenstielähnlichen Hinterabschnitt besteht (Abb. **11.12**). Die adulten Nematoden leben im Dickdarm, vorwiegend im Zäkum. Die Weibchen scheiden zahlreiche, dickschalige, gelbbraun gefärbte, 50–55 µm lange Eier aus, die an ihrer typischen zitronenförmigen Gestalt und den hyalinen Polpfröpfen leicht identifizierbar sind. Innerhalb weniger Wochen entwickelt sich im Ei eine infektiöse Larve. In feuchtem Milieu bleiben *Trichuris*-Eier monate- bis jahrelang lebensfähig. Nach peroraler Aufnahme infektionstüchtiger Eier schlüpfen die Larven im Darmkanal, sie wandern in die Schleimhaut ein und kehren nach einer etwa 10-tägigen histotropen Phase in das Darmlumen zurück, wo sich die adulten Stadien entwickeln und mit dem haardünnen Vorderkörper in der Mukosa verankert bleiben. Die Präpatenz beträgt $2^1/_2$ bis 3 Monate, die Lebensdauer der Parasiten bis einige Jahre.

Pathogenese und Krankheitsbild. Die mit dem dünnen Vorderteil in der Schleimhaut verankerten Peitschenwürmer nehmen Blut auf. Bei starkem Befall mit einigen hundert bis mehreren tausend Peitschenwürmern entstehen katarrhalische oder hämorrhagische Dickdarmentzündungen.

Diagnose, Therapie und Bekämpfung. Diagnose durch Einachweis im Stuhl (Abb. **11.1**, S. 615). Wirksame Medikamente sind Albendazol und Mebendazol. Prophylaxe und Bekämpfung s. Ascariose.

Ancylostoma-Arten und Necator americanus (Hakenwürmer)

Erreger der Ancylostomatidose (Hakenwurmbefall)

Erreger und Verbreitung. *Ancylostoma duodenale, A. ceylanicum* und *Necator americanus* sind Dünndarmparasiten des Menschen und Erreger von Enteritis und Anämie. Selten wird bei Menschen eine eosinophile Enteritis durch *Ancylostoma caninum* des Hundes verursacht. Larven verschiedener Hakenwurmarten von Hunden und anderen Karnivoren können beim Menschen in die Haut eindringen und das Krankheitsbild der „Larva migrans externa“ hervorrufen (S. 663).

Vorkommen. Der Hakenwurmbefall des Menschen ist vor allem in den Subtropen und Tropen verbreitet (u. a. Südeuropa, Afrika, Asien, südliche USA, Zentral- und Südamerika). Die Anzahl infizierter Personen beträgt etwa 740 Millionen (WHO, 2009). In Mitteleuropa findet man Hakenwürmer vor allem bei Tropenrückkehrern oder bei Personen aus Endemiegebieten.

Morphologie, Entwicklung und Epidemiologie (Abb. **11.13**). Die Hakenwürmer des Menschen sind 0,7–1,8 cm lange Nematoden mit hakenförmig nach dorsal abgebogenem Vorderende (gr. *ankylos*: krumm; *stoma*: Mund; lat. *necator*: Töter). Ihre große Mundkapsel trägt am Eingang zahnartige Strukturen (*Ancylostoma*) oder schneidende Platten (*Necator*). Die von den Weibchen im Dünndarm abgesetzten dünnschaligen, wenige Furchungszellen enthaltenden ovalen Eier (etwa 60 µm lang) gelangen mit den Fäzes ins Freie. Hier entsteht in 1–2 Tagen die Erstlarve, welche die Eihülle verlässt und sich nach 2 Häutungen zur infektionsfähigen Drittlarve entwickelt. Da bei der 2. Häutung die abgelöste Kutikula nicht abge-

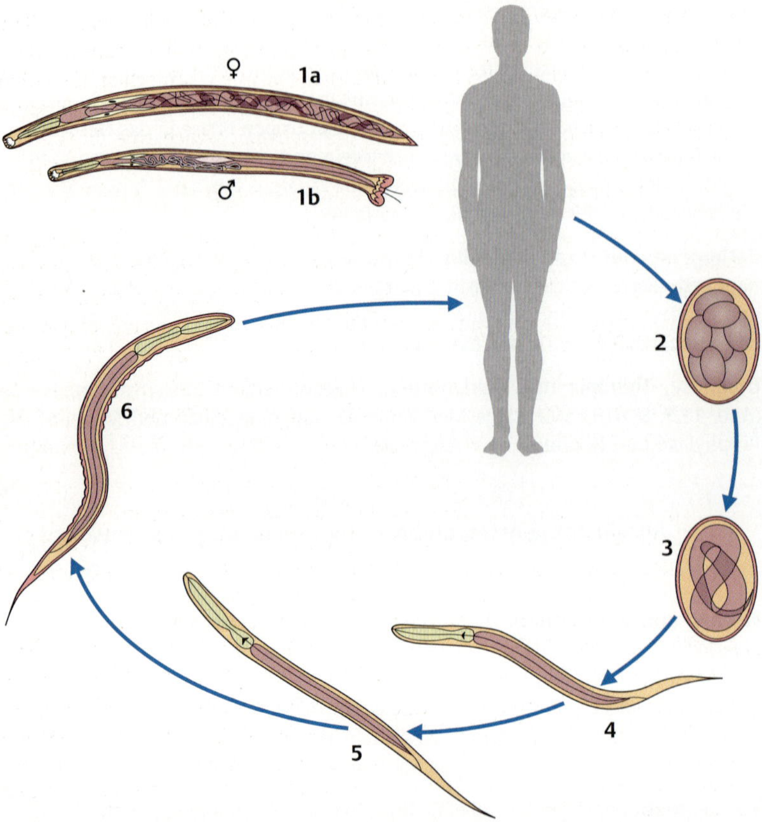

Abb. **11.13** **Entwicklungszyklus von Hakenwürmern. 1** Weiblicher und männlicher Hakenwurm; **2** im Stuhl ausgeschiedenes Hakenwurmei mit Furchungszellen (Blastomeren); **3** Entwicklung der Larve I im Ei; **4** ausgeschlüpfte Larve I; **5** Larve II; **6** Larve III mit Scheide, infektiöses Stadium.

worfen wird, ist die Drittlarve von einer besonderen Hülle, der sog. Scheide, umschlossen. Diese Larven sind gegen Trockenheit empfindlich; in feuchtem Boden oder in Wasser bleiben sie jedoch etwa 1 Monat lebensfähig. Höhere Temperaturen (Optimum: 20–30 °C) und ausreichende Feuchtigkeit begünstigen die Entwicklung in der Außenwelt.

Die Ansteckung des Menschen erfolgt vorwiegend auf perkutanem Weg. Arbeiten in Reisfeldern, Barfußgehen auf kontaminiertem Grund und ähnliche Faktoren begünstigen die Infektion. Während des Eindringens in die Haut entledigen sich die Larven der Scheide und wandern in Lymph- und Blutgefäße ein. Im Blutstrom gelangen sie über die rechte Herzkammer zur Lunge und auf dem „trachealen Wanderweg“ (vgl. *Ascaris*) in den Dünndarm, wo sie geschlechtsreif werden. Die Präpatenz beträgt 5–7 Wochen oder länger (Grund: verzögerte Entwicklung der Larven). Nach peroraler Infektion ist wahrscheinlich auch eine direkte Entwicklung im Darm ohne Körperwanderung möglich. Die Lebensdauer der Parasiten im Darm des Menschen kann mehrere Jahre betragen.

Krankheitsbild. Hakenwürmer sind Blutsauger, sie beschädigen mit der Mundkapsel die Schleimhaut und induzieren Entzündungserscheinungen. Die Darmveränderungen bedingen Durchfall mit blutigen Beimengungen, Steatorrhö, Appetitmangel, Nausea, Blähungen und Bauchschmerzen. Allgemeine Erscheinungen sind die durch ständigen Blutverlust entstehende Eisenmangelanämie, durch Albuminverlust verursachte Ödeme und der aus verminderter Nahrungsaufnahme und aus Absorptionsstörungen resultierende Gewichtsverlust. Häufig besteht Bluteosinophilie. Ein schwacher Befall wirkt sich klinisch nicht oder nur geringfügig aus.

Diagnose. Nachweis der Eier bei der Stuhluntersuchung. Die Eier sind dünnschalig und oval; sie enthalten in frischem Zustand nur 2–8 Furchungszellen (Abb. **11.1**, S. 615 u. Abb. **11.13**), später aber mehr. Differenzialdiagnose: Eier von selten vorkommenden *Trichostrongyliden*-Arten; Unterscheidungsmöglichkeit: Anlegen einer Kotkultur mit Züchtung und Differenzierung der Drittlarven.

Therapie und Bekämpfung. Gegen Hakenwürmer wirksame Medikamente sind Pyrantel, Mebendazol und Albendazol. Zur Prophylaxe und Bekämpfung können folgende Maßnahmen ergriffen werden: die planmäßige medikamentöse Behandlung der Bevölkerung in Endemiegebieten, die Eindämmung der Ausstreuung von Hakenwurmeiern durch sachgerechte Beseitigung der Fäkalien und Abwässer sowie die Einschränkung der perkutanen Infektion durch Tragen von festen Schuhen (s. auch Filariosen, S. 656).

Strongyloides stercoralis und S. fuelleborni (Zwergfadenwürmer)

Erreger der Strongyloidose

Erreger und Vorkommen. *Strongyloides stercoralis*, ein Parasit von Mensch, Hund und Affen, kommt vorwiegend in feuchtwarmen Gebieten vor, selten in Zonen mit gemäßigtem Klima (z.B. Süd- und Osteuropa). *Strongyloides fuelleborni* ist hauptsächlich ein Parasit von Affen in Afrika, parasitiert aber auch im Menschen.

Morphologie, Entwicklung und Epidemiologie (Abb. **11.14**). Im Menschen kommen als adulte Stadien nur *Strongyloides*-Weibchen vor, die 2–3 mm lang sind und in der Epithelschicht des Dünndarmes leben, wo sie parthenogenetisch

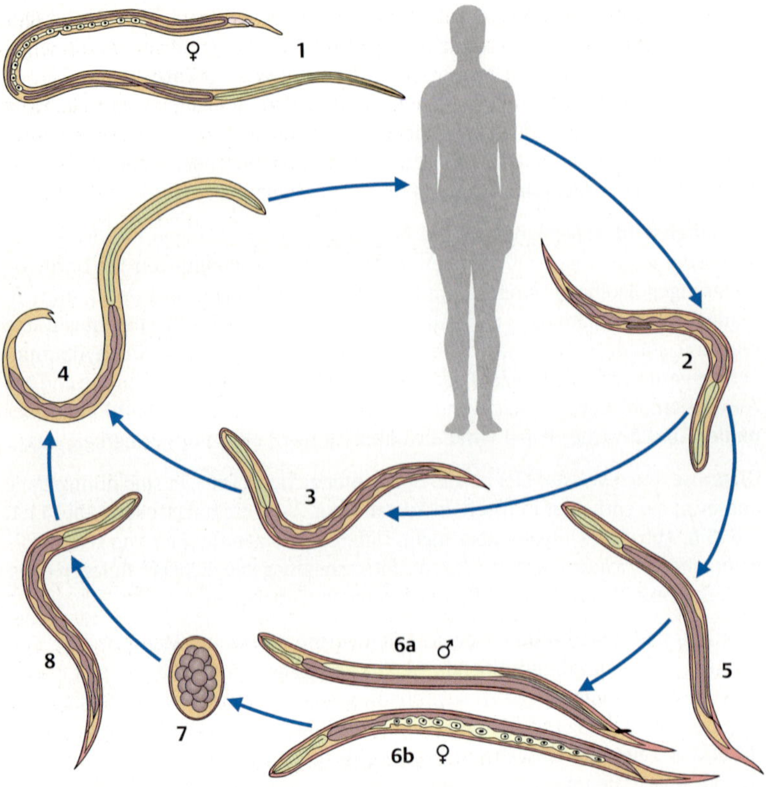

Abb. **11.14** ***Strongyloides stercoralis:* Entwicklungszyklus. 1** Weibchen von *Strongyloides* aus dem Dünndarm; **2** im Stuhl ausgeschiedene Larve I; **3** Larve II; **4** infektiöse Larve III; **5** Entwicklung der Larve I über vier Häutungen zu adulten, freilebenden Stadien (**6**); **6a** Männchen; **6b** freilebendes Weibchen; **7** Ei von der freilebenden Generation; **8** aus dem Ei geschlüpfte Larve, die sich durch zwei Häutungen zur infektiösen Larve entwickelt (wie 4).

Eier erzeugen. Bereits während der Darmpassage schlüpfen aus den Eiern Erstlarven (0,2–0,3 mm Länge) aus, die im Stuhl ausgeschieden werden. (Bei Befall mit *S. fuelleborni* erfolgt Ausscheidung von Eiern.) Innerhalb weniger Tage entwickeln sich aus den Erstlarven die infektionsfähigen Drittlarven. Unter bestimmten Bedingungen kann sich aus den Erstlarven eine freilebende Generation von Männchen und Weibchen entwickeln. Aus den befruchteten Eiern der Weibchen dieser Generation gehen wiederum infektionsfähige Larven hervor. Wegen dieser exogenen Vermehrung ist eine massive Umweltkontamination mit *Strongyloides*-Larven möglich. Die Drittlarven sind gegen Austrocknung sehr empfindlich; bei ausreichender Feuchtigkeit bleiben sie 2–3 Wochen lebensfähig.

Der parasitische Abschnitt des Entwicklungszyklus ähnelt dem der Hakenwürmer, da auch bei *Strongyloides* die Infektion perkutan erfolgt und die Larven ihren Ansiedlungsort im Dünndarm auf dem trachealen Wanderweg erreichen. Die Präpatenz beträgt mindestens 17 Tage. Eine Übertragung von *Strongyloides*-Larven durch die Muttermilch ist möglich. Als Besonderheit ist die Möglichkeit der Autoinfektion zu erwähnen. Erstlarven können sich bereits im Darmkanal zu infektiösen Larven entwickeln, aus denen nach einer Körperwanderung adulte Weibchen hervorgehen. Durch ständige Autoinfektionen kann die Infektion bei Immunkompetenten über viele Jahre unbemerkt persistieren (s. unten). Reservoir für *S. stercoralis* ist vorwiegend der Mensch; von Affen und Hunden ausgehende Infektionen sind möglich, aber unbedeutend.

Pathogenese und Krankheitsbild. Das perkutane Eindringen von *S. stercoralis*-Larven kann **Hautveränderungen** verursachen, besonders bei sensibilisierten Personen. Larven tierpathogener *Strongyloides*-Arten zählen zu den Erregern der „Larva migrans externa" (S. 663). In der **Lunge** rufen die Wanderlarven Hämorrhagien und entzündliche Reaktionen hervor, die sich klinisch in Husten und pneumonischen Symptomen manifestieren können. Während der **intestinalen Phase** verursacht *Strongyloides* bei starkem Befall katarrhalische, ödematöse oder ulzerative Enteritiden und auch Kolitiden. Gefährlich ist die **systemische Infektion.** Durch Autoinfektionen kann *S. stercoralis* im Körper über viele Jahre (> 10 Jahre) inapparent persistieren. Störungen der Immunabwehr, z.B. bei AIDS, oder Behandlungen mit Immunsuppressiva, können Autoinfektionen das Einwandern von Parasiten in innere Organe und die endogene Parasitenvermehrung begünstigen. Dadurch sind massive systemische Infektionen möglich, bei denen *Strongyloides*-Larven in der Kolonwand, in der Wand der Mesenterialgefäße, in den Gallengängen oder in anderen Organen gefunden werden. Besonders in solchen Fällen sind auch geschlechtsreife Weibchen in der Lunge, seltener in anderen Organen anzutreffen.

Diagnose. Der Nachweis der Larven (Abb. **11.1**, S. 615) von *S. stercoralis* mittels Baermann-Trichter und/oder Larvenkultur gelingt bei etwa 60–70% der Infizierten (Einachweis im Flotationsverfahren bei *S. fuelleborni*). Bessere Resultate sind bei der Untersuchung von Duodenalsaft zu erwarten. Bei etwa 85% der immunkompetenten Personen, die Larven von *S. stercoralis* im Stuhl ausscheiden, lassen sich spezifische Antikörper im Serum nachweisen.

Therapie und Prophylaxe. Therapeutisch wirksam sind Ivermectin und Albendazol. Die Maßnahmen zur Prophylaxe sind ähnlich wie bei Hakenwürmern. Bei Personen, die sich früher längere Zeit in den Tropen aufgehalten haben, ist es ratsam, vor Einleitung immunsuppressiver Maßnahmen (z.B. bei Nierentransplantation) zu klären, ob eine inapparente *Strongyloides*-Infektion vorliegt oder nicht.

Enterobius vermicularis (Madenwurm)

Erreger der Enterobiose (Oxyuren-Befall)

Vorkommen. Der Madenwurm kommt in allen Teilen der Welt vor, er ist auch ein häufiger Parasit in Zonen gemäßigten Klimas. Am häufigsten befallen sind Kinder im Alter von 5–9 Jahren und Erwachsene zwischen 30 und 50 Jahren.

Erreger, Entwicklung und Epidemiologie. Der zu den Oxyurida gehörende *Enterobius vermicularis* hat eine auffallend weiße Farbe. Die Männchen sind 2–5 mm lang; die Weibchen messen 8–13 mm. Der Körper der Weibchen endet in einem dünnen, spitzen Schwanz.

Die geschlechtsreifen Madenwürmer leben auf der Mukosa des Dickdarmes sowie des unteren Dünndarmes. Nach der Kopulation sterben die Männchen ab. Die Weibchen (Lebensdauer ca. 2 Monate) wandern meist nachts durch den Anus auf die Perianalhaut zur Eiablage (etwa 10 000 Eier je Weibchen). Häufig werden bei der Darmentleerung Madenwürmer ausgeschieden, die als lebhaft bewegliche, weiße Gebilde auf der Oberfläche der Fäzes leicht zu erkennen sind.

Die Eier (etwa 50 × 30 µm) sind leicht asymmetrisch, oval und dünnschalig (Abb. **11.1**, S. 615). Frisch abgelegte Eier enthalten einen Embryo, der sich bei Hauttemperatur in etwa 2 Tagen zur infektionsfähigen Larve entwickelt. Die Eier werden bei der Ablage mit einer klebrigen Eiweißschicht umhüllt, so dass sie an der Haut haften. Von der Haut abgelöste Eier können an Gegenständen (z.B. Spielzeug) kleben bleiben. In feuchter Umgebung bleiben die Eier 2–3 Wochen lebensfähig.

Die Ansteckung erfolgt vorwiegend auf peroralem Wege, und zwar durch digitale Übertragung der Eier von der Analgegend oder von Gegenständen zum Mund. Die Eier können im Staub aufgewirbelt und so verbreitet werden. Im Darmkanal schlüpfen aus den aufgenommenen Eiern Larven, die sich durch mehrere Häutungen innerhalb von 5–6 Wochen zur Geschlechtsreife entwickeln. Weiterhin scheint die Möglichkeit einer „Retroinfektion" zu bestehen, bei der infektionsfähige Larven bereits am Anus frei werden und in den Darm zurückwandern sollen.

Pathogenese und Krankheitsbild. Die auf der Mukosa des Dickdarmes lebenden Madenwürmer sind harmlos. Gelegentlich dringen Entwicklungsformen in die Wand des Dickdarmes und der Appendix, in die Vagina, den Uterus, den Eileiter und die Bauchhöhle ein und verursachen Entzündungserscheinungen. Die *Enterobius*-Weibchen erzeugen einen starken Juckreiz in der Perianalgegend. Nervöse Störungen, Entwicklungsverzögerung, Gewichtsabnahme, Appetitverlust und andere unspezifische Erscheinungen können die Folge sein. In der Analgegend entstehen Kratzeffekte und ekzematöse Hautveränderungen, die sich manchmal auf die gesamte Körperhaut ausbreiten.

Diagnose. Die aufgrund der klinischen Symptome gestellte Verdachtsdiagnose kann durch den Nachweis von spontan mit den Fäzes abgegangenen Madenwürmern und durch die Feststellung der an der Perianalhaut abgelegten Eier gesichert werden (Abb. **11.1**). Zum Einachweis genügen die üblichen Stuhluntersuchungsmethoden nicht; am besten hat sich die „Klebestreifenmethode" bewährt (S. 41).

Therapie und Prophylaxe. Zur Behandlung sind u.a. folgende Mittel geeignet: Albendazol, Mebendazol und Pyrantel. Reinfektionen sind leicht möglich. Daher muss die Behandlung in der Regel ein- bis mehrfach wiederholt, auf alle potenziellen Parasitenträger (z.B. Mitglieder einer Familie, eines Kindergartens) ausgedehnt und mit Prophylaxe-Maßnahmen kombiniert werden. Eine Verminderung der Eiausstreuung lässt sich durch Waschen der Perianalhaut (besonders am Morgen), Abdecken der Perianalhaut mit einer Salbe, Sauberhalten der Hände, Auskochen der Wäsche und Reinigung kontaminierter Gegenstände mit heißem Wasser erreichen.

11.3.2 Infektionen der Gewebe und des Gefäßsystems mit Nematoden

In dieser Gruppe werden Filarien und *Trichinella* besprochen. Ferner sind Infektionen berücksichtigt, deren Ursache Larven verschiedener Nematodenarten sind.

Filarioidea (Filarien)

Erreger von Filariosen

Die zur Überfamilie Filarioidea (Ordnung Spirurida) gehörenden Nematoden-Gattungen werden hier unter dem Sammelbegriff Filarien zusammengefasst. In der Entwicklung humanpathogener Filarien fungieren Mücken oder Fliegen als Zwischenwirte und Überträger. Die Filariosen sind in subtropischen und tropischen Regionen endemisch. Die bedeutendste Filariose ist die Onchocercose, deren Erreger, *Onchocerca volvulus*, durch Kriebelmücken übertragen wird. Mikrofilarien dieser Art können schwere Hautveränderungen und Augenschäden bis zur Blindheit verursachen. Die Diagnose der Onchocercose erfolgt klinisch, durch Nachweis von Mikrofilarien in der Haut und in den Augen sowie von Antikörpern im Serum. Weitere Filarioseformen sind die Lymphatische Filariose (Ursache: *Wuchereria bancrofti, Brugia*-Arten) und die Loaose (Ursache: *Loa loa*). *Dirofilaria*-Arten von Tieren können vor allem Lungen- und Hautveränderungen beim Menschen verursachen (s. S. 665).

Allgemeines. Die Filarien sind fadenförmige (lat. *filum*: Faden) Nematoden. Die Länge der Adultstadien (= Makrofilarien) der beim Menschen vorkommenden Arten schwankt zwischen 2 und 50 cm. Die Weibchen setzen embryonierte Eier ab oder gebären Larven (Mikrofilarien). Die etwa 0,2–0,3 mm langen Mikrofilarien bleiben von der ausgedehnten Eihülle umgeben (bescheidete Mikrofilarien) oder schlüpfen aus dieser aus (unbescheidete Mikrofilarien). Sie erscheinen vorwiegend in der Haut oder im Blut (Tab. **11.3**).

Aufgrund des zeitlichen Auftretens der Mikrofilarien im peripheren Blut unterscheidet man nichtperiodische Filarienarten, deren Mikrofilarien stets nachweisbar sind, von den periodischen Spezies, bei denen ein Maximum der Mikrofilariendichte im Blut während der Nacht (nachtperiodisch) oder am Tag (tagperiodisch) besteht. In Anpassung an die Schwankungen der Mikrofilarämie fungieren nacht- oder tagaktive Insekten als Zwischenwirte.

Entwicklung. Die als Zwischenwirte geeigneten Insekten infizieren sich beim Blutsaugen an einem infizierten Menschen oder Reservoirwirt mit Mikrofilarien. Die Mikrofilarien entwickeln sich in der Thoraxmuskulatur des Vektors über 2 Häutungen zu infektiösen Larven, die zu den Mundwerkzeugen wandern und bei einer folgenden Blutmahlzeit in die Haut eines neuen Wirts übergehen. Im Menschen migrieren die Parasiten zu den definitiven Lokalisationen und entwickeln sich über 2 weitere Häutungen zu adulten Stadien.

Wuchereria bancrofti und Brugia-Arten

Erreger der Lymphatischen Filariose

Erreger und Vorkommen. An Lymphatischer Filariose, verursacht durch *Wuchereria bancrofti* oder *Brugia*-Arten, leiden in 80 Ländern etwa 120 Millionen Menschen (je ein Drittel in Indien und Afrika, die restlichen in Südasien, der Pazifikregion und Südamerika) und 1,1 Milliarden sind einem Infektionsrisiko ausgesetzt (WHO, 2007) (Tab. **11.3**). Für *W. bancrofti* und die am weitesten verbreiteten *Brugia*-Stämme sind nur Menschen natürliche Endwirte, für einige *Brugia*-Stämme aber auch Tiere (Katzen, Hunde und Affen).

11

Entwicklung und Epidemiologie. Zwischenwirte für *W. bancrofti* und *B. malayi* sind Stechmückenarten verschiedener Gattungen mit Nacht- oder Tagaktivität. Die Entwicklung infektiöser Larven in den Insekten ist nur bei hoher Temperatur und Luftfeuchtigkeit möglich; bei *Wuchereria bancrofti* dauert sie bei 28 °C etwa 12 Tage. Nach der Infektion eines Menschen siedeln sich Filarien in den Lymphgefäßen und in den Lymphknoten an, wo sie geschlechtsreif werden. Mikrofilarien (Mf) treten im Blut frühestens nach 3 Monaten (*B. malayi, B. timori*) bzw. nach 7–8 Monaten (*W. bancrofti*) auf. Angaben über ihre Kennzeichen sind der Tab. **11.3** zu entnehmen. Die adulten Parasiten leben mehrere Jahre.

Tabelle **11.3** Filarienarten des Menschen

Art und Länge (cm)	**Verbreitung**	**Überträger**	**Lokalisation der Adulten**	**Mikrofilarien[1]: Kennzeichen und Auftreten**	**Pathologie**
Wuchereria bancrofti ♂: 2,4–4,0 ♀: 5,0–10,0	Südostasien, Pazifik, trop. Afrika, Karibik, Südamerika	**Mücken:** *Culex, Anopheles, Aedes*	Lymphsystem	244–296 µm, bescheidet. Blut, nacht-, tag- oder subperiodisch[2]	Lymphangitis und -adenitis, Elephantiasis
Brugia malayi ♂: 2,2–2,5 ♀: 4,3–6,0	Süd- und Ostasien	**Mücken:** *Anopheles, Aedes, Mansonia*	Lymphsystem	177–230 µm, bescheidet. Blut, nacht- oder subperiodisch nachtperiodisch	
Brugia timori	Indonesien	**Mücken:** *Anopheles*			
Loa loa ♂: 3,3–3,4 ♀: 5,0–7,0	Tropisches Afrika	**Fliegen:** *Chrysops*	subkutanes Bindegewebe	250–300 µm, bescheidet. Blut, tagperiodisch	Hautschwellungen, Befall der Konjunktiva
Onchocerca volvulus ♂: 2,5–4,5 ♀: 23–50	Afrika, Zentral- und Südamerika	**Mücken:** *Simulium*	subkutanes Bindegewebe	221–358 µm, unbescheidet. Haut, nicht periodisch	Hautknoten, Dermatitis, Augenveränderungen
Mansonella perstans ♂: 4,5 ♀: 7,0–8,0	Afrika, Südamerika	**Mücken:** *Culicoides*	Peritoneal- und Pleurahöhle	190–200 µm, unbescheidet. Blut, nachtperiodisch	meist apathogen
Mansonella streptocerca ♂: [3] ♀: [3]	Tropisches Afrika	**Mücken:** *Culicoides*	subkutanes Bindegewebe	180–240 µm, unbescheidet. Haut, nicht periodisch	Hautödem, Dermatitis
Mansonella ozzardi ♂: [3] ♀: 6,5–8,1	Zentral- und Südamerika	**Mücken:** *Culicoides*	Peritoneal-Höhle	173–240 µm, unbescheidet. Blut (nicht periodisch)	meist apathogen

[1] Große Schwankungen der Längenangaben bedingt durch verschiedene Fixierungen.
[2] Subperiodisch: wenig ausgeprägte Periodizität.
[3] Es liegen keine genauen Angaben vor.

Pathogenese und Krankheitsbild. Die durch *W. bancrofti* und *Brugia*-Arten verursachten pathologischen Zustände sind einander sehr ähnlich. Erste Krankheitserscheinungen können bereits einen Monat nach der Infektion auftreten; meist dauert jedoch die Inkubationszeit 5–12 Monate oder länger. Die möglichen Verlaufsformen lassen sich wie folgt zusammenfassen:

- **Symptomlose Infektion**, jedoch mit Mikrofilarämie, die jahrelang persistieren kann.
- **Symptomatische akute Infektion:** Entzündlich-allergische Reaktionen im Lymphsystem, ausgelöst durch Filarien → Schwellung von Lymphknoten, Lymphangitis, rezidivierende Fieberschübe, allgemeines Unwohlsein, Schwellungen an Beinen, Armen, Skrotum, Mammae, Funikulitis, Orchitis.
- **Symptomatische chronische Infektion:** chronisch-obstruierende Veränderungen des Lymphsystems → Behinderung oder Blockade des Lymphflusses und Erweiterung von Lymphgefäßen („Lymphvarizen") → derbe, durch Bindegewebszubildung verursachte Schwellungen von Lymphknoten, Extremitäten (vor allem der Beine), („Elephantiasis"), des Skrotums usw., Haut verdickt (Abb. **11.15a**).
- **Tropische, pulmonale Eosinophilie:** Syndrom mit Husten, asthmoiden Lungenbeschwerden, hoher Bluteosinophilie, Lymphknotenschwellung und hohen Konzentrationen von Serumantikörpern gegen Filarienantigene. Keine Mikrofilarien im Blut nachweisbar, zum Teil aber in Lymphknoten und Lunge. Es handelt sich um eine allergische Reaktion auf Antigene von Filarien.

Diagnose. Die Diagnose kann aufgrund der klinischen Erscheinungen (oft Eosinophilie) und durch den Nachweis von Mikrofilarien im Blut (Blutentnahme nötigenfalls nachts) gestellt werden. Die Mikrofilarien der verschiedenen Arten lassen sich in gefärbten Ausstrichen morphologisch differenzieren. Eine artspezifische Identifikation ist auch mit molekularen Methoden möglich. Differenzialdiagnostisch sind die unbescheideten Mikrofilarien von *Mansonella*-Arten zu berücksichtigen (Tab. **11.3**). Nester mit adulten Würmern sind durch Ultrasonographie lokalisierbar, besonders bei Männern im Skrotalbereich. Serologisch sind spezifische Antikörper und zirkulierende Antigene nachweisbar.

Therapie. Gegen Makrofilarien (*Wuchereria* und *Brugia*) hat Diethylcarbamazin bei mehrtägiger und wiederholter Applikation zumindest eine Teilwirkung (Cave: Nebenwirkungen!). Gleiches gilt bezüglich *Wuchereria* auch für Albendazol

11

Abb. **11.15** **Nematodenbefall.** **a** Befall mit *Wuchereria bancrofti*: Elephantiasis; **b** Befall mit *Loa loa*: Lidschwellung; **c** Onchocercose: Hautknoten, verursacht durch *Onchocerca volvulus*; **d** Erblindung durch *O. volvulus*; **e** *Trichinella spiralis*; Larven in der Muskulatur der Ratte; **f** *Larva migrans externa*. (Aufnahmen a, b, d: Tropeninstitut Tübingen, c: Tropeninstitut Amsterdam; f: Dermatoligische Klinik, Universitätsspital Zürich). ►

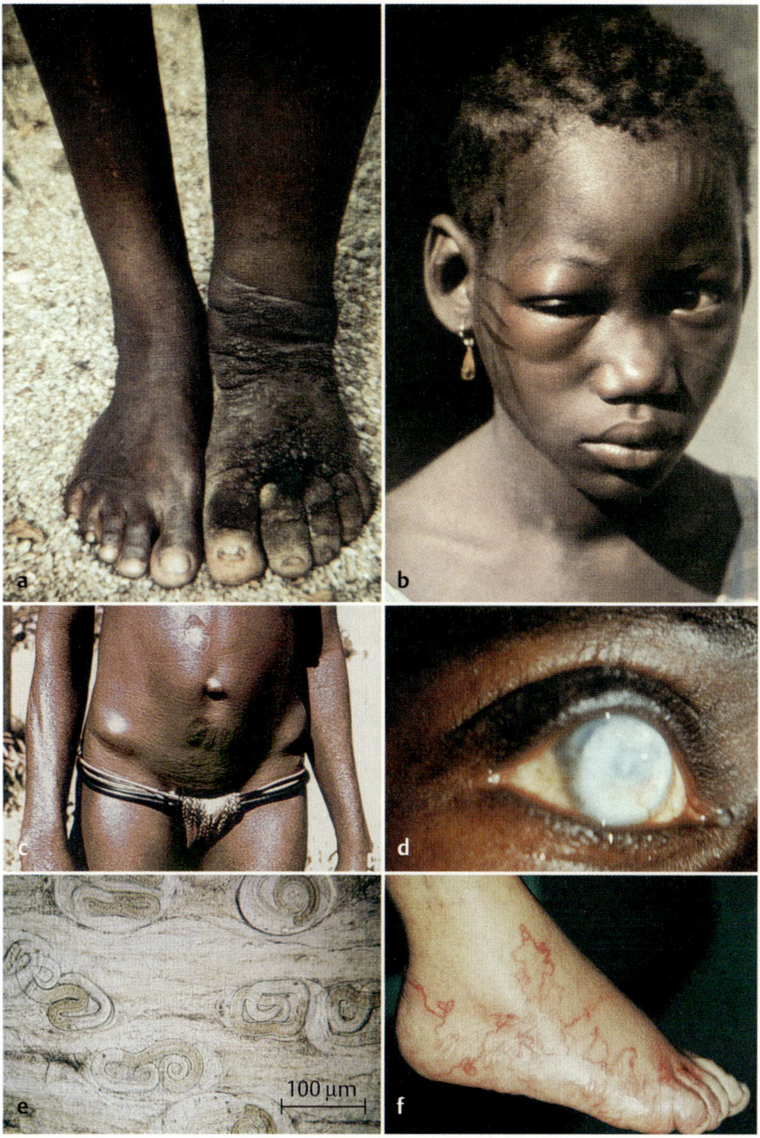
a
b
c
d
e
100 µm
f

bei mehrwöchiger Anwendung. Ivermectin tötet Makrofilarien nicht ab, reduziert aber die Fruchtbarkeit der Weibchen. Therapie gegen Mikrofilarien s. Bekämpfung.

Bekämpfung und Prophylaxe. Hauptsäule der Bekämpfung ist die Massenbehandlung der Bevölkerung mit mikrofilariziden Mitteln, wie Diethylcarbamazin (DEC), Ivermectin und Albendazol. Durch gleichzeitige und einmalige Verabreichung zweier Wirkstoffe (Albendazol mit DEC oder Ivermectin) lässt sich der Mikrofilarienbefall der Bevölkerung für die Dauer eines Jahres bis zu 99% senken. Eine weitere wirksame Möglichkeit ist die Langzeitmedikation mit geringen Dosen von DEC im Kochsalz. Vom Masseneinsatz von Albendazol und Ivermectin erwartet man längerfristig auch einen Kontrolleffekt auf intestinale Nematoden (*Ascaris*, Hakenwürmer, *Strongyloides*, *Trichuris*). Zur individuellen Prophylaxe gelten die Empfehlungen zum Schutz vor Mückenstichen wie bei der Malaria.

Loa loa

Erreger der Loaose (Loiasis, Loa loa-Infektion)

Die „Wanderfilarie“

Sie kommt in tropischen Regenwaldgebieten von Afrika vor (West- und Zentralafrika, Gebiete im Sudan). Adulte (Tab. **11.3**, S. 653) und präadulte Stadien leben im Unterhautbindegewebe. Die Mikrofilarien treten periodisch auf und halten sich tagsüber im peripheren Blut auf (Tab. **11.3**). Dementsprechend sind tagaktive Fliegenarten (Bremsen = Tabanidae: *Chrysops*-Arten) Zwischenwirte. Die Präpatenz beträgt 5–6 Monate. In einigen Fällen erscheinen auch bei länger bestehender Infektion keine Mikrofilarien im Blut. Die adulten Filarien leben mehrere Jahre.
Inkubation 2–12 Monate. Die im Bindegewebe umherwandernden Filarien verursachen an Gliedmaßen, Gesicht und Körper vor allem durch Induktion allergischer Reaktionen ödematöse Hautschwellungen („Calabar“- oder „Kamerun-Schwellungen“), juckende Knötchen und oft auch Bluteosinophilie. Einwanderung eines Parasiten unter die Konjunktiva hat Tränenfluss, Rötungen und andere Symptome zur Folge (Abb. **11.15b**).
Diagnose: Nachweis typischer Symptome, von adulten Parasiten in der Unterhaut oder in der Konjunktiva und von Mikrofilarien im peripheren Blut (Blutentnahme während des Tages) (Tab. **11.3**). Therapie mit Diethylcarbamazin, das Mikrofilarien abtötet und nach längerer Therapiedauer auch Makrofilarien schädigt (beachte mögliche Nebenwirkungen).

Onchocerca volvulus

Erreger der Onchocercose

Vorkommen. *Onchocerca volvulus* kommt endemisch in 28 Ländern im tropischen Afrika (Atlantikküste bis zum Roten Meer) und im südlichen Arabien (Jemen) sowie in 6 Ländern von Mittel- und Südamerika vor (Mexiko, Guatemala, Kolumbien,

Venezuela, Brasilien, Ecuador). Derzeit sind ca. 18 Millionen Personen infiziert und 267000 durch Onchocercose erblindet (WHO, 2007).

Entwicklung. Die adulten Onchocercen leben entweder frei im Binde- und Fettgewebe oder meist knäuelartig aufgewunden innerhalb von Bindegewebsknoten in der Subkutis oder in tieferen Gewebsschichten (Abb. **11.15c**), wo sie 15 Jahre überleben können.

Die *Onchocerca*-Weibchen produzieren Mikrofilarien, die in Gewebsspalten der Knoten und der Haut leben. Vom Ansiedlungsort der Weibchen aus wandern sie in der Dermis in andere Hautpartien und befallen auch die Augen, vor allem beim Sitz der Knoten am Kopf oder in der oberen Körperregion. Über die Lymphbahnen können Mikrofilarien in den Blutstrom gelangen; selten sind sie im Urin, im Sputum oder in der Zerebrospinalflüssigkeit zu finden. Die relativ großen Mikrofilarien sind unbescheidet (Tab. **11.3**, S. 653); ihre Lebensdauer im Menschen beträgt 6–30 Monate.

Zwischenwirte und Überträger sind Simuliiden (Kriebelmücken). Die Entwicklung der von ihnen auf den Menschen übertragenen Infektionslarven bis zur Geschlechtsreife nimmt viele Monate in Anspruch. Mikrofilarien sind in der Haut nach einer Präpatenz von meist 12–15 Monaten nachweisbar.

Epidemiologie. Reservoir für *O. volvulus* ist nur der Mensch. Die Onchocercose tritt herdförmig entlang der Flussläufe auf, in denen sich die Larven und Puppen der Kriebelmücken entwickeln. In Bezug darauf wird die durch Onchocercose verursachte Blindheit als „Flussblindheit" bezeichnet.

Pathogenese und Krankheitsbild. Pathogenetisch lassen sich Reaktionen gegen adulte Parasiten und gegen Mikrofilarien unterscheiden. Diese Reaktionen werden durch den Immunstatus des Infizierten beeinflusst. Offenbar spielen bei der Auslösung von Entzündungs- und Immunreaktionen auch in den Filarien lebende Endosymbionten eine Rolle (s. unten).

- **Reaktionen gegen adulte Parasiten:** Einschluss adulter Filarien in fibröse Knoten (Onchozerkome) von meist 0,5–2 cm (manchmal bis 6 cm) Durchmesser in der Subkutis (seltener in tieferliegendem Gewebe) u.a. am Beckenkamm, an den Rippen und am Kopf. Knotenbildung etwa 1–2 Jahre p. i.; sie verursacht keine oder nur geringe Beschwerden (Abb. **11.15c**).
- **Reaktionen gegen Mikrofilarien:** Erste Symptome treten nach ca. 15–18 Monaten auf: u.a. Pruritus, Verlust der Hautelastizität mit hängenden Hautfalten, Papeln, Depigmentierung und Lymphknotenschwellungen; Bluteosinophilie kann vorhanden sein.
- **Augenveränderungen:** „Schneeflockenartige" Hornhauttrübungen, im späteren Stadium sklerosierende Keratitis, die die häufigste Erblindungsursache ist, Chorioretinitis sowie Neuritis und Atrophie der Sehnerven; Tendenz zum bilateralen Auftreten dieser Schäden (Abb. **11.15d**).

Diagnose. Nachweis von Mikrofilarien in der Haut nach Ablauf der Präpatenz mit Hilfe der „Skin-snip"-Methode (s.S. 42) oder von *Onchocerca*-DNA in Hautproben mit der PCR; Feststellung lebender oder toter Mikrofilarien in der Kornea oder in der vorderen Augenkammer durch ophthalmologische Untersuchungen; Nachweis spezifischer Antikörper im Serum. Diagnose von Onchozerkomen durch Palpation und Ultrasonographie; histologischer Parasitennachweis in den Hautknoten nach operativer Entfernung.

Therapie. Operative Entfernung der *Onchocerca*-Knoten. Gegen Makrofilarien wirkt das toxische Suramin, das aber nicht mehr eingesetzt wird. Kürzlich wurde entdeckt, dass *O. volvulus, Wuchereria bancrofti, Brugia*-Arten und einige andere Filarienarten Endosymbionten der Gattung *Wolbachia* (Rickettsiales) enthalten, die durch Weibchen transovarial an die folgende Generation weitergegeben werden. Durch Behandlung mit Tetrazyklinen (z.B. Doxycyclin über 6 Wochen) können die Endosymbionten geschädigt und die Filarien sterilisiert werden. Daraus könnte sich ein neuer Therapieansatz entwickeln. Ivermectin ist in niedriger Dosierung gegen Mikrofilarien hochwirksam (s. Prophylaxe) und hat in höherer Dosis und bei wiederholter Applikation auch einen Teileffekt gegen Makrofilarien.

Prophylaxe und Bekämpfung. Ein gewisser Schutz vor Stichen durch Kriebelmücken kann durch entsprechende Kleidung und Einreiben der Haut mit Repellents erreicht werden (s. Malaria). Die WHO koordiniert seit 1974 in Afrika und seit 1991 in Lateinamerika Bekämpfungsprogramme. Bekämpfung in früheren Jahren durch Einleiten von Insektiziden in Fließgewässer zur selektiven Vernichtung der Entwicklungsstadien von Simuliiden. Heute vor allem Massenbehandlungen der Bevölkerung mit niedrigen Dosen von Ivermectin (0,15 mg/kg Körpergewicht) 1–2 mal im Jahr. Dadurch drastische Senkung der Mikrofilariendichte in der Haut und den Augen des Menschen für die Dauer bis zu 12 Monaten sowie Verhütung oder Unterbrechung der Erregerübertragung.

Trichinella-Arten

Erreger der Trichinellose

Menschen können sich durch Aufnahme von rohem Fleisch (vom Schwein, Wildschwein, Pferd und anderen Tierarten) mit Larven verschiedener *Trichinella*-Arten infizieren. Aus den Larven entwickeln sich Adultstadien, die den Dünndarm besiedeln, wo die Weibchen Larven produzieren, die von der Darmschleimhaut aus über die Lymph- und Blutbahn in die Skelettmuskulatur gelangen, dort in Muskelzellen eindringen und sich einkapseln (Ausnahmen: *Trichinella pseudospiralis* und einige andere Arten). Das Krankheitsbild der Trichinellose wird durch intestinale und muskuläre Symptome geprägt. Die Diagnose der Trichinellose erfolgt durch Muskelbiopsie und durch Antikörpernachweis im Serum.

Erreger-Arten und Vorkommen. Die Zahl der bekannten *Trichinella*-Arten ist in den letzten Jahren von einer Art (*Trichinella spiralis*) auf derzeit 8 Arten angestiegen. Die wichtigste Art ist die weltweit verbreitete *T. spiralis* (Tab. **11.4**). Nach dem Stand von 2007 sind in Europa nur 6 Länder *Trichinella*-frei. In allen anderen kommen *T. britovi* und/oder *T. spiralis* vor, in einigen Ländern auch *T. nativa* (u.a. Schweden, Estland) und *T. pseudospiralis* (u.a. Italien). Von den in Tab. **11.4** aufgeführten Arten sind 7 für den Menschen infektiös, für eine Art (*T. zimbabwensis*) liegen keine diesbezüglichen Informationen vor.

Die höchsten jährlichen Inzidenzen von Trichinellose des Menschen sind in einigen Ländern im östlichen und südöstlichen Europa registriert worden (z.B. Litauen 5,1 Fälle je 100 000 Einwohner, Serbien 4,7/100 000, Bulgarien 11,4/100 000). Seit 1975 kam es in mehreren Ländern (u.a. Deutschland, Frankreich, Italien, Spanien, England, Polen) immer wieder zu Ausbrüchen von Trichinellose bei Menschen, von denen kleinere und größere Personengruppen (bis etwa 650) betroffen waren.

Morphologie und Entwicklung (Abb. **11.16**). Die Männchen von *Trichinella spiralis* sind 1–2 mm lang und die Weibchen 2–4 mm. Da die Arten morphologisch sehr ähnlich sind, erfolgt ihre Differenzierung aufgrund genetischer und biologischer Merkmale (Tab. **11.4**).

Die Entwicklung wird hier exemplarisch für *T. spiralis* beschrieben (Abb. **11.16**). Die Infektion des Menschen oder anderer Wirte erfolgt durch Aufnahme von Fleisch, das eingekapselte infektiöse *Trichinella*-Larven enthält (Abb. **11.15e**, S. 655). Unter dem Einfluss der Verdauungssäfte werden die Larven frei und siedeln sich in Epithelzellen des Dünndarmes an, wo in wenigen Tagen nach 4 Häutungen geschlechtsreife Männchen und Weibchen entstehen. Bald nach der Kopulation sterben die Männchen und werden eliminiert. Die Weibchen leben 4–6 Wochen; jedes setzt in dieser Zeit 200–1500 Larven ab (um 100 µm lang). Die Larven dringen in die Lamina propria ein und gelangen auf dem Lymph-Blut-Weg in Organe und Körpergewebe. Eine Weiterentwicklung erfolgt nur in der quergestreiften Skelettmuskulatur, in der die Larven frühestens 5–7 Tage nach der Infektion anzutreffen sind.

Die *Trichinella*-Larven liegen zunächst gestreckt in der Muskelzelle; bis zur 3. Woche p. i. rollen sie sich spiralig ein. In diesem Zeitraum erreichen sie nach weiterer Differenzierung die Infektiosität. Die befallene Muskelzelle wird durch die Larven gewöhnlich nicht zerstört. Etwa 2 Wochen p. i. beginnt die befallene Muskelzelle, den Parasiten durch Ablagerung hyalinen und fibrillären Materials innerhalb des Sarkolemms einzukapseln. Die Kapselbildung ist nach 4–6 Wochen abgeschlossen. Die 0,2–0,9 mm langen Kapseln haben eine ovale, zitronenförmige Gestalt; an den Polen bilden sich Granulationsgewebe und Fettzellen (Abb. **11.16**). Von den Polen ausgehend, kann die Kapsel allmählich verkalken. Die eingekapselten Larven sind im Wirt jahrelang lebensfähig (Nachweis beim Menschen bis

Tab. **11.4** *Trichinella*-Arten

***Trichinella*-Arten und Verbreitung**	**Häufigster Zyklustyp[1] und wichtige Wirte (Auswahl)**	**Kapsel um Muskellarven R: Resistenz bei –30 °C, 12 h**
T. spiralis Weltweit, Zentraleuropa selten	**Zyklus synanthrop, auch silvatisch.** Hausschwein, Ratte, Pferd, Kamel, Hund, Wildschwein, Rotfuchs, Bär, Mensch	mit Kapsel R: gering[2]
T. britovi Gemäßigte Klimazonen der Paläarktis, (u. a. Zentraleuropa), Nord- u. Westafrika	**Zyklus silvatisch, auch synanthrop.** Rotfuchs, Wolf, Schakal, Marderhund, Wildkatze, Bären, Dachs, Marder, Nagetiere, Wildschwein, Hausschwein, Pferd, Mensch	mit Kapsel R: mittel[2]
T. nativa Arktische und subarktische Gebiete (nördlich der -6 °C Januar-Isotherme)	**Zyklus silvatisch** Polarfuchs, Rotfuchs, Eisbär, Robben Wolf, Marderhund, Schakal, Hund, Wildschwein, Mensch.	mit Kapsel R: hoch
T. murrelli Gemäßigte Klimazonen in Nordamerika	**Zyklus silvatisch** Bär, Waschbär, Rotfuchs, Kojote, Luchs, Pferd, Mensch.	mit Kapsel R: gering
T. nelsoni Östliches u. südliches Afrika	**Zyklus silvatisch.** Hyäne, Warzenschein, Wildschwein, Hausschwein, Mensch.	mit Kapsel R: keine
T. pseudospiralis Weltweit	**Zyklus silvatisch.** Quoll[3], Waschbär, Korsak, Nagetiere, Vogelarten, (Greifvögel u. a.), Mensch.	ohne Kapsel R: keine
T. papuae Papua-Neuguinea, Thailand	**Zyklus silvatisch.** Wildschwein, Hausschwein, Mensch. Experimentelle Wirte: u. a. Maus, Fuchs	ohne Kapsel R: nicht bekannt
T. zimbabwensis Zimbabwe, Mozambique, Südafrika, Äthiopien	**Zyklus in Krokodil-Farmen** Experimentelle Wirte: Schwein, Ratte, Affen, Reptilien	ohne Kapsel R: nicht bekannt

1 Silvatischer Zyklus = Wildtierzyklus; synanthroper Zyklus: von Menschen beeinflusster Zyklus.
2 Im Pferdefleisch hohe Resistenz.
3 Australisches Beuteltier.

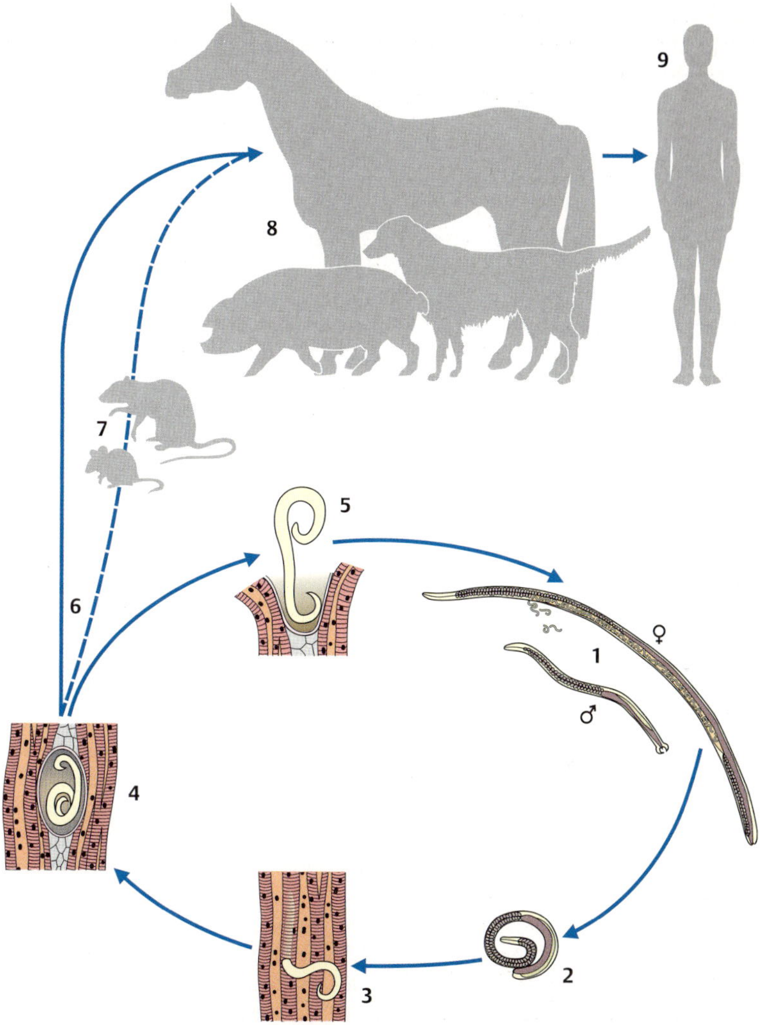

Abb. **11.16** ***Trichinella spiralis:* Entwicklungszyklus.** **1** Männchen und Weibchen im Dünndarm eines Wirtes; **2** von Weibchen produzierte Larve; **3** Larve beim Eindringen in Muskelzelle; **4** in Muskulatur eingekapselte Larve; **5** Freiwerden der Larve aus der Kapsel nach peroraler Aufnahme durch einen Wirt; **6** Infektion von Wirten mit Muskellarven; **7** Nager als Wirte; **8** Haustiere als Wirte; **9** Übertragung der Parasiten auf den Menschen durch trichinellöses Fleisch.

31 Jahre). Der Entwicklungskreislauf schließt sich bei Aufnahme infektiöser Muskeltrichinellen durch einen anderen Wirt. Wie aus Tab. **11.4** hervorgeht, werden bei manchen *Trichinella*-Arten die Muskellarven nicht eingekapselt.

Epidemiologie. In vielen Ländern existiert die Trichinellose als „Naturherdinfektion" in einem silvatischen Zyklus unter wildlebenden Tieren. Solche Zyklen haben *T. nativa, T. britovi* und einige andere Arten (Tab. **11.4**), sie kommen aber auch bei *T. spiralis* vor. Menschen können sich aus solchen Zyklen infizieren, wenn sie z. B. trichinellöses und nicht genügend erhitztes Fleisch von Wildschweinen und Bären verzehren. Silvatische Zyklen können auf die „Naturherde" beschränkt bleiben, ohne auf Hausschweine oder andere Haustiere überzugreifen. Eine solche Situation liegt bei *T. britovi* z. B. in der Schweiz vor. Infektionen des Menschen erfolgen am häufigsten aus dem synanthropen Zyklus von *T. spiralis*. Infektionsquellen für den Menschen sind rohe und ungenügend erhitzte oder gefrorene Fleischprodukte von Tieren, vorwiegend von Haus- und Wildschweinen sowie von Pferden, seltener von Bären, Robben, Hunden und anderen Tierarten.

Eingekapselte Muskellarven von *T. spiralis* sind sehr widerstandsfähig. In faulendem Fleisch bleiben sie bis 4 Monate infektiös. Bei Kühlung (2–4 °C) überleben sie in der Muskulatur 300 Tage; durch Tiefgefrieren bei -25 °C werden sie innerhalb von 10–20 Tagen abgetötet. Dies gilt jedoch nicht für die Larven der kälteresistenten Art *T. nativa*, deren Muskellarven selbst bei -20 °C viele Monate infektiös bleiben (Tab. **11.4**). Hitze wirkt schnell letal, Trocknen und Pökeln jedoch nicht.

Krankheitsbild. Grad und Dauer der klinischen Erscheinungen hängen von der Infektionsdosis und der Vermehrungsrate der Trichinellen ab. Schon 50–70 Larven von *T. spiralis* können beim Menschen Krankheitserscheinungen auslösen. Im Infektionsverlauf sind zwei Phasen zu unterscheiden: Die **intestinale Phase** kann inapparent verlaufen oder sich nach einer Inkubation von 1–7 Tagen in Nausea, Erbrechen, Durchfall, leichtem Fieber und anderen Symptomen äußern. Die **extraintestinale Phase** beginnt nach einer Inkubation von mindestens 7 Tagen. Symptome sind Myositis mit Muskelschmerzen und -steifheit, Atem- und Schluckbeschwerden, Fieber, Lid- und Gesichtsödem, Hautexanthem, Bluteosinophilie und erhöhte Serumaktivitäten von Muskelenzymen. Gefürchtete Komplikationen sind Myokarditis und Meningoenzephalitis. Diese Phase dauert ohne Behandlung 1–6 Wochen. Danach erfolgt häufig Genesung, es können aber auch über längere Zeit rheumatoide Erscheinungen oder andere Beschwerden (z. B. Herzmuskelschäden) bestehen bleiben. Todesfälle sind selten.

Diagnose. Nur selten gelingt der Nachweis von Trichinellen im Stuhl oder Duodenalsaft während der intestinalen Phase. In der extraintestinalen Phase sind *Trichinella*-Larven in Muskelbiopsieproben nachweisbar (mikroskopisch im Quetschpräparat, histologisch oder molekular). Ab der 3. Woche p. i. treten Serumantikörper auf. Klinisch-chemische Befunde liefern weitere diagnostische Hinweise.

Therapie und Prophylaxe. Therapie mit Mebendazol und/oder Albendazol in Kombination mit Prednisolon (zur Kontrolle allergischer Reaktionen). Hitze über 80 °C tötet Trichinellen im Fleisch ab. Am sichersten zur Prophylaxe ist ausreichendes Kochen oder Braten des Fleisches (Tiefgefrieren evtl. unsicher, s. oben). Prophylaktische Fleischuntersuchungen bei Haus- und Wildtieren auf *Trichinella*-Befall sowie das Verbot der Verfütterung roher Fleischabfälle an Hausschweine oder andere empfängliche Haustiere sind wichtige Maßnahmen der Bekämpfung.

Infektionen durch Nematodenlarven

Larvalstadien von Helminthen oder Arthropoden können in der Haut oder in inneren Organen des Menschen umherwandern und die Krankheitsbilder der Larva migrans externa (LME) (= Larva migrans cutanea) oder der Larva migrans interna (LMI) (= Larva migrans visceralis) verursachen. Dafür werden hier einige Bespiele aufgeführt.

Die **Larva migrans externa** („Hautmaulwurf", „creeping eruption") wird vor allem durch Larven von Hakenwurmarten von Hund und Katze (u. a. *Ancylostoma braziliense, Ancylostoma caninum*) sowie von *Strongyloides*-Arten verschiedener Wirte (Säugetiere, Mensch) verursacht. Auch Larven von Insekten (*Hypoderma, Gasterophilus* u. a.) kommen als Ursache in Betracht (s. S. 677).

Die infektiösen Larven der Hakenwurm- oder *Strongyloides*-Arten dringen bei Kontakt mit kontaminiertem Boden (z. B. an Badestränden) in die Haut des Menschen ein und wandern in der Dermis umher. Dadurch entstehen Papeln, gewundene und entzündlich veränderte Wandergänge sowie Juckreiz (Abb. **11.15f**, S. 655). Die Larven persistieren einige Wochen bis Monate in der Haut und sterben dann ab. Die Diagnose wird aufgrund des klinischen Bildes gestellt, an dem die Vielzahl der etwa 1–2 mm breiten und mehrere Zentimeter langen Wandergänge besonders auffällig ist. Zur Behandlung werden empfohlen: Betupfen mit Ivermectin-Lösung, Vereisen mit Ethylchlorid-Spray oder perorale Behandlung mit Albendazol.

Larva migrans interna. Erreger sind vor allem Larven verschiedener Spulwurmarten von Haus- und Wildtieren: u. a. *Toxocara canis* vom Hund und Fuchs, *T. mystax* von der Katze, *Ascaris suum* aus Schweinen (s. S. 644), *Baylisascaris procyonis* vom Waschbären und Spulwurmarten (Anisakidae) von Meeressäugern oder Vögeln. Zu den Erregern der LMI gehören auch Filarien und verschiedene andere Helminthen.

Toxocara-Arten als Erreger der LMI

Verbreitung, Entwicklung und Epidemiologie. Weltweit sind Hunde, Katzen und Füchse, besonders Jungtiere, häufig mit Spulwürmern der Gattung *Toxocara* befallen. Die adulten Stadien leben im Dünndarm, die Weibchen scheiden gewöhnlich große Mengen von Eiern aus. Im Freien entwickelt sich im Ei eine infektionsfähige Larve. In vielen Städten sind öffentliche Anlagen und Sandkästen von Kinderspielplätzen mit *Toxocara*-Eiern kontaminiert. Menschen können sich durch akzidentelle Aufnahme infektionstüchtiger Eier (Geophagie, kontaminierte Nahrungsmittel) infizieren. Besonders gefährdet sind Kleinkinder. In Zentraleuropa wurden bei gesunden Jugendlichen oder Erwachsenen mittlere Antikörperprävalenzen von etwa 1–8% nachgewiesen, bei einigen Bevölkerungsgruppen Werte bis 30%.

Pathogenese und Krankheitsbild. Nach der Infektion verlassen die *Toxocara*-Larven im Dünndarm die Eihüllen, dringen in die Darmwand ein und gelangen auf dem Blutweg in Leber, Lunge, ZNS, Auge, Körpermuskulatur und andere Organsysteme, in denen sie umherwandern und Blutungen, Gewebszerstörungen sowie entzündliche Reaktionen mit Bildung granulomatöser Herde verursachen. Die Larven können jahrelang am Leben bleiben (bei Affen mindestens 10 Jahre). Nur äußerst selten entwickeln sich im Darm des Menschen adulte *Toxocara*-Stadien.

Die LMI verläuft in den meisten Fällen inapparent. Klinisch manifeste Fälle werden am häufigsten bei Kindern im Alter von 2–5 Jahren beobachtet. Die Symptome hängen von der Lokalisation und dem Grad pathologischer Veränderungen ab, sie sind unspezifisch und vielfältig: Eosinophilie, Leukozytose, Hepatomegalie, kurze Fieberepisoden, milde gastrointestinale Störungen, asthmatische Attacken, pneumonische Erscheinungen, Lymphadenopathie, urtikarielle Hautveränderungen, zentralnervöse Störungen mit Lähmungserscheinungen oder epileptiforme Anfälle. Augenbefall tritt in allen Altersgruppen auf und äußert sich in granulomatöser Chorioretinitis, Glaskörpertrübung und anderen Veränderungen. Häufig wird okuläre Toxocarose ohne Anzeichen einer viszeralen Infektion beobachtet.

Diagnose. Verdacht auf Toxocarose besteht bei persistierender Eosinophilie und anderen oben beschriebenen Symptomen. Die ätiologische Abklärung erfolgt durch serologische Untersuchungen auf Antikörper. Dazu stehen sehr sensitive und spezifische Verfahren zur Verfügung (ELISA, Western blot).

Therapie und Prophylaxe. Therapeutische Maßnahmen mit Albendazol sind auf symptomatische Fälle zu beschränken. Die Prophylaxe besteht in der Bekämpfung des *Toxocara*-Befalles bei Hunden und Katzen, besonders bei Jungtieren, und der Reduktion der Kontamination der Umwelt, vor allem der Kinderspielplätze, durch Kot von Hunden, Katzen und Füchsen.

Weitere Nematoden als Erreger der LMI

Anisakis und verwandte Spulwurmgattungen

(*Phocanema, Contracaecum*) leben im Darm von Meeressäugern oder –vögeln, Zwischen- und Transportwirte sind Fische. Larven dieser Parasiten (bis 2 cm lang), die mit rohem Seefisch in den Menschen gelangen, sind als Erreger eosinophiler Granulome des Magen-Darm-Traktes bekannt („Heringswurmkrankheit"). In den letzten Jahren sind die meisten Fälle aus Japan beschrieben worden. Eine sichere Verhütung der Infektion ist durch Erhitzen oder Tiefgefrieren der Fische möglich (-20 °C mindestens 12–24 Stunden).

Larven der Filarien *Dirofilaria immitis* und *Dirofilaria repens*,

die im Adultstadium in Hunden, Katzen und Wildkarnivoren parasitieren, werden gelegentlich durch Stechmücken auf den Menschen übertragen. Dabei siedeln sich unreife Stadien von *D. immitis* vorwiegend in der Lunge an und verursachen 1–4 cm große Rundherde, während die Stadien von *D. repens* meist in nodulären Herden der Subkutis anzutreffen sind. Die Mehrzahl der autochthonen Fälle ist aus Italien, Frankreich und Griechenland bekannt.

12 Arthropoden

J. Eckert und P. Deplazes

Parasitisch lebende Arthropoden (Gliederfüßer) sind als Lästlinge, Erreger von Hautkrankheiten oder als Vektoren von Viren, Bakterien, Protozoen und Helminthen medizinisch bedeutsam. Im folgenden Kapitel kann nur eine kleine Auswahl dieser Arthropoden vorgestellt werden (Tab. **12.1**).

Tabelle **12.1** Übersicht zur Taxonomie der im Text erwähnten Arthropoden

Klasse	**Ordnung** * – Unterordnung	**Gattung**
Arachnida	Ixodida[1] (Zecken)	Familie Ixodidae: *Ixodes, Dermacentor, Rhipicephalus, Haemaphysalis*
		Familie Argasidae: *Argas, Ornithodoros*
	Mesostigmata [2] (Milben im engeren Sinne)	*Dermanyssus, Ornithonyssus*
	Prostigmata [3] (Milben)	*Cheyletiella, Trombicula, Demodex*
	Astigmata [4] (Milben)	*Sarcoptes, Notoedres, Psoroptes, Tyrophagus, Tyroglyphus, Glycyphagus, Dermatophagoides*
Insecta	Anoplura (Läuse)	*Pediculus, Phthirus*
	Heteroptera (Wanzen)	*Cimex, Oeciacus, Triatoma, Rhodnius*
	Diptera (Zweiflügler)	
	– Nematocera (Mücken)	*Anopheles, Culex, Aedes, Simulium, Phlebotomus, Lutzomyia, Culicoides*
	– Brachycera (Fliegen)	*Glossina, Musca, Sarcophaga, Calliphora, Wohlfahrtia, Lucilia, Dermatobia, Cordylobia, Hypoderma, Gasterophilus*
	Siphonaptera (Flöhe)	*Pulex, Ctenocephalides, Ceratophyllus, Archaeopsylla, Xenopsylla, Tunga*

* Synonyma: [1] Metastigmata, [2] Gamasida, [3] Trombidiformes, [4] Sarcoptiformes

12.1 Spinnentiere (Arachnida)

12.1.1 Zecken (Ixodida)

Aus der Ordnung Ixodida hat die Familie Ixodidae (Schildzecken) weltweit die größte Bedeutung. In Mitteleuropa kommen rund 20 Schildzeckenarten vor, die den Gattungen *Ixodes, Rhipicephalus, Dermacentor* und *Haemaphysalis* angehören. *Ixodes ricinus* („Holzbock") ist die häufigste Art und ist Überträger der Erreger der Zeckenborreliose [Lyme-Borreliose] (*Borrelia burgdorferi* sensu lato), der Frühsommer-Meningoenzephalitis [Zeckenenzephalitis] (FSME-Virus), der Humanen granulozytären Anaplasmose (*Anaplasma phagocytophilum*) und anderer Erreger. *Dermacentor marginatus* (Schafzecke) überträgt den Erreger des Q-Fiebers (*Coxiella burnetii*) in Populationen von Reservoirwirten (z.B. Schafe, andere Wiederkäuer), die Ansteckungsquellen für Menschen darstellen, sowie *Rickettsia slovaca*, den Erreger der „Tick-borne lymphadenopathy". In Südost-Europa wird das Virus des Krim-Kongo Hämorrhagischen Fiebers u.a. durch *Hyalomma anatolicum* übertragen. Aus der Familie Argasidae (Lederzecken) ist in Mitteleuropa nur *Argas reflexus* (Taubenzecke) vertreten. Diese Art dringt gelegentlich in Wohnungen ein, vor allem in Städten, und belästigt Menschen durch ihre Stiche. Im südlichen Afrika ist *Ornithodoros moubata* Vektor von *Borrelia duttonii*, dem Erreger des endemischen Rückfallfiebers. Als Beispiel für die Zecken wird hier nur *I. ricinus* besprochen.

Ixodes ricinus

Überträger wichtiger Erreger

Ixodes ricinus ist in Europa weit verbreitet und häufig. Entwicklung : Ei → Larve → Häutung zur Nymphe → Häutung zu Adulten (Männchen und Weibchen). Die Zecken halten sich meist in ihren Habitaten in Bodennähe auf. Larven, Nymphen und Adulte befallen zeitweise Wirte (vor allem Säugetiere und Vögel), um Blut zu saugen (Männchen nehmen kein Blut auf). Bei der Blutaufnahme können bestimmte Stadien von *I. ricinus* Krankheitserreger übertragen. In der Haut haftende Zecken sollten möglichst rasch mechanisch entfernt werden, um das Infektionsrisiko zu mindern.

Morphologie. *Männchen*: 2–3 mm lang mit stark chitinisiertem Schild, der die ganze Dorsalfläche bedeckt. *Weibchen*: 3–4 mm, vollgesogen bis 12 mm lang. Dorsalschild nur im vorderen Teil des Körpers vorhanden (Abb. **12.1a**). Adulte und Nymphen (letztere ca. 1 mm lang) haben 4 Beinpaare, die kleineren Larven (etwa 0,5 mm lang) nur 3 Beinpaare. Die Zecken besitzen stechende Mundwerkzeuge (daher Zeckenstich und nicht Zeckenbiss!). Weitere autochthone *Ixodes*-Arten sind u.a. die Igelzecke (*Ixodes hexagonus*) und die Fuchszecke (*Ixodes canisuga*).

Entwicklung. Nach der Begattung und Blutaufnahme an einem Wirt (Reh, Fuchs, Schaf, Rind u. a.) fällt das *I. ricinus*-Weibchen zu Boden und legt etwa 3000 Eier, aus denen Larven schlüpfen, die meist Kleinsäuger und Vögel zum Blutsaugen befallen. Die Larven verlassen ihre Wirte und häuten sich am Boden zu Nymphen, die außer Kleinsäugern und Vögeln auch größere Säugetiere als Blutspender nutzen. Nach der Blutaufnahme entwickeln sich die Nymphen über eine weitere Häutung am Boden zu Adultstadien, die größere Säugetiere (u. a. Wild- und Hauswiederkäuer, Pferd, Hund, Fuchs) als Wirte bevorzugen, auf denen die Kopulation stattfindet. Menschen werden meist von Nymphen und Adulten befallen. Der Saugakt an einem Wirt dauert bei Larven 2–3 Tage, bei Nymphen bis 5 Tage, bei Weibchen bis 9 Tage. Die Entwicklung einer Generation beansprucht mindestens 1 1/2 Jahre; sie kann aber durch Phasen der Inaktivität und Hungerperioden (Hungervermögen der nüchternen Stadien mindestens 1 Jahr) unterbrochen sein und daher bis 3 Jahre dauern.

Pathogenese und Krankheitsbild. Nach Befall eines Wirtes und Auswahl einer geeigneten Ansitzstelle stechen die Zecken ihre Mundwerkzeuge innerhalb weniger Minuten in die Haut ein. Mit den stilettartigen Chelizeren schneiden sie dabei eine Wunde, in die ein unpaares, tannenzapfenähnliches, mit Widerhaken besetztes Organ, das Hypostom, nachgeschoben wird, das die Zecke in der Haut verankert. Während des Saugaktes sondern die Zecken Speichel ab, der u. a. zytolytische, gerinnungshemmende, analgetische und antigene Substanzen enthält. Beim Saugen nehmen die Zecken-Weibchen große Mengen von Blut, Gewebeflüssigkeit und verdauten Gewebeteilen auf, so dass ihr Körper stark anschwillt (Abb. **12.1a**). Der Zeckenstich wird in der Regel nicht wahrgenommen. Frühestens nach 1-2 Tagen entsteht an der Stichstelle eine spärliche Rötung oder eine kleine Quaddel, zum Teil verbunden mit Juckreiz. Später kann sich ein Granulom bilden, das als kleines Knötchen in Erscheinung tritt. Das nach einem Zeckenstich bei einem Teil der Personen auftretende Erythema chronicum migrans ist ein Zeichen für eine Infektion mit Borrelien (meist mit *Borrelia afzelii*) (s. dort). Auf die Bedeutung von *I. ricinus* als Vektor von Borrelien u.a. Erreger wurde bereits oben hingewiesen (s. auch Kapitel 5, S. 344).

Vorkommen und Epidemiologie. *I. ricinus* kommt in Europa weit verbreitet vor (Portugal bis Kaspisches Meer, südliches Skandinavien bis Nordafrika). Diese Zeckenart ist auf Habitate mit hoher relativer Luftfeuchte (> 75%) angewiesen. Geeignete Habitate finden sich sowohl im Flachland als auch in höheren Lagen bis etwa 1000 m ü. M., z. B. in Nadel-, Laub- und Mischwäldern mit viel Unterholz und einer dichten Grünzone. Dort halten sich die Entwicklungsstadien der Zecken dicht über dem Boden (vor allem Larven und Nymphen) oder etwas höher (bis 80–100 cm, vor allem Adulte) an Gräsern, Farnen und Zweigen auf, wo sie auf geeignete Wirte lauern. Beim Vorbeiziehen der Wirte lassen sie sich auf diese fallen oder an deren Haut abstreifen. *I. ricinus* wird bei Temperaturen von 7–10 °C aktiv.

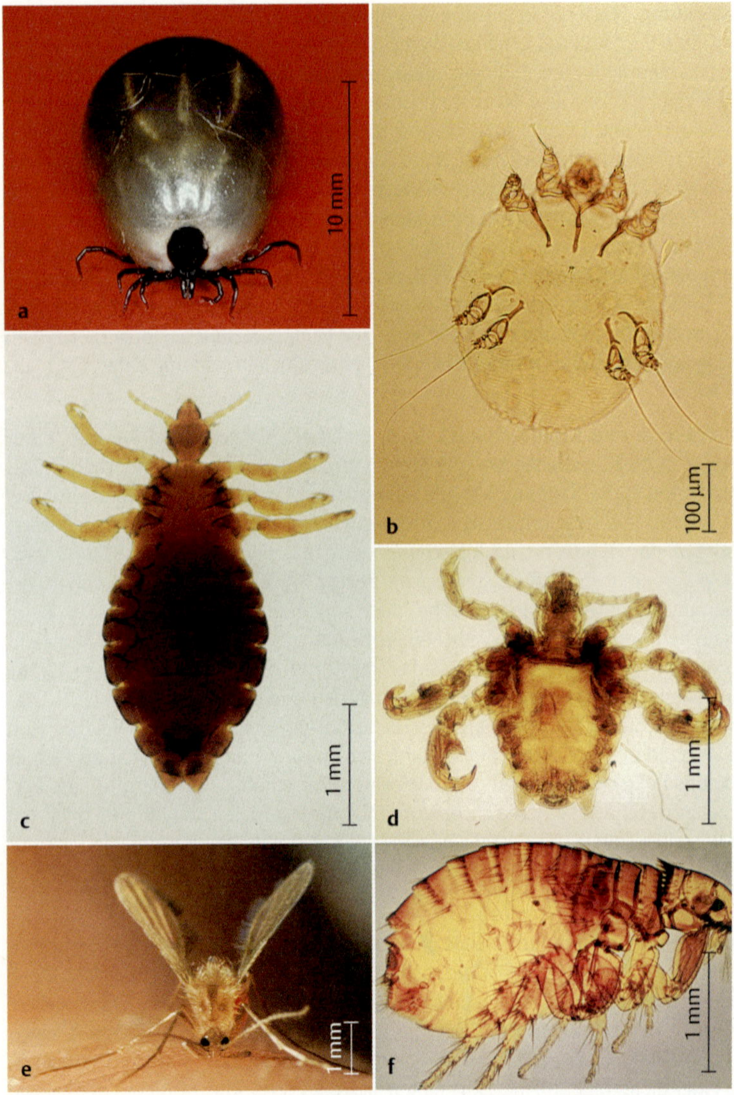

Abb. **12.1** **Am Menschen parasitierende Arthropoden.** **a** *Ixodes ricinus*, vollgesogenes Weibchen; **b** *Sarcoptes scabiei*, Weibchen; **c** Kleiderlaus; **d** Filzlaus; **e** Sandmücke (*Phlebotomus papatasi*) beim Blutsaugen; **f** Hundefloh *Ctenocephalides canis*). (Aufnahme e: H.M. Seitz, Institut für Medizinische Parasitologie, Bonn)

Die Maxima der Zeckenaktivität sind in Mitteleuropa im Mai/Juni und August/Oktober zu verzeichnen.

Diagnose. Die Diagnose des Zeckenstiches ist schwierig, da ungefähr die Hälfte der betroffenen Personen den Zeckenbefall nicht wahrnimmt, die Zecken zur Zeit der Untersuchung den Wirt häufig bereits verlassen haben und die Hautreaktionen unspezifisch sind. Wenn noch Zecken am Wirt haften, werden sie makroskopisch oder mit Hilfe einer Lupe nachgewiesen.

Therapie und Prophylaxe. Zecken möglichst rasch von der Haut entfernen (FSME-Viren werden sofort, Borrelien 16–72 h nach Verankerung der Zecken in der Haut übertragen). In der Haut verankerte Zecken mit einer geeigneten Pinzette an ihren Mundwerkzeugen dicht über der Hautoberfläche fassen und vorsichtig herausziehen. Die Zecken nie vorher mit Öl oder anderen Stoffen betupfen (Gefahr der vermehrten Inokulation von Borrelien). Stichstellen in den nächsten 4 Wochen auf Zeichen von Erythema migrans (s. oben) beobachten.

Bei Aufenthalt in Zeckenhabitaten Kleidung tragen, die Zecken daran hindert, die Haut zu erreichen. Das Besprühen der Kleidung (Socken, distale Ränder von Hosenbeinen und Ärmeln) mit Akariziden (z.B. mit Flumethrin) oder Repellents kann zusätzlichen Schutz verleihen. Bestimmte Repellents (z.B. Präparate, die Diethyltoluamid in hoher Konzentration (28%) oder Icaridin [Piperidincarboxyl-Verbindung] enthalten) haben bis 4 h nach der Applikation eine partielle bis gute abschreckende Wirkung auf Zecken. Die oft irreführend als „Zecken-Impfung" bezeichnete Vakzination richtet sich nicht gegen Zecken, sondern gegen den Erreger der FSME.

12.1.2 Milben (im engeren Sinne)

Sarcoptes scabiei

Erreger der Scabies (Krätze)

Sarcoptes scabiei var. hominis verursacht die Scabies des Menschen, die durch starken Juckreiz, Milbengänge in der Epidermis sowie Knötchen und Pusteln in der Haut charakterisiert ist. Die Ansteckung erfolgt von Mensch zu Mensch. Verschiedene *S. scabiei*-Varietäten von Tieren können den Menschen befallen, ohne sich zu vermehren, und Symptome der „Pseudoscabies" verursachen.

Vorkommen. In Mitteleuropa ist die durch *Sarcoptes scabiei var. hominis* verursachte Scabies allgemein selten, sie tritt aber gelegentlich in Schulklassen, Familien, Altersheimen und anderen Gruppen auf.

Morphologie und Entwicklung. *Sarcoptes scabiei*: 0,2–0,5 mm lange Milben mit ovalem Körper; Adulte und Nymphen mit 4 Beinpaaren (Abb. **12.1b**), Larven mit 3 Beinpaaren. Nach Übertragung auf den Menschen dringen die Milbenweibchen in die Epidermis ein und graben gewundene Gänge. Bereits wenige Stunden danach beginnt die Ablage von Eiern, aus denen nach einigen Tagen Larven schlüpfen. Durch weitere Differenzierung in Verbindung mit Häutungen entstehen aus den Larven zunächst Protonymphen (Nymphen I), dann Telonymphen (Nymphen II) und schließlich die adulten Männchen und Weibchen. Die gesamte Entwicklung dauert 2–3 Wochen. Die Lebensdauer der Weibchen beträgt 4–6 Wochen.

Epidemiologie. Bei engen Kontakten (Sexualpartner, Familienangehörige, Schulkinder, Pflegepersonal) können Milben auf einen neuen Wirt übergehen. Die mittelbare Übertragung der Milben durch Kleidung (Unterwäsche), Bettzeug usw. spielt eine untergeordnete Rolle, ist aber bei Bekämpfungsmaßnahmen in Betracht zu ziehen. Abseits vom Wirt gehen die Milben in der Regel innerhalb weniger Tage zu Grunde. Von Tieren ausgehende Ansteckungen mit *Sarcoptes*-Milben ereignen sich bei engem Hautkontakt zwischen Tier und Mensch.

Krankheitsbild. Ein frühes Zeichen eines erstmaligen Befalles mit *Sarcoptes*-Milben ist die **Primäreffloreszenz** mit 2–4 mm, manchmal bis 10 mm langen Milbengängen, die fadenförmig und unregelmäßig gewunden wie ein Bleistiftstrich aussehen. Am Ende des Milbenganges befindet sich in einer kleinen Auftreibung ein Milbenweibchen. Nach einer Latenzzeit von 4–5 Wochen, in der sich eine durch Milbenantigene induzierte Überempfindlichkeit entwickelt, kommt es zum **Scabies-Exanthem**, das sich durch lokalen oder generalisierten **Juckreiz** manifestiert, der sich vor allem abends bei Bettwärme bemerkbar macht. In dieser Phase treten auch papulöse oder papulovesikuläre Exantheme und Läsionen durch Kratzeffekte auf. Diese Veränderungen finden sich bei Erwachsenen vorwiegend in den Interdigitalräumen, an den Fingerseitenflächen, Handgelenken, Fußknöcheln und in der Genitalregion, bei Kindern gelegentlich auch im Gesicht.

Eine besondere Form ist die **Scabies crustosa** (früher: Scabies norvegica), die bei Patienten mit Immundefizienz auftritt. Es kommt dabei zu einer massenhaften Milben-Vermehrung, von der ein hohes Ansteckungsrisiko ausgeht. Klinische Zeichen sind dicke hyperkeratotische, krustöse, schuppende Auflagerungen, u. a. an den Händen oder im Kopf- und Halsbereich; andere Hautpartien weisen oft zahlreiche Papeln auf.

Diagnose und Bekämpfung. Zum Milben-Nachweis (Abb. **12.1b**) wird mit einem Skalpell eine Papel tangential abgetragen, das Material in 10%iger Kalilauge mazeriert und aufgehellt und mikroskopisch untersucht. Milben können auch nach Skarifikation der Haut mit einer Nadel und Aufdrücken eines durchsichtigen Klebestreifens aus Gängen isoliert werden. Die Behandlung erfolgt an mehreren Tagen durch topische Anwendung von Lindan (= γ-Hexachlorcyclohexan) (Emulsion oder Gel 0,3 %ig) oder von Permethrin 5 %ig. Eine weitere Möglichkeit ist die perorale Therapie mit Ivermectin. Die Unter- und Bettwäsche der Patienten ist bei mindestens 60 °C zu waschen.

Weitere Milben-Arten

Menschen sind häufig mit humanspezifischen *Demodex*-Milben (*Demodex folliculorum, D. brevis*) befallen, die Haarfollikel und Talgdrüsen besiedeln, vorwiegend in der Gesichtshaut. Meist bleibt der Befall inapparent. Nach einigen Autoren sollen sie ätiologisch an verschiedenen Dermatosen beteiligt sein, z. B. an Rosacea und perioraler Dermatitis. Milben von Tieren aus den Ordnungen Astigmata (z. B. *Sarcoptes scabiei* var. *suis, S.scabiei* var. *canis* [s. oben], *Notoedres cati, Psoroptes ovis*), Prostigmata (z. B. *Cheyletiella* spp.) oder Mesostigmata (z. B. *Dermanyssus gallinae, Ornithonyssus bacoti*) können auch den Menschen befallen. Dabei siedeln sie sich nur vorübergehend auf oder in der Haut an, ohne sich zu vermehren, verursachen jedoch mit Juckreiz einhergehende Hautveränderungen, die sich meist spontan zurückbilden. Die Larven der freilebenden Milbenart *Trombicula (Neotrombicula) autumnalis* („Herbstgrasmilbe") befallen außer Tieren auch Menschen und sind Ursache stark juckender, papulöser Hautreaktionen.

Einige Gruppen freilebender Milben sind als Erreger von **Allergien** bedeutsam. Die sog. Vorratsmilben (z. B. *Glycyphagus, Tyrophagus, Tyroglyphus*) entwickeln sich vor allem in pflanzlichen Substraten (Getreide, Mehl usw.) und können bei Menschen Rhinopathie, Asthma bronchiale und Hautexantheme („Bäckerekzem") verursachen, wenn milbenhaltiger Staub wiederholt in Hautkontakt kommt oder inhaliert wird. Weit verbreitet und recht häufig treten in Wohnungen mehrere Arten von Hausstaubmilben auf (vor allem *Dermatophagoides pteronyssinus*), die eine wichtige Ursache der „Hausstauballergie" (Dermatitis, Inhalationsallergie) sind.

12.2 Insekten (Insecta)

12.2.1 Läuse (Anoplura)

Erreger der Anoplurose (Pediculose)

In Mitteleuropa kommen Kopf- und Filzläuse häufiger vor als allgemein angenommen wird. Ein Problem stellt vor allem der Kopflausbefall bei Kindern dar.

Arten. Menschen sind Wirte für die Kopflaus, Filzlaus und Kleiderlaus (s. unten). In Mitteleuropa sind die beiden erstgenannten Arten von praktischer Bedeutung. 12

Morphologie und Entwicklung. Läuse sind dorsoventral abgeplattete, etwa 1,5–4,5 mm lange, flügellose Insekten mit reduzierten Augen, kurzen (fünfgliedrigen) Antennen, stechend-saugenden Mundwerkzeugen und kräftigen Klammerfüßen zum Festhalten an Haaren (Abb. **12.1c, d**, S. 670).

Die Entwicklung der Läuse geht von Eiern (= Nissen) aus, die an den Haaren mit einem Kitt angeheftet werden. Die aus den Eiern schlüpfenden Larven entwickeln sich in Verbindung mit Häutungen über 2 weitere Larvenstadien zu Adulten. Die Läuse leben ständig am Wirt, Männchen und Weibchen benötigen häufig Blutnahrung. Da sich die Läuse streng wirtsspezifisch verhalten, kommen Tiere als Ansteckungsquelle für den Läusebefall des Menschen nicht in Betracht.

Medizinische Bedeutung. In Mitteleuropa beruht die Bedeutung der Läuse auf ihrer direkten Schadwirkung durch ihre Stiche. In anderen Regionen sind Läuse Vektoren verschiedener Erreger. So übertragen Kleiderläuse *Rickettsia prowazekii* (Fleckfieber); *Bartonella quintana* (Fünftagefieber, Syn. Wolhynisches Fieber) und *Borrelia recurrentis* (epidemisches Rückfallfieber).

Pediculus humanus capitis (Kopflaus)

Morphologie und Entwicklung. Körper längsoval, Länge 2,2–4,0 mm, von der Kleiderlaus morphologisch nur schwer zu unterscheiden. Die Nissen sind 0,5–0,8 mm lang. Lokalisation der Läuse vorwiegend im Bereich des **Kopfhaares**, gelegentlich auch an anderen behaarten Stellen des Kopfes oder Oberkörpers, Eiablage an der Haarbasis in Hautnähe, Entwicklungsdauer vom Ei bis zu den Adulten 17 Tage. Lebensdauer der Adulten am Menschen etwa 1 Monat, abseits vom Wirt bei Zimmertemperatur wenige Tage.

Vorkommen und Epidemiologie. Weltweite Verbreitung, auch in Mitteleuropa endemisch. Am häufigsten sind Kinder befallen (Beispiele nach Angaben von 2003/2004: mittlere Prävalenzen bei Schulkindern in Polen und England um 2%; in England waren aber 37% der Kinder mindestens einmal im Jahr von Kopfläusen befallen = hohe Inzidenz). Die Übertragung erfolgt vorwiegend direkt durch engen Körperkontakt (u.a. Eltern-Kind-Kontakte, spielende Kinder), aber auch mittelbar durch Mützen, Kissen, Kopfstützen, Spieltiere usw.

Krankheitsbild. Juckreiz und Kratzeffekte im Bereich des behaarten Kopfes, Nissen an Haaren nachweisbar, vor allem retroaurikulär; zum Teil Dermatose der Kopfhaut, vor allem an der nuchalen Haargrenze: zunächst kleinpapulös, später nässend und verkrustend; gelegentlich auch generalisierende Dermatose in anderen Körperbereichen, verursacht durch allergische Reaktionen auf Läuse-Antigene; Symptome können auch fehlen (bis 20% der Fälle).

Diagnose, Therapie und Bekämpfung. Feststellung der Symptome und Nachweis (direkt oder mit Lupe) von Läusen und/oder Nissen, die bevorzugt im Schläfen-, Ohren- und Nackenbereich zu finden sind.

In einigen Ländern gibt es Vorschriften zur Bekämpfung des Läusebefalles in Schulen und anderen Gemeinschaftseinrichtungen. Bei Befall von Gruppen sind alle Kontaktpersonen in die Behandlung einzubeziehen, z.B. ganze Schulklassen und die Familienmitglieder läusebefallener Schüler. Therapie mit topisch anzuwendenden Insektiziden, u. a. mit Pyrethrum, Permethrin, Malathion oder Lindan (= γ-Hexachlorcyclohexan). Auch Ivermectin per os ist wirksam (s. auch Scabies). (Beachte mögliche Insektizidresistenz der Läuse!). Die Behandlung ist nach 7–10 Tagen zu wiederholen. Unterstützend können die Spülung der Haare mit lauwarmem 5%igem Essigwasser und die mechanische Entfernung von Nissen mit einem „Läusekamm" wirken.

Mit Läusen in Kontakt gekommene Kleidungsstücke, Kissen usw. sind zu entwesen (Wäsche bei mindestens 60 °C waschen, Kleidung und Gegenstände in dicht mit Klebeband verschlossenen Plastikbeuteln 4 Wochen bei Zimmertemperatur aufbewahren oder einen Tag bei −10 °C gefrieren, Polstermöbel, Matratzen usw. mit Staubsauger gründlich reinigen und nötigenfalls entwesen (dazu Fachkräfte konsultieren).

Pediculus humanus corporis (Kleider- oder Körperlaus)

In Mitteleuropa sehr selten. Körper längsoval.

Länge: 2,7–4,7 mm, von der Kopflaus nur schwer unterscheidbar (Abb. **12.1c**). Lokalisation vorwiegend an Säumen, Nähten und Falten der **Kleidung**, wo Nissen an Stofffasern abgelegt werden. Die Läuse kommen nur zum Blutsaugen an den Wirt. Entwicklungsdauer etwa 3 Wochen, Lebensdauer am Wirt in der Regel 4–5 Wochen, selten bis 2 Monate; in der Umwelt bei 10–20 °C etwa 1 Woche und bei 0–10 °C ca. 10 Tage lebensfähig. Stichreaktionen am Körper, besonders im Bereich der Unterwäsche, weisen auf Läusebefall hin. Zur Diagnose wird die Kleidung auf Nissen und Läuse inspiziert. Bekämpfung s. Kopflaus.

Phthirus pubis (Filz- oder Schamlaus)

Vorkommen, Morphologie und Entwicklung. Die Filzlaus kommt in Mitteleuropa ziemlich häufig vor, hauptsächlich bei Erwachsenen. Von der Kopf- und Kleiderlaus deutlich unterscheidbar: Klein, Länge 1,3–1,6 mm, Körperform „trapezoid" oder „krabbenähnlich" (Abb. **12.1d**, S. 670). Vor allem in behaarten Partien des **Scham- und Perianalbereiches**, seltener im Abdominal- und Axillarbereich, an Haaren der Brustwarzen, an Barthaaren sowie Augenbrauen und Augenwimpern. Entwicklungsdauer 3–4 Wochen. Vom Wirt getrennt sterben Filzläuse bei Zimmertemperatur innerhalb von 2 Tagen.

Epidemiologie. Die Übertragung der Filzläuse erfolgt fast ausschließlich durch engen Körperkontakt (Geschlechtsverkehr, Kontakte von Eltern mit ihren Kindern). Eine mittelbare Übertragung durch gemeinsame Benutzung von Betten, Wäsche usw. ist möglich, spielt jedoch eine untergeordnete Rolle.

Krankheitsbild. Juckreiz und Kratzeffekte in der Schamgegend oder in anderen Lebensbereichen der Läuse. Bei einigen Patienten typische, schieferblaue Flecken (wenige mm bis 1 cm) (Maculae coeruleae. Macula = Fleck; coeruleus = blau, schwärzlich).

Diagnose, Therapie und Bekämpfung. Nachweis von Läusen und Nissen durch Adspektion (Lupe!). Die Behandlung erfolgt mit Lindan, Malathion oder anderen Insektiziden (s. Kopflaus). Wichtig ist, die Kontaktpersonen zu ermitteln und nötigenfalls zu behandeln.

12.2.2 Wanzen (Heteroptera)

Bettwanze

Die weltweit verbreitete Bettwanze (*Cimex lectularius*) (Familie: Cimicidae) kommt in Mitteleuropa selten vor und wird daher bei der Diagnose von Hautveränderungen oft nicht in Erwägung gezogen. Kennzeichen der Bettwanzen sind: Körper dorsoventral abgeflacht, 3–4 mm lang, Flügel stark reduziert, der lange Stechrüssel kann ventral unter den Körper geklappt werden. Die Entwicklung vom Ei über 5 Larvalstadien bis zu den adulten Tieren dauert unter günstigen Bedingungen 1 1/2 Monate, sonst bis 1 Jahr. Die Bettwanzen leben in Räumen, wo sie sich tagsüber in Schlupfwinkeln (unter Matratzen, hinter Möbeln, in Ritzen der Wand usw.) verborgen halten und nachts zum Blutsaugen hervorkommen. Sie können bis 1 Jahr ohne Blutaufnahme überleben.

Am Menschen verursachen sie, besonders bei wiederholtem Befall, hämorrhagische oder urtikariell-papulöse Stichreaktionen, bei denen oft eine Anordnung in Gruppen oder Reihen auffällt. Diagnose: Hautveränderungen und Nachweis der Wanzen in der Umgebung. Therapie symptomatisch, Bekämpfung durch Raumentwesung. Gelegentlich werden Menschen auch von anderen Wanzen gestochen, z.B. von der Schwalbenwanze (*Oeciacus hirundinis*), die aus Vogelnestern in Wohnungen einwandern kann. Wanzen der Familie Reduviidae (Gattungen *Triatoma*, *Rhodnius* u.a.) übertragen in Lateinamerika den Erreger der Chagas-Krankheit (s. S. 567).

12.2.3 Mücken und Fliegen (Nematocera und Brachycera)

Mücken und Fliegen sind vor allem als **Vektoren von Krankheitserregern** medizinisch bedeutsam. Viele Arten verursachen **Stichreaktionen** in der Haut, zum Teil auch lokale oder generalisierte allergische Reaktionen. Larven (Maden) bestimmter Fliegen-Arten können sich in Hautläsionen und Körperöffnungen ansiedeln und das Krankheitsbild der **Myiasis** verursachen.

Morphologie und Entwicklung. Mücken und Fliegen haben ein Paar Flügel, 6 Beine und Mundwerkzeuge vom stechend-saugenden oder leckend-saugenden Typ. Die Mücken haben meist einen zierlichen Körperbau und lange Antennen

(Fühler) aus 6 oder mehr Gliedern. Fliegen erscheinen im Körperbau plumper, sie besitzen kurze Antennen aus 3 Hauptsegmenten. Die Entwicklung der Mücken und Fliegen führt vom Ei über mehrere Larvenstadien und die Puppe zum Adultstadium (Imago).

Rolle als Vektoren. Viele Arten von Mücken und Fliegen sind Vektoren von Viren, Bakterien, Protozoen und Helminthen. Dafür können hier nur wenige Beispiele aufgeführt werden. Aus der Familie Culicidae (Stechmücken) sind *Anopheles*-Arten Überträger der Malaria-Plasmodien, *Culex*-, *Anopheles*- und *Aedes*-Arten übertragen verschiedene Arten von Filarien. Culiciden sind auch Vektoren vieler Virus-Arten (S. 496, S. 530), von denen derzeit das West-Nile-Virus und das Dengue-Virus besonders aktuell sind. Kriebelmücken (Familie Simuliidae) sind Vektoren von *Onchocerca volvulus* , und Sandmücken (Familie Psychodidae) (Abb. **12.1e**, S. 670) übertragen *Leishmania*-Arten. Von den Fliegen seien die Glossinen als Überträger der Erreger der Schlafkrankheit und Tabaniden der Gattung *Chrysops* als Vektoren der Filarie *Loa loa* erwähnt.

Stichreaktionen. Stiche von Mücken und Fliegen verursachen Primärläsionen und -reaktionen der Haut (u.a. Stichverletzungen, punktförmige Hämorrhagien, Rötungen, Quaddeln, Papeln) und nach Sensibilisierung auch allergische Hautreaktionen (urtikarielle Sofortreaktion oder verzögerte papulöse Reaktion). Bei sensibilisierten Personen können die Stiche allergisch bedingte Allgemeinreaktionen auslösen (u.a. Urtikaria, Atembeschwerden, Erbrechen).

Myiasis. Larven (Maden) verschiedener Fliegenarten können sich in Hautläsionen und in Körperöffnungen ansiedeln und zum Teil tiefgreifende Gewebeschäden verursachen. Solche Erkrankungen werden als Myiasis (gr. *myia*: Fliege) bezeichnet. In Mitteleuropa am häufigsten ist der Madenbefall von Wunden und Körperöffnungen, in die vor allem Fliegen der Familien Calliphoridae (Schmeiß- und Goldfliegen) und Sarcophagidae (Fleischfliegen) Eier (in einigen Fällen Larven) absetzen. Zu dieser Gruppe von Fliegen gehören Arten der Gattungen *Lucilia*, *Calliphora*, *Sarcophaga* und *Wohlfahrtia*. Weitere Myiasis-Erreger sind u.a. Larven von *Hypoderma* und *Gasterophilus*. Eine furunkulöse Myiasis, verursacht durch die in Afrika vorkommende Tumbu-Fliege (*Cordylobia anthropophaga*), kommt in Mitteleuropa gelegentlich als Importkrankheit vor. Diagnose: Adspektion und Identifikation der Larven. Therapie: mechanische Entfernung der Maden, Bekämpfung von Sekundärinfektionen, in besonderen Fällen orale Therapie mit Ivermectin (inoffizielle Indikation).

Steril aufgezogene Maden gewisser Fliegenarten (*Lucilia* spp.) werden gelegentlich zur Behandlung schwer heilender und nekrotisierender Hautläsionen an Patienten eingesetzt. Die Maden bewirken durch extrakorporale, enzymatische Verdauung von nekrotischem Gewebe und andere Mechanismen oft eine schnelle Wundreinigung und – heilung („Biochirurgie").

12.2.4 Flöhe (Siphonaptera)

Menschen werden häufig von verschiedenen Floharten befallen, die an Tieren parasitieren, z. B. an Hunden, Katzen oder Vögeln. Klinisch sind **Stichreaktionen** in der Haut feststellbar. Die Flöhe sind an Tieren oder in deren Umgebung zu suchen und zu bekämpfen. Tropenreisende können von Sandflöhen (*Tunga penetrans*) befallen werden, die vor allem an den Füßen Läsionen verursachen.

Arten und Vorkommen. Von den rund 2500 Floharten kommen etwa 100 in Mitteleuropa vor, von denen die medizinisch wichtigen den Familien der Pulicidae und Ceratophyllidae angehören. Flöhe sind periodische Ektoparasiten, von denen die meisten Arten bei „Nestbewohnern" (z. B. bei Füchsen, anderen Wildkarnivoren, Igeln, Vögeln) parasitieren. Die Flohimagines saugen an ihren Wirten Blut. Wegen ihrer geringen Wirtsspezifität können die Imagines außer ihren bevorzugten Wirten auch andere Wirtsarten als Blutspender nutzen. Dazu gehört auch der Mensch, der in Mitteleuropa am häufigsten von folgenden Floharten befallen wird: Katzenfloh (*Ctenocephalides felis*), Hundefloh (*Ctenocephalides canis*), Igelfloh (*Archaeopsylla erinacei*) und Vogelfloh (*Ceratophyllus gallinae*). Befall mit *Pulex irritans*, dem sog. „Menschenfloh", ist selten, doch kommt diese Flohart bei Hunden, Katzen und anderen Tierwirten vor. Aufgrund ihrer Lebensweise nehmen die Sandflöhe (Familie Tungidae) eine Sonderstellung ein (s. unten).

Flöhe der Familien Pulicidae und Ceratophyllidae

Morphologie. Die Flohimagines sind ca. 2–5 mm lang, seitlich abgeplattet und flügellos, sie haben kurze Antennen, stechend-saugende Mundwerkzeuge und 3 Beinpaare, wobei die Hinterbeine besonders kräftig als Sprungbeine entwickelt sind. Am Kopf und am ersten Brustsegment können Stachelkämme (Ctenidien) ausgebildet sein (Abb. **12.1f**, S. 670).

Entwicklung. Die Adulten der bei Katzen und Hunden häufigsten Flohart (*Ctenocephalides felis*) leben nahezu ständig am Wirt und nehmen häufig Blut auf. Die von den Flohweibchen gelegten Eier fallen größtenteils vom Wirt ab und entwickeln sich in der Umgebung weiter, z. B. in geschützten Lagerstätten der Tiere (Hundehütten) oder in Gebäuden, z. B. in Fußbodenspalten oder unter Teppichrändern und Lagerkissen der Haustiere. Die Entwicklung verläuft vom Ei über 3 Larvenstadien und 1 Puppenstadium bis zu den Imagines und dauert unter günstigen Bedingungen 3–4 Wochen; ansonsten kann sie sich um Wochen verzögern. Eier und Puppen der Flöhe können in Räumen bei niederen Temperaturen und ausreichender Luftfeuchte 8 bzw. 12 Monate überleben. Andere Floharten haben ähnliche, im Detail aber etwas abweichende Entwicklungszyklen.

Epidemiologie und Vektorfunktionen. Die Flohplage hat in jüngerer Zeit bei Hunden und Katzen zugenommen, da viele Wohnungen und Häuser für bestimmte Floharten ganzjährig günstige Entwicklungsbedingungen bieten. Flöhe (meistens Flöhe von Nagern der Gattung *Xenopsylla*) übertragen *Yersinia pestis*, *Rickettsia typhi* und einige andere Erreger.

Krankheitsbild. Nach einem Flohstich entsteht in 5–30 min. eine punktförmige Hämorrhagie mit Erythem mit oder ohne zentrale Quaddel (Frühreaktion), oft verbunden mit Juckreiz. Nach 12–24 h (Spätreaktion) bilden sich juckende Papeln mit umgebendem Erythem (bis Handtellergröße), manchmal mit einem zentralen Bläschen oder einer eitrigen Pustel; Persistenz der Reaktionen 1–2 Wochen. Prädilektionsstellen für solche Veränderungen sind Extremitäten, Hals, Nacken, Schultern, selten Stamm. Die Läsionen sind oft multipel und in Gruppen oder in Reihen angeordnet.

Diagnose, Therapie und Bekämpfung. Die Diagnose wird aufgrund der Anamnese und der Hautveränderungen gestellt. Letztere werden allenfalls symptomatisch behandelt. Am Körper des Menschen sind Flöhe nur selten zu finden. Wichtig ist die Feststellung des Flohbefalles an Tierwirten (Hund, Katze, Igel, Vögel u. a.) oder in ihrer Umgebung. Die artspezifische Identifikation der Flöhe ermöglicht gezielte Bekämpfungsmaßnahmen.

Flöhe der Familie Tungidae (Sandflöhe): Tunga penetrans

Von mehreren Arten der Sandflöhe ist *Tunga penetrans* am wichtigsten.
Diese Art kommt im tropischen Afrika sowie in Zentral- und Südamerika vor. In Mitteleuropa wird Sandflohbefall nicht selten bei Tropenreisenden beobachtet. *T. penetrans*, ursprünglich ein Parasit des Schweines, befällt auch andere Tierarten (z. B. Hunde) und Menschen. Die Männchen, jungen Weibchen und andere Entwicklungsstadien von *T. penetrans* leben im sandigen Boden. Die begatteten Weibchen dringen in die Haut eines Wirtes ein und schwellen innerhalb von 1–2 Wochen von ursprünglich ca. 1 mm Länge stark an, manchmal bis auf Erbsengröße. Sie legen während etwa 2 Wochen Eier, die durch eine Hautöffnung in die Umgebung gelangen, und sterben dann ab.

Läsionen treten vor allem an den Fußsohlen und zwischen den Zehen, seltener an anderen Körperstellen auf. Es handelt sich dabei um bis erbsengroße, schmerzhafte, gerötete Knötchen mit kraterförmiger, zentraler Eindellung, manchmal mit eitriger Infiltration des Herdes. Die Diagnose wird aufgrund der recht charakteristischen Hautveränderungen sowie durch parasitologische und histologische Untersuchungen des aus den Herden entfernten Materials gestellt. Behandlung: mechanische Entfernung des Flohweibchens unter Lokalanästhesie und Bekämpfung der Sekundärinfektion. Zur Prophylaxe wird empfohlen, die Füße durch gut abschließende Schuhe zu schützen.

VI Organsysteme

13 Übersicht über wichtige Infektionen und ihre Ursachen

F. H. Kayser, E. C. Böttger

Die medizinische Mikrobiologie befasst sich mit den Ursachen und dem Entstehen von Infektionskrankheiten. Da Infektionskrankheiten durch pathogene Mikroorganismen verursacht werden, steht der Erreger im Vordergrund der Thematik. Dementsprechend folgt die Gliederung der meisten Lehrbücher der medizinischen Mikrobiologie der Systematik der Mikroorganismen. Es werden Eigenschaften der pathogenen Mikroorganismen und die Krankheiten, die durch sie hervorgerufen werden, besprochen sowie die epidemiologischen Zusammenhänge, die für die Bekämpfung wichtig sind, dargestellt. Die klinische Praxis stellt jedoch andere Anforderungen. Dort werden Ärztinnen und Ärzte mit einem Problem konfrontiert, das ein Organ oder ein Organsystem betrifft. Organbezogene Infektionen können durch verschiedene Mikroorganismen verursacht werden. Voraussetzung für die richtigen Entscheidungen in der Labordiagnostik und Therapie ist die Kenntnis der Erregergruppen, die als Ursachen von Infektionen der Organe in Frage kommen.

In diesem Kapitel werden deshalb tabellarisch die häufigsten Erreger in **organbezogener Gliederung** aufgeführt. Ein einleitender Text zu jeder Tabelle geht auf einige grundlegende Aspekte der Klinik, Epidemiologie, Labordiagnose und Therapie der organbezogenen Infektionen ein, umfasst also klinisch-infektiologische Themen. Die Angaben zur Antibiotikatherapie basieren auf Leitlinien und Empfehlungen nationaler und internationaler Fachgesellschaften. Unter den meist mehreren in Frage kommenden Antibiotika-Regimen sind ausgewählte aufgeführt. Auf die Dosis, die Dosierungsintervalle, die Applikationsart sowie die Dauer einer Therapie wird aus Platzgründen nicht näher eingegangen. Diese Angaben müssen der Fachliteratur (s. Kap. Literatur) oder dem Internet (http://leitlinien.net/ der AWMF und www.p-e-g.org/) entnommen werden.

13.1 Infektionen der Mundhöhle und des oberen Respirationstrakts

Die anatomische Abgrenzung einzelner Infektionen ist schwierig, da oft mehr als ein Ort betroffen ist. Zum Beispiel geht eine Pharyngitis fast immer auch mit einer Tonsillitis einher (Pharyngotonsillitis) sowie eine Rhinitis mit einer Pharyngitis (Rhinopharyngitis). Das Erregerspektrum dieser Infektionen ist überaus vielgestaltig. Im Vordergrund stehen aber die respiratorischen Viren. Die **Pharyngotonsillitis** wird zu über 90% durch respiratorische Viren verursacht. Bei starker Anschwellung der Tonsillen (Angina) und dem Vorhandensein von Belegen stehen die

A-Streptokokken (*Streptococcus pyogenes*) im Vordergrund. Geht die Streptokokken-Angina mit einem Exanthem und Enanthem einher, liegt das Krankheitsbild des **Scharlach** vor. Die **Rachendiphtherie** gehört in einer durchimmunisierten Bevölkerung zu den absoluten Raritäten. In den letzten Jahren sind aber Diphtherie-Epidemien in Russland beobachtet worden.

Zur *Labordiagnose* von Infektionen durch Bakterien und Pilze muss Material (s. S. 24) aus dem Infektionsherd (Abstrich, Sekret, Punktat) mikroskopisch und kulturell untersucht werden. Die Fusospirochätose kann nur mikroskopisch diagnostiziert werden. Zum Nachweis von A-Streptokokken im Abstrichmaterial in der Arztpraxis kann ein Antigen-Schnelltest (s. S. 255) eingesetzt werden. Die virologische Labordiagnose kann durch Nukleinsäure- oder Antigennachweis im Nasopharynxsekret oder Rachenspülflüssigkeit/Rachenabstrich erfolgen (S. 37). Der Nachweis von Antikörpern hat allenfalls epidemiologische Bedeutung.

Bei bakteriellen Infektionen ist eine orale *Antibiotikatherapie* indiziert. Bei Infektionen durch A-Streptokokken wird Penicillin V, ein Aminopenicillin oder Amoxycillin/Clavulansäure eingesetzt.

Tabelle **13.1** Mundhöhle und oberer Respirationstrakt

Infektion	Wichtige Erreger
Angina Plaut-Vincent (Fusospirochätose der Tonsillen)	*Treponema vincentii* (nicht kultivierbar) und anaerobe Mischflora (vor allem *Fusobacterium spp.* [334])
ANUG: akute, nekrotisierende, ulzeröse Gingivostomatitis (Fusospirochätose im Mundhöhlenbereich)	*Treponema vincentii* (nicht kultivierbar) und anaerobe Mischflora (vor allem *Fusobacterium spp.* [334]) Herpes simplex-Virus [452]; Coxsackie-Viren Gruppe A [490]
Akute Laryngotracheobronchitis (Pseudokrupp, Kinder)	Parainfluenzaviren [516]; Influenzaviren [510]; Respiratory-Syncytial-Virus [517]; humanes Metapneumovirus [518]. Selten Enteroviren [490], Rhinoviren [494]
Diphtherie (Tonsillitis)	*Corynebacterium diphtheriae* [271]; sehr selten *Corynebacterium ulcerans* [276]
Epiglottitis (bei Kindern bis zu 5 Jahren)	Bakterien Am häufigsten *Haemophilus influenzae* (meist Serovar „b“) [314]. Selten *Streptococcus pneumoniae* [255]; *Staphylococcus aureus* [245], *Streptococcus pyogenes* [251]. Viren (selten) Parainfluenzaviren, vor allem Typ 1 und 2 [516].

Tabelle **13.1** (Fortsetzung)

Infektion	Wichtige Erreger
Gingivitis/Stomatitis (andere wie ANUG; s. oben)	Pilze (bei Immunsupprimierten) *Candida spp.* [375] (häufig bei AIDS-Patienten). Viren Herpes-simplex-Virus Typ 1 [450] (Erstinfektion)
Herpangina	Coxsackie-Viren Gruppe A [490].
Larynxpapillome	Papillomaviren [478].
Ozaena	*Klebsiella ozaenae* [309].
Parotitis	Mumpsvirus [523]; evtl. Zytomegalievirus [458].
Pharyngitis/Tonsillitis	Bakterien A-Streptokokken (= *S. pyogenes*) in ~ 10% [251]; selten B-, C- oder G-Streptokokken [257] Viren (~90%) Adeno-V. [476]; Influenza-V. [510]; Parainfluenza-V. [516]; Respiratory-Syncytial-V. [517]; humanes Metapneumovirus [510]
Rhinitis (Schnupfen)	Meist Rhinoviren (zahlreiche Typen) [494]. Seltener Corona-V. [494]; Influenza-V. [510]; Parainfluenza-V. [516]; Adeno-V. [476]; Respiratory-Syncytial-Virus [517].
Rhinosklerom	*Klebsiella rhinoscleromatis* [309].
Sinusitis (Infektion der Nasennebenhöhlen)	Bakterien (häufig) *Streptococcus pneumoniae* [255]; *Staphylococcus aureus* [245]; *Haemophilus influenzae* [314]; *Streptococcus pyogenes* [251]; *Moraxella catarrhalis* (Kinder; bis zu 20%) [292]; aerob/anaerobe Mischflora (bei chronischer Sinusitis) [335]. Pilze (bei Immundefizienz) *Aspergillus spp.* [378]; *Cryptococcus neoformans* [377]; *Mucorales* [380]; Hyphomyzeten [382]. Viren (selten) Respiratorische Viren [510; 516; 476; 494].
Tonsillitis bei infektiöser Mononukleose	Meist Epstein-Barr-Virus [460]. Selten Zytomegalie-Virus [458].

13.2 Infektionen des unteren Respirationstrakts

Die **akute Bronchitis** tritt in allen Altersgruppen, bevorzugt in den Wintermonaten, auf. Häufig ist die Trachea mitbeteiligt (Tracheobronchitis).

Die **chronisch-obstruktive Bronchitis** und das **Lungenemphysem** werden auch unter dem englischen Begriff **COPD** (= chronic obstructive pulmonary disease) zusammengefasst. Die Krankheit muss bei lange andauerndem Husten, Auswurf sowie Atemnot und/oder dem Vorliegen von Risikofaktoren (z. B. Rauchen) vermutet werden. Die Diagnose ist durch Prüfungen der Lungenfunktion zu sichern. Die Prävalenz der COPD in der Bevölkerung wird auf 5–10% geschätzt. Die Schweregrade I–III (bestimmt nach den Anthonisen-Kriterien) sind durch zunehmende Obstruktion, anormale Lungenfunktionsparameter sowie eine zunehmende Zahl von akuten Exazerbationen (AECOPD) charakterisiert. Diese werden in >80% durch Bakterien hervorgerufen. Eine mikrobiologische *Diagnostik* (s. S. 686) ist nur bei häufigen Exazerbationen (≥ 4/Jahr) und Therapieversagen angezeigt. Bei der kalkulierten *Antibiotikatherapie* (S. 218) der AECOPD werden Amoxycillin/Clavulansäure, ein Makrolid/Ketolid oder ein Oralcephalosporin mit breitem Wirkungsspektrum (Cefpodoxim-Proxetil, Cefuroxim-Axetil) eingesetzt.

Unter einer **Pneumonie** versteht man eine akute, gelegentlich auch chronisch verlaufende Entzündung des alveolären oder interstitiellen Lungengewebes. Infektiöse Pneumonien werden vor allem durch Bakterien (in 80–90%) verursacht. Viren kommen in ungefähr 15–20% als Erreger in Frage. Die seltenen Pneumonien durch Pilze treten vorwiegend bei Immunsupprimierten auf. An Grundkrankheiten verursacht durch Protozoen und Helminthen kann die Lunge mitbeteiligt sein (Tab. **13.2**).

Pneumonien werden aufgrund ihrer Lokalisation eingeteilt:

- **Lobärpneumonie:** Befall der Alveolen eines Lungenlappens,
- **Bronchopneumonie:** Multifokale Entzündungsherde im Alveolärraum,
- **Interstitielle Pneumonie:** Lokalisation im Lungen-Interstitium.

Im Hinblick auf eine kalkulierte Antibiotikatherapie ist folgende Unterteilung wichtig.

- **Ambulant erworbene Pneumonie** (auch **„Praxispneumonie"**, engl. „community acquired pneumonia", CAP).
- **Nosokomiale Pneumonie** (auch **„Krankenhauspneumonie"**, engl. „hospital acquired pneumonia", HAP; auch „health-care assiated p.", HCAP).

Die Inzidenz der Praxispneumonie wird mit 5–10 Fällen/1 000 Einwohner/Jahr geschätzt. Die Mortalität dürfte ungefähr 20/100 000/Jahr betragen. Nosokomiale Pneumonien treten bei hospitalisierten Patienten mit einer Prävalenz von 1–2% auf. Unter Patienten der Intensivpflegestationen beträgt die Prävalenz das Zehnfache (s. S. 66).

Die *Labordiagnose* wird bei den meisten Pneumonien durch mikroskopischen, kulturellen oder molekularen Nachweis des Erregers in den Sekreten des tiefen Respirationstrakts gestellt. Expektoriertes Sputum ist regelmäßig mit Speichel und Flora des Oropharynx kontaminiert. Da zu dieser auch Erreger von Infektionen der tieferen Respirationsorgane gehören können, ist die Aussagekraft positiver Befunde beschränkt. Falls mehr als 10 (früher 25) Mundepithelien pro Gesichtsfeld bei 100-facher Vergrößerung vorliegen, ist das Material nicht für die Untersuchung geeignet. Morgensputum nach Mundspülung oder nach Induktion stellt eine geeignete Probe dar. Gute Alternativen zum expektorierten Sputum sind bronchoskopisch entnommenes Tracheobronchialsekret, Spülflüssigkeit bei bronchoalveolärer Lavage (BAL), transtracheales Aspirat, „geschützte-Bürste-Probe" (engl. protected brush specimen), evtl. Lungenpunktionsmaterial. Bei Verdacht auf Infektion mit Anaerobiern (Aspirationspneumonie) müssen spezielle Transportgefäße verwendet werden. Zur Diagnose von Infektionen durch *Mycoplasma pneumoniae*, *Chlamydophila pneumoniae* oder *Chlamydophila psittaci* werden Antikörpernachweise und molekulare Verfahren eingesetzt. Viruspneumonien werden durch Nachweis viraler Nukleinsäure oder viraler Antigene diagnostiziert.

Die *Antibiotikatherapie* muss sich nach dem Erreger richten. Dieser ist zu Beginn einer Behandlung meist nicht bekannt, so dass mit einer kalkulierten Therapie (S. 218) begonnen wird. Bei der unkomplizierten „Praxispneumonie" (CAP) jüngerer Patienten orale Therapie mit neueren Makroliden oder Doxycyclin (wegen Mykoplasmen), bei älteren Patienten Amoxycillin/Clavulansäure oder pneumokokkenwirksame Fluorchinolone. Bei der schweren hospitalisierten CAP parenterale Therapie mit Amoxycillin/Clavulansäure oder einem Cephalosporin 3a oder Ertapenem. Bei nosokomialen Pneumonien (HAP) Antibiotika mit breitem Wirkungsspektrum, z. B. Cephalosporine 3a/3b/4, Carbapeneme, Piperacillin/Tazobactam, alle evtl. sogar kombiniert mit einem Aminoglycosid. Bei der Aspirationspneumonie und beim Lungenabszess folgende Möglichkeiten: Amoxycillin/Clavulansäure, Piperacillin/Tazobactam, ein Carbapenem, Clindamycin + Cephalosporin 3a.

Die infektiöse **Pleuritis** kann ohne (Pleuritis sicca) oder mit einem Erguss (Pleuritis exsudativa) einhergehen.

Das **Pleuraempyem** ist durch Eiteransammlung in der Pleurahöhle charakterisiert. Es geht meist von einem Lungenprozess (Abszess, Pneumonie, Tumor) aus. Die tuberkulöse Pleuritis und das tuberkulöse Pleuraempyem werden heute nur noch selten beobachtet.

Tabelle **13.2** Unterer Respirationstrakt

Infektion	Wichtige Erreger
Akute Bronchitis	Bakterien (selten) *Mycoplasma pneumoniae* [355]; *Chlamydophila pneumoniae* [355]. Viren (>90 %) Influenzaviren [510]; Parainfluenzaviren [516]; Adenoviren [476]; Respiratory-Syncytial-Virus [517]; Humanes Metapneumovirus [518]. Seltener Enteroviren [490], Coronaviren [494].
Akute Exazerbation bei COPD (AECOPD)	Bakterien (in >80 %) *Streptococcus pneumoniae* [255]; *Haemophilus influenzae* [314] (auch unbekapselte Stämme); *Moraxella catarrhalis* [392]; *Staphylococcus aureus* [245]. Viren (selten) Influenzaviren [510]; Parainfluenzaviren [516]; Adenoviren [476].
Bronchiolitis (Kleinkinder, vor allem bis zu 2 Jahren)	Viren (in >99 %) Respiratory-Syncytial-Virus, in ~75 % [517]; Influenza-Viren [510]; Parainfluenzaviren [516]. Selten Enteroviren [490], Coronaviren [494], Humanes Metapneumovirus [518].
Influenza (Grippe)	Influenzaviren [510].
Lungenabszess und **nekrotisierende Pneumonie**	Bakterien Meist endogene Infektion durch Keime, die auf den Schleimhäuten der Mundhöhle und des oberen Respirationstrakts siedeln. Deshalb häufig Mischflora aus verschiedenen gramneg. anaeroben Stäbchen [333], evtl. auch grampositiven Anaerobiern [260] und *Enterobacteriaceae* [309]. Pilze (bei Immundefizienz) *Aspergillus spp.* [378]; *Candida spp.* [375]; *Mucorales* [380].
Mukoviszidose (Infektion bei) (Syn.: zystische Fibrose)	Häufig *Pseudomonas aeruginosa* [324]; *Staphylococcus aureus* [248]; NTM [285]. Seltener opportunistische *Enterobacteriaceae* [308].
Pertussis (Keuchhusten)	*Bordetella pertussis* (häufig) [329].
Pleuraempyem	Häufig *Staphylococcus aureus* [245], *Streptococcus pneumoniae* [255], *Streptococcus pyogenes* [251]. Seltener orale Streptokokken [257], *Enterobacteriaceae* [309]. Oft Mischflora.

Tabelle **13.2** (Fortsetzung)

Infektion	**Wichtige Erreger**
Pleuritis (meist parapneumonisch)	Bakterien (häufig) *Haemophilus influenzae* [314]; *Klebsiella pneumoniae* [309]; *Streptococcus pneumoniae* [255]; *Legionella pneumophila* [325]; *Mycoplasma pneumoniae* [355]. Viren (selten) Influenzaviren [510].
Pneumonie (ambulant erworben; auch „Praxispneumonie. Englisch: Community Acquired Pneumonia (CAP))	Bakterien (80-90%) *Streptococcus pneumoniae* (~30%) [255]; *Haemophilus influenzae* (~5%) [314]; *Staphylococcus aureus* (~5%) [245]; *Mycoplasma pneumoniae* (~10%) [355]; *Legionella pneumophila* (kann epidemisch in Krankenhäusern, Hotels etc. auftreten) [325]; *Chlamydophila pneumoniae* [355]; *Klebsiella pneumoniae* (Friedländer-Pneumonie) [294]; *Chlamydophila psittaci* (Ornithose) [353]; *Coxiella burnetii* (Q-Fieber) [347]; aerob/anaerobe Mischflora [333] bei Aspirations-Pneumonie.
Lungentuberkulose	*Mycobacterium tuberculosis* [277]; nichtuberkulöse Mykobakterien (NTM) bei vorgeschädigter Lunge oder Immundefizienz [286]. Pilze (bei Immundefizienz) *Aspergillus spp.* [378]; *Candida spp.* [375]; *Mucorales* [380]; *Histoplasma capsulatum* (nicht in Europa) [371]; *Coccidioides immitis* (USA) [372]. Viren (10-20%) Influenzaviren [510]; Parainfluenzaviren (Kinder) [516]; Respiratory-Syncytial-Virus (Kinder) [517]; Humanes Metapneumovirus (Kinder) [518]; Masernvirus [519]; Varicella-Zoster-Virus [454]; Zytomegalie-Virus (bei Transplantierten) [458]; Pulmonale Hantaviren [529]; Adenoviren [476].
Pneumonie (im Krankenhaus erworben; auch nosokomiale Pneumonie oder „Krankenhauspneumonie". Englisch: Hospital Acquired Pneumonia (HAP) oder Health Care Associated Pneumonia (HCAP))	Bakterien (häufig) Opportunistische *Enterobacteriaceae* (~ 30%) [309]; *Pseudomonas spp.* (~ 17%) [323]; *Staphylococcus aureus* (~ 19%) [245]. Pilze (~ 7%) *Aspergillus spp.* [378]; *Candida spp.* [375]; *Mucorales* [380]. Viren (selten) Respiratorische Viren (s. bei Praxispneumonie); Zytomegalie-Virus (bei Transplantierten) [458].

Tabelle **13.2** (Fortsetzung)

Infektion	Wichtige Erreger
Pneumozystiose (bei Defekten der zellulären Immunität, z. B. beim AIDS)	*Pneumocystis jiroveci* (früher *P. carinii*) [383]
SARS (Severe Acute Respiratory Syndrome)	SARS Coronavirus [494].
Protozoenbefall des unteren Respirationstrakts (bei Defekten der zellulären Immunität, z. B. beim AIDS)	Cryptosporidien [591]; *Toxoplasma gondii* [587]; Microsporidien [610].
Helminthenbefall des unteren Respirationstrakts	*Echinococcus spp.* (larval) [632]; *Schistosoma spp.* [621]; *Paragonimus spp.* [626]; *Strongyloides stercoralis* [649]; *Ascaris lumbricoides* (larval) [644]; *Toxocara spp.* (larval) [664]; Filarien [654].

13.3 Infektionen des Urogenitaltrakts

Die häufigen Infektionen der ableitenden Harnwege kommen in allen Altersgruppen vor, beim weiblichen Geschlecht häufiger als beim männlichen. Anatomische und funktionelle Risikofaktoren begünstigen ihr Entstehen. Im Regelfall entsteht die **Harnwegsinfektion** (**HWI**) durch Aszension von Bakterien der Darmflora, die perianal siedelt. Eine hämatogene Pathogenese ist selten. Wichtigste Symptome bei der **Urethritis/Urethrozystitis** sind Dysurie (schmerzhafte Harnentleerung) und Pollakisurie (häufiger Harndrang). Fieber wird selten registriert. Die **Pyelonephritis** dagegen manifestiert sich klinisch vor allem mit Fieber und Flankenschmerz.

Die *Labordiagnose* stützt sich auf den Nachweis einer signifikanten Bakteriurie im am Morgen gewonnenen Mittelstrahlurin. Mittelstrahlurin ist regelmäßig mit der Flora der vorderen Harnröhre kontaminiert. Um diese Kontamination von einer Infektion zu unterscheiden, muss die Keimzahl bestimmt oder geschätzt werden (s. S. 25). Bei Keimzahlen von $> 10^5$/ml Morgenurin ist eine Infektion wahrscheinlich, bei Keimzahlen von $< 10^3$/ml dagegen unwahrscheinlich. Bei Keimzahlen von 10^4/ml sollte die Untersuchung wiederholt werden. Allerdings können bei der Urethritis oder Urethrozystitis auch niedrige Keimzahlen diagnostisch beweisend sein. Akute Harnwegsinfektionen sind in über 95% durch einen einzigen Krankheitserreger – zumeist gramnegative Stäbchenbakterien – verursacht. Bei Nachweis einer Mischflora (≥ 3 verschiedene Bakterien) ist unabhängig von der Keimzahl eine Kontamination (meist mit Fäkalflora) anzunehmen und die Untersuchung sollte wiederholt werden. Vom Katheterisieren der Harnblase ausschließlich zum Zwecke der Diagnose ist wegen der Möglichkeit einer iatrogenen Infektion abzusehen. Kontaminationsfreier Blasenurin kann durch die suprapubische Blasenpunktion erhalten werden.

Für die *Therapie* werden Antiinfektiva eingesetzt, die möglichst unverändert renal ausgeschieden werden, und zwar in Konzentrationen, die die Serumkonzentrationen um ein Vielfaches übersteigen. Mittel der Wahl zur Therapie der unkomplizierten HWI sind oral applizierbare Substanzen, wie z.B. Fluorchinolone 1/2, Co-Trimoxazol, Fosfomycin-Trometanol. Zur Therapie der unkomplizierten Pyelonephritis werden Fluorchinolone 2/3, alternativ Co-Trimoxazol, Amoxycillin/Clavulansäure oder Cefpodoxim-Proxetil eingesetzt. Bei komplizierten Harnwegsinfektionen muss das Ergebnis des Resistenztests berücksichtigt werden. Kalkulierte Therapie bis zum Vorliegen des Ergebnisses wie oben oder – bei schwerem Krankheitsbild – Piperacillin/Tazobactam oder ein Carbapenem. Bei der Zystitis wird die Kurzzeittherapie (höchsten bis zu 3 Tagen) empfohlen. Bei der Pyelonephritis sollte 7–14 Tage therapiert werden.

Die **akute bakterielle Prostatitis** ist die Folge einer fortgeleiteten HWI. Sie tritt selten auf. Häufiger ist ein Symptomenkomplex, der mit dem Begriff **Prostatadynie, nicht-entzündliches Beckenschmerzsyndrom** oder **abakterielle Prostatitis** zusammengefasst wird (engl. „non-inflammatory chronic pelvic pain syndrome"). Die Ursache dieses Syndroms ist umstritten. Die bakterielle **Epididymitis** muss ebenfalls als eine fortgeleitete HWI angesehen werden.

Bei der mikrobiologischen *Diagnose* der akuten bakteriellen Prostatitis wird die quantitative Harnbakteriologie durchgeführt (s. oben). Die Diagnose der chronischen Prostatitis ist schwierig. Sie umfasst die vergleichende quantitative und qualitative Untersuchung des Urins und des durch Massage gewonnenen Prostatasekrets. Zur Diagnose der Epididymitis wird quantitativ und qualititativ Urin untersucht sowie die Bakterien im Ejakulat bestimmt.

Bei der Auswahl der *Antiinfektiva* sollten solche eingesetzt werden, die neben hohen Konzentrationen im Urin auch ausreichende Konzentrationen in den betreffenden Geweben gewährleisten. Beispiele sind Fluorchinolone 2/3, Cephalosporine 3a/3b, Co-Trimoxazol.

Die **asymptomatische Bakteriurie** erfordert keine Antibiotikatherapie (Ausnahmen: Schwangerschaft, Nierentransplantation, insulinpflichtiger Diabetes mellitus; Therapie s. bei unkomplizierter HWI).

Die ätiologische Diagnose von **gynäkologischen Infektionen** ist schwierig. Bei Infektionen der Adnexe liefern nur laparoskopisch gewonnene Proben ein relevantes Ergebnis. Wegen der Vielzahl der möglichen Bakterien, von denen oft auch mehrere für die Infektion verantwortlich sind, ist eine Kombination von Antibiotika angebracht. Das Wirkungsspektrum sollte dabei auch die obligaten Anaerobier umfassen. In Frage kommen z.B. Amoxycillin/Clavulansäure plus Doxycyclin, Cefoxitin plus Doxycyclin, Fluorchinolone 2/3 plus Metronidazol.

Die klassischen **venerischen Infektionen** Gonorrhö, Granuloma inguinale, Lymphogranuloma venereum, Syphilis und Ulcus molle gehören zur Gruppe der sexuell übertragbaren Infektionen (engl.: Sexually Transmitted Diseases, STD. Die Infektion mit HIV ist bei den Infektionen des lymphatischen Systems (S. 714) eingeordnet). Mit Ausnahme der Syphilis im Stadium II und III manifestieren sich STDs hauptsächlich an der Kontaktstelle im Bereich der Sexualorgane sowie den zugehörigen Lymphknoten. Die **Gonorrhö** zeigt sich beim Mann meist als akute Urethritis; als Komplikation kann eine Prostatitis und Epididymitis auftreten. Bei der Frau ist primär die Zervix und die Urethra sowie weitere Organe des inneren Genitale betroffen (s. gynäkologische Infektionen). Gar nicht so selten besteht bei einer symptomatischen Gonorrhö gleichzeitig eine Infektion mit *Chlamydia trachomatis*. Ist eine derartige Co-Infektion wahrscheinlich, muss eine Antibiotikatherapie eingesetzt werden, die gegen beide Erreger wirkt, z. B. einmalige Gabe von Ceftriaxon oder eines Fluorchinolons der Gruppe 2 kombiniert mit entweder einmalige Gabe des Makrolids Azithromycin oder 7 Tage Therapie mit Doxycyclin. Das **Lymphogranuloma venereum** manifestiert sich mit einer Herpes-artigen Primärläsion, aus der sich ein Ulcus mit Lymphadenitis entwickelt. Die **Syphilis** nimmt in letzter Zeit an Häufigkeit wieder zu. Sowohl das **Ulcus molle** (S. 316) als auch das **Granuloma inguinale** (S. 317) kommen in Europa selten vor.

Tabelle **13.3** Urogenitaltrakt

Infektion	Wichtige Erreger
Akute unkomplizierte Zystitis und Pyelonephritis	*Escherichia coli* (bis zu 80 %) [306]; *Proteus mirabilis* (10–15 %) [309]; weitere *Enterobactericaceae* [309]; *Staphylococcus saprophyticus* (häufig bei jungen, sexuell aktiven Frauen) [250]; selten *Pseudomonas spp.* [322], *Staphylococcus aureus* [245], *Aerococcus urinae*. Enterokokken [258] werden häufig als Bestandteil einer Mischflora isoliert. Ihre Rolle als Erreger bleibt dabei oft unklar.
Akute komplizierte Zystitis und Pyelonephritis sowie **Katheter-assoziierte Harnwegsinfektion**	Breites Erregerspektrum. Oft mehrere Keime, unter denen *Escherichia coli* [306] bei 30–40 % der Fälle nachgewiesen wird. *Proteus mirabilis* [309]; weitere *Enterobacteriaceae* (10–20 %) [309]; *Pseudomonas aeruginosa* (5–10 %) [323]; Enterokokken s. oben [258]; *Staphylococcus spp.* (10–20 %) [246].
Hämorrhagische Zystitis bei Immunsuppression	Adenoviren [475]; Polyomavirus BK [481]
Akutes Urethralsyndrom (Frau)	*Escherichia coli* (30 %) [306]; *Chlamydia trachomatis* (30 %) [353]; *Staphylococcus saprophyticus* (5–10 %) [250]; Ätiologie unbekannt (20 %).

Tabelle **13.3** (Fortsetzung)

Infektion	Wichtige Erreger
Epididymitis und **Orchitis**	Bakterien Bei unspezifischer Epididymitis vor allem koliforme *Enterobacteriaceae* [293, 309]; *Pseudomonas spp.* [322]; *Staphylococcus spp.* [246]; *Neisseria gonorrhoeae* [288] (als Komplikation einer Gonorrhoe). Viren Bei Orchitis Mumpsviren [523]; selten Enteroviren [490].
Gonorrhö (Syn.: Tripper)	*Neisseria gonorrhoeae* [288].
Granuloma inguinale	*Calymmatobacterium granulomatis*, neu auch *Klebsiella granulomatis* [317T]
Gynäkologische Infektionen (engl.: pelvic inflammatory disease (PID)) **Endometritis** **Oophoritis** **Pelveoperitonitis** **Perimetritis** **Salpingitis** **Zervizitis**	Bakterien (oft Mischflora) *Streptococcus spp.* in 20–46% [252]; *Staphylococcus spp.* in 16–32% [246]; *Enterobacteriaceae* in 17–19% [309]; Gram-negative Anaerobier in 12–37% [333]; *Chlamydia trachomatis* in 8–9% [354]; *Gardnerella vaginalis* in 3–8% [270]; *Neisseria gonorrhoeae* [288] (<1%). *Actinomyces spp.* (bei Trägerinnen von Intrauterinpessaren) [273]. Viren (bei Zervizitis) Herpes-simplex-Virus Typ 2 [453]; Papilloma-Viren [478].
HFRS (= hämorrhagisches Fieber mit renalem Syndrom; auch Nephropathia epidemica)	Hantaviren: in Mitteleuropa meist Puumala-, Tula- und Dobrava-Virus [530]; in Ostasien Hantaan- und Seoul-Virus [530]
Lymphogranuloma venereum	*Chlamydia trachomatis* (Biovar Lymphogranuloma venereum, Serovare L_1, L_2, L_3) [354].
Prostatitis (akut und chronisch)	Bakterien Häufig *Escherichia coli* [306]. Andere *Enterobacteriaceae* [309]; *Pseudomonas aeruginosa* [323]; *Neisseria gonorrhoeae* [288]; anaerobe gramneg. Stäbchen [333]; Umstritten sind *Ureaplasma urealyticum* [356], *Ureaplasma parvum* [356] und *Chlamydia trachomatis* [354]. Pilze (selten) *Candida spp.* [375].

Tabelle **13.3** (Fortsetzung)

Infektion	Wichtige Erreger
Syphilis (Syn.: Lues)	*Treponema pallidum, subsp. pallidum* [337].
Tuberkulose des Urogenitaltrakts	*Mycobacterium tuberculosis* [277].
Tubulo-interstitielle Nephritis	Polyomavirus BK [481].
Ulcus molle	*Haemophilus ducreyi* [316].
Urethritis (unspezifische Urethritis oder „nicht-Gonokokken Urethritis" (NGU)	Bakterien *Chlamydia trachomatis* (~50 %) [354]; seltener *Mycoplasma hominis* [356]; *Mycoplasma genitalium* [356], *Ureaplasma urealyticum* [356]; *Ureaplasma parvum* [356]. Viren Herpes-simplex-Virus Typ 2 [453]. Protozoen *Trichomonas vaginalis* [560].
Vaginitis (Syn.: Vulvovaginitis, Vaginose, vaginale polymikrobielle Kolonisation (VPK))	Bakterien (zumeist Mischflora; Anzahl der Lactobazillen reduziert) *Gardnerella vaginalis* (oft „Clue-Zellen" vorhanden) [270]; *Mycoplasma hominis* [356]; *Mobiluncus spp.* [235]; anaerobe gramneg. Stäbchen [333]. Pilze *Candida spp.* [375]. Viren Herpes-simplex-Virus Typ 2 [453]. Protozoen *Trichomonas vaginalis* [561].
Zervixkarzinome	Humane Papillomaviren [479]: HPV-6, HPV-8 und weitere Hochrisikotypen.
Mitbeteiligung des Urogenitaltrakts bei:	
Leptospirose	*Leptospira interrogans* [344]
Listeriose (in Gravidität)	*Listeria monocytogenes* [268].
Microsporose (bei AIDS)	*Encephalitozoon spp.* [610].
Blasenschistosomose	*Schistosoma haematobium* [621].

13.4 Infektionen und Intoxikationen des Gastrointestinaltrakts

Infektionen des Gastrointestinaltrakts gehören weltweit gesehen zu den häufigsten Erkrankungen. In den Entwicklungsländern stellen sie die häufigste Todesursache bei Kindern unter 5 Jahren dar. Das klinische Leitsymptom ist die Diarrhö. Weitere typische Symptome sind Übelkeit, Erbrechen, kolikartige Bauchschmerzen sowie – nicht immer – Fieber. Die Erreger gelangen direkt über eine Schmierinfektion in den Gastrointestinaltrakt oder indirekt über Lebensmittel und das Trinkwasser. Darminfektionen können aufgrund des Pathomechanismus in 3 Typen unterteilt werden:

- Beim **Typ I** (auch **Sekretionstyp** oder **nicht-entzündlicher Typ**) kommt es zu einer Funktionsstörung der Enterozyten im Sinne einer vermehrten unphysiologischen Sekretion von Elektrolyten, verursacht durch bakterielle Enterotoxine oder oberflächliche Invasion der Erreger (z. B. Rotaviren) ins Epithel. Meist spielt sich das Geschehen im proximalen Dünndarm ab. Klinisches Leitsymptom sind massive wässrige Diarrhöen. Beispiele: Cholera, Reisediarrhö durch *E. coli* Pathovar ETEC, Rotavirus-Infektion, Giardose, Cryptosporidiose.
- Beim **Typ II** (auch **Invasionstyp** oder **entzündlicher Typ**) zerstören die Erreger die Epithelzellen des Kolons und/oder des Ileums, wobei oft Zytotoxine eine Rolle spielen. Es kommt zu einer Entzündungsreaktion mit dem Auftreten von blutig-schleimigen Diarrhöen und kolikartigen Bauchschmerzen (Tenesmen). Beispiele: Dysenterie, *E. coli*-Infektion durch die Pathovare EIEC und EHEC, enteritische Salmonellose, pseudomembranöse Kolitis, Campylobakteriose, Amöbose, Befall mit Helminthen (Strongyloides, Ancylostomen, Trichuris).
- Beim **Typ III** (auch **Penetrationstyp**) handelt es sich um Systemerkrankungen mit oder ohne Diarrhö. Die Erreger gelangen über M-Zellen des distalen Dünndarms und des proximalen Kolons ins subseröse Gewebe, werden dort von Makrophagen, in denen sie überleben können, aufgenommen und in das GALT (gut associated lymphoid tissue) transportiert. Von dort kann es zur lymphogenen und hämatogenen Generalisation kommen (s. S. 88). Beispiele: Typhus abdominalis, Infektion durch *Yersinia enterocolitica*.

Eine klassische **Lebensmittel-Intoxikation** wird durch Enterotoxine von *Staphylococcus aureus* hervorgerufen. Staphylokokken-Enterotoxine sind hitzeresistent (≤ 15 min, 100 °C). Das kurzzeitige Erhitzen von Lebensmitteln, die mit Enterotoxin-produzierenden Staphylokokken kontaminiert sind, tötet die Staphylokokken zwar ab, inaktiviert aber nicht die Toxine.

Die Indikation für eine *Labordiagnose* der Infektionen und Intoxikationen des Gastrointestinaltrakts muss unter dem Gesichtspunkt Kosten-Nutzen gestellt werden. Falls ein Erregernachweis aus klinischen oder epidemiologischen Gründen notwendig ist, kommen viele Methoden in Frage. Deshalb muss dem Labor die genaue Fragestellung mitgeteilt werden. Beispiele von Testverfahren im Stuhl:

- Mikroskopie: Nachweis von Protozoen und Helminthen mit dem Lichtmikroskop; Nachweis von Rota- und Adenoviren mit dem Elektronenmikroskop.
- Kultur mit Selektivmedien: Salmonellen; Shigellen; Kolibakterien (IPEC); *Aeromonas; Campylobacter; Yersinia; Clostridium; Vibrio.*
- Antigene: *Helicobacter*; Rotaviren; Adenoviren; Noroviren; Koproantigene bei Parasitosen.
- Toxine: Staphylokokken-Enterotoxine; *Clostridium difficile*-Toxin B.
- Molekulare Verfahren: Kolibakterien (IPEC); *Tropheryma whipplei*; Noroviren; Rotaviren, Adenoviren.

Die je nach Erreger sehr unterschiedliche Therapie muss in den betreffenden Spezialkapiteln nachgelesen werden.

Tabelle **13.4.** Gastrointestinaltrakt

Infektion	**Wichtige Erreger**
Bakteriosen	
Cholera	*Vibrio cholerae* (Serovar O:1, Biovare cholerae und eltor); selten Serovar O:139 [310].
Enteritis/Gastroenteritis/ Enterokolitis (außer Salmonellose und Shigellose)	*Escherichia coli* (Pathovare EPEC, ETEC, EIEC, EHEC) [307]; *Campylobacter jejuni* [320]; *Yersinia enterocolitica* [304]; *Vibrio parahaemolyticus* (Meeresfrüchte) [319]; *Clostridium perfringens* (Lebensmittel) [264].
Helicobacter-assoziierte Krankheiten Gastritis Typ B Ulcera des Magens und Duodenums Chronisch-atrophische Gastritis Adenocarcinom des Magens B-Zell-Lymphom der Magenmukosa	*Helicobacter pylori* [321].
Morbus Whipple	*Tropheryma whipplei* [276].
Pseudomembranöse Kolitis (oft Antibiotika-assoziiert)	*Clostridium difficile* [267].
Salmonellose, enteritische	*Salmonella enterica*, enteritische Serovare [299].
Salmonellose, typhöse	*Salmonella enterica*, typhöse Serovare [298].

Tabelle **13.4** (Fortsetzung)

Infektion	Wichtige Erreger
Shigellose (Dysenterie)	*Shigella dysenteriae*, andere *Shigella spp.* [301].
Staphylokokken-Intoxikation	Enterotoxin-bildende Stämme von *S. aureus* [247].
Typhlitis (Syn.: neutropenische Enterocolitis). Infektion des Zäkums bei Neutropenie	Bakterien der Darmflora: *E. coli* und weitere *Enterobaceriaceae* [308]; gramnegative Anaerobier [333]; Enterokokken [258] etc.
Virale Infektionen	
Enteritis/Gastroenteritis/Enterokolitis	Vor allem Rotaviren (Kleinkinder, auch nosokomial) [536]; seltener enterische Adenoviren [476]; Astroviren [505]; Noroviren (vor allem Kinder. Auch nosokomiale Ausbrüche) [505]; Sapoviren [505].
Gastritis Typ B	Adenovirus Typ 31 [477].
Protozoonosen	
Amöbose	*Entamoeba histolytica* [577].
Balantidiose	*Balantidium coli* [608].
Cyclosporose (AIDS)	*Cyclospora cayetanensis* [592].
Cryptosporidose (Diarrhoe bei HIV-Patienten)	*Cryptosporidium spp.* [591].
Giardiose	*Giardia duodenalis* [559].
Isosporose (AIDS)	*Isospora belli* [592].
Microsporose (Diarrhoe beim AIDS)	*Enterocytozoon spp.* [609].
Sarcocystiose	*Sarcocystis hominis* und *S. suihominis* [593].
Helminthosen	
Nematoden-Infektionen	*Ascaris lumbricoides* [644]; *Trichuris trichiura* [645]; *Trichinella spp.* [662]; *Ancylostoma spp.* [647]; *Necator spp.* [647]; *Strongyloides stercoralis* [649]; *Enterobius vermicularis* [650].
Trematoden-Infektionen	*Schistosoma spp.* [621]; *Fasciolopsis buski*; *Heterophyes heterophyes*.
Zestoden-Infektionen	*Taenia spp.* [627]; *Hymenolepis spp.* [641]; *Diphyllobothrium spp.* [641].

Im Vordergrund der *symptomatischen Therapie* einer massiven Diarrhö steht die Ruhigstellung des Darms (z.B. mit Loperamid) sowie der Elektrolyt- und Flüssigkeitsersatz. Dieser kann oral erfolgen (WHO-Formel: 3,5 g NaCl + 2,5 g $NaHCO_3$ +1,5 g KCl + 20 g Glucose in 1 Liter Wasser), in schweren Fällen parenteral.

Eine *Antibiotikatherapie* der Diarrhö ist in den meisten Fällen nicht notwendig. Ist aus klinischen Gründen eine Therapie zwingend (blutige Diarrhö ohne oder mit Fieber, Alter > 60 Jahre, schwerer Krankheitszustand) kommt ein Fluorchinolon 2 oder Co-Trimoxazol, bei Verdacht auf eine Campylobakteriose auch ein Makrolid in Frage. Die pseudomembranöse Kolitis wird mit Metronidazol per os therapiert, bei Therapieversagen mit Vancomycin per os.. Beim Nachweis von Protozoen und Helminthen müssen die in den speziellen Kapiteln genannten Antiinfektiva eingesetzt werden.

13.5 Infektionen im Bauchraum

Neben chirurgischen Maßnahmen werden zur *Antibiotikatherapie* der **Appendizitis** und **Divertikulitis** (ohne und mit Perforation) Amoxycillin/Clavulansäure oder Ciprofloxacin + Metronidazol, in schweren Fällen auch Piperacillin/Tazobactam oder ein Carbapenem, eingesetzt.

Der **Cholezystitis** und **Cholangitis** liegt zumeist eine Obstruktion der Gallenwege durch Gallensteine zugrunde. Klinisches Hauptsymptom ist rechtsseitiger Oberbauchschmerz. Bei der *Diagnostik* stehen bildgebende Verfahren im Vordergrund. Bei der „*kalkulierten Antibiotikatherapie*" (S. 218) müssen Substanzen eingesetzt werden, die die wichtigsten Erreger erfassen und gut gallengängig sind: Amoxycillin/Clavulansäure, Pipercillin/Tazobactam, Fluorchinolone 2/3 (ausser Enoxacin und Fleroxacin), kombiniert mit Metronidazol (gegen gramnegative Anaerobier). Bei fortbestehender Obstruktion ist die Cholezystektomie notwendig.

Bei den **diffusen Peritonitiden** unterscheidet man die seltene primäre Peritonitis, die viel häufigere sekundäre Peritonitis sowie die Peritonitis nach Peritonealdialyse. Die sekundäre Peritonitis entsteht durch Perforation intraabdomineller Hohlorgane, z.B. bei Darmoperationen, bei einer Appendizitis, Divertikulitis, Cholezystitis, oder sie geht von infektiösen Prozessen im weiblichen Genitale aus. Klinisch manifestiert sich die sekundäre Peritonitis als akutes Abdomen. Die *ätiologische Abklärung* erfolgt durch mikroskopische und kulturelle Untersuchung von Material aus dem Bauchraum. Dieses muss in Transportmedien für Anaerobier ins Labor verschickt werden. Therapeutisch steht die chirurgische Behandlung im Vordergrund, die durch eine *Antibiotikatherapie* unterstützt werden muss. Entsprechend der polymikrobiellen Ätiologie wird eine Therapie mit breitem Wirkungsspektrum, das die gramnegativen Anaerobier umfassen muss, eingesetzt: Amoxycillin/Clavulansäure, Piperacillin/Tazobactam, ein Carbapenem, Fluorchinolon 2/3 plus Metronidazol.

Bei chirurgischen Eingriffen am Kolon mit hohen postoperativen Wundinfektionsraten ist die perioperative Prophylaxe (S. 219) als Einmaldosis indiziert, z. B. Amoxycillin/Clavulansäure oder ein Cephalosporin 1/2 plus Metronidazol.

Tabelle **13.5** Bauchraum

Infektion	Wichtige Erreger
Appendizitis	Immer Mischflora aus Darmbakterien: Gramnegative [333] und grampositive Anaerobier [260]; *Escherichia coli* und weitere *Enterobacteriaceae* [309]; Enterokokken [258]; *Pseudomonas spp.* [322].
Cholezystitis, Cholangitis	Bakterien (Mischflora in ungefähr 70 % der Fälle): Vor allem *Escherichia coli* [307]; weitere *Enterobactericeae* [309]; *Pseudomonas spp.* [322]; gramnegative Anaerobier [333]; *Clostridium perfringens* (bei emphysematöser Cholezystitis) [264]; *Streptococcus spp.* [252]; Enterokokken [258]. Helminthen. *Fasciola hepatica* (selten) [624].
Diverticulitis	s. bei Appendizitis
Intraperitoneale Abszesse	Meist Mischflora aus Darmbakterien: Gramneg. [333] und grampos. [260] Anaerobier in ungefähr 50 %. Daneben *E. coli* und weitere *Enterobacteriaceae* [309]; *Staphylococcus aureus* [245]; Enterokokken [258].
Leberbeteiligung bei	
Leptospirose	*Leptospira interrogans* (vor allem Serogruppe *icterohämorragiae*) [346].
Gelbfieber	Gelbfiebervirus (Flavivirus) [498].
Mononukleose	Eppstein-Barr-Virus [461].
Zytomegalie	Zytomegalie-Virus [458].
Viszerale Leishmaniose	*Leishmania donovani*; *Leishmania infantum* [571].
Clonorchiose	*Clonorchis sinensis* [625].
Dicrocoeliose	*Dicrocoelium dendriticum* [624].
Echinococcose	*Echinococcus granulosus* [632]; *E. multilocularis* [637].
Fasciolose	*Fasciola hepatica* [624].
Larva migrans interna (LMI)	*Toxocara spp.* [663].
Opisthiorchose	*Opisthorchis spp.* [625].
Schistosomose	*Schistosoma spp.* [621].

Tabelle **13.5** (Fortsetzung)

Infektion	Wichtige Erreger
Leberabszess **pyogener, durch Bakterien; oft Mischflora**	Häufig: *Escherichia coli* [307]; *Klebsiella spp.* [309]; gramnegative [333] und grampositive [260] Anaerobier; orale Streptokokken [252]; Enterokokken [258]. Seltener: Andere *Enterobacteriaceae* [309]; *Pseudomonas aeruginosa* [323]; *Staphylococcus aureus* [245]; A-Streptokokken [252]
durch Amöben	*Entamoeba histolytica* [580]
Milzabszess	Bakterien Bei Vorliegen einer bakteriellen Endocarditis oft Monoinfektion mit dem Endocarditis-Erreger (s. dort). Sonst häufig bakterielle Mischflora: *E. coli* [306]; weitere *Enterobacteriaceae* [309]; gramneg. Anaerobier [333]. Pilze *Candida spp.* (bei disseminierter Candidiasis) [375].
Pankreatitis, akut, infektiös (selten)	Bakterien (bei entsprechenden Grundleiden) *Campylobacter jejuni* [320]; *Salmonella enterica* (enteritische Serovare) [296]. Viren Enteroviren [490]; Mumpsvirus [523]; Zytomegalievirus (beim AIDS) [458].
Pankreasnekrose (infiziert) und **Pankreasabszess**	Meist Mischflora aus Darmbakterien, z. B.: *Enterobacteriaceae* [309]; *Pseudomonas spp.* [322]; gramneg. [333] und grampos. [260] Anaerobier; Enterokokken [258]; gelegentlich *Staphylococcus aureus* [245]; *Streptococcus spp.* [252].
Perihepatitis (Entzündung des Leber-Bauchfells.	*Neisseria gonorrhoeae* [288]; *Chlamydia trachomatis* [353].
Peritonitis **Primäre (spontane) Peritonitis** (selten; meist hämatogen)	Bei Kindern: *Streptococcus pneumoniae* [255]; *Streptococcus pyogenes* [251]. Bei Erwachsenen: Gramneg. [333] und grampos. Anaerobier [260]; *Enterobacteriaceae* [309]; Enterokokken [258]; selten *Staphylococcus aureus* [245].

Tabelle **13.5** (Fortsetzung)

Infektion	Wichtige Erreger
Sekundäre Peritonitis (endogene Infektion durch Darmbakterien)	*E. coli* und andere *Enterobacteriaceae* [306, 309]; gramneg. [333] und grampos. [260] Anaerobier; *Pseudomonas spp.* [322].
Peritonitis nach Peritonealdialyse (kontinuierliche ambulante Peritonealdialyse, CAPD)	Grampositive Bakterien (in 60–80%): *Staphylococcus spp.* [246]; *Streptococcus spp.* [252]; *Corynebacterium spp.* [275]. Gramnegative Bakterien (in 15–30%): *Enterobacteriaceae* [309]; *Pseudomonas spp.* [322]; *Acinetobacter spp.* [292].
	Candida spp. [375].

13.6 Virale Hepatitis

Die Erreger der **viralen Hepatitiden** gehören zu verschiedenen Gruppen von Viren (Das Hepatitis G-Virus sowie das kürzlich in Japan entdeckte TT-Virus sind in Tabelle **13.6** nicht aufgeführt, da noch unklar ist, ob es sich um primäre Hepatitis-Viren handelt, die kryptogene Hepatitiden verursachen). Nach dem klinischen Verlauf unterscheidet man die akute sowie die chronische Hepatitis. Die akute Hepatitis dauert weniger als 6 Monate, die chronische ist durch Persistenz des Erregers von mehr als 6 Monaten definiert.

Tabelle **13.6** Übersicht über virale Hepatitiden

Eigenschaft	Hepatitis A **(HA)** (492)	Hepatitis B **(HB)** (467)	Hepatitis C **(HC)** (501)	Hepatitis D **(HD)** (474)	Hepatitis E **(HE)** (506)
Klassifizierung (Familie, Gattung)	Picornaviridae, Hepatovirus	Hepadnaviridae, Orthohepadnavirus	Flaviviridae, Hepacivirus	Deltavirus (defektes Virus)	Hepeviridae, Hepevirus
Virus	27–32 nm; ikosaedrisches Kapsid ohne Hülle. RNA (Plusstrang)	42 nm; Hülle. DNA (partiell zirkulär); 20 nm Partikel im Serum = HBs-Antigen	40–60 nm; Hülle. RNA (Plusstrang); genetische Variabilität (Quasi-Species)	36 nm; Hülle mit HBsAg wird von HBV geliefert. RNA (zirkulär; Negativstrang)	34 nm; ikosaedrisches Kapsid ohne Hülle. RNA (Plusstrang)

Tabelle **13.6** (Fortsetzung)

Eigenschaft	Hepatitis A (HA)	Hepatitis B (HB)	Hepatitis C (HC)	Hepatitis D (HD)	Hepatitis E (HE)
Übertragung	fäkal-oral (Lebensmittel)	parenteral. (Sexualkontakt; i.v. Drogen; perinatal)	parenteral. (Sexualkontakt; i.v. Drogen; perinatal)	parenteral. (Sexualkontakt; i.v. Drogen; perinatal)	fäkal-oral (Lebensmittel)
Inkubationszeit	3–7 Wochen	1–7 Monate	5–12 Wochen	1–7 Monate (gleichzeitige Infektion mit HBV notwendig)	3–8 Wochen
Klinischer Verlauf	akut, selten fulminant; keine Chronizität; gutartig	inapparenter Verlauf häufig (abhängig von Infektions-Dosis); selten fulminanter Verlauf; bei 5–10 % Chronizität	bei 75 % inapparenter Verlauf. Fulminanter Verlauf selten; bei 70–80 % der Infektionen Übergang in Chronizität	bei simultaner Infektion mit HBV wie dort; bei Superinfektion eines HBV-Trägers oft fulminant; bei 70–80 % Chronizität	akut, selten fulminant, aber fulminanter Verlauf gehäuft bei Schwangeren (20 %); keine Chronizität
Leberzellkarzinom	nein	möglich	möglich	möglich	nein
Labordiagnose	Anti-HAV-IgM im Serum	HBs-Ag und Anti-HBc-IgM/IgG	ELISA-Suchtest. Bestätigung mit Immunoblot. HCV-RT-PCR	bei chron. HB und hoher HDV-Prävalenz: Anti-HDV-Ig, evtl. RT-PCR	Anti-HEV-Ig, evtl. HEV-RNA mit RT-PCR
Spezifische Therapie (bei entsprechender Indikation)	keine	α-Interferon/Lamivudin	Pegyliertes α-Interferon plus Ribavirin	α-Interferon möglich, aber wenig aussichtsreich	keine
Prophylaxe	HA-Totimpfstoff. Postexpositionell evtl. zusätzlich γ-Globulin	Impfung entsprechend Impfplan (53) mit HBs-Ag	nur Expositionsprophylaxe möglich	s. HB. Anti-HBs-Antikörper schützen	Expositionsprophylaxe. Impfstoff in Erprobung

13.7 Infektionen/Intoxikationen des Nervensystems

Die **Meningitis** ist eine Entzündung der weichen Hirnhäute. Greift die Infektion auf das Hirnparenchym über, spricht man von einer **Meningoenzephalitis**. Die Infektionen entstehen meist durch hämatogene Streuung, können aber auch ihren Ausgang von entzündlichen Prozessen in der Nähe der Meningen (z.B. Mastoiditis, Sinusitis) nehmen oder als Komplikation von Traumen im Kopfbereich auftreten. Bei der akuten Verlaufsform einer Meningitis kommt es zu Fieber, Kopfschmerzen, Nackensteifigkeit, Bewusstseinsstörungen und evtl. einem Koma.

- Die lebensbedrohlich verlaufende **akute bakterielle Meningitis** (auch **pyogene** oder **eitrige Meningitis**) ist durch eine starke Granulozytose im Liquor gekennzeichnet. Die klinischen Symptome treten innerhalb von Stunden bis Tagen auf.
- Ein typisches Beispiel einer **chronischen Meningitis** ist die tuberkulöse Meningitis, die sich innerhalb von Wochen entwickelt.
- Bei den relativ gutartigen **Meningitiden viraler Genese** (auch **lymphozytäre Meningitis**) findet man im Liquorsediment eine Lymphozytose.
- Die seltenen **Pilz-Meningitiden** werden bei AIDS-Patienten, bei Transplantations-Patienten sowie bei Leukämie- und Lymphom-Patienten beobachtet.

Die Liquorgewinnung zur *mikrobiologischen Diagnostik* sowie die Entnahme von Blut für die Blutkultur sollten – wenn immer möglich - vor dem Beginn einer Antibiotikatherapie erfolgen. Der Schwerpunkt der Labordiagnostik der bakteriellen und der durch Pilze verursachten Meningitis liegt auf dem mikroskopischen und kulturellen Nachweis des Erregers im Sediment des zentrifugierten Lumbalpunktats. Für den Schnellnachweis von Antigenen von *Neisseria meningitidis, Streptococcus pneumoniae, Haemophilus influenzae* „b“, B-Streptokokken sowie *Cryptococcus neoformans* aus Liquorsediment stehen Latex-Agglutinationsteste zur Verfügung. Molekulare Methoden kommen zunehmend zur Diagnose viraler Meningitiden und der heute sehr seltenen Neurotuberkulose zur Anwendung. Die Neuroborreliose kann durch Messen der Antikörper (IgG und IgM) im Serum und im Liquor und Bestimmen des Antikörper-Index (s. unten) nachgewiesen werden.

Die *Antibiotikatherapie* bei der akuten bakteriellen Meningitis sollte innerhalb von 30 min nach klinischer Diagnosestellung begonnen werden. Bei der kalkulierten Antibiotikatherapie (218) gilt ein Cephalosporin 3a (Ceftriaxon) als Mittel der Wahl. Kann eine Listerienmeningitis nicht ausgeschlossen werden, muss wegen der natürlichen Resistenz von Listerien gegen Cephalosporine zusätzlich ein Aminopenicillin verabfolgt werden. Bei Verdacht oder Nachweis einer Pilz-Meningitis wird eine Therapie mit Amphotericin B plus Flucytosin eingesetzt.

Bei den **Enzephalitiden** stehen als Ursache die Viren im Vordergrund. Die klinische Symptomatik ist abhängig von den befallenen Hirnregionen.

Zur *Diagnose* werden bildgebende Verfahren, die entzündliche Herde erkennen lassen, eingesetzt. Die Virusdiagnostik stützt sich vor allem auf den Nachweis der viralen Nukleinsäure im Liquor. Zusätzlich können spezifische Antikörper im Liquor und Serum nachgewiesen werden. Dabei müssen die erregerspezifischen Titer im Liquor mit denen im Blut unter Berücksichtigung der Blut/Liquor-Schranke verglichen werden (Bestimmen des Antikörper-Index). Unter den Protozoen verursacht *Toxoplasma gondii* bei 10% der AIDS-Patienten eine akute Enzephalitis. Die Diagnose wird durch bildgebende Verfahren gestellt. Eine serologische Diagnose ist bei Immunsupprimierten unsicher.

Abszesse im ZNS-Bereich treten vor allem im Zusammenhang mit angrenzenden Infektionsherden (Sinusitis, Otitis, Mastoiditis, dentale Infektionen) sowie bei Schädeltraumen und neurochrirugischen Eingriffen auf. Das Erregerspektrum entspricht dann dem des primären Infektionsherdes. Dabei stehen Bakterien im Vordergrund. Die ätiologische *Diagnose* beruht auf dem kulturellen Nachweis der Erreger im Abszesseiter. Die *Therapie* besteht in der chirurgischen Intervention und der sofortigen Applikation von Antibiotika. Zur kalkulierten Therapie (218) werden Carbapeneme oder eine Kombination aus einem Cephalosporin 3a (z.B. Ceftriaxon), dem gegen Anaerobier wirksamen Metronidazol sowie einer gegen Staphylokokken wirkenden Substanz (z.B. Flucloxacillin) eingesetzt. Nach Vorliegen des Laborergebnisses kann die Therapie auf den oder die Erreger abgestellt werden.

Tabelle **13.7** Nervensystem

Infektion	Wichtige Erreger
Abszesse Epiduralabszess (Rückenmark) Hirnabszess Subdurales Empyem	Bakterien *Streptococcus spp.* [252]; *Streptococcus milleri* [252]; *Staphylococcus aureus* [245]; anaerobe gramneg. Stäbchen [333]; *Enterobacteriaceae* [309]. Pilze (bei Immundefizienz) *Candida spp.* [375]; *Aspergillus spp.* [378]; *Mucorales* [380]. Protozoen *Toxoplasma gondii* [586] (vor allem beim AIDS). *Entamoeba histolytica* [575]. Helminthen Metacestoden (= *Cysticercus cellulosae*) von *Taenia solium* (bei Neurocysticercose [631].
Botulismus	*Clostridium botulinum*, Toxintypen A, B und E. [266].
Diphtherie (periphere Nerven)	*Corynebacterium diphtheriae* [271]; sehr selten *C. ulcerans* [276]

Tabelle **13.7** (Fortsetzung)

Infektion	Wichtige Erreger
Enzephalitis/ Enzephalomyelitis	Bakterien *Borrelia burgdorferi* (bei Neuroborreliose) [342]; sehr selten *Brucella*-Arten [328] und *Rickettsia*-Arten [348];*Treponema pallidum* (bei Neurosyphilis) [337].
septische Herdenzephalitis	Erreger des primären Infektionsherdes. Die Ätiologie der septisch embolischen Herdenzephalitis bei Endokarditis entspricht dem Erregerspektrum der Endokarditis [s. S. 706]. Pilze (bei Immundefizienz) *Cryptococcus neoformans* [377]; *Aspergillus*-Arten [378]; *Mucorales* [378].
Virus-Enzephalitis/ Enzephalomyelitis	Masern-Virus [521]; Röteln-Virus (konnatale Infektion) [507, 735T]; HIV [542]; Herpes-simplex-Virus [452]; Enteroviren [490]; Epstein-Barr-Virus [460]; Varicella-Zoster-Virus [454]; Zytomegalievirus (bei Immundefizienz) [458]; Adenoviren [475]; Tollwut-Virus [524]; Frühsommermeningoenzephalitis- Virus (FSME-Virus) [497]; verschiedene weitere Flaviviren (japanisches B-Enzephalitis-Virus, St. Louis-Enzephalitis-Virus, West-Nil-Fieber-Virus) [497]. Alphaviren [510], Bunyaviren [530], Arenaviren [534]. Polyomavirus JC bei progressiver multifokaler Leukenzephalopathie [481]. Protozoen *Acanthamoeba spp.* (granulomatöse Amöben-Enzephalitis) [582]; *Toxoplasma gondii* (vor allem beim AIDS) [586]; *Trypanosoma brucei* (afrikanische Schlafkrankheit) [565]; *Plasmodium falciparum* (zerebrale Form der Malaria tropica) [599]; *Encephalitozoon spp.* (beim AIDS) [610]. Helminthen Finnen von *Taenia solium* [631] bei Neurocysticercose; Larven von *Echinococcus granulosus* (635) *und E. multilocularis*. [640]; Larven von *Toxocara spp.* [664].

Tabelle **13.7** (Fortsetzung)

Infektion	Wichtige Erreger
Meningitis/ Meningoenzephalitis	Bakterien *Neisseria meningitidis* (vor allem bei Kindern, Jugendlichen und jungen Erwachsenen) [290]. *Streptococcus pneumoniae* (häufigster Meningitiserreger ab dem 3. Lebensjahrzehnt) [255]. *Haemophilus influenzae*, Serovar „b“ (starke Abnahme durch Vakzination im Kindesalter) [314]. *Escherichia coli* [306] und B-Streptokokken (bei Neugeborenen) [257]. *Escherichia coli* und weitere *Enterobacteriaceae* (im Senium) [309]. *Listeria monozytogenes* (bei Säuglingen, im hohen Alter sowie bei Immundefizienz) [268]. *Leptospira interrogans* (bei schwerer Leptospirose) [344]. Staphylokokken [246] und Streptokokken [252] (posttraumatisch; nach neurochirurgischen Eingriffen; Koagulase-negative Staphylokokken bei Shunts). *Borrelia burgdorferi* (bei Neuroborreliose) [342]; *Chryseobacterium meningosepticum* (neu auch *Elizabethkingia meningoseptica*) (bei Neugeborenen) [318]. *Mycobacterium tuberculosis* bei chronischer Meningitis [281]. Pilze *Cryptococcus neoformans* (bei Immundefizienz, vor allem beim AIDS) [377]; *Candida spp.* (bei generalisierter Kandidose) [375]; *Coccidioides immitis* (im Südwesten der USA) [372]. Viren Herpes-simplex-Virus [452]; Enteroviren [490]; Mumps-Virus [523]; Frühsommer-Meningoenzephalitis-Virus (FSME-Virus) [497]; Lymphozytäres-Choriomeningitis-Virus [534]; verschiedene Flaviviren (s. auch bei Enzephalitis) [497]; evtl. Alphaviren [510], Bunyaviren [530] und Arenaviren [534] (bei tropischen viralen Infektionen). Protozoen *Naegleria fowleri* (primäre Amöben-Meningoenzephalitis) [582]. Helminthen *Trichinella spiralis* [662] (schwere Komplikation bei extraintestinaler Trichinellose).
Lepra (periphere Nerven)	*Mycobacterium leprae* [283].

Tabelle **13.7** (Fortsetzung)

Infektion	Wichtige Erreger
Neuritis Neuroradikulitis	Bakterien *Borrelia burgdorferi* [342] (bei Neuroborreliose). Viren Zytomegalievirus [458]; Epstein-Barr-Virus [460]; HIV [542] (bei Polyneuroradikulitis möglich); Varicella-Zoster-Virus [456] (bei Zoster); Herpes simplex-Virus [452] (bei Herpes labialis und Herpes genitalis). Protozoen *Trypanosoma brucei* (bei Schlafkrankheit) [566].
Polyomyelitis (Kinderlähmung)	Polioviren Typ 1–3 [490]; selten andere Enteroviren [490].
Prion-Krankheiten des ZNS (spongiforme Enzephalopathien)	Pathologische Prion-Proteine (PrP^{Sc}) [551].
Creutzfeld-Jakob-Krankheit (CJK)	
– sporadische CJK	Entstehung unbekannt. Spontane Mutation im Prp^{c}-Gen?
– iatrogene CJK	Übertragung durch mit PrP^{Sc} kontaminierte med. Geräte oder Transplantations-Gewebe (z. B. Cornea). Kommt heute wegen präventiver Maßnahmen praktisch nicht mehr vor.
– neue Variante der CJK (vCJK)	Wahrscheinlich Übertragung des Agens der „bovinen spongiformen Enzephalopathie" (BSE) durch Lebensmittel.
Kuru	Übertragung durch Kannibalismus (Gehirn) in Papua Neuguinea. Kommt heute nicht mehr vor.
Gerstmann-Sträussler-Scheinker-Syndrom	Erbkrankheit. Mutation im zellulären Prp^{c}-Gen. Bei ungefähr 50 Grossfamilien.
Tödliche, familiäre Insomnie	Erbkrankheit. Mutation im zellulären Prp^{c}-Gen. Bei 9 Großfamilien.
Tetanus (Wundstarrkrampf)	*Clostridium tetani* [265].

13.8 Kardiovaskuläre Infektionen

Bei der infektiösen **Endokarditis (IE)** handelt es sich um eine endovaskuläre, in den allermeisten Fällen von Bakterien verursachte, lokalisierte Infektion kardiovaskulärer Strukturen. Dabei sind vor allem vorgeschädigte Herzklappen oder auch Klappenprothesen betroffen (valvuläre Endokarditis). Als initiales Ereignis kommt es zur Bildung thrombotischer Auflagerungen auf dem Endothel infolge Turbulenzen des Blutstroms im Bereich von Engstellen oder endothelialen Läsionen. Verletzungen der Schleimhaut im Mundbereich (z. B. Kauen, zahnärztliche Eingriffe) oder Eingriffe am Respirations-, Urogenital- oder Gastrointestinaltrakt führen zu transitorischen Bakteriämien mit Kolonisierung der thrombotischen Auflagerungen. Durch weitere Anlagerung von Fibrin und Thrombozyten entstehen dann schließlich mit Bakterien besiedelte Vegetationen. Kontinuierlich oder periodisch können sich Teile der Vegetationen lösen und Infektionsherde (= septische Embolie) in anderen Regionen des Körpers (s. z. B. Herdenzephalitis, S. 702) verursachen. Wichtigstes klinisches Symptom bei der Endokarditis sind septisch-intermittierende Temperaturen. Grundsätzlich muss jedes unklare Fieber bei Herzgeräuschen an eine Endokarditis denken lassen.

Die *Diagnose* kann oft schwierig sein. Große Bedeutung kommt der Echokardiographie und dem Nachweis einer persistenten Bakteriämie zu (s. modifizierte Duke-Kriterien). Die Bakteriämie wird durch die Blutkultur nachgewiesen (Vorgehen s. S. 25). Im Labor müssen die Blutkulturen bis zu 30 Tagen bebrütet werden. Bei Endokarditiden durch schwer kultivierbare Keime (*Bartonella, Coxiella, Chlamydia, Mycoplasma* evtl. auch *Legionella* und *Brucella*) kommt auch die Serologie zum Einsatz.

Bei der *Antibiotikatherapie* werden bakterizide Substanzen in Kombination während ~ 4 Wochen eingesetzt. Die IE durch Streptokokken und Enterokokken wird mit Benzylpenicillin oder Amoxycillin plus Gentamicin behandelt. Dabei muss hohe Gentamicin-Resistenz (MHK > 500 mg/l) ausgeschlossen werden. Bei der IE durch Methicillin-sensible Staphylokokken wird Flucloxacillin mit Gentamicin kombiniert, bei der durch Methicillin-resistente Staphylokokken (S. 249) Vancomycin plus Gentamicin plus Rifampicin. Die IE durch *Enterobacteriaciae* und Bakterien der HACEK-Gruppe (318) wird mit einem Cephalosporin 3a plus Gentamicin behandelt. Bei unbekanntem Erreger wird ein Aminopenicillin mit Gentamicin und einem Cephalosporin 3a kombiniert. Bei der Candida-Endokarditis wird Amphothericin B plus Flucytosin eingesetzt.

Prophylaxe der Endokarditis

Allgemeine Prophylaxe: Mundhygiene und solide Zahnsanierung.
Medikamentöse Prophylaxe: Neue Empfehlungen der Fachgesellschaften postulieren, dass diese bei invasiven Eingriffen nur noch bei Hochrisikopatienten notwendig ist: Patienten mit Klappenersatz oder rekonstruierten Klappen; Patienten mit stattgehab-

ter IE; Patienten mit zyanotischen und operierten Herzfehlern; Herztransplantierte mit kardialer Valvulopathie. Die antibiotische Prophylaxe soll 30–60 Minuten vor dem Eingriff mit einer Einzeldosis erfolgen. Bei den häufigen zahnärztlichen Eingriffen wird Amoxycillin per os, bei Vorliegen einer Penicillinallergie Clindamycin p. o. empfohlen. Bei Eingriffen am Gastrointestinaltrakt, Urogenitaltrakt, Respirationstrakt oder Eingriffen an der Haut und dem muskulo-skelettalem Gewebe kommen verschiedene Antibiotika in Frage (http://www.p-e-g.org/, http://www.dgk.org/).

Unter einer infektiösen **Myokarditis** versteht man eine Schädigung der Myozyten mit reaktiver Infiltration der Muskulatur durch Entzündungszellen. Wenn das Perikard mitbeteiligt ist, handelt es sich um eine Perimyokarditis. In den entwickelten Ländern wird die Krankheit am häufigsten durch Viren, vor allem Enteroviren, hervorgerufen. Die virale Myokarditis kann klinisch latent ablaufen. Bei manifester Krankheit klagen die meist jungen Patienten über generelle kardiale Beschwerden. Die eitrige bakterielle Myokarditis ist oft eine Komplikation der bakteriellen Endokarditis.

Die Labordiagnose einer viralen Myokarditis ist schwierig, weil es keine Myokarditis-Viren sensu strictu gibt. Enteroviren lassen sich evtl. initial im Stuhl nachweisen. Am sichersten ist der molekulare Nachweis virusspezifischer Nukleinsäuresequenzen aus einer Endomyokardbiopsieprobe. Eine in Studien gesicherte spezifische Therapie der viralen Myokarditis existiert bis jetzt nicht. In einzelnen Fällen wurde mit Interferon-α eine Besserung hämodynamischer Parameter erzielt.

Tabelle **13.8** Kardiovaskuläres System

Infektion	Wichtige Erreger
Endokarditis, infektiöse (IE) (native IE; IE bei intravenösem Drogen-Abusus; IE bei Klappen-Prothesen, < 1 Jahr (früh) oder > 1 Jahr (spät) nach Operation) Inzidenz: 3.6/100 000/Jahr Letalität: 11–26% (je nach Studie). Prädisposition: rheumatisches Fieber, Klappenfehler, Klappenprothesen, Drogenabusus.	Bakterien (Daten (in %) aus mehreren Studien bei nativer IE, IE bei Drogen-Abusus sowie IE bei Kunstklappen, früh und spät: *Staphylococcus aureus* (38, 69, 20 und 21%) [245]; Koagulase-negative Staphylokokken (6, 0, 47 und 25%) [250]; *Streptococcus*-Arten (21, 3, 0 und 26%) [252]; Enterokokken (8, 2, 7 und 7%) [258]; HACEK-Gruppe (4, 0, 0 und 1%) [318]; polymikrobielle IE (2, 9, 0 und 1%); weitere Bakterien (4, 5, 0 und 2%) Pilze Verschiedene opportunistische Sprosspilze [382] (1, 2, 0 und 0%) Blutkultur negativ (6, 5, 27 und 7%)

Tabelle **13.8** (Fortsetzung)

Infektion	Wichtige Erreger
Myokarditis/Perikarditis (Mikrobiologische Diagnose sehr schwierig)	Bakterien (selten) Als seltene Komplikation der Endokarditis (Erreger s. oben). *Borrelia burgdorferi* [342] (bei Lyme-Borreliose). Bei hämorrhagischem Perikarderguss an *Mycobacterium tuberculosis* [278] denken. Die Myokarditis bei der Diphtherie [273] ist heute praktisch verschwunden. Die rheumatische Myokaridits als Folgekrankheit nach Infektion mit A-Streptokokken [253] tritt nur noch selten auf. Pilze (selten) Opportunistische Pilze [375–383] bei schweren Systemmykosen immunsupprimierter Patienten. Viren (stehen in den entwickelten Ländern ätiologisch im Vordergrund) Enteroviren (bis zu 50%): vor allem Coxsackie-Viren [490] und Echo-Viren [490]; seltener Polioviren [490]. Selten: Influenza-Viren [510]; Adenoviren [476] (vor allem bei Kindern); Mumpsvirus [523]; Epstein-Barr-Virus [460]; Parvovirus B19 [482]. Protozoen *Toxoplasma gondii* [587] (bei Immunsupprimierten, z.B. beim AIDS); *Trypasonoma cruzi* [568] (häufigste Ursache der Myokarditis in Südamerika). Helminthen *Trichinella spp.* [662] (schwere Komplikation der extraintestinalen Phase der Trichinellose).
Phlebitis/Thrombophlebitis (oft nosokomiale Infektion; ein wichtiger Risikofaktor ist der intravasale Katheter (s. auch Kap. 13.10)).	Bakterien *Enterobacteriaceae* (17–53%), vor allem *Klebsiella spp.* und *Enterobacter spp.* [309]; *Staphylococcus aureus* (15–40%) [245]; Koagulase-negative Staphylokokken (5–20%) [250]; *Pseudomonas aeruginosa* (3–8%) [323]; Enterokokken (2%) [258]. Pilze *Candida spp.* (9–17%) [375].

Tabelle **13.8** (Fortsetzung)

Infektion	Wichtige Erreger
Septische Embolie **Mykotisches Aneurysma** (historischer Begriff, meist durch Bakterien verursacht). **Sekundär infizierte atherosklerotische Läsion**	Diese infektiösen Probleme entstehen zumeist als Komplikation von Endokarditiden. Erreger s. dort. Beim direkten Einbruch eines infektiösen Prozesses von außen in das Gefäßsystem ist das Erregerspektrum sehr breit. Es entspricht weitgehend dem der Sepsis (s. Kap. 13.9). Auffallend ist, dass unter den *Enterobacteriaceae* die enteritischen Salmonellen [296] mit 20% häufig aufgefunden werden.

13.9 Sepsis

Mit dem Begriff Sepsis bezeichnet man die Gesamtheit der klinischen Symptome und pathophysiologischen Veränderungen, die als Reaktion des Makroorganismus auf die Wirkung pathogener Erreger, toxischer Bestandteile oder toxischer Produkte derselben auftreten. Diese Ursachen gelangen aus einem Infektionsherd in den Blutstrom, aktivieren körpereigene, biologische Kaskadensysteme und lösen die Bildung und Freisetzung humoraler und zellulärer Mediatoren aus. Durch sie kommt es zu Zellfunktionsstörungen und Destruktion von Zellmembranen, die Organschädigungen mit mehr oder minder ausgeprägter Organinsuffizienz – in der schwersten Form ein Multiorganversagen – zur Folge haben.

Septische Zustandsbilder (im Folgenden Sepsis genannt) werden in verschiedene klinische Schweregrade unterteilt (s. Tab. **13.9**). Die Prävalenz der Sepsis bei hospitalisierten Patienten beträgt ~ 0,3%. Im Bereich der Intensivmedizin kann sie fünf bis zehn Mal so hoch sein. Zu den für eine Sepsis prädisponierenden Grundkrankheiten gehören alle Formen der Abwehrschwäche. (Informationen zur Sepsis in D s. Kompetenznetz Sepsis: http://www.sepnet.de)

Die *Diagnose* der Sepsis stützt sich auf den Nachweis eines Infektionsherdes sowie auf die folgenden klinischen Kriterien: Fieber über 38 °C, Tachypnoe über 20/min, Tachykardie über 90/min. Wichtige Laborparameter sind eine Leukozytose über 12 000/mm^3 oder eine Leukopenie unter 4 000/mm^3, eine beschleunigte Blutsenkungsgeschwindigkeit, eine Erhöhung des C-reaktiven Proteins (bei Gesunden bis ~ 10 mg/l) und des Procalcitonins (bei Gesunden bis ~ 0,02 µg/l). Weitere klinische Symptome sowie pathologische Laborwerte sind solche, die auf Organschädigungen hinweisen. Zum Nachweis des Infektionserregers dient die Blutkultur (Vorgehen s. S. 25). (Neuerdings werden molekulare Tests (PCR) propagiert, die bis zu 40 verschiedene Bakterien und Pilze sowie 5 Resistenzen innerhalb 6 Std. detektieren).

Primäres Ziel der *Therapie* bei der bakteriellen Sepsis ist die Elimination des Infektionsherdes durch Gabe von Antiinfektiva sowie die chirurgische Intervention – sollte sie notwendig sein. Vor Kenntnis des Erregers und seines Resistenzverhaltens wird eine kalkulierte Initialtherapie (s. S. 218) aufgrund des primären Infektionsherdes (Respirationstrakt, Urogenitaltrakt, Gastrointestinaltrakt, Gallenwege, Haut/Weichteile etc.) und des damit verbundenen Erregerspektrums sowie der Resistenzsituation der möglichen Erreger eingeleitet. Meist wird ein Betalaktam-Antibiotikum mit breitem Wirkungsspektrum (z. B. Cephalosporin 3a/3b oder Piperacillin/Tazobactam oder ein Carbapenem) mit einem Aminoglycosid (Gentamicin) kombiniert. (Einzelheiten zur Therapie müssen entsprechenden Empfehlungen und Leitlinien (z. B. http://www.p-e-g.org/ pder http://www.sepnet.de/) entnommen werden). Eine Antizytokin-Therapie (Mediatorblockade) oder die Therapie mit Endotoxin-Antikörpern mit dem Ziel, die Letalität (= 25–30%) zu senken, haben in mehreren umfangreichen Studien keine Reduktion der Letalität ergeben.

Tabelle **13.9** Sepsis

Infektion	Wichtige Erreger
Sepsis (Oberbegriff) (auch Blutstrominfektion (engl. blood stream infection); Definition s. S. 10) **SIRS** (Systemic Inflammatory Response Syndrome. Auch nichtinfekiöse Ursache möglich) **Sepsis** **Schwere Sepsis** **Septischer Schock**	Bakterien (Häufigkeit (%) des Nachweises in Blutkulturen in verschiedenen Sepsis-Studien). Grampositive Bakterien: *Staphylococcus aureus* [245] in 15–19%; Koagulase-negative Staphylokokken [250] in 9–24%; Enterokokken [258] in 6–8%; *Streptococcus spp.* [257] in 3–14%. Gramnegative Bakterien: *Escherichia coli* [307] in 11–24%; *Enterobacter spp.* [309] in 4–5%; *Klebsiella spp.* [323] in 4–6%; *Pseudomonas aeruginosa* [325] in 4–5%; *Stenotrophomonas maltophilia* in 0,3–2%; selten *Neisseria meningitidis* [290]. Pilze Opportunistische Sprosspilze, vor allem *Candida spp.* [382] in 1–4%. Blutkultur negativ in 30–50% (bei Vorliegen klinischer und biochemischer Parameter, die für SIRS oder auch eine andere Form der Sepsis sprechen).

13.10 Fremdkörper-assoziierte Infektionen

Der Einsatz von intravasalen Kathetern sowie von verschiedensten Implantaten aus synthetischen Polymeren, Metallen oder Keramiken erfolgt in der Medizin immer häufiger. Die unbestreitbaren medizinischen Fortschritte dieser Techniken haben aber auch das Problem der Fremdkörper-assoziierten Infektionen mit sich gebracht. Diese werden überwiegend von Erregern verursacht, die zur normalen Haut- und Schleimhautflora zu rechnen sind. Die Infektion beginnt mit einer irreversiblen Adhäsion der Erreger an die Oberfläche der mit körpereigenen Matrixproteinen überzogenen Fremdkörper, auf welcher dann die Ausbildung eines Biofilms (s. S. 174) folgt. In diesem befinden sich die Bakterien in mehrlagigen Zell-Clustern, eingebettet in eine extrazelluläre Polymersubstanz (EPS). Je nach Fremdkörper und Erreger kann es klinisch zu generalisierten, sepsisartigen, oder zu mehr lokalen Infektionssymptomen kommen.

Die *Labordiagnose* hängt stark von der Art und Lokalisation des Fremdkörpers sowie der Klinik ab. Bei infizierten Gelenkprothesen ist die Punktion des Gelenks und die mikrobiologische und laborchemische Untersuchung des Punktats notwendig. Bei sepsisartigen Symptomen ist die Blutkultur (S. 25) das Vorgehen der Wahl. Bei Verdacht auf die häufigen Katheter-assoziierten Infektionen sollte bei liegendem Katheter gleichzeitig die Entnahme einer peripheren Blutkultur sowie einer Blutkultur aus dem betreffenden Katheter durchgeführt werden. Zur Untersuchung eines entnommenen Katheters wurden semiquantitative Verfahren entwickelt, um eine Kontamination des Katheters bei Entnahme von einer Katheter-assoziierten Infektion zu unterscheiden. Dabei wird ein 5 cm langes intravaskuläres Kathetersegment 4-mal über die Oberfläche einer Blutagarplatte gerollt. Wachsen nach Bebrütung mehr als 15 Kolonien und wächst in der Blutkultur dasselbe Bakterium, liegt wahrscheinlich eine Katheter-asoziierte Infektion vor.

Die *Therapie* richtet sich nach Art und Lokalisation des Fremdkörpers. Kontaminierte Fremdkörper sollten in der Regel entfernt werden, da die antibiotische Sanierung meist nicht möglich ist. In Ausnahmefällen kann zur Erhaltung eines Implantates möglichst frühzeitig eine langdauernde (Monate) Antibiotikatherapie durchgeführt werden. Leider gibt es keine allgemein verbindlichen, durch prospektive Studien belegte Strategien. Durch Staphylokokken infizierte Gelenkprothesen lassen sich durch eine Kombination von einem Fluorchinolon mit guter Wirkung gegen grampositive Bakterien (Levofloxacin, Moxifloxacin; Studie aber nur mit Ciprofloxacin) plus Rifampicin, verabfolgt über 6–12 Monate, in ungefähr der Hälfte der Fälle sanieren. Voraussetzung ist Empfindlichkeit der Staphylokokken. Sind gramnegative Erreger zu erwarten, kann ein Cephalosporin 3a/3b, evtl. kombiniert mit einem Aminoglykosid, gegeben werden. In vielen Fällen jedoch ist ein Wechsel des Implantates – wenn möglich zweizeitig – unter hoch dosierter gezielter Antibiotikatherapie erforderlich.

Tabelle **13.10** Fremdkörper-assoziierte Infektionen

Fremdkörper	Wichtige Erreger
Intravenöse und intraarterielle Gefäß-Katheter Gefäßprothesen Prothetische Hämodialyse-Shunts Schrittmachersysteme Defibrillatorsysteme Liquor-Ableitungssysteme Gelenk-Endoprothesen Peritonealdialyse-Systeme Mammaprothesen	Bakterien (in 80–95%) Koagulase-negative Staphylokokken, in 40–60% [250]; *Staphylococcus aureus*, in 5–30% [245]; verschiedene *Enterobacteriaceae* [309] und Pseudomonaden, in 15–30% [322]. Selten *Propionibacterium spp.* [276], *Corynebacterium spp.* [276], *Acinetobacter spp.* [292]. Pilze (in 5–20%) *Candida spp.* und weitere Sprosspilze [382].

Zur *Prävention* von Fremdkörper-assoziierten Infektionen müssen strikte hygienische Vorschriften eingehalten werden, die in den Hygienehandbüchern der Kliniken festgelegt sind.

13.11 Infektionen des lymphatischen und hämatopoetischen Systems

Zu diesem Kapitel gehören Infektionskrankheiten, die sich vor allem in einer ausgeprägten lokalen oder generalisierten **Lymphangitis** und **Lymphadenitis**, gelegentlich auch mit einer **Splenomegalie** und/oder **Hepatomegalie** oder in einer Symptomatik manifestieren, die die zellulären Elemente des Blutes betreffen.

Tabelle **13.11** Lymphatisches und hämatopoetisches System

Infektion	Wichtige Erreger
Bakteriosen	
Brucellose	*Brucella abortus, B. melitensis, B. suis* [328].
Ehrlichiosen/Anaplasmosen	
humane monozytäre Ehrlichiose (HME)	*Ehrlichia chaffeensis* [350].
Humane granulozytäre Ehrlichiose (HGE) bzw. Anaplasmose (HGA)	*Ehrlichia ewingii* [350]; *Anaplasma phagocytophilum* [350] (früher *Ehrlichia phagocytophila*)

Tabelle **13.11** (Fortsetzung)

Infektion	**Wichtige Erreger**
Katzen-Kratz-Krankheit	*Bartonella henselae* [332]; selten *Afipia felis* [333].
Oroyafieber	*Bartonella bacilliformis* [331].
Pest (Bubonenpest)	*Yersinia pestis* [303].
Rattenbissfieber	*Streptobacillus moniliformis* [318].
Rückfallfieber	*Borrellia recurrentis* [341]; *B. duttonii* [341]; *B. hermsii* [341].
Sodoku (Rattenbissfieber)	*Spirillum minus* [322].
Tularämie	*Francisella tularensis* [320].
Virale Infektionen	
Epstein-Barr-Virus-assoziierte Tumoren	Epstein-Barr-Virus [462].
HIV-Infektion (AIDS)	Humane Immundefizienz-Viren [542].
Infektiöse Mononukleose (Pfeiffersches Drüsenfieber)	Epstein-Barr-Virus [460]; selten Zytomegalie-Virus [458].
Parvovirus-assoziierte Krankheiten: **Transiente, aplastische Krise (TAK)** bei chronischer hämolytischer Anämie. **Aplastische Anämie** bei Immunsuppression	Parvovirus B19 [482].
T-Zell-Leukämie, adulte	Humanes T-Zell-Leukämievirus Typ 1 [541]
Protozoonosen	
Babesiose	*Babesia spp.* [607].
Leishmaniose, viszerale	*Leishmania donovani; L. infantum; L. chagasi* [571].
Malaria	*Pasmodium spp.* [593].
Toxoplasmose	*Toxoplasma gondii* [586].
Trypasonomose	*Trypanosoma brucei gambiense; T. b. rhodesiense* [565].
Helminthosen	
Filiarose (lymphatische Filiarose, Elephantiasis)	*Wuchereria bancrofti* [652]; *Brugia malayi* [652].

Bei Tropenrückkehrern muss bei allen fieberhaften Erkrankungen immer der Verdacht auf eine Malaria in Betracht gezogen werden. Tabelle 13.**11** führt die in Frage kommenden Infektionen auf. Einzelheiten zur Pathogenese, Klinik, Labordiagnose, Epidemiologie, Therapie und Prophylaxe s. Spezialkapitel.

13.12 Infektionen der Kutis und Subkutis

Lokalinfektion oder Systeminfektion mit vorwiegend kutaner und/oder subkkutaner Manifestation

Bei vielen systemischen Infektionskrankheiten – gute Beispiele sind bestimmte Kinderkrankheiten – manifestiert sich die Krankheit in Form eines Ausschlags (= Exanthem) an der Haut. Die Effloreszenzen können fleckenförmig, (makulös), erhaben (papulös) oder bläschenförmig (vesikulös) sein. Aufgrund der Morphologie des Hautauschlags und weiterer klinischer Symptome können bestimmte systemische Krankheiten vermutet werden. Die Bestätigung der Diagnose muss durch den Nachweis des Erregers oder durch Bestimmung von Antikörpern erfolgen. Einzelheiten dazu sowie Informationen zur Klinik, Epidemiologie, Prophylaxe und Therapie müssen den entsprechenden Kapiteln entnommen werden.

Infektionen der Haut können auch durch primären Kontakt mit pathogenen Erregern zustande kommen. Voraussetzung dafür ist jedoch, dass die äußerst wirksamen unspezifischen Abwehrmechanismen der Haut, vor allem ihr anatomischer Aufbau, der Säuremantel, der Salzgehalt des Schweißes, die Fettsäuren der Talgdrüsen sowie die normale Hautflora (s. S. 10), nicht mehr intakt sind. Lokalinfektionen entstehen vor allem bei Mikrotraumen oder Makrotraumen der Haut. Bei einigen Virusinfektionen (z. B. Herpes und Zoster) kann die Aktivierung persistierender Virusgenome in Nervenzellen zu Hautläsionen führen.

Die *mikrobiologische Diagnostik* bakterieller Hautinfektionen besteht meist im kulturellen Erregernachweis aus Abstrich- oder Biopsiematerial. Zur Labordiagnose der Hautmykosen gehört der mikroskopische Nachweis in einem Nativpräparat sowie die Kultur. Bei den primären viralen Infektionen der Haut wird diagnostisch der Direktnachweis von spezifischen Antigenen oder Nukleinsäuresequenzen, evtl. auch die Anzüchtung in der Zellkultur, verwendet. Bei vesikulären Effloreszensen (Herpes, Varizellen) kann auch das Elektronenmikroskop eingesetzt werden. Von den in Mitteleuropa häufigsten Parasitosen der Haut wird der Befall mit Zecken sowie mit Kopf- oder Filzläusen durch Blickdiagnose diagnostiziert. Die Diagnose der Infestation mit Milben bei Scabies erfolgt mikroskopisch. (Einzelheiten s. bei den entsprechenden Kapiteln).

Ektoparasiten können auch allergische Hautveränderungen hervorrufen.

Tabelle 13.12 Kutis und Subkutis

Infektion	Wichtige Erreger
Bakteriosen	
Abszesse	*Staphylococcus aureus* (>80 %) [245]; *Enterobacteriaceae* [309].
Acrodermatitis chronica atrophicans	*Borrelia burgdorferi* (Lyme-Borreliose Stadium III) [342].
Akne vulgaris	*Propionibacterium acnes* [246]
Aktinomykose (zervikofaziale Form)	*Actinomyces israelii* [273]. Selten andere *Actinomyces*-Arten [273]. Oft Begleitkeim vorhanden, z. B. *Actinobacillus* (neu auch *Aggregatibacter*) *actinomycetemcomitans* [318].
Angiomatose, bakterielle (vor allem bei AIDS-Patienten)	*Bartonella henselae* [331]; *Bartonella quintana* [331].
Bulla repens	*Streptococcus pyogenes* [254]
Buruli-Ulkus (Tropen)	*Mycobacterium ulcerans* [286]
Dekubitus	Polymikrobielle Ätiologie: *Staphylococcus aureus* [245]; *Enterobacteriaceae* [309]; *Pseudomonas spp.* [322]; Anaerobier [260; 333].
Dermatitis exfoliativa	*Staphylococcus aureus* (Exfoliatine) [248].
Ecthyma	*Streptococcus pyogenes* [251].
Ecthyma gangraenosum	*Pseudomonas aeruginosa* [323] (bei Immunschwäche)
Erysipel	*Streptococcus pyogenes* [254].
Erysipeloid (selten)	*Erysipelothrix rhusiopathiae* [269].
Erythema migrans	*Borrelia burgdorferi* [342] (Lyme-Borreliose Stadium I)
Follikulitis	Meist *Staphylococcus aureus* [247]; *Pseudomonas aeruginosa* [322] bei Whirlpool-assoziierter Follikulitis
Furunkel/Karbunkel	*Staphylococcus aureus* [248].
Hautmilzbrand	*Bacillus anthracis* [260].
Impetigo contagiosa	
– bullös, großblasig	*Staphylococcus aureus* [247].
– kleinblasig	*Streptococcus pyogenes* [254].
Lepra (Hautmanifestationen)	*Mycobacterium leprae* [283].

13

Tabelle **13.12** (Fortsetzung)

Infektion	Wichtige Erreger
Lymphadenosis cutis benigna	*Borrelia burgdorferi* [342] (Lyme-Borreliose Stadium II)
Melioidose (auch Leberabszesse)	*Burkholderia pseudomallei* [325].
Mykobakteriosen der Haut	
Tuberkulose der Haut (Lupus vulgaris)	*Mycobacterium tuberculosis* [280].
Nichttuberkulöse Mykobakteriosen der Haut	Verschiedene nichttuberkulöse (atypische) Mykobakterien (NTM) [286].
Myzetom (s. auch bei Maduramykose)	*Nocardia brasiliensis* [287]; *Actinomadura madurae* [287]; *Streptomyces brasiliensis* [287].
Panaritium, Paronychie	Meist *Staphylococcus aureus* [245].
Rickettsiosen (Fleckfieber und weitere)	*Rickettsia spp.* [348].
Rotz (Malleus)	*Burkholderia mallei* [325].
Scharlach	*Streptococcus pyogenes* [253].
Staphylococcal Toxic Shock Syndrome (TSS)	*Staphylococcus aureus*-Stämme, die das „Toxic Shock Syndrome Toxin" (= TSST-1) produzieren [248].
Syphilis (Lues), Stadium II	*Treponema pallidum, subsp. pallidum* [337].
Treponematosen, nichtvenerische	
endemische Syphilis	*Treponema pallidum, subsp. endemicum* [339]
Pinta	*Treponema pertenue* [340]
Frambösie	*Treponema carateum* [340].
Verbrennungswunden, Infektionen von	*Staphylococcus aureus* [245]; *Pseudomonas aeruginosa* [323] und weitere Pseudomonaden [323]; *Enterobacteriaceae* [309].
Verruga peruana	*Bartonella bacilliformis* [332].
Wundinfektionen (postoperativ [65] und posttraumatisch)	*Staphylococcus aureus* (45%) [245]; Enterokokken (27%) [258], *Escherichia coli* (23%) [306], *Pseudomonas aeruginosa* (26%) [322], *Klebsiella spp.* (15%) [309], *Streptococcus spp.* (8%) [252]; viele andere Bakterien.
Zellulitis/Phlegmone	*Streptococcus pyogenes* [253]; selten *Staphylococcus aureus* [245] und *Enterobacteriaceae* [309].

Tabelle **13.12** (Fortsetzung)

Infektion	Wichtige Erreger
Mykosen	
Chromomykose	schwarze Schimmelpilze (verschiedene) [385].
Dermatomykosen	Dermatophyten (verschiedene) [385]; *Candida spp.* [375].
Maduramykose	*Madurella spp.* [385]; *Pseudoallescheria spp.* [385]; *Aspergillus spp.* [378].
Pityriasis (Tinea) versicolor	Malassezia furfur [387].
Sporotrichose	*Sporothrix schenckii* [385].
Tinea nigra	*Exophilia werneckii* [387].
Virale Infektionen	
Erythema infectiosum (Syn.: Fünfte Krankheit)	Parvovirus B19 [482].
Exanthema subitum	humanes Herpesvirus (HHV) 6 und 7 [465].
hämorrhagische Fieber	Bunyaviren [530]; Arenaviren [534]; Flaviviren [497]; Marburg-Virus [527]; Ebola-Virus [527].
Hand-Fuß-Mund-Erkrankung	Coxsackie-A-Viren [490]; Enterovirus 71 [490].
Herpes	Herpes-simplex-Virus Typ 1 und 2 [452].
Kaposi-Sarkom	humanes Herpes-Virus 8 [466]. Meist bei Immunsupprimierten.
Masern	Masernvirus [519].
Molluscum contagiosum (Dellwarze)	Molluscum-contagiosum-Virus (Molluscipoxvirus) [487].
Papillome	humane Papillomaviren [479].
Parapoxvirus-Infektionen **Affenpocken** **Kuhpocken** **Infektionen mit Orf-Virus** **Infektionen mit Melkerknoten-Virus** **(alle sehr selten)**	Menschenpathogene Stämme tierischer Parapoxviren [485].
Pocken (Mensch)	Variola-Virus [485].
Röteln	Rubella-Virus [507].

Tabelle **13.12** (Fortsetzung)

Infektion	Wichtige Erreger
Varizellen (Windpocken)	Varicella-Zoster-Virus [454].
Warzen	Papillomaviren (verschiedene) [479].
Zoster (Gürtelrose)	Varicella-Zoster-Virus [454].
Protozoonosen	
Kutane Leishmaniose (Orientbeule)	*Leishmania major* [571]; *Leishmania tropica* [571]; *Leishmania aethiopica* [571].
Amerikanische Haut- und Schleimhautleishmaniose	*Leishmania mexicana*-Komplex [571]; *Leishmania braziliensis*-Komplex [572]; *Leishmania peruviana* [572].
Helminthosen	
Cysticercose (Unterhaut)	Finnen (= Cysticercus) von *Taenia solium* [631].
Larva migrans externa (LME) (Hautmaulwurf)	Larven von *Strongyloides spp.* [649] und *Ancylostoma spp.* [645].
Loaose (Haut-Läsionen)	*Loa loa* (Wanderfilarie) [656].
Onchocercose (Hautknoten; Dermatitis)	*Onchocerca volvulus* (Adulte in Hautknoten, Mikrofilarien in Dermis) [656].
Zerkariendermatitis	Zerkarien von *Schistosoma*-Arten, meist von Wasservögeln (kommt in Mitteleuropa vor) [621].
Arthropoden-Befall	
Flohbefall	Verschiedene Floharten, meist von Tieren. Menschenfloh (*Pulex irritans*) selten [678].
Läusebefall	*Pediculus*-Arten [673]; *Phthirus pubis* (Filzlaus) [675].
Myiasis furunkulöse Myiasis Hautmaulwurf Wundmyiasis	Larven und Maden verschiedener Fliegen [676].
Scabies (Krätze)	*Sarcoptes scabiei* [671].
Tungose (Sandflohbefall; Tropen)	*Tunga penetrans* [679].

Tabelle **13.12** (Fortsetzung)

Infektion	Wichtige Erreger
Zeckenbefall (Zecken als Überträger von Lyme-Borreliose [342], endemischem Rückfallfieber [341], Zeckenbissfieber-Rickettsiosen [348], Ehrlichiosen/Anaplasmosen [350], FSME [350], Krim-Kongo-(hämorrhagisches) Fieber [53].	In Mitteleuropa meist *Ixodes ricinus* (Holzbock) [668], aber auch Arten der Gattungen *Dermacentor* und *Rhipicephalus*.

13.13 Infektionen des Bewegungsapparats (Knochen, Gelenke, Muskulatur, tiefe Weichteile)

Infektiöse Arthritiden können hämatogen durch Streuung von einer Primärinfektion aus entstehen oder als Folge eines Traumas bzw. eines operativen Eingriffs durch direkten Zugang von Erregern in das Gelenk auftreten. Klinisch im Vordergrund steht der Lokalbefund mit Schwellung, Rötung und Überwärmung des entsprechenden Gelenks. Bei Verdacht auf eine eitrige Arthritis muss das Gelenk sofort punktiert und das Punktat mikrobiologisch und laborchemisch untersucht werden.

Therapeutisch wird das Gelenk ruhiggestellt, eine Saug-Spül-Drainage für mehrere Tage durchgeführt sowie mit einer Antibiotikatherapie begonnen. Liegt die mikrobiologische Diagnose noch nicht vor, werden das Staphylokokken-wirksame Penicillin Flucloxacillin plus ein Fluorchinolon 2 (Ciprofloxacin) oder Amoxycillin/ Clavulansäure eingesetzt. Zur Prävention einer iatrogenen Arthritis nach Manipulationen im Gelenkinneren (z. B. Arthroskopie) müssen strikte sterile Kautelen eingehalten werden.

Unter dem Begriff **reaktive Arthritis** werden Gelenkerkrankungen zusammengefasst, die Tage bis Wochen nach einer Infektion an einem gelenkfernen Ort (Urogenitaltrakt, Gastrointestinaltrakt, Respirationstrakt) zu einer sterilen, nicht-eitrigen Arthritis führen. Gehäuft treten reaktive Arthritiden bei Personen mit dem Histokompatibilitätsantigen HLA-B27 auf. Klinisch steht eine asymmetrische, häufig oligoartikuläre Arthritis der unteren Extremitäten meist ohne Hautrötung und Überwärmung im Vordergrund. Die Pathogenese ist unklar. Ergebnisse bei Tiermodellen sprechen dafür, dass lösliche Antigen-Antikörper-Komplexe in der Synovia abgelagert werden, und als Folge der Aktivierung des Komplementsystems durch diese Komplexe eine Entzündung eingeleitet wird (Typ III der krankmachenden Immunreaktionen [s. S. 144]).

13

Die *Labordiagnose* ist schwierig. Sie umfasst den Nachweis möglicher Erreger oder von Bestandteilen derselben im Urogenitaltrakt, Gastrointestinaltrakt oder Respirationstrakt sowie die Bestimmung von Antikörpern gegen in Frage kommende Mikroorganismen. *Therapeutisch* stehen antiphlogistische Maßnahmen im Vordergrund.

Die **nekrotisierende Fasziitis** ist eine lebensbedrohliche Infektion, die sich durch rasch ausbreitende Nekrosen der betroffenen Faszien und Muskeln auszeichnet. Die Erreger dringen meist über Bagatelltraumen ein. Klinisch imponiert der starke lokale Schmerz sowie eine markante Schwellung, die oft von einem Hauterythem begleitet wird. Die Nekrosen sind meist ausgedehnter als die Hautveränderungen vermuten lassen.

Die mikrobiologische *Diagnostik* umfasst den kulturellen Nachweis der Erreger im Material aus dem Infektionsgebiet. *Therapeutisch* steht ein radikales Débridement mit Nekrosektomie im Vordergrund. Die chirurgischen und intensivmedizinischen Maßnahmen müssen durch eine gezielte Antibiotikatherapie ergänzt werden. Bei der „kalkulierten" Therapie des Typs 1 (s. Tab. **13.13**) wird ein Cephalosporin 3a/3b plus entweder Clindamycin oder Metronidazol empfohlen. Alternativen sind Amoxycillin/Clavulansäure oder ein Carbapenem. Beim Typ 2 verursacht durch *Streptococcus pyogenes* muss Benzylpenicillin mit Clindamycin (stoppt die Synthese der pyrogenen Streptokokken-Exotoxine (PSE)) kombiniert werden. Bei der Streptokokken-Fasziitis hat sich auch die zusätzliche Gabe eines polyvalenten Immunserums (55) bewährt.

Die **hämatogene Osteomyelitis/Ostitis** entsteht vorzugsweise bei Kindern und Jugendlichen. Sie befällt vor allem die Metaphyse der langen Röhrenknochen. Im Erwachsenenalter ist sie selten. Ausgangspunkt sind Infektionen der oberen und tiefen Atemwege, Infektionen des Urogenital- und Gastrointestialtrakts, sowie Infektionen der Haut. Typische klinische Symptome gibt es nicht. Schmerzen sowie evtl. Entzündungszeichen sollten die *Basisdiagnostik* veranlassen: Laborchemie (BSG, CRP, Blutbild etc.); Röntgenbild; Szintigramm; Blutkultur; kultureller Erregernachweis aus Biopsiematerial. Die *Therapie* beinhaltet Ruhigstellung, die chirurgische Entfernung von nekrotischem Gewebe sowie die gezielte hochdosierte Antibiotikatherapie für 4–6 Wochen. Ist der Erreger nicht bekannt, kommen Amoxycillin/Clavulansäure oder Fluorchinolone 2/3 (nicht bei Kindern) plus Clindamycin in Frage.

Bei der **posttraumatischen und postoperativen Knocheninfektion** gelangen die Erreger von außen in den Knochen. Klinische Zeichen bei der akuten Ostitis sind Schwellung, Rötung und Überwärmung über dem betroffenen Knochen, Fieber sowie Schmerzen. Bei der chronischen Ostitis fehlen oft allgemeine Entzündungszeichen. Das diagnostische Vorgehen entspricht der Basisdiagnostik bei der hämatogenen Osteomyelitis. Für die *ätiologische Diagnose* ist in der Regel eine Biopsie oder die Aspiration direkt aus dem Infektionsherd erforderlich. Ein Abstrich aus dem Wundgebiet oder einem evtl. vorhandenen Fistelgang ist nicht ausreichend und beweist auch bei einem positiven Befund nicht, dass die nachgewiesenen Bakterien Ursache der Infektion sind.

Therapeutisch stehen chirurgische Maßnahmen, wie Débridement und Saug-Spül-Drainage, im Vordergrund. Die Antibiotikatherapie muss das Resistenzmuster der Erreger berücksichtigen. Für die „kalkulierte Therapie" werden Amoxycillin/Clavulansäure, ein Cephalosporin 2 oder Clindamycin empfohlen. Bei hohem Risiko für Methicillin-resistente Staphylokokken (MRSA, S. 249) muss Teicoplanin oder Vancomycin jeweils kombiniert mit Ciprofloxacin eingesetzt werden. Eine lokale Antibiotikatherapie kann bei chronischer Ostitis durch Einlegen von Antibiotika-haltigen Trägern (z.B. Gentamicin-PMMA-Kugeln) in die Knochenhöhle erfolgen.

Die **Muskulatur** ist Ansiedlungsort von Trichinella-Larven und der Metazestoden (Cysticercus) von *Taenia solium*. Die Muskulatur kann auch bei anderen Parasitosen involviert sein (u.a. bei der Leishmaniose und der Toxoplasmose).

Infizierte Gelenkprothesen s.S. 712.

Tabelle **13.13** Bewegungsapparat (Knochen, Gelenke, Muskulatur, tiefe Weichteile)

Infektion	Wichtige Erreger
Arthritis, infektiöse	Bakterien: *Staphylococcus aureus* (~75%) [245]; *Streptococcus pyogenes* [251]; *Streptococcus pneumoniae* [255]; *Neisseria gonorrhoeae* (oft Gonarthritis) [288]; *Escherichia coli* und weitere *Enterobacteriaceae* [309]; *Haemophilus influenzae* Serovar „b" (bei Kindern) [315]; *Borrelia burgdorferi* (Lymeborreliose Stadium II und III) [343]. Viren: Parvovirus B19 (nach Erythema infectiosum) [482]; Rötelnvirus (im Erwachsenenalter) [507].
Arthritis, reaktive, Infektion-assoziiert (Rheumafaktor-negativ)	Urogenitaltrakt: *Chlamydia trachomatis* [354]; *Neisseria gonorrhoeae* [288]. Gastrointestinaltrakt: *Salmonella enterica* [296]; *Campylobacter jejuni* [320]; *Yersinia enterocolitica* [305]. Respirationstrakt: *Streptococcus pyogenes* (Poststreptokokken-Arthritis) [253]; *Chlamydophila pneumoniae* [355]; *Haemophilus influenzae* [315].
Clostridien-Weichteilinfektionen	Am häufigsten *Clostridium perfringens* [264]; weitere Clostridien-Arten [264].
Gasbrand/Gasödem	mit Myonekrose
Anaerobe Zellulitis	ohne Myonekrose

Tabelle **13.13** (Fortsetzung)

Infektion	Wichtige Erreger
Diabetischer Fuß (oberflächliche und tiefe Infektion)	*Staphylococcus aureus* [247]; Streptokokken Gruppe A, B, C, G [257]; Enterokokken [259]; *Enterobacteriaceae* [309]; gramnegative Anaerobier [333].
Myositis/Pyomyositis	*Staphylococcus aureus* [247]: anaerobe Kokken [260].
bei Toxoplasmose bei Cysticerkose bei Trichinellose	Toxoplasma *gondii* [586]. Finnen (= Cysticercus) von *Taenia solium* [631] Larven von *Trichinella spp.* [662].
Nekrotisierende Fasziitis **Typ 1; polybakteriell** (Fourier-Gangrän im Perinealbereich)	Häufig aerob/anaerobe Mischflora: *Enterobacteriaceae* [309]; *Staphylococcus aureus* [248]; *Streptococcus bovis* [252] *Clostridium spp.* [264]; Anaerobier [260; 333]
Typ 2; monobakteriell (bei Streptokokken-Fasziitis/Myositis septischer Schock mit Multiorganversagen möglich)	*Streptococcus pyogenes* [253] (bei Risiko-MHCII-Allotyp). Selten: *Staphylococcus aureus* [248]; *Vibrio vulnificus* [319]; *Aeromonas hydrophila* [317].
Osteomyelitis/Ostitis	
hämatogene O.	*Staphylococcus aureus* (in 70-80%) [248]; bei Kindern auch *Streptococcus pyogenes* [251] und *Haemophilus influenzae* „b"[315]; *Enterobacteriaceae* [309]; selten *Pseudomonas spp.* [322]; *Brucella spp.* [328]; *Actinomyces spp.* [273]; *Mycobacterium tuberculosis* (Knochentuberkulose) [280].
posttraumatische und postoperative O. (gelegentlich polymikrobiell)	Grampositive Kokken (80–90%): *Staphylococcus aureus* (~70%) [248]; Koagulase-negative Staphylokokken [250]; selten *Streptococcus spp.* [252] und Enterokokken [258]. Gramnegative Stäbchen (20-30%): *Enterobacteriaceae* [309]; *Pseudomonas spp.* [322]; anaerobe gramnegative Stäbchen. (~5%) [333].
Spondylitis/ Spondylodiszitis	Erreger s. bei hämatogener Osteomyelitis/Ostitis
Trichinellose (extraintestinale Phase, Myositis)	Larven von *Trichinella spp.* [662].
Cysticerose (Skelett-muskulatur)	Finnen (= Cysticercus) von *Taenia solium* [631].

13.14 Infektionen der Augen und Ohren

Unter einer **Endophthalmitis** versteht man eine akut oder chronisch verlaufende, mikrobielle Entzündung der Augeninnenräume. Exogene Endophthalmitiden entstehen posttraumatisch oder postoperativ. Posttraumatische Augeninfektionen hängen im Ausmaß von der Größe und der Verunreinigung des bulbuseröffnenden Traumas ab. Akute postoperative Endophthalmitiden treten 12–24 h nach dem Eingriff auf. Ihre Frequenz liegt unter 0,1 %. Das Keimspektrum der posttraumatischen intraokulären Infektionen entspricht der mikrobiellen Kontamination des Gegenstandes, mit dem die Perforation erfolgte, und ist demnach sehr vielfältig. Bei den postoperativen Endophthalmitiden stehen Mikroorganismen der Haut und der Schleimhäute des oberen Respirationstrakts im Vordergrund. Ausgangspunkt für bakterielle endogene Endophthalmitiden sind primäre Infektionsherde, von denen aus die Erreger auf hämatogenem Wege ins Auge gelangen. Bei klinischen Hinweisen auf eine Endophthalmitis sollte der Erregernachweis angestrebt werden. Am meisten Erfolg verspricht dabei die Gewinnung und Untersuchung von Glaskörpermaterial. Bei fulminanten bakteriellen Infektionen müssen Antibiotika topisch (Augentropfen), intravitreal und auch systemisch verabfolgt werden. Für die kalkulierte Antibiotikatherapie (S. 218) werden meist Gentamicin, Vancomycin und Ceftazidim (wegen guter Pseudomonas-Wirkung) eingesetzt. Gelingt der Erregernachweis, kann auf eine gezielte Therapie umgestellt werden.

Bei der **Keratitis** handelt es sich um eine durch eine Verletzung oder durch eine Virusinfektion (Herpesviren/Adenoviren) ausgelöste Entzündung der Cornea. Ein durch Bakterien verursachtes Hornhautulkus mit Eiterspiegel in der vorderen Augenkammer (= Hypopyon) wird als Ulcus serpens (oft durch *Streptococcus pneumoniae* verursacht) bezeichnet. Das wichtigste klinische Symptom bei der Keratitis ist das „rote Auge“ mit konjunktivaler und ziliarer Injektion. Die spezifische Diagnostik strebt den Erregernachweis aus einem Abstrich des Ulkus oder aus Hornhautgeschabsel an. Zur Therapie werden – je nach Erregergruppe – antimikrobielle Substanzen topisch in Form von Tropfen oder Salben eingesetzt. Beim Trachom wird ein Makrolid oder ein Tetrazyklin topisch und systemisch für mindestens 3 Wochen gegeben.

Klinisch ist die **Konjunktivitis** durch eine Gefäßerweiterung, eine zelluläre Infiltration und eine Exsudation der Bindehaut charakterisiert. Das Keimspektrum kann – ähnlich wie bei den übrigen Augeninfektionen – außerordentlich vielfältig sein. Bei schweren und rezidivierenden Konjuntivitiden ist ein Erregernachweis aus einem Abstrich anzustreben. Bei bakteriellen Konjunktivitiden werden Antibiotika mit breitem Wirkungsspektrum (z. B. Gentamicin, ein Tetrazyklin, Chloramphenicol, bei Pseudomonas-Verdacht Polymyxin B) topisch verabfolgt. Bei den Herpes-Konjunktivitiden wird Aciclovir eingesetzt.

Die **Otitis media** ist eine sehr häufige Krankheit von Kindern im Vorschulalter, tritt aber auch bei älteren Kindern, Jugendlichen und Erwachsenen auf. Die Erreger dringen – oft im Rahmen einer Infektion der oberen Luftwege - über die Eustachische Röhre ins Mittelohr ein. Durch Schwellung der Tubenschleimhaut ist deren Drainagefunktion gestört. Klinisch stehen Ohrenschmerzen, Fieber und Hörstörungen im Vordergrund. Die *Diagnose* wird anamnestisch und durch den Ohrbefund (Trommelfellinspektion) gestellt. Bei der *Therapie* muss entschieden werden, ob ein Einsatz von Antibiotika nötig ist. Bei geringer Beeinträchtigung des Patienten ist eine Antibiotikatherapie oft nicht notwendig, da die Selbstheilungsrate (bei Kindern bis zu 60%) hoch ist. Ist eine Antibiotikatherapie indiziert, kommen Amoxycillin/Clavulansäure, ein orales Cephalosporin (Cefuroxim-Axetil oder Cefpodoxim) oder ein neueres Makrolid in Frage.

Die **Otitis externa** kann als lokalisierte, durch *Staphylococcus aureus*, evtl auch durch *Streptococcus pyogenes*, verursachte Infektion auftreten. Im diesem Fall wird die Initialtherapie mit Flucloxacillin begonnen. Oder sie manifestiert sich als **Otitis externa maligna** mit einem Übergreifen auf Knochenstrukturen bei Patienten mit Abwehrschwäche (ältere Diabetiker) und wird dann fast immer durch *Pseudomonas aeruginosa* verursacht. Die Initialtherapie muss mit einem gegen *Pseudomonas* wirksamen Antibiotikum erfolgen. Alternativen sind: ein Cephalosporin 3b, ein Carbapenem, ein Fluorchinolon 2 (Ciprofloxacin) jeweils in Kombination mit Gentamicin.

Tabelle **13.14** Augen und Ohren

Infektion	Wichtige Erreger
Endophthalmitis **exogene Endophthalmitis** (postraumatisch oder postoperativ) **endogene Endophthalmitis** (hämatogene Aussaat der Erreger einer Primärinfektion oder fortgeleitet von anderen Augeninfektionen)	Bakterien (am häufigsten) Grampositive Bakterien: Koagulase-negative Staphylokokken (70%) [250]; *Staphylococcus aureus* (10%) [245]; *Streptococcus pneumoniae* [256]; *Bacillus spp.* [261]; *Actinomyces spp.* [273]; *Nocardia* spp. [286]; *Propionibacterium spp.* [286]; *Mycobacterium spp.* [277]. Gramnegative Bakterien: *Haemophilus influenzae* [314]; *Neisseria meningitidis* [290]; *Enterobacteriaceae* [309]; *Pseudomonas aeruginosa*; [323]; *Moraxella lacunata* [292]. Pilze *Candida spp.* [375]; *Aspergillus spp.* [378]; *Mucorales* [380]; *Fusarium spp.* [382]; Viren Herpes -simplex -Virus [452]; Varicella-Zoster-Virus [454]; Zytomegalie-Virus [458]; Masernvirus [519]; Rötelnvirus [507].

Tabelle **13.14** (Fortsetzung)

Infektion	Wichtige Erreger
	Protozoen *Toxoplasma gondii* (bei Immundefizienz) [586]. Helminthen *Onchocerca volvulus* [657]; Larven von *Toxocara spp.* [664]; Finnen (= Cyticercus) von *Taenia solium* [631] bei okulärer Cysticercose.
Keratitis (Konjunktiva meist mitbeteiligt)	Bakterien (in ungefähr 90 %) Grampositive Bakterien: *Staphylococcus aureus* [245]; Koagulase-negative Staphylokokken [250]; *Streptococcus pneumoniae* [256]; *Bacillus spp.* [261]; *Actinomyces spp.* [273]; *Nocardia spp.* [286]. Gramnegative Bakterien: *Neisseria gonorrhoeae* [288]; *Enterobacteriaceae* [309]; *Pseudomonas aeruginosa* [323]; *Moraxella lacunata* [292]. Andere: *Chlamydia trachomatis*, Biovar *trachoma* [353]; *Chlamydophila pneumoniae* [355]. Pilze *Candida spp.* [375]; *Aspergillus spp.* [378]; Hyphomyzeten [382]. Viren Herpes-simplex-Virus [452]; Adenoviren [476]; Varicella-Zoster-Virus [454]; Masern-Virus [519]; Röteln-Virus (Embryopathie) [507]. Protozoen *Acanthamoeba spp.* (vor allem bei Linsenträgern) [582]; *Encephalitozoon hellem* [610]. Helminthen *Onchocerca volvulus* [(Mikrofilarien, Tropen) [657].
Konjunktivitis/Skleritis (auch Keratokonjunktivitis möglich)	Bakterien (in ungefähr 80 %) Grampositive Bakterien: *Streptococcus pneumoniae* [256]; andere Streptokokken [257]; *Staphylococcus aureus* [245]. Gramnegative Bakterien: *Neisseria gonorrhoeae* (perinatale Infektion) [288, 731T]; *Haemophilus aegyptius* [316]; *Haemophilus influenzae* [314]; *Enterobacteriaceae* [309]; *Pseudomonas aeruginosa* [323]; *Moraxella lacunata* [392].

Tabelle **13.14** (Fortsetzung)

Infektion	Wichtige Erreger
	Andere: *Chlamydia trachmatis* , Biovar *trachoma* (perinatale Infektion [732T], aber auch bei Erwachsenen) [353]. Pilze (sehr selten) *Candida albicans* und weitere Hefen. [375]. Viren (in ungefähr 20 %) Adenoviren (Keratokonjunktivitis epidemica) [476]; Herpes-simplex-Virus [452]; Varicella-Zoster-Virus (bei Zoster ophthalmicus) [454]; Influenzaviren [510]; Masernvirus [519].
Otitis externa	Bakterien *Staphylococcus aureus* [245]; *Streptococcus pyogenes* [251]; *Pseudomonas aeruginosa* [323]; evtl. andere Pseudomonaden [325].
Otomykose	Pilze *Candida spp.* [375]; *Aspergillus spp.* [378].
Otitis media und **Mastoiditis**	Bakterien *Streptococcus pneumoniae* (30–50 %) [256]; *Haemophilus influenzae* (20–30 %; wegen Impfung abnehmende Tendenz) [314]; *Moraxella catarrhalis* (5–20 %; häufig bei Kindern) [292]; *Staphylococcus aureus* [245]; *Streptococcus pyogenes* [251]; selten *Enterobacteriaceae* [309]. Viren (in ungefähr 5–10 %) Influenzaviren [510]; Parainfluenzaviren; [516]; Adenoviren [475]; Respiratory-Syncytial-Virus [518] Masernvirus [519].
Periokuläre Infektionen **Augenlider** Blepharitis, Dermatoblepharitis **Tränenapparat** Dakrozystitis, Dakroadenitis, Kanaliculitis	Bakterien *Staphylococcus aureus* (bei Hordeolum, akuter Dakrozystitis und Dakroadenitis) [245]; *Streptococcus pyogenes* (bei Erysipel im Kopfbereich) [254]; *Actinomyces spp.* (bei Kanaliculitis und Dakrozystitis) [275]; *Chlamydia trachomatis* [353] und *Streptococcus pneumoniae* (bei chronischer Dakrozystitis) [256], *Pseudomonas spp.* (bei neutropenischen Patienten) [323]. Pilze *Malassezia pachydermatis* (bei Kanaliculitis) [377]; *Candida albicans* [375];

Tabelle **13.14** (Fortsetzung)

Infektion	Wichtige Erreger
	Viren Herpes-simplex-Virus Typ 1 und 2 [452]; Varicella-Zoster-Virus (bei Zoster ophthalmicus) [454]; Mumpsvirus [523] und Epstein-Barr-Virus [460] (bei Dakroadenitis). Arthropoden *Phthirus pubis* (bei Blepharitis) [675].
Trachom	*Chlamydia trachomatis*, Biovar *trachoma*, verschiedene Serovare [353].
Rötelnembryopathie	Rötelnvirus [508, 735T].

13.15 Pränatale (intrauterine), perinatale und postnatale Infektionen

Allgemein gilt, dass in der Schwangerschaft Infektionen schwerer verlaufen können sowie persistierende, klinisch stumme Infektionen (Beispiele: Herpes, Zytomegalie) aktiviert werden können. Erreger von Infektionen während der Schwangerschaft können intrauterin über die Plazenta auf den Embryo/Fetus übertragen werden und Krankheiten verursachen. Der Embryo/Fetus zeigt eine erhöhte Infektanfälligkeit, da während der Embryonalentwicklung wenig und erst spät IgG-Antikörper gebildet werden und erst ab dem 2. Trimenon eine ausreichende Produktion von IgM- und IgA-Antikörpern möglich ist. Außerdem sind die zellvermittelten Immunreaktionen supprimiert. Erreger können weiterhin während oder kurz nach der Geburt auf das anfällige Neugeborene übertragen werden. In diesem Abschnitt werden die wichtigsten Schwangerschafts-assoziierten Infektionen, an die der Geburtshelfer denken muss, kurz geschildert.

Begriffe:

- **Pränatale Infektion.** Infektion, die durch diaplazentare Übertragung von Erregern auf den Embryo (1. Trimenon) oder Fetus (2.–3. Trimenon) entsteht. Oft haben pränatale Infektionen einen Spontanabort oder eine Totgeburt zur Folge. Bei nichtletalen Folgen kann es zu schweren Schädigungen des Kindes kommen.
- **Perinatale Infektion.** Infektion, die durch Übertragung von Erregern während der Geburt durch Keime im Geburtskanal und/oder der Rektalregion auf das Neugeborene entsteht.

- **Postnatale Infektion.** Allgemein: Nach der Geburt auftretende Infektion. Hier: Infektion durch Übertragung von Erregern über die Muttermilch.
- **Infektiöse Embryopathie.** Erkrankung des Embryos durch pränatale Infektion während der Organentwicklung, vor allem im 1. Trimenon. Meist treten die gleichen Schäden auf, die auch durch teratogene Medikamente oder radioaktive Strahlung verursacht werden: Missbildungen des Herzens, des ZNS, der Augen und Ohren, der Gliedmaßen, Hepatosplenomegalie, Thrombozytopenie. Der Begriff wird auch für Infektionserkrankungen des Fetus, also nach abgeschlossener Organogenese, verwendet.
- **Konnatale Infektionskrankheit.** Angeborene Infektionskrankheit bei Neugeborenen als Folge einer pränatalen Infektion.

Wichtige Schwangerschafts-assoziierte Infektionen werden in dem Akronym **STORCH** (engl.) zusammengefasst. Gelegentlich wird auch die Abkürzung **TORCH** verwendet. Die Syphilis wird dann den „**O**ther infectious diseases“ zugeschlagen.

Die **STORCH**-Liste umfasst:
- S = **S**yphilis (Syn.: Lues)
- T = **T**oxoplasmose
- O = **O**ther infectious diseases; die wichtigsten sind:
  bakterielle Infektionen: Listeriose, Infektionen durch *Streptococcus agalactiae* (B-Streptokokken), *Neisseria gonorrhoeae, Chlamydia trachomatis, E. coli* und weitere *Enterobacteriaceae*
  virale Infektionen: Infektionen durch das Parvovirus B19 (Ringelröteln), Varicella-Zoster-Virus (Varizellen), Hepatitis-B-Virus, HI-Virus
  parasitäre Infektionen: Malaria
- R = **R**öteln
- C = **C**(Z)ytomegalie
- H = **H**erpes-simplex-Virus-Infektionen.

Einzelheiten zur Klinik, Therapie und Diagnostik der genannten Infektionen können den entsprechenden Kapiteln und der Tabelle **13.15** entnommen werden.

Zur Dispositionsprophylaxe Schwangerschafts-assoziierter Infektionen zählen die Regelimpfungen (S. 53), die vor Eintreten einer Schwangerschaft durchgeführt werden. Diese vermitteln eine Immunität gegen einige der oben genannten Krankheiten und können deshalb in ihrer Wichtigkeit nicht genug betont werden. Zur Dispositionsprophylaxe zählt auch die Prophylaxe mit Antibiotika, die zur Vermeidung bestimmter Infektionen (Infektion mit Gonokokken oder B-Streptokokken) eingesetzt wird. Daneben kommt die Expositionsprophylaxe, soweit sie realisiert werden kann, in Betracht.

Tabelle **13.15** Die wichtigsten pränatalen, perinatalen und postnatalen Infektionen

Infektionskrankheit	Klinik Neugeborenes	Diagnose Schwangere/Neugeborenes	Therapie und Prophylaxe Schwangere/Neugeborenes
Syphilis [S. 338][a] Pränatale Infektion vor allem bei Ausbruch der Syphilis II der Schwangeren nach der 16. SSW.	Konnatale Syphilis. Frühform = Hautsyphilis. Ab 2. Lebensjahr Hutchinson-Trias: Tonnenzähne, Keratitis, Innenohrschwerhörigkeit. Wegen Screening während der Schwangerschaft und rechtzeitiger Therapie heute sehr selten.	Bei der Schwangeren serologisches Screening [S. 338]. Im Fetalblut und Nabelschnurblut Nachweis von IgM-Antikörpern.	Penicillin G. Therapie der Schwangeren bis zur 16. SSW verhindert konnatale Syphilis.
Toxoplasmose [S. 587] Pränatale Infektion bei Primärinfektion während gesamter Schwangerschaftsdauer. Infektionshäufigkeit steigt, Schädigungsrisiko sinkt von Trimenon zu Triminon	Abhängig vom Zeitpunkt der Infektion. 1. Trimenon: meist Abort. 2. Trimenon: Hydrozephalus, Verkalkungen im Gehirn, gestörte geistige Entwicklung. 3. Trimenon: asymptomatische Klinik oder Chorioretinitis, die sich erst nach Jahren manifestieren kann.	Screening auf IgM- und IgG-Antikörper.* Wiederholung alle 8–10 Wochen bei negativem Testergebnis. Bei unklarer Serologie PCR auf Toxoplasma-DNA im Fruchtwasser. Beim Neugeborenen IgM-Antikörper im Nabelschnurblut, evtl. PCR im Nabelschnurblut und Liquor.	Bis zur 16. SSW Spiramycin, ab der 17. SSW Pyrimethamin + Sulfadiazin + Folinsäure. Bei negativem Screening-Befund, Kontakt der Schwangeren mit Katzenkot vermeiden; Fleisch vor Konsum gründlich erhitzen. Therapie des Neugeborenen bei symptomatischer Toxoplasmose mit Pyrimethamin + Sulfadiazin + Folinsäure während mindestens 6 Monaten.

* In CH nicht mehr empfohlen

Other infectious diseases			
Listeriose [S. 268] Pränatale Infektion während gesamter Schwangerschaft möglich. Perinatale Infektion intra partum.	Bei pränataler Infektion Granulomatosis infantiseptica: Sepsis mit multiplen Abszessen und Granulomen in verschiedensten Organen. Bei perinataler Infektion Sepsis und/oder Meningoenzephalitis.	Mikroskopischer und kultureller Nachweis der Listerien bei Mutter und/oder Kind.	Therapie des Neugeborenen mit Amoxycilin, evtl. kombiniert mit Gentamicin.
Infektion durch *Streptococcus agalactiae* [S. 257] (Syn.: B-Streptokokken) Perinatale Infektion vor allem bei Risikogeburten durch B-Streptokokken, die in der Vagina oder dem Rektum der Mutter siedeln.	Sepsis, oft auch mit Pneumonie in ersten Lebenstagen („early onset type" der Infektion mit B-Streptokokken).	Vaginal- und Rektalkultur in der 35.–37. SSW. Evtl. unmittelbar vor Geburt PCR aus Vaginalabstrich. Blutkultur beim erkrankten Kind.	Penicillin G oder Amoxycillin beim Neugeborenen. Bei Trägerinnen Therapie mit Penicillin G oder Amoxycillin unter der Geburt. Bei Penicillin-Allergie Cefazolin oder Clindamycin oder – bei Clindamycinresistenz - Vancomycin.
Infektion durch *Neisseria gonorrhoeae* [S. 290] Perinatale Infektion bei infizierter Mutter.	Ophthalmia neonatorum (eitrige Konjunktivitis).	Kultur oder direkte Immunfluoreszenz oder molekulare Verfahren bei der Schwangeren und dem Neugebornen.	Bei nachgewiesener Infekton der Schwangeren Therapie des Neugeborenen mit Einmaldosis von 125 mg Ceftriaxon. Bei **allen** Neugeborenen lokale Chemoprophylaxe mit 1%iger Silbernitratlösung oder 1%iger Tetracyclin- oder 0,5%iger Erythromycin-Augensalbe.

Tabelle **13.15** (Fortsetzung)

Infektionskrankheit	Klinik Neugeborenes	Diagnose Schwangere/Neugeborenes	Therapie und Prophylaxe Schwangere/Neugeborenes
Infektion durch *Chlamydia trachomatis* [S. 354][a] Perinatale Infektion bei infizierter Mutter.	Einschlusskonjunktivitis. Interstitielle Pneumonie bei massiver Infektion.	Antigennachweis mit direkter Immunfluoreszenz oder molekulare Verfahren bei der Schwangeren. Bei entsprechender Klinik auch beim Neugeborenen.	Makrolid-Antibiotika bei der Schwangeren und – bei Vorliegen einer Infektion – beim Neugeborenen.
Infektion durch *E. coli* und weitere *Enterobacteriaceae* [S. 309] Perinatale Infektion durch Bakterien, die in der Vagina und im Rektum siedeln.	Sepsis, Meningitis, Pneumonie.	Kultur aus Blut, Liquor, BAL des Neugeborenen.	Therapie des Neugeborenen mit Ceftriaxon. Perinatale Listeriose muss ausgeschlossen werden, da alle Listerien gegen Ceftriaxon Resistenz zeigen.
Ringelröteln (Erythema infectiosum) durch Parvovirus B19 [S. 482] Pränatale Infektion während gesamter Schwangerschaft.	Hydrops fetalis [S. 483] wegen Sauerstoffmangel der Gewebe; als Folge oft Abort. Bei Persistenz des Virus kongenitale aplastische Anämie (pure red cell aplasia).	Bei Exanthem und Kontakt mit erkrankten Kleinkindern während Schwangerschaft Antikörpernachweis und Nachweis des Virusgenoms im Blut. Evtl. invasive Pränataldiagnostik: PCR im Fruchtwasser und/oder Chorionbiopsiematerial. Beim Neugeborenen und bei Totgeburt Serodiagnostik und PCR im Blut.	Keine spezifische antivirale Therapie möglich. Evtl. intrauterine Austauschtransfusion. Kontakt der Schwangeren mit erkrankten Kleinkindern vermeiden.

Varizellen (VZ) [S. 456] Pränatale Infektion im 1./2. Trimenon. Perinatale Infektion bei klinisch manifesten Varizellen der Mutter 5 Tage vor bis 2 Tage nach Geburt.	Seltenes, fetales Varizellensyndrom mit Missbildungen bei pränataler Infektion. Schwere Varizellen (auch Pneumonie möglich) bei perinataler Infektion bis zum 12. Lebenstag. Krankheit danach gilt nicht mehr als perinatal erworben.	Antikörpernachweis bei der Schwangeren zur Bestimmung des Immunstatus bei klinischer Verdachtsdiagnose. PCR aus Bläscheninhalt, BAL, Blut oder Liquor beim Neugeborenen bei perinataler Infektion.	Antivirale Nucleosid-Analoga, z.B. Aciclovir [S. 458] beim Neugeborenen. Passive Immunisierung des Neugeborenen mit anti-VZ-Hyperimmunglobulin. Aktive Immunisierung der Mutter in der Kindheit entsprechend Impfplan [S. 53]. Indikationsimpfung der Mutter vor der Schwangerschaft [S. 458], falls keine Regelimpfung gegen VZ vorliegt.
Hepatitis B [S. 469][a] Perinatale Infektion bei HBV-Infektion der Mutter.	In ~ 90 % chronische Infektion, die nach Jahren zu Leberzirrhose oder dem hepatozellulären Karzinom führen kann.	Untersuchung auf HBsAg [473] nach der 32. SSW.	Impfung entsprechend STIKO-Empfehlungen [S. 474]. Bei positivem HBsAG-Befund der Schwangeren aktive und passive Immunisierung (Simultanimpfung [S. 440]) des Neugeborenen innerhalb 12 Std. nach Geburt.

Tabelle **13.15** (Fortsetzung)

Infektionskrankheit	Klinik Neugeborenes	Diagnose Schwangere/Neugeborenes	Therapie und Prophylaxe Schwangere/Neugeborenes
HIV-Infektion [546] [a] Pränatale Infektion, wahrscheinlich ab 8. SSW; selten. Perinatale Infektion. Postnatale Infektion durch Muttermilch (bei entsprechender Therapie bzw. Prävention bei der Mutter und des Neugeborenen (s. Spalte 4) Risiko sehr klein).	Allgemeine Gedeihstörung. Möglich weiterhin: lymphozytäre Pneumonie, Lymphadenopathie, Mundsoor, Hepatosplenomegalie. In ersten Lebensmonaten oft keine Symptomatik.	HIV-Labordiagnostik bei der Schwangeren. PCR oder HIV-Antigen (p24) beim Neugeborenen.	Schwangere/Mutter. Therapieindikation und Therapie s. S. 549 und Leitlinien. Wegen Embryotoxität Efavirenz (S. 444) vermeiden. Chemoprophylaxe der maternofetalen Übertragung bei CD4-Zellzahl ≤ 350/µl ab 14. SSW bzw. sobald als möglich nach Diagnose bis 6 Wochen nach Geburt. Sectio (falls möglich) Stillverzicht (nicht wenn Ersatz-Nahrungsmittel schwer erhältlich, z.B. Entwicklungsländer). Neugeborenes. Chemoprophylaxe 2 Std. nach Geburt während 6 Wochen, bzw. bis Stillende. (Leitlinien der AWMF [http://leitlinien.net/] und WHO [http://www.who.int/en/]).

Malaria [S. 593], Schwangerschaft-assoziiert (SAM). In Endemiegebieten häufig (bis 30 % und häufiger) bei chronisch infizierten Erstgebärenden klinisch schwerer Verlauf der Malaria. (Infizierte Erythrozyten (IE) mit membrangebundenen Parasiten-Proteinen an der Oberfläche heften sich an Chondroitinsulfat von Plazentastrukturen. Dadurch gesteigerte Aggregation von IE in der Plazenta).	Abort, Totgeburt, Frühgeburt, Sepsis-Symptome, reduziertes Geburtsgewicht mit Folgeerscheinungen (auch Todesfälle).	Übliche Malaria-Diagnostik bei der Schwangeren und beim Neugeborenen.	Übliche Malaria-Therapie bei der Schwangeren und beim Neugeborenen.
Röteln [a] [S. 508] Röteln-Immunität bei jeder Frau in gebärfähigem Alter prüfen. Wenn Antikörper-Titer im Hämagglutinations-Hemmtest (HHT) < 1:16, Booster-Impfung oder Erstimpfung vornehmen. Achtung: keine Impfung während Gravidität.	Bei Infektion der Schwangeren im 1. Trimenon Rötelnembryopathie. Falls keine Fehlgeburt, Auftreten von konnatalen Röteln mit schweren Missbildungen. Gregg-Trias: Herzmissbildungen + Augendefekte (Katarakt) + Innenohrdefekte (Taubheit).	Nachweis einer frischen Infektion bei der Schwangeren durch Bestimmung der IgM-Antikörper mit HHT oder EIA, evtl. Aviditätsbestimmung [S. 509]. Nachweis von viraler RNA mit RT-PCR beim Embryo im Fruchtwasser oder in Chorionzotten-Biopsie (11.–18. SSW) sowie beim Fetus im Nabelschnurblut (18.–22. SSW). Postnatal RT-PCR in Urin oder Rachensekret.	Keine Therapie möglich. Wichtig ist die Immunprophylaxe durch Impfung **vor** einer Schwangerschaft. Bei seronegativen Schwangeren Prophylaxe nach Kontakt mit Röteln-Kranken mit Röteln-Hyperimmunglobulin innerhalb von 48 Std. nach Exposition.

Tabelle **13.15** (Fortsetzung)

Infektionskrankheit	Klinik Neugeborenes	Diagnose Schwangere/Neugeborenes	Therapie und Prophylaxe Schwangere/Neugeborenes
C(Z)ytomegalie [S. 458]. Weltweit häufigste kongenitale Infektion; Inzidenz : 0,3–2,5% aller Lebendgeburten. Präkonzeptionelle (2–1 Wochen vor letzter Menstruation) Primärinfektion bei der Schwangeren. IgG/IgM-Serokonversion. Transmissionsrisiko ~ 9%. Pränatale Primärinfektion in der Schwangerschaft. IgG/IgM-Serokonversion. Transmissionsrisiko 30–60%. Pränatale Sekundärinfektion/Reaktivierung. IgG-Aviditätsbestimmung. Transmissionsrisiko ~ 1%. Postnatale Infektion durch Muttermilch. Transmissionsrisiko 30–50%.	Präkonzeptionelle Primärinfekton: keine Symptomatik. Pränatale Primärinfektion: in ~ 85% keine Symptomatik; in ~ 15% klinische Manifestationen wie Petechien, Hepatosplenomegalie, Mikrozephalie, intrauterine Wachstumsretardierung, Retinitis. Spätfolgen: Hörschäden, mentale Retardierung. Pränatale Sekundärinfektion/Reaktivierung: meist keine Symptome. Selten Langzeitfolgen mit Hörschäden und mentaler Retardierung Postnatale Infektion: meist keine klinische Symptomatik, evtl. Mononukleose-ähnliche Symptome. Monatelange Ausscheidung mit Speichel und Urin möglich.	Serodiagnostik (IgG/IgM) evtl. mit IgG-Aviditätsbestimmung bei der Schwangeren. Wenn nötig, Kurzzeitkultur oder PCR aus Urin, BAL, Blut. Antigenämie-Test zum Nachweis des pp65-Antigens (s.S. 39) in Leukozyten mit direkter Immunfluoreszenz. Invasive Pränataldiagnostik: PCR mit fetalem Blut und Fruchtwasser Methode der Wahl. Nachweis von IgM-Antikörpern im Blut des Neugeborenen bis zu 3 Wochen nach Entbindung. Kurzzeitviruskultur aus Urin innerhalb 10 Tagen. Evtl. Bestimmung der Viruslast.	Ganciclovir (evtl. Cidofovir oder Foscarnet) bei der Schwangeren, falls klinisch notwendig. Therapie des Neugeborenen mit Ganciclovir während 6 Wochen nur bei ZNS-Infektion (Symptome: Mikrozephalie, intrazerebrale Verkalkungen, Hörschäden, Retinitis). Passive Immunisierung der Schwangeren mit anti-CMV-Hyperimmunglobulin bei nachgewiesener Primärinfektion. Stillverzicht oder Pasteurisierung der Muttermilch im Falle von Frühgeborenen kann in Betracht gezogen werden.

Herpes [453] Pränatale Infektion bei Primärinfektion der Schwangeren; meist HSV-1; selten. Perinatale Infektion; meist HSV-2.	Massive Vesikel (auch hämorrhagische) der Haut und Schleimhaut. Generalisierte Infektion mit Beteiligung innerer Organe und des ZNS. Verläuft unbehandelt meist letal.	PCR mit Vesikelinhalt, mit Liquor (bei Verdacht auf Enzephalitis), Biopsiematerial oder mit BAL des Neugeborenen.	Sofort nach Geburt Therapie des Neugeborenen mit Aciclovir. Sectio bei floridem Herpes genitalis.

[a] Mikrobiologische/virologische Untersuchungen in Mutterschaftsvorsorge in DE enthalten.
SSW = Schwangerschaftswoche

Literatur

Gesamte Medizinische Mikrobiologie, Hygiene, Infektiologie

v. Grohmann A (Hrsg.). Höll K. Wasser: Nutzung im Kreislauf, Hygiene, Analyse und Bewertung. 8. Aufl. Berlin: de Gruyter; 2002.

Hahn H, Kaufmann SHE, Schulz ThF, Suerbaum S (Hrsg). Medizinische Mikrobiologie und Infektiologie. 6. Aufl. Berlin: Springer; 2009.

Heymann D. Control of Communicable Diseases Manual. 19th ed. Washington/D.C.: American Public Health Association; 2008.

Jarvis WR. Bennett and Brachman's Hospital Infections. 5th ed. Baltimore: Williams & Wilkins; 2007.

Mandell GL, Bennett JE, Dolin, R. Principles and Practice of Infectious Diseases. Bd 1–2. 7th ed. Churchill: Livingstone; 2009.

Marre R, Mertens Th, Trautmann M, Zimmerli W. Klinische Infektiologie. 2. Aufl. München/Jena: Urban und Fischer; 2007.

Mark A, Assadian O (Hrsg.).Wallhäussers Praxis der Sterilisation, Desinfektion, Antiseptik und Konservierung. Stuttgart; Thieme; 2008.

Murray PR, Baron EJ, Jorgensen JH, Landry ML, Pfaller MA. Manual of Clinical Microbiology. Band 1–2; 9th ed. Washington/D.C.: ASM Press; 2007.

Neumeister B, Geiss HK, Braun R, Kimming P (Hrsg.). Mikrobiologische Diagnostik: Bakteriologie – Mykologie – Virologie – Parasitologie. 2. Aufl. Stuttgart: Thieme 2009

Spiess H, Heininger U (Hrsg.). Impfkompendium. 6. Aufl. Stuttgart: Thieme; 2005.

Various editors and contributors (> 400). Topley & Wilson's Microbiology and Microbial Infections Bd. 1–7. 10th ed. London: Hodder Arnold; 2006.

Immunologie

Roitt IM, Brostoff J, Male DK. Kurzes Lehrbuch der Immunologie. 3. Aufl. Stuttgart: Thieme; 1995.

Mahlke K, Janeway CA, Travers P, Walport M, Shlomchik M. Immunologie. 5. Aufl., Heidelberg: Spektrum; 2002.

Paul WE. Fundamental Immunology. 5th ed. Lippincott: Williams & Wilkins; 2003.

Goldsby RA, Kindt TJ, Osborne BA, Kuby J. Immunology. 5th ed. New York: Freeman; 2003.

Rose NR, Hamilton RG, Detrick B. Manual of Clinical Laboratory Immunology. 6th ed. ASM Press; 2002.

Advances in Immunology (mehrere Bände pro Jahr), Academic Press.

Annual Review of Immunology (jährlich ein Band), Academic Press.

Immunological Reviews (2–4 Bände pro Jahr), Blackwell Synergy.

Trends in Immunology (monatlich), Elsevier.

Current Opinion in Immunology (2–3-monatlich), Elsevier.

Bakteriologie

Brogden KA, Minion FC, Cornick N, Stanton TB, Zhang Q, Nolan LK, Wannemuehler MJ. Virulence Mechanisms of Bacterial Pathogens 4th ed. Washington/D.C.: ASM Press; 2007.

Cossart P, Boquet P, Normark S, Rappuoli R. Cellular Microbiology. 2nd ed. Washington/D.C.: ASM Press; 2004.

Fuchs G. Allgemeine Mikrobiologie. 8. Aufl. Stuttgart: Thieme; 2006.

Garrity HM (chief ed.). Bergey's Manual of Systematic Bacteriology 2nd ed. Berlin: Springer; 2005.

Knippers R. Molekulare Genetik. 9. Aufl. Stuttgart: Thieme; 2006.

Mauch H, Podbielski, A. Hermann M, Kniehl E. MiQ: Qualitätsstandards in der mikrobiologisch-infektiologischen Diagnostik, MiQ Grundwerk Heft 1–25. München: Elsevier; 2007.

Snyder L, Champness W. Molecular Genetics of Bacteria. 3rd ed. Washington/D.C.: ASM Press; 2007.

Stille W, Brodt H-R, Groll A, Just-Nübling G. Antibiotika-Therapie. 11. Aufl. Stuttgart: Schattauer; 2005.

Mykologie

De Hoog GS, Guarro J, Genè J, Figueras MJ. Atlas of Clinical Fungi. 2nd ed. Utrecht: Centraalbureau voor Schimmelcultures; 2004.

Howard DH (ed.): Pathogenic Fungi in Humans and Animals. 2nd ed. New York: Marcel Decker; 2002.

Larone DH. Medically Important Fungi: a Guide to Identification. 4th ed. Washington/D.C.: ASM Press; 2002.

Richardson M, Johnson E. Pocket Guide to Fungal Infection. 2nd ed. London: Blackwell Scientific Publications; 2006.

Richardson MD, Warnock DW. Fungal Infection: Diagnosis and Management. 3rd ed. London: Blackwell Scientific Publications; 2003.

Virologie

Modrow S, Falke D, Truyen U. Molekulare Virologie. 2. Aufl. Heidelberg: Spektrum; 2003.

Mertens T, Haller OA, Klenk H-D. Diagnostik und Therapie von Viruskrankheiten. 2. Aufl. München: Urban & Fischer; 2004.

Hof H, Dörries R. Medizinische Mikrobiologie. 3. Aufl. Stuttgart: Thieme; 2005.

Norkin L. Virology: Molecular Biology and Pathogenesis. Washington/D.C.: ASM Press; 2009.

Parasitologie

Aspöck H. (ed.) Amöben, Bandwürmer, Zecken. Parasiten und Parasitäre Erkrankungen des Menschen in Mitteleuropa. Denisia 6, zugleich Kataloge des OÖ. Landesmuseums, Neue Folge 184. Linz; 2002.

Cook G, Zumla A. (eds.) Manson's Tropical Diseases, 22nd ed. London: Saunders; 2008.

Crompton, DW, Savioli, L. Handbook of Helminthiasis for Public Health Boca Raton: Taylor & Francis; 2007.

Kettle, D. S.: Medical and Veterinary Entomology. 2nd ed. Wallingford, Oxon, UK; CAB International; 1995.

Krauss, H., Weber, A., Appel, M. Enders, B., von Graevenitz, A., Isenberg, H.D., Schiefer, H.G., Slenczka, W., Zahner, H.: Zoonosen: Von Tier zu Mensch übertragbare Infektionskrankheiten. 3. Aufl. Köln: Deutscher Ärzteverlag; 2004.

Lang W., Löscher T. (eds.) Tropenmedizin in Klinik und Praxis. 4. Aufl. Stuttgart: Thieme; 2008.

WHO International Travel and Health. Geneva: World Health Organization, 2009.

Internetadressen

Institution	Adresse (http://)	Inhalte
American Society for Microbiology (ASM)	www.asm.org/	Tagungen; Publikationen; Mitteilungen
Arbeitsgemeinschaft Wissenschaftlicher Medizinischer Fachgesellschaften (AWMF)	www.awmf.org/	Leitlinien-Datenbank; Publikationen
Arzneimittelkompendium der Schweiz	www.documed.ch/ (nur mit Passwort)	Fachinformationen über in der Schweiz zugelassene Medikamente
Bundesamt für Gesundheit (Schweiz)	www.bag.admin.ch/	Bulletin; Gesetze; Verordnungen; Referenzzentren
Bundesministerium für Gesundheit (Austria)	www.bmg.at/	Gesetze; Links zum Thema Krankheitsbekämpfung
Bundesministerium für Gesundheit (Deutschland)	www.bmg.bund.de/	Gesetze; Links zum Thema Krankheitsbekämpfung
Centers for Disease Control and Prevention (CDC) der USA	www.cdc.gov/	Empfehlungen und Standards in der Infektionskontrolle und Infektionsdiagnostik; Informationen über Infektionskrankheiten in den USA
Deutsche Gesellschaft für Hygiene und Mikrobiologie	www.dghm.org/	Tagungen; Fachkommisionen; Fachgruppen; Nationale Referenzzentren und Konsiliarlaboratorien
Deutsche Gesellschaft für Tropenmedizin und Internationale Gesundheit (DTG)	www.dtg.org/	Tagungen; Tropenmed. Institutionen in D; Empfehlungen und Leitlinien; Reiseimpfungen; Malariaprophylaxe

Institution	Adresse (http://)	Inhalte
Health Protection Agency (United Kingdom)	www.hpa.org.uk/	Empfehlungen und Standards in der Infektionskontrolle und Infektionsdiagnostik; aktuelle Informationen über Infektionskrankheiten in Großbritannien
Östereichisches Zentrum für Reisemedizin	www.reisemed.at/	Informationen zur Chemoprophylaxe und Schutzimpfungen bei Reisen
Paul-Ehrlich-Gesellschaft für Chemotherapie	www.p-e-g.org/	Tagungen; Chemotherapie-Journal; Empfehlungen und Leitlinien zur Antibiotikatherapie; Resistenzdaten in D, CH und A; wissenschaftliche Projekte und Studien
Robert-Koch-Institut (Deutschland)	www.rki.de/	Epidemiologisches Bulletin; Merkblätter; Infektionskrankheiten A–Z; Schutzimpfungen; nationale Referenzzentren und Konsiliarlaboratorien; Infektionsschutzgesetz
Rote Liste (Deutschland)	www.rote-liste.de/ (nur mit Passwort)	Informationen über in D zugelassene Medikamente
Schweizerische AG für reisemedizinische Beratung	www.safetravel.ch/ (nur mit Passwort)	Medizinischer Ratgeber bei Reisen; Schutzimpfungen; Gesundheit bei der Rückkehr
AED SATELLIFE Center for Health Information and Technology	www.healthnet.org/	Gesundheitsnetz vor allem für Entwicklungsländer; globales Frühwarnsystem für Infektionskrankheiten
World Health Organisation	www.who.int/en/	Aktuelle Informationen über Infektionskrankheiten; WHO-Empfehlungen; WHO-Programme. International Health Regulations.

Sachverzeichnis

Mit ^{T} markierte Seitenzahlen verweisen auf Tabellen, mit ^{A} markierte Seitenzahlen auf Abbildungen

A

B

C

D

E

F

G

H

I

J

K

L

M

N

O

P

Q

R

S

T

U

V

W

X

Y

Z